T0280485

UNITEXT

La Matematica per il 3+2

Volume 127

The **UNITEXT – La Matematica per il 3+2** series is designed for undergraduate and graduate academic courses, and also includes advanced textbooks at a research level. Originally released in Italian, the series now publishes textbooks in English addressed to students in mathematics worldwide. Some of the most successful books in the series have evolved through several editions, adapting to the evolution of teaching curricula. Submissions must include at least 3 sample chapters, a table of contents, and a preface outlining the aims and scope of the book, how the book fits in with the current literature, and which courses the book is suitable for.

For any further information, please contact the Editor at Springer:
francesca.bonadei@springer.com
THE SERIES IS INDEXED IN SCOPUS

More information about this series at http://www.springer.com/series/5418

Quentin Berger · Francesco Caravenna ·
Paolo Dai Pra

Probabilità

Un primo corso attraverso esempi, modelli e applicazioni

2a edizione

Quentin Berger
Laboratoire de Probabilités Statistique et Modélisation (LPSM)
Sorbonne Université
Paris, France

Francesco Caravenna
Dipartimento di Matematica e Applicazioni
Università degli Studi di Milano-Bicocca
Milano, Italy

Paolo Dai Pra
Dipartimento di Informatica
Università degli Studi di Verona
Verona, Italy

ISSN 2038-5714 ISSN 2532-3318 (versione elettronica)
UNITEXT
ISSN 2038-5722 ISSN 2038-5757 (versione elettronica)
La Matematica per il 3+2
ISBN 978-88-470-4005-2 ISBN 978-88-470-4006-9 (eBook)
https://doi.org/10.1007/978-88-470-4006-9

Questa edizione è pubblicata da Springer-Verlag Italia S.r.l., parte di Springer Nature, con sede legale in Via Decembrio 28, 20137 Milano, Italy.

Prefazione

L'obiettivo di questo libro è di fornire un'introduzione alla teoria della probabilità e alle sue applicazioni, senza fare ricorso alla teoria della misura, per i corsi di laurea scientifici (in particolar modo matematica, fisica e ingegneria). La scelta degli argomenti e l'approccio adottato sono il frutto di alcuni anni di esperienza con gli insegnamenti da noi tenuti per corsi di laurea in matematica, presso le università di Milano-Bicocca, Padova, Verona e di Sorbonne Université (Parigi).

A guidarci nella stesura sono stati da una parte il desiderio di presentare le nozioni fondamentali in modo rigoroso, dall'altra la volontà di introdurre quanto prima esempi e applicazioni interessanti, che motivino gli sviluppi teorici. Per queste ragioni, abbiamo deciso di porre grande enfasi sulla probabilità *discreta*, vale a dire su spazi finiti o numerabili, a cui i primi quattro capitoli sono dedicati. In questo contesto, infatti, sono sufficienti pochi strumenti analitici per presentare la teoria in modo completo e rigoroso (bastano sostanzialmente successioni e serie). Questo permette di introdurre il linguaggio e le nozioni basilari della probabilità senza eccessive complicazioni tecniche, concentrando l'attenzione sulle difficoltà sostanziali che gli studenti incontrano nella fase iniziale dello studio di questa disciplina.

Il Capitolo 1 è dedicato agli spazi di probabilità discreti, mentre il Capitolo 3 presenta le variabili aleatorie discrete. Sottolineiamo che poche nozioni di probabilità discreta sono sufficienti per discutere problemi e modelli estremamente interessanti, alcuni tuttora oggetto di ricerca. Una prima selezione di esempi in questa direzione è presentata nel Capitolo 2, mentre problemi più avanzati, che coinvolgono variabili aleatorie, sono descritti nel Capitolo 4. Riteniamo che la trattazione di uno o più di tali esempi già nella prima parte del corso costituisca un ottimo elemento formativo.

Il Capitolo 5 descrive in modo sintetico gli spazi di probabilità generali, in particolare quelli in cui la probabilità *non* è definita su tutti i sottoinsiemi dello spazio campionario. L'impossibilità di trattare modelli di grande interesse su spazi di probabilità discreti, come le variabili aleatorie assolutamente continue, ci ha indotto a introdurre questo capitolo, pur limitandoci alle definizioni essenziali.

Il Capitolo 6 è dedicato alle variabili aleatorie assolutamente continue. In questa parte del testo diverse dimostrazioni sono omesse, ma abbiamo cercato di dare sempre definizioni matematicamente precise, esplicitando le questioni tecniche che non

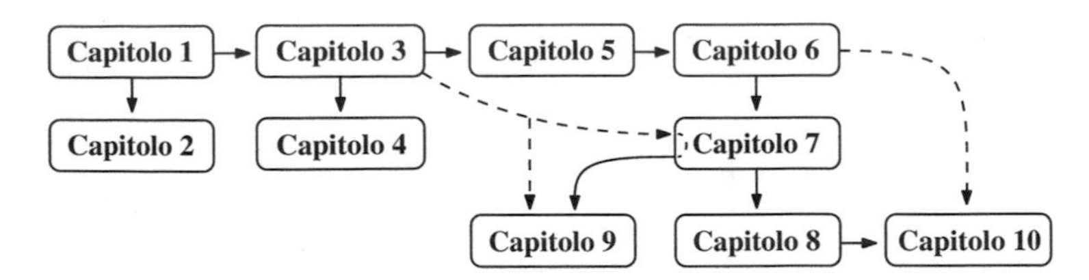

Ordini di lettura consigliati.

La via d'accesso naturale al Capitolo 7 sui teoremi limite proviene dal Capitolo 6, tuttavia il Paragrafo 7.1 sulla legge dei grandi numeri è accessibile già dopo il Capitolo 3.
Il Capitolo 9 sulle catene di Markov è accessibile già dopo il Capitolo 3 (ma prima di affrontare i risultati asintotici è bene discutere la legge dei grandi numeri del Paragrafo 7.1).
Il Capitolo 10 sulle simulazioni è in buona parte accessibile già dopo il Capitolo 6 (solo nei Paragrafi 10.4 e 10.5 vengono usati i risultati dei Capitoli 7 e 8)

possono essere risolte con gli strumenti a disposizione. I prerequisiti sono al livello di un primo corso di analisi matematica (limiti, derivate, integrale di Riemann), ad eccezione dei paragrafi conclusivi sui vettori aleatori, segnalati con un asterisco *, per i quali è richiesta la conoscenza di un po' di analisi multivariata (derivate parziali, integrale di Riemann multidimensionale).

Il Capitolo 7 presenta i teoremi limite classici del calcolo delle probabilità, ossia la legge (debole) dei grandi numeri e il teorema limite centrale. Per quest'ultimo, viene fornita una dimostrazione completa (con l'ipotesi di momento terzo finito) e viene discussa in dettaglio la tecnica dell'approssimazione normale.

Con il Capitolo 7 si completa il programma standard di un corso introduttivo alla probabilità. Gli ultimi Capitoli 8, 9 e 10 possono essere inseriti, in tutto o in parte, in un corso introduttivo, con lo scopo di illustrare ulteriormente le applicazioni della probabilità, oppure possono formare il nucleo di un corso più avanzato, insieme ad alcuni degli esempi più avanzati presentati nel Capitolo 4.

Il Capitolo 8 è dedicato ad alcune applicazioni alla statistica matematica. Nella prima parte vengono presentati argomenti classici di statistica inferenziale univariata, quali stimatori e intervalli di confidenza. La seconda parte del capitolo è dedicata alla regressione lineare e ai modelli predittivi, che hanno di recente giocato un ruolo chiave nell'ambito dell'apprendimento automatico (*machine learning*).

Il Capitolo 9 fornisce un'introduzione alle catene di Markov a stati finiti, la classe più semplice di processi stocastici, che rivestono grande importanza teorica e applicativa. La trattazione è accompagnata da numerosi esempi, ad alcuni dei quali viene dedicato uno spazio consistente.

Infine, nel Capitolo 10 descriviamo le tecniche principali per la *simulazione* di variabili aleatorie al computer, applicandole allo studio numerico di una selezione di modelli probabilistici. Tutti gli esempi sono accompagnati dal relativo codice nel linguaggio di programmazione Python.

Il diagramma qui sopra indica gli ordini di lettura consigliati.

Coerentemente con lo spirito del libro, l'esposizione della teoria è accompagnata da numerosi esempi, che costituiscono una parte fondamentale della presentazione. Ogni capitolo contiene inoltre una vasta selezione di esercizi, per i quali viene fornita la soluzione sul sito Springer http://link.springer.com mediante il codice 978-88-470-4005-2. Gli esercizi conclusivi, indicati come "più difficili", oltre a costituire una sfida per il lettore più motivato, possono essere uno strumento con cui il docente propone problemi più articolati, sotto forma di approfondimenti o progetti. Alcune parti tecniche, o che abbiamo ritenuto non essenziali, appaiono in corpo minore, oppure sono contenute nell'Appendice.

Questa seconda edizione, pur mantenendo lo stesso impianto generale della prima, presenta cambi significativi. Oltre alla presenza dei nuovi Capitoli 9 e 10, segnaliamo alcune variazioni degne di nota.

- I Capitoli 2 e 4 sono stati ridisegnati, sostituendo alcuni modelli discussi nella prima edizione con altri di grande rilevanza e attualità, tra cui la *percolazione* (Paragrafo 2.3), il *processo di diramazione di Galton–Watson* (Paragrafo 4.8) e il *grafo aleatorio di Erdős–Rényi* (Paragrafo 4.9).
- Nel Capitolo 3 viene illustrato il *metodo dei momenti* (Paragrafo 3.3.6), che gioca un ruolo chiave nella trattazione di molti modelli probabilistici, come si vedrà nel Capitolo 4; definiamo inoltre *mediana e quantili* (Paragrafo 3.4.3).
- Anche i Capitoli 6, 7 e 8 sono stati arricchiti con esempi e nuovi paragrafi; in particolare, presentiamo un'introduzione ai *modelli predittivi* (Paragrafo 8.4).

Un'altra novità significativa è la scelta di formulare molte definizioni e molti risultati dei Capitoli 1 e 3 senza fare riferimento esplicito alla natura discreta degli spazi di probabilità e delle variabili aleatorie, per rendere evidente (in retrospettiva) quando continuano a valere per spazi di probabilità e variabili aleatorie generali.

Questo libro, com'è ovvio, risente della nostra formazione, dei nostri interessi di ricerca e del nostro gusto. Siamo stati ispirati e aiutati dalle osservazioni di colleghi e colleghe, che ringraziamo di cuore. Un grazie particolare a Wolfgang J. Runggaldier e Tiziano Vargiolu, per le discussioni stimolanti che hanno accompagnato la stesura della prima edizione, e a Sébastien Martineau e Lorenzo Zambotti, per l'entusiasmo con cui hanno contribuito a migliorare la presentazione della seconda edizione.

Siamo inoltre debitori agli autori e alle autrici di articoli e libri dai quali abbiamo imparato molta della matematica che qui presentiamo. In particolare, crediamo, e speriamo, di essere stati influenzati dagli splendidi testi di William Feller [30, 31] e Patrick Billingsley [10].

Infine, siamo riconoscenti agli studenti e alle studentesse della laurea triennale in matematica delle Università di Padova, di Milano-Bicocca, di Sorbonne Université e della laurea triennale in matematica applicata dell'Università di Verona: con il vostro studio, i vostri commenti, le vostre critiche e segnalazioni di errori, avete contribuito alla progettazione, costruzione e revisione di questo libro.

Parigi, Milano, Verona
giugno 2021

Quentin Berger
Francesco Caravenna
Paolo Dai Pra

Nozioni preliminari

Notazioni

Dato un insieme Ω e due suoi sottoinsiemi $A, B \subseteq \Omega$, useremo le notazioni standard

$$\begin{aligned} A \cup B &:= \{\omega \in \Omega : \ \omega \in A \text{ o } \omega \in B\}, \\ A \cap B &:= \{\omega \in \Omega : \ \omega \in A \text{ e } \omega \in B\}, \\ A^c &:= \{\omega \in \Omega : \ \omega \notin A\}, \\ A \setminus B &:= A \cap B^c, \\ A \triangle B &:= (A \setminus B) \cup (B \setminus A) = (A \cup B) \setminus (A \cap B), \end{aligned}$$

dove il simbolo ":=" indica una definizione. Le nozioni di unione e intersezione si estendono in modo naturale a una famiglia arbitraria $(A_i)_{i \in I}$ di sottoinsiemi di Ω:

$$\bigcup_{i \in I} A_i := \{\omega \in \Omega : \ \exists i \in I \text{ tale che } \omega \in A_i\},$$

$$\bigcap_{i \in I} A_i := \{\omega \in \Omega : \ \forall i \in I \text{ si ha che } \omega \in A_i\}.$$

Con un piccolo abuso di terminologia, diremo che *un'unione* $\bigcup_{i \in I} A_i$ *è disgiunta* se gli eventi $(A_i)_{i \in I}$ sono *a due a due disgiunti*, ossia se $A_i \cap A_j = \emptyset$ per ogni $i \neq j$ (nel seguito, per brevità, scriveremo semplicemente disgiunti).

Useremo spesso le proprietà distributive di intersezione e unione:

$$(A \cup B) \cap C = (A \cap C) \cup (B \cap C), \quad (A \cap B) \cup C = (A \cup C) \cap (B \cup C),$$

e le leggi di De Morgan:

$$(A \cup B)^c = A^c \cap B^c, \quad (A \cap B)^c = A^c \cup B^c,$$

che valgono, più in generale, per famiglie arbitrarie di insiemi:

$$\left(\bigcup_{i\in I} A_i\right) \cap C = \bigcup_{i\in I} (A_i \cap C), \quad \left(\bigcap_{i\in I} A_i\right) \cup C = \bigcap_{i\in I} (A_i \cup C),$$

$$\left(\bigcup_{i\in I} A_i\right)^c = \bigcap_{i\in I} A_i^c, \qquad \left(\bigcap_{i\in I} A_i\right)^c = \bigcup_{i\in I} A_i^c.$$

Indicheremo con $\mathbb{N} := \{1, 2, 3, \ldots\}$ i numeri naturali, *zero escluso*; quando vorremo includerlo, useremo la notazione $\mathbb{N}_0 := \{0, 1, 2, \ldots\}$. Adotteremo le notazioni standard per i numeri interi, razionali e reali, indicati rispettivamente con $\mathbb{Z}$, $\mathbb{Q}$ e $\mathbb{R}$, e porremo $\mathbb{R}^+ := [0, \infty) = \{x \in \mathbb{R} : x \geq 0\}$.

Diremo che un numero $x \in \mathbb{R}$ è *positivo* se $x \geq 0$ e *strettamente positivo* se $x > 0$; analogamente, diremo che x è *negativo* se $x \leq 0$ e *strettamente negativo* se $x < 0$. Si noti che con queste convenzioni 0 è sia positivo sia negativo. La parte positiva e negativa di un numero $x \in \mathbb{R}$ sono definite rispettivamente da

$$x^+ := \max\{x, 0\}, \quad x^- := -\min\{x, 0\} = \max\{-x, 0\},$$

così che $x^+, x^- \geq 0$ e $x = x^+ - x^-$. Il valore assoluto di x è dato da $|x| = x^+ + x^-$.

Per $x \in \mathbb{R}$, indicheremo con $\lfloor x \rfloor$ la *parte intera* di x, ossia il più grande intero minore o uguale a x:

$$\lfloor x \rfloor := \max\{m \in \mathbb{Z} : m \leq x\}. \tag{0.1}$$

Indicheremo anche con $\lceil x \rceil := \min\{m \in \mathbb{Z} : m \geq x\}$ il più piccolo numero intero maggiore o uguale a x, detto *parte intera superiore* di x.

Utilizzeremo gli aggettivi "crescente" e "decrescente" in senso debole: una funzione $f : \mathbb{R} \to \mathbb{R}$ è crescente (risp. decrescente) se per ogni $x > y$ si ha $f(x) \geq f(y)$ (risp. $f(x) \leq f(y)$). Una funzione costante è dunque sia crescente sia decrescente.

Il prodotto cartesiano $A \times B$ di due insiemi A e B è l'insieme delle coppie ordinate (a, b) con $a \in A$ e $b \in B$. Si definisce analogamente il prodotto di più di due insiemi. Indicheremo con A^n il prodotto $A \times \ldots \times A$ (n volte), per $n \in \mathbb{N}$.

Fissiamo un insieme generico Ω. Per ogni sottoinsieme $A \subseteq \Omega$ è definita la funzione $\mathbb{1}_A : \Omega \to \mathbb{R}$, detta *indicatrice di* A, che vale 1 su A e 0 su A^c:

$$\mathbb{1}_A(x) := \begin{cases} 1 & \text{se } x \in A, \\ 0 & \text{se } x \notin A. \end{cases} \tag{0.2}$$

Questa funzione è anche detta *caratteristica* e indicata con χ_A. In probabilità si indica con "funzione caratteristica" un altro oggetto (che non descriveremo in questo libro), quindi ci atterremo alla terminologia "funzione indicatrice" e alla notazione $\mathbb{1}_A$.

Cardinalità e numerabilità

Dato un insieme *finito* A, ne denoteremo col simbolo $|A|$ la cardinalità, cioè il numero dei suoi elementi. Scriveremo $|A| < +\infty$ per indicare che l'insieme è finito, e $|A| = +\infty$ quando l'insieme è infinito.

Un insieme A si dice *numerabile* se è in corrispondenza biunivoca con $\mathbb{N}$, cioè se esiste una applicazione $f : A \to \mathbb{N}$ iniettiva e suriettiva. Richiamiamo ora alcuni risultati utili per mostrare che un dato insieme è numerabile.

Per cominciare, se $A_1, \ldots, A_n$ sono insiemi finiti o numerabili, allora il loro prodotto cartesiano $A_1 \times \cdots \times A_n$ è anch'esso finito o numerabile, ed è numerabile se almeno uno degli A_i lo è. Tale risultato permette, ad esempio, di mostrare che l'insieme $\mathbb{Q}$ dei numeri razionali è numerabile.

Inoltre, se $(A_i)_{i \in I}$ è una famiglia finita o numerabile di insiemi finiti o numerabili (cioè tanto I quanto gli A_i, per $i \in I$, sono insiemi finiti o numerabili), allora anche la loro unione $\bigcup_{i \in I} A_i$ è finita o numerabile.

Ricordiamo infine che l'insieme $\mathbb{R}$ dei numeri reali non è numerabile, così come qualsiasi intervallo aperto (a, b), con $a < b$.

Alcuni richiami di analisi matematica

Data una successione di numeri reali $(a_n)_{n \in \mathbb{N}}$, la *serie* $\sum_{n=1}^{\infty} a_n$ è definita come il limite della successione delle somme parziali $(s_N := \sum_{n=1}^{N} a_n)_{N \in \mathbb{N}}$, quando tale limite esiste in $\mathbb{R} \cup \{\pm\infty\}$. Ricordiamo che per ogni $a \in \mathbb{R}$ si ha

$$\sum_{n=1}^{\infty} \frac{1}{n^a} \begin{cases} < +\infty & \text{se } a > 1\,, \\ = +\infty & \text{se } a \leq 1\,, \end{cases} \tag{0.3}$$

come si mostra, ad esempio, confrontando la serie con un opportuno integrale.

Le somme parziali della *serie geometrica* (a partire da 0 o da 1) sono note:

$$\sum_{n=0}^{N} x^n = \frac{1 - x^{N+1}}{1 - x}\,, \qquad \sum_{n=1}^{N} x^n = \frac{x\,(1 - x^N)}{1 - x}\,, \qquad \forall x \in \mathbb{R} \setminus \{1\}\,, \tag{0.4}$$

come si dimostra facilmente per induzione. Segue in particolare che

$$\sum_{n=0}^{\infty} x^n = \frac{1}{1 - x}\,, \qquad \sum_{n=1}^{\infty} x^n = \frac{x}{1 - x}\,, \qquad \forall x \in \mathbb{R} \text{ con } |x| < 1\,. \tag{0.5}$$

Entrambe queste serie valgono $+\infty$ se $x \geq 1$, mentre esse non sono definite se $x \leq -1$ (la successione delle somme parziali non ha limite).

Ricordiamo le serie di Taylor delle funzioni esponenziale e logaritmo:

$$\mathrm{e}^x = \sum_{n=0}^{\infty} \frac{x^n}{n!} \qquad \forall x \in \mathbb{R}\,, \tag{0.6}$$

$$\log(1+x) = \sum_{n=1}^{\infty} (-1)^{n+1} \frac{x^n}{n} \qquad \forall x \in (-1, 1]\,, \tag{0.7}$$

dove il simbolo $n!$ ("n fattoriale") è richiamato nel Paragrafo 1.2.4.

Ricordiamo inoltre le seguenti formule esplicite per la somma dei numeri interi da 1 a n e dei loro quadrati, che si dimostrano facilmente per induzione:

$$\sum_{k=1}^{n} k = \frac{n(n+1)}{2}\,, \qquad \sum_{k=1}^{n} k^2 = \frac{n(n+1)(2n+1)}{6}\,, \qquad \forall n \in \mathbb{N}\,. \tag{0.8}$$

Enunciamo infine il comportamento asintotico preciso della *serie armonica*:

$$H_n := \sum_{k=1}^{n} \frac{1}{k} = \log n + \gamma + o(1) \qquad \text{per } n \to \infty\,, \tag{0.9}$$

dove $\gamma \simeq 0.577$ è una costante, detta *di Eulero–Mascheroni*,[1] e $o(1)$ indica una quantità che tende a zero per $n \to \infty$. Spesso è sufficiente la stima elementare

$$\log n \le H_n \le \log n + 1\,, \qquad \forall\, n \ge 1\,, \tag{0.10}$$

che si ottiene dalle disuguaglianze $\frac{1}{k+1} \le \int_k^{k+1} \frac{1}{x}\, \mathrm{d}x \le \frac{1}{k}$ sommando su k.

Somme infinite

Ci capiterà spesso di considerare *la somma di una famiglia di numeri reali* $(a_i)_{i \in I}$ *indicizzata da un insieme infinito* I *generale*, anche più che numerabile e senza un ordinamento. Ne diamo qui la definizione precisa, considerando innanzitutto il caso fondamentale in cui i termini siano positivi, ossi $a_i \ge 0$ per ogni $i \in I$.

Famiglie a termini positivi

Data una famiglia $(a_i)_{i \in I}$ a termini *positivi*, ossia $a_i \ge 0$ per ogni $i \in I$, *la sua somma* $\sum_{i \in I} a_i$ *è sempre ben definita* come l'estremo superiore delle possibili somme finite:

$$\sum_{i \in I} a_i := \sup_{A \subseteq I,\, |A| < \infty} \sum_{j \in A} a_j \in [0, +\infty]\,.$$

Sottolineiamo che $\sum_{i \in I} a_i$ può assumere il valore $+\infty$.

---

[1] Si può mostrare che $\gamma = -\int_0^\infty \log x\, \mathrm{e}^{-x}\, \mathrm{d}x$.

Questa definizione si estende al caso in cui $a_i \in [0, +\infty]$, con la convenzione che una somma vale $+\infty$ non appena almeno uno degli addendi vale $+\infty$.

Una prima osservazione, elementare ma fondamentale, è che *se la somma è finita, i termini non nulli sono necessariamente una quantità finita o numerabile.*

Osservazione 0.1 Se una famiglia $(a_i)_{i \in I}$ a termini positivi ammette somma finita, cioè $\sum_{i \in I} a_i < +\infty$, allora l'insieme $\tilde{I} := \{i \in I : a_i \neq 0\}$ è finito o numerabile. Infatti, *per ogni* $\varepsilon > 0$, *i termini* $a_i > \varepsilon$ *sono necessariamente in numero finito* (in caso contrario si mostra facilmente che $\sum_{i \in I} a_i = +\infty$). Dato che possiamo scrivere

$$\tilde{I} = \{i \in I : a_i \neq 0\} = \bigcup_{n \in \mathbb{N}} \{i \in I : a_i > \tfrac{1}{n}\}, \tag{0.11}$$

segue che $\tilde{I}$ è unione numerabile di insiemi finiti, dunque è finito o numerabile. □

Osservazione 0.2 Se l'insieme $\tilde{I} = \{i \in I : a_i \neq 0\}$ è numerabile, possiamo elencarne i termini in una successione $(i_n)_{n \in \mathbb{N}}$. Si può allora mostrare che la somma a termini positivi $\sum_{i \in I} a_i$ coincide con l'abituale serie $\sum_{n=1}^{\infty} a_{i_n} = \lim_{N \to \infty} \sum_{n=1}^{N} a_{i_n}$, che dunque *non dipende* dalla scelta dell'ordinamento $(i_n)_{n \in \mathbb{N}}$. □

Le somme di famiglie infinite a termini positivi godono di molte proprietà delle abituali somme di cui faremo uso frequente, che ora andiamo a enunciare. Le dimostrazioni non sono difficili, ma i dettagli sono piuttosto noiosi: il lettore interessato li può trovare nell'Appendice A.1. Siano $(a_i)_{i \in I}$ e $(b_i)_{i \in I}$ famiglie a termini positivi.

- *Linearità.* Per ogni $\alpha, \beta \geq 0$: $\displaystyle\sum_{i \in I} (\alpha a_i + \beta b_i) = \alpha \Big(\sum_{i \in I} a_i \Big) + \beta \Big(\sum_{i \in I} b_i \Big)$.
- *Monotonia.* Se $a_i \leq b_i$ per ogni $i \in I$, allora $\displaystyle\sum_{i \in I} a_i \leq \sum_{i \in I} b_i$.
- *Associatività (somma a blocchi).* Sia $(I_j)_{j \in J}$ una *partizione* di I, ossia

$$I = \bigcup_{j \in J} I_j, \qquad I_j \cap I_k = \emptyset \quad \text{per } j \neq k,$$

allora, posto $s_j := \sum_{i \in I_j} a_i$ per $j \in J$, si ha

$$\sum_{i \in I} a_i = \sum_{j \in J} s_j = \sum_{j \in J} \Big(\sum_{i \in I_j} a_i \Big). \tag{0.12}$$

Come caso particolare dell'associatività, ogni prodotto cartesiano $I = E \times F$ può essere partizionato come $I = \bigcup_{x \in E} \{x\} \times F$, oppure come $I = \bigcup_{y \in F} E \times \{y\}$. Di conseguenza, per ogni famiglia $(a_{x,y})_{(x,y) \in E \times F}$ a termini positivi si ha

$$\sum_{(x,y) \in E \times F} a_{x,y} = \sum_{x \in E} \left(\sum_{y \in F} a_{x,y} \right) = \sum_{y \in F} \left(\sum_{x \in E} a_{x,y} \right), \tag{0.13}$$

che è una versione discreta del teorema di Fubini–Tonelli. Questa relazione si estende al prodotto cartesiano $E_1 \times \cdots \times E_n$ di un numero finito di insiemi.

Famiglie di segno qualunque

Consideriamo ora una famiglia $(a_i)_{i \in I}$ di numeri reali, non necessariamente positivi. Diremo che la famiglia $(a_i)_{i \in I}$ *ammette somma* se almeno una delle due somme $\sum_{i \in I} a_i^+$ o $\sum_{i \in I} a_i^-$ è finita (entrambe le somme sono ben definite, perché a termini positivi). In tal caso, la somma $\sum_{i \in I} a_i$ è definita da

$$\sum_{i \in I} a_i := \sum_{i \in I} a_i^+ - \sum_{i \in I} a_i^- \in [-\infty, +\infty]. \tag{0.14}$$

Si noti che ogni famiglia con tutti i termini positivi, o tutti negativi, ammette somma.

Se una famiglia $(a_i)_{i \in I}$ ammette somma e se $\sum_{i \in I} a_i \in (-\infty, +\infty)$, diremo che la famiglia *ammette somma finita*. Ciò accade se e solo se *entrambe* le somme $\sum_{i \in I} a_i^+$ e $\sum_{i \in I} a_i^-$ sono finite, che per linearità è equivalente a $\sum_{i \in I} |a_i| < \infty$.

Osservazione 0.3 Per una famiglia $(a_n)_{n \in \mathbb{N}}$ indicizzata dai numeri naturali, ossia per una successione, la nozione di *ammettere somma finita* corrisponde alla *convergenza assoluta* della serie corrispondente, ossia $\sum_{n=1}^{\infty} |a_n| < \infty$. □

Osservazione 0.4 La definizione data di somma infinita $\sum_{i \in I} a_i$ si può estendere senza alcuna modifica al caso in cui gli elementi della famiglia $(a_i)_{i \in I}$ appartengano alla *retta reale estesa* $\overline{\mathbb{R}} := [-\infty, +\infty]$, con la convenzione già adottata che una somma di elementi di $[0, +\infty]$ vale $+\infty$ non appena almeno uno degli addendi vale $+\infty$. □

Una conseguenza dell'Osservazione 0.1 è che *se una famiglia $(a_i)_{i \in I}$ ammette somma finita, i termini non nulli $a_i \neq 0$ sono necessariamente una quantità finita o numerabile*: possiamo allora elencarli in una successione $(a_{i_n})_{n \in \mathbb{N}}$ e si può mostrare che *la somma $\sum_{i \in I} a_i$ coincide con la serie $\sum_{n=1}^{\infty} a_{i_n} = \lim_{N \to \infty} \sum_{n=1}^{N} a_{i_n}$*. Questo non è più vero se la famiglia non ammette somma, si veda l'Osservazione 0.5.

Le proprietà di linearità, monotonia e associatività della somma valgono anche per le famiglie di segno qualunque, con le seguenti ipotesi:

- *Linearità*: per famiglie $(a_i)_{i\in I}$, $(b_i)_{i\in I}$ che *ammettono somma finita* e $\alpha, \beta \in \mathbb{R}$;
- *Monotonia*: per famiglie $(a_i)_{i\in I}$, $(b_i)_{i\in I}$ che *ammettono somma (finita o infinita)*;
- *Associatività*: per famiglie $(a_i)_{i\in I}$ che *ammettono somma (finita o infinita)*.

Gli enunciati precisi (e le dimostrazioni) si trovano nell'Appendice A.1.

Osservazione 0.5 Data una famiglia $(a_i)_{i\in I}$ con una quantità numerabile di termini non nulli $a_i \neq 0$, possiamo elencare tali termini in una successione $(a_{i_n})_{n\in\mathbb{N}}$, ma la scelta di tale successione (ossia dell'ordine in cui elencarli) è arbitraria.

Se la famiglia $(a_i)_{i\in I}$ ammette somma (finita o infinita), si può mostrare che la somma $\sum_{i\in I} a_i$ coincide con la serie $\sum_{n=1}^{\infty} a_{i_n} = \lim_{N\to\infty} \sum_{n=1}^{N} a_{i_n}$, che dunque *non dipende* dal modo di scegliere la successione $(a_{i_n})_{n\in\mathbb{N}}$.

Questo non è più vero se la famiglia $(a_i)_{i\in I}$ non ammette somma: ordinamenti diversi della successione $(a_{i_n})_{n\in\mathbb{N}}$ possono produrre valori diversi della serie $\sum_{n=1}^{\infty} a_{i_n}$, o anche serie che non convergono. Questa è la ragione per cui occorre cautela nel definire la somma di una famiglia infinita $(a_i)_{i\in I}$ quando non c'è un ordinamento canonico dell'insieme degli indici I.

Un esempio classico è dato dalla famiglia $(a_i := (-1)^i \frac{1}{i})_{i\in\mathbb{N}}$. La serie corrispondente è convergente: infatti, per la relazione (0.7),

$$\sum_{i=1}^{\infty} \frac{(-1)^i}{i} := \lim_{N\to\infty} \sum_{i=1}^{N} \frac{(-1)^i}{i} = -\log 2 \,.$$

Ciononostante, la famiglia *non ammette somma*, secondo le definizioni date: infatti

$$\sum_{i\in\mathbb{N}} a_i^+ = \sum_{i\in 2\mathbb{N}} \frac{1}{i} = +\infty\,, \qquad \sum_{i\in\mathbb{N}} a_i^- = \sum_{i\in 2\mathbb{N}_0+1} \frac{1}{i} = +\infty\,,$$

avendo indicato con $2\mathbb{N}$ e $2\mathbb{N}_0 + 1$ rispettivamente i numeri pari e dispari.

In effetti, in questo caso è possibile mostrare che, scegliendo un opportuno riordinamento $(a_{i_n})_{n\in\mathbb{N}}$ della famiglia, si può far convergere la serie corrispondente $\sum_{n=1}^{\infty} a_{i_n}$ verso un arbitrario numero reale esteso $x \in \mathbb{R} \cup \{\pm\infty\}$ prefissato! Si tratta di un caso particolare del *teorema di Riemann–Dini*. □

Indice

Capitolo 1
Spazi di probabilità discreti: teoria

Sommario In questo capitolo introduciamo la nozione fondamentale di spazio di probabilità discreto, per descrivere un esperimento aleatorio in cui l'insieme degli esiti sia finito o numerabile, e ne studiamo le principali proprietà. Sviluppiamo quindi le tecniche classiche di conteggio per insiemi finiti, note come calcolo combinatorio. Arrivati a questo punto, è già possibile, e forse persino consigliabile, affrontare l'analisi di uno o più dei modelli probabilistici presentati nel Capitolo 2. Infine, discutiamo le nozioni cruciali di condizionamento e indipendenza di eventi, illustrandole con una selezione di esempi e paradossi.

1.1 Modelli probabilistici

1.1.1 Considerazioni introduttive

In questo libro, con la dicitura *esperimento aleatorio* indicheremo qualunque fenomeno (fisico, economico, sociale, ...) il cui esito non sia determinabile con certezza a priori. Il nostro obiettivo è di fornire una descrizione matematica di un esperimento aleatorio, definendo un *modello probabilistico.*

Il primo passo consiste nell'identificare un insieme Ω, detto *spazio campionario*, che contiene tutti gli esiti possibili dell'esperimento.

Esempio 1.1

(i) Per il lancio di un dado ordinario a sei facce, lo spazio campionario naturale è $\Omega = \{1, 2, 3, 4, 5, 6\}$.

(ii) Per il numero di voti ottenuti dal politico Cetto alle elezioni del prossimo anno, scelte possibili per lo spazio campionario sono $\Omega = \{0, 1, \ldots, M\}$, dove $M \in \mathbb{N}$ è il numero di individui aventi diritto di voto, oppure $\Omega = \mathbb{N}_0$.

Supplementary Information The online version contains supplementary material available at https://doi.org/10.1007/978-88-470-4006-9_1.

Q. Berger, F. Caravenna, P. Dai Pra, *Probabilità*, UNITEXT 127,
https://doi.org/10.1007/978-88-470-4006-9_1

(iii) Per la misurazione del tempo (diciamo espresso in secondi e frazioni di secondo) in cui una particella radioattiva viene emessa da un determinato atomo, una scelta naturale di spazio campionario è data da $\Omega = [0, +\infty)$. □

Il secondo elemento di un modello probabilistico è costituito dagli *eventi*, intesi informalmente come *affermazioni sull'esito di un esperimento aleatorio*. Matematicamente, gli eventi sono descritti da opportuni *sottoinsiemi dello spazio campionario* Ω: ogni affermazione è identificata con il sottoinsieme di Ω costituito da tutti e soli gli esiti dell'esperimento per cui l'affermazione si verifica. Quando non c'è nessun esito che verifica l'affermazione, l'evento è detto impossibile ed è identificato con l'insieme vuoto $\emptyset$. All'estremo opposto, un'affermazione che è vera qualunque sia l'esito dell'esperimento corrisponde all'evento certo, dato dall'intero insieme Ω.

Esempio 1.2 Facciamo riferimento all'esempio precedente.

(i) Lanciando un dato a sei facce, sono esempi di eventi:

$$\begin{aligned} A &:= \text{“Esce un numero pari”} = \{2, 4, 6\}, \\ B &:= \text{“Esce un numero multiplo di 3”} = \{3, 6\}, \\ C &:= \text{“Esce un numero pari multiplo di 3”} = \{6\} = A \cap B. \end{aligned}$$

(ii) L'evento D = "Cetto non ottiene alcun voto alle elezioni del prossimo anno" corrisponde al sottoinsieme $D = \{0\} \subseteq \Omega$. Un esempio di evento impossibile è dato da E := "Cetto ottiene $M + 1$ voti" $= \emptyset$, essendo M il numero degli aventi diritto al voto.

(iii) L'evento F = "La particella viene emessa dopo più di un anno" corrisponde al sottoinsieme $F = (60 \cdot 60 \cdot 24 \cdot 365, \infty) = (31\,536\,000, \infty) \subseteq \Omega$. □

Si noti che le operazioni logiche di *congiunzione*, *disgiunzione* e *negazione* di affermazioni corrispondono all'*intersezione*, *unione* e *complementare* di insiemi:

$$\begin{aligned} \text{“si verificano sia } A \text{ sia } B\text{”} &\longrightarrow A \cap B, \\ \text{“si verifica almeno uno tra } A \text{ e } B\text{”} &\longrightarrow A \cup B, \\ \text{“non si verifica } A\text{”} &\longrightarrow A^c. \end{aligned} \tag{1.1}$$

Osservazione 1.3 Una questione delicata è se sia opportuno considerare eventi *tutti* i sottoinsiemi di uno spazio campionario Ω. Questo è senz'altro possibile quando Ω è finito o numerabile, mentre se Ω è infinito non numerabile (come nell'esempio (iii) visto sopra) può risultare necessario considerare eventi solo una classe ristretta di sottoinsiemi di Ω, per ragioni che saranno chiare nel seguito. In questo caso l'analisi diventa più tecnica e complicata, e per questa ragione nella prima parte di questo libro ci concentreremo principalmente sugli spazi campionari finiti o numerabili. □

Il terzo e ultimo ingrediente di un modello probabilistico, il più importante, è l'assegnazione di un "grado di fiducia", o *probabilità*, agli eventi di un esperimento aleatorio. Questo permette di formalizzare espressioni quali "La probabilità che esca un numero pari (lanciando un dado a sei facce) vale $1/2$". Matematicamente, una probabilità viene descritta da una applicazione P che a ogni evento $A \subseteq \Omega$ assegna un numero $\mathrm{P}(A) \in [0, 1]$. Talvolta la probabilità di un evento viene espressa come percentuale, scrivendo 50% invece di 1/2, 10% invece di 0.1, e così via.

Che significato concreto dare al "grado di fiducia" $\mathrm{P}(A)$? Se l'esperimento aleatorio può essere ripetuto un numero elevato $N \gg 1$ di volte in condizioni "analoghe e indipendenti", è possibile (almeno in linea di principio) contare il numero di volte in cui l'evento A si verifica, che indichiamo con

$$S_N(A) \in \{0, \ldots, N\}.$$

Si può allora interpretare $\mathrm{P}(A)$ come *la frazione di volte in cui l'evento A si verifica*:

$$\mathrm{P}(A) \simeq \frac{S_N(A)}{N}$$

(idealmente $\mathrm{P}(A) = \lim_{N \to +\infty} \frac{S_N(A)}{N}$). Questa è la celebre *interpretazione frequentista* della probabilità (che riceve una sorta di giustificazione a posteriori dalla *legge dei grandi numeri*, un teorema che studieremo nel Capitolo 7).

Sottolineiamo tuttavia che non si tratta di una definizione operativa: innanzitutto, non tutti gli esperimenti aleatori possono essere ripetuti in condizioni "analoghe e indipendenti" (si pensi al caso di un'elezione, come nell'Esempio 1.1 (ii)). Inoltre, anche quando è possibile farlo, niente garantisce a priori che il rapporto $\frac{S_N(A)}{N}$ converga verso un limite e, se anche ciò avvenisse, non è chiaro quanto N debba essere grande perché l'approssimazione $\mathrm{P}(A) \simeq \frac{S_N(A)}{N}$ sia buona. Tuttavia, pur con le dovute cautele, suggeriamo di tenere sempre a mente l'interpretazione frequentista per dare contenuto intuitivo ai risultati che incontreremo.

La scelta della probabilità è in effetti un punto delicato. In alcuni casi esiste una scelta "naturale", sulla base di considerazioni sulla natura dell'esperimento aleatorio in esame, in particolare di simmetrie. Molto spesso, però, non è così e *la scelta può dipendere da valutazioni soggettive*. L'osservazione cruciale è che, comunque venga scelta, una probabilità P dovrà soddisfare alcune proprietà, in particolare:

$$\mathrm{P}(\Omega) = 1, \qquad \mathrm{P}(A \cup B) = \mathrm{P}(A) + \mathrm{P}(B) \quad \text{se} \quad A \cap B = \emptyset. \tag{1.2}$$

Queste relazioni sono del tutto naturali se si pensa all'interpretazione frequentista $\mathrm{P}(A) \simeq S_N(A)/N$, dal momento che $S_N(\Omega) = N$ (si ricordi che Ω contiene *tutti* gli esiti possibili dell'esperimento) e inoltre $S_N(A \cup B) = S_N(A) + S_N(B)$ se $A \cap B = \emptyset$.

Il punto di vista moderno consiste nel *definire probabilità una qualunque funzione* P *che soddisfi una versione rafforzata delle proprietà* (1.2). Questo approccio ha conseguenze ricche e profonde, come avremo modo di apprezzare.

Osservazione 1.4 Un'altra interpretazione della probabilità è quella *soggettivista*, basata sullo *schema della scommessa*. In questo approccio, la probabilità $\mathrm{P}(A)$ di un evento A rappresenta il *prezzo equo* che un individuo attribuisce a una scommessa che paga 1 se si verifica l'evento A, e paga 0 altrimenti.[1] Con "prezzo equo" si intende che l'individuo è disposto non solo ad acquistare, ma anche a vendere scommesse (ossia a "fare da banco") sugli eventi $A \subseteq \Omega$ ai prezzi stabiliti $\mathrm{P}(A)$.

Anche con questa interpretazione, le proprietà (1.2) sono naturali: infatti, se esse non sono verificate, si può costruire un'opportuna combinazione di scommesse che produce un guadagno certo o una perdita certa, qualunque sia l'esito dell'esperimento (omettiamo i dettagli per brevità). □

Osservazione 1.5 La *scelta* del modello probabilistico per un esperimento aleatorio può dipendere da considerazioni extra-matematiche. Tuttavia, una volta scelto il modello, il suo *studio* è un problema genuinamente matematico.

Osserviamo inoltre che, ove possibile, il modello scelto va sottoposto a verifica, sulla base di dati sperimentali. Questo costituisce uno degli obbiettivi principali della *statistica matematica*, a cui accenneremo nel Capitolo 8. □

1.1.2 Assiomi della probabilità

Motivati dalle precedenti considerazioni, diamo alcune definizioni fondamentali.

Definizione 1.6 (Assiomi della probabilità, I)
Sia Ω un arbitrario insieme non vuoto e sia $\mathcal{P}(\Omega)$ la famiglia di tutti i suoi sottoinsiemi. Una funzione

$$\mathrm{P}: \mathcal{P}(\Omega) \to [0,1]$$

si dice *probabilità (su Ω)* se valgono le seguenti proprietà:

(P1) $\mathrm{P}(\Omega) = 1$.
(P2) (σ-*additività*) Per ogni famiglia numerabile $(A_n)_{n\in\mathbb{N}}$ di sottoinsiemi di Ω disgiunti (ossia $A_n \cap A_m = \emptyset$ per $n \neq m$) si ha

$$\mathrm{P}\left(\bigcup_{n=1}^{+\infty} A_n\right) = \sum_{n=1}^{+\infty} \mathrm{P}(A_n).$$

Adotteremo la seguente terminologia:

- l'insieme Ω è detto *spazio campionario*;
- i sottoinsiemi $A \subseteq \Omega$ sono detti *eventi*;
- la coppia (Ω, P) è detta *spazio di probabilità*.

[1] Nelle scommesse sportive si usa una formulazione equivalente: data una scommessa sul verificarsi di un evento A, si fissa per convenzione pari a 1 il *prezzo* della scommessa, mentre l'allibratore (bookmaker) stabilisce l'ammontare della *vincita*, detta anche *quota*, che corrisponde a $1/\,\mathrm{P}(A)$.

L'interpretazione di uno spazio di probabilità è quella sopra descritta: lo spazio campionario Ω contiene tutti i possibili esiti ω di un esperimento aleatorio e, per ogni evento $A \subseteq \Omega$, il numero $\mathrm{P}(A) \in [0,1]$ esprime il "grado di fiducia" che si attribuisce al verificarsi di A (ossia all'eventualità che l'esito ω sia un elemento di A).

Osservazione 1.7 Nella prima parte di questo libro ci concentreremo principalmente sugli spazi campionari Ω *finiti o numerabili*, e in questo contesto la Definizione 1.6 è perfettamente adeguata. Più avanti vedremo che se Ω è infinito più che numerabile la Definizione 1.6 risulta troppo restrittiva, perché non permette di descrivere alcuni modelli probabilistici rilevanti (come l'Esempio 1.1 (iii)). Per questa ragione, a partire dal Capitolo 5 daremo una *definizione più generale di probabilità* P, in cui l'unica differenza rispetto alla Definizione 1.6 sarà che P può essere definita *non su tutti* i sottoinsiemi di Ω ma solo su una opportuna classe $\mathcal{A} \subseteq \mathcal{P}(\Omega)$. □

Ritorniamo alla Definizione 1.6. La proprietà (P1) esprime il fatto che l'intero spazio campionario è un evento *certo*, mentre la proprietà (P2) richiede una discussione più accurata. Iniziamo col dedurne alcune conseguenze.

Proposizione 1.8
Sia P *una probabilità, allora valgono le seguenti proprietà:*

(i) $\mathrm{P}(\emptyset) = 0$.
(ii) (Additività finita) *Se* $A_1, A_2, \ldots, A_k$ *è una famiglia finita di eventi disgiunti (ossia* $A_i \cap A_j = \emptyset$ *per* $i \neq j$*), allora*

$$\mathrm{P}(A_1 \cup A_2 \cup \cdots \cup A_k) = \mathrm{P}(A_1) + \mathrm{P}(A_2) + \cdots + \mathrm{P}(A_k) . \tag{1.3}$$

Dimostrazione Cominciamo con il punto (i). Sia $x := \mathrm{P}(\emptyset) \in [0,1]$ e si definisca $A_n = \emptyset$ per ogni $n \in \mathbb{N}$. Chiaramente $(A_n)_{n\in\mathbb{N}}$ è una successione di sottoinsiemi disgiunti di Ω. Allora, per l'assioma (P2) e il fatto che $\bigcup_{n=1}^{+\infty} A_n = \emptyset$, si ha

$$x = \mathrm{P}(\emptyset) = \mathrm{P}\left(\bigcup_{n=1}^{+\infty} A_n\right) = \sum_{n=1}^{+\infty} \mathrm{P}(A_n) = \sum_{n=1}^{+\infty} x .$$

Tale identità è possibile se e solo se $x = 0$ (perché $\sum_{n=1}^{+\infty} x = \infty$ se $x > 0$).

Veniamo dunque al punto (ii). Prolunghiamo la famiglia di eventi disgiunti $A_1, A_2, \ldots, A_k$ ad una successione infinita di eventi disgiunti, ponendo $A_n := \emptyset$ per $n > k$. Allora $\bigcup_{j=1}^{k} A_j = \bigcup_{j=1}^{+\infty} A_j$ e per l'assioma (P2)

$$\mathrm{P}(A_1 \cup A_2 \cup \cdots \cup A_k) = \mathrm{P}\left(\bigcup_{j=1}^{+\infty} A_j\right) = \sum_{j=1}^{+\infty} \mathrm{P}(A_j) = \sum_{j=1}^{k} \mathrm{P}(A_j) ,$$

che è quanto dovevamo mostrare. □

Osservazione 1.9 Riscriviamo l'equazione (1.3) nel caso speciale $k = 2$:

$$\mathrm{P}(A \cup B) = \mathrm{P}(A) + \mathrm{P}(B), \qquad \forall A, B \subseteq \Omega \text{ tali che } A \cap B = \emptyset. \qquad (1.4)$$

È interessante notare che la relazione (1.3) nel caso generale ($k \geq 2$) segue da (1.4) attraverso una semplice dimostrazione per induzione (esercizio). □

La proprietà (1.3) (o equivalentemente (1.4)), detta *additività finita* o semplicemente *additività*, è una condizione "naturale" che corrisponde a un'idea intuitiva di probabilità, come abbiamo già osservato in (1.2). È pertanto significativo domandarsi se le coppie di assiomi {(P1), (P2)} e {(P1), (1.3)} siano equivalenti, cioè se da ciascuna si possa dedurre l'altra. La risposta è affermativa nel caso in cui Ω sia un insieme finito, dal momento che non esistono successioni infinite di eventi disgiunti e non vuoti (infatti $\mathcal{P}(\Omega)$ ha un numero finito di elementi, pari a $2^{|\Omega|}$).

Se invece Ω è infinito (anche numerabile), gli assiomi {(P1), (P2)} sono strettamente più forti di {(P1), (1.3)}, cioè esistono funzioni $\mathrm{P} : \Omega \to [0, 1]$ che soddisfano (1.3) ma non (P2). Un esempio con $\Omega = \mathbb{N}$ è descritto nell'Appendice A.2 (la cui lettura può essere omessa, essendo piuttosto sofisticati gli argomenti usati).

Dunque, la σ-additività *non* è una conseguenza dell'additività finita. Benché la teoria della probabilità finitamente additiva sia sviluppata in una parte della letteratura matematica, in questo testo richiederemo sempre la σ-additività, che si adatta assai bene alla maggior parte delle applicazioni e che viene adottata dalla grande maggioranza degli autori. Le ragioni per cui l'assioma (P2) è rilevante rispetto al più debole (1.3) sono diverse, in parte non comprensibili in questa fase iniziale della presentazione della teoria. Tuttavia, una implicazione rilevante della σ-additività è già descritta nella Proposizione 1.24 più sotto.

Osservazione 1.10 La proprietà di additività (1.4) è soddisfatta da nozioni a prima vista distanti dalla probabilità, si pensi ad esempio all'*area* di una figura piana: se si suddivide la figura in due parti disgiunte, l'area totale coincide con la somma delle aree delle due parti. Un discorso analogo vale per il *volume* di un solido, o per la *quantità di massa* contenuta in una regione dello spazio. Queste (e altre) nozioni condividono un'analoga struttura matematica, la *teoria della misura*, a cui accenneremo nel Capitolo 5.

Per il momento, osserviamo che l'analogia con la nozione di area (o di volume) permette di interpretare "geometricamente" molte proprietà della probabilità, come ad esempio quelle che descriveremo a breve, nel Paragrafo 1.1.5. □

1.1.3 Spazi di probabilità discreti

Nella prima parte di questo libro ci concentriamo su esperimenti aleatori con *un numero di esiti finito o numerabile*, come nell'Esempio 1.1 (i) e (ii). Per descrivere tali esperimenti è naturale usare uno spazio campionario Ω finito o numerabile. Tuttavia può essere utile *scegliere uno spazio campionario più ampio* — anche infinito più che numerabile come $\Omega = \mathbb{R}$ — e identificare gli "esiti effettivamente possibili" con *un sottoinsieme* $\tilde{\Omega} \subseteq \Omega$ *finito o numerabile*. In questo caso si sceglierà una probabilità P che sia concentrata su $\tilde{\Omega}$, o più precisamente che soddisfi $\mathrm{P}(\tilde{\Omega}) = 1$. Tali probabilità saranno dette *discrete*.

Definizione 1.11 (Probabilità discreta, I)
Sia Ω un insieme non vuoto. Una probabilità P su Ω si dice *probabilità discreta* se esiste un sottoinsieme $\tilde{\Omega} \subseteq \Omega$ *finito o numerabile* tale che $\mathrm{P}(\tilde{\Omega}) = 1$. In tal caso, diremo che (Ω, P) è uno *spazio di probabilità discreto*.

In particolare, se Ω è finito o numerabile, ogni probabilità P su Ω è discreta.

Osservazione 1.12 Se Ω è un insieme infinito più che numerabile, ad esempio $\Omega = \mathbb{R}$, allora esistono probabilità P non discrete (definite su una sottoclasse $\mathcal{A} \subseteq \mathcal{P}(\Omega)$[2]), che studieremo a partire dal Capitolo 5. □

Anche quando lo spazio campionario Ω è infinito più che numerabile, uno spazio di probabilità discreto (Ω, P) descrive un esperimento aleatorio in cui *gli "esiti effettivamente possibili" sono finiti o numerabili*: l'insieme di tali esiti è rappresentato da un sottoinsieme $\tilde{\Omega} \subseteq \Omega$ finito o numerabile tale che $\mathrm{P}(\tilde{\Omega}) = 1$.

Enunciamo ora condizioni equivalenti che caratterizzano le probabilità discrete. La dimostrazione è posposta alla fine di questo paragrafo e può essere saltata in prima lettura (gli argomenti su cui si basa verranno frequentemente ripresi nel seguito).

Proposizione 1.13 (Caratterizzazione delle probabilità discrete)
Sia P *una probabilità su un arbitrario insieme* Ω*. Le seguenti condizioni sono equivalenti.*

(a) P *è una probabilità discreta (esiste* $\tilde{\Omega}$ *al più numerabile tale che* $\mathrm{P}(\tilde{\Omega}) = 1$*).*

(b) *Per ogni evento* $A \subseteq \Omega$ *si ha*

$$\mathrm{P}(A) = \sum_{\omega \in A} \mathrm{P}(\{\omega\}) . \tag{1.5}$$

(c) *Si ha* $\sum_{\omega \in \Omega} \mathrm{P}(\{\omega\}) = 1$.

Se vale una di tali condizioni (dunque tutte), si può scegliere $\tilde{\Omega}$ *in* (a) *come*

$$\tilde{\Omega} := \{\omega \in \Omega : \ \mathrm{P}(\{\omega\}) > 0\} . \tag{1.6}$$

[2] L'esistenza di probabilità non discrete definite su tutti i sottoinsiemi di Ω è un problema molto sottile, che va al di là degli scopi di questo libro.

La relazione (1.5) mostra che in uno spazio di probabilità discreto *la probabilità di ogni evento è determinata dalle probabilità* $\mathrm{P}(\{\omega\})$ *dei singoletti* $\{\omega\}$, ossia degli eventi costituiti da un solo elemento.[3]

È naturale cercare di invertire il percorso. Supponiamo di assegnare "le probabilità dei singoli esiti" $\mathrm{p}(\omega) := \mathrm{P}(\{\omega\})$ di un esperimento aleatorio: a partire da questi dati, è possibile *costruire* una probabilità P su Ω (definita su tutti i sottoinsiemi)?

Mostriamo che la risposta è affermativa, a patto che $\mathrm{p}(\omega)$ soddisfi le seguenti proprietà naturali (si ricordi il punto (c) della Proposizione 1.13):

$$\mathrm{p}(\omega) \geq 0 \quad \forall \omega \in \Omega\,, \qquad \sum_{\omega \in \Omega} \mathrm{p}(\omega) = 1\,. \tag{1.7}$$

Definizione 1.14 (Densità discreta)
Sia Ω un arbitrario insieme non vuoto. Si dice *densità discreta* su Ω ogni funzione $\mathrm{p} : \Omega \to \mathbb{R}$ che soddisfa (1.7).

Proposizione 1.15 (Probabilità e densità discreta)
Sia p *una densità discreta su un arbitrario insieme* Ω. *La funzione* $\mathrm{P} : \mathcal{P}(\Omega) \to \mathbb{R}$ *definita da*

$$\mathrm{P}(A) := \sum_{\omega \in A} \mathrm{p}(\omega)\,, \qquad \forall A \subseteq \Omega\,, \tag{1.8}$$

è una probabilità discreta su Ω *e vale che* $\mathrm{P}(\{\omega\}) = \mathrm{p}(\omega)$ *per ogni* $\omega \in \Omega$.

Dimostrazione Mostriamo che P è una probabilità su Ω, ossia verifica gli assiomi (P1), (P2) della Definizione 1.6. Chiaramente $\mathrm{P}(\Omega) = 1$, grazie alla seconda relazione in (1.7), dunque l'assioma (P1) è verificato. Per l'assioma (P2), dato che la famiglia di numeri reali $(\mathrm{p}(\omega))_{\omega \in \Omega}$ è positiva, applichiamo la *somma a blocchi* (0.12): se $(A_k)_{k \in \mathbb{N}}$ sono sottoinsiemi di Ω disgiunti, posto $A := \bigcup_{k \in \mathbb{N}} A_k$, si ha

$$\mathrm{P}(A) = \sum_{\omega \in A} \mathrm{p}(\omega) = \sum_{k \in \mathbb{N}} \Bigg(\sum_{\omega \in A_k} \mathrm{p}(\omega) \Bigg) = \sum_{k \in \mathbb{N}} \mathrm{P}(A_k)\,,$$

e la dimostrazione è completata. □

Come conseguenza diretta delle Proposizioni 1.13 e 1.15, otteniamo un'utile riformulazione equivalente della Definizione 1.14 di probabilità discreta.

[3] Questo non sarà più vero per gli spazi di probabilità generali, come vedremo nel Capitolo 5.

Corollario 1.16 (Probabilità discreta, II)
Una probabilità P *è discreta se e solo se esiste una densità discreta* p *tale che valga la relazione* (1.8). *In tal caso, la densità discreta è data da* $p(\omega) = P(\{\omega\})$.

Riassumendo, abbiamo una ricetta esplicita per costruire una probabilità discreta P su un arbitrario spazio campionario Ω:

- si fissa innanzitutto una densità discreta p su Ω (intuitivamente: si assegnano "le probabilità $p(\omega)$ dei singoli esiti $\omega \in \Omega$" dell'esperimento aleatorio);
- si definisce quindi la probabilità $P(A)$ di ogni evento $A \subseteq \Omega$ mediante (1.8).

Vedremo tra poco diversi esempi concreti, nel Paragrafo 1.1.4.

Osservazione 1.17 Una densità discreta p su un insieme arbitrario Ω è supportata dal sottoinsieme $\tilde{\Omega} := \{\omega \in \Omega : p(\omega) > 0\}$ che *è finito o numerabile*, per quanto discusso nell'Osservazione 0.1, perché la somma $\sum_{\omega\in\Omega} p(\omega) = 1$ è finita. □

Dimostrazione (Proposizione 1.13) Usiamo due proprietà generali soddisfatte da ogni probabilità, che dimostreremo nella Proposizione 1.21: dati gli eventi $A, B \subseteq \Omega$ si ha

$$P(A^c) = 1 - P(A), \qquad \text{inoltre, se } A \subseteq B, \text{ allora } P(A) \le P(B). \tag{1.9}$$

Mostriamo che (a) implica (b). Assumiamo (a): sia P una probabilità discreta e sia $\tilde{\Omega} \subseteq \Omega$ finito o numerabile tale che $P(\tilde{\Omega}) = 1$. Allora grazie a (1.9)

$$P(\tilde{\Omega}^c) = 1 - P(\Omega) = 0, \qquad P(\{\omega\}) = 0 \text{ per ogni } \omega \in \tilde{\Omega}^c. \tag{1.10}$$

Sia ora $A \subseteq \Omega$ un evento generico. Possiamo scrivere $A = (A \cap \tilde{\Omega}) \cup (A \cap \tilde{\Omega}^c)$ e l'unione è disgiunta, pertanto $P(A) = P(A \cap \tilde{\Omega}) + P(A \cap \tilde{\Omega}^c)$ per l'additività finita della probabilità. Ma $P(A \cap \tilde{\Omega}^c) \le P(\tilde{\Omega}^c) = 0$ ancora grazie a (1.9), dunque otteniamo che $P(A) = P(A \cap \tilde{\Omega})$. Scriviamo ora $A \cap \tilde{\Omega} = \bigcup_{\omega\in A\cap\tilde{\Omega}} \{\omega\}$ e osserviamo che l'unione è *al più numerabile* (perché $\tilde{\Omega}$ è finito o numerabile). Usando l'assioma (P2) otteniamo dunque

$$P(A) = P(A \cap \tilde{\Omega}) = \sum_{\omega\in A\cap\tilde{\Omega}} P(\{\omega\}) = \sum_{\omega\in A} P(\{\omega\}),$$

dove l'ultima uguaglianza vale perché $P(\{\omega\}) = 0$ se $\omega \notin \tilde{\Omega}$, grazie a (1.10). Abbiamo ottenuto (b): vale la relazione (1.5) per ogni evento $A \subseteq \Omega$.

Mostrare che (b) implica (c) è immediato: basta scegliere $A = \Omega$ in (1.5).

Mostriamo infine che (c) implica (a). Assumiamo (c), ossia $\sum_{\omega\in\Omega} P(\{\omega\}) = 1$. L'insieme $\tilde{\Omega}$ in (1.6), che identifica i termini non nulli $P(\{\omega\}) \neq 0$, è finito o numerabile grazie all'Osservazione 0.1 (perché la somma $\sum_{\omega\in\Omega} P(\{\omega\})$ è finita). Possiamo allora scrivere $\tilde{\Omega} = \bigcup_{\omega\in\tilde{\Omega}} \{\omega\}$ e, notando che l'unione è disgiunta e al più numerabile, grazie all'assioma (P2) otteniamo

$$P(\tilde{\Omega}) = \sum_{\omega\in\tilde{\Omega}} P(\{\omega\}) = \sum_{\omega\in\Omega} P(\{\omega\}),$$

dove l'ultima uguaglianza vale perché $P(\{\omega\}) = 0$ se $\omega \notin \tilde{\Omega}$, grazie alla definizione (1.6) di $\tilde{\Omega}$. Abbiamo ottenuto (a), con $\tilde{\Omega}$ dato da (1.6). □

1.1.4 Esempi

Mostriamo ora alcuni esempi di spazi di probabilità discreti.

Esempio 1.18 (Probabilità uniforme) Sia Ω un insieme *finito*. Definiamo per $A \subseteq \Omega$

$$\mathrm{P}(A) := \frac{|A|}{|\Omega|},$$

dove $|\cdot|$ indica il numero di elementi di un insieme. Si vede facilmente che P soddisfa gli assiomi (P1) e (P2) della Definizione 1.6 (invece di (P2) è sufficiente verificare (1.4), essendo Ω finito). Pertanto P è una probabilità, detta *uniforme su* Ω.

La densità discreta associata $\mathrm{p}(\omega) = \mathrm{P}(\{\omega\})$ è data da

$$\mathrm{p}(\omega) = \frac{1}{|\Omega|},$$

e dunque *non dipende da* ω. È interessante notare che vale anche il viceversa: se $\mathrm{p}(\omega) = \mathrm{P}(\{\omega\}) = c$ non dipende da $\omega \in \Omega$, allora necessariamente $c = 1/|\Omega|$ e dunque P è la probabilità uniforme su Ω (esercizio).

Lo spazio (Ω, P) così definito si dice *spazio di probabilità uniforme*. Esso è il modello probabilistico adeguato a descrivere gli esperimenti aleatori in cui tutti gli esiti si possono ritenere equiprobabili (per esempio, per ragioni di simmetria). Casi tipici sono il lancio di un dado regolare, l'estrazione di un numero in una ruota del lotto, la successione delle carte in un mazzo accuratamente mescolato... Ritorneremo su questi esempi nel Paragrafo 1.2. □

Esempio 1.19 (Probabilità di Poisson) Sia $\Omega = \mathbb{N}_0 = \{0, 1, 2, \dots\}$ e poniamo

$$\mathrm{p}(n) := \mathrm{e}^{-\lambda} \frac{\lambda^n}{n!},$$

dove $\lambda > 0$ è un parametro reale fissato. Ricordando la serie esponenziale (0.6), la relazione (1.7) è verificata e dunque è possibile definire una probabilità P tramite (1.5). Tale probabilità, detta di Poisson, compare in modo naturale in molti modelli probabilistici. Ne studieremo le proprietà nel Paragrafo 3.5.5.

Talvolta può essere conveniente estendere la probabilità di Poisson allo spazio campionario $\Omega' := \mathbb{R}$. Questa si ottiene semplicemente considerando la densità discreta definita da $\mathrm{p}'(x) := \mathrm{p}(x)$ se $x = n \in \mathbb{N}_0$ mentre $\mathrm{p}'(x) := 0$ se $x \notin \mathbb{N}_0$. □

Esempio 1.20 (Misura di Gibbs) Sia Ω un insieme *finito*, e sia $H : \Omega \to \mathbb{R}$ una funzione arbitraria fissata. Per ogni parametro reale $\beta \geq 0$ fissato, definiamo la funzione $\mathrm{p}_\beta : \Omega \to [0, 1]$ ponendo

$$\mathrm{p}_\beta(\omega) := \frac{1}{Z_\beta} \mathrm{e}^{-\beta H(\omega)}, \tag{1.11}$$

dove

$$Z_\beta := \sum_{\omega \in \Omega} e^{-\beta H(\omega)} . \tag{1.12}$$

Le relazioni in (1.7) sono verificate, pertanto la funzione p_β determina, mediante (1.5), una probabilità che indicheremo con P_β.

Prendendo a prestito la terminologia della meccanica statistica, la probabilità P_β è detta *misura di Gibbs* relativa all'*energia* H e alla *temperatura inversa* β. L'interpretazione è che gli elementi $\omega \in \Omega$ rappresentano gli stati di un sistema fisico, a cui è associata una energia $H(\omega)$; quando il sistema è in equilibrio termico alla temperatura assoluta T, ponendo $\beta = \frac{1}{k_B T}$ (dove k_B è la costante di Boltzmann), la probabilità di osservare il sistema in uno stato ω è data da $p_\beta(\omega) = P_\beta(\{\omega\})$.

Si noti che per $\beta > 0$ la probabilità dello stato ω è tanto più alta quanto più *bassa* è la sua energia $H(\omega)$. Nel caso $\beta = 0$ (temperatura infinita), $p_0(\omega) = 1/Z_0$ non dipende da ω, pertanto P_0 non è altro che la probabilità uniforme su Ω.

Consideriamo ora il limite $\beta \to +\infty$, che corrisponde al limite di temperatura zero (assoluto). Indichiamo con $m := \min\{H(\omega) : \omega \in \Omega\}$ il minimo assoluto della Hamiltoniana, e introduciamo l'insieme (non vuoto)

$$M := \{\omega \in \Omega : H(\omega) = m\} ,$$

costituito dagli elementi di Ω con energia minima. Mostriamo ora che

$$\lim_{\beta \to +\infty} P_\beta(M) = 1 .$$

In altre parole, nel limite $\beta \to +\infty$, la probabilità P_β "si concentra" sugli elementi di minima energia. A tal fine, è sufficiente (perché?) mostrare che, per ogni $\omega \notin M$,

$$\lim_{\beta \to +\infty} P_\beta(\{\omega\}) = 0 . \tag{1.13}$$

Grazie alla relazione (1.12) possiamo scrivere

$$Z_\beta \geq \sum_{\omega \in M} e^{-\beta H(\omega)} = |M| \, e^{-\beta m} \geq e^{-\beta m} ,$$

pertanto

$$P_\beta(\{\omega\}) = p_\beta(\omega) = \frac{e^{-\beta H(\omega)}}{Z_\beta} \leq \frac{e^{-\beta H(\omega)}}{e^{-\beta m}} = e^{-\beta[H(\omega) - m]} . \tag{1.14}$$

Per ogni $\omega \notin A$ si ha $H(\omega) > m$, quindi prendendo il limite $\beta \to +\infty$ in (1.14) si ottiene (1.13). (Si veda l'Esercizio 1.6 per un rafforzamento.) $\square$

1.1.5 Proprietà fondamentali

Iniziamo con l'esporre alcune conseguenze semplici, ma molto importanti, degli assiomi (P1) e (P2). Può essere utile tenere a mente l'analogia formale tra la probabilità e la nozione di area, a cui abbiamo accennato nell'Osservazione 1.10.

Proposizione 1.21
Sia (Ω, P) uno spazio di probabilità.

(i) *Per ogni coppia di eventi $A, B \subseteq \Omega$ tali che $A \subseteq B$*

$$\mathrm{P}(B \setminus A) = \mathrm{P}(B) - \mathrm{P}(A),$$

di conseguenza

$$\mathrm{P}(A) \leq \mathrm{P}(B).$$

In particolare, per ogni evento $A \subseteq \Omega$

$$\mathrm{P}(A^c) = 1 - \mathrm{P}(A).$$

(ii) *Per ogni coppia di eventi $A, B \subseteq \Omega$*

$$\mathrm{P}(A \cup B) = \mathrm{P}(A) + \mathrm{P}(B) - \mathrm{P}(A \cap B),$$

di conseguenza

$$\mathrm{P}(A \cup B) \leq \mathrm{P}(A) + \mathrm{P}(B).$$

Dimostrazione Cominciamo dal punto (i). Se $A \subseteq B$ si può scrivere $B = A \cup (B \setminus A)$ e l'unione è disgiunta, quindi per l'additività di P

$$\mathrm{P}(B) = \mathrm{P}\big(A \cup (B \setminus A)\big) = \mathrm{P}(A) + \mathrm{P}(B \setminus A),$$

ossia $\mathrm{P}(B \setminus A) = \mathrm{P}(B) - \mathrm{P}(A)$. Dato che la probabilità di qualsiasi evento è un numero positivo, segue che $\mathrm{P}(A) \leq \mathrm{P}(B)$.

Veniamo dunque al punto (ii). Per ogni scelta di $A, B \subseteq \Omega$ si ha $B \setminus A = B \setminus (A \cap B)$. Dato che $(A \cap B) \subseteq B$, per il punto precedente $\mathrm{P}(B \setminus A) = \mathrm{P}(B) - \mathrm{P}(A \cap B)$. Infine, notando che $A \cup B = A \cup (B \setminus A)$ e l'unione è disgiunta, per l'additività di P si ottiene

$$\mathrm{P}(A \cup B) = \mathrm{P}(A) + \mathrm{P}(B \setminus A) = \mathrm{P}(A) + \mathrm{P}(B) - \mathrm{P}(A \cap B),$$

e la dimostrazione è conclusa. □

Osservazione 1.22 (Principio dell'"almeno uno") La formula

$$\mathrm{P}(A^c) = 1 - \mathrm{P}(A)$$

si rivela spesso molto utile. A titolo di esempio, calcoliamo la probabilità di ottenere almeno un 6 lanciando 8 dadi. Una scelta naturale di spazio campionario è

$$\Omega = \{1, 2, 3, 4, 5, 6\}^8 ,$$

ossia l'insieme dei vettori $\omega = (\omega_1, \ldots, \omega_8)$ con componenti $\omega_i \in \{1, 2, 3, 4, 5, 6\}$. L'evento che ci interessa è dato dal sottoinsieme

$$A := \{\omega = (\omega_1, \ldots, \omega_8) \in \Omega : \ \omega_i = 6 \text{ per qualche } 1 \leq i \leq 8\} .$$

Se i dadi sono regolari, è naturale munire Ω della probabilità uniforme P, pertanto $\mathrm{P}(A) = |A|/|\Omega|$. Dovrebbe essere intuitivamente chiaro che $|\Omega| = 6^8$, perché ogni $\omega \in \Omega$ è determinato da 8 componenti ω_i, ciascuna delle quali può assumere 6 valori (approfondiremo i problemi di conteggio nel Paragrafo 1.2), ma non è ovvio come calcolare la cardinalità di A. Il problema si risolve facilmente notando che

$$A^c = \{\omega = (\omega_1, \ldots, \omega_8) \in \Omega : \ \omega_i \neq 6 \text{ per ogni } 1 \leq i \leq 8\} = \{1, 2, 3, 4, 5\}^8 ,$$

da cui segue che $|A^c| = 5^8$. Pertanto

$$\mathrm{P}(A) = 1 - \mathrm{P}(A^c) = 1 - \frac{|A^c|}{|\Omega|} = 1 - \left(\frac{5}{6}\right)^8 \simeq 0.77 .$$

(Vedremo un'altra applicazione, più interessante, nell'Esempio 1.40.) □

L'identità della parte (ii) della Proposizione 1.21 può essere generalizzata all'unione di più di due eventi. Ad esempio, supponiamo di voler calcolare $\mathrm{P}(A \cup B \cup C)$ per tre eventi A, B, C. Usando due volte l'identità appena citata si ottiene

$$\begin{aligned}
&\mathrm{P}(A \cup B \cup C) = \mathrm{P}((A \cup B) \cup C) = \mathrm{P}(A \cup B) + \mathrm{P}(C) - \mathrm{P}((A \cup B) \cap C) \\
&= \mathrm{P}(A) + \mathrm{P}(B) - \mathrm{P}(A \cap B) + \mathrm{P}(C) - \mathrm{P}((A \cap C) \cup (B \cap C)) \\
&= \mathrm{P}(A) + \mathrm{P}(B) + \mathrm{P}(C) - \mathrm{P}(A \cap B) - \mathrm{P}(A \cap C) - \mathrm{P}(B \cap C) + \mathrm{P}(A \cap B \cap C) .
\end{aligned}$$

Non è difficile, a questo punto, "indovinare" la formula generale per l'unione di un numero finito arbitrario di eventi. Il seguente risultato è chiamato *formula di inclusione-esclusione*. Ne vedremo un'applicazione interessante nel prossimo capitolo, nel Problema 2.4 del Paragrafo 2.1.

Proposizione 1.23 (Formula di inclusione-esclusione)
Sia (Ω, P) *uno spazio di probabilità. Per ogni famiglia finita di eventi* $A_1, A_2, \ldots, A_n \subseteq \Omega$

$$\mathrm{P}(A_1 \cup A_2 \cup \cdots \cup A_n) = \sum_{k=1}^{n} (-1)^{k+1} \sum_{\substack{I \subseteq \{1,2,\ldots,n\} \\ \text{tali che } |I|=k}} \mathrm{P}\left(\bigcap_{i \in I} A_i\right)$$

$$= \sum_{k=1}^{n} (-1)^{k+1} \sum_{1 \le i_1 < i_2 < \ldots < i_k \le n} \mathrm{P}(A_{i_1} \cap A_{i_2} \cap \ldots \cap A_{i_k}) \,. \quad (1.15)$$

Dimostrazione Dimostriamo per induzione su n che la relazione (1.15) è vera per ogni n-pla di eventi $A_1, A_2, \ldots, A_n$. Per $n = 1$ la formula (1.15) si riduce a $\mathrm{P}(A_1) = \mathrm{P}(A_1)$, dunque non c'è nulla da dimostrare, mentre per $n = 2$ tale formula coincide con $\mathrm{P}(A_1 \cup A_2) = \mathrm{P}(A_1) + \mathrm{P}(A_2) - \mathrm{P}(A_1 \cup A_2)$, che è già stata dimostrata nella Proposizione 1.21. Procediamo dunque per induzione: per $n \ge 2$, supponiamo che l'asserto sia vero per ogni $k \le n$ e mostriamo che è vero per $n + 1$. Siano $A_1, A_2, \ldots, A_n, A_{n+1}$ eventi. Per ipotesi induttiva, (1.15) vale per $n = 2$, dunque

$$\begin{aligned}
&\mathrm{P}(A_1 \cup A_2 \cup \cdots \cup A_n \cup A_{n+1}) \\
&\quad = \mathrm{P}(A_1 \cup A_2 \cup \cdots \cup A_n) + \mathrm{P}(A_{n+1}) - \mathrm{P}((A_1 \cup A_2 \cup \cdots \cup A_n) \cap A_{n+1}) \\
&\quad = \mathrm{P}(A_1 \cup A_2 \cup \cdots \cup A_n) + \mathrm{P}(A_{n+1}) - \mathrm{P}(B_1 \cup B_2 \cup \cdots \cup B_n) \,, \qquad (1.16)
\end{aligned}$$

dove abbiamo posto per comodità $B_i = A_i \cap A_{n+1}$, per $i = 1, 2, \ldots, n$. Usando nuovamente l'ipotesi induttiva, questa volta per n eventi, otteniamo

$$\begin{aligned}
\mathrm{P}(A_1 \cup A_2 \cup \cdots \cup A_n) &= \sum_{k=1}^{n} \sum_{\substack{I \subseteq \{1,2,\ldots,n\} \\ \text{tale che } |I|=k}} (-1)^{k+1}\, \mathrm{P}\left(\bigcap_{i \in I} A_i\right) \\
&= \sum_{k=1}^{n} \sum_{\substack{I \subseteq \{1,2,\ldots,n+1\} \\ \text{tale che } |I| = k \text{ e } n+1 \notin I}} (-1)^{k+1}\, \mathrm{P}\left(\bigcap_{i \in I} A_i\right), \qquad (1.17)
\end{aligned}$$

e analogamente

$$\begin{aligned}
\mathrm{P}(B_1 \cup B_2 \cup \cdots \cup B_n) &= \sum_{k=1}^{n} \sum_{\substack{I \subseteq \{1,2,\ldots,n\} \\ \text{tale che } |I| = k}} (-1)^{k+1}\, \mathrm{P}\left(\bigcap_{i \in I} B_i\right) \\
&= \sum_{k=1}^{n} \sum_{\substack{I \subseteq \{1,2,\ldots,n\} \\ \text{tale che } |I| = k}} (-1)^{k+1}\, \mathrm{P}\left(A_{n+1} \cap \left(\bigcap_{i \in I} A_i\right)\right) \\
&= -\sum_{k'=2}^{n+1} \sum_{\substack{I \subseteq \{1,2,\ldots,n+1\} \\ \text{tale che } |I| = k' \text{ e } n+1 \in I}} (-1)^{k'+1}\, \mathrm{P}\left(\bigcap_{i \in I} A_i\right). \qquad (1.18)
\end{aligned}$$

Sostituendo (1.17) e (1.18) nell'ultimo membro di (1.16), si ottiene

$$\mathrm{P}(A_1 \cup A_2 \cup \cdots \cup A_n \cup A_{n+1}) = \sum_{k=1}^{n+1} \sum_{\substack{I \subseteq \{1,2,\ldots,n+1\} \\ \text{tale che } |I| = k}} (-1)^{k+1} \, \mathrm{P}\left(\bigcap_{i \in I} A_i \right),$$

che è quanto si voleva dimostrare. □

Va notato come le dimostrazioni dei risultati delle Proposizioni 1.21 e 1.23 usino solo l'additività finita (1.3) e non la σ-additività (P2), che invece gioca un ruolo fondamentale nella seguente.

Proposizione 1.24 (Continuità dal basso e dall'alto della probabilità)
Sia Ω un insieme e sia $\mathrm{P} : \mathcal{P}(\Omega) \to [0,1]$ una funzione che soddisfa l'assioma (P1) *e la proprietà* (1.3) *di additività. Le seguenti proprietà sono equivalenti:*

(i) σ-additività*:* P *soddisfa l'assioma* (P2) *della Definizione 1.6, e dunque* (Ω, P) *è uno spazio di probabilità*
(ii) Continuità dal basso*: per ogni successione crescente $(A_n)_{n\in\mathbb{N}}$ di eventi, cioè $A_n \subseteq A_{n+1} \subseteq \Omega$ per ogni $n \in \mathbb{N}$, si ha*

$$\mathrm{P}\left(\bigcup_{n=1}^{\infty} A_n \right) = \lim_{n\to+\infty} \mathrm{P}(A_n).$$

(iii) Continuità dall'alto*: per ogni una successione decrescente $(A_n)_{n\in\mathbb{N}}$ di eventi, cioè $A_{n+1} \subseteq A_n \subseteq \Omega$ per ogni $n \in \mathbb{N}$, si ha*

$$\mathrm{P}\left(\bigcap_{n=1}^{\infty} A_n \right) = \lim_{n\to+\infty} \mathrm{P}(A_n).$$

Dimostrazione (i) $\Rightarrow$ (ii). Per una data successione crescente $(A_n)_{n\in\mathbb{N}}$ di eventi, definiamo un'altra successione $(B_n)_{n\in\mathbb{N}}$ tramite $B_1 := A_1$, e $B_n := A_n \setminus A_{n-1}$ per $n \geq 2$. Per costruzione, gli eventi B_n sono disgiunti e, per ogni $n \in \mathbb{N}$,

$$\bigcup_{k=1}^{n} B_k = A_n.$$

Da ciò segue che $\bigcup_{n=1}^{\infty} B_n = \bigcup_{n=1}^{\infty} A_n$, quindi per la σ-additività (P2)

$$\begin{aligned} \mathrm{P}\left(\bigcup_{n=1}^{\infty} A_n \right) &= \mathrm{P}\left(\bigcup_{n=1}^{\infty} B_n \right) = \sum_{n=1}^{\infty} \mathrm{P}(B_n) = \lim_{n\to+\infty} \sum_{k=1}^{n} \mathrm{P}(B_k) \\ &= \lim_{n\to+\infty} \mathrm{P}\left(\bigcup_{k=1}^{n} B_k \right) = \lim_{n\to+\infty} \mathrm{P}(A_n). \end{aligned}$$

(ii) $\Rightarrow$ (i). Dati eventi *arbitrari* $(A_n)_{n\in\mathbb{N}}$, definendo $B_k := \bigcup_{n=1}^{k} A_n$ si ottengono eventi $(B_k)_{k\in\mathbb{N}}$ crescenti, e inoltre $\bigcup_{n=1}^{\infty} A_n = \bigcup_{k=1}^{\infty} B_k$. Segue allora dall'ipotesi (ii) che

$$P\left(\bigcup_{n=1}^{\infty} A_n\right) = P\left(\bigcup_{n=1}^{\infty} B_n\right) = \lim_{n\to+\infty} P(B_n) = \lim_{n\to+\infty} P\left(\bigcup_{k=1}^{n} A_k\right). \tag{1.19}$$

Se gli eventi $(A_n)_{n\in\mathbb{N}}$ sono *disgiunti*, otteniamo per l'additività finita

$$P\left(\bigcup_{n=1}^{\infty} A_n\right) = \lim_{n\to+\infty} \sum_{k=1}^{n} P(A_k) = \sum_{n=1}^{+\infty} P(A_n).$$

(ii) $\Rightarrow$ (iii). Siano $(A_n)_{n\in\mathbb{N}}$ eventi *arbitrari*. Posto $C_n := A_n^c$, per le leggi di de Morgan si ha $\bigcup_{k=1}^{n} C_k = (\bigcap_{k=1}^{n} A_k)^c$, quindi applicando la relazione (1.19) si ottiene

$$\begin{aligned} P\left(\bigcap_{n=1}^{\infty} A_n\right) &= 1 - P\left(\bigcup_{n=1}^{\infty} C_n\right) = 1 - \lim_{n\to+\infty} P\left(\bigcup_{k=1}^{n} C_k\right) \\ &= \lim_{n\to+\infty} P\left(\left(\bigcup_{k=1}^{n} C_k\right)^c\right) = \lim_{n\to+\infty} P\left(\bigcap_{k=1}^{n} A_k\right). \end{aligned} \tag{1.20}$$

Se gli eventi $(A_n)_{n\in\mathbb{N}}$ sono decrescenti, si ha $\bigcap_{k=1}^{n} A_k = A_n$ e dunque, usando (ii),

$$P\left(\bigcap_{n=1}^{\infty} A_n\right) = \lim_{n\to+\infty} P(A_n).$$

(iii) $\Rightarrow$ (ii). Simile all'implicazione precedente. Si lasciano i dettagli al lettore. □

Enunciamo due corollari molto utili della Proposizione 1.24.

Corollario 1.25 (Unione e intersezione numerabile)
Per ogni successione $(A_n)_{n\in\mathbb{N}}$ di eventi, non necessariamente crescenti o decrescenti, si ha

$$P\left(\bigcup_{n=1}^{\infty} A_n\right) = \lim_{n\to\infty} P\left(\bigcup_{k=1}^{n} A_k\right), \tag{1.21}$$

$$P\left(\bigcap_{n=1}^{\infty} A_n\right) = \lim_{n\to\infty} P\left(\bigcap_{k=1}^{n} A_k\right). \tag{1.22}$$

Dimostrazione Abbiamo già ottenuto (1.21) e (1.22) nella dimostrazione della Proposizione 1.24, si vedano le formule (1.19) e (1.20). In alternativa, si osservi che gli eventi $B_n := \bigcup_{k=1}^n A_k$ sono crescenti mentre $B'_n := \bigcap_{k=1}^n A_k$ sono decrescenti. □

Corollario 1.26 (Subadditività finita e numerabile)
Per ogni famiglia finita di eventi $A_1, \ldots, A_n$ in uno spazio di probabilità si ha che

$$\mathrm{P}\left(\bigcup_{k=1}^n A_k\right) \leq \sum_{k=1}^n \mathrm{P}(A_k). \tag{1.23}$$

Analogamente, se $(A_n)_{n\in\mathbb{N}}$ è una successione (numerabile) di eventi,

$$\mathrm{P}\left(\bigcup_{n=1}^\infty A_n\right) \leq \sum_{n=1}^\infty \mathrm{P}(A_n). \tag{1.24}$$

Dimostrazione Sappiamo che $\mathrm{P}(A_1 \cup A_2) \leq \mathrm{P}(A_1) + \mathrm{P}(A_2)$ per la parte (ii) della Proposizione 1.21. Con una dimostrazione per induzione, si ottiene (1.23). Prendendo il limite $n \to \infty$ e usando (1.21), si ottiene (1.24). □

Problema 1.27 Presentiamo un esempio interessante di applicazione della formula di inclusione-esclusione della Proposizione 1.23. Vorremmo rispondere alla domanda seguente: *se scegliamo due numeri naturali "a caso", qual è la probabilità che essi siano primi tra loro?*

La prima difficoltà consiste nel dare un senso preciso alla domanda. Spesso quando si effettua una scelta "a caso" si intende implicitamente "in modo uniforme", ma in questo caso il problema è che *non è definita la probabilità uniforme su* $\mathbb{N}$, perché si tratta di un insieme infinito (si ricordi l'Esempio 1.18). Consideriamo allora la seguente riformulazione: fissato $n \in \mathbb{N}$, qual è la probabilità p_n che due interi scelti "a caso" in $\{1, \ldots, n\}$ siano primi tra loro? Quanto vale il limite di p_n per $n \to \infty$, ammesso che tale limite esista?

Per formalizzare il problema e definire un modello probabilistico, consideriamo lo spazio campionario $\Omega = \{1, \ldots, n\} \times \{1, \ldots, n\}$, ossia l'insieme delle coppie di numeri naturali in $\{1, \ldots, n\}$, munito della probabilità uniforme P. Il nostro obiettivo è di calcolare la probabilità dell'evento

$$A = \text{“i numeri scelti sono primi tra loro”} = \{(a,b) \in \Omega_n \colon \mathrm{MCD}(a,b) = 1\}.$$

Per $q \in \mathbb{N}$ definiamo l'evento

$$D_q = \text{“}q \text{ è un divisore dei numeri scelti”} = \{(a,b) \in \Omega_n \colon q|a \text{ e } q|b\}$$

e osserviamo che si ha $D_q = M_q \times M_q$, avendo posto $M_q = \{mq\colon 1 \le m \le \lfloor n/q \rfloor\}$, dove $\lfloor x \rfloor := \max\{n \in \mathbb{N} : n \le x\}$ indica la parte intera di x. Possiamo allora calcolare

$$\mathrm{P}(D_q) = \frac{|D_q|}{|\Omega_n|} = \frac{\lfloor n/q \rfloor^2}{n^2}\,.$$

Indichiamo ora con $p_1, \ldots, p_\ell$ i numeri primi minori o uguali a n. Possiamo scrivere $A^c = D_{p_1} \cup \cdots \cup D_{p_\ell}$, quindi per la Proposizione 1.23 si ha

$$\mathrm{P}(A^c) = \sum_{k=1}^{\ell} \sum_{\substack{I \subset \{1,\ldots,\ell\} \\ \text{tali che } |I|=k}} (-1)^{k+1}\, \mathrm{P}\left(\bigcap_{i \in I} D_{p_i} \right)$$

Dato che $p_1, \ldots, p_\ell$ sono numeri primi distinti, si ha

$$D_{p_{i_1}} \cap \cdots \cap D_{p_{i_k}} = D_{p_{i_1} \cdots p_{i_k}}\,.$$

Grazie alla probabilità $\mathrm{P}(D_q)$ calcolata sopra, otteniamo

$$p_n = \mathrm{P}(A) = 1 - \mathrm{P}(A^c) = 1 + \sum_{k=1}^{\ell} \sum_{\substack{I \subset \{1,\ldots,\ell\} \\ \text{tali che } |I|=k}} (-1)^k \frac{1}{n^2} \left\lfloor \frac{n}{\prod_{i \in I} p_i} \right\rfloor^2 .$$

Per l'unicità della decomposizione in fattori primi, $d_I := \prod_{i \in I} p_i \in \mathbb{N}$ soddisfa $d_I \ne d_{I'}$ per $I \ne I'$. Dato che $\lfloor n/d_I \rfloor = 0$ se $d_I > n$, *ciascun termine non nullo nell'espressione precedente corrisponde a un unico valore di* $d = d_I \in \{1, \ldots, n\}$. Possiamo allora scrivere

$$p_n = \sum_{d=1}^{n} \mu(d) \frac{1}{n^2} \lfloor n/d \rfloor^2 , \tag{1.25}$$

dove poniamo $\mu(d) := (-1)^k$ se d è il prodotto di k numeri primi distinti e $\mu(d) := 0$ se d ha un fattore primo con molteplicità almeno 2 (se $d = 1$ poniamo per convenzione $\mu(d) := 1$). La funzione $\mu(d)$ è chiamata *funzione di Möbius* in teoria dei numeri.

Abbiamo ottenuto un'espressione per la probabilità p_n che due interi scelti "a caso" in $\{1, \ldots, n\}$ siano primi tra loro. Studiamo ora il limite di p_n per $n \to \infty$. Mostriamo innanzitutto che

$$\lim_{n \to \infty} p_n = \sum_{d=1}^{\infty} \mu(d) \frac{1}{d^2} , \tag{1.26}$$

dove notiamo che la serie è assolutamente convergente perché $|\mu(d)/d^2| \leq 1/d^2$ (si ricordi il criterio (0.3)). Grazie alla disuguaglianza triangolare e al fatto che $|\mu(d)| \leq 1$, si ottiene da (1.25)

$$\left| p_n - \sum_{d=1}^{n} \mu(d) \frac{1}{d^2} \right| \leq \sum_{d=1}^{n} \left| \frac{\lfloor n/d \rfloor^2}{n^2} - \frac{1}{d^2} \right| \leq \frac{2}{n} \sum_{d=1}^{n} \frac{1}{d},$$

dove l'ultima disuguaglianza vale perché $n/d - 1 \leq \lfloor n/d \rfloor \leq n/d$ da cui segue che $n^2/d^2 - 2n/d \leq \lfloor n/d \rfloor^2 \leq n^2/d^2$. La serie armonica è asintotica a $\sum_{d=1}^{n} \frac{1}{d} \sim \log n$ per $n \to \infty$ (si ricordi (0.9)), pertanto $\left| p_n - \sum_{d=1}^{n} \mu(d)/d^2 \right| \to 0$. Questo conclude la dimostrazione di (1.26), dato che la serie $\sum_{d=1}^{n} \mu(d)/d^2$ è assolutamente convergente.

Mostriamo infine che è possibile calcolare esplicitamente il valore della serie nel membro destro in (1.26). Scriviamo il prodotto delle due serie convergenti $\sum_{d=1}^{\infty} \mu(d) \frac{1}{d^2}$ e $\sum_{m=1}^{\infty} \frac{1}{m^2}$: grazie alla somma a blocchi (0.13), si ottiene

$$\begin{aligned} \left(\sum_{d=1}^{\infty} \frac{\mu(d)}{d^2} \right) \left(\sum_{m=1}^{\infty} \frac{1}{m^2} \right) &= \sum_{(d,m) \in \mathbb{N} \times \mathbb{N}} \frac{\mu(d)}{(md)^2} \\ &= \sum_{(k,d) \in \mathbb{N} \times \mathbb{N} : d|k} \frac{\mu(d)}{k^2} = \sum_{k=1}^{\infty} \frac{1}{k^2} \sum_{d|k} \mu(d) . \end{aligned}$$

Utilizziamo ora una proprietà importante della funzione di Möbius, di cui lasciamo la dimostrazione al lettore: la somma $\sum_{d|k} \mu(d)$ vale 1 per $k = 1$, mentre vale 0 per ogni $k \geq 2$. Il solo termine non nullo nell'ultima somma è dunque il termine $k = 1$, da cui segue che $(\sum_{d=1}^{\infty} \frac{\mu(d)}{d^2})(\sum_{m=1}^{\infty} \frac{1}{m^2}) = 1$. Dato che $\sum_{m=1}^{\infty} \frac{1}{m^2} = \pi^2/6$ (un risultato di Eulero), abbiamo dimostrato il risultato seguente, dovuto a Cesaro:

$$\lim_{n \to \infty} p_n = \left(\sum_{m=1}^{\infty} \frac{1}{m^2} \right)^{-1} = \frac{6}{\pi^2} \simeq 60.8\% .$$

In definitiva, possiamo affermare che scegliendo due numeri “a caso” in $\{1, \ldots, n\}$ la probabilità che siano primi tra loro converge verso $6/\pi^2$ per $n \to \infty$.

Esercizi

Esercizio 1.1 Sia (Ω, P) uno spazio di probabilità e siano $A, B \subseteq \Omega$ eventi.

(i) Si mostri che se $\mathrm{P}(A) = \mathrm{P}(B) = 0$ allora $\mathrm{P}(A \cup B) = 0$.
(ii) Si mostri che se $\mathrm{P}(A) = \mathrm{P}(B) = 1$ allora $\mathrm{P}(A \cap B) = 1$.

Esercizio 1.2 Rafforziamo l'esercizio precedente. Sia (Ω, P) uno spazio di probabilità e sia $(A_n)_{n \in \mathbb{N}}$ una famiglia *numerabile* di eventi.

(i) Si mostri che se $\mathrm{P}(A_n) = 0$ per ogni $n \in \mathbb{N}$, allora $\mathrm{P}(\bigcup_{n \in \mathbb{N}} A_n) = 0$.
(ii) Si mostri che se $\mathrm{P}(A_n) = 1$ per ogni $n \in \mathbb{N}$, allora $\mathrm{P}(\bigcap_{n \in \mathbb{N}} A_n) = 1$.

Esercizio 1.3 Sia (Ω, P) uno spazio di probabilità e sia $C \subseteq \Omega$ un evento.

(i) Si mostri che, se $\mathrm{P}(C) = 0$, allora $\mathrm{P}(A \cup C) = \mathrm{P}(A)$ per ogni $A \subseteq \Omega$.
(ii) Si mostri che, se $\mathrm{P}(C) = 1$, allora $\mathrm{P}(A \cap C) = \mathrm{P}(A)$ per ogni $A \subseteq \Omega$.

Esercizio 1.4 (Disuguaglianza di Bonferroni) Siano $A_1, \ldots, A_n$ eventi di uno spazio di probabilità (Ω, P). Si mostri per induzione su $n \in \mathbb{N}$ che

$$\mathrm{P}\left(\bigcup_{k=1}^{n} A_k\right) \geq \sum_{k=1}^{n} \mathrm{P}(A_k) - \sum_{1 \leq i < j \leq n} \mathrm{P}(A_i \cap A_j).$$

In particolare, se $\mathrm{P}(A_i \cap A_j) = 0$ per $i \neq j$, si deduca che $\mathrm{P}(\bigcup_{k=1}^{n} A_k) = \sum_{k=1}^{n} \mathrm{P}(A_k)$.

Esercizio 1.5 Siano (Ω_1, P_1), (Ω_2, P_2) due spazi di probabilità *discreti* con densità discrete rispettivamente p_1 e p_2 (si ricordi la Proposizione 1.15). Definiamo $\mathrm{p}((\omega_1, \omega_2)) = \mathrm{p}_1(\omega_1) \cdot \mathrm{p}_2(\omega_2)$, per ogni $\omega_1 \in \Omega_1$ $\omega_2 \in \Omega_2$. Si mostri che p è una densità discreta su $\Omega = \Omega_1 \times \Omega_2$ (e quindi definisce una probabilità discreta su Ω).

Esercizio 1.6 Con le stesse notazioni dell'Esempio 1.20, si mostri che

$$\lim_{\beta \to +\infty} \mathrm{P}_\beta(\{\omega\}) = \frac{1}{|M|}, \qquad \forall \omega \in M. \tag{1.27}$$

Possiamo dire che, per $\beta \to +\infty$, la probabilità P_β "converge" (nel senso della relazione (1.27)) verso la probabilità uniforme sull'insieme M.

1.2 Calcolo combinatorio

Ricordiamo dall'Esempio 1.18 che uno spazio di probabilità discreto (Ω, P) si dice *uniforme* se Ω è un insieme finito e si ha $\mathrm{P}(A) = \frac{|A|}{|\Omega|}$, per ogni $A \subseteq \Omega$. Pertanto, il calcolo della probabilità di un evento in uno spazio uniforme si riduce a contarne il numero di elementi. I problemi di conteggio sono tipicamente non banali e vanno affrontati con attenzione. Le tecniche rilevanti in questo contesto, che ora descriviamo, costituiscono quello che è detto *calcolo combinatorio*.

1.2.1 Principi basilari

Dati due insiemi A, B, si dice che A è *in corrispondenza biunivoca* con B se esiste un'applicazione $f : A \to B$ biunivoca, cioè iniettiva e suriettiva. Chiaramente A è in corrispondenza biunivoca con B se e soltanto se B è in corrispondenza biunivoca con A: si scrive "A e B sono in corrispondenza biunivoca", che rende palese la simmetria della relazione (si tratta in effetti di una relazione di equivalenza). Dato $n \in \mathbb{N}$, si dice che un insieme A *ha cardinalità* n e si scrive $|A| = n$ se A è in corrispondenza biunivoca con l'insieme $\{1, 2, \ldots, n\}$ — ossia, intuitivamente, se "A ha n elementi". *In questo paragrafo considereremo solo insiemi finiti*, cioè insiemi che hanno cardinalità n per un opportuno $n \in \mathbb{N}$.

Per determinare la cardinalità di un insieme, la strategia tipica consiste nel ricondurre il calcolo all'applicazione combinata (talvolta non banale) di alcuni principi o osservazioni basilari. Una prima osservazione, elementare ma molto utile, è che se un insieme A è in corrispondenza biunivoca con un insieme B, allora $|A| = |B|$. Un'altra osservazione, anch'essa molto intuitiva, è la seguente: se A, B sono due sottoinsiemi (di uno stesso spazio) *disgiunti*, cioè tali che $A \cap B = \emptyset$, allora $|A \cup B| = |A| + |B|$. Più in generale, se $A_1, \ldots, A_k$ sono sottoinsiemi disgiunti, tali cioè che $A_i \cap A_j = \emptyset$ per $i \neq j$, allora $|\bigcup_{i=1}^k A_i| = \sum_{i=1}^k |A_i|$. La dimostrazione di queste osservazioni è semplice ed è lasciata per esercizio.

Un principio leggermente meno elementare riguarda la cardinalità degli *insiemi prodotto*. Ricordiamo che, dati due insiemi A, B, il loro prodotto cartesiano $A \times B$ è definito come l'insieme delle coppie ordinate (a, b), con $a \in A$ e $b \in B$. Vale allora la relazione $|A \times B| = |A| \cdot |B|$. Il modo più semplice per convincersene consiste nel disporre gli elementi di $A \times B$ in una tabella rettangolare, dopo aver numerato gli elementi dei due insiemi. Più precisamente, se $A = \{a_1, a_2, \ldots, a_m\}$, $B = \{b_1, b_2, \ldots, b_k\}$, possiamo elencare gli elementi dell'insieme $A \times B$ nel modo seguente:

$$\begin{matrix} (a_1, b_1) & (a_1, b_2) & \cdots & (a_1, b_{k-1}) & (a_1, b_k) \\ (a_2, b_1) & (a_2, b_2) & \cdots & (a_2, b_{k-1}) & (a_2, b_k) \\ \vdots & \vdots & \ddots & \vdots & \vdots \\ (a_m, b_1) & (a_m, b_2) & \cdots & (a_m, b_{k-1}) & (a_m, b_k) \end{matrix},$$

da cui è chiaro che $|A \times B| = m \cdot k = |A| \cdot |B|$.

Diamo ora una dimostrazione più formale. Per $x \in A$ indichiamo con $\{x\} \times B$ il sottoinsieme di $A \times B$ costituito dagli elementi che hanno x come prima componente, cioè $\{x\} \times B := \{(x, b) : b \in B\}$. Possiamo quindi scrivere $A \times B = \cup_{x \in A}(\{x\} \times B)$, e si noti che questa unione è disgiunta, ossia $(\{x_1\} \times B) \cap (\{x_2\} \times B) = \emptyset$ se $x_1 \neq x_2$. Per l'osservazione enunciata sopra si ha dunque $|A \times B| = \sum_{x \in A} |\{x\} \times B|$. Dato che l'insieme $\{x\} \times B$ è in corrispondenza biunivoca con B, mediante l'applicazione $(x, b) \mapsto b$, segue che $|\{x\} \times B| = |B|$ e dunque $|A \times B| = \sum_{x \in A} |B| = |A|\,|B|$.

Per induzione, si estende facilmente la formula al caso di più di due fattori: dati gli insiemi $A_1, \ldots, A_k$, con $k \in \mathbb{N}$, l'insieme prodotto $A_1 \times \cdots \times A_k$ è definito come l'insieme delle k-uple $(a_1, \ldots, a_k)$, con $a_i \in A_i$, e ha cardinalità

$$|A_1 \times \cdots \times A_k| = |A_1| \cdots |A_k| = \prod_{i=1}^{k} |A_i| . \tag{1.28}$$

Un'estensione di questa formula, elementare ma non banale, conduce a quello che è noto come il principio fondamentale del calcolo combinatorio. Prima di vedere di che cosa si tratta, discutiamo qualche applicazione dei principi appena visti.

1.2.2 Disposizioni con ripetizione

Definizione 1.28
Dati $k \in \mathbb{N}$ e un insieme finito A, si dicono *disposizioni con ripetizione di k elementi estratti da A* le funzioni $f : \{1, \ldots, k\} \to A$.

Le disposizioni con ripetizione sono in corrispondenza biunivoca naturale con gli elementi dell'insieme prodotto $A^k := A \times \cdots \times A$ (k volte).[4] Quindi una disposizione con ripetizione può essere vista come una *sequenza ordinata* $(x_1, \ldots, x_k)$ di elementi di A, *non necessariamente distinti*: si può cioè avere $x_i = x_j$ per $i \neq j$. Sottolineiamo che l'ordine in cui compaiono gli elementi è importante: per esempio, $(1, 3)$ e $(3, 1)$ sono due disposizioni differenti.

Per la formula (1.28) sulla cardinalità degli insiemi prodotto, si ha che $|A^k| = |A|^k = n^k$. Abbiamo pertanto il seguente risultato.

Proposizione 1.29
Le disposizioni con ripetizione di k elementi estratti da un insieme di n elementi sono in numero n^k.

Esempio 1.30

(i) I compleanni di un gruppo ordinato di 4 persone costituiscono una disposizione con ripetizione di 4 elementi estratti dall'insieme dei giorni dell'anno, che ha cardinalità 366 (contando il 29 febbraio). Sono dunque possibili $366^4 \approx 1.8 \cdot 10^{10}$ sequenze distinte di compleanni.

[4] Basta associare a $(x_1, \ldots, x_k) \in A^k$ la funzione $f : \{1, \ldots, k\} \to A$ definita da $f(i) := x_i$.

(ii) Per compilare una colonna di una schedina del Totocalcio occorre scegliere, per ciascuna delle 13 partite in esame, tra la vittoria della squadra di casa (1), il pareggio (x) o la vittoria della squadra in trasferta (2). Una colonna compilata è dunque una disposizione con ripetizione di 13 elementi estratti dall'insieme $\{1, \mathrm{x}, 2\}$ e di conseguenza ci sono $3^{13} \approx 1.6 \cdot 10^6$ modi possibili di compilare una colonna.

(iii) Le possibili "parole" (anche prive di significato) costituite da 6 lettere dell'alfabeto inglese possono essere identificate con le disposizioni con ripetizione di 6 elementi estratti da un insieme — le lettere dell'alfabeto — che ne contiene 26: il loro numero è dunque pari a $26^6 \approx 3.1 \cdot 10^8$. Le parole di 6 lettere che effettivamente hanno un significato sono naturalmente molte meno: per esempio, includendo i termini tecnici, nella lingua inglese ci sono circa quindicimila parole di 6 lettere. Di conseguenza, la probabilità che digitando una sequenza di sei lettere a caso si ottenga una parola di senso compiuto vale circa $15 \cdot 10^3/(3.1 \cdot 10^8) \simeq 5 \cdot 10^{-5}$, ossia una probabilità su ventimila. □

Osservazione 1.31 Dati due insiemi A, B, indichiamo con A^B l'insieme di tutte le funzioni $f : B \to A$. Se l'insieme $B = \{b_1, \ldots, b_k\}$ ha cardinalità $k \in \mathbb{N}$, è facile vedere che A^B è in corrispondenza biunivoca con A^k (o, equivalentemente, con le disposizioni con ripetizione di k elementi estratti da A). Una corrispondenza biunivoca tra A^k e A^B è per esempio quella che a $(x_1, \ldots, x_k) \in A^k$ associa la funzione $f \in A^B$ definita da $f(b_i) := x_i$. Segue dunque che $|A^B| = |A|^k$, cioè $|A^B| = |A|^{|B|}$.

Questo risultato permette di calcolare, per un insieme Ω finito, la cardinalità dell'insieme $\mathcal{P}(\Omega)$ di tutti i sottoinsiemi di Ω. Infatti $\mathcal{P}(\Omega)$ è in corrispondenza biunivoca con $\{0, 1\}^\Omega$, perché l'applicazione che a ogni sottoinsieme $A \subset \Omega$ associa la sua funzione indicatrice $\mathbb{1}_A : \Omega \to \{0, 1\}$ che vale 1 su A e 0 su A^c (si veda (0.2)) è biunivoca (esercizio). Quindi otteniamo che $|\mathcal{P}(\Omega)| = |\{0, 1\}^\Omega| = 2^{|\Omega|}$. □

1.2.3 Il principio fondamentale

Un esempio molto ricorrente nelle applicazioni è quello in cui gli elementi di un insieme possano essere determinati attraverso *scelte successive*.

Esempio 1.32 Sia E l'insieme delle funzioni *iniettive* da $\{1, \ldots, k\}$ in un insieme A con $|A| = n$ (si noti che necessariamente $k \leq n$). Possiamo determinare ogni funzione $f \in E$ scegliendo innanzitutto la prima componente $f(1)$ come un elemento qualunque di A, quindi scegliendo la seconda componente $f(2)$ come un elemento qualunque di $A \setminus \{f(1)\}$, e così via. Abbiamo n esiti possibili per la scelta di $f(1)$, $(n-1)$ esiti possibili per la scelta di $f(2), \ldots, (n-(k-1)) = (n-k+1)$ esiti possibili per la scelta di $f(k)$. Per analogia con gli insiemi prodotto, dovrebbe essere chiaro che $|E| = n \cdot (n-1) \cdots (n-k+1)$. □

Nell'esempio appena descritto, l'*insieme degli esiti* della scelta i-esima dipende dagli esiti delle scelte precedenti, tuttavia *il numero di esiti possibili* è sempre lo stesso, pari a $n - i + 1$. Generalizzando queste considerazioni, giungiamo al *principio fondamentale del calcolo combinatorio*, che possiamo formulare come segue.

Teorema 1.33 (Principio fondamentale del calcolo combinatorio)
Supponiamo che gli elementi di un insieme E possano essere determinati mediante k scelte successive, in cui ogni scelta ha un numero fissato di esiti possibili: la prima scelta ha n_1 esiti possibili, la seconda scelta ne ha $n_2, \ldots,$ la k-esima scelta ne ha n_k, dove $n_1, \ldots, n_k \in \mathbb{N}$. Se sequenze distinte di esiti delle scelte determinano elementi distinti di E (ossia, se non si può ottenere uno stesso elemento di E con due sequenze diverse di esiti delle scelte), allora $|E| = n_1 \cdot n_2 \cdots n_k$.

Così enunciato, questo principio è un po' vago (per esempio, il concetto di "scelta" non è stato definito precisamente). Una formulazione matematicamente precisa del Teorema 1.33, con la relativa dimostrazione, è data nell'Appendice A.3. Questa comporta tuttavia notazioni piuttosto pesanti e risulta di poco aiuto per l'applicazione del principio a casi concreti.

Nella pratica, si fa tipicamente riferimento all'enunciato del Teorema 1.33. L'idea cruciale è che gli elementi dell'insieme E possono essere messi *in corrispondenza biunivoca* con le sequenze di esiti delle scelte, che hanno una struttura di spazio prodotto, da cui segue la formula per la cardinalità. La condizione che sequenze distinte di esiti determinino elementi distinti di E serve proprio a garantire che la corrispondenza sia biunivoca: la mancata verifica di questa condizione è la principale fonte di errori nell'applicazione del principio. Qualche esempio chiarirà la situazione.

Esempio 1.34

(i) Un mazzo di carte da poker è costituito da 52 carte, identificate dal *seme* (cuori ♡, quadri ◇, fiori ♣, picche ♠) e dal *tipo* (un numero da 1 a 10 oppure J, Q, K). Indichiamo con E l'insieme delle carte di numero pari (figure escluse) e di colore rosso (cioè di cuori o di quadri). Ogni elemento di E può essere determinato attraverso due scelte successive: la scelta del seme, che ha 2 esiti possibili (cuori e quadri), e la scelta del tipo, che ne ha 5 (cioè $2, 4, 6, 8, 10$). Segue dunque che $|E| = 2 \cdot 5 = 10$.

(ii) Dato un mazzo di carte da poker, si chiama *full* un sottoinsieme di 5 carte costituito dall'unione di un *tris* (un sottoinsieme di 3 carte dello stesso tipo) e di una *coppia* (un sottoinsieme di 2 carte dello stesso tipo). Indichiamo con E l'insieme dei possibili full. Sottolineiamo che gli elementi di E sono *sottoinsiemi* di 5 carte, non disposizioni: in particolare, le carte non sono ordinate.

Gli elementi di E possono essere determinati univocamente attraverso 4 scelte successive: 1) il tipo del tris; 2) il tipo della coppia; 3) i semi delle carte che compaiono nel tris; 4) i semi delle carte che compaiono nella coppia. Per la prima scelta ci sono 13 esiti possibili, per la seconda scelta, qualunque sia l'esito della prima scelta, ci sono 12 esiti possibili (chiaramente i due tipi devono essere differenti, perché non esistono cinque carte dello stesso tipo). Per la terza scelta, occorre scegliere tre semi nell'insieme $\{\heartsuit, \diamondsuit, \clubsuit, \spadesuit\}$: per enumerazione diretta, è facile vedere che ci sono 4 esiti possibili; analogamente, per la quarta scelta occorre scegliere due semi e per questo ci sono 6 esiti possibili (ritorneremo nell'Esempio 1.44 sul modo di contare i sottoinsiemi). Applicando il Teorema 1.33 si ottiene dunque che $|E| = 13 \cdot 12 \cdot 4 \cdot 6 = 3744$.

(iii) Dato un mazzo di carte da poker, indichiamo con E l'insieme delle *doppie coppie*, cioè i sottoinsiemi di 5 carte costituiti dall'unione di due *coppie* di tipi diversi, più una quinta carta di tipo diverso dai tipi delle due coppie.
Per determinare $|E|$ si potrebbe essere tentati di procedere analogamente al caso dei full, attraverso sei scelte successive: 1) il tipo della prima coppia; 2) il tipo della seconda coppia; 3) il tipo della "quinta carta"; 4) i semi delle carte che compaiono nella prima coppia; 5) i semi delle carte che compaiono nella seconda coppia; 6) il seme della "quinta carta". Ci sono 13 esiti possibili per la prima scelta, 12 per la seconda scelta, 11 per la terza, 6 per la quarta, 6 per la quinta, 4 per la sesta: si otterrebbe dunque $|E| = 13 \cdot 12 \cdot 11 \cdot 6^2 \cdot 4 = 247\,104$. Tuttavia questo risultato è errato.
La ragione è che le scelte 1) e 2) sono ambigue, dal momento che non esiste una "prima" e una "seconda" coppia. In effetti, sequenze distinte di esiti delle sei scelte sopra elencate non conducono a elementi distinti di E: ciascun elemento di E, cioè ciascuna doppia coppia, viene infatti selezionata *esattamente due volte*. Per esempio, la doppia coppia $\{5\heartsuit, 5\diamondsuit, 6\heartsuit, 6\clubsuit, 7\spadesuit\}$ viene determinata sia con l'esito "5" della scelta 1) e l'esito "6" della scelta 2), sia viceversa. Per tale ragione, il risultato corretto è $|E| = 247\,104/2 = 123\,552$, cioè la metà di quanto ottenuto in precedenza.
Un modo alternativo di ottenere il risultato corretto è di riunire le scelte 1) e 2) nell'unica scelta 1bis) "i tipi delle due coppie", che ha $13 \cdot 12/2 = 78$ esiti possibili (anche su questo torneremo nell'Esempio 1.44). Le scelte 1bis), 3), 4), 5) e 6) permettono di applicare correttamente il Teorema 1.33, ottenendo $|E| = 78 \cdot 11 \cdot 6^2 \cdot 4 = 123\,552$. □

1.2.4 Disposizioni semplici e permutazioni

Definizione 1.35
Dati $k \in \mathbb{N}$ e un insieme finito A, si dicono *disposizioni semplici (o disposizioni senza ripetizione) di k elementi estratti da A* le funzioni $f : \{1, \ldots, k\} \to A$ *iniettive*.

Le disposizioni semplici possono essere identificate con quegli elementi $(x_1, \dots, x_k)$ dell'insieme prodotto $A^k := A \times \cdots \times A$ (k volte) tali che $x_i \neq x_j$ se $i \neq j$, cioè con le *sequenze ordinate di elementi distinti di* A.

Per quanto visto nell'Esempio 1.32, grazie al principio fondamentale del calcolo combinatorio, il numero di disposizioni semplici di k elementi estratti da un insieme A che ne contiene n è pari a $n(n-1)\cdots(n-k+1)$. Introduciamo per $n \in \mathbb{N}$ il simbolo "$n!$", detto "n fattoriale", definito come il prodotto degli interi da 1 a n, e poniamo per convenzione $0! := 1$:

$$n! := n(n-1)\cdots 1 = \prod_{i=1}^{n} i \quad \text{per } n \in \mathbb{N}, \qquad 0! := 1 . \tag{1.29}$$

Possiamo esprimere riscrivere la formula $n(n-1)\cdots(n-k+1)$ nel modo più compatto $n!/(n-k)!$. Abbiamo dunque mostrato il seguente risultato.

Proposizione 1.36
Le disposizioni semplici di k elementi estratti da un insieme che ne contiene n, dove $1 \leq k \leq n$, sono in numero $D_{n,k} = n!/(n-k)!$.

Osservazione 1.37 In completa analogia con l'Osservazione 1.31, per ogni insieme finito $B = \{b_1, \dots, b_k\}$ con $|B| = k$ il sottoinsieme di A^B costituito dalle funzioni *iniettive* da B in A è in corrispondenza biunivoca con le disposizioni semplici di k elementi estratti da A. La sua cardinalità è pertanto $n!/(n-k)!$. □

Osservazione 1.38 Per determinare il comportamento asintotico di $n!$ per elevati valori di n, risulta di grande utilità la *formula di Stirling*:

$$n! \sim n^n \, \mathrm{e}^{-n} \sqrt{2\pi n} \qquad \text{per } n \to \infty, \tag{1.30}$$

intendendo che il rapporto tra i due membri ha limite 1. Per una dimostrazione elementare di questa formula (a meno del prefattore $\sqrt{2\pi}$, ma con una stima precisa sull'approssimazione), si veda la Proposizione 1.41 più sotto. Una dimostrazione indipendente, compreso il prefattore, verrà fornita nel Paragrafo 7.2.5. □

Se A è un insieme finito, le funzioni $f : A \to A$ iniettive sono necessariamente suriettive, dunque biunivoche. Esse sono dette *permutazioni di* A e formano un gruppo rispetto alla composizione di applicazioni. A meno di corrispondenze biunivoche, non costa niente considerare il caso "speciale" $A = \{1, \dots, n\}$: in questo caso, il gruppo delle permutazioni è indicato con S_n ed è detto *gruppo simmetrico*:

$$S_n := \big\{\sigma : \{1, \dots, n\} \to \{1, \dots, n\} \text{ biunivoche}\big\} .$$

Per quanto visto sopra, si ha $|S_n| = n!$. Munito della probabilità uniforme P, lo spazio di probabilità (S_n, P) ha proprietà interessanti e per certi versi sorprendenti, come vedremo nel Paragrafo 2.1.

Esempio 1.39 Mischiando un mazzo di carte da poker, la sequenza ordinata delle carte che ne risulta è una permutazione delle carte del mazzo. Il numero delle possibili sequenze ottenute in questo modo è dunque pari a $52! \approx 8 \cdot 10^{67}$. □

Esempio 1.40 (Paradosso dei compleanni) Determiniamo la probabilità p_n che, in un gruppo di n persone selezionate in modo casuale (nate tutte in un anno non bisestile, per semplicità), almeno due di esse compiano gli anni lo stesso giorno. Quanto deve essere grande n affinché $p_n > 1/2$?

Numerati i giorni dell'anno e le n persone, lo spazio campionario naturale è dato dalle disposizioni con ripetizione di n elementi dall'insieme dei giorni dell'anno, ossia $\Omega = \{f : \{1, \ldots, n\} \to \{1, \ldots, 365\}\}$. Abbiamo visto che $|\Omega| = 365^n$. L'evento di interesse è dato da $A = \{f \in \Omega : \ f \text{ non è iniettiva}\}$. Munendo lo spazio Ω della probabilità uniforme P, si ha dunque

$$p_n = \mathrm{P}(A) = 1 - \mathrm{P}(A^c) = 1 - \frac{|A^c|}{|\Omega|},$$

dove, per quanto detto sopra,

$$|A^c| = |\{f \in \Omega : \ f \text{ è iniettiva}\}| = \frac{365!}{(365-n)!} = \prod_{i=0}^{n-1}(365-i).$$

Si ottiene dunque

$$p_n = 1 - \frac{\prod_{i=0}^{n-1}(365-i)}{365^n} = 1 - \prod_{i=0}^{n-1} \frac{365-i}{365} = 1 - \prod_{i=0}^{n-1} \left(1 - \frac{i}{365}\right). \tag{1.31}$$

Abbiamo ottenuto un'espressione esatta, anche se non del tutto "esplicita". Con l'ausilio di un calcolatore, si verifica facilmente che $p_n > \frac{1}{2}$ se e solo se $n \geq 23$. In altri termini, *in un gruppo di almeno 23 persone c'è una probabilità maggiore del 50% che almeno due persone abbiano lo stesso compleanno*, un risultato a prima vista sorprendente. Per un gruppo di 50 persone, la probabilità è maggiore del 97%.

È interessante notare che l'espressione (1.31) può essere approssimata in modo efficace ed esplicito: sfruttando la disuguaglianza $1 - x \leq \mathrm{e}^{-x}$, valida per ogni $x \in \mathbb{R}$, e ricordando la relazione (0.8), si ottiene

$$p_n \geq 1 - \exp\left(-\sum_{i=0}^{n-1} \frac{i}{365}\right) = 1 - \exp\left(-\frac{(n-1)n}{2 \cdot 365}\right). \tag{1.32}$$

Questa espressione è più grande di $\frac{1}{2}$ per $n > n_0 = \frac{1}{2}(1 + \sqrt{1 + 4 \cdot 730 \cdot \log 2}) \approx 22.9$, dunque non appena $n \geq 23$, esattamente come l'espressione esatta. Per $n = 40$ si ha $p_n \geq 1 - \exp(-2.13) \geq 0.88$, dunque la probabilità è maggiore dell'88%!

Per avere un po' di intuizione, si può osservare che non conta tanto il numero n di persone, quanto piuttosto il numero $c_n := \frac{1}{2}n(n-1)$ di *coppie di persone* nel gruppo (una quantità che appare in (1.32)). Il punto è che c_n diventa comparabile con il numero 365 di giorni dell'anno per valori relativamente piccoli di n: per esempio $c_n = 253$ per $n = 23$. Ritorneremo su questo problema nell'Esempio 3.55. □

Dimostriamo ora una versione rafforzata della formula di Stirling (1.30).

Proposizione 1.41
Per ogni $n \geq 1$ esiste $\theta(n) \in [0,1]$ tale che

$$n! = \sqrt{2\pi}\, n^n\, e^{-n} \sqrt{n}\, e^{\frac{\theta(n)}{12n}}, \qquad \forall n \geq 1. \tag{1.33}$$

Dimostrazione Dimostriamo che esiste una costante $C \in (0, \infty)$ tale che

$$n! = C\, n^n\, e^{-n} \sqrt{n}\, e^{\frac{\theta(n)}{12n}}, \qquad \forall n \geq 1, \tag{1.34}$$

con $\theta(n) \in [0,1]$. Il fatto che $C = \sqrt{2\pi}$ sarà mostrato nel Paragrafo 7.2.5. Se definiamo

$$d_n := \log n! - \left(n + \frac{1}{2}\right) \log n + n,$$

la relazione (1.34) è equivalente al fatto che esista una costante reale c $(= \log C)$ tale che

$$c \leq d_n \leq c + \frac{1}{12n}, \qquad \forall n \geq 1. \tag{1.35}$$

Affermiamo che:

(i) la successione d_n è decrescente;
(ii) la successione $d_n - \frac{1}{12n}$ è crescente.

Da queste proprietà segue facilmente (1.35), con $c = \lim_{n\to\infty} d_n$ (esercizio).

Restano da dimostrare le affermazioni (i) e (ii). Con semplici calcoli si ottiene:

$$d_n - d_{n+1} = \left(n + \frac{1}{2}\right) \log \frac{n+1}{n} - 1 = \frac{2n+1}{2} \log \frac{1 + \frac{1}{2n+1}}{1 - \frac{1}{2n+1}} - 1.$$

Ricordando la serie di Taylor (0.7) del logaritmo, si ha

$$\log \frac{1+t}{1-t} = \log(1+t) - \log(1-t) = \sum_{k=1}^{\infty} (-1)^{k+1} \frac{t^k}{k} + \sum_{k=1}^{\infty} \frac{t^k}{k} = 2 \sum_{k=0}^{+\infty} \frac{t^{2k+1}}{2k+1},$$

che converge per $|t| < 1$. Usando tale serie per $t = \frac{1}{2n+1}$ si trova

$$d_n - d_{n+1} = (2n+1) \sum_{k=0}^{+\infty} \frac{1}{2k+1} \frac{1}{(2n+1)^{2k+1}} - 1 = \sum_{k=1}^{+\infty} \frac{1}{2k+1} \frac{1}{(2n+1)^{2k}} \geq 0, \tag{1.36}$$

essendo quest'ultima una serie a termini positivi. Ciò dimostra (i).

Usando di nuovo (1.36) e il fatto che $2k + 1 \geq 3$ per $k \geq 1$, si ottiene

$$\begin{aligned} d_n - d_{n+1} &= \sum_{k=1}^{+\infty} \frac{1}{2k+1} \frac{1}{(2n+1)^{2k}} \leq \frac{1}{3} \sum_{k=1}^{+\infty} \frac{1}{(2n+1)^{2k}} = \frac{1}{3} \frac{(2n+1)^{-2}}{1 - (2n+1)^{-2}} \\ &= \frac{1}{3[(2n+1)^2 - 1]} = \frac{1}{12n(n+1)} = \frac{1}{12n} - \frac{1}{12(n+1)}, \end{aligned}$$

dove abbiamo applicato la serie geometrica (0.5). Abbiamo dunque dimostrato che

$$d_n - \frac{1}{12n} \leq d_{n+1} - \frac{1}{12(n+1)},$$

cioè la relazione (ii). □

1.2.5 Combinazioni

Definizione 1.42
Dati $k \in \mathbb{N}$ e un insieme finito A, si dicono *combinazioni di k elementi estratti da A* i sottoinsiemi di A di cardinalità k.

Mentre una disposizione (semplice o con ripetizione) corrisponde a una sequenza ordinata, una combinazione può essere vista come una collezione *non ordinata* di elementi dell'insieme A.

Vogliamo ora determinare il numero $C_{n,k}$ di combinazioni di k elementi estratti da un insieme A che ne contiene n. Chiaramente $C_{n,0} = 1$, perché c'è un solo insieme con zero elementi, l'insieme vuoto. Per determinare $C_{n,k}$ per $k \in \{1, \dots, n\}$, ricordiamo che ci sono $D_{n,k} = n!/(n-k)!$ disposizioni (cioè sequenze ordinate) di k elementi distinti estratti da A. Dato che nelle combinazioni l'ordine degli elementi non conta, dobbiamo identificare le disposizioni che danno origine alla stessa combinazione, cioè che selezionano lo stesso sottoinsieme di A. Dato che ci sono $k!$ riordinamenti possibili (cioè permutazioni) di k elementi fissati, si ottiene

$$C_{n,k} = \frac{D_{n,k}}{k!} = \binom{n}{k}, \tag{1.37}$$

dove abbiamo introdotto il *coefficiente binomiale* $\binom{n}{k}$, detto "n su k", definito da

$$\binom{n}{k} := \frac{n!}{k!\,(n-k)!}, \qquad \text{per } n \in \mathbb{N}_0\,,\ k \in \{0, \dots, n\}\,.$$

Si noti che la formula $C_{n,k} = \binom{n}{k}$ vale anche per $k = 0$. Abbiamo dunque ottenuto:

Proposizione 1.43
Le combinazioni di k elementi estratti da un insieme che ne contiene n, dove $0 \le k \le n$, sono in numero $C_{n,k} = \binom{n}{k}$.

L'argomento con cui abbiamo derivato la formula (1.37) può essere formalizzato in modo più preciso, ma decisamente più tecnico (si veda la fine del Paragrafo A.3 nell'appendice). Basta un esempio concreto per chiarire l'idea: se $A = \{1, 2, 3, 4, 5\}$, il sottoinsieme di tre elementi $\{1, 3, 4\}$ può essere ottenuto mediante $3 \cdot 2 \cdot 1 = 6$ disposizioni distinte, ossia $(1, 3, 4)$, $(1, 4, 3)$, $(3, 4, 1)$, $(3, 1, 4)$, $(4, 1, 3)$, $(4, 3, 1)$. Lo stesso conto vale per qualsiasi altro sottoinsieme di tre elementi. Dato che ci sono $D_{5,3} = 5 \cdot 4 \cdot 3 = 60$ disposizioni di 3 elementi distinti estratti da A, segue che ci sono $D_{5,3}/3! = 60/6 = 10$ combinazioni (sottoinsiemi) di 3 elementi estratti da A.

Esempio 1.44 Ritornando brevemente all'Esempio 1.34, il numero di modi di scegliere 3 "semi" tra i quattro possibili $\{\heartsuit, \diamondsuit, \clubsuit, \spadesuit\}$ è pari al numero di combinazioni di 3 elementi estratti da un insieme che ne contiene 4 ed è dunque dato da $\binom{4}{3} = 4$ (come avevamo concluso per enumerazione diretta). Analogamente, il numero di modi di scegliere 2 semi è pari a $\binom{4}{2} = 6$ e il numero di modi di scegliere due "tipi" tra i 13 possibili è pari a $\binom{13}{2} = 78$.

Una "mano" a Poker è un sottoinsieme di 5 carte distinte estratte da un mazzo che ne contiene 52. Il numero di possibili mani è dato dunque da $\binom{52}{5} = 2\,598\,960$. Ricordando l'Esempio 1.34, le probabilità di fare *full* oppure *doppia coppia* valgono rispettivamente $3744/2\,598\,960 \approx 0.14\%$ e $123\,552/2\,598\,960 \approx 4.8\%$. □

Elenchiamo alcune semplici proprietà dei coefficienti binomiali:

$$\binom{n}{0} = \binom{n}{n} = 1\,, \qquad \binom{n}{k} = \binom{n}{n-k}\,, \qquad \forall n \in \mathbb{N}_0\,,\ \forall k \in \{0, \ldots, n\}\,.$$

Vale inoltre la relazione

$$\binom{n}{k} = \binom{n-1}{k-1} + \binom{n-1}{k}\,, \qquad \forall n \in \mathbb{N}\,,\ \forall k \in \{0, \ldots, n\}\,, \tag{1.38}$$

come si verifica facilmente.[5] Ricordiamo infine la formula detta *binomio di Newton*:

$$(a+b)^n = \sum_{k=0}^{n} \binom{n}{k} a^k\, b^{n-k}\,, \qquad \forall n \in \mathbb{N}_0\,,\ \forall a, b \in \mathbb{R}\,, \tag{1.39}$$

che si dimostra per induzione usando (1.38).

1.2.6 Estrazioni di palline da un'urna

Un esempio classico di applicazione del calcolo combinatorio è costituito dai problemi di estrazione di palline da un'urna. Al di là dell'interesse matematico, questo genere di problemi ha grande rilevanza applicativa: modelli basati su urne sono usati ad esempio per descrivere meccanismi di rinforzo in teoria dell'apprendimento. Più in generale, molti problemi di *campionamento* da una popolazione possono essere riformulati astrattamente come problemi di estrazione di palline da un'urna.

Ci limiteremo a considerare l'esempio di un'urna contenente N palline di due colori, diciamo M palline rosse e $N - M$ verdi (con $M \leq N$). Supponiamo di eseguire n estrazioni successive, secondo uno dei due schemi seguenti:

---

[5] Esiste una dimostrazione "combinatoria" di (1.38). Le combinazioni di k elementi estratti da $\{1, \ldots, n\}$ sono $\binom{n}{k}$ e possono essere divise in due sottoinsiemi disgiunti: quelle che contengono n e quelle che non lo contengono; le prime sono in corrispondenza biunivoca con le combinazioni di $(k-1)$ elementi estratti da $\{1, \ldots, n-1\}$, che sono $\binom{n-1}{k-1}$, mentre le seconde sono in corrispondenza biunivoca con le combinazioni di k elementi estratti da $\{1, \ldots, n-1\}$, che sono $\binom{n-1}{k}$.

- *Estrazioni con reimmissione* (o reimbussolamento). Dopo ogni estrazione, la pallina estratta viene reinserita nell'urna.
- *Estrazioni senza reimmissione*. Le palline estratte non vengono reinserite. In questo caso dev'essere $n \leq N$.

Calcoliamo, per ciascuno dei due schemi, la probabilità che esattamente k delle n palline estratte siano rosse. Supponiamo di numerare da 1 a M le palline rosse e da $(M+1)$ a N le palline verdi.

Esempio 1.45 (Estrazioni con reimmissione) L'esito di n estrazioni successive è descritto da una disposizione con ripetizione di n elementi estratti dall'insieme $\{1, 2, \ldots, N\}$. Sia dunque $\Omega := \{f : \{1, \ldots, n\} \to \{1, \ldots, N\}\}$ l'insieme di tali disposizioni e sia P la probabilità uniforme su Ω. Denotiamo infine con A l'insieme delle disposizioni contenenti esattamente k palline rosse. Si tratta di calcolare

$$\mathrm{P}(A) = \frac{|A|}{|\Omega|}.$$

Per determinare $|A|$, utilizziamo il principio fondamentale del calcolo combinatorio. Un elemento di A è determinato dalle seguenti scelte successive.

- Si scelgono le k posizioni, su n possibili, in cui mettere le palline rosse: per questa scelta ci sono $\binom{n}{k}$ esiti possibili.
- Si dispongono k palline rosse (prese dalle M presenti nell'urna) nelle posizioni prescelte; ci sono M^k tali disposizioni.
- Si dispongono $(n-k)$ palline verdi (prese dalle $(N-M)$ presenti nell'urna) nelle rimanenti posizioni: ci sono $(N-M)^{n-k}$ tali disposizioni.

Si ottiene pertanto

$$|A| = \binom{n}{k} M^k (N-M)^{n-k},$$

e dato che $|\Omega| = N^n$, segue facilmente che

$$\mathrm{P}(A) = \binom{n}{k} p^k (1-p)^{n-k}, \qquad \text{dove} \quad p := \frac{M}{N}. \tag{1.40}$$

Nel Paragrafo 1.3.4 daremo un'interpretazione alternativa a questa espressione. □

Esempio 1.46 (Estrazioni senza reimmissione) Enumeriamo le palline come nel caso precedente. Un naturale spazio campionario, in cui la probabilità uniforme esprime la casualità dell'estrazione, è quello delle *disposizioni senza ripetizione*. Tuttavia, poiché l'evento "il numero di palline rosse estratte è k" non dipende dall'ordine di estrazione, è forse ancora più naturale scegliere come spazio campionario l'insieme delle *combinazioni*, e così faremo. (L'esperimento si interpreta allora non come una successione di estrazioni di cui si ricorda l'ordine degli esiti, ma come un prelievo unico di n palline pescate assieme dall'urna.)

Sia dunque Ω l'insieme dei sottoinsiemi di n elementi dell'insieme $\{1, 2, \ldots, N\}$, e P la probabilità uniforme. L'evento di cui vogliamo calcolare la probabilità è

$$A = \{\omega \in \Omega : |\omega \cap \{1, 2, \ldots, M\}| = k\} \\ = \{\omega \in \Omega : |\omega \cap \{M+1, \ldots, N\}| = n - k\} .$$

Chiaramente $A = \emptyset$ se $k > M$ oppure se $(n-k) > (N-M)$. Supponiamo dunque che $k \leq M$ e $(n-k) \leq (N-M)$. Ogni elemento di A è determinato da due scelte successive: occorre scegliere k elementi da $\{1, 2, \ldots, M\}$ e $(n-k)$ da $\{M+1, \ldots, N\}$. Di conseguenza possiamo scrivere

$$|A| = \binom{M}{k}\binom{N-M}{n-k},$$

dove usiamo la convenzione secondo cui $\binom{i}{j} = 0$ se $j < 0$ o $j > i$. Ricordando che $|\Omega| = \binom{N}{n}$, possiamo dunque concludere che

$$\mathrm{P}(A) = \frac{\binom{M}{k}\binom{N-M}{n-k}}{\binom{N}{n}} . \qquad \square$$

Osservazione 1.47 (Estrazioni da un'urna popolosa) Intuitivamente, se l'urna contiene molte palline di ciascun colore (ossia $M \gg 1$ e $N - M \gg 1$), non ci dovrebbe essere grande differenza tra i due schemi di estrazioni considerati, dal momento che la rimozione di una pallina modifica in modo trascurabile la composizione dell'urna. Questo argomento può essere formalizzato matematicamente nel modo seguente.

Sia $(M_N)_{N \in \mathbb{N}}$ una successione di interi positivi tali che

$$\lim_{N \to \infty} \frac{M_N}{N} = p \in (0, 1) . \tag{1.41}$$

Se effettuiamo n estrazioni *senza* reimmissione da un'urna che contiene N palline di cui M_N rosse, la probabilità di estrarne esattamente k rosse è data dalla formula (□). Mostriamo che il limite per $N \to \infty$ di tale probabilità, quando i numeri k, n sono fissati, è dato dalla formula (1.40).

Scrivendo $\binom{M_N}{k} = \frac{1}{k!}\prod_{i=0}^{k-1}(M_N - i)$ e analogamente per $\binom{N-M_N}{n-k}$ e $\binom{N}{n}$, con qualche manipolazione algebrica a partire da (□) si arriva all'espressione

$$\mathrm{P}(A) = \binom{n}{k}\left(\prod_{i=0}^{k-1}\frac{M_N - i}{N - i}\right)\left(\prod_{j=0}^{(n-k)-1}\frac{N - M_N - j}{N - k - j}\right) \\ = \binom{n}{k}\left(\frac{M_N}{N}\right)^k \left\{\prod_{i=0}^{k-1}\frac{1 - \frac{i}{M_N}}{1 - \frac{i}{N}}\right\}\left(1 - \frac{M_N}{N}\right)^{n-k}\left\{\prod_{j=0}^{(n-k)-1}\frac{1 - \frac{j}{N-M_N}}{1 - \frac{k+j}{N}}\right\}.$$

Osserviamo che $N \to \infty$, $M_N \to \infty$ e anche $(N - M_N) \to \infty$, grazie a (1.41). Dato che n e k sono fissati, i termini tra parentesi graffe nella relazione precedente tendono a 1 per $N \to \infty$. Poiché $M_N/N \to p$, segue che

$$\lim_{N \to \infty} \mathrm{P}(A) = \binom{n}{k} p^k (1-p)^{n-k} , \tag{1.42}$$

che coincide esattamente con l'espressione (1.40), come volevasi dimostrare.

Per questa ragione, quando l'urna contiene molte palline di ciascun colore, il calcolo della probabilità di estrarre k palline rosse in n estrazioni *senza* reimmissione viene fatto tipicamente usando la formula (1.40), valida per il caso di estrazioni *con* reimmissione, che è più maneggevole di (□) e ne costituisce un'ottima approssimazione (per lo meno se n e k sono molto minori di M e $N - M$). □

Esercizi

Esercizio 1.7 Siano Ω_1 e Ω_2 due insiemi finiti, sia P_1 (risp. P_2) la probabilità uniforme su Ω_1 (risp. su Ω_2) e indichiamo con P la probabilità uniforme su $\Omega_1 \times \Omega_2$. Si mostri che per ogni $A \subset \Omega_1$ e $B \subset \Omega_2$

$$\mathrm{P}_1(A) = \mathrm{P}(A \times \Omega_2), \qquad \mathrm{P}_2(B) = \mathrm{P}(\Omega_1 \times B).$$

Esercizio 1.8 Si consideri un mazzo di 52 carte da Poker, e si scelgano *a caso* 5 carte. Si calcoli la probabilità che:

(i) nelle 5 carte ci sia *almeno* una coppia (cioè due carte di semi diversi ma con lo stesso numero o figura);
(ii) nelle 5 carte ci sia *esattamente* una coppia, cioè ci sia una coppia ma nessuna combinazione migliore (doppia coppia, tris....)

Esercizio 1.9 Una classe è costituita da 30 persone, tra cui Giacomo, Claudio e Nicola. Un insegnante divide in modo casuale la classe in tre gruppi di 10 persone.

(i) Qual è la probabilità che Giacomo, Claudio e Nicola finiscano in tre gruppi distinti? (Non semplificare i coefficienti binomiali)
(ii) Qual è la probabilità che finiscano nello stesso gruppo?

1.3 Probabilità condizionale e indipendenza

Nello studio di un modello probabilistico, risulta interessante analizzare l'influenza che il verificarsi di un dato evento B ha sulla probabilità di occorrenza di un altro evento A. Questo conduce alle nozioni di probabilità condizionale e di indipendenza di eventi, di importanza fondamentale.

1.3.1 Probabilità condizionale

Sia A un evento di un esperimento aleatorio, con probabilità $\mathrm{P}(A)$. Se veniamo a conoscenza del fatto che un altro evento B si è verificato, come è sensato aggiornare il valore di $\mathrm{P}(A)$ per tenere conto di questa informazione? La risposta è la probabilità condizionale (o condizionata) $\mathrm{P}(A|B)$ di A sapendo B, definita come segue.

Definizione 1.48 (Probabilità condizionale)
Siano A e B due eventi di uno spazio di probabilità (Ω, P), con $\mathrm{P}(B) > 0$. Si dice *probabilità condizionale di A dato B* (o sapendo B, o rispetto a B) la quantità

$$\mathrm{P}(A|B) = \frac{\mathrm{P}(A \cap B)}{\mathrm{P}(B)}.$$

Per motivare la definizione, ritorniamo all'*interpretazione frequentista*. Ripetendo $N \gg 1$ volte l'esperimento aleatorio in condizioni "analoghe e indipendenti" e contando il numero $S_N(A)$ di volte in cui l'evento A si verifica, si ha $\mathrm{P}(A) \simeq S_N(A)/N$. Per tenere conto dell'informazione aggiuntiva che l'evento B si è verificato, è naturale limitarsi a considerare le volte in cui l'esperimento ha dato esito in B, che sono in numero $S_N(B)$, e contare in quante di queste volte anche A si è verificato, ossia $S_N(A \cap B)$. Calcolando il rapporto di tali numeri, cioè la frazione di volte in cui A è verificato tra le volte in cui B è verificato, per N grande si ottiene

$$\frac{S_N(A \cap B)}{S_N(B)} = \frac{S_N(A \cap B)/N}{S_N(B)/N} \simeq \frac{\mathrm{P}(A \cap B)}{\mathrm{P}(B)} = \mathrm{P}(A|B),$$

che fornisce una *interpretazione frequentista* della probabilità condizionale $\mathrm{P}(A|B)$.

Esempio 1.49 Un nostro amico lancia due dadi regolari a sei facce, noi scommettiamo che esca almeno un 6. L'amico lancia i dadi, senza mostrarceli, e ci annuncia che la somma dei due dadi vale 9. Qual è la probabilità che vinciamo la scommessa, tenendo conto dell'informazione ricevuta? Qual è la probabilità in assenza dell'informazione?

Lo spazio campionario naturale per questo esperimento aleatorio è $\Omega = \{1, \ldots, 6\}^2$, l'insieme delle coppie (i, j) di numeri in $\{1, \ldots, 6\}$, che muniamo della probabilità P uniforme; osserviamo che $|\Omega| = 36$. I due eventi che appaiono nell'enunciato del problema sono

$$A = \text{"esce almeno un 6"} = \{(i, j) \in \Omega,\ i = 6 \text{ o } j = 6\}$$
$$B = \text{"la somma dei due dadi vale 9"} = \{(i, j) \in \Omega,\ i + j = 9\}.$$

In assenza di informazioni sul verificarsi di B, la probabilità di A vale

$$\mathrm{P}(A) = 1 - \mathrm{P}(A^c) = 1 - \frac{|A|}{|\Omega|} = 1 - \frac{25}{36} = \frac{11}{36} \simeq 30,6\%,$$

avendo utilizzato il fatto che $A^c =$ "non esce nessun 6"$= \{(i, j) \in \Omega,\ 1 \leq i, j \leq 5\}$ e dunque $|A^c| = 25$. In alternativa possiamo scrivere scrivere $A = A_1 \cup A_2$ avendo posto $A_1 :=$ "il primo dado vale 6" e $A_2 :=$ "il secondo dado vale 6", così che $\mathrm{P}(A) = \mathrm{P}(A_1) + \mathrm{P}(A_2) - \mathrm{P}(A_1 \cap A_2) = \frac{1}{6} + \frac{1}{6} - \frac{1}{36} = \frac{11}{36}$.

Per tenere conto dell'informazione che B si è verificato, calcoliamo la probabilità di A *condizionale* a B che è data da

$$\mathrm{P}(A \mid B) = \frac{\mathrm{P}(A \cap B)}{\mathrm{P}(B)} = \frac{|A \cap B|/|\Omega|}{|B|/|\Omega|} = \frac{|A \cap B|}{|B|}.$$

Per determinare la cardinalità di B, possiamo semplicemente elencare i suoi elementi: si ha $B = \{(3,6), (4,5), (5,4), (6,3)\}$ e dunque $|B| = 4$. Analogamente si ha $A \cap B = \{(3,6), (6,3)\}$ (gli elementi di B che contengono almeno un 6), quindi

$$\mathrm{P}(A \mid B) = \frac{|A \cap B|}{|B|} = \frac{1}{2} = 50\%,$$

che è maggiore della probabilità in assenza di informazioni.

In altri termini, il fatto di avere un'informazione sull'esperimento (B si è verificato) influenza il "grado di fiducia" che attribuiamo ad A. Ad esempio, se il nostro amico ci comunicasse che la somma dei dadi vale 12, saremmo sicuri che sono usciti due 6; se invece ci comunicasse che la somma dei dadi è inferiore a 6, saremmo sicuri che non è uscito nessun 6. □

Alcune proprietà formali della probabilità condizionale sono sintetizzate nella seguente proposizione, la cui dimostrazione è lasciata per esercizio.

Proposizione 1.50
Sia B un evento fissato di uno spazio di probabilità (Ω, P) di probabilità $\mathrm{P}(B) > 0$. La funzione $\mathrm{P}(\cdot \mid B)$, ossia

$$\begin{aligned} \mathcal{P}(\Omega) &\longrightarrow [0,1] \\ A &\longmapsto \mathrm{P}(A|B), \end{aligned}$$

è una probabilità su Ω.

Sottolineiamo che, fissato un evento A, la funzione $B \mapsto \mathrm{P}(A|B)$ *non* è una probabilità (ad esempio, non è nemmeno definita per $B = \emptyset$).

Notiamo che la probabilità condizionale permette di esprimere in modo ricorsivo la probabilità dell'intersezione di n eventi.

Proposizione 1.51 (Regola della catena)
Per $n \in \mathbb{N}$, $n \geq 2$ *siano* $A_1, \ldots, A_n$ *eventi tali che* $\mathrm{P}(A_1 \cap A_2 \cap \ldots \cap A_{n-1}) > 0$. *Allora*

$$\mathrm{P}\left(\bigcap_{i=1}^{n} A_i\right) = \mathrm{P}(A_1)\,\mathrm{P}(A_2|A_1)\,\mathrm{P}(A_3|A_1 \cap A_2) \cdots \mathrm{P}(A_n|A_1 \cap \ldots \cap A_{n-1})$$

$$= \mathrm{P}(A_1) \cdot \prod_{i=2}^{n} \mathrm{P}(A_i|A_1 \cap \ldots \cap A_{i-1}) \,. \tag{1.43}$$

Dimostrazione Notiamo innanzitutto che $(A_1 \cap A_2 \cap \ldots \cap A_j) \subseteq (A_1 \cap A_2 \cap \ldots \cap A_i)$ per $i \leq j$. In particolare, se $\mathrm{P}(A_1 \cap A_2 \cap \ldots \cap A_{n-1}) > 0$ anche $\mathrm{P}(A_1 \cap A_2 \cap \ldots \cap A_i) > 0$ per ogni $1 \leq i \leq n-1$, dunque le probabilità condizionali nel membro destro in (1.43) sono ben definite.

La dimostrazione procede per induzione. Dati due eventi B, C con $\mathrm{P}(C) > 0$ si ha, per definizione di probabilità condizionale,

$$\mathrm{P}(B \cap C) = \mathrm{P}(B)\,\mathrm{P}(C|B) \,, \tag{1.44}$$

dunque la relazione (1.43) è verificata per $n = 2$. Per il passo induttivo, notiamo che grazie alla relazione (1.44) si ha

$$\mathrm{P}\left(\bigcap_{i=1}^{n} A_i\right) = \mathrm{P}\left(\left(\bigcap_{i=1}^{n-1} A_i\right) \cap A_n\right) = \mathrm{P}\left(\bigcap_{i=1}^{n-1} A_i\right) \mathrm{P}\left(A_n \middle| \bigcap_{i=1}^{n-1} A_i\right),$$

da cui, applicando l'ipotesi induttiva, si ottiene la relazione (1.43). □

1.3.2 Bayes e dintorni

In molte situazioni, la nozione di probabilità condizionale è utile nella costruzione stessa di un modello probabilistico: talvolta è "naturale" assegnare il valore di alcune probabilità condizionali, e da esse dedurre il valore di probabilità non condizionali.

Esempio 1.52 Due urne, che indichiamo con α e β, contengono rispettivamente 3 palline rosse e 1 verde (l'urna α) e 1 pallina rossa e 1 verde (l'urna β). Si sceglie, con la stessa probabilità, una delle due urne e poi, dall'urna scelta, si estrae una pallina a caso. Qual è la probabilità di estrarre una pallina rossa?

Come spazio campionario si può scegliere l'insieme di quattro elementi $\Omega = \{\alpha r, \alpha v, \beta r, \beta v\}$, dove la prima lettera di ogni elemento $\omega \in \Omega$ indica l'urna scelta e la seconda il colore della pallina estratta. L'evento $A = \{\alpha r, \alpha v\}$ corrisponde a "l'urna scelta è α", l'evento $R = \{\alpha r, \beta r\}$ corrisponde a "la pallina estratta è rossa". Dev'essere senz'altro $P(A) = 1/2$, visto che le urne vengono scelte con uguale probabilità. Inoltre, *supponendo* di aver scelto l'urna α, la probabilità di estrarre una pallina rossa è $3/4$, perciò porremo $P(R|A) = 3/4$. Analogamente $P(R|A^c) = 1/2$. Osservando che $P(A \cap R) = P(A)\,P(R|A)$ per definizione delle probabilità condizionale, si ricava

$$P(\{\alpha r\}) = P(A \cap R) = P(A)\,P(R|A) = \frac{1}{2}\frac{3}{4} = \frac{3}{8}.$$

Analogamente

$$P(\{\beta r\}) = P(A^c \cap R) = P(A^c)\,P(R|A^c) = \frac{1}{2}\frac{1}{2} = \frac{1}{4},$$

e sfruttando la Proposizione 1.50

$$P(\{\alpha v\}) = P(A \cap R^c) = P(A)\,P(R^c|A) = P(A)(1 - P(R|A)) = \frac{1}{2}\frac{1}{4} = \frac{1}{8},$$
$$P(\{\beta v\}) = P(A^c \cap R^c) = P(A^c)\,P(R^c|A^c) = P(A^c)(1 - P(R|A^c)) = \frac{1}{2}\frac{1}{2} = \frac{1}{4}.$$

In questo modo abbiamo calcolato la probabilità $P(\{\omega\})$ di ogni singoletto. Grazie alla relazione (1.5), ciò determina la probabilità di qualunque evento, in particolare

$$P(R) = P(\{\alpha r, \beta r\}) = P(\{\alpha r\}) + P(\{\beta r\}) = \frac{3}{8} + \frac{1}{4} = \frac{5}{8}, \tag{1.45}$$

la risposta cercata. □

Nell'esempio precedente, scrivere esplicitamente lo spazio campionario Ω e determinare completamente la probabilità P è stato un esercizio istruttivo. Tuttavia è interessante notare che ciò *non è strettamente necessario* per rispondere alla domanda posta, come mostra la proposizione seguente.

Proposizione 1.53 (Formule di disintegrazione e delle probabilità totali) *Sia* (Ω, P) *uno spazio di probabilità. Sia* $(A_i)_{i \in I}$ *una* partizione finita o numerabile di eventi di Ω *(cioè l'insieme* I *è finito o numerabile, gli eventi* A_i *sono disgiunti e la loro unione è tutto lo spazio:* $A_i \cap A_j = \emptyset$ *per* $i \neq j$ *e* $\bigcup_{i \in I} A_i = \Omega$*).*

Per ogni evento B *vale la* formula di disintegrazione

$$P(B) = \sum_{i \in I} P(B \cap A_i).$$

Se inoltre $\mathrm{P}(A_i) > 0$ *per ogni* $i \in I$, *vale la* formula delle probabilità totali*:*

$$\mathrm{P}(B) = \sum_{i \in I} \mathrm{P}(B \mid A_i)\,\mathrm{P}(A_i)\,.$$

In particolare, per ogni coppia di eventi A, B *con* $0 < \mathrm{P}(A) < 1$, *si ha*

$$\begin{aligned}\mathrm{P}(B) &= \mathrm{P}(B \mid A)\,\mathrm{P}(A) + \mathrm{P}(B \mid A^c)\,\mathrm{P}(A^c) \\ &= \mathrm{P}(B \mid A)\,\mathrm{P}(A) + \mathrm{P}(B \mid A^c)(1 - \mathrm{P}(A))\,.\end{aligned}$$

Dimostrazione Per ipotesi $\Omega = \bigcup_{i \in I} A_i$, pertanto

$$B = B \cap \Omega = B \cap \left(\bigcup_{i \in I} A_i \right) = \bigcup_{i \in I} (B \cap A_i).$$

Dato che gli eventi $(A_i)_{i \in I}$ sono disgiunti, anche gli eventi $(B \cap A_i)_{i \in I}$ lo sono. Dato che I è finito o numerabile, per la σ-additività di P si ha

$$\mathrm{P}(B) = \sum_{i \in I} \mathrm{P}(B \cap A_i)\,.$$

Infine, se $\mathrm{P}(A_i) > 0$, possiamo scrivere $\mathrm{P}(B \cap A_i) = \mathrm{P}(B|A_i)\,\mathrm{P}(A_i)$ per definizione di probabilità condizionale. □

Esempio 1.54 Ritornando all'Esempio 1.52, i dati dell'esercizio fornivano i valori $\mathrm{P}(A) = \frac{1}{2}$, $\mathrm{P}(R|A) = \frac{3}{4}$ e $\mathrm{P}(R|A^c) = \frac{1}{2}$. Applicando la formula delle probabilità totali si ottiene dunque

$$\mathrm{P}(R) = \mathrm{P}(R|A)\,\mathrm{P}(A) + \mathrm{P}(R|A^c)(1 - \mathrm{P}(A)) = \frac{3}{4}\frac{1}{2} + \frac{1}{2}\frac{1}{2} = \frac{5}{8}, \qquad (1.46)$$

che coincide (naturalmente) con il risultato (1.45) trovato in precedenza. □

Supponiamo ora che A e B siano due eventi tali che $\mathrm{P}(A) > 0$, $\mathrm{P}(B) > 0$, sicché entrambe le probabilità condizionali $\mathrm{P}(A|B)$ e $\mathrm{P}(B|A)$ sono definite. È pressoché immediato verificare la seguente relazione.

Teorema 1.55 (Formula di Bayes)
Siano A, B *eventi con* $\mathrm{P}(A) > 0$ *e* $\mathrm{P}(B) > 0$, *allora*

$$\mathrm{P}(A|B) = \frac{\mathrm{P}(B|A)\,\mathrm{P}(A)}{\mathrm{P}(B)}. \qquad (1.47)$$

Dimostrazione La formula di Bayes (1.47) è equivalente a

$$P(A|B)\,P(B) = P(B|A)\,P(A),$$

che è vera in quanto, per definizione di probabilità condizionale, entrambi i membri sono uguali a $P(A \cap B)$. □

Osservazione 1.56 Nell'ipotesi che $0 < P(A) < 1$, usando la formula delle probabilità totali, la formula di Bayes (1.47) può essere riscritta nella forma

$$P(A|B) = \frac{P(B|A)\,P(A)}{P(B|A)\,P(A) + P(B|A^c)\,P(A^c)}. \tag{1.48}$$

Analogamente, se $(A_i)_{i \in I}$ è una famiglia di eventi finita o numerabile che soddisfa alle ipotesi della Proposizione 1.53, per ogni $i \in I$ si ha

$$P(A_i|B) = \frac{P(B|A_i)\,P(A_i)}{P(B)} = \frac{P(B|A_i)\,P(A_i)}{\sum_{j \in I} P(B|A_j)\,P(A_j)}. \tag{1.49}$$

Le versioni (1.48) e (1.49) della formula di Bayes sono quelle che più spesso capita di usare negli esercizi. □

La formula di Bayes, a dispetto della sua semplicità, ha un'importanza fondamentale ed è all'origine di un'intera area della statistica, detta appunto *bayesiana*. La rilevanza della formula di Bayes si può già apprezzare in applicazioni elementari, ma dai risultati a prima vista sorprendenti, come quelle descritte negli esempi che seguono (si veda l'Osservazione 1.59 seguente per una spiegazione intuitiva).

Esempio 1.57 Ritorniamo un'ultima volta all'Esempio 1.52, con le stesse notazioni. Se la pallina estratta è rossa, qual è la probabilità che l'urna scelta sia stata α?

Introducendo gli eventi $A =$ "l'urna scelta è α" e $R =$ "la pallina estratta è rossa", dobbiamo calcolare la probabilità condizionale $P(A|R)$. Sappiamo che $P(A) = \frac{1}{2}$, $P(R|A) = \frac{3}{4}$ e $P(R|A^c) = \frac{1}{2}$ e abbiamo già calcolato $P(R) = \frac{5}{8}$, si veda (1.46). Applicando la formula di Bayes otteniamo dunque

$$P(A|R) = \frac{P(R|A)\,P(A)}{P(R)} = \frac{\frac{3}{4}\frac{1}{2}}{\frac{5}{8}} = \frac{3}{5}.$$

Si noti che tale probabilità è diversa dalla probabilità originale (non condizionale) di scegliere l'urna α, che vale $P(A) = \frac{1}{2}$, a dispetto di quanto un'intuizione errata avrebbe potuto suggerire. □

Esempio 1.58 (Test clinico) Per determinare la presenza di un virus, viene elaborato un test clinico avente le seguenti caratteristiche:

- *sensibilità*: se il virus è presente, il test risulta positivo nel 99% dei casi;
- *specificità*: se il virus è assente, il test risulta negativo nel 98% dei casi.

È noto che 4 persone su 10 000 hanno il virus, ossia lo 0.04% (*prevalenza* del virus). Supponiamo che un individuo scelto a caso nella popolazione risulti positivo al test: con quale grado di fiducia possiamo affermare che abbia il virus?

Come accade sovente, non è rilevante descrivere nel dettaglio lo spazio campionario. Si considerino gli eventi descritti informalmente da $A =$ "l'individuo ha il virus" e $B =$ "il test dà esito positivo". I dati del problema sono:

$$\mathrm{P}(A) = 4 \cdot 10^{-4}, \qquad \mathrm{P}(B|A) = 0.99, \qquad \mathrm{P}(B|A^c) = 0.02. \tag{1.50}$$

Calcoliamo $\mathrm{P}(A|B)$. Utilizzando la formula di Bayes e la formula delle probabilità totali, si ha

$$\begin{aligned}\mathrm{P}(A|B) &= \frac{\mathrm{P}(B|A)\,\mathrm{P}(A)}{\mathrm{P}(B)} = \frac{\mathrm{P}(B|A)\,\mathrm{P}(A)}{\mathrm{P}(B|A)\,\mathrm{P}(A) + \mathrm{P}(B|A^c)\,\mathrm{P}(A^c)} \\ &= \frac{3.96 \cdot 10^{-4}}{3.96 \cdot 10^{-4} + 1.9992 \cdot 10^{-2}} \simeq \frac{4}{4 + 200} \simeq 0.02 = 2\%,\end{aligned}$$

che è estremamente bassa. Quindi, anche se un individuo risulta positivo al test, è estremamente improbabile che abbia il virus! Questo test dunque darà un grande numero di falsi positivi. □

Osservazione 1.59 Per interpretare più intuitivamente i risultati degli esempi precedenti, può essere utile tenere a mente l'interpretazione frequentista della probabilità condizionale, accennata all'inizio del paragrafo.

Per quanto riguarda l'Esempio 1.57, immaginiamo di ripetere l'intero esperimento (scelta dell'urna e estrazione della pallina) un numero elevato di volte $N \gg 1$. La pallina estratta sarà rossa (cioè si verificherà l'evento R) un numero di volte pari a $S_N(R) \simeq \mathrm{P}(R) \cdot N$. Ignorando le volte in cui la pallina estratta *non* è rossa, ci si può chiedere quante volte l'urna scelta è α (cioè si verifica l'evento A): la risposta è $S_N(A \cap R) \simeq \mathrm{P}(A \cap R) \cdot N$. Di conseguenza, *restringendosi alle ripetizioni dell'esperimento in cui la pallina estratta è rossa*, la frazione di volte in cui l'urna scelta è α è proprio $S_N(A \cap R)/S_N(R) \simeq \mathrm{P}(A \cap R)/\mathrm{P}(R) = \mathrm{P}(A|R)$. In altre parole, $\mathrm{P}(A|R) = \frac{3}{5}$ significa che l'urna scelta è α circa $3/5$ delle volte in cui la pallina estratta è rossa.

Un discorso del tutto analogo può essere fatto per l'Esempio 1.58: tra gli individui che risultano positivi al test, soltanto 2 su 100 hanno effettivamente il virus. Per capire più concretamente che cosa succede in questo caso, prendiamo in considerazione una popolazione numerosa, diciamo di 100 000 persone, di cui 40 hanno il virus e le restanti 99 960 non ce l'hanno (per ipotesi 4 persone su 10 000 hanno il virus). Immaginiamo ora di sottoporre *tutta la popolazione* al test:

- per chi ha il virus, il test darà (correttamente) esito positivo sul 99% di esse, ossia su $40 \cdot 0.99 \simeq 40$ persone;
- per chi non ha il virus, il test darà (erroneamente!) esito positivo sul 2% di esse, ossia su $99\,960 \cdot 0.02 \simeq 2000$ persone.

In definitiva, ci saranno $2000 + 40 = 2040$ persone su cui il test ha dato esito positivo, ma soltanto 40 tra di loro hanno effettivamente il virus! La frazione di tali individui, rispetto a tutti quelli risultati positivi al test, vale pertanto $40/2040 \simeq 0.02 = 2\%$, come calcolato in precedenza. □

Osservazione 1.60 La conclusione dell'Esempio 1.58 appare paradossale perché la frazione $\alpha = \mathrm{P}(B\,|\,A^c)$ di falsi positivi è relativamente bassa ($\alpha = 2\%$). Ma il punto è che non è rilevante la grandezza *assoluta* di α, quanto piuttosto la sua grandezza *relativa* rispetto a $\beta = \mathrm{P}(A)$, la frazione di persone malate ($\beta = 0.04\%$). In effetti, ricordando la relazione (1.48), se $\mathrm{P}(B|A)$ è molto vicino a 1 e se β è piccolo, come è tipico, si può approssimare $\mathrm{P}(B|A) \simeq 1$ e $\mathrm{P}(A^c) \simeq 1$, ottenendo

$$\mathrm{P}(A|B) \simeq \frac{\mathrm{P}(A)}{\mathrm{P}(A) + \mathrm{P}(B|A^c)} = \frac{\beta}{\beta + \alpha} = \frac{1}{1 + \alpha/\beta}.$$

Se $\alpha \gg \beta$, come nell'Esempio 1.58 ($\alpha/\beta = 50$), allora $\mathrm{P}(A|B)$ sarà piccola. Se invece si vuole avere $\mathrm{P}(A|B)$ vicino a 1 (questo significa che gli individui risultati positivi al test hanno molto probabilmente il virus) occorre che $\alpha \ll \beta$. □

Osservazione 1.61 E se avessimo voluto specificare per bene lo spazio campionario dell'Esempio 1.58? Si sarebbe potuto procedere così. Definiamo

$$\Omega = \{(+,p),(+,n),(-,p),(-,n)\} = \{+,-\} \times \{p,n\}$$

dove $+$ e $-$ indicano la presenza ($+$) o l'assenza ($-$) del virus, p e n il risultato del test (p = positivo, n = negativo). Qual è la probabilità P su Ω? Per individuare P dobbiamo usare i dati del problema. Si noti che gli eventi A e B definiti sopra corrispondono ai seguenti sottoinsiemi di Ω:

$$A = \{(+,p),(+,n)\}, \qquad B = \{(+,p),(-,p)\}.$$

Usando i dati in (1.50), è effettivamente possibile calcolare la probabilità di tutti i sottoinsiemi di Ω (esercizio), da cui si può dedurre il valore di $\mathrm{P}(A|B)$. Tuttavia, per rispondere al quesito posto, questi dettagli sono poco rilevanti. □

Come abbiamo visto, in molti casi è prassi non scrivere esplicitamente lo spazio campionario Ω ma limitarsi a introdurre gli eventi rilevanti, specificandone alcune probabilità assolute e/o condizionali. Questo accadrà frequentemente nel seguito. Sottolineiamo tuttavia che le probabilità (assolute o condizionali) di eventi *non possono essere assegnate arbitrariamente*: ad esempio, non è possibile che due eventi

A e B siano tali che $P(A \cap B) = 0$, $P(A) = \frac{1}{2}$ e $P(B) = \frac{2}{3}$, perché in tal caso si dovrebbe avere $P(A \cup B) = P(A) + P(B) = \frac{7}{6} > 1$, il che è impossibile.

Negli esempi ed esercizi che incontreremo, con un po' di pazienza sarà sempre possibile scrivere esplicitamente uno spazio campionario Ω che realizza le specifiche assegnate (si veda ad esempio l'Esercizio 1.13).

1.3.3 Indipendenza di eventi

Si è visto come la probabilità condizionale $P(A|B)$ rappresenti la probabilità dell'evento A sotto la condizione del verificarsi dell'evento B. È possibile che tale condizione non modifichi la probabilità di A, ossia

$$P(A|B) = P(A). \tag{1.51}$$

Usando la definizione di probabilità condizionale, si vede che l'identità (1.51) equivale a:

$$P(A \cap B) = P(A)\, P(B). \tag{1.52}$$

L'identità in (1.52), rispetto a quella in (1.51) ha il vantaggio di essere esplicitamente simmetrica in A e B, e di essere definita (e banalmente vera) anche quando $P(B) = 0$. Essa viene dunque scelta per caratterizzare la nozione di *indipendenza*.

Definizione 1.62 (Indipendenza di due eventi)
Due eventi A e B in uno spazio di probabilità si dicono *indipendenti* se

$$P(A \cap B) = P(A)\, P(B).$$

Esempio 1.63 Da due mazzi di carte da Poker si estraggono due carte, una per mazzo. Lo spazio campionario naturale è l'insieme delle coppie (i, j) nel prodotto cartesiano $\Omega = X \times X$, dove X è l'insieme delle carte di un mazzo. Possiamo assumere che la scelta sia "casuale", cioè descritta dalla probabilità P uniforme su Ω. Consideriamo due eventi A e B, di cui l'evento A dipende solo dall'estrazione dal primo mazzo, l'evento B solo dall'estrazione dal secondo mazzo. Ciò significa che devono esistere $F, G \subseteq X$ tali che A e B sono della forma:

$$A = \{(i, j) \in \Omega : i \in F\} = F \times X\,,$$
$$B = \{(i, j) \in \Omega : j \in G\} = X \times G\,,$$

da cui segue che $A \cap B = F \times G$. Dato che $|X| = 52$, la formula per la cardinalità degli insiemi prodotto dà $|\Omega| = |X|^2 = 52^2$, $|A| = |F||X| = 52|F|$, $|B| = |X||G| = 52|G|$, $|A \cap B| = |F||G|$, quindi

$$\mathrm{P}(A \cap B) = \frac{|A \cap B|}{|\Omega|} = \frac{|F||G|}{52^2} = \frac{|A|}{|\Omega|}\frac{|B|}{|\Omega|} = \mathrm{P}(A)\,\mathrm{P}(B).$$

Dunque A e B sono indipendenti. Si noti che gli eventi A e B si riferiscono a due *ripetizioni* dello stesso esperimento aleatorio. L'indipendenza esprime il fatto che l'esito di un esperimento non "influenza" l'esito dell'altro esperimento. Questo contesto di *prove indipendenti ripetute*, rilevante in molti aspetti della probabilità e della statistica, è quello in cui la nozione di indipendenza appare in modo naturale e verrà approfondito nel Paragrafo 1.3.4. □

L'indipendenza di due eventi non vuole necessariamente dire che gli eventi "non si influenzano in alcun modo", come mostra l'esempio seguente.

Esempio 1.64 Gli eventi A e B descritti nei punti seguenti sono indipendenti:

- estraendo una carta da un mazzo di carte da Poker da 52, gli eventi $A :=$ "la carta è di cuori" e $B :=$ "la carta è un 3";
- lanciando due dadi regolari a 6 facce, gli eventi $A :=$ "la somma vale 7" e $B :=$ "il primo dado dà come risultato 3";
- se Andrea, Livio e Simone lanciano ciascuno un dado regolare a sei facce, gli eventi $A :=$ "Andrea e Livio ottengono lo stesso risultato" e $B :=$ "Livio e Simone ottengono lo stesso risultato".

In tutti questi esempi, sebbene ci sia intuitivamente qualche tipo di "influenza" tra gli eventi A e B, essi risultano indipendenti secondo la definizione, perché *il fatto che uno si verifichi non modifica la probabilità dell'altro*.

Verifichiamo l'indipendenza nel terzo caso, lasciando i primi due come esercizio. Posto $X = \{1, 2, 3, 4, 5, 6\}$, prendiamo come spazio campionario

$$\Omega := X \times X \times X = \{(x, y, z) : \ x, y, z \in \mathbb{N}\,,\ 1 \le x, y, z \le 6\}\,,$$

munito della probabilità P uniforme. Si noti che

$$A = \{(x, y, z) \in \Omega : \ x = y\}\,, \qquad B = \{(x, y, z) \in \Omega : \ y = z\}\,.$$

Per il principio fondamentale del calcolo combinatorio, gli elementi di A sono determinati dalla scelta delle componenti x e z, per cui $|A| = 6 \cdot 6 = 36$ e, analogamente, $|B| = 36$. Allo stesso modo, $A \cap B = \{(x, y, z) \in \Omega : \ x = y = z\}$ e dunque $|A \cap B| = 6$. Dato che $|\Omega| = |X|^3 = 6^3 = 216$, segue che

$$\mathrm{P}(A) = \mathrm{P}(B) = \frac{36}{216} = \frac{1}{6}\,, \quad \mathrm{P}(A \cap B) = \frac{|A \cap B|}{|\Omega|} = \frac{6}{216} = \frac{1}{36} = \mathrm{P}(A)\,\mathrm{P}(B)\,,$$

come richiesto. □

Vale la pena di sottolineare che due eventi indipendenti *non sono disgiunti*, tranne nel caso "banale" in cui uno dei due eventi abbia probabilità zero. Infatti se A, B sono indipendenti e $\mathrm{P}(A) > 0$, $\mathrm{P}(B) > 0$, segue che $\mathrm{P}(A \cap B) = \mathrm{P}(A)\,\mathrm{P}(B) > 0$ e dunque $A \cap B \neq \emptyset$. Detto in modo grossolano, due eventi indipendenti si devono intersecare "nelle giuste proporzioni".

Osservazione 1.65 Se A e B sono eventi indipendenti, allora anche A^c e B lo sono:

$$\begin{aligned} \mathrm{P}(A^c \cap B) &= \mathrm{P}(B \setminus (A \cap B)) = \mathrm{P}(B) - \mathrm{P}(A \cap B) = \mathrm{P}(B) - \mathrm{P}(A)\,\mathrm{P}(B) \\ &= (1 - \mathrm{P}(A))\,\mathrm{P}(B) = \mathrm{P}(A^c)\,\mathrm{P}(B)\,. \end{aligned}$$

Analogamente, anche A e B^c sono eventi indipendenti, così come A^c e B^c. Vedremo nella Proposizione 1.70 una formulazione più generale di questa proprietà. □

Vogliamo ora capire come definire l'indipendenza di più di due eventi. Consideriamo la generalizzazione dell'Esempio 1.63 al caso di 3 mazzi di carte: lo spazio campionario diventa $\Omega = X^3 = X \times X \times X$ munito della probabilità uniforme P e, dati $F_1, F_2, F_3 \subseteq X$, poniamo $A_i = \{\omega = (\omega_1, \omega_2, \omega_3) \in X^3 : \omega_i \in F_i\}$. In questo modo l'evento A_i dipende solo dall'estrazione dell'i-esimo mazzo e sembra naturale considerare A_1, A_2, A_3 eventi indipendenti. Dato che

$$|A_1 \cap A_2 \cap A_3| = |F_1 \times F_2 \times F_3| = |F_1||F_2||F_3|\,,$$

segue facilmente che

$$\mathrm{P}(A_1 \cap A_2 \cap A_3) = \mathrm{P}(A_1)\,\mathrm{P}(A_2)\,\mathrm{P}(A_3)\,. \tag{1.53}$$

Inoltre, considerando le tre coppie di eventi $\{A_1, A_2\}$, $\{A_2, A_3\}$, $\{A_1, A_3\}$, analoghi calcoli sulle cardinalità mostrano che

$$\begin{gathered} \mathrm{P}(A_1 \cap A_2) = \mathrm{P}(A_1)\,\mathrm{P}(A_2)\,, \qquad \mathrm{P}(A_2 \cap A_3) = \mathrm{P}(A_2)\,\mathrm{P}(A_3)\,, \\ \mathrm{P}(A_1 \cap A_3) = \mathrm{P}(A_1)\,\mathrm{P}(A_3)\,. \end{gathered} \tag{1.54}$$

Tutto ciò suggerisce che, per definire l'indipendenza di tre eventi A_1, A_2, A_3, sia opportuno richiedere la proprietà "moltiplicativa" sia per la terna di eventi in (1.53), sia per le coppie in (1.54). È interessante notare che queste due richieste *non* sono implicate l'una dall'altra, come mostrano i seguenti esempi.

Esempio 1.66 Ritornando al terzo caso descritto nell'Esempio 1.64, supponiamo che Andrea, Livio e Simone lancino ciascuno un dado regolare a sei facce e consideriamo gli eventi $A :=$ "Andrea e Livio ottengono lo stesso risultato", $B :=$ "Livio e Simone ottengono lo stesso risultato" e $C :=$ "Andrea e Simone ottengono lo stesso risultato". Abbiamo già mostrato che gli eventi $\{A, B\}$ sono indipendenti. Con identici calcoli (o per simmetria) si mostra che anche $\{A, C\}$ sono indipendenti, così come $\{B, C\}$: valgono dunque le relazioni

$$P(A \cap B) = P(A)\,P(B)\,, \qquad P(B \cap C) = P(B)\,P(C)\,,$$
$$P(A \cap C) = P(A)\,P(C)\,.$$

Tuttavia, notando che $A \cap B \cap C = A \cap B$, si ha che

$$P(A \cap B \cap C) = P(A \cap B) = \frac{1}{36} \neq \frac{1}{216} = \frac{1}{6^3} = P(A)\,P(B)\,P(C)\,. \qquad \square$$

Esempio 1.67 Consideriamo l'esperimento aleatorio dato dal lancio di due dadi regolari a sei facce, descritto dallo spazio campionario $\Omega = \{1, 2, \ldots, 6\}^2$ munito della probabilità uniforme P. Consideriamo gli eventi

$$\begin{aligned} A &= \text{“il risultato del secondo dado è 1, 2 o 5”} = \{(i, j) \in \Omega : j = 1, 2, \text{ o } 5\}\,, \\ B &= \text{“il risultato del secondo dado è 4, 5 o 6”} = \{(i, j) \in \Omega : j = 4, 5, \text{ o } 6\}\,, \\ C &= \text{“la somma dei risultati dei due dadi vale 9”} = \{(i, j) \in \Omega : i + j = 9\}. \end{aligned}$$

Si ha allora

$$P(A \cap B \cap C) = \frac{1}{36} = P(A)\,P(B)\,P(C)\,,$$

ma

$$\begin{aligned} P(A \cap B) &= \frac{1}{6} \neq \frac{1}{4} = P(A)\,P(B)\,, \\ P(A \cap C) &= \frac{1}{36} \neq \frac{1}{18} = P(A)\,P(C)\,, \\ P(B \cap C) &= \frac{1}{12} \neq \frac{1}{18} = P(B)\,P(C)\,. \end{aligned} \qquad \square$$

Le considerazioni precedenti motivano la seguente definizione.

Definizione 1.68 (Indipendenza di eventi)
Sia $(A_i)_{i \in I}$ un'arbitraria famiglia di eventi in uno spazio di probabilità. Diremo che tali eventi sono *indipendenti* se per ogni sottoinsieme *finito* $J \subseteq I$ (con $|J| \geq 2$) si ha

$$P\left(\bigcap_{j \in J} A_j\right) = \prod_{j \in J} P(A_j)\,. \tag{1.55}$$

Per l'indipendenza di n eventi $A_1, \dots, A_n$ non basta dunque verificare che

$$P(A_1 \cap A_2 \cap \ldots \cap A_n) = P(A_1) \cdot P(A_2) \cdots P(A_n), \tag{1.56}$$

ma occorre mostrare che questa proprietà di fattorizzazione vale anche *per ogni sottofamiglia*, come richiesto dalla relazione (1.55).

In alternativa, mostriamo ora che l'indipendenza di $A_1, \dots, A_n$ è *equivalente* al fatto che valga la relazione (1.56) e, in aggiunta, tutte le relazioni ottenute da questa rimpiazzando alcuni degli eventi A_i con i rispettivi complementari A_i^c.

Proposizione 1.69
Siano $A_1, \dots, A_n$ eventi in uno spazio di probabilità. Le seguenti affermazioni sono equivalenti:

(i) *gli eventi $A_1, \dots, A_n$ sono indipendenti;*
(ii) *per ogni scelta di eventi $B_1, \dots, B_n$, dove $B_i = A_i$ oppure $B_i = A_i^c$, si ha*

$$P(B_1 \cap B_2 \cap \ldots \cap B_n) = P(B_1) \cdot P(B_2) \cdots P(B_n). \tag{1.57}$$

Dimostrazione Cominciamo mostrando l'implicazione (ii) $\Rightarrow$ (i), procedendo per induzione su $n \geq 2$. Si noti che il passo base $n = 2$ è immediato: basta scegliere $B_1 = A_1$ e $B_2 = A_2$ in (1.57). Concentriamoci dunque sul passo induttivo.

Assumiamo che valga la relazione (1.57) e mostriamo che gli eventi $A_1, \dots, A_n$ sono indipendenti, ossia che vale la relazione (1.55) per ogni $J \subseteq \{1, \dots, n\}$. Il caso estremo in cui $J = \{1, \dots, n\}$ segue immediatamente da (1.57) scegliendo $B_i = A_i$, quindi possiamo supporre che $|J| \leq n - 1$. Per semplificare le notazioni, limitiamoci a considerare $J \subseteq \{1, \dots, n-1\}$ (gli altri casi sono analoghi). Dimostrare la relazione (1.55) per tali J equivale a mostrare l'indipendenza di $A_1, \dots, A_{n-1}$. Applicando l'ipotesi induttiva, ci basta mostrare che vale la relazione (1.57) con $n - 1$ invece di n. Ma questo è semplice: scrivendo $\Omega = A_n \cup A_n^c$, per la formula di disintegrazione

$$P(C) = P(C \cap A_n) + P(C \cap A_n^c),$$

per ogni evento C. Scegliendo $C := B_1 \cap \ldots \cap B_{n-1}$, per ogni scelta di $B_i = A_i$ oppure $B_i = A_i^c$, e applicando la relazione (1.57), che vale per ipotesi, otteniamo

$$\begin{aligned} P(B_1 \cap \ldots \cap B_{n-1}) &= P(B_1 \cap \ldots \cap B_{n-1} \cap A_n) + P(B_1 \cap \ldots \cap B_{n-1} \cap A_n^c) \\ &= P(B_1) \cdots P(B_{n-1}) \cdot P(A_n) + P(B_1) \cdots P(B_{n-1}) \cdot P(A_n^c) \\ &= P(B_1) \cdots P(B_{n-1}) \cdot \big(P(A_n) + P(A_n^c)\big) = P(B_1) \cdots P(B_{n-1}), \end{aligned}$$

dunque (1.57) vale con $n - 1$ invece di n. In questo modo abbiamo completato la dimostrazione dell'implicazione (ii) $\Rightarrow$ (i).

Mostriamo ora che (i) $\Rightarrow$ (ii). Assumiamo che gli eventi $A_1, \ldots, A_n$ siano indipendenti e mostriamo che vale la relazione (1.57), per ogni scelta di $B_1, \ldots, B_n$, in cui $B_i = A_i$ oppure $B_i = A_i^c$. Dato che entrambi i membri di (1.57) sono invarianti per permutazioni degli insiemi che vi compaiono, è sufficiente mostrare che

$$P(A_1^c \cap \ldots \cap A_k^c \cap A_{k+1} \cap \ldots \cap A_n) = P(A_1^c) \cdots P(A_k^c) \cdot P(A_{k+1}) \cdots P(A_n),$$

per ogni $k \in \{0, 1, \ldots, n\}$. Il caso $k = 0$ non è altro che la relazione (1.56), che segue immediatamente dall'indipendenza degli eventi $A_1, \ldots, A_n$. Procediamo dunque per induzione su k. Sia $k \geq 1$ e notiamo che, per la formula di disintegrazione, per ogni scelta degli eventi C, D

$$P(C \cap A_k^c \cap D) = P(C \cap D) - P(C \cap A_k \cap D).$$

Scegliendo $C := A_1^c \cap \ldots \cap A_{k-1}^c$ e $D := A_{k+1} \cap \ldots \cap A_n$, si ottiene

$$\begin{aligned} P(A_1^c \cap \ldots \cap A_k^c \cap A_{k+1} \cap \ldots \cap A_n) &= P(A_1^c \cap \ldots \cap A_{k-1}^c \cap A_{k+1} \cap \ldots \cap A_n) \\ &\quad - P(A_1^c \cap \ldots \cap A_{k-1}^c \cap A_k \cap A_{k+1} \cap \ldots \cap A_n), \end{aligned}$$

e usando due volte l'ipotesi induttiva otteniamo

$$\begin{aligned} P(A_1^c \cap \ldots \cap A_k^c \cap A_{k+1} \cap \ldots \cap A_n) &= P(A_1^c) \cdots P(A_{k-1}^c)\, P(A_{k+1}) \cdots P(A_n) \\ &\quad - P(A_1^c) \cdots P(A_{k-1}^c)\, P(A_k)\, P(A_{k+1}) \cdots P(A_n) \\ &= P(A_1^c) \cdots P(A_{k-1}^c)\big(1 - P(A_k)\big)\, P(A_{k+1}) \cdots P(A_n) \\ &= P(A_1^c) \cdots P(A_{k-1}^c)\, P(A_k^c)\, P(A_{k+1}) \cdots P(A_n), \end{aligned}$$

che è proprio quanto dovevamo mostrare. □

La seguente proposizione mostra che se in un'arbitraria famiglia di eventi indipendenti si rimpiazzano alcuni eventi con i loro complementari, si ottiene ancora una famiglia di eventi indipendenti. La dimostrazione è un semplice corollario della Proposizione 1.69 ed è lasciata come esercizio al lettore.

Proposizione 1.70

Sia $(A_i)_{i \in I}$ una famiglia di eventi indipendenti. Sia I' un sottoinsieme fissato di I e definiamo

$$B_i = \begin{cases} A_i^c & \text{se } i \in I', \\ A_i & \text{se } i \in I \setminus I'. \end{cases}$$

Allora $(B_i)_{i \in I}$ è una famiglia di eventi indipendenti.

Problema 1.71 (Prodotto di Eulero) Diamo una dimostrazione probabilistica di una formula dovuta a Eulero. Per ogni $s \in (1, \infty)$ definiamo la funzione *zeta di Riemann* $\zeta(s)$ mediante la serie (si ricordi la relazione (0.3))

$$\zeta(s) := \sum_{m \in \mathbb{N}} \frac{1}{m^s} \in (0, \infty) .$$

La formula prodotto di Eulero afferma che, indicando con $\mathfrak{P} := \{2, 3, 5, \ldots\}$ l'insieme dei numeri primi, per ogni $s \in (1, \infty)$ vale l'identità

$$\zeta(s) = \prod_{p \in \mathfrak{P}} \frac{1}{1 - p^{-s}} . \tag{1.58}$$

Sia $\Omega = \mathbb{N}$ e introduciamo su Ω la probabilità P definita sui singoletti (si ricordi il Paragrafo 1.1.3) mediante

$$\mathrm{P}(\{n\}) := \frac{1}{\zeta(s)} \frac{1}{n^s} .$$

Per ogni $k \in \mathbb{N}$ sia $M_k := \{k, 2k, 3k, \ldots\} = k\mathbb{N} \subseteq \Omega$ l'insieme dei multipli di k. La probabilità dell'evento M_k è data semplicemente da

$$\mathrm{P}(M_k) = \sum_{n \in \mathbb{N}} \mathrm{P}(\{nk\}) = \sum_{n \in \mathbb{N}} \frac{1}{\zeta(s)} \frac{1}{n^s} \frac{1}{k^s} = \frac{1}{k^s} . \tag{1.59}$$

Osserviamo che $M_p \cap M_q = M_{pq}$ se p e q non hanno divisori comuni. Analogamente per più di due numeri: se $p_1, \ldots, p_\ell$ non hanno divisori comuni, si ha

$$M_{p_1} \cap M_{p_2} \cap \ldots \cap M_{p_\ell} = M_{p_1 \cdot p_2 \cdots p_\ell} ,$$

quindi grazie a (1.59)

$$\mathrm{P}(M_{p_1} \cap M_{p_1} \cap \ldots \cap M_{p_\ell}) = \frac{1}{(p_1 \cdot p_2 \cdots p_\ell)^s} = \mathrm{P}(M_{p_1}) \cdot \mathrm{P}(M_{p_1}) \cdots \mathrm{P}(M_{p_\ell}) .$$

Questa formula si applica in particolare a ogni famiglia finita $p_1, \ldots, p_\ell \in \mathfrak{P}$ di numeri primi distinti, dunque *gli eventi* $(M_p)_{p \in \mathfrak{P}}$ *sono indipendenti*.

Per la Proposizione 1.70, anche gli eventi $(M_p^c)_{p \in \mathfrak{P}}$ sono indipendenti: di conseguenza, se numeriamo i primi $\mathfrak{P} = \{p_1, p_2, \ldots\}$, per ogni $n \in \mathbb{N}$ vale la relazione

$$\mathrm{P}\left(M_{p_1}^c \cap M_{p_2}^c \cap \ldots \cap M_{p_n}^c\right) = \mathrm{P}(M_{p_1}^c) \cdot \mathrm{P}(M_{p_2}^c) \cdots \mathrm{P}(M_{p_n}^c) = \prod_{i=1}^{n} \left(1 - \frac{1}{p_i^s}\right) .$$

Osserviamo inoltre che $\bigcap_{p \in \mathfrak{P}} M_p^c = \{1\}$, dal momento che 1 è l'unico intero che non è multiplo di nessun numero primo. Applicando la formula (1.22) — una conseguenza della continuità dall'alto della probabilità — otteniamo dunque

$$\mathrm{P}(\{1\}) = \lim_{n \to \infty} \mathrm{P}\left(M_{p_1}^c \cap M_{p_2}^c \cap \ldots \cap M_{p_n}^c\right) =: \prod_{p \in \mathfrak{P}} \left(1 - \frac{1}{p^s}\right).$$

Dato che $\mathrm{P}(\{1\}) = 1/\zeta(s)$, otteniamo la formula cercata (1.58).

1.3.4 Prove ripetute e indipendenti

Analizziamo ora un importante paradigma probabilistico, che appare con grande frequenza nelle applicazioni (e negli esercizi...). Molti esperimenti aleatori sono costituiti da n "prove ripetute" che possono avere due soli esiti possibili, detti convenzionalmente "successo" e "insuccesso". Supponiamo che ciascuna prova abbia successo con una probabilità fissata $p \in [0, 1]$ e che i risultati di prove distinte siano indipendenti. Esempi tipici sono la ripetizione di uno stesso gioco (il lancio di n dadi o di n monete, l'estrazione con reimmissione di n palline da un'urna, ...) intendendo come "successo" in ciascuna prova un particolare risultato o sottoinsieme di risultati (esce il numero 6, esce "testa", la pallina è rossa, ...). Tale situazione è detta *schema di prove ripetute e indipendenti* e può essere formalizzata come segue.

Definizione 1.72 (Prove ripetute e indipendenti)
Sia $p \in [0, 1]$ e sia $(C_i)_{i \in I}$ una famiglia di *eventi indipendenti con la stessa probabilità* $\mathrm{P}(C_i) = p$, indicizzati da un insieme I finito o numerabile. Diremo che gli eventi $(C_i)_{i \in I}$ rappresentano

prove ripetute e indipendenti con probabilità di successo p.

Quando $I = \{1, 2, \ldots, n\}$ o $I = \mathbb{N}$ adotteremo l'interpretazione seguente:

$$C_i \text{ rappresenta l'evento "l'}i\text{-esima prova ha successo"}. \tag{1.60}$$

A prima vista l'*interpretazione* della famiglia $(C_i)_{i \in I}$ in termini di prove ripetute e indipendenti può apparire vaga, ma il *modello matematico* è ben definito: si tratta di una famiglia di eventi indipendenti in un opportuno spazio di probabilità.

Per chiarire il legame tra il modello matematico e le sue interpretazioni, calcoliamo ora diverse probabilità di interesse che si applicano a svariati esempi concreti. Successivamente discuteremo il problema della *costruzione* del modello matematico, ossia dello spazio di probabilità in cui sono definiti gli eventi $(C_i)_{i \in I}$.

1.3.4.1 Almeno un successo in n prove

Fissiamo $n \in \mathbb{N}$, $p \in [0,1]$ e consideriamo una *famiglia finita* $C_1, C_2, \ldots, C_n$ di prove ripetute e indipendenti, ossia di eventi indipendenti con la stessa probabilità $P(C_i) = p$. *Qual è la probabilità che almeno una delle prove abbia successo?*

Introduciamo l'evento di interesse (ricordando l'interpretazione (1.60))

$$D_n := \text{“almeno una delle prove ha successo”} = C_1 \cup \ldots \cup C_n . \tag{1.61}$$

Notiamo che $D_n^c = C_1^c \cap \ldots \cap C_n^c$, quindi

$$P(D_n^c) = P(C_1^c \cap \ldots \cap C_n^c) = P(C_1^c) \ldots P(C_n^c) = (1-p)^n ,$$

per la Proposizione 1.69. Applicando le leggi di De Morgan, la probabilità che *almeno una delle n prove abbia successo* è dunque

$$P(D_n) = P(C_1 \cup \ldots \cup C_n) = 1 - P(C_1^c \cap \ldots \cap C_n^c) = 1 - (1-p)^n . \tag{1.62}$$

A partire da questa semplice espressione, si possono dedurre conclusioni a prima vista sorprendenti. Ad esempio, per ogni $p > 0$ fissato, si ha $\lim_{n\to\infty}(1-p)^n = 0$, quindi si ha $(1-p)^{n_0} < 0.0001$ per n_0 grande. Più esplicitamente:

$$\forall p > 0 \qquad \exists n_0 = n_0(p) < \infty : \qquad P(D_{n_0}) = P(C_1 \cup \ldots \cup C_{n_0}) \geq 99.99\% .$$

Dunque, *se la probabilità p che una singola prova abbia successo è strettamente positiva, non importa quanto piccola, con un numero sufficientemente elevato di ripetizioni indipendenti la probabilità di avere almeno un successo supera il 99.99%!*

Esempio 1.73 (Paradosso della scimmia di Borel, versione finita) Questo paradosso fu proposto dal matematico francese Émile Borel: se una scimmia schiaccia tasti a caso su una tastiera, prima o poi comporrà la Divina Commedia?

Mostriamo che la risposta è affermativa, nella forma seguente: con un tempo a disposizione *sufficientemente lungo*, ma finito, è *estremamente probabile* (> 99.99%) che la scimmia componga la Divina Commedia! Mostreremo nell'Esempio 1.76 che, con un tempo infinito a disposizione, la probabilità è pari a $1 = 100\%$.

Diciamo che la tastiera contiene $T := 100$ tasti e supponiamo che ogni tasto abbia la stessa probabilità $q := \frac{1}{T}$ di essere premuto. Assumiamo inoltre che i tasti premuti dalla scimmia vengano “scelti” indipendentemente. La Divina Commedia conta circa $N := 510\,000$ caratteri (spazi inclusi). Chiamiamo “prima prova” la sequenza dei primi N tasti premuti dalla scimmia, “seconda prova” la sequenza dei successivi N tasti premuti, ecc. e indichiamo con “successo” in ciascuna prova l'evento che la sequenza di tasti premuti coincida *esattamente* con il testo della Divina Commedia. La probabilità p di singolo successo (che N tasti premuti consecutivamente siano proprio quelli “giusti”) è ridicolmente bassa, ma pur sempre strettamente positiva:

$$p = q^N = \frac{1}{T^N} = 10^{-1\,020\,000} > 0 .$$

Di conseguenza, se consideriamo un numero di prove pari a n_0, determinato sopra, *la probabilità che la scimmia componga la Divina Commedia almeno una volta è maggiore di 99.99%!*

La "soluzione" del paradosso è che il numero di prove richiesto è *enorme*, al di là di qualunque esperimento praticabile: infatti (esercizio) si ha $n_0 \geq 1/p = 10^{1\,020\,000}$, mentre l'età dell'universo non supera i 10^{18} secondi. □

Esempio 1.74 (Dimostrazione a conoscenza zero) Giorgia presenta a Valeria due banconote da 100 euro e afferma che una delle due è falsa. A Valeria le due banconote sembrano identiche. Giorgia vuole convincere Valeria che *le banconote sono diverse e lei è in grado di distinguerle*; allo stesso tempo, non vuole svelare la tecnica con cui le distingue. Come è possibile raggiungere entrambi gli obiettivi?

La probabilità può fornirci un aiuto. Consideriamo il seguente esperimento aleatorio: Valeria dispone le due banconote sulla tavola una accanto all'altra; Giorgia le esamina, dopodiché esce dalla stanza; a questo punto Valeria lancia una moneta equilibrata: se esce testa scambia di posto le due banconote, se esce croce le lascia al loro posto; quindi Giorgia rientra nella stanza, esamina le banconote e dichiara a Valeria se sono state scambiate di posto. Se Giorgia è davvero in grado di distinguere le due banconote, non si sbaglierà mai; se invece non sa distinguerle, ha una probabilità pari a $\frac{1}{2}$ di sbagliarsi. Se ripetiamo questo esperimento 14 volte e se Giorgia non si sbaglia mai, Valeria sarà convinta che Giorgia è in grado di distinguere le due banconote con una "confidenza" pari a $1 - (\frac{1}{2})^{14} \simeq 99.99\%$, tutto questo senza che Giorgia le abbia rivelato la sua tecnica!

Questo principio è noto come "dimostrazione a conoscenza zero" ed è utilizzato in particolare in crittografia. □

1.3.4.2 Almeno un successo in infinite prove

Consideriamo ora una famiglia *infinita* di prove ripetute e indipendenti $(C_i)_{i\in\mathbb{N}}$, ossia di eventi indipendenti con probabilità di successo $\mathrm{P}(C_i) = p$. Poniamoci la stessa domanda: *qual è la probabilità che almeno una delle prove abbia successo?*

Definiamo l'evento di interesse, analogamente a (1.61):

$$D_\infty := \text{“almeno una delle prove ha successo”} = C_1 \cup C_2 \cup \ldots = \bigcup_{i\in\mathbb{N}} C_i \,. \tag{1.63}$$

Notiamo che $D_\infty = \bigcup_{n\in\mathbb{N}} D_n$ con D_n definito in (1.61). Applicando la relazione (1.21) e ricordando (1.62), otteniamo

$$\mathrm{P}(D_\infty) = \lim_{n\to\infty} \mathrm{P}(D_n) = 1 - \lim_{n\to\infty} (1-p)^n = \begin{cases} 1 & \text{se } p > 0\,, \\ 0 & \text{se } p = 0\,. \end{cases} \tag{1.64}$$

Dunque, *se la probabilità p che una singola prova abbia successo è strettamente positiva, non importa quanto piccola, con un numero infinito di ripetizioni indi-*

pendenti si è "quasi certi" (probabilità pari a $1 = 100\%$) di avere almeno un successo!

Osservazione 1.75 (Costruzione di infinite prove ripetute e indipendenti) Per costruire una famiglia *infinita* $(C_i)_{i \in \mathbb{N}}$ di eventi indipendenti con probabilità $p \in (0, 1)$ c'è bisogno di strumenti avanzati, che presenteremo nel Capitolo 5, in particolare:

- sarà necessario uno *spazio campionario Ω infinito più che numerabile*;
- dovremo adottare una definizione più generale di probabilità P (non discreta) che *non sarà definita su tutti i sottoinsiemi di Ω*.

Anche in questo contesto generale, *tutte le proprietà fondamentali della probabilità mostrate in questo capitolo continueranno a valere*, a patto di restringere P ai sottoinsiemi su cui è definita. Per questa ragione, la dimostrazione sopra riportata per calcolare la probabilità $\mathrm{P}(D_\infty)$ è perfettamente valida. □

Esempio 1.76 (Paradosso della scimmia di Borel, versione infinita) Se una scimmia schiaccia tasti a caso su una tastiera e *ha a disposizione un tempo infinito, allora la probabilità che prima o poi componga la Divina Commedia è pari a* $1 = 100\%$. Possiamo infatti definire una successione infinita di prove ripetute e indipendenti con probabilità di successo $p > 0$, come nell'Esempio 1.73, e la probabilità che si verifichi almeno un "successo" è pari a 1, grazie alla relazione (1.64).

Con argomenti lievemente più sofisticati, è possibile mostrare che la scimmia compone *infinite volte* la Divina Commedia, sempre con probabilità 1! □

1.3.4.3 Numero di successi e istante di primo successo

Ritorniamo a una *famiglia finita* $C_1, C_2, \ldots, C_n$ di prove ripetute e indipendenti, ossia di eventi indipendenti con probabilità $\mathrm{P}(C_i) = p$. Poniamoci le seguenti domande, per $\ell \in \{1, \ldots, n\}$ e $k \in \{0, \ldots, n\}$:

(i) Qual è la probabilità che il primo successo avvenga alla ℓ-esima prova?
(ii) Qual è la probabilità che esattamente k prove abbiano successo?

Cominciamo con la domanda (i). Per definizione, i successi nelle n prove sono rappresentati dagli eventi $C_1, \ldots, C_n$. Possiamo pertanto scrivere

$$B_\ell := \text{"il primo successo si verifica nella } \ell\text{-esima prova"} = C_1^c \cap \cdots \cap C_{\ell-1}^c \cap C_\ell \,.$$

Usando l'indipendenza degli eventi coinvolti, per la Proposizione 1.69, si ottiene

$$\mathrm{P}(B_\ell) = \mathrm{P}(C_1^c) \cdots \mathrm{P}(C_{\ell-1}^c)\, \mathrm{P}(C_\ell) = p\,(1-p)^{\ell-1} \,. \tag{1.65}$$

Si noti che quest'ultimo valore non dipende da n.

Veniamo ora alla la domanda (ii). Vogliamo calcolare la probabilità dell'evento

$$A_k := \text{"esattamente } k \text{ prove hanno successo"} \,. \tag{1.66}$$

Possiamo esprimere A_k in funzione degli eventi $C_1, \ldots, C_n$, specificando *quali* prove hanno avuto successo. Ad esempio

$$D_{\{1,\ldots,k\}} := \big(C_1 \cap C_2 \cap \cdots \cap C_k\big) \cap \big(C_{k+1}^c \cap C_{k+1}^c \cap \cdots \cap C_n^c\big)$$

rappresenta l'evento "le prime k prove hanno avuto successo, le restanti $n-k$ non hanno avuto successo": questo è un *sottoinsieme* di A_k di probabilità

$$\mathrm{P}(D_{\{1,\ldots,k\}}) = \big(\mathrm{P}(C_1) \cdots \mathrm{P}(C_k)\big)\big(\mathrm{P}(C_{k+1}^c) \cdots \mathrm{P}(C_n^c)\big) = p^k\,(1-p)^{n-k}\,. \tag{1.67}$$

Per ottenere l'*intero* evento A_k, dobbiamo considerare *tutte* le possibilità in cui esattamente k prove hanno successo (non necessariamente le prime k). Se fissiamo un sottoinsieme di indici $I \subseteq \{1, \ldots, n\}$ di cardinalità $|I| = k$, che identifica un sottoinsieme di k prove, la probabilità che *quelle* prove abbiano successo e le restanti non abbiano successo vale $p^k\,(1-p)^{n-k}$, esattamente come in (1.67), per simmetria. Dato che ci sono $\binom{n}{k}$ possibili scelte per l'insieme I, si ottiene

$$\mathrm{P}(A_k) = \binom{n}{k} p^k\,(1-p)^{n-k}\,. \tag{1.68}$$

Possiamo giustificare più precisamente la formula (1.68). Fissato un sottoinsieme di indici $I \subseteq \{1, \ldots, n\}$, definiamo l'evento $D_I :=$ "le prove con indici in I hanno avuto successo, le altre prove hanno avuto insuccesso", che si può esprimere nel modo seguente:

$$D_I := \Big(\bigcap_{i \in I} C_i\Big) \cap \Big(\bigcap_{j \in \{1,\ldots,n\} \setminus I} C_j^c\Big)\,. \tag{1.69}$$

Se consideriamo l'unione degli eventi D_I, al variare dei sottoinsiemi I con esattamente k indici, otteniamo proprio l'evento A_k:

$$A_k = \bigcup_{I \subseteq \{1,\ldots,n\}:\ |I|=k} D_I \qquad \Longrightarrow \qquad \mathrm{P}(A_k) = \sum_{I \subseteq \{1,\ldots,n\}:\ |I|=k} \mathrm{P}(D_I)\,, \tag{1.70}$$

perché l'unione è disgiunta: $D_I \cap D_{I'} = \emptyset$ per $I \neq I'$.

Determiniamo ora $\mathrm{P}(D_I)$. L'evento D_I è dato dall'intersezione di alcuni tra gli eventi $C_1, \ldots, C_n$ — quelli con indici in I — e dei complementari dei restanti eventi. Per la Proposizione 1.69, si ha dunque

$$\mathrm{P}(D_I) = \Big(\prod_{i \in I} \mathrm{P}(C_i)\Big) \cdot \Big(\prod_{j \in \{1,\ldots,n\} \setminus I} \mathrm{P}(C_j^c)\Big) = p^{|I|} \cdot (1-p)^{n-|I|}\,,$$

perché $\mathrm{P}(C_i) = p$ e $\mathrm{P}(C_j^c) = 1 - \mathrm{P}(C_j) = 1 - p$ per ogni i, j. In particolare, se $|I| = k$, il valore di $\mathrm{P}(D_I) = p^k (1-p)^{n-k}$ non dipende da I. Dato che ci sono $\binom{n}{k}$ possibili sottoinsiemi $I \subseteq \{1, \ldots, n\}$ con $|I| = k$, grazie a (1.70) otteniamo infine (1.68).

Osservazione 1.77 L'espressione (1.68) coincide con la formula (1.40) ottenuta nel Esempio 1.45. Più esplicitamente, per $p = M/N$, la formula (1.68) fornisce la probabilità che, effettuando n estrazioni con reimmissione da un'urna che contiene

N palline, di cui M rosse, esattamente k delle palline estratte siano rosse. Naturalmente non si tratta di un caso: gli eventi C_i = "l'i-esima pallina estratta è rossa" sono n prove ripetute e indipendenti con probabilità di successo p (esercizio). □

Diamo ora un esempio di grande rilevanza teorica e applicativa, che ritroveremo nel seguito (si vedano gli Esempi 3.124 e 7.1.5).

Esempio 1.78 (Inserimento di oggetti in cassetti) Supponiamo di inserire casualmente n oggetti distinti in r cassetti disponibili (ciascun cassetto può contenere un numero qualunque di oggetti). Fissiamo $k \in \{0, \ldots, n\}$ e chiediamoci qual è la probabilità che esattamente k oggetti finiscano nel primo cassetto.

Numeriamo gli oggetti da 1 a n e definiamo per $i = 1, \ldots, n$ l'evento

$$C_i := \text{“l'}i\text{-esimo oggetto viene inserito nel primo cassetto”}.$$

Allora $C_1, \ldots, C_n$ costituiscono n prove ripetute e indipendenti con probabilità di successo $p = 1/r$. Di conseguenza, usando la formula (1.68), la probabilità dell'evento A_k := "esattamente k oggetti finiscono nel primo cassetto" vale

$$\mathrm{P}(A) = \binom{n}{k} p^k (1-p)^{n-k}, \qquad \text{con} \quad p = \frac{1}{r}.$$ □

1.3.4.4 Costruzione del modello matematico: n prove

Poniamoci infine una domanda all'apparenza sorprendente: siamo sicuri che *esistano n* prove ripetute e indipendenti con probabilità di successo p?

La risposta è affermativa, per ogni $n \in \mathbb{N}$ e $p \in [0, 1]$. Abbiamo già incontrato alcuni casi particolari, ma ora costruiamo *lo spazio di probabilità canonico* $(\Omega, \mathrm{P}) = (\Omega_n, \mathrm{P}_{n,p})$ *per n prove ripetute e indipendenti con probabilità di successo p*.

- Scegliamo come spazio campionario l'insieme finito

$$\Omega = \Omega_n := \{0,1\}^n = \big\{\omega = (\omega_1, \omega_2, \ldots, \omega_n) : \omega_i \in \{0,1\}\big\}, \tag{1.71}$$

  dove ω_i descrive l'esito dell'i-esima prova (1 = successo, 0 = insuccesso).
- Definiamo gli eventi $C_1, \ldots, C_n \subseteq \Omega_n$ mediante

$$C_i := \{\omega = (\omega_1, \ldots, \omega_n) \in \Omega : \omega_i = 1\}. \tag{1.72}$$

- Mostriamo che esiste un'unica probabilità $\mathrm{P} = \mathrm{P}_{n,p}$ su Ω tale che $C_1, \ldots, C_n$ sono eventi indipendenti con la stessa probabilità $\mathrm{P}(C_i) = p$.

Dimostrazione (unicità di P) Fissiamo un arbitrario elemento $\omega \in \Omega$ e definiamo gli eventi $B_1, B_2, \ldots, B_n$ ponendo

$$B_i := \begin{cases} C_i & \text{se } \omega_i = 1\,, \\ C_i^c & \text{se } \omega_i = 0\,. \end{cases} \tag{1.73}$$

Per costruzione si ha $\omega \in B_i$ per ogni $i = 1, \ldots, n$, anzi vale di più:

$$\{\omega\} = B_1 \cap B_2 \cap \cdots \cap B_n\,. \tag{1.74}$$

Se gli eventi $C_1, \ldots, C_n$ *sono indipendenti con* $\mathrm{P}(C_i) = p$, si deve avere

$$\mathrm{P}(\{\omega\}) = p^{\kappa(\omega)}\,(1-p)^{n-\kappa(\omega)}\,, \tag{1.75}$$

dove $\kappa(\omega)$ indica il numero di componenti $\omega_i = 1$ (numero di "successi"):

$$\kappa(\omega) := \#\{i : \omega_i = 1\} = \sum_{i=1}^{n} \omega_i\,. \tag{1.76}$$

Infatti l'ipotesi $\mathrm{P}(C_i) = p$ implica che $\mathrm{P}(B_i) = p$ se $\omega_i = 1$, $\mathrm{P}(B_i) = 1 - p$ se $\omega_i = 0$, e per l'ipotesi di indipendenza $\mathrm{P}(\{\omega\}) = \mathrm{P}(B_1)\ \mathrm{P}(B_2) \cdots \mathrm{P}(B_n)$ si ottiene (1.75).

Dunque, se esiste una probabilità P con le proprietà desiderate, essa è unica, perché è determinato il valore di $\mathrm{P}(\{\omega\})$ per ogni $\omega \in \Omega$, che è un insieme finito. □

Osservazione 1.79 Grazie a (1.76), possiamo riscrivere (1.75) nel modo equivalente

$$\mathrm{P}(\{\omega\}) = \mathrm{P}_{n,p}(\{\omega\}) = \prod_{i=1}^{n} p^{\omega_i}\,(1-p)^{1-\omega_i}\,, \qquad \forall \omega \in \Omega = \Omega_n\,. \tag{1.77}$$

dove adottiamo la convenzione $0^0 := 1$. □

Dimostrazione (esistenza di P) Usiamo la formula (1.77) per *definire* una probabilità $\mathrm{P} = \mathrm{P}_{n,p}$ su $\Omega = \Omega_n$. Ciò è possibile grazie alla Proposizione 1.15, se mostriamo che la funzione $\mathrm{p}(\omega) := \prod_{i=1}^{n} p^{\omega_i}\,(1-p)^{1-\omega_i}$ è una densità discreta. Chiaramente $\mathrm{p}(\omega) \ge 0$, inoltre $\sum_{\omega\in\Omega} \mathrm{p}(\omega) = 1$ grazie alla somma a blocchi (0.13), infatti

$$\sum_{\omega\in\Omega_n} \mathrm{p}(\omega) = \prod_{i=1}^{n} \Bigg(\sum_{\omega_i\in\{0,1\}} p^{\omega_i}\,(1-p)^{1-\omega_i} \Bigg) = \prod_{i=1}^{n} \big((1-p)+p\big) = 1\,. \tag{1.78}$$

Ora sappiamo che *esiste una probabilità* $\mathrm{P} = \mathrm{P}_{n,p}$ *su* $\Omega = \Omega_n$ *che soddisfa* (1.77).

Mostriamo che gli eventi $C_1, \dots, C_n$ hanno probabilità $\mathrm{P}(C_i) = p$. È sufficiente mostrare che $\mathrm{P}(C_n) = p$, per simmetria. Notiamo che $\omega \in C_n$ se e solo se $\omega = (\bar{\omega}, 1)$ con $\bar{\omega} := (\omega_1, \dots, \omega_{n-1}) \in \Omega_{n-1}$ (si ricordino (1.71) e (1.72)). La densità discreta si fattorizza $\mathrm{p}(\omega) = \bar{\mathrm{p}}(\bar{\omega})\, p$, avendo posto $\bar{\mathrm{p}}(\bar{\omega}) := \prod_{i=1}^{n-1} p^{\omega_i}(1-p)^{1-\omega_i}$, pertanto

$$\mathrm{P}(C_n) = \left(\sum_{\bar{\omega} \in \Omega_{n-1}} \bar{\mathrm{p}}(\bar{\omega}) \right) p = p$$

perché $\bar{\mathrm{p}}$ è una densità discreta su Ω_{n-1} (grazie a (1.78) con $n-1$ invece di n).

Per costruzione si ha $\mathrm{P}(B_1 \cap B_2 \cap \cdots \cap B_n) = \mathrm{P}(B_1)\,\mathrm{P}(B_2) \cdots \mathrm{P}(B_n)$ per ogni scelta di $B_i = C_i$ oppure $B_i = C_i^c$, grazie a (1.74)-(1.75). Segue allora dalla Proposizione 1.69 che gli eventi $C_1, \dots, C_n$ sono indipendenti. □

Osservazione 1.80 Nel caso speciale $p = \frac{1}{2}$, quando "successo" e "insuccesso" sono equiprobabili, si ha che $\mathrm{P} = \mathrm{P}_{n,\frac{1}{2}}$ è la *probabilità uniforme su* Ω_n. Infatti grazie a (1.75) si ha $\mathrm{P}_{n,\frac{1}{2}}(\{\omega\}) = 1/2^n$ per ogni $\omega \in \Omega_n$. □

1.3.4.5 Costruzione del modello matematico: infinite prove

Discutiamo infine il problema dell'esistenza di una famiglia *infinita* $(C_i)_{i \in \mathbb{N}}$ di prove ripetute e indipendenti con probabilità di successo p.

I casi estremi $p = 1$, risp. $p = 0$, sono facili: basta considerare qualsiasi spazio di probabilità (Ω, P) e definire $C_i := \Omega$, risp. $C_i := \emptyset$, per ogni $i \in \mathbb{N}$ (esercizio).

Il caso in cui $p \in (0, 1)$ richiede strumenti avanzati e verrà discusso nel Capitolo 5. Mostriamo infatti che *una famiglia infinita di eventi indipendenti con probabilità* $p \in (0, 1)$ *non può essere definita in uno spazio di probabilità discreto*, perché si deve avere $\mathrm{P}(\{\omega\}) = 0$ per ogni $\omega \in \Omega$ e dunque non vale la Proposizione 1.13 (c). (In particolare, lo spazio campionario Ω deve essere infinito più che numerabile.)

La dimostrazione è facile. Fissiamo un elemento arbitrario $\omega \in \Omega$. Definiamo gli eventi $(B_i)_{i \in \mathbb{N}}$ ponendo $B_i := C_i$ se $\omega \in C_i$ mentre $B_i := C_i^c$ se $\omega \notin C_i$. Allora si ha per costruzione $\{\omega\} \subseteq \bigcap_{i \in \mathbb{N}} B_i$. Da ciò segue, applicando la formula (1.22), che

$$\mathrm{P}(\{\omega\}) \le \mathrm{P}\left(\bigcap_{i \in \mathbb{N}} B_i \right) = \lim_{n \to \infty} \mathrm{P}\left(\bigcap_{i=1}^{n} B_i \right) = \lim_{n \to \infty} \prod_{i=1}^{n} \mathrm{P}(B_i)\,.$$

Dato che possiamo maggiorare $\mathrm{P}(B_i) \le \alpha := \max\{p, 1-p\} < 1$, otteniamo infine $\mathrm{P}(\{\omega\}) \le \lim_{n \to \infty} \alpha^n = 0$. Ciò mostra che $\mathrm{P}(\{\omega\}) = 0$ per ogni $\omega \in \Omega$.

1.3.5 Esempi e paradossi sul condizionamento

La probabilità condizionale è una delle principali sorgenti di "paradossi" in teoria della probabilità, intendendo con questo termine risultati veri ma poco intuitivi. Al di là del loro interesse intrinseco, lo studio di questi problemi è utile perché evidenzia i punti delicati che si nascondono dietro la nozione di condizionamento e, soprattutto, dietro la sua interpretazione.

In questo paragrafo discutiamo con un certo dettaglio due problemi classici, noti come paradosso di Monty Hall (Esempio 1.81) e paradosso dei figli (Esempio 1.82). Altri problemi si possono trovare tra gli esercizi. Chiudiamo quindi il paragrafo con due problemi liberamente ispirati a casi giudiziari reali (Esempi 1.83 e 1.84), che mostrano quanto la mancata comprensione della nozione di condizionamento possa condurre a conclusioni errate.

Esempio 1.81 (Paradosso di Monty Hall) Il presentatore di un gioco a premi vi propone di scegliere una di tre buste chiuse. Delle tre buste, una contiene un premio mentre le altre due sono vuote. Dopo che avete effettuato la scelta, il presentatore apre una delle due buste rimaste, mostrando che è vuota, e vi propone di cambiare la busta che avete scelto con quella rimanente. Che cosa vi conviene fare?

A dispetto della formulazione elementare, questo problema nasconde diverse insidie, che sono per certi versi paradigmatiche dei problemi che coinvolgono la probabilità condizionale. Per cominciare, la strategia con cui il presentatore sceglie la busta da aprire non è esplicitamente dichiarata nella formulazione del problema: come vedremo, strategie diverse determinano *risposte diverse al problema*.

Numeriamo le buste da 1 a 3 e consideriamo innanzitutto la seguente strategia: il presentatore guarda di nascosto le due buste che gli sono rimaste in mano e ne apre *sempre* una vuota (nel caso in cui entrambe le buste siano vuote, diciamo che apre quella con numero più basso). Allora la risposta è che *vi conviene cambiare busta, perché la probabilità di trovare il premio passa da* $\frac{1}{3}$ *a* $\frac{2}{3}$. Per convincersene, notiamo che l'esperimento aleatorio può essere descritto dallo spazio campionario $\Omega = \{1, 2, 3\} \times \{1, 2, 3\} = \{\omega = (i, j) : 1 \leq i, j \leq 3\}$, dove $\omega = (i, j)$ significa che il premio è nella busta i e voi scegliete inizialmente la busta j. Definiamo gli eventi

$$
\begin{aligned}
A_k &:= \text{"il premio è nella busta } k\text{"} = \{(i, j) \in \Omega : i = k\}, \\
B_\ell &:= \text{"voi scegliete inizialmente la busta } \ell\text{"} = \{(i, j) \in \Omega : j = \ell\},
\end{aligned}
$$

dove $k, \ell \in \{1, 2, 3\}$. Quale probabilità P è sensato mettere su Ω? Innanzitutto è ragionevole assumere che il premio sia in ciascuna busta con la stessa probabilità, ossia $P(A_1) = P(A_2) = P(A_3) = \frac{1}{3}$. In secondo luogo, è naturale supporre che la vostra scelta iniziale della busta sia indipendente da quale busta contenga il premio, ossia gli eventi A_k e B_ℓ siano indipendenti per ogni $k, \ell \in \{1, 2, 3\}$. Di conseguenza, una volta specificati i valori di $\rho_\ell := P(B_\ell)$ per $\ell = 1, 2, 3$ — per esempio $\rho_1 = \rho_2 = \rho_3 = \frac{1}{3}$ se scegliete inizialmente una busta "a caso" — risulta determinata la probabilità P su Ω, dato che $P(\{(k\ell)\}) = P(A_k \cap B_\ell) = P(A_k) P(B_\ell) = \frac{1}{3}\rho_\ell$.

Possiamo finalmente determinare la probabilità degli eventi a cui siamo interessati, ossia

$$\begin{aligned} F &:= \text{“tenendo la busta inizialmente scelta, trovate il premio”} \\ G &:= \text{“cambiando la busta, trovate il premio”}\,. \end{aligned} \tag{1.79}$$

È chiaro che possiamo riformulare

$$F = \text{“il premio è nella busta scelta inizialmente”} = \{(i,j) \in \Omega : i = j\}\,,$$

pertanto

$$\mathrm{P}(F) = \mathrm{P}(\{(1,1)\}) + \mathrm{P}(\{(2,2)\}) + \mathrm{P}(\{(3,3)\}) = \frac{1}{3}(\rho_1 + \rho_2 + \rho_3) = \frac{1}{3}\,.$$

L'osservazione cruciale è che, *cambiando busta, trovate il premio se e solo se esso non è nella busta da voi scelta inizialmente*: in tal caso infatti il premio è in una delle due buste rimaste inizialmente in mano al presentatore, e lui provvede ad aprire quella vuota. Questo significa che $G = F^c$ e dunque

$$\mathrm{P}(G) = \mathrm{P}(F^c) = 1 - \mathrm{P}(F) = \frac{2}{3}\,,$$

come annunciato. Si noti che il risultato non dipende dalle probabilità ρ_ℓ con cui effettuate la vostra scelta iniziale, come è peraltro intuitivo.

Il fatto che la probabilità di trovare il premio diventi $\frac{2}{3}$ se si cambia busta può apparire a prima vista sorprendente. Per convincersi intuitivamente di questo fatto, suggeriamo di riflettere sulle osservazioni sopra esposte:

- il premio è nella busta inizialmente scelta una volta su tre;
- cambiando busta, si trova il premio *ogniqualvolta* esso non è nella busta inizialmente scelta, dunque in media due volte su tre.

Chi non fosse convinto, può provare un esperimento concreto ripetendo il gioco molte volte, eventualmente con l'ausilio di un computer. Per esercitare l'intuizione su problemi analoghi, si vedano gli Esercizi 1.14 e 1.15.

Per concludere, mostriamo come la risposta cambia in funzione della strategia del presentatore. Supponiamo ad esempio che il presentatore scelga casualmente una delle due buste che gli sono rimaste in mano: se la busta scelta contiene il premio, il gioco finisce; se invece è vuota, vi viene proposta la possibilità di cambiare la busta che avete scelto inizialmente con quella rimanente. Mostriamo che in questo caso è indifferente cambiare o non cambiare busta: in entrambi i casi, se il presentatore apre una busta vuota, la probabilità (condizionale) di trovare il premio vale $\frac{1}{2}$.

Per formalizzare il problema, "arricchiamo" lo spazio campionario Ω introdotto in precedenza, in modo che i suoi elementi descrivano, oltre alla busta che contiene il premio e a quella scelta inizialmente, anche la busta aperta dal presentatore. Una scelta naturale sarebbe dunque $\tilde{\Omega} := \{\omega = (i,j,k) : i,j,k \in \{1,2,3\},\ k \neq j\}$. Tuttavia, per alleggerire le notazioni, supponiamo che voi scegliate sempre la busta numero 1 (come abbiamo visto in precedenza, e come è intuitivo, la strategia con cui viene scelta la busta iniziale risulta alla fine irrilevante). Poniamo dunque

$$\hat{\Omega} := \{\omega = (i,k) : i \in \{1,2,3\},\ k \in \{2,3\}\},$$

dove $\omega = (i,k)$ significa che il premio è nella busta i e il presentatore apre la busta k (voi scegliete inizialmente la busta 1, da cui la restrizione $k \in \{2,3\}$). Per determinare la probabilità $\hat{\mathrm{P}}$ da mettere su $\hat{\Omega}$, definiamo per $\ell \in \{1,2,3\}$ l'evento

$$A_\ell = \text{“il premio è nella busta } \ell\text{”} = \{(i,k) \in \hat{\Omega} : i = \ell\},$$

e richiediamo, come in precedenza, che $\hat{\mathrm{P}}(A_1) = \hat{\mathrm{P}}(A_2) = \hat{\mathrm{P}}(A_3) = \frac{1}{3}$. Inoltre, definendo per $m \in \{2,3\}$ l'evento

$$C_m := \text{“il presentatore sceglie la busta } m\text{”} = \{(i,k) \in \hat{\Omega} : k = m\},$$

richiediamo che $\hat{\mathrm{P}}(C_m|A_\ell) = \frac{1}{2}$ per ogni $\ell \in \{1,2,3\}$ e $m \in \{2,3\}$, perché il presentatore apre una busta “a caso”. Ciò significa che per ogni $\omega = (i,k) \in \hat{\Omega}$

$$\hat{\mathrm{P}}(\{\omega\}) = \hat{\mathrm{P}}(\{(i,k)\}) = \mathrm{P}(A_i \cap C_k) = \mathrm{P}(A_i)\,\mathrm{P}(C_k|A_i) = \frac{1}{3}\frac{1}{2} = \frac{1}{6},$$

ossia $\hat{\mathrm{P}}$ è la probabilità uniforme su $\hat{\Omega}$.

Introduciamo ora l'evento $D :=$ “la busta aperta dal presentatore è vuota”, ossia

$$D := \{(i,k) \in \hat{\Omega} : k \neq i\} = \{(1,2),(1,3),(2,3),(3,2)\}.$$

Dato che inizialmente scegliete la busta numero 1, l'evento $F :=$ “tenendo la busta inizialmente scelta, trovate il premio” è dato da

$$F = \{(i,k) \in \hat{\Omega} : i = 1\} = \{(1,2),(1,3)\},$$

pertanto

$$\hat{\mathrm{P}}(F|D) = \frac{\hat{\mathrm{P}}(F \cap D)}{\hat{\mathrm{P}}(D)} = \frac{|F \cap D|}{|D|} = \frac{2}{4} = \frac{1}{2}.$$

Se cambiate busta, trovate il premio se e solo se il premio non è nella busta numero 1 né nella busta aperta dal presentatore. Quindi l'evento $G :=$ “cambiando busta, trovate il premio” è dato da

$$G = \{(i,k) \in \hat{\Omega} : i \neq 1, k \neq i\} = \{(2,3),(3,2)\},$$

e la sua probabilità condizionale vale

$$\hat{P}(G|D) = \frac{\hat{P}(G \cap D)}{\hat{P}(D)} = \frac{|G \cap D|}{|D|} = \frac{2}{4} = \frac{1}{2}.$$

In definitiva, se il presentatore apre una busta vuota, le probabilità (condizionali) di trovare il premio mantenendo la busta scelta inizialmente, oppure cambiando busta, valgono entrambe $\frac{1}{2}$, come annunciato in precedenza. □

Esempio 1.82 (Paradosso dei figli) Una coppia ha due figli(e). Assumendo che ciascun figlio sia maschio o femmina con la stessa probabilità, indipendentemente dall'altro figlio, rispondiamo alle domande seguenti:

(i) Se il primogenito è maschio, qual è la probabilità che i figli siano entrambi maschi?
(ii) Se il secondogenito è maschio, qual è la probabilità che i figli siano entrambi maschi?
(iii) Se almeno un figlio è maschio, qual è la probabilità che i figli siano entrambi maschi?

Per descrivere il sesso dei due figli, introduciamo lo spazio campionario $\Omega = \{mm, mf, fm, ff\}$, dove ab indica che il primogenito è di sesso a e il secondogenito di sesso b. È facile convincersi che le ipotesi di indipendenza e di equiprobabilità del sesso dei figli corrispondono a munire Ω della probabilità uniforme, cioè $P(\{mm\}) = P(\{mf\}) = P(\{fm\}) = P(\{ff\}) = \frac{1}{4}$. Introducendo gli eventi

$$A := \text{“il primogenito è maschio”} = \{mm, mf\},$$
$$B := \text{“il secondogenito è maschio”} = \{mm, fm\},$$

e *interpretando le domande poste come probabilità condizionali*, le risposte si ottengono con semplici calcoli: essendo $A \cup B = \{mm, mf, fm\}$ e $A \cap B = \{mm\}$,

(i) $P(A \cap B|A) = \frac{P(A \cap B)}{P(A)} = \frac{|A \cap B|}{|A|} = \frac{1}{2}$;
(ii) $P(A \cap B|B) = \frac{P(A \cap B)}{P(B)} = \frac{|A \cap B|}{|B|} = \frac{1}{2}$;
(iii) $P(A \cap B|A \cup B) = \frac{P((A \cap B) \cap (A \cup B))}{P(A \cup B)} = \frac{P(A \cap B)}{P(A \cup B)} = \frac{|A \cap B|}{|A \cup B|} = \frac{1}{3}$.

Sebbene i calcoli siano del tutto elementari, la risposta all'ultima domanda è a prima vista sorprendente, per il contrasto con le prime due, e merita una discussione. Il punto chiave sta nel significato da attribuire all'espressione “se almeno un figlio è maschio”. Ricordiamoci dell'interpretazione frequentista della probabilità (condizionale e non): selezionando in modo indipendente un grande numero di famiglie con due figli, all'incirca un quarto di queste sarà del tipo mm (ossia avrà entrambi i figli maschi), un quarto sarà mf, un quarto sarà fm e un quarto sarà ff. Se ci restringiamo alle famiglie in cui almeno un figlio è maschio, otteniamo un sottoinsieme costituito dai tre tipi mm, mf e fm, tutti all'incirca con la stessa numerosità: di conseguenza, tra le famiglie in cui almeno un figlio è maschio, all'incirca una su tre ha entrambi i figli maschi e due su tre hanno invece un maschio e una femmina, in accordo con la risposta trovata sopra.

L'argomento appena esposto contribuisce a chiarire il significato da attribuire alla probabilità condizionale e, allo stesso tempo, ne mette in evidenza le importanti limitazioni. Nella soluzione del problema abbiamo tradotto l'informazione "sappiamo che almeno un figlio è maschio" con il concetto matematico di condizionamento. Questo procedimento è giustificato se il processo con cui tale informazione è stata ottenuta è un "campionamento uniforme" dell'insieme delle famiglie in cui almeno un figlio è maschio. Ad esempio, immaginiamo di accedere ai dati del censimento Istat e di costruire un database con le coppie italiane con due figli di cui almeno uno maschio: se si sceglie una famiglia a caso nel database, la probabilità che entrambi i figli siano maschi corrisponde effettivamente (all'incirca) a $\frac{1}{3}$.

Tuttavia esistono modi alternativi in cui si può venire a conoscenza dell'informazione che almeno un figlio è maschio, che *non* possono essere tradotti con il semplice condizionamento. Ad esempio, data una coppia con due figli(e), immaginiamo che venga scelto uno dei due figli a caso e si scopra che è un maschio. Sulla base di questa informazione, qual è la probabilità che anche l'altro figlio sia maschio? Mostriamo che la risposta in questo caso vale $\frac{1}{2}$.

Ingrandiamo lo spazio campionario Ω in modo da descrivere anche quale figlio viene scelto, ponendo

$$\Omega' := \Omega \times \{1, 2\} = \{mm1, mm2, mf1, mf2, fm1, fm2, ff1, ff2\},$$

dove $mm1$ significa che il primogenito e il secondogenito sono maschi e viene scelto il primogenito, ecc. Si noti che gli eventi prima introdotti $A :=$ "il primogenito è maschio" e $B :=$ "il secondogenito è maschio" diventano ora

$$A = \{mm1, mm2, mf1, mf2\}, \qquad B = \{mm1, mm2, fm1, fm2\}.$$

Per determinare la probabilità P' da mettere su Ω', è naturale richiedere che

$$\mathrm{P}'(\{mm1, mm2\}) = \mathrm{P}'(\{mf1, mf2\}) = \mathrm{P}'(\{fm1, fm2\}) = \mathrm{P}'(\{ff1, ff2\}) = \frac{1}{4},$$

dal momento che le probabilità dei sessi dei figli presenti nella famiglia sono le stesse di prima. Infine, visto che il figlio viene scelto "a caso", imponiamo che

$$\mathrm{P}'(\{mm1\}|\{mm1, mm2\}) = \frac{1}{2},$$

da cui segue che

$$\mathrm{P}'(\{mm1\}) = \mathrm{P}'(\{mm1, mm2\})\,\mathrm{P}'(\{mm1\}|\{mm1, mm2\}) = \frac{1}{4}\frac{1}{2} = \frac{1}{8}.$$

Con analoghi argomenti si mostra che $P'(\{\omega\}) = \frac{1}{8}$ per ogni $\omega \in \Omega'$, dunque P' è la probabilità uniforme su Ω'. Introducendo l'evento

$$C := \text{“il figlio scelto è maschio”} = \{mm1, mm2, mf1, fm2\},$$

otteniamo infine la probabilità che entrambi i figli siano maschi, sapendo che quello scelto è maschio:

$$P'(A \cap B|C) = \frac{P'(A \cap B \cap C)}{P'(C)} = \frac{|A \cap B \cap C|}{|C|} = \frac{|A \cap B|}{|C|} = \frac{2}{4} = \frac{1}{2}. \quad (1.80)$$

L'informazione “un figlio scelto a caso risulta maschio” non corrisponde dunque al semplice condizionamento rispetto all'evento “almeno un figlio è maschio”.

Concludiamo osservando che spesso *non è necessario scrivere esplicitamente lo spazio campionario*, ma è sufficiente focalizzarsi sugli eventi di interesse e sulle loro proprietà. Ad esempio consideriamo gli eventi $A :=$ “il primogenito è maschio” e $B :=$ “il secondogenito è maschio”. Il fatto che ciascun figlio sia maschio o femmina con la stessa probabilità significa che

$$P(A) = P(B) = \frac{1}{2},$$

mentre l'indipendenza del sesso dei due figli significa che A e B sono indipendenti, dunque

$$P(A \cap B) = P(A^c \cap B) = P(A \cap B^c) = P(A^c \cap B^c) = \frac{1}{4}.$$

Consideriamo ora l'evento $C :=$ “il figlio scelto dalla madre è maschio”. Chiaramente

$$P(C \mid A \cap B) = 1, \qquad P(C \mid A^c \cap B^c) = 0,$$

mentre i valori di $P(C \mid A \cap B^c)$ e $P(C \mid A^c \cap B)$ *dipendono dal modo in cui la madre sceglie il figlio con cui uscire a passeggio*. Se lo sceglie “a caso”, quando i figli sono un maschio e una femmina il maschio viene scelto con probabilità $\frac{1}{2}$, ossia

$$P(C \mid A \cap B^c) = P(C \mid A^c \cap B) = \frac{1}{2}$$

Per la formula di disintegrazione rispetto a $\{A \cap B,\ A \cap B^c,\ A^c \cap B,\ A^c \cap B^c\}$ si ha

$$\begin{aligned} P(C) &= P(C \mid A \cap B)\, P(A \cap B) + P(C \mid A \cap B^c)\, P(A \cap B^c) \\ &\quad + P(C \mid A^c \cap B)\, P(A^c \cap B) + P(C \mid A^c \cap B^c)\, P(A^c \cap B^c) \\ &= \frac{1}{4} + \frac{1}{8} + \frac{1}{8} + 0 = \frac{1}{2} \end{aligned}$$

Infine possiamo ricavare la probabilità conzidizionale che entrambi i figli siano maschi, sapendo che la madre ha scelto di uscire con un maschio:

$$P(A \cap B \mid C) = \frac{P(C \mid A \cap B)\, P(A \cap B)}{P(C)} = \frac{1}{4\, P(C)} = \frac{1}{2},$$

che naturalmente coincide col valore già ricavato in (1.80).

Si può mostrare per esercizio che se la madre scegliesse di uscire sempre con un figlio maschio (quando ce n'è almeno uno), si otterrebbe $P(A \cap B \mid C) = \frac{1}{3}$. □

Esempio 1.83 (Un caso giudiziario) Presentiamo ora una vicenda tragica, che tratta di un omicidio sullo sfondo di una violenza coniugale. Una donna venne assassinata, il marito era il principale sospettato. Nel corso delle indagini si scoprì che il marito aveva più volte picchiato la moglie. L'accusa affermò che questo fatto rappresentava un importante indizio di colpevolezza. La difesa ribatté che, secondo i dati forniti dalla Polizia di Stato, tra gli uomini che picchiano le loro mogli, solo 1 su 10 000 finisce poi per assassinarla, pertanto tale dato contribuiva solo in modo molto marginale alla tesi di colpevolezza. In primo grado, il giudice accolse la tesi della difesa.

In secondo grado l'accusa rilevò il seguente errore nell'argomento della difesa. La frazione $\frac{1}{10\,000}$ fornisce una stima della probabilità che una donna venga assassinata dal marito sapendo che il marito l'aveva picchiata ripetutamente. Ma noi non solo sappiamo che il marito picchiava la moglie, ma anche che qualcuno ha effettivamente ucciso la donna... Quindi la quantità che occorre valutare è la probabilità che *una donna venga assassinata dal marito* sapendo che *la donna è stata uccisa da qualcuno e, al contempo, era stata vittima di violenza coniugale.*

Procediamo ora con l'analisi matematica del problema, mettendo da parte le considerazioni emotive che un caso giudiziario di questo genere solleva. Sebbene ciò possa apparire insensibile, è importante concentrarsi sul ragionamento matematico per non commettere errori, che possono avere conseguenze reali.

Per formalizzare il problema, consideriamo una popolazione numerosa e sufficientemente omogenea di donne sposate, e consideriamo i seguenti eventi, relativi a una donna scelta casualmente in questa popolazione:

$A =$ "la donna ha subito violenze dal marito"

$B =$ "la donna viene assassinata dal marito"

$C =$ "la donna viene assassinata da una persona diversa dal marito".

Si noti che l'evento "la donna viene assassinata da qualcuno" corrisponde a $B \cup C$, pertanto la probabilità che desideriamo calcolare è $p := P(B|A \cap (B \cup C))$. Notando che $B \cap C = \emptyset$, possiamo riscrivere questa probabilità nella forma più conveniente

$$\begin{aligned} p = P(B|A \cap (B \cup C)) &= \frac{P(B \cap A \cap (B \cup C))}{P(A \cap (B \cup C))} = \frac{P(B \cap A)}{P((B \cup C) \cap A)} \\ &= \frac{P(B|A)}{P(B \cup C|A)} = \frac{P(B|A)}{P(B|A) + P(C|A)} = \frac{1}{1 + \frac{P(C|A)}{P(B|A)}}. \end{aligned}$$

Questa relazione mostra che, per valutare la probabilità cercata p, non conta la grandezza assoluta di $P(B|A)$, ma la sua grandezza *relativa* rispetto a $P(C|A)$.

Sappiamo che $P(B|A) = \frac{1}{10\,000}$, mentre non conosciamo il valore di $P(C|A)$. Un'informazione utile è la seguente: secondo i dati della Polizia, nella totalità della popolazione circa una donna su 100 000 viene assassinata (dal marito o da qualcun altro), cioè possiamo assumere che $P(B \cup C) = \frac{1}{100\,000}$. Questo dato permette di dare una stima di $P(C|A)$. Infatti è ragionevole assumere che tutte le donne, vengano o meno picchiate dal marito, abbiano la stessa probabilità di essere assassinate da una persona *diversa* dal marito, ossia $P(C|A) = P(C)$ (in altri termini, gli eventi A e C sono indipendenti). D'altro canto $P(C) \leq P(B \cup C)$, per cui mettendo insieme le precedenti considerazioni otteniamo la stima

$$\frac{P(C|A)}{P(B|A)} \leq \frac{P(B \cup C)}{P(B|A)} = \frac{\frac{1}{100\,000}}{\frac{1}{10\,000}} = \frac{1}{10} \implies p = \frac{1}{1 + \frac{P(C|A)}{P(B|A)}} \geq \frac{1}{1 + \frac{1}{10}} = \frac{10}{11} .$$

Quindi, con la sola informazione che il marito avesse picchiato la moglie, la probabilità che fosse lui l'assassino è $p \geq \frac{10}{11} \simeq 91\%$... Il marito fu poi condannato. □

Esempio 1.84 (Un altro caso giudiziario) Dalle indagini relative ad un omicidio è emerso che il colpevole possiede un determinato set di caratteristiche (per es. capelli rossi, zoppicante, ecc.) che lo rendono piuttosto raro: si stima che una frazione $p \ll 1$ di popolazione possegga tali caratteristiche. La città in cui si è svolto l'attentato ha n abitanti, con $np \simeq 0.05$. Una ricerca su un database di individui schedati ha identificato un unico individuo che possiede il set di caratteristiche. Per affermare la colpevolezza di tale individuo, l'accusa argomenta come segue:

> La probabilità che in città vi siano almeno due individui con il set di caratteristiche cercato è circa $(np)^2 = 0.0025$. Pertanto, l'individuo trovato è con probabilità $1 - (np)^2 = 0.9975$ l'unico con tale set di caratteristiche. La sua colpevolezza è accertata con probabilità 99.75%.

Questo argomento è sbagliato, in particolare la conclusione. Vediamo perché. Una ragionevole assunzione è che ogni individuo possegga il set di caratteristiche cercato con probabilità p, indipendentemente dagli altri. Pertanto, per quanto visto nel Paragrafo 1.3.4, se A_k denota l'evento "in città ci sono esattamente k individui con il set di caratteristiche", si ha

$$P(A_k) = \binom{n}{k} p^k (1-p)^{n-k} .$$

In particolare

$$P(A_0) = (1-p)^n , \qquad P(A_1) = np(1-p)^{n-1} , \tag{1.81}$$

quindi la probabilità che vi siano almeno due individui con i requisiti richiesti è

$$P[(A_0 \cup A_1)^c] = 1 - (1-p)^n - np(1-p)^{n-1} \simeq \frac{n(n-1)}{2} p^2 \simeq \frac{1}{2}(np)^2 , \tag{1.82}$$

dove la prima approssimazione si ottiene con uno sviluppo di Taylor al secondo ordine della funzione $f(p) = 1 - (1-p)^n - np(1-p)^{n-1}$ attorno a $p = 0$. La stima dell'accusa va dunque corretta di un fattore $\frac{1}{2}$. Ma non è certo questo l'errore più rilevante, anche perché la correzione rende l'argomento ancor più stringente.

Il punto fondamentale è che l'accusa non ha tenuto conto del fatto che un individuo con il set di caratteristiche dato *è già stato trovato*. La quantità probante non è dunque la "probabilità che vi siano in città almeno due individui con i requisiti richiesti", bensì la "probabilità che vi siano in città almeno due individui con i requisiti richiesti *condizionalmente* al fatto che la ricerca nel database ne ha identificato uno". Considerando gli eventi

B := "in città vi sono almeno due individui con i requisiti richiesti",
C := "nel database c'è esattamente un individuo con i requisiti richiesti",

occorre dunque calcolare $P(B|C)$. Notiamo che $B \cap C = B' \cap C$, dove

B' := "tra gli individui *non* schedati almeno uno ha le caratteristiche richieste".

Possiamo inoltre assumere che gli eventi B' e C, riferendosi a gruppi distinti di individui, siano indipendenti. Ci riduciamo dunque a calcolare

$$P(B|C) = \frac{P(B \cap C)}{P(C)} = \frac{P(B' \cap C)}{P(C)} = \frac{P(B')\,P(C)}{P(C)} = P(B') .$$

Se indichiamo con m il numero degli individui della città inseriti nel database, la prima formula in (1.81) con $n - m$ invece che n dà

$$P(B|C) = P(B') = 1 - (1-p)^{n-m} \simeq (n-m)p \simeq np = 0.05 , \tag{1.83}$$

dove abbiamo fatto l'ipotesi, molto verosimile, che $m \ll n$. Dunque, sulla base delle conoscenze acquisite, la probabilità che l'individuo trovato sia l'unico con le caratteristiche date, e quindi che sia colpevole, è

$$P(B^c|C) = 95\%,$$

probabilmente non sufficiente a fugare "ogni ragionevole dubbio".

Per apprezzare la sottigliezza della questione, consideriamo il seguente quesito. Senza aver condotto alcuna ricerca su database, qual è la probabilità che l'autore dell'omicidio *non* sia l'unico individuo in città con le caratteristiche richieste? In questo caso, l'unica informazione disponibile è che "esiste almeno un individuo in città con le caratteristiche richieste" (l'assassino), che corrisponde all'evento A_0^c. Dobbiamo pertanto calcolare $P(B|A_0^c)$. Osservando che $B = (A_0 \cup A_1)^c$, si ottiene

$$P(B|A_0^c) = P\big((A_0 \cup A_1)^c|A_0^c\big) = \frac{P((A_0 \cup A_1)^c)}{P\big(A_0^c\big)}.$$

Grazie alla relazione (1.82) si ha $P((A_0 \cup A_1)^c) \simeq \frac{1}{2}(np)^2$. Analogamente, grazie a (1.81), si ha

$$P\big(A_0^c\big) = 1 - (1-p)^n \simeq np,$$

pertanto

$$P(B|A_0^c) \simeq \frac{1}{2}np = 0.025\,,$$

che differisce di un fattore $\frac{1}{2}$ dal risultato (1.83) trovato sopra!

I risultati ottenuti mostrano che l'informazione "la ricerca nel database ha individuato un individuo con le caratteristiche cercate" non corrisponde al condizionamento rispetto all'evento "in città esiste almeno un individuo con le caratteristiche cercate". Il lettore attento potrà trovare analogie con quanto visto nell'Esempio 1.82 □

Esercizi

Esercizio 1.10 Si mostri, con degli esempi, che entrambe le disuguaglianze $P(A|B) > P(A)$ e $P(A|B) < P(A)$ sono possibili.

Esercizio 1.11 Siano A, B, C tre eventi in uno spazio di probabilità. Si assuma che A, B, C siano indipendenti. Si mostri che

(i) $A \cap B$ è indipendente da C.
(ii) $A \cup B$ è indipendente da C.

Esercizio 1.12 Siano $A_1, A_2, \ldots, A_n$ eventi indipendenti tali che $P(A_1 \cup A_2 \cup \cdots \cup A_n) = 1$. Si mostri che esiste $k \in \{1, 2, \ldots, n\}$ tale che $P(A_k) = 1$.

Esercizio 1.13 Siano assegnati tre numeri: $\alpha_1, \alpha_2 \in [0,1]$ e $\beta \in (0,1)$. Si mostri che esiste uno spazio di probabilità contenente due eventi A, B tali che

$$P(B) = \beta\,, \qquad P(A|B) = \alpha_1\,, \qquad P(A|B^c) = \alpha_2\,.$$

[*Sugg.* Si consideri $\Omega = \{ab, a\bar{b}, \bar{a}b, \bar{a}\bar{b}\} = \{a, \bar{a}\} \times \{b, \bar{b}\}$, definendo $A := \{ab, a\bar{b}\}$, $B := \{ab, \bar{a}b\}$ e mostrando che esiste un'unica probabilità P su Ω che soddisfa le specifiche richieste.]

Esercizio 1.14 (Paradosso dei tre prigionieri) Tre prigionieri (A, B, C) sono condannati all'impiccagione. Il sovrano decide di graziare uno dei tre scelto a caso, ma il nome del fortunato verrà comunicato soltanto alla vigilia dell'esecuzione. Il prigioniero A si avvicina al secondino, che conosce il nome del graziato, e gli dice: "Per favore, comunicami un nome, tra B e C, che verrà sicuramente impiccato. È noto che almeno uno di loro due sarà impiccato, pertanto non mi fornisci alcuna informazione dicendomelo". Il secondino ci pensa, trova l'argomento sensato e risponde: "B verrà impiccato". A questo punto A esclama: "Evviva! Visto che B verrà impiccato, restiamo in gioco solo io e C, pertanto ho il 50% di probabilità di essere graziato, mentre in precedenza ne avevo solo $\frac{1}{3}$." Questo argomento è corretto?

Esercizio 1.15 (Paradosso delle tre carte) Infilo in una busta tre carte: una ha entrambe le facce rosse, una le ha entrambe nere, una ha una faccia rossa e una nera. Con gli occhi chiusi, pesco una carta a caso e la depongo sul tavolo su una faccia a caso, quindi apro gli occhi. Se la faccia che vedo è rossa, qual è la probabilità che anche l'altra faccia sia rossa?

Esercizio 1.16 (Paradosso di Simpson) Siano A_1 e A_2 due eventi.

(i) Supponiamo che, per un certo evento B, si abbia $\mathrm{P}(A_1|B) \geq \mathrm{P}(A_2|B)$ e $\mathrm{P}(A_1|B^c) \geq \mathrm{P}(A_2|B^c)$. Dedurre allora che $\mathrm{P}(A_1) \geq \mathrm{P}(A_2)$.
(ii) Supponiamo ora che, per certi eventi B_1 e B_2, si abbia $\mathrm{P}(A_1|B_1) \geq \mathrm{P}(A_2|B_2)$ e $\mathrm{P}(A_1|B_1^c) \geq \mathrm{P}(A_2|B_2^c)$. Possiamo ancora dedurre che $\mathrm{P}(A_1) \geq \mathrm{P}(A_2)$?
(iii) Due politici si confrontano in un dibattito. Il primo afferma che la percentuale di promossi all'esame di maturità è aumentata sia tra i maschi che tra le femmine. Il secondo ribatte che la percentuale di promossi globale è diminuita. Possiamo concludere che uno dei due sta mentendo?

1.4 Esercizi di riepilogo

Esercizio 1.17 Siano A, B eventi. Ricordando che $A \triangle B := (A \cup B) \setminus (A \cap B)$, si mostri che

$$\mathrm{P}(A \triangle B) = \mathrm{P}(A) + \mathrm{P}(B) - 2\,\mathrm{P}(A \cap B).$$

Siano ora A, B, C tre eventi. Si mostri che

$$\mathrm{P}(A \triangle C) \leq \mathrm{P}(A \triangle B) + \mathrm{P}(B \triangle C).$$

Esercizio 1.18 Siano A e B due eventi arbitrari di uno spazio di probabilità (Ω, P). Si dimostri la disuguaglianza

$$\mathrm{P}(A \cap B) \geq \mathrm{P}(A) + \mathrm{P}(B) - 1.$$

Si mostri quindi per induzione che, per ogni $n \geq 2$ e per ogni scelta degli eventi $A_1, A_2, \ldots, A_n$, si ha

$$P(A_1 \cap A_2 \cap \cdots \cap A_n) \geq \sum_{i=1}^{n} P(A_i) - (n-1).$$

Esercizio 1.19 Un bersaglio per le freccette è formato da quattro cerchi concentrici, di raggi rispettivi $1, 2, 3, 4$, che dividono il bersaglio in quattro zone

$$D_1 = \{(x, y) \in \mathbb{R}^2, x^2 + y^2 \leq 1\}, \qquad D_2 = \{(x, y) \in \mathbb{R}^2, x^2 + y^2 \in (1, 2]\},$$
$$D_3 = \{(x, y) \in \mathbb{R}^2, x^2 + y^2 \in (2, 3]\}, \quad D_4 = \{(x, y) \in \mathbb{R}^2, x^2 + y^2 \in (3, 4]\}.$$

Quando si lancia una freccetta, si colpisce il bersaglio con probabilità $3/4$; inoltre, condizionalmente al fatto di colpire il bersaglio, la probabilità di colpire la zona D_i è proporzionale all'area di D_i. Lanci distinti hanno esiti indipendenti.

Calcolare la probabilità di colpire la zona D_i, per $i = 1, 2, 3, 4$. Calcolare inoltre la probabilità che un giocatore colpisca la stessa zona del bersaglio due volte di seguito.

Esercizio 1.20 Da un mazzo di 52 carte da Poker si estraggono, a caso, tre carte. Si calcoli la probabilità che:

(i) tra le carte estratte vi sia almeno un asso;
(ii) le tre carte estratte siano di tre semi diversi;
(iii) almeno due delle carte estratte abbiano lo stesso numero o figura.

Esercizio 1.21 Una lotteria emette n biglietti, di cui $m < n$ sono vincenti. Qual è la probabilità che un possessore di r biglietti ne abbia almeno uno di vincente?

Esercizio 1.22 Gaia possiede un dado a n facce e Camilla un dado a m facce. Lanciando i loro dadi, qual è la probabilità che Gaia ottenga un numero strettamente più piccolo di quello di Camilla?

Esercizio 1.23 Per due numeri interi $i \leq j$, scriviamo $[\![i, j]\!]$ per indicare l'*intervallo discreto* $\{i, i+1, \ldots, j-1, j\}$. Scegliamo un intervallo discreto di $[\![1, n]\!]$ in modo casuale e uniforme: consideriamo lo spazio campionario $\Omega = \{[\![i, j]\!], 1 \leq i \leq j \leq n\}$ con la probabilità uniforme P.

(i) Per $1 \leq k \leq n$, qual è la probabilità che l'intervallo scelto contenga esattamente k elementi?
(ii) Per $x \in [\![1, n]\!]$, qual è la probabilità che l'intervallo scelto contenga l'elemento x?

Esercizio 1.24 Si esegua una permutazione casuale dei numeri $\{1, 2, \ldots, n\}$. Qual è la probabilità che 1 e 2 siano successivi anche dopo la permutazione?

Esercizio 1.25 Sia S_n l'insieme delle permutazioni di $\{1, 2, \ldots, n\}$. Dati $\sigma \in S_n$ e $I \subseteq \{1, 2, \ldots, n\}$, diciamo che l'insieme I è *stabile* per σ se $\sigma(i) \in I$ per ogni $i \in I$. Denotiamo con $A_I \subseteq S_n$ l'insieme delle permutazioni per le quali I è stabile. Indicando con P la probabilità uniforme su S_n, si calcoli $P(A_I)$.

Esercizio 1.26 Si eseguano n estrazioni casuali *con reimmissione* da un'urna contenente $2n$ oggetti distinti.

(i) Si determini la probabilità p_n che gli n oggetti estratti siano tutti diversi.
(ii) Usando la formula di Stirling (1.30), si determini quindi il comportamento asintotico di p_n per $n \to +\infty$, mostrando che $p_n \sim c\rho^n$ (nel senso che $\lim_{n\to\infty} p_n/(c\rho^n) = 1$) e calcolando i valori di c e ρ.

Esercizio 1.27 Da un'urna contenente n palline di cui k rosse e $n - k$ verdi, con $1 \le k \le n - 1$, si estrae una pallina e quindi, senza reimmetterla nell'urna, si estrae una seconda pallina. Si considerino gli eventi informalmente descritti da

$$A_1 := \text{“la prima pallina estratta è rossa”},$$
$$A_2 := \text{“la seconda pallina estratta è rossa”}.$$

Si mostri che gli eventi A_1 e A_2 *non* sono indipendenti.

Esercizio 1.28 Si voglia illuminare una stanza con un certo numero di lampadine. Assumiamo che la probabilità che una lampadina sopravviva almeno n giorni vale q^n, con $q = 0.9$. Si può ritenere che le lampadine si comportino in modo indipendente. Quante lampadine occorre installare affinché, con probabilità almeno 0.99, dopo 10 giorni vi sia almeno una lampadina funzionante?

Esercizio 1.29 Si mostri la seguente *formula di disintegrazione per la probabilità condizionale*: dati tre eventi A, B, C tali che $P(B \cap C) > 0$ e $P(B \cap C^c) > 0$, si ha

$$P(A|B) = P(A|B \cap C)\, P(C|B) + P(A|B \cap C^c)\, P(C^c|B).$$

Esercizio 1.30 Un'urna contiene inizialmente una pallina nera, e inseriamo nell'urna delle palline bianche una dopo l'altra. Ad ogni turno $n = 1, 2, 3, \ldots$, l'urna contiene n palline bianche e una pallina nera: estraiamo allora una pallina a caso, annotiamo il suo colore e la rimettiamo nell'urna. Supponiamo che le estrazioni in turni diversi siano effettuate in modo indipendente.

(i) Sia A_n l'evento "al turno n la pallina estratta è nera". Si calcoli $P(A_n)$.
(ii) Poniamo $A = \bigcup_{n\ge1} A_n$. Si fornisca un'interpretazione dell'evento A e si mostri che $P(A) = 1$.
(iii) Poniamo $B = \bigcap_{k\ge1} \bigcup_{n\ge k} A_n$. Si fornisca un'interpretazione dell'evento B e si mostri che $P(B) = 1$.

Esercizio 1.31 Uno studente deve rispondere a una domanda a risposta multipla con 5 possibili risposte. Lo studente conosce (e fornisce) la risposta corretta con probabilità p, mentre se non la conosce sceglie una delle 5 possibilità "a caso".

1. Qual è la probabilità che lo studente fornisca la risposta corretta?
2. Se la risposta data dallo studente è corretta, con quale grado l'esaminatore può ritenere che lo studente conosca effettivamente la risposta corretta?

Esercizio 1.32 Il signor Bianchi da Roma e il signor Rossi da Milano decidono di incontrarsi a Roma. All'ultimo momento, Rossi, che è un tipo molto indeciso, rimette al caso la decisione di partire, lanciando una moneta. Successivamente, in caso di esito positivo, per scegliere quale dei 6 treni a sua disposizione prendere, tira un dado regolare a sei facce. Se Bianchi va in stazione e osserva che Rossi non è su nessuno dei primi 5 treni, qual è la probabilità che Rossi arrivi con l'ultimo treno?

Esercizio 1.33 Alice e Elio sono golosi ed ogni tanto si alzano la notte per mangiare un cioccolatino (ne mangiano soltanto uno). Si alzano indipendentemente l'uno dall'altro, con probabilità $2/5$ per Alice e con probabilità $1/5$ per Elio. Il loro padre una mattina nota che un cioccolatino (solo uno) è stato mangiato durante la notte precedente: qual è la probabilità che sia stata Alice ad alzarsi?

Esercizio 1.34 Una compagnia di assicurazioni offre una polizza che prevede il pagamento di una cifra forfettaria C a fronte di un danno subito dal cliente. La compagnia classifica gli assicurati in tre categorie: "basso rischio", "medio rischio" e "alto rischio". Dei suoi assicurati, il 75% sono a "basso rischio", il 20% a "medio rischio" e il restante 5% ad "alto rischio".

È noto che gli assicurati a "basso rischio" hanno una probabilità del 2% di subire un danno che prevede il pagamento dell'assicurazione, mentre tale probabilità è del 10% per gli assicurati a "medio rischio" e del 20% per quelli ad "alto rischio".

(i) Qual è la probabilità che un individuo scelto a caso tra gli assicurati reclami il pagamento dell'assicurazione?
(ii) Se un individuo reclama il pagamento dell'assicurazione, qual è la probabilità che sia nella categoria ad "alto rischio"?

Esercizio 1.35 Il Ministero della Pubblica Istruzione vuole stimare la frazione $\alpha \in (0, 1)$ di studenti di terza media che hanno preparazione scarsa in matematica. A tal fine, sottopone a un grande numero di studenti un quesito con 10 possibili risposte, di cui una sola è corretta. Assumiamo che gli studenti con una buona preparazione in matematica rispondano correttamente al quesito, mentre quelli con preparazione scarsa diano una risposta scelta a caso (e non esistano altre possibilità). Sottoponendo ad una analisi più approfondita gli studenti che hanno risposto correttamente al quesito, si scopre che tra questi solo l'80% ha una buona preparazione in matematica. Sulla base di queste informazioni, si determini α.

Esercizio 1.36 Tre urne, etichettate con le lettere α, β, γ, contengono 10 palline ciascuna. Due urne contengono 5 palline rosse e 5 blu, mentre la terza contiene 3 palline rosse e 7 blu. Non sappiamo però quale sia l'urna con 3 palline rosse: in assenza di ulteriori informazioni, riteniamo che sia α, β o γ con la stessa probabilità.

Estraiamo ora 2 palline da ognuna delle tre urne. Se dall'urna α abbiamo estratto una pallina rossa e una blu, dall'urna β due palline rosse e dall'urna γ due palline blu, qual è la probabilità che l'urna γ sia quella contenente tre palline rosse?

Esercizio 1.37 Un'urna contiene M palline, di cui M_1 bianche.

(i) Si effettuano n estrazioni successive *con* reimmissione. Consideriamo gli eventi

$$B_j := \text{“la } j\text{-esima pallina estratta è bianca”},$$
$$A_m := \text{“delle } n \text{ palline estratte esattamente } m \text{ sono bianche”},$$

dove $j, m \leq n$. Si calcoli $\mathrm{P}(B_j \mid A_m)$.

(ii) Si calcoli la probabilità condizionale del punto precedente nel caso di estrazioni *senza* reimmissione, supponendo che m sia tale che $\mathrm{P}(A_m) > 0$.

Esercizio 1.38 Mio nonno mi dice che nel suo paesino il meteo segue le seguente regole: se un giorno piove, c'è una probabilità di $1/2$ che non piova l'indomani; se un giorno non piove, c'è una probabilità di $1/3$ che piova l'indomani. Oggi sta piovendo. Si denoti con p_n la probabilità che piova fra n giorni. Si determini una relazione tra p_{n+1} e p_n, quindi si calcoli p_n per ogni $n \in \mathbb{N}$, e infine si ottenga $\lim_{n\to\infty} p_n$.

Esercizio 1.39 Ho due dadi regolari: il dado α ha sei facce, su cui sono scritti i numeri da 1 a 6, mentre il dado β ha dodici facce, su cui sono scritti i numeri da 1 a 12. Scelgo uno dei due dadi a caso, con la stessa probabilità, e lo lancio per n volte, dove $n \in \mathbb{N}$ è un numero fissato.

(i) Qual è la probabilità che tutti i lanci diano come risultato il numero 3?
(ii) Qual è la probabilità che tutti i lanci diano come risultato lo stesso numero?
(iii) Se tutti i lanci danno come risultato il numero 3, qual è la probabilità che il dado scelto sia stato α? Si mostri che tale probabilità (condizionale) è sempre strettamente maggiore di $\frac{1}{2}$ e se ne studi il comportamento per $n \to \infty$.

Esercizio 1.40

(i) Si dimostri che, se $\alpha_1, \alpha_2, \ldots, \alpha_n \geq 0$ e $\sum_{i=1}^n \alpha_i = 1$, allora per ogni scelta di $x_1, x_2, \ldots, x_n \in \mathbb{R}$ si ha

$$\min_{i=1,2,\ldots n} x_i \leq \sum_{i=1}^{n} \alpha_i \, x_i \leq \max_{i=1,2,\ldots n} x_i .$$

(ii) Siano ora $A_1, A_2, \dots, A_n$ eventi *disgiunti* di uno spazio di probabilità (Ω, P), tali che $\mathrm{P}(A_i) > 0$ per ogni $i = 1, \dots, n$. Si mostri che per ogni evento B

$$\min_{i=1,2,\dots n} \mathrm{P}(B \mid A_i) \leq \mathrm{P}(B \mid A_1 \cup A_2 \cup \dots \cup A_n) \leq \max_{i=1,2,\dots n} \mathrm{P}(B|A_i).$$

Esercizio 1.41 Siano A e B due eventi con probabilità non nulla. Diciamo che A *è positivamente correlato a* B se

$$\mathrm{P}(A \mid B) \geq \mathrm{P}(A).$$

1. Si mostri che le seguenti tre affermazioni sono equivalenti.

   (a) A *è positivamente correlato a* B.
   (b) B *è positivamente correlato a* A.
   (c) A^c *è positivamente correlato a* B^c.

2. Dare un esempio di tre eventi A, B, C, in un opportuno spazio di probabilità, che verificano $\mathrm{P}(A \mid B) > \mathrm{P}(A)$ e $\mathrm{P}(B \mid C) > \mathrm{P}(B)$, ma $\mathrm{P}(A \mid C) < \mathrm{P}(A)$. In altri termini, A è (strettamente) positivamente correlato a B, B è (strettamente) positivamente correlato a C, ma A non è positivamente correlato a C.

   [*Sugg.* Si può considerare $\Omega = \{1, 2, 3\}$ con la probabilità uniforme P su Ω.]

Esercizio 1.42 Un'urna contiene n palline, che possono essere di due colori, rosso e verde. Non conosciamo la composizione dell'urna e riteniamo che tutti i possibili valori $k = 0, 1, 2, \dots, n$ del numero di palline rosse siano equiprobabili.

(i) Si estrae una pallina dall'urna, che si rivela essere rossa. Sapendo ciò, per quale valore di k la probabilità che nell'urna vi fossero k palline rosse è massimizzata?
(ii) Si risponda alla medesima domanda, ma assumendo che dall'urna siano state estratte due palline, una rossa e una verde.

Esercizio 1.43 Si consideri il seguente modello di distribuzione dei figli nei nuclei familiari. La probabilità che un nucleo familiare scelto a caso abbia n figli, con $n \geq 0$, vale $\mathrm{e}^{-\lambda} \frac{\lambda^n}{n!}$ (dove $\lambda > 0$ è un parametro fissato), e ciascun figlio è maschio con probabilità $1/2$, indipendentemente da tutti gli altri. Consideriamo l'evento

$$A_k := \text{“il nucleo familiare scelto (a caso) ha esattamente } k \text{ figli maschi”},$$

per $k \geq 0$. Si mostri che $\mathrm{P}(A_k) = \mathrm{e}^{-\lambda/2} \frac{(\lambda/2)^k}{k!}$.

[*Sugg.* Si consideri l'evento B_n = “il nucleo familiare scelto ha n figli”. Si determini innanzitutto $\mathrm{P}(A_k | B_n)$ e poi si calcoli $\mathrm{P}(A_k)$. Si ricordi la serie esponenziale (0.6).]

Esercizio 1.44 Siano $S = \{1, 2, \ldots, n\}$ e $\Omega := \mathcal{P}(S) \times \mathcal{P}(S)$, e sia P la probabilità uniforme su Ω. Dunque gli elementi di Ω sono *coppie ordinate* (A, B) *di sottoinsiemi* $A, B \subseteq S$. Consideriamo l'evento

$$E := \{(A, B) \in \Omega : A \subseteq B\}.$$

Inoltre, per $B \subseteq S$, definiamo $F_B := \{(A', B') \in \Omega : B' = B\} = \{(A, B) : A \subseteq S\}$.

(i) Si determini $\mathrm{P}(E \mid F_B)$.
(ii) Usando la formula di disintegrazione

$$\mathrm{P}(E) = \sum_{B \subseteq S} \mathrm{P}(E \mid F_B)\, \mathrm{P}(F_B),$$

si mostri che $\mathrm{P}(E) = (3/4)^n$.

[*Sugg.* Si ricordi il binomio di Newton (1.39) e il fatto che $|\mathcal{P}(S)| = 2^{|S|}$.]

Esercizio 1.45 È stato indetto un referendum in una popolazione di $n \geq 1$ individui (tutti aventi diritto al voto). Ciascun individuo andrà a votare con probabilità $\frac{1}{2}$, indipendentemente dagli altri. Inoltre, se un individuo andrà a votare, voterà SÌ con probabilità $\frac{1}{2}$, indipendentemente dagli altri.

(i) Qual è la probabilità p che un individuo scelto a caso vada a votare e voti SÌ?
(ii) Qual è la probabilità che il numero di voti SÌ sia k, per $k \in \{0, \ldots, n\}$?
(iii) Assumendo che i voti SÌ siano k, si determini la probabilità (condizionale) che i votanti totali siano m, dove $m \in \{k, \ldots, n\}$. Si mostri che tale probabilità vale

$$\binom{n-k}{m-k} \left(\frac{1}{3}\right)^{m-k} \left(\frac{2}{3}\right)^{n-m}.$$

Esercizio 1.46 Ho un'urna inizialmente vuota e un insieme di palline numerate coi numeri naturali. Il primo giorno inserisco nell'urna le palline numero 1 e 2, dopodiché ne estraggo una a caso (nell'urna rimane dunque una sola pallina). Il secondo giorno inserisco nell'urna le palline numero 3 e 4, dopodiché estraggo a caso una delle tre palline contenute nell'urna. Itero dunque la procedura: l'i-esimo giorno inserisco nell'urna le palline numero $2i - 1$ e $2i$, dopodiché estraggo a caso una delle $i + 1$ palline contenute nell'urna. Definiamo per $i \in \mathbb{N}$ l'evento

$$A_i := \text{“la pallina numero 1 è presente nell'urna alla fine dell'}i\text{-esimo giorno”}.$$

(i) Si spieghi perché vale l'inclusione $A_{i+1} \subseteq A_i$ per ogni $i \in \mathbb{N}$ e si deduca che

$$\mathrm{P}(A_n) = \mathrm{P}(A_1) \cdot \mathrm{P}(A_2 \mid A_1) \cdots \mathrm{P}(A_n \mid A_{n-1}), \qquad n \in \mathbb{N}.$$

(ii) Si mostri che $\mathrm{P}(A_n) = \frac{1}{n+1}$ per ogni $n \in \mathbb{N}$.
(iii) Si consideri l'evento $A = \bigcap_{n \geq 1} A_n$. Come possiamo interpretare questo evento (lo si descriva a parole)? Quanto vale $\mathrm{P}(A)$?

Esercizi più difficili

Esercizio 1.47 Riprendiamo l'Esercizio 1.46. Per ogni $k \geq 1$ fissato, consideriamo l'evento

$$A_n^{(k)} := \text{“la pallina numero } k \text{ è presente nell'urna alla fine del } n\text{-esimo giorno”.}$$

(i) Mostrare che $P(A_n^{(k)}) = 0$ se $n < \lfloor \frac{k+1}{2} \rfloor$ e $P(A_n^{(k)}) = \frac{\lfloor \frac{k+1}{2} \rfloor}{n+1}$ per ogni $n \geq \lfloor \frac{k+1}{2} \rfloor$.
(ii) Consideriamo l'evento $A^{(k)} := \bigcap_{n \geq \lfloor \frac{k+1}{2} \rfloor} A_n^{(k)}$. Come descrivereste questo evento a parole? Quanto vale $P(A^{(k)})$?
(iii) Mostrare che $P\left(\bigcup_{k=1}^{\infty} A^{(k)}\right) = 0$. Interpretare questo risultato.

Esercizio 1.48 Inseriamo m palline *indistinguibili* in n scatole in modo casuale. Indichiamo con k_i il numero di palline contenute nella i-esima scatola e descriviamo questo esperimento aleatorio con lo spazio campionario

$$\Omega_{n,m} = \{(k_1, \ldots, k_n) \in \mathbb{N}_0^n : k_1 + \cdots + k_n = m\}$$

munito della probabilità uniforme P. È utile rappresentare graficamente gli elementi $(k_1, \ldots, k_n) \in \Omega_{n,m}$ disegnando una fila di m palline suddivise in gruppi di $k_1, \ldots, k_n$ per mezzo di sbarrette (ad es. $(3, 0, 2, 1) \in \Omega_{4,6}$ corrisponde a ooo| |oo|o).

(i) Definiamo l'insieme

$$\Omega'_{n,m} = \{(i_1, \ldots, i_{n-1}) : 1 \leq i_1 < \cdots < i_{n-1} \leq m + n - 1\}.$$

Si mostri che l'applicazione $\varphi : \Omega_{n,m} \to \Omega'_{n,m}$ definita da

$$\varphi((k_1, \ldots, k_n)) := \left(k_1 + 1,\ k_1 + k_2 + 2,\ \ldots,\ k_1 + \cdots + k_{n-1} + n - 1\right)$$

è biunivoca. Si deduca che $|\Omega_{n,m}| = \binom{n+m-1}{n-1}$.

[*Sugg.* Si osservi che $\Omega'_{n,m}$ è in corrispondenza biunivoca naturale con la famiglia dei sottoinsiemi $A \subseteq \{1, \ldots, n + m - 1\}$ con $|A| = n - 1$.]

(ii) Si denoti con $p_{n,m}$ la probabilità che nessuna scatola sia vuota. Si mostri che

$$p_{n,m} = \prod_{j=1}^{n-1} \left(1 - \frac{n}{m + j}\right).$$

(iii) Supponiamo che $m = m(n)$ dipenda da n in modo tale che $\lim_{n\to\infty} m(n)/n^2 = x$ con $x > 0$. Si calcoli il limite $\lim_{n\to\infty} p_{n,m(n)}$.

Esercizio 1.49 (Il problema del ballottaggio) Un urna contiene $n+m$ schede elettorali, di cui n sono per la candidata A e m sono il candidato B. Scrutiniamo le schede una dopo l'altra, e cerchiamo di calcolare la probabilità che la candidata A sia davanti durante tutto il processo di conteggio.

Per descrivere questo esperimento aleatorio, introduciamo lo spazio campionario

$$\Omega_{n,m} = \left\{ \omega = (\omega_1, \ldots, \omega_{n+m}) \in \{0,1\}^{n+m} : \sum_{i=1}^{n+m} \omega_i = n \right\},$$

dove $\omega_i = 1$ se la i-esima scheda è per A e $\omega_i = 0$ se la i-esima scheda è per B. Muniamo $\Omega_{n,m}$ della probabilità uniforme P.

(i) Definiamo $x_j = \sum_{i=1}^{j} \omega_i$ e $y_j = \sum_{i=1}^{j}(1-\omega_i)$ per $\omega \in \Omega_{n,m}$ e $j \in \{1, \ldots, n+m\}$. Si osservi che x_j e y_j rappresentano il numero di voti ottenuti rispettivamente dalla candidata A e dal candidato B dopo che sono state scrutinate j schede.
Definiamo $s_j := (x_j, y_j)$ per $1 \le j \le n+m$ e, per convenzione, $s_0 = (0,0)$. Mostrare che $\omega \mapsto \psi(\omega) := s := (s_j)_{0 \le j \le n+m}$ è un'applicazione biunivoca dall'insieme $\Omega_{n,m}$ all'insieme seguente:

$$\begin{aligned}\tilde{\Omega}_{n,m} := \Big\{ s := (s_j)_{0\le j\le n+m} = ((x_j, y_j))_{0 \le j \le n+m} : \\ s_0 = (0,0),\ s_{n+m} = (n,m) \text{ e, per ogni } 0 \le j \le n+m, \text{ si ha} \\ (x_j, y_j) = (x_{j-1}+1, y_{j-1}) \text{ oppure } (x_j, y_j) = (x_{j-1}, y_{j-1}+1) \Big\}.\end{aligned}$$

Dedurre che $|\tilde{\Omega}_{n,m}| = \binom{n+m}{n}$.

(ii) Grazie alla corrispondenza biunivoca ψ, usiamo come spazio campionario $\tilde{\Omega}_{n,m}$, munito della probabilità uniforme. Definiamo

$$\begin{aligned}A_{n,m} := \big\{ s = (s_j = (x_j, y_j))_{0 \le j \le n+m} \in \tilde{\Omega}_{n,m} : \\ x_j \ge y_j \text{ per ogni } 0 \le j \le n+m \big\}.\end{aligned}$$

Si interpreti l'evento $A_{n,m}$. Quanto vale $P(A_{n,m})$ se $m > n$?

(iii) Per $s \in A_{n,m}^c$, con $s = ((x_j, y_j))_{0 \le j \le n+m}$, poniamo $j_0 = j_0(s) = \min\{j : x_j < y_j\}$ (con la convenzione $\min \emptyset := \infty$) e definiamo $s' = (s'_j)_{0 \le j \le n+m}$ ponendo

$$s'_j := \begin{cases} (x_j, y_j) = s_j & \text{se } j \le j_0, \\ (y_j - 1, x_j + 1) & \text{se } j > j_0. \end{cases}$$

Mostrare che se $m \le n$ allora l'applicazione seguente è biunivoca:

$$\varphi : \begin{cases} A_{n,m}^c & \to \quad \tilde{\Omega}_{m-1,n+1} \\ s = (s_j)_{0 \le j \le n+m} & \mapsto \quad s' = (s'_j)_{0 \le j \le n+m} \end{cases}$$

[*Sugg.* Determinare l'applicazione inversa; si noti che $y_{j_0} = x_{j_0} + 1$ e che l'applicazione φ corrisponde a una simmetria della successione $(s_j)_{j_0 \le j \le n+m}$ rispetto alla retta $y = x + 1$.]

(iv) Dedurre che per ogni $m \le n$ si ha $P(A_{n,m}) = \frac{n-m+1}{n+1}$.

1.5 Note bibliografiche

La teoria della probabilità su spazi finiti o numerabili è trattata in tutti i testi introduttivi di probabilità. Per approfondimenti, menzioniamo la monografia classica di P. Billingsley [10], che tratta anche gli sviluppi più avanzati del calcolo delle probabilità, a cui accenneremo nel Capitolo 5. Seppure con un approccio meno moderno, segnaliamo anche il bellissimo testo di W. Feller [30].

L'interpretazione soggettivista della probabilità, a cui abbiamo accennato nell'Osservazione 1.4, fu sostenuta in particolare da B. de Finetti, che diede contributi importanti ai fondamenti della probabilità. Per approfondimenti, anche di carattere storico, segnaliamo il testo [26].

Il paradosso descritto nell'Esempio 1.81, detto di "Monty Hall", prende il nome dal presentatore del gioco a premi americano *Let's Make a Deal*, in cui un concorrente doveva scegliere una di tre porte chiuse, dietro le quali si celavano un'automobile e due capre. Questo paradosso, proposto originariamente da S. Selvin nel 1975 [68], raggiunse una certa notorietà in seguito alla soluzione pubblicata da M. vos Savant nel 1990 sulla rivista *Parade* [66]. Sebbene la soluzione fosse corretta, molti lettori convinti del contrario (inclusi alcuni matematici...) inviarono alla rivista lettere di protesta, con toni anche piuttosto feroci.

I problemi giudiziari descritti negli Esempi 1.83 e 1.84 sono liberamente tratti dal libro *Innumeracy* di J.A. Paulos [59].

Capitolo 2
Spazi di probabilità discreti: esempi e applicazioni

Sommario In questo capitolo vediamo all'opera gli spazi di probabilità discreti, introdotti nel Capitolo 1, applicati a esempi e modelli di grande rilevanza: le permutazioni aleatorie (Paragrafo 2.1), la passeggiata aleatoria semplice (Paragrafo 2.2) e la percolazione (Paragrafo 2.3). Con l'eccezione di alcune osservazioni non essenziali, la nozione di indipendenza non viene usata prima del Paragrafo 2.3.

Avvisiamo il lettore che gli argomenti che usiamo per analizzare gli esempi contenuti in questo capitolo, in particolare nel Paragrafo 2.3, hanno spesso un livello di complessità maggiore rispetto a ciò che si è visto nel Capitolo 1. I diversi paragrafi possono essere letti in modo indipendente, e la mancata lettura di uno o più di essi non è essenziale per la comprensione dei capitoli successivi.

2.1 Permutazioni aleatorie

Come nel Paragrafo 1.2.4, denotiamo con S_n l'insieme delle funzioni biunivoche dall'insieme $\{1, 2, \ldots, n\}$ in sé, dette permutazioni. Osserviamo che S_n è un gruppo rispetto alla composizione di applicazioni, che è non commutativo se $n \geq 3$, e ricordiamo che $|S_n| = n!$, dove $n!$ è stato definito in (1.29).

Indichiamo con P_n la *probabilità uniforme* sull'insieme S_n, pensato come spazio campionario. Lo spazio di probabilità (S_n, P_n) è un buon modello per l'esperimento aleatorio che consiste nel *mescolare* accuratamente n oggetti e quindi osservare l'ordinamento ottenuto. In questo paragrafo esaminiamo alcune proprietà interessanti dello spazio (S_n, P_n), prendendo spunto da alcuni problemi. Per definizione di probabilità uniforme (si ricordi l'Esempio 1.18), si ha

$$\mathrm{P}_n(A) = \frac{|A|}{|S_n|} = \frac{|A|}{n!}, \qquad \text{per ogni } A \subseteq S_n,$$

quindi il calcolo di probabilità si riconduce a un calcolo di cardinalità. Per semplicità, quando ciò non causi confusione, ometteremo la dipendenza da n nella probabilità P_n, indicandola semplicemente con P.

Q. Berger, F. Caravenna, P. Dai Pra, *Probabilità*, UNITEXT 127,
https://doi.org/10.1007/978-88-470-4006-9_2

Cicli

Cominciamo con un problema in cui compare in modo naturale il concetto di *ciclo* di una permutazione contenente un dato elemento.

Problema 2.1 Un gruppo di n amici affitta una casa per una vacanza. Dopo alcuni giorni tutti convengono che sia il caso di fare delle pulizie, ma si stenta a trovare dei volontari. Laura, che è volonterosa e bizzarra, avanza la seguente proposta. Ognuno scrive il proprio nome su un biglietto, quindi i biglietti vengono accuratamente mescolati e distribuiti. Laura allora leggerà ad alta voce il nome sul suo biglietto. Quindi la persona il cui nome è stato letto leggerà a sua volta il nome sul suo biglietto; si prosegue così finché non viene letto il nome di Laura. A questo punto, le persone il cui nome è stato chiamato formeranno la squadra per le pulizie.

(i) Qual è la probabilità che Laura si trovi a dover fare le pulizie da sola?
(ii) Qual è la probabilità che tutti debbano fare le pulizie?
(iii) Più in generale, qual è la probabilità che la squadra delle pulizie sia composta da m persone?

Soluzione Etichettiamo gli n amici con i numeri $1, 2, \ldots, n$, assegnando il numero 1 a Laura. L'esito del mescolamento degli n biglietti può allora descritto in modo naturale con una permutazione $\sigma \in S_n$: il biglietto in mano alla persona i ha il nome della persona $\sigma(i)$. Il fatto che i biglietti siano mescolati accuratamente corrisponde a considerare la probabilità uniforme P su S_n.

La squadra per le pulizie si ottiene applicando *ripetutamente* la permutazione σ all'elemento 1:

$$\sigma(1)\,, \qquad \sigma \circ \sigma(1) =: \sigma^2(1)\,, \qquad \ldots \qquad \sigma^{k-1}(1)\,, \qquad \sigma^k(1) = 1\,,$$

dove $k \geq 1$ è il più piccolo numero intero tale che $\sigma^k(1) = 1$. In questo modo, 1, $\sigma(1), \sigma^2(1), \ldots, \sigma^{k-1}(1)$ sono elementi *distinti* di $\{1, \ldots, n\}$. La sequenza

$$\left(1, \sigma(1), \sigma^2(1), \ldots, \sigma^{k-1}(1)\right)$$

viene detta *ciclo contenente* 1, e l'intero k viene detto *lunghezza del ciclo*. Il quesito (iii), che contiene gli altri due come casi particolari, può essere pertanto riformulato come segue: qual è la probabilità che il ciclo contenente 1 abbia lunghezza m? Introducendo per ogni $m \in \mathbb{N}$ l'evento $C_m \subseteq S_n$ definito da

$$C_m := \{\sigma \in S_n \,:\, \text{il ciclo contenente 1 ha lunghezza } m\}\,,$$

dobbiamo dunque calcolare $P(C_m)$ per ogni $1 \leq m \leq n$.

Cominciamo con il quesito (i), che corrisponde a $m = 1$. Si noti che l'evento $C_1 = \{\sigma \in S_n : \sigma(1) = 1\}$ corrisponde l'insieme delle permutazioni di $\{1, \ldots, n\}$ in cui 1 viene mandato in sé stesso. C'è pertanto una naturale corrispondenza biunivoca tra C_1 e l'insieme delle permutazioni di $\{2, 3, \ldots, n\}$, da cui si deduce che

$$|C_1| = (n-1)! \quad \Longrightarrow \quad \mathrm{P}(C_1) = \frac{|C_1|}{n!} = \frac{1}{n}.$$

In altre parole, la probabilità che Laura si trovi da sola a fare le pulizie è pari a $\frac{1}{n}$.

Consideriamo ora la domanda (ii), cioè calcoliamo $\mathrm{P}(C_n)$. Le permutazioni $\sigma \in C_n$ sono tali che il ciclo contenente 1 ha lunghezza n, ossia si può rappresentare nella forma

$$\left(1, \sigma(1), \sigma^2(1), \ldots, \sigma^{n-1}(1)\right).$$

Osserviamo che la scrittura precedente è una n-upla in cui compaiono tutti e soli gli elementi di $\{1, \ldots, n\}$ con 1 al primo posto. Tali n-uple possono essere determinate mediante le seguenti n *scelte successive*:

- si sceglie $\sigma(1)$ in $\{1, 2, \ldots, n\} \setminus \{1\}$, per cui ci sono $n-1$ esiti possibili;
- si sceglie $\sigma^2(1)$ in $\{1, 2, \ldots, n\} \setminus \{1, \sigma(1)\}$, per cui ci sono $n-2$ esiti possibili;
- e così via fino a $\sigma^{n-1}(1)$, per cui resta un solo esito possibile.

Di conseguenza, per il principio fondamentale del calcolo combinatorio,

$$|C_n| = (n-1)(n-2)\cdots 1 \cdot 1 = (n-1)! \quad \Longrightarrow \quad \mathrm{P}(C_n) = \frac{|C_n|}{n!} = \frac{1}{n}.$$

A questo punto abbiamo gli strumenti per calcolare $|C_m|$ per ogni valore di m, cioè per rispondere alla domanda (iii). Infatti, gli elementi $\sigma \in C_m$ possono essere determinati dalle seguenti *tre scelte successive*:

- si scelgono gli m elementi di $\{1, \ldots, n\}$ che compongono il ciclo contenente 1, per cui ci sono $\binom{n-1}{m-1}$ esiti possibili (uno degli m elementi dev'essere 1);
- si sceglie uno dei cicli formati da questi m elementi: come abbiamo appena visto nella risposta alla domanda (ii), ci sono $(m-1)!$ tali cicli;
- si scelgono i valori di σ sui rimanenti $n-m$ elementi: dato che σ permuta in modo arbitrario tali elementi, per questa scelta ci sono $(n-m)!$ esiti possibili.

Per il principio fondamentale del calcolo combinatorio, si ottiene

$$|C_m| = \binom{n-1}{m-1}(m-1)!(n-m)! = (n-1)! \quad \Longrightarrow \quad \mathrm{P}(C_m) = \frac{1}{n}.$$

Concludendo, la probabilità che la squadra per le pulizie sia composta da m elementi è $\frac{1}{n}$, in particolare non dipende da m.

Nel problema precedente abbiamo introdotto, per una permutazione $\sigma \in S_n$ fissata, la nozione di ciclo contenente l'elemento 1. In modo analogo, si può costruire il ciclo contenente ogni altro elemento $i \in \{1, \ldots, n\}$. È chiaro che, se i appartiene al ciclo contenente 1, il ciclo contenente i coincide con il ciclo contenente 1 (a meno di una traslazione dei suoi elementi); viceversa, se i *non* appartiene al ciclo contenente 1, il ciclo contenente i è disgiunto dal ciclo contenente 1. Di conseguenza, ogni permutazione $\sigma \in S_n$ individua una *partizione in cicli* di $\{1, 2, \ldots, n\}$.

Problema 2.2 Lo stesso gruppo di n amici del Problema 2.1 si ritrova per giocare a Trivial Pursuit. Decidono quindi di usare il metodo proposto da Laura per suddividersi in squadre, corrispondenti alla partizione in cicli determinata della permutazione. (Il numero di squadre non è dunque fissato a priori, e le squadre non sono necessariamente della stessa numerosità.) Qual è la probabilità che si formi una squadra, necessariamente unica, con strettamente più di $n/2$ persone?

Soluzione. Muniamo ancora S_n della probabilità uniforme P. Introduciamo gli eventi D e D_m, per $m \in \{1, \ldots, n\}$, definiti da

$$\begin{aligned} D &:= \{\sigma \in S_n : \sigma \text{ ha un ciclo di lunghezza strettamente maggiore di } n/2\}, \\ D_m &:= \{\sigma \in S_n : \sigma \text{ ha un ciclo di lunghezza } m\}. \end{aligned}$$

Il quesito del problema richiede di calcolare $\mathrm{P}(D)$. Notiamo che D è l'unione degli eventi D_m per $m > n/2$, e che *tali eventi sono disgiunti*, perché non possono esistere due cicli distinti di lunghezza $> n/2$. Pertanto

$$\mathrm{P}(D) = \sum_{\frac{n}{2} < m \le n} \mathrm{P}(D_m), \tag{2.1}$$

e ci resta da determinare $\mathrm{P}(D_m)$ per $m > n/2$.

Gli elementi $\sigma \in D_m$, con $m > n/2$, possono essere determinati attraverso le seguenti scelte successive:

- si scelgono gli m elementi che compaiono nel ciclo "grande", per cui ci sono $\binom{n}{m}$ esiti possibili;
- si sceglie uno dei possibili cicli formati da questi m elementi, per cui ci sono (come abbiamo visto nel Problema 2.1) $(m-1)!$ esiti possibili;
- si fissano in modo arbitrario i valori di σ sui rimanenti $n - m$ elementi, per cui ci sono $(n-m)!$ esiti possibili.

Pertanto

$$|D_m| = \binom{n}{m}(m-1)!(n-m)! = \frac{n!}{m} \quad \Longrightarrow \quad \mathrm{P}(D_m) = \frac{1}{m}.$$

(Per $m \le \frac{n}{2}$, la possibile non unicità dei cicli di lunghezza m conduce a "contare più di una volta" la stessa permutazione, e quindi il precedente conteggio è scorretto.)

Ricordando (2.1), la risposta al quesito del problema è data da

$$\mathrm{P}(D) = \sum_{\frac{n}{2} < m \le n} \frac{1}{m} = \sum_{m = \lfloor \frac{n}{2} \rfloor + 1}^{n} \frac{1}{m} =: p_n,$$

dove abbiamo indicato con p_n la probabilità richiesta, per evidenziarne la dipendenza da n, e dove $\lfloor \frac{n}{2} \rfloor$ indica la parte intera di $\frac{n}{2}$. Abbiamo dunque ottenuto una formula esplicita, ma non molto trasparente. Cerchiamo di studiarne il comportamento per valori grandi di n. Sostituendo la somma con un integrale si ottiene

$$p_n \approx \int_{\lfloor n/2 \rfloor}^{n} \frac{1}{x}\,\mathrm{d}x \approx \log n - \log(n/2) = \log 2\,.$$

Non è difficile rendere rigorosa questa stima: dato che la funzione $1/x$ è decrescente, per ogni $m \in \mathbb{N}$ possiamo scrivere

$$\int_{m}^{m+1} \frac{1}{x}\,\mathrm{d}x \le \frac{1}{m} \le \int_{m-1}^{m} \frac{1}{x}\,\mathrm{d}x\,,$$

e sommando su m da $\lfloor \frac{n}{2} \rfloor + 1$ a n si ottiene

$$\log \frac{n+1}{\lfloor \frac{n}{2} \rfloor + 1} = \int_{\lfloor \frac{n}{2} \rfloor + 1}^{n+1} \frac{1}{x}\,\mathrm{d}x \le p_n \le \int_{\lfloor \frac{n}{2} \rfloor}^{n} \frac{1}{x}\,\mathrm{d}x = \log \frac{n}{\lfloor \frac{n}{2} \rfloor}\,.$$

Dato che $\lim_{n\to\infty}(n+1)/(\lfloor \frac{n}{2} \rfloor + 1) = \lim_{n\to\infty} n/\lfloor \frac{n}{2} \rfloor = 2$, si ottiene infine

$$\lim_{n\to+\infty} p_n = \log 2\,.$$

In altre parole, per grandi valori di n, la probabilità che si formi una squadra con più di $n/2$ persone è approssimativamente $\log 2 \simeq 0.69$ e dunque (approssimativamente) *non dipende da* n, un risultato non evidente a priori. Per $n > 50$, $|p_n - \log 2| \le 0.01$.

Il risultato appena ottenuto permette di trovare una soluzione al seguente difficile problema.

Problema 2.3 Il docente di un corso di probabilità frequentato da 100 studenti propone ai suoi allievi quanto segue. Si preparano 100 buste, numerate da 1 a 100, e 100 carte, su ciascuna delle quali è scritto il nome di uno studente del corso (senza ripetizioni, si escludano omonimie). Quindi le carte vengono inserite, casualmente, una in ogni busta. Le buste, chiuse ma non sigillate, vengono quindi disposte sulla cattedra di un aula. Gli studenti entrano nell'aula uno per volta. Ogni studente apre a suo piacimento 50 buste, una dopo l'altra, e comunica al docente se, tra le buste aperte, c'è quella con il proprio nome. Quindi le richiude ed esce dall'aula, senza poter in alcun modo comunicare con i colleghi che ancora devono entrare in aula.

Il docente alzerà il voto dell'esame di tre punti a tutti gli studenti solo nel caso in cui *ciascuno studente* trovi la busta contenente la carta con il proprio nome. Gli studenti non possono comunicare dopo l'inizio delle aperture, ma possono concordare una strategia *a priori*. Si determini una strategia che conduca al successo (cioè all'aumento di tre punti per tutti) con probabilità non trascurabile.

Prima di descrivere la soluzione, notiamo che è assolutamente non ovvio ottenere una probabilità di successo non trascurabile. Le strategie "banali" falliscono miseramente. Supponiamo che gli studenti non si accordino per nulla, ad esempio che ognuno di essi scelga a caso, indipendentemente dagli altri, le 50 buste da aprire. In questo caso, ognuno avrebbe probabilità $\frac{1}{2}$ di trovare il proprio nome e, vista l'indipendenza delle scelte, la probabilità che *tutti* trovino il proprio nome sarebbe $\frac{1}{2^{100}} \simeq 8 \cdot 10^{-31}$: irrisoria! Si può fare naturalmente di peggio: se fossero così sciocchi da accordarsi di aprire tutti le *stesse* 50 buste, la probabilità di successo sarebbe nulla. Quello che non è ovvio è se sia possibile fare meglio.

Soluzione del Problema 2.3 Poniamo $n := 100$ ed etichettiamo i cento nomi degli studenti con i numeri $1, 2, \ldots, n$. Denotiamo inoltre con $\sigma(k)$, il numero (nome) all'interno della busta k. Tale σ è evidentemente un elemento di S_n e la probabilità uniforme su S_n corrisponde al fatto che i nomi nelle buste vengono inseriti a caso.

Lo scopo dello studente k è di aprire la busta che contiene al suo interno il numero k, ossia la busta j con $\sigma(j) = k$. Supponiamo che gli studenti si accordino per seguire la seguente strategia. Ogni studente k apre per prima la busta k e ne legge il contenuto $\sigma(k)$; quindi apre la busta $\sigma(k)$ leggendone il contenuto $\sigma^2(k)$, e così via. Se, nella permutazione σ, il ciclo contenente k ha lunghezza $m \leq \frac{n}{2}$, la m-esima busta aperta dallo studente k è la busta $\sigma^{m-1}(k)$, il cui contenuto è proprio $\sigma^m(k) = k$: questo significa che lo studente k trova la carta col proprio nome! Pertanto, *se tutti i cicli di σ hanno lunghezza minore o uguale a $n/2$, ogni studente troverà sicuramente la busta contenente il proprio nome*. Viceversa, se un ciclo di σ ha lunghezza strettamente maggiore di $n/2$, gli studenti il cui numero appartiene a quel ciclo *non* troveranno il loro nome tra le prime 50 buste aperte. Di conseguenza, indicando con p_n la probabilità calcolata nel Problema 2.2,

$$\text{probabilità di successo della strategia} = 1 - p_n \simeq 1 - \log 2 \simeq 0.31\,,$$

una probabilità decisamente non trascurabile!

Sottolineiamo che il limite inferiore ottenuto alla probabilità di successo è approssimativamente indipendente da n, se n è abbastanza grande. (Per scrupolo, per $n = 100$, si calcola $p_n \simeq 0.688$ e dunque $1 - p_n \geq 0.31$.)

Per capire meglio la strategia, definiamo gli eventi

$$B_k := \{\text{lo studente numero } k \text{ trova la carta col proprio nome}\}\,,$$

$$B := \{\text{tutti gli studenti trovano la carta col proprio nome}\} = \bigcap_{k=1}^{n} B_k\,.$$

Non è difficile convincersi del fatto che, qualunque sia la strategia seguita, ogni studente fissato ha probabilità $1/2$ di trovare la busta con il suo nome! In altri termini, $\mathrm{P}(B_k) = 0.5$ per ogni $k =$

$1, \ldots, n$, indipendentemente dalla strategia. Dato che $B \subseteq B_k$, per ogni k, segue che $\mathrm{P}(B) \leq 0.5$. Con la strategia proposta abbiamo mostrato che $\mathrm{P}(B) = \mathrm{P}(\bigcap_{k=1}^{n} B_k) \geq 0.31$. Questo significa che gli eventi $(B_k)_{1 \leq k \leq n}$ *sono tutt'altro che indipendenti*. In effetti si può notare che

$$\bigcap_{k=1}^{\lfloor n/2 \rfloor + 1} B_k = \bigcap_{k=1}^{n} B_k ,$$

perché se i primi $\lfloor n/2 \rfloor + 1$ studenti trovano tutti il proprio nome, significa che non c'è nessun ciclo di lunghezza strettamente maggiore di $n/2$ e dunque *tutti* gli studenti trovano il proprio nome!

Punti fissi

Consideriamo ora un problema in cui giocano un ruolo fondamentale i punti fissi di una permutazione.

Problema 2.4 Un gruppo di n amici si ritrova per organizzare un *Babbo Natale segreto* (*Secret Santa*): ognuno scrive il suo nome su un biglietto, dopodiché i biglietti vengono mescolati e distribuiti casualmente; ogni amico dovrà fare un regalo alla persona il cui nome è scritto sul biglietto che ha ricevuto. Qual è la probabilità che almeno uno degli amici riceva il biglietto col proprio nome? Qual è la probabilità che esattamente m amici ricevano il biglietto col proprio nome?

Soluzione Etichettiamo con $\{1, 2, \ldots, n\}$ gli n amici e indichiamo con $\sigma(i)$ il numero (nome) sul biglietto ricevuto dall'amico i. Si noti che $\sigma \in S_n$. Come al solito, consideriamo su S_n la probabilità uniforme, che indichiamo con P_n.

Osserviamo che l'i-esimo amico riceve il biglietto col proprio nome se $\sigma(i) = i$, cioè se i è un *punto fisso* della permutazione σ. Dunque, i quesiti del problema si possono riformulare come segue: qual è la probabilità che una permutazione abbia almeno un punto fisso? E qual è la probabilità che abbia esattamente m punti fissi? Per $m = 0, 1, \ldots, n$ definiamo

$$A_m := \{\sigma \in S_n : \sigma \text{ ha esattamente } m \text{ punti fissi}\} ,$$

così che ci resta da calcolare $\mathrm{P}_n(A_0^c)$ e $\mathrm{P}_n(A_m)$.

Cominciamo da $\mathrm{P}_n(A_0^c)$. Per $i = 1, 2, \ldots, n$ introduciamo gli eventi

$$C_i := \{\sigma \in S_n : \sigma(i) = i\}$$

e notiamo che

$$A_0^c = C_1 \cup C_2 \cup \cdots \cup C_n ,$$

pertanto, per la formula di inclusione-esclusione (Proposizione 1.23),

$$\mathrm{P}_n(A_0^c) = \sum_{k=1}^{n} (-1)^{k+1} \sum_{\substack{I \subseteq \{1,2,\ldots,n\} \\ \text{tali che } |I|=k}} \mathrm{P}_n\left(\bigcap_{i \in I} C_i\right). \tag{2.2}$$

Fissiamo $k \in \{1, 2, \ldots, n\}$ e sia $I \subseteq \{1, 2, \ldots, n\}$ tale che $|I| = k$. Consideriamo

$$\bigcap_{i \in I} C_i = \{\sigma \in S_n : \sigma(i) = i \text{ per ogni } i \in I\},$$

ossia l'insieme delle permutazioni che lasciano fissi gli elementi di I. Queste sono in naturale corrispondenza biunivoca con le permutazioni di $\{1, 2, \ldots, n\} \setminus I$, pertanto

$$\left|\bigcap_{i \in I} C_i\right| = (n-k)! \implies \mathrm{P}_n\left(\bigcap_{i \in I} C_i\right) = \frac{(n-k)!}{n!}.$$

Poiché i sottoinsiemi I di $\{1, 2, \ldots, n\}$ con k elementi, ossia le combinazioni di k elementi estratti da $\{1, 2, \ldots, n\}$, sono $\binom{n}{k}$, si ha

$$\sum_{\substack{I \subseteq \{1,2,\ldots,n\} \\ \text{tali che } |I|=k}} \mathrm{P}_n\left(\bigcap_{i \in I} C_i\right) = \binom{n}{k} \frac{(n-k)!}{n!} = \frac{1}{k!}.$$

Inserendo quest'ultima uguaglianza in (2.2) otteniamo

$$\mathrm{P}_n(A_0^c) = \sum_{k=1}^{n} \frac{(-1)^{k+1}}{k!} = 1 - \sum_{k=0}^{n} \frac{(-1)^k}{k!}. \tag{2.3}$$

Osserviamo che $\sum_{k=0}^{\infty} \frac{(-1)^k}{k!} = \mathrm{e}^{-1}$ grazie a (0.6). Inoltre, essendo $\frac{(-1)^k}{k!}$ una successione a segni alterni e decrescente in modulo, è noto che il resto tra la somma parziale e la serie è maggiorato dal termine successivo della successione, ossia

$$\left|\sum_{k=0}^{n} \frac{(-1)^k}{k!} - \mathrm{e}^{-1}\right| \leq \frac{1}{(n+1)!}, \qquad \forall n \in \mathbb{N}.$$

Quindi $\lim_{n \to \infty} \mathrm{P}_n(A_0^c) = 1 - \mathrm{e}^{-1}$, e l'approssimazione

$$\mathrm{P}_n(A_0^c) \simeq 1 - \mathrm{e}^{-1} \simeq 0.632$$

è eccellente per valori non troppo piccoli di n (già per $n = 6$ i due numeri hanno le prime tre cifre decimali uguali). Dunque, la probabilità che almeno un amico riceva il biglietto col proprio nome è "quasi" indipendente dal numero di amici!

Resta da determinare $\mathrm{P}_n(A_m)$ per $m \geq 1$. Notiamo che

$$A_m = \bigcup_{J \subseteq \{1,2,\ldots,n\}:\ |J|=m} B_J \,,$$

dove

$$B_J := \{\sigma \in S_n \,:\, \sigma(j) = j \text{ per ogni } j \in J,\ \sigma(i) \neq i \text{ per ogni } i \notin J\}\,.$$

Dato che B_J e $B_{J'}$ sono disgiunti se $J \neq J'$, segue che

$$\mathrm{P}_n(A_m) = \sum_{J \subseteq \{1,2,\ldots,n\}:\ |J|=m} \mathrm{P}_n(B_J)\,, \tag{2.4}$$

e ci resta da determinare $\mathrm{P}_n(B_J)$. Introduciamo per $n \in \mathbb{N}$ la notazione

$$q_n := \sum_{k=0}^{n} \frac{(-1)^k}{k!}\,.$$

Abbiamo mostrato sopra che $\mathrm{P}_n(A_0) = q_n$, pertanto $|A_0| = n!\,q_n$. Ciò significa che *le permutazioni di un insieme di n elementi che non hanno alcun punto fisso sono in numero* $n!\,q_n$. Dato che ogni elemento di B_J può essere identificato con una permutazione dell'insieme $\{1,2,\ldots,n\} \setminus J$ che non ha alcun punto fisso, segue che, se $|J| = m$,

$$|B_J| = (n-m)!\,q_{n-m} \qquad \Longrightarrow \qquad \mathrm{P}_n(B_J) = \frac{(n-m)!}{n!}\,q_{n-m}\,.$$

Ricordando (2.4), otteniamo

$$\mathrm{P}_n(A_m) = \binom{n}{m}\frac{(n-m)!}{n!}\,q_{n-m} = \frac{q_{n-m}}{m!}\,,$$

da cui segue che, per ogni $m \in \mathbb{N}$ fissato,

$$\lim_{n\to\infty} \mathrm{P}_n(A_m) = \frac{\mathrm{e}^{-1}}{m!} =: \mathrm{q}(m)\,. \tag{2.5}$$

Di conseguenza, se m non è troppo vicino a n, si ha l'eccellente approssimazione $\mathrm{P}_n(A_m) \simeq \mathrm{q}(m)$. Dunque, anche la probabilità che esattamente m amici ricevano il biglietto col proprio nome è "quasi" indipendente dal numero totale n di amici.

Segue dalla serie esponenziale (0.6) che $\mathrm{q}(\cdot)$ definita in (2.5) è una densità discreta su $\mathbb{N}_0$, come abbiamo già osservato nell'Esempio 1.19. Tale densità discreta è detta di Poisson (di parametro 1) e ne studieremo le proprietà nel Paragrafo 3.5.5.

2.2 La passeggiata aleatoria semplice

In questo paragrafo studiamo un moto aleatorio sull'insieme dei numeri interi $\mathbb{Z}$ che evolve a *tempo discreto*: più precisamente, l'insieme dei tempi è $\{0, 1, \ldots, n\}$, dove l'istante finale $n \in \mathbb{N}$ è un parametro fissato. Indichiamo con s_k la posizione al tempo k e designiamo con il termine *cammino* il vettore delle posizioni $(s_0, s_1, \ldots, s_n)$. Il moto avviene con le seguenti semplici regole:

- la posizione all'istante iniziale è il punto $0 \in \mathbb{Z}$, ossia $s_0 = 0$;
- se $x \in \mathbb{Z}$ è la posizione all'istante k, ossia se $s_k = x$, allora le posizioni possibili all'istante successivo $k + 1$ sono $x + 1$ e $x - 1$, ossia $s_{k+1} \in \{x - 1, x + 1\}$;
- tutti i cammini *possibili* $(s_0, s_1, \ldots, s_n)$ sono equiprobabili.

L'insieme dei cammini possibili è dato dunque da

$$\tilde{\Omega}_n = \big\{(s_0, s_1, \ldots, s_n) : \ s_0 = 0 \,, \ |s_k - s_{k-1}| = 1 \text{ per ogni } k \in \{1, \ldots, n\}\big\} \,.$$

La richiesta che tutti i cammini siano equiprobabili conduce a munire $\tilde{\Omega}_n$ della probabilità uniforme P. Lo spazio di probabilità $(\tilde{\Omega}_n, \mathrm{P})$ è detto *passeggiata aleatoria semplice e simmetrica su* $\mathbb{Z}$ di n passi (l'aggettivo *semplice* sta ad indicare che gli incrementi $s_k - s_{k-1}$ possono assumere solo i valori ± 1). Si tratta del più semplice modello per un moto aleatorio, tuttavia di rilevanza teorica e applicativa fondamentale. Ci sono molte domande naturali su questo modello che, a dispetto della semplicità di formulazione, hanno risposte non banali e per certi versi sorprendenti.

Noi ci concentreremo sulla seguente domanda classica: *con quale probabilità la passeggiata ritorna al punto di partenza?* Prima di affrontare questo problema, anticipiamo alcune osservazioni importanti.

Considerazioni preliminari

Introduciamo un nuovo spazio campionario Ω_n, definito da

$$\Omega_n := \{-1, +1\}^n = \big\{(x_1, \ldots, x_n) : \ x_k \in \{-1, +1\} \text{ per ogni } k \in \{1, \ldots, n\}\big\} \,.$$

Notiamo che s_k è definito per $k \in \{0, 1, \ldots, n\}$ mentre x_k è definito per $k \in \{1, \ldots, n\}$. Se le variabili s_k rappresentano le *posizioni* del cammino nei diversi istanti, le variabili x_k rappresentano gli *incrementi* del cammino. È chiaro che un cammino può essere equivalentemente descritto in termini delle posizioni o degli incrementi. Più formalmente, esiste una *corrispondenza biunivoca* $(s_0, s_1, \ldots, s_n) \mapsto (x_1, x_2, \ldots, x_n)$ tra gli insiemi $\tilde{\Omega}_n$ e Ω_n, definita da $x_k := s_k - s_{k-1}$, la cui inversa è data da $s_0 := 0$ e $s_k := x_1 + \ldots + x_k$ per $k \geq 1$ (si veda la Figura 2.1). In particolare, $|\tilde{\Omega}_n| = |\Omega_n| = 2^n$, ossia ci sono 2^n cammini possibili che terminano all'istante n.

Se muniamo anche l'insieme Ω_n della probabilità uniforme P, *è indifferente lavorare con lo spazio di probabilità delle posizioni* $(\tilde{\Omega}_n, \mathrm{P})$ *o con quello degli*

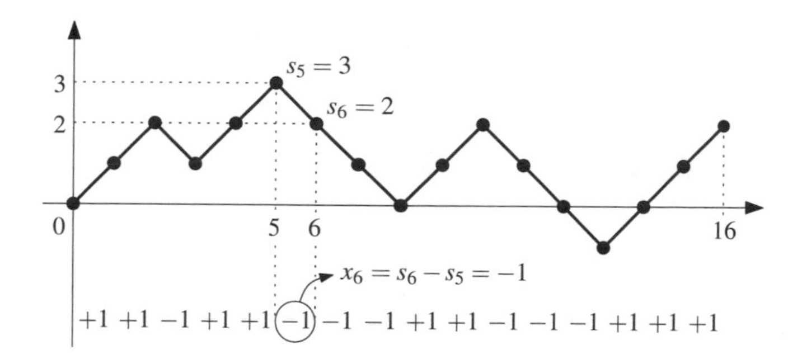

Figura 2.1 Un cammino $(s_0, s_1, \ldots, s_n)$ della passeggiata aleatoria semplice, con $n = 16$, sotto cui è riportata la sequenza $(x_1, x_2, \ldots, x_n) \in \{-1, +1\}^n$ degli incrementi corrispondenti

incrementi (Ω_n, P): infatti, data la corrispondenza biunivoca appena citata, ogni evento di uno spazio è in corrispondenza biunivoca con un evento dell'altro spazio, ed eventi corrispondenti hanno la stessa probabilità. Come vedremo, per alcune questioni risulta più semplice lavorare con lo spazio degli incrementi (Ω_n, P).

Osservazione 2.5 Il lettore attento ricorderà lo spazio di probabilità $(\{0, 1\}^n, \mathrm{P}_{n,p})$ che descrive n prove ripetute e indipendenti con probabilità di successo p, introdotto nel Paragrafo 1.3.4.4. Nel caso speciale $p = \frac{1}{2}$ si ha che $\mathrm{P}_{n,1/2}$ è la probabilità uniforme su $\{0, 1\}^n$, per l'Osservazione 1.80. Pertanto, se "rinominiamo" $0 \to -1$, lo spazio di probabilità $(\{0, 1\}^n, \mathrm{P}_{n,1/2})$ diventa lo spazio di probabilità (Ω_n, P) degli incrementi della passeggiata aleatoria semplice e simmetrica, introdotto sopra. Questo significa che gli incrementi della passeggiata aleatoria semplice e simmetrica costituiscono n prove ripetute e indipendenti con probabilità di successo $p = \frac{1}{2}$, dove con "successo" (risp. "insuccesso") si intende che l'incremento valga $+1$ (risp. -1). Per inciso, l'aggettivo "simmetrica" si riferisce proprio al fatto che gli incrementi della passeggiata assumono i valori $+1$ e -1 con la stessa probabilità $p = \frac{1}{2}$. □

Prima di analizzare in dettaglio la domanda sopra enunciata, c'è una questione che merita di essere approfondita. Consideriamo un evento che dipende solo dalle prime n posizioni della passeggiata aleatoria, o equivalentemente dai primi n incrementi, come ad esempio "la posizione s_n al tempo n è uguale a 0". Per descrivere questo evento, è naturale considerare il sottoinsieme di Ω_n dato da

$$A_n := \big\{(x_1, \ldots, x_n) \in \Omega_n \ : \ x_1 + x_2 + \cdots + x_n = 0\big\} . \tag{2.6}$$

La scelta di Ω_n non è tuttavia obbligata: è altrettanto legittimo adottare come spazio campionario Ω_N, per un qualunque valore di $N \geq n$, e definire l'analogo sottoinsieme di Ω_N in termini delle prime n variabili $x_1, \ldots, x_n$:

$$A_{n,N} := \big\{(x_1, \ldots, x_N) \in \Omega_N \ : \ x_1 + x_2 + \cdots + x_n = 0\big\} .$$

Questa "ambiguità" non crea problemi, perché *le probabilità degli eventi A_n e $A_{n,N}$ sono le stesse*: più precisamente, indicando per chiarezza con P_n e P_N le probabilità (uniformi) su Ω_n e Ω_N rispettivamente, si ha $\mathrm{P}_n(A_n) = \mathrm{P}_N(A_{n,N})$ per ogni $N \geq n$. La dimostrazione è semplice: dato che $A_{n,N} = A_n \times \{-1,1\}^{N-n}$, si può scrivere

$$\mathrm{P}_N(A_{n,N}) = \frac{|A_{n,N}|}{|\Omega_N|} = \frac{|A_n|\, 2^{N-n}}{2^N} = \frac{|A_n|}{2^n} = \mathrm{P}_n(A_n)\,.$$

Si noti che non si è usata in alcun modo la forma esplicita dell'evento A_n, data dall'equazione (2.6), ma solo il fatto che $A_n \subseteq \Omega_n$ e che $A_{n,N} = A_n \times \{-1,1\}^{N-n}$.

Abbiamo dunque ottenuto un'importante conclusione: per calcolare la probabilità di un evento che dipende solo dai primi n incrementi — o, equivalentemente, dalle prime n posizioni — della passeggiata aleatoria, si può scegliere come spazio campionario Ω_N, per un qualunque valore di $N \geq n$.

Osservazione 2.6 Data questa arbitrarietà nella scelta dello spazio Ω_N, risulta *naturale* (almeno per un matematico...) considerare lo spazio campionario dato dai cammini di lunghezza infinita $\Omega_\infty := \{-1,1\}^{\mathbb{N}}$, che contiene in modo canonico Ω_N per ogni $N \in \mathbb{N}$. Il problema è di definire la "giusta" probabilità su Ω_∞, che estenda (in un senso da precisare) la probabilità uniforme su Ω_n. Si noti che lo spazio Ω_∞ è infinito (più che numerabile), dunque la probabilità uniforme non ha senso. Più in generale, nessuna probabilità discreta su Ω_∞ va bene, come mostreremo nell'Osservazione 3.41. Questo problema ammette una soluzione positiva, che però richiede una nozione più generale di spazio di probabilità, e sarà affrontato nel Capitolo 5. □

Il problema della ricorrenza

Studiamo finalmente la probabilità che la passeggiata aleatoria ritorni al punto di partenza. Più precisamente, per $n \in \mathbb{N}$ poniamo

$$r_n := \mathrm{P}(s_k = 0 \text{ per qualche } k \leq n)\,. \tag{2.7}$$

Il nostro obiettivo è di studiare il comportamento di r_n per $n \to \infty$.

Sottolineiamo che gli eventi che descriviamo informalmente "a parole" corrispondono sempre a sottoinsiemi dello spazio $\tilde{\Omega}_n$, o equivalentemente di Ω_n, per un opportuno $n \in \mathbb{N}$. Per esempio, nel membro destro in (2.7) compare l'evento costituito dai vettori di incrementi $(x_1, \ldots, x_n) \in \Omega_n$ per cui i cammini corrispondenti $(s_0, s_1, \ldots, s_n)$ sono tali che $s_k = 0$ per qualche $k \leq n$.

Osserviamo che la successione r_n è crescente, perché vale l'inclusione di eventi

$$\big\{s_k = 0 \text{ per qualche } k \leq n\big\} \subseteq \big\{s_k = 0 \text{ per qualche } k \leq n+1\big\}\,, \qquad \forall n \in \mathbb{N}\,.$$

Esiste dunque il limite $r := \lim_{n\to\infty} r_n$ e inoltre $r \leq 1$, perché $r_n \leq 1$ per ogni $n \in \mathbb{N}$ (r_n una probabilità!). Non è chiaro a priori se $r = 1$ oppure se $r < 1$. Il risultato principale di questo paragrafo è che $r = 1$, una proprietà che viene detta *ricorrenza*.

Teorema 2.7
La passeggiata aleatoria semplice e simmetrica su $\mathbb{Z}$ è ricorrente*:*

$$r := \lim_{n\to\infty} r_n = \lim_{n\to\infty} \mathrm{P}(s_k = 0 \text{ per qualche } k \leq n) = 1\,.$$

Verrebbe voglia di affermare che "la probabilità che la passeggiata aleatoria semplice e simmetrica su $\mathbb{Z}$ non ritorni mai all'origine vale 0", ma per formalizzare rigorosamente questo enunciato serve la nozione di spazio campionario delle passeggiate aleatorie di lunghezza infinita. Per il momento, possiamo affermare che "la probabilità che la passeggiata aleatoria semplice e simmetrica su $\mathbb{Z}$ non ritorni all'origine nei primi n passi tende a 0 per $n \to \infty$".

La dimostrazione del Teorema 2.7 si articola in diversi passi, alcuni dei quali costituiscono risultati interessanti di per sé. Osserviamo innanzitutto che $r_{2n} = r_{2n+1}$ per ogni $n \in \mathbb{N}$, perché la passeggiata può ritornare all'origine solo dopo un numero pari di passi, pertanto è sufficiente considerare r_{2n}.

Definiamo per $n \in \mathbb{N}$ le quantità

$$\begin{aligned} u_{2n} &:= \mathrm{P}(s_{2n} = 0)\,, \\ f_{2n} &:= \mathrm{P}(s_2 \neq 0, \ldots, s_{2(n-1)} \neq 0, s_{2n} = 0)\,, \end{aligned} \tag{2.8}$$

ossia u_{2n} è la probabilità che la passeggiata aleatoria valga 0 al passo $2n$, mentre f_{2n} è la probabilità che la passeggiata aleatoria ritorni a 0 *per la prima volta* al passo $2n$. Le quantità u_{2n} giocheranno un ruolo fondamentale tra poco. Per il momento, mostriamo come esprimere r_{2n} in funzione delle f_{2k}. Dire che la passeggiata aleatoria visita zero in un qualche passo $k \leq 2n$ è equivalente a dire che il primo ritorno a zero avviene prima di $2n$ passi: si ha dunque l'uguaglianza di eventi

$$\{s_k = 0 \text{ per qualche } k \leq 2n\} = \bigcup_{m=1}^{n} \{s_2 \neq 0, \ldots, s_{2(m-1)} \neq 0, s_{2m} = 0\}\,,$$

e inoltre gli eventi che appaiono nell'unione sono disgiunti (perché?). Per l'additività della probabilità, si ha pertanto l'uguaglianza

$$r_{2n} = \sum_{k=1}^{n} f_{2k}\,. \tag{2.9}$$

Per inciso, questa relazione conferma che r_{2n} è una successione crescente, perché somma di termini positivi.

Grazie alla relazione (2.9), per dimostrare il Teorema 2.7 resta da mostrare che $\sum_{k\in\mathbb{N}} f_{2k} = 1$. Saranno fondamentale i due lemmi seguenti.

Lemma 2.8
Per ogni $n > 0$

$$u_{2n} = \sum_{k=1}^{n} f_{2k}\, u_{2(n-k)} \,.$$

Dimostrazione Sia $A := \{s_{2n} = 0\}$, per cui $u_{2n} = \mathrm{P}(A)$. L'evento A può essere decomposto secondo il primo istante in cui la passeggiata aleatoria ritorna a zero, ossia A si può scrivere come unione dei seguenti n eventi disgiunti:

$$A = \bigcup_{k=1}^{n} A_k \,, \qquad A_k := \{s_2 \neq 0, \ldots, s_{2k-2} \neq 0, s_{2k} = 0, s_{2n} = 0\} \,.$$

Contiamo i cammini in A_k. La cardinalità di A_k è uguale al *numero* di cammini di lunghezza $2k$ che ritornano a 0 la prima volta dopo $2k$ passi, ossia $2^{2k} f_{2k}$, moltiplicato il *numero* di cammini di lunghezza $2n - 2k$ che terminano in 0, ossia $2^{2(n-k)} u_{2(n-k)}$. Pertanto

$$\mathrm{P}(A_k) = \frac{|A_k|}{2^{2n}} = \frac{2^{2k}\, f_{2k}\, 2^{2(n-k)}\, u_{2(n-k)}}{2^{2n}} = f_{2k}\, u_{2(n-k)} \,.$$

Essendo $\mathrm{P}(A) = \sum_{k=1}^{n} \mathrm{P}(A_k)$, la conclusione segue facilmente. □

Lemma 2.9
Siano $(a_n)_{n \geq 0}$, $(b_n)_{n \geq 1}$ *due successioni di numeri reali positivi tali che*

$$a_0 := 1 \,, \qquad a_n = \sum_{k=1}^{n} b_k\, a_{n-k} \,, \quad \forall n \geq 1 \,. \tag{2.10}$$

Allora

$$\sum_{k=1}^{+\infty} b_k \geq 1 \qquad \Longleftrightarrow \qquad s := \sum_{n=1}^{+\infty} a_n = +\infty \,.$$

Dimostrazione Ricordiamo che, per la somma a blocchi (0.13), è lecito permutare l'ordine degli addendi di somme infinite a termini positivi. Pertanto

$$
\begin{aligned}
s = \sum_{n=1}^{+\infty} a_n &= \sum_{n=1}^{+\infty} \left(\sum_{k=1}^{n} b_k \, a_{n-k} \right) = \sum_{k=1}^{\infty} b_k \left(\sum_{n=k}^{+\infty} a_{n-k} \right) \\
&= \sum_{k=1}^{+\infty} b_k \left(\sum_{m=0}^{+\infty} a_m \right) = (1+s) \sum_{k=1}^{+\infty} b_k \,,
\end{aligned}
$$

avendo usato le relazioni in (2.10). Di conseguenza, se $s < +\infty$, allora

$$
\sum_{k=1}^{+\infty} b_k = \frac{s}{1+s} < 1 \,.
$$

Resta da dimostrare che, se $s = +\infty$, si ha $\sum_{k=1}^{+\infty} b_k \geq 1$. Per ogni $N \in \mathbb{N}$ si ha

$$
\begin{aligned}
\sum_{n=1}^{N} a_n &= \sum_{n=1}^{N} \left(\sum_{k=1}^{n} b_k \, a_{n-k} \right) = \sum_{k=1}^{N} b_k \left(\sum_{n=k}^{N} a_{n-k} \right) = \sum_{k=1}^{N} b_k \left(\sum_{m=0}^{N-k} a_m \right) \\
&\leq \sum_{k=1}^{N} b_k \left(\sum_{m=0}^{N} a_m \right) = \sum_{k=1}^{N} b_k \left(1 + \sum_{m=1}^{N} a_n \right),
\end{aligned}
$$

pertanto

$$
\sum_{k=1}^{N} b_k \geq \frac{\sum_{n=1}^{N} a_n}{1 + \sum_{n=1}^{N} a_n} \,, \qquad \forall N \in \mathbb{N} \,.
$$

Passando al limite per $N \to +\infty$, se $s = +\infty$ si ottiene $\sum_{k=1}^{+\infty} b_k \geq 1$. □

Grazie al Lemma 2.8, possiamo applicare il Lemma 2.9 con $a_n = u_{2n}$ e $b_n = f_{2n}$. Nel nostro caso, ricordando (2.9) e il fatto che $r_n \leq 1$ per ogni $n \in \mathbb{N}$, già sappiamo che $r = \lim_{n\to\infty} r_{2n} = \sum_{k=1}^{\infty} f_{2k} \leq 1$, pertanto

$$
\lim_{n\to+\infty} r_{2n} = \sum_{k=1}^{+\infty} f_{2k} = 1 \qquad \Longleftrightarrow \qquad \sum_{n=1}^{\infty} u_{2n} = +\infty \,.
$$

Resta solo da mostrare la divergenza della serie $\sum_{n=1}^{\infty} u_{2n}$ e avremo completato la dimostrazione del Teorema 2.7. Vale la seguente espressione esplicita per u_{2n}:

$$
u_{2n} = \mathrm{P}(s_{2n} = 0) = \frac{1}{2^{2n}} \binom{2n}{n} \,. \tag{2.11}
$$

La dimostrazione è semplice: un vettore di incrementi $(x_1, \ldots, x_{2n}) \in \Omega_{2n}$ determina un cammino con $s_{2n} = 0$ se e solo se esattamente n incrementi x_i valgono $+1$ (e dunque gli altri n valgono -1); di conseguenza, tali vettori sono tanti quante le combinazioni di n elementi estratti da un insieme che ne contiene $2n$, ossia $\binom{2n}{n}$.

Grazie alla formula (2.11), mostriamo infine che

$$\sum_{n=1}^{\infty} u_{2n} = +\infty . \tag{2.12}$$

Usando la formula di Stirling, per semplicità nella versione (1.33), abbiamo

$$\begin{aligned} u_{2n} &= \frac{1}{2^{2n}}\binom{2n}{n} = \frac{1}{2^{2n}}\frac{(2n)!}{(n!)^2} = \frac{1}{2^{2n}}\frac{(2n)^{2n}\,\mathrm{e}^{-2n}\sqrt{2n}\,\mathrm{e}^{\frac{\theta(2n)}{24n}}}{\sqrt{2\pi}\,n^{2n}\,\mathrm{e}^{-2n}\,n\,\mathrm{e}^{\frac{\theta(n)}{6n}}} \\ &= \frac{1}{\sqrt{\pi\,n}}\exp\left[\frac{\theta(2n)}{24n} - \frac{\theta(n)}{6n}\right], \end{aligned}$$

da cui segue che, essendo $0 \le \theta(\cdot) \le 1$,

$$\lim_{n\to+\infty} \frac{u_{2n}}{1/\sqrt{n}} = \frac{1}{\sqrt{\pi}} . \tag{2.13}$$

Per il criterio del confronto asintotico tra serie, ricordando la relazione (0.3), si ricava (2.12), e questo conclude la dimostrazione del Teorema 2.7.

Il caso multidimensionale

Concludiamo questo paragrafo con una generalizzazione multidimensionale, ossia su $\mathbb{Z}^d$, della passeggiata aleatoria semplice e simmetrica. Per $d \ge 1$, consideriamo i cammini di lunghezza n "generati" dallo spazio di incrementi

$$\Omega_n^d = \left(\{-1,+1\}^d\right)^n = \left\{\mathbf{x} = (x_1, x_2, \ldots, x_n) : x_i \in \{-1,1\}^d \text{ per } i = 1,2,\ldots,n\right\}.$$

Ciò significa che consideriamo cammini uscenti dall'origine di $\mathbb{Z}^d$ e la cui posizione al tempo k è $s_k := x_1 + x_2 + \cdots + x_k \in \mathbb{Z}^d$, dove $x_i \in \{-1,1\}^d$. Tutti questi cammini si assumono equiprobabili, cioè la probabilità P su Ω_n^d è quella uniforme. Si noti che se $A \subseteq \Omega_n = \{-1,1\}^n$ allora $A^d = A \times A \times \cdots \times A \subseteq \Omega_n^d$ e vale la formula

$$\left|A^d\right| = |A|^d .$$

Consideriamo allora l'evento $A_{2n}^{(d)} := \{s_{2n} = 0\}$ (in Ω_N^d, con $N \ge 2n$), dove 0 denota l'origine di $\mathbb{Z}^d$, e denotiamo con $u_{2n}^{(d)}$ la sua probabilità. In particolare, $u_{2n}^{(1)} = u_{2n}$ è la quantità già introdotta in (2.8) e studiata sopra. Poiché $s_{2n} = 0$ se e solo se tutte le d componenti sono uguali a zero, si ha

$$A_{2n}^{(d)} = \left(A_{2n}^{(1)}\right)^d,$$

pertanto

$$u_{2n}^{(d)} = \mathrm{P}\left(A_{2n}^{(d)}\right) = \frac{\left|A_{2n}^{(d)}\right|}{\left|\Omega_N^d\right|} = \frac{\left|A_{2n}^{(1)}\right|^d}{|\Omega_N|^d} = (u_{2n})^d. \tag{2.14}$$

In modo analogo al caso unidimensionale, possiamo definire come in (2.8)

$$f_{2k}^{(d)} := \mathrm{P}(s_2 \neq 0, \ldots, s_{2(k-1)} \neq 0, s_{2k} = 0).$$

Allora la quantità $r_{2n}^{(d)}$, definita da

$$r_{2n}^{(d)} := \sum_{k=1}^{n} f_{2k}^{(d)}$$

è la probabilità che la passeggiata aleatoria torni all'origine entro $2n$ passi, esattamente come in (2.9). Anche la relazione

$$u_{2n}^{(d)} = \sum_{k=1}^{n} f_{2k}^{(d)} u_{2(n-k)}^{(d)}$$

continua a valere e si dimostra esattamente come nel caso $d = 1$.

Applicando il Lemma 2.9, abbiamo che *la passeggiata aleatoria d-dimensionale è ricorrente*, cioè $\lim_{n\to\infty} r_{2n}^{(d)} = 1$, *se e solo se* $\sum_{n=1}^{\infty} u_{2n}^{(d)} = +\infty$. D'altra parte, dalle relazioni (2.14) e (2.13) segue immediatamente che $u_{2n}^{(d)}$ è asintoticamente equivalente a $n^{-d/2}$. Dato che $\sum_{n\in\mathbb{N}} n^{-d/2} < \infty$ se e solo se $d > 2$, per la relazione (0.3), possiamo concludere quanto segue.

Teorema 2.10
La passeggiata aleatoria in dimensione d è ricorrente per $d = 1, 2$ e non è ricorrente per $d \geq 3$.

In analogia con le considerazioni espresse dopo il Teorema 2.7, un modo suggestivo per formulare il Teorema 2.10 consiste nell'affermare che "la passeggiata aleatoria in dimensione ≥ 3 ha una probabilità strettamente positiva di non ritornare mai all'origine". Tuttavia, non avendo introdotto lo spazio di probabilità delle passeggiate aleatorie di lunghezza infinita, ci accontentiamo di affermare che "se $d \geq 3$, esiste una costante $\varepsilon > 0$ tale che la probabilità che la passeggiata in dimensione ≥ 3 non sia mai tornata all'origine *nei primi n passi* è maggiore di ε, per ogni $n \in \mathbb{N}$".

2.3 La percolazione

Il modello che studiamo in questo paragrafo è motivato da diverse situazioni fisiche, come le proprietà di scorrimento di un fluido attraverso un mezzo poroso (da cui il nome *percolazione*), ma anche la propagazione di un incendio o di una epidemia. Si tratta di un modello di meccanica statistica dalla formulazione semplice e "idealizzata", che tuttavia ha grandissima importanza sia teorica che applicativa.

Sia Λ un sottoinsieme finito di $\mathbb{Z}^d$, detto dominio. I punti di Λ sono detti *siti* e ciascun sito $x \in \Lambda$ può essere *aperto* (o vuoto) oppure *chiuso* (o pieno). L'interpretazione è che un fluido che si propaga nel dominio Λ può attraversare i siti aperti, ma non i siti chiusi. Fissato un parametro $p \in [0, 1]$, definiamo il *modello di percolazione* nel dominio Λ come l'esperimento aleatorio in cui ogni sito di Λ è aperto con probabilità p e chiuso con probabilità $1 - p$, indipendentemente da ogni altro sito. Questo modello è un esempio di *prove ripetute e indipendenti*, si ricordi il Paragrafo 1.3.4, e può essere descritto dal seguente spazio di probabilità $(\Omega_\Lambda, \mathrm{P}_p)$.

- Lo spazio campionario $\Omega_\Lambda = \{0, 1\}^\Lambda$ rappresenta l'insieme delle configurazioni possibili, intendendo che in una configurazione $\omega = (\omega_x)_{x \in \Lambda} \in \Omega_\Lambda$ un sito $x \in \Lambda$ è aperto se $\omega_x = 1$ e chiuso se $\omega_x = 0$.
- La probabilità $\mathrm{P}_p = \mathrm{P}_{\Lambda,p}$ su Ω_Λ è tale che, al variare di $x \in \Lambda$, gli eventi

$$A_x = \text{“il sito } x \text{ è chiuso”} = \{\omega \in \Omega_\Lambda : \omega_x = 1\}$$

  sono indipendenti con la stessa probabilità $\mathrm{P}_p(A_x) = p$. Più esplicitamente, la probabilità è definita da $\mathrm{P}_p(\omega) = \prod_{x \in \Lambda} p^{\omega_x} (1 - p)^{1 - \omega_x}$ per ogni configurazione $\omega = (\omega_x)_{x \in \Lambda} \in \Omega_\Lambda$, si veda l'Osservazione 1.79 nel Paragrafo 1.3.4.

Osserviamo che per $p = 0$ tutti i siti sono chiusi mentre per $p = 1$ tutti i siti sono aperti (con probabilità 1). Rimandiamo alla Figura 2.2 per una rappresentazione grafica della percolazione per diversi valori di p.

Osservazione 2.11 Se $\Lambda' \subseteq \Lambda$, ogni configurazione $\omega \in \Omega_\Lambda = \{0, 1\}^\Lambda$ induce una configurazione $\omega' \in \Omega_{\Lambda'} = \{0, 1\}^{\Lambda'}$ definita da $\omega'_x = \omega_x$ per ogni $x \in \Lambda'$. Diremo che ω' è la configurazione *ω ristretta a Λ'* e la indicheremo con $\omega_{|\Lambda'}$.

Di conseguenza, per ogni $p \in [0, 1]$, la probabilità $\mathrm{P}_p = \mathrm{P}_{\Lambda,p}$ su Ω_Λ induce una probabilità P'_p su $\Omega_{\Lambda'}$ definita da $\mathrm{P}'_p(\{\omega'\}) = \mathrm{P}_p(\{\omega \in \Omega_\Lambda : \omega_{|\Lambda'} = \omega'\})$. Non è difficile mostrare che tale probabilità indotta P'_p coincide con la probabilità $\mathrm{P}_{\Lambda',p}$ definita sopra. Si dice che le probabilità $\mathrm{P}_{\Lambda',p}$ e $\mathrm{P}_{\Lambda,p}$, con $\Lambda' \subseteq \Lambda$, sono *coerenti*. □

Osservazione 2.12 Sarebbe naturale costruire una probabilità P_p su $\Omega_{\mathbb{Z}^d} = \{0, 1\}^{\mathbb{Z}^d}$, che corrisponde a considerare una famiglia *infinita* $(A_x)_{x \in \mathbb{Z}^d}$ di prove ripetute e indipendenti con probabilità di successo p (e ottenere le probabilità $\mathrm{P}_{\Lambda,p}$ come "restrizioni" di P_p a Ω_Λ). Questo è effettivamente possibile, ma richiede strumenti più avanzati che discuteremo nel Capitolo 5.

Figura 2.2 Simulazione di configurazioni $\omega \in \Omega_\Lambda$ nel dominio $\Lambda = \Lambda_n = \{-n, \ldots, n\}^2$ con $n = 20$, per i valori $p = 0.2$, $p = 0.5$ e $p = 0.8$. I siti $(i, j) \in \Lambda_n$ "aperti" sono rappresentati da un quadrato $[i - \frac{1}{2}, i + \frac{1}{2}] \times [j - \frac{1}{2}, j + \frac{1}{2}]$ di colore nero, i siti "chiusi" da un quadrato di colore bianco

Nel seguito scriveremo P_p per indicare la probabilità $\mathrm{P}_{\Lambda,p}$ su Ω_Λ definita sopra, omettendo la dipendenza dal dominio Λ. Quando dovremo fare riferimento alla probabilità P_p su $\Omega_{\mathbb{Z}^d}$, lo scriveremo esplicitamente. □

È naturale chiedersi come le proprietà del modello di percolazione dipendano dal valore di p. Ad esempio ci si può chiedere se un fluido possa "attraversare" il dominio Λ passando solo per i siti aperti (si dice che in questo caso il fluido *pèrcola*). Un'altra domanda naturale è se una sorgente di fluido posta in un sito $x \in \Lambda$ possa diffondersi in una parte consistente del dominio Λ, o se invece il fluido resta confinato in una regione ristretta di Λ.

Per formalizzare queste domande, è opportuno definire precisamente le regole con cui il fluido può propagarsi. Diciamo che due siti $x, y \in \mathbb{Z}^d$ sono *vicini* se $\|x - y\|_1 := \sum_{i=1}^d |x_i - y_i| = 1$ (cioè se differiscono di una unità in una sola componente) e in questo caso scriviamo $x \sim y$. Fissata una configurazione $\omega \in \Omega_\Lambda$, il fluido può passare da un sito x aperto a un sito vicino $y \sim x$ se quest'ultimo è aperto.

Dati due siti $x, y \in \Lambda$ non necessariamente vicini, scriviamo $x \overset{\omega}{\leftrightarrow} y$ per indicare che esiste "un cammino da x a y passando solo per siti aperti". Più formalmente:

- se $x \neq y$, poniamo

$$x \overset{\omega}{\leftrightarrow} y \quad \text{se esistono } k \geq 1 \text{ e siti } x = z_0, z_1, \ldots, z_k = y \text{ in } \Lambda \text{ tali che}$$
$$z_i \sim z_{i-1} \text{ per } 1 \leq i \leq k, \quad \omega_{z_i} = 1 \text{ per ogni } 0 \leq i \leq k;$$

- se $x = y$, poniamo $x \overset{\omega}{\leftrightarrow} x$ se $\omega_x = 1$.

Possiamo interpretare $\overset{\omega}{\leftrightarrow}$ come una relazione di "connessione" tra siti (che dipende dalla configurazione ω). Se coloriamo i siti aperti di nero e quelli chiusi di bianco come nella Figura 2.2, la relazione $x \overset{\omega}{\leftrightarrow} y$ significa che si può andare da x a y passando solo attraverso siti colorati di nero. Possiamo ora definire per $x \in \Lambda$

$$C_x = C_x(\omega) = \{y \in \Lambda : x \overset{\omega}{\leftrightarrow} y\},$$

che rappresenta l'insieme dei siti $y \in \Lambda$ connessi a x. Tale insieme è detto *componente connessa* di x in ω; interpretiamo C_x come l'insieme di siti che il fluido può raggiungere partendo da x. Osserviamo che $C_x = \emptyset$ se x è chiuso.

D'ora in avanti sceglieremo, per $n \in \mathbb{N}$, il dominio $\Lambda = \Lambda_n$ dato dalla "scatola"

$$\Lambda_n = \Lambda_n^{(d)} = \{-n, \dots, n\}^d = \{x \in \mathbb{Z}^d : \|x\|_\infty \le n\},$$

dove poniamo $\|x\|_\infty = \max_{1 \le i \le d} |x_i|$. Indichiamo con $\partial \Lambda_n := \{x \in \mathbb{Z}^d : \|x\|_\infty = n\}$ il "bordo" della scatola e consideriamo l'evento che *il centro* 0 *della scatola*[1] *sia connesso al bordo*, vale a dire

$$D_n := \{\omega : 0 \overset{\omega}{\leftrightarrow} \partial \Lambda_n\}, \tag{2.15}$$

dove $0 \overset{\omega}{\leftrightarrow} \partial \Lambda_n$ è una abbreviazione per "esiste $x \in \partial \Lambda_n$ tale che $0 \overset{\omega}{\leftrightarrow} x$". Intuitivamente, l'evento D_n corrisponde al fatto che un fluido iniettato in 0 si propaghi (almeno) fino a una distanza n. Definiamo, per $p \in [0, 1]$,

$$\theta_n(p) = \theta_n^{(d)}(p) := \mathrm{P}_p(D_n) = \mathrm{P}_p(0 \overset{\omega}{\leftrightarrow} \partial \Lambda_n).$$

Osserviamo che per ogni $n \ge 1$ si ha $\theta_n(p) \le \theta_{n-1}(p)$. Infatti, se consideriamo gli eventi D_n e D_{n-1} sullo stesso spazio Ω_{Λ_n} (si ricordi l'Osservazione 2.11), vale l'inclusione $D_n \subseteq D_{n-1}$, perché se 0 è connesso a $\partial \Lambda_n$ allora è necessariamente connesso a $\partial \Lambda_{n-1}$. Dal momento che $(\theta_n(p))_{n \in \mathbb{N}}$ è una successione decrescente e positiva, possiamo considerarne il limite, per ogni $p \in [0, 1]$:

$$\theta(p) = \theta^{(d)}(p) := \lim_{n \to \infty} \theta_n(p).$$

Il primo risultato che presentiamo è l'esistenza di una *transizione di fase*: da un lato mostriamo che se $p > 0$ è sufficientemente piccolo allora $\theta(p) = 0$, cioè un fluido che parte da 0 ha una probabilità asintoticamente nulla di diffondersi fino a distanza n; dall'altro lato mostriamo che se $p < 1$ è sufficientemente vicino a 1 allora $\theta(p) > 0$, cioè un fluido che parte da 0 può propagarsi a distanza arbitrariamente grande, con probabilità positiva. In altri termini, si osserva un cambiamento brusco delle proprietà di porosità del mezzo in funzione del parametro p: se p è minore di un certo valore critico, il mezzo sarà "impermeabile", nel senso che un fluido non può diffondersi troppo lontano; se invece p è maggiore di questo valore critico, il mezzo sarà "poroso" e il fluido può diffondersi arbitrariamente lontano.

[1] Qui 0 indica lo zero in $\mathbb{Z}^d$, cioè $(0, \dots, 0)$.

Teorema 2.13 (Transizione di fase)
Per ogni dimensione $d \geq 2$, la funzione $p \mapsto \theta(p)$ è crescente ed esiste un valore critico $p_c = p_c(d) \in (0,1)$ tale che $\theta(p) = 0$ se $p < p_c$ mentre $\theta(p) > 0$ se $p > p_c$.

Dimostrazione Mostriamo innanzitutto che la funzione $p \mapsto \theta(p)$ è crescente. È sufficiente mostrare che, per ogni $n \in \mathbb{N}$, se $p' < p$ allora $\theta_n(p') \leq \theta_n(p)$: infatti, prendendo il limite $n \to \infty$, si ottiene che $\theta(p') \leq \theta(p)$.

Per mostrare che $\theta_n(p') \leq \theta_n(p)$ per $p' < p$, vogliamo confrontare gli eventi

$$D_n = \{0 \overset{\omega}{\leftrightarrow} \partial\Lambda_n\} \quad \text{e} \quad D'_n = \{0 \overset{\omega'}{\leftrightarrow} \partial\Lambda_n\},$$

dove indichiamo con ω e ω' due configurazioni di Ω_Λ "estratte secondo le probabilità P_p e $P_{p'}$" rispettivamente. A tal fine costruiamo un *accoppiamento* (o *coupling*) di ω e ω', che ci permette di realizzare P_p e $P_{p'}$ congiuntamente su uno spazio campionario ampliato, costruito in modo che ω "contiene" ω'. Più precisamente, consideriamo lo spazio campionario $\Omega_{\Lambda_n} \times \Omega_{\Lambda_n}$ delle coppie di configurazioni $(\omega, \tilde{\omega})$, munito della probabilità $P_{p,p'}$ definita da $P_{p,p'}(\{(\omega,\tilde{\omega})\}) := P_p(\{\omega\})\, P_{p'/p}(\{\tilde{\omega}\})$ (ricordiamo che $p' < p$). In questo modo gli eventi A_x = "il sito x è aperto in ω" $= \{(\omega,\tilde{\omega})\colon \omega_x = 1\}$ e B_x = "il sito x è aperto in $\tilde{\omega}$" $= \{(\omega,\tilde{\omega})\colon \tilde{\omega}_x = 1\}$ sono indipendenti e hanno probabilità rispettivamente p e p'/p.

Definiamo ora $\omega' := \omega\tilde{\omega}$, vale a dire $\omega'_x = \omega_x \tilde{\omega}_x$ per ogni $x \in \Lambda_n$. Dato che $\omega'_x = 1$ se e solo se $\omega_x = 1$ e $\tilde{\omega}_x = 1$, possiamo descrivere ω' nel modo seguente:

- decidiamo innanzitutto quali sono i siti aperti e chiusi di ω per mezzo di prove ripetute e indipendenti con probabilità di successo p (gli eventi A_x);
- tra i siti aperti di ω, decidiamo quali rimangono aperti in ω' per mezzo di *altre* prove ripetute e indipendenti con probabilità di successo p'/p (gli eventi B_x);
- i siti chiusi di ω sono chiusi anche in ω'.

In questo modo ω' è "contenuta" in ω, nel senso che i siti x che sono aperti in ω' lo sono necessariamente anche in ω. Se ora consideriamo gli eventi

$$A'_x := \text{"il sito } x \text{ è aperto in } \omega'\text{"} = \{(\omega,\tilde{\omega})\colon \omega'_x = \omega_x\tilde{\omega}_x = 1\}$$

allora si ha chiaramente $A'_x = A_x \cap B_x$, da cui segue che gli eventi $(A'_x)_{x\in\Lambda_n}$ sono indipendenti con probabilità $p \times p'/p = p'$.

Grazie a questa costruzione, dal momento che ω "contiene" ω', si ha chiaramente che in questo spazio di probabilità ampliato

$$D'_n = \{0 \overset{\omega'}{\longrightarrow} \partial\Lambda_n\} \subseteq D_n = \{0 \overset{\omega}{\leftrightarrow} \partial\Lambda_n\},$$

di conseguenza $P_{p,p'}(D'_n) \leq P_{p,p'}(D_n)$. L'osservazione chiave è che $P_{p,p'}(D'_n) = \theta_n(p')$, perché gli eventi $A'_x = \{\omega'_x = 1\}$ sono indipendenti con probabilità p', rispetto alla probabilità $P_{p,p'}$. Analogamente $P_{p,p'}(D_n) = \theta_n(p)$. Possiamo concludere che $\theta_n(p') \leq \theta_n(p)$ e ciò mostra che la funzione $p \mapsto \theta_n(p)$ è crescente.

Il fatto che $p \mapsto \theta(p)$ è crescente implica che esiste un valore $p_c \in [0,1]$ tale che $\theta(p) = 0$ per $p < p_c$ mentre $\theta(p) > 0$ per $p > p_c$. Per concludere la dimostrazione, ci resta da mostrare che $p_c > 0$ e che $p_c < 1$.

Mostriamo che $p_c > 0$. È sufficiente mostrare che esiste un valore di $p > 0$ sufficientemente piccolo per cui $\lim_{n\to\infty} \mathrm{P}_p(D_n) = 0$. A tal fine, osserviamo che se $0 \overset{\omega}{\leftrightarrow} \partial\Lambda_n$ allora esiste necessariamente un cammino di siti (distinti) aperti di lunghezza almeno n: in altri termini, l'evento D_n è incluso nell'evento

$$\tilde{D}_n = \text{“esiste una sequenza di siti } \textit{distinti } z_0 = 0, z_1, \ldots, z_n \in \Lambda_n \text{ tali che } z_i \sim z_{i-1} \text{ per ogni } 1 \le i \le n \text{ e } \omega_{z_i} = 1 \text{ per ogni } 0 \le i \le n\text{”}.$$

Indichiamo con Γ_n l'insieme di *tutti* i cammini di siti *distinti* di lunghezza n che partono de 0, vale a dire

$$\Gamma_n := \{(z_0, z_1, \ldots, z_n) \in (\mathbb{Z}_d)^{n+1}: z_0 = 0\,,\ z_i \sim z_{i-1}\,,\ z_i \neq z_j \text{ per ogni } i \neq j\}.$$

Si ha allora

$$\mathrm{P}_p(D_n) \le \mathrm{P}_p(\tilde{D}_n) = \mathrm{P}_p\left(\bigcup_{(z_0,\ldots,z_n)\in\Gamma_n} \bigcap_{i=0}^{n} \{\omega_{z_i} = 1\} \right),$$

e sfruttando la subaditività della probabilità (si ricordi il Corollario 1.26) e il fatto che gli eventi $A_x = \{\omega_x = 1\}$ sono indipendenti e hanno probabilità p, otteniamo

$$\mathrm{P}_p(D_n) \le \sum_{(z_0,\ldots,z_n)\in\Gamma_n} \mathrm{P}_p\left(\bigcap_{i=0}^{n} \{\omega_{z_i} = 1\} \right) \le \sum_{(z_0,\ldots,z_n)\in\Gamma_n} p^{n+1}.$$

Si ha dunque $\mathrm{P}_p(D_n) \le |\Gamma_n|\, p^{n+1}$ e ci resta da stimare $|\Gamma_n|$. Si noti che $|\Gamma_n| \le (2d)^n$, perché $(2d)^n$ è il numero di cammini $z_0 = 0, z_1, \ldots, z_n$ di siti non necessariamente distinti che soddisfano $z_i \sim z_{i-1}$ per ogni $1 \le i \le n$ (infatti ogni sito di $\mathbb{Z}^d$ ha esattamente $2d$ siti vicini). Otteniamo allora che $\mathrm{P}_p(D_n) \le (2d)^n p^{n+1}$, quindi per $p < \frac{1}{2d}$ si ha $\lim_{n\to\infty} \mathrm{P}_p(D_n) = 0$, da cui $\theta(p) = 0$. Ciò mostra che $p_c \ge \frac{1}{2d} > 0$.

Mostriamo che $p_c < 1$. Ci concentriamo per semplicità sul caso bidimensionale,[2] ossia fissiamo $d = 2$. Per mostrare che $p_c < 1$ è sufficiente mostrare che esiste un valore $p < 1$ per cui $\theta(p) > 0$. In modo equivalente, possiamo considerare $1 - \mathrm{P}_p(D_n) = \mathrm{P}_p(D_n^c)$ e mostrare che esiste un valore $t < 1$ tale che $\mathrm{P}_p(D_n^c) < t$ per ogni $n \ge 1$, quando p è sufficientemente vicino a 1.

L'evento D_n^c può essere descritto come "0 non è connesso a $\partial\Lambda_n$". Se tale evento si verifica, *deve necessariamente esistere un "contour" di siti chiusi in ω che racchiude* 0, dove chiamiamo *contour* una sequenza di siti *distinti* $z_0, z_1, z_2, \ldots, z_m$ con $z_m = z_0$ tali che $\|z_i - z_{i-1}\| \le \sqrt{2}$, dove $\|\cdot\|$ indica l'abituale norma euclidea (il vincolo $\|\cdot\| \le \sqrt{2}$ comprende sia i siti vicini, sia quelli disposti in diagonale). Infatti, se

---

[2] Sottolineiamo che per $d \ge 3$ possiamo identificare $\mathbb{Z}^2$ con il sottoinsieme di $\mathbb{Z}^d$ definito da $\{x = (x_1, \ldots, x_d) \in \mathbb{Z}^d : x_i = 0 \text{ per ogni } i = 3, \ldots, d\}$; di conseguenza, *restringendo* una configurazione della percolazione in dimensione d a tale sottoinsieme, si ottene una configurazione della percolazione in dimensione 2. Lasciamo come esercizio per il lettore dedurre la disuguaglianza $\theta_n^{(d)}(p) \ge \theta_n^{(2)}(p)$, da cui segue che $p_c(2) \ge p_c(d)$ per ogni $d \ge 2$.

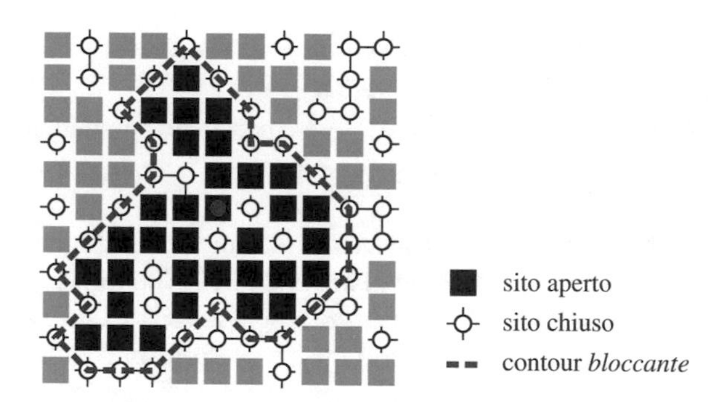

Figura 2.3 Una configurazione ω nella scatola Λ_n per $n = 5$: i siti aperti sono indicati con dei quadrati, i siti chiusi con dei cerchi. I siti aperti connessi a 0 sono colorati di nero, gli altri siti aperti di grigio; la linea tratteggiata (costituita da siti chiusi) che racchiude la componente connessa di 0 rappresenta un *contour* che impedisce a 0 di essere connesso a $\partial \Lambda_n$

tutti i siti di un contour sono chiusi, un fluido che parte dall'interno del contour non può attraversarlo, si veda la Figura 2.3. L'evento D_n^c è dunque contenuto nell'evento

$$G_n = \text{“esiste un contour } z_0, z_1, z_2, \ldots, z_m = z_0 \in \Lambda_n \text{ che racchiude } 0 \\ \text{e tale che } \omega_{z_i} = 0 \text{ per ogni } 1 \le i \le m\text{”.}$$

Possiamo allora stimare $\mathrm{P}_p(D_n^c) \le \mathrm{P}_p(G_n)$. Indicando con $\tilde{\Gamma}_m^0$ l'insieme di tutti i possibili contour di lunghezza m che racchiudono 0, otteniamo

$$\mathrm{P}_p(G_n) = \mathrm{P}\left(\bigcup_{m=1}^{\infty} \bigcup_{(z_0,z_1,z_2,\ldots,z_m)\in\tilde{\Gamma}_m^0} \bigcap_{i=1}^{m} \{\omega_{z_i} = 0\} \right) \le \sum_{m=1}^{\infty} \sum_{(z_0,z_1,z_2,\ldots,z_m)\in\tilde{\Gamma}_m^0} (1-p)^m ,$$

dove l'ultima disuguaglianza segue dalla subadditività della probabilità e dall'indipendenza degli eventi $A_x^c = \{\omega_x = 0\}$, che hanno probabilità $1 - p$. Si ha allora $\mathrm{P}_p(G_n) \le \sum_{m=1}^{\infty} |\tilde{\Gamma}_m^0| \, (1-p)^m$ e ci resta da stimare $|\tilde{\Gamma}_m^0|$.

Un'osservazione elementare è che un contour di lunghezza m che racchiude 0 passa necessariamente per un sito $(i, 0)$, con $0 \le i < m$. Se definiamo $\Upsilon_{m,i}$ come l'insieme delle sequenze di siti $(z_0, \ldots, z_m)$ tali che $z_0 = (i, 0)$ per qualche $0 \le i < m$ e $\|z_j - z_{j-1}\| \le \sqrt{2}$ per ogni $1 \le j \le m$ (non richiediamo che $(z_0, \ldots, z_m)$ sia un contour, né che sia costituito da siti distinti), vale allora l'inclusione $\tilde{\Gamma}_{k,i}^0 \subseteq \bigcup_{i=0}^{m-1} \Upsilon_{m,i}$. Dato che $|\Upsilon_{m,i}| \le 8^m$ (infatti ogni sito ha al più 8 siti a distanza $\le \sqrt{2}$), otteniamo

$$|\tilde{\Gamma}_m^0| \le \sum_{i=0}^{m-1} |\Upsilon_{m,i}| \le m \, 8^m \le 16^m ,$$

dove per l'ultima disuguaglianza abbiamo utilizzato il fatto che $m \le 2^m$ per ogni $m \ge 1$. Possiamo concludere che se $16(1-p) < 1$

$$\mathrm{P}_p(D_n^c) \le \mathrm{P}_p(G_n) \le \sum_{m=1}^{\infty} 16^m (1-p)^m = \frac{16(1-p)}{1 - 16(1-p)} ,$$

dove abbiamo usato la serie geometrica (0.5). Di conseguenza, se $16(1-p) \le \frac{1}{3}$, cioè se $p \ge \frac{47}{48}$, allora $P_p(D_n^c) \le \frac{1}{2}$ *per ogni* $n \ge 1$.

Si ha infine $\theta(p) = 1 - \lim_{n\to\infty} P_p(D_n^c) \ge \frac{1}{2}$ e possiamo concludere che $\theta(p) > 0$ per ogni $p \ge \frac{47}{48}$, da cui segue che $p_c \le \frac{47}{48} < 1$. □

Mettiamoci ora nel contesto più avanzato in cui consideriamo il modello di percolazione direttamente su $\mathbb{Z}^d$, cioè *ammettiamo l'esistenza di una probabilità* P_p *che estende le probabilità* $P_{\Lambda,p}$ *su tutto* $\Omega_{\mathbb{Z}^d}$ (si veda l'Osservazione 2.12).[3] Gli eventi D_n (si ricordi (2.15)) possono essere costruiti tutti nello stesso spazio campionario $\Omega_{\mathbb{Z}^d}$. Dato che $D_{n+1} \subseteq D_n$ per ogni $n \in \mathbb{N}$, per continuità dall'alto della probabilità (Proposizione 1.24) si ha $\theta(p) = P_p(\bigcap_{n\in\mathbb{N}} D_n)$. Possiamo interpretare $\bigcap_{n\in\mathbb{N}} D_n$ come l'evento "0 è connesso a un sito a distanza n, per ogni $n \in \mathbb{N}$", o in modo più evocativo "0 è *connesso all'infinito*": scriveremo pertanto $\theta(p) = P_p(0 \overset{\omega}{\leftrightarrow} \infty)$

Il Teorema 2.13 mostra dunque l'esistenza di una *transizione di fase* attorno a un punto critico $p_c \in (0,1)$: per $p < p_c$, la probabilità che 0 sia connesso all'infinito vale 0; per $p > p_c$, questa probabilità è strettamente positiva. Osserviamo che l'evento $\{0 \overset{\omega}{\leftrightarrow} \infty\}$ si può descrivere in modo equivalente come $\{|C_0| = \infty\}$, ossia "la componente connessa di 0 è infinita", cioè "0 è connesso a un numero infinito di siti". Nel modello di percolazione su $\mathbb{Z}^d$ possiamo ora domandarci *se esiste una componente connessa infinita* (non necessariamente quella che contiene 0). Il risultato seguente mostra che la transizione di fase emerge anche nella risposta a questa domanda, in modo ancora più eclatante.

Teorema 2.14 (Componente connessa infinita)
Vale la dicotomia seguente:

$$P_p\big(\textit{esiste una componente connessa infinita}\big) = \begin{cases} 0 & \textit{se } p < p_c\,, \\ 1 & \textit{se } p > p_c\,. \end{cases}$$

Dimostrazione Chiamiamo E l'evento "esiste una componente connessa infinita".

Consideriamo innanzitutto il caso $p < p_c$. Possiamo scivere $E = \bigcup_{x\in\mathbb{Z}^d}\{|C_x| = \infty\}$, quindi per subadditività della probabilità otteniamo

$$P_p(E) \le \sum_{x\in\mathbb{Z}^d} P_p(|C_x| = \infty)\,.$$

[3] Tale probabilità P_p sarà definita solo su una opportuna famiglia di sottoinsiemi di $\Omega_{\mathbb{Z}^d}$, che tuttavia è molto ampia e contiene tutti gli eventi che consideriamo.

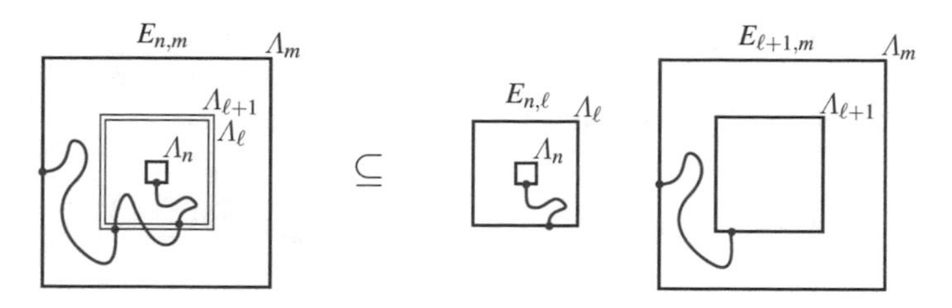

Figura 2.4 Illustrazione grafica degli eventi $E_{n,m}$ e $E_{n,\ell}$, $E_{\ell+1,m}$, con $n<\ell<m-1$. In particolare, a partire da un cammino che collega $\partial\Lambda_n$ a $\partial\Lambda_m$ restando in $\Lambda_m \setminus \Lambda_n$, si vede come costruire innanzitutto un cammino che collega $\partial\Lambda_n$ a $\partial\Lambda_\ell$ restando in $\Lambda_\ell \setminus \Lambda_n$, quindi un cammino che collega $\partial\Lambda_{\ell+1}$ à $\partial\Lambda_m$ restando in $\Lambda_m \setminus \Lambda_{\ell+1}$. Ciò mostra l'inclusione $E_{n,m} \subseteq E_{n,\ell} \cap E_{\ell+1,m}$

Per simmetria, il sito 0 gioca lo stesso ruolo di qualunque altro sito $x \in \mathbb{Z}^d$, pertanto $\mathrm{P}_p(|C_x| = \infty) = \mathrm{P}_p(|C_0| = \infty) = \theta(p)$. Per $p < p_c$ abbiamo mostrato che $\theta(p) = 0$, pertanto segue che $\mathrm{P}_p(E) = 0$.

Consideriamo d'ora in avanti il caso $p > p_c$. Vale chiaramente l'inclusione di eventi $\{|C_0| = \infty\} \subseteq E$, quindi $\mathrm{P}_p(E) \geq \mathrm{P}_p(|C_0| = \infty) = \theta(p)$. Questo mostra che che $\mathrm{P}_p(E) > 0$ per $p > p_c$. Per ottenere il risultato enunciato $\mathrm{P}_p(E) = 1$, mostreremo che *la probabilità* $\mathrm{P}_p(E)$ *può assumere solo i valori* 0 *oppure* 1. Si tratta in effetti di un risultato generale, noto come *legge 0-1 di Kolmogorov*, che afferma che in uno schema di prove ripetute e indipendenti esiste un'ampia classe di eventi (detti *asintotici* o *di coda*) la cui probabilità vale 0 oppure 1. Noi mostreremo questo risultato direttamente per l'evento E = "esiste una componente connessa infinita".

Come primo passo, riscriviamo l'evento E usando eventi più "semplici": per $m > n \geq 1$, definiamo l'evento

$$\begin{aligned} E_{n,m} &= \text{"esiste un cammino aperto che collega } \partial\Lambda_n \text{ a } \partial\Lambda_m \textit{ restando in } \Lambda_m \setminus \Lambda_n\text{"} \\ &= \big\{\exists\, z_0 \in \partial\Lambda_n,\ \exists\, z_1, \ldots, z_k \in \Lambda_m \setminus \Lambda_n \text{ distinti, } z_k \in \partial\Lambda_m \\ &\qquad\qquad \text{tali che } z_i \sim z_{i-1} \text{ e } \omega_{z_i} = 1 \text{ per ogni } 1 \leq i \leq k\big\}. \end{aligned}$$

Si veda la Figura 2.4 per un'illustrazione grafica di questo evento.

Notiamo che, per n fissato, l'unione $\bigcap_{m>n} E_{n,m}$ rappresenta l'evento "esiste un cammino di siti aperti che collegano $\partial\Lambda_n$ a $\partial\Lambda_m$ per ogni $m > n$": ciò implica in particolare che per ogni $m > n$ esiste un sito $z_0(m) \in \partial\Lambda_n$ tale che $|C_{z_0(m)}| \geq m - n$. Dato che $\partial\Lambda_n$ è finito, deve necessariamente esistere un sito $z_0 \in \partial\Lambda_n$ tale che si abbia $z_0(m) = z_0$ per infiniti valori di m, dunque $|C_{z_0}| \geq m - n$ per infiniti valori di m, cioè $|C_{z_0}| = +\infty$. In altri termini, se si verifica l'evento $\bigcap_{m>n} E_{n,m}$ allora esiste una componente connessa C_{z_0} infinita, ossia vale l'inclusione di eventi $\bigcap_{m>n} E_{n,m} \subseteq E$. Dato che ciò vale per ogni $n \in \mathbb{N}$, otteniamo anche l'inclusione $\bigcup_{n\in\mathbb{N}} \bigcap_{m>n} E_{n,m} \subseteq E$.

Reciprocamente, se esiste una componente connessa infinita C, allora definendo $n := \inf\{\|x\|_\infty, x \in C\}$ si ottiene che, per ogni $m > n$, $\partial\Lambda_n$ è connesso a $\partial\Lambda_m$ *al di fuori* di Λ_n (all'interno di C). Vale dunque l'inclusione $E \subseteq \bigcup_{n\in\mathbb{N}} \bigcap_{m>n} E_{n,m}$.

In definitiva, abbiamo mostrato l'uguaglianza di eventi $E = \bigcup_{n \in \mathbb{N}} \bigcap_{m>n} E_{n,m}$. Dato che gli eventi $E_{n,m}$ sono crescenti in n e decrescenti in m (esercizio), dalla continuità dall'alto e dal basso della probabilità deduciamo che

$$\mathrm{P}_p(E) = \lim_{n \to +\infty} \mathrm{P}_p\left(\bigcap_{m>n} E_{n,m}\right) = \lim_{n \to \infty} \lim_{m \to \infty} \mathrm{P}_p(E_{n,m}) . \tag{2.16}$$

Questa formula mostra che la probabilità dell'evento E, che dipende dall'intera configurazione infinita $\omega \in \Omega_{\mathbb{Z}^d}$, può essere espressa in termini delle probabilità degli eventi $E_{n,m}$, che dipendono dalle configurazioni finite $\omega \in \Omega_{\Lambda_m}$.

A questo punto, un'osservazione cruciale è che per ogni $n < \ell < m - 1$ vale l'inclusione $E_{n,m} \subseteq E_{n,\ell} \cap E_{\ell+1,m}$. Infatti, se esiste un cammino che collega $\partial \Lambda_n$ a $\partial \Lambda_m$ restando in $\Lambda_m \setminus \Lambda_n$, possiamo estrarre due cammini: uno che collega $\partial \Lambda_n$ a $\partial \Lambda_\ell$ restando in $\Lambda_\ell \setminus \Lambda_n$ e uno che collega $\partial \Lambda_{\ell+1}$ a $\partial \Lambda_m$ restando in $\Lambda_m \setminus \Lambda_{\ell+1}$, si veda la Figura 2.4. Di conseguenza possiamo maggiorare

$$\mathrm{P}_p(E_{n,m}) \leq \mathrm{P}_p(E_{n,\ell} \cap E_{\ell+1,m}) = \mathrm{P}_p(E_{n,\ell})\, \mathrm{P}(E_{\ell+1,m}) \quad \forall n < \ell < m - 1 , \tag{2.17}$$

dove abbiamo usato il fatto che gli eventi $E_{n,\ell}$ e $E_{\ell+1,m}$ sono *indipendenti*. Infatti $E_{n,\ell}$ dipende dagli eventi $(A_x)_{x \in \Lambda_\ell \setminus \Lambda_{n-1}}$ mentre $E_{\ell+1,m}$ dipende da $(A_x)_{x \in \Lambda_m \setminus \Lambda_\ell}$: dato che gli eventi $(A_x)_{x \in \mathbb{Z}^d}$ sono indipendenti, e dato che gli insiemi $\Lambda_\ell \setminus \Lambda_n$ e $\Lambda_m \setminus \Lambda_\ell$ sono disgiunti, per la Proposizione 1.70 gli eventi $E_{n,\ell}$ e $E_{\ell+1,m}$ sono indipendenti.

Per concludere, possiamo prendere nella disuguaglianza (2.17) il limite $m \to \infty$, quindi $\ell \to \infty$ e infine $n \to \infty$. Ricordando (2.16), otteniamo $\mathrm{P}_p(E) \leq \mathrm{P}_p(E)^2$ che è equivalente a

$$\mathrm{P}_p(E)(1 - \mathrm{P}_p(E)) \leq 0 .$$

Ma dato che $\mathrm{P}_p(E) \in [0, 1]$, dobbiamo anche avere $P_p(E)(1 - \mathrm{P}_p(E)) \geq 0$. In definitiva $\mathrm{P}_p(E)(1 - \mathrm{P}_p(E)) = 0$, da cui segue che $\mathrm{P}_p(E) = 0$ oppure $\mathrm{P}_p(E) = 1$. Ricordiamo che abbiamo già mostrato che per $p > p_c$ si ha $\mathrm{P}_p(E) > 0$: possiamo dunque concludere che $\mathrm{P}_p(E) = 1$. □

Restano naturalmente molte domande legate al modello di percolazione che non abbiamo affrontato. Ad esempio, con strumenti più avanzati si può mostrare che per $p > p_c$ esiste un'*unica* componente connessa infinita. Si può inoltre mostrare (ma è difficile) che nel limite $n \to \infty$, la probabilità che un fluido possa "attraversare" la regione Λ_n converge a 1 se $p > p_c$, mentre converge a 0 se $p < p_c$. Questo risponde a una delle prime domande che ci siamo posti: si veda la Figura 2.5 per una illustrazione grafica di questo fenomeno.

Concludiamo osservando che il valore del parametro critico $p_c = p_c(d)$ non è noto esplicitamente, ma valori numerici approssimati sono $p_c(2) \simeq 0.5927$ (questo è coerente con la Figura 2.5), $p_c(3) \simeq 0.3116$, $p_c(4) \simeq 0.1969$, $p_c(5) \simeq 0.1408$.

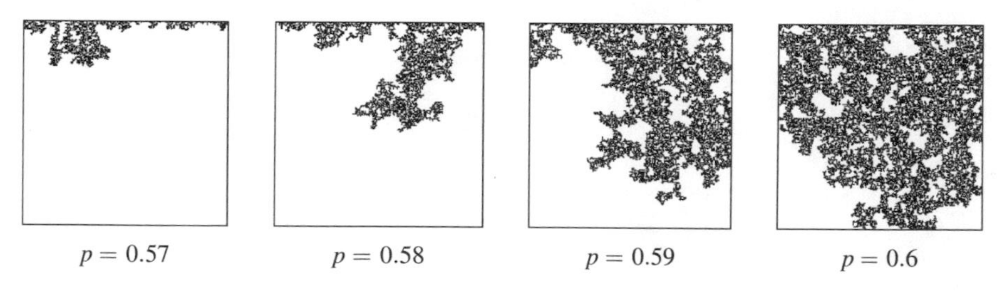

Figura 2.5 Simulazione di configurazioni $\omega \in \Omega_\Lambda$ nel dominio $\Lambda_n = \{-n, \ldots, n\}^2$ con $n = 100$, per $p = 0.57$, $p = 0.58$, $p = 0.59$ e $p = 0.6$: Abbiamo rappresentato la componente connessa del bordo superiore, che descrive la regione inondata da un fluido versato sul bordo superiore. Si osservi che l'evento che il fluido *attraversi* Λ_n si verifica solo nell'ultimo caso

2.4 Note bibliografiche

Il Problema 2.3 è ispirato all'articolo [71] di M. Warshauer e E. Curtin, in cui si mostra che la strategia proposta nella soluzione è ottimale.

Ciò che abbiamo presentato in questo capitolo riguardo alle passeggiate aleatorie è basato sul testo [30] di W. Feller. Consigliamo in particolare la lettura di tale testo per un'introduzione elementare alle passeggiate aleatorie.

Il modello di percolazione del Paragrafo 2.3, introdotto da S.R. Broadbent e J.M. Hammersley nel 1957 [18], è un argomento di ricerca estremamente attivo in fisica e matematica. Si tratta di un modello di meccanica statistica molto ricco: per una panoramica rimandiamo ai testi di G.R. Grimmett [38] e di W. Werner [72]. L'argomento geometrico-combinatorio che abbiamo utilizzato per mostrare che $p_c < 1$ in dimensione $d \geq 2$ è un adattamento di un argomento sviluppato da R. Peierls [60] nell'ambito del modello di Ising in dimensione $d = 2$.

Capitolo 3
Variabili aleatorie discrete: teoria

Sommario Questo capitolo è interamente dedicato alle variabili aleatorie discrete. Dopo averne introdotto la distribuzione e la densità discreta, definiamo le nozioni di indipendenza e di valore medio e ne studiamo in dettaglio le proprietà. Le principali distribuzioni notevoli discrete reali, argomento di grande rilevanza applicativa (ma non solo), sono presentate nei paragrafi finali del capitolo, per ragioni di praticità; tuttavia, diverse parti sono accessibili da molto prima, una volta che sia acquisita la nozione di indipendenza per variabili aleatorie.

3.1 Variabili aleatorie e distribuzioni

3.1.1 Considerazioni introduttive

La nozione matematica di *variabile aleatoria* (o *casuale*) formalizza l'idea intuitiva di una quantità che dipende dal caso, o più precisamente di una quantità che è *funzione dell'esito di un esperimento aleatorio*. Riprendendo l'Esempio 1.1 del Capitolo 1, sono esempi di variabili aleatorie:

(i) il numero X che si ottiene lanciando un dado ordinario a sei facce;
(ii) il numero di voti Y ottenuti dal politico Cetto alle elezioni del prossimo anno;
(iii) il tempo di emissione Z di una particella radioattiva da un determinato atomo.

In fatto interessante è che *molti eventi possono essere espressi in termini di variabili aleatorie*, ad esempio

(i) $A :=$ "Esce un numero pari" $= \{X \in \{2, 4, 6\}\}$;
(ii) $D =$ "Cetto non ottiene alcun voto alle elezioni del prossimo anno" $= \{Y = 0\}$.
(iii) $F =$ "La particella viene emessa dopo più di un anno" $= \{Z > 31\,536\,000\}$.

Supplementary Information The online version contains supplementary material available at https://doi.org/10.1007/978-88-470-4006-9_3.

Q. Berger, F. Caravenna, P. Dai Pra, *Probabilità*, UNITEXT 127,
https://doi.org/10.1007/978-88-470-4006-9_3

Le scritture $\{X \in \{2,4,6\}\}$, $\{Y = 0\}$ e $\{Z > 31\,536\,000\}$ sono per il momento delle notazioni informali, a cui daremo a breve un senso matematicamente preciso.

Sottolineiamo la differenza tra *eventi* e *variabili aleatorie*: i primi corrispondono ad *affermazioni* sull'esito di un esperimento aleatorio, mentre le seconde corrispondono a *quantità* che sono funzioni di tale esito. Per un evento A ha senso chiedersi "A si è verificato?", e la risposta è "sì" oppure "no", mentre per una variabile aleatoria X ha senso chiedersi "che valore ha assunto X?".

3.1.2 Variabili aleatorie

Motivati dalle considerazioni sopra esposte, diamo la seguente definizione.

Definizione 3.1 (Variabile aleatoria, I)
Sia (Ω, P) uno spazio di probabilità, sia E un arbitrario insieme non vuoto. Si dice *variabile aleatoria* (o variabile casuale) ogni funzione $X : \Omega \to E$ definita su Ω a valori in E.

Se $E = \mathbb{R}$, si dice che X è una variabile aleatoria *reale* (o *scalare*, o anche un *numero aleatorio*). Se $E = \mathbb{R}^n$ si dice che X è una variabile aleatoria *vettoriale*, o un *vettore aleatorio* di dimensione n.

Questa definizione formalizza matematicamente il concetto di variabile aleatoria come quantità che dipende dal caso: in effetti, se descriviamo un esperimento aleatorio mediante uno spazio di probabilità (Ω, P), una variabile aleatoria X definita su Ω a valori in E può essere pensata come un elemento $X(\omega)$ di E che è funzione dell'esito $\omega \in \Omega$ dell'esperimento aleatorio (ossia del "caso").

Con un piccolo abuso di notazione, scriveremo talvolta che una variabile aleatoria X è definita sullo spazio di probabilità discreto (Ω, P), anche se il dominio della funzione X è l'insieme Ω e non la coppia (Ω, P).

Esempio 3.2 (Variabili aleatorie costanti) Un caso "banale" di variabile aleatoria è dato da una funzione X costante: $X(\omega) = c$ per ogni $\omega \in \Omega$, dove $c \in E$ è un elemento fissato. Una tale variabile aleatoria è definita su qualunque spazio di probabilità (Ω, P) e viene identificata con l'elemento $c \in E$. Essa descrive una quantità deterministica, che assume sempre lo stesso valore c, qualunque sia l'esito ω dell'esperimento aleatorio. Si tratta insomma di una variabile non molto casuale ... □

Esempio 3.3 (Variabili aleatorie indicatrici) Sia (Ω, P) uno spazio di probabilità. Per ogni evento fissato $A \subseteq \Omega$, la funzione indicatrice $X = \mathbb{1}_A : \Omega \to \mathbb{R}$ definisce una variabile aleatoria reale, detta *indicatrice dell'evento* (si ricordi la definizione (0.2)). Si noti che X assume solo due valori: $X(\omega) = 1$ se $\omega \in A$, ossia "se l'evento A si verifica", mentre $X(\omega) = 0$ se $\omega \notin A$, ossia "se l'evento A non si verifica".

Viceversa, ogni variabile aleatoria reale X che assume solo i valori 0 e 1 è necessariamente un'indicatrice: si ha infatti $X = \mathbb{1}_A$, dove $A := \{\omega \in \Omega : X(\omega) = 1\}$.

A dispetto della loro semplicità, le variabili aleatorie indicatrici, dette *di Bernoulli*, giocano un ruolo importante in probabilità. Le incontreremo spesso nel seguito, e ne studieremo sistematicamente le proprietà nel Paragrafo 3.5.2. □

Vediamo qualche esempio di come gli eventi possano essere espressi in funzioni delle variabili aleatorie.

Esempio 3.4 (Prove ripetute e indipendenti) Consideriamo uno schema di n prove ripetute e indipendenti con probabilità di successo p, ossia uno spazio di probabilità discreto (Ω, P) in cui sono definiti n eventi $C_1, \ldots, C_n$ indipendenti e con la stessa probabilità $p = \mathrm{P}(C_i)$ (si ricordi il Paragrafo 1.3.4). Nel Paragrafo 1.3.4.3 abbiamo studiato gli eventi

$$A_k := \text{“esattamente } k \text{ prove hanno successo”}\,,$$
$$B_\ell := \text{“il primo successo si verifica nella } \ell\text{-esima prova”}\,,$$

per $0 \le k \le n$ e $1 \le \ell \le n$. Introduciamo ora due variabili aleatorie

$$S := \text{“numero di successi nelle } n \text{ prove”}\,,$$
$$T := \text{“prova in cui si ha il primo successo”}\,,$$

definite su Ω a valori rispettivamente in $\{0, 1, \ldots, n\}$ e in $\mathbb{N} \cup \{+\infty\}$, mediante

$$S(\omega) := \sum_{i=1}^{n} \mathbb{1}_{C_i}(\omega)\,, \qquad T(\omega) := \min\{i \in \{1, \ldots, n\} : \omega \in C_i\}\,, \tag{3.1}$$

con la convenzione $\min \emptyset := +\infty$. Possiamo allora esprimere gli eventi A_k e B_ℓ nel modo seguente:

$$A_k = \{\omega \in \Omega : S(\omega) = k\}\,, \qquad B_\ell = \{\omega \in \Omega : T(\omega) = \ell\}\,. \tag{3.2}$$

Questo mostra che gli eventi A_k e B_ℓ possono essere definiti in modo naturale in termini delle variabili aleatorie S e T, specificandone un sottoinsieme di valori. □

Definizione 3.5 (Eventi generati da una variabile aleatoria)
Sia $X : \Omega \to E$ una variabile aleatoria. Per ogni sottoinsieme $A \subseteq E$, indichiamo con $\{X \in A\}$ la controimmagine di A tramite X:

$$\{X \in A\} := X^{-1}(A) = \{\omega \in \Omega : X(\omega) \in A\}\,.$$

Dunque $\{X \in A\}$ è un sottoinsieme di Ω: è l'evento costituito da tutti e soli gli esiti $\omega \in \Omega$ dell'esperimento aleatorio per cui si ha $X(\omega) \in A$.

Gli eventi del tipo $\{X \in A\}$ si dicono *eventi generati da* X.

L'evento $\{X \in A\}$ si può descrivere informalmente come "X prende valori in A". Sebbene si tratti in fondo di una notazione, la scrittura $\{X \in A\}$ è molto utile perché permette di tradurre in linguaggio matematico affermazioni espresse nel linguaggio ordinario. Ad esempio, se $X : \Omega \to \mathbb{R}$ è una variabile aleatoria che descrive il numero che si ottiene lanciando un dado a sei facce, l'affermazione "il numero che si ottiene è pari" viene tradotta con la scrittura $\{X \in \{2,4,6\}\}$, che definisce un sottoinsieme di Ω, ossia un evento. Questo giustifica le notazioni usate negli esempi introduttivi discussi poco sopra, nel Paragrafo 3.1.1.

Osservazione 3.6 È prassi scrivere $\{X = x\}$ invece di $\{X \in \{x\}\}$ e analogamente, se X è una variabile aleatoria reale, $\{X > a\}$ invece di $\{X \in (a,\infty)\}$, ecc. Allo stesso modo, se X, Y sono variabili aleatorie reali definite sullo stesso spazio di probabilità, scriveremo $\{X = Y\}$ invece di $\{X - Y = 0\}$, ecc. □

3.1.3 Distribuzione di una variabile aleatoria

A ogni variabile aleatoria $X : \Omega \to E$ è associato un oggetto di fondamentale importanza, la *distribuzione* μ_X di X, che è una probabilità sullo spazio di arrivo E.

Definizione 3.7 (Distribuzione di una variabile aleatoria, I)
Sia $X : \Omega \to E$ una variabile aleatoria a valori in un insieme E. Si dice *distribuzione* (o *legge*) *di* X l'applicazione $\mu_X : \mathcal{P}(E) \to [0,1]$ definita da

$$\mu_X(A) := \mathrm{P}(X \in A), \qquad \forall A \subseteq E, \tag{3.3}$$

dove scriviamo $\mathrm{P}(X \in A)$ invece di $\mathrm{P}(\{X \in A\})$ per alleggerire le notazioni.

Proposizione 3.8
La distribuzione μ_X di una variabile aleatoria $X : \Omega \to E$ è una probabilità sull'insieme E in cui X prende valori.

Dimostrazione Sia (Ω, P) lo spazio di probabilità su cui è definita $X : \Omega \to E$. Verifichiamo che μ_X è una probabilità su E, cioè soddisfa gli assiomi della Definizione 1.6 (con E al posto di Ω). Si ha

$$\mu_X(E) = \mathrm{P}(X \in E) = \mathrm{P}(X^{-1}(E)) = \mathrm{P}(\Omega) = 1$$

dunque l'assioma (P1) è verificato. Siano ora $(B_n)_{n\in\mathbb{N}}$ sottoinsiemi disgiunti di E. Verifichiamo che $\{X \in \bigcup_{n\in\mathbb{N}} B_n\} = \bigcup_{n\in\mathbb{N}}\{X \in B_n\}$:

$$\begin{aligned} \omega \in \Big\{X \in \bigcup_{n\in\mathbb{N}} B_n\Big\} \quad &\iff \quad X(\omega) \in \bigcup_{n\in\mathbb{N}} B_n \quad \iff \quad \exists n \in \mathbb{N} : \; X(\omega) \in B_n \\ &\iff \quad \exists n \in \mathbb{N} : \; \omega \in \{X \in B_n\} \quad \iff \quad \omega \in \bigcup_{n\in\mathbb{N}} \{X \in B_n\} . \end{aligned}$$

Osserviamo inoltre che gli insiemi $(\{X \in B_n\})_{n \in \mathbb{N}}$ sono disgiunti, perché lo sono gli insiemi $(B_n)_{n \in \mathbb{N}}$. Applicando l'assioma (P2) alla probabilità P, otteniamo dunque

$$\mu_X\left(\bigcup_{n \in \mathbb{N}} B_n\right) = \mathrm{P}\left(\bigcup_{n \in \mathbb{N}} \{X \in B_n\}\right) = \sum_{n \in \mathbb{N}} \mathrm{P}(X \in B_n) = \sum_{n \in \mathbb{N}} \mu_X(B_n).$$

Questo mostra che anche l'assioma (P2) è verificato da μ_X. □

L'importanza della distribuzione μ_X di una variabile aleatoria X risiede nel fatto che essa descrive *quali valori vengono assunti da* X *e con quali probabilità*. Se si vuole calcolare la probabilità "che X faccia qualcosa" (ossia di un evento generato da X, nel senso della Definizione 3.5) non è necessario conoscere in dettaglio come è definita la funzione X, ma ci basta sapere qual è la sua distribuzione. Vedremo presto come determinare la distribuzione di una variabile aleatoria.

Mostriamo ora due risultati teorici di cui si fa uso frequente (talvolta in modo implicito). Cominciamo con un'utile definizione.

Definizione 3.9
Due variabili aleatorie X, X', definite sullo stesso spazio di probabilità (Ω, P) a valori nello stesso insieme E, si dicono *quasi certamente uguali* se $\mathrm{P}(X = X') = \mathrm{P}(\{\omega \in \Omega : X(\omega) = X'(\omega)\}) = 1$.

In altre parole, due variabili aleatorie X e X' sono quasi certamente uguali se differiscono su un insieme di probabilità nulla: $\mathrm{P}(X \neq X') = 0$.

Proposizione 3.10
Due variabili aleatorie X, X' *quasi certamente uguali hanno la stessa distribuzione:* $\mu_X = \mu_{X'}$.

Dimostrazione Siano (Ω, P) e E lo spazio di probabilità e lo spazio di arrivo rispettivamente di X e X'. Per ipotesi l'evento $C := \{X = X'\} = \{\omega \in \Omega : X(\omega) = X'(\omega)\}$ ha probabilità uno. Si noti che, se C è un evento di probabilità 1, allora $\mathrm{P}(B) = \mathrm{P}(B \cap C)$ per *ogni* evento $B \subset \Omega$ (si veda l'Esercizio 1.3). In particolare, scegliendo B della forma $\{X \in A\}$ e $\{X' \in A\}$, con $A \subseteq E$ generico (si ricordi la Definizione 3.5), si ottiene

$$\mathrm{P}(X \in A) = \mathrm{P}(\{X \in A\} \cap C), \qquad \mathrm{P}(X' \in A) = \mathrm{P}(\{X' \in A\} \cap C). \tag{3.4}$$

Ma $\{X \in A\} \cap C$ e $\{X' \in A\} \cap C$ *sono lo stesso evento*, dal momento che

$$\begin{aligned}\{X \in A\} \cap C &= \{\omega \in \Omega : X(\omega) \in A \text{ e } X(\omega) = X'(\omega)\} \\ &= \{\omega \in \Omega : X'(\omega) \in A \text{ e } X(\omega) = X'(\omega)\} = \{X' \in A\} \cap C.\end{aligned}$$

Pertanto, ricordando (3.4) e la definizione (3.3) di distribuzione,

$$\mu_X(A) = P(X \in A) = P(X' \in A) = \mu_{X'}(A), \qquad \forall A \subseteq E,$$

ossia $\mu_X = \mu_{X'}$, come volevasi dimostrare. □

Mostriamo infine che la distribuzione si conserva per composizione. Date due funzioni $X : \Omega \to E$ e $f : E \to F$, indichiamo la funzione composta $\omega \mapsto f(X(\omega))$ da Ω in F con il simbolo $f(X)$, invece di $f \circ X$.

Proposizione 3.11 (Conservazione della distribuzione)
Siano X e X' variabili aleatorie a valori nello stesso insieme E e con la stessa distribuzione: $\mu_X = \mu_{X'}$. Sia F un arbitrario insieme e sia $f : E \to F$ qualunque funzione. Allora le variabili aleatorie $f(X)$ e $f(X')$ hanno la stessa distribuzione: $\mu_{f(X)} = \mu_{f(X')}$.

Dimostrazione Dato che si richiede solo che le variabili aleatorie X e X' abbiano la stessa distribuzione, esse possono essere definite su spazi di probabilità discreti (Ω, P) e (Ω', P') non necessariamente uguali. Le variabili aleatorie $f(X)$ e $f(X')$ sono allora definite rispettivamente su Ω e Ω', entrambe a valori in F. Notiamo che, per ogni sottoinsieme $A \subseteq F$, si ha l'uguaglianza di eventi

$$\{f(X) \in A\} = \{X \in f^{-1}(A)\},$$

dove $f^{-1}(A) \subseteq E$ indica la controimmagine del sottoinsieme A attraverso f. Infatti

$$\begin{aligned} \omega \in \{f(X) \in A\} \quad &\Longleftrightarrow \quad f(X(\omega)) \in A \quad \Longleftrightarrow \quad X(\omega) \in f^{-1}(A) \\ &\Longleftrightarrow \quad \omega \in \{X \in f^{-1}(A)\}. \end{aligned}$$

Pertanto, ricordando la definizione (3.3) di distribuzione, per ogni $A \subseteq F$ si ha

$$\begin{aligned} \mu_{f(X)}(A) &= P(f(X) \in A) = P(X \in f^{-1}(A)) = \mu_X(f^{-1}(A)) = \mu_{X'}(f^{-1}(A)) \\ &= P'(X' \in f^{-1}(A))) = P'(f(X') \in A) = \mu_{f(X')}(A), \end{aligned}$$

e dunque $\mu_{f(X)} = \mu_{f(X')}$. □

3.1.4 Variabili aleatorie discrete

Nella prima parte di questo libro ci concentreremo su una classe speciale di variabili aleatorie, dette *discrete*, che "possono assumere una quantità finita o numerabile di valori". Il significato preciso di questa frase è dato dalla definizione seguente.

Definizione 3.12 (Variabile aleatoria discreta)
Una variabile aleatoria X, definita su uno spazio di probabilità (Ω, P) a valori in un insieme E, è detta *discreta* se esiste un sottoinsieme finito o numerabile $\tilde{E} \subseteq E$ tale che

$$\mu_X(\tilde{E}) := \mathrm{P}(X \in \tilde{E}) = 1 . \tag{3.5}$$

Dunque una variabile aleatoria X è discreta se e solo se la sua distribuzione μ_X è una probabilità discreta (si ricordi la Definizione 1.11). In particolare, se E è finito o numerabile, allora *ogni* variabile aleatoria a valori in E è discreta.

Quando lo spazio di arrivo E è infinito più che numerabile, ad esempio $E = \mathbb{R}$, una variabile aleatoria a valori in E è discreta se, *con probabilità uno, assume valori in un sottoinsieme $\tilde{E} \subseteq E$ finito o numerabile*.

Sottolineiamo che non si fanno richieste sullo spazio di probabilità (Ω, P) su cui X è definita. Tuttavia, se (Ω, P) è uno spazio di probabilità discreto — in particolare, se lo spazio campionario Ω è finito o numerabile — allora *ogni* variabile aleatoria definita su Ω è discreta (si veda l'Esercizio 3.1). Esistono variabili aleatorie non discrete, che studieremo a partire dal Capitolo 5.

Possiamo dare condizioni equivalenti perché una variabile aleatoria sia discreta, che sono una traduzione diretta della Proposizione 1.13.

Proposizione 3.13 (Caratterizzazione delle variabili aleatorie discrete)
Sia $X : \Omega \to E$ una variabile aleatoria. Le seguenti condizioni sono equivalenti.

(a) *X è una variabile aleatoria discreta.*
(b) *Per ogni $A \subseteq E$ si ha*

$$\mathrm{P}(X \in A) = \sum_{x \in A} \mathrm{P}(X = x) . \tag{3.6}$$

(c) *Si ha $\sum_{x \in E} \mathrm{P}(X = x) = 1$.*

Se vale una di tali condizioni (dunque tutte) si ha $\mathrm{P}(X \in \tilde{E}) = 1$ con

$$\tilde{E} := \{x \in E : \ \mathrm{P}(X = x) > 0\} . \tag{3.7}$$

A ogni variabile aleatoria discreta $X : \Omega \to E$ è possibile associare una *densità discreta* p_X *su* E, ossia una funzione $\mathrm{p}_X : E \to \mathbb{R}$ tale che

$$\mathrm{p}_X(x) \geq 0\,, \qquad \forall x \in E\,; \qquad\qquad \sum_{x \in E} \mathrm{p}_X(x) = 1 \tag{3.8}$$

(si ricordi la Definizione 1.14). Questo è il contenuto della prossima Proposizione, che è una riformulazione diretta del Corollario 1.16.

Proposizione 3.14 (Variabile aleatoria e densità discreta)
Una variabile aleatoria $X : \Omega \to E$ *è discreta se e solo se esiste una densità discreta* p_X *su* E *tale che*

$$\mu_X(A) := \mathrm{P}(X \in A) = \sum_{x \in A} \mathrm{p}_X(x)\,, \qquad \forall A \subseteq E\,. \tag{3.9}$$

In questo caso diremo che p_X *è la* densità discreta *di* X*. Essa è data da*

$$\mathrm{p}_X(x) = \mu_X(\{x\}) := \mathrm{P}(X = x)\,, \qquad \forall x \in E\,. \tag{3.10}$$

La densità discreta p_X di una variabile aleatoria discreta X è una quantità molto utile, con cui lavoreremo costantemente. Essa permette di calcolare *la probabilità di qualsiasi evento* $\{X \in A\}$ *generato da* X, grazie alla relazione (3.9). In particolare, la densità discreta p_X *determina la la distribuzione* μ_X.

Vedremo diversi esempi di calcolo della densità discreta nel prossimo paragrafo. Concludiamo questo paragrafo con un esempio che chiarisce il legame tra variabili aleatorie discrete, distribuzioni e densità discrete.

Esempio 3.15 Consideriamo il lancio di un dado regolare a sei facce. Lo spazio di probabilità naturale per questo esperimento è $\Omega = \{1, 2, 3, 4, 5, 6\}$ munito della probabilità uniforme P. Il risultato del dado è rappresentato dalla variabile aleatoria $X : \Omega \to \mathbb{R}$, data semplicemente da $X(\omega) = \omega$ per ogni $\omega \in \Omega$. (Naturalmente si potrebbe considerare che X prenda valori in $\mathbb{N}$, o anche in $\{1, 2, 3, 4, 5, 6\}$: c'è sempre una certa arbitrarietà nella scelta dello spazio di arrivo.)

Supponiamo ora che il lancio del dado sia parte di un esperimento aleatorio più ampio, che comprende anche il lancio di una moneta equilibrata. Per questo nuovo esperimento, scegliamo lo spazio di probabilità (Ω', P') dove

$$\begin{aligned}\Omega' &= \{1, 2, 3, 4, 5, 6\} \times \{T, C\} \\ &= \{1T, 2T, 3T, 4T, 5T, 6T, 1C, 2C, 3C, 4C, 5C, 6C\}\end{aligned}$$

e P' è la probabilità uniforme su Ω'. La variabile aleatoria che corrisponde al risultato del dado è ora rappresentata da una *funzione diversa* $X' : \Omega' \to \mathbb{R}$, dato che il dominio è diverso: si ha infatti $X'(ia) := i$ per ogni $\omega' = ia \in \Omega'$ (con $1 \le i \le 6$ e $a \in \{T, C\}$).

Le variabili aleatorie X e X', definite sugli spazi diversi Ω e Ω' a valori nello stesso spazio $\mathbb{R}$, sono variabili aleatorie discrete: infatti, posto $\tilde{E} := \{1, 2, 3, 4, 5, 6\}$, si ha $\mathrm{P}(X \in \tilde{E}) = \mathrm{P}'(X' \in \tilde{E}) = 1$. Inoltre X e X' *hanno la stessa distribuzione*: $\mu_X = \mu_{X'}$. Questo è intuitivamente chiaro, perché X e X' rappresentano entrambe il risultato di un dado regolare, dunque devono assumere gli stessi valori con le stesse probabilità. La verifica formale è facile: basta mostrare che X e X' hanno la stessa densità discreta $\mathrm{p}_X = \mathrm{p}_{X'}$. Chiaramente $\mathrm{p}_X(x) = \mathrm{P}(X = x) = 0$ se $x \notin \{1, 2, 3, 4, 5, 6\}$, perché $\{X = x\} = \emptyset$ (non c'è nessun $\omega \in \Omega$ tale che $X(\omega) = x$) e analogamente $\mathrm{p}_{X'}(x) = 0$. D'altro canto, per $x \in \{1, 2, 3, 4, 5, 6\}$

$$\mathrm{p}_X(x) = \mathrm{P}(X = x) = \mathrm{P}(\{x\}) = \frac{|\{x\}|}{|\Omega|} = \frac{1}{6},$$

perché $\{X = x\} = \{\omega \in \Omega : X(\omega) = x\} = \{x\}$, e analogamente

$$\mathrm{p}_{X'}(x) = \mathrm{P}'(X' = x) = \mathrm{P}'(\{xT, xC\}) = \frac{|\{xT, xC\}|}{|\Omega'|} = \frac{2}{12} = \frac{1}{6}.$$

In definitiva, X e X' hanno la stessa distribuzione, ossia la probabilità discreta μ su $\mathbb{R}$ associata alla densità discreta $\mathrm{q}(x) = \mathrm{p}_X(x) = \mathrm{p}_{X'}(x) = \frac{1}{6}\mathbb{1}_{\{1,2,3,4,5,6\}}(x)$. Conoscendo la distribuzione μ, possiamo calcolare le probabilità di interesse senza lavorare direttamente con le variabili aleatorie X e X'. Per esempio, la probabilità che il numero ottenuto lanciando il dado sia pari vale (ovviamente)

$$\mathrm{P}(X \in \{2, 4, 6\}) = \mathrm{P}'(X' \in \{2, 4, 6\}) = \mu(\{2, 4, 6\}) = \mathrm{q}(2) + \mathrm{q}(4) + \mathrm{q}(6) = \frac{1}{2}.$$

Questo mostra tra l'altro che, al fine di calcolare probabilità che coinvolgono la singola variabile aleatoria X o X', è indifferente lavorare usare una o l'altra: avendo la stessa distribuzione, le corrispondenti probabilità sono uguali. □

3.1.5 *Osservazioni ed esempi*

Studiare la distribuzione di una variabile aleatoria è un problema tipico. Per variabili aleatorie discrete è conveniente lavorare con la densità discreta, che caratterizza la distribuzione ed è un oggetto più semplice e intuitivo.[1] Prima di vedere qualche esempio concreto, facciamo alcune considerazioni generali.

Se $X : \Omega \to E$ è una variabile aleatoria discreta, esiste un sottoinsieme $\tilde{E} \subseteq E$ finito o numerabile tale che $\mathrm{P}(X \in \tilde{E}) = 1$. Ciò significa che i valori al di fuori di

[1] Formuleremo tuttavia molti risultati teorici in termini della distribuzione, perché essa, a differenza della densità discreta, può essere definita per variabili aleatorie generali, come vedremo.

$\tilde{E}$ hanno probabilità zero di essere assunti: $\mathrm{P}(X \in \tilde{E}^c) = 1 - \mathrm{P}(X \in \tilde{E}) = 0$. Informalmente, possiamo dire che l'insieme $\tilde{E}$ contiene *"i valori che possono essere effettivamente assunti da X"* e per questa ragione lo indichiamo con $X(\Omega)$:

$$\textit{Data una variabile aleatoria } X : \Omega \to E, \textit{ indichiamo con } X(\Omega) \\ \textit{un opportuno sottoinsieme } \tilde{E} \subseteq E \textit{ tale che } \mathrm{P}(X \in \tilde{E}) = 1\,. \tag{3.11}$$

Si tratta di un abuso di notazione, perché non è detto che $X(\Omega)$ coincida con l'immagine dell'applicazione X, ma ciò non comporterà problemi. Alcune osservazioni:

- Se la variabile aleatoria X è discreta, si può scegliere $X(\Omega)$ finito o numerabile.
- La scelta di $X(\Omega)$ non è univoca, ma negli esempi che incontreremo ci sarà una scelta "naturale". Qualunque sia la scelta di $X(\Omega)$, si ha

$$\mathrm{p}_X(x) = \mathrm{P}(X = x) = 0 \qquad \text{per ogni } x \notin X(\Omega)\,. \tag{3.12}$$

  Infatti, grazie a (3.11), si ha $\{X = x\} \subseteq \{X \in \tilde{E}^c\}$ per $x \notin \tilde{E} = X(\Omega)$.

Presentiamo ora diversi esempi di variabili aleatorie discrete $X : \Omega \to E$, di cui determiniamo esplicitamente la densità discreta. A tal fine, si procede in due passi:

(1) si identifica innanzitutto il sottoinsieme $X(\Omega) \subseteq E$ finito o numerabile;
(2) si calcola la densità discreta $\mathrm{p}_X(x) = \mathrm{P}(X = x)$ per ogni $x \in X(\Omega)$.

Per $x \notin X(\Omega)$ la densità discreta vale banalmente $\mathrm{p}_X(x) = 0$, grazie a (3.12).

Esempio 3.16 (Variabili aleatorie (quasi certamente) costanti) Come abbiamo visto, l'esempio più semplice di variabile aleatoria è dato da una costante: $X(\omega) = c$ per ogni $\omega \in \Omega$, dove $c \in E$ è un elemento fissato dello spazio di arrivo. In questo caso, chiaramente, $X(\Omega) = \{c\}$ e $\mathrm{p}_X(c) = \mathrm{P}(X = c) = 1$. Ricordando la definizione (0.2) della funzione indicatrice, la densità discreta di X è data dunque da

$$\mathrm{p}_X(x) = \mathbb{1}_{\{c\}}(x) = \begin{cases} 1 & \text{se } x = c\,, \\ 0 & \text{altrimenti}\,, \end{cases} \qquad \forall x \in E\,. \tag{3.13}$$

Viceversa, se X è una variabile aleatoria con densità discreta $\mathrm{p}_X(\cdot)$ data da (3.13), allora $\mathrm{P}(X = c) = 1$, dunque X è quasi certamente uguale alla costante c (si ricordi la Definizione 3.9). Una tale variabile aleatoria X si dice *quasi certamente costante*.

In definitiva, per la Proposizione 3.10, una variabile aleatoria X è quasi certamente costante se e solo se la sua densità discreta è della forma (3.13), con $c \in E$.

□

Esempio 3.17 (Variabili aleatorie indicatrici) Sia $A \subseteq \Omega$ un evento di uno spazio di probabilità (Ω, P). Consideriamo la variabile aleatoria (reale) $X := \mathbb{1}_A$ indicatrice dell'evento A. Chiaramente $X(\Omega) = \{0, 1\}$ e inoltre $\mathrm{P}(X = 1) = \mathrm{P}(A)$, dunque $\mathrm{P}(X = 0) = 1 - \mathrm{P}(A)$. La densità discreta di X è data dunque da

$$\mathrm{p}_X(x) = \mathrm{P}(A)\,\mathbb{1}_{\{1\}}(x) + (1 - \mathrm{P}(A))\,\mathbb{1}_{\{0\}}(x) = \begin{cases} \mathrm{P}(A) & \text{se } x = 1\,, \\ 1 - \mathrm{P}(A) & \text{se } x = 0\,, \\ 0 & \text{altrimenti}\,. \end{cases}$$

Ritorneremo su queste variabili aleatorie, dette *di Bernoulli*, nel Paragrafo 3.5.2. □

Esempio 3.18 (Prove ripetute e indipendenti) Riprendiamo l'Esempio 3.4. Date n prove ripetute e indipendenti con probabilità di successo p, abbiamo definito in (3.1)

$$\begin{aligned} S &:= \text{“numero di successi nelle } n \text{ prove”}\,, \\ T &:= \text{“prova in cui si ha il primo successo”}\,, \end{aligned}$$

che sono variabili aleatorie a valori in $E = \mathbb{N}_0 \cup \{+\infty\}$ (con la convenzione $T = +\infty$ se nessun successo si verifica nelle n prove). È chiaro che

$$S(\Omega) = \{0, 1, \ldots, n\}\,, \qquad T(\Omega) = \{1, 2, \ldots, n\} \cup \{+\infty\}\,,$$

e restano da determinare le densità discrete, che in realtà abbiamo già calcolato. Infatti, ricordando la relazione (3.2) e le formule (1.68), (1.65), si ha

$$\begin{aligned} &\mathrm{p}_S(k) = \binom{n}{k} p^k (1-p)^{n-k}\,, \qquad \forall k \in S(\Omega) = \{0, 1, \ldots, n\}\,, \\ &\mathrm{p}_T(k) = p\,(1-p)^{k-1} \quad \forall k \in \{1, \ldots, n\}\,, \qquad \mathrm{p}_T(+\infty) = (1-p)^n\,, \end{aligned} \tag{3.14}$$

dove per l'ultima relazione basta notare che $\{T = +\infty\} = \{S = 0\}$.

La distribuzione di S è detta *binomiale* e ne studieremo in dettaglio le proprietà nel Paragrafo 3.5.3 (in particolare, la Figura 3.2 nel Paragrafo 3.5.3 mostra il grafico della densità discreta di S, per alcuni valori di n e p). Come vedremo nel Paragrafo 3.5.6, un'estensione della distribuzione di T è detta *geometrica*. □

Esempio 3.19 (Size bias) 120 studenti sono suddivisi in 3 gruppi, detti A, B e C, di 36, 40 e 44 studenti rispettivamente. Consideriamo i seguenti esperimenti aleatori, in cui “a caso” significa “uniformemente tra tutte le possibilità”.

(i) Viene scelto un gruppo a caso e si indica con X il numero di studenti nel gruppo scelto.
(ii) Viene scelto uno studente a caso e si indica con Y il numero di studenti nel gruppo dello studente scelto.

Determiniamo le distribuzioni di X e Y, o equivalentemente le loro densità discrete.

Notiamo innanzitutto che $X(\Omega) = Y(\Omega) = \{36, 40, 44\}$. Dato che la variabile aleatoria X è determinata scegliendo un gruppo a caso tra i 3 possibili, si ha

$$\mathrm{p}_X(36) = \mathrm{p}_X(40) = \mathrm{p}_X(44) = \frac{1}{3}.$$

Infatti $\mathrm{p}_X(36) = \mathrm{P}(X = 36)$ e l'evento $\{X = 36\}$ coincide con "viene scelto il gruppo A", che ha probabilità $\frac{1}{3}$; con analoghi ragionamenti si determinano $\mathrm{p}_X(40)$ e $\mathrm{p}_X(44)$.

La densità discreta di Y è diversa. Infatti l'evento $\{Y = 36\}$ corrisponde all'evento "viene scelto uno studente del primo gruppo" e in questo caso lo studente (e non il gruppo) viene scelto uniformemente, tra i 120 possibili. Di conseguenza

$$\mathrm{p}_Y(36) = \frac{36}{120} = \frac{3}{10}, \qquad \mathrm{p}_Y(40) = \frac{40}{120} = \frac{1}{3}, \qquad \mathrm{p}_Y(44) = \frac{44}{120} = \frac{11}{30}.$$

Si noti che abbiamo determinato le distribuzioni delle variabili aleatorie X e Y senza scrivere esplicitamente lo spazio di probabilità su cui esse sono definite. Volendo esplicitare lo spazio, per la variabile X si può scegliere ad esempio lo spazio campionario $\Omega = \{A, B, C\}$ munito della probabilità uniforme P, che rappresenta la scelta di un gruppo a caso, e definire $X : \Omega \to \mathbb{R}$ ponendo

$$X(A) := 36, \qquad X(B) := 40, \qquad X(C) := 44.$$

Per quanto riguarda la variabile Y, la scelta più naturale di spazio campionario è data da $\Omega = \{1, 2, \ldots, 120\}$ munito della probabilità uniforme P, che rappresenta la scelta di uno studente a caso, e definire $Y : \Omega \to \mathbb{R}$ ponendo

$$Y(\omega) := \begin{cases} 36 & \text{se } \omega \in \{1, \ldots, 36\}, \\ 40 & \text{se } \omega \in \{37, \ldots, 77\}, \\ 44 & \text{se } \omega \in \{78, \ldots, 120\}. \end{cases}$$

È una facile verifica che le variabili X e Y così definite (su spazi di probabilità diversi!) hanno effettivamente le distribuzioni sopra determinate. □

Esempio 3.20 (Strategia del raddoppio) La roulette è composta dai numeri 0, 1, 2, ..., 37, di cui 18 sono "rossi", 18 sono "neri" e uno (lo zero) è "verde". Assumendo che la pallina si fermi su un numero scelto uniformemente, la probabilità che in una giocata esca il rosso (ossia un numero "rosso") vale dunque $\frac{18}{37}$. Puntando una somma di denaro sull'uscita del rosso, si riceve il doppio della somma se effettivamente esce il rosso, mentre si perde la somma giocata se non esce il rosso.

Si consideri la seguente classica strategia di gioco. Un giocatore possiede un capitale iniziale pari a 1023 euro. Alla prima giocata punta un euro sul rosso: se esce il rosso, il giocatore riceve due euro, si ritira e il gioco finisce. Se invece alla prima giocata non esce il rosso, il giocatore punta due euro sul rosso alla seconda giocata: se esce il rosso, il giocatore riceve quattro euro, si ritira e il gioco finisce. Se invece anche alla seconda giocata non esce il rosso, il giocatore continua raddoppiando la posta alla giocata successiva, e così via. Si osservi che, se il rosso non esce in nessuna delle prime 10 giocate, il capitale puntato dal giocatore, pari a $1 + 2 + 4 + \ldots + 2^9 = 2^{10} - 1 = 1023$ euro (si ricordi la serie geometrica (0.4) per $x = 2$ e $N = 9$) si è esaurito e il giocatore si ritira. Indichiamo con X la differenza tra il capitale del giocatore alla fine e all'inizio del gioco, ossia il guadagno (con segno!). Determiniamo la distribuzione della variabile aleatoria X.

Sebbene a priori il problema possa sembrare complicato, la soluzione è in realtà abbastanza semplice. Notiamo innanzitutto che l'esperimento aleatorio in questione è costituito da 10 giocate di roulette, che costituiscono *10 prove ripetute e indipendenti* con probabilità di successo $p = \frac{18}{37}$, dove con "successo" intendiamo "esce il rosso" (si ricordi il Paragrafo 1.3.4). Infatti la variabile aleatoria X *è una funzione dell'esito delle prime 10 giocate*, dal momento che conoscendo l'esito di tali giocate il valore di X è univocamente determinato. Possiamo pertanto considerare lo spazio campionario $\Omega = \{0, 1\}^{10}$ munito della probabilità $\mathrm{P} = \mathrm{P}_{10,p}$ definita in (1.77), ma in realtà non ci sarà bisogno di scendere in dettagli eccessivi.

Per ottenere la distribuzione di X, è sufficiente determinarne i valori assunti, ossia l'insieme $X(\Omega)$, e la probabilità con cui tali valori sono assunti, ossia la densità discreta $\mathrm{p}_X(x)$ per ogni $x \in X(\Omega)$.

- Se esce rosso alla prima giocata, il giocatore ha puntato 1 euro e ne riceve 2, pertanto il suo guadagno vale $X = 2 - 1 = 1$ euro;
- se il rosso non esce alla prima giocata, ma esce alla seconda, il giocatore ha puntato complessivamente $1 + 2 = 3$ euro e ne riceve $2 \cdot 2 = 4$, pertanto il suo guadagno vale $X = 4 - 3 = 1$ euro;
- passando al caso generale, se il rosso non esce nelle prime $n - 1$ giocate, ma esce all'n-esima (con $n = 1, 2, \ldots, 10$), il giocatore ha puntato complessivamente $\sum_{i=1}^{n} 2^{i-1} = 1 + 2 + \ldots + 2^{n-1} = 2^n - 1$ euro e ne riceve $2 \cdot 2^{n-1} = 2^n$; il suo guadagno vale dunque $X = 2^n - (2^n - 1) = 1$ euro;
- infine, se non esce mai rosso (nelle 10 giocate), il giocatore non riceve niente e dunque $X = 0 - (1 + 2 + 4 + \ldots + 2^9) = -(2^{10} - 1) = -1023$ euro.

In definitiva, se esce rosso almeno una volta nelle prime 10 giocate, il guadagno del giocatore vale 1, mentre se non esce mai rosso il guadagno vale -1023. I valori assunti dalla variabile aleatoria X sono dunque $X(\Omega) = \{-1023, 1\}$.

Resta solo da determinare $\mathrm{p}_X(-1023)$, da cui si ricava $\mathrm{p}_X(1) = 1 - \mathrm{p}_X(-1023)$ (perché?). Si noti che l'evento $\{X = -1023\}$ coincide con l'evento "nelle prime 10 giocate non esce mai il rosso". Ricordando la formula (1.68), o più semplicemente notando che ad ogni giocata la probabilità che non esca il rosso vale $1 - \frac{18}{37} = \frac{19}{37}$ e che le giocate sono indipendenti, si ottiene dunque

$$\mathrm{p}_X(-1023) = \left(\frac{19}{37}\right)^{10} \simeq 0.0013\,, \qquad \mathrm{p}_X(1) = 1 - \left(\frac{19}{37}\right)^{10} \simeq 0.9987\,. \qquad \square$$

Osservazione 3.21 L'esempio precedente mostra che, se si dispone di un capitale di 1023 euro, *esiste una strategia di gioco alla roulette che permette di vincere con* *probabilità* $\simeq 99.87\%$. Prima di lasciarsi andare a facili entusiasmi, conviene dare uno sguardo più attento alla strategia. Infatti:

- la probabilità di vincere è elevatissima, ma si vince solo 1 euro;
- la probabilità di perdere è bassissima, ma si perdono ben 1023 euro!

In definitiva, è una buona idea giocare usando questa strategia? La domanda è vaga e non esiste una "risposta corretta", ma si possono fare alcune considerazioni.

Se ci si chiede se sia una buona idea adottare la strategia *una sola volta*, occorre soppesare la soddisfazione che si ha dalla vincita di 1 euro (che è un evento di probabilità $\simeq 99.87\%$) con l'insoddisfazione provocata dalla perdita di 1023 euro (che è un evento di probabilità $\simeq 0.13\%$). È verosimile che la maggior parte delle persone non accetterebbe il rischio di perdere 1023 euro a fronte di una vincita di solo 1 euro, anche se la probabilità di perdita fosse molto più bassa di 0.13%. Si tratta in ogni caso di considerazioni soggettive.

Se invece l'intenzione fosse di adottare la strategia *ripetutamente*, un numero elevato di volte (in modo da accumulare i probabili guadagni da 1 euro), ci sono elementi oggettivi per sconsigliare questa pratica: come discuteremo nell'Esempio 3.49, la probabilità di finire in perdita è in questo caso molto elevata. □

Osservazione 3.22 A scanso di grossolani equivoci, sottolineiamo che *non si deve confondere, o addirittura identificare, una variabile aleatoria con la sua densità discreta*: si tratta di oggetti diversi! Se X è una funzione da Ω a valori in E, la sua densità discreta p_X è una funzione da E a valori in $\mathbb{R}$. Inoltre variabili aleatorie *diverse* — anche definite in *diversi* spazi di probabilità — possono avere la *stessa* densità discreta (si vedano gli Esempi 3.25, 3.26 e 3.27). □

3.1.6 Costruzione canonica di una variabile aleatoria

Abbiamo visto che a ogni variabile aleatoria X è associata la sua distribuzione μ_X, che è una probabilità sullo spazio di arrivo di X. È naturale chiedersi se, viceversa, ogni probabilità sia la distribuzione di una variabile aleatoria. Più precisamente:

> Dati un insieme E e una probabilità μ su E, esistono uno spazio di probabilità (Ω, P) e una variabile aleatoria $X : \Omega \to E$ che ha distribuzione $\mu_X = \mu$?

La risposta è affermativa. Basta considerare lo spazio di probabilità $(\Omega, \mathrm{P}) := (E, \mu)$ e definire come variabile aleatoria X l'identità, ossia $X(\omega) := \omega$ per ogni $\omega \in \Omega$. In questo modo si ha per costruzione $\{X \in A\} = X^{-1}(A) = A$ per ogni $A \subseteq E$, quindi

$$\mu_X(A) := \mathrm{P}(X \in A) = \mathrm{P}(A) = \mu(A),$$

ossia X ha distribuzione $\mu_X = \mu$ come cercato.

Si noti che abbiamo scelto come spazio campionario lo spazio dei valori assunti dalla variabile aleatoria cercata, come probabilità la distribuzione assegnata e come variabile aleatoria la funzione identità. Questa procedura è nota come *costruzione canonica di una variabile aleatoria con distribuzione assegnata.*

Osservazione 3.23 Come caso particolare, dato un insieme E e una densità discreta p su E, possiamo affermare che esiste una variabile aleatoria discreta X a valori in E, definita su uno spazio di probabilità (Ω, P), con densità discreta $\mathrm{p}_X = \mathrm{p}$. □

Esercizi

Esercizio 3.1 Sia (Ω, P) uno spazio di probabilità discreto. Si mostri che ogni variabile aleatoria $X : \Omega \to E$ è discreta (dove E è un insieme arbitrario).

[*Sugg.* Si consideri innanzitutto il caso in cui Ω è finito o numerabile.]

Esercizio 3.2 Sia $X : \Omega \to E$ una variabile aleatoria discreta, sia $f : E \to F$ una funzione. Si mostri che $f(X) : \Omega \to F$ è una variabile aleatoria discreta.

Esercizio 3.3 Sia X una variabile aleatoria quasi certamente costante definita su (Ω, P) a valori in E, ossia esiste $c \in E$ tale che $\mathrm{P}(X = c) = 1$. Si mostri che esiste un *unico* elemento $c \in E$ con tale proprietà.

Esercizio 3.4 Siano A e B due eventi in uno spazio di probabilità (Ω, P). Dati $\lambda, \mu \in \mathbb{R}$, consideriamo la variabile aleatoria

$$X := \lambda \mathbb{1}_A + \mu \mathbb{1}_B,$$

Si osservi che X è una variabile aleatoria discreta e se ne determini la densità discreta.

[*Sugg.* Si consideri innanzitutto il caso in cui i quattro numeri $0, \lambda, \mu, \lambda + \mu$ sono distinti.]

3.2 Indipendenza di variabili aleatorie

3.2.1 Distribuzioni congiunte e marginali

In molti casi si è interessati a due (o più) variabili aleatorie che sono funzioni dello stesso esperimenti aleatorio. Ad esempio, lanciando due dadi, si può essere interessati sia al numero X del primo dado, sia alla somma Y dei numeri dei due dadi. In termini matematici, ciò significa che *sullo stesso spazio di probabilità* (Ω, P) sono definite due variabili aleatorie $X : \Omega \to E$ e $Y : \Omega \to F$ (a valori in spazi non necessariamente uguali). Si può allora considerare *la coppia* $Z := (X, Y)$, che è una variabile aleatoria definita su Ω a valori nello *spazio prodotto* $E \times F$.

Alle variabili aleatorie $X : \Omega \to E$ e $Y : \Omega \to F$ sono associate le rispettive distribuzioni μ_X e μ_Y, che sono probabilità sugli insiemi E e F. Anche alla variabile aleatoria $Z = (X, Y) : \Omega \to E \times F$ è associata la distribuzione μ_Z, che indicheremo con $\mu_{X,Y}$, che è una probabilità su $E \times F$. È naturale chiedersi quale relazione ci sia tra la distribuzione $\mu_{X,Y}$, detta *distribuzione congiunta* delle variabili aleatorie X e Y, e le distribuzioni μ_X e μ_Y, dette *distribuzioni marginali*. In questo paragrafo mostriamo che *le distribuzioni marginali possono essere ricavate dalla distribuzione congiunta, ma in generale non vale il viceversa.*

Per semplicità, assumiamo che X e Y siano variabili aleatorie discrete; allora anche la coppia $Z = (X, Y)$ è una variabile aleatoria discreta (si veda l'Esercizio 3.5). Possiamo dunque lavorare con le corrispondenti densità discrete. Mostriamo che le densità discrete p_X e p_Y delle variabili aleatorie X e Y, dette *densità discrete marginali*, possono essere ricavate dalla densità discreta $\mathrm{p}_{X,Y}$ della coppia (X, Y), detta *densità discreta congiunta*. Ricordando (3.10), per $x \in E$ e $y \in F$ si ha

$$\mathrm{p}_X(x) = \mathrm{P}(X = x), \qquad \mathrm{p}_Y(y) = \mathrm{P}(Y = y),$$
$$\mathrm{p}_{(X,Y)}(x, y) = \mathrm{P}\big((X, Y) = (x, y)\big) = \mathrm{P}(X = x, Y = y),$$

dove nell'ultima probabilità *la virgola indica l'intersezione di eventi*, ossia usiamo la notazione $\{X = x, Y = y\} := \{X = x\} \cap \{Y = y\}$ (lo faremo di frequente).

Proposizione 3.24 (Densità discrete congiunte e marginali)
Siano $X : \Omega \to E$ e $Y : \Omega \to F$ variabili aleatorie discrete, definite sullo stesso spazio di probabilità. Le densità marginali p_X, p_Y e la densità congiunta $\mathrm{p}_{X,Y}$ soddisfano le seguenti relazioni:

$$\forall x \in E : \quad \mathrm{p}_X(x) = \sum_{y \in F} \mathrm{p}_{X,Y}(x, y);$$
$$\forall y \in F : \quad \mathrm{p}_Y(y) = \sum_{x \in E} \mathrm{p}_{X,Y}(x, y). \tag{3.15}$$

Dimostrazione Sia $\tilde{F} \subseteq F$ un sottoinsieme finito o numerabile tale che $\mathrm{P}(Y \in \tilde{F}) = 1$. Possiamo esprimere $\{Y \in \tilde{F}\}$ come unione finita o numerabile di eventi disgiunti:

$$\{Y \in \tilde{F}\} = \bigcup_{y \in \tilde{F}} \{Y = y\}. \tag{3.16}$$

Infatti $\omega \in \{Y \in \tilde{F}\}$ se e solo se $Y(\omega) \in \tilde{F}$ e ciò equivale a richiedere che esista $y \in \tilde{F}$ per cui $Y(\omega) = y$, ossia $\omega \in \{Y = y\}$. Segue da (3.16) che per ogni $x \in E$

$$\{X = x, Y \in \tilde{F}\} = \bigcup_{y \in \tilde{F}} \{X = x, Y = y\}.$$

Ricordiamo che, se C è un evento di probabilità 1, allora $P(B) = P(B \cap C)$ per *ogni* evento $B \subset \Omega$ (si veda l'Esercizio 1.3). Pertanto, per la σ-additività,

$$p_X(x) = P(X = x) = P(X = x, Y \in \tilde{F}) = \sum_{y \in \tilde{F}} P(X = x, Y = y)$$

$$= \sum_{y \in \tilde{F}} P\big((X,Y) = (x,y)\big) = \sum_{y \in \tilde{F}} p_{X,Y}(x,y) = \sum_{y \in F} p_{X,Y}(x,y)\,,$$

dove, per l'ultima uguaglianza, abbiamo usato il fatto che se $y \notin \tilde{F}$, allora l'evento $\{(X,Y) = (x,y)\} \subseteq \{Y = y\} \subseteq \{Y \in \tilde{F}^c\}$ ha probabilità zero. □

Il risultato precedente si estende senza difficoltà concettuali, solo con notazioni più pesanti, al caso di più di due variabili aleatorie. Più precisamente, siano $X_1, \ldots, X_n$ variabili aleatorie discrete definite sullo stesso spazio di probabilità (Ω, P) a valori rispettivamente negli insiemi $E_1, \ldots, E_n$. La n-upla $(X_1, \ldots, X_n)$ è allora una variabile aleatoria discreta definita su (Ω, P) a valori nello spazio prodotto $E_1 \times \ldots \times E_n$. La densità discreta congiunta $p_{X_1,\ldots,X_n}$ — ossia la densità discreta della variabile aleatoria $(X_1, \ldots, X_n)$ — è legata alle densità discrete marginali p_{X_i} — ossia le densità discrete delle singole variabili aleatorie X_i — dalla seguente relazione:

$$p_{X_i}(x_i) = \sum_{j \neq i} \sum_{x_j \in E_j} p_{X_1,\ldots,X_n}(x_1, \ldots, x_n)\,, \qquad \forall x_i \in E_i\,,$$

in completa analogia con la relazione (3.15).

Più in generale, per ogni sottoinsieme di indici $\{i_1, \ldots, i_m\} \subseteq \{1, 2, \ldots, n\}$, in cui conveniamo che $i_1 < i_2 < \cdots < i_m$, è possibile considerare la variabile aleatoria $(X_{i_1}, X_{i_2}, \ldots, X_{i_m})$ definita su (Ω, P), a valori nello spazio prodotto $E_{i_1} \times \cdots \times E_{i_m}$. Vale allora la seguente relazione:

$$p_{X_{i_1},X_{i_2},\ldots,X_{i_m}}(x_{i_1}, x_{i_2}, \ldots, x_{i_m}) = \sum_{j \notin I} \sum_{x_j \in E_j} p_{X_1,X_2,\ldots,X_n}(x_1, x_2, \ldots, x_n)\,,$$

ossia la densità discreta congiunta di un sottoinsieme di componenti può essere ricavata dalla densità discreta congiunta di tutte le componenti, sommando sulle variabili relative alle "altre" componenti.

Esempio 3.25 Lanciamo due dadi regolari a sei facce e indichiamo con X il risultato del primo dado e con Y la somma dei risultati dei due dadi. Determiniamo la densità congiunta $p_{X,Y}$ e le densità marginali p_X e p_Y.

Come capita spesso, non è necessario scrivere in dettaglio uno spazio di probabilità (Ω, P) su cui definire X e Y, ma è sufficiente ragionare sugli eventi di interesse. Per calcolare la densità discreta congiunta $p_{X,Y}(x,y)$, notiamo che $\{X = x, Y = y\}$ è l'evento "il risultato del primo dado è x e la somma dei due numeri è y", cioè "il risultato del primo dado è x e il risultato del secondo dado è $y - x$". È pertanto necessario che x e $y - x$ siano entrambi in $\{1, \ldots, 6\}$ e, dato che i risultati dei due dadi sono indipendenti, si ha $P(X = x, Y = y) = \frac{1}{6} \cdot \frac{1}{6} = \frac{1}{36}$. Di conseguenza

$$p_{X,Y}(x,y) = \frac{1}{36}\, \mathbb{1}_{\{1,\ldots,6\}}(x)\, \mathbb{1}_{\{1,\ldots,6\}}(y - x)$$

$$= \begin{cases} \frac{1}{36} & \text{se } x \in \{1, \ldots, 6\} \text{ e } y \in \{x+1, \ldots, x+6\}\,, \\ 0 & \text{altrimenti}\,. \end{cases}$$

Le densità discrete marginali p_X e p_Y possono essere ricavate considerando singolarmente X e Y, oppure ottenute dalla congiunta $p_{X,Y}$ attraverso la formula (3.15). Procediamo nel secondo modo. Notiamo innanzitutto che $X(\Omega)=\{1,\ldots,6\}$ e $Y(\Omega)=\{2,3,\ldots,12\}$. Per ogni $x \in X(\Omega)=\{1,\ldots,6\}$ esistono esattamente 6 valori di $y \in \mathbb{N}$ tali che $y-x \in \{1,\ldots,6\}$, precisamente $\{x+1,\ldots,x+6\}$, pertanto

$$p_X(x) = \sum_{y\in\mathbb{N}} p_{X,Y}(x,y) = \frac{1}{36}\,\mathbb{1}_{\{1,\ldots,6\}}(x) \sum_{y\in\mathbb{N}} \mathbb{1}_{\{1,\ldots,6\}}(y-x) = \frac{1}{6}\,\mathbb{1}_{\{1,\ldots,6\}}(x)\,.$$

Questo è naturalmente lo stesso risultato dell'Esempio 3.15, dato che X rappresenta il numero ottenuto lanciando un dado regolare a sei facce.

Per quanto riguarda p_Y, dobbiamo determinare, per ogni $y \in Y(\Omega)=\{2,\ldots,12\}$ fissato, quanti valori di $x \in \mathbb{N}$ ci sono per cui $x \in \{1,\ldots,6\}$ e allo stesso tempo $y-x \in \{1,\ldots,6\}$, ossia $x \in \{1,\ldots,6\} \cap \{y-6,\ldots,y-1\}$. Per enumerazione diretta, ci si rende facilmente conto che

$$\{1,\ldots,6\} \cap \{y-6,\ldots,y-1\} = \begin{cases} \{1,\ldots,y-1\} & \text{se } y \in \{2,\ldots,7\}\,, \\ \{y-6,\ldots,6\} & \text{se } y \in \{8,\ldots,12\}\,, \end{cases}$$

pertanto

$$\begin{aligned} p_Y(y) &= \sum_{x\in\mathbb{N}} p_{X,Y}(x,y) = \frac{|\{1,\ldots,6\} \cap \{y-6,\ldots,y-1\}|}{36} \\ &= \begin{cases} \frac{y-1}{36} & \text{se } y \in \{2,\ldots,7\}\,, \\ \frac{13-y}{36} & \text{se } y \in \{8,\ldots,12\}\,. \end{cases} \end{aligned}$$

□

La Proposizione 3.24 mostra che le distribuzioni marginali di due variabili aleatorie discrete possono essere determinate a partire dalla distribuzione congiunta (si veda anche l'Esercizio 3.6). Ci si può chiedere se valga il viceversa: la distribuzione congiunta è determinata dalle distribuzioni marginali? La risposta è *negativa*, come mostrano i due seguenti esempi, in cui costruiamo due coppie di variabili aleatorie con le stesse distribuzioni marginali ma con diversa distribuzione congiunta.

Intuitivamente, la distribuzione congiunta descrive il comportamento collettivo delle variabili aleatorie in questione e *contiene dunque più informazione* delle distribuzioni marginali, che ne descrivono solo i comportamenti individuali.

Esempio 3.26 (Estrazioni con reimmissione) Un'urna contiene n palline, numerate da 1 a n. Estraiamo due palline *con* reimmissione e indichiamo con X_1 e X_2 le palline estratte. Dato che ogni pallina ha la stessa probabilità $\frac{1}{n}$ di essere estratta, in ciascuna delle estrazioni, le densità discrete marginali di X_1 e X_2 sono date da

$$p_{X_1}(x) = p_{X_2}(x) = \frac{1}{n}\,\mathbb{1}_{\{1,\ldots,n\}}(x)\,. \tag{3.17}$$

Si ha inoltre $P(X_2 = x_2 \mid X_1 = x_1) = \frac{1}{n}$ per ogni $x_1, x_2 \in \{1, \ldots, n\}$. Infatti sapere di aver pescato la pallina x_1 alla prima estrazione non influenza la seconda estrazione, perché la pallina viene reimmessa nell'urna. La densità discreta congiunta vale dunque

$$p_{X_1,X_2}(x_1, x_2) = P(X_1 = x_1)\, P(X_2 = x_2 | X_1 = x_1) = \frac{1}{n^2}\, \mathbb{1}_{\{1,\ldots,n\}}(x_1)\, \mathbb{1}_{\{1,\ldots,n\}}(x_2)\,,$$

da cui, volendo, si ritrovano le densità discrete marginali in (3.17).

(Si noti che la distribuzione di X_1 (o di X_2) non è altro che la probabilità uniforme sull'insieme $\{1, \ldots, n\}$, definita nell'Esempio 1.18. Variabili aleatorie con tale distribuzione sono dette *uniformi discrete*: ci ritorneremo nel Paragrafo 3.5.1.) □

Esempio 3.27 (Estrazioni senza reimmissione) Un'urna contiene n palline, numerate da 1 a n. Estraiamo due palline *senza* reimmissione e indichiamo con X_1 e X_2 i numeri delle palline estratte. Chiaramente la densità discreta di X_1 è la stessa (3.17) dell'esempio precedente.

Per la densità discreta congiunta, notiamo che $P(X_2 = x_2 | X_1 = x_1) = 0$ se $x_1 = x_2$, visto che la prima pallina estratta *non* viene reimmessa nell'urna. Se invece $x_1 \neq x_2$, si ha $P(X_2 = x_2 | X_1 = x_1) = \frac{1}{n-1}$ perché dopo la prima estrazione restano $n - 1$ palline nell'urna. Dato che $p_{X_1,X_2}(x_1, x_2) = P(X_1 = x_1)\, P(X_2 = x_2 | X_1 = x_1)$, si ottiene

$$p_{X_1,X_2}(x_1, x_2) = \begin{cases} 0 & \text{se } x_1 = x_2\,, \\ \dfrac{1}{n(n-1)} & \text{se } x_1 \neq x_2\,, \text{ con } x_1, x_2 \in \{1, \ldots n\}\,. \end{cases}$$

Applicando la formula (3.15), si ricava la densità discreta marginale di X_2:

$$p_{X_2}(x) = \frac{1}{n}\, \mathbb{1}_{\{1,\ldots,n\}}(x) = p_{X_1}(x)\,.$$

Quindi anche X_2 ha distribuzione uniforme in $\{1, \ldots, n\}$, un fatto non evidente a priori. Sottolineiamo che le distribuzioni marginali di X_1 e X_2 sono le stesse dell'esempio precedente, mentre la distribuzione congiunta è diversa. □

3.2.2 *Indipendenza di variabili aleatorie*

Nel Paragrafo 1.3.3 abbiamo definito l'indipendenza di eventi di uno spazio di probabilità (Ω, P). Estendiamo ora la nozione di indipendenza alle variabili aleatorie, cominciando dal caso di una famiglia finita.

Definizione 3.28 (Indipendenza di n variabili aleatorie)
Siano $X_1, X_2, \dots, X_n$ variabili aleatorie, definite nello stesso spazio di probabilità, a valori rispettivamente negli insiemi $E_1, E_2, \dots, E_n$. Esse si dicono *indipendenti* se per ogni scelta dei sottoinsiemi $A_1 \subseteq E_1, A_2 \subseteq E_2, \dots, A_n \subseteq E_n$ si ha

$$P(X_1 \in A_1, X_2 \in A_2, \dots, X_n \in A_n) = \prod_{i=1}^{n} P(X_i \in A_i). \qquad (3.18)$$

Nel caso speciale di due sole variabili aleatorie $X : \Omega \to E$ e $Y : \Omega \to F$, la relazione (3.18) che caratterizza l'indipendenza di X e Y si scrive nel modo seguente:

$$P(X \in A, Y \in B) = P(X \in A)\, P(Y \in B)\,, \qquad \forall A \subseteq E\,,\ \forall B \subseteq F\,. \qquad (3.19)$$

La nozione di indipendenza di due variabili aleatorie formalizza l'idea intuitiva che *"avere informazioni sul valore di una variabile non modifica le previsioni che si possono fare sul valore dell'altra"*. Infatti, la relazione (3.19) mostra che gli eventi $\{X \in A\}$ e $\{Y \in B\}$ sono indipendenti, per ogni scelta dei sottoinsiemi A e B negli spazi di arrivo di X e Y. Di conseguenza, se $P(X \in A) \neq 0$, possiamo scrivere

$$P(Y \in B \mid X \in A) = P(Y \in B)\,,$$

ossia l'informazione che X ha assunto valori in A non modifica la probabilità che Y assuma valori in B, per qualunque scelta di A e B.

Analogamente, l'indipendenza delle variabili aleatorie $X_1, X_2, \dots, X_n$ significa intuitivamente che "avere informazioni sui valori di alcune variabili della famiglia non modifica le previsioni che si possono fare sui valori delle altre variabili".

Osservazione 3.29 Ricordando la Definizione 1.68 di indipendenza di una famiglia di eventi, può sembrare strano che la relazione (3.18) non venga imposta anche per ogni sottofamiglia di indici $\{i_1, i_2, \dots, i_k\} \subseteq \{1, 2, \dots, n\}$. La ragione è che ciò non è necessario: infatti, scegliendo $A_j = E_j$ per $j \notin \{i_1, i_2, \dots, i_k\}$, si ha che $\{X_j \in A_j\} = \{X_j \in E_j\} = \Omega$ per tali valori di j, pertanto si ottiene da (3.18)

$$\begin{aligned} P(X_{i_1} \in A_{i_1}, X_{i_2} \in A_{i_2}, \dots, X_{i_k} \in A_{i_k}) &= P(X_1 \in A_1, X_2 \in A_2, \dots, X_n \in A_n) \\ &= \prod_{i=1}^{n} P(X_i \in A_i) = \prod_{j=1}^{k} P(X_{i_j} \in A_{i_j}). \end{aligned}$$

In particolare, se $X_1, X_2, \dots, X_n$ sono variabili aleatorie indipendenti, anche $X_{i_1}, X_{i_2}, \dots, X_{i_k}$ lo sono, per ogni scelta di $\{i_1, i_2, \dots, i_k\} \subseteq \{1, 2, \dots, n\}$. □

La nozione di indipendenza di una famiglia arbitraria (non necessariamente finita) di variabili aleatorie è data nella seguente definizione che, grazie all'osservazione appena fatta, è consistente con la Definizione 3.28.

Definizione 3.30 (Indipendenza di variabili aleatorie)
Siano $(X_i)_{i \in I}$ variabili aleatorie definite nello stesso spazio di probabilità, dove l'insieme di indici I è arbitrario. Esse si dicono indipendenti se ogni sottofamiglia finita $(X_j)_{j \in J}$, con $J \subseteq I$ e $|J| < \infty$, è formata da variabili aleatorie indipendenti.

Confrontando questa definizione con la Definizione 1.68 di indipendenza tra eventi, si ottiene facilmente (esercizio) la seguente proposizione.

Proposizione 3.31
Siano $(X_i)_{i \in I}$ variabili aleatorie definite nello stesso spazio di probabilità, a valori rispettivamente negli insiemi $(E_i)_{i \in I}$. Le seguenti affermazioni sono equivalenti:

(i) *le variabili aleatorie $(X_i)_{i \in I}$ sono indipendenti;*
(ii) *per ogni scelta di $A_i \subseteq E_i$, gli eventi $(\{X_i \in A_i\})_{i \in I}$ sono indipendenti.*

Mostriamo ora come l'indipendenza di variabili aleatorie discrete si può caratterizzare in termini delle loro densità discrete, congiunta e marginali.

Proposizione 3.32 (Indipendenza e densità discreta)
Siano $X : \Omega \to E$ e $Y : \Omega \to F$ variabili aleatorie discrete definite sullo stesso spazio di probabilità, di cui indichiamo le densità discrete marginali con $\mathrm{p}_X, \mathrm{p}_Y$ e la densità discreta congiunta con $\mathrm{p}_{X,Y}$. Esse sono indipendenti se e solo se vale la relazione

$$\mathrm{p}_{X,Y}(x,y) = \mathrm{p}_X(x)\, \mathrm{p}_Y(y)\,, \qquad \forall x \in E\,, y \in F\,. \tag{3.20}$$

Dimostrazione Siano X e Y indipendenti. Per ogni $x \in E$ e $y \in F$, applicando la relazione (3.19) con $A = \{x\}$ e $B = \{y\}$ si ottiene

$$\mathrm{p}_{X,Y}(x,y) = \mathrm{P}(X = x, Y = y) = \mathrm{P}(X = x)\, \mathrm{P}(Y = y) = \mathrm{p}_X(x)\, \mathrm{p}_Y(y)\,.$$

Viceversa, assumiamo che valga la relazione (3.20). Si ha allora

$$\begin{aligned} \mathrm{P}(X \in A, Y \in B) &= \mathrm{P}((X,Y) \in A \times B) = \sum_{(x,y)\in A\times B} \mathrm{p}_{X,Y}(x,y) \\ &= \sum_{(x,y)\in A\times B} \mathrm{p}_X(x)\,\mathrm{p}_Y(y) = \Big(\sum_{x\in A} \mathrm{p}_X(x)\Big)\Big(\sum_{y\in B} \mathrm{p}_Y(y)\Big) \\ &= \mathrm{P}(X \in A)\,\mathrm{P}(Y \in B)\,, \end{aligned}$$

dove nella seconda uguaglianza abbiamo usato il legame tra distribuzione e densità discreta per la variabile aleatoria (X, Y) (si ricordi la formula (3.9) applicata a (X, Y)) mentre nella quarta uguaglianza abbiamo usato la somma a blocchi (0.13). Abbiamo ottenuto la relazione (3.19), che caratterizza l'indipendenza di X e Y. □

La Proposizione 3.32 si estende al caso di n variabili aleatorie discrete $X_1, \ldots, X_n$, definite nello stesso spazio di probabilità a valori rispettivamente negli insiemi $E_1, \ldots, E_n$. Indicando con $\mathrm{p}_{X_1,\ldots,X_n}$ la loro densità discreta congiunta e con p_{X_i} le densità discrete marginali, esse sono indipendenti se e solo se

$$\mathrm{p}_{X_1,\ldots,X_n}(x_1,\ldots,x_n) = \prod_{i=1}^{n} \mathrm{p}_{X_i}(x_i)\,, \qquad \forall (x_1,\ldots,x_n) \in E_1 \times \cdots \times E_n\,. \quad (3.21)$$

Osservazione 3.33 La Proposizione 3.32 mostra che la densità discreta congiunta può essere ricavata dalle densità discrete marginali, se le variabili aleatorie sono indipendenti. *Questo non è possibile in generale*: esistono infatti coppie di variabili aleatorie con le stesse densità discrete marginali ma con densità discrete congiunte diverse. Ad esempio, estraendo due palline da un'urna che ne contiene n (numerate progressivamente da 1 a n) e indicando con X_1 e X_2 i numeri delle palline estratte:

- *se l'estrazione avviene con reimmissione, X_1 e X_2 sono variabili aleatorie indipendenti*: infatti, come abbiamo visto nell'Esempio 3.26, si ha

$$\mathrm{p}_{X_1,X_2}(x_1,x_2) = \mathrm{p}_{X_1}(x_1)\,\mathrm{p}_{X_2}(x_2)\,, \qquad \forall x_1, x_2 \in \{1,\ldots,n\}\,;$$

- tale relazione invece non è verificata nell'Esempio 3.27, pertanto X_1 *e* X_2 *non sono indipendenti se l'estrazione avviene senza reimmissione*.

Tutto ciò si generalizza al caso in cui dall'urna vengano estratte più di due palline, come mostreremo negli Esempi 3.117 e 3.118, che sono accessibili già da ora. □

Osservazione 3.34 Siano X, Y due variabili aleatorie discrete, definite sullo stesso spazio di probabilità a valori negli insiemi E e F rispettivamente, la cui densità congiunta si fattorizza

$$\mathrm{p}_{X,Y}(x,y) = \alpha(x)\,\beta(y)\,, \qquad \forall x \in E\,,\ y \in F\,,$$

con $\alpha : E \to \mathbb{R}^+$ e $\beta : F \to \mathbb{R}^+$ funzioni positive. Mostriamo che X e Y sono indipendenti. Si ha

$$\mathrm{p}_X(x) = \sum_{y\in F} \mathrm{p}_{X,Y}(x,y) = B\,\alpha(x)\,,$$

grazie alla Proposizione 3.24, dove $B := \sum_{y \in F} \beta(y) \in [0, +\infty]$. Analogamente

$$p_Y(y) = A\,\beta(y),$$

con $A = \sum_{x \in E} \alpha(x) \in [0, +\infty]$. Inoltre

$$1 = \sum_{x \in E,\, y \in F} p_{X,Y}(x, y) = \Big(\sum_{x \in E} \alpha(x)\Big)\Big(\sum_{y \in F} \beta(y)\Big) = A\,B,$$

quindi $A \in (0, \infty)$, $B \in (0, \infty)$ e $B = 1/A$. Di conseguenza

$$p_{X,Y}(x, y) = \alpha(x)\beta(y) = p_X(x)\, p_Y(y), \qquad \forall x \in E,\ y \in F,$$

e dunque X e Y sono indipendenti per la Proposizione 3.32.

Questo argomento è facilmente generalizzabile a una famiglia finita: se $X_1, \ldots, X_n$ sono n variabili aleatorie discrete, a valori rispettivamente in $E_1, \ldots, E_n$, tali che

$$p_{X_1,\ldots,X_n}(x_1, \ldots, x_n) = \alpha_1(x_1) \cdots \alpha_n(x_n), \qquad \forall x_1 \in E_1, \ldots, x_n \in E_n,$$

per opportune funzioni positive $\alpha_i : E_i \to \mathbb{R}^+$, con $i = 1, \ldots, n$, allora le variabili aleatorie $X_1, \ldots, X_n$ sono indipendenti. □

3.2.3 Rivisitazione delle prove ripetute e indipendenti

Nel Paragrafo 1.3.4 abbiamo introdotto "prove ripetute e indipendenti con probabilità di successo p". Le abbiamo descritte per mezzo di una famiglia finita o numerabile $C_1, C_2, \ldots$ di eventi indipendenti con la stessa probabilità $p = P(C_i)$, in cui C_i rappresenta intuitivamente l'evento "l'i-esima prova ha successo". Vediamo ora come fornire una descrizione equivalente per mezzo di *variabili aleatorie*.

Siano $X_1, X_2, \ldots$ le variabili aleatorie indicatrici degli eventi $C_1, C_2, \ldots$ ossia

$$X_i(\omega) := \mathbb{1}_{C_i}(\omega) = \begin{cases} 1 & \text{se } \omega \in C_i, \\ 0 & \text{se } \omega \notin C_i, \end{cases} \tag{3.22}$$

Intuitivamente, queste variabili aleatorie descrivono gli esiti delle prove: $X_i = 1$ se la prova i-esima ha avuto successo e $X_i = 0$ altrimenti. Gli eventi $C_i = \{X_i = 1\}$ possono essere ricostruiti a partire da tali variabili aleatorie e, di conseguenza, ogni quantità di interesse può essere espressa in funzione di $X_1, X_2, \ldots$.[2]

L'indipendenza degli eventi $C_1, C_2, \ldots$ è equivalente all'indipendenza delle variabili aleatorie $X_1, X_2, \ldots$ (si veda l'Esercizio 3.10). Inoltre, per l'Esempio 3.17,

[2] Ad esempio, le variabili aleatorie S e T degli Esempi 3.4 e 3.18, che descrivono rispettivamente il numero di prove che hanno avuto successo e la prima prova che ha avuto successo, sono esprimibili in funzione di $X_1, X_2, \ldots$ mediante $S = X_1 + \ldots + X_n$ e $T = \min\{i \in \{1, \ldots, n\} : X_i = 1\}$.

il fatto che gli eventi abbiano probabilità $p = \mathrm{P}(C_i)$ è equivalente al fatto che le variabili aleatorie X_i abbiano densità discreta

$$\mathrm{p}_{X_i}(t) = \mathrm{q}(t) := \begin{cases} p & \text{se } t = 1\,, \\ 1-p & \text{se } t = 0\,, \\ 0 & \text{se } t \notin \{0,1\}\,. \end{cases} \tag{3.23}$$

Quindi, per descrivere *prove ripetute e indipendenti con probabilità di successo* p, d'ora in avanti ci riferiremo equivalentemente a una delle seguenti costruzioni:

- una famiglia di eventi $C_1, C_2, \ldots$ indipendenti con la stessa probabilità p;
- una famiglia di variabili aleatorie discrete $X_1, X_2, \ldots$ indipendenti e con la stessa distribuzione, con densità discreta $\mathrm{q}(\cdot)$ data in (3.23).

La distribuzione di ciascuna variabile aleatoria X_i, detta *Bernoulli di parametro* p, gioca un ruolo importante in probabilità e sarà analizzata nel Paragrafo 3.5.2.

Osservazione 3.35 Molti modelli probabilistici studiati nel Capitolo 1 possono essere riformulati più intuitivamente usando variabili aleatorie. In particolare, i modelli di estrazione di palline da un'urna (con e senza reimmissione) e di inserimento di oggetti in cassetti, introdotti negli Esempi 1.45, 1.46 e 1.78, verranno riconsiderati negli Esempi 3.117 e 3.118, che sono accessibili già da ora. □

Osservazione 3.36 La densità discreta in (3.23) può essere riscritta nel modo $\mathrm{q}(t) = p^t(1-p)^{1-t}$ per $t \in \{0,1\}$ (con la convenzione $0^0 := 1$). Ricordando la relazione (3.21), che caratterizza l'indipendenza di variabili aleatorie, e la formula (1.77), otteniamo la densità congiunta di $X_1, \ldots, X_n$:

$$\mathrm{p}_{X_1,\ldots,X_n}(x_1,\ldots,x_n) = \prod_{i=1}^n \mathrm{p}_{X_i}(x_i) = \prod_{i=1}^n p^{x_i}(1-p)^{1-x_i} = \mathrm{P}_{n,p}(\{(x_1,\ldots,x_n)\})\,. \tag{3.24}$$

Dunque la distribuzione congiunta del vettore aleatorio $(X_1, \ldots, X_n)$ sullo spazio $\{0,1\}^n = \Omega_n$ non è altro che la probabilità "canonica" $\mathrm{P}_{n,p}$ costruita nel Paragrafo 1.3.4, si veda la formula (1.77). □

3.2.4 *Proprietà dell'indipendenza*

Un'osservazione elementare ma importante è che l'indipendenza di n variabili aleatorie $X_1, \ldots, X_n$ *è una proprietà della loro distribuzione congiunta.*

Proposizione 3.37
Siano $X_1, \ldots, X_n$ variabili aleatorie indipendenti. Se le variabili aleatorie $X_1', \ldots, X_n'$ hanno la stessa distribuzione congiunta di $X_1, \ldots, X_n$, anche esse sono indipendenti.

Dimostrazione Per ipotesi $X_1, \ldots, X_n$ sono indipendenti, pertanto vale la relazione relazione (3.18), che possiamo riscrivere usando la *distribuzione congiunta* e le *distribuzioni marginali*:

$$\mu_{X_1,\ldots,X_n}(A_1 \times \ldots \times A_n) = \mu_{X_1}(A_1) \cdot \ldots \cdot \mu_{X_n}(A_n). \tag{3.25}$$

Per ipotesi, le variabili aleatorie $X_1, \ldots, X_n$ e $X_1', \ldots, X_n'$ hanno la stessa distribuzione congiunta: $\mu_{X_1,\ldots,X_n} = \mu_{X_1',\ldots,X_n'}$. Allora hanno le stesse distribuzioni marginali: $\mu_{X_i} = \mu_{X_i'}$ per ogni $i = 1, \ldots, n$, per l'Esercizio 3.6 (o la Proposizione 3.24, nel caso di variabili aleatorie discrete). Quindi la relazione (3.25) vale anche per le variabili aleatorie $X_1', \ldots, X_n'$, che dunque sono anch'esse indipendenti. □

Mostriamo ora una che se si divide una famiglia di variabili aleatorie indipendenti in sottofamiglie disgiunte ("blocchi"), si ottengono variabili aleatorie indipendenti. Per semplicità di notazione, enunciamo il risultato nel caso di due blocchi.

Proposizione 3.38 (Indipendenza a blocchi)
Siano $X_1, \ldots, X_n$ variabili aleatorie indipendenti e siano $I = \{i_1, \ldots, i_h\}$, $J = \{j_1, \ldots, j_k\}$ sottoinsiemi non vuoti e disgiunti *di $\{1, \ldots, n\}$. Allora le variabili aleatorie X_I e X_J, definite da*

$$X_I := (X_{i_1}, \ldots, X_{i_h}), \qquad X_J := (X_{j_1}, \ldots, X_{j_k}),$$

sono indipendenti.

Dimostrazione Assumiamo ai fini della dimostrazione che $X_1, \ldots, X_n$ siano variabili aleatorie discrete. Osserviamo che le variabili aleatorie $(X_\ell)_{\ell \in I \cup J}$ sono indipendenti, così come lo sono le le variabili aleatorie $(X_i)_{i \in I}$ e le variabili aleatorie $(X_j)_{j \in J}$. Di conseguenza, scrivendo per brevità $x_I := (x_{i_1}, \ldots, x_{i_h})$ e $x_J := (x_{j_1}, \ldots, x_{j_k})$, per ogni x_I e x_J si ha, grazie alla Proposizione 3.24,

$$\begin{aligned}
\mathrm{p}_{X_I,X_J}(x_I, x_J) &= \mathrm{p}_{X_{i_1},\ldots,X_{i_h},X_{j_1},\ldots,X_{j_k}}(x_{i_1}, \ldots, x_{i_h}, x_{j_1}, \ldots, x_{j_k}) \\
&= \prod_{r=1}^{h} \prod_{s=1}^{k} \mathrm{p}_{X_{i_r}}(x_{i_r})\, \mathrm{p}_{X_{j_s}}(x_{j_s}) = \left(\prod_{r=1}^{h} \mathrm{p}_{X_{i_r}}(x_{i_r}) \right) \left(\prod_{s=1}^{k} \mathrm{p}_{X_{j_s}}(x_{j_s}) \right) \\
&= \mathrm{p}_{X_I}(x_I)\, \mathrm{p}_{X_j}(x_J),
\end{aligned}$$

da cui segue l'indipendenza di X_I e X_J, grazie alla Proposizione 3.32. □

La prossima proposizione stabilisce che *funzioni di variabili aleatorie indipendenti sono indipendenti*. Anche in questo caso, il risultato si estende facilmente a più di due variabili aleatorie. Qui e nel seguito, se $X : \Omega \to E$ e $f : E \to H$ sono due applicazioni, la loro composizione $f \circ X : \Omega \to H$ verrà indicata con $f(X)$.

Proposizione 3.39 (Conservazione dell'indipendenza)
Siano X e Y variabili aleatorie indipendenti, a valori rispettivamente negli insiemi E e F. Siano inoltre H, K due insiemi e $f : E \to H$, $g : F \to K$ funzioni arbitrarie. Allora anche le variabili aleatorie $f(X)$ e $g(Y)$ sono indipendenti.

Dimostrazione Basta osservare che, se $A \subseteq H$, $B \subseteq K$,

$$\begin{aligned} \mathrm{P}(f(X) \in A, g(Y) \in B) &= \mathrm{P}(X \in f^{-1}(A), Y \in g^{-1}(B)) \\ &= \mathrm{P}(X \in f^{-1}(A))\,\mathrm{P}(Y \in g^{-1}(B)) = \mathrm{P}(f(X) \in A)\,\mathrm{P}(g(Y) \in B)\,, \end{aligned}$$

dunque $f(X)$ e $g(Y)$ sono indipendenti. □

Vediamo un esempio di applicazione congiunta delle Proposizioni 3.38 e 3.39.

Corollario 3.40 (Somme di blocchi disgiunti)
Dati $n, m \in \mathbb{N}$ e variabili aleatorie reali indipendenti $X_1, \ldots, X_n, X_{n+1}, \ldots, X_{n+m}$, le somme di "blocchi disgiunti" $Y := X_1 + \cdots + X_n$ e $Z := X_{n+1} + \cdots + X_{n+m}$ sono variabili aleatorie indipendenti.

Dimostrazione La Proposizione 3.38 con $I = \{1, 2, \ldots, n\}$, $J = \{n+1, \ldots, n+m\}$ mostra che le variabili aleatorie $X_I = (X_1, \ldots, X_n)$ e $X_J = (X_{n+1}, \ldots, X_{n+m})$ sono indipendenti. Indicando con $f_k(x_1, \ldots, x_k) := x_1 + \ldots + x_k$ la funzione somma, possiamo scrivere $Y = f_n(X_I)$ e $Z = f_m(X_J)$. La conclusione segue dalla Proposizione 3.39. □

Concludiamo con alcune considerazioni, che sono una conseguenza immediata delle definizioni di indipendenza e di distribuzione per variabili aleatorie:

- due variabili aleatorie X, Y *indipendenti* devono essere necessariamente definite sullo *stesso* spazio di probabilità (Ω, P), ma possono assumere valori in insiemi diversi E, F;
- due variabili aleatorie X, Y *con la stessa distribuzione* devono invece assumere necessariamente valori nello stesso insieme E, ma possono essere definite su spazi di probabilità diversi (Ω, P) e (Ω', P').

Di conseguenza, nell'enunciato della Proposizione 3.37, l'ipotesi che le variabili aleatorie $X_1, \ldots, X_n$ siano indipendenti sottintende la richiesta che esse siano definite sullo stesso spazio di probabilità, mentre l'ipotesi che le variabili aleatorie

$X'_1, \ldots, X'_n$ abbiano la stessa distribuzione congiunta di $X_1, \ldots, X_n$ sottintende che X_i abbia lo stesso spazio di arrivo di X'_i. Queste condizioni non sono state esplicitamente indicate per alleggerire la notazione, ma è importante esserne coscienti: parlare di variabili aleatorie indipendenti definite su spazi di probabilità diversi non ha alcun senso! Discorsi analoghi valgono per gli enunciati delle Proposizioni 3.38 e 3.39.

3.2.5 Costruzione di variabili aleatorie indipendenti

Consideriamo il seguente problema, molto importante dal punto di vista sia teorico che applicativo: è possibile costruire *una famiglia finita di variabili aleatorie indipendenti con distribuzioni marginali assegnate*? Più precisamente, assegnati $n \in \mathbb{N}$, degli insiemi $E_1, \ldots, E_n$ e delle probabilità μ_1 su E_1, …, μ_n su E_n, esiste uno spazio di probabilità (Ω, P) su cui siano definite variabili aleatorie *indipendenti* $X_1, \ldots, X_n$, tali che X_i abbia distribuzione $\mu_{X_i} = \mu_i$ per ogni $i = 1, \ldots, n$?

La risposta è affermativa. Diamo la dimostrazione nel caso in cui le probabilità assegnate μ_i siano discrete, indicando con p_i le densità discrete associate (si ricordi il Corollario 1.16). Grazie alla Proposizione 3.32, si veda l'equazione (3.21), *il problema è equivalente alla costruzione di una variabile aleatoria* $X := (X_1, \ldots, X_n)$ *a valori in* $E := E_1 \times \ldots \times E_n$ *con la seguente densità discreta* p:[3]

$$\mathrm{p}(x) := \mathrm{p}_1(x_1) \cdots \mathrm{p}_n(x_n), \qquad \forall x = (x_1, \ldots, x_n) \in E. \tag{3.26}$$

È possibile costruire una tale variabile aleatoria per mezzo della costruzione canonica descritta nel Paragrafo 3.1.6 (si veda in particolare l'Osservazione 3.23).

Più in dettaglio, si può scegliere come spazio campionario Ω lo spazio di arrivo "congiunto" $E = E_1 \times \ldots \times E_n$, munito della probabilità discreta P su Ω associata alla densità discreta (3.26), definendo $X : E \to E$ come la funzione identità: $X(x) := x$ per ogni $x = (x_1, \ldots, x_n) \in \Omega$. Le singole variabili aleatorie $X_i : E \to E_i$ sono allora le proiezioni coordinate $X_i(x) = x_i$.

Osservazione 3.41 È naturale chiedersi se si possa passare dal caso finito al caso infinito. Ad esempio, assegnati degli insiemi $(E_i)_{i \in \mathbb{N}}$ e, per ogni $i \in \mathbb{N}$, una densità discreta p_i su E_i, si possono costruire variabili aleatorie discrete *indipendenti* $(X_i)_{i \in \mathbb{N}}$, tali che la densità discreta di X_i sia $\mathrm{p}_{X_i} = \mathrm{p}_i$? La risposta è positiva, ma la costruzione richiede la nozione generale di spazio di probabilità, che discuteremo nel Capitolo 5.

Per esempio, abbiamo visto nel Paragrafo 1.3.4.5 che in uno spazio di probabilità discreto non si può definire una successione infinita di eventi indipendenti con probabilità $p \in (0, 1)$. Questo mostra che *non c'è nessuno spazio di probabilità*

---

[3] Si verifica facilmente, usando la somma a blocchi (0.13), che la formula (3.26) definisce effettivamente una densità discreta p su E; inoltre, se $X = (X_1, \ldots, X_n)$ ha densità discreta $\mathrm{p}_X = \mathrm{p}$ data da (3.26), segue facilmente dalla Proposizione 3.24 che $\mathrm{p}_{X_1} = \mathrm{p}_1, \ldots, \mathrm{p}_{X_n} = \mathrm{p}_n$.

discreto su cui si può definire una successione $(X_i)_{i \in \mathbb{N}}$ di variabili aleatorie indipendenti, con spazi di arrivo $E_i = \{0, 1\}$ e distribuzioni marginali $\mathrm{p}_i(\cdot) = \mathrm{q}(\cdot)$ date da (3.23), ossia $\mathrm{P}(X_i = 1) = p$ e $\mathrm{P}(X_i = 0) = 1 - p$.

Una facile estensione dell'argomento usato nel Paragrafo 1.3.4.5 mostra che *su uno spazio di probabilità discreto non è possibile definire una successione* $(X_i)_{i \in \mathbb{N}}$ *di variabili aleatorie indipendenti e con la stessa distribuzione*, eccetto nel caso "banale" in cui tale distribuzione sia concentrata in un punto, ossia le variabili X_i siano quasi certamente costanti. □

3.2.6 Dallo spazio di probabilità alle variabili aleatorie

Come si sarà notato, in questo capitolo c'è stato uno spostamento progressivo di enfasi *dallo spazio di probabilità alle variabili aleatorie*, che saranno sempre più l'oggetto centrale della nostra analisi. Le ragioni sono molteplici e si chiariranno nel seguito, ma vale la pena di fare alcune considerazioni.

Se in molti casi è naturale formulare un problema probabilistico in termini di variabili aleatorie, in altri casi l'uso di variabili aleatorie è una questione di "gusto". Ad esempio, per descrivere l'esito del lancio di un dado regolare a sei facce:

(i) si può considerare lo spazio di probabilità (E, μ), in cui $E := \{1, 2, 3, 4, 5, 6\}$ e μ è la probabilità uniforme su E, senza fare riferimento a variabili aleatorie;
(ii) oppure si può considerare una variabile aleatoria X, *definita su uno spazio di probabilità* (Ω, P) *non specificato*, a valori in E e con distribuzione $\mu_X = \mu$.

Preferiremo il secondo approccio, perché permette più flessibilità. Ad esempio, se vogliamo arricchire l'esperimento con il lancio di una moneta equilibrata, ci basta supporre che su (Ω, P) sia definita una seconda variabile Y, indipendente da X e con distribuzione uniforme nell'insieme $\{T, C\}$. A tal fine, potrebbe essere necessario ampliare lo spazio di probabilità originario (Ω, P), come nell'Esempio 3.15, ma *possiamo fare questa estensione implicitamente*, continuando a chiamare X l'esito del dado, perché non abbiamo specificato la scelta di (Ω, P).

Se adottiamo il primo approccio, invece, per incorporare il lancio della moneta dobbiamo modificare *esplicitamente* il modello, considerando lo spazio di probabilità (E', μ') dove $E' = E \times \{T, C\}$ e μ' è la probabilità uniforme su E'. Per di più, se in questo modello ampliato vogliamo descrivere l'esito del lancio del dado, siamo "costretti" a introdurre una variabile aleatoria, la proiezione $X : E' \to E$ (come nell'Esempio 3.15): ma questo è un caso particolare del secondo approccio, in cui $(\Omega, \mathrm{P}) = (E', \mu')$! Tanto vale, allora, usare variabili aleatorie sin dal principio, lasciando implicito lo spazio di probabilità (Ω, P) su cui sono definite.

Un'altra ragione fondamentale per l'uso di variabili aleatorie è la loro ricca struttura matematica. Ad esempio, le variabili aleatorie *reali* possono essere sommate, moltiplicate, ecc. e ne definiremo a breve il valore medio, che permette di ottenere *stime esplicite sulle probabilità di eventi* (si veda il Teorema 3.77). Ne vedremo un'applicazione importante nel Capitolo 7, con la legge dei grandi numeri.

In conclusione, nel seguito formuleremo spesso problemi della forma: "Siano $X_1, \ldots, X_n$ variabili aleatorie indipendenti, con le seguenti distribuzioni marginali...". *Problemi di questo tipo sono sempre ben posti*, nel senso che esiste uno spazio di probabilità (Ω, P) su cui sono definite variabili aleatorie con le proprietà richieste, per quanto visto nel Paragrafo 3.2.5. Inoltre, per quanto possa apparire sorprendente, *la scelta dello spazio di probabilità* (Ω, P) *non è rilevante*. Infatti la probabilità di ogni evento che dipende dalle variabili aleatorie $X_1, \ldots, X_n$ può essere calcolata conoscendo la distribuzione congiunta $\mu_{X_1,\ldots,X_n}$ e questa, a sua volta, è univocamente determinata dalle distribuzioni marginali fissate (perché $X_1, \ldots, X_n$ sono indipendenti per costruzione), grazie alla Proposizione 3.32.

In definitiva, se un problema può essere espresso in funzione di una famiglia di variabili aleatorie, quello che conta è la loro distribuzione congiunta: dettagli aggiuntivi sullo spazio di probabilità su cui esse sono definite non sono rilevanti. Per questa ragione, lo spazio di probabilità resterà sempre più "sullo sfondo" e spesso non sarà nemmeno menzionato (ma è concettualmente importante sapere che c'è!).

Esercizi

Esercizio 3.5 Siano $X : \Omega \to E$ e $Y : \Omega \to F$ due variabili aleatorie *discrete*, definite sullo stesso spazio di probabilità (Ω, P) a valori in insiemi anche diversi. Si mostri che la variabile aleatoria congiunta $(X, Y)(\omega) := (X(\omega), Y(\omega))$, definita su Ω a valori in $E \times F$, è anch'essa una variabile aleatoria discreta.

Esercizio 3.6 Siano $X : \Omega \to E$ e $Y : \Omega \to F$ due variabili aleatorie (non necessariamente discrete) definite sullo stesso spazio di probabilità. Si mostri che le distribuzioni marginali μ_X e μ_Y possono essere ricavate dalla distribuzione congiunta $\mu_{X,Y}$ così:

$$\mu_X(A) = \mu_{X,Y}(A \times F), \qquad \mu_Y(B) = \mu_{X,Y}(E \times B), \qquad \forall A \subseteq E,\ \forall B \subseteq F.$$

Esercizio 3.7 Siano A e B due eventi in uno spazio di probabilità discreto (Ω, P). Si determini la densità congiunta del vettore aleatorio $(\mathbb{1}_A, \mathbb{1}_B)$.

Esercizio 3.8 Siano X, Y due variabili aleatorie definite sullo stesso spazio di probabilità. Supponiamo che X sia una variabile quasi certamente costante, come definita nell'Esempio 3.16. Si mostri che X e Y sono indipendenti.

Esercizio 3.9 Siano X, Y variabili aleatorie che assumono valori rispettivamente negli insiemi finiti E, F. Supponiamo che la distribuzione del vettore aleatorio (X, Y) sia data dalla probabilità uniforme su $E \times F$, introdotta nell'Esempio 1.18. Si mostri che le distribuzioni marginali sono date dalle probabilità uniformi rispettivamente su E e F, e si deduca che X e Y sono indipendenti.

Esercizio 3.10 Siano $C_1, C_2, \dots, C_n$ eventi in uno spazio di probabilità discreto (Ω, P). Posto $X_i := \mathbb{1}_{C_i}$, si mostri l'equivalenza delle seguenti affermazioni

(i) le variabili aleatorie $X_1, X_2, \dots, X_n$ sono indipendenti;
(ii) gli eventi $C_1, C_2, \dots, C_n$ sono indipendenti.

Si mostri quindi che vale lo stesso per una famiglia $(C_i)_{i \in I}$ arbitraria di eventi.

[*Sugg.* Si ricordi la Proposizione 1.69.]

Esercizio 3.11 Date n prove ripetute e indipendenti con probabilità di successo p, consideriamo le variabili aleatorie $S :=$ "numero di successi nelle n prove" e $T :=$ "prova in cui si ha il primo successo" (conveniamo che $T = +\infty$ se $S = 0$, come nell'Esempio 3.18). Si determini la densità congiunta $\mathrm{p}_{S,T}$.

[Osserviamo che le densità marginali p_S e p_T sono già state determinate nell'Esempio 3.18: si veda la relazione (3.14).]

3.3 Valore medio e disuguaglianze

Introduciamo la nozione fondamentale di *valore medio* per una variabile aleatoria *reale* X, limitandoci al caso di variabili aleatorie *discrete*. La definizione di valore medio per variabili aleatorie reali non discrete verrà discussa nel Capitolo 5.

3.3.1 Definizione di valore medio

La nozione di *media aritmetica*

$$\frac{x_1 + \dots + x_n}{n}$$

di un insieme finito di numeri reali $\{x_1, x_2, \dots, x_n\}$ è ben nota e molto naturale. Una delle sue possibili interpretazioni è quella che si ottiene considerando un sistema di n punti materiali posizionati su una retta, ognuno nel punto corrispondente alla coordinata x_i. Se i punti materiali hanno tutti la stessa massa, il punto di coordinata pari alla media aritmetica è il baricentro del sistema.

Nel caso in cui i punti non abbiano tutti la stessa massa, il baricentro si ottiene attraverso una media "pesata": se m_i è la massa del punto materiale in x_i, indicando con $M := m_1 + \dots + m_n$ la massa totale, il baricentro del sistema ha coordinata

$$\mu = \frac{x_1 m_1 + \dots + x_n m_n}{M} = x_1 p_1 + \dots + x_n p_n ,$$

dove i "pesi" p_i sono dati dalle masse relative, ossia

$$p_i := \frac{m_i}{M} = \frac{m_i}{m_1 + \dots + m_n} .$$

Si noti $p_1, \dots, p_n$ possono essere visti come i valori di una densità discreta su $\mathbb{R}$, poiché $p_i \geq 0$ e $\sum_{i=1}^{n} p_i = 1$.

Il *valore medio* $\mathrm{E}(X)$ di una variabile aleatoria discreta *reale* X corrisponde precisamente alla nozione di baricentro sopra descritta, una volta interpretate le x_i come i valori assunti da X e i pesi $p_i = \mathrm{P}(X = x_i) = \mathrm{p}_X(x_i)$ come le probabilità che tali valori vengano assunti. Dal momento che una variabile aleatoria discreta può assumere una quantità infinita (numerabile) di valori, occorre un po' di cautela.

Ricordiamo che la nozione di somma di una famiglia $(a_x)_{x \in \mathbb{R}}$ di numeri reali è definita nel capitolo introduttivo "Nozioni preliminari". Ricordiamo inoltre che $X(\Omega)$ indica un insieme di "valori effettivamente assunti" da una variabile aleatoria discreta X, si ricordi (3.11), che possiamo scegliere finito o numerabile.

Definizione 3.42 (Valore medio, I)
Sia X una variabile aleatoria discreta *reale*, con densità discreta p_X. Si dice che X ammette valore medio se la famiglia di numeri reali $(x\, \mathrm{p}_X(x))_{x \in \mathbb{R}}$ ammette somma; in questo caso, si definisce valore medio la somma di tale famiglia.

Più esplicitamente, la variabile aleatoria reale X *ammette valore medio* se *almeno una* delle due somme seguenti è finita:

$$\sum_{x \in (0,\infty)} x\, \mathrm{p}_X(x) < +\infty\,, \qquad \sum_{x \subset (-\infty,0)} x\, \mathrm{p}_X(x) > -\infty\,. \tag{3.27}$$

Se X ammette valore medio, si definisce *valore medio* (o *media*, *valore atteso*, *speranza matematica*, *aspettativa*) di X la somma delle due somme in (3.27):

$$\mathrm{E}(X) := \sum_{x \in \mathbb{R}} x\, \mathrm{p}_X(x) = \sum_{x \in X(\Omega)} x\, \mathrm{p}_X(x) \in [-\infty, +\infty]\,. \tag{3.28}$$

Osservazione 3.43 La seconda uguaglianza in (3.28) è dovuta al fatto che $\mathrm{p}_X(x) = 0$ se $x \notin X(\Omega)$ (si ricordi la formula (3.12)). Analogamente, le somme in (3.27) possono essere ristrette rispettivamente a $X(\Omega) \cap (0, \infty)$ e $X(\Omega) \cap (-\infty, 0)$.

Se X assume un insieme finito di valori, allora X ammette valore medio finito, perché le somme in (3.27) hanno un numero finito di addendi non nulli. □

Esempio 3.44 (Variabili aleatorie costanti) Sia X una variabile aleatoria reale quasi certamente costante, ossia esiste $c \in \mathbb{R}$ tale che $\mathrm{P}(X = c) = 1$. Per l'Esempio 3.16, si ha $\mathrm{p}_X(c) = 1$ e $\mathrm{p}_X(x) = 0$ se $x \neq c$, dunque X ammette valore medio dato da

$$\mathrm{E}(X) = \sum_{x \in \mathbb{R}} x\, \mathbb{1}_{\{c\}}(x) = c\,,$$

come segue dalla relazione (3.28). □

Esempio 3.45 (Variabili aleatorie indicatrici) Sia $X := \mathbb{1}_A$ la variabile aleatoria indicatrice di un evento $A \subseteq \Omega$. Ricordando l'Esempio 3.17, la densità discreta di X vale $\mathrm{p}_X(1) = \mathrm{P}(A)$ e $\mathrm{p}_X(0) = 1 - \mathrm{P}(A)$. Pertanto X ammette valore medio, dato da

$$\mathrm{E}(X) = 0 \cdot (1 - \mathrm{P}(A)) + 1 \cdot \mathrm{P}(A) = \mathrm{P}(A),$$

avendo applicato la relazione (3.28). □

Un'osservazione fondamentale è che *ogni variabile aleatoria positiva X ammette valore medio* (che può eventualmente valere $+\infty$): infatti, se $X \geq 0$, si ha $\mathrm{p}_X(x) = 0$ per $x < 0$ e dunque la seconda somma in (3.27) è nulla. Di conseguenza, $\mathrm{E}(X)$ è sempre ben definito (dalla formula (3.28)) se la variabile aleatoria X è positiva.

Ora, per *ogni* variabile aleatoria reale X discreta, possiamo sempre considerare le variabili aleatorie positive

$$X^+ := \max\{X, 0\}, \qquad X^- := \max\{-X, 0\}, \qquad |X| = X^+ + X^+,$$

ossia $X^+(\omega) := \max\{X(\omega), 0\}$ per ogni $\omega \in \Omega$, ecc. I valori medi $\mathrm{E}(X^+)$, $\mathrm{E}(X^-)$ e $\mathrm{E}(|X|)$ sono sempre ben definiti, e applicando la formula (3.28) si ricava[4]

$$\mathrm{E}(X^+) = \sum_{x \in (0,\infty)} x \, \mathrm{p}_X(x), \qquad \mathrm{E}(X^-) = -\sum_{x \in (-\infty,0)} x \, \mathrm{p}_X(x), \tag{3.29}$$

$$\mathrm{E}(|X|) = \sum_{x \in \mathbb{R}} |x| \, \mathrm{p}_X(x) = \mathrm{E}(X^+) + \mathrm{E}(X^-). \tag{3.30}$$

Queste espressioni permettono di stabilire se una variabile aleatoria X ammette valore medio, e di determinarlo, analizzando i valori medi $\mathrm{E}(X^+)$, $\mathrm{E}(X^-)$ e $\mathrm{E}(|X|)$, che sono sempre ben definiti. Possiamo quindi riformulare la definizione di valore medio.

Proposizione 3.46 (Valore medio, II)
Una variabile aleatoria discreta reale X ammette valore medio se e solo se almeno uno tra le quantità $\mathrm{E}(X^+)$ e $\mathrm{E}(X^-)$ in (3.29) è finita. In tal caso, il valore medio $\mathrm{E}(X)$ è dato da

$$\mathrm{E}(X) = \mathrm{E}(X^+) - \mathrm{E}(X^-).$$

Dunque X ammette valore medio finito *se e solo se entrambe le quantità $\mathrm{E}(X^+)$ e $\mathrm{E}(X^-)$ sono finite (cioè se e solo se $\mathrm{E}(|X|) = \mathrm{E}(X^+) + \mathrm{E}(X^-) < \infty$).*

---

[4] La formula (3.29) per $\mathrm{E}(X^+)$ si ottiene notando che se $x < 0$, si ha $\mathrm{p}_{X^+}(x) = 0$; se $x = 0$, il termine $x \, \mathrm{p}_{X^+}(x) = 0$ non contribuisce in (3.28); se $x > 0$, si ha $\mathrm{p}_{X^+}(x) = \mathrm{P}(X^+ = x) = \mathrm{P}(X = x) = \mathrm{p}_X(x)$. Un discorso simile vale per X^- e $|X|$, notando che $\mathrm{p}_{|X|}(x) = \mathrm{p}_X(x) + \mathrm{p}_X(-x)$ per $x > 0$.

Prima di enunciare le proprietà fondamentali del valore medio, discutiamone l'interpretazione. Abbiamo visto che $\mathrm{E}(X)$ rappresenta una sorta di "baricentro" della distribuzione dei valori di X, pesati con le rispettive probabilità. Sottolineiamo tuttavia che spesso $\mathrm{E}(X)$ *non è il "valore più probabile" di* X e nemmeno un valore che ci si aspetta tipicamente di osservare. Infatti, può benissimo accadere che $\mathrm{E}(X)$ non sia neppure uno dei valori assunti da X, come mostrano gli esempi seguenti.

Esempio 3.47 Lanciamo un dado regolare a sei facce e indichiamo con X il numero ottenuto. Notiamo che $X(\Omega) = \{1, 2, 3, 4, 5, 6\}$, dunque $\mathrm{E}(X)$ è ben definito e finito. Dato che $\mathrm{p}_X(x) = \frac{1}{6}$ per $x \in X(\Omega)$, segue che

$$\begin{aligned}\mathrm{E}(X) = \sum_{x \in X(\Omega)} x\ \mathrm{p}_X(x) &= 1\frac{1}{6} + 2\frac{1}{6} + \ldots + 6\frac{1}{6} \\ &= \frac{1+2+3+4+5+6}{6} = 3.5\,,\end{aligned}$$

che mostra come in questo caso $\mathrm{E}(X) \notin X(\Omega)$. □

Esempio 3.48 (Size bias) Riprendiamo l'Esempio 3.19, in cui 120 studenti sono suddivisi in 3 gruppi di 36, 40 e 44 studenti rispettivamente. Abbiamo mostrato che, se si sceglie un gruppo a caso, il numero X di studenti nel gruppo scelto ha densità discreta data da $\mathrm{p}_X(36) = \mathrm{p}_X(40) = \mathrm{p}_X(44) = \frac{1}{3}$, pertanto

$$\mathrm{E}(X) = \sum_{x \in X(\Omega)} x\ \mathrm{p}_X(x) = 36\ \mathrm{p}_X(36) + 40\ \mathrm{p}_X(40) + 44\ \mathrm{p}_X(44) = 40\,.$$

Se invece si sceglie uno studente a caso, il numero Y di studenti nel suo gruppo (lui compreso) ha densità discreta $\mathrm{p}_Y(36) = \frac{3}{10}$, $\mathrm{p}_Y(40) = \frac{1}{3}$, $\mathrm{p}_Y(44) = \frac{11}{30}$, pertanto

$$\mathrm{E}(Y) = \sum_{x \in Y(\Omega)} x\ \mathrm{p}_Y(x) = 36\,\frac{3}{10} + 40\,\frac{1}{3} + 44\,\frac{11}{30} = \frac{604}{15} \simeq 40.3\,.$$

Si noti che $\mathrm{E}(Y) > \mathrm{E}(X)$. La ragione intuitiva è che, scegliendo uno studente a caso, è più probabile sceglierne uno da un gruppo numeroso. Effetti di questo tipo sono indicati nella letteratura anglofona con il termine *size bias*. □

Oltre all'idea di "baricentro" della distribuzione di una variabile aleatoria X, un'interpretazione fondamentale, più concreta e più probabilistica, del valore medio è fornita dalla *legge dei grandi numeri*, un teorema che studieremo nel Capitolo 7. Anticipiamone il contenuto per sommi capi.

Consideriamo n variabili aleatorie $X_1, \ldots, X_n$ indipendenti e con la stessa distribuzione di X. Se X rappresenta una quantità che dipende dall'esito di un esperimento aleatorio — per esempio, il numero ottenuto lanciando un dado regolare a sei facce — le variabili aleatorie $X_1, \ldots, X_n$ rappresentano l'analoga quantità osservata in n ripetizioni indipendenti dello stesso esperimento aleatorio — per esempio, i numeri ottenuti lanciando n volte un dado regolare a sei facce. Osserviamo che le n ripetizioni dell'esperimento aleatorio in questione costituiscono *un nuovo (macro-)esperimento aleatorio*, di cui $X_1, \ldots, X_n$ sono funzione.

Consideriamo ora la media aritmetica $\overline{X}_n := \frac{1}{n}(X_1 + \ldots + X_n)$, detta *media campionaria*. Si noti che $\overline{X}_n$ *è anch'essa una variabile aleatoria* (nell'esempio dei dadi, se si ripetono gli n lanci, si ottiene in generale un valore diverso di $\overline{X}_n$). È naturale chiedersi quali valori possa assumere $\overline{X}_n$ e con quali probabilità. La legge dei grandi numeri afferma che, *se X ammette valore medio finito, la variabile aleatoria $\overline{X}_n$ assume con grande probabilità valori vicini a* $\mathrm{E}(X)$, per n sufficientemente grande.

I dettagli verranno forniti nel Capitolo 7, ma possiamo dare una spiegazione euristica. Supponiamo che X assuma valori nell'insieme finito $X(\Omega) = \{x_1, x_2, \ldots, x_k\}$ e interpretiamo le variabili aleatorie $X_1, \ldots, X_n$ come "ripetizioni indipendenti' di X. Per ogni valore x_i fissato, gli eventi $\{X_1 = x_i\}, \ldots, \{X_n = x_i\}$ sono indipendenti e di probabilità $\mathrm{p}_X(x_i)$: essi sono "ripetizioni indipendenti" dell'evento $\{X = x_i\}$. Per l'interpretazione frequentista della probabilità, se n è molto grande si verificheranno all'incirca $S_n(X = x_i) \simeq \mathrm{p}_X(x_i)\, n$ di tali eventi, ossia tra le variabili aleatorie $X_1, \ldots, X_n$ ce ne saranno circa $S_n(X = x_i) \simeq \mathrm{p}_X(x_i)\, n$ che assumono il valore x_i. Di conseguenza $X_1 + \ldots + X_n = \sum_{i=1}^k x_i\, S_n(X = x_i) \simeq \sum_{i=1}^k x_i\, \mathrm{p}_X(x_i)\, n$ e dunque $\overline{X_n} = \frac{1}{n}(X_1 + \ldots + X_n) \simeq \sum_{i=1}^k x_i\, \mathrm{p}_X(x_i) = \mathrm{E}[X]$, avendo usato la definizione di valore medio in (3.28).

In definitiva, *il valore medio* $\mathrm{E}(X)$*, quando esiste finito, può essere interpretato come il "valore tipico" (non di X, ma) di* $\overline{X}_n$, ossia della media aritmetica dei risultati di n "copie indipendenti di X", se n è sufficientemente grande. Un'illustrazione concreta è fornita dall'esempio seguente.

Esempio 3.49 (Strategia del raddoppio) Riprendiamo l'Esempio 3.20, in cui un giocatore adotta una strategia "al raddoppio" puntando sull'uscita del "rosso" alla roulette, partendo con un capitale di 1023 euro. Abbiamo mostrato che il guadagno (con segno) X del giocatore, ossia la differenza tra il capitale finale e quello iniziale, può assumere solo i valori $X(\Omega) = \{-1023, 1\}$, con probabilità rispettive

$$\mathrm{p}_X(-1023) = q^{10}, \qquad \mathrm{p}_X(1) = 1 - q^{10}, \qquad \text{dove} \qquad q := \frac{19}{37}.$$

(Ricordiamo che q è la probabilità che in un giro di roulette *non* esca il rosso.) Il valore medio è pertanto dato da

$$\mathrm{E}(X) = -1023\ \mathrm{p}_X(-1023) + 1\ \mathrm{p}_X(1) = 1 - 1024\, q^{10} = 1 - (2q)^{10}.$$

Dato che $2q = 2\frac{19}{37} > 1$, si ha $\mathrm{E}(X) < 0$ (il valore numerico è $\mathrm{E}(X) \simeq -0.3$).

Il fatto che il valore medio $\mathrm{E}(X)$ sia strettamente negativo ha conseguenze molto rilevanti. Supponiamo infatti che il giocatore si rechi al casinò per n giorni, ogni volta con un capitale di 1023 euro, adottando ogni giorno la strategia descritta. Se indichiamo con X_i il guadagno ottenuto l'i-esimo giorno, è naturale supporre che $X_1, \ldots, X_n$ siano variabili aleatorie indipendenti con la stessa distribuzione di X.

Per la legge dei grandi numeri, la *media aritmetica* $\overline{X}_n = \frac{1}{n}(X_1 + \ldots + X_n)$ dei guadagni ottenuti negli n giorni è una variabile aleatoria che, se n è elevato, assume con grande probabilità valori vicini a $\mathrm{E}(X) \simeq -0.3$; dunque, la *somma* $X_1 + \ldots + X_n$ dei guadagni ottenuti negli n giorni assume con grande probabilità valori dell'ordine di $\mathrm{E}(X) \cdot n \simeq -0.3 \cdot n$. Di conseguenza, ripetendo la strategia un numero elevato n di volte, si è pressoché certi di finire in grande perdita! □

3.3.2 Proprietà del valore medio

Cominciamo con un'osservazione elementare ma importante.

Osservazione 3.50 Il fatto che una variabile aleatoria reale X ammetta valore medio e, in tal caso, il valore di $\mathrm{E}(X)$, sono *proprietà della distribuzione di* X. Infatti nella Definizione 3.42 compare solo la densità discreta p_X. □

Mostriamo ora che la conoscenza della densità discreta p_X di una variabile aleatoria X permette di determinare il valore medio di *ogni funzione di* X.

Proposizione 3.51 (Formula di trasferimento)
Sia X una variabile aleatoria discreta a valori in un insieme E e sia $g : E \to \mathbb{R}$ una funzione reale. La variabile aleatoria discreta reale $g(X)$ *ammette valore medio se e solo se la famiglia di numeri reali $(g(x)\,\mathrm{p}_X(x))_{x\in E}$ ammette somma; in questo caso,*

$$\mathrm{E}(g(X)) = \sum_{x\in E} g(x)\,\mathrm{p}_X(x) = \sum_{x\in X(\Omega)} g(x)\,\mathrm{p}_X(x)\,. \tag{3.31}$$

Sottolineiamo che la formula (3.31) può essere sempre applicata alle variabili aleatorie $g(X)^+$, $g(X)^-$ e $|g(X)|$, che sono positive e dunque ammettono valore medio. Ciò permette, grazie alla Proposizione 3.46, di determinare se $g(X)$ ammette valore medio e se esso è finito. Per esempio, $g(X)$ ammette valore medio finito se e solo se

$$\mathrm{E}(|g(X)|) = \sum_{x\in E} |g(x)|\,\mathrm{p}_X(x) = \sum_{x\in X(\Omega)} |g(x)|\,\mathrm{p}_X(x) < \infty\,. \tag{3.32}$$

Dimostrazione (della Proposizione 3.51) Ricordiamo che

$$\mathrm{P}(X \in A) = \sum_{x\in A} \mathrm{p}_X(x)$$

(si veda (3.9)). La densità discreta $\mathrm{p}_{g(X)}$ della variabile aleatoria $g(X)$ è data da

$$\mathrm{p}_{g(X)}(t) = \mathrm{P}(g(X) = t) = \mathrm{P}\big(X \in g^{-1}(\{t\})\big) = \sum_{x \in g^{-1}(\{t\})} \mathrm{p}_X(x)$$
$$= \sum_{x \in E:\, g(x)=t} \mathrm{p}_X(x)\,, \qquad \forall t \in \mathbb{R}\,. \tag{3.33}$$

Assumiamo per il momento che la funzione g sia a valori in $\mathbb{R}^+$. In questo caso $g(X)$ ammette valore medio, perché è una variabile aleatoria positiva, e la famiglia di numeri reali $(g(x)\,\mathrm{p}_X(x))_{x\in E}$ ammette somma, perché a termini positivi. Applicando la formula (3.28), otteniamo

$$\mathrm{E}(g(X)) = \sum_{t\in\mathbb{R}} t\ \mathrm{p}_{g(X)}(t) = \sum_{t\in\mathbb{R}} t \sum_{x\in E:\, g(x)=t} \mathrm{p}_X(x) = \sum_{t\in\mathbb{R}} \sum_{x\in E:\, g(x)=t} t\ \mathrm{p}_X(x)$$
$$= \sum_{t\in\mathbb{R}} \sum_{x\in E:\, g(x)=t} g(x)\ \mathrm{p}_X(x) = \sum_{x\in E} g(x)\ \mathrm{p}_X(x)\,,$$

avendo usato nell'ultima uguaglianza la somma a blocchi (0.12), perché

$$E = \bigcup_{t\in\mathbb{R}} \{x \in E : \ g(x) = t\}\,,$$

e l'unione è disgiunta. La formula (3.32) è dunque dimostrata se $g \geq 0$.

Rimuoviamo ora l'ipotesi che g sia positiva e poniamo $a_x := g(x)\ \mathrm{p}_X(x)$ per semplicità. La famiglia di numeri reali $(a_x)_{x\in E}$ ammette somma se e solo se almeno una delle due somme $\sum_{x\in E} a_x^+$ e $\sum_{x\in E} a_x^-$ è finita, nel qual caso $\sum_{x\in E} a_x := \sum_{x\in E} a_x^+ - \sum_{x\in E} a_x^-$. Dato che $a_x^\pm = g(x)^\pm\ \mathrm{p}_X(x)$, la relazione (3.32) applicata alle funzioni positive g^+ e g^- mostra che

$$\sum_{x\in E} a_x^+ = \mathrm{E}(g(X)^+)\,, \qquad \sum_{x\in E} a_x^- = \mathrm{E}(g(X)^-)\,,$$

Pertanto la famiglia $(a_x)_{x\in E}$ ammette somma se e solo se almeno uno tra i valori medi $\mathrm{E}(g(X)^+)$ e $\mathrm{E}(g(X)^-)$ è finito, e in tal caso $\sum_{x\in E} a_x = \mathrm{E}(g(X)^+) - \mathrm{E}(g(X)^-)$. Ricordando la Proposizione 3.46, la dimostrazione è conclusa. □

Osservazione 3.52 La formula (3.31) è di uso *molto* frequente nei calcoli (per esempio, essa è stata già implicitamente applicata in (3.29) e (3.30)). Essa può essere vista come una generalizzazione della formula (3.28) che definisce il valore medio, a cui si riduce se $E = \mathbb{R}$ e $g(x) = x$ è l'identità.

Notiamo che il valore medio della variabile aleatoria $Y = g(X)$ può essere anche ottenuto applicando la Definizione 3.42, determinando innanzitutto la densità discreta $\mathrm{p}_Y = \mathrm{p}_{g(X)}$, come in (3.33), e applicando quindi la formula (3.28) a Y. Tuttavia, in molti casi l'applicazione diretta della formula (3.31) risulta più pratica: si veda l'Esempio 3.64 più sotto (accessibile già da ora). □

Diamo ora una formula alternativa per il valore medio, di grande rilevanza teorica, in cui si effettua la somma sullo spazio di partenza Ω anziché sullo spazio di arrivo $\mathbb{R}$. La dimostrazione è del tutto analoga a quella della Proposizione 3.51.

Proposizione 3.53
Sia X una variabile aleatoria reale, definita su uno spazio di probabilità discreto (Ω, P). X ammette valore medio se e solo se la famiglia di numeri reali $(X(\omega)\,\mathrm{P}(\{\omega\}))_{\omega\in\Omega}$ ammette somma; in questo caso si ha:

$$\mathrm{E}(X) = \sum_{\omega\in\Omega} X(\omega)\ \mathrm{P}(\{\omega\}). \tag{3.34}$$

Sottolineiamo che la formula (3.34) è valida solo quando lo spazio di probabilità (Ω, P) è *discreto*, tuttavia le proprietà che da essa seguono sono valide in generale (ma gli strumenti richiesti vanno oltre lo scopo di questo libro).[5]

Dimostrazione (della Proposizione 3.53) Si tratta in realtà di un'applicazione della formula di trasferimento, cioè della Proposizione 3.51. Infatti, consideriamo la variabile aleatoria $Y : \Omega \to \Omega$ definita da $Y(\omega) = \omega$ per ogni $\omega \in \Omega$: abbiamo che $Y(\Omega) = \Omega$ è numerabile quindi Y è una variabile aleatoria discreta. Si può quindi usare la Proposizione 3.51 per la variabile aleatoria Y, a cui applichiamo la funzione $X : \Omega \to \mathbb{R}$: notando che $X(Y) = X$ e osservando che la densità discreta di Y è data da $\mathrm{p}_Y(\omega) = \mathrm{P}(Y = \omega) = \mathrm{P}(\{\omega\})$, si ottiene precisamente la relazione (3.34). □

Enunciamo quindi alcune proprietà del valore medio di grandissima importanza, sia sul piano teorico sia su quello applicativo. Quando (Ω, P) è uno spazio di probabilità discreto, le dimostrazioni sono una semplice conseguenza della Proposizione 3.53 e delle proprietà delle somme infinite, descritte nel capitolo introduttivo "Nozioni preliminari", e sono lasciate al lettore. Per spazi di probabilità generali la dimostrazione è più delicata, ma le proprietà seguenti continuano a valere.

Proposizione 3.54 (Proprietà del valore medio)
Siano X, Y variabili aleatorie discrete reali, definite nello stesso spazio di probabilità (Ω, P).

(i) **(Monotonia)** *Se X, Y ammettono entrambe valore medio e $X(\omega) \le Y(\omega)$ per ogni $\omega \in \Omega$, allora $\mathrm{E}(X) \le \mathrm{E}(Y)$.*
(ii) *Se X ammette valore medio, allora*

$$|\,\mathrm{E}(X)| \le \mathrm{E}(|X|). \tag{3.35}$$

[5] Per il lettore curioso, si tratta di rimpiazzare la somma pesata con $\mathrm{P}(\{\omega\})$ che appare nella formula (3.34) con *un integrale rispetto alla probabilità* P. Questa "definizione alternativa" di valore medio è particolarmente utile, perché permette di ricavare la Proposizione 3.54.

(iii) **(Linearità)** *Se X e Y ammettono valore medio finito e se $a, b \in \mathbb{R}$ (risp. se X e Y sono positive e se $a, b \in \mathbb{R}^+$), la variabile aleatoria $aX + bY$ data da*

$$(aX + bY)(\omega) := aX(\omega) + bY(\omega), \qquad \forall \omega \in \Omega,$$

ammette valore medio finito (risp. è positiva) e

$$\mathrm{E}(aX + bY) = a\,\mathrm{E}(X) + b\,\mathrm{E}(Y).$$

La proprietà di linearità del valore medio, in particolare, è di uso molto frequente e può avere conseguenze meno ovvie di quanto si potrebbe supporre.

Esempio 3.55 (Valore medio, compleanni e permutazioni) Siano dati gli eventi (non necessariamente indipendenti) $C_1, \ldots, C_m$, in uno spazio di probabilità (Ω, P). Consideriamo la variabile aleatoria reale

$$X := \mathbb{1}_{C_1} + \cdots + \mathbb{1}_{C_m},$$

che ha un significato molto intuitivo: *X conta il numero di eventi $C_1, \ldots, C_m$ che si verificano*. La distribuzione di X dipende dalle relazioni che ci sono tra gli eventi $C_1, \ldots, C_m$ e, in generale, può essere complicata. Tuttavia, *il valore medio di X è sempre dato da* (si ricordi l'Esempio 3.45)

$$\mathrm{E}(X) = \mathrm{E}(\mathbb{1}_{C_1}) + \cdots + \mathrm{E}(\mathbb{1}_{C_m}) = \mathrm{P}(C_1) + \cdots + \mathrm{P}(C_m).$$

In particolare, $\mathrm{E}(X) = mp$ se tutti gli eventi hanno la stessa probabilità $p = \mathrm{P}(C_i)$.

Riconsideriamo allora l'Esempio 1.40 (paradosso dei compleanni). Selezioniamo casualmente n persone nate in un anno non bisestile, numeriamole da 1 a n e introduciamo, per ogni coppia di persone $\{i, j\} \subseteq \{1, \ldots, n\}$ (con $i \neq j$), l'evento

$$C_{\{i,j\}} := \text{“le persone } i \text{ e } j \text{ sono nate lo stesso giorno”}.$$

Abbiamo allora $m = \binom{n}{2} = \frac{1}{2}n(n-1)$ eventi $C_{\{i,j\}}$ (non indipendenti!), tutti con la stessa probabilità $p = \mathrm{P}(C_{\{i,j\}}) = \frac{1}{365}$. In questo caso, la variabile aleatoria

$$X := \sum_{\{i,j\} \subseteq \{1,\ldots,n\}} \mathbb{1}_{C_{\{i,j\}}}$$

conta il numero di coppie che compiono gli anni lo stesso giorno e ha valore medio

$$\mathrm{E}(X) = mp = \frac{1}{2}n(n-1) \cdot \frac{1}{365} = \frac{(n-1)n}{730}. \tag{3.36}$$

Abbiamo mostrato nell'Esempio 1.40 che per $n = 40$ la probabilità che almeno due persone abbiano lo stesso compleanno, ossia $P(X \geq 1)$, è maggiore di $0.88 = 88\%$. Questo risultato è "confermato" dalla relazione (3.36): infatti, per $n = 40$ si ha $E(X) \simeq 2.14$, ossia *ci sono "mediamente" più di due coppie con lo stesso compleanno*. Ciò fornisce una "spiegazione" al paradosso dei compleanni: sebbene il numero di persone $n = 40$ sia relativamente basso, la quantità rilevante è il numero di *coppie* $\frac{1}{2}n(n-1) = 780$, che è più del doppio del numero 365 di giorni dell'anno.

Un altro esempio interessante è fornito dalle permutazioni aleatorie, in particolare dal Problema 2.4 analizzato nel Paragrafo 2.1. Indicando con $X(\sigma)$ il numero di punti fissi di una permutazione $\sigma \in S_n$, possiamo scrivere

$$X = \sum_{i=1}^{n} \mathbb{1}_{C_i}, \qquad \text{dove} \qquad C_i = \{\sigma \in S_n : \sigma(i) = i\}.$$

Munendo S_n della probabilità uniforme P_n, si calcola $p = P_n(C_i) = (n-1)!/n! = \frac{1}{n}$; di conseguenza, X ha valore medio $E_n(X) = np = 1$, che non dipende da $n \in \mathbb{N}$. Abbiamo dunque mostrato il fatto, non intuitivo, che *una permutazione di n elementi scelta uniformemente ha "mediamente" un punto fisso, qualunque sia $n \in \mathbb{N}$*.

□

È possibile sfruttare la proprietà di monotonia del valore medio, espressa nella Proposizione 3.54(i), per *mostrare* che una variabile aleatoria reale X ammette valore medio finito. Il caso tipico è il seguente: siano Z, X due variabili aleatorie reali, definite sullo stesso spazio di probabilità (Ω, P), tali che

$$|X(\omega)| \leq Z(\omega), \qquad \text{per ogni } \omega \in \Omega.$$

Allora, *se Z ammette valore medio finito, anche X ammette valore medio finito.* Infatti, già sappiamo che $|X|$ ammette valore medio, perché positiva, e applicando la proprietà di monotonia si ottiene $E(|X|) \leq E(Z) < \infty$; dunque X ammette valore medio finito, per la Proposizione 3.46 (e inoltre $|E(X)| \leq E(|X|) \leq E(Z)$).

Come caso particolare, dato che le variabili aleatorie costanti ammettono valore medio finito (si ricordi l'Esempio 3.44), otteniamo il seguente utile criterio.

Proposizione 3.56
Sia X una variabile aleatoria reale limitata*:*

$$\exists C \in \mathbb{R}^+ : \qquad |X(\omega)| \leq C, \quad \textit{per ogni } \omega \in \Omega.$$

Allora X ammette valore medio finito: $|E(X)| \leq C < \infty$.

Un'utile conseguenza della definizione di valore medio è il seguente risultato.

Proposizione 3.57
Sia X una variabile aleatoria reale positiva*:*

$$X(\omega) \geq 0\,, \qquad \textit{per ogni } \omega \in \Omega\,.$$

Se $\mathrm{E}(X) = 0$*, allora X è quasi certamente uguale a zero, ossia* $\mathrm{P}(X = 0) = 1$.

Dimostrazione Essendo $X \geq 0$, si ha $\mathrm{p}_X(x) = \mathrm{P}(X = x) = 0$ per ogni $x < 0$ (perché $\{X = x\} \subseteq \{X \leq 0\}$ se $x < 0$). *Se mostriamo che* $\mathrm{p}_X(x) = 0$ *anche per ogni* $x > 0$, dato che $\sum_{x \in \mathbb{R}} \mathrm{p}_X(x) = 1$ (si ricordi (3.8)), otteniamo $\mathrm{p}_X(0) = \mathrm{P}(X = 0) = 1$.

Mostriamo dunque che $\mathrm{p}_X(x) = 0$ per ogni $x > 0$. Essendo $X \geq 0$, il valore medio di X è dato da $\mathrm{E}[X] = \sum_{x \in [0,\infty)} x\ \mathrm{p}_X(x)$. Se esistesse $\bar{x} > 0$ per cui $\mathrm{p}_X(\bar{x}) > 0$, si avrebbe allora $\mathrm{E}[X] \geq \bar{x}\ \mathrm{p}_X(\bar{x}) > 0$, contraddicendo l'ipotesi $\mathrm{E}[X] = 0$. □

Concludiamo infine con un'osservazione importante.

Osservazione 3.58 Siano X e X' variabili aleatorie reali, definite sullo stesso spazio di probabilità (Ω, P), *quasi certamente uguali*, ossia tali che $\mathrm{P}(X = X') = 1$. Allora X ammette valore medio se e solo se X' ammette valore medio, nel qual caso $\mathrm{E}(X) = \mathrm{E}(X')$. Questo segue immediatamente dal fatto che X e X' hanno la stessa distribuzione, come mostrato nella Proposizione 3.10, e dall'Osservazione 3.50. □

L'osservazione precedente permette di generalizzare molte proprietà del valore medio. Per esempio, le ipotesi di limitatezza della Proposizione 3.56 e di positività della Proposizione 3.57 possono essere indebolite, richiedendo rispettivamente che $\mathrm{P}(|X| \leq C) = 1$ (ossia che X sia "quasi certamente limitata") e $\mathrm{P}(X \geq 0) = 1$ (ossia che X sia "quasi certamente positiva"). Un discorso analogo vale per la proprietà di monotonia del valore medio (Proposizione 3.54): la condizione $X(\omega) \leq Y(\omega)$ per ogni $\omega \in \Omega$ può essere sostituita da $\mathrm{P}(X \leq Y) = 1$.

3.3.3 Momenti, varianza e covarianza

Sia (Ω, P) uno spazio di probabilità fissato. L'insieme delle variabili aleatorie reali definite su Ω che ammettono valore medio finito riveste grande importanza e viene indicato con il simbolo $L^1(\Omega, \mathrm{P})$:

$$\begin{aligned} L^1(\Omega, \mathrm{P}) :=& \{X : \Omega \to \mathbb{R} \ \text{ tali che } X \text{ ammette valore medio finito}\} \\ =& \{X : \Omega \to \mathbb{R} \ \text{ tali che } \mathrm{E}(|X|) < +\infty\}\,. \end{aligned} \tag{3.37}$$

D'ora in avanti, scriveremo $X \in L^1(\Omega, \mathrm{P})$, o anche soltanto $X \in L^1$, per indicare che X *ammette valore medio finito*. Si osservi che $X \in L^1$ se e soltanto se $|X| \in L^1$.

Più in generale, per ogni $p \in (0, \infty)$ fissato, si indica con $L^p = L^p(\Omega, \mathrm{P})$ l'insieme delle variabili aleatorie reali X tali che $|X|^p$ ammette valore medio finito (essendo $|X|^p$ una variabile aleatoria positiva, il suo valore medio è sempre ben definito, eventualmente $+\infty$):

$$L^p(\Omega, \mathrm{P}) = \{X : \Omega \to \mathbb{R} \text{ tali che } \mathrm{E}(|X|^p) < +\infty\}.$$

Osserviamo che $X \in L^p$ se e solo se $|X|^p \in L^1$.

Mostriamo alcune proprietà basilari degli spazi $L^p(\Omega, \mathrm{P})$.

Proposizione 3.59

Sia (Ω, P) uno spazio di probabilità.

- *Se $0 < p \le q < \infty$, allora $L^q(\Omega, \mathrm{P}) \subseteq L^p(\Omega, \mathrm{P})$.*
- *Se $X, Y \in L^2(\Omega, \mathrm{P})$, allora $XY \in L^1(\Omega, \mathrm{P})$.*

Dimostrazione Per il primo punto, notiamo che vale la disuguaglianza

$$|x|^p \le 1 + |x|^q, \qquad \forall x \in \mathbb{R} \tag{3.38}$$

(è sufficiente osservare che $|x|^p \le 1$ se $|x| \le 1$, mentre $|x|^p \le |x|^q$ se $|x| > 1$), pertanto $|X(\omega)|^p \le 1 + |X(\omega)|^q$ per ogni $\omega \in \Omega$. Per la monotonia e la linearità del valore medio, vista nella Proposizione 3.54, applicate a variabili aleatorie positive, si ha

$$\mathrm{E}(|X|^p) \le 1 + \mathrm{E}(|X|^q),$$

quindi se $\mathrm{E}(|X|^q) < \infty$ anche $\mathrm{E}(|X|^p) < \infty$, ossia $X \in L^q(\Omega, \mathrm{P}) \Rightarrow X \in L^p(\Omega, \mathrm{P})$.

Per il secondo punto, sviluppando il quadrato $(x \pm y)^2 \ge 0$, si ha la disuguaglianza

$$|xy| \le \frac{1}{2}(x^2 + y^2),$$

valida per ogni $x, y \in \mathbb{R}$, da cui segue, per monotonia del valore medio, che

$$\mathrm{E}(|XY|) \le \frac{1}{2}(\mathrm{E}(X^2) + \mathrm{E}(Y^2)).$$

Di conseguenza, se $X, Y \in L^2(\Omega, \mathrm{P})$, si ha $XY \in L^1(\Omega, \mathrm{P})$. □

Proposizione 3.60
Sia (Ω, P) uno spazio di probabilità.

- *Per ogni $p \in (0, \infty)$, l'insieme $L^p(\Omega, \mathrm{P})$ è uno spazio vettoriale su $\mathbb{R}$, in cui lo "zero" è dato dalla funzione costantemente uguale a 0.*
- *Per $p \in [1, \infty)$, il valore medio* $\mathrm{E}(\cdot) : L^p(\Omega, \mathrm{P}) \to \mathbb{R}$ *è un* operatore lineare.

Dimostrazione Cominciamo a mostrare che $L^p(\Omega, \mathrm{P})$ è uno spazio vettoriale. Il fatto che per ogni $X \in L^p(\Omega, \mathrm{P})$ e $\lambda \in \mathbb{R}$ si ha $\lambda X \in L^p(\Omega, \mathrm{P})$ è immediato, e lo lasciamo verificare al lettore. Resta da dimostrare che se $X, Y \in L^p(\Omega, \mathrm{P})$ allora $X + Y \in L^p(\Omega, \mathrm{P})$. Osserviamo che, se x, y sono numeri reali, valgono le semplici disuguaglianze

$$|x + y| \le |x| + |y| \le \max\{2|x|, 2|y|\}$$

(per la seconda, basta considerare i due casi $|x| \ge |y|$ oppure $|x| < |y|$). Dato che $t \mapsto t^p$ è una funzione crescente per $t \ge 0$ (se $p > 0$), segue che

$$|x + y|^p \le \max\{2^p|x|^p, 2^p|y|^p\} \le 2^p|x|^p + 2^p|y|^p$$

(il massimo di due numeri positivi è minore della loro somma). Scegliendo $x = X(\omega)$ e $y = Y(\omega)$, per $\omega \in \Omega$ arbitrario, si ottiene la disuguaglianza tra variabili aleatorie $|X + Y|^p \le 2^p|X|^p + 2^p|Y|^p$. Ricordando la Proposizione 3.54, si ottiene

$$\mathrm{E}(|X + Y|^p) \le \mathrm{E}(2^p|X|^p + 2^p|Y|^p) = 2^p\,\mathrm{E}(|X|^p) + 2^p\,\mathrm{E}(|Y|^p),$$

pertanto se $X, Y \in L^p(\Omega, \mathrm{P})$ allora $X + Y \in L^p(\Omega, \mathrm{P})$.

Per quanto riguarda la seconda parte dell'enunciato, il fatto che il valore medio $\mathrm{E}(\cdot)$ è un operatore lineare su $L^1(\Omega, \mathrm{P})$ è una conseguenza immediata della Proposizione 3.54. Sappiamo inoltre che, per $p \ge 1$, $L^p(\Omega, \mathrm{P})$ è uno spazio vettoriale e $L^p(\Omega, \mathrm{P}) \subseteq L^1(\Omega, \mathrm{P})$. Ma allora $L^p(\Omega, \mathrm{P})$ è un sottospazio vettoriale di $L^1(\Omega, \mathrm{P})$, per cui $\mathrm{E}(\cdot)$ è un operatore lineare anche su $L^p(\Omega, \mathrm{P})$ per $p \ge 1$. □

Ricordiamo che, dato uno spazio vettoriale V sul campo $\mathbb{R}$, si dice *seminorma* su V ogni funzione $\|\cdot\| : V \to [0, +\infty)$ che soddisfa le seguenti proprietà:

- omogeneità: $\|\lambda x\| = |\lambda|\|x\|$ per ogni $x \in V$, $\lambda \in \mathbb{R}$;
- disuguaglianza triangolare: $\|x + y\| \le \|x\| + \|y\|$ per ogni $x, y \in V$.

Segue facilmente che $\|0\| = 0$. Se inoltre si ha $\|x\| \neq 0$ per ogni $x \neq 0$, la seminorma è detta *norma*.

Osservazione 3.61 Dato $p \in (0, \infty)$, associamo a ogni variabile aleatoria reale X la quantità

$$\|X\|_p := [\mathrm{E}(|X|^p)]^{1/p} \in [0, +\infty], \tag{3.39}$$

detta *"norma p di X"*. A dispetto della notazione, osserviamo che:

- se $p \geq 1$, in generale $\| \cdot \|_p$ è solo una *seminorma* su $L^p(\Omega, \mathrm{P})$: si può infatti avere $\|X\|_p = 0$ per $X \not\equiv 0$;
- se $p \in (0, 1)$, $\| \cdot \|_p$ non è nemmeno una seminorma, perché non soddisfa la disuguaglianza triangolare (tranne in casi banali).

Per questa ragione, lo spazio vettoriale $L^p(\Omega, \mathrm{P})$ è studiato soprattutto per $p \geq 1$.
□

Osservazione 3.62 Se facciamo l'ipotesi che lo spazio campionario Ω sia finito o numerabile e che

$$\mathrm{P}(\{\omega\}) > 0 \quad \text{per ogni } \omega \in \Omega\,, \tag{3.40}$$

è possibile mostrare che per ogni $p \in [1, \infty)$ la funzione $\| \cdot \|_p$ definita in (3.39) è effettivamente una *norma* sullo spazio vettoriale $L^p(\Omega, \mathrm{P})$ (che rende tale spazio *completo*, cioè uno *spazio di Banach*). Inoltre, per il Corollario 3.81 che vedremo più avanti,

$$\|X\|_q \leq \|X\|_p\,, \qquad \forall 1 \leq p \leq q < \infty\,,$$

dunque l'inclusione $L^q(\Omega, \mathrm{P}) \to L^p(\Omega, \mathrm{P})$ è continua rispetto alle corrispondenti norme.

Osserviamo infine che, se Ω è un insieme infinito (numerabile) e vale la relazione (3.40), per ogni $p \in (0, \infty)$ lo spazio vettoriale $L^p(\Omega, \mathrm{P})$ ha dimensione infinita. □

Quando $p = k \in \mathbb{N}$ è un numero naturale, oltre a $\mathrm{E}[|X|^k]$ è possibile considerare il valore medio $\mathrm{E}[X^k]$, purché sia ben definito. Questo conduce alla seguente

Definizione 3.63 (Momenti)
Dato $k \in \mathbb{N} = \{1, 2, \ldots\}$, si dice che una variabile aleatoria reale X *ammette momento di ordine k finito* se $\mathrm{E}(|X|^k) < \infty$, ossia se $X \in L^k$. In questo caso, la quantità $\mathrm{E}(X^k)$ si dice *momento di ordine* k di X.

Grazie alla Proposizione 3.51, è possibile stabilire se una variabile aleatoria reale X ammette momento d'ordine k finito, e nel caso calcolarlo, conoscendo la densità discreta p_X: infatti $X \in L^k$ se e solo se $\mathrm{E}(|X|^k) < \infty$, dove

$$\mathrm{E}(|X|^k) = \sum_{x \in \mathbb{R}} |x|^k \, \mathrm{p}_X(x) = \sum_{x \in X(\Omega)} |x|^k \, \mathrm{p}_X(x)\,,$$

e in questo caso

$$\mathrm{E}(X^k) = \sum_{x \in \mathbb{R}} x^k \, \mathrm{p}_X(x) = \sum_{x \in X(\Omega)} x^k \, \mathrm{p}_X(x)\,.$$

I momenti più importanti sono quello di ordine 1, che non è altro che il valore medio $\mathrm{E}(X)$, e quello di ordine 2, ossia $\mathrm{E}(X^2)$. Mostriamo che esistono variabili aleatorie $X \in L^1$ che non appartengono a L^2.

Esempio 3.64 Sia X una variabile aleatoria a valori in $\mathbb{N}$ con densità discreta

$$\mathrm{p}_X(k) = \frac{C}{k^3}, \qquad \forall k \in \mathbb{N},$$

dove la costante $C := (\sum_{k\in\mathbb{N}} \frac{1}{k^3})^{-1}$, strettamente positiva e finita (si ricordi (0.3)), è scelta in modo che p_X sia una densità discreta su $\mathbb{N}$. Usando la relazione (0.3),

$$\mathrm{E}(|X|) = \mathrm{E}(X) = \sum_{k\in\mathbb{N}} k\ \mathrm{p}_X(k) = C \sum_{k\in\mathbb{N}} \frac{1}{k^2} < \infty,$$

quindi X ammette valore medio finito: $X \in L^1$. Consideriamo ora X^2, che è una variabile aleatoria a valori in (un sottoinsieme di) $\mathbb{N}$. Per calcolare $\mathrm{E}(X^2)$, applichiamo la formula (3.31) con $g(x) := x^2$: applicando ancora la relazione (0.3), si ottiene

$$\mathrm{E}(X^2) = \sum_{x\in\mathbb{R}} g(x)\ \mathrm{p}_X(x) = \sum_{k\in\mathbb{N}} k^2\ \mathrm{p}_X(k) = C \sum_{k\in\mathbb{N}} \frac{1}{k} = +\infty.$$

Dunque X^2 non ammette valore medio finito: $X \notin L^2$.

Osserviamo infine che, definendo $Y := X$, abbiamo un esempio di due variabili aleatorie X e Y che ammettono entrambe valore medio finito, ma il cui prodotto *non* ammette valore medio finito: $X \in L^1$, $Y \in L^1$ ma $XY \notin L^1$. □

Diamo ora alcune definizioni molto importanti. Ricordiamo che, se X e Y sono variabili aleatorie in L^2, allora X, Y e XY sono in L^1, per le Proposizioni 3.59.

Definizione 3.65 (Varianza e covarianza)
Sia (Ω, P) uno spazio di probabilità e siano X e Y variabili aleatorie reali definite su Ω.

- Se X, Y e il loro prodotto XY sono in L^1 — in particolare, se X e Y sono in L^2 — si definisce *covarianza di X e Y* la quantità

$$\begin{aligned}\mathrm{Cov}(X,Y) :&= \mathrm{E}\big((X-\mathrm{E}(X))(Y-\mathrm{E}(Y))\big) \\ &= \mathrm{E}(XY) - \mathrm{E}(X)\,\mathrm{E}(Y) \in (-\infty, +\infty).\end{aligned} \tag{3.41}$$

  Se $\mathrm{Cov}(X,Y) = 0$, le variabili aleatorie X e Y si dicono *scorrelate*.
- Se X è in L^2, si definisce *varianza di X* la quantità

$$\mathrm{Var}(X) := \mathrm{Cov}(X,X) = \mathrm{E}((X-\mathrm{E}(X))^2) = \mathrm{E}(X^2) - \mathrm{E}(X)^2 \in [0,\infty).$$

Qualche precisazione: se X, Y e $XY \in L^1(\Omega,\mathrm{P})$, allora $(X-\mathrm{E}(X))(Y-\mathrm{E}(Y)) \in L^1(\Omega,\mathrm{P})$, perché $L^1(\Omega,\mathrm{P})$ è uno spazio vettoriale (Proposizione 3.60), quindi la definizione (3.41) è ben posta; la seconda uguaglianza in (3.41) segue dalla linearità del valore medio (Proposizione 3.54).

Diamo ora formule esplicite per il calcolo di $\mathrm{Cov}(X, Y)$ e $\mathrm{Var}(X)$, in analogia con la formula (3.28) per $\mathrm{E}(X)$. Queste sono di grande utilità negli esercizi.

Proposizione 3.66
Se $\mathrm{Cov}(X, Y)$ è ben definita, essa è data dalla formula

$$\begin{aligned}\mathrm{Cov}(X, Y) &= \sum_{(x,y)\in\mathbb{R}^2} (x - \mathrm{E}(X))(y - \mathrm{E}(Y))\, \mathrm{p}_{X,Y}(x, y) \\ &= \sum_{(x,y)\in\mathbb{R}^2} x\, y\, \mathrm{p}_{X,Y}(x, y) - \mathrm{E}(X)\,\mathrm{E}(Y)\,. \end{aligned} \qquad (3.42)$$

Se $X \in L^2$, la varianza di X è data dalla formula

$$\mathrm{Var}(X) = \sum_{x\in\mathbb{R}} (x - \mathrm{E}(X))^2\, \mathrm{p}_X(x) = \sum_{x\in\mathbb{R}} x^2\, \mathrm{p}_X(x) - \mathrm{E}(X)^2\,. \qquad (3.43)$$

Le somme precedenti possono essere ristrette a $x \in X(\Omega)$, $y \in Y(\Omega)$.

Dimostrazione La relazione (3.43) si ottiene applicando la formula (3.31) alla variabile aleatoria X a valori in $E = \mathbb{R}$, con $g(x) := (x - \mathrm{E}(X))^2$. Analogamente, per la relazione (3.42) basta applicare ancora la formula (3.31), ma questa volta per la variabile aleatoria (X, Y) a valori in $E = \mathbb{R}^2$ e per la funzione $g(z) = g(x, y) := (x - \mathrm{E}(X))(y - \mathrm{E}(Y))$. (Si noti che i valori attesi $\mathrm{E}(X)$ e $\mathrm{E}(Y)$ che compaiono nelle definizioni di $g(\cdot)$ sono delle semplici costanti!) □

Se il valore medio $\mathrm{E}(X)$ di una variabile aleatoria X rappresenta intuitivamente il "baricentro" della distribuzione dei valori assunti da X, la varianza $\mathrm{Var}(X)$ è connessa alla "dispersione" di tali valori attorno al valore medio. Infatti $\mathrm{Var}(X)$ è una media degli "scarti dal valore medio" *elevati al quadrato* $(x - \mathrm{E}(X))^2$, pesati con le probabilità $\mathrm{p}_X(x)$, come mostra la relazione (3.43). Di conseguenza, la radice quadrata della varianza $\sqrt{\mathrm{Var}(X)}$, detta *deviazione standard*, fornisce una misura della *larghezza della distribuzione dei valori assunti da X attorno al valore medio*. Si noti che $\sqrt{\mathrm{Var}(X)}$ ha la stessa "unità di misura" dei valori assunti da X.

Osservazione 3.67 Se non si elevassero gli scarti al quadrato, si avrebbe banalmente

$$\mathrm{E}\big[(X - \mathrm{E}(X))\big] = \mathrm{E}(X) - \mathrm{E}\big[\mathrm{E}(X)\big] = \mathrm{E}(X) - \mathrm{E}(X) = 0\,, \qquad (3.44)$$

per la linearità del valore medio e per il fatto che il valore medio di una costante è uguale alla costante (si ricordi l'Esempio 3.11, notando che $c = \mathrm{E}(X)$ è una costante). Questo è intuitivo: essendo il valore medio $\mathrm{E}(X)$ il baricentro della distribuzione, gli scarti sopra e sotto $\mathrm{E}(X)$ hanno segno opposto e mediando si cancellano.

Per evitare questa cancellazione, una misura alternativa della dispersione, altrettanto legittima a priori, potrebbe essere $\mathrm{E}(|X - \mathrm{E}(X)|)$, che ha tra l'altro il vantaggio di essere definita per ogni $X \in L^1$, mentre la varianza richiede l'ipotesi più forte che $X \in L^2$. Tuttavia, la varianza è la misura di dispersione più importante e più usata, sia per ragioni pratiche (il quadrato è una funzione più regolare e maneggevole del valore assoluto) sia, soprattutto, per importanti ragioni teoriche, che hanno a che fare con il *teorema limite centrale*, che studieremo nel Capitolo 7. □

La prossima proposizione descrive alcune proprietà basilari della covarianza. Ricordiamo dall'Esempio 3.16 che una variabile aleatoria reale X si dice *quasi certamente costante* se esiste $c \in \mathbb{R}$ tale che $\mathrm{P}(X = c) = 1$.

Proposizione 3.68 (Proprietà della covarianza)
Sia (Ω, P) *uno spazio di probabilità. La covarianza* $\mathrm{Cov}(\cdot,\cdot) : L^2(\Omega,\mathrm{P}) \times L^2(\Omega,\mathrm{P}) \to \mathbb{R}$ *è un operatore* simmetrico *e* bilineare, *cioè per ogni* $X, Y, Z \in \Lambda^2(\Omega,\mathrm{P})$ *e* $\alpha, \beta \in \mathbb{R}$

$$\mathrm{Cov}(X,Y) = \mathrm{Cov}(Y,X)\,,$$
$$\mathrm{Cov}(\alpha X + \beta Y, Z) = \alpha\,\mathrm{Cov}(X,Z) + \beta\,\mathrm{Cov}(Y,Z)\,.$$

Inoltre, se X *o* Y *è quasi certamente costante, si ha* $\mathrm{Cov}(X,Y) = 0$.

Dimostrazione Le proprietà di simmetria e bilinearità seguono facilmente dalla definizione $\mathrm{Cov}(X,Y) = \mathrm{E}(XY) - \mathrm{E}(X)\,\mathrm{E}(Y)$ (si ricordi la linearità del valore medio).

Veniamo all'ultima affermazione. Se X è quasi certamente uguale alla costante $c \in \mathbb{R}$, allora $\mathrm{E}(X) = c$, per l'Esempio 3.44, quindi la variabile aleatoria $(X - \mathrm{E}(X))$ è quasi quasi certamente uguale a zero. Di conseguenza, anche la variabile aleatoria $(X - \mathrm{E}(X))(Y - \mathrm{E}(Y))$ è quasi quasi certamente uguale a zero, e dunque

$$0 = \mathrm{E}\big((X - \mathrm{E}(X))(Y - \mathrm{E}(Y))\big) = \mathrm{Cov}(X,Y)\,,$$

ancora per l'Esempio 3.44. □

Veniamo dunque alle proprietà fondamentali della varianza.

Proposizione 3.69 (Proprietà della varianza)
Sia (Ω, P) *uno spazio di probabilità.*

(i) *La varianza* $\mathrm{Var}(\cdot)$ *è un operatore da* $L^2(\Omega,\mathrm{P})$ *in* $[0,\infty)$ non lineare*:*

$$\mathrm{Var}(aX + b) = a^2\,\mathrm{Var}(X)\,, \qquad \textit{per ogni } X \in L^2(\Omega,\mathrm{P}) \textit{ e } a, b \in \mathbb{R}\,.$$

(ii) *Per ogni* $n \in \mathbb{N}$ *e* $X_1, \ldots, X_n \in L^2$ *vale la relazione*

$$\operatorname{Var}\left(\sum_{i=1}^{n} X_i\right) = \sum_{i=1}^{n} \operatorname{Var}(X_i) + \sum_{1 \le i, j \le n:\ i \ne j} \operatorname{Cov}(X_i, X_j). \qquad (3.45)$$

(iii) $\operatorname{Var}(X) = 0$ *se e solo se* X *è quasi certamente costante, per ogni* $X \in L^2$.
(iv) $\operatorname{Var}(X) \le \mathrm{E}\left((X-c)^2\right)$*, per ogni* $X \in L^2$ *e per ogni* $c \in \mathbb{R}$*. L'uguaglianza* $\operatorname{Var}(X) = \mathrm{E}\left((X-c)^2\right)$ *vale se e solo se* $c = \mathrm{E}(X)$.

Osservazione 3.70 Nella seconda somma in (3.45), i termini con $i < j$ e con $i > j$ sono uguali, perché la covarianza è simmetrica. Quindi la seconda somma in (3.45) si può riscrivere equivalentemente come $2 \sum_{1 \le i < j \le n} \operatorname{Cov}(X_i, X_j)$. □

Dimostrazione Per la Proposizione 3.68, la covarianza è un operatore bilineare. Dato che $\operatorname{Var}(Z) = \operatorname{Cov}(Z, Z)$, i punti (i) e (ii) seguono facilmente.

Per il punto (iii), definiamo per comodità $Y := (X - \mathrm{E}(X))^2$, osservando che $\operatorname{Var}(X) = \mathrm{E}(Y)$. Se X è quasi certamente costante, ossia $\mathrm{P}(X = c) = 1$ con $c \in \mathbb{R}$, allora $\mathrm{E}(X) = c$, per l'Esempio 3.44; notando che si ha l'uguaglianza di eventi

$$\{X = \mathrm{E}(X)\} = \{Y = 0\}, \qquad (3.46)$$

segue che $\mathrm{P}(Y = 0) = 1$, quindi $\mathrm{E}(Y) = 0$ e dunque $\operatorname{Var}(X) = \mathrm{E}(Y) = 0$. Viceversa, supponiamo che $\operatorname{Var}(X) = \mathrm{E}(Y) = 0$. Essendo Y positiva con valore medio nullo, per la Proposizione 3.57 si ha $\mathrm{P}(Y = 0) = 1$, dunque $\mathrm{P}(X = \mathrm{E}(X)) = 1$ grazie a (3.46). Questo mostra che X è quasi certamente uguale alla costante $\mathrm{E}(X)$.

Per il punto (iv), è sufficiente osservare che

$$\begin{aligned} \mathrm{E}[(X-c)^2] &= \mathrm{E}[(X - \mathrm{E}(X) + \mathrm{E}(X) - c)^2] \\ &= \mathrm{E}[(X - \mathrm{E}(X))^2] + (\mathrm{E}(X) - c)^2 + 2(\mathrm{E}(X) - c)\,\mathrm{E}[X - \mathrm{E}(X)] \\ &= \operatorname{Var}(X) + (\mathrm{E}(X) - c)^2, \end{aligned} \qquad (3.47)$$

dove abbiamo usato il fatto che $\mathrm{E}[X - \mathrm{E}(X)] = 0$, come già visto in (3.44). □

Osservazione 3.71 Il punto (iv) della Proposizione 3.69 fornisce una *caratterizzazione variazionale* del valore medio, affermando che esso è la costante che realizza la distanza minima da X nello spazio (semi-)normato $(L^2(\Omega, \mathrm{P}), \|\cdot\|_2)$. Si noti infatti che $\mathrm{E}[(X-c)^2] = \|X - c\|_2^2$. □

3.3.4 Valore medio e indipendenza

Mostriamo ora un legame fondamentale tra le nozioni di valore medio e indipendenza per variabili aleatorie.

Proposizione 3.72 (Valore medio e indipendenza)
Se X, Y sono variabili aleatorie reali indipendenti *e in L^1, allora anche il prodotto $XY \in L^1$ e si ha*

$$\mathrm{E}(XY) = \mathrm{E}(X)\,\mathrm{E}(Y). \tag{3.48}$$

Nel caso in cui X e Y siano variabili aleatorie indipendenti e positive, la relazione (3.48) *è valida anche senza l'ipotesi che $X, Y \in L^1$.*

Dimostrazione Dato che X e Y sono indipendenti, si ha che $\mathrm{p}_{X,Y}(x,y) = \mathrm{p}_X(x)\,\mathrm{p}_Y(y)$ per ogni $(x,y) \in \mathbb{R}^2$, grazie alla Proposizione 3.32. Di conseguenza, applicando la formula (3.31) alla variabile aleatoria (X,Y) (a valori in $E = \mathbb{R}^2$) per la funzione positiva $g(z) = g(x,y) := |xy|$ e ricordando la somma a blocchi (0.12), si ottiene

$$\begin{aligned}\mathrm{E}(|XY|) &= \sum_{x,y\in\mathbb{R}} |x||y|\,\mathrm{p}_{X,Y}(x,y) = \Big(\sum_{x\in\mathbb{R}} |x|\,\mathrm{p}_X(x)\Big)\Big(\sum_{y\in\mathbb{R}} |y|\,\mathrm{p}_Y(y)\Big)\\ &= \mathrm{E}(|X|)\,\mathrm{E}(|Y|)\,.\end{aligned}$$

Questo mostra che la relazione (3.48) è sempre verificata se X e Y sono positive. Inoltre, se $\mathrm{E}(|X|) < \infty$ e $\mathrm{E}(|Y|) < \infty$ anche $\mathrm{E}(|XY|) < \infty$. Ripercorrendo gli stessi passaggi togliendo i valori assoluti, si mostra che $\mathrm{E}(XY) = \mathrm{E}(X)\,\mathrm{E}(Y)$. □

Osservazione 3.73 Sottolineiamo che in generale, se $X, Y \in L^1$, non è detto che $XY \in L^1$; in altre parole, se due variabili aleatorie ammettono valore medio finito, non è detto che anche il loro prodotto ammetta valore medio finito (se X e Y non sono indipendenti), come mostra l'Esempio 3.64. □

Ricordando la definizione di covarianza e la formula (3.45), otteniamo immediatamente i seguenti corollari della Proposizione 3.72.

Corollario 3.74 (Indipendenza e scorrelazione)
Due variabili aleatorie $X, Y \in L^1$ indipendenti sono scorrelate, cioè $\mathrm{Cov}(X,Y) = 0$.

Corollario 3.75 (Varianza della somma di variabili aleatorie indipendenti) *Se $X_1, \ldots, X_n \in L^2$ sono variabili aleatorie* indipendenti,

$$\mathrm{Var}\left(\sum_{i=1}^{n} X_i\right) = \sum_{i=1}^{n} \mathrm{Var}(X_i)\,.$$

Dunque due variabili aleatorie reali indipendenti e in L^1 sono scorrelate. Il viceversa non è necessariamente vero, come mostra l'esempio che segue.

Esempio 3.76 Lanciamo due dadi regolari a sei facce e indichiamo con X_1 e X_2 i risultati dei due dadi. Allora X_1 e X_2 sono variabili aleatorie indipendenti con la stessa legge, più precisamente con densità discreta $\mathrm{p}(i) = \frac{1}{6}$ per $i \in \{1, \ldots, 6\}$. Sia $Y = X_1 + X_2$ la somma e sia $Z = X_1 - X_2$ la differenza dei risultati dei due dadi.

È abbastanza chiaro che Y e Z *non sono indipendenti*: ad esempio, se la somma vale 12 necessariamente entrambi i risultati dei due dadi valgono 6 e dunque la differenza vale 0. In altri termini, possiamo scrivere

$$\mathrm{P}(Y = 12, Z \neq 0) = 0 \neq \mathrm{P}(Y = 12)\,\mathrm{P}(Z \neq 0) > 0\,.$$

D'altra parte, per bilinearità e simmetria della covarianza, si ha

$$\begin{aligned}\mathrm{Cov}(Y, Z) &= \mathrm{Cov}(X_1 + X_2, X_1 - X_2) \\ &= \mathrm{Var}(X_1) - \mathrm{Cov}(X_1, X_2) + \mathrm{Cov}(X_2, X_1) - \mathrm{Var}(X_2) = 0\,,\end{aligned}$$

dove abbiamo sfruttato il fatto che X_1 e X_2 hanno la stessa varianza, dal momento che hanno la stessa legge. □

3.3.5 *Disuguaglianze*

Come in molti altri settori della matematica, le disuguaglianze giocano un ruolo fondamentale nel calcolo delle probabilità. La disuguaglianza di Chebyschev, che vedremo ora, rafforza il significato della varianza, o meglio della deviazione standard, come indice della dispersione (o "larghezza") dei valori di una variabile aleatoria X attorno al suo valore medio: infatti la probabilità di una deviazione dal valore medio maggiore di ε si può stimare dall'alto in funzione di $(\varepsilon/\sqrt{\mathrm{Var}(X)})$.

Teorema 3.77
Sia X una variabile aleatoria reale. Valgono allora le seguenti disuguaglianze.

(i) **(Disuguaglianza di Markov)** *Se X è a valori positivi, per ogni $\varepsilon > 0$*

$$\mathrm{P}(X \geq \varepsilon) \leq \frac{\mathrm{E}(X)}{\varepsilon}.$$

(ii) **(Disuguaglianza di Chebyschev)** *Se $X \in L^2(\Omega, \mathrm{P})$, per ogni $\varepsilon > 0$*

$$\mathrm{P}(|X - \mathrm{E}(X)| \geq \varepsilon) \leq \frac{\mathrm{Var}(X)}{\varepsilon^2}.$$

Dimostrazione

(i) Per ipotesi $X(\omega) \geq 0$ per ogni $\omega \in \Omega$. Di conseguenza si ha la disuguaglianza

$$X \geq \varepsilon \, \mathbb{1}_{\{X \geq \varepsilon\}}.$$

Sottolineiamo che questa è una disuguaglianza tra variabili aleatorie, ossia tra funzioni definite su Ω: in altre parole, si ha $X(\omega) \geq \varepsilon \, \mathbb{1}_{\{X \geq \varepsilon\}}(\omega)$ per ogni $\omega \in \Omega$ (perché?). Per monotonia e linearità del valore medio si ottiene

$$\mathrm{E}(X) \geq \mathrm{E}\big(\varepsilon \, \mathbb{1}_{\{X \geq \varepsilon\}}\big) = \varepsilon \, \mathrm{E}\big(\mathbb{1}_{\{X \geq \varepsilon\}}\big) = \varepsilon \, \mathrm{P}(X \geq \varepsilon),$$

avendo usato il fatto che il valore medio dell'indicatrice di un evento è uguale alla probabilità dell'evento, come mostrato nell'Esempio 3.45. La tesi segue.

(ii) Si noti che vale l'uguaglianza di eventi

$$\{|X - \mathrm{E}(X)| \geq \varepsilon\} = \{|X - \mathrm{E}(X)|^2 \geq \varepsilon^2\},$$

ossia $\omega \in \Omega$ appartiene al membro sinistro di questa relazione se e solo se esso appartiene al membro destro (perché?). Di conseguenza, applicando la disuguaglianza di Markov alla variabile aleatoria positiva $(X - \mathrm{E}(X))^2$,

$$\mathrm{P}(|X - \mathrm{E}(X)| \geq \varepsilon) = \mathrm{P}((X - \mathrm{E}(X))^2 \geq \varepsilon^2) \leq \frac{\mathrm{E}\left[((X - \mathrm{E}(X))^2\right]}{\varepsilon^2},$$

ed essendo $\mathrm{E}\left[((X - \mathrm{E}(X))^2\right] = \mathrm{Var}(X)$ la dimostrazione è conclusa. □

Osservazione 3.78 Grazie alla disuguaglianza di Markov possiamo dare una dimostrazione alternativa della Proposizione 3.57: se X è una variabile aleatoria reale positiva con valore medio $\mathrm{E}(X) = 0$, allora X è quasi certamente uguale a 0, cioè $\mathrm{P}(X = 0) = 1$. Dato che X è positiva, possiamo scrivere $\mathrm{P}(X = 0) = 1 - \mathrm{P}(X > 0)$, pertanto ci basta mostrare che $\mathrm{P}(X > 0) = 0$.

Osservando che vale l'uguaglianza di eventi $\{X > 0\} = \bigcup_{n=1}^{\infty}\{X \geq \frac{1}{n}\}$, e notando che gli eventi $(\{X \geq \frac{1}{n}\})_{n\geq 1}$ sono crescenti, grazie alla continuità dal basso della probabilità otteniamo $\mathrm{P}(X > 0) = \mathrm{P}(\bigcup_{n=1}^{\infty}\{X \geq \frac{1}{n}\}) = \lim_{n\to\infty} \mathrm{P}(X \geq \frac{1}{n})$. Grazie alla disuguaglianza di Markov possiamo stimare $\mathrm{P}(X \geq \frac{1}{n}) \leq \mathrm{E}(X)/(1/n) = 0$ per ogni $n \geq 1$, pertanto deduciamo che $\mathrm{P}(X > 0) = 0$, come volevasi dimostrare. □

Diamo ora una versione "rafforzata" della disuguaglianza di Markov, nota come disuguaglianza (esponenziale) di Chernov, che si rivela utile in diversi contesti. Da essa deriveremo la disuguaglianza di Hoeffding (Proposizione 8.16) che possiede applicazioni in Statistica, si veda il Paragrafo 8.2.1 nel Capitolo 8.

Proposizione 3.79 (Disuguaglianza di Chernov)
Sia X una variabile aleatoria reale. Per ogni $t \in \mathbb{R}$ e $a > 0$ valgono le disuguaglianze

$$\mathrm{P}(X \geq t) \leq \mathrm{e}^{-a\,t}\,\mathrm{E}[\mathrm{e}^{aX}]\,, \qquad \mathrm{P}(X \leq t) \leq \mathrm{e}^{a\,t}\,\mathrm{E}[\mathrm{e}^{-aX}]\,.$$

Dimostrazione Notiamo innanzitutto che le variabili aleatorie e^{aX} e e^{-aX} sono positive, quindi ammettono valore medio (che può valere $+\infty$).

Per la prima disuguaglianza, osserviamo che per $a > 0$ la funzione $x \mapsto \mathrm{e}^{ax}$ è strettamente crescente e biunivoca da $\mathbb{R}$ in $(0, \infty)$. Di conseguenza si ha la seguente uguaglianza di eventi, per ogni $t \in \mathbb{R}$:

$$\{X \geq t\} = \left\{\mathrm{e}^{aX} \geq \mathrm{e}^{at}\right\}.$$

Applicando la disuguaglianza di Markov alla variabile aleatoria *positive* e^{aX}, otteniamo

$$\mathrm{P}(X \geq t) = \mathrm{P}\left(\mathrm{e}^{aX} \geq \mathrm{e}^{at}\right) \leq \frac{1}{\mathrm{e}^{at}}\,\mathrm{E}\left(\mathrm{e}^{aX}\right).$$

Per la seconda disuguaglianza, osserviamo che la funzione $x \mapsto \mathrm{e}^{-ax}$ è strettamente decrescente e biunivoca da $\mathbb{R}$ in $(0, \infty)$, quindi si ha l'uguaglianza di eventi $\{X \leq t\} = \{\mathrm{e}^{-aX} \geq \mathrm{e}^{-at}\}$, da cui segue che $\mathrm{P}(X \leq t) = \mathrm{P}(\mathrm{e}^{-aX} \geq \mathrm{e}^{-at})$. Applicando la disuguaglianza di Markov alla variabile aleatoria positiva e^{-aX} si ottiene la disuguaglianza cercata. □

La seguente disuguaglianza è utile quando si voglia confrontare il valore medio di una variabile aleatoria con quelli di sue opportune funzioni.

Teorema 3.80 (Disuguaglianza di Jensen)
Sia X una variabile aleatoria reale e $\varphi : \mathbb{R} \to \mathbb{R}$ una funzione convessa. Se X ammette valore medio finito $\mathrm{E}(X) < \infty$, *allora* $\varphi(X)$ *ammette valore medio e vale la disuguaglianza*

$$\varphi(\mathrm{E}(X)) \leq \mathrm{E}(\varphi(X)).$$

Dimostrazione Per un risultato classico di analisi (che il lettore potrà verificare), il fatto che φ sia convessa è equivalente ad affermare che, per ogni $x_0 \in \mathbb{R}$, esiste una retta che passa per $(x_0, \varphi(x_0))$ e che sta sempre sotto il grafico di φ. In altri termini, per ogni $x_0 \in \mathbb{R}$ esiste $\lambda(x_0) \in \mathbb{R}$ tale che per ogni $x \in \mathbb{R}$

$$\varphi(x) \geq \varphi(x_0) + \lambda(x_0)(x - x_0). \tag{3.49}$$

Posto $x = X(\omega)$ e $x_0 = \mathrm{E}(X)$, otteniamo che per ogni $\omega \in \Omega$

$$\varphi(X(\omega)) \geq \varphi(\mathrm{E}(X)) + \lambda(\mathrm{E}(X))\,(X(\omega) - \mathrm{E}(X)). \tag{3.50}$$

Il membro destro di questa equazione si può riscrivere come $aX(\omega) + b$, per opportune costanti $a, b \in \mathbb{R}$, pertanto ammette valore medio finito, perché per ipotesi X ammette valore medio finito. Possiamo allora maggiorare la parte negativa $\varphi(X(\omega))^- \leq |aX(\omega) + b|$, quindi $\varphi(X)$ ammette valore medio (eventualmente $+\infty$). Prendendo il valore medio dei due membri, la conclusione segue per le proprietà di monotonia e linearità del valore medio. □

Un esempio di applicazione della disuguaglianza di Jensen è il seguente confronto tra norme p-esime di una variabile aleatoria.

Corollario 3.81
Per ogni $0 < p \leq q < \infty$ *si ha, per ogni variabile aleatoria reale* X,

$$\|X\|_p = \mathrm{E}(|X|^p)^{1/p} \leq \mathrm{E}(|X|^q)^{1/q} = \|X\|_q. \tag{3.51}$$

Dimostrazione Se $\mathrm{E}(|X|^q) = \infty$ non c'è niente da dimostrare. Se $\mathrm{E}(|X|^p) = \infty$, per la disuguaglianza (3.38) e la monotonia del valore medio si ha $\mathrm{E}(|X|^q) = \infty$, dunque la relazione (3.51) è verificata. Infine, se $\mathrm{E}(|X|^q) < \infty$ e $\mathrm{E}(|X|^p) < \infty$, la relazione (3.51) si ottiene applicando la disuguaglianza di Jensen alla variabile aleatoria positiva $|X|^p$ e alla funzione convessa $\varphi(x) = |x|^{q/p}$. □

La prossima disuguaglianza è utile per stimare la media di un prodotto di variabili aleatorie. Ne vedremo un'applicazione importante nel prossimo paragrafo.

Si dice che due variabili aleatorie reali X e Y sono *proporzionali* se esiste una costante $c \in \mathbb{R}$ tale che $P(Y = cX) = 1$ oppure $P(X = cY) = 1$.

Teorema 3.82 (Disuguaglianza di Cauchy–Schwarz)
Siano X e Y variabili aleatorie reali in L^2. Allora il prodotto $XY \in L^1$ e vale la disuguaglianza

$$|\,E(XY)| \leq \sqrt{E(X^2)\,E(Y^2)}. \tag{3.52}$$

Inoltre, si ha l'uguaglianza in (3.52) *se e solo se le variabili aleatorie X e Y sono proporzionali.*

Dimostrazione Abbiamo già mostrato nella Proposizione 3.59 che $XY \in L^1(\Omega, P)$ per ogni $X, Y \in L^2(\Omega, P)$. Per ottenere la disuguaglianza (3.52), non è restrittivo supporre $P(X = 0) < 1$ e $P(Y = 0) < 1$, o equivalentemente (si ricordi la Proposizione 3.57) $E(X^2) > 0$ e $E(Y^2) > 0$, perché in caso contrario la relazione è banalmente verificata (e X e Y sono proporzionali perché almeno una delle due variabili è quasi certamente uguale a 0). Inoltre possiamo assumere $E(XY) \geq 0$, perché in caso contrario è sufficiente rimpiazzare X con $-X$, notando che l'intero enunciato non viene modificato da tale sostituzione. Poniamo allora

$$X_* := \frac{X}{\sqrt{E(X^2)}}, \qquad Y_* := \frac{Y}{\sqrt{E(Y^2)}}.$$

Dato che $(X_* - Y_*)^2 \geq 0$, per monotonia del valore medio si ha

$$0 \leq E[(X_* - Y_*)^2] = E(X_*^2) + E(Y_*^2) - 2\,E(X_*Y_*) = 2 - 2\frac{E(XY)}{\sqrt{E(X^2)\,E(Y^2)}},$$

da cui (3.52) segue immediatamente.

Supponiamo ora che (3.52) valga come uguaglianza. Per quanto appena visto $E[(X_* - Y_*)^2] = 0$, quindi per la Proposizione 3.57 si ha $P((X_* - Y_*) = 0) = 1$, ossia

$$P(X_* = Y_*) = 1 \iff P\left(Y = \frac{\sqrt{E(Y^2)}}{\sqrt{E(X^2)}}\,X\right) = 1,$$

dunque $P(Y = cX) = 1$ con $c = \sqrt{E(Y^2)}/\sqrt{E(X^2)}$.

Viceversa, se $P(Y = cX) = 1$, Y è quasi certamente uguale a cX e dunque XY è quasi certamente uguale a cX^2. Pertanto $E(XY) = c\,E(X^2)$ e $E(Y^2) = c^2\,E(X^2)$, per l'Osservazione 3.58, da cui segue che la (3.52) vale come uguaglianza. □

Mostriamo ora un caso particolare di un'importante disuguaglianza in meccanica statistica, detta *FKG* dagli autori C. M. Fortuin, P. W. Kasteleyn e J. Ginibre.

Proposizione 3.83 (Disuguaglianza FKG)
Sia Y una variabile aleatoria reale e siano $g, h : \mathbb{R} \to \mathbb{R}$ funzioni tali che $g(Y) \in L^1$, $h(Y) \in L^1$ e $g(Y)h(Y) \in L^1$. Se g e h sono entrambe crescenti, o entrambe decrescenti, si ha

$$\mathrm{Cov}\big(g(Y), h(Y)\big) \geq 0, \quad \textit{cioè} \quad \mathrm{E}\big(g(Y)\,h(Y)\big) \geq \mathrm{E}\big(g(Y)\big)\,\mathrm{E}\big(h(Y)\big), \tag{3.53}$$

mentre se le funzioni g e h sono una crescente e l'altra decrescente, valgono le disuguaglianze inverse, con $\leq$ invece di $\geq$.

Dimostrazione Si noti che la relazione (3.53) dipende soltanto dalla *distribuzione* della variabile aleatoria Y (perché?). Tuttavia, risulta comodo dimostrarla usando esplicitamente variabili aleatorie.

Notiamo innanzitutto che, se g e h sano entrambe crescenti, si ha

$$\big(g(y_1) - g(y_2)\big)\big(h(y_1) - h(y_2)\big) \geq 0, \qquad \forall y_1, y_2 \in \mathbb{R}.$$

Infatti, se $y_1 \geq y_2$ si ha $g(y_1) \geq g(y_2)$ e $h(y_1) \geq h(y_2)$, mentre se $y_1 \leq y_2$ si ha $g(y_1) \leq g(y_2)$ e $h(y_1) \leq h(y_2)$, per la monotonia di g e h. Supponiamo ora che Y_1 e Y_2 siano variabili aleatorie indipendenti, definite ovviamente sullo stesso spazio di probabilità (Ω, P), ciascuna con la stessa distribuzione di Y. Dalla relazione precedente deduciamo che $[g(Y_1(\omega)) - g(Y_2(\omega))][h(Y_1(\omega)) - h(Y_2(\omega))] \geq 0$ per ogni $\omega \in \Omega$, pertanto per monotonia del valore medio

$$\mathrm{E}\big[\big(g(Y_1) - g(Y_2)\big)\big(h(Y_1) - h(Y_2)\big)\big] \geq 0.$$

Per linearità del valore medio, il membro sinistro di questa relazione vale

$$\begin{aligned} &\mathrm{E}\big[g(Y_1)h(Y_1)\big] + \mathrm{E}\big[g(Y_2)h(Y_2)\big] - \mathrm{E}\big[g(Y_1)h(Y_2)\big] - \mathrm{E}\big[g(Y_2)h(Y_1)\big] \\ &= 2\,\mathrm{E}\big[g(Y)h(Y)\big] - 2\,\mathrm{E}\big[g(Y)\big]\,\mathrm{E}\big[h(Y)\big] = 2\,\mathrm{Cov}\big(g(Y), h(Y)\big), \end{aligned}$$

dove nella prima uguaglianza abbiamo usato il fatto che Y_1 e Y_2 hanno la stessa distribuzione di Y e sono indipendenti. La dimostrazione è completa se g e h sono crescenti, e gli altri casi si mostrano in modo analogo (oppure si nota che moltiplicando una funzione decrescente per -1 si ottiene una funzione crescente). □

3.3.6 *Il metodo dei momenti*

Le disuguaglianze del Paragrafo 3.3.5, in particolare quelle di Markov e Chebyschev, possono riverlarsi molto utili nello studio di un modello probabilistico. Quando si deve analizzare una variabile aleatoria X "complicata", spesso non è possibile determinarne la distribuzione in modo esplicito. In questi casi, le disuguaglianze di Markov e Chebyschev permettono di ottenere stime sulle probabilità degli eventi generati da X (si ricordi la Definizione 3.5) a partire dai momenti di X. In effetti, calcolare o stimare i momenti di una variabile aleatoria non richiede necessariamente di determinarne la legge, come abbiamo visto nell'Esempio 3.55, e spesso è un problema più semplice.

La strategia che consiste nello stimare dei momenti di una variabile aleatoria, con lo scopo di dedurre informazioni sulla sua distribuzione, è detta *metodo dei momenti*. Qui ci limitiamo a presentare due esempi, ma questo metodo è al centro di numerosi risultati importanti, come la legge dei grandi numeri che tratteremo nel Capitolo 7. Vedremo altre applicazioni del metodo dei momenti nel Capitolo 4, in particolare nello studio della più lunga sequenza di teste e croci consecutive (Paragrafo 4.4) e dei grafi aleatori (Paragrafo 4.9).

Problema 3.84 (Inserimento ed estrazione di palline da un'urna) Inseriamo in un'urna delle palline numerate, una dopo l'altra. Più precisamente, in ogni turno $n = 1, 2, 3, \ldots$ inseriamo la pallina numero n nell'urna, dopodiché estraiamo dall'urna una pallina a caso, ne annotiamo il numero e la reinseriamo nell'urna. Supponiamo che le estrazioni siano indipendenti e indichiamo con X_n il *numero di volte in cui viene estratta la pallina numero 1 nei primi n turni.*

Calcolare esplicitamente la distribuzione di X_n è difficile, ma possiamo porci alcune domande. Dato che il numero di palline nell'urna aumenta progressivamente, la probabilità di estrarre la pallina numero 1 decresce al crescere del turno n; ciononostante si può avere $X_n \to \infty$ per $n \to \infty$? Se sì, con quale velocità? Quale senso preciso si può dare a queste domande?

Possiamo calcolare valore medio e varianza di X_n. Se introduciamo gli eventi $A_i :=$ "estraiamo la pallina numero 1 nella i-esima estrazione", possiamo scrivere

$$X_n = \sum_{i=1}^{n} \mathbb{1}_{A_i} .$$

Gli eventi A_i sono indipendenti e hanno probabilità $\mathrm{P}(A_i) = \frac{1}{i}$, perché ci sono esattamente i palline nell'urna al momento della i-esima estrazione (possiamo vedere le estrazioni come prove ripetute e indipendenti *con probabilità di successo diverse*, intendendo con "succcesso" l'estrazione della pallina numero 1). Si calcolano allora facilmente valore medio e varianza di X_n: grazie alla linearità del valore medio e alle proprietà della varianza – si ricordi la Proposizione 3.69 – si ottiene

$$\mathrm{E}(X_n) = \sum_{i=1}^{n} \mathrm{P}(A_i) = \sum_{i=1}^{n} \frac{1}{i} , \qquad \mathrm{Var}(X_n) = \sum_{i=1}^{n} \mathrm{P}(A_i)(1 - \mathrm{P}(A_i)) \le \sum_{i=2}^{n} \frac{1}{i} ,$$

dal momento che $E(\mathbb{1}_{A_i}) = P(A_i)$ e $\mathrm{Var}(\mathbb{1}_{A_i}) = P(A_i)(1 - P(A_i))$; osserviamo che la varianza vale 0 per $i = 1$ e che è più piccola di $P(A_i) = \frac{1}{i}$ per $i \geq 2$.

Grazie ai risultati sulla serie armonica richiamati in (0.9) e nelle righe seguenti, otteniamo $\log n \leq E(X_n) \leq \log n + 1$ (in particolare $E(X_n) \sim \log n$ per $n \to \infty$) e $\mathrm{Var}(X_n) \leq \log n$ per ogni $n \geq 1$. Segue allora dalla disuguaglianza di Chebyschev (Teorema 3.77) che per ogni costante $C > 0$ possiamo stimare

$$P\left(\left|X_n - E(X_n)\right| \geq C\sqrt{\log n}\right) \leq \frac{\mathrm{Var}(X_n)}{C^2 \log n} \leq \frac{1}{C^2}.$$

Di conseguenza, scegliendo C molto grande, si ottiene che con probabilità superiore a $1 - C^{-2}$ (quindi vicina a 1) si ha $|X_n - E(X_n)| < C\sqrt{\log n}$, cioè il valore di X_n è compreso nell'intervallo $(\log n - C\sqrt{\log n}, \log n + 1 + C\sqrt{\log n})$.

In definitiva, possiamo affermare che per n che tende all'infinito, *con grande probabilità, X_n vale* $\log n$ *a meno di un errore dell'ordine di* $O(\sqrt{\log n})$. Dato che $\lim_{n\to\infty}\{\log n - C\sqrt{\log n}\} = \infty$, possiamo inoltre affermare che, con grande probabilità, i valori assunti da X_n tendono all'infinito per $n \to \infty$.

Problema 3.85 (Il problema del collezionista di figurine) Consideriamo il seguente problema, su cui torneremo più in dettaglio nel Paragrafo 4.5: vogliamo completare un album che comprende N figurine, che numeriamo con $\{1, 2, \ldots, N\}$, vendute in pacchetti singoli. Supponiamo che ciascun pacchetto acquistato, indipendentemente dagli altri pacchetti, abbia la stessa probabilità di contenere una delle N possibili figurine. Quanti pacchetti è necessario acquistare per avere una ragionevole probabilità di completare l'album?

Per formalizzare il problema, consideriamo delle variabili aleatorie indipendenti $(X_k)_{k\geq 1}$ con densità discreta $p_{X_k}(i) = \frac{1}{N}$ per ogni $i \in \{1, \ldots, N\}$, dove la variabile X_k rappresenta la figurina contenuta nel k-esimo pacchetto acquistato. Indichiamo allora con T_N la variabile aleatoria che dà il numero di pacchetti richiesti per ottenere le N figurine diverse che costituiscono l'album. Non è facile determinare la distribuzione della variabile aleatoria T_N, il cui studio verrà affrontato nel Paragrafo 4.5.

Qui ci concentriamo su una variabile aleatoria più facile da studiare: per $k \in \mathbb{N}$ definiamo $Y_k :=$ "numero di figurine mancanti dopo avere acquistato k pacchetti". Vale allora l'uguaglianza di eventi $\{T_N > k\} = \{Y_k \geq 1\}$, dal momento che:

- se $Y_k \geq 1$ allora ci sono ancora figurine mancanti, dunque $T_N > k$;
- se $Y_k = 0$, allora abbiamo già completato l'album, dunque $T_N \leq k$.

Se introduciamo gli eventi $A_i :=$ "la figurina numero i non è stata ancora trovata dopo aver acquistato k pacchetti", ossia $A_i = \bigcap_{j=1}^{k}\{X_j \neq i\}$, allora possiamo scrivere

$$Y_k = \sum_{i=1}^{N} \mathbb{1}_{A_i}.$$

Si noti che $\mathrm{P}(A_i) = \prod_{j=1}^{k} \mathrm{P}(X_j \neq i) = (1 - \frac{1}{N})^k$ per indipendenza delle X_j. Per la linearità del valore medio, otteniamo dunque il valore medio di Y_k:

$$\mathrm{E}(Y_k) = \sum_{n=1}^{N} \mathrm{E}(\mathbb{1}_{A_i}) = \sum_{i=1}^{N} \mathrm{P}(A_i) = N \times \left(1 - \frac{1}{N}\right)^k .$$

Applicando la disuguaglianza di Markov (Teorema 3.77) otteniamo la stima

$$\mathrm{P}(Y_k \geq 1) \leq \mathrm{E}(Y_k) = N\left(1 - \frac{1}{N}\right)^k \leq N \mathrm{e}^{-k/N} ,$$

dove abbiamo utilizzato il fatto che $1 - x \leq \mathrm{e}^{-x}$ per ogni $x \in \mathbb{R}$. Di conseguenza, per ogni $\varepsilon > 0$, se scegliamo $k \geq (1 + \varepsilon) N \log N$ allora si ha

$$\mathrm{P}(T_N > k) = \mathrm{P}(Y_k \geq 1) \leq N^{-\varepsilon} \longrightarrow 0 \qquad \text{per } N \to \infty .$$

Abbiamo mostrato che, per ogni $\varepsilon > 0$ fissato, *se l'album contiene un numero elevato N di figurine, dopo avere acquistato* almeno $(1 + \varepsilon) N \log N$ *pacchetti è molto probabile che l'album sia stato già completato.*

Possiamo calcolare anche la varianza di Y_k: grazie alla Proposizione 3.69 si ha

$$\mathrm{Var}(Y_k) = \sum_{i=1}^{N} \mathrm{Var}(\mathbb{1}_{A_i}) + \sum_{1 \leq i, j \leq N, i \neq j} \mathrm{Cov}(\mathbb{1}_{A_i}, \mathbb{1}_{A_j}) .$$

Possiamo calcolare e stimare ciascuno dei termini:

$$\mathrm{Var}(\mathbb{1}_{A_i}) = \mathrm{P}(A_i)(1 - \mathrm{P}(A_i)) \leq \mathrm{P}(A_i) = \left(1 - \frac{1}{N}\right)^k ,$$

$$\mathrm{Cov}(\mathbb{1}_{A_i}, \mathbb{1}_{A_j}) = \mathrm{P}(A_i \cap A_j) - \mathrm{P}(A_i)\,\mathrm{P}(A_j) = \left(1 - \frac{2}{N}\right)^k - \left(1 - \frac{1}{N}\right)^{2k} \leq 0 .$$

Lasciamo al lettore la verifica di questi calcoli. Otteniamo quindi

$$\mathrm{Var}(Y_k) \leq N \left(1 - \frac{1}{N}\right)^k + 0 = \mathrm{E}(Y_k) .$$

Osserviamo che l'evento $\{Y_k = 0\}$ coincide con $\{Y_k \leq 0\} = \{Y_k - \mathrm{E}(Y_k) \leq -\mathrm{E}(Y_k)\}$, (si noti che $Y_k \geq 0$). Dato che $\{Y_k - \mathrm{E}(Y_k) \leq -\mathrm{E}(Y_k)\} \subseteq \{|Y_k - \mathrm{E}(Y_k)| \geq \mathrm{E}(Y_k)\}$, otteniamo

$$\mathrm{P}(Y_k = 0) \leq \mathrm{P}\left(\left|Y_k - \mathrm{E}(Y_k)\right| \geq \mathrm{E}(Y_k)\right) \leq \frac{\mathrm{Var}(Y_k)}{\mathrm{E}(Y_k)^2} \leq \frac{1}{\mathrm{E}(Y_k)} = \frac{1}{N\left(1 - \frac{1}{N}\right)^k} ,$$

dove abbiamo usato la disuguaglianza di Chebyschev (Teorema 3.77). Di conseguenza, per ogni $\varepsilon > 0$, se scegliamo $k \leq (1 - \varepsilon) N \log N$ allora si ottiene

$$\mathrm{P}(T \leq k) = \mathrm{P}(Y_k = 0) \leq \frac{1}{N\left(1 - \frac{1}{N}\right)^{(1-\varepsilon) N \log N}} \longrightarrow 0 \qquad \text{per } N \to \infty ,$$

dove abbiamo usato il fatto che $N\left(1-\frac{1}{N}\right)^{(1-\varepsilon)N\log N} \sim N^{\varepsilon}$ per $N \to \infty$ (esercizio: fare uno sviluppo di Taylor). Abbiamo mostrato che, per ogni $\varepsilon > 0$ fissato, *se l'album contiene un numero elevato N di figurine, dopo avere acquistato* solo $(1-\varepsilon)N\log N$ *pacchetti è assai poco probabile che l'album sia stato già completato.*

In conclusione, per ogni $\varepsilon > 0$ fissato, *per completare un album che contiene un numero elevato N di figurine, il numero di pacchetti che è necessario acquistare è compreso tra* $(1-\varepsilon)N\log N$ *e* $(1+\varepsilon)N\log N$, *con grande probabilità.* Questo risultato sarà raffinato nel Paragrafo 4.5, si veda la Proposizione 4.22.

3.3.7 Coefficiente di correlazione

Cominciamo con una semplice ma importante conseguenza della disuguaglianza di Cauchy–Schwarz.

Proposizione 3.86
Per ogni $X, Y \in L^2(\Omega, \mathrm{P})$ è ben definita $\mathrm{Cov}(X,Y)$ *e si ha*

$$|\mathrm{Cov}(X,Y)| \leq \sqrt{\mathrm{Var}(X)\,\mathrm{Var}(Y)}. \tag{3.54}$$

Assumendo che $\mathrm{Var}(X) \neq 0$, *in questa relazione vale l'uguaglianza se e solo se esistono costanti $a, b \in \mathbb{R}$ tali che Y è quasi certamente uguale a $(aX+b)$, ossia*

$$\mathrm{P}(Y = aX + b) = 1\,, \tag{3.55}$$

e la costante a ha lo stesso segno di $\mathrm{Cov}(X,Y)$ *($a = 0$ se e solo se* $\mathrm{Cov}(X,Y) = 0$*).*

Dimostrazione Sappiamo che $\mathrm{Cov}(X,Y)$ è ben definita per ogni $X, Y \in L^2(\Omega, \mathrm{P})$, grazie alla Proposizione 3.59. Applicando il Teorema 3.82 alle variabili aleatorie $\overline{X} = X - \mathrm{E}(X)$ e $\overline{Y} = Y - \mathrm{E}(Y)$, si ottiene immediatamente la disuguaglianza (3.54) come conseguenza di (3.52). Inoltre, se (3.54) vale come uguaglianza, allora (3.52) vale come uguaglianza per $\overline{X}$ e $\overline{Y}$, e dunque $\overline{X}$ e $\overline{Y}$ sono proporzionali. Se assumiamo che $\mathrm{Var}(X) \neq 0$, segue che esiste $c \in \mathbb{R}$ per cui $\mathrm{P}(\overline{Y} = c\overline{X}) = 1$, ossia

$$\mathrm{P}(Y = cX + \mathrm{E}(Y) - c\,\mathrm{E}(X)) = 1\,,$$

cioè (3.55) è verificata con $a = c$ e $b = \mathrm{E}(Y) - c\,\mathrm{E}(X)$.

Infine, se vale (3.55), si ha $\mathrm{Cov}(X,Y) = a\,\mathrm{Var}(X)$ per l'Osservazione 3.58. Dato che $\mathrm{Var}(X) > 0$ per ipotesi, segue che $a \neq 0$ ha lo stesso segno di $\mathrm{Cov}(X,Y)$. □

Definizione 3.87 (Coefficente di correlazione)
Se $X, Y \in L^2$ sono variabili aleatorie con $\mathrm{Var}(X) > 0$ e $\mathrm{Var}(Y) > 0$ (ossia, per la Proposizione 3.69(iii), se X e Y non sono quasi certamente costanti), la quantità

$$\rho(X,Y) := \frac{\mathrm{Cov}(X,Y)}{\sqrt{\mathrm{Var}(X)\,\mathrm{Var}(Y)}}$$

è detta *coefficiente di correlazione tra X e Y*.

Si noti che se le variabili X e Y sono in L^2 e scorrelate, ossia $\mathrm{Cov}(X,Y) = 0$, allora il coefficiente di correlazione è nullo: $\rho(X,Y) = 0$. Le seguenti proprietà del coefficiente di correlazione discendono immediatamente dalla Proposizione 3.86.

Proposizione 3.88
Per ogni $X, Y \in L^2$ tali che $\mathrm{Var}(X) > 0$, $\mathrm{Var}(Y) > 0$ si ha

$$|\rho(X,Y)| \le 1\,.$$

Inoltre $\rho(X,Y) = 1$ (risp. $\rho(X,Y) = -1$) se e solo se esistono $a > 0$ (risp. $a < 0$) e $b \in \mathbb{R}$ tali che

$$\mathrm{P}(Y = aX + b) = 1.$$

Il coefficiente di correlazione è un indice del grado di *dipendenza lineare* tra le variabili X e Y, ossia di quanto bene Y possa essere approssimata da funzioni lineari-affini di X. Questo è chiaro quando $|\rho(X,Y)| = 1$, vista la Proposizione 3.88. Per il caso generale, formuliamo il seguente problema. Siano $X, Y \in L^2(\Omega, \mathrm{P})$, con $\mathrm{Var}(X) > 0$, $\mathrm{Var}(Y) > 0$, due variabili aleatorie fissate, e cerchiamo di determinare la funzione lineare-affine di X che meglio approssima Y. Più precisamente, cerchiamo le costanti $a, b \in \mathbb{R}$ tali che la distanza $\|Y - (aX + b)\|_2$, o equivalentemente il suo quadrato, sia la minima possibile (si ricordi (3.39)). La minimizzazione della funzione

$$\begin{aligned}\varphi(a,b) :=& \|Y - (aX + b)\|_2^2 = \mathrm{E}[(Y - aX - b)^2] \\ =& \mathrm{E}(X^2)\,a^2 + b^2 + 2\,\mathrm{E}(X)\,ab - 2\,\mathrm{E}(XY)\,a - 2\,\mathrm{E}(Y)\,b + \mathrm{E}(Y^2)\,,\end{aligned}$$

si può ottenere facilmente con il calcolo differenziale in due variabili. Alternativamente, possiamo usare l'espressione in (3.47):

$$\varphi(a,b) = \mathrm{E}\big[(Y - aX - b)^2\big] = \mathrm{Var}(Y - aX) + \big(\mathrm{E}(Y) - a\,\mathrm{E}(X) - b\big)^2,$$

da cui segue che una coppia (a^*, b^*) che minimizza $\varphi(a,b)$ deve essere tale che $b^* = \mathrm{E}(Y) - a^*\,\mathrm{E}(X)$, mentre a^* è il valore di a che minimizza

$$\mathrm{Var}(Y - aX) = a^2\,\mathrm{Var}(X) - 2a\,\mathrm{Cov}(X,Y) + \mathrm{Var}(Y)\,.$$

Essendo quest'ultima espressione un polinomio di secondo grado in a, si trova

$$a^* = \frac{\mathrm{Cov}(Y,X)}{\mathrm{Var}(X)}, \qquad b^* = \mathrm{E}(Y) - \frac{\mathrm{E}(X)\,\mathrm{Cov}(X,Y)}{\mathrm{Var}(X)}. \tag{3.56}$$

Il valore del minimo assoluto della funzione $\varphi(a,b) = \|Y - (aX + b)\|_2^2$ è pertanto

$$\varphi(a^*, b^*) = \mathrm{Var}(Y)\big(1 - \rho^2(X,Y)\big)\,.$$

Ciò mostra che Y è tanto meglio approssimabile da funzioni lineari-affini di X quanto più $\rho^2(X,Y)$ è vicino a 1. Viceversa, se le variabili Y e X sono scorrelate, ossia $\rho(X,Y) = 0$, allora $a^* = 0$, cioè la migliore approssimazione di Y con funzioni affini di X *non* dipende da X, ossia è una costante. La retta $y = a^*x + b^*$, con a^* e b^* dati da (3.56) è detta *retta di regressione lineare* della variabile aleatoria Y rispetto a X.

Esercizi

Esercizio 3.12 Sia X una variabile aleatoria discreta reale a valori in $\mathbb{N}$, con densità discreta data da $\mathrm{p}_X(x) = \frac{c_\alpha}{x^{1+\alpha}}\,\mathbb{1}_{\mathbb{N}}(x)$, dove $\alpha \in (0,\infty)$ è un parametro fissato, e

$$\frac{1}{c_\alpha} = \sum_{y \in \mathbb{N}} \frac{1}{y^{1+\alpha}} \quad (= \zeta(1+\alpha)).$$

Si determini per quali valori di $p \in (0,\infty)$ si ha $X \in L^p(\Omega, \mathrm{P})$.

Esercizio 3.13 Siano X, Y variabili aleatorie indipendenti, a valori rispettivamente negli insiemi E e F, e siano $g : E \to \mathbb{R}$ e $h : F \to \mathbb{R}$ funzioni arbitrarie. Si mostri che se le variabili aleatorie $g(X)$ e $h(Y)$ ammettono valore medio finito, allora anche il loro prodotto $g(X)h(Y)$ ammette valore medio finito e $\mathrm{E}(g(X)h(Y)) = \mathrm{E}(g(X))\,\mathrm{E}(h(Y))$.

Esercizio 3.14 Per $n \geq 1$, sia X_n una variabile aleatoria che assume, con la stessa probabilità, i valori $1, 2, \ldots, n-1, n$. Se $f : [0,1] \to \mathbb{R}$ è una funzione continua, sia

$$m_n = \mathrm{E}\left[f\left(\frac{X_n}{n}\right)\right].$$

Si identifichi il limite

$$\lim_{n \to +\infty} m_n .$$

Esercizio 3.15 Due variabili aleatorie X e Y sono definite nel modo seguente, sulla base dei risultati di tre lanci indipendenti di una moneta equilibrata. Se al primo lancio esce testa, poniamo $X = Y = 0$. Se esce croce sia al primo che al secondo lancio, poniamo $X = 1$, mentre se viene croce al primo lancio e testa al secondo poniamo $X = -1$. Similmente, se viene croce al primo e al terzo lancio poniamo $Y = 1$, mentre se viene croce al primo lancio e testa al terzo, poniamo $Y = -1$. Si determini la distribuzione congiunta di X e Y, mostrando che sono variabili aleatorie scorrelate ma non indipendenti.

Esercizio 3.16 Siano A e B due eventi in uno spazio di probabilità. Mostrare che $\mathrm{Cov}(\mathbb{1}_A, \mathbb{1}_B) = \mathrm{P}(A \cap B) - \mathrm{P}(A)\,\mathrm{P}(B)$ e dedurre che *A e B sono indipendenti se e solo se* $\mathrm{Cov}(\mathbb{1}_A, \mathbb{1}_B) = 0$.

Esercizio 3.17 Sia Y una variabile aleatoria a valori in $[0, +\infty)$, e $f : (0, +\infty) \to (0, +\infty)$ una funzione crescente. Si mostri che per ogni $\varepsilon > 0$

$$\mathrm{P}(Y \geq \varepsilon) \leq \frac{\mathrm{E}[f(Y)]}{f(\varepsilon)}.$$

Esercizio 3.18 (Disuguaglianza di Jensen stretta) Sia X una variabile aleatoria reale e $\varphi : \mathbb{R} \to \mathbb{R}$ una funzione *strettamente* convessa, nel senso che la relazione (3.49) vale come disuguaglianza stretta per ogni $x \neq x_0$. Si mostri che se X ammette valore medio finito $\mathrm{E}(X) < \infty$, e se X *non* è quasi certamente costante, vale la disuguaglianza *stretta*

$$\varphi(\mathrm{E}(X)) \, < \, \mathrm{E}(\varphi(X)) .$$

Esercizio 3.19 (Disuguaglianza di Cantelli (o di Chebyschev unilaterale)) Sia X una variabile aleatoria reale con momento secondo finito (ossia $X \in L^2$).

(i) Posto $Y := X - \mathrm{E}[X]$, mostrare che, per ogni $\alpha > 0$, valgono le disuguaglianze

$$\mathrm{P}(Y \geq \varepsilon) \leq \mathrm{P}\left((Y+\alpha)^2 \geq (\varepsilon+\alpha)^2\right) \leq \frac{\mathrm{E}\left((Y+\alpha)^2\right)}{(\varepsilon+\alpha)^2}, \qquad \forall\, \varepsilon > 0 .$$

(ii) Scegliendo $\alpha = \frac{1}{\varepsilon} \mathrm{E}[Y^2] = \frac{1}{\varepsilon} \mathrm{Var}(X)$, concludere che vale la disuguaglianza

$$\mathrm{P}(X \geq \mathrm{E}[X] + \varepsilon) \leq \frac{\mathrm{Var}(X)}{\varepsilon^2 + \mathrm{Var}(X)}, \qquad \forall\, \varepsilon > 0. \tag{3.57}$$

Esercizio 3.20 (Disuguaglianza di Paley–Zygmund) Sia X una variabile aleatoria *positiva* con valore medio finito, ossia $X \geq 0$ con $X \in L^1$. Mostrare che vale la disuguaglianza seguente:

$$\mathrm{P}(X \geq \theta X) \geq (1-\theta)^2 \frac{\mathrm{E}(X)^2}{\mathrm{E}(X^2)}, \qquad \forall \theta \in (0,1),$$

dove conveniamo che il membro destro vale 0 se $\mathrm{E}(X^2) = +\infty$.

Sugg. Mostrare innanzitutto che $\mathrm{E}(X) \leq \theta\, \mathrm{E}(X) + \mathrm{E}(X\, \mathbb{1}_{\{X \geq \theta\, \mathrm{E}(X)\}})$, quindi sfruttare la disuguaglianza di Cauchy–Schwarz.

3.4 Lavorare con le distribuzioni

Per rendere "operative" le nozioni fin qui introdotte sulle variabili aleatorie, è utile studiare alcune quantità e operazioni legate alle distribuzioni.

3.4.1 Somma di variabili aleatorie

Ricordiamo, per la Definizione 1.14, che una *densità discreta* p su $\mathbb{R}$ è una funzione $\mathrm{p} : \mathbb{R} \to [0,1]$ tale che $\sum_{x \in \mathbb{R}} \mathrm{p}(x) = 1$.

Definizione 3.89 (Convoluzione di densità discrete)
Si definisce *convoluzione* di due densità discrete p e q su $\mathbb{R}$ la funzione $\mathrm{p} * \mathrm{q} : \mathbb{R} \to \mathbb{R}$ definita da

$$(\mathrm{p} * \mathrm{q})(z) := \sum_{x \in \mathbb{R}} \mathrm{p}(z-x)\, \mathrm{q}(x), \qquad \forall z \in \mathbb{R}.$$

Proposizione 3.90
La convoluzione di due densità discrete su $\mathbb{R}$ *è una densità discreta su* $\mathbb{R}$. *Inoltre* $\mathrm{p} * \mathrm{q} = \mathrm{q} * \mathrm{p}$.

Dimostrazione Chiaramente $(\mathrm{p} * \mathrm{q})(z) \geq 0$ per ogni $z \in \mathbb{R}$, essendo definita come somma ad addendi positivi. Inoltre, usando la proprietà (0.13) delle somme infinite,

$$\begin{aligned}
\sum_{z\in\mathbb{R}} (\mathrm{p} * \mathrm{q})(z) &= \sum_{z\in\mathbb{R}} \left(\sum_{x\in\mathbb{R}} \mathrm{p}(z-x)\,\mathrm{q}(x) \right) \\
&= \sum_{x\in\mathbb{R}} \left[\sum_{z\in\mathbb{R}} \mathrm{p}(z-x) \right] \mathrm{q}(x) = \sum_{x\in\mathbb{R}} \mathrm{q}(x) = 1\,,
\end{aligned}$$

dove abbiamo usato il fatto che se $(a_x)_{x\in\mathbb{R}}$ ammette somma, allora

$$\sum_{x\in\mathbb{R}} a_x = \sum_{x\in\mathbb{R}} a_{z-x}\,, \qquad \forall z \in \mathbb{R}\,,$$

la cui verifica è lasciata al lettore. In altre parole, per una famiglia di numeri reali indicizzati da $x \in \mathbb{R}$, il "cambio di variabile" che consiste nel rimpiazzare x con $z - x$ non modifica il valore della somma. La stessa proprietà mostra la simmetria della convoluzione $\mathrm{p} * \mathrm{q} = \mathrm{q} * \mathrm{p}$, dato che le due somme

$$(\mathrm{p} * \mathrm{q})(z) := \sum_{x\in\mathbb{R}} \mathrm{p}(z-x)\,\mathrm{q}(x)\,, \qquad (\mathrm{q} * \mathrm{p})(z) := \sum_{x\in\mathbb{R}} \mathrm{p}(x)\,\mathrm{q}(z-x)\,,$$

si ottengono l'una dall'altra proprio con questo cambio di variabile. □

Il significato probabilistico della convoluzione è chiarito dal seguente risultato, in cui mostriamo come calcolare la densità discreta della somma di due variabili aleatorie reali a partire dalla loro densità discreta congiunta.

Proposizione 3.91 (Somma di variabili aleatorie discrete)
Siano X e Y due variabili aleatorie discrete reali, definite sullo stesso spazio di probabilità, e sia $\mathrm{p}_{X,Y}$ la loro densità discreta congiunta. Allora la densità discreta della loro somma $X + Y$ è data da

$$\mathrm{p}_{X+Y}(z) = \sum_{x\in\mathbb{R}} \mathrm{p}_{X,Y}(x, z-x) = \sum_{y\in\mathbb{R}} \mathrm{p}_{X,Y}(z-y, y)\,, \qquad \forall z \in \mathbb{R}\,. \tag{3.58}$$

Se, inoltre, X e Y sono indipendenti, allora

$$\mathrm{p}_{X+Y} = \mathrm{p}_X * \mathrm{p}_Y\,. \tag{3.59}$$

Dimostrazione Usando la σ-additività della probabilità, si ha

$$\begin{aligned} \mathrm{P}(X+Y=z) &= \mathrm{P}\left(\bigcup_{x\in X(\Omega)} \{X=x, Y=z-x\}\right) \\ &= \sum_{x\in X(\Omega)} \mathrm{P}(X=x, Y=z-x) = \sum_{x\in\mathbb{R}} \mathrm{p}_{X,Y}(x, z-x), \end{aligned}$$

dove l'ultima uguaglianza è giustificata dal fatto che $\mathrm{P}(X=x, Y=z-x)=0$ se $x \notin X(\Omega)$. L'ultima uguaglianza in (3.58) si ottiene con il cambio di variabile $x \mapsto z-x$, già usato nella dimostrazione della Proposizione 3.90. Infine, se X e Y sono indipendenti, la relazione (3.59) segue facilmente da (3.58) e dalla Proposizione 3.32, per la quale $\mathrm{p}_{X,Y}(x, z-x) = \mathrm{p}_X(x)\,\mathrm{p}_Y(z-x)$. □

3.4.2 Funzione di ripartizione

La distribuzione di una variabile aleatoria reale è caratterizzata da un oggetto più semplice, detto *funzione di ripartizione*. Questa sarà particolarmente importante per le variabili aleatorie assolutamente continue, che studieremo nel Capitolo 6.

Definizione 3.92 (Funzione di ripartizione)
Sia X una variabile aleatoria reale. Si dice *funzione di ripartizione* di X la funzione $F_X : \mathbb{R} \to [0,1]$ definita da

$$F_X(x) := \mathrm{P}(X \le x), \qquad \forall x \in \mathbb{R}.$$

Dimostriamo alcune proprietà generali della funzione di ripartizione. Ricordiamo che per noi una funzione $f : \mathbb{R} \to \mathbb{R}$ è crescente se $f(x) \le f(y)$ per ogni $x \le y$.

Proposizione 3.93 (Proprietà della funzione di ripartizione)
Sia F_X la funzione di ripartizione di una variabile aleatoria reale X. Allora valgono le seguenti proprietà:

(i) *F_X è crescente;*
(ii) *F_X è continua da destra, ossia $F_X(x) = \lim_{y\downarrow x} F_X(y)$ per ogni $x \in \mathbb{R}$;*
(iii) $\lim_{x\to-\infty} F_X(x) = 0$;
(iv) $\lim_{x\to+\infty} F_X(x) = 1$.

Dimostrazione

(i) Se $x \leq y$ allora $\{X \leq x\} \subseteq \{X \leq y\}$, pertanto

$$F_X(x) = \mathrm{P}(X \leq x) \leq \mathrm{P}(X \leq y) = F_X(y).$$

(ii) Sia $x \in \mathbb{R}$. Basta dimostrare che se $(x_n)_{n\in\mathbb{N}}$ è una successione decrescente, tale che $x_n \downarrow x$, allora

$$\lim_{n\to+\infty} F_X(x_n) = F(x). \tag{3.60}$$

Si osservi che

$$\{X \leq x\} = \bigcap_{n\in\mathbb{N}} \{X \leq x_n\}.$$

Infatti, se $X(\omega) \leq x$, si deve avere $X(\omega) \leq x_n$ per ogni $n \in \mathbb{N}$, essendo $x \leq x_n$; viceversa, se $X(\omega) \leq x_n$ per ogni $n \in \mathbb{N}$, allora $X(\omega) \leq \lim_{n\to\infty} x_n = x$. Notiamo che la successione di eventi $\{X \leq x_n\}$ è decrescente: $\{X \leq x_{n+1}\} \subseteq \{X \leq x_n\}$ per ogni $n \in \mathbb{N}$, perché $x_{n+1} \leq x_n$. Per la Proposizione 1.24 si ha dunque

$$F_X(x) = \mathrm{P}(X \leq x) = \lim_{n\to+\infty} \mathrm{P}(X \leq x_n) = \lim_{n\to+\infty} F_X(x_n).$$

(iii) Sia $(x_n)_{n\in\mathbb{N}}$ una successione tale che $\lim_{n\to\infty} x_n = -\infty$. Consideriamo la famiglia decrescente di eventi $\{X \leq x_n\}$, osservando che

$$\bigcap_{n\in\mathbb{N}} \{X \leq x_n\} = \emptyset,$$

perché non esiste alcun numero reale $x = X(\omega)$ tale che $x \leq x_n$ per ogni $n \in \mathbb{N}$. Applicando la Proposizione 1.24 si ottiene che

$$0 = \mathrm{P}(\emptyset) = \lim_{n\to\infty} \mathrm{P}(X \leq x_n) = \lim_{n\to\infty} F_X(x_n).$$

(iv) In analogia con il punto precedente, sia $(x_n)_{n\in\mathbb{N}}$ una successione tale che $\lim_{n\to\infty} x_n = +\infty$. La famiglia di eventi $\{X \leq x_n\}$ è crescente e

$$\bigcup_{n\in\mathbb{N}} \{X \leq x_n\} = \Omega,$$

pertanto $\lim_{n\to\infty} F_X(x_n) = \lim_{n\to\infty} \mathrm{P}(X \leq x_n) = 1$ per la Proposizione 1.24. □

Proposizione 3.94
Sia X una variabile aleatoria reale e sia F_X la sua funzione di ripartizione. Allora

$$\mathrm{P}(X < x) = F_X(x^-), \qquad \forall x \in \mathbb{R},$$

dove $F_X(x^-)$ indica il limite da sinistra della funzione F_X nel punto x:

$$F_X(x^-) := \lim_{y \uparrow x} F_X(y),$$

che esiste per monotonia di F_X.

Dimostrazione Se $(y_n)_{n\in\mathbb{N}}$ è una successione *strettamente crescente* di punti $y_n < x$, tali che $y_n \uparrow x$, gli eventi $\{X \le y_n\}$ formano una successione crescente tale che

$$\bigcup_{n\in\mathbb{N}} \{X \le y_n\} = \{X < x\}.$$

Infatti, se $X(\omega) \le y_n$ per qualche $n \in \mathbb{N}$, chiaramente $X(\omega) < x$, e anche viceversa (perché $y_n \uparrow x$). Pertanto, per la Proposizione 1.24,

$$\mathrm{P}(X < x) = \lim_{n\to+\infty} \mathrm{P}(X \le y_n) = \lim_{n\to+\infty} F_X(y_n) = F_X(x^-),$$

e la dimostrazione è conclusa. □

Proposizione 3.95
Se X è una variabile aleatoria reale, allora

$$\mathrm{P}(X = x) = F_X(x) - F_X(x^-), \qquad \forall x \in \mathbb{R}.$$

Dimostrazione Notiamo che $\{X = x\} = \{X \le x\} \setminus \{X < x\}$ con $\{X < x\} \subseteq \{X \le x\}$, pertanto $\mathrm{P}(X = x) = \mathrm{P}(X \le x) - \mathrm{P}(X < x) = F_X(x) - F_X(x^-)$. □

Consideriamo ora una variabile aleatoria reale X discreta e sia p_X la sua densità discreta. Notiamo che, per le relazioni (3.3) e (3.9), possiamo scrivere

$$F_X(x) = \mu_X\big((-\infty, x]\big) = \sum_{z \le x} \mathrm{p}_X(z), \tag{3.61}$$

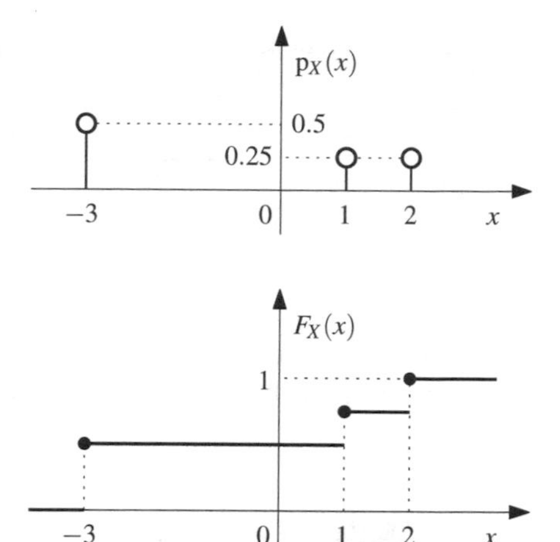

Figura 3.1 Densità discreta (sopra) e funzione di ripartizione (sotto) di una variabile aleatoria X che assume i valori $\{-3, 1, 2\}$ con probabilità $P(X = -3) = \frac{1}{2}$ e $P(X = 1) = P(X = 2) = \frac{1}{4}$

quindi la funzione di ripartizione F_X dipende solo dalla distribuzione μ_X (o equivalentemente dalla densità discreta p_X) della variabile X. Viceversa, la Proposizione 3.95 mostra che la densità discreta $p_X(x) = P(X = x)$ è esprimibile in termini della funzione di ripartizione (si veda la Figura 3.1). In particolare, *la funzione di ripartizione determina completamente la distribuzione di una variabile aleatoria reale discreta.*

Osservazione 3.96 Segue dalla Proposizione 3.95 che F_X è discontinua in x se e solo se $p_X(x) > 0$, e il valore di $p_X(x)$ rappresenta l'entità del "salto" di F_X in x. Nel caso in cui $X(\Omega)$ non abbia punti di accumulazione, l'identità (3.61) mostra che F_X è una funzione costante a tratti. □

Concludiamo con un risultato utile, che permette di esprimere il valore atteso $E(X)$ di una variabile aleatoria positiva X a valori interi in termini della funzione di ripartizione $F_X(n)$, o meglio di $1 - F_X(n) = P(X > n)$.

Proposizione 3.97
Sia X una variabile aleatoria a valori in $\mathbb{N}_0 = \{0, 1, \dots, \}$. Allora

$$E(X) = \sum_{n=0}^{\infty} P(X > n) . \tag{3.62}$$

Dimostrazione Per le relazioni (3.3) e (3.9), possiamo scrivere

$$P(X > n) = \sum_{k>n} p_X(k) = \sum_{k \in \mathbb{N}_0} \mathbb{1}_{(n,\infty)}(k)\ p_X(k) , \qquad \forall n \in \mathbb{N}_0 .$$

Pertanto, usando la proprietà (0.13) delle somme infinite, si ottiene

$$\sum_{n=0}^{\infty} \mathrm{P}(X > n) = \sum_{n=0}^{\infty} \sum_{k=0}^{\infty} \mathbb{1}_{(n,\infty)}(k)\ \mathrm{p}_X(k) = \sum_{k=0}^{\infty} \Bigg(\sum_{n=0}^{\infty} \mathbb{1}_{(n,\infty)}(k) \Bigg) \mathrm{p}_X(k)$$
$$= \sum_{k=0}^{\infty} k\ \mathrm{p}_X(k) = \mathrm{E}(X)\,,$$

avendo usato il fatto che $\sum_{n=0}^{\infty} \mathbb{1}_{(n,\infty)}(k) = k$ (si noti che la quantità $\mathbb{1}_{(n,\infty)}(k)$ vale 1 per $n = 0, 1, \ldots, k-1$ e vale 0 per $n \geq k$). □

3.4.3 *Mediana e quantili*

Data una variabile aleatoria reale X, il valore medio $\mathrm{E}(X)$ (quando esiste finito) rappresenta una sorta di *baricentro* della distribuzione dei valori assunti da X. Discutiamo ora una diversa nozione di "centro" della distribuzione di X, la *mediana*, che ha grande rilevanza in *statistica matematica*.

Definizione 3.98 (Mediana)
Sia X una variabile aleatoria reale. Un numero reale $m \in \mathbb{R}$ si dice *mediana di* X se soddisfa le proprietà seguenti:

$$\mathrm{P}(X \leq m) \geq \frac{1}{2} \qquad \text{e} \qquad \mathrm{P}(X \geq m) \geq \frac{1}{2}\,. \tag{3.63}$$

Intuitivamente, la mediana divide i valori assunti da una variabile aleatoria X in modo "equilibrato", nel senso che il valore assunto da X cade (almeno) metà delle volte a sinistra della mediana e (almeno) metà delle volte a destra della mediana.

Mostriamo che *la mediana esiste sempre, ma non è necessariamente unica,* e si può determinare a partire dalla funzione di ripartizione. Sfrutteremo le proprietà della funzione di ripartizione descritte nelle Proposizioni 3.93 e 3.94.

Proposizione 3.99 (Mediana e funzione di ripartizione)
Sia X una variabile aleatoria reale, con funzione di ripartizione F_X. Un numero reale $m \in \mathbb{R}$ è una mediana di X se e solo se $m \in [\underline{m}, \overline{m}]$ dove definiamo

$$\underline{m} := \sup\{x \in \mathbb{R} :\ F_X(x) < \tfrac{1}{2}\}, \qquad \overline{m} := \inf\{x \in \mathbb{R} :\ F_X(x) > \tfrac{1}{2}\}\,. \tag{3.64}$$

Dimostrazione Definiamo $\underline{A} := \{x \in \mathbb{R} : F_X(x) < \frac{1}{2}\}$ e $\overline{A} := \{x \in \mathbb{R} : F_X(x) > \frac{1}{2}\}$, così che $\underline{m} = \sup \underline{A}$ e $\overline{m} = \inf \overline{A}$. Dato che F_X è una funzione crescente, si ha $x < y$ per ogni $x \in \underline{A}$ e $y \in \overline{A}$, pertanto $\underline{m} \leq \overline{m}$, dunque l'intervallo $[\underline{m}, \overline{m}]$ è ben posto.

Per definizione, $m \in \mathbb{R}$ è mediana di X se e solo se

$$F_X(m) \geq \frac{1}{2} \qquad \text{e} \qquad F_X(m^-) \Big(= \lim_{y \uparrow m} F_X(y) \Big) \leq \frac{1}{2}, \tag{3.65}$$

perché $F_X(x) = \mathrm{P}(X \leq x)$ e $F_X(x^-) = \mathrm{P}(X < x)$. Mostriamo adesso che ogni punto $m \in [\underline{m}, \overline{m}]$ è una mediana di X, ossia soddisfa (3.65); quindi una mediana di X esiste sempre. Per mostrare che $F_X(m) \geq \frac{1}{2}$ basta notare che se si avesse $F_X(m) < \frac{1}{2}$, dovrebbe esistere $\varepsilon > 0$ per cui $F_X(m+\varepsilon) < \frac{1}{2}$ (perché F_X è continua da destra), ossia $m + \varepsilon \in \underline{A}$, e dunque $m + \varepsilon \leq \underline{m}$, contrariamente all'ipotesi $m \geq \underline{m}$. Analogamente, si deve avere $F_X(m^-) \leq \frac{1}{2}$ perché in caso contrario si avrebbe $F_X(m-\varepsilon) > \frac{1}{2}$ per qualche $\varepsilon > 0$, ossia $m - \varepsilon \in \overline{A}$, e dunque $m - \varepsilon \geq \overline{m}$, contrariamente all'ipotesi $m \leq \overline{m}$.

Resta da mostrare che se m è una mediana di X, cioè se verifica (3.65), allora $m \in [\underline{m}, \overline{m}]$. Dal fatto che $F_X(m) \geq \frac{1}{2}$ segue direttamente che $m \geq \underline{m}$. Similmente, dal fatto che $F_X(m^-) \leq \frac{1}{2}$ segue che per ogni $\varepsilon > 0$ si ha $F_X(m - \varepsilon) \leq \frac{1}{2}$, dunque $m - \varepsilon \leq \overline{m}$, e per l'arbitrarietà di ε si conclude che $m \leq \overline{m}$. In definitiva si ha $m \in [\underline{m}, \overline{m}]$. □

La mediana si può calcolare se è nota la funzione di ripartizione, come mostra la relazione (3.64). Vediamo un esempio, che evidenzia anche la possibile non unicità.

Esempio 3.100 Sia $n \in \mathbb{N}$ e sia X una variabile aleatoria con distribuzione uniforme discreta nell'insieme $\{1, \ldots, n\}$, cioè $\mathrm{P}(X = x) = \frac{1}{n}$ per ogni $x \in \{1, \ldots, n\}$.

- Se n è dispari, allora $m = \frac{n+1}{2}$ (che è un intero) è l'unica mediana di X, perché

$$\mathrm{P}(X \leq m) = \mathrm{P}(X \geq m) = \frac{m}{n} = \frac{1}{2} + \frac{1}{2n} > \frac{1}{2}.$$

- Se n è pari, allora ogni numero reale $m \in [\frac{n}{2}, \frac{n}{2} + 1]$ è una mediana di X. In effetti, se $m \in (\frac{n}{2}, \frac{n}{2} + 1)$ si ha

$$\mathrm{P}(X \leq m) = \mathrm{P}(X \geq m) = \frac{n/2}{n} = \frac{1}{2},$$

invece se $m = \frac{n}{2}$ si ha $\mathrm{P}(X \leq m) = \frac{m}{n} = \frac{1}{2}$ e $\mathrm{P}(X \geq m) = \frac{m+1}{n} = \frac{1}{2} + \frac{1}{n} > \frac{1}{2}$. Analogamente, se $m = \frac{n}{2} + 1$ si ha $\mathrm{P}(X \leq m) > \frac{1}{2}$ e $\mathrm{P}(X \geq m) = \frac{1}{2}$. □

Sottolineiamo che valore medio e mediana sono tipicamente diversi. In particolare, a differenza del valore medio, la mediana è *insensibile alle code* della distribuzione della variabile aleatoria. Qualche esempio aiuta a chiarire questi concetti.

Esempio 3.101 (Reddito medio e mediano) In Italia nel 2016 il *reddito medio* è stato circa 20 690 euro, mentre il *reddito mediano* è stato circa 16 557 euro. In altri termini, estraendo una persona casualmente dalla popolazione italiana e indicando con X il suo reddito in euro, X è una variabile aleatoria con valore medio $\mu = 20\,690$ e mediana $m = 16\,557$. Sottolineiamo il diverso significato di questi indicatori:

- il valore medio $\mu = 20\,690$ si ottiene sommando i redditi di tutti le persone e dividendo per il loro numero;
- la mediana $m = 16\,557$ indica che metà delle persone hanno reddito più piccolo di m e metà hanno un reddito più grande di m.

Osserviamo che da un anno all'altro può capitare che il reddito medio aumenti e il reddito mediano diminuisca (o viceversa). Come si interpreta una tale dinamica? □

Esempio 3.102 (Un gioco pericoloso) Silvia propone a Marta il seguente gioco d'azzardo. Marta ha un capitale iniziale $X_0 = 1$ euro e lancia una moneta equilibrata:

- se esce croce, Marta dà a Silvia l'intero capitale, che diventa di $X_1 = 0$ euro;
- se esce testa, Marta riceve da Silvia il doppio del capitale, che dunque triplica il suo valore: $X_1 = 3X_0$, quindi $X_1 = 3$ euro.

Si ripete il gioco per N volte, con Marta che scommette ogni volta l'intero capitale in suo possesso. Per chi è vantaggioso questo gioco?

Siano $Y_1, \ldots, Y_N$ variabili aleatorie indipendenti tali che $\mathrm{P}(Y_i = 0) = \mathrm{P}(Y_i = 1) = \frac{1}{2}$, che descrivono gli esiti dei lanci delle monete ($0 =$ croce, $1 =$ testa). Il capitale di Marta è definito da $X_0 = 1$ e $X_n = 3\, Y_n\, X_{n-1}$ per $n = 1, \ldots, N$, quindi

$$X_N = 3^N\, Y_1\, Y_2 \cdots Y_N\,.$$

Dato che $Y_1, \ldots, Y_N$ sono indipendenti con $\mathrm{E}(Y_i) = 0 \cdot \frac{1}{2} + 1 \cdot \frac{1}{2} = \frac{1}{2}$, segue che

$$X_N \quad \text{ha valore medio} \quad \mathrm{E}(X_N) = \left(\tfrac{3}{2}\right)^N > 1\,.$$

In particolare, se N è grande, alla fine del gioco Marta ha *un capitale medio elevato*.

Tuttavia il *capitale mediano è molto piccolo*, in effetti nullo! Basta infatti che esca croce anche solo una volta perché il capitale di Marta si annulli:

$$\mathrm{P}(X_N = 0) = 1 - \mathrm{P}(X_N \neq 0) = 1 - \mathrm{P}(Y_i = 1\ \forall i = 1, \ldots, N) = 1 - \left(\tfrac{1}{2}\right)^N \geq \tfrac{1}{2}\,.$$

Dato che $\mathrm{P}(X_N \leq 0)$ e $\mathrm{P}(X_N \geq 0)$ sono entrambe minorate da $\mathrm{P}(X_N = 0) \geq \frac{1}{2}$, segue che

$$X_N \quad \text{ha mediana} \quad m = 0\,.$$

Per fare un esempio concreto, fissiamo $N = 10$. Allora il valore medio di X_N vale $\mathrm{E}(X_N) = (\frac{3}{2})^{10} \simeq 57.7$ euro, mentre la mediana di X_N vale 0. Più precisamente, X_N assume solo due valori, 0 e $3^{10} = 59\,049$, con probabilità

$$\mathrm{P}(X_N = 0) = 1 - \left(\tfrac{1}{2}\right)^{10} \simeq 99.9\%\,, \qquad \mathrm{P}(X_N = 3^{10}) = \left(\tfrac{1}{2}\right)^{10} \simeq 0.1\%\,.$$

Come si vede, la distribuzione di X_N è molto sbilanciata: con grande probabilità $X_N = 0$, ma *c'è una piccola probabilità che X_N assuma un valore molto grande*. In questi casi valore medio e mediana possono essere molto distanti. □

Esempio 3.103 (Bernoulli) Abbiamo visto esempi in cui la mediana è minore del valore medio. Mostriamo che si può anche avere la disuguaglianza opposta.

Fissato un parametro $p \in [0, 1]$, sia X una variabile aleatoria che assume i valori 0 e 1 con probabilità $P(X = 1) = p$ e $P(X = 0) = 1 - p$. (Torneremo su queste variabili aleatorie, dette *di Bernoulli*, nel Paragrafo 3.5.2.) Il valore medio vale

$$E(X) = 0 \cdot (1 - p) + 1 \cdot p = p .$$

Anche la mediana si calcola facilmente (si veda l'Esercizio 3.24): in particolare, per $p \in (\frac{1}{2}, 1)$ essa è unica e vale 1, che è strettamente maggiore del valore medio. □

Concludiamo questo paragrafo con una generalizzazione della mediana, i *quantili*, che hanno importanti applicazioni in statistica matematica (li riprenderemo nel Capitolo 8, in particolare nei Paragrafi 8.2.2 e 8.2.3).

Definizione 3.104 (Quantili)
Sia X una variabile aleatoria reale e sia $\alpha \in (0, 1)$. Un numero reale $q = q_\alpha \in \mathbb{R}$ si dice *quantile di X di ordine* α se si ha

$$P(X \leq q_\alpha) \geq \alpha \qquad \text{e} \qquad P(X \geq q_\alpha) \geq 1 - \alpha . \tag{3.66}$$

Intuitivamente, il quantile di ordine $\alpha \in (0, 1)$ di una variabile aleatoria reale X ha la proprietà che il valore assunto da X cade (almeno) una frazione α di volte a sinistra del quantile e (almeno) una frazione $1 - \alpha$ di volte a destra del quantile.

La mediana coincide con il quantile di ordine $\frac{1}{2}$. Sottolineiamo che i quantili di una variabile aleatoria X si possono ricavare dalla sua funzione di ripartizione F_X: infatti, in analogia con (3.65), le relazioni (3.66) si possono riscrivere come

$$F_X(q_\alpha) \geq \alpha \qquad \text{e} \qquad F_X(q_\alpha^-) \leq \alpha . \tag{3.67}$$

Come per la mediana, *i quantili esistono sempre, ma non sono necessariamente unici*. Enunciamo un analogo della Proposizione 3.99, che rende questo punto preciso.

Proposizione 3.105 (Quantili e funzione di ripartizione)
Sia X una variabile aleatoria reale, con funzione di ripartizione F_X. Un numero reale $q_\alpha \in \mathbb{R}$ è un quantile di X di ordine $\alpha \in (0, 1)$ se e solo se $q_\alpha \in [\underline{q}_\alpha, \overline{q}_\alpha]$, dove definiamo

$$\underline{q}_\alpha := \sup\{x \in \mathbb{R} : F_X(x) < \alpha\} , \quad \overline{q}_\alpha := \inf\{x \in \mathbb{R} : F_X(x) > \alpha\} . \tag{3.68}$$

Omettiamo la dimostrazione di questo risultato perché è identica à quella della Proposizione 3.99: basta rimpiazzare $\frac{1}{2}$ con α.

Mostreremo più avanti che $\underline{q}_\alpha$ e $\overline{q}_\alpha$ definiscono pseudo-inverse di F_X, si veda la Definizione 6.31. Nel caso in cui F_X è biunivoca,[6] il quantile $\underline{q}_\alpha = \overline{q}_\alpha$ corrisponde a $F_X^{-1}(\alpha)$, dove F_X^{-1} è la funzione inversa di F_X (rispetto alla composizione).

Osservazione 3.106 (Quartili e percentili) I quantili $q_{1/4}$ e $q_{3/4}$ di ordine $1/4$ e $3/4$ vengono chiamati rispettivamente *primo e terzo quartile*; analogamente, la mediana m è anche detta *secondo quartile*, perché coincide con il quantile di ordine $1/2 = 2/4$.

Per costruzione, i quartili di una variabile aleatoria reale X dividono la retta reale in quattro intervalli "equilibrati" $(-\infty, q_{1/4}]$, $[q_{1/4}, m]$, $[m, q_{3/4}]$ e $[q_{3/4}, +\infty)$, nel senso che *ciascun intervallo ha probabilità almeno un quarto* rispetto alla distribuzione di X. In particolare, l'intervallo $[q_{1/4}, q_{3/4}]$ dal primo al terzo quartile comprende valori assunti da X con probabilità almeno del 50% (intuitivamente: almeno metà dei valori osservati di X cadono in tale intervallo). L'ampiezza $q_{3/4} - q_{1/4}$ di tale intervallo è detta *scarto interquartile* e fornisce una misura della *larghezza della distribuzione di* X, alternativa alla deviazione standard $\sigma_X = \sqrt{\mathrm{Var}(X)}$.

Segnaliamo infine che i quantili $q_{i/100}$ di ordine $i/100$, per $i \in \{1, 2, \ldots, 99\}$, sono detti *percentili* e sono frequenti in statistica applicata (ad esempio nelle curve di crescita dei bambini). Essi forniscono una descrizione della distribuzione più fine dei quartili, che corrispondono rispettivamente al 25°, 50° e 75° percentile. □

3.4.4 Massimo e minimo di variabili aleatorie indipendenti

La funzione di ripartizione è spesso utile nei calcoli con le distribuzioni di variabili aleatorie, in particolare quando si tratta di determinare la distribuzione del massimo o del minimo di variabili aleatorie indipendenti.

Proposizione 3.107
Siano $X_1, X_2, \ldots, X_n$ variabili aleatorie reali indipendenti. Definiamo:

$$Z := \max(X_1, \ldots, X_n), \qquad W := \min(X_1, \ldots, X_n).$$

Allora

$$F_Z(x) = \prod_{k=1}^{n} F_{X_k}(x), \qquad F_W(x) = 1 - \prod_{k=1}^{n} [1 - F_{X_k}(x)]. \tag{3.69}$$

[6] Questo non può accadere per variabili aleatorie discrete (perché?), ma sarà possibile per variabili aleatorie assolutamente continue, che studieremo nel Capitolo 6.

Dimostrazione Cominciamo col dimostrare la prima relazione. Si osservi che

$$\{Z \leq x\} = \bigcap_{k=1}^{n} \{X_k \leq x\} .$$

Infatti $\omega \in \{Z \leq x\}$ se e solo se $\max(X_1(\omega), \ldots, X_n(\omega)) \leq x$, il che è equivalente a richiedere che $X_k(\omega) \leq x$, ossia $\omega \in \{X_k \leq x\}$, per ogni $k = 1, \ldots, n$. Usando l'indipendenza delle X_k, si ottiene

$$F_Z(x) = \mathrm{P}(Z \leq x) = \prod_{k=1}^{n} \mathrm{P}(X_k \leq x) = \prod_{k=1}^{n} F_{X_k}(x) .$$

Per quanto riguarda la seconda relazione, con argomenti analoghi si mostra che

$$\{W > x\} = \bigcap_{k=1}^{n} \{X_k > x\}$$

perciò

$$\begin{aligned} F_W(x) &= 1 - \mathrm{P}(W > x) = 1 - \prod_{k=1}^{n} \mathrm{P}(X_k > x) = 1 - \prod_{k=1}^{n} [1 - \mathrm{P}(X_k \leq x)] \\ &= 1 - \prod_{k=1}^{n} [1 - F_{X_k}(x)] , \end{aligned}$$

come volevasi dimostrare. □

3.4.5 *Funzione generatrice dei momenti*

Definizione 3.108 (Funzione generatrice dei momenti)
Sia X una variabile aleatoria reale. La funzione $\mathrm{M}_X : \mathbb{R} \to \mathbb{R} \cup \{+\infty\}$ definita da

$$\mathrm{M}_X(t) = \mathrm{E}\big(\mathrm{e}^{tX}\big)$$

è detta *funzione generatrice dei momenti* della variabile aleatoria X.

Osservazione 3.109 Sottolineiamo che la funzione generatrice dei momenti di una variabile aleatoria può assumere il valore $+\infty$: più precisamente, $\mathrm{M}_X(t) = +\infty$ per quei valori di $t \in \mathbb{R}$ per cui la variabile aleatoria positiva e^{tX} ha valore medio infinito. Si osservi, inoltre, che necessariamente $\mathrm{M}_X(0) = 1$. □

La funzione generatrice dei momenti gioca un ruolo importante nel calcolo delle probabilità, e ne vedremo applicazioni rilevanti nel Capitolo 4. Come suggerisce il suo nome, essa è spesso utile per il calcolo dei momenti di una variabile aleatoria, ove sia possibile far uso del seguente risultato.

Teorema 3.110 (Proprietà della funzione generatrice dei momenti)
Siano X una variabile aleatoria reale e M_X la sua funzione generatrice dei momenti. Supponiamo che esista $a > 0$ tale che $\mathrm{M}_X(t) < +\infty$ per ogni $t \in (-a, a)$. Allora

(i) *La variabile aleatoria X ammette momenti di ogni ordine e, per ogni $t \in (-a, a)$, la funzione $\mathrm{M}_X(t)$ è data dalla serie di Taylor*

$$\mathrm{M}_X(t) = \sum_{n=0}^{+\infty} \mathrm{E}(X^n) \frac{t^n}{n!}. \tag{3.70}$$

(ii) *M_X è infinitamente derivabile in $(-a, a)$ e, indicando con $\mathrm{M}_X^{(n)}$ la derivata n-esima di M_X, vale la relazione*

$$\mathrm{M}_X^{(n)}(0) = \mathrm{E}(X^n), \qquad \forall n \in \mathbb{N}_0 .$$

Dimostrazione Cominciamo con alcune considerazioni preliminari. Per ogni $x \in \mathbb{R}$ vale la disuguaglianza $\mathrm{e}^{t|x|} \leq \mathrm{e}^{tx} + \mathrm{e}^{-tx}$. Pertanto, per monotonia del valore medio,

$$\mathrm{M}_{|X|}(t) = \mathrm{E}\left(\mathrm{e}^{t|X|}\right) \leq \mathrm{E}\left(\mathrm{e}^{tX}\right) + \mathrm{E}\left(\mathrm{e}^{-tX}\right) = \mathrm{M}_X(t) + \mathrm{M}_X(-t),$$

da cui segue che

$$\mathrm{M}_{|X|}(t) < +\infty \qquad \forall\, t \in (-a, a). \tag{3.71}$$

Ci saranno utili le seguenti disuguaglianze, valide per ogni $\rho > 0$:

$$\rho^n \leq n!\mathrm{e}^{\rho}, \quad \forall n \geq 0; \qquad \sum_{k=n}^{+\infty} \frac{\rho^k}{k!} \leq \frac{\rho \mathrm{e}^{\rho}}{n}, \quad \forall n \geq 1. \tag{3.72}$$

La prima disuguaglianza segue dalla serie esponenziale (0.6), osservando che per ogni $n \in \mathbb{N}_0$

$$e^{\rho} = \sum_{k=0}^{+\infty} \frac{\rho^k}{k!} \geq \frac{\rho^n}{n!},$$

mentre la seconda deriva dalle disuguaglianze

$$n \sum_{k=n}^{+\infty} \frac{\rho^k}{k!} \leq \sum_{k=n}^{+\infty} k \frac{\rho^k}{k!} = \rho \sum_{k=n}^{+\infty} \frac{\rho^{k-1}}{(k-1)!} \leq \rho \sum_{\ell=0}^{+\infty} \frac{\rho^\ell}{\ell!} = \rho e^{\rho}.$$

Mostriamo quindi che

$$\mathrm{E}\Big[|X|^n e^{|tX|}\Big] < +\infty, \qquad \forall n \geq 0, \ \forall t \in (-a, a). \tag{3.73}$$

Infatti, scelto $h > 0$ in modo tale che $|t| + h < a$, applicando la prima disuguaglianza in (3.72) con $\rho = h|X|$, abbiamo che

$$|X|^n e^{|tX|} \leq \frac{n!}{h^n} e^{h|X|} e^{|tX|} = \frac{n!}{h^n} e^{(|t|+h)|X|},$$

da cui segue che

$$\mathrm{E}\Big[|X|^n e^{|tX|}\Big] \leq \frac{n!}{h^n} \mathrm{M}_{|X|}(|t| + h) < +\infty.$$

Passiamo alla dimostrazione del punto (i). Il fatto che X ammetta momenti di ogni ordine segue subito da (3.73), con $t = 0$. Applicando la definizione di $\mathrm{M}_X(t)$, la linearità del valore medio, quindi la Proposizione 3.54, la serie esponenziale (0.6) e la disuguaglianza triangolare, si ottiene

$$\left| \mathrm{M}_X(t) - \sum_{k=0}^{n} \mathrm{E}(X^k) \frac{t^k}{k!} \right| = \left| \mathrm{E}\left[e^{tX} - \sum_{k=0}^{n} X^k \frac{t^k}{k!} \right] \right| \leq \mathrm{E}\left[\left| e^{tX} - \sum_{k=0}^{n} X^k \frac{t^k}{k!} \right| \right]$$
$$= \mathrm{E}\left[\left| \sum_{k=0}^{\infty} X^k \frac{t^k}{k!} - \sum_{k=0}^{n} X^k \frac{t^k}{k!} \right| \right] = \mathrm{E}\left[\left| \sum_{k=n+1}^{\infty} X^k \frac{t^k}{k!} \right| \right] \leq \mathrm{E}\left[\sum_{k=n+1}^{\infty} |X|^k \frac{|t|^k}{k!} \right].$$

Usando, in quest'ultima espressione, la seconda disuguaglianza in (3.72) con $\rho = |tX|$, otteniamo

$$\left| \mathrm{M}_X(t) - \sum_{k=0}^{n} \mathrm{E}(X^k) \frac{t^k}{k!} \right| \leq \frac{|t|}{n+1} \mathrm{E}\Big[|X| e^{|t||X|} \Big]. \tag{3.74}$$

Ricordando la relazione (3.73), il membro destro in (3.74) tende a zero per $n \to \infty$, ossia abbiamo dimostrato la relazione (3.70).

Passiamo ora alla dimostrazione del punto (ii). Dimostreremo che M_X è infinitamente derivabile in $(-a, a)$, e che

$$\mathrm{M}_X^{(n)}(t) = \mathrm{E}\big(X^n \mathrm{e}^{tX}\big), \tag{3.75}$$

da cui quanto enunciato segue ponendo $t = 0$. Avendo dimostrato che M_X è data dalla somma della *serie di potenze* (3.70), la relazione (3.75) segue facilmente dal teorema di derivazione per serie di potenze. Ne forniamo qui una dimostrazione alternativa, che non fa uso della teoria delle serie di potenze.

Mostriamo per induzione su $n \geq 0$ che M_X ammette derivata n-esima in $(-a, a)$, e

$$\mathrm{M}_X^{(n)}(t) = \mathrm{E}\big(X^n \mathrm{e}^{tX}\big), \qquad \forall t \in (-a, a), \tag{3.76}$$

dove si noti che, per (3.73), il valore medio in (3.76) esiste. Per $n = 0$ non c'è nulla da dimostrare, essendo, per definizione, la derivata di ordine 0 è la funzione M_X stessa. Per il passo induttivo, si noti che, se $h \in \mathbb{R}$ è tale che $|h|$ è sufficientemente piccolo, in modo che $|t| + |h| < a$, usando l'ipotesi induttiva (3.76)

$$\frac{\mathrm{M}_X^{(n)}(t+h) - \mathrm{M}_X^{(n)}(t)}{h} = \mathrm{E}\left(X^n \mathrm{e}^{tX} \left[\frac{\mathrm{e}^{hX} - 1}{h} \right] \right).$$

Pertanto

$$\left| \frac{\mathrm{M}_X^{(n)}(t+h) - \mathrm{M}_X^{(n)}(t)}{h} - \mathrm{E}\big(X^{n+1} \mathrm{e}^{tX}\big) \right| \leq \mathrm{E}\left(|X|^n \mathrm{e}^{tX} \left| \frac{\mathrm{e}^{hX} - 1}{h} - X \right| \right). \tag{3.77}$$

A questo punto usiamo il fatto che, per ogni $x \in \mathbb{R}$,

$$|\mathrm{e}^x - 1 - x| \leq \frac{x^2}{2} \mathrm{e}^{|x|}, \tag{3.78}$$

come segue facilmente dall'applicazione, alla funzione esponenziale, della formula di Taylor con resto di Lagrange:

$$\mathrm{e}^x = 1 + x + \frac{x^2}{2} \mathrm{e}^{\xi},$$

dove ξ è un opportuno numero reale contenuto nell'intervallo di estremi 0 e x. Ma allora, usando (3.78) in (3.77) si ha

$$\left| \frac{\mathrm{M}_X^{(n)}(t+h) - \mathrm{M}_X^{(n)}(t)}{h} - \mathrm{E}\big(X^{n+1} \mathrm{e}^{tX}\big) \right| \leq \frac{h}{2} \mathrm{E}\left(|X|^{n+2} \mathrm{e}^{(|t|+|h|)|X|} \right). \tag{3.79}$$

Dato che $|t| + |h| < a$, abbiamo $\mathrm{E}\big(|X|^{n+2}\mathrm{e}^{b|X|}\big) < +\infty$ per quanto visto sopra, e quindi otteniamo

$$\lim_{h\to 0}\left|\frac{\mathrm{M}_X^{(n)}(t+h) - \mathrm{M}_X^{(n)}(t)}{h} - \mathrm{E}\big(X^{n+1}\mathrm{e}^{tX}\big)\right| = 0.$$

Questo mostra che $\mathrm{M}_X^{(n+1)}(t)$ esiste e vale $\mathrm{E}\big(X^{n+1}\mathrm{e}^{tX}\big)$, quindi la dimostrazione del passo induttivo è conclusa. □

Osservazione 3.111 Nella dimostrazione del Teorema 3.110 non abbiamo mai usato la seguente espressione per la funzione generatrice dei momenti, che è quella che più useremo nei calcoli espliciti: applicando la formula di trasferimento (3.31) a $g(x) = \mathrm{e}^{tx}$, si ha

$$\mathrm{M}_X(t) = \sum_{x\in\mathbb{R}} \mathrm{e}^{tx}\, \mathrm{p}_X(x)\,. \tag{3.80}$$

Nel caso in cui la variabile aleatoria X assuma un numero finito di valori, cioè $|X(\Omega)| < +\infty$, la somma in (3.80) è una somma finita. In questo caso, tutte le affermazioni del Teorema 3.110 si dimostrano facilmente da (3.80). Se invece $|X(\Omega)|$ è numerabile, non c'è alcun vantaggio ad usare (3.80) per dimostrare il Teorema 3.110. La dimostrazione qui data ha il vantaggio di rimanere inalterata nel contesto più generale di variabili aleatorie definite in spazi di probabilità non discreti. □

Concludiamo con un risultato che mostra come calcolare la funzione generatrice dei momenti di una somma di variabili aleatorie indipendenti.

Proposizione 3.112
Se X e Y sono variabili aleatorie reali indipendenti, allora

$$\mathrm{M}_{X+Y}(t) = \mathrm{M}_X(t)\,\mathrm{M}_Y(t)\,, \qquad \forall t \in \mathbb{R}\,.$$

Dimostrazione È un semplice corollario della Proposizione 3.72: basta osservare che, per ogni $t \in \mathbb{R}$, le variabili aleatorie e^{tX} e e^{tY} sono positive e indipendenti, pertanto $\mathrm{E}(\mathrm{e}^{t(X+Y)}) = \mathrm{E}(\mathrm{e}^{tX}\mathrm{e}^{tY}) = \mathrm{E}(\mathrm{e}^{tX})\,\mathrm{E}(\mathrm{e}^{tY})$. □

La Proposizione 3.112 si generalizza facilmente (per induzione) al caso di n variabili aleatorie reali $X_1, \ldots, X_n$ indipendenti: si ha in questo caso

$$\mathrm{M}_{X_1+\cdots+X_n}(t) = \mathrm{M}_{X_1}(t)\cdots\mathrm{M}_{X_n}(t)\,, \qquad \forall t \in \mathbb{R}\,.$$

Il caso di variabili aleatorie a valori in $\mathbb{N}_0$

Per variabili aleatorie a valori in $\mathbb{N}_0$ è prassi considerare una variante della funzione generatrice dei momenti, detta *funzione generatrice* (tout court) per analogia con la nozione di funzione generatrice usata in combinatoria.

Definizione 3.113 (Funzione generatrice di una variabile aleatoria in $\mathbb{N}_0$)
Sia X una variabile aleatoria in $\mathbb{N}_0$, con densità discreta p_X. La funzione $\mathrm{G}_X : [-1, +\infty) \to [0, +\infty]$ definita da

$$\mathrm{G}_X(s) := \sum_{k \in \mathbb{N}_0} \mathrm{p}_X(k) s^k = \mathrm{E}(s^X) \tag{3.81}$$

(con la convenzione $0^0 = 1$) è chiamata *funzione generatrice* di X.

Osserviamo che G_X è *finita* per ogni $s \in [-1, 1]$, perché $|s^X| \leq 1$ e dunque s^X è una variabile aleatoria limitata. In alternativa, si può osservare che per $s \in [-1, 1]$ la serie in (3.81) converge assolutamente, perché $|\,\mathrm{p}_X(k) s^k| \leq \mathrm{p}_X(k)$ e $\sum_{n \in \mathbb{N}} p_X(k) = 1$. Si noti in particolare che $\mathrm{G}_X(1) = 1$. Per $s > 1$, la variabile aleatoria s^X è positiva, quindi ammette valore medio e $\mathrm{G}_X(s)$ è ben definita, ma può valere $+\infty$.

Notiamo che la funzione generatrice G_X è in realtà un caso particolare della funzione generatrice dei momenti M_X: infatti per ogni $s > 0$ si ha $\mathrm{G}_X(s) = \mathrm{E}(s^X) = \mathrm{E}(\mathrm{e}^{(\log s)X}) = \mathrm{M}_X(\log s)$. Ciononostante, spesso è più comodo lavorare con la funzione generatrice, perché la formula (3.81) fornisce un'espressione di G_X come serie di potenze in cui *i coefficienti* $(\mathrm{p}_X(n))_{n \in \mathbb{N}_0}$ *sono i valori della densità discreta di* X. La prossima proposizione mostra che da questo fatto seguono proprietà importanti della funzione generatrice di una variabile aleatoria a valori in $\mathbb{N}_0$, che vanno al di là delle proprietà enunciate nel Teorema 3.110; in particolare, si indebolisce l'ipotesi che $\mathrm{M}_X(t)$ sia finita in un intervallo $t \in (-a, a)$ (che corrisponde all'ipotesi che $\mathrm{G}_X(s)$ sia finita in un intervallo $s \in (1 - \varepsilon, 1 + \varepsilon)$).

Proposizione 3.114
Sia X una variabile aleatoria a valori in $\mathbb{N}_0$. La sua funzione generatrice G_X è infinitamente derivabile (almeno) nell'intervallo $(-1, 1)$. Indicando con $\mathrm{G}_X^{(n)}$ la derivata n-esima di G_X, valgono le seguenti proprietà:

(i) *la derivata n-esima in 0 vale $\mathrm{G}_X^{(n)}(0) = n!\, \mathrm{p}_X(n)$;*
(ii) *per ogni $n \in \mathbb{N}$ si ha*

$$\lim_{s \uparrow 1} \mathrm{G}_X^{(n)}(s) = \mathrm{E}\big(X(X-1)\cdots(X-n+1)\big) \in [0, +\infty] .$$

(iii) *X ammette momento di ordine $n \in \mathbb{N}$ finito se e solo se*

$$\mathrm{E}\left(|X|^n\right) < \infty \qquad \Longleftrightarrow \qquad \mathrm{G}_X^{(n)}(1^-) := \lim_{s \uparrow 1} \mathrm{G}_X^{(n)}(s) < +\infty \,.$$

Il primo punto di questa proposizione mostra in modo chiaro che la funzione generatrice G_X di una variabile aleatoria X a valori in $\mathbb{N}_0$ ne *caratterizza* la distribuzione. Infatti, a partire dalla funzione G_X, si può ricostruire la densità discreta $(\mathrm{p}_X(n))_{n \in \mathbb{N}}$, quindi due variabili aleatorie a valori in $\mathbb{N}_0$ con la stessa funzione generatrice hanno la stessa densità discreta e dunque la stessa distribuzione. Questo non è più vero per variabili aleatorie generali (non a valori in $\mathbb{N}_0$).

Dimostrazione Sfrutteremo alcuni risultati della teoria delle serie di potenze, che richiameremo senza darne la dimostrazione. Abbiamo visto più sopra che la serie (3.81) converge assolutamente per ogni $s \in [-1, 1]$, quindi il *raggio di convergenza* R della serie di potenze vale almeno 1. Segue allora dal teorema di derivazione delle serie di potenze che G_X è infinitamente derivabile nell'intervallo $(-R, R)$ (quindi nell'intervallo $(-1, 1)$) e la sua derivata n-esima, per ogni $s \in (-R, R)$, è data da

$$\mathrm{G}_X^{(n)}(s) = \sum_{k=n}^{+\infty} k(k-1) \cdots (k-n+1)\, \mathrm{p}_X(k) s^{k-n} = \sum_{k=n}^{+\infty} \frac{k!}{(k-n)!}\, \mathrm{p}_X(k) s^{k-n} \,. \tag{3.82}$$

In alternativa, si può mostrare "con le mani" che $\mathrm{G}_X^{(n)}(s) = \mathrm{E}(X(X-1) \cdots (X-n+1) s^X)$ per ogni $s \in (-1, 1)$ con argomenti analoghi a quelli usati per la funzione generatrice dei momenti, si veda (3.76). Ponendo $s = 0$ in (3.82) si vede che tutti i termini sono nulli ad eccezione del termine $k = n$ che vale $n!\, \mathrm{p}_X(n)$. Ciò mostra che $\mathrm{G}_X^{(n)}(0) = n!\, \mathrm{p}_X(n)$, di conseguenza vale vale il punto (i).

Per il punto (ii), se il raggio di convergenza è $R > 1$ allora si può semplicemente applicare (3.82) al punto $s = 1$. Se $R = 1$, ci serviamo di un risultato più fine sulla convergenza delle serie di potenze in prossimità del raggio di convergenza. Enunciamo una versione del teorema della convergenza radiale di Abel per serie di potenze con coefficienti positivi.

Lemma 3.115
Sia $(a_n)_{n \geq 0}$ una successione di numeri positivi e sia $f : \mathbb{R}^+ \to [0, +\infty]$ definita da $f(x) = \sum_{n=0}^{+\infty} a_n x^n$. Allora f è crescente e per ogni $y > 0$ si ha $\lim_{x \uparrow y} f(y) = f(y) \in [0, +\infty]$.

Dimostrazione Osserviamo che $f(x)$ è ben definita (ma può valere $+\infty$) per ogni $x \geq 0$ perché è una somma a termini positivi. Inoltre, per ogni $m \in \mathbb{N}$ e $0 \leq x \leq y$ si ha $\sum_{n=0}^{m} a_n x^n \leq \sum_{n=0}^{m} a_n y^n$ e passando al limite $m \to \infty$ si ottiene $f(x) \leq f(y)$. Ciò mostra che f è crescente e inoltre che $\lim_{x \uparrow y} f(x) \leq f(y)$.

Ora, per ogni $m \in \mathbb{N}$ e $x \in [0, y)$ si ha $f(x) \geq \sum_{n=0}^{m} a_n x^n$: prendendo il limite $x \uparrow y$ si ottiene $\lim_{x \uparrow y} f(x) \geq \sum_{n=0}^{m} a_n y^n$, per ogni $m \in \mathbb{N}$. Prendendo quindi il limite $m \to \infty$ nel membro destro, si ottiene $\lim_{x \uparrow y} f(x) \geq \sum_{n=0}^{\infty} a_n y^n = f(y)$, che conclude la dimostrazione. □

Questo risultato mostra che per ogni $n \in \mathbb{N}$, grazie a (3.82), si ha

$$\lim_{s \uparrow 1} \mathrm{G}_X^{(n)}(s) = \sum_{k=n}^{+\infty} k(k-1)\cdots(k-n+1)\,\mathrm{p}_X(k) = \mathrm{E}\big(X(X-1)\cdots(X-n+1)\big) \in [0,+\infty], \tag{3.83}$$

dove abbiamo usato il fatto che $X(X-1)\cdots(X-n+1) \geq 0$ perché X è a valori in $\mathbb{N}_0$, quindi il valore medio è ben definito (ma può valere $+\infty$).

Per il punto (iii), consideriamo i polinomi $P_n(x) := x(x-1)\cdots(x-n+1)$ per $n \in \mathbb{N}$. Osserviamo che $0 \leq \mathrm{P}_n(X) \leq X^n$ perché X è a valori in $\mathbb{N}_0$: di conseguenza, se X ammette momento di ordine n finito, segue che $\mathrm{E}(P_n(X)) < \infty$. Viceversa, mostriamo per induzione su $n \in \mathbb{N}$ l'affermazione seguente: "se $\mathrm{E}(P_n(X)) < \infty$, allora $\mathrm{E}(X^n) < \infty$". Il caso $n = 1$ è immediato, perché $P_1(X) = X$. Supponiamo ora che l'affermazione sia vera per ogni $1 \leq k \leq n$. Se $\mathrm{E}(P_{n+1}(X)) < \infty$, una prima osservazione è che $\mathrm{E}(P_k(X)) < \infty$ per ogni $1 \leq k \leq n$: infatti si ha $0 \leq P_k(X) \leq P_{n+1}(X) + n!$ perché $\mathrm{P}_k(X) \leq \mathrm{P}_{n+1}(X)$ se $X \geq n+1$, mentre $\mathrm{P}_k(X) \leq n!$ se $0 \leq X \leq n$. Deduciamo quindi dal passo induttivo che $\mathrm{E}(X^k) < \infty$ per ogni $0 \leq k \leq n$. Osserviamo ora che possiamo scrivere $X^{n+1} = P_{n+1}(X) + Q_n(X)$, dove Q_n è un polinomio di grado n: sappiamo che $Q_n(X)$ ammette valore medio finito, perché X ammette momento di ordine k finito per ogni $1 \leq k \leq n$; sappiamo anche che $P_{n+1}(X)$ ha valore medio finito, per ipotesi. Deduciamo che $\mathrm{E}(X^n) < \infty$, completando la dimostrazione dell'affermazione e della Proposizione 3.114. □

In analogia con la Proposizione 3.112, vale il risultato seguente (la cui dimostrazione è lasciata come esercizio).

Proposizione 3.116
Siano X e Y due variabili aleatorie indipendenti *a valori in $\mathbb{N}_0$. Allora*

$$\mathrm{G}_{X+Y}(s) = \mathrm{G}_X(s)\mathrm{G}_X(Y), \qquad \forall s \in [-1,+\infty).$$

Esercizi

Esercizio 3.21 (Generalizzazione dell'Esempio 3.25) Siano X e Y due variabili aleatorie indipendenti a valori in $\{1,2,\ldots,n\}$, tali che $\mathrm{P}(X=k) = \mathrm{P}(Y=k) = \frac{1}{n}$ per ogni $k = 1,2,\ldots,n$.

(i) Si calcoli $\mathrm{P}(X=Y)$ e $\mathrm{P}(X>Y)$.
(ii) Si calcoli la densità discreta di $X+Y$.

Esercizio 3.22 Sia (X,Y) una variabile aleatoria discreta a valori in $\mathbb{R}^2$. Definiamo

$$F_{X,Y}(x,y) := \mathrm{P}(X \leq x, Y \leq y).$$

Si mostri che per ogni $(x,y) \in \mathbb{R}^2$,

$$\mathrm{p}_{X,Y}(x,y) = \lim_{n\to+\infty} \Big[F_{X,Y}(x,y) + F_{X,Y}\big(x-\tfrac{1}{n}, y-\tfrac{1}{n}\big) - F_{X,Y}\big(x-\tfrac{1}{n}, y\big) - F_{X,Y}\big(x, y-\tfrac{1}{n}\big)\Big].$$

Esercizio 3.23 Sia X una variabile aleatoria reale e sia m una mediana di X.

(i) Si mostri che, per ogni $a, b \in \mathbb{R}$, $a\,m + b$ è una mediana di $a\,X + b$.
(ii) Se X è positiva, si mostri che $\mathrm{E}(X) \geq \frac{1}{2}m$.

Esercizio 3.24 Siano X, Y due variabili aleatorie indipendenti a valori in $\{0, 1\}$, con distribuzioni rispettive $\mathrm{P}(X = 1) = p$, $\mathrm{P}(X = 0) = 1 - p$ e $\mathrm{P}(Y = 1) = q$, $\mathrm{P}(Y = 0) = 1 - q$ con parametri $p, q \in [0, 1]$.

(i) Calcolare una mediana m_1 di X e una mediana m_2 di Y. Mostrare che m_1 (risp. m_2) è unica se e solo se $p \neq \frac{1}{2}$ (risp. $q \neq \frac{1}{2}$).
(ii) Determinare la densità discreta di $X + Y$ e dedurre una mediana m di $X + Y$. Per quali valori di $p, q \in [0, 1]$ la mediana m è unica? Mostrare che tutte le relazioni $m < m_1 + m_2$, $m = m_1 + m_2$ e $m > m_1 + m_2$ sono possibili.

Questo mostra che, a differenza del valore medio, la mediana non è lineare.

Esercizio 3.25 Sia X una variabile aleatoria discreta reale a valori in $\mathbb{Z} \setminus \{0\}$, con densità discreta data da $\mathrm{p}_X(x) = \frac{c_\alpha}{|x|^{1+\alpha}} \mathbb{1}_{\mathbb{N}}(|x|)$, dove $\alpha \in (0, \infty)$ è un parametro fissato, e

$$\frac{1}{c_\alpha} = \sum_{y \in \mathbb{Z} \setminus \{0\}} \frac{1}{|y|^{1+\alpha}}.$$

Si mostri che la funzione generatrice M_X di X è data da $\mathrm{M}_X(0) = 1$ e $\mathrm{M}_X(t) = +\infty$ per ogni $t \neq 0$. In particolare, si noti che M_X non dipende dal valore di α.

Esercizio 3.26 Sia X una variabile aleatoria reale *positiva*. Mostrare che la funzione generatrice dei momenti M_X è finita in $(-\infty, 0]$ e che $\lim_{t \to -\infty} \mathrm{M}_X(t) = \mathrm{P}(X = 0)$.

[*Sugg.* Mostrare che $\mathrm{P}(X = 0) \leq \lim_{t \to -\infty} \mathrm{M}_X(t) \leq \mathrm{P}(X \leq 1/k)$ per ogni $k \geq 1$.]

Esercizio 3.27 Sia X una variabile aleatoria a valori in $\mathbb{N}_0$. Mostrare che la sua funzione generatrice $s \mapsto \mathrm{G}_X(s)$ è crescente e convessa in $[0, 1]$. Sotto quali ipotesi essa è strettamente crescente? e strettamente convessa?

Esercizio 3.28 (Somma di un numero *aleatorio* di variabili aleatorie) Sia X una variabile aleatoria a valori in $\mathbb{N}_0$ e siano $X_1, X_2, \ldots$ variabili aleatorie indipendenti con la stessa legge di X. Si ponga $S_0 = 0$ e $S_n := X_1 + \cdots + X_n$ per $n \in \mathbb{N}$. Sia ora T una variabile aleatoria a valori in $\mathbb{N}$, indipendente dalle $(X_k)_{k \geq 1}$. Consideriamo quindi la variabile aleatoria S_T, definita da $S_T(\omega) = S_{T(\omega)}(\omega)$, cioè

$$S_T(\omega) = 0 \quad \text{se } T(\omega) = 0, \qquad S_T(\omega) = \sum_{k=1}^{T(\omega)} X_k(\omega) \quad \text{se } T(\omega) \geq 1.$$

(i) Per ogni $n \in \mathbb{N}$, esprimere la funzione generatrice di S_n in funzione della funzione generatrice di X.

(ii) Mostrare che la funzione generatrice di S_T soddisfa

$$\mathrm{G}_{S_T}(s) = \sum_{k \in \mathbb{N}_0} \sum_{n \in \mathbb{N}_0} \mathrm{p}_T(n)\, \mathrm{p}_{S_n}(k) s^k = \sum_{n \in \mathbb{N}_0} \mathrm{p}_T(n) G_{S_n}(s)\,, \qquad \forall\, s \in [0,1]\,.$$

Dedurre che $\mathrm{G}_{S_T}(s) = \mathrm{G}_T(\mathrm{G}_X(s))$ per ogni $s \in [0,1]$.

(iii) Supponiamo che X e T ammettano momento di ordine due finito. Usando la Proposizione 3.114, esprimere $\mathrm{E}(S_T)$ e $\mathrm{E}(S_T(S_T - 1))$ in funzione di $\mathrm{E}(T)$, $\mathrm{E}(X)$, $\mathrm{E}(T^2)$ e $\mathrm{E}(X^2)$. Concludere che

$$\mathrm{E}(S_T) = \mathrm{E}(T)\,\mathrm{E}(X) \qquad \text{e} \qquad \mathrm{Var}(S_T) = \mathrm{E}(T)\,\mathrm{Var}(X) + \mathrm{Var}(T)\,\mathrm{E}(X)^2\,.$$

3.5 Classi notevoli di variabili aleatorie discrete

Abbiamo visto come molte proprietà di una variabile aleatoria reale discreta X dipendano esclusivamente dalla *distribuzione* μ_X di X, o equivalentemente dalla sua densità discreta p_X, e non dal particolare spazio di probabilità (Ω, P) su cui X è definita (si pensi ad esempio al valore medio, alla funzione di ripartizione, alla funzione generatrice dei momenti, ...). Risulta pertanto conveniente "classificare" le variabili aleatorie secondo la loro distribuzione.

In questo paragrafo ci apprestiamo ad analizzare in dettaglio le proprietà di alcune variabili aleatorie "notevoli" — o, più precisamente, delle loro distribuzioni — che rivestono grande importanza, tanto per le loro proprietà intrinseche quanto per la frequenza e la rilevanza con cui esse ricorrono negli esempi. La maggior parte dei calcoli che effettueremo sarà basata sull'uso della formula di trasferimento (3.31).

Ricordiamo la definizione (3.11) dell'insieme $X(\Omega)$ che rappresenta (con un abuso di notazione) l'insieme dei valori *effettivamente assunti* da una variabile aleatoria X. Se la variabile aleatoria è discreta, si può scegliere $X(\Omega)$ finito o numerabile.

3.5.1 *Uniforme discreta*

Sia E un arbitrario insieme finito. Una variabile aleatoria X che assume con ugual probabilità ogni valore $x \in E$ si dice *variabile aleatoria uniforme discreta a valori in E*, e scriveremo $X \sim \mathrm{Unif}(E)$. Tale variabile aleatoria ha densità

$$\mathrm{p}_X(x) = \frac{1}{|E|}\,, \qquad \forall x \in E\,,$$

e pertanto la sua distribuzione è data da

$$\mu_X(A) = \sum_{x \in A} \mathrm{p}_X(x) = \frac{|A|}{|E|}, \qquad \forall A \subseteq E.$$

In altre parole, $X \sim \mathrm{Unif}(E)$ se e solo se la distribuzione μ_X di X è la probabilità uniforme su E, introdotta nell'Esempio 1.18.

Un caso tipico è quello in cui $E = \{1, 2, \ldots, n\}$, con $n \in \mathbb{N}$. Dato che $E \subseteq \mathbb{R}$, ha senso calcolare i momenti di X. Dato che

$$\mathrm{p}_X(k) = \mathrm{p}_{\mathrm{Unif}\{1,\ldots,n\}}(k) := \frac{1}{n} \mathbb{1}_{\{1,\ldots,n\}}(k),$$

applicando la formula di trasferimento (3.31) si ottiene

$$\mathrm{E}(X) = \sum_{x \in \mathbb{R}} x \, \mathrm{p}_X(x) = \frac{1}{n} \sum_{k=1}^{n} k = \frac{n+1}{2},$$

$$\mathrm{E}(X^2) = \sum_{x \in \mathbb{R}} x^2 \, \mathrm{p}_X(x) = \frac{1}{n} \sum_{k=1}^{n} k^2 = \frac{(n+1)(2n+1)}{6},$$

dove abbiamo usato le identità (0.8). Si deduce facilmente che

$$\mathrm{Var}(X) = \mathrm{E}(X^2) - \mathrm{E}(X)^2 = \frac{(n+1)(2n+1)}{6} - \frac{(n+1)^2}{4} = \frac{n^2-1}{12}.$$

Anche la funzione generatrice dei momenti si calcola facilmente: applicando ancora la formula (3.31) e ricordando (0.4),

$$\mathrm{M}_X(t) = \mathrm{E}(\mathrm{e}^{tX}) = \sum_{x \in \mathbb{R}} \mathrm{e}^{tx} \, \mathrm{p}_X(x) = \frac{1}{n} \sum_{k=1}^{n} \mathrm{e}^{tk} = \frac{\mathrm{e}^t}{n} \frac{\mathrm{e}^{tn} - 1}{\mathrm{e}^t - 1}, \qquad \forall t \neq 0,$$

mentre ovviamente $\mathrm{M}_X(t) = 1$ per $t = 0$.

I problemi di estrazione di palline da un'urna, studiati nel Paragrafo 1.2.6 usando il formalismo degli spazi di probabilità, possono essere equivalentemente (e più intuitivamente) riformulati in termini di variabili aleatorie uniformi, come mostriamo ora, generalizzando gli Esempi 3.26 e 3.27.

Esempio 3.117 (Estrazioni con reimmissione) Un'urna contiene N palline, numerate da 1 a N. Estraiamo, una dopo l'altra e con reimmissione, n palline dall'urna e indichiamo con $U_1, U_2, \ldots, U_n$ i numeri delle palline estratte.

Chiaramente $U_1 \sim \mathrm{Unif}\{1, \ldots, N\}$. Inoltre, per ogni $1 \leq \ell \leq n-1$,

$$\mathrm{P}(U_{\ell+1} = k_{\ell+1} \,|\, U_1 = k_1, \ldots, U_\ell = k_\ell) = \frac{1}{N}, \tag{3.84}$$

per ogni scelta di $k_1, \ldots, k_{\ell+1} \in \{1, \ldots, N\}$. Infatti, quali che siano i risultati delle prime ℓ estrazioni, la $(\ell + 1)$-esima estrazione avviene da un'urna che contiene N palline, una sola delle quali è la numero $k_{\ell+1}$. Dalla relazione (3.84), applicando la Proposizione 1.51, si ricava la densità congiunta:

$$\mathrm{p}_{U_1,\ldots,U_n}(k_1, \ldots, k_n) = \frac{1}{N} \cdots \frac{1}{N} = \frac{1}{N^n}, \qquad \forall (k_1, \ldots, k_n) \in \{1, \ldots, N\}^n . \tag{3.85}$$

Il vettore aleatorio $U := (U_1, \ldots, U_n)$ ha dunque distribuzione uniforme sull'insieme $\{1, \ldots, N\}^n$ delle disposizioni con ripetizione di n elementi estratti da $\{1, \ldots, N\}$, coerentemente con l'analisi svolta a suo tempo nell'Esempio 1.45.

Dalla relazione (3.85) si deduce che $\mathrm{p}_{U_i}(k_i) = \frac{1}{N}$; quindi, ricordando (3.21), le variabili aleatorie $U_1, \ldots, U_n$ sono indipendenti. In definitiva, in un'estrazione con reimmissione, *i numeri* $U_1, \ldots, U_n$ *delle palline estratte sono variabili aleatorie indipendenti, con distribuzione uniforme nell'insieme* $\{1, \ldots, N\}$.

Un discorso del tutto analogo vale per l'inserimento casuale di n oggetti in r cassetti, che abbiamo discusso nell'Esempio 1.78. Numerando gli oggetti da 1 a n e i cassetti da 1 a r, e indicando con U_i il cassetto in cui viene inserito l'oggetto i-esimo, *le variabili aleatorie* $U_1, \ldots, U_n$ *sono indipendenti e hanno la stessa distribuzione, uniforme nell'insieme* $\{1, \ldots, r\}$. □

Esempio 3.118 (Estrazioni senza reimmissione) Un'urna contiene $N \in \mathbb{N}$ palline, numerate da 1 a N. Estraiamo, una dopo l'altra e senza reimmissione, tutte le palline dall'urna e indichiamo con U_i il numero dell'i-esima pallina estratta.

Ciascuna variabile aleatoria U_i assume valori in $\{1, \ldots, N\}$ e, per costruzione, si ha $U_i \neq U_j$ per $i \neq j$. Quindi il vettore aleatorio $U := (U_1, \ldots, U_N)$ assume valori nell'insieme $S_N \subseteq \{1, \ldots, N\}^N$ delle *permutazioni* di $\{1, \ldots, N\}$.

Chiaramente $U_1 \sim \mathrm{Unif}\{1, \ldots, N\}$. Osserviamo quindi che, per $1 \leq \ell \leq N - 1$,

$$\mathrm{P}(U_{\ell+1} = k_{\ell+1} \,|\, U_1 = k_1, \ldots, U_\ell = k_\ell) = \frac{1}{N - \ell},$$

per ogni scelta di valori *distinti* $k_1, \ldots, k_{\ell+1} \in \{1, \ldots, N\}$. Infatti, estratte le prime ℓ palline, restano $N - \ell$ palline nell'urna, una sola delle quali è la numero $k_{\ell+1}$. Da ciò si deduce facilmente la distribuzione congiunta delle variabili $U_1, \ldots, U_N$: ricordando la Proposizione 1.51, se $k_i \neq k_j$ per $i \neq j$, si ha

$$\begin{aligned} &\mathrm{P}(U_1 = k_1, \ldots, U_N = k_N) \\ &= \mathrm{P}(U_1 = k_1) \prod_{\ell=1}^{N-1} \mathrm{P}(U_{\ell+1} = k_{\ell+1} \,|\, U_1 = k_1, \ldots, U_\ell = k_\ell) \\ &= \frac{1}{N} \prod_{\ell=1}^{N-1} \frac{1}{N - \ell} = \frac{1}{N!} . \end{aligned}$$

In definitiva, dato che $S_N = \{(k_1, \ldots, k_N) \in \{1, \ldots, N\}^N : k_i \neq k_i \text{ per } i \neq j\}$,

$$\mathrm{p}_{U_1,\ldots,U_N}(k_1, \ldots, k_N) = \frac{1}{N!} \mathbb{1}_{S_N}(k_1, \ldots, k_N) . \tag{3.86}$$

Ricordando che $|S_N| = N!$, questo mostra che il vettore aleatorio $U := (U_1, \ldots, U_N)$ *ha distribuzione uniforme sull'insieme* S_N.

Dal fatto che la densità congiunta $\mathrm{p}_{U_1,\ldots,U_N}(k_1, \ldots, k_N)$ è una funzione invariante per permutazioni di $k_1, \ldots, k_N$, segue che le variabili $U_1, \ldots, U_N$ hanno la stessa distribuzione marginale (perché?), dunque $U_i \sim U_1 \sim \mathrm{Unif}\{1, \ldots, N\}$, per ogni $1 \leq i \leq N$. In alternativa, con un calcolo diretto a partire dalla relazione (3.86),

$$\mathrm{p}_{U_i}(k_i) = \sum_{k_1,\ldots,k_{i-1},k_{i+1},\ldots,k_N \in \{1,\ldots,N\}} \mathrm{p}_{U_1,\ldots,U_N}(k_1, \ldots, k_N) = \frac{1}{N!}(N-1)! = \frac{1}{N} .$$

Questo mostra che le variabili aleatorie $U_1, \ldots, U_N$ *non* sono indipendenti, poiché la loro densità congiunta (3.86) non è data dal prodotto delle densità marginali. □

Osservazione 3.119 L'Esempio 3.118 fornisce un modo iterativo per generare una permutazione aleatoria $\sigma = (\sigma_1, \ldots, \sigma_N)$ con distribuzione uniforme in S_N: si sceglie il primo elemento $\sigma_1 = U_1$ uniformemente in $\{1, \ldots, N\}$, quindi si sceglie il secondo elemento $\sigma_2 = U_2$ uniformemente in $\{1, \ldots, N\} \setminus \{\sigma_1\}$, ecc. □

3.5.2 Bernoulli

Una variabile aleatoria X è detta *di Bernoulli* se $X(\Omega) = \{0, 1\}$. La distribuzione di X è dunque completamente determinata dal parametro $p := \mathrm{p}_X(1) \in [0, 1]$, dal momento che $\mathrm{p}_X(0) = 1 - p$ e $\mathrm{p}_X(x) = 0$ se $x \notin \{0, 1\}$. Diremo in questo caso che X è una variabile aleatoria di Bernoulli di parametro p, scrivendo $X \sim \mathrm{Be}(p)$.

In definitiva, $X \sim \mathrm{Be}(p)$ se e solo se la densità discreta di X è data da

$$\mathrm{p}_X(k) = \mathrm{p}_{\mathrm{Be}(p)}(k) := (1-p)\,\mathbb{1}_{\{0\}}(k) + p\,\mathbb{1}_{\{1\}}(k) = \begin{cases} 1-p & \text{se } k = 0 , \\ p & \text{se } k = 1 , \\ 0 & \text{se } k \notin \{0, 1\} . \end{cases}$$

Dato che $X^2 = X$ quasi certamente, è immediato dedurre che

$$\mathrm{E}(X) = \mathrm{E}(X^2) = p,$$

e dunque

$$\mathrm{Var}(X) = \mathrm{E}(X^2) - \big(\mathrm{E}(X)\big)^2 = p(1-p).$$

Anche la funzione generatrice dei momenti si calcola facilmente:

$$\mathrm{M}_X(t) := \mathrm{E}[\mathrm{e}^{tX}] = \mathrm{e}^t p + (1-p)\,, \qquad \forall t \in \mathbb{R}\,.$$

A dispetto dell'apparenza semplice, le variabili di Bernoulli sono l'ingrediente fondamentale di molti modelli probabilistici, anche piuttosto complessi. Ad esempio, n prove ripetute e indipendenti con probabilità di successo p sono descritte in modo naturale da n variabili aleatorie indipendenti $X_1, \ldots, X_n$ con distribuzioni marginali $X_i \sim \mathrm{Be}(p)$, come abbiamo mostrato nel Paragrafo 3.2.3.

Osservazione 3.120 Ogni variabile aleatoria X di Bernoulli è quasi certamente uguale a una variabile aleatoria indicatrice. Infatti, se definiamo l'evento $C := \{X = 1\}$, si ha che X è quasi certamente uguale a $\mathbb{1}_C$:

$$X(\omega) = \mathbb{1}_C(\omega) \quad \text{per ogni } \omega \in \Omega \text{ per cui } X(\omega) \in \{0,1\}\,. \tag{3.87}$$

Ritroviamo in questo modo i risultati visti negli Esempi 3.17 e 3.45. □

3.5.3 Binomiale

Dati $n \in \mathbb{N}$ e $p \in [0,1]$, diremo che una variabile aleatoria X è *binomiale di parametri n e p*, e scriveremo $X \sim \mathrm{Bin}(n,p)$, se X ha densità discreta data da

$$\mathrm{p}_X(k) = \mathrm{p}_{\mathrm{Bin}(n,p)}(k) := \binom{n}{k} p^k\,(1-p)^{n-k}\,\mathbb{1}_{\{0,\ldots,n\}}(k) \tag{3.88}$$

(si veda la Figura 3.2). Si noti che $X(\Omega) = \{0,1,\ldots,n\}$. Nel caso $n = 1$ ritroviamo le variabili di Bernoulli: $\mathrm{Bin}(1,p) = \mathrm{Be}(p)$.

L'espressione nel membro destro di (3.88) è familiare: come abbiamo mostrato nel Paragrafo 1.3.4, essa coincide con la probabilità che in n prove ripetute e indipendenti con probabilità di successo p si abbiano esattamente k successi (si ricordino le formule (1.66) e (1.68)). Questa osservazione è alla base della seguente fondamentale caratterizzazione.

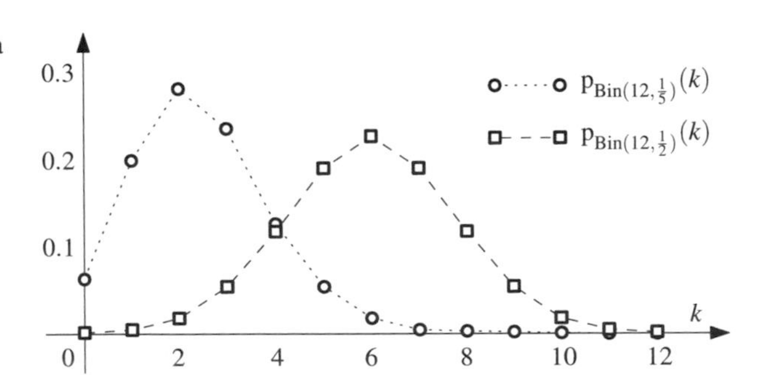

Figura 3.2 Densità discreta di una variabile aleatoria $\mathrm{Bin}(n,p)$ con $n = 12$, per $p = \frac{1}{5}$ e $p = \frac{1}{2}$

Proposizione 3.121 (Somma di Bernoulli indipendenti)
Siano $X_1, \dots, X_n$ *variabili aleatorie* $\mathrm{Be}(p)$ indipendenti. *Allora* $X_1 + \ldots + X_n \sim \mathrm{Bin}(n, p)$.

Dimostrazione Sia (Ω, P) lo spazio di probabilità su cui sono definite le variabili aleatorie $X_1, \dots, X_n$. Ponendo $C_i := \{X_i = 1\} \subseteq \Omega$ e ricordando il Paragrafo 3.2.3, gli eventi $C_1, \dots, C_n$ sono indipendenti e hanno la stessa probabilità $\mathrm{P}(C_i) = p$, ossia sono n prove ripetute e indipendenti con probabilità di successo p.

Abbiamo già osservato in (3.87) che $X_i = \mathbb{1}_{C_i}$ quasi certamente. Di conseguenza, la somma $X_1 + \ldots + X_n$ coincide quasi certamente con $S := \mathbb{1}_{C_1} + \ldots + \mathbb{1}_{C_n}$, il numero di successi nelle n prove (si ricordi l'Esempio 3.4). Sappiamo che $S \sim \mathrm{Bin}(n, p)$ (si veda la relazione (3.14)). Per la Proposizione 3.10, le variabili aleatorie $X_1 + \ldots + X_n$ e S hanno la stessa densità discreta, quindi anche $X_1 + \ldots + X_n \sim \mathrm{Bin}(n, p)$.

In alternativa, si può mostrare che $X_1 + \ldots + X_n \sim \mathrm{Bin}(n, p)$ con un calcolo diretto:

$$\mathrm{P}(X_1 + \ldots + X_n = k) = \sum_{I \subseteq \{1,\dots,n\}:\ |I|=k} \mathrm{P}(X_i = 1 \text{ per ogni } i \in I,\ X_j = 0 \text{ per ogni } j \notin I)\,.$$

Per l'indipendenza delle variabili aleatorie $X_1, \dots, X_n$ possiamo fattorizzare

$$\mathrm{P}(X_i = 1 \text{ per ogni } i \in I,\ X_j = 0 \text{ per ogni } j \notin I) = \prod_{i \in I} \mathrm{P}(X_i = 1) \cdot \prod_{j \in \{1,\dots n\} \setminus I} \mathrm{P}(X_j = 0)\,.$$

Dato che $\mathrm{P}(X_i = 1) = p$ e $\mathrm{P}(X_j = 0) = 1 - p$, il membro destro vale $p^{|I|}(1-p)^{n-|I|}$, quindi

$$\begin{aligned}\mathrm{P}(X_1 + \ldots + X_n = k) &= \sum_{I \subseteq \{1,\dots,n\}:\ |I|=k} p^{|I|}(1-p)^{n-|I|} \\ &= \#\big\{I \subseteq \{1, \dots, n\} :\ |I| = k\big\} \cdot p^k (1-p)^{n-k}\,.\end{aligned}$$

Dato che in un insieme di n elementi ci sono $\binom{n}{k}$ sottoinsiemi (combinazioni) di k elementi, otteniamo $\mathrm{P}(X_1 + \ldots + X_n = k) = \binom{n}{k} p^k (1-p)^{n-k}$ per $k \in \{0, \dots, n\}$, ossia $X_1 + \ldots + X_n \sim \mathrm{Bin}(n, p)$. □

Per calcolare media, varianza e funzione generatrice dei momenti di una variabile binomiale, è istruttivo sfruttare la Proposizione 3.121. Siano infatti $X_1, \dots, X_n$ variabili aleatorie indipendenti con $X_i \sim \mathrm{Be}(p)$. Allora $X := X_1 + \ldots + X_n \sim \mathrm{Bin}(n, p)$ e, per la linearità del valore atteso,

$$\mathrm{E}(X) = \mathrm{E}(X_1 + \cdots + X_n) = np\,.$$

Analogamente, dato che le variabili X_i sono indipendenti, usando il Corollario 3.75

$$\mathrm{Var}(X) = \sum_{i=1}^{n} \mathrm{Var}(X_i) = np(1-p)\,.$$

Infine, per la funzione generatrice dei momenti, ricordando la Proposizione 3.112

$$\mathrm{M}_X(t) = \mathrm{E}(\mathrm{e}^{tX}) = \left(\mathrm{E}(\mathrm{e}^{tX_1})\right)^n = \left(\mathrm{M}_{X_1}(t)\right)^n = \left(p\mathrm{e}^t + (1-p)\right)^n .$$

In alternativa, sono possibili calcoli diretti: usando l'espressione (3.88) della densità discreta e la definizione (3.28) di valore medio, si ottiene

$$\begin{aligned}\mathrm{E}(X) &= \sum_{k=0}^{n} k\, \mathrm{p}_X(k) = \sum_{k=0}^{n} k \binom{n}{k} p^k (1-p)^{n-k} = np \sum_{k=1}^{n} \binom{n-1}{k-1} p^{k-1}(1-p)^{n-k} \\ &= np \sum_{\ell=0}^{n-1} \binom{n-1}{\ell} p^{\ell}(1-p)^{(n-1)-\ell} = np \sum_{\ell=0}^{n-1} \mathrm{p}_{\mathrm{Bin}(n-1,p)}(\ell) = np .\end{aligned}$$

Si possono calcolare analogamente $\mathrm{Var}(X)$ e $\mathrm{M}_X(t)$, applicando la formula di trasferimento (3.31) (si vedano gli Esercizi 3.29 e 3.30).

Una proprietà rilevante delle variabili aleatorie binomiali è la seguente.

Proposizione 3.122 (Somma di binomiali indipendenti)
Siano $X \sim \mathrm{Bin}(n, p)$ *e* $Y \sim \mathrm{Bin}(m, p)$ *variabili aleatorie* indipendenti. *Allora* $X + Y \sim \mathrm{Bin}(n + m, p)$.

Dimostrazione Siano $X_1, X_2, \ldots, X_n, X_{n+1}, \ldots, X_{n+m}$ variabili aleatorie indipendenti, con $X_i \sim \mathrm{Be}(p)$, definite su un opportuno spazio di probabilità discreto.[7] Le variabili aleatorie $X' := X_1 + \cdots + X_n$ e $Y' := X_{n+1} + \cdots + X_{n+m}$ sono indipendenti, per il Corollario 3.40, con $X' \sim \mathrm{Bin}(n, p)$ e $Y' \sim \mathrm{Bin}(m, p)$, per la Proposizione 3.121. D'altro canto $X' + Y' = X_1 + \ldots + X_n + X_{n+1} + \ldots X_{n+m} \sim \mathrm{Bin}(n + m, p)$, sempre per la Proposizione 3.121. Abbiamo dunque dimostrato la proposizione per le variabili aleatorie X' e Y', che abbiamo costruito "ad hoc".

Mostriamo che la conclusione vale per qualsiasi coppia di variabili aleatorie indipendenti $X \sim \mathrm{Bin}(n, p)$ e $Y \sim \mathrm{Bin}(m, p)$. I vettori aleatori bidimensionali (X, Y) e (X', Y') *hanno la stessa distribuzione congiunta*, grazie alla Proposizione 3.32, perché hanno entrambi componenti indipendenti con le stesse distribuzioni marginali. Di conseguenza, per ogni funzione $f : \mathbb{R}^2 \to \mathbb{R}$, le variabili aleatorie reali $f((X, Y))$ e $f((X', Y'))$ hanno la stessa distribuzione, per la Proposizione 3.11. Scegliendo $f((x, y)) := x + y$, otteniamo che $S' := X' + Y'$ ha la stessa distribuzione di $S := X + Y$. Avendo già mostrato che $S' \sim \mathrm{Bin}(n + m, p)$, segue che anche $S \sim \mathrm{Bin}(n + m, p)$. □

Le variabili aleatorie binomiali compaiono in molti modelli basati su uno schema di prove ripetute e indipendenti, come nei problemi di "estrazioni con reimmissione di palline da un'urna" e di "inserimento di oggetti in cassetti", descritti a suo tempo negli Esempi 1.45 e 1.78 e rivisitati nell'Esempio 3.117. Riformuliamo i calcoli fatti allora con il linguaggio delle variabili aleatorie.

[7] Ad esempio, sullo spazio di probabilità canonico $(\Omega_{n+m}, \mathrm{P}_{n+m,p})$, costruito nel Paragrafo 1.3.4.

Esempio 3.123 Consideriamo un'urna contenente N palline, di cui M rosse e $N - M$ verdi. Effettuiamo n estrazioni con reimmissione e indichiamo con X il numero di palline rosse estratte. Allora $X \sim \mathrm{Bin}(n, \frac{M}{N})$, come abbiamo mostrato nella relazione (1.40). In effetti, le estrazioni costituiscono n prove ripetute e indipendenti, in cui la probabilità di successo (= estrarre una pallina rossa) vale $p = \frac{M}{N}$. □

Esempio 3.124 (Inserimento di oggetti in cassetti) Ci sono n oggetti distinti, ciascuno dei quali viene inserito casualmente in uno di r cassetti disponibili. Sia X la variabile aleatoria che conta il numero di oggetti che finiscono in un cassetto fissato (ad esempio, il primo). Allora $X \sim \mathrm{Bin}(n, \frac{1}{r})$, come abbiamo mostrato nell'Esempio 1.78, si veda l'equazione (□). In effetti, ciascun oggetto ha, indipendentemente dagli altri, una probabilità pari a $1/r$ di finire nel primo cassetto, e gli inserimenti degli n oggetti costituiscono n prove ripetute e indipendenti. □

Discutiamo infine un esempio dalle conclusioni a prima vista sorprendenti.

Esempio 3.125 Supponiamo di versare un bicchiere d'acqua nel mare e, un mese dopo, di ripescare un bicchiere d'acqua dal mare. Delle molecole d'acqua versate, ne ritrovo un numero aleatorio X nel bicchiere che ripesco. Quanto vale $\mathrm{E}(X)$?

Indichiamo con $M \in \mathbb{N}$ il numero di molecole d'acqua contenute in un bicchiere e con B il numero di "bicchieri d'acqua contenuti nel mare", ossia il rapporto tra il volume degli oceani e il volume di un bicchiere. Assumendo che le molecole versate nel mare si sparpaglino uniformemente, possiamo considerare il mare come un'urna contenente $N := M \cdot B$ molecole d'acqua, di cui M, quelle versate, sono "rosse". Ripescare un bicchiere d'acqua dal mare corrisponde a estrarre $n := M$ palline senza reimmissione da questa urna. Trattandosi di un'urna numerosa, possiamo supporre che l'estrazione avvenga con reimmissione, in quanto le differenze sono trascurabili (si ricordi l'Osservazione 1.47). La probabilità di estrarre una pallina rossa in una singola estrazione vale $p = M/N = 1/B$. Di conseguenza la variabile causale X, che conta il numero di palline rosse estratte dall'urna, ha distribuzione approssimativamente $\mathrm{Bin}(n, p) = \mathrm{Bin}(M, 1/B)$ e quindi $\mathrm{E}(X) \simeq np = M/B$.

Come vedremo nel Paragrafo 3.5.4, la distribuzione esatta di X, quando le estrazioni avvengano senza reimmissione, è detta ipergeometrica e il suo valore atteso vale *esattamente* $\mathrm{E}(X) = np$. Non abbiamo dunque commesso errori in questa approssimazione.

Restano solo da stimare i valori di M e B. Cominciamo da M. Una molecola d'acqua è composta da due atomi di idrogeno, ciascuno dei quali ha un solo protone e nessun neutrone, e da un atomo di ossigeno, che ha 8 protoni e 8 neutroni. Pertanto il peso molecolare dell'acqua è 18, ossia una mole di acqua pesa 18 grammi, e una mole contiene per definizione un numero di Avogadro di molecole, cioè all'incirca $6 \cdot 10^{23}$. Un bicchiere d'acqua di capienza (tipica) 200 millilitri contiene 200 grammi d'acqua. In definitiva, otteniamo $M \simeq (200/18) \cdot 6 \cdot 10^{23} \simeq 6 \cdot 10^{24}$.

Determiniamo ora B. Il raggio terrestre R è lungo circa 6000 chilometri. Gli oceani coprono un'area A pari all'incirca ai due terzi della superficie terrestre, cioè $A \simeq 2/3 \cdot 4\pi R^2 \simeq 300 \cdot (1000\,\mathrm{km})^2 \simeq 3 \cdot 10^8\,\mathrm{km}^2$. Assumendo una profondità media di 4 chilometri (in effetti è circa 3.8 km), il volume degli oceani è dunque pari a $1.2 \cdot 10^9\,\text{km}^3 = 1.2 \cdot 10^{24}\,\text{cm}^3$. Dato che il volume di un bicchiere è di $200\,\text{cm}^3$ (= millilitri), gli oceani contengono circa $B \simeq 1.2 \cdot 10^{24}/200 = 6 \cdot 10^{21}$ bicchieri d'acqua.

Mettendo insieme i vari pezzi, otteniamo che il bicchiere ripescato contiene in media $\mathrm{E}(X) = M/B \simeq 6 \cdot 10^{24}/(6 \cdot 10^{21}) \simeq 1000$ molecole di quelle originariamente versate, un risultato che può apparire sorprendente. La probabilità di non ripescare nessuna delle molecole originariamente versata è irrisoriamente piccola: infatti (esercizio) $\mathrm{P}(X = 0) \le (1-p)^M \le \mathrm{e}^{-M/B} \approx \mathrm{e}^{-1000} \approx 0$. □

3.5.4 Ipergeometrica

Nell'Esempio 3.123 abbiamo visto che, in uno schema di estrazioni con reimmissione di palline da un'urna, il numero di palline estratte di un determinato colore ha distribuzione binomiale. Trattiamo ora il caso di estrazioni *senza* reimmissione.

Dati $n, N \in \mathbb{N}$ e $M \in \mathbb{N}_0$ con $M \le N$ e $n \le N$, diremo che una variabile aleatoria X è *ipergeometrica con parametri* n, N, M, e scriveremo $X \sim \mathrm{Iper}(n, N, M)$, se X ha la stessa distribuzione del numero di palline rosse estratte in uno schema di n estrazioni senza reimmissione da un'urna che contiene N palline, di cui M rosse. Per quanto visto nell'Esempio 1.46, si ha $X \sim \mathrm{Iper}(n, N, M)$ se e solo se la densità discreta di X è data da

$$\mathrm{p}_X(k) = \mathrm{p}_{\mathrm{Iper}(n,N,M)}(k) := \frac{\binom{M}{k}\binom{N-M}{n-k}}{\binom{N}{n}} \mathbb{1}_{\{0,\ldots,n\}}(k),$$

dove poniamo per comodità $\binom{a}{b} := 0$ se $a \notin \{0, \ldots, b\}$. Otteniamo, in particolare, che $X(\Omega) = \{\max\{0, n-(N-M)\}, \ldots, \min\{n, M\}\} \subseteq \{0, \ldots, n\}$.

Come abbiamo già notato nell'Osservazione 1.47, nel caso di un'urna popolosa c'è poca differenza tra gli schemi di estrazioni con e senza reimmissione. Possiamo ora riformulare la relazione (1.42) mostrata a suo tempo in termini della convergenza della densità discreta della distribuzione ipergeometrica verso la densità discreta della distribuzione binomiale.

Proposizione 3.126 (Binomiale come limite dell'ipergeometrica)
Data una successione $(M_N)_{N \in \mathbb{N}}$ a valori in $\mathbb{N}_0$ tale che

$$\lim_{N \to \infty} \frac{M_N}{N} = p \in (0, 1),$$

per ogni $n \in \mathbb{N}$ e $k \in \{0, \ldots, n\}$ si ha

$$\lim_{N \to \infty} \mathrm{p}_{\mathrm{Iper}(n,N,M_N)}(k) = \mathrm{p}_{\mathrm{Bin}(n,p)}(k).$$

Tipicamente i calcoli diretti con la densità discreta della distribuzione ipergeometrica non sono molto agevoli. Un utile strumento alternativo consiste nell'esprimere una variabile ipergeometrica come funzione di variabili di Bernoulli (*non* indipendenti). Consideriamo infatti uno schema di n estrazioni senza reimmissione da un'urna che contiene N palline, di cui M rosse, e indichiamo con $X_1, \ldots, X_n$ le variabili aleatorie definite da $X_i := 1$ se viene pescata una pallina rossa all'i-esima estrazione, e $X_i := 0$ altrimenti. Allora la variabile aleatoria $X := X_1 + \ldots + X_n$ rappresenta il numero di palline rosse estratte, dunque $X \sim \mathrm{Iper}(n, N, M)$.

Le X_i sono variabili di Bernoulli (non indipendenti): $X_i \sim \mathrm{Be}(p_i)$. Il fatto interessante è che la quantità p_i, ossia la probabilità di estrarre una pallina rossa all'i-esima estrazione, vale M/N e, dunque, *non dipende da* i. Per convincersene, si ricordi l'Esempio 3.118: numerando le palline da 1 a N e indicando con U_i il numero dell'i-esima pallina estratta, si ha $U_i \sim \mathrm{Unif}\{1, \ldots, N\}$ per ogni i. Possiamo supporre che le palline rosse siano quelle numerate da 1 a M, pertanto $p_i = \mathrm{P}(U_i \in \{1, \ldots, M\}) = M/N$. Di conseguenza

$$\mathrm{E}(X) = \sum_{i=1}^{n} \mathrm{E}(X_i) = \sum_{i=1}^{n} p_i = np = n\frac{M}{N}.$$

La stessa rappresentazione $X = X_1 + \ldots + X_N$ permette di scrivere

$$\mathrm{Var}(X) = \sum_{i=1}^{n} \mathrm{Var}(X_i) + \sum_{i \neq j = 1}^{n} \mathrm{Cov}(X_i, X_j),$$

avendo usato la Proposizione 3.69. Si ha $\mathrm{Var}(X_i) = p_i(1 - p_i) = M(N - M)/N^2$, perché $X_i \sim \mathrm{Be}(p_i)$. Inoltre, per ogni $i \neq j$ si ha

$$\mathrm{Cov}(X_i, X_j) = \mathrm{E}(X_i X_j) - \mathrm{E}(X_i)\,\mathrm{E}(X_j) = \frac{M(M-1)}{N(N-1)} - \frac{M^2}{N^2} = -\frac{M(N-M)}{N^2(N-1)},$$

dove il calcolo di $\mathrm{E}(X_i X_j)$ è lasciato al lettore (si ricordi l'Esempio 3.118). Quindi

$$\mathrm{Var}(X) = n\frac{M(N-M)}{N^2} - n(n-1)\frac{M(N-M)}{N^2(N-1)} = \frac{n(N-n)M(N-M)}{N^2(N-1)}.$$

3.5.5 *Poisson*

In numerose situazioni concrete, ci si trova a considerare variabili aleatorie binomiali in cui i parametri sono tali che n è molto grande e p è molto piccolo. Si consideri ad esempio il numero di accessi, in una fissato intervallo di tempo, ad un certo servizio, come lo sportello di un ufficio pubblico, un pagina web, un centralino.... Sebbene vi sia un numero molto grande di utenti, diciamo n, che ha potenzialmente accesso a tale servizio, tipicamente un numero di utenti molto minore di n accede effettivamente al servizio nell'intervallo di tempo considerato. Un semplice modello matematico consiste nel supporre che ogni utente potenziale abbia una probabilità p molto piccola di accedere al servizio. Se assumiamo per semplicità che il valore di p sia uguale per tutti gli utenti, e che ogni utente si comporti in modo indipendente dagli altri, ci troviamo di fronte a uno schema di numerose prove ripetute e indipendenti: pertanto il numero X si utenti che effettivamente accede al servizio è una variabile aleatoria con distribuzione $\mathrm{Bin}(n, p)$, ossia, ricordando (3.88),

$$\mathrm{p}_X(k) = \mathrm{p}_{\mathrm{Bin}(n,p)}(k) = \binom{n}{k} p^k (1-p)^{n-k} \, \mathbb{1}_{\{0,\ldots,n\}}(k) \, .$$

Quando n è molto grande, calcoli espliciti con questa densità risultano pesanti, a causa della presenza dei coefficienti binomiali. È allora interessante analizzare il comportamento asintotico di $\mathrm{p}_{\mathrm{Bin}(n,p)}(k)$ quando $n \to +\infty$ e $p \to 0$. Per ottenere un comportamento non banale, è necessario che p "sia dell'ordine" di $1/n$. Per semplicità scegliamo $p = \frac{\lambda}{n}$, con $\lambda > 0$, ma il calcolo che segue vale nel caso più generale in cui $p = p_n$ con $\lim_{n \to +\infty} n p_n = \lambda > 0$. Si ha

$$\begin{aligned} \mathrm{p}_X(k) &= \frac{n!}{k!(n-k)!} \frac{\lambda^k}{n^k} \left(1 - \frac{\lambda}{n}\right)^{n-k} \\ &= \frac{\lambda^k}{k!} \frac{n(n-1)\cdots(n-k+1)}{n^k} \frac{1}{\left(1-\frac{\lambda}{n}\right)^k} \left(1 - \frac{\lambda}{n}\right)^n . \end{aligned}$$

Si osservi che, per ogni k *fissato*, $n(n-1)\cdots(n-k+1)$ è un polinomio di grado k nella variabile n, il cui termine dominante per $n \to \infty$ è precisamente n^k, pertanto

$$\lim_{n \to +\infty} \frac{n(n-1)\cdots(n-k+1)}{n^k} = 1 \, .$$

Dato che, sempre per k fissato,

$$\lim_{n \to +\infty} \left(1 - \frac{\lambda}{n}\right)^k = 1 \, , \qquad \lim_{n \to +\infty} \left(1 - \frac{\lambda}{n}\right)^n = \mathrm{e}^{-\lambda} \, ,$$

segue che

$$\lim_{n \to +\infty} \mathrm{p}_X(k) = \mathrm{e}^{-\lambda} \frac{\lambda^k}{k!} \, , \qquad \forall k \in \mathbb{N}_0 \text{ fissato} \, . \tag{3.89}$$

Abbiamo dunque mostrato che, nel limite $n \to \infty$ con $p = \lambda/n$, la densità discreta $\mathrm{p}_{\mathrm{Bin}(n,p)}(k)$ converge verso un'espressione esplicita, che risulta essere una densità discreta su $\mathbb{N}_0$, dal momento che, ricordando la serie esponenziale (0.6),

$$\sum_{n=0}^{\infty} \mathrm{e}^{-\lambda} \frac{\lambda^k}{k!} = \mathrm{e}^{-\lambda} \sum_{n=0}^{\infty} \frac{\lambda^k}{k!} = \mathrm{e}^{-\lambda} \mathrm{e}^{\lambda} = 1 \, .$$

Questo motiva l'introduzione di una nuova classe di variabili aleatorie.

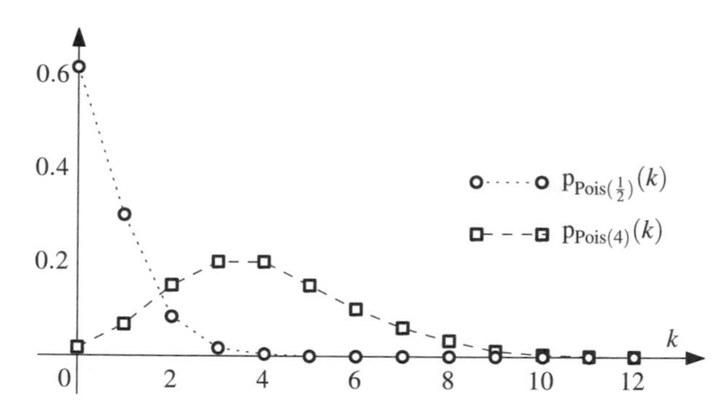

Figura 3.3 Densità discreta di una variabile aleatoria Pois(λ), per $\lambda = \frac{1}{2}$ e $\lambda = 4$

Dato $\lambda \in (0, \infty)$, diremo che una variabile aleatoria X è *Poisson di parametro* λ, e scriveremo $X \sim \mathrm{Pois}(\lambda)$, se la densità discreta di X è data da

$$p_X(k) = p_{\mathrm{Pois}(\lambda)}(k) = e^{-\lambda} \frac{\lambda^k}{k!} \mathbb{1}_{\mathbb{N}_0}(k), \tag{3.90}$$

per ogni $k \in \mathbb{N}_0$ (si veda la Figura 3.3). Si noti che $X(\Omega) = \mathbb{N}_0 = \{0, 1, \ldots\}$. Possiamo quindi riformulare la convergenza (3.89) nel modo seguente.

Proposizione 3.127 (Poisson come limite della binomiale)
Sia $(p_n)_{n \in \mathbb{N}}$ *una successione in* $(0, 1)$ *tale che* $p_n \sim \frac{\lambda}{n}$ *con* $\lambda \in (0, \infty)$ *(ossia* $\lim_{n\to\infty} n\, p_n = \lambda$*). Allora*

$$\lim_{n\to\infty} p_{\mathrm{Bin}(n, p_n)}(k) = p_{\mathrm{Pois}(\lambda)}(k), \qquad \forall k \in \mathbb{N}_0 .$$

Sulla base di questo risultato, detto talvolta *legge dei piccoli numeri*, le variabili di Poisson vengono comunemente usate per modellare, tra le altre, quantità del tipo "numero di accessi ad un servizio", per le ragioni descritte in precedenza. Nel Paragrafo 4.1 mostreremo che, anche rimuovendo l'ipotesi che tutti gli "utenti potenziali" del servizio abbiano la stessa probabilità di accesso, la distribuzione del numero di accessi è comunque "vicina" ad una distribuzione di Poisson, purché le probabilità di accesso dei singoli utenti siano sufficientemente piccole. Questo spiega l'importanza e l'efficacia delle variabili di Poisson.

Studiamo ora le proprietà delle variabili aleatorie di Poisson. È agevole calcolare la funzione generatrice dei momenti di $X \sim \mathrm{Pois}(\lambda)$:

$$M_X(t) = \sum_{k=0}^{\infty} e^{tk}\, p_X(k) = e^{-\lambda} \sum_{k=0}^{+\infty} \frac{(e^t \lambda)^k}{k!} = e^{-\lambda} e^{e^t \lambda} = e^{\lambda(e^t - 1)}, \qquad \forall t \in \mathbb{R} .$$

Ricordando il Teorema 3.110, segue che

$$M'_X(t) = \lambda e^t M_X(t), \qquad M''_X(t) = \lambda e^t \big[M_X(t) + M'_X(t)\big],$$

da cui si ricava $E(X) = M'_X(0) = \lambda$, $E(X^2) = M''_X(0) = \lambda + \lambda^2$ e in particolare

$$E(X) = \lambda, \qquad \mathrm{Var}(X) = \lambda.$$

Sottolineiamo che questi valori si possono calcolare direttamente a partire dalla densità discreta, applicando la formula di trasferimento (3.31) (si veda l'Esercizio 3.32).

Il risultato che ora illustriamo afferma che, analogamente a quanto accade per le binomiali (Proposizione 3.122), la somma di due variabili aleatorie di Poisson *indipendenti* è ancora una variabile aleatoria di Poisson.

Proposizione 3.128 (Somma di Poisson indipendenti)
Siano $X \sim \mathrm{Pois}(\lambda)$ *e* $Y \sim \mathrm{Pois}(\mu)$ *variabili aleatorie* indipendenti. *Allora* $X + Y \sim \mathrm{Pois}(\lambda + \mu)$.

Dimostrazione Ricordando la Proposizione 3.91, per ogni $n \in \mathbb{N}_0$ si ha

$$\begin{aligned} p_{X+Y}(n) = (p_X * p_Y)(n) &= \sum_{k \in \mathbb{R}} p_X(k)\, p_Y(n-k) = \sum_{k=0}^{n} e^{-\lambda} \frac{\lambda^k}{k!} e^{-\mu} \frac{\mu^{n-k}}{(n-k)!} \\ &= e^{-(\lambda+\mu)} \frac{1}{n!} \sum_{k=0}^{n} \binom{n}{k} \lambda^k \mu^{n-k} = e^{-(\lambda+\mu)} \frac{(\lambda+\mu)^n}{n!}, \end{aligned}$$

dove nell'ultima uguaglianza abbiamo applicato il binomio di Newton (1.39).

Una dimostrazione alternativa, basata sulla funzione generatrice, è presentata nell'Esercizio 3.33. □

Concludiamo discutendo un esempio interessante in cui le variabili di Poisson appaiono in modo naturale, seguito da una illustrazione concreta sorprendente.

Esempio 3.129 (Inserimento di oggetti in cassetti) Supponiamo di disporre casualmente n oggetti in r cassetti numerati. Si tratta del modello che abbiamo introdotto nell'Esempio 1.78 e poi ripreso negli Esempi 3.117 e 3.124, per il quale ci poniamo una nuova domanda. Fissiamo $k \in \mathbb{N}_0$ e consideriamo la variabile aleatoria

$$S := \text{“numero di cassetti che contengono esattamente } k \text{ oggetti”} = \sum_{i=1}^{r} \mathbb{1}_{C_i},$$

dove abbiamo introdotto gli eventi

$$C_i := \text{“il cassetto } i\text{-esimo contiene esattamente } k \text{ oggetti”}.$$

Gli eventi $C_1, \ldots, C_r$ *non* sono indipendenti, ma hanno tutti la stessa probabilità, ossia la probabilità che in un cassetto fissato finiscano esattamente k oggetti: come abbiamo ricordato nell'Esempio 3.124,

$$\mathrm{P}(C_i) = \mathrm{p}_{\mathrm{Bin}(n,1/r)}(k).$$

Per linearità del valore medio, si ha dunque $\mathrm{E}(S) = r \cdot \mathrm{p}_{\mathrm{Bin}(n,1/r)}(k)$.

Consideriamo ora il caso interessante in cui $n, r \gg 1$ e $n/r \approx \lambda \in (0, \infty)$. Per la Proposizione 3.127, in questo regime si ha

$$\mathrm{E}(S) = r \cdot \mathrm{p}_{\mathrm{Bin}(n,1/r)}(k) \approx r \cdot \mathrm{p}_{\mathrm{Pois}(\lambda)}(k) = r \cdot \mathrm{e}^{-\lambda} \frac{\lambda^k}{k!}.$$

Si può inoltre mostrare che *valori di S "distanti" dal valore medio* $\mathrm{E}(S)$ *sono molto improbabili*. Formalizzeremo precisamente questa affermazione nel Paragrafo 7.1.5 (il lettore interessato può guardare già ora l'enunciato della Proposizione 7.17). Per il momento, ci accontentiamo della seguente descrizione qualitativa, ma efficace:

Disponendo casualmente n oggetti in r cassetti, con $n, r \gg 1$ e $\lambda := n/r$, il numero di cassetti che contengono esattamente k oggetti è con grande probabilità dell'ordine di $\simeq r \cdot \left(\mathrm{e}^{-\lambda} \frac{\lambda^k}{k!}\right)$.

I termini "oggetti" e "cassetti" possono essere adattati a svariate situazioni concrete, come mostra il prossimo esempio. □

Esempio 3.130 (Bombe su Londra) Durante la seconda guerra mondiale, la parte meridionale di Londra fu colpita da $n = 535$ bombe volanti V1. Per analizzare la distribuzione geografica dei punti di impatto, tale area è stata suddivisa in $r = 576$ regioni di pari superficie, registrando quante bombe sono cadute in ciascuna regione.

Se ciascuna delle n bombe fosse assegnata "a caso" a una delle r regioni, ci aspetteremmo che, per ogni valore di k, il numero di regioni contenenti esattamente k bombe, che chiameremo "frequenza attesa", sia all'incirca $\simeq r \cdot \left(\mathrm{e}^{-\lambda} \frac{\lambda^k}{k!}\right)$, dove $\lambda = n/r = \frac{535}{576} \simeq 0.929$. Riportiamo nella tabella seguente le frequenze attese accanto alle frequenze effettivamente osservate, per $k \in \{0, \ldots, 6\}$:

Bombe ricevute	0	1	2	3	4	5	6 o più
Frequenze osservate	229	211	93	35	7	1	0
Frequenze attese	227.5	211.3	98.2	30.4	7.1	1.3	0.2

Come si vede, l'accordo è (almeno qualitativamente) impressionante, suggerendo che per lo più le bombe fossero lanciate "casualmente" e non in modo mirato. □

3.5.6 Geometrica

Come abbiamo visto nell'Esempio 3.18 (riprendendo il Paragrafo 1.3.4), quando si eseguono n prove ripetute e indipendenti, in cui ciascuna prova ha probabilità di "successo" pari a p, la probabilità di ottenere il primo successo al tentativo k-esimo vale $p(1-p)^{k-1}$, per ogni $k \in \mathbb{N}$ con $k \le n$ (si veda la formula (3.14)). Dato che il valore di tale probabilità non dipende da n, è naturale rimuovere la restrizione $k \le n$ e considerare una variabile aleatoria che possa assumere ogni valore $k \in \mathbb{N}$, con probabilità $p(1-p)^{k-1}$. Si noti che, per la serie geometrica (0.5),

$$\sum_{k \in \mathbb{N}} p(1-p)^{k-1} = p \sum_{\ell=0}^{\infty} (1-p)^{\ell} = p \, \frac{1}{1-(1-p)} = 1 \,,$$

quindi $k \mapsto p(1-p)^{k-1}$ definisce effettivamente una densità discreta su $\mathbb{N}$.

Dunque, dato $p \in (0,1)$, diremo che una variabile aleatoria reale X è *geometrica di parametro* p, e scriveremo $X \sim \mathrm{Geo}(p)$, se la sua densità discreta è data da

$$\mathrm{p}_X(k) = \mathrm{p}_{\mathrm{Geo}(p)}(k) := p(1-p)^{k-1} \mathbb{1}_{\mathbb{N}}(k) \qquad (3.91)$$

per ogni $k \in \mathbb{N}$ (si veda la Figura 3.4). Sottolineiamo che $X(\Omega) = \mathbb{N} = \{1, 2, \ldots\}$.

Osservazione 3.131 Un modo più "elegante" per liberarsi della restrizione $k \le n$ consiste nel considerare una successione *infinita* di prove ripetute e indipendenti. Ricordando il Paragrafo 3.2.3, siano $(X_n)_{n \in \mathbb{N}}$ variabili aleatorie indipendenti $\mathrm{Be}(p)$, ossia $\mathrm{P}(X_n = 1) = 1$ e $\mathrm{P}(X_n = 0) = 1 - p$. Intuitivamente, $X_n = 1$ (risp. $X_n = 0$) significa che la n-esima prova ha avuto successo (risp. insuccesso). L'istante di primo successo è dato dalla variabile aleatoria $T : \Omega \to \mathbb{N} \cup \{+\infty\}$, definita da

$$T(\omega) := \min\{n \in \mathbb{N} : X_n(\omega) = 1\} \,, \qquad (3.92)$$

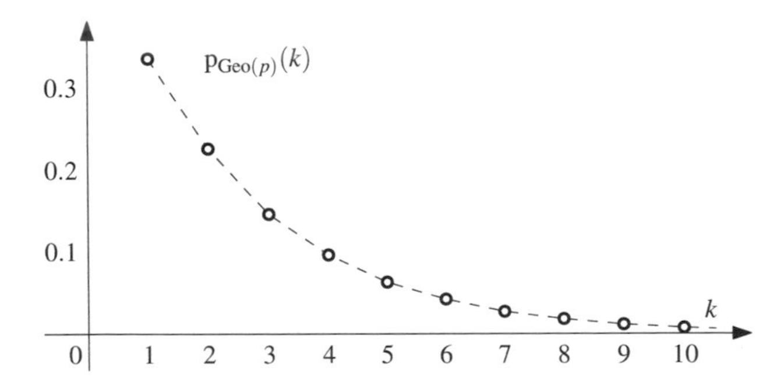

Figura 3.4 Densità discreta di una variabile aleatoria $\mathrm{Geo}(p)$, per $p = \frac{1}{3}$

con la convenzione $\min \emptyset := +\infty$. Si noti che vale l'uguaglianza di eventi

$$\{T = k\} = \{X_1 = 0, \ldots, X_{k-1} = 0, X_k = 1\}, \qquad \forall k \in \mathbb{N}, \tag{3.93}$$

dunque *l'evento* $\{T = k\}$ *dipende solo dalle prime k variabili aleatorie* $X_1, \ldots, X_k$. Di conseguenza, la sua probabilità coincide con quella già calcolata per un numero finito di prove ripetute e indipendenti. Più direttamente, per l'indipendenza delle X_n,

$$\mathrm{P}(T = k) = \mathrm{P}(X_1 = 0) \cdots \mathrm{P}(X_{k-1} = 0)\, \mathrm{P}(X_k = 1) = (1-p)^{k-1}\, p, \tag{3.94}$$

per ogni $k \in \mathbb{N}$. Questo mostra che $\mathrm{p}_T(\cdot) = \mathrm{p}_{\mathrm{Geo}(p)}(\cdot)$, ossia $T \sim \mathrm{Geo}(p)$. Sottolineiamo che $\mathrm{P}(T < +\infty) = \sum_{k \in \mathbb{N}} \mathrm{P}(T = k) = 1$ e dunque $\mathrm{P}(T = +\infty) = 0$.

In questa derivazione c'è un piccolo imbroglio: infatti, per l'Osservazione 3.41, la successione di variabili aleatorie $(X_n)_{n \in \mathbb{N}}$ *non può essere definita su uno spazio di probabilità discreto*. Tuttavia, anche in spazi di probabilità generali (che introdurremo nel Capitolo 5), la relazione (3.93) è sempre verificata, per definizione (3.92) di T, e di conseguenza il calcolo (3.94) continuerà a valere, perché esso si basa solo sul fatto che $X_1, \ldots, X_k$ siano variabili aleatorie $\mathrm{Be}(p)$ indipendenti. □

Osservazione 3.132 Talvolta è conveniente includere il caso $p = 1$: diremo che $X \sim \mathrm{Geo}(1)$ se $X = 1$ quasi certamente: $\mathrm{P}(X = 1) = 1$, o equivalentemente se la densità discreta di X è data da $\mathrm{p}_X(k) = \mathrm{p}_{\mathrm{Geo}(1)}(k) := \mathbb{1}_{\{1\}}(k)$. Questo è in accordo con la formula (3.91), con la convenzione $0^0 := 1$. Nel seguito, considereremo per lo più il caso "interessante" $p \in (0, 1)$. □

Osservazione 3.133 In diversi contesti risulta utile considerare variabili aleatorie che assumono valori in $\mathbb{N}_0 = \{0, 1, 2, \ldots\}$, ottenute da variabili geometriche sottraendo una unità, per esempio se contiamo il numero di insuccessi prima del primo successo. Indicheremo (la distribuzione di) tali variabili col simbolo $\mathrm{Geo}_0(p)$. Più precisamente, scriveremo che $Y \sim \mathrm{Geo}_0(p)$ se $Y + 1 \sim \mathrm{Geo}(p)$, ossia

$$Y \sim \mathrm{Geo}_0(p) \qquad \Longleftrightarrow \qquad \mathrm{p}_Y(k) = \mathrm{p}_{\mathrm{Geo}_0(p)}(k) = p(1-p)^k\, \mathbb{1}_{\mathbb{N}_0}(k). \tag{3.95}$$

Naturalmente i risultati che mostreremo per variabili $\mathrm{Geo}(p)$ possono essere facilmente tradotti per variabili $\mathrm{Geo}_0(p)$. Sottolineiamo che alcuni autori chiamano geometrica la distribuzione $\mathrm{Geo}_0(p)$ invece che $\mathrm{Geo}(p)$. □

Calcoliamo ora media e varianza di una variabile aleatoria geometrica. A questo scopo, determiniamo innanzitutto la sua funzione generatrice dei momenti:

$$\mathrm{M}_X(t) = \sum_{n=1}^{+\infty} \mathrm{e}^{tn}\, p(1-p)^{n-1} = p\mathrm{e}^t \sum_{\ell=0}^{+\infty} \big((1-p)\mathrm{e}^t\big)^{\ell}.$$

Quest'ultima è una serie geometrica di ragione $(1-p)e^t$:ricordando (0.5) si ha

$$\mathrm{M}_X(t) = \begin{cases} \dfrac{pe^t}{1-(1-p)e^t} = \dfrac{p}{e^{-t}-(1-p)} & \text{se } t < \log \frac{1}{1-p}, \\ +\infty & \text{se } t \geq \log \frac{1}{1-p}. \end{cases} \tag{3.96}$$

Dato che $\log \frac{1}{1-p} > 0$, la funzione $\mathrm{M}_X(t)$ è finita in un intorno di $t = 0$. Essendo

$$\mathrm{M}'_X(t) = \frac{pe^{-t}}{(e^{-t}-(1-p))^2} = \frac{p}{(e^{-t/2}-(1-p)e^{t/2})^2},$$

$$\mathrm{M}''_X(t) = \frac{pe^{-t/2}+p(1-p)e^{t/2}}{(e^{-t/2}-(1-p)e^{t/2})^3},$$

applicando il Teorema 3.110 si trova

$$\mathrm{E}(X) = \mathrm{M}'(0) = \frac{1}{p}, \qquad \mathrm{E}(X^2) = \mathrm{M}''(0) = \frac{(2-p)}{p^2}, \tag{3.97}$$

da cui segue che

$$\mathrm{Var}(X) = \mathrm{E}(X^2) - \mathrm{E}^2(X) = \frac{1-p}{p^2}. \tag{3.98}$$

Osservazione 3.134 Se $Y \sim \mathrm{Geo}_0(p)$, dato che $X := Y + 1 \sim \mathrm{Geo}(p)$ si ottengono le formule $\mathrm{E}(Y) = \mathrm{E}(X) - 1 = \frac{1-p}{p}$ e $\mathrm{Var}(Y) = \mathrm{Var}(X) = \frac{1-p}{p^2}$. □

Calcoliamo la probabilità che una variabile geometrica assuma valori strettamente maggiori di un determinato $n \in \mathbb{N}_0$:

$$\begin{aligned} \mathrm{P}(X > n) &= \sum_{k=n+1}^{+\infty} p(1-p)^{k-1} = (1-p)^n \sum_{\ell=1}^{+\infty} p(1-p)^{\ell-1} \\ &= (1-p)^n \sum_{\ell=1}^{+\infty} \mathrm{p}_{\mathrm{Geo}(p)}(\ell) = (1-p)^n, \end{aligned} \tag{3.99}$$

dunque la funzione di ripartizione di X è data da

$$F_X(n) = \mathrm{P}(X \leq n) = 1 - \mathrm{P}(X > n) = 1 - (1-p)^n, \qquad \forall n \in \mathbb{N}_0,$$

mentre $F_X(x) = F_X(\lfloor x \rfloor)$ per $x \in [0, \infty)$ e $F_X(x) = 0$ per $x \in (-\infty, 0)$. Grazie alla Proposizione 3.97, abbiamo anche un modo alternativo di calcolare $\mathrm{E}(X)$:

$$\mathrm{E}(X) = \sum_{n=0}^{\infty} \mathrm{P}(X > n) = \sum_{n=0}^{\infty} (1-p)^n = \frac{1}{1-(1-p)} = \frac{1}{p},$$

avendo usato la serie geometrica (0.5).

Le variabili aleatorie geometriche godono di una proprietà fondamentale, detta *assenza di memoria* (per ragioni che discutiamo a breve).

Proposizione 3.135 (Assenza di memoria)
Sia $X \sim \mathrm{Geo}(p)$. *Allora*

$$\mathrm{P}(X > n + m \mid X > n) = \mathrm{P}(X > m), \qquad \forall n, m \in \mathbb{N}_0. \tag{3.100}$$

Dimostrazione Anzitutto si osservi che, poiché $\{X > n + m\} \subseteq \{X > n\}$,

$$\mathrm{P}(X > n + m \mid X > n) = \frac{\mathrm{P}(X > n + m,\ X > n)}{\mathrm{P}(X > n)} = \frac{\mathrm{P}(X > n + m)}{\mathrm{P}(X > n)}.$$

Ricordando la formula (3.99) si ottiene

$$\mathrm{P}(X > n + m | X > n) = \frac{(1 - p)^{n+m}}{(1 - p)^n} = (1 - p)^m = \mathrm{P}(X > m),$$

come voluto. □

Osservazione 3.136 Supponiamo che X rappresenti il tempo che è necessario attendere per il verificarsi di un determinato fenomeno aleatorio. Per $n \in \mathbb{N}$, indichiamo con $\mathrm{P}^{(n)}(\cdot) := \mathrm{P}(\cdot | X > n)$ la probabilità condizionale rispetto all'evento $\{X > n\}$, ossia "il fenomeno non si è verificato entro l'istante n", e definiamo la variabile aleatoria $X^{(n)} := X - n$, che rappresenta il "tempo residuo" che è ancora necessario aspettare. Possiamo allora riscrivere la relazione (3.100) come $\mathrm{P}^{(n)}(X^{(n)} > m) = \mathrm{P}(X > m)$, per ogni $m \in \mathbb{N}_0$. Dalla relazione $\{X = k\} = \{X > k - 1\} \setminus \{X > k\}$, e da quella analoga per $X^{(n)}$, si deduce che, se $X \sim \mathrm{Geo}(p)$,

$$\mathrm{P}^{(n)}(X^{(n)} = k) = \mathrm{P}(X = k), \qquad \forall k \in \mathbb{N}.$$

Questo mostra che *la variabile aleatoria* $X^{(n)}$ *rispetto alla probabilità condizionale* $\mathrm{P}^{(n)} = \mathrm{P}(\cdot \mid X > n)$ *ha la stessa densità discreta, e dunque la stessa distribuzione, della variabile aleatoria originale* X, e questo per ogni $n \in \mathbb{N}_0$. In altri termini, sapere che il fenomeno non si è verificato entro l'istante n, non modifica la distribuzione del tempo residuo $X^{(n)} = X - n$. Questa proprietà, intuitivamente chiara pensando all'istante di primo successo in una successione di prove ripetute e indipendenti, spiega il termine *assenza di memoria* (si parla talvolta di distribuzione *senza invecchiamento*). □

In effetti, l'assenza di memoria è una proprietà che *caratterizza* le variabili aleatorie geometriche, come mostriamo ora.

Proposizione 3.137
Sia X *una variabile aleatoria a valori in* $\mathbb{N}$, *tale che la proprietà* (3.100) *è verificata. Allora* $X \sim \mathrm{Geo}(p)$, *con* $p := \mathrm{P}(X = 1)$.

Dimostrazione Posto $m = 1$ in (3.100), si ottiene

$$P(X > n + 1) = P(X > n)\, P(X > 1) ,$$

che, per induzione, implica

$$P(X > n) = P(X > 1)^n , \qquad \forall n \geq 1 .$$

Ma allora, osservando che $\{X = n\} = \{X > n - 1\} \setminus \{X > n\}$, per ogni $n \geq 2$ si ha

$$\begin{aligned} p_X(n) &= P(X = n) = P(X > n - 1) - P(X > n) = P(X > 1)^{n-1} - P(X > 1)^n \\ &= (1 - P(X > 1))\, P(X > 1)^{n-1} . \end{aligned}$$

Per ipotesi $P(X \geq 1) = 1$, perché X prende valori in $\mathbb{N} = \{1, 2, \ldots\}$, pertanto si ha $1 - P(X > 1) = P(X = 1)$. Ponendo $p := P(X = 1) = p_X(1) \in [0, 1]$, abbiamo dunque

$$p_X(n) = p\,(1 - p)^{n-1} , \qquad \forall n \geq 2 ,$$

e la stessa relazione vale, per definizione di p, anche per $n = 1$ (conveniamo che $0^0 := 1$). Osserviamo che $p \neq 0$, altrimenti si avrebbe $p_X(n) = 0$ per ogni $n \in \mathbb{N}$, il che è impossibile, dovendo essere $\sum_{n \in \mathbb{N}} p_X(n) = 1$. In definitiva, abbiamo mostrato che $p_X = p_{\mathrm{Geo}(p)}$, dunque $X \sim \mathrm{Geo}(p)$. □

Concludiamo determinando la distribuzione del massimo e minimo di variabili aleatorie geometriche indipendenti.

Esempio 3.138 Siano $X_1, \ldots, X_n \sim \mathrm{Geo}(p)$ variabili aleatorie indipendenti. Determiniamo la densità discreta di

$$Z := \max(X_1, \ldots, X_n) , \qquad W := \min(X_1, \ldots, X_n) .$$

Segue dalla formula (3.99) che la funzione di ripartizione di X_i è data da

$$F_{X_i}(k) = P(X_i \leq k) = 1 - P(X_i > k) = 1 - (1 - p)^k , \qquad \forall k \in \mathbb{N}_0 .$$

Ricordando la Proposizione 3.107, si ottengono le funzioni di ripartizione di Z e W:

$$F_Z(k) = \left[1 - (1 - p)^k\right]^n , \qquad F_W(k) = 1 - (1 - p)^{nk} , \qquad \forall k \in \mathbb{N}_0 .$$

Dato che $F_Z(k^-) = F_Z(k - 1)$ e $F_W(k^-) = F_W(k - 1)$, per ogni $k \in \mathbb{N}$ (le funzioni di ripartizione sono costanti a tratti), si ha, usando la Proposizione 3.95,

$$\begin{aligned} p_Z(k) &= F_Z(k) - F_Z(k - 1) = \left[1 - (1 - p)^k\right]^n - \left[1 - (1 - p)^{k-1}\right]^n , \\ p_W(k) &= F_W(k) - F_W(k - 1) = (1 - p)^{n(k-1)} - (1 - p)^{nk} . \end{aligned}$$

Si noti che quest'ultima espressione può essere riscritta come

$$p_W(k) = \left(1 - (1 - p)^n\right)(1 - p)^{n(k-1)} = q(1 - q)^{k-1} , \quad \text{con } q := 1 - (1 - p)^n ,$$

pertanto abbiamo mostrato che $W \sim \mathrm{Geo}(q) = \mathrm{Geo}(1 - (1 - p)^n)$. □

Esercizi

Esercizio 3.29 Sia $X \sim \text{Bin}(n, p)$. Con un calcolo diretto a partire dall'espressione (3.88) della densità discreta, si mostri che $\text{E}(X(X-1)) = n(n-1)p^2$. Ricordando che $\text{E}(X) = np$, si deduca quindi che $\text{Var}(X) = np(1-p)$.

[*Sugg.* Si applichi la formula (3.31) e si noti che $k(k-1)\binom{n}{k}p^k = p^2 \cdot \binom{n-2}{k-2}p^{k-2}$.]

Esercizio 3.30 Sia $X \sim \text{Bin}(n, p)$. Con un calcolo diretto a partire dall'espressione (3.88) della densità discreta, si mostri che $\text{M}_X(t) = (pe^t + (1-p))^n$. Applicando il Teorema 3.110, si deducano quindi i valori di $\text{E}(X)$ e $\text{E}(X^2)$, e si ricavi $\text{Var}(X)$.

[*Sugg.* Si applichi la formula (3.31) e si ricordi il binomio di Newton (1.39).]

Esercizio 3.31 Sia $\lambda > 0$ un parametro fissato. Per $n \geq 1$ sia X_n una variabile aleatoria con distribuzione $\text{Bin}(n, \frac{\lambda}{n})$. Calcolare la funzione generatrice G_{X_n} di X_n e mostrare che

$$\lim_{n\to\infty} \text{G}_{X_n}(s) = e^{\lambda(s-1)}, \qquad \forall s \in \mathbb{R}.$$

[*Sugg.* Si sfrutti il fatto che $\ln(1+u) = u + o(u)$ per $u \downarrow 0$.]

Esercizio 3.32 Sia $X \sim \text{Pois}(\lambda)$. Usando l'espressione (3.90) della densità discreta, si mostri che $\text{E}(X) = \lambda$ e $\text{E}(X(X-1)) = \lambda^2$. Si deduca quindi che $\text{Var}(X) = \lambda$.

Esercizio 3.33 Siano $X \sim \text{Pois}(\lambda)$, $Y \sim \text{Pois}(\mu)$ variabili aleatorie indipendenti.

(i) Calcolare le funzioni generatrici G_X e G_Y di X e Y.
(ii) Calcolare la funzione generatrice G_{X+Y} di $X+Y$. Dedurre, grazie alla Proposizione 3.114, che si ha $X+Y \sim \text{Pois}(\lambda+\mu)$.

Esercizio 3.34 Siano $X \sim \text{Pois}(\lambda)$, $Y \sim \text{Pois}(\mu)$ variabili aleatorie indipendenti. Per $n \geq 0$ fissato, si determini la distribuzione della variabile aleatoria X rispetto alla probabilità condizionata $\text{P}(\cdot \mid X+Y=n)$, cioè si determini la densità discreta $\text{q}(x) := \text{P}(X = x \mid X+Y=n)$, e la si riconosca come notevole.

Esercizio 3.35 Sia X una variabile aleatoria $\text{Geo}(p)$, con $p \in (0,1)$. Per $k \in \mathbb{N}$, si calcoli la probabilità che X sia un multiplo di k.

Esercizio 3.36 Siano X, Y variabili aleatorie indipendenti con distribuzione $\text{Geo}(p)$. Per $n \geq 2$ fissato, si determini la distribuzione della variabile aleatoria X rispetto alla probabilità condizionata $\text{P}(\cdot \mid X+Y=n)$cioè si determini la densità discreta $\text{q}(x) := \text{P}(X = x \mid X+Y=n)$, e la si riconosca come notevole.

3.6 Esercizi di riepilogo

Esercizio 3.37 Si sceglie "a caso" un campione di 5 oggetti da un lotto di 100 di cui 10 sono difettosi per effettuare un controllo di qualità. Sia X il numero di oggetti difettosi contenuti nel campione. Si determini la densità discreta di X.

Esercizio 3.38 Un gioco a premi ha un montepremi di 512 euro. Vengono poste ad un concorrente 10 domande. Ad ogni risposta errata il montepremi viene dimezzato. Alla prima risposta esatta il concorrente vince il montepremi rimasto. Se non si dà alcuna risposta esatta non si vince nulla. Un certo concorrente risponde esattamente a ciascuna domanda con probabilità $p \in (0, 1)$, indipendentemente dalle risposte alle altre domande. Sia X la vincita in euro di questo concorrente. Si determini la densità discreta p_X di X.

Esercizio 3.39 Le regole d'un gioco contro un casinò sono le seguenti. Il giocatore e il casinò lanciano entrambi, in modo indipendente, un dado regolare a 6 facce: sia X il risultato del giocatore e Y il risultato del casinò. Se il risultato del giocatore è strettamente più grande di quello del casinò, cioè $X > Y$, il giocatore vince la differenza tra i due risultati (in euro). Altrimenti, il giocatore perde 2 euro. Si denoti con W il guadagno (con segno) del giocatore. Si determini la densità discreta p_W di W e si calcoli quindi $\mathrm{E}(W)$.

Esercizio 3.40 Sia X una variabile aleatoria $\mathrm{Geo}(p)$, con $p \in (0, 1)$. Calcolare una mediana m di X. Per quali valori di p è unica? Si mostri che $\mathrm{E}(X) - m \to \infty$ per $p \to 0$.

Esercizio 3.41 Siano X_1, X_2 variabili aleatorie indipendenti con distribuzione uniforme discreta in $\{1, \dots, n\}$, dove $n \in \mathbb{N}$. Definiamo la variabile $Y := \min\{X_1, X_2\}$.

(i) Si calcoli $\mathrm{P}(Y = k)$ per ogni $k \in \mathbb{N}$.
(ii) Si mostri che, per ogni $t \in (0, 1)$, si ha che

$$\lim_{n \to \infty} \mathrm{P}(Y \leq tn) = 2t - t^2 .$$

Esercizio 3.42 Usando l'approssimazione di Poisson (Proposizione 3.127), si stimi la probabilità che tra 250 coppie scelte a caso nella popolazione, ce ne sia almeno una in cui i due membri della coppia compiono gli anni lo stesso giorno. In modo analogo, si stimi la probabilità che ci siano almeno due (e poi almeno tre) coppie in cui i due membri della coppia compiono gli anni lo stesso giorno.

Esercizio 3.43 Due mazzi di 40 carte sono costituiti ciascuno da 20 carte rosse e 20 nere. Si mescolano entrambi i mazzi, quindi si dispongono uno accanto all'altro. Cominciamo con lo scoprire la prima carta di entrambi i mazzi. Se entrambe sono rosse vinciamo un euro, altrimenti non vinciamo alcunché. Proseguiamo scoprendo le seconde carte dei due mazzi: se sono entrambe rosse vinciamo un altro euro, e così via. Sia X il numero di euro vinti dopo aver scoperto tutte le carte. Si calcoli la densità discreta di X. Si calcoli $E(X)$.

Esercizio 3.44 Un'urna contiene $n \geq 1$ palline bianche e 2 palline rosse. Si eseguono estrazioni ripetute *senza reimmissione*. Introduciamo la variabile aleatoria

$$X = \text{numero di palline bianche estratte prima di estrarre una pallina rossa},$$

la cui densità discreta verrà indicata con $p_X(k) = P(X = k)$.

(i) Si mostri che, per $k = 0, 1, \ldots, n$,

$$p_X(k) = \frac{2}{(n+2)(n+1)}(n - k + 1).$$

(ii) Si calcoli $E(X)$.

[*Sugg.* Si ricordi la formula (0.8).]

Esercizio 3.45 Sia X una variabile aleatoria a valori in $\mathbb{Z}$, con densità discreta

$$p_X(k) = c_q\, q^{|k|}, \qquad \text{per } k \in \mathbb{Z}$$

dove $q \in (0, 1)$ è un parametro e c_q una costante che dipende da q.

(i) Si determini il valore della costante c_q.
(ii) Si calcoli la funzione generatrice dei momenti di X.
(iii) Si calcoli $E(Y)$ e $\mathrm{Var}(Y)$.

Esercizio 3.46 Ricordiamo che, per una variabile aleatoria discreta X a valori in $\mathbb{Z}$, la funzione generatrice dei momenti si può esprimere nella forma

$$M_X(t) = \sum_{n \in \mathbb{Z}} e^{nt}\, p_X(n).$$

Determinare le densità discrete delle variabili aleatorie con le seguenti funzioni generatrici dei momenti.

(i) $M_X(t) = \frac{1}{4}(1 + e^t)^2$.
(ii) $M_X(t) = \frac{1}{2-e^t}$.
(iii) $M_X(t) = \cosh^2(t)$.
(iv) $M_X(t) = \sum_{k=0}^{+\infty} a_k \cosh(kt)$, dove per ogni k si ha $a_k \geq 0$ e $\sum_{k=0}^{+\infty} a_k = 1$.

Esercizio 3.47 Sia $\Omega_n := \{0, 1\}^n$, e

$$\Omega := \bigcup_{n=1}^{+\infty} \Omega_n.$$

In altre parole gli elementi di Ω sono sequenze binarie di lunghezza arbitraria, ma finita. Se $\omega \in \Omega$, l'unico $n \geq 1$ per cui $\omega \in \Omega_n$ si dice *lunghezza* di ω, e si denota con $\ell(\omega)$. Per ogni $\omega \in \Omega$, definiamo

$$\mathrm{p}(\omega) := 2^{-2\ell(\omega)}.$$

(i) Si mostri che p è una densità discreta su Ω (nel senso della Definizione 1.14). Pertanto, secondo la Proposizione 1.15, essa identifica una probabilità P.

(ii) Sullo spazio di probabilità (Ω, P) appena definito, si definisca per ogni $i \geq 1$ la variabile aleatoria

$$X_i(\omega) := \begin{cases} \omega_i & \text{se } i \leq \ell(\omega) \\ 0 & \text{altrimenti} \end{cases}$$

Si determini la distribuzione di X_i.

Esercizio 3.48 Un'urna contiene inizialmente una pallina nera, e inseriamo nell'urna delle palline bianche una dopo l'altra. Ad ogni turno $n = 1, 2, 3, \ldots$, l'urna contiene n palline bianche e una pallina nera: estraiamo quindi una pallina a caso, prendiamo nota del suo colore e la rimettiamo nell'urna. Supponiamo che le estrazioni durante i diversi turni siano effettuate in maniera indipendente. Sia T il numero del turno in cui estraiamo una pallina nera per la prima volta.

(i) Si mostri che per ogni $n \in \mathbb{N}_0$ si ha $\mathrm{P}(T > n) = \frac{1}{n+1}$. Dedurre che $\mathrm{P}(T = \infty) = 0$.

(ii) Si mostri che ogni $m \in [1, 2]$ è una mediana di T.

(iii) Si calcoli la densità discreta di T. Quanto vale $\mathrm{E}(T)$?

Esercizio 3.49 Sia $X \sim \mathrm{Geo}(p)$ e $Y \sim \mathrm{Geo}(q)$ due variabili aleatorie indipendenti, con $p, q \in (0, 1)$. Poniamo $Z = \min(X, Y)$. Si mostri che Z ha distribuzione geometrica e si determini il suo parametro.

Esercizio 3.50 Siano T, W variabili aleatorie indipendenti tali che $T \sim \mathrm{Be}(\frac{1}{2})$ e $W \sim \mathrm{Geo}(p)$, dove $p \in (0, 1)$ è un parametro fissato. Definiamo la variabile aleatoria

$$X := W\, \mathbb{1}_{\{T=0\}} + \frac{1}{W}\, \mathbb{1}_{\{T=1\}},$$

che può dunque assumere come valori i numeri naturali e i reciproci dei numeri naturali, ossia $X(\Omega) = \mathbb{N} \cup \{\frac{1}{n}\}_{n \in \mathbb{N}}$.

(i) Si determini la densità discreta di X.

(ii) Si mostri che la variabile aleatoria $Y := 1/X$ ha la stessa distribuzione di X.

(iii) Si calcoli $\mathrm{E}(X)$.

[*Sugg.* Si ricordi che $\sum_{n=1}^{\infty} \frac{1}{n} x^n = -\log(1-x)$ e $\sum_{n=1}^{\infty} n\, x^{n-1} = (1-x)^{-2}$, per $|x| < 1$.]

Esercizio 3.51 Da un mazzo di 50 carte numerate da 1 a 50, si estraggono a caso 3 carte. Introduciamo le seguenti variabili aleatorie:

$$X := \text{numero più basso estratto};$$
$$Z := \text{numero più alto estratto};$$
$$Y := \text{altro numero estratto}.$$

(i) Si determinino le distribuzioni marginali di X, Y e Z.
(ii) Si determini la distribuzione di (X, Y) e si mostri che $Y - X$ ha la stessa distribuzione di X.

Esercizio 3.52 Siano $n, m \geq 0$ e siano $X \sim \mathrm{U}(\{0, \ldots, n\})$ e $Y \sim \mathrm{U}(\{0, \ldots, m\})$ due variabili aleatorie indipendenti. Si determini la distribuzione di X condizionalmente all'evento $X + Y = m$, cioè si determini la densità discreta di X rispetto alla probabilità $\mathrm{P}(\cdot \mid X + Y = m)$.

[*Sugg.* Si distinguano i due casi $n \geq m$ e $n < m$.]

Esercizio 3.53 Sia Z una variabile aleatoria a valore in $\{0, \pi/2, \pi\}$ e di densità discreta

$$\mathrm{p}_Z(0) = \mathrm{p}_Z(\pi/2) = \mathrm{p}_Z(\pi) = \frac{1}{3}.$$

Poniamo $X := \cos(Z)$ e $Y := \sin(Z)$.

(i) Si mostri che le variabili aleatorie X e Y non sono indipendenti.
(ii) Si mostri che $\mathrm{E}(X) = 0$, e poi si mostri che $\mathrm{Cov}(X, Y) = 0$.

Esercizio 3.54 Sia $n \in \mathbb{N}, n \geq 3$ e indichiamo con S_n il gruppo delle permutazioni di $\{1, \ldots, n\}$, munito della probabilità P uniforme. Gli elementi di S_n saranno indicati con $\sigma = (\sigma(1), \ldots, \sigma(n))$. Introduciamo le variabili aleatorie reali X, Y definite da

$$X(\sigma) := \sigma(1), \qquad Y(\sigma) := \sigma(2).$$

(i) Si mostri che, per ogni $i, j \in \{1, 2, \ldots, n\}$, la densità congiunta di X e Y vale

$$\mathrm{p}_{X,Y}(i, j) = \begin{cases} \dfrac{1}{c_n} & \text{se } i \neq j, \\ 0 & \text{se } i = j, \end{cases}$$

dove c_n è un'opportuna costante che è richiesto di determinare.
(ii) Si determini la densità della variabile $D := Y - X$.

[*Sugg.* Basta calcolare $\mathrm{p}_D(m)$ per $m > 0$, poiché per simmetria $\mathrm{p}_D(-m) = \mathrm{p}_D(m)$.]

Siano ora Z, W due variabili aleatorie reali indipendenti, definite su uno spazio di probabilità $(\Omega, \widetilde{\mathrm{P}})$, con distribuzione uniforme discreta in $\{1, \ldots, n\}$, cioè tali che $\widetilde{\mathrm{P}}(Z = i) = \widetilde{\mathrm{P}}(W = i) = \frac{1}{n}$, per ogni $i \in \{1, \ldots, n\}$.

(iii) Si calcoli $\widetilde{\mathrm{P}}(Z \neq W)$.
(iv) Si mostri che $\widetilde{\mathrm{P}}(Z = i, W = j \mid Z \neq W) = \mathrm{p}_{X,Y}(i, j)$ per ogni $i, j \in \{1, 2, \ldots, n\}$. Ciò significa che il vettore aleatorio (Z, W), rispetto alla probabilità condizionale $\widetilde{\mathrm{P}}(\cdot \mid Z \neq W)$, ha la stessa distribuzione del vettore iniziale (X, Y).

Esercizio 3.55 Sia $\mathfrak{S}$ una variabile aleatoria a valori in $\bigcup_{n=1}^{\infty} S_n$ dove S_n è il gruppo delle permutazioni di $\{1, \ldots, n\}$. In altre parole, $\mathfrak{S}$ è una permutazione aleatoria la cui lunghezza n è aleatoria essa stessa. Supponiamo che la densità discreta di $\mathfrak{S}$ sia data da

$$\mathbb{P}(\mathfrak{S} = \sigma) = \frac{1}{\ell(\sigma)!}(1-p)^{\ell(\sigma)-1} p \,, \qquad \forall\, \sigma \in \bigcup_{n=1}^{\infty} S_n \,,$$

con $p \in (0, 1)$ e dove $\ell(\sigma)$ indica la lunghezza di σ, cioè l'intero n tale che $\sigma \in S_n$.

(i) Si verifichi che la formula precedente definisce una densità discreta.
(ii) Si determini la densità discreta $\ell(\mathfrak{S})$. Si determini la distribuzione di $\mathfrak{S}$ rispetto alla probabilità $\mathbb{P}(\cdot \mid \ell(\mathfrak{S}) = n)$.
(iii) Si calcoli la probabilità dell'evento $A =$ "$\mathfrak{S}$ non ha alcun punto fisso".

[*Sugg.* Abbiamo calcolato $\mathrm{P}(A \mid \ell(\mathfrak{S}) = n)$ nel Problema 2.4 del Paragrafo 2.1, si veda (2.3).]

Esercizio 3.56 Fissati $p \in (0, 1)$ e $n \geq 2$, siano $Z_1, \ldots, Z_n$ variabili aleatorie indipendenti a valori in $\{-1, 1\}$, con $\mathrm{P}(Z_i = 1) = p$ per ogni $i = 1, \ldots, n$. Definiamo

$$X := \prod_{i=1}^{n} Z_i = Z_1 \cdot Z_2 \cdots Z_n \,.$$

(i) Si determini $\mathrm{E}(X)$ e si deduca la distribuzione di X.

[*Sugg.* Che valori può assumere X?]

(ii) X è indipendente dal vettore aleatorio $(Z_1, \ldots, Z_n)$?
(iii) X è indipendente dal vettore aleatorio $(Z_2, \ldots, Z_n)$?

Esercizio 3.57 Siano X e Y due variabili aleatorie a valori in $\mathbb{N}_0$ aventi la seguente densità congiunta:

$$\mathrm{p}_{X,Y}(k, n) = \begin{cases} \binom{n}{k} p^k (1-p)^{n-k} e^{-\lambda} \dfrac{\lambda^n}{n!}\,, & \text{se } 0 \leq k \leq n \\ 0 & \text{altrimenti}\,, \end{cases}$$

dove $p \in (0, 1)$ e $\lambda > 0$ sono parametri fissati. Si determinino le densità marginali di X e Y e si calcoli $\mathrm{Cov}(X, Y)$.

Esercizio 3.58 Stefano lancia ripetutamente un dado regolare a sei facce. Indichiamo con X_k il risultato del k-esimo lancio, per $k \in \mathbb{N}$. Matteo sta a guardare gli esiti dei lanci, aspettando il primo istante T in cui esce un numero in $\{1, 2, 3, 4, 5\}$. Quando ciò accade, si appunta su un foglio il numero uscito $Y := X_T$.

(i) Per ogni $n \in \mathbb{N}$, si esprima l'evento $\{T = n\}$ in termini delle variabili aleatorie $X_1, \ldots, X_n$. Si deduca quindi la densità discreta di T e la si riconosca.
(ii) Per ogni $n \in \mathbb{N}$ e $a \in \{1, 2, 3, 4, 5\}$, si esprima l'evento $\{T = n, Y = a\}$ in termini delle variabili aleatorie $X_1, \ldots, X_n$. Si deduca quindi la densità discreta congiunta delle variabili aleatorie T e Y.
(iii) Si determini la distribuzione di Y. Le variabili T e Y sono indipendenti?

Esercizio 3.59 Sia Ω l'insieme dei sottoinsiemi non vuoti di $\{1, 2, \ldots, N\}$, dove $N \in \mathbb{N}$ con $N \geq 2$. In altre parole

$$\Omega := \{\omega \subseteq \{1, 2, \ldots, N\} : \omega \neq \emptyset\}.$$

Per $\omega \in \Omega$ sia $X(\omega) := \max(\omega)$ il massimo elemento di ω e $Y(\omega) := \min(\omega)$ il minimo elemento di ω. Infine, sia P la probabilità uniforme su Ω.

(i) Si mostri che, per $n \in \{1, 2, \ldots, N\}$,

$$\mathrm{P}(X = n) = \frac{2^{n-1}}{2^N - 1}.$$

(ii) Si calcoli la funzione generatrice dei momenti di X.
(iii) Si calcolino $\mathrm{E}(X)$ e $\mathrm{Var}(X)$ (più difficile). Si mostri che $\mathrm{Var}(X) \leq 2$.
(iv) Si determini la densità discreta congiunta di (X, Y).
(v) Si determini la densità discreta di $X - Y$.

Esercizio 3.60 Da un'urna contenente r palline rosse e v palline verdi si estraggono successivamente, senza reimmissione, k palline, con $k \leq \min(r, v)$. Sia

$$X_i := \begin{cases} 1 & \text{se l'}i\text{-ma pallina estratta è rossa}, \\ 0 & \text{altrimenti}, \end{cases} \qquad \text{per } i = 1, 2, \ldots, k,$$

e definiamo $X = X_1 + \cdots + X_k$, che rappresenta il numero di palline rosse estratte.

(i) Si determini la distribuzione di X.
(ii) Si determinino le distribuzioni delle X_i.
(iii) Si calcoli $\mathrm{E}(X)$.
(iv) Si mostri, per induzione su k, che la densità congiunta delle X_i è data da

$$\begin{aligned} &\mathrm{p}_{X_1,\ldots,X_k}(x_1, \ldots, x_k) \\ &= \frac{r(r-1)\cdots(r - \sum_{i=1}^k x_i + 1)v(v-1)\cdots(v - k + \sum_{i=1}^k x_i + 1)}{(r+v)(r+v-1)\cdots(r+v-k+1)}. \end{aligned}$$

Si osservi che, ponendo $s(x) := \sum_{i=1}^k x_i$, questa formula si riscrive

$$p_{X_1,\ldots,X_k}(x_1,\ldots,x_k) = \frac{\frac{r!}{(r-s(x))!}\,\frac{v!}{(v-k+s(x))!}}{\frac{(r+v)!}{(r+v-k)!}} = \frac{\binom{r}{s(x)}\binom{v}{k-s(x)}}{\binom{r+v}{k}\binom{k}{s(x)}}.$$

Esercizio 3.61 (Urna di Pólya) Un'urna contiene inizialmente una pallina bianca e una pallina nera. Ad ogni turno, una pallina viene estratta dell'urna; poi viene rimessa nell'urna con l'aggiunta di una pallina dello stesso colore. Osserviamo che dopo n estrazioni, ci sono $n+2$ palline nell'urna. Sia X_n il numero di palline bianche nell'urna dopo n estrazioni, che è una variabile aleatoria a valori in $\{1,\ldots,n+1\}$.

(i) Si determini la densità discreta di X_1.
(ii) Si mostri che per ogni $n \geq 1$, si ha per $k \in \{1,\ldots,n\}$

$$P(X_n = k+1 \mid X_{n-1} = k) = \frac{k}{n+1}, \quad P(X_n = k \mid X_{n-1} = k) = 1 - \frac{k}{n+1}.$$

(iii) Si deduca, per induzione su n, che $\mathbb{P}(X_n = k) = \frac{1}{n+1}$ per ogni $k \in \{1,\ldots,n+1\}$.

Esercizio 3.62 Un insetto depone un numero aleatorio $N \sim \mathrm{Pois}(\lambda)$ di uova. Ciascun uovo deposto si schiude con probabilità $p \in (0,1)$, indipendentemente dal numero di uova deposte e dal fatto che le altre si schiudano. Indichiamo con X il numero (aleatorio) di uova che si schiudono.

(i) Qual è il valore di $P(X = k \mid N = n)$, per $n \in \mathbb{N}_0$ e $k \in \mathbb{R}$?
(ii) Si determini la distribuzione di X.
(iii) Definiamo $Y = N - X$ il numero di uova che *non* si schiudono. Si determini la densità discreta congiunta di (X, Y), e si deduca che X e Y sono indipendenti.

Esercizio 3.63 Consideriamo una famiglia di urne, indicizzate dai numeri naturali incluso lo zero: l'urna k-esima, con $k \in \mathbb{N}_0 = \{0,1,2,\ldots\}$, contiene 1 pallina nera e k palline bianche. Katia pesca una pallina a caso dall'urna numero X, dove X è un numero casuale con distribuzione $\mathrm{Pois}(\lambda)$. Indichiamo con A l'evento "la pallina pescata da Katia è nera".

(i) Si determini $P(A \mid X = k)$, per ogni $k \in \mathbb{N}_0$. Si deduca che $P(A) = \frac{1-e^{-\lambda}}{\lambda}$.
(ii) Si determini $q(k) := P(X = k \mid A)$ per ogni $k \in \mathbb{N}_0$.
(iii) Si mostri che $q(\cdot)$ coincide con la densità discreta della variabile aleatoria $Y := X - 1$ rispetto alla probabilità $P(\cdot \mid X \geq 1)$.
(iv) Si calcoli $E(X \mid A)$, ossia il valore atteso di X rispetto alla probabilità $P(\cdot \mid A)$.

Esercizio 3.64 Fissiamo una variabile aleatoria X a valori in $\mathbb{N}_0$. Sia quindi Y una variabile aleatoria a valori in $\mathbb{N}_0$ tale che per ogni $k \in \mathbb{N}_0$ per cui $P(X = k) > 0$ si ha

$$P(Y = \ell \mid X = k) = \binom{k}{\ell} p^{\ell}(1-p)^{k-\ell}, \qquad \forall\, \ell \in \{0, \ldots, k\},$$

dove $p \in [0, 1]$. *Si dice che* Y *ha distribuzione* $\mathrm{Bin}(X, p)$.

(i) Si determini la densità discreta congiunta di (X, Y) in funzione della densità discreta p_X di X.
(ii) Si mostri che se $X \sim \mathrm{Bin}(n, q)$ con $n \in \mathbb{N}$, $q \in [0, 1]$, allora $Y \sim \mathrm{Bin}(n, pq)$.

Esercizio 3.65 Siano $(X_i)_{i\geq 1}$ delle variabili aleatorie indipendenti, con la stessa distribuzione $\mathrm{Geo}(p)$, con $p \in (0, 1)$. Per $k \in \mathbb{N}$, definiamo $T_k := X_1 + \cdots + X_k$.

(i) Si mostri che $|\{(n_1, \ldots, n_k) \in \mathbb{N}^k : \sum_{i=1}^k n_k = m\}| = \binom{m-1}{k-1}$ per ogni $k, m \in \mathbb{N}$ con $m \geq k$. Si deduca che la densità discreta di T_k è

$$p_{T_k}(m) = \binom{m-1}{k-1} p^k (1-p)^{m-k} \qquad \text{per } m \in \{k, k+1, \ldots\}.$$

(ii) Sia $Y \sim \mathrm{Geo}(q)$ con $q \in (0, 1)$, indipendente dalle $(X_i)_{i\geq 1}$. Indichiamo con $T_Y := X_1 + \cdots + X_Y$ la somma di un numero Y (aleatorio) di variabili aleatorie $(X_i)_{i\geq 1}$. Si determini la densità discreta congiunta di (Y, T_Y). Si deduca che T_Y ha una distribuzione geometrica di parametro pq.

Esercizio 3.66 Eseguiamo un test di un medicinale su n uomini e m donne. Supponiamo che l'efficacia del medicinale sia indipendente e identica per i diversi individui, in particolare che sia identica per gli uomini e le donne. Sia X_n il numero di uomini sui quali il medicinale è stato efficace e Y_n il numero di donne sulle quali il medicinale è stato efficace: per le ipotesi fatte, si ha che $X_n \sim \mathrm{Bin}(n, p)$ e $Y_m \sim \mathrm{Bin}(m, p)$ sono indipendenti, dove p è un parametro che indica l'efficacia del medicinale (che non conosciamo con certezza).

1. Usando la disuguaglianza di Chebyschev, si mostri che per ogni $\varepsilon > 0$ si ha

$$P\left(\left|\frac{Y_m}{m} - \frac{X_n}{n}\right| \geq \varepsilon\right) \leq \frac{(n+m)}{4mn\varepsilon^2}.$$

Si noti che la stima ottenuta non dipende dal valore di $p \in (0, 1)$.
2. Si fa una sperimentazione con $n = 15\,000$ uomini e $m = 20\,000$ donne, da cui emerge che il medicinale è efficace su 14 000 uomini e su 18 000 donne. Sulla base di questi dati, vi sembra ragionevole supporre che il medicinale abbia la stessa efficacia per gli uomini e le donne?

Esercizio 3.67 Dividiamo $2n$ persone, n uomini e n donne, in due gruppi di n persone, in modo casuale. Indichiamo con A_i l'evento "la i-esima donna è nel primo gruppo" e sia $X = \sum_{i=1}^{n} \mathbb{1}_{A_i}$ il numero di donne nel primo gruppo.

1. Si determini la distribuzione di X e si calcoli $\mathrm{E}(X)$.
2. Si mostri che $\mathrm{Cov}(\mathbb{1}_{A_i}, \mathbb{1}_{A_j}) = \frac{1}{4(2n-1)}$ per ogni $i \neq j$. Si deduca che $\mathrm{Var}(X) = \frac{n^2}{4(2n-1)}$.
3. Si mostri che per ogni $\varepsilon > 0$ si ha $\mathrm{P}(|X - \frac{n}{2}| > \varepsilon n) \leq \frac{1}{4\varepsilon^2(2n-1)}$.

Esercizio 3.68 Lanciamo ripetutamente freccette su un bersaglio. Otteniamo 5 punti se colpiamo il centro (che accade con probabilità $\frac{1}{6}$), 2 punti se colpiamo la zona intermedia (che accade con probabilità $\frac{1}{3}$), 1 punto se colpiamo la zona esterna (che accade con probabilità $\frac{1}{2}$). Indicando con X_i il punteggio ottenuto nell'i-esimo lancio, supponiamo che le $(X_i)_{i \geq 1}$ siano variabili aleatorie indipendenti (con la stessa distribuzione). Sia quindi $S_n := \sum_{i=1}^{n} X_i$ il punteggio ottenuto dopo n lanci.

(i) Si calcolino $\mathrm{E}(S_n)$ e $\mathrm{Var}(S_n)$.
(ii) Usando la disuguaglianza di Chebyschev, si mostri che per ogni $1 \leq j < N/2$ abbiamo

$$\mathrm{P}\left(S_j \geq N\right) \leq \frac{2j}{(N-2j)^2}.$$

Si deduca che, se lanciamo meno di 80 freccette, abbiamo una probabilità minore del 10% di ottenere un punteggio superiore a 200.

Esercizi più difficili

Esercizio 3.69 Francesca dispone di un lettore di musica che contiene n canzoni, numerate da 1 a n. Il lettore ha soltanto due pulsanti: *successivo*, che va dalla canzone i alla canzone $i+1$, e *aleatorio*, che sceglie una canzone a caso uniformemente in $\{1, \ldots, n\}$. Quando si accende il lettore, la canzone 1 comincia, ma Francesca vuole assolutamente ascoltare la canzone n. Usa la strategia seguente:

(1) fissa un numero $k \in \{1, \ldots, n\}$;
(2) preme il pulsante *aleatorio* fino a quando viene selezionata una canzone con numero maggiore o uguale a k;
(3) poi preme ripetutamente il pulsante *seguente*, fino ad arrivare alla canzone n.

Siano $Y_1, Y_2, \ldots$ variabili indipendenti con distribuzione uniforme discreta in $\{1, \ldots, n\}$, che descrivono le canzoni ottenute premendo successivamente il pulsante *aleatorio*. Denotiamo con $T_k := \min\{i \geq 1 : Y_i \in \{k, k+1, \ldots, n\}\}$ il primo tentativo in cui viene selezionata una canzone con numero maggiore o uguale a k, e con $W_k := Y_{T_k}$ il numero della canzone ottenuta in quel tentativo.

(i) Determinare le densità discrete congiunta e marginali di T_k e W_k. Le variabili T_k e W_k sono indipendenti?
(ii) Sia X_k il numero di passi necessari per arrivare alla canzone n con questa strategia. Esprimere X_k in funzione di T_k e W_k, quindi calcolare $\mathrm{E}(X_k)$.
(iii) Per quale valore k^* di k il valore medio $\mathrm{E}(X_k)$ è minimale? Quanto vale $\mathrm{E}(X_{k^*})$? Si determini il comportamento asintotico di k^* e di $\mathrm{E}(X_{k^*})$ quando $n \to \infty$.

Esercizio 3.70 Siano $(X_n)_{n\geq 1}$ variabili aleatorie indipendenti a valori in $\{-1, 1\}$, con la stessa distribuzione data da $\mathrm{P}(X_1 = +1) = \mathrm{P}(X_1 = -1) = 1/2$. Per $n \geq 1$, poniamo $S_n = X_1 + \cdots + X_n$.

(i) Sia $\lambda > 0$. Si mostri che $\mathrm{E}(\mathrm{e}^{\lambda S_n}) = \cosh(\lambda)^n$.
(ii) Si mostri che $\cosh(x) \leq \exp(\frac{1}{2}x^2)$ per ogni $x \in \mathbb{R}$. Si deduca quindi che $\mathrm{E}(\mathrm{e}^{\lambda S_n}) \leq \mathrm{e}^{\frac{1}{2}\lambda^2 n}$ per ogni $\lambda > 0$.

[*Sugg.* Si mostri che $g : x \mapsto \frac{1}{2}x^2 - \log\cosh(x)$ è convessa e soddisfa $g(0) = g'(0) = 0$.]

(iii) Si verifichi che per ogni $a > 0$ e $\lambda > 0$ si ha

$$\mathrm{P}(S_n \geq a) \leq \exp\Big(-\lambda a + \frac{1}{2}\lambda^2 n\Big).$$

Si concluda che per ogni $a > 0$, si ha $\mathrm{P}(S_n \geq a) \leq \mathrm{e}^{-\frac{a^2}{2n}}$.
(iv) Si mostri che $\mathrm{P}(S_n \leq -a) = \mathrm{P}(S_n \geq a)$ per ogni $a > 0$, e si deduca che per ogni $x > 0$ si ha $\mathrm{P}(|S_n| \geq x\sqrt{n}) \leq 2\mathrm{e}^{-\frac{1}{2}x^2}$.

Esercizio 3.71 Per $n \geq 2$, consideriamo una successione $(X_i)_{i\geq 1}$ di variabili aleatorie indipendenti, con distribuzione uniforme su $\{1, \ldots, n\}$. Poniamo

$$T_n := \inf\big\{i \geq 2 \colon X_i \in \{X_1, \ldots, X_{i-1}\}\big\}.$$

Si tratta di una riformulazione del problema dei compleanni (in quel caso $n = 365$): se formiamo un gruppo di persone aggiungendo una persona dopo l'altra, e se X_i indica il compleanno della i-esima persona, allora T_n rappresenta la taglia del gruppo al primo istante in cui troviamo due persone con lo stesso compleanno.

(i) Si mostri che per ogni $k \in \{2, \ldots, n\}$ si ha

$$\mathrm{P}(T_n > k) = \prod_{j=1}^{k-1} \Big(1 - \frac{j}{n}\Big).$$

(ii) Si mostri che $\mathrm{P}(T_n > k) < \mathrm{e}^{-\frac{k(k-1)}{2n}}$, per ogni $k \geq 2$. Dedurre che una mediana di T_n deve essere minore o uguale di $\tilde{m} := \lfloor \frac{1}{2}(1 + \sqrt{8n\log 2}\rfloor + 1$. Come possiamo interpretare questo risultato?

[*Sugg.* Si osservi che $1 + x < \mathrm{e}^x$ per ogni $x \in \mathbb{R}\setminus\{0\}$.]

(iii) Si mostri che $\lim_{n\to+\infty} \mathrm{P}(T_n > x\sqrt{n}) = \mathrm{e}^{-x^2/2}$, per ogni $x \geq 0$.

Esercizio 3.72 Consideriamo il seguente semplice modello per la propagazione di un epidemia. Al giorno n, sia Z_n il numero di persone contagiose. Ognuna di queste persone contagia un numero aleatorio di persone prima di essere guarito al giorno $n+1$: se X_i indica il numero di persone contagiate dalla persona i durante il giorno n, allora si a $Z_{n+1} = \sum_{i=1}^{Z_n} X_i$; per convenzione, se $Z_n = 0$ allora $Z_{n+1} = 0$.

(i) Supponiamo che $X_i \sim \mathrm{Geo}_0(1/2)$ (si veda l'Osservazione 3.133) siano variabili aleatorie indipendenti, e indipendenti da Z_n. Si mostri che per ogni $k \in \mathbb{N}_0$ si ha la relazione seguente tra la densità discreta di Z_{n+1} e quella di Z_n:

$$\mathrm{p}_{Z_{n+1}}(k) = \mathrm{p}_{Z_n}(0)\mathbb{1}_{\{0\}}(k) + \sum_{j=1}^{\infty} \mathrm{p}_{Z_n}(j) \binom{k+j-1}{j-1} 2^{-(k+j)} .$$

[*Sugg.* Si sfrutti la domanda (i) dell'Esercizio 3.65 (che si può applicare alle variabili aleatorie $X_i' := X_i + 1$, con distribuzione geometrica "standard" Geo(1/2)).]

(ii) Supponiamo che ci sia solo una persona contagiosa al giorno 0, cioè $Z_0 = 1$. Si mostri per induzione che la densità discreta di Z_n verifica

$$\mathrm{p}_{Z_n}(0) = q_n \quad \text{e} \quad \mathrm{p}_{Z_n}(k) = (1-q_n)^2 q_n^{k-1} \quad \text{per } k \geq 1 ,$$

dove q_n è determinato da $q_0 = 0$ e dalla relazione $q_{n+1} = \frac{1}{2-q_n}$ per $n \geq 0$.

[*Sugg.* Si può usare/dimostrare che $(1-x)^{-(k+1)} = \sum_{i=0}^{\infty} \binom{k+i}{i} x^i$ per ogni $x \in [0,1)$.]

(iii) Si determini la probabilità q_n che nessuno sia contagioso dopo n giorni.

(iv) Si determini la distribuzione e il valore medio di Z_n rispetto alle probabilità condizionale $\mathrm{P}(\cdot \mid Z_n > 0)$.

3.7 Note bibliografiche

Come nel Capitolo 1, anche il contenuto di questo capitolo è trattato in tutti i testi introduttivi di probabilità. Oltre ai riferimenti bibliografici già consigliati per il Capitolo 1, citiamo il testo di G. Grimmett e D. Stirzaker [39] contenente, tra l'altro, numerose applicazioni della funzione generatrice dei momenti.

La disuguaglianza (3.53) è un caso speciale, dovuto a Chebyschev, di un'importante disuguaglianza in meccanica statistica, detta FKG dal nome dei fisici matematici C.M. Fortuin, P.W. Kasteleyn e J. Ginibre [34].

L'Esempio 3.130, descritto nel libro di W. Feller [30], è tratto dall'articolo [19] di R.D. Clarke.

Capitolo 4
Variabili aleatorie discrete: esempi e applicazioni

Sommario In questo capitolo presentiamo in un certo dettaglio diversi modelli probabilistici significativi, la cui analisi coinvolge variabili aleatorie discrete. A partire dal Paragrafo 4.5, alcuni modelli sono definiti a partire da una successione *infinita* di variabili aleatorie indipendenti e con la stessa distribuzione.

Come nel Capitolo 2, anche in questo incontreremo argomenti più complessi rispetto al resto del libro. Ogni paragrafo può essere letto in modo indipendente, e la mancata lettura di uno o più di essi non è essenziale per la comprensione dei capitoli successivi.

Osservazione 4.1 Per definire alcuni dei modelli in questo capitolo useremo una successione *infinita* di variabili aleatorie indipendenti e con la stessa distribuzione (non concentrata in un punto). Come abbiamo spiegato nell'Osservazione 3.41, una tale successione non può essere costruita in uno spazio di probabilità discreto e richiede la nozione generale di spazio di probabilità, che introdurremo nel Capitolo 5.

Abbiamo deciso di usare questa formulazione, in anticipo rispetto alle nozioni teoriche, perché consente maggiore sintesi e, in ogni caso, comporta l'uso di strumenti di calcolo che restano sempre nell'ambito della probabilità discreta. Infatti, nei problemi che affronteremo, ci si potrà sempre ricondurre a eventi che dipendono solo da un numero finito di variabili aleatorie. □

4.1 Sulla legge dei piccoli numeri

In questo paragrafo ci proponiamo di migliorare la Proposizione 3.127, nota come *legge dei piccoli numeri*, in due direzioni:

- mostreremo che la densità di una variabile di Poisson è una buona approssimazione per la densità di una somma di variabili di Bernoulli indipendenti, anche nel caso in cui i parametri delle variabili di Bernoulli siano diversi, purché siano piccoli (in un senso preciso);

Q. Berger, F. Caravenna, P. Dai Pra, *Probabilità*, UNITEXT 127,
https://doi.org/10.1007/978-88-470-4006-9_4

- forniremo un risultato di approssimazione non solo nella forma di limite, ma dando una stima esplicita dell'errore per ogni fissato valore del numero di variabili di Bernoulli e dei rispettivi parametri.

Ricordiamo che una *densità discreta* su un insieme E è una funzione $\mathrm{p} : E \to [0,1]$ tale che $\sum_{x \in E} \mathrm{p}(x) = 1$. Definiamo una nozione di *distanza* fra densità discrete.

Ricordiamo che si dice *distanza su un insieme* V qualsiasi funzione $d(\cdot,\cdot) : V \times V \to [0,+\infty)$ che soddisfa le seguenti proprietà:

- $d(x,y) = 0$ se e solo se $x = y$;
- simmetria: $d(x,y) = d(y,x)$ per ogni $x, y \in V$;
- disuguaglianza triangolare: $d(x,y) \leq d(x,z) + d(z,y)$ per ogni $x, y, z \in V$.

Se V è uno spazio vettoriale reale e $\|\cdot\|$ è una norma su V (definita prima dell'Osservazione 3.61) allora la funzione $d(x,y) := \|y - x\|$ è una distanza, come si verifica facilmente.

Definizione 4.2
Siano p e q due densità discrete sullo stesso insieme E. Chiameremo *distanza in variazione totale* fra p e q la quantità

$$d(\mathrm{p},\mathrm{q}) := \frac{1}{2} \sum_{x \in E} |\,\mathrm{p}(x) - \mathrm{q}(x)|.$$

Non è difficile mostrare che $d(\cdot,\cdot)$ è effettivamente una distanza nell'insieme delle densità discrete su E. In particolare, soddisfa la disuguaglianza triangolare: $d(\mathrm{p},\mathrm{q}) \leq d(\mathrm{p},\mathrm{q}') + d(\mathrm{q}',\mathrm{q})$ per ogni scelta delle densità discrete $\mathrm{p}, \mathrm{q}, \mathrm{q}'$.

Illustreremo ora un metodo molto utile per fornire stime sulla distanza in variazione totale tra due densità discrete, noto come il *metodo dell'accoppiamento*. Accoppiare due densità p e q significa realizzare nello stesso spazio di probabilità due variabili aleatorie discrete X e Y le cui densità siano rispettivamente p e q.[1] Questo può essere fatto in molti modi diversi: ad esempio, si possono considerare due variabili aleatorie *indipendenti* di densità, rispettivamente, p e q. Questo modo semplice risulta, nella gran parte di casi, scarsamente efficace.

Il risultato che segue costituisce lo strumento fondamentale del metodo dell'accoppiamento.

Proposizione 4.3
Siano X e Y due variabili aleatorie discrete, definite nello stesso spazio di probabilità (Ω, P), e a valori in E. Allora

$$d(\mathrm{p}_X, \mathrm{p}_Y) \leq \mathrm{P}(X \neq Y). \tag{4.1}$$

[1] Notiamo che ciò è equivalente (perché?) a definire una densità congiunta di cui p e q siano le densità marginali.

Dimostrazione Osserviamo che

$$\begin{aligned} p_X(x) - p_Y(x) &= P(X = x) - P(Y = x) \leq P(X = x) - P(X = x, Y = x) \\ &= P(\{X = x\} \setminus \{X = x, Y = x\}) = P(X = x,\ Y \neq x). \end{aligned}$$

Analogamente $p_Y(x) - p_X(x) \leq P(Y = x,\ X \neq x)$, da cui segue che

$$|p_X(x) - p_Y(x)| \leq P(X = x,\ Y \neq x) + P(Y = x,\ X \neq x), \qquad \forall\, x \in E. \tag{4.2}$$

Inoltre, considerando il fatto che $(\{X = x\})_{x \in X(\Omega)}$ è una partizione numerabile di Ω, abbiamo che

$$\begin{aligned} P(X \neq Y) &= P\left(\bigcup_{x \in X(\Omega)} \{X \neq Y\} \cap \{X = x\} \right) \\ &= \sum_{x \in X(\Omega)} P(X \neq Y, X = x) = \sum_{x \in E} P(X = x,\ Y \neq x), \end{aligned}$$

dove l'ultima uguaglianza vale perché $P(X = x,\ Y \neq x) \leq P(X = x) = 0$ per ogni $x \in E \setminus X(\Omega)$. Per simmetria, si ha anche $P(X \neq Y) = \sum_{x \in E} P(Y = x,\ X \neq x)$, quindi

$$2\, P(X \neq Y) = \sum_{x \in E} [P(X = x,\ Y \neq x) + P(Y = x,\ X \neq x)]. \tag{4.3}$$

La conclusione segue dal confronto di (4.2) e (4.3). □

La Proposizione 4.3 è *ottimale*, nel senso seguente.

Proposizione 4.4 (Accoppiamento massimale)
Date due densità discrete p, p' *su un insieme* E*, esistono variabili aleatorie* X, Y *a valori in* E*, con densità discrete* $p_X = p$ *e* $p_Y = p'$*, tali che si ha l'uguaglianza in* (4.1)*:*

$$P(X \neq Y) = d(p_X, p_Y) = d(p, p'). \tag{4.4}$$

Dimostrazione Basta costruire una densità discreta q sullo spazio $E \times E$ tale che

$$\sum_{y \in E} q(x, y) = p(x), \qquad \sum_{x \in E} q(x, y) = p'(y), \qquad \sum_{x, y \in E:\, x \neq y} q(x, y) = d(p, p'). \tag{4.5}$$

Infatti, se consideriamo un vettore aleatorio (X, Y) a valori in $E \times E$ con densità discreta $p_{(X,Y)} = q$ — la cui esistenza è sempre garantita, si ricordi il Paragrafo 3.1.6 — le relazioni (4.5) implicano che X e Y sono variabili aleatorie con densità discrete $p_X = p$, $p_Y = p'$ e inoltre vale (4.4).

Costruiamo dunque q che soddisfa (4.5). Dati due numeri $a, b \geq 0$, se definiamo $a \wedge b := \min\{a, b\}$, vale la relazione $|a - b| = a + b - 2(a \wedge b)$ e dunque

$$d(\mathrm{p}, \mathrm{p}') = \frac{1}{2}\left\{\sum_{x \in E} \mathrm{p}(x) + \sum_{x \in E} \mathrm{p}'(x) - 2\sum_{x \in E} \mathrm{p}(x) \wedge \mathrm{p}'(x)\right\} = 1 - \sum_{x \in E} \mathrm{p}(x) \wedge \mathrm{p}'(x),$$

perché $\sum_{x \in E} \mathrm{p}(x) = \sum_{x \in E} \mathrm{p}'(x) = 1$. Di conseguenza possiamo definire

$$\alpha := \sum_{x \in E} \mathrm{p}(x) \wedge \mathrm{p}'(x) = 1 - d(\mathrm{p}, \mathrm{p}') \in [0, 1].$$

Se $\alpha = 1$ allora $d(\mathrm{p}, \mathrm{p}') = 0$, cioè $\mathrm{p}(x) = \mathrm{p}'(x)$ per ogni $x \in E$. Possiamo allora definire $\mathrm{q}(x, y) := \mathrm{p}(x)\mathbb{1}_{\{x=y\}}$ (cioè $\mathrm{q}(x, y) = \mathrm{p}(x)$ se $x = y$ e $\mathrm{q}(x, y) = 0$ se $x \neq y$) e le relazioni in (4.5) sono soddisfatte.

Se $\alpha = 0$ allora $d(\mathrm{p}, \mathrm{p}') = 1$, cioè $\mathrm{p}(x) \wedge \mathrm{p}'(x) = 0$ per ogni $x \in E$, ossia *non esiste alcun* $x \in E$ *per cui si abbia* $\mathrm{p}(x) \neq 0$ *e* $\mathrm{p}'(x) \neq 0$. Possiamo allora definire $\mathrm{q}(x, y) := \mathrm{p}(x)\,\mathrm{p}'(y)$ e si noti che per $x = y$ si ha $\mathrm{q}(x, y) = 0$. È facile verificare che le prime due relazioni in (4.5) sono soddisfatte, mentre per la terza notiamo che possiamo includere nella somma anche i termini con $x = y$, dal momento che $\mathrm{q}(x, y) = 0$, per ottenere $\sum_{x,y \in E} \mathrm{q}(x, y) = (\sum_x \mathrm{p}(x))(\sum_y \mathrm{p}'(y)) = 1 = d(\mathrm{p}, \mathrm{p}')$.

Infine, se $0 < \alpha < 1$, definiamo per $x \in E$

$$\delta(x) := \frac{\mathrm{p}(x) \wedge \mathrm{p}'(x)}{\alpha},$$

$$\widehat{\mathrm{p}}(x) := \frac{\mathrm{p}(x) - \mathrm{p}(x) \wedge \mathrm{p}'(x)}{1 - \alpha}, \qquad \widehat{\mathrm{p}}'(x) := \frac{\mathrm{p}'(x) - \mathrm{p}(x) \wedge \mathrm{p}'(x)}{1 - \alpha}.$$

È un esercizio verificare che $\delta, \widehat{\mathrm{p}}, \widehat{\mathrm{p}}'$ sono densità discrete su E. Osserviamo che

$$\forall x \in E: \qquad \widehat{\mathrm{p}}(x)\widehat{\mathrm{p}}'(x) = 0, \tag{4.6}$$

perché $a \wedge b = \min\{a, b\}$ coincide con a o con b (o con entrambi). Definiamo quindi

$$\mathrm{q}(x, y) := \alpha\,\delta(x)\,\mathbb{1}_{\{x=y\}} + (1 - \alpha)\widehat{\mathrm{p}}(x)\widehat{\mathrm{p}}'(y)\,\mathbb{1}_{\{x \neq y\}}, \tag{4.7}$$

ed è facile verificare, sfruttando (4.6), che q è una densità discreta su $E \times E$.

Dimostriamo (4.5). Dato che $\sum_{y \neq x} \widehat{\mathrm{p}}'(y) = 1 - \widehat{\mathrm{p}}'(x)$, perché $\widehat{\mathrm{p}}'$ è una densità discreta, applicando (4.6) si ottiene la prima relazione in (4.5):

$$\sum_{y \in E} \mathrm{q}(x, y) = \alpha\,\delta(x) + (1 - \alpha)\widehat{\mathrm{p}}(x)\,(1 - \widehat{\mathrm{p}}'(x)) = \alpha\,\delta(x) + (1 - \alpha)\widehat{\mathrm{p}}(x) = \mathrm{p}(x).$$

La seconda prima relazione in (4.5) è analoga. Per la terza relazione, ricordando che q è una densità discreta, possiamo scrivere

$$\sum_{x,y \in E:\, x \neq y} \mathrm{q}(x, y) = 1 - \sum_{x,y \in E:\, x = y} \mathrm{q}(x, y) = 1 - \sum_{x \in E} \alpha\,\delta(x) = 1 - \alpha = d(\mathrm{p}, \mathrm{p}'),$$

che conclude la dimostrazione. □

Vediamo ora l'applicazione della Proposizione 4.3 a due casi speciali.

Lemma 4.5
Siano $X \sim \mathrm{Be}(p)$ *e* $Y \sim \mathrm{Pois}(p)$. *Allora*

$$d(\mathrm{p}_X, \mathrm{p}_Y) \leq p^2.$$

Dimostrazione Per capire l'idea della dimostrazione, supponiamo che $p \ll 1$ sia piccolo e $Y \sim \text{Pois}(p)$. Poiché $\text{P}(Y = 0) = \text{e}^{-p} \simeq 1$, è abbastanza facile vedere che, posto $X := \mathbb{1}_{\{Y \geq 1\}}$, le densità di X e Y sono "vicine" in variazione totale (le variabili aleatorie X e Y sono definite sullo stesso spazio di probabilità, e quindi è possibile applicare la Proposizione 4.3). Si noti che $X \sim \text{Be}(1 - \text{e}^{-p})$ mentre, nell'enunciato del Lemma, compare $X \sim \text{Be}(p)$. Notiamo che per p piccolo si ha $1 - \text{e}^{-p} \simeq p$. Per eliminare la discrepanza, correggiamo come segue il precedente argomento.

Consideriamo una variabile aleatoria Z a valori in $\{-1, 0, 1, 2, \ldots\}$, con la seguente distribuzione:

$$\text{P}(Z = k) = \begin{cases} \text{e}^{-p} \frac{p^k}{k!} & \text{se } k \geq 1\,, \\ 1 - p & \text{se } k = 0\,, \\ \text{e}^{-p} - (1 - p) & \text{se } k = -1\,. \end{cases}$$

Essendo $\text{e}^{-p} \geq 1 - p$, si tratta di una buona definizione. Definiamo poi

$$X := \mathbb{1}_{\{Z \neq 0\}}\,, \qquad Y := Z\, \mathbb{1}_{\{Z \neq -1\}}\,.$$

Lasciamo al lettore la semplice verifica del fatto che $X \sim \text{Be}(p)$ e $Y \sim \text{Pois}(p)$. Inoltre, osservando che $\{X \neq Y\} = \{Z \notin \{0, 1\}\}$, per la Proposizione 4.3 e la disuguaglianza $\text{e}^{-p} \geq 1 - p$, abbiamo:

$$\begin{aligned} d(\text{p}_X, \text{p}_Y) &\leq \text{P}(Z \notin \{0, 1\}) = 1 - \text{P}(Z = 0) - \text{P}(Z = 1) \\ &= 1 - \text{e}^{-p} - p\text{e}^{-p} \leq 1 - (1 - p) - p(1 - p) = p^2\,, \end{aligned}$$

che completa la dimostrazione. □

Osservazione 4.6 Se nella dimostrazione del Lemma 4.5 avessimo usato l'accoppiamento "-banale" in cui $X \sim \text{Be}(p)$ e $Y \sim \text{Pois}(p)$ sono indipendenti, avremmo ottenuto $\text{P}(X \neq Y) = 1 - \text{P}(X = Y) = 1 - (1 - p)\text{e}^{-p} - p^2\text{e}^{-p}$. Ciò significa che $\text{P}(X \neq Y) \simeq 2p$ per p piccolo, e quindi $d(\text{p}_X, \text{p}_Y) \lesssim 2p$, grazie alla Proposizione 4.3. La stima del Lemma 4.5 è molto migliore, perché $p^2 \ll 2p$.

In generale, nel metodo di accoppiamento si cerca di definire X e Y in modo da massimizzare la probabilità che prendano gli stessi valori, così da minimizzare $\text{P}(X \neq Y)$: è quindi opportuno che le variabili aleatorie siano *tutt'altro che indipendenti*. □

Lemma 4.7
Siano $X \sim \text{Pois}(\lambda)$ *e* $Y \sim \text{Pois}(\mu)$. *Allora*

$$d(\text{p}_X, \text{p}_Y) \leq |\lambda - \mu|.$$

Dimostrazione Senza perdita di generalità, possiamo supporre che $\lambda > \mu$. Siano $(X, B_1, B_2, \ldots)$ variabili aleatorie indipendenti, definite su un opportuno spazio di probabilità Ω, con $X \sim \mathrm{Pois}(\lambda)$ e $B_i \sim \mathrm{Be}(\frac{\mu}{\lambda})$. Definiamo $Z_0 := 0$ e, per ogni $n \in \mathbb{N}$, poniamo $Z_n := B_1 + \ldots + B_n$. Si ha allora $Z_n \sim \mathrm{Bin}(n, \frac{\mu}{\lambda})$ per la Proposizione 3.121. Si noti inoltre che, per ogni $n \geq 1$ fissato, X e Z_n sono variabili aleatorie indipendenti (perché?). Sullo stesso spazio di probabilità Ω definiamo la variabile aleatoria Y ponendo

$$Y(\omega) := Z_{X(\omega)}(\omega), \qquad \forall \omega \in \Omega .$$

Cominciamo con il mostrare che $Y \sim \mathrm{Pois}(\mu)$. Per ogni $k \in \mathbb{N}_0$ vale l'uguaglianza di eventi $\{Y = k\} = \bigcup_{n \geq k} \{X = n, Z_n = k\}$, dove la restrizione $n \geq k$ è dovuta al fatto che, per costruzione, $Z_n \leq n$. Pertanto

$$\begin{aligned}
\mathrm{P}(Y = k) &= \mathrm{P}\Bigg(\bigcup_{n \geq k} \{X = n, Z_n = k\}\Bigg) = \sum_{n \geq k} \mathrm{P}(X = n, Z_n = k) \\
&= \sum_{n \geq k} \mathrm{P}(X = n)\, \mathrm{P}(Z_n = k) = \sum_{n \geq 1} \mathrm{e}^{-\lambda} \frac{\lambda^n}{n!} \binom{n}{k} \left(\frac{\mu}{\lambda}\right)^k \left(1 - \frac{\mu}{\lambda}\right)^{n-k} \\
&= \mathrm{e}^{-\lambda} \frac{\lambda^k}{k!} \left(\frac{\mu}{\lambda}\right)^k \sum_{n \geq k} \frac{\lambda^{n-k}}{(n-k)!} \left(1 - \frac{\mu}{\lambda}\right)^{n-k} = \mathrm{e}^{-\lambda} \frac{\mu^k}{k!} \mathrm{e}^{\lambda - \mu} = \mathrm{e}^{-\mu} \frac{\mu^n}{n!} .
\end{aligned}$$

Usando ora la Proposizione 4.3, notando che $\{X = Y\} = \bigcup_{n \geq 0} \{X = n, Y = n\} = \bigcup_{n \geq 0} \{X = n, Z_n = n\}$, per definizione di Y, si ha

$$\begin{aligned}
d(\mathrm{p}_X, \mathrm{p}_Y) &\leq 1 - \mathrm{P}(X = Y) = 1 - \mathrm{P}\Bigg(\bigcup_{n \geq 0} \{X = n, Z_n = n\}\Bigg) \\
&= 1 - \sum_{n \geq 0} \mathrm{P}(X = n)\, \mathrm{P}(Z_n = n) = 1 - \sum_{n \geq 0} \mathrm{e}^{-\lambda} \frac{\lambda^n}{n!} \left(\frac{\mu}{\lambda}\right)^n \\
&= 1 - \mathrm{e}^{-\lambda} \sum_{n \geq 0} \frac{\mu^n}{n!} = 1 - \mathrm{e}^{-(\lambda - \mu)} \leq \lambda - \mu ,
\end{aligned}$$

avendo usato il fatto che $1 - \mathrm{e}^{-x} \leq x$ per ogni $x \in \mathbb{R}$. □

Siamo ora in condizione di enunciare il principale risultato di questo paragrafo, noto come *disuguaglianza di Le Cam*.

Teorema 4.8
Siano $X_1, X_2, \ldots, X_n$ variabili aleatorie indipendenti tali che $X_i \sim \mathrm{Be}(q_i)$. Posto $S_n := X_1 + X_2 + \cdots + X_n$ e $W_n \sim \mathrm{Pois}(q_1 + q_2 + \cdots + q_n)$, si ha che

$$d(\mathrm{p}_{S_n}, \mathrm{p}_{W_n}) \leq \sum_{i=1}^{n} q_i^2 .$$

Prima di dimostrare il Teorema 4.8, mostriamo che esso costituisce un'estensione della Proposizione 3.127. Se $q_i \equiv p_n$ per ogni $i = 1, \ldots, n$, allora $S_n \sim \mathrm{Bin}(n, p_n)$, per la Proposizione 3.121, e $W_n \sim \mathrm{Pois}(np_n)$, perché $q_1 + q_2 + \cdots + q_n = np_n$. Supponiamo ora che $np_n \to \lambda \in (0, \infty)$ per $n \to \infty$, e poniamo $Y \sim \mathrm{Pois}(\lambda)$. Notando che $\sum_{i=1}^n q_i^2 = np_n^2$, segue dalla disuguaglianza triangolare e dal Lemma 4.7 che

$$d(\mathrm{p}_{S_n}, \mathrm{p}_Y) \le d(\mathrm{p}_{S_n}, \mathrm{p}_{W_n}) + d(\mathrm{p}_{W_n}, \mathrm{p}_Y) \le np_n^2 + |\lambda - np_n| \,.$$

Dato che $np_n^2 = (np_n)^2/n \sim \lambda^2/n \to 0$ per $n \to \infty$, abbiamo mostrato che

$$\lim_{n \to +\infty} d(\mathrm{p}_{S_n}, \mathrm{p}_Y) = 0. \tag{4.8}$$

Ovviamente la Proposizione 3.127 segue da (4.8), essendo

$$\left|\mathrm{p}_{S_n}(k) - \mathrm{p}_Y(k)\right| \le 2\, d(\mathrm{p}_{S_n}, \mathrm{p}_Y) \,, \qquad \forall k \in \mathbb{N}_0 \,.$$

Dimostrazione (del Teorema 4.8) Siano $Z_1, \ldots, Z_n$ variabili aleatorie indipendenti, con le seguenti distribuzioni marginali:

$$\mathrm{P}(Z_i = k) = \begin{cases} \mathrm{e}^{-q_i} \frac{q_i^k}{k!} & \text{se } k \ge 1 \\ 1 - q_i & \text{se } k = 0 \\ \mathrm{e}^{-q_i} - (1 - q_i) & \text{se } k = -1 \end{cases} .$$

Posto $X_i := \mathbb{1}_{\{Z_i \neq 0\}}$ e $Y_i := Z_i \mathbb{1}_{\{Z_i \neq -1\}}$, per $i = 1, \ldots, n$, abbiamo che

- $X_i \sim \mathrm{Be}(q_i)$, $Y_i \sim \mathrm{Pois}(q_i)$ e $\mathrm{P}(X_i \neq Y_i) \le q_i^2$, per ogni $i = 1, \ldots, n$, come abbiamo visto nella dimostrazione del Lemma 4.5;
- $X_1, \ldots, X_n$ sono variabili aleatorie indipendenti, per la Proposizione 3.39, e analogamente anche $Y_1, \ldots, Y_n$ sono variabili aleatorie indipendenti;
- $W_n := Y_1 + Y_2 + \cdots + Y_n \sim \mathrm{Pois}(q_1 + q_2 + \cdots + q_n)$, per la Proposizione 3.128.

Pertanto, se poniamo $S_n := X_1 + X_2 + \cdots + X_n$,

$$d(\mathrm{p}_{S_n}, \mathrm{p}_{W_n}) \le \mathrm{P}(S_n \neq W_n) \le \mathrm{P}\left(\bigcup_{i=1}^n \{X_i \neq Y_i\}\right) \le \sum_{i=1}^n \mathrm{P}(X_i \neq Y_i) \le \sum_{i=1}^n q_i^2,$$

e la dimostrazione è completa. □

4.2 Un'applicazione alla finanza: il modello binomiale

Consideriamo un mercato finanziario molto semplificato, in cui sia presente un unico titolo rischioso, ad esempio un'azione, e in cui non vi sia inflazione e non vi siano costi di transazione. Sia $X_0 > 0$ il valore odierno del titolo, che viene aggiornato quotidianamente. Indichiamo con $X_1, X_2, \ldots$ i valori del titolo nei giorni successivi, e assumeremo che $X_n > 0$ per ogni n.

Gli istituti finanziari, ad esempio le banche, offrono ai loro clienti le cosiddette *opzioni*. Un esempio è l'*opzione call europea*, che dà all'acquirente il diritto di acquistare dall'istituto finanziario al giorno T una unità del titolo ad un prezzo $f(X_T)$, dove $f : (0, \infty) \to \mathbb{R}$ è la funzione definita da

$$f(x) := \begin{cases} K & \text{se } x \geq K \\ x & \text{se } x < K \end{cases}, \tag{4.9}$$

dove K è un prezzo massimo prefissato. In questo modo il cliente "si assicura" contro il rischio di dover acquistare il titolo a un prezzo troppo elevato. I parametri dell'opzione T e K sono detti rispettivamente *scadenza* e *prezzo di esercizio*.

Analizziamo più in dettaglio l'opzione europea (4.9). Se il valore del titolo al giorno T è minore di K, non c'è nessun problema per l'istituto finanziario: esso acquisterà sul mercato un'unità del titolo, che rivenderà al cliente allo stesso prezzo. Se invece il valore del titolo al giorno T è maggiore di K, l'istituto finanziario sarà costretto a vendere al cliente al prezzo K un'unità del titolo il cui valore di mercato è $X_T > K$, rimettendoci dunque $(X_T - K)$. Possiamo quindi affermare che il *valore dell'opzione* alla scadenza (per il cliente) è dato dalla funzione

$$\pi(X_T) = X_T - f(X_T) = (X_T - K)^+ = \begin{cases} (X_T - K) & \text{se } X_T \geq K \\ 0 & \text{se } X_T < K \end{cases}. \tag{4.10}$$

Per una fissata scadenza T si possono considerare molteplici opzioni, corrispondenti a diverse scelte della funzione $\pi(\cdot)$. Nel seguito, ci prenderemo la libertà di considerare una arbitraria funzione *positiva* $\pi : (0, \infty) \to [0, \infty)$ e scriveremo per brevità "l'opzione π" invece di "l'opzione il cui valore è $\pi(X_T)$". Suggeriamo comunque di tenere a mente l'esempio (4.10).

Una delle domande fondamentali in finanza è: qual è il *giusto prezzo* V_0 a cui l'istituto dovrebbe vendere un'opzione π all'istante iniziale? La domanda può apparire vaga, ma un modo possibile per rispondere consiste nel considerare una *strategia di copertura*: l'istituto finanziario può cercare di investire il denaro V_0 al fine di produrre al giorno T un capitale esattamente uguale a $\pi(X_T)$, a prescindere da quale sia stata l'evoluzione del prezzo del titolo, "coprendo" in questo modo il valore dell'opzione. Non è affatto ovvio che ciò sia possibile! Tuttavia, nel caso in cui esista effettivamente una tale strategia di investimento, corrispondente ad un unico valore di V_0, tale valore può essere considerato il "prezzo giusto" dell'opzione.

Descriviamo più precisamente in che cosa consiste una strategia d'investimento. Supponiamo che al momento di vendita dell'opzione l'istituto finanziario utilizzi un capitale V_0 per attivare un *portafoglio*, di cui una parte investita in a_0 unità del titolo rischioso, la parte restante c_0 investita in un titolo non rischioso, cioè a tasso di rendimento costante. Per semplicità di calcolo assumiamo che tale tasso sia uguale a zero. In altre parole

$$V_0 = a_0 X_0 + c_0.$$

Il giorno successivo, essendo variato da X_0 a X_1 il prezzo del titolo rischioso, il capitale diventa

$$V_1 = a_0 X_1 + c_0 = V_0 + a_0(X_1 - X_0).$$

A questo punto l'istituto finanziario può modificare la porzione di capitale investita nel titolo rischioso, passando da a_0 ad a_1 unità possedute, con il rimanente $c_1 = V_1 - a_1 X_1$ mantenuta a rendimento costante. Dopo due giorni il capitale diventa:

$$V_2 = a_1 X_2 + c_1 = V_1 + a_1(X_2 - X_1) = V_0 + a_0(X_1 - X_0) + a_1(X_2 - X_1).$$

Iterando il procedimento, si ottiene che il capitale dopo n giorni è

$$V_n = V_0 + \sum_{i=0}^{n-1} a_i (X_{i+1} - X_i). \tag{4.11}$$

I coefficienti $a_0, a_1, \ldots, a_{T-1}$ rappresentano la strategia di investimento. Affinché si tratti di una strategia effettivamente implementabile, la scelta di a_n può dipendere dall'evoluzione del prezzo solo fino all'istante n, cioè $a_n = a_n(X_0, X_1, \ldots, X_n)$. Si parla in tal caso di una *strategia non-anticipativa*, dal momento che in ogni giorno la strategia si basa solo sull'informazione effettivamente disponibile, senza fare predizioni sull'evoluzione futura del titolo. Analogamente, il capitale iniziale $V_0 = V_0(X_0)$ può dipendere solo dal valore iniziale X_0 del titolo. Sottolineiamo che, assegnati il capitale iniziale V_0 e la strategia non-anticipativa $a_0, \ldots, a_{T-1}$, risulta determinato il capitale V_n per ogni giorno $n \leq T$, grazie alla relazione (4.11), e si ha $V_n = V_n(X_0, X_1, \ldots, X_n)$.

Osservazione 4.9 La scelta di a_i può essere tale che la quantità $c_i = V_i - a_i X_i$ di capitale investita nel titolo non rischioso sia *negativa*: ciò corrisponde semplicemente a prendere a prestito del denaro. In principio anche le quantità a_i possono essere negative, il che corrisponde a una "vendita allo scoperto" del titolo. □

Possiamo ora definire precisamente la nozione di strategia di copertura.

Definizione 4.10
Consideriamo un'opzione $\pi(\cdot) \geq 0$ di scadenza T. Per un dato capitale iniziale V_0, si dice *strategia di copertura* una strategia non-anticipativa $a_0, a_1, \dots, a_{T-1}$ tale che, *per qualunque evoluzione* $X_1, \dots, X_T$ *del prezzo*, si abbia

$$\begin{aligned} &V_n(X_0, X_1, \dots, X_n) \geq 0\,, \qquad \forall n \in \{0, \dots, T\}\,, \\ &V_T(X_0, X_1, \dots, X_T) = \pi(X_T)\,. \end{aligned} \tag{4.12}$$

Nel caso in cui vi sia un'unica scelta del capitale iniziale $V_0 = V_0(X_0)$ per cui esiste una strategia di copertura, diremo che la funzione $V_0(\cdot)$ è il *prezzo* dell'opzione.

Stabilire l'esistenza della strategia per la copertura dell'opzione costituisce un problema di grande rilevanza economica. Per poterlo affrontare, è necessario fare qualche assunzione sull'evoluzione del titolo X_n. Definiamo le quantità

$$R_n := \frac{X_n}{X_{n-1}}\,, \qquad \text{per } n = 1, 2, \dots, T\,, \tag{4.13}$$

che descrivono le variazioni *relative* del prezzo del titolo rispetto al giorno precedente. Faremo l'ipotesi (molto forte) che le quantità R_n *possano assumere esattamente due valori* c *e* C, *con* $0 < c < 1 < C$. Ciò significa che ogni giorno il prezzo del titolo può soltanto contrarsi di un fattore c, oppure dilatarsi di un fattore C. Si tratta naturalmente di un'assunzione poco realistica, che ha però il vantaggio di prestarsi ad una trattazione matematica elegante ed efficace. Inoltre, molti dei risultati che otterremo possono essere estesi a modelli di mercato più ricchi e interessanti. Si noti che, assumendo che $X_0 > 0$, segue che $X_n = R_n R_{n-1} \cdots R_1 X_0 > 0$ per ogni n.

Osservazione 4.11 Sarebbe naturale descrivere le quantità R_n in termini di variabili aleatorie, assegnandone un'opportuna distribuzione. Come vedremo, questa non gioca alcun ruolo nel nostro problema. □

Possiamo enunciare il risultato principale di questo paragrafo.

Teorema 4.12
Per ogni opzione $\pi(\cdot) \geq 0$ *di scadenza* T, *c'è un unico capitale iniziale* $V_0(\cdot)$ *per cui esiste una strategia di copertura* $a_0, \dots, a_{T-1}$, *ed essa è unica. In particolare,* $V_0(\cdot)$ *è il prezzo dell'opzione.*

Dimostrazione Fissiamo un capitale iniziale $V_0(\cdot)$ e consideriamo una strategia non-anticipativa $a_0, \ldots, a_{T-1}$. Noto il valore X_{T-1} del prezzo del titolo, il prezzo X_T del giorno successivo può assumere i due valori cX_{T-1} e CX_{T-1}. Ricordando (4.11), la strategia in esame copre l'opzione, ossia $\pi(X_T) = V_T$, se e solo se

$$\pi(X_T) = V_{T-1} + a_{T-1}(X_T - X_{T-1}),$$

sia nel caso $X_T = cX_{T-1}$ che nel caso $X_T = CX_{T-1}$. In altre parole, si deve avere

$$\begin{aligned} \pi(cX_{T-1}) &= V_{T-1} - a_{T-1}(1-c)X_{T-1} \\ \pi(CX_{T-1}) &= V_{T-1} + a_{T-1}(C-1)X_{T-1}, \end{aligned}$$

dalla quale si ricava

$$a_{T-1} = \frac{\pi(CX_{T-1}) - \pi(cX_{T-1})}{(C-c)X_{T-1}} \tag{4.14}$$

$$V_{T-1} = \frac{1-c}{C-c}\pi(CX_{T-1}) + \frac{C-1}{C-c}\pi(cX_{T-1}). \tag{4.15}$$

Dunque, il capitale V_{T-1} al giorno $T-1$ e la strategia a_{T-1} sono determinati in modo *univoco* dalla richiesta di copertura dell'opzione. Sottolineiamo tuttavia che V_{T-1} non è un "parametro libero" della strategia: esso è infatti determinato dai valori $V_0, a_0, \ldots, a_{T-2}$ tramite la relazione (4.11). Quindi, mentre la relazione (4.14) fornisce una definizione esplicita di a_{T-1} come funzione di X_{T-1}, la relazione (4.15) su V_{T-1} costituisce piuttosto un *vincolo implicito* su $V_0, a_0, \ldots, a_{T-2}$ (che, per il momento, non è ovvio che sia possibile soddisfare!).

A questo punto il procedimento si può iterare. Per coprire l'opzione è necessario che il capitale V_{T-1} al giorno $T-1$ soddisfi la relazione (4.15). Con un abuso di notazione, d'ora in avanti *indichiamo con $V_{T-1}(X_{T-1})$ la funzione esplicita di X_{T-1}* data dal membro destro in (4.15). Ragionando come sopra, grazie a (4.11), il capitale V_{T-2} e la strategia a_{T-2} devono soddisfare le relazioni

$$\begin{aligned} V_{T-1}(cX_{T-2}) &= V_{T-2} - a_{T-2}(1-c)X_{T-2} \\ V_{T-1}(CX_{T-2}) &= V_{T-2} + a_{T-2}(C-1)X_{T-2}, \end{aligned}$$

da cui si ottiene

$$a_{T-2} = \frac{V_{T-1}(CX_{T-2}) - V_{T-1}(cX_{T-2})}{(C-c)X_{T-2}} \tag{4.16}$$

$$V_{T-2} = \frac{1-c}{C-c}V_{T-1}(CX_{T-2}) + \frac{C-1}{C-c}V_{T-1}(cX_{T-2}). \tag{4.17}$$

Dunque imporre la relazione $V_T = \pi(X_T)$ equivale a richiedere che a_{T-1} e a_{T-2} siano dati rispettivamente dalle formule (4.14), (4.16) e il capitale V_{T-2} soddisfi la relazione (4.17) (che è una condizione implicita su $V_0, a_0, \ldots, a_{T-3}$); queste relazioni garantiscono inoltre che V_{T-1} soddisfi la relazione (4.15). D'ora in poi indicheremo con $V_{T-2}(X_{T-2})$ la funzione data dal membro destro di (4.17).

Iterando gli argomenti precedenti, concludiamo che una strategia è tale che $V_T = \pi(X_T)$ *se e solo se* per ogni $n \in \{0, 1, \ldots, T-1\}$ sono soddisfatte le seguenti relazioni ricorsive:

$$a_n(X_n) = \frac{V_{n+1}(CX_n) - V_{n+1}(cX_n)}{(C-c)X_n} \tag{4.18}$$

$$V_n(X_n) = \frac{1-c}{C-c} V_{n+1}(CX_n) + \frac{C-1}{C-c} V_{n+1}(cX_n) \tag{4.19}$$

$$V_T(X_T) = \pi(X_T)\,. \tag{4.20}$$

Si noti che la relazione (4.19) può essere effettivamente soddisfatta, partendo da (4.20) e procedendo "a ritroso", definendo le funzioni V_n per $n = T-1, T-2, \ldots, 0$. Tali funzioni determinano univocamente i valori $a_n(X_n)$ grazie a (4.18). Per costruzione, il capitale V_n associato alla strategia $a_0, a_1, \ldots, a_{T-1}$ e al capitale iniziale V_0, appena determinati, soddisfa le relazioni (4.19), (4.20). Dato che $V_T = \pi \geq 0$ per ipotesi, si mostra facilmente per induzione a ritroso che $V_n \geq 0$ per ogni $0 \leq n \leq T$. Questo significa che le relazioni (4.12) sono effettivamente verificate!

In definitiva, abbiamo mostrato che esiste un'unica scelta del capitale iniziale $V_0(X_0)$, determinata dalle relazioni (4.19), (4.20), per cui esiste una strategia $a_0, a_1, \ldots, a_{T-1}$ tale che $V_T = \pi(X_T)$. Tale strategia è univocamente determinata, grazie a (4.18), e si ha $V_n \geq 0$ per ogni $n \in \{0, \ldots, T\}$; pertanto abbiamo determinato l'unica strategia di copertura, e V_0 è il prezzo dell'opzione. □

Osservazione 4.13 Vale la pena di osservare che, se la funzione $\pi : (0, \infty) \to [0, \infty)$ è crescente, come per l'opzione call europea (4.10), la strategia di copertura non comporta vendite allo scoperto, ossia $a_n \geq 0$ per ogni $n \in \{0, \ldots, T\}$. Si noti infatti che le equazioni (4.18), (4.19), (4.20) sono formule ricorsive, le cui soluzioni sono funzioni di una variabile $a_n(x)$, $V_n(x)$, che riscriviamo per chiarezza come segue:

$$a_n(x) = \frac{V_{n+1}(Cx) - V_{n+1}(cx)}{(C-c)x} \tag{4.21}$$

$$V_n(x) = \frac{1-c}{C-c} V_{n+1}(Cx) + \frac{C-1}{C-c} V_{n+1}(cx) \tag{4.22}$$

$$V_T(x) = \pi(x)\,. \tag{4.23}$$

Se $V_T(x) = \pi(x)$ è una funzione crescente di $x > 0$, è immediato verificare per induzione "all'indietro" su n che $V_n(x)$ è una funzione crescente di $x > 0$ per $n \leq T-1$. Essendo $Cx > cx$ per ogni $x > 0$, segue $a_n(x) \geq 0$ per ogni $0 \leq n \leq T-1$. □

Abbiamo dunque determinato il prezzo dell'opzione, come funzione $V_0(x_0)$ del valore $X_0 = x_0$ del titolo al momento in cui l'opzione viene acquistata, e la strategia autofinanziante che copre l'opzione. Sottolineiamo che non è stato necessario fare nessuna ipotesi sulla distribuzione delle variabili aleatorie $(X_1, X_2, \ldots, X_T)$: in effetti, non è nemmeno necessario descrivere tali quantità come variabili aleatorie! La sola ipotesi (fondamentale) alla base della dimostrazione del Teorema 4.12 è la richiesta che il valore X_{n+1} del titolo al giorno $n+1$ sia necessariamente cX_n oppure CX_n. (Notiamo tra l'altro che l'analisi svolta rimane valida anche se le costanti $c < 1 < C$ dipendono da n.)

Tuttavia, il prezzo $V_0(x_0)$ determinato ammette un'interpretazione probabilistica fondamentale, che si può estendere a modelli di mercato assai più complessi, e che ha grande rilevanza sia teorica che applicativa. Ricordiamo la definizione (4.13) delle "variabili di aggiornamento" R_n e osserviamo che, se $X_0 = x_0$, allora il valore del titolo al giorno n è dato da $X_n = R_n R_{n-1} \cdots R_1 x_0$.

Teorema 4.14
Siano $Q_1, Q_2, \ldots, Q_T$ variabili aleatorie indipendenti, che assumono soltanto i valori c e C, e di media $\mathrm{E}(Q_n) = 1$. Allora la soluzione $V_n(x)$ dell'equazione ricorsiva (4.22) *è, per $n \leq T-1$,*

$$V_n(x) = \mathrm{E}[\pi(Q_T \cdot Q_{T-1} \cdots Q_{n+1} x)].$$

In particolare, il prezzo dell'opzione è

$$V_0(x_0) = \mathrm{E}[\pi(Q_T \cdot Q_{T-1} \cdots Q_1 x_0)].$$

Osservazione 4.15 Posto $Z_n = Q_n Q_{n-1} \cdots Q_1 x$, il prezzo dell'opzione è dunque $V_0 = \mathrm{E}[\pi(Z_T)]$. La variabile aleatoria Z_n si può interpretare come il valore al giorno n di un titolo avente lo stesso valore iniziale x_0 del titolo reale, ma che evolve in un mercato *fittizio* in cui le variabili aleatorie di "aggiornamento" sono indipendenti e hanno media 1 (*mercato neutrale*). Il prezzo dell'opzione è dato dal valore medio del valore dell'opzione $\pi(Z_T)$ calcolato non rispetto al mercato "reale", ma rispetto al corrispondente mercato neutrale. □

Dimostrazione (del Teorema 4.14) Si noti, anzitutto, che le richieste di assumere solo i valori c e C e di avere valore medio 1 caratterizzano univocamente la distribuzione (comune) delle Q_n. Infatti dev'essere

$$\mathrm{E}(Q_n) = c\,\mathrm{P}(Q_n = c) + C\,\mathrm{P}(Q_n = C) = 1$$
$$\mathrm{P}(Q_n = c) + \mathrm{P}(Q_n = C) = 1$$

da cui segue che

$$\mathrm{P}(Q_n = c) = \frac{C-1}{C-c}, \qquad \mathrm{P}(Q_n = C) = \frac{1-c}{C-c}. \tag{4.24}$$

In quanto segue, per una successione $(a_n)_{n\geq 0}$ a valori reali, scriveremo a_m^T in luogo di $(a_m, a_{m+1}, \ldots, a_T)$. Per l'indipendenza delle Q_n

$$P\big(Q_{n+1}^T = q_{n+1}^T\big) = P(Q_{n+1} = q_{n+1})\, P\big(Q_{n+2}^T = q_{n+2}^T\big),$$

per ogni scelta di $q_{n+1}, q_{n+2}, \ldots, q_T \in \{c, C\}$. Posto

$$W_n(x) := E[\pi(Q_T \cdot Q_{T-1} \cdots Q_{n+1} x)],$$

e convenendo che $\prod_{k=T+1}^{T} a_k \equiv 1$, per ogni $n \leq T-1$ si ha:

$$\begin{aligned}
W_n(x) &= E\left[\pi\left(x \prod_{k=n+1}^{T} Q_k\right)\right] \\
&= \sum_{q_{n+1}, q_{n+2}, \ldots, q_T \in \{c,C\}} \pi\left(x \prod_{k=n+1}^{T} q_k\right) P\big(Q_{n+1}^T = q_{n+1}^T\big) \\
&= \sum_{q_{n+1} \in \{c,C\}} P(Q_{n+1} = q_{n+1}) \sum_{q_{n+2}, \ldots, q_T \in \{c,C\}} \pi\left(x \prod_{k=n+1}^{T} q_k\right) P\big(Q_{n+2}^T = q_{n+2}^T\big),
\end{aligned}$$

e applicando (4.24) si ottiene

$$\begin{aligned}
W_n(x) &= \frac{C-1}{C-c} \sum_{q_{n+2}, \ldots, q_T \in \{c,C\}} \pi\left(cx \prod_{k=n+2}^{T} q_k\right) P\big(Q_{n+2}^T = q_{n+2}^T\big) \\
&\quad + \frac{1-c}{C-c} \sum_{q_{n+2}, \ldots, q_T \in \{c,C\}} \pi\left(Cx \prod_{k=n+2}^{T} q_k\right) P\big(Q_{n+2}^T = q_{n+2}^T\big) \\
&= \frac{C-1}{C-c} W_{n+1}(cx) + \frac{1-c}{C-c} W_{n+1}(Cx).
\end{aligned}$$

Dunque $W_n(x)$ risolve l'equazione ricorsiva (4.22) e, per definizione $W_T(x) \equiv V_T(x)$. Pertanto $W_n(x) \equiv V_n(x)$ per ogni $n = 0, 1, \ldots, T$. □

4.3 Il problema del reclutamento

Presentiamo un problema conosciuto come *problema del reclutamento* (detto anche *del segretario* o, in una versione alternativa, *della principessa*). Margherita deve reclutare un segretario e organizza dei colloqui per esaminare n candidati (con $n \geq 2$), che riceve uno dopo l'altro. Le regole della selezione sono peculiari: dopo avere esaminato un candidato, deve decidere se assumerlo oppure no e, in caso di rifiuto, non avrà più la possibilità di assumerlo più tardi. Naturalmente Margherita vorrebbe scegliere il candidato migliore: come massimizzare la probabilità che ciò avvenga?[2]

[2] In una versione alternativa del problema, Margherita è una principessa che vuole scegliere un principe tra n pretendenti.

Una strategia consiste nel passare in rassegna un certo numero k di candidati senza assumerli — per farsi un'idea del livello — e poi di assumere il primo dei candidati successivi che sia migliore di quelli già esaminati (se ce ne sarà uno; altrimenti Margherita non assumerà nessuno). Il problema è di determinare il numero ottimale k di candidati da passare in rassegna prima di cominciare la "fase di scelta".

Formalizziamo il problema con un modello probabilistico. Indichiamo i candidati con $i = 1, 2, \ldots n$ in ordine di apparizione. Se Margherita esaminasse i candidati tutti insieme, potrebbe metterli in ordine di preferenza, che indichiamo con una permutazione σ di $\{1, \ldots, n\}$: il valore di $\sigma(i)$ indica il posto in classifica del candidato i, detto *rango* (il candidato migliore ha rango 1, quello peggiore ha rango n). Possiamo allora usare come spazio campionario l'insieme $\mathfrak{S}_n$ delle permutazioni munito della probabilità uniforme (perché non abbiamo informazioni sull'ordine in cui si presentano i candidati). Sottolineiamo che una permutazione $\sigma = (\sigma(1), \ldots, \sigma(n))$ descrive i ranghi *assoluti* di tutti i candidati, che tuttavia vengono esaminati in ordine di apparizione, uno dopo l'altro. Quando si presenta il candidato i-esimo, Margherita gli assegna un rango *relativo* $X_i \in E_i := \{1, \ldots, i\}$ tra i primi i candidati esaminati, dato dal numero di candidati già esaminati migliori del candidato i-esimo, più 1:

$$X_i = \left|\{j \in \{1, \ldots, i-1\}, \sigma(j) < \sigma(i)\}\right| + 1 . \qquad (4.25)$$

Infatti il primo candidato ottiene il rango relativo $X_1 = 1$; il secondo candidato ottiene il rango relativo $X_2 = 1$ se è migliore del primo candidato ($\sigma(2) < \sigma(1)$), mentre ottiene il rango relativo $X_2 = 2$ se è peggiore ($\sigma(2) > \sigma(1)$); e così via.

Cominciamo a identificare la distribuzione congiunta di $X_1, \ldots, X_n$.

Lemma 4.16
Le variabili aleatorie $(X_i)_{1 \le i \le n}$ in (4.25) sono indipendenti. *Inoltre X_i ha distribuzione uniforme in $E_i := \{1, \ldots, i\}$, per ogni $1 \le i \le n$.*

Dimostrazione Determiniamo la distribuzione congiunta di $(X_1, \ldots, X_n)$. La permutazione σ determina i ranghi relativi $X_1, \ldots, X_n$, si veda la formula (4.25). Viceversa, mostriamo che i ranghi relativi $X_1, \ldots, X_n$ permettono di ricostruire la permutazione σ. Introduciamo la notazione $X_i^{(j)}$ per indicare il rango relativo del i-esimo candidato tra i primi j candidati, con $i \le j \le n$. Per costruzione $X_i^{(i)} = X_i$, mentre possiamo determinare $X_i^{(j)}$ per $i \le j \le n$ in modo iterativo grazie alla formula

$$X_i^{(j+1)} = X_i^{(j)} + \mathbb{1}_{\{X_i^{(j)} \ge X_{j+1}\}} . \qquad (4.26)$$

Infatti, quando il $(j+1)$-esimo candidato si presenta, se è migliore dell'i-esimo candidato allora $X_{j+1} \le X_i^{(j)}$ e il rango relativo dell'i-esimo candidato aumenta di 1; se invece $X_{j+1} > X_i^{(j)}$ significa che il $(j+1)$-esimo candidato è peggiore dell'i-esimo candidato, il cui rango relativo resta uguale. Dato che $X_i^{(n)}$ è il rango *globale* dell'i-esimo candidato in $\{1, \ldots, n\}$, cioè $\sigma(i) = X_i^{(n)}$, abbiamo mostrato che il valore di $\sigma(i)$ è univocamente determinato dai valori di $X_i, X_{i+1}, \ldots, X_n$, e dunque l'intera permutazione $\sigma = (\sigma(1), \ldots, \sigma(n))$ può essere ricostruita a partire da $X_1, \ldots, X_n$.

In altri termini, abbiamo mostrato che l'applicazione $\sigma \mapsto (X_1, \ldots, X_n)$ definita in (4.25) è una biiezione dall'insieme $\mathfrak{S}_n$ nell'insieme $E := E_1 \times E_2 \times \cdots \times E_n$, dove ricordiamo che $E_j := \{1, \ldots, j\}$. Di conseguenza, la densità discreta congiunta di $(X_1, \ldots, X_n)$, per $(i_1, \ldots, i_n) \in E$, è data da

$$\mathrm{p}_{X_1,\ldots,X_n}\big(i_1, \ldots, i_n\big) = \frac{1}{n!} \qquad \big(= \mathrm{P}(\{\sigma\}) \text{ per ogni } \sigma \in \mathfrak{S}_n\big),$$

cioè la distribuzione di $(X_1, \ldots, X_n)$ è la probabilità uniforme su $E = E_1 \times \cdots \times E_n$ (osserviamo che l'insieme E ha cardinalità $n!$). Grazie alla Proposizione 3.24, le distribuzioni marginali sono date dalle densità discrete seguenti: per ogni $1 \le i \le n$

$$\mathrm{p}_{X_i}(j) = \frac{1}{i} \qquad \text{per ogni } j \in E_i = \{1, \ldots, i\}, \tag{4.27}$$

cioè la distribuzione di X_i è la probabilità uniforme in E_i (si veda anche l'Esercizio 3.9). Grazie alla relazione (3.21), concludiamo infine che le variabili aleatorie $X_1, \ldots, X_n$ sono *indipendenti*, un fatto non ovvio a priori. □

Possiamo ora enunciare il risultato principale di questo paragrafo.

Proposizione 4.17
Fissato $1 \le k \le n-1$, consideriamo la strategia in cui si passano in rassegna k candidati e poi si assume il primo dei candidati successivi che sia migliore di loro (se ce n'è uno, altrimenti non si assume nessuno). La probabilità $p_n(k)$ che con tale strategia si scelga il candidato migliore vale

$$p_n(k) = \frac{k}{n} \sum_{j=k+1}^{n} \frac{1}{j-1}.$$

Tale probabilità è massima per $k = k_0(n) := \min\{k\colon \sum_{j=k+2}^{n} \frac{1}{j-1} < 1\}$ e si ha

$$\text{per } n \to \infty: \qquad k_0(n) \sim \mathrm{e}^{-1} n \qquad \text{e} \qquad p_n(k_0(n)) \longrightarrow \mathrm{e}^{-1},$$

cioè $\lim_{n\to\infty} k_0(n)/n = \mathrm{e}^{-1}$ e $\lim_{n\to\infty} p_n(k_0(n)) = \mathrm{e}^{-1}$.

Quindi, se Margherita vuole massimizzare la probabilità di scegliere il candidato migliore, dovrebbe innanzitutto passare in rassegna una frazione $\simeq e^{-1} \simeq 37\%$ dei candidati, dopodiché assumere il primo candidato che risulta migliore di tutti i precedenti: questa strategia garantisce che la persona scelta sia effettivamente la migliore con una probabilità pari a $\simeq e^{-1} \simeq 37\%$. Con strumenti più avanzati di teoria del *controllo ottimo*, si può mostrare che non esistono strategie migliori per massimizzare la probabilità di assumere il candidato migliore.

Dimostrazione Per ogni $j \in \{k+1, \ldots, n\}$, si consideri l'evento

$$A_j = \big\{X_{k+1} > 1, \ldots, X_{j-1} > 1, X_j = 1, X_{j+1} > 1, \ldots, X_n > 1\big\},$$

che possiamo descrivere nel modo seguente: "il primo candidato che sorpassa i primi k candidati è il j-esimo, dopodiché nessuno lo sorpassa". In altri termini, se si adotta la strategia di passare in rassegna k candidati e poi scegliere il primo dei successivi che risulti migliore di loro, allora A_j è proprio l'evento in cui si sceglie il j-esimo candidato e questo risulti il migliore di tutti. La probabilità che con la strategia considerata si assuma effettivamente il candidato migliore vale allora

$$p_n(k) := \mathrm{P}\Bigg(\bigcup_{j=k+1}^{n} A_j\Bigg) = \sum_{j=k+1}^{n} \mathrm{P}(A_j), \tag{4.28}$$

perché gli eventi A_j sono disgiunti. Calcoliamo ora la probabilità di A_j: grazie all'indipendenza delle X_i (Lemma 4.16), otteniamo

$$\begin{aligned}\mathrm{P}(A_j) &= \mathrm{P}(X_{k+1} > 1) \cdots \mathrm{P}(X_{j-1} > 1)\, \mathrm{P}(X_j = 1)\, \mathrm{P}(X_{j+1} > 1) \cdots \mathrm{P}(X_n > 1) \\ &= \frac{k}{k+1} \cdot \frac{k+1}{k+2} \cdots \frac{j-2}{j-1} \cdot \frac{1}{j} \cdot \frac{j}{j+1} \cdot \frac{j+1}{j+2} \cdots \frac{n-1}{n} = \frac{k}{n} \frac{1}{j-1},\end{aligned} \tag{4.29}$$

dove abbiamo utilizzato il fatto che $\mathrm{P}(X_i > 1) = 1 - \mathrm{P}(X_i = 1) = 1 - \frac{1}{i} = \frac{i-1}{i}$ per ogni $1 \le i \le n$ (si veda il Lemma 4.16). Abbiamo quindi mostrato che

$$p_n(k) = \frac{k}{n} \sum_{j=k+1}^{n} \frac{1}{j-1}. \tag{4.30}$$

Cerchiamo ora l'intero $k_0 \in \{1, \ldots, n-1\}$ che massimizza tale probabilità. Nel seguito della dimostrazione, lasceremo come esercizio per il lettore qualche calcolo elementare (talvolta noioso). Con qualche passaggio, a partire da (4.30), si ottiene

$$p_n(k) - p_n(k+1) = \frac{1}{n}\Bigg(1 - \sum_{j=k+2}^{n} \frac{1}{j-1}\Bigg),$$

da cui segue che

$$p_n(k+1) > p_n(k) \qquad \text{se} \ \sum_{j=k+2}^{n} \frac{1}{j-1} > 1\,,$$
$$p_n(k+1) < p_n(k) \qquad \text{se} \ \sum_{j=k+2}^{n} \frac{1}{j-1} < 1\,.$$

Questo mostra che la successione $(p_n(k))_{0 \le k \le n-1}$ è strettamente crescente fino a un certo numero intero k_0, dopodiché diventa strettamente decrescente, dove $k_0 = k_0(n) := \min\{k \colon \sum_{j=k+2}^{n} \frac{1}{j-1} < 1\}$. Di conseguenza $k_0(n)$ è il valore che massimizza la probabilità $p_n(k)$.

Usiamo ora le stime $\frac{1}{t} \le \frac{1}{j-1} \le \frac{1}{t-1}$ per ogni $j-1 \le t \le j$ e $j \ge 2$, da cui

$$\int_{j-1}^{j} \frac{1}{t} \mathrm{d}t \le \frac{1}{j-1} \le \int_{j-2}^{j-1} \frac{1}{t} \mathrm{d}t\,, \qquad \forall\, j \ge 2\,.$$

Sommando per $j = k+2, \ldots, n$, deduciamo che per ogni $1 \le k \le n-1$

$$\log\left(\frac{n}{k+1}\right) = \int_{k+1}^{n} \frac{\mathrm{d}t}{t} \le \sum_{j=k+2}^{n} \frac{1}{j-1} \le \int_{k}^{n-1} \frac{\mathrm{d}t}{t} = \log\left(\frac{n-1}{k}\right). \tag{4.31}$$

Ricordando la definizione di $k_0 = k_0(n)$, si ha $\log(\frac{n-1}{k_0-1}) \ge 1$ e $\log(\frac{n}{k_0+1}) < 1$, dunque $n\,\mathrm{e}^{-1} - 1 \le k_0 \le (n-1)\,\mathrm{e}^{-1} + 1$. Questo mostra che $\lim_{n\to+\infty} k_0(n)/n = \mathrm{e}^{-1}$.

Infine, ricordando (4.30) e applicando (4.31) con $k-1$ invece di k, si ottiene

$$\frac{k}{n} \log\left(\frac{n}{k}\right) \le p_n(k) = \frac{k}{n} \sum_{j=k+1}^{n} \frac{1}{j-1} \le \frac{k}{n} \log\left(\frac{n-1}{k-1}\right).$$

Inserendo $k = k_0(n) \sim \mathrm{e}^{-1} n$, deduciamo che $\lim_{n\to\infty} p_n(k_0(n)) = \mathrm{e}^{-1}$. □

Concludiamo il paragrafo con un'altra domanda naturale. Supponiamo che, invece di massimizzare la probabilità di scegliere il candidato migliore, Margherita voglia massimizzare *il rango medio* del candidato selezionato; qual è la strategia migliore in questo caso? La risposta è contenuta nel risultato seguente.

Proposizione 4.18
Fissato $1 \le k \le n-1$, consideriamo la strategia in cui si passa in rassegna k candidati e poi si assume il primo dei candidati successivi che sia migliore

di loro (se ce n'è uno, altrimenti non si assume nessuno). Indichiamo con $Z_k \in \{1, \dots, n\}$ il rango del candidato selezionato (se non si assume nessuno, poniamo $Z_k := n + 1$). Allora il valore medio di Z_k è dato da

$$\mathrm{E}(Z_k) = \frac{k(2n+1)}{2n} + \frac{n+1}{2(k+1)} . \tag{4.32}$$

Tale valore medio è massimo per $k = k_1(n) := \min\{k\colon (k+1)(k+2) > \frac{n(n+1)}{2n+1}\}$ e si ha

$$\text{per } n \to \infty: \quad k_1(n) = \sqrt{n/2} + O(1) \quad e \quad \mathrm{E}(Z_{k_1(n)}) = \sqrt{2n} + O(1),$$

dove indichiamo con $O(1)$ una quantità che resta limitata per $n \to \infty$.

Questo risultato mostra che per massimizzare il rango medio del candidato selezionato, Margherita deve passare in rassegna circa $\sqrt{n/2}$ candidati e poi reclutare il migliore dei candidati seguenti, che risulterà circa tra i primi $\sqrt{2n}$ migliori. Si noti che questa strategia, che massimizza il rango medio del candidato selezionato, è ben diversa da quella che massimizza la probabilità di scegliere il candidato migliore.

Dimostrazione Per $2 \le k + 1 \le j \le n - 1$ e $\ell \in \{1, \dots, n\}$ calcoliamo la probabilità dell'evento

$$A_{j,\ell} := \left\{X_{k+1} > 1, \dots, X_{j-1} > 1, X_j = 1, X_j^{(n)} = \ell\right\},$$

che significa che è stata scelta il j-esimo candidato e che il suo rango globale è pari a $\ell \in \{1, \dots, n\}$. Di conseguenza

$$\mathrm{P}(Z_k = \ell) = \sum_{j=k+1}^{n} \mathrm{P}(A_{j,\ell}) .$$

Osserviamo che $X_j^{(n)}$ dipende solo dalle variabili aleatorie $X_j, X_{j+1}, \dots, X_n$, come mostrato sopra (si veda (4.26)), dunque è indipendente da $X_{k+1}, \dots, X_{j-1}$: otteniamo dunque, in analogia con (4.29),

$$\begin{aligned}\mathrm{P}(A_{j,\ell}) &= \mathrm{P}(X_{k+1} > 1) \cdots \mathrm{P}(X_{j-1} > 1)\, \mathrm{P}\left(X_j = 1, X_j^{(n)} = \ell\right) \\ &= \frac{k}{k+1} \cdot \frac{k+1}{k+2} \cdots \frac{j-2}{j-1}\, \mathrm{P}\left(\sigma(j) = \ell, \min\{\sigma(1), \dots, \sigma(j-1)\} \ge \ell + 1\right).\end{aligned}$$

dove abbiamo utilizzato il fatto che l'evento $\{X_j = 1, X_j^{(n)} = \ell\}$ significa che la persona di rango ℓ si presenta in posizione j-esima e che tutti i candidati precedenti erano peggiori. Osserviamo ore che per ogni $n \ge \ell + j - 1$

$$\begin{aligned}&\mathrm{P}\left(\min\{\sigma(1), \dots, \sigma(j-1)\} \ge \ell + 1, \sigma(j) = \ell\right) \\ &\qquad = \frac{n-\ell}{n} \cdot \frac{n-\ell-1}{n-1} \cdots \frac{n-\ell-j+2}{n-j+2} \cdot \frac{1}{n-j+1},\end{aligned}$$

grazie alla formula della catena (esercizio — in alternativa si può usare il calcolo combinatorio), con la convenzione che la probabilità vale 0 se $n-\ell < j-1$ (in tal caso non si possono avere $j-1$ valori $\sigma(1), \dots, \sigma(j-1)$ superiori a $\ell+1$). Quindi abbiamo ottenuto, per ogni $\ell \in \{1, \dots, n-k\}$,

$$P(Z_k = \ell) = \sum_{j=k+1}^{n-\ell+1} \frac{k}{j-1} \frac{n-\ell}{n} \cdot \frac{n-\ell-1}{n-1} \cdots \frac{n-\ell-j+2}{n-j+2} \cdot \frac{1}{n-j+1}, \tag{4.33}$$

e questa probabilità vale 0 se $\ell \in \{n-k+1, \dots, n\}$.

Calcoliamo ora il valore medio di $W_k := n+1-Z_k$. Osserviamo che se non si sceglie nessun candidato si avrà $W_k = 0$ (quindi non è necessario calcolare $P(Z_k = n+1) = P(W_k = 0)$). Grazie a (4.33), si ottiene

$$\begin{aligned} E(W_k) &= \sum_{m=0}^{n} m\, P(W_k = m) = \sum_{m=0}^{n} m\, P(Z_k = n+1-m) \\ &= \sum_{m=k+1}^{n} \sum_{j=k+1}^{m} m \cdot \frac{k}{j-1} \cdot \frac{m-1}{n} \cdot \frac{m-2}{n-1} \cdots \frac{m-j+1}{n-j+2} \frac{1}{n-j+2} \\ &= \sum_{j=k+1}^{n} \sum_{m=j}^{n} \frac{k}{j-1} \cdot \frac{m}{n} \cdot \frac{m-1}{n-1} \cdots \frac{m-j+1}{n-j+1}. \end{aligned}$$

Ora, per ogni $j \in \mathbb{N}$, si può mostrare per induzione su $n \geq j$ (esercizio) che

$$\sum_{m=j}^{n-1} m(m-1)\cdots(m-j+1) = \frac{1}{j+1}(n+1)n(n-1)\cdots(n-j+1).$$

(Si tratta di una generalizzazione delle formule (0.8) che corrispondono a $j = 1, 2$.) Con qualche semplificazione si ottiene

$$E(W_k) = \sum_{j=k+1}^{n} \frac{k}{j-1} \cdot \frac{n+1}{j+1} = \frac{k(n+1)}{2}\left(\frac{1}{k} + \frac{1}{k+1} - \frac{1}{n} - \frac{1}{n+1}\right),$$

dove abbiamo scritto $\frac{1}{(j-1)(j+1)} = \frac{1}{2}\left(\frac{1}{j-1} - \frac{1}{j+1}\right)$ e utilizzato una somma telescopica. Con qualche manipolazione algebrica si arriva a

$$E(Z_k) = n+1-E(W_k) = \frac{k(2n+1)}{2n} + \frac{n+1}{2(k+1)},$$

che è proprio la formula (4.32) che volevamo ottenere.

Determiniamo ora il numero k_1 che massimizza il rango medio $u_n(k) := E(Z_k)$. A partire dall'espressione ricavata sopra, si verifica facilmente, dopo qualche semplificazione, che

$$u_n(k) - u_n(k+1) = \frac{n+1}{2(k+1)(k+2)} - \frac{2n+1}{2n},$$

e dunque la successione $(u_n(k))_{k\geq 1}$ è strettamente crescente fino a un certo valore k_1 dopodiché è strettamente decrescente, dove $k_1(n) := \min\{k\colon (k+1)(k+2) > \frac{n(n+1)}{2n+1}\}$.

Ora, per definizione k_1, si ha

$$k_1^2 \leq k_1(k_1+1) \leq \frac{n(n+1)}{2n+1} \quad \text{e} \quad (k_1+2)^2 \geq (k_1+1)(k_1+2) > \frac{n(n+1)}{2n+1},$$

da cui si deduce che $\sqrt{\frac{n(n+1)}{2n+1}} - 2 \leq k_1 \leq \sqrt{\frac{n(n+1)}{2n+1}}$. Con uno sviluppo di Taylor si ottiene $k_1(n) = \sqrt{n/2} + O(1)$ per $n \to \infty$. Infine, usando questo risultato asintotico per fare un sviluppo di Taylor nella formula (4.32) per $E(Z_k)$, si ottiene $E(Z_{k_1(n)}) = \sqrt{2n} + O(1)$ per $n \to \infty$ (esercizio). □

4.4 Lunghe sequenze di teste e croci consecutive

Il professore di un corso di probabilità effettua il seguente esperimento, suddividendo gli studenti in due gruppi: gli studenti del primo gruppo lanciano una moneta equilibrata 200 volte e scrivono su un foglio la sequenza di teste e croci ottenuta; gli studenti del secondo gruppo scrivono invece su un foglio una sequenza di teste e croci senza lanciare una moneta, ma "inventandola" in modo che assomigli a una vera sequenza di lanci di monete; quindi i due fogli vengono dati al professore, senza rivelare da che gruppo provengono. Il professore afferma di essere capace di attribuire i fogli ai rispettivi gruppi in modo estremamente preciso. Come è possibile?

Per fare un esempio, riportiamo qui sotto due sequenze di 200 teste e croci: una è *veramente aleatoria*, nel senso che proviene davvero da 200 lanci di moneta, mentre l'altra è *artificiale*. Sapreste dire quale sequenza è aleatoria e quale è artificiale?

Sequenza n. 1

```
TCCCTCTCCTCTCTCTTCTCTCCTCTTTCCTTCTCTCTTTCCCCCTCTCC
CCTTTTCTTCTCCCTTTCTTCCTTCCCCCCCTTTTCCTCCTTTTCCCTTC
CCCCTCCTTTTTCCCCCCCCCTCTTTTCCCCTCCCTCTCCTCTTTTCTTC
TCTCCCTCTCCTTCCCTCTCTCTCCTTTCTCCTTCCCTTTCCTCCTTTCC
```

Sequenza n. 2

```
TCTCTTTCTTTTCTCTTTCTTCCCTCCTCTCTCTTTTCCTTCCTTCCCTC
CCTTCCCTTTCCCTCCCCTTTCTCTCCCCTCTTTCCCTCCTCTTTCCTCC
CTCCCCTTCTCCTCCCTTTCTCCCTCCTTTCCCTTTTCCCTCTCCCCTCT
TCCTTTTCTCTCTCTTCTCCTTCTTTCTTTTCCCCTCTCCCTTCCCCCTC
```

La soluzione del professore si basa sul seguente criterio: nelle sequenze "inventate" dagli studenti, le sequenze di teste *consecutive* o di croci *consecutive* sono quasi sempre troppo corte. Infatti gli studenti che devono inventare una sequenza lunga di teste o croci sono spesso riluttanti a scrivere sequenze lunghe di risultati uguali consecutivi, forse spinti dall'idea che il caso tenda ad "equilibrare" le teste e le croci. Se si osservano le due sequenze qui sopra, si nota che nella prima compaiono 9 "C" consecutive, mentre nella seconda compaiono al massimo 5 "C" e 4 "T" consecutive: la sequenza inventata è proprio la seconda!

Formalizziamo ora il problema. Consideriamo n prove ripetute e indipendenti con probabilità di successo $p = 1/2$, rappresentate da n variabili aleatorie $X_1, \ldots, X_n$ indipendenti con densità discreta $\mathrm{q}(0) = \mathrm{q}(1) = 1/2$, con la convenzione che X_i indica il risultato del lancio i-esimo, dove $X_i = 1$ indica testa e $X_i = 0$ indica croce. Definiamo quindi la variabile aleatoria $Y :=$ "lunghezza della sequenza più lunga di risultati uguali *consecutivi*", che possiamo esprimere con la formula seguente:

$$Y = \max\left\{k > 1 : \exists\, i \in \{1, \ldots, n-k+1\} \text{ tale che } X_i = X_{i+1} = \cdots = X_{i+k-1}\right\}.$$

Calcolare la distribuzione di Y è complicato; anche solo calcolare il suo valore medio è difficile, per non parlare della varianza. A noi interessa stimare la probabilità che Y assuma valori troppo grandi o troppo piccoli, per cui ci concentriamo sulle probabilità $P(Y \geq k)$ e $P(Y < k)$ per $k \geq 2$ fissato (si osservi che $Y \geq 1$).

Osserviamo che l'evento $\{Y \geq k\}$ coincide con l'evento "c'è almeno una sequenza di risultati uguali consecutivi di lunghezza k": infatti, se la sequenza più lunga di risultati uguali consecutivi ha lunghezza $Y \geq k$, questa sequenza contiene necessariamente una (sotto)sequenza di lunghezza k; viceversa, se c'è una sequenza di risultati uguali consecutivi di lunghezza k, la sequenza più lunga ha lunghezza $\geq k$, cioè $Y \geq k$. Questo motiva l'introduzione di una nuova variabile aleatoria:

$$Z_k := \text{“numero di sequenze di risultati uguali consecutivi di lunghezza } k\,,$$

dove sottolineiamo che una sequenza di lunghezza $> k$ contiene diverse sequenze di lunghezza k. Allora vale l'uguaglianza di eventi $\{Y \geq k\} = \{Z_k \geq 1\}$.

Per ogni $k \geq 2$ fissato, possiamo scrivere Z_k come la somma seguente:

$$Z_k = \sum_{i=1}^{n-k+1} \mathbb{1}_{A_i}\,, \qquad \text{dove} \quad A_i = A_i^{(k)} := \{X_i = X_{i+1} = \cdots = X_{i+k-1}\}\,,$$

che conta il numero di eventi A_i che si verificano (omettiamo la dipendenza da k per alleggerire la notazione), dove l'evento A_i significa "c'è una sequenza di k risultati uguali consecutivi che comincia a partire dall'i-esimo lancio". Anche se calcolare la distribuzione di Z_k è difficile (si noti che gli eventi A_i non sono indipendenti), la scrittura di Z_k come somma di variabili aleatorie indicatrici ci permette facilmente di calcolare valore medio e varianza. Infatti, per linearità del valore medio,

$$\mathrm{E}(Z_k) = \sum_{i=1}^{n-k+1} \mathrm{E}(\mathbb{1}_{A_i}) = (n-k+1)\,2^{-k+1}\,, \tag{4.34}$$

dal momento che $\mathrm{E}(\mathbb{1}_{A_i}) = \mathrm{P}(A_i)$ (si ricordi l'Esempio 3.3) e possiamo calcolare

$$\mathrm{P}(A_i) = \mathrm{P}(X_i = 0, \ldots, X_{i+k-1} = 0) + \mathrm{P}(X_i = 1, \ldots, X_{i+k-1} = 1) = 2\left(\frac{1}{2}\right)^k,$$

per l'indipendenza di $X_1, \ldots, X_n$. Prima di calcolare la varianza, traiamo qualche conseguenza dal calcolo del valore medio. Applicando la disuguaglianza di Markov (Teorema 3.77) alla variabile aleatoria positiva Z_k, otteniamo per ogni $k \geq 2$[3]

$$\mathrm{P}(Y \geq k) = \mathrm{P}(Z_k \geq 1) \leq \mathrm{E}(Z_k) = (n-k+1)\,2^{-k+1} \quad (\leq n\,2^{-k+1})\,. \tag{4.35}$$

Ad esempio, per $n = 200$ e $k = 12$ si ottiene $\mathrm{P}(Y \geq 12) \leq 189 \cdot 2^{-11} \simeq 0.092$, quindi effettuando 200 lanci di una moneta equilibrata la probabilità di ottenere una sequenza di 12 (o più) risultati uguali consecutivi è minore del 9.2%.

[3] In alternativa, si può notare che l'evento $\{Y \geq k\} = \{Z_k \geq 1\}$ coincide con $\bigcup_{i=1}^{n-k-1} A_i$ e applicando la subadditività, si veda il Corollario 1.26, si ottiene la relazione (4.35).

Calcoliamo ora la varianza di Z_k: grazie alla Proposizione 3.69 si ha

$$\mathrm{Var}(Z_k) = \sum_{i=1}^{n-k+1} \mathrm{Var}(\mathbb{1}_{A_i}) + 2 \sum_{1 \le i < j \le n-k+1} \mathrm{Cov}(\mathbb{1}_{A_i}, \mathbb{1}_{A_j}).$$

Osserviamo ora che gli eventi A_i e A_j sono indipendenti per $j \ge i + k$, perché $(X_i, \ldots, X_{i+k-1})$ è indipendente da $(X_j, \ldots, X_{j+k-1})$ (si ricordi la Proposizione 3.38), quindi $\mathrm{Cov}(\mathbb{1}_{A_i}, \mathbb{1}_{A_j}) = 0$. D'altro canto, per $i \le j \le i + k - 1$ possiamo stimare esplicitamente la covarianza:

$$\mathrm{Cov}(\mathbb{1}_{A_i}, \mathbb{1}_{A_j}) = \mathrm{E}(\mathbb{1}_{A_i} \mathbb{1}_{A_j}) - \mathrm{E}(\mathbb{1}_{A_i}) \mathrm{E}(\mathbb{1}_{A_j}) \le \mathrm{E}(\mathbb{1}_{A_i} \mathbb{1}_{A_j}) = \mathrm{P}(A_i \cap A_j),$$

e in analogia con quanto visto sopra possiamo calcolare

$$\mathrm{P}(A_i \cap A_j) = \mathrm{P}(X_i = \cdots = X_{i+k-1} = \cdots = X_{j+k-1}) = 2 \cdot (1/2)^{j-i+k}.$$

Abbiamo mostrato che $\mathrm{Cov}(\mathbb{1}_{A_i}, \mathbb{1}_{A_j}) \le 2^{-k+1} 2^{-(j-i)}$ per ogni $i \le j \le i + k - 1$, in particolare $\mathrm{Var}(\mathbb{1}_{A_i}) = \mathrm{Cov}(\mathbb{1}_{A_i}, \mathbb{1}_{A_i}) \le 2^{-k+1}$. Otteniamo dunque la stima[4]

$$\begin{aligned} \mathrm{Var}(Z_k) &\le (n - k + 1)\, 2^{-k+1} + 2 \sum_{i=1}^{n-k+1} \sum_{j=i+1}^{i+k-1} 2^{-k+1} 2^{-(j-i)} \\ &\le 3\,(n - k + 1)\, 2^{-k+1}, \end{aligned} \tag{4.36}$$

dove l'ultima disuguaglianza vale perché $\sum_{j=i+1}^{i+k-1} 2^{-(j-i)} = \sum_{\ell=1}^{k-1} 2^{-\ell} \le \sum_{\ell=1}^{\infty} 2^{-\ell} = 1$ (si ricordi la serie geometrica (0.5)). Grazie alla formula (4.34) per il valore medio di Z_k, possiamo riscrivere la disuguaglianza (4.36) come

$$\mathrm{Var}(Z_k) \le 3\,\mathrm{E}(Z_k). \tag{4.37}$$

Abbiamo ottenuto una buona stima per la varianza, che possiamo sfruttare per stimare la probabilità $\mathrm{P}(Y < k) = \mathrm{P}(Z_k = 0)$. L'idea è che se la media $\mathrm{E}(Z_k)$ è "grande" e la deviazione standard $\sqrt{\mathrm{Var}(Z_k)}$ è "piccola", la variabile aleatoria Z_k sarà concentrata attorno alla media (che è grande), quindi sarà strettamente positiva con grande probabilità. Queste considerazioni euristiche possono essere rese rigorose grazie alla disuguaglianza di Chebyschev.

Prima di applicare questa disuguaglianza, osserviamo che la variabile aleatoria Z_k è positiva, pertanto vale l'uguaglianza di eventi $\{Z_k \le 0\} = \{Z_k = 0\}$ e dunque

$$\mathrm{P}(Z_k = 0) = \mathrm{P}(Z_k \le 0) = \mathrm{P}\big(Z_k - \mathrm{E}(Z_k) \le -\mathrm{E}(Z_k)\big). \tag{4.38}$$

Grazie all'inclusione $\{Z_k - \mathrm{E}(Z_k) \le -\varepsilon\} \subseteq \{|Z_k - \mathrm{E}(Z_k)| \ge \varepsilon\}$, per ogni $\varepsilon \ge 0$, deduciamo che

$$\mathrm{P}(Z_k = 0) = \mathrm{P}\big(Z_k - \mathrm{E}(Z_k) \le -\mathrm{E}(Z_k)\big) \le \mathrm{P}\big(|Z_k - \mathrm{E}(Z_k)| \ge \mathrm{E}(Z_k)\big).$$

[4] Si può ottenere un'espressione esatta per $\mathrm{Var}(Z_k)$, ma è più complicata e non ci servirà.

Possiamo allora applicare la disuguaglianza di Chebyschev (Teorema 3.77) e la stima (4.37), per ottenere

$$\mathrm{P}(Z_k = 0) \leq \mathrm{P}\left(|Z_k - \mathrm{E}(Z_k)| \geq \mathrm{E}(Z_k)\right) \leq \frac{\mathrm{Var}(Z_k)}{\mathrm{E}(Z_k)^2} \leq \frac{3}{\mathrm{E}(Z_k)} .$$

Usando la formula (4.34) per $\mathrm{E}(Z_k)$ e osservando che $\{Y < k\} = \{Z_k = 0\}$, abbiamo mostrato infine che per ogni $k \geq 2$

$$\mathrm{P}(Y < k) = \mathrm{P}(Z_k = 0) \leq \frac{3}{(n + k - 1)2^{-k+1}} . \tag{4.39}$$

Ad esempio, per $n = 200$ e $k = 6$, otteniamo $\mathrm{P}(Y < 6) \leq 0.47$, quindi effettuando 200 lanci di una moneta equilibrata, abbiamo più di una possibilità su due di osservare una sequenza di almeno 6 risultati uguali consecutivi.

Osservazione 4.19 La stima $\mathrm{P}(Y < 6) \leq 0.47$ è grossolana. Possiamo migliorarla applicando la *disuguaglianza di Cantelli* (o *di Chebyschev unilaterale*), si veda la formula (3.57) dell'Esercizio 3.19: ricordando (4.37) e (4.34), otteniamo

$$\mathrm{P}(Y < k) = \mathrm{P}(Z_k = 0) = \mathrm{P}\left(Z_k - \mathrm{E}(Z_k) \leq -\mathrm{E}(Z_k)\right) \leq \frac{\mathrm{Var}(Z_k)}{\mathrm{Var}(Z_k) + \mathrm{E}(Z_k)^2}$$
$$\leq \frac{3}{3 + \mathrm{E}(Z_k)} = \frac{3}{3 + (n + k - 1)2^{-k+1}} .$$

Per $n = 200$ e $k = 6$ si ottiene $\mathrm{P}(Y < 6) \leq 0.32$, che è una stima migliore della precedente ma è ancora lontana dal vero valore di $\mathrm{P}(Y < 6)$.

Una simulazione al computer mostra che la vera probabilità è molto più piccola, infatti $\mathrm{P}(Y < 6) \simeq 0.035$: si veda il Paragrafo 10.5.1 (in particolare la Figura 10.3). In altri termini, effettuando 200 lanci di una moneta equilibrata, la probabilità di osservare 6 o più risultati uguali consecutivi è maggiore del 96%! Per questa ragione, il professore può "ragionevolmente" concludere che la sequenza inventata sia la seconda, che non contiene più di 5 teste o croci consecutive. □

La stima ottenuta per $n = 200$ sembra poco interessante, ma in realtà le disuguaglianze (4.35) e (4.39) si rivelano molto potenti quando si consdera un numero elevato n di lanci ($n = 200$ non è così grande).

Teorema 4.20
Sia $C > 0$ una costante fissata. Allora per ogni $n \geq 4$ si ha

$$\begin{aligned} \mathrm{P}(Y > \log_2 n + C) &\leq 2 \cdot 2^{-C} , \\ \mathrm{P}(Y < \log_2 n - C) &\leq 6 \cdot 2^{-C} , \end{aligned} \tag{4.40}$$

dove indichiamo con $\log_2(\cdot) = \log(\cdot)/\log 2$ *il logaritmo in base 2.*

Dimostrazione Applicando la disuguaglianza (4.35) per $k = \lceil \log_2 n + C \rceil$ (dove $\lceil x \rceil := \min\{n \in \mathbb{N} : n \geq x\}$ è il più piccolo intero maggiore o uguale a x), si ottiene

$$P(Y > \log_2 n + C) \leq P(Y \geq k) \leq n\, 2^{-k+1} \leq n\, 2^{-\log_2 n - C + 1} = 2 \cdot 2^{-C},$$

dove abbiamo sfruttato il fatto che $k \geq \log_2 n + C$ e $2^{-\log_2 n} = 1/n$.

D'altro canto, applicando la disuguaglianza (4.39) per $k = \lceil \log_2 n - C \rceil$, otteniamo

$$P(Y < \log_2 n - C) = P(Y < k) \leq \frac{3}{(n-k+1)2^{-k+1}} \leq \frac{3}{n2^{-k}} \leq 6 \cdot 2^{-C},$$

dove abbiamo sfruttato il fatto che $n - k + 1 \geq n - \log_2 n \geq n/2$ per $n \geq 4$, poi che $k \leq \log_2 n - C + 1$, e dunque $2^k \leq 2^{\log_2 n - C + 1} = 2n\, 2^{-C}$. □

Applicando (4.40), per ogni $C > 0$ e $n \geq 4$ otteniamo la disuguaglianza

$$\begin{aligned} P\big(Y \in [\log_2 n - C, \log_2 n + C]\big) &= 1 - P(Y > \log_2 n + C) - P(Y < \log_2 n - C) \\ &\geq 1 - 8 \cdot 2^{-C}. \end{aligned}$$

Questo mostra che possiamo rendere la probabilità $P\big(Y \in [\log_2 n - C, \log_2 n + C]\big)$ vicina a 1, *uniformemente in n*, scegliendo C grande. In altri termini, se fissiamo C grande, la sequenza più lunga di risultati uguali consecutivi ha lunghezza compresa tra $\log_2 n - C$ e $\log_2 n + C$ con grande probabilità. Per $n \to \infty$ si ha dunque approssimativamente $Y \simeq \log_2 n$, con un errore dell'ordine di una costante.

4.5 Il problema del collezionista di figurine

Completare un album di figurine, lo sappiamo per esperienza, è un'impresa difficile e a volte costosa. In questo paragrafo presentiamo un modello semplificato di raccolta di figurine, già evocato nel Problema 3.85, che si presta ad uno studio quantitativo assai preciso.

Supponiamo che un album consista di N figurine, che identifichiamo con gli elementi dell'insieme $\{1, 2, \ldots, N\}$. Le figurine vengono vendute singolarmente e ogni figurina acquistata, indipendentemente dai precedenti acquisti, ha ugual probabilità di essere una delle N figurine possibili.

Rendiamo più precise queste specifiche. Sia $(X_n)_{n \geq 1}$ una successione di variabili aleatorie che rappresentano la sequenza delle figurine acquistate. Secondo le specifiche precedenti, le X_n sono indipendenti, con distribuzione uniforme discreta sull'insieme $\{1, 2, \ldots, N\}$. L'insieme aleatorio

$$A_n := \{X_1, X_2, \ldots, X_n\} \subseteq \{1, 2, \ldots, N\},$$

consiste delle figurine distinte ottenute nei primi n acquisti. Si noti che i valori assunti $X_1, \ldots, X_n$ possono essere ripetuti, pertanto tipicamente A_n ha cardinalità strettamente minore di n. Definiamo $T_0 = 0$ e, per $k = 1, 2, \ldots, N$,

$$T_k := \min\{n \geq 1 : |A_n| = k\}.$$

In altre parole, T_k è il numero di acquisti necessari per ottenere k figurine distinte; in particolare, T_N è il numero di acquisti necessari a completare l'album. Si noti che T_k è una variabile aleatoria, che a priori può assumere anche il valore $+\infty$, definita sullo stesso spazio di probabilità su cui sono definite le X_n. Infine, per $k = 1, 2, \ldots, N$, sia

$$Y_k := T_k - T_{k-1}.$$

Il cuore dell'analisi è dato dal seguente risultato (che mostra, tra l'altro, che le variabili aleatorie T_k sono quasi certamente finite: $\mathrm{P}(T_k < +\infty) = 1$ per ogni k).

Proposizione 4.21
Le variabili aleatorie $Y_1, Y_2, \ldots, Y_N$ sono indipendenti, con distribuzioni marginali

$$Y_k \sim \mathrm{Geo}\left(1 - \frac{k-1}{N}\right). \tag{4.41}$$

Dimostrazione L'idea della dimostrazione è piuttosto semplice. Supponiamo di avere appena acquistato la $(k-1)$-esima figurina distinta, cioè di aver eseguito T_{k-1} acquisti. Rimangono dunque $N - (k-1)$ figurine mancanti. Considerato che ogni figurina viene acquistata con la stessa probabilità, il successivo acquisto fornirà una "nuova" figurina, cioè distinta dalle precedenti, con probabilità $\frac{N-k+1}{N}$. Perciò il numero Y_k di acquisti necessari per trovare una nuova figurina è il tempo di primo successo in uno schema di prove ripetute indipendenti con probabilità di successo $\left(1 - \frac{k-1}{N}\right)$, da cui segue (4.41). Forniamo ora un argomento più rigoroso, da cui segue anche l'indipendenza delle Y_k.

Si noti che, ovviamente $Y_1 \equiv 1$. Si tratta perciò di dimostrare che la densità discreta congiunta di $(Y_2, \ldots, Y_N)$ è quella di $N-1$ variabili aleatorie indipendenti con distribuzione data da (4.41), cioè

$$\mathrm{P}(Y_2 = y_2, Y_3 = y_3, \ldots, Y_N = y_N) = \prod_{k=2}^{N} \left(1 - \frac{k-1}{N}\right)\left(\frac{k-1}{N}\right)^{y_k - 1}, \tag{4.42}$$

per ogni $y_2, y_3, \ldots, y_N \in \mathbb{N}$.

Indichiamo con $\Sigma = (\Sigma_1, \ldots, \Sigma_N)$ la sequenza delle N figurine “distinte”, nell’ordine cronologico in cui sono acquistate, ossia $\Sigma_i := X_{T_i}$. Osserviamo che Σ_N è una variabile aleatoria a valori in S_N, il gruppo delle permutazioni su $\{1, \ldots, N\}$. Sommando sui valori σ assunti da Σ, otteniamo l’uguaglianza di eventi

$$\{Y_2 = y_2, \ldots, Y_N = y_N\} = \bigcup_{\sigma \in S_N} G_\sigma , \tag{4.43}$$

dove abbiamo posto $G_\sigma := \{Y_2 = y_2, \ldots, Y_N = y_N\} \cap \{\Sigma = \sigma\}$. Più esplicitamente, se definiamo $t_\ell := y_1 + \cdots + y_\ell$ (e $y_1 := 1$), possiamo scrivere

$$G_\sigma = \big\{T_1 = t_1, X_{t_1} = \sigma(1), T_2 = t_2, X_{t_2} = \sigma(2), \ldots, T_N = t_n, X_{t_N} = \sigma(N)\big\} .$$

Notiamo che possiamo adesso scrivere G_σ come segue

$$G_\sigma = \bigcap_{k=1}^{N} G_{\sigma,k} ,$$

dove $G_{\sigma,1} := \{X_1 = \sigma(1)\}$ mentre per $k \geq 2$ definiamo

$$G_{\sigma,k} = \big\{X_n \in \{\sigma(1), \ldots, \sigma(k-1)\} \text{ per } n \in \{t_{k-1} + 1, \ldots, t_k - 1\} ;\ X_{t_k} = \sigma(k)\big\} .$$

Dalle ipotesi sulle variabili aleatorie X_k

$$\mathrm{P}(G_{\sigma,k}) = \frac{1}{N}\left(\frac{k-1}{N}\right)^{y_k - 1}$$

(si ricordi che $y_1 := 1$). Inoltre:

- gli eventi G_σ sono disgiunti al variare di σ;
- per ogni $\sigma \in S_N$ fissato, gli eventi $(G_{\sigma,k})_{k=1}^N$ sono indipendenti, grazie alla Proposizione 3.38, perché sono funzione di sequenze disgiunte della successione $(X_n)_{n \in \mathbb{N}}$. Di conseguenza $\mathrm{P}(G_\sigma) = \prod_{k=1}^N \mathrm{P}(G_{\sigma,k})$.

Ricordando (4.43), otteniamo dunque

$$\begin{aligned}\mathrm{P}(Y_2 = y_2, Y_3 = y_3, \ldots, Y_N = y_N) &= \sum_{\sigma \in S_N} \frac{1}{N} \prod_{k=2}^{N} \frac{1}{N}\left(\frac{k-1}{N}\right)^{y_k - 1} \\ &= N! \frac{1}{N} \prod_{k=2}^{N} \frac{1}{N}\left(\frac{k-1}{N}\right)^{y_k - 1} = \prod_{k=2}^{N}\left(1 - \frac{k-1}{N}\right)\left(\frac{k-1}{N}\right)^{y_k - 1} ,\end{aligned}$$

che completa la dimostrazione. □

A questo punto, essendo

$$T_N = 1 + Y_2 + \cdots + Y_N ,$$

valore medio e varianza di T_N si possono calcolare facilmente: ricordando le formule (3.97), (3.98) per valore medio e varianza delle variabili aleatorie geometriche, si ha

$$\mathrm{E}(T_N) = 1 + \sum_{k=2}^{N} \mathrm{E}(Y_k) = 1 + \sum_{k=2}^{N} \frac{N}{N-k+1} = N \sum_{\ell=1}^{N} \frac{1}{\ell},$$

dove per l'ultima uguaglianza abbiamo posto $\ell := N - k + 1$. Analogamente

$$\mathrm{Var}(T_N) = \sum_{k=2}^{N} \mathrm{Var}(Y_k) = N \sum_{k=2}^{N} \frac{k-1}{(N-k+1)^2},$$

avendo sfruttato l'indipendenza delle Y_k. Scrivendo $k - 1 = N - (N - k + 1)$ si ottiene, ponendo ancora $\ell := N - k + 1$,

$$\mathrm{Var}(T_N) = N^2 \sum_{k=2}^{N} \frac{1}{(N-k+1)^2} - N \sum_{k=2}^{N} \frac{1}{N-k+1} = N^2 \sum_{\ell=1}^{N-1} \frac{1}{\ell^2} - N \sum_{\ell=1}^{N-1} \frac{1}{\ell}. \tag{4.44}$$

Al fine di ottenere il comportamento preciso di $\mathrm{E}(T_N)$ e $\mathrm{Var}(T_N)$ nel limite per $N \to +\infty$, enunciamo, senza dimostrare, i seguenti risultati:

$$\sum_{\ell=1}^{N} \frac{1}{\ell} = \log N + \gamma + \frac{1}{2N} + o(1/N),$$

dove $\gamma := -\int_0^\infty \mathrm{e}^{-x} \log x \, \mathrm{d}x \simeq 0.577$ è chiamata *costante di Eulero-Mascheroni*, e

$$\sum_{\ell=1}^{N} \frac{1}{\ell^2} = \frac{\pi^2}{6} - \frac{1}{N} + \frac{1}{2N^2} + o(1/N^2),$$

da cui si ottengono le seguenti espressioni asintotiche:

$$\mathrm{E}(T_N) = N \log N + \gamma N + \frac{1}{2} + o(1)$$

$$\mathrm{Var}(T_N) = \frac{\pi^2}{6} N^2 - N \log N - (\gamma + 1) N + o(1).$$

A partire da queste stime possiamo già ottenere informazioni importanti sulla distribuzione di T_N, grazie al "metodo dei momenti" descritto nel Paragrafo 3.3.6. Per ogni costante $C > 0$, usando la disuguaglianza di Chebyschev si ottiene

$$\mathrm{P}(|T_N - \mathrm{E}(T_N)| > CN) \leq \frac{\mathrm{Var}(T_N)}{C^2 N^2} \leq \frac{\pi^2}{6C^2}.$$

Inoltre, grazie allo sviluppo asintotico di $\mathrm{E}(T_N)$ (ricordiamo che $\gamma \simeq 0.577$), esiste N_0 tale che per ogni $N \geq N_0$ si ha $\left| \mathrm{E}(T_N) - N \log N \right| \leq N$ e di conseguenza

$$\mathrm{P}(|T_N - N \log N| > (C+1)N) \leq \mathrm{P}(|T_N - \mathrm{E}(T_N)| > CN) \leq \frac{\pi^2}{6C^2} \tag{4.45}$$

per N sufficientemente grande. Si noti che questa probabilità può essere resa piccola a piacere, *uniformemente* in N, scegliendo C grande. Ciò significa che con grande probabilità la variabile aleatoria T_N assume valori dell'ordine di $N \log N \pm O(N)$.

Mostriamo infine un risultato che migliora la stima (4.45). La notazione $\lceil x \rceil$ denota il più piccolo intero maggiore o uguale al numero reale x.

Proposizione 4.22
Per ogni $c > 1$ e per ogni $N \geq 1$

$$\mathrm{P}(T_N > \lceil N \log N + cN \rceil) \leq \mathrm{e}^{-c}, \tag{4.46}$$

$$\mathrm{P}(T_N < N \log N - cN) \leq \mathrm{e}^{-c}, \tag{4.47}$$

Dimostrazione Cominciamo con il dimostrare (4.46). Sia $k := \lceil N \log N + cN \rceil$ e, per $i \in \{1, 2, \ldots, N\}$, consideriamo gli eventi

$$B_i := \{i \notin \{X_1, X_2, \ldots, X_k\}\}.$$

In altre parole, l'evento B_i corrisponde all'affermazione "la figurina i non compare tra le prime k figurine acquistate". Si noti che:

$$\{T_N > k\} = \bigcup_{i=1}^{N} B_i. \tag{4.48}$$

Usando il fatto che, per l'indipendenza delle X_n

$$\mathrm{P}(B_i) = \mathrm{P}\left(\bigcap_{n=1}^{k} \{X_n \neq i\}\right) = \left(\frac{N-1}{N}\right)^k,$$

otteniamo grazie alla sub-additività

$$\mathrm{P}(T_N > k) \leq \sum_{i=1}^{N} \mathrm{P}(B_i) = N\left(\frac{N-1}{N}\right)^k = N\left(1 - \frac{1}{N}\right)^k \leq N\mathrm{e}^{-k/N},$$

perché $(1 - x) \leq \mathrm{e}^{-x}$ per ogni $x \in \mathbb{R}$. Dunque, essendo $k \geq N \log N + cN$, si ha

$$\mathrm{P}(T_N > k) \leq N\mathrm{e}^{-\log N - c} = \mathrm{e}^{-c}.$$

Passiamo ora alla dimostrazione di (4.47). Sia $s > 0$ e $t := N \log N - cN$. Applicando la disuguaglianza di Chernov (Proposizione 3.79), otteniamo

$$\mathrm{P}(T_N < t) = \mathrm{P}\big(\mathrm{e}^{-sT_N} > \mathrm{e}^{-st}\big) \leq \mathrm{e}^{st}\, \mathrm{E}\big(\mathrm{e}^{-sT_N}\big). \tag{4.49}$$

Ricordiamo che T_N è somma di variabili aleatorie geometriche indipendenti:

$$T_N = 1 + Y_2 + \cdots + Y_N, \qquad Y_k \sim Ge\Big(1 - \frac{k-1}{N}\Big),$$

da cui, ricordando la formula (3.96) per la funzione generatrice dei momenti delle variabili Geometriche, segue che

$$\mathrm{E}\big(\mathrm{e}^{-sT_N}\big) = \mathrm{e}^{-s} \prod_{k=2}^{N} \mathrm{E}\big(\mathrm{e}^{-sY_k}\big) = \prod_{k=1}^{N} \frac{\frac{N-k+1}{N}}{\mathrm{e}^{s} - \frac{k-1}{N}}. \tag{4.50}$$

Usiamo ora (4.49) e (4.50) con $s := 1/N$, per cui $\mathrm{e}^{st} = N\mathrm{e}^{-c}$ (si ricordi che $t = N \log N - cN$). Applicando la disuguaglianza $\mathrm{e}^{1/N} \geq 1 + \frac{1}{N}$, si ottiene

$$\begin{aligned} \mathrm{P}(T_N < N \log N - cN) &\leq \mathrm{e}^{-c} N \prod_{k=1}^{N} \frac{\frac{N-k+1}{N}}{\mathrm{e}^{1/N} - \frac{k-1}{N}} \leq \mathrm{e}^{-c} N \prod_{k=1}^{N} \frac{\frac{N-k+1}{N}}{1 + \frac{1}{N} - \frac{k-1}{N}} \\ &= \mathrm{e}^{-c} N \prod_{k=1}^{N} \frac{N-k+1}{N-k+2} = \mathrm{e}^{-c} \frac{N}{N+1} \leq \mathrm{e}^{-c}, \end{aligned}$$

avendo usato nell'ultima uguaglianza il fatto che il prodotto è telescopico. □

Essendo $N \ll N \log N$ per N grande, le relazioni (4.46) e (4.47) esprimono il fatto che, con probabilità vicino ad uno, il numero di acquisti necessari a completare l'album è approssimativamente $N \log N$, come abbiamo già visto in (4.45), e la probabilità di "deviazioni" di ordine N da tale valore viene stimata in modo esplicito.

Chiudiamo con un'interpretazione alternativa dei risultati visti. Supponiamo di formare un gruppo di persone scelte casualmente, una dopo l'altra, fermandosi non appena ci sia una persona nata in ciascuno degli $N = 365$ giorni dell'anno. Se i compleanni sono uniformemente distribuiti tra i giorni dell'anno, il gruppo è composto in media da $\mathrm{E}(T_N) \approx N \log N \approx 2153$ persone.

Osservazione 4.23 Possiamo ottenere il seguente risultato asintotico più preciso:

$$\lim_{N \to +\infty} \mathrm{P}\big(T_N > N \log N + xN\big) = 1 - \mathrm{e}^{-\mathrm{e}^{-x}}, \qquad \forall x \in \mathbb{R}. \tag{4.51}$$

Definiamo $k = k_N(x) = \lfloor N \log N + xN \rfloor$ (ricordiamo che $\lfloor \cdot \rfloor$ indica la parte intera), in modo che $\mathrm{P}(T_N > N \log N + xN) = \mathrm{P}(T_N > k)$. A questo punto, partendo dal fatto che $\{T_N > k\} = \bigcup_{i=1}^{N} B_i$ (si veda (4.48)), otteniamo dalla formula di inclusione-esclusione (Proposizione 1.23)

$$\begin{aligned} \mathrm{P}\left(T_N > k\right) = \mathrm{P}\Big(\bigcup_{i=1}^{N} B_i\Big) &= \sum_{j=1}^{N} (-1)^{j-1} \sum_{\{i_1,\ldots,i_j\} \subseteq \{1,\ldots,N\}} \mathrm{P}\big(B_{i_1} \cap \cdots \cap B_{i_j}\big) \\ &= \sum_{j=1}^{N} (-1)^{j-1} \binom{N}{j} \Big(1 - \frac{j}{N}\Big)^{k}, \end{aligned}$$

dove abbiamo utilizzato il fatto che per ogni sottoinsieme $\{i_1, \ldots, i_j\} \subseteq \{1, \ldots, N\}$ si ha

$$\mathrm{P}\left(B_{i_1} \cap \cdots \cap B_{i_j}\right) = \mathrm{P}\left(i_1, \ldots, i_j \notin \{X_1, \ldots, X_k\}\right) = \left(1 - \frac{j}{n}\right)^k .$$

Ricordando che $k = k_N(x) = \lfloor N \log N + xN \rfloor$, otteniamo $\lim_{N\to+\infty} \binom{N}{j}(1 - \frac{j}{N})^k = \frac{1}{j!}\mathrm{e}^{-jx}$ (esercizio). *È possibile mostrare che il limite della somma è la somma (infinita!) dei limiti*[5], cioè

$$\lim_{N\to+\infty} \mathrm{P}\left(T_N > N \log N + tN\right) = \lim_{N\to\infty} \sum_{j=1}^{N} (-1)^{j-1} \binom{N}{j} \left(1 - \frac{j}{N}\right)^{k_N(x)} = \sum_{j=1}^{\infty} (-1)^{j-1} \frac{\mathrm{e}^{-jx}}{j!} ,$$

che coincide con la formula (4.51) (si ricordi la serie esponenziale (0.6)). □

4.6 Mescolare un mazzo di carte

Mescolare accuratamente un mazzo di carte è fondamentale per l'equità dei giochi che con le carte si svolgono. Ciò è di particolare rilevanza nei casinò, dove vengono usate macchine automatiche: se il mescolamento non fosse accurato, favorendo certi ordinamenti invece di altri, un giocatore abile che ne fosse a conoscenza potrebbe sfruttare a proprio vantaggio tale inaccuratezza. In questo paragrafo illustriamo e analizziamo un metodo di mescolamento estremamente semplice, in cui un "singolo mescolamento" consiste nell'estrarre una carta a caso dal mazzo, mettendola in cima al mazzo stesso: una domanda importante è allora di sapere quanti "singoli mescolamenti" sono necessari per mescolare bene il mazzo di carte. Tale modello consente un'analisi relativamente semplice; inoltre tanto le tecniche quanto, a livello qualitativo, i risultati, sono simili a quelli di modelli più realistici.

Come vedremo, la formulazione e l'analisi del modello sono strettamente legate al problema del collezionista di figurine. Sia N il numero di carte, che verranno etichettate con gli elementi dell'insieme $\{1, 2, \ldots, N\}$. L'insieme dei possibili ordinamenti del mazzo verrà identificato con S_N, l'insieme delle permutazioni di $\{1, 2, \ldots, N\}$: data $\sigma \in S_N$, la carta che si trova in cima al mazzo è $\sigma(1)$, quella successiva è $\sigma(2)$, e così via. Più formalmente, $\sigma(i) = j$ significa che nella posizione i (partendo dalla cima del mazzo) c'è la carta j, per ogni $1 \leq i, j \leq n$. Dunque la permutazione σ associa a ogni "posizione" la carta corrispondente, mentre la permutazione inversa σ^{-1} associa a ogni carta la posizione corrispondente.

Sia $(U_n)_{n\geq 1}$ una successione di variabili aleatorie indipendenti, con distribuzione uniforme discreta su $\{1, 2, \ldots, N\}$. Esse rappresentano le *posizioni* delle carte estratte dal mazzo nei successivi mescolamenti: all'n-esimo mescolamento, la carta in posizione U_n viene presa dal mazzo e posta in cima allo stesso. Denotiamo con Σ_n l'ordinamento del mazzo dopo n mescolamenti. Si ha che $(\Sigma_n)_{n\geq 0}$ è una succes-

[5] Lo scambio di somma e limite è giustificato dalla stima $\binom{N}{j}(1 - \frac{j}{N})^k \leq \frac{1}{j!}\mathrm{e}^{-jx}$ (per $1 \leq j \leq N$), che permette di applicare un risultato avanzato noto come "teorema di convergenza dominata".

sione di variabili aleatorie a valori in S_N, che possono essere definite ricorsivamente come segue, per $i = 1, 2, \ldots, N$:

$$\Sigma_0(i) = i\,, \qquad \Sigma_n(i) = \begin{cases} \Sigma_{n-1}(U_n) & \text{se } i = 1 \\ \Sigma_{n-1}(i-1) & \text{se } 1 < i \le U_n \\ \Sigma_{n-1}(i) & \text{se } U_n < i \le N \end{cases}, \qquad \forall n \ge 1\,. \tag{4.52}$$

Si noti che (4.52) codifica proprio il mescolamento sopra descritto: se l'ordinamento del mazzo dopo $n-1$ mescolamenti è Σ_{n-1}, nell'n-esimo mescolamento si estrae la carta in posizione U_n, ossia la carta

$$X_n := \Sigma_{n-1}(U_n)\,,$$

e la si mette in cima al mazzo, producendo l'ordinamento Σ_n.

Vale la pena di sottolineare che la successione $(X_n)_{n\ge1}$ delle carte estratte successivamente dal mazzo è composta da variabili aleatorie *indipendenti con distribuzione uniforme discreta su* $\{1, 2, \ldots, N\}$, analogamente alla successione delle loro posizioni $(U_n)_{n\ge1}$. Infatti, qualunque sia l'ordinamento Σ_{n-1} del mazzo, scegliendo la posizione U_n in modo uniforme, la carta estratta $X_n = \Sigma_{n-1}(U_n)$ è una qualunque tra le N carte con la stessa probabilità, indipendentemente dalle carte precedentemente estratte. Lasciamo al lettore interessato la formalizzazione di questo argomento.

Introduciamo ora l'*insieme* aleatorio costituito dalle carte estratte nei primi n mescolamenti:

$$A_n := \{X_1, X_2, \ldots, X_n\} \subseteq \{1, \ldots, N\}\,,$$

e osserviamo che l'ordinamento Σ_n può essere descritto nel modo seguente:

- le carte dell'insieme A_n occupano le prime posizioni del mazzo, nell'ordine inverso in cui sono state estratte;
- le carte non estratte, cioè appartenenti a $\{1, 2, \ldots, N\} \setminus A_n$, occupano le ultime posizioni del mazzo, in ordine crescente (in quanto il loro ordine relativo iniziale non è stato modificato).

Come nel problema del collezionista di figurine, definiamo per $k \in \{1, \ldots, N\}$ le variabili aleatorie

$$T_k := \min\{n \ge 1 : |A_n| = k\}\,,$$

e

$$Y_k := T_k - T_{k-1}\,.$$

Tali variabili aleatorie soddisfano la Proposizione 4.21, che useremo a breve.

Ricordando che Σ_n è una variabile aleatoria a valori in S_n, indichiamone con Q_n la distribuzione e con q_n la relativa densità. Intuitivamente, possiamo dire che dopo

n mescolamenti il mazzo è "ben mescolato" se Q_n è "vicina" alla probabilità uniforme U su S_N, definita da $U(\{\sigma\}) := u(\sigma) = \frac{1}{N!}$ per ogni $\sigma \in S_N$. Più precisamente, usando le notazioni introdotte nella Definizione 4.2, come misura della "bontà" del mescolamento useremo la distanza in variazione totale

$$d_n := d(q_n, u) = \frac{1}{2} \sum_{\sigma \in S_N} \left| q_n(\sigma) - \frac{1}{N!} \right|. \tag{4.53}$$

Nella parte restante di questo paragrafo dimostreremo il seguente risultato.

Teorema 4.24
Siano $N \in \mathbb{N}$ e $c \in (0, \infty)$. Allora:

(i) *per $n > N \log N + cN$ si ha $d_n \leq e^{-c}$;*
(ii) *per $n < N \log N - cN$ si ha $d_n \geq 1 - f_N(c)$, dove*

$$f_N(c) := \min_{m \in \{1,\dots,N\}} \left(\frac{1}{m!} + (m+1)e^{-c} \right), \tag{4.54}$$

da cui segue che $d_n \geq 1 - (c+5)e^{-c}$ se $c \geq 3$.

Dunque, se c è sufficientemente grande, $N \log N + cN$ mescolamenti sono sufficienti per essere vicini alla distribuzione uniforme, mentre $N \log N - cN$ non sono sufficienti. A titolo di esempio, per un mazzo da "Scala 40", in cui $N = 108$, applicando il Teorema 4.24 si ha che $d_n \geq 0.6$ per $n \leq 181$, mentre $d_n \leq 0.05$ per $n \geq 830$. Tali stime sono in realtà abbastanza rozze, in quanto la transizione da valori "grandi" a valori "piccoli" per d_n avviene assai più rapidamente.

Il risultato del Teorema 4.24 diventa tuttavia assai significativo per valori grandi di N, per cui, ad esempio, $10N \ll N \log N$. In tal caso, si passa da valori di d_n vicini a 1 a valori di d_n vicini a 0 passando da $(N \log N - 5N)$ a $(N \log N + 5N)$ mescolamenti, quindi con una *variazione* del numero di mescolamenti pari a $10N$, che è molto piccola rispetto al numero totale di mescolamenti ($\sim N \log N$). Questo fenomeno di "transizione rapida", detto *cut-off*, è comune a molte dinamiche stocastiche, in particolare a molti algoritmi di mescolamento effettivamente usati nei casinò.

La dimostrazione del Teorema 4.24 sarà preceduta da alcuni risultati intermedi. L'idea di base è piuttosto semplice, e può essere illustrata come segue. Se il numero di mescolamenti n è tale che $n < T_{N-m}$, le ultime m carte del mazzo sono disposte in ordine crescente; dato che la probabilità che ciò si verifichi per la distribuzione uniforme è $1/m!$, la distribuzione di Σ_n è "distante" da quella uniforme, se m non è troppo piccolo. Se invece $n > T_{N-1}$, l'ordine iniziale è stato del tutto "distrutto", e vedremo che in questo caso le carte sono uniformemente disposte nel mazzo.

Quindi, euristicamente, la transizione di d_n da valori vicini a 1 a valori vicini a 0 avviene tra T_{N-m} e T_{N-1}: sfruttando la Proposizione 4.22 si ottiene il Teorema 4.24.

Cominciamo con un risultato di carattere generale.

Lemma 4.25
Siano P *e* Q *due probabilità discrete su un insieme* E, *e siano* $\mathrm{p}(x) := \mathrm{P}(\{x\})$, $\mathrm{q}(x) := \mathrm{Q}(\{x\})$ *le relative densità. Allora*

$$d(\mathrm{p}, \mathrm{q}) = \sup_{A \subseteq E} |\,\mathrm{P}(A) - \mathrm{Q}(A)|.$$

Dimostrazione Sia $A \subseteq E$. Si noti che $|\,\mathrm{P}(A) - \mathrm{Q}(A)| = |\,\mathrm{P}(A^c) - \mathrm{Q}(A^c)|$, perché $\mathrm{P}(A^c) = 1 - \mathrm{P}(A)$ e analogamente per Q, pertanto

$$\begin{aligned} |\,\mathrm{P}(A) - \mathrm{Q}(A)| &= \frac{1}{2}|\,\mathrm{P}(A) - \mathrm{Q}(A)| + \frac{1}{2}|\,\mathrm{P}(A^c) - \mathrm{Q}(A^c)| \\ &= \frac{1}{2}\left|\sum_{x \in A}[\mathrm{p}(x) - \mathrm{q}(x)]\right| + \frac{1}{2}\left|\sum_{x \in A^c}[\mathrm{p}(x) - \mathrm{q}(x)]\right| \\ &\le \frac{1}{2}\sum_{x \in E}|\,\mathrm{p}(x) - \mathrm{q}(x)| = d(\mathrm{p}, \mathrm{q}), \end{aligned}$$

che dimostra

$$d(\mathrm{p}, \mathrm{q}) \ge \sup_{A \subseteq E} |\,\mathrm{P}(A) - \mathrm{Q}(A)|.$$

Per mostrare la disuguaglianza opposta, esibiamo $A \subseteq E$ per cui $\mathrm{P}(A) - \mathrm{Q}(A) = d(\mathrm{p}, \mathrm{q})$. È sufficiente considerare $A := \{x \in E : \mathrm{p}(x) \ge \mathrm{q}(x)\}$, così che

$$\begin{aligned} \mathrm{P}(A) - \mathrm{Q}(A) &= \frac{1}{2}[\mathrm{P}(A) - \mathrm{Q}(A)] + \frac{1}{2}[\mathrm{Q}(A^c) - \mathrm{P}(A^c)] \\ &= \frac{1}{2}\sum_{x \in A}[\mathrm{p}(x) - \mathrm{q}(x)] + \frac{1}{2}\sum_{x \in A^c}[\mathrm{q}(x) - \mathrm{p}(x)] \\ &= \frac{1}{2}\sum_{x \in E}|\,\mathrm{p}(x) - \mathrm{q}(x)| = d(\mathrm{p}, \mathrm{q}), \end{aligned}$$

completando la dimostrazione. □

Mostriamo ora rigorosamente che successivamente all'istante T_{N-1} l'ordine delle carte nel mazzo è uniforme.

Lemma 4.26
Per ogni $\sigma \in S_N$ e per ogni $n \geq N-1$

$$P(\Sigma_n = \sigma \mid T_{N-1} \leq n) = \frac{1}{N!}.$$

Dimostrazione Fissiamo $\sigma \in S_N$ e $n \geq N-1$. Si noti che l'evento $\{\Sigma_n = \sigma, T_{N-1} = n\}$ è una funzione delle variabili aleatorie $X_1, \ldots, X_n$, nel senso che conoscendo i valori assunti da tali variabili si sa con certezza se l'evento si è verificato oppure no. Usando la notazione $\mathbf{x} = (x_1, x_2, \ldots, x_n) \in \{1, 2, \ldots, N\}^n$, possiamo dunque scrivere

$$\{\Sigma_n = \sigma,\ T_{N-1} \leq n\} = \bigcup_{\mathbf{x} \in A_n(\sigma)} \{X_1 = x_1, X_2 = x_2, \ldots, X_n = x_n\},$$

dove $A_n(\sigma)$ denota l'insieme dei $\mathbf{x} \in \{1, 2, \ldots, N\}^n$ per cui

$$\{X_1 = x_1, X_2 = x_2, \ldots, X_n = x_n\} \subseteq \{\Sigma_n = \sigma,\ T_{N-1} \leq n\}.$$

Dato che la distribuzione congiunta di $(X_1, \ldots, X_n)$ è la probabilità uniforme sull'insieme $\{1, 2, \ldots, N\}^n$ (perché?), si deduce che

$$P(\Sigma_n = \sigma,\ T_{N-1} \leq n) = \frac{|A_n(\sigma)|}{N^n}.$$

Se dimostriamo che $|A_n(\sigma)|$ non dipende da σ, segue che $P(\Sigma_n = \sigma,\ T_{N-1} \leq n)$ non dipende da σ, da cui la tesi segue facilmente (esercizio).

A tale scopo, denotando con id la permutazione identica, mostriamo che $|A_n(\sigma)| = |A_n(\mathrm{id})|$ esibendo una corrispondenza biunivoca fra $A_n(\sigma)$ e $A_n(\mathrm{id})$. Indicando con σ^{-1} la permutazione inversa di σ, una biiezione $\varphi : A_n(\sigma) \to A_n(\mathrm{id})$ è data da

$$\varphi(x_1, x_2, \ldots, x_n) := (\sigma^{-1}(x_1), \sigma^{-1}(x_2), \ldots, \sigma^{-1}(x_n)). \tag{4.55}$$

Per dimostrarlo, osserviamo che l'insieme $A_n(\sigma)$ consta di tutti e soli gli elementi $(x_1, \ldots, x_n) \in \{1, \ldots, N\}^n$ con le seguenti proprietà:

(i) $|\{x_1, x_2, \ldots, x_n\}| \geq N-1$;
(ii) per ogni $i \in \{1, \ldots, N-1\}$, $\sigma(i)$ è l'i-esima carta distinta nella sequenza "inversa" $x_n, x_{n-1}, \ldots, x_1$. Infatti, per le regole del mescolamento, la carta in cima al mazzo è l'ultima carta estratta, ossia $\sigma(1) = x_n$; la seconda carta del mazzo è la penultima carta estratta se essa è diversa dall'ultima, ossia $\sigma(2) = x_{n-1}$ se $x_{n-1} \neq x_n$; se invece $x_{n-1} = x_n$, si ha $\sigma(2) = x_{n-2}$ se $x_{n-2} \neq x_n$, ecc.

Si noti che, essendo σ una permutazione, se la proprietà (i) vale per $\mathbf{x}$, allora vale per $\varphi(\mathbf{x})$. Mostriamo quindi che se $\mathbf{x}$ soddisfa la proprietà (ii) per σ, allora $\varphi(\mathbf{x})$ la soddisfa per id. Per ipotesi, l'i-esima carta distinta nella sequenza inversa $x_n, x_{n-1}, \ldots, x_1$ è $\sigma(i) = x_{n-t_i}$, per un opportuno $t_i \in \{0, \ldots, n\}$; ma allora l'i-esima carta distinta nella sequenza inversa $\sigma^{-1}(x_n), \ldots, \sigma^{-1}(x_1)$ è necessariamente $\sigma^{-1}(x_{n-t_i}) = i = \mathrm{id}(i)$. Resta solo da mostrare che φ è effettivamente una biiezione: ciò segue dal fatto che ammette la seguente mappa inversa:

$$\varphi^{-1}(y_1, y_2, \ldots, y_n) := (\sigma(y_1), \sigma(y_2), \ldots, \sigma(y_n)),$$

come si verifica immediatamente. Questo conclude la dimostrazione. □

Si può interpretare il Lemma 4.26 come segue. Supponiamo che il mescolamento sia eseguito da una macchina che è in grado di leggere e memorizzare le carte estratte (senza, ovviamente, che questa informazione sia accessibile ai giocatori). Se la macchina smette di mescolare dopo aver estratto $N-1$ carte distinte, cioè dopo T_{N-1} mescolamenti, la distribuzione risultante dell'ordinamento finale è *esattamente* uniforme, ossia la macchina ha eseguito un mescolamento *perfetto*.

Il Lemma 4.26 è il risultato chiave per dimostrare il seguente risultato.

Lemma 4.27
Per ogni $n \geq N-1$,

$$d_n \leq \mathrm{P}(T_{N-1} > n).$$

Dimostrazione Usando il Lemma 4.26, otteniamo

$$\begin{aligned} \mathrm{P}(\Sigma_n = \sigma) &= \mathrm{P}(\Sigma_n = \sigma, T_{N-1} \leq n) + \mathrm{P}(\Sigma_n = \sigma, T_{N-1} > n) \\ &= \frac{1}{N!}\mathrm{P}(T_{N-1} \leq n) + \mathrm{P}(\Sigma_n = \sigma, T_{N-1} > n), \end{aligned}$$

che possiamo riscrivere nella forma

$$\mathrm{P}(\Sigma_n = \sigma) - \frac{1}{N!} = -\frac{1}{N!}\mathrm{P}(T_{N-1} > n) + \mathrm{P}(\Sigma_n = \sigma, T_{N-1} > n).$$

Per la disuguaglianza triangolare, da ciò segue che

$$\left|\mathrm{P}(\Sigma_n = \sigma) - \frac{1}{N!}\right| \leq \frac{1}{N!}\mathrm{P}(T_{N-1} > n) + \mathrm{P}(\Sigma_n = \sigma, T_{N-1} > n),$$

e sommando su $\sigma \in S_N$, ricordando la definizione (4.53), otteniamo

$$2d_n = \sum_{\sigma \in S_N}\left|\mathrm{P}(\Sigma_n = \sigma) - \frac{1}{N!}\right| \leq 2\,\mathrm{P}(T_{N-1} > n),$$

che conclude la dimostrazione. □

Lemma 4.28
Per ogni $c > 0$ e $0 \leq m \leq N$

$$P(T_{N-m} < N \log N - cN) \leq (m+1)e^{-c}.$$

Dimostrazione Per $m = 0$ si tratta della disuguaglianza (4.47), dimostrata nella Proposizione 4.22. Per $m \geq 1$ la dimostrazione è identica, con la sola differenza che i prodotti in (4.50) si estendono per $k \leq N - m$ anziché $k \leq N$. Si trova perciò

$$\begin{aligned} P(T_{N-m} < N \log N - cN) &\leq e^{-c} N \prod_{k=1}^{N-m} \frac{N-k+1}{N-k+2} = e^{-c} \frac{N(m+1)}{N+1} \\ &\leq (m+1)e^{-c}, \end{aligned}$$

come cercato. □

Non abbiamo ora che da mettere assieme i risultati appena dimostrati.

Dimostrazione (del Teorema 4.24) Cominciamo col dimostrare la prima affermazione; prendiamo quindi $n > N \log N + cN$. Essendo $T_{N-1} < T_N$, applicando il Lemma 4.27 e la relazione (4.46), per $n > N \log N + cN$ si ha

$$d_n \leq P(T_{N-1} > n) \leq P(T_N > N \log N + cN) \leq e^{-c}.$$

Per dimostrare la seconda affermazione del Teorema 4.24, consideriamo gli ordinamenti del mazzo di carte in cui le ultime m carte sono in ordine crescente:

$$A_m := \{\sigma \in S_N : \sigma(N-m+1) < \sigma(N-m+2) < \cdots < \sigma(N)\}.$$

Come abbiamo osservato in precedenza, se dopo n mescolamenti sono state estratte al più $N - m$ carte distinte, ossia se $T_{N-m} > n$ le ultime m carte del mazzo sono in ordine crescente, dunque

$$P(\Sigma_n \in A_m | T_{N-m} \geq n) = 1.$$

Perciò, ricordando che Q_n denota la distribuzione di Σ_n, per $n < N \log N - cN$

$$\begin{aligned} Q_n(A_m) &= P(\Sigma_n \in A_m) \geq P(\Sigma_n \in A_m | T_{N-m} \geq n) P(T_{N-m} \geq n) \\ &= P(T_{N-m} \geq n) \geq P(T_{N-m} \geq N \log N - cN) \geq 1 - (m+1)e^{-c}, \end{aligned}$$

dove l'ultima disuguaglianza segue dal Lemma 4.28. Inoltre, tramite un semplice argomento di conteggio, lasciato al lettore, si mostra che

$$U(A_m) = \frac{1}{m!},$$

dove denotiamo con U la probabilità uniforme su S_N. Perciò, per il Lemma 4.25,

$$d_n \geq \mathrm{Q}_n(A_m) - \mathrm{U}(A_m) \geq 1 - (m+1)\mathrm{e}^{-c} - \frac{1}{m!}.$$

Questa disuguaglianza vale per ogni $m \in \{1, \ldots, N\}$. Considerando il massimo su m nel membro destro, si ottiene $d_n \geq 1 - f_N(c)$, dove $f_N(c)$ è definita in (4.54).

Resta solo da dimostrare che $f_N(c) \leq (c+5)\mathrm{e}^{-c}$ se $c \geq 3$, da cui segue che $d_n \geq 1 - (c+5)\mathrm{e}^{-c}$, come annunciato. Per la formula di Stirling, nella versione della Proposizione 1.41, si ha $m! \geq m^m \mathrm{e}^{-m}\sqrt{2\pi m}$. Inoltre, si può verificare la disuguaglianza

$$x^x \mathrm{e}^{-x}\sqrt{2\pi x} \geq \mathrm{e}^x/3 \qquad \text{per ogni } x \geq 4, \tag{4.56}$$

mostrando che la differenza dei logaritmi dei due membri è positiva in $x = 4$ e che è una funzione crescente per $x \geq 4$. Abbiamo quindi dimostrato che $m! \geq \mathrm{e}^m/3$ per ogni $m \geq 4$, e quindi

$$f_N(c) \leq \frac{1}{m!} + (m+1)\mathrm{e}^{-c} \leq 3\,\mathrm{e}^{-m} + (m+1)\mathrm{e}^{-c} \qquad \forall m \in \{4, \ldots, N\}. \tag{4.57}$$

Scegliamo ora $m = \lceil c \rceil$ in (4.54) (ossia, m è il più piccolo intero $\geq c$). Questo valore di m è legittimo, ossia è in $\{1, \ldots, N\}$, perché nella seconda parte del Teorema 4.24 deve essere $c \leq \log N$ (in caso contrario $n < N \log N - cN < 0$ e d_n non è definita) e dunque $1 \leq m = \lceil c \rceil \leq \lceil \log N \rceil \leq N$ per ogni $N \in \mathbb{N}$. Se $m \geq 4$, ossia $c > 3$, abbiamo $\mathrm{e}^{-m} \leq \mathrm{e}^{-c}$ e $(m+1) = (\lceil c \rceil + 1) \leq c + 2$: grazie a (4.57) otteniamo che $f_N(c) \leq (c+5)\mathrm{e}^{-c}$ per ogni $c > 3$. Dato che $f_N(c)$ è una funzione continua di c, la disuguaglianza vale anche per $c = 3$. □

4.7 Rivisitazione delle passeggiate aleatorie

Nel Paragrafo 2.2 abbiamo introdotto il modello della passeggiata aleatoria semplice, basato sullo spazio di probabilità (Ω_N, P_N), dove $\Omega_N = \{-1, 1\}^N$ è lo spazio degli "incrementi" e P_N è la probabilità uniforme su Ω_N. Rivisitiamo questo modello usando le variabili aleatorie.

Se $\mathbf{x} = (x_1, x_2, \ldots, x_N) \in \Omega_N$, per $i = 1, 2, \ldots N$ definiamo le variabili aleatorie

$$X_i(\mathbf{x}) := x_i$$

$$S_i(\mathbf{x}) := x_1 + \cdots + x_i = \sum_{j=1}^{i} X_j(\mathbf{x}). \tag{4.58}$$

Le definizioni (4.58) permettono di riformulare i risultati ottenuti nel Paragrafo 2.2 in termini di variabili aleatorie. Ad esempio, la proprietà di ricorrenza, dimostrata nel Teorema 2.7, si può esprimere come segue:

$$\lim_{N \to +\infty} \mathrm{P}_N(S_n = 0 \text{ per qualche } n = 2, \ldots, N) = 1. \tag{4.59}$$

Sottolineiamo il fatto che (4.59) è una semplice riscrittura del Teorema 2.7.

È utile però, a questo punto, notare quanto segue.

- La probabilità

$$P_N(S_n = 0 \text{ per qualche } n = 2, \dots, N)$$

dipende unicamente dalla *distribuzione congiunta* delle variabili aleatorie $X_1, X_2, \dots, X_N$, come si vede dalla relazione

$$P_N(S_n = 0 \text{ per qualche } n = 2, \dots, N)$$
$$= \sum_{\mathbf{x} \in A_N} P_N(X_1 = x_1, X_2 = x_2, \dots, X_N = x_N),$$

dove $A_N := \{\mathbf{x} \in \Omega_N : x_1 + \dots + x_n = 0 \text{ per qualche } n = 2, \dots, N\}$.

- Essendo P_N la probabilità uniforme su Ω_N,

$$P_N(X_1 = x_1, X_2 = x_2, \dots, X_N = x_N) = \frac{1}{2^N} = \prod_{i=1}^{N} P(X_i = x_i).$$

Si deduce quindi che $X_1, X_2, \dots, X_N$ sono variabili aleatorie indipendenti e con le stesse distribuzioni marginali, ossia

$$P_N(X_i = 1) = P(X_i = -1) = \frac{1}{2}. \tag{4.60}$$

Segue da queste considerazioni che se (Ω_N, P_N) è un *arbitrario* spazio di probabilità, in cui siano definite variabili aleatorie $X_1, X_2, \dots, X_N$ indipendenti e con distribuzioni marginali (4.60), l'enunciato (4.59) continua a valere. Analoghe considerazioni possono essere fatte per la riformulazione in termini di variabili aleatorie di altri risultati relativi alla passeggiata aleatoria semplice.

Nello spirito, e nei limiti, di quanto affermato all'inizio di questo capitolo, possiamo andare oltre, considerando una *successione* $(X_n)_{n \geq 1}$ di variabili aleatorie indipendenti con distribuzione (4.60), in modo da evitare di indicizzare con N la probabilità P e poter considerare eventi più generali, che dipendono dall'intera successione. Al di là dell'esercizio di astrazione, la formulazione del modello in termini di successioni di variabili aleatorie indipendenti è utile anche per generalizzare il modello stesso, considerandone una versione *asimmetrica*, che ora definiamo.

Tirando le fila del discorso, d'ora in avanti supponiamo che $(X_n)_{n \geq 1}$ sia una successione di variabili aleatorie indipendenti, con distribuzioni marginali

$$P(X_i = 1) = p, \qquad P(X_i = -1) = q := 1 - p, \qquad \text{con} \quad p \in (0, 1), \tag{4.61}$$

e definiamo *passeggiata aleatoria* la successione $(S_n)_{n \geq 0}$ definita da

$$S_n := \begin{cases} \sum_{k=1}^{n} X_k & \text{per } n \geq 1 \\ 0 & \text{per } n = 0 \end{cases}.$$

Se $p \neq \frac{1}{2}$, la passeggiata aleatoria ha dunque una “direzione preferenziale”. Si noti che il caso $p < \frac{1}{2}$ può essere ricondotto al caso $p > \frac{1}{2}$ mediante una riflessione, ossia considerando $-S_n$ invece di S_n. Pertanto, nel seguito supporremo che $p \in [\frac{1}{2}, 1)$.

Osservazione 4.29 Si noti che la semplice trasformazione lineare $Y_i := \frac{1}{2}(X_i + 1)$ produce una successione di variabili aleatorie indipendenti con distribuzione $\mathrm{Be}(p)$, sicché $\frac{1}{2}(S_n + n) \sim \mathrm{Bin}(n, p)$. Molte proprietà della passeggiata aleatoria possono pertanto essere formulate in termini di variabili aleatorie binomiali. In quanto segue, non avremo tuttavia convenienza ad operare questa trasformazione. □

Il problema che affrontiamo è quello di studiare le proprietà del *tempo di primo passaggio al livello* $m \in \mathbb{Z}$, definito come la seguente variabile aleatoria

$$T_m := \min\{n \geq 0 : \; S_n = m\},$$

o, più esplicitamente, $T_m(\omega) := \min\{n \geq 0 : \; S_n(\omega) = m\}$, per ogni $\omega \in \Omega$, dove Ω è lo spazio di probabilità su cui sono definite le variabili X_k, e dunque anche le S_n. Si noti che $T_0 = 0$, mentre $T_m > 0$ per ogni $m \neq 0$.

Sottolineiamo che l'insieme $\{n \geq 0 : \; S_n(\omega) = m\}$ potrebbe essere vuoto, ed in tal caso poniamo $T_m(\omega) = +\infty$. Di conseguenza T_m è una variabile aleatoria discreta, a valori nell'insieme numerabile $\mathbb{N}_0 \cup \{+\infty\} = \{0, 1, 2, \ldots, +\infty\}$.

Uno dei primi problemi che ci poniamo è di calcolare, per $m, \ell \in \mathbb{N}$, la probabilità di raggiungere il livello m prima di raggiungere il livello $-\ell$, vale a dire $\mathrm{P}(T_m < T_{-\ell})$. Questo calcolo è noto con il nome di *rovina del giocatore* perché ammette la seguente interpretazione. Consideriamo un giocatore che effettua scommesse successive indipendenti, ciascuna con probabilità di successo p: per ogni scommessa, se vince il suo capitale aumenta di un euro mentre se perde il suo capitale diminuisce di un euro. Con questa interpretazione, la variabile aleatoria S_n rappresenta il guadagno *con segno* del giocatore dopo n scommesse, quindi chiedersi se si verifica l'evento $\{T_m < T_{-\ell}\}$ significa chiedersi se il giocatore riuscirà a di guadagnare m euro (il suo *obiettivo*) prima di perdere ℓ euro (il suo *capitale iniziale*). Come mostriamo più sotto, si veda l'Osservazione 4.31, con probabilità 1 si verificherà uno di questi due casi, cioè o il giocatore a un certo punto raggiungerà il suo obiettivo, oppure finirà per esaurire il suo capitale iniziale e dunque andare in bancarotta . . .

Cominciamo con il calcolo della probabilità $\mathrm{P}(T_m < T_{-\ell})$.

Teorema 4.30 (Rovina del giocatore)
Sia $p \in [\frac{1}{2}, 1]$ *e definiamo* $\rho := \frac{1-p}{p} \leq 1$. *Allora, per ogni* $\ell, m \in \mathbb{N}$, *si ha*

$$\mathrm{P}(T_m < T_{-\ell}) = \begin{cases} \dfrac{\ell}{m + \ell} & \textit{se } p = 1/2 \;\; (\textit{cioè } \rho = 1), \\[2ex] \dfrac{1 - \rho^{\ell}}{1 - \rho^{m+\ell}} & \textit{se } p > 1/2 \;\; (\textit{cioè } \rho < 1). \end{cases}$$

Dimostrazione Definiamo, per $x, y \in \mathbb{Z}$, la variabile aleatoria

$$T_y^{(x)} := \min\{n \geq 0 : x + S_n = y\}, \tag{4.62}$$

che rappresenta il primo istante in cui la passeggiata aleatoria raggiunge il livello y *partendo da* x (infatti $(x + S_n)_{n \geq 0}$ si può interpretare come una passeggiata aleatoria che parte da x). Dato che possiamo scrivere $T_y^{(x)} = T_{y-x}$, deduciamo che

$$\mathrm{P}(T_m < T_{-\ell}) = \mathrm{P}\left(T_{m+\ell}^{(\ell)} < T_0^{(\ell)}\right).$$

Poniamo ora $u(x) := \mathrm{P}(T_{m+\ell}^{(x)} < T_0^{(x)})$ e calcoliamo $u(x)$ *per ogni* $x \in \{0, \ldots, m+\ell\}$. Il risultato che cerchiamo corrisponde al caso $x = \ell$.

Osserviamo che $T_x^{(x)} = 0$ e quindi $u(0) = 0$; analogamente $u(m + \ell) = 1$. Mostriamo ora che, per $x \in \{1, \ldots, m + \ell - 1\}$, vale la relazione seguente:

$$u(x) = p\, u(x + 1) + (1 - p)\, u(x - 1). \tag{4.63}$$

A tal fine possiamo scrivere

$$\begin{aligned} u(x) &= \mathrm{P}\left(T_{m+\ell}^{(x)} < T_0^{(x)}\right) \\ &= \mathrm{P}\left(X_1 = 1, T_{m+\ell}^{(x)} < T_0^{(x)}\right) + \mathrm{P}\left(X_1 = -1, T_{m+\ell}^{(x)} < T_0^{(x)}\right). \end{aligned}$$

Per ciascuna delle probabilità che compaiono nel membro destro, il minimo nella definizione di $T_y^{(x)}$ non può essere assunto per $n = 0$ se $x \neq y$. Di conseguenza, se scriviamo $S_n := X_1 + \widetilde{S}_{n-1}$ avendo posto $\widetilde{S}_{n-1} := X_2 + X_3 + \cdots + X_n$ per $n \geq 1$, si ha

$$\begin{aligned} \mathrm{P}\left(X_1 = 1, T_{m+\ell}^{(x)} < T_0^{(x)}\right) = \mathrm{P}\Big(X_1 = 1,\ &\min\left\{n \geq 1 : x + 1 + \widetilde{S}_{n-1} = m + \ell\right\} \\ &< \min\left\{n \geq 1 : x + 1 + \widetilde{S}_{n-1} = 0\right\}\Big). \end{aligned}$$

Dato che X_1 e $(\widetilde{S}_n)_{n \geq 0}$ sono indipendenti, i due eventi che compaiono nella probabilità sono indipendenti, pertanto la probabilità si fattorizza e otteniamo

$$\begin{aligned} \mathrm{P}(X_1 = 1)\, \mathrm{P}\Big(\min\left\{k \geq 0 : x + 1 + \widetilde{S}_k = m + \ell\right\} < \min\left\{k \geq 0 : x + 1 + \widetilde{S}_k = 0\right\}\Big) \\ = p\, \mathrm{P}\left(T_{m+\ell}^{(x+1)} < T_0^{(x+1)}\right) = p\, u(x + 1), \end{aligned}$$

dove abbiamo utilizzato la definizione di $T_y^{(x+1)}$ e il fatto che $(\widetilde{S}_k)_{k \geq 0}$ ha la stessa distribuzione di $(S_n)_{n \geq 0}$. Analogamente si mostra che $\mathrm{P}(X_1 = -1, T_{m+\ell}^{(x)} < T_0^{(x)}) = (1 - p)\, u(x - 1)$, quindi si ottiene (4.63).

A partire dalla relazione (4.63), possiamo calcolare $u(x)$ sfruttando le *"condizioni al bordo"* $u(0) = 0$, $u(m + \ell) = 1$. In effetti, scrivendo $u(x) = (1 - p)u(x) + pu(x)$, osserviamo che si può riformulare (4.63) nel modo seguente:

$$(1 - p)\big(u(x) - u(x - 1)\big) = p\big(u(x + 1) - u(x)\big),$$

e dunque, per ogni $x \in \{1, \dots, m+\ell-1\}$,

$$u(x+1) - u(x) = \rho\,(u(x) - u(x-1))\,,$$

dove ricordiamo che $\rho := \frac{1-p}{p} \leq 1$ (si osservi che $\rho = 1$ per $p = \frac{1}{2}$). Iterando questa relazione, si mostra facilmente per induzione che per ogni $x \in \{1, \dots, m+\ell-1\}$

$$u(x+1) - u(x) = \rho^x\,(u(1) - u(0)) = \rho^x\,u(1)\,.$$

Sommando questa relazione su x si ottiene una somma telescopica: ricordando che $u(0) = 0$, si ha dunque

$$u(x) = \sum_{y=0}^{x-1}(u(y+1) - u(y)) = \left(\sum_{y=0}^{x-1}\rho^y\right)u(1)\,.$$

Ricordando inoltre che $u(m+\ell) = 1$, deduciamo che $u(1) = (\sum_{y=0}^{m+\ell-1}\rho^y)^{-1}$, da cui si ottiene

$$u(x) = \frac{\sum_{y=0}^{x-1}\rho^y}{\sum_{y=0}^{m+\ell-1}\rho^y}\,, \qquad \forall x \in \{0, 1, \dots, m+\ell\}\,. \tag{4.64}$$

Distinguiamo ora i casi $p = \frac{1}{2}$ e $p > \frac{1}{2}$.

- Per $p = \frac{1}{2}$ si ha $\rho = 1$, quindi si tratta di contare il numero di termini nelle due somme che compaiono in (4.64): troviamo dunque

  $$u(x) = \frac{x}{m+\ell}\,,$$

  che coincide on il risultato cercato per $x = \ell$.
- Se $p \in (\frac{1}{2}, 1]$ si ha $\rho \in [0, 1)$, quindi usando la serie geometrica (0.4) troviamo $\sum_{y=0}^{x-1}\rho^y = \frac{1-\rho^x}{1-\rho}$, da cui segue che

  $$u(x) = \frac{1-\rho^x}{1-\rho^{m+\ell}}\,,$$

  che coincide con il risultato cercato per $x = \ell$. □

Osservazione 4.31 Consideriamo l'evento A = "il gioco continua indefinitamente", cioè il giocatore non raggiunge mai il suo obiettivo e allo stesso tempo non finisce mai in bancarotta, ossia $A = \{T_m = +\infty, T_{-\ell} = +\infty\}$. *Mostriamo che* $\mathrm{P}(A) = 0$. In altri termini, passando al complementare, la probabilità che il gioco finisca vale 1.

Usando la notazione $T_y^{(x)}$ in (4.62), sia $v(x) := \mathrm{P}(T_0^{(x)} = +\infty, T_{m+\ell}^{(x)} = +\infty)$ la probabilità che, partendo da x, non si raggiunga mai né 0 né $m+\ell$. Osserviamo che

$P(A) = v(\ell)$. Con gli stessi argomenti usati sopra, lasciamo al lettore l'esercizio di mostrare che $v(x)$ soddisfa la relazione $v(x) = pv(x+1) + (1-p)v(x-1)$ per ogni $x \in \{1, \ldots, m+\ell-1\}$. Dato che $v(0) = v(m+\ell) = 0$, si deduce che $v(x) = 0$ per ogni $x \in \{1, \ldots, m+\ell-1\}$. Ciò mostra in particolare che $P(A) = 0$. □

Dal Teorema 4.30 deduciamo il risultato seguente.

Teorema 4.32
Se $p = \frac{1}{2}$, *allora* $P(T_m = +\infty) = 0$ *per ogni* $m \in \mathbb{Z}$. *Viceversa, se* $p > \frac{1}{2}$, *ricordando che* $\rho := \frac{1-p}{p} < 1$, *si ha per ogni* $m, \ell \in \mathbb{N}$,

$$P(T_m = +\infty) = 0, \qquad P(T_{-\ell} = +\infty) = 1 - \rho^\ell > 0\,.$$

Dimostrazione Fissiamo $m \in \mathbb{N}$. Un'osservazione importante è che vale la formula

$$P(T_m = +\infty) = \lim_{\ell \to +\infty} P(T_m \geq T_{-\ell})\,. \tag{4.65}$$

Infatti valgono le seguenti inclusioni di eventi, per ogni $\ell \in \mathbb{N}$:

$$\{T_m = +\infty\} \subseteq \{T_m \geq T_{-\ell}\} \subseteq \{T_m \geq \ell\}\,,$$

dove abbiamo usato il fatto che $T_{-\ell} \geq \ell$ per l'ultima inclusione (servono almeno ℓ passi per arrivare a $-\ell$). Di conseguenza

$$P(T_m = +\infty) \leq P(T_m \geq T_{-\ell}) \leq P(T_m \geq \ell)\,,$$

e prendendo il limite per $\ell \to \infty$ otteniamo

$$P(T_m = +\infty) \leq \lim_{\ell \to \infty} P(T_m \geq T_{-\ell}) \leq \lim_{\ell \to \infty} P(T_m \geq \ell) = P(T_m = +\infty)\,,$$

dove l'ultima uguaglianza vale per continuità dall'alto della probabilità (si ricordi la Proposizione 1.24), perché $(\{T_m \geq \ell\})_{\ell \geq \in \mathbb{N}}$ è una successione di eventi decrescenti. Abbiamo quindi dimostrato (4.65).

Applicando il Teorema 4.30 si ottiene, per ogni $m \in \mathbb{N}$,

$$P(T_n = +\infty) = \lim_{\ell \to +\infty} P(T_m \geq T_{-\ell}) = 1 - \lim_{\ell \to +\infty} P(T_m < T_{-\ell}) = 0\,,$$

sia nel caso $p = \frac{1}{2}$ che nel caso $p > \frac{1}{2}$. Questo conclude la dimostrazione che $P(T_m = +\infty) = 0$ per ogni $m \in \mathbb{N}$.

Osserviamo ora che, in analogia con la formula (4.65), si ha

$$P(T_{-\ell} = +\infty) = \lim_{m\to+\infty} P(T_{-\ell} \geq T_m) = \lim_{m\to+\infty} P(T_{-\ell} > T_m),$$

dove la seconda uguaglianza segue dal fatto che non si può avere $T_{-\ell} = T_m$. Grazie ancora al Teorema 4.30, si ottiene che per ogni $\ell \in \mathbb{N}$,

$$P(T_{-\ell} = +\infty) = \lim_{m\to+\infty} P(T_m < T_{-\ell}) = \begin{cases} 0 & \text{se } p = \frac{1}{2} \ (\rho = 1), \\ 1 - \rho^\ell & \text{se } p > \frac{1}{2} \ (\rho < 1). \end{cases}$$

Questo conclude la dimostrazione. □

4.8 Il processo di diramazione di Galton–Watson

In questo paragrafo studiamo un modello per l'evoluzione di una popolazione, che tuttavia ha applicazioni interessanti in molti contesti diversi. Questo modello fu introdotto da Bienaymé e indipendentemente da Galton e Watson con lo scopo di studiare l'estinzione dei cognomi. Le ipotesi del modello sono le seguenti:

- il cognome è trasmesso unicamente dal padre (quindi ci si limita a considerare i discendenti di sesso maschile);
- il numero di figli (maschi) di un individuo è una variabile aleatoria X a valori in $\mathbb{N}_0 = \{0, 1, 2, \ldots\}$, la cui distribuzione μ_X è detta *legge di riproduzione*;
- i numeri di figli (maschi) di individui distinti sono variabili aleatorie indipendenti con la stessa distribuzione μ_X.

Descriviamo l'evoluzione della popolazione a partire da un solo individuo, tenendo traccia delle *generazioni successive*: per $n \geq 0$, indichiamo con Z_n la variabile aleatoria a valori in $\mathbb{N}_0$ che conta il numero di individui nella n-esima generazione. Inizialmente — nella "generazione 0" — c'è un solo individuo, dunque $Z_0 := 1$. Per ricorrenza, dato che ciascun individuo della n-esima generazione ha un numero casuale di figli, il numero di individui della $(n + 1)$-esima generazione è dato da

$$Z_{n+1} := 0 \quad \text{se } Z_n = 0\,, \qquad Z_{n+1} := \sum_{i=1}^{Z_n} X_i^{(n)} \quad \text{se } Z_n \geq 1\,, \tag{4.66}$$

dove $X_i^{(n)}$ indica *il numero di figlio dell'i-esimo individuo della generazione n*.

Facciamo l'ipotesi che $X_1^{(n)}, X_2^{(n)}, \ldots$ siano variabili aleatorie indipendenti, con la stessa distribuzione μ_X, e che siano indipendenti dal numero di figli degli individui delle generazioni precedenti. Consideriamo dunque una *famiglia infinita (numerabile) di variabili aleatorie $(X_i^{(j)})_{i\in\mathbb{N}, j\in\mathbb{N}_0}$ indipendenti e con la stessa legge* μ_X, che descrivono il numero di figli degli individui della popolazione. Si noti che

Z_{n+1} in (4.66) è la somma delle prime Z_n variabili aleatorie della famiglia $(X_i^{(n)})_{i\geq 1}$ (infatti non esistono gli individui $Z_n + 1, Z_n + 2, \ldots$ della n-esima generazione).

Definizione 4.33 (Processo di diramazione di Galton-Watson)
La successione di variabili aleatorie $(Z_n)_{n\geq 0}$ definite da (4.66), con $Z_0 := 1$, è detta *processo di Galton–Watson* o *processo di diramazione*.

Osservazione 4.34 Si noti che Z_n è funzione delle variabili aleatorie $X_i^{(j)}$ con $j = 0, 1, \ldots, n-1$, $i \in \mathbb{N}$, come si mostra per induzione a partire dalla formula (4.66). Di conseguenza, per l'indipendenza a blocchi, Z_n è indipendente dalla famiglia $(X_i^{(n)})_{i\geq 1}$. In altri termini, Z_{n+1} è la somma di un *numero aleatorio* Z_n di variabili aleatorie indipendenti e identicamente distribuite, indipendenti da Z_n. □

La domanda che ci poniamo riguarda l'estinzione della popolazione. In effetti, se accade che $Z_n = 0$, vuol dire che non c'è alcun individuo nella generazione n e dunque la popolazione si è estinta (prima della n-esima generazione). Vogliamo determinare $\mathrm{P}(Z_n = 0)$, in particolare studiarne il limite quando n tende all'infinito:

$$\lim_{n\to+\infty} \mathrm{P}(Z_n = 0)\,.$$

Osservazione 4.35 Nello spazio di probabilità su cui sono definite le variabili aleatorie $(Z_n)_{n\geq 0}$ possiamo considerare l'evento

$$\bigcup_{n\geq 0}\{Z_n = 0\}$$

che corrisponde a "la popolazione a un certo punto si estingue". Dato che la famiglia di eventi $(\{Z_n = 0\})_{n\geq 0}$ è crescente, perché se $Z_n = 0$ allora anche $Z_{n+1} = 0$, per continuità dal basso della probabilità (Proposizione 1.24) si ottiene

$$\mathrm{P}\Big(\bigcup_{n\geq 0}\{Z_n = 0\}\Big) = \lim_{n\to\infty} \mathrm{P}(Z_n = 0)\,.$$

In definitiva, il limite di $\mathrm{P}(Z_n = 0)$ per $n \to \infty$ può essere interpretato come la *probabilità di estinzione* della popolazione. □

Indichiamo con X una variabile aleatoria con la stessa distribuzione delle variabili aleatorie $X_i^{(j)}$, ossia la legge di riproduzione μ_X, e indichiamo con p_X la sua densità discreta. Possiamo risolvere subito due casi facili:

- Se $\mathrm{p}_X(0) = 0$, quasi certamente ogni individuo ha *almeno un figlio*, quindi $Z_{n+1} \geq Z_n \geq \cdots \geq Z_0 = 1$. Ciò significa che la popolazione non può mai estinguersi, cioè $\mathrm{P}(Z_n = 0) = 0$ per ogni $n \geq 1$.

- Se $p_X(0) > 0$ e $p_X(0) + p_X(1) = 1$, quasi certamente ogni individuo ha *al più un figlio*, quindi $Z_{n+1} \leq Z_n \leq \cdots \leq Z_1 = 1$. Si ha dunque $Z_n \in \{0, 1\}$, inoltre $Z_n = 1$ se e solo se tutti gli individui dalla generazione 0 alla generazione n hanno esattamente un figlio, dunque $P(Z_n = 1) = p_X(1)^n$. Dato che $p_X(1) = 1 - p_X(0) < 1$, otteniamo $P(Z_n = 0) = 1 - P(Z_n = 1) \to 1$ per $n \to +\infty$.

Nel seguito possiamo dunque supporre che $p_X(0) > 0$ e $p_X(0) + p_X(1) < 1$.

Il primo risultato importante è che possiamo esprimere la *funzione generatrice* di Z_n (si ricordi la Definizione 3.81), ossia

$$G_{Z_n}(s) := \sum_{k=0}^{\infty} P(Z_n = k)s^k = E\left(s^{Z_n}\right), \quad \text{per ogni } s \in [-1, +\infty), \tag{4.67}$$

in funzione della funzione generatrice del numero di figli X, che indichiamo con G:

$$G(s) = \sum_{k=0}^{\infty} p_X(k)s^k = E\left(s^X\right). \tag{4.68}$$

Ricordiamo che la Proposizione 3.114 fornisce le proprietà salienti della funzione generatrice, in particolare sottolineiamo che $G_{Z_n}(0) = P(Z_n = 0)$.

Proposizione 4.36
La funzione generatrice di Z_n è data da

$$G_{Z_n}(s) = G^{\circ n}(s) := \underbrace{G \circ \cdots \circ G}_{n \text{ volte}}(s), \qquad \forall s \in [0, 1], \ \forall n \geq 1.$$

In effetti la relazione $G_{Z_n}(s) = G^{\circ n}(s)$ vale per ogni $s \in [-1, \infty)$, ma per noi sarà sufficiente considerare $s \in [0, 1]$. Questa relazione è vera anche per $n = 0$, a patto di definire per convenzione $G^{\circ 0}$ come l'identità, vale a dire $G^{\circ 0}(s) = s$ per ogni $s \in \mathbb{R}$.

Dimostrazione Per $n = 1$ si ha $Z_1 = \sum_{i=1}^{Z_1} X_i^{(0)} = X_1^{(0)}$, e dato che $X_1^{(0)}$ ha la stessa legge di X segue che $Z_1 = X_1^{(0)}$ ha la funzione generatrice di X, dunque $G_{Z_1} = G$.

Procediamo per induzione su n. Ci basta mostrare che per ogni $n \geq 1$ si ha $G_{Z_{n+1}}(s) = G_{Z_n}(G(s))$ per $s \in [0, 1]$ (si osservi che $G(s) \in [0, 1]$ per ogni $s \in [0, 1]$). Possiamo esprimere la funzione generatrice di Z_{n+1} nel modo seguente:

$$G_{Z_{n+1}}(s) = E\left(s^{Z_{n+1}}\right) = E\left(s^{\sum_{i=1}^{Z_n} X_i^{(n)}}\right),$$

dove poniamo per convenzione $\sum_{i=1}^{Z_n} X_i^{(n)} := 0$ se $Z_n = 0$, oltre che $0^0 := 1$. La difficoltà viene dal fatto che il numero di termini che compaiono nella somma è *aleatorio*. Esplicitiamo la definizione di funzione generatrice:

$$\mathrm{G}_{Z_{n+1}}(s) = \mathrm{E}\left(s^{Z_{n+1}}\right) = \sum_{j=0}^{\infty} s^j \, \mathrm{P}(Z_{n+1} = j)\,, \tag{4.69}$$

e notiamo che la probabilità $\mathrm{P}(Z_{n+1} = j)$ si può scrivere nel modo seguente:

$$\begin{aligned}\mathrm{P}(Z_{n+1} = j) = \mathrm{P}\Big(\sum_{i=1}^{Z_n} X_i^{(n)} = j\Big) &= \sum_{k=0}^{\infty} \mathrm{P}\Big(Z_n = k, \sum_{i=1}^{k} X_i^{(n)} = j\Big) \\ &= \sum_{k=0}^{\infty} \mathrm{P}(Z_n = k)\, \mathrm{P}\Big(\sum_{i=1}^{k} X_i^{(n)} = j\Big)\,,\end{aligned}$$

dove l'ultima uguaglianza vale perché Z_n è indipendente da $\sum_{i=1}^{k} X_i^{(n)}$, grazie all'indipendenza a blocchi. Otteniamo dunque, per ogni $s \in [0, 1]$,

$$\begin{aligned}\mathrm{G}_{Z_{n+1}}(s) &= \sum_{j=0}^{\infty} s^j \sum_{k=0}^{\infty} \mathrm{P}(Z_n = k)\, \mathrm{P}\Big(\sum_{i=1}^{k} X_i^{(n)} = j\Big) \\ &= \sum_{k=0}^{\infty} \mathrm{P}(Z_n = k) \sum_{j=0}^{\infty} s^j \, \mathrm{P}\Big(\sum_{i=1}^{k} X_i^{(n)} = j\Big)\,,\end{aligned}$$

dove lo scambio delle somme è giustificato dal teorema di Fubini–Tonelli (0.13). Riconosciamo ora la funzione generatrice di $\sum_{i=1}^{k} X_i^{(n)}$: infatti, applicando la Proposizione 3.116 (le variabili aleatorie $X_i^{(n)}$ sono indipendenti), otteniamo

$$\sum_{j=0}^{\infty} s^j \, \mathrm{P}\Big(\sum_{i=1}^{k} X_i^{(n)} = j\Big) = \mathrm{G}_{\sum_{i=1}^{k} X_i^{(n)}}(s) = \prod_{i=1}^{k} \mathrm{G}_{X_i^{(n)}}(s) = \mathrm{G}(s)^k\,,$$

avendo usato il fatto che che le $X_i^{(n)}$ hanno la stessa distribuzione di X, quindi la loro funzione generatrice è G. Concludiamo che per ogni $s \in [0, 1]$ si ha

$$\mathrm{G}_{Z_{n+1}}(s) = \sum_{k \in \mathbb{N}} \mathrm{P}(Z_n = k)\, \mathrm{G}(s)^k = \mathrm{G}_{Z_n}\big(\mathrm{G}(s)\big)\,,$$

perché questa formula coincide con la definizione (4.67) della funzione generatrice di Z_n, con $\mathrm{G}(s)$ al posto di s (ricordiamo che $\mathrm{G}(s) \in [0, 1]$ per ogni $s \in [0, 1]$). Questo completa la dimostrazione. □

Osservazione 4.37 Un metodo alternativo per calcolare $G_{Z_{n+1}}(s)$ è di "fissare" il valore di Z_n. Se introduciamo l'indicatrice dell'evento $\{Z_n = k\}$, a partire da (4.66) non è difficile mostrare che $E(s^{Z_{n+1}} \mathbb{1}_{\{Z_n=k\}}) = G(s)^k \, P(Z_n = k)$ (esercizio). Dato che $\sum_{k=0}^{\infty} \mathbb{1}_{\{Z_n=k\}} = 1$, possiamo scrivere

$$G_{Z_{n+1}}(s) = E\left(s^{Z_{n+1}}\right) = E\Big(\sum_{k\in\mathbb{N}} s^{Z_{n+1}} \mathbb{1}_{\{Z_n=k\}}\Big).$$

A questo punto vorremmo scambiare la somma col valore medio, ma dato che la somma è infinita *questo passaggio va giustificato*: lasciamo i dettagli al lettore.[6] Si ottiene allora, per ogni $s \in [0, 1]$,

$$G_{Z_{n+1}}(s) = \sum_{k\in\mathbb{N}} E\left(s^{Z_{n+1}} \mathbb{1}_{\{Z_n=k\}}\right) = \sum_{k\in\mathbb{N}} G(s)^k \, P(Z_n = k) = G_{Z_n}\big(G(s)\big),$$

che è il risultato cercato. □

La Proposizione 4.36 esprime la funzione generatrice di Z_n in funzione di quella di X, dunque in funzione della legge di riproduzione μ_X. La Proposizione 3.114 mostra come ottenere i momenti di Z_n (se esistono) a partire da G_{Z_n}, calcolando le derivate a sinistra nel punto 1: lasciamo al lettore il compito di verificare che, se X ha momento secondo finito, allora valore medio e varianza di Z_n sono dati da

$$E(Z_n) = E(X)^n, \qquad \mathrm{Var}(Z_n) = \begin{cases} n \, \mathrm{Var}(X) & \text{se } E(X) = 1, \\ \dfrac{E(X)^n - 1}{E(X) - 1} E(X)^{n-1} \, \mathrm{Var}(X) & \text{se } E(X) \neq 1. \end{cases}$$

Ancora più interessante è il fatto che possiamo estrarre dalla funzione generatrice di Z_n la probabilità che ci interessa, attraverso la formula $P(Z_n = 0) = G_{Z_n}(0)$. Formuliamo il risultato principale di questo paragrafo, ricordando che abbiamo già considerato i casi "facili" in cui $p_X(0) = 0$ oppure $p_X(0) + p_X(1) = 1$.

Teorema 4.38 (Probabilità di estinzione)
Sia $(Z_n)_{n\geq 0}$ *il processo di diramazione definito da* (4.66), *con* $Z_0 := 1$. *Assumiamo che il numero di figli* X *soddisfi* $p_X(0) > 0$ *e* $p_X(0) + p_X(1) < 1$ *e sia* $G(s) := E(s^X)$ *la sua funzione generatrice. Allora, detto* $q := \min\{s \in [0, 1] : G(s) = s\}$ *il più piccolo punto fisso della funzione* G *nell'intervallo* $[0, 1]$, *la "probabilità di estinzione" vale*

$$\lim_{n\to+\infty} P(Z_n = 0) = q \qquad \textit{dove} \qquad \begin{cases} q = 1 & \textit{se } E(X) \leq 1, \\ q \in (0, 1) & \textit{se } E(X) > 1. \end{cases}$$

[6] Bisogna giustificare l'applicazione del teorema di Fubini–Tonelli (0.13). Dato che i termini sono positivi, è possibile applicare un altro risultato, il *teorema di convergenza monotona*, se lo si conosce.

Questo risultato mostra che nel modello di Galton–Watson la popolazione ha una *probabilità di sopravvivenza non nulla*, cioè una probabilità di estinzione $q < 1$, se e solo se il *numero medio di figli* $\mathrm{E}[X]$ *è strettamente maggiore di* 1.[7]

Dimostrazione Definiamo $u_n := \mathrm{P}(Z_n = 0) = \mathrm{G}_{Z_n}(0)$ per ogni $n \geq 0$ e osserviamo che $u_1 = \mathrm{p}_X(0) > 0$, dal momento che Z_1 ha la stessa distribuzione di X. Per la Proposizione 4.36, la successione $(u_n)_{n \geq 0}$ soddisfa la relazione di ricorrenza

$$u_{n+1} = \mathrm{G}(u_n) \qquad \forall n \in \mathbb{N}_0 \,. \tag{4.70}$$

Sfruttiamo questa relazione per studiare le proprietà asintotiche di u_n.

Mostriamo innanzitutto che $(u_n)_{n \geq 0}$ è una successione crescente. Dato che $u_0 = 0$, perché $Z_0 = 1$, si ha chiaramente $u_1 \geq u_0$; procedendo per induzione, se assumiamo che $u_n \geq u_{n-1}$ per qualche $n \in \mathbb{N}$, dal fatto che $\mathrm{G} : [0, 1] \to [0, 1]$ *è una funzione crescente* (si veda l'Esercizio 3.27) deduciamo che $u_{n+1} = \mathrm{G}(u_n) \geq \mathrm{G}(u_{n-1}) = u_n$.

Dato che ogni successione crescente ha limite, possiamo definire

$$\hat{q} := \lim_{n \to +\infty} u_n = \lim_{n \to +\infty} \mathrm{P}(Z_n = 0) \in (0, 1] \,.$$

Prendendo il limite $n \to +\infty$ nella relazione (4.70) otteniamo $\hat{q} = \mathrm{G}(\hat{q})$, perché G *è una funzione continua*, quindi $\hat{q} = \lim_{n \to +\infty} u_n$ è un punto fisso della funzione G.

Mostriamo ora che $\hat{q}$ è *il più piccolo punto fisso di* G *nell'intervallo* $[0, 1]$, ossia coincide con $q := \min\{s \in [0, 1] : \ \mathrm{G}(s) = s\}$.[8] Osserviamo che $u_n \leq q$ per ogni $n \in \mathbb{N}_0$: infatti $u_0 = 0 \leq q$ e, per induzione, se $u_n \leq q$ allora $u_{n+1} = \mathrm{G}(u_n) \leq \mathrm{G}(q) = q$ (ricordiamo che G è crescente e q è un punto fisso). Passando al limite $n \to +\infty$, otteniamo $\hat{q} = \lim_{n \to +\infty} u_n \leq q$ e dunque $\hat{q} = q$, perché $\hat{q}$ è un punto fisso.

Abbiamo dunque mostrato che $\mathrm{P}(Z_n = 0)$ converge a q. Ci resta da capire quando $q = 1$ e quando $q < 1$. Studiamo più in dettaglio le proprietà della funzione G definita in (4.68), mostrando in particolare che è una funzione *strettamente* convessa nell'intervallo $(0, 1)$. Grazie al teorema di derivazione delle serie di potenze (che ammettiamo senza dimostrazione), la funzione G è derivabile due (in realtà infinite) volte in $(0, 1)$ e la sua derivata seconda vale

$$\mathrm{G}''(s) = \sum_{k=0}^{\infty} k(k-1) s^{k-2} \, \mathrm{p}_X(k) \,, \qquad \forall s \in (0, 1) \,.$$

In questa somma i termini $k = 0$ e $k = 1$ sono nulli, ma l'ipotesi $\mathrm{p}_X(0) + \mathrm{p}_X(1) < 1$ garantisce che esiste $k \geq 2$ per cui $\mathrm{p}_X(k) > 0$ (se si avesse $\mathrm{p}_X(k) = 0$ per ogni $k \geq 2$, ne conseguirebbe che $\sum_{k=0}^{\infty} \mathrm{p}_X(k) = \mathrm{p}_X(0) + \mathrm{p}_X(1) < 1$ in contraddizione con il fatto che p_X è una densità discreta su $\mathbb{N}_0$). Di conseguenza $\mathrm{G}''(s) > 0$ per ogni $s \in (0, 1)$ e dunque la funzione G è strettamente convessa in $(0, 1)$.

---

[7] Ad esclusione del caso in cui $\mathrm{p}_X(1) = 1$, ossia $X = 1$ q.c., in cui $\mathrm{E}[X] = 1$ ma la probabilità di estinzione vale $q = 0$ (questo è stato discusso in precedenza, come caso in cui $p_X(0) = 0$).

[8] La continuità di G garantisce che l'insieme dei punti fissi $\{s \in [0, 1] : \ \mathrm{G}(s) = s\}$ è chiuso (e limitato), dunque tale insieme ammette minimo.

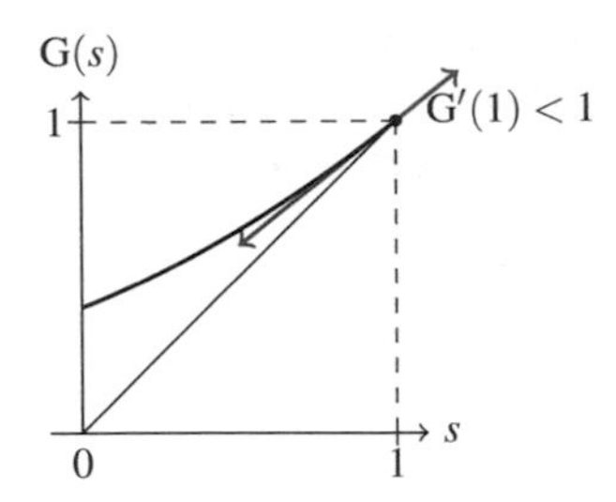

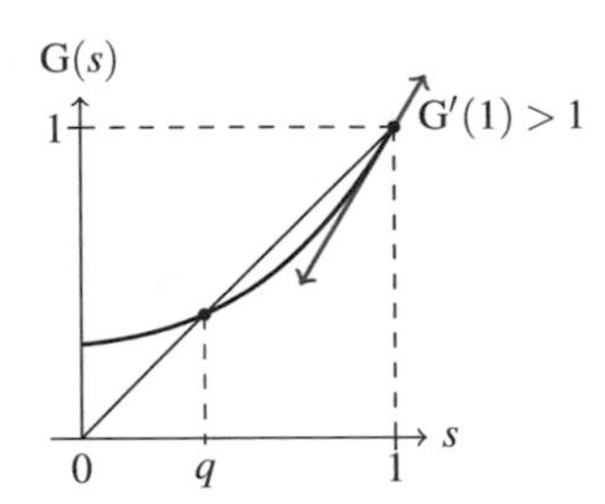

Figura 4.1 Grafico della funzione generatrice G del numero di figli X: la funzione $s \mapsto \mathrm{G}(s)$ è crescente, strettamente convessa e soddisfa $\mathrm{G}(0) = \mathrm{p}_X(0) > 0$, $\mathrm{G}(1) = 1$ e $\mathrm{G}'(1) = \mathrm{E}(X)$. È rappresentata anche la retta $y = x$, così che i punti fissi di G corrispondono alle intersezioni del grafico di G con questa retta; è inoltre raffigurata la tangente al grafico di G nel punto $s = 1$. A sinistra è mostrato il caso $\mathrm{G}'(1) = \mathrm{E}(X) \leq 1$, in cui l'unico punto fisso di G in $[0, 1]$ è $q = 1$. A destra è mostrato il caso $\mathrm{G}'(1) = \mathrm{E}(X) > 1$, in cui esiste uno (e un solo) punto fisso di G in $[0, 1)$

Dato che X è una variabile aleatoria positiva, essa ammette valore medio e grazie alla Proposizione 3.114 possiamo scrivere

$$\mathrm{G}'(1-) := \lim_{s \uparrow 1} \mathrm{G}'(s) = \mathrm{E}(X) .$$

Concludiamo la dimostrazione mostrando che $q = 1$ se $\mathrm{E}(X) \leq 1$, mentre $q < 1$ se $\mathrm{E}(X) > 1$ (si veda la Figura 4.1).

- Supponiamo che $\mathrm{E}(X) \leq 1$. Grazie alla convessità stretta, il grafico della funzione G è strettamente al di sopra della retta tangente nel punto 1, cioè $\mathrm{G}(s) > \mathrm{G}(1) + \mathrm{G}'(1^-)(s-1)$ per ogni $s \in [0, 1)$. Dato che $\mathrm{G}(1) = 1$ e $\mathrm{G}'(1^-) = \mathrm{E}(X) \leq 1$, ne consegue che $\mathrm{G}(s) > s$ per ogni $s \in [0, 1)$ e dunque l'unico punto fisso di G nell'intervallo $[0, 1]$ è $q = 1$. Si veda la Figura 4.1 per un'illustrazione grafica.
- Supponiamo ora che $\mathrm{E}(X) \in (1, +\infty]$ e fissiamo $\varepsilon \in (0, \mathrm{E}(X) - 1) \neq \emptyset$. Per continuità di G' in $(0, 1)$, si veda la Proposizione 3.114, esiste $s_0 \in (0, 1)$ tale che per ogni $s \in [s_0, 1)$ si ha $\mathrm{G}'(s) \geq 1 + \varepsilon$. Di conseguenza otteniamo

$$\mathrm{G}(1) = 1 \geq \mathrm{G}(s_0) + (1 + \varepsilon)(1 - s_0) ,$$

  da cui segue che $\mathrm{G}(s_0) \leq s_0 - \varepsilon(1 - s_0) < s_0$. Dato che $\mathrm{G}(0) = \mathrm{p}_X(0) > 0$ e $\mathrm{G}(s_0) < s_0$, il teorema degli zeri applicato alla funzione $\mathrm{G}(s) - s$ assicura che $\mathrm{G}(s) = s$ per qualche $s \in (0, s_0)$ e dunque $q := \min\{s : \mathrm{G}(s) = s\} < s_0 < 1$.[9] Si veda la Figura 4.1 per un'illustrazione grafica. □

Esempio 4.39 Applichiamo il risultato appena dimostrato a qualche esempio notevole di legge di riproduzione.

- Se $X \sim \mathrm{Geo}_0(p)$ con $p \in (0, 1)$, ossia $\mathrm{P}(X = k) = p(1 - p)^k$ per $k \in \mathbb{N}_0$ — si ricordi l'Osservazione 3.133 — allora $\mathrm{G}(s) = \sum_{k=0}^{\infty} p(1 - p)^k s^k = \frac{p}{1-(1-p)s}$.

[9] Sottolineiamo che la convessità stretta di G e il fatto che $\mathrm{G}(1) = 1$ assicura l'unicità del punto fisso $q := \min\{s : \mathrm{G}(s) = s\} \in (0, s_0)$.

Dato che $E[X] = \frac{1}{p} - 1$, la probabilità di estinzione vale $q = 1$ se $p \geq \frac{1}{2}$, mentre vale $q = \frac{p}{1-p}$ se $p < \frac{1}{2}$. Si veda l'Esercizio 3.72 per uno studio più approfondito del caso $p = 1/2$.

- Se $X \sim \mathrm{Pois}(\lambda)$ con $\lambda \in (0, +\infty)$, allora $G(s) = \sum_{k=0}^{\infty} \frac{\lambda^k}{k!} e^{-\lambda} s^k = e^{\lambda(s-1)}$. Dato che $E[X] = \lambda$, la probabilità di estinzione vale $q = 1$ se $\lambda \leq 1$, mentre è l'unica soluzione di $e^{-\lambda(1-q)} = q$ nell'intervallo $(0, 1)$ se $\lambda > 1$. In altri termini, la *probabilità di sopravvivenza* $r := 1 - q$ vale $r = 0$ se $\lambda \leq 1$, mentre se $\lambda > 1$ è l'unica soluzione strettamente positiva dell'equazione $r = 1 - e^{-\lambda r}$. □

4.9 Il grafo aleatorio di Erdős–Rényi

Per modellare reti di grandi dimensioni, come una rete sociale, una rete di telecomunicazioni, Internet, ecc., si può usare la nozione di *grafo aleatorio*, di cui in questo paragrafo studiamo un modello semplice ma estremamente importante.

Un grafo $G = (V, E)$ è costituito da un insieme V, i cui elementi rappresentano nodi o individui e sono detti *vertici*, e da un insieme E di coppie non ordinate di vertici, che rappresentano le connessioni tra gli individui e sono detti *archi*.

Dati due vertici $u, v \in V$ tali che $\{u, v\} \in E$, cioè che sono collegati da un arco, diremo che *u e v sono vicini in G*, e scriveremo $u \sim v$. Chiameremo *grado di un vertice $v \in V$* il numero di vicini di v in G, e scriveremo $\deg(v) = |\{u \in V : u \sim v\}|$. Nel seguito prenderemo in considerazione grafi per cui non esiste alcun arco che collega un vertice a sé stesso, cioè non esiste alcun *cappio* $u \sim u$.

Esempio 4.40 Un primo esempio è il grafo il cui insieme di vertici è $\mathbb{Z}^d$ $(d \geq 1)$, e i cui archi sono dati da $\mathbb{E}_d = \{\{x, y\} : x, y \in \mathbb{Z}^d \,:\, \|x - y\|_1 = 1\}$, dove poniamo $\|x - y\|_1 := |x_1 - y_1| + \ldots + |x_d - y_d|$, cioè $x \sim y$ se e solo se x e y differiscono di una unità in una sola componente (per cui $\deg(x) = 2d$ per ogni $x \in \mathbb{Z}^d$). Otteniamo così il "reticolo" $(\mathbb{Z}^d, \mathbb{E}_d)$, che denoteremo solo con $\mathbb{Z}^d$, con abuso di notazione.

Un altro esempio di grafo è il grafo completo con n vertici $K_n = (V_n, E_n)$, dove V_n è un insieme di n elementi, ad esempio $\{1, \ldots, n\}$, e dove E_n è l'insieme di tutti i possibili archi tra i vertici di V_n, cioè $u \sim v$ per ogni $u, v \in V_n$ con $u \neq v$. Possiamo interpretare K_n come un insieme di individui tutti connessi fra loro. □

Una delle principali difficoltà è che le reti reali sono gigantesche ed estremamente complesse: per esempio, l'obbiettivo di conoscere il grafo di Internet nella sua totalità è fuori portata. Una "soluzione" per descrivere le proprietà di questi grandi grafi è di studiare grandi *grafi aleatori* la cui struttura locale, per esempio la distribuzione dei gradi, è simile a quella dei grafi reali. Esistono molti modelli di grafi aleatori, che dipendono dalle condizioni che si desidera imporre. In questo paragrafo ci concentriamo su un modello semplice, introdotto nel 1959 da E. Gilbert e indipendentemente, in una versione leggermente diversa, da Erdős e Rényi (si vedano le note bibliografiche alla fine del capitolo).

Per $n \in \mathbb{N}$ e $p \in [0, 1]$, costruiamo un grafo aleatorio $\mathcal{G}(n, p)$ nel modo seguente:

- l'insieme dei vertici è costituito da n elementi: $V_n = \{1, \dots, n\}$;
- l'insieme degli archi è aleatorio, e la sua distribuzione è definita dalla seguente proprietà: per ogni $i, j \in V_n$ con $i \neq j$, la coppia $\{i, j\}$ è un arco di $\mathcal{G}(n, p)$ con probabilità p, indipendentemente dalle altre coppie di vertici.

Precisiamo questa definizione. Denotiamo con $\mathcal{A}_n = \{\{i, j\}: i, j \in V_n,\ i \neq j\}$ l'insieme di *tutte* le coppie di elementi distinti di V_n (gli archi potenziali).

Definizione 4.41
Il grafo $\mathcal{G}(n, p) = (V_n, E_n)$ è definito da

- l'insieme dei vertici $V_n := \{1, \dots, n\}$;
- l'insieme degli archi $E_n := \{\{i, j\} \in \mathcal{A}_n : X_{\{i,j\}} = 1\}$, dove $(X_{\{i,j\}})_{\{i,j\} \in \mathcal{A}_n}$ è una famiglia di variabili aleatorie indipendenti con distribuzione $\mathrm{Be}(p)$;

è chiamato *grafo (aleatorio) di Erdős–Rényi* con parametri n, p.

La definizione dell'insieme E_n corrisponde al fatto che un arco potenziale $a = \{i, j\}$ è effettivamente presente con probabilità p (si ha $i \sim j$ se $X_{\{i,j\}} = 1$) indipendentemente dagli altri archi potenziali. Possiamo dunque vedere $\mathcal{G}(n, p)$ come una variabile aleatoria, a valori nell'insieme (finito) dei grafi con n vertici.

Per $p = 0$, si ha $E_n = \emptyset$ (quasi certamente): nessun arco è presente nel grafo, che è quindi costituito da vertici *isolati*. D'altra parte, per $p = 1$, si ha $E_n = \mathcal{A}_n$ (quasi certamente): tutti gli archi possibili sono presenti e il grafo è completamente connesso: si tratta del grafo completo K_n descritto sopra.

Ci interesseremo ora a varie proprietà del grafo aleatorio $\mathcal{G}(n, p)$, in particolare alle sue proprietà asintotiche quando $n \to +\infty$. Ammetteremo che il parametro p possa dipendere dal numero di vertici n (in tal caso verrà denotato con p_n), per far sì, ad esempio, che il grado medio di ogni vertice risulti indipendente da n. Prenderemo in considerazione due importanti problemi.

- Il primo problema è di determinare se il grafo di Erdős–Rényi è connesso, in funzione di p_n; la dimostrazione si basa sul "metodo dei momenti" descritto nel Paragrafo 3.3.6 e, sebbene tecnica, è accessibile a un lettore motivato.
- Il secondo problema considera la dimensione della più grande componente connessa del grafo in funzione di p_n e permette di descrivere la comparsa di una *componente connessa gigante*: è un risultato profondo e fondamentale, la cui dimostrazione utilizza strumenti più avanzati ed è rivolta a lettori più esperti.

Il problema della connettività

Ci chiediamo innanzitutto se il grafo $\mathcal{G}(n,p)$ sia *connesso*, cioè, se possiamo andare da qualsiasi vertice a qualsiasi altro seguendo gli archi del grafo.

Definizione 4.42 (Connettività)
Un grafo $G = (V, E)$ si dice *connesso* se per ogni coppia di vertici $u, v \in V$ esiste *un cammino di archi che li collega*, cioè esiste una sequenza di vertici $u_0 = u, u_1, \ldots, u_{k-1} \in V$, $u_k = v$ tali che $u_i \sim u_{i-1}$ per ogni $1 \le i \le k$.

Il prossimo risultato risponde alla domanda precedente.

Teorema 4.43 (Connettività del grafo di Erdős–Rényi)
Fissiamo $\beta \in (0, +\infty)$ e poniamo $p_n = \beta \frac{\log n}{n}$ per ogni $n \ge 1$. Allora,

$$\lim_{n\to+\infty} \mathrm{P}\big(\mathcal{G}(n,p_n) \text{ è connesso}\big) = \begin{cases} 0 & \text{se } \beta < 1\,, \\ 1 & \text{se } \beta > 1\,. \end{cases}$$

Abbiamo dunque una *transizione rapida* (detta *transizione di fase*) fra il caso in cui $\mathcal{G}(n,p)$ è *non connesso* con grande probabilità e il caso in cui $\mathcal{G}(n,p)$ è *connesso* con grande probabilità: la transizione avviene quando $p \approx \frac{\log n}{n}$. Notiamo che nel Teorema 4.43 è possibile rimpiazzare l'ipotesi $p_n = \beta \frac{\log n}{n}$ con la relazione asintotica $p_n \sim \beta \frac{\log n}{n}$, ossia $\lim_{n\to\infty} \frac{n p_n}{\log n} = \beta$: alcuni dettagli divengono più tecnici, ma la dimostrazione si adatta facilmente a questa maggiore generalità.

Cominciamo con la dimostrazione di una proposizione preliminare, che è legata al problema che stiamo cercando di risolvere: consideriamo solo i vertici "isolati" del grafo. In un grafo $G = (V, E)$, diciamo che un vertice è $u \in V$ è *isolato* se non è connesso ad alcun altro vertice del grafo, cioè $u \not\sim v$ per ogni $v \in V \setminus \{u\}$.

Proposizione 4.44 (Vertici isolati nel grafo di Erdős–Rényi)
Fissiamo $\beta \in (0, +\infty)$ e poniamo $p_n = \beta \frac{\log n}{n}$ per ogni $n \ge 1$. Allora,

$$\lim_{n\to+\infty} \mathrm{P}\big(\mathcal{G}(n,p_n) \text{ non ha vertici isolati}\big) = \begin{cases} 0 & \text{se } \beta < 1\,, \\ 1 & \text{se } \beta > 1\,. \end{cases}$$

Nella dimostrazione del Teorema 4.43 useremo solo il caso $\beta < 1$, ma la dimostrazione del caso $\beta > 1$ è facile e istruttiva, per cui la includiamo.

Dimostrazione Indicando con W_n il numero di vertici isolati in $\mathcal{G}(n, p_n)$, la probabilità da stimare è $\mathrm{P}(W_n = 0)$. Possiamo riscrivere W_n nella forma

$$W_n = \sum_{i=1}^{n} \mathbb{1}_{A_i} \qquad \text{dove } A_i = \text{“}i \text{ è un vertice isolato”} = \bigcap_{j \neq i} \{X_{\{i,j\}} = 0\} .$$

Quindi W_n è somma di variabili aleatorie di Bernoulli (non indipendenti), di parametro

$$\mathrm{P}(A_i) = \mathrm{P}\left(\bigcap_{j \neq i} \{X_{\{i,j\}} = 0\} \right) = (1 - p_n)^{n-1} ,$$

dove qui abbiamo usato l'indipendenza delle $X_{\{i,j\}}$. Per linearità, segue che il valore medio di W_n è

$$\mathrm{E}(W_n) = \sum_{i=1}^{n} \mathrm{P}(A_i) = n(1 - p_n)^{n-1} . \tag{4.71}$$

Con la scelta $p_n = \beta \frac{\log n}{n}$, si ottiene $\mathrm{E}(W_n) \sim n^{1-\beta}$ per $n \to \infty$, perché

$$(1 - p_n)^n = \mathrm{e}^{n \log(1-p_n)} = \mathrm{e}^{-n\, p_n + O(n\, p_n^2)} \sim \mathrm{e}^{-\beta \log n} = 1/n^{\beta} .$$

Pertanto, $\lim_{n\to\infty} \mathrm{E}(W_n) = 0$ se $\beta > 1$ e $\lim_{n\to\infty} \mathrm{E}(W_n) = +\infty$ se $\beta < 1$.

Se $\beta > 1$, per la disuguaglianza di Markov abbiamo che

$$\mathrm{P}(W_n \geq 1) \leq \mathrm{E}(W_n) \longrightarrow 0 \qquad \text{per } n \to \infty ,$$

il che conclude il caso $\beta > 1$, dato che $\mathrm{P}(W_n = 0) = 1 - \mathrm{P}(W_n \geq 1)$.

Per il caso $\beta < 1$, usiamo la disuguaglianza di Chebychev: essendo $W_n \geq 0$, si ha $\mathrm{P}(W_n = 0) = \mathrm{P}(W_n \leq 0)$, per cui

$$\begin{aligned} \mathrm{P}(W_n = 0) &= \mathrm{P}\big(W_n - \mathrm{E}(W_n) \leq -\mathrm{E}(W_n)\big) \\ &\leq \mathrm{P}\big(|W_n - \mathrm{E}(W_n)| \geq \mathrm{E}(W_n)\big) \leq \frac{\mathrm{Var}(W_n)}{\mathrm{E}(W_n)^2} . \end{aligned}$$

Rimane da stimare $\mathrm{Var}(W_n)$, usando la Proposizione 3.69. A tale scopo stimiamo $\mathrm{Var}(\mathbb{1}_{A_i}) = \mathrm{P}(A_i)(1 - \mathrm{P}(A_i)) \leq \mathrm{P}(A_i) = (1 - p_n)^{n-1}$, e per $i \neq j$

$$\begin{aligned} \mathrm{Cov}(\mathbb{1}_{A_i}, \mathbb{1}_{A_j}) &= \mathrm{P}(A_i \cap A_j) - \mathrm{P}(A_i)\,\mathrm{P}(A_j) \\ &= (1 - p_n)^{2n-3} - (1 - p_n)^{2n-2} = p_n(1 - p_n)^{2n-3} . \end{aligned}$$

Infatti, abbiamo

$$A_i \cap A_j = \bigcap_{k \neq i} \bigcap_{k' \neq j} \{X_{\{i,k\}=0}\} \cap \{X_{\{j,k'\}} = 0\},$$

e l'intersezione contiene $2(n-1)-1 = 2n-3$ archi distinti (dato che l'arco $\{i, j\}$ va contato una sola volta), da cui segue che $\mathrm{P}(A_i \cap A_j) = (1-p_n)^{2n-3}$.

Infine, usando la formula (4.71) per $\mathrm{E}(W_n)$, grazie alla Proposizione 3.69 si ottiene

$$\begin{aligned}\mathrm{Var}(W_n) &= \sum_{i=1}^{n} \mathrm{Var}(\mathbb{1}_{A_i}) + \sum_{1 \le i,j \le n, i \neq j} \mathrm{Cov}(\mathbb{1}_{A_i}, \mathbb{1}_{A_j}) \\ &\le n(1-p_n)^{n-1} + n(n-1)p_n(1-p_n)^{2n-3} \le \mathrm{E}(W_n) + \mathrm{E}(W_n)^2 \frac{p_n}{1-p_n}.\end{aligned}$$

Abbiamo dunque concluso che

$$\mathrm{P}(W_n = 0) \le \frac{\mathrm{Var}(W_n)}{\mathrm{E}(W_n)^2} \le \frac{1}{\mathrm{E}(W_n)} + \frac{p_n}{1-p_n}.$$

Nel caso $\beta \in (0,1)$, si ha $\lim_{n\to\infty} \mathrm{E}(W_n) \to +\infty$: dato che in ogni caso $\lim_{n\to\infty} p_n = 0$, si deduce che $\lim_{n\to\infty} \mathrm{P}(W_n = 0) = 0$. Ciò conclude il caso $\beta \in (0,1)$. □

Dimostrazione (del Teorema 4.43) Prima di tutto, è chiaro che se $\mathcal{G}(n, p_n)$ è connesso, allora non ha alcun vertice isolato, per cui

$$\{\mathcal{G}(n, p_n) \text{ è connesso}\} \subseteq \{\mathcal{G}(n, p_n) \text{ non ha vertici isolati}\},$$

da cui segue

$$\mathrm{P}\big(\mathcal{G}(n, p_n) \text{ è connesso}\big) \le \mathrm{P}\big(\mathcal{G}(n, p_n) \text{ non ha vertici isolati}\big).$$

Ciò permette di concludere subito il caso $\beta < 1$: grazie alla Proposizione 4.44, si ha

$$\lim_{n\to\infty} \mathrm{P}(\mathcal{G}(n, p_n) \text{ è connesso}) = 0.$$

Passiamo al caso $\beta > 1$: già sappiamo che con grande probabilità non vi saranno vertici isolati, ma nulla a priori impedisce che vi siano componenti connesse formate da più di un vertice. Dato un sottoinsieme $S \subseteq V_n = \{1, \dots, n\}$ con $S \neq \emptyset$ e $S \neq V_n$, diciamo che S è *isolato* se non esiste alcun arco "uscente da S", cioè se per ogni $u \in S$ e $v \notin S$ si ha $u \not\sim v$. L'osservazione essenziale è che *affinché $\mathcal{G}(n, p_n)$ non sia connesso, deve esistere un sottoinsieme isolato $S \subseteq V_n = \{1, \dots, n\}$*. Notando che se S è isolato allora anche S^c è isolato, deve esistere un sottoinsieme $S \subseteq V_n = \{1, \dots, n\}$ isolato di cardinalità $1 \le |S| \le \lfloor n/2 \rfloor$ (ricordiamo che $\lfloor x \rfloor :=$

$\max\{m \in \mathbb{Z}: m \leq x\}$ indica la parte intera). Abbiamo quindi l'inclusione seguente (si tratta in realtà di un'uguaglianza, perché?)

$$\{\mathcal{G}(n, p_n) \text{ non è connesso}\} \subseteq \bigcup_{\substack{S \subseteq \{1,\dots,n\} \\ 1 \leq |S| \leq \lfloor n/2 \rfloor}} \{S \text{ è isolato}\} .$$

Per sub-additività della probabilità, si ha

$$\mathrm{P}\left(\mathcal{G}(n, p_n) \text{ non è connesso}\right) \leq \sum_{m=1}^{\lfloor n/2 \rfloor} \sum_{S \subseteq \{1,\dots,n\}: |S|=m} \mathrm{P}\left(S \text{ è isolato}\right) .$$

Fissato $S \subseteq \{1, \dots, n\}$ tale che $|S| = m$, la probabilità che S sia isolato è, per l'indipendenza delle $X_{\{i,j\}}$,

$$\mathrm{P}\left(S \text{ è isolato}\right) = \mathrm{P}\left(\bigcap_{i \in S, j \notin S} \{X_{\{i,j\}} = 0\} \right) = (1 - p_n)^{m(n-m)} ,$$

dato che ci sono esattamente $m(n-m)$ archi potenziali $\{i, j\} \in \mathcal{A}_n$ con $i \in S$ e $j \notin S$. Otteniamo allora

$$\mathrm{P}\left(\mathcal{G}(n, p_n) \text{ non è connesso}\right) \leq \sum_{m=1}^{\lfloor n/2 \rfloor} \binom{n}{m} (1 - p_n)^{m(n-m)} \leq \sum_{m=1}^{\lfloor n/2 \rfloor} \frac{n^m}{m!} \mathrm{e}^{-p_n(m(n-m))} ,$$

dove abbiamo stimato $\binom{n}{m} \leq \frac{n^m}{m!}$ (perché $\frac{n!}{(n-m)!} \leq n^m$) e $1 - x \leq \mathrm{e}^{-x}$ per ogni $x \in \mathbb{R}$. Pertanto, essendo $p_n = \beta \frac{\log n}{n}$, con qualche semplificazione si ottiene

$$\mathrm{P}\left(\mathcal{G}(n, p_n) \text{ non è connesso}\right) \leq \sum_{m=1}^{\lfloor n/2 \rfloor} \frac{n^{(1-\beta)m}}{m!} n^{\beta m^2/n} . \tag{4.72}$$

Per stimare questa somma, la dividiamo in due parti: poniamo $c_\beta := \frac{\beta-1}{2\beta} \in (0, \frac{1}{2})$ e stimiamo separatamente la somma per $1 \leq m \leq c_\beta n$ e la somma per $c_\beta n < m \leq n/2$.

- Per $1 \leq m \leq c_\beta n$, abbiamo $n^{\beta m^2/n} \leq n^{(\beta-1)m/2}$: la prima somma può essere allora stimata nel modo seguente:

$$\sum_{m=1}^{\lfloor c_\beta n \rfloor} \frac{n^{(1-\beta)m}}{m!} n^{\beta m^2/n} \leq \sum_{m=1}^{\lfloor c_\beta n \rfloor} \frac{n^{\frac{1-\beta}{2}m}}{m!} \leq \sum_{m=1}^{+\infty} \frac{n^{\frac{1-\beta}{2}m}}{m!} = \exp\left(n^{\frac{1-\beta}{2}}\right) - 1 ,$$

  dove abbiamo usato la serie esponenziale (0.6) per l'ultima identità. Quindi la parte di somma in (4.72) con $1 \leq m \leq c_\beta n$ tende a 0 per $n \to \infty$.

- Per $c_\beta n \leq m \leq n/2$, usiamo il fatto che $n^{\beta m^2/n} \leq n^{\beta m/2}$ e che $m! \geq (m/\mathrm{e})^m$ (grazie alla formula di Stirling, Proposizione 1.41): la seconda somma ammette allora la seguente stima:

$$\sum_{m=\lfloor c_\beta n\rfloor+1}^{\lfloor n/2\rfloor} \frac{n^{(1-\beta)m}}{m!} n^{\beta m^2/n} \leq \sum_{m=\lfloor c_\beta n\rfloor+1}^{\lfloor n/2\rfloor} \left(\frac{n^{1-\beta/2}\mathrm{e}}{m}\right)^m \leq \sum_{m=\lfloor c_\beta n\rfloor+1}^{+\infty} \left(\frac{n^{-\beta/2}\mathrm{e}}{c_\beta}\right)^m ,$$

  dove il fatto che $n/m \leq 1/c_\beta$ è stato usato per l'ultima disuguaglianza. Ora possiamo scegliere n abbastanza grande, in modo che $n^{-\frac{\beta}{2}} \leq c_\beta/2\mathrm{e}$. Usando la serie geometrica (0.5), abbiamo che la parte di somma in (4.72) con $c_\beta n < m \leq n/2$, è maggiorata da

$$\sum_{m=\lfloor c_\beta n\rfloor+1}^{+\infty} \left(\frac{1}{2}\right)^m = \left(\frac{1}{2}\right)^{\lfloor c_\beta n\rfloor+1} ,$$

  che tende a 0 per $n \to \infty$.

Abbiamo dunque mostrato che, se $\beta > 1$, l'espressione in (4.72) tende a 0, il che conclude la dimostrazione del Teorema 4.43. □

Il problema della più grande componente connessa

Se $G = (V, E)$ è un grafo, per ogni sottoinsieme $S \subseteq V$ è naturale considerare il grafo (S, E_S), detto *sotto-grafo* di G, dove $E_S = \{\{u, v\} \in E : u \in S, v \in S\}$ è l'insieme degli archi *interni* a S. Diremo, con abuso di linguaggio, che S è *connesso* se il sotto-grafo (S, E_S) è connesso, nel senso della Definizione 4.42, cioè se per ogni $u, v \in S$ esiste un cammino di archi *interni a* S che collegano u a v. Per un grafo $G = (V, E)$, chiamiamo *componente connessa di* G un insieme $S \subseteq G$ connesso e isolato (ricordiamo che isolato significa che se $u \in S$ e $v \notin S$ allora necessariamente $v \not\sim u$).

Osservazione 4.45 Possiamo anche vedere una componente connessa come una classe di equivalenza per la relazione di "essere collegati":

$$u \leftrightarrow v \quad \text{se esiste un cammino di archi del grafo che collega } u \text{ a } v\,,$$

cioè esistono $u_0 = u, u_1, \ldots, u_{k-1} \in V, u_k = v$ tali che $u_i \sim u_{i-1}$ per $i = 1, \ldots, k$. □

Riguardo alle *componenti connesse* di $G(n, p)$, dimostreremo un fenomeno di transizione di fase. Scegliendo $p_n := \frac{\lambda}{n}$ per $\lambda \in (0, +\infty)$ fissato, mostreremo che con grande probabilità, nel limite $n \to \infty$, si ha

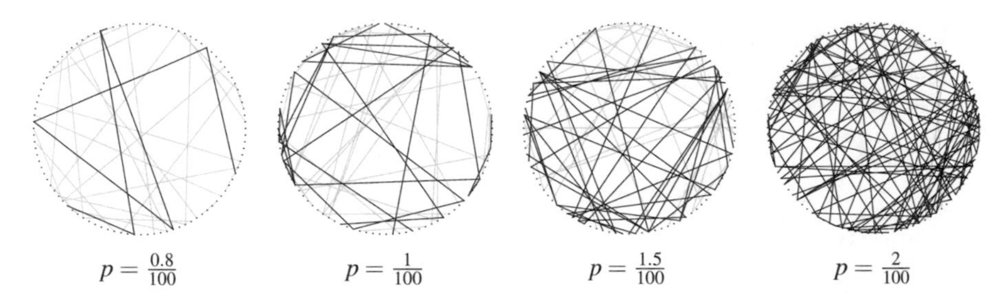

Figura 4.2 Simulazione di quattro grafi di Erdős–Rényi con $n = 100$, dove la componente connessa più grande C è rappresentata in nero e le altre componenti in grigio: da sinistra a destra, $p = 0.008$ ($|C| = 8$), $p = 0.01$ ($|C| = 27$), $p = 0.015$ ($|C| = 40$), $p = 0.02$ ($|C| = 74$)

- se $\lambda < 1$ tutte le componenti connesse di $\mathcal{G}(n, p)$ hanno cardinalità $O(\log n)$;
- se $\lambda > 1$ c'è una (unica) componente connessa di $\mathcal{G}(n, p)$ con cardinalità più grande di $r_\lambda n$, per un opportuno $r_\lambda > 0$ (esplicito).

Quindi, se $\lambda < 1$, tutte le componenti connesse sono relativamente piccole, e $\mathcal{G}(n, p)$ è formato da "piccoli gruppi isolati"; viceversa, se $\lambda > 1$, appare una componente connessa "gigante". Possiamo immaginare che, passando da $\lambda < 1$ a $\lambda > 1$, molte piccole componenti connesse si agglomerano per formare una componente gigante.

Osservazione 4.46 Il regime in cui $\lim_{n\to\infty} np_n = \lambda > 0$ è molto naturale. Infatti, se denotiamo con $D_i := \deg(i)$ il *grado* del vertice i nel grafo $\mathcal{G}(n, p_n)$, la variabile aleatoria D_i ha legge binomiale di parametri $n - 1$, p_n. Di conseguenza, se $\lim_{n\to\infty} np_n = \lambda > 0$, per la Proposizione 3.127 si ha $\lim_{n\to\infty} \mathrm{P}(D_i = k) = \frac{\lambda^k}{k!} e^{-\lambda}$. Quindi il regime $\lim_{n\to\infty} np_n = \lambda$ è interessante perché il grado di un vertice ha approssimativamente distribuzione di Poisson, e "non esplode" per $n \to \infty$. □

Tratteremo i casi $\lambda < 1$ e $\lambda > 1$ separatamente nei Teoremi 4.47-4.48. La dimostrazione del Teorema 4.48 è più difficile, e si basa in parte su idee sviluppate nella dimostrazione del Teorema 4.47. Negli enunciati, abbrevieremo "componente connessa" in "c.c."

Teorema 4.47 (Componenti connesse nel grafo di Erdős–Rényi: caso $\lambda < 1$)
Sia $\lambda \in (0, 1)$ e $p_n = \frac{\lambda}{n}$ per ogni $n \in \mathbb{N}$. Allora

$$\lim_{n\to+\infty} \mathrm{P}\left(\mathcal{G}(n, p_n) \text{ possiede una c.c. di taglia } \geq \frac{2}{f(\lambda)} \log n\right) = 0\,,$$

dove $f(\lambda) := \lambda - 1 - \log \lambda > 0$. (Notiamo che $f(\lambda) \to 0$ per $\lambda \uparrow 1$.)

Teorema 4.48 (Componenti connesse nel grafo di Erdős–Rényi: caso $\lambda > 1$)
Sia $\lambda \in (1, \infty)$ e $p_n = \frac{\lambda}{n}$ per ogni $n \in \mathbb{N}$. Allora, per ogni $\varepsilon > 0$,

$$\lim_{n\to\infty} \mathrm{P}\left(\mathcal{G}(n, p_n) \text{ possiede una c.c. di taglia } \geq (r_\lambda - \varepsilon)n\right) = 1\,,$$

dove r_λ è l'unica soluzione in $(0, 1)$ dell'equazione $1 - \mathrm{e}^{-\lambda x} = x$. (Notiamo che $r_\lambda \to 0$ per $\lambda \downarrow 1$.)

Un processo di esplorazione

Un ingrediente centrale nella dimostrazione è la costruzione di un *processo di esplorazione*, che esplora la componente connessa che contiene un vertice fissato i in modo algoritmico, vertice dopo vertice, e che ora andiamo a definire. Man mano che l'esplorazione procede, dividiamo i vertici in diverse categorie:

- i vertici *estinti*, cioè che abbiamo già visitato e di cui abbiamo già esplorato i collegamenti;
- i vertici *attivi*, che abbiamo visitato ma di cui dobbiamo ancora esplorare i collegamenti;
- tutti gli altri vertici, che non sono ancora stati visitati, e che chiamiamo *inattivi*.

Fissiamo dunque un vertice $i \in \{1, \ldots, n\}$. All'inizio c'è solo un vertice *attivo*, il vertice i, mentre tutti gli altri vertici sono *inattivi*. A ogni passo dell'esplorazione, se c'è almeno un vertice attivo:

(i) scegliamo un vertice u fra quelli *attivi* (in modo arbitrario);
(ii) visitiamo tutti i vertici vicini di u che sono *inattivi* (non visitati in precedenza) e li rendiamo *attivi* (se non ci sono vertici *inattivi*, non facciamo nulla);
(iii) il vertice u da *attivo* diventa *estinto*.

Quindi a ogni passo dell'esplorazione il numero di vertici *estinti* aumenta di 1 (un solo vertice passa da attivo a estinto) *fino al primo istante $\hat{T}$ in cui non ci sono più vertici attivi*: in tale istante, l'esplorazione si arresta perché la componente connessa del vertice i è stata completamente esplorata e tutti i suoi vertici sono *estinti*. Ciò significa che *$\hat{T}$ coincide con la taglia della componente connessa del vertice i*.

Formalizziamo il processo di esplorazione. Per $j \geq 0$, indichiamo con $\hat{Y}_j$ il numero di vertici *attivi* dopo j passi. Per $j \geq 1$, sia $\hat{Z}_j$ il numero di vertici *visitati* durante il passo j (cioè *resi attivi* al passo j, si ricordi il punto (ii)). Allora $\hat{Y}_0 = 1$ e per $j \geq 0$:

- se $\hat{Y}_j \geq 1$ (cioè se ci sono ancora vertici attivi dopo j passi), si ha

$$\hat{Y}_{j+1} = \hat{Y}_j + \hat{Z}_{j+1} - 1\,; \tag{4.73}$$

- se invece $\hat{Y}_j = 0$, si ha $\hat{Y}_{j+1} = 0$.

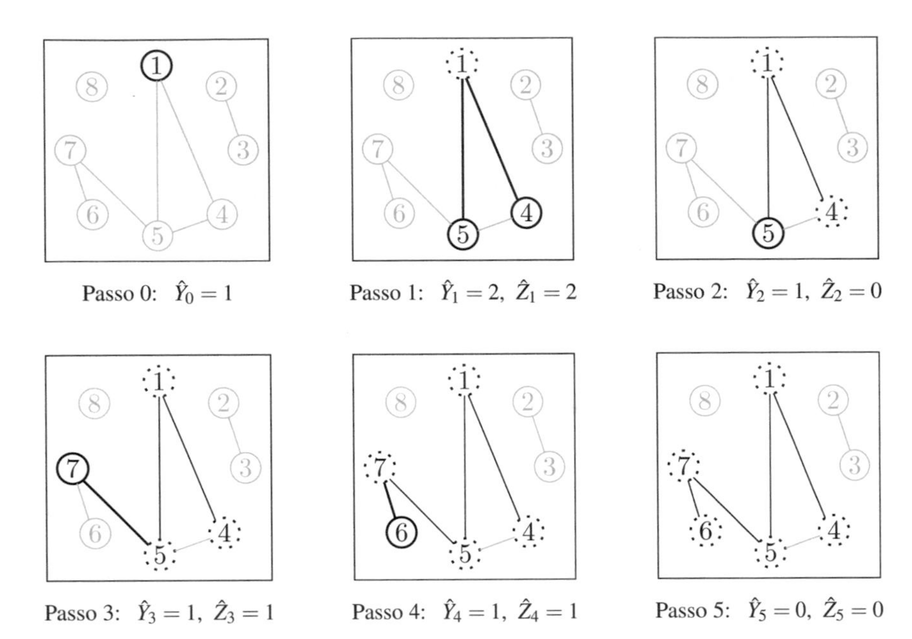

Figura 4.3 Processo di esplorazione per il grafo $G = (V, E)$ definito da $V = \{1, 2, 3, 4, 5, 6, 7, 8\}$ e $E = \{\{1,4\}, \{1,5\}, \{2,3\}, \{4,5\}, \{5,7\}, \{6,7\}\}$, a partire dal vertice 1. In ogni passo $j = 0, 1, 2, 3, 4, 5$ sono evidenziati in grassetto i vertici attivi, il cui numero è $\hat{Y}_j$, e gli archi visitati, il cui numero è $\hat{Z}_j$; i vertici estinti sono tratteggiati. Il primo istante in cui non ci sono più vertici attivi è $\hat{T} = 5$, che coincide con la taglia della componente connessa $C_1 = \{1, 4, 5, 6, 7\}$ del vertice 1

Il primo istante $\hat{T}$ in cui non ci sono più vertici *attivi* è dunque

$$\hat{T} := \min\{j : \hat{Y}_j = 0\},$$

che coincide con la taglia della componente connessa del vertice i. Si veda la Figura 4.3 per un'illustrazione grafica.

Con un piccolo abuso di notazione, la successione $(\hat{Y}_j)_{j \geq 0}$ è detta *processo di esplorazione*. Per studiarne la distribuzione, introduciamo una notazione importante.

Definizione 4.49 (Binomiale condizionale)
Siano V, Z variabili aleatorie a valori in $\mathbb{N}_0$. Per $p \in [0, 1]$, scriveremo

$$Z \sim \mathrm{Bin}(V, p)$$

per dire che, *condizionatamente a ogni valore fissato* $V = k$, la variabile aleatoria Z ha distribuzione $\mathrm{Bin}(k, p)$, intendendo che per $k = 0$ si ha $Z = 0$.

Esplicitamente: $Z \sim \text{Bin}(V, p)$ se, per ogni $k \in \mathbb{N}_0$ tale che $\text{P}(V = k) > 0$,

$$\text{P}\big(Z = \ell \,|\, V = k\big) = \binom{k}{\ell} p^\ell (1-p)^{k-\ell} \qquad \forall \ell \in \{0, \dots, k\}.$$

Osservazione 4.50 Notiamo che se $(X_m)_{m \geq 1}$ è una successione di variabili aleatorie indipendenti con distribuzione $\text{Be}(p)$, e *indipendenti da* V, allora

$$\sum_{m=1}^{V} X_m \sim \text{Bin}(V, p), \tag{4.74}$$

dove per convenzione la somma vale 0 se $V = 0$. □

Se $\hat{Y}_j \geq 1$, cioè se c'è almeno un vertice attivo dopo il j-esimo passo, il numero di vertici *estinti* è j, il numero di vertici *inattivi* è $\hat{V}_j = n - (\hat{Y}_j + j)$. Mostriamo che allora

$$\hat{Z}_{j+1} \sim \text{Bin}(\hat{V}_j, p_n) \qquad \text{se } \hat{Y}_j \geq 1\,. \tag{4.75}$$

[10]

Infatti, scelto un vertice *attivo* u, nel passo $(j+1)$-esimo esaminiamo $\hat{V}_j$ coppie di vertici $\{u, v\}$ (dove v è *inattivo*), che differiscono da quelle visitate fino a quell'istante (le coppie $\{w, v\}$ dove w è un vertice *estinto*). Di conseguenza, $\hat{Z}_{j+1}$ si scrive come somma di $\hat{V}_j$ variabili aleatorie $(X_m)_{m \geq 1}$ indipendenti e con legge $\text{Be}(p_n)$, indipendenti da $\hat{V}_j$: grazie a (4.74), ciò mostra che $\hat{Z}_{j+1} \sim \text{Bin}(\hat{V}_j, p_n)$.

La presenza della restrizione $\hat{Y}_j \geq 1$ in (4.75) rende difficile studiare il processo di esplorazione $(\hat{Y}_j)_{j \geq 0}$. Per questa ragione, definiamo una nuova successione $(Y_j)_{j \geq 0}$ di variabili aleatorie, che chiamiamo *processo ausiliario*, nel modo seguente:

$$\begin{aligned} &Y_0 := 1\,, \\ &Y_{j+1} := Y_j + Z_{j+1} - 1 \qquad \text{con } Z_{j+1} \sim \text{Bin}(V_j, p)\,, \qquad \text{per } j \geq 0\,, \\ &\qquad\qquad\qquad\qquad\qquad\quad\;\; \text{dove } V_j := n - Y_j - j\,. \end{aligned} \tag{4.76}$$

Più precisamente, ricordando (4.74), definiamo $Z_{j+1} := \sum_{m=1}^{V_j} X_m^{(j+1)}$, dove $(X_m^{(\ell)})_{m,\ell \in \mathbb{N}}$ è una famiglia di variabili aleatorie indipendenti con distribuzione $\text{Be}(p)$.[11]

---

[10] Più precisamente, notando che $\hat{Y}_j \geq 1$ equivale a $\hat{V}_j \leq n - j - 1$, la relazione (4.75) significa che condizionatamente a $\hat{V}_j = k$ con $k \leq n - j - 1$, la variabile aleatoria $\hat{Z}_{j+1}$ ha distribuzione $\text{Bin}(k, p_n)$.

[11] Si mostra per induzione che $V_j \geq 0$ per ogni $j \geq 0$, quindi $\text{Bin}(V_j, p)$ in (4.76) è ben definita.

L'osservazione cruciale è che il processo ausiliario Y_j *ha la stessa evoluzione del processo di esplorazione* $\hat{Y}_j$ *fino al primo istante in cui* $Y_j = 0$, come si vede confrontando le relazioni (4.73) e (4.75) con (4.76). In particolare, *la variabile aleatoria* $T := \min\{j : Y_j = 0\}$ *ha la stessa distribuzione di* $\hat{T} := \min\{j : \hat{Y}_j = 0\}$, che sappiamo essere la taglia della componente connessa del vertice i. Questo sarà fondamentale nella dimostrazione del Teorema 4.47.

Osservazione 4.51 A differenza del processo di esplorazione $\hat{Y}$, il processo ausiliario Y in (4.76) *può diventare strettamente negativo* (se $Y_j = 0$ e $Z_{j+1} = 0$, allora $Y_{j+1} = -1$). Di conseguenza, dopo il primo istante in cui $Y_j = 0$, si perde l'interpretazione di $(Y_j)_{j \geq 0}$ come processo di esplorazione di una componente connessa. □

Sorprendentemente, la relazione ricorsiva (4.76) permette di determinare esattamente la distribuzione di Y_j.

Lemma 4.52
Sia $(Y_j)_{j \geq 0}$ *la successione definita in* (4.76)*, e sia* $V_j = n - Y_j - j$*. Allora, per ogni* $j \in \mathbb{N}_0$*, si ha che* $V_j \sim \mathrm{Bin}(n-1, (1-p_n)^j)$*; in modo equivalente,* $Y_j + j - 1 \sim \mathrm{Bin}\big(n-1, 1-(1-p_n)^j\big)$.

Dimostrazione L'ultima affermazione segue dal fatto che per $m \in \mathbb{N}$ e $q \in [0,1]$, se $Z \sim \mathrm{Bin}(m,q)$, allora $m - Z \sim \mathrm{Bin}(m, 1-q)$: infatti, se scriviamo Z come somma di m variabili aleatorie $X_i \sim \mathrm{Be}(q)$ indipendenti, allora $m - Z$ si scrive come somma di m variabili aleatorie $1 - X_i \sim \mathrm{Be}(1-q)$ indipendenti.

Ci concentriamo ora su V_j: dimostriamo per induzione su $j \in \mathbb{N}_0$ che $V_j \sim \mathrm{Bin}(n-1, (1-p_n)^j)$. Per $j = 0$, si ha $V_0 = n-1$, e dato che $(1-p_n)^0 = 1$ abbiamo anche $\mathrm{Bin}(n-1, 1) = n-1$ (quasi certamente). Fissiamo ora $j \geq 0$, assumiamo che $V_j \sim \mathrm{Bin}(n-1, (1-p_n)^j)$ e dimostriamo che $V_{j+1} \sim \mathrm{Bin}(n-1, (1-p_n)^{j+1})$. La relazione (4.76) fornisce

$$V_{j+1} = V_j - Z_{j+1},$$

dove $Z_{j+1} \sim \mathrm{Bin}(V_j, p_n)$, per cui $V_j - Z_{j+1} \sim \mathrm{Bin}(V_j, 1-p_n)$ (visto che condizionatamente a $V_j = k$, Z_{j+1} ha legge $\mathrm{Bin}(k, p_n)$, e dunque $V_j - Z_{j+1} = k - Z_{j+1}$ ha legge $\mathrm{Bin}(k, 1-p_n)$). Enunciamo ora un proprietà delle variabili aleatorie binomiali (si veda l'Esercizio 3.64):

$$\text{se } V \sim \mathrm{Bin}(m,r), \quad \text{allora } \mathrm{Bin}(V,q) \sim \mathrm{Bin}(m,qr). \tag{4.77}$$

Applicando questa proprietà a $V = V_j \sim \mathrm{Bin}(n-1, (1-p_n)^j)$ e $q = 1 - p_n$, segue facilmente che $V_{j+1} \sim \mathrm{Bin}(n-1, (1-p_n)^{j+1})$ che è ciò che si voleva dimostrare. □

Possiamo ora dimostrare il Teorema 4.47.

Dimostrazione (del Teorema 4.47) L'osservazione essenziale, come abbiamo già visto, è che la successione $(Y_j)_{j \geq 1}$ definita in (4.76) permette di conoscere la cardinalità della componente connessa del vertice i: più precisamente, il primo istante in cui $Y_j = 0$ ha la stessa distribuzione del primo istante in cui $\hat{Y}_j = 0$, che corrisponde al termine dell'esplorazione della componente connessa del vertice i.

Denotiamo con C_i la componente connessa del vertice i in $\mathcal{G}(n, p_n)$, cioè

$$C_i := \{j \in \{1, \ldots, n\} : i \leftrightarrow j\};$$

allora $|C_i| = \hat{T} = \min\{j : \hat{Y}_j = 0\}$ ha la stessa distribuzione di $T := \min\{j : Y_j = 0\}$. Si noti che $|T| > \ell$ implica che $Y_\ell > 0$, di conseguenza $\{|T| > \ell\} \subseteq \{Y_\ell \geq 1\}$: pertanto

$$P(|C_i| > \ell) \leq P(Y_\ell \geq 1) = P\Big(\mathrm{Bin}\big(n-1, 1-(1-p_n)^\ell\big) \geq \ell\Big),$$

dove per l'ultima uguaglianza abbiamo usato il Lemma 4.52, per cui $Y_\ell - \ell + 1$ ha legge $\mathrm{Bin}(n-1, 1-(1-p_n)^\ell)$. Notiamo ora che se $n \leq n'$ e $p \leq p'$, allora

$$P(\mathrm{Bin}(n, p) \geq \ell) \leq P(\mathrm{Bin}(n', p') \geq \ell) \qquad \forall \ell \geq 0.$$

Infatti, siano $X'_1, \ldots, X'_{n'}$ variabili aleatorie indipendenti di Bernoulli di parametro $p' > 0$ (se $p' = 0$, non c'è nulla da dimostrare), per cui $\sum_{i=1}^{n'} X'_i \sim \mathrm{Bin}(n', p')$, e siano $\tilde{X}_1, \ldots, \tilde{X}_n$ variabili aleatorie indipendenti di Bernoulli di parametro p/p', indipendenti da $X'_1, \ldots, X'_{n'}$. Allora $X'_1\tilde{X}_1, \ldots, X'_n\tilde{X}'_n$ sono variabili aleatorie $\mathrm{Be}(p)$ indipendenti, dunque $\sum_{i=1}^{n} X'_i\tilde{X}_i \sim \mathrm{Bin}(n, p)$. Si ha allora $\sum_{i=1}^{n'} X'_i \geq \sum_{i=1}^{n} X'_i\tilde{X}_i$, da cui si conclude che $P(\mathrm{Bin}(n, p) \geq \ell) \leq P(\mathrm{Bin}(n', p') \geq \ell)$ per ogni $\ell \geq 0$.

Infine, dato che $n - 1 \leq n$ e $1 - (1 - p_n)^\ell \leq \ell p_n$, segue che

$$P(|C_i| > \ell) \leq P\Big(\mathrm{Bin}(n, \ell p_n) \geq \ell\Big). \tag{4.78}$$

Rimane solo da stimare questa probabilità, che corrisponde a una *grande deviazione*. Enunciamo un lemma più generale, tecnico, che ci sarà utile anche nel caso $\lambda > 1$.

Lemma 4.53
Sia Z una variabile aleatoria con distribuzione $\mathrm{Bin}(n, p)$, *con* $p \in (0, 1)$, *e sia* $\ell > 0$. *Poniamo* $\lambda^* := \frac{np}{\ell} \in (0, +\infty)$ *e* $f(\lambda^*) := \lambda^* - 1 - \log \lambda^*$, *che è tale che* $f(\lambda^*) > 0$ *per ogni* $\lambda^* \neq 1$.

(i) *Se* $\lambda^* < 1$, *allora*

$$P\big(Z \geq \ell\big) \leq \exp\big(-\ell f(\lambda^*)\big).$$

(ii) *Se* $\lambda^* > 1$, *allora*

$$P\big(Z \leq \ell\big) \leq \exp\big(-\ell f(\lambda^*)\big).$$

Dimostrazione Scriviamo $Z = \sum_{i=1}^{n} U_i$, dove $(U_i)_{i\geq 1}$ sono variabili aleatorie indipendenti, con legge $\mathrm{Be}(p)$. Usiamo ora la disuguaglianza di Chernov (Proposizione 3.79). Iniziamo a mostrare il punto (i): per ogni $\alpha > 0$, per la disuguaglianza di Chernov abbiamo

$$\mathrm{P}(Z \geq \ell) = \mathrm{P}\left(\sum_{i=1}^{n} U_i \geq \ell\right) \leq \mathrm{e}^{-\alpha\ell}\, \mathrm{E}\left(\mathrm{e}^{\alpha \sum_{i=1}^{n} U_i}\right).$$

Dato che le U_i sono indipendenti e $\mathrm{E}(\mathrm{e}^{\alpha U_i}) = 1 - p + p\mathrm{e}^{\alpha}$, otteniamo grazie alla Proposizione 3.112

$$\mathrm{P}\left(\sum_{i=1}^{n} U_i \geq \ell\right) \leq \mathrm{e}^{-\alpha\ell}(1 - p + p\mathrm{e}^{\alpha})^n \leq \exp\left(-\alpha\ell + np(\mathrm{e}^{\alpha} - 1)\right),$$

dove abbiamo usato il fatto che $1 + x \leq \mathrm{e}^x$ per ogni reale x. La precedente disuguaglianza vale per ogni $\alpha > 0$: un semplice calcolo mostra che il termine a destra è minimo per $\alpha = \log(\ell/np)$, che è strettamente positivo se $\lambda^* := np/\ell < 1$. Sostituendo $\alpha = -\log\lambda^*$ nell'espressione precedente, otteniamo proprio la disuguaglianza del punto (i).

La dimostrazione del punto (ii) è molto simile: per ogni $\alpha > 0$, usando ancora la disuguaglianza di Chernov abbiamo

$$\mathrm{P}(Z \leq \ell) = \mathrm{P}\left(\sum_{i=1}^{n} U_i \leq \ell\right) \leq \mathrm{e}^{\alpha\ell}\, \mathrm{E}\left(\mathrm{e}^{-\alpha \sum_{i=1}^{n} U_i}\right).$$

Facciamo dunque lo stesso calcolo di prima rimpiazzando α con $-\alpha$: otteniamo la maggiorazione $\exp(\alpha\ell + np(\mathrm{e}^{-\alpha} - 1))$, e ponendo $\alpha = \log\lambda^* < 0$ si ottiene la disuguaglianza cercata. □

Applichiamo ora tale disuguaglianza in (4.78). Notiamo in questo caso che il parametro è $p = \ell p_n$, per cui $\lambda^* = np_n = \lambda < 1$: abbiamo allora, grazie al Lemma 4.53, che per ogni $\ell \in \mathbb{N}$

$$\mathrm{P}(|C_i| > \ell) \leq \mathrm{e}^{-\ell f(np_n)} = \mathrm{e}^{-\ell f(\lambda)}.$$

Perciò, scegliendo $\ell = \frac{2}{f(\lambda)} \log n$, otteniamo

$$\mathrm{P}\left(|C_i| > \tfrac{2}{f(\lambda)} \log n\right) \leq \mathrm{e}^{-2\log n} = n^{-2}.$$

Per concludere la dimostrazione, notiamo che esiste una componente connessa di taglia superiore a $\frac{2}{f(\lambda)} \log n$ se e solo se esiste un vertice $i \in \{1, \ldots, n\}$ tale che $|C_i| \geq \frac{2}{f(\lambda)} \log n$: basta allora usare la subadditività per ottenere

$$\mathrm{P}\left(\bigcup_{i=1}^{n} \left\{|C_i| > \tfrac{2}{f(\lambda)} \log n\right\}\right) \leq \sum_{i=1}^{n} \mathrm{P}\left(|C_i| > \tfrac{2}{f(\lambda)} \log n\right) \leq n \times n^{-2}.$$

Tale probabilità tende quindi a 0 per $n \to \infty$ e questo completa la dimostrazione del Teorema 4.47. □

Un processo di esplorazione che "ricomincia"

Prima di passare alla dimostrazione del Teorema 4.48 *modifichiamo il processo di esplorazione*, facendolo ricominciare dopo aver finito di esplorare una componente connessa. Consideriamo lo stesso processo di prima, a partire da un vertice fissato $i \in V_n := \{1, \ldots, n\}$, ma quando non c'è più alcun vertice *attivo* — cioè quando abbiamo finito di esplorare la componente connessa del vertice i — se rimangono ancora vertici *inattivi*, ne scegliamo uno qualsiasi, lo rendiamo *estinto* e contemporaneamente rendiamo tutti i suoi vicini *attivi*. Proseguiamo quindi con il processo di esplorazione "standard", secondo i punti (i)-(ii)-(iii) descritti sopra, finché non c'è più alcun vertice *attivo*; a quel punto ripetiamo la procedura appena descritta, e così via. In questo modo, dopo j passi, il numero di vertici *estinti* è sempre uguale a j. L'esplorazione si ferma dopo n passi, con tutti i vertici *estinti*, dato che tutto il grafo è stato visitato — e trovate le componenti connesse.

In modo più formale, per ogni $j = 0, 1, \ldots, n$, sia $\tilde{Y}_j$ il numero di vertici *attivi* dopo j passi del processo di esplorazione modificato appena descritto. Abbiamo allora

$$\begin{aligned} \tilde{Y}_0 &:= 1\,, \\ \tilde{Y}_{j+1} &= \tilde{Y}_j + \tilde{Z}_{j+1} - 1\,, \qquad \text{per } j = 0, \ldots, n-1\,, \end{aligned} \tag{4.79}$$

dove la variabile aleatoria $\tilde{Z}_{j+1}$ rappresenta il numero di vertici visitati al passo $j+1$:

$$\tilde{Z}_{j+1} \sim \begin{cases} \mathrm{Bin}(\tilde{V}_j, p_n) & \text{se } \tilde{Y}_j \geq 1\,, \\ 1 + \mathrm{Bin}(\tilde{V}_j - 1, p_n) & \text{se } \tilde{Y}_j = 0\,, \end{cases} \tag{4.80}$$

dove $\tilde{V}_j := n - \tilde{Y}_j - j$ indica il numero di vertici *inattivi* dopo j passi (ricordiamo che il numero di vertici *estinti* dopo j passi è esattamente pari a j).[12] Chiamiamo la successione $(\tilde{Y}_j)_{0 \leq j \leq n}$ *processo di esplorazione modificato*.

Un'osservazione importante è che il processo di esplorazione modificato $(\tilde{Y}_j)_{0 \leq j \leq n}$ non è molto diverso dal processo ausiliario $(Y_j)_{j \geq 0}$ che abbiamo definito in (4.76). Infatti, quando $\tilde{Y}_j \geq 1$, il processo di esplorazione modificato evolve secondo la *stessa relazione ricorsiva* (4.76) del processo ausiliario; invece, quando $\tilde{Y}_j = 0$, la relazione $\tilde{Z}_{j+1} \sim 1 + \mathrm{Bin}(\tilde{V}_j - 1, p_n)$ è diversa da $Z_{j+1} \sim \mathrm{Bin}(V_j, p_n)$. Ricordando la rappresentazione (4.74), è piuttosto intuitivo che si debba avere

$$1 + \mathrm{Bin}(V-1, p) \geq \mathrm{Bin}(V, p)\,,$$

perciò è naturale pensare che $\tilde{Y}_j$ sia "più grande" di Y_j, per ogni $j = 0, \ldots, n$. Una formulazione precisa di questa affermazione è contenuta nel prossimo risultato, in cui costruiamo versioni di $\tilde{Y}_j$ e Y_j sullo stesso spazio di probabilità.

[12] Osserviamo che se $\tilde{Y}_j = 0$ si ha $\tilde{V}_j - 1 = n - j - 1 \geq 0$ per ogni $j = 0, \ldots, n-1$, pertanto la variabile aleatoria $\mathrm{Bin}(\tilde{V}_j - 1, p_n)$ in (4.80) è ben definita.

Lemma 4.54
Possiamo definire sullo stesso spazio di probabilità due successioni $(Y_j)_{0 \le j \le n}$ *e* $(\tilde{Y}_j)_{0 \le j \le n}$ *che verificano rispettivamente* (4.76) *e* (4.79)–(4.80) *per ogni* $1 \le j \le n$, *in modo che si abbia* $\tilde{Y}_j \ge Y_j$ *per ogni* $j \in \{0, \ldots, n\}$.

Dimostrazione Fissiamo uno spazio di probabilità in cui sia definita una famiglia di variabili aleatorie $(X_i^{(j)})_{i,j \ge 1}$ indipendenti, con legge $\mathrm{Be}(p)$. Queste verranno usate per costruire le variabili Z_j e $\tilde{Z}_j$ che compaiono al j-esimo passo. Definiamo quindi le due successioni $(Y_j)_{0 \le j \le n}$ e $(\tilde{Y}_j)_{0 \le j \le n}$ in modo iterativo, ponendo $Y_0 = \tilde{Y}_0 = 1$, e quindi, per $0 \le j \le n-1$

$$Y_{j+1} = Y_j - 1 + Z_{j+1} \qquad \text{con} \quad Z_{j+1} := \sum_{i=1}^{n-Y_j-j} X_i^{(j+1)},$$

$$\tilde{Y}_{j+1} = \tilde{Y}_j - 1 + \tilde{Z}_{j+1} \qquad \text{con} \quad \tilde{Z}_{j+1} := \sum_{i=1}^{n-\tilde{Y}_j-j} X_i^{(j+1)} + (1 - X_1^{(j+1)}) \mathbb{1}_{\{\tilde{Y}_j = 0\}}.$$

È chiaro che Y verifica la relazione di ricorrenza (4.76). Riguardo a $\tilde{Y}$, si mostra facilmente che verifica (4.79)–(4.80), considerando separatamente i casi $\tilde{Y}_j \ne 0$ (in cui l'ultimo termine vale 0) e $\tilde{Y}_j = 0$ (in cui $\tilde{Y}_{j+1}$ vale 1 più una somma di $n - \tilde{Y}_j - j - 1 = \tilde{V}_j - 1$ variabili $\mathrm{Be}(p)$ indipendenti).

Resta solo da dimostrare che $\tilde{Y}_j \ge Y_j$ per ogni $0 \le j \le n$. Procediamo per induzione. Il caso $j = 0$ è immediato ($Y_0 = \tilde{Y}_0 = 1$). Per $j \ge 0$, assumendo che $n - \tilde{Y}_j - j \le n - Y_j - j$ per ipotesi induttiva, si ha che la somma in $\tilde{Z}_{j+1}$ contiene meno addendi di quella in Z_{j+1}, pertanto

$$\begin{aligned} \tilde{Y}_{j+1} - Y_{j+1} = \tilde{Y}_j - Y_j + \tilde{Z}_{j+1} - Z_{j+1} &\ge \tilde{Y}_j - Y_j - \sum_{i=n-\tilde{Y}_j-j+1}^{n-Y_j-j} X_i^{(j+1)} \\ &= \sum_{i=n-\tilde{Y}_j-j+1}^{n-Y_j-j} (1 - X_i^{(j+1)}), \end{aligned}$$

dove per la prima disuguaglianza abbiamo usato il fatto che $(1 - X_1^{(j+1)}) \mathbb{1}_{\{\tilde{Y}_j = 0\}} \ge 0$, e per l'ultima uguaglianza il fatto che la somma contiene $\tilde{Y}_j - Y_j$ termini. Dato che $X_i^{(j+1)} \le 1$ segue subito che $\tilde{Y}_{j+1} - Y_{j+1} \ge 0$, e la dimostrazione è conclusa. □

Possiamo finalmente dimostrare il Teorema 4.48.

Dimostrazione (del Teorema 4.48) L'idea principale della dimostrazione risiede nell'osservazione che il processo di esplorazione modificato $(\tilde{Y}_j)_{0 \le j \le n}$, definito in (4.79)–(4.80), esplora una componente connessa fintanto che $\tilde{Y}_j \ge 1$: se $\tilde{Y}_{j_0} = 0$, $\tilde{Y}_{j_1+1} = 0$ e se $\tilde{Y}_j \ge 1$ per ciascun $j_0 + 1 \le j \le j_1$, allora il processo $(Y_j)_{j_0+1 \le j \le j_1}$ corrisponde all'esplorazione di una componente connessa di taglia $j_1 - j_0$. Pertanto, per dimostrare che esiste una componente connessa di taglia maggiore di k, è sufficiente dimostrare che $\tilde{Y}_j \ge 1$ su un intervallo di lunghezza maggiore di k.

Grazie al Lemma 4.54, per ogni $0 \leq j \leq n$ vale l'inclusione di eventi $\{\tilde{Y}_j \leq 0\} \subseteq \{Y_j \leq 0\}$ (nello spazio di probabilità fornito nel Lemma 4.54). Dato che $\tilde{Y}_j \geq 0$, si ha

$$\mathrm{P}(\tilde{Y}_j = 0) \leq \mathrm{P}(Y_j \leq 0) \quad \text{per ogni } 0 \leq j \leq n\,. \tag{4.81}$$

Possiamo ora usare quanto sappiamo sulla distribuzione di Y_j per dimostrare il seguente risultato.

Lemma 4.55
Sia $\lambda > 1$, e sia r_λ l'unica soluzione dell'equazione $1 - \mathrm{e}^{-\lambda x} = x$ nell'intervallo $(0,1)$. Allora, per ogni $\delta > 0$, esiste una costante $c_\delta > 0$ tale che, per ogni n sufficientemente grande,

$$\mathrm{P}\Big(\exists j \in \big\{\lfloor \delta n \rfloor + 1, \ldots, \lfloor (r_\lambda - \delta) n \rfloor\big\} \text{ tale che } \tilde{Y}_j = 0\Big) \leq n\, \mathrm{e}^{-c_\delta n}\,.$$

Dimostrazione Per subadditività, la probabilità da stimare è maggiorata da

$$\sum_{j=\lfloor \delta n \rfloor + 1}^{\lfloor (r_\lambda - \delta) n \rfloor} \mathrm{P}(\tilde{Y}_j = 0) \leq n \times \max_{\delta n \leq j \leq (r_\lambda - \delta) n} \mathrm{P}(Y_j \leq 0)\,, \tag{4.82}$$

dove abbiamo maggiorato $\mathrm{P}(\tilde{Y}_j = 0)$ con il massimo su $j \in \{\lfloor \delta n \rfloor, \ldots, \lfloor (r_\lambda - \delta) n \rfloor\}$, usato il fatto che la somma contiene meno di n addendi, e applicato (4.81).

Ci rimane quindi da maggiorare $\mathrm{P}(Y_j \leq 0)$ per $\delta n \leq j \leq (r_\lambda - \delta) n$. L'idea è usare il Lemma 4.52 che ci fornisce la distribuzione di Y_j:

$$\mathrm{P}(Y_j \leq 0) = \mathrm{P}\Big(\mathrm{Bin}\big(n-1, 1-(1-p_n)^j\big) \leq j - 1\Big) \leq \exp\big(-j f(\lambda^*)\big)$$

dove abbiamo usato anche il Lemma 4.53, con $\lambda^* := \frac{n-1}{j}(1-(1-p_n)^j)$; ricordiamo che $f(\lambda^*) = \lambda^* - 1 - \log \lambda^*$. Dobbiamo ancora verificare che $\lambda^* > 1$ (almeno per n grande). Usando la disuguaglianza $(1-x)^j \leq \mathrm{e}^{-jx}$ valida per ogni $x \in \mathbb{R}$ e $j \geq 0$, e il fatto che $p_n = \frac{\lambda}{n}$, si ottiene

$$\lambda^* \geq \frac{n-1}{n} \frac{1-\mathrm{e}^{-j\frac{\lambda}{n}}}{j/n} \geq \frac{n-1}{n} \lambda_\delta^*\,, \qquad \text{con} \quad \lambda_\delta^* := \frac{1-\mathrm{e}^{-\lambda(r_\lambda - \delta)}}{r_\lambda - \delta}\,,$$

dove per la seconda disuguaglianza abbiamo usato il fatto che $x \mapsto x^{-1}(1-\mathrm{e}^{-\lambda x})$ è una funzione decrescente (esercizio) e che per $j \in \{\lfloor \delta n \rfloor, \ldots, \lfloor (r_\lambda - \delta) n \rfloor\}$ si ha $j/n \leq r_\lambda - \delta$. Per definizione di r_λ e per la stretta convessità di $x \mapsto 1 - \mathrm{e}^{-\lambda x}$, si ottiene $1 - \mathrm{e}^{-\lambda x} > x$ per ogni $x < r_\lambda$, pertanto $\lambda_\delta^* > 1$. In particolare, per ogni n sufficientemente grande (tale che $\frac{1}{n}\lambda_\delta^* \leq \frac{1}{2}(\lambda_\delta^* - 1)$), si ha

$$\lambda^* \geq \lambda_\delta^* - \frac{1}{2}(\lambda_\delta^* - 1) = \frac{1}{2}(\lambda_\delta^* + 1) > 1\,.$$

Dato che la funzione $x \mapsto f(x) = x - 1 - \log x$ è decrescente, abbiamo dimostrato che per ogni $j \leq (r_\lambda - \delta)n$ e per ogni n sufficientemente grande si ha

$$\mathrm{P}(Y_j \leq 0) \leq \exp\big(- j \; f\big(\tfrac{1}{2}(\lambda_\delta^* + 1)\big)\big) .$$

Pertanto $\mathrm{P}(Y_j \leq 0) \leq \mathrm{e}^{-c_\delta n}$ per ogni $\delta n \leq j \leq (r_\lambda - \delta)n$, dove $c_\delta = \delta f(\frac{1}{2}(\lambda_\delta^* + 1))$. Grazie alla disuguaglianza (4.82), ciò conclude la dimostrazione del Lemma. □

Il Lemma 4.55 ci permette, passando al complementare, di concludere che per ogni $\delta > 0$

$$\lim_{n\to\infty} \mathrm{P}\Big(\tilde{Y}_j \geq 1 \text{ per ogni } j \in \big\{\lfloor \delta n \rfloor + 1, \ldots, \lfloor (r_\lambda - \delta)n \rfloor\big\}\Big) = 1 .$$

Come notato in precedenza, il fatto che $\tilde{Y}_j \geq 1$ per ogni $j_0 + 1 \leq j \leq j_1$ corrisponde all'esplorazione di una componente connessa di taglia $\geq j_1 - j_0$. Abbiamo dunque l'inclusione di eventi

$$\Big\{\tilde{Y}_j \geq 1 \text{ per ogni } j \in \big\{\lfloor \delta n \rfloor + 1, \ldots, \lfloor (r_\lambda - \delta)n \rfloor\big\}\Big\} \\ \subseteq \big\{\text{esiste una componente connessa di taglia } \geq (r_\lambda - 3\delta)n\big\} .$$

La probabilità dell'evento a sinistra, quindi anche quella dell'evento a destra, tende a 1. Scegliendo $\delta = \varepsilon/3$, ciò conclude la dimostrazione del Teorema 4.48. □

Osservazione 4.56 Possiamo fornire un'interpretazione euristica del fenomeno dimostrato nei Teoremi 4.47-4.48 attraverso lo studio del processo di diramazione introdotto nel Paragrafo 4.8. Infatti, partendo da un vertice $i \in \{1, \ldots, n\}$, il processo di esplorazione si comporta approssimativamente come segue: il vertice i possiede un numero $\mathrm{Bin}(n-1, p_n) \simeq \mathrm{Pois}(\lambda)$ di vicini, ciascuno di questi vertici vicini a i possiede a sua volta $\simeq \mathrm{Pois}(\lambda)$ vicini in $V \setminus \{i\}$; ciascuno dei quali ha a sua volta $\simeq \mathrm{Pois}(\lambda)$ vicini nella parte del grafo non ancora esplorato, e così via. Riconosciamo allora un processo di diramazione del tipo descritto nel Paragrafo 4.8, con legge di riproduzione approssimativamente $\mathrm{Pois}(\lambda)$, in particolare con valore medio vicino a λ. Possiamo allora interpretare il Teorema 4.38 come segue: se $\lambda < 1$, il processo di diramazione si estingue, e la componente connessa di i è "finita", cioè piccola rispetto a n; se $\lambda > 1$, il processo di diramazione ha probabilità strettamente positiva di non estinguersi mai, e se non si estingue la componente connessa di i è "infinita", cioè cresce "indefinitamente"... o meglio, finché non raggiunge una taglia di ordine n (a questo punto, l'approssimazione mediante un processo di diramazione cessa di essere valida). □

4.10 Note bibliografiche

Il nome *legge dei piccoli numeri* per i risultati relativi all'approssimazione di Poisson venne suggerito, alla fine del XIX secolo, dallo statistico russo L. von Bortkiewicz, in [15]. La versione della legge dei piccoli numeri qui proposta è tratta da un articolo di J.L. Hodges e L. Le Cam [42].

Il modello binomiale, presentato nel Paragrafo 4.2, venne proposto da J.C Cox, S.A. Ross, e M. Rubinstein [20] come una semplificazione del celebre modello, a tempo continuo, di Black & Scholes [12]. La monografia [58] di A. Pascucci e W.J. Runggaldier fornisce un'introduzione accessibile a numerosi modelli di finanza matematica a tempo discreto.

Il problema del reclutamento descritto nel Paragrafo 4.3 è un problema classico di *ottimizzazione stocastica*, in cui l'obbiettivo è di trovare una strategia per ottimizzare una quantità di interesse che dipende da una successione di variabili aleatorie. Segnaliamo la monografia di M. Benaïm e N. El Karoui [5] per un'introduzione ai processi stocastici a tempo discreto e ai problemi di arresto ottimale (incluso il problema del reclutamento).

L'esperimento descritto nel Paragrafo 4.4 fu realizzato da P. Révész, che lo presentò nell'articolo [63]. Menzioniamo anche l'articolo [67] di M. Schilling, in cui è descritta una formula ricorsiva per la probabilità $P(Y \leq k)$ di avere al più k risultati uguali consecutivi in n lanci di monete, da cui si può estrarre una formula chiusa ma piuttosto complicata. Nel Capitolo 10 useremo un approccio diverso per studiare questa probabilità in modo approssimato, attraverso simulazioni al computer.

I Paragrafi 4.5 e 4.6 sono tratti in parte dal testo [1] di M. Aigner e G.M. Ziegler. La ricerca su questo argomento ebbe un grande sviluppo negli anni '80 del novecento, con alcuni fondamentali lavori di D. Aldous e P. Diaconis, fra i quali [3].

La formulazione delle passeggiate aleatorie in termini di successioni di variabili aleatorie è standard e si può trovare in molti testi di probabilità, introduttivi e non. In particolare, quanto presentato nel Paragrafo 4.7 è tratto dal testo [30] di W. Feller. Per approfondimenti sull'argomento, consigliamo il testo classico di F. Spitzer [70], e quello più recente di G.F. Lawler e V. Limic [49].

Il processo di diramazione del Paragrafo 4.8 ha una storia lunga. Il problema dell'estinzione dei cognomi fu inizialmente studiato da I.J. Bienaymé nel 1845 [9], i cui lavori non furono mai pubblicati e vennero dimenticati (furono riscoperti solo nel 1962 da Heyde e Seneta [41]). Successivamente il problema fu studiato da F. Galton e H.W. Watson nel 1874 [36], per rispondere ad alcune domande sollevate dal botanico A. de Candolle nell'opera "Histoire des sciences et des savants" (1873) riguardo all'estinzione dei cognomi nelle famiglie nobili e borghesi. Oggigiorno i processi di diramazione sono uno strumento importante in teoria della probabilità e sono alla base di numerosi modelli di alberi aleatori, di evoluzione di popolazioni e di propagazione di epidemie.

Il modello di grafo aleatorio presentato nel Paragrafo 4.9 è una variante di un modello introdotto da P. Erdős e A. Rényi nel 1959 [27], in cui a essere fissato era il numero totale di archi del grafo e non la probabilità p che un arco sia presente (questa versione fu introdotta indipendentemente da E. Gilbert nel 1959 [37]). Con una serie di lavori pubblicati attorno al 1960, Erdős e Rényi hanno dato inizio allo studio di grafi e reti aleatorie di grande dimensione, che costituisce un argomento importante di ricerca in probabilità, statistica, informatica e ha anche numerose applicazioni, in particolare nella scienza dei dati (*data science*). Per un'introduzione recente a questo argomento, segnaliamo la monografia di R. van der Hofstad [43]. Le dimostrazioni presentate nel Paragrafo 4.9, in particolare il metodo dei momenti per risolvere il problema della connettività, sono ispirati al libro di N. Alon e J.H. Spencer [2], che sviluppa numerose applicazioni di quello che è detto il *metodo probabilistico*, che consiste nell'uso di tecniche probabilistiche per dimostrare risultati deterministici.

Capitolo 5
Spazi di probabilità e variabili aleatorie generali

Sommario Questo capitolo rappresenta una sorta di intermezzo. Esso contiene nozioni fondamentali, alla base dell'analisi matematica e del calcolo delle probabilità, ma il cui impatto in questo libro, di natura introduttiva, è limitato. Molti modelli probabilistici che tratteremo nel seguito sono di natura non discreta e non possono essere definiti a partire da spazi di probabilità discreti. Lo scopo di questo capitolo è di fornire le nozioni "minime" affinché la trattazione risulti coerente e rigorosa. Contrariamente ai capitoli precedenti, gran parte delle dimostrazioni sono omesse.

5.1 σ-algebre e misure di probabilità

I modelli probabilistici concreti che abbiamo incontrato finora sono basati su spazi di probabilità *discreti* e su variabili aleatorie *discrete*, in cui gli esiti "effettivamente possibili" di un esperimento aleatorio e i valori "effettivamente assunti" di una variabile aleatoria sono *un insieme finito o numerabile*. Questa limitazione non permette di affrontare alcuni argomenti fondamentali, sia dal punto di vista teorico che applicativo.

Un primo problema riguarda la definizione di variabili aleatorie il cui insieme dei valori sia più che numerabile. Molte grandezze che trattiamo quotidianamente (tempi, masse, lunghezze, ...) sono descritte in modo naturale come quantità che possono assumere una quantità infinita più che numerabile di valori, ad esempio un intervallo di $\mathbb{R}$.

Un'altra questione importante riguarda lo studio delle *successioni* di variabili aleatorie. Come abbiamo mostrato nell'Osservazione 3.41, uno spazio di probabilità discreto è troppo "povero" perché in esso si possano definire successioni di variabili aleatorie discrete interessanti, ad esempio indipendenti e con la stessa distribuzione non concentrata in un punto.

Risulta quindi naturale cercare di estendere la nozione di spazio di probabilità o di variabile aleatoria. Per avere un'idea del tipo di problemi che sorgono, vediamo due esempi significativi.

Q. Berger, F. Caravenna, P. Dai Pra, *Probabilità*, UNITEXT 127,
https://doi.org/10.1007/978-88-470-4006-9_5

Esempio 5.1 Il concetto di probabilità uniforme (Esempio 1.18) è chiaro e naturale se lo spazio campionario è finito. È possibile estendere tale nozione ad uno spazio campionario continuo, ad esempio un intervallo limitato di $\mathbb{R}$? Per fissare le idee, si può formalizzare l'idea di "scegliere a caso" un punto di $\Omega = [0, 1]$?

Se P è la probabilità "uniforme" su Ω che stiamo cercando di definire, è naturale richiedere che

$$\mathrm{P}([a, b]) = b - a\,, \qquad \forall 0 \le a < b \le 1\,. \tag{5.1}$$

In tal modo, oltre al fatto che $\mathrm{P}(\Omega) = 1$, si ha che la probabilità di un intervallo dipende solo dalla sua lunghezza geometrica, e non dalla sua "posizione" in $[0, 1]$. A questo punto, è naturale chiedersi se sia possibile estendere la funzione P, definita in (5.1) sugli intervalli, a tutti i sottoinsiemi di $[0, 1]$, in modo che l'estensione sia σ-additiva (ossia verifichi l'assioma (P2) della Definizione 1.6). Si noti che da (5.1) segue che $\mathrm{P}(\{x\}) \le \mathrm{P}([x - \varepsilon, x + \varepsilon]) \le 2\varepsilon$ per ogni $\varepsilon > 0$, quindi $\mathrm{P}(\{x\}) = 0$ per ogni $x \in [0, 1]$. Quindi una tale P *non può essere una probabilità discreta*, dato che $\sum_{x \in [0,1]} \mathrm{P}(\{x\}) = 0$ (si ricordi la Proposizione 1.13 (c)). □

Esempio 5.2 Nel Paragrafo 1.3.4 abbiamo costruito lo spazio di probabilità discreto $(\Omega_n = \{0, 1\}^n, \mathrm{P}_{n,p})$ per descrivere n prove ripetute indipendenti con probabilità di successo p. Pensiamo ora di effettuare una successione infinita di prove ripetute. La scelta naturale per lo spazio campionario è

$$\Omega = \{0, 1\}^{\mathbb{N}} = \big\{\omega = (\omega_1, \omega_2, \ldots) : \ \omega_i \in \{0, 1\} \text{ per ogni } i \in \mathbb{N}\big\}\,.$$

È noto che Ω *non* è numerabile (è in corrispondenza biunivoca con l'insieme delle parti di $\mathbb{N}$, che ha la stessa cardinalità di $\mathbb{R}$). La probabilità P che vogliamo costruire sui sottoinsiemi di Ω dovrà soddisfare un requisito del tutto naturale: se consideriamo un evento che dipende solo dagli esiti di un numero finito n di prove, la sua probabilità dovrà essere uguale a quella calcolata nel Paragrafo 1.3.4. In altre parole, ricordando le formule (1.75)-(1.76), se $x_1, x_2, \ldots, x_n \in \{0, 1\}$, dovrà essere

$$\mathrm{P}(\{\omega \in \Omega : \omega_1 = x_1, \ldots, \omega_n = x_n\}) = p^{\sum_{i=1}^n x_i}\,(1 - p)^{n - \sum_{i=1}^n x_i}\,. \tag{5.2}$$

Come nell'esempio precedente, il problema è di stabilire se sia possibile estendere P a tutti i sottoinsiemi di Ω, in modo che soddisfi l'assioma di σ-additività. Se tale estensione esiste, si deve avere $\mathrm{P}(\{\omega\}) = 0$ per ogni $\omega \in \Omega$, come abbiamo mostrato nel Paragrafo 1.3.4.5 dunque P non può essere una probabilità discreta. □

In entrambi gli esempi, la funzione P è definita dapprima su una famiglia di insiemi "semplici" e ci si chiede se sia possibile estenderla a $\mathcal{P}(\Omega)$, in modo che l'estensione sia σ-additiva. Si può dimostrare che, in entrambi i casi, la risposta è *negativa*. La soluzione a questo problema è quella di ridimensionare l'obbiettivo iniziale di estendere P a *tutto* $\mathcal{P}(\Omega)$, accontentandosi di estenderla a una classe di sottoinsiemi $\mathcal{A} \subseteq \mathcal{P}(\Omega)$ sufficientemente ampia. Le proprietà che è opportuno richiedere sulla classe $\mathcal{A}$ sono descritte nella seguente definizione.

Definizione 5.3 (σ-algebra)
Sia Ω un insieme non vuoto. Una famiglia $\mathcal{A} \subseteq \mathcal{P}(\Omega)$ di sottoinsiemi di Ω si dice *σ-algebra* se soddisfa le seguenti proprietà.

(i) $\emptyset \in \mathcal{A}$.
(ii) Se $A \in \mathcal{A}$, allora $A^c \in \mathcal{A}$.
(iii) Se $(A_n)_{n\in\mathbb{N}}$ è una famiglia numerabile di elementi di $\mathcal{A}$, allora anche la loro unione $\bigcup_{n\in\mathbb{N}} A_n$ è un elemento di $\mathcal{A}$.

Gli elementi $A \in \mathcal{A}$ vengono detti sottoinsiemi *misurabili* di Ω.

Si noti che, se $\mathcal{A}$ è una σ-algebra su Ω, necessariamente $\Omega \in \mathcal{A}$, come segue dalle proprietà (i) e (ii). Inoltre $\mathcal{A}$ è chiusa per unioni finite, oltre che numerabili: infatti, ogni famiglia finita $(A_1, \dots, A_n)$ di elementi di $\mathcal{A}$ può essere completata a una successione, ponendo $A_k = \emptyset$ per $k > n$, senza modificarne l'unione. Infine, dall'identità di de Morgan $\bigcap_n A_n = \left(\bigcup_n A_n^c\right)^c$ segue che una σ-algebra è anche chiusa per intersezione, sia di una famiglia finita sia di una successione numerabile.

Definizione 5.4 (Spazio misurabile)
Una coppia $(\Omega, \mathcal{A})$ formata da un insieme e da una σ-algebra di suoi sottoinsiemi si dice *spazio misurabile*.

Possiamo ora estendere la Definizione 1.6 di probabilità P su un insieme Ω, ammettendo che possa essere definita non su tutti i sottoinsiemi di Ω ma solo su una σ-algebra $\mathcal{A}$. Si noti che gli assiomi (P1) e (P2) rimangono gli stessi.

Definizione 5.5 (Assiomi della probabilità, II)
Sia $(\Omega, \mathcal{A})$ uno spazio misurabile. Una funzione

$$\mathrm{P} : \mathcal{A} \to [0, 1]$$

si dice *probabilità* (o *misura di probabilità*)se valgono le seguenti proprietà:

(P1) $\mathrm{P}(\Omega) = 1$.
(P2) (*σ-additività*) Per ogni famiglia numerabile $(A_n)_{n\in\mathbb{N}}$ di elementi disgiunti di $\mathcal{A}$ (ossia $A_n \cap A_m = \emptyset$ per $n \neq m$) si ha

$$\mathrm{P}\left(\bigcup_{n\in\mathbb{N}} A_n\right) = \sum_{n\in\mathbb{N}} \mathrm{P}(A_n).$$

Adotteremo la seguente terminologia:

- l'insieme Ω è detto *spazio campionario*;
- i sottoinsiemi $A \in \mathcal{A}$ sono detti *eventi*;
- la terna $(\Omega, \mathcal{A}, \mathrm{P})$ è detta *spazio di probabilità* (generale).

Si noti che in uno spazio di probabilità generale $(\Omega, \mathcal{A}, \mathrm{P})$ solo gli elementi di $\mathcal{A}$ saranno chiamati *eventi*. Le proprietà di una σ-algebra servono proprio a garantire che, lavorando sugli eventi mediante unioni e intersezioni, finite o numerabili, e passaggio al complementare, si ottengano ancora eventi.

Osservazione 5.6 La "nuova" Definizione 5.5 è effettivamente un'estensione della "vecchia" Definizione 1.6, perché ogni spazio di probabilità (Ω, P) secondo la Definizione 1.6 si può identificare in modo canonico con lo spazio di probabilità $(\Omega, \mathcal{P}(\Omega), \mathrm{P})$ secondo la Definizione 5.5. □

Osservazione 5.7 (Probabilità discrete) Sceglieremo sempre una σ-algebra $\mathcal{A}$ che *contiene i singoletti*, ossia $\{\omega\} \in \mathcal{A}$ per ogni $\omega \in \Omega$. La Definizione 1.11 di *probabilità discreta* si estende allora senza modifiche agli spazi di probabilità generali, perché ogni sottoinsieme finito o numerabile $\tilde{\Omega} \subseteq \Omega$ è un evento:

$$\text{\textit{Una probabilità} P \textit{su uno spazio misurabile} } (\Omega, \mathcal{A}) \text{ \textit{si dice discreta}}$$
$$\text{\textit{se esiste un sottoinsieme} } \tilde{\Omega} \subseteq \Omega \text{ \textit{finito o numerabile tale che} } \mathrm{P}(\tilde{\Omega}) = 1\,. \tag{5.3}$$

I risultati mostrati per le probabilità discrete continuano a valere, in particolare il Corollario 1.16: una probabilità P su $(\Omega, \mathcal{A})$ è discreta se e solo se esiste una densità discreta p su Ω tale che $\mathrm{P}(A) = \sum_{\omega \in A} \mathrm{p}(\omega)$. □

Esattamente come nel caso discreto, in uno spazio di probabilità $(\Omega, \mathcal{A}, \mathrm{P})$ vale l'additività finita: se $A_1, A_2, \ldots, A_N \in \mathcal{A}$ sono eventi disgiunti,

$$\mathrm{P}\left(\bigcup_{n=1}^{N} A_n\right) = \sum_{n=1}^{N} \mathrm{P}(A_n). \tag{5.4}$$

Più in generale, tutti i risultati del Paragrafo 1.1.5 continuano a valere nel contesto generale or ora introdotto, a patto di restringere i risultati alla σ-algebra degli eventi, e *senza che le dimostrazioni richiedano alcuna modifica*. Pertanto, nel seguito, ci riferiremo alle Proposizioni 1.21, 1.23, 1.24 e al Corollario 1.26 anche quando questi risultati verranno usati in spazi di probabilità generali. Anche le nozioni di probabilità condizionale e di indipendenza di eventi, studiate nel Paragrafo 1.3, si estendono senza difficoltà al contesto degli spazi di probabilità generali.

Torniamo ora al problema enunciato negli Esempi 5.1 e 5.2. In entrambi i casi, avevamo definito una funzione $\mathrm{P} : \mathcal{C} \to [0, 1]$, dove $\mathcal{C}$ è la famiglia degli sottointervalli chiusi $[a, b] \subseteq [0, 1]$ nell'Esempio 5.1, mentre $\mathcal{C}$ è la famiglia degli insiemi del tipo $\{\omega \in \Omega : \omega_1 = x_1, \ldots, \omega_N = x_N\}$ nell'Esempio 5.2. È facile vedere che, in entrambi i casi, $\mathcal{C}$ *non* è una σ-algebra. Il problema diventa allora di trovare una σ-algebra $\mathcal{A} \supseteq \mathcal{C}$ e una probabilità su $(\Omega, \mathcal{A})$ che estenda la P originaria. La scelta della σ-algebra $\mathcal{A}$ si può fare in modo "canonico", grazie al seguente risultato.

Proposizione 5.8

Sia Ω un insieme arbitrario. Per ogni famiglia $\mathcal{C} \subseteq \mathcal{P}(\Omega)$ di sottoinsiemi di Ω, è ben definita la più piccola *σ-algebra $\mathcal{A}$ contenente $\mathcal{C}$, nel senso seguente:*

$$\text{per ogni } \sigma\text{-algebra } \mathcal{A}' \supseteq \mathcal{C}, \text{ si ha che } \mathcal{A}' \supseteq \mathcal{A} \supseteq \mathcal{C}\,.$$

Tale σ-algebra, denotata con $\sigma(\mathcal{C})$, è detta σ-algebra generata da $\mathcal{C}$.

Dimostrazione Fissata *qualsiasi* famiglia $(\mathcal{A}_\alpha)_{\alpha \in I}$ di σ-algebre di sottoinsiemi di Ω, la loro intersezione

$$\bigcap_{\alpha \in I} \mathcal{A}_\alpha := \{A \subseteq \Omega : \ A \in \mathcal{A}_\alpha \ \forall \alpha \in I\}$$

è una σ-algebra di sottoinsiemi di Ω (esercizio). Definiamo

$$\Xi := \{\mathcal{A}' \subseteq \mathcal{P}(\Omega) : \ \mathcal{A}' \text{ è una } \sigma\text{-algebra contenente } \mathcal{C}\}\,.$$

Notiamo che $\Xi \neq \emptyset$, perché $\mathcal{P}(\Omega) \in \Xi$. Se consideriamo l'intersezione di tutte le σ-algebre in Ξ, ossia la famiglia $\mathcal{A}$ definita da

$$\mathcal{A} := \bigcap_{\mathcal{A}' \in \Xi} \mathcal{A}'\,,$$

allora $\mathcal{A}$ è una σ-algebra per quanto detto sopra. Per costruzione $\mathcal{A}$ contiene $\mathcal{C}$; inoltre, per definizione, si ha $\mathcal{A} \subseteq \mathcal{A}'$ per ogni σ-algebra $\mathcal{A}'$ contenente $\mathcal{C}$. □

Per quanto riguarda gli Esempi 5.1 e 5.2, è possibile dimostrare che *esiste un'unica probabilità* che estende P a $\sigma(\mathcal{C})$. Si tratta di un risultato altamente non banale, al di là degli scopi di questo libro, su cui ritorneremo nel Paragrafo 5.4. In entrambi i casi, è possibile estendere P ad una σ-algebra strettamente più grande di $\sigma(\mathcal{C})$ (ma *non* a tutto $\mathcal{P}(\Omega)$, come già detto).

Riassumendo, la strategia è di definire una probabilità P su eventi "di base", che costituiscono $\mathcal{C}$, e poi di estendere questa probabilità a tutto $\sigma(\mathcal{C})$, che intuitivamente corrispondono agli eventi "descrivibili" con quelli di base. Questi comprendono, in particolare, tutti gli eventi che si possono ottenere mediante operazioni elementari (unioni, intersezioni, complementare).

5.2 Variabili aleatorie generali

L'aver ammesso che una probabilità possa essere definita solo su una classe $\mathcal{A}$ di sottoinsiemi di Ω, e non su tutto l'insieme delle parti $\mathcal{P}(\Omega)$, impone una maggiore attenzione alla definizione di variabile aleatoria. Infatti, se $(\Omega, \mathcal{A}, \mathrm{P})$ è uno spazio di probabilità e $X : \Omega \to E$ una funzione a valori in un insieme E, la scrittura $\mathrm{P}(X \in C)$ potrebbe non essere definita per tutti i sottoinsiemi $C \subseteq E$, in quanto non necessariamente $\{X \in C\} := X^{-1}(C) \in \mathcal{A}$. Per evitare questo problema, si richiede che anche l'insieme di arrivo E sia munito di una σ-algebra $\mathcal{E}$, e non tutte le funzioni $X : \Omega \to E$ verranno chiamate variabili aleatorie.

Definizione 5.9 (Variabile aleatoria, II)
Sia $(\Omega, \mathcal{A}, \mathrm{P})$ uno spazio di probabilità, sia $(E, \mathcal{E})$ uno spazio misurabile. Una funzione

$$X : \Omega \to E$$

si dice *variabile aleatoria* se per ogni $C \in \mathcal{E}$ si ha

$$\{X \in C\} := X^{-1}(C) \in \mathcal{A}.$$

Osservazione 5.10 Quando $\mathcal{A} = \mathcal{P}(\Omega)$ (in particolare, per uno spazio di probabilità secondo la "vecchia" Definizione 1.6, si ricordi l'Osservazione 5.6), *ogni* funzione $X : \Omega \to E$ è una variabile aleatoria, coerentemente con la Definizione 3.1. □

Si noti che la nozione di variabile aleatoria a valori in un insieme E dipende dalla scelta della σ-algebra $\mathcal{E}$ su E. Nel caso in cui $E = \mathbb{R}^n$ (in particolare, per $n = 1$, se $E = \mathbb{R}$) sceglieremo sempre la cosiddetta *σ-algebra di Borel* $\mathcal{B}(\mathbb{R}^n)$, definita come la σ-algebra generata dai sottoinsiemi aperti, nel senso della Proposizione 5.8. Tale scelta verrà sempre sottintesa nel seguito. Come nel caso discreto, chiameremo *reali* le variabili aleatorie a valori in $\mathbb{R}$, mentre le variabili aleatorie a valori in $\mathbb{R}^n$ saranno dette *vettoriali*, o *vettori aleatori*, di dimensione n.

Osservazione 5.11 La σ-algebra $\mathcal{B}(\mathbb{R}^n)$ contiene tutti i sottoinsiemi di $\mathbb{R}^n$ che si incontrano tipicamente: vi appartengono tutti gli insiemi aperti e tutti i chiusi, le loro unioni, intersezioni numerabili e i rispettivi complementari, ecc. Tuttavia esistono sottoinsiemi di $\mathbb{R}^n$ che non appartengono a $\mathcal{B}(\mathbb{R}^n)$, ossia $\mathcal{B}(\mathbb{R}^n) \subsetneq \mathcal{P}(\mathbb{R}^n)$.

Non esiste una descrizione "esplicita" di tutti gli elementi di $\mathcal{B}(\mathbb{R}^n)$, ma questo non costituisce un problema, perché ci si può ricondurre a lavorare con insiemi "semplici". Ad esempio, dato uno spazio di probabilità $(\Omega, \mathcal{A}, \mathrm{P})$, si può mostrare che, affinché un'applicazione $X : \Omega \to \mathbb{R}^n$ sia una variabile aleatoria, è sufficiente che $\{X \in C\} \in \mathcal{A}$ per ogni sottoinsieme $C \subseteq \mathbb{R}^n$ chiuso (oppure aperto). Per variabili aleatorie reali $X : \Omega \to \mathbb{R}$ basta anzi considerare le semirette $C = (-\infty, t]$, ossia X è una variabile aleatoria se (e solo se)

$$\{X \leq t\} = \{\omega \in \Omega : X(\omega) \leq t\} \in \mathcal{A}, \qquad \forall t \in \mathbb{R}.$$

Ad ogni modo, si tratta di questioni avanzate, con cui non avremo direttamente a che fare in questo libro. □

Se X è un vettore aleatorio di dimensione n e $g : \mathbb{R}^n \to \mathbb{R}^m$ è una funzione generica, non è detto che la funzione $g(X) : \Omega \to \mathbb{R}^m$ sia una variabile aleatoria, cioè non è detto che $\{g(X) \in C\} \in \mathcal{A}$ per ogni $C \in \mathcal{B}(\mathbb{R}^m)$. Per averne la garanzia, assumeremo che g sia una *funzione misurabile*, secondo la seguente definizione.

Definizione 5.12 (Funzione misurabile)
Una funzione $g : \mathbb{R}^n \to \mathbb{R}^m$ si dice *misurabile* (rispetto alle σ-algebre di Borel) se per ogni $C \in \mathcal{B}(\mathbb{R}^m)$ si ha che $g^{-1}(C) \in \mathcal{B}(\mathbb{R}^n)$.

La misurabilità è una proprietà molto debole, soddisfatta da tutte le funzioni con cui si lavora abitualmente e, in particolare, da tutte le funzioni che incontreremo in questo libro. Ad esempio, *sono misurabili tutte le funzioni continue tranne al più in un insieme finito o numerabile di punti* (e dunque i polinomi, l'esponenziale, ecc.). Inoltre, ogni funzione $g : \mathbb{R} \to \mathbb{R}$ monotòna (crescente o decrescente) è misurabile, come si verifica facilmente usando l'Osservazione 5.11.

A ogni variabile aleatoria è associato un oggetto di fondamentale importanza, la sua distribuzione, che ora introduciamo, in analogia con la Definizione 3.7.

Definizione 5.13 (Distribuzione di una variabile aleatoria, II)
Sia X una variabile aleatoria, definita sullo spazio di probabilità $(\Omega, \mathcal{A}, \mathrm{P})$, a valori in $(E, \mathcal{E})$. Si dice *distribuzione (o legge) di* X l'applicazione $\mu_X : \mathcal{E} \to [0, 1]$ definita da

$$\mu_X(C) := \mathrm{P}(X \in C).$$

(La probabilità $\mathrm{P}(X \in C)$ è ben definita perché $\{X \in C\} = X^{-1}(C) \in \mathcal{A}$ è un evento per ogni $C \in \mathcal{E}$, per definizione di variabile aleatoria.)

La dimostrazione del seguente risultato è lasciata per esercizio al lettore.

Proposizione 5.14
La distribuzione μ_X di una variabile aleatoria X a valori in $(E, \mathcal{E})$ è una probabilità su $(E, \mathcal{E})$.

In particolare, se X è una variabile aleatoria reale, la sua distribuzione μ_X è una probabilità su $\mathbb{R}$ (o, più precisamente, sullo spazio misurabile $(\mathbb{R}, \mathcal{B}(\mathbb{R}))$).

Un oggetto di grande importanza per lo studio delle variabili aleatorie reali è la *funzione di ripartizione*, già introdotta a suo tempo per variabili aleatorie discrete:

$$F_X(x) = \mathrm{P}(X \leq x).$$

Si noti che $F_X(x) = \mu_X((-\infty, x])$, dunque la funzione di ripartizione è determinata dalla distribuzione. Il fatto cruciale è che vale anche il viceversa, ossia la funzione di ripartizione di una variabile aleatoria reale *ne caratterizza la distribuzione*.

Proposizione 5.15
Due variabili aleatorie reali X e Y con la stessa funzione di ripartizione $F_X = F_Y$ hanno la stessa distribuzione: $\mu_X = \mu_Y$.

Le proprietà della funzione di ripartizione contenute nella Proposizione 3.93 continuano a valere per variabili aleatorie generali, senza alcuna modifica nella dimostrazione: per ogni variabile aleatoria reale X, la funzione di ripartizione F_X

$$\begin{aligned}&\text{è una funzione da } \mathbb{R} \text{ in } [0,1] \text{ crescente, continua da destra,}\\ &\text{ha limite 0 per } x \to -\infty \text{ e limite 1 per } x \to +\infty.\end{aligned} \tag{5.5}$$

Come vedremo, queste proprietà *caratterizzano* le funzioni di ripartizione.

La Definizione 3.12 di variabile aleatoria *discreta* si estende senza modifiche alle variabili aleatorie definite su uno spazio di probabilità (generale) $(\Omega, \mathcal{A}, \mathrm{P})$.

Definizione 5.16 (Variabile aleatoria reale discreta)
Una variabile aleatoria reale X, definita su uno spazio di probabilità $(\Omega, \mathcal{A}, \mathrm{P})$, si dice *variabile aleatoria discreta* se esiste un sottoinsieme finito o numerabile $\tilde{E} \subseteq \mathbb{R}$ tale che

$$\mu_X(\tilde{E}) = \mathrm{P}(X \in \tilde{E}) = 1 .$$

Un tale sottoinsieme $\tilde{E}$ sarà indicato con $X(\Omega)$. Esso contiene intuitivamente "i valori che vengono effettivamente assunti da X".

Notiamo che una variabile aleatoria reale è discreta se e solo se la sua distribuzione μ_X è una probabilità discreta su $\mathbb{R}$ (si ricordi l'Osservazione 5.7).

Se X è una variabile aleatoria discreta, definiamo la densità discreta

$$\mathrm{p}_X(x) := \mathrm{P}(X = x)$$

nel modo abituale. Allora valgono le proprietà della Proposizione 3.13: per $A \subseteq \mathbb{R}$

$$\begin{aligned}\mu_X(A) &= \mathrm{P}(X \in A) = \mathrm{P}(X \in A \cap X(\Omega)) = \mathrm{P}\left(\bigcup_{x \in A \cap X(\Omega)} \{X = x\} \right) \\ &= \sum_{x \in A \cap X(\Omega)} \mathrm{P}(X = x) = \sum_{x \in A} \mathrm{P}(X = x) = \sum_{x \in A} \mathrm{p}_X(x)\,, \end{aligned} \tag{5.6}$$

perché $X(\Omega)$ è un insieme finito o numerabile. In particolare, prendendo $A = \mathbb{R}$,

$$\sum_{x \in \mathbb{R}} \mathrm{p}_X(x) = \sum_{x \in \mathbb{R}} \mathrm{P}(X = x) = 1\,. \tag{5.7}$$

In particolare, se X è una variabile aleatoria discreta, la distribuzione μ_X è determinata dalla densità discreta p_X. Di conseguenza, *tutte le proprietà viste nel Capitolo 3 che dipendono solo dalla densità discreta* p_X *continuano a valere per variabili aleatorie discrete nel senso della Definizione 5.16.*

Il fatto è che, su uno spazio di probabilità generale $(\Omega, \mathcal{A}, \mathrm{P})$, ci possono essere variabili aleatorie reali *non* discrete, per cui le relazioni (5.6), (5.7) cessano di valere. In effetti, come vedremo nel Capitolo 6, per una vasta classe di variabili aleatorie reali X si ha addirittura $\mathrm{P}(X = x) = 0$ per ogni $x \in \mathbb{R}$. Di conseguenza, *per variabili aleatorie generali, la conoscenza delle probabilità* $\mathrm{P}(X = x)$ *non identifica la distribuzione di* X. Anche per questa ragione assume grande importanza la funzione di ripartizione F_X, che diventa la nuova "carta d'identità" della distribuzione di X.

Concludiamo osservando che per *ogni* variabile aleatoria reale X si ha

$$F_X(x) - F_X(x^-) = \mathrm{P}(X = x)\,, \qquad \forall x \in \mathbb{R}\,, \tag{5.8}$$

come mostra, senza modifiche nella dimostrazione, la Proposizione 3.95.

5.3 Indipendenza e valore medio

Come principio generale, tutti i risultati del Capitolo 3 nel cui enunciato *non* si fa riferimento esplicito alla densità discreta si possono estendere a variabili aleatorie generali (talvolta senza modifiche nelle dimostrazioni, altre volte con adattamenti non banali). Non ripeteremo tutti gli enunciati, limitandoci a richiamare brevemente quelli più importanti, e nel seguito adotteremo la convenzione di riferirci ad essi anche quando ne useremo l'estensione a spazi di probabilità generali.

L'indipendenza di variabili aleatorie generali è definita in completa analogia col caso discreto (si ricordino le Definizioni 3.28 e 3.30).

Definizione 5.17 (Indipendenza di variabili aleatorie)
Siano $X_1, X_2, \ldots, X_n$ variabili aleatorie, definite sullo stesso spazio di probabilità $(\Omega, \mathcal{A}, \mathrm{P})$ a valori rispettivamente negli spazi misurabili $(E_1, \mathcal{E}_1)$, $(E_2, \mathcal{E}_2)$, $\ldots$, $(E_n, \mathcal{E}_n)$. Esse si dicono *indipendenti* se per ogni scelta di $A_1 \in \mathcal{E}_1, A_2 \in \mathcal{E}_2, \ldots, A_n \in \mathcal{E}_n$ si ha

$$\mathrm{P}(X_1 \in A_1, X_2 \in A_2, \ldots, X_n \in A_n) = \prod_{i=1}^{n} \mathrm{P}(X_i \in A_i) . \qquad (5.9)$$

Data una famiglia arbitraria $(X_i)_{i \in I}$ di variabili aleatorie, tutte definite sullo stesso spazio di probabilità, esse si dicono indipendenti se ogni sottofamiglia finita è formata da variabili aleatorie indipendenti.

L'interpretazione è sempre la stessa: l'indipendenza di una famiglia $(X_i)_{i \in I}$ di variabili aleatorie significa intuitivamente che avere informazioni sul valore di alcune di esse non modifica la probabilità degli eventi che dipendono dalle altre.

Le proprietà dell'indipendenza descritte nel Paragrafo 3.2.4 continuano a valere nel contesto generale. Segnaliamo in particolare la Proposizione 3.38 ("indipendenza a blocchi") e la Proposizione 3.39 ("funzioni di variabili aleatorie indipendenti sono indipendenti"), di cui si fa uso frequente, spesso in modo implicito.

Osservazione 5.18 Per mostrare l'indipendenza di variabili aleatorie *reali*, basta verificare la relazione (5.9) per intervalli $A_i = (a_i, b_i]$ (o semirette $A_i = (-\infty, b_i]$). □

Veniamo ora alla nozione di *valore medio*. Per una variabile aleatoria reale discreta X (nel senso generale della Definizione 5.16), esso è definito esattamente come nella Definizione 3.42 data a suo tempo, ossia

$$\mathrm{E}(X) := \sum_{x \in \mathbb{R}} x \; \mathrm{p}_X(x) = \sum_{x \in \mathbb{R}} x \; \mathrm{P}(X = x) \in [-\infty, +\infty] , \qquad (5.10)$$

a condizione che la famiglia di numeri reali $(x \; \mathrm{p}_X(x))_{x \in \mathbb{R}}$ ammetta somma; in caso contrario, diremo che la variabile aleatoria X non ammette valore medio.

Per una variabile aleatoria reale X generale, non necessariamente discreta, osserviamo che $X^+ := \max(X, 0)$ e $X^- := -\min(X, 0)$ sono variabili aleatorie positive, e che si ha $X = X^+ - X^-$ e $|X| = X^+ + X^-$. Si dà quindi la definizione seguente.

Definizione 5.19 (Valore medio di una variabile aleatoria generale)
Sia X una variabile aleatoria reale, definita su uno spazio di probabilità $(\Omega, \mathcal{A}, \mathrm{P})$.

- Se $X \geq 0$, si definisce *valore medio di* X la quantità

$$\mathrm{E}(X) := \sup \big\{ \mathrm{E}(Y) : Y : \Omega \to \mathbb{R} \text{ è una variabile aleatoria discreta tale che } 0 \leq Y \leq X \big\} \in [0, +\infty] .$$

  (In particolare, $\mathrm{E}(X)$ coincide con la formula (5.10) se X è discreta.)
- In generale, si dice che X ammette valore medio se *almeno una* tra le quantità $\mathrm{E}(X^+)$ e $\mathrm{E}(X^-)$ è finita, e in tal caso si definisce

$$\mathrm{E}(X) := \mathrm{E}(X^+) - \mathrm{E}(X^-) \in [-\infty, +\infty] .$$

Di conseguenza, X ammette valore medio *finito* se e solo se *entrambe* le quantità $\mathrm{E}(X^+)$ e $\mathrm{E}(X^-)$ sono finite, o equivalentemente (per linearità, vedi sotto) se la quantità $\mathrm{E}(|X|) = \mathrm{E}(X^+) + \mathrm{E}(X^-)$ è finita.

Molte proprietà del valore medio, viste nel Capitolo 3, continuano a valere per variabili aleatorie generali. Ricordiamo in particolare la Proposizione 3.54, che esprime la *monotonia* e la *linearità* del valore medio:

- se $X \leq Y$ allora $\mathrm{E}(X) \leq \mathrm{E}(Y)$, purché X e Y ammettano valore medio;
- $\mathrm{E}(aX + bY) = a\,\mathrm{E}(X) + b\,\mathrm{E}(Y)$ se X e Y ammettono valore medio finito, per ogni $a, b \in \mathbb{R}$; oppure se X e Y sono positive, per ogni $a, b \geq 0$.

Menzioniamo anche la Proposizione 3.56 ("variabili aleatorie limitate ammettono valore medio finito") e la Proposizione 3.57 ("variabili aleatorie positive con valore medio nullo sono quasi certamente nulle").

Osservazione 5.20 Una proprietà importante, che non dimostreremo, è che *il fatto che una variabile aleatoria reale X ammetta valore medio e, in caso affermativo, il valore di* $\mathrm{E}(X)$, *dipendono solo dalla distribuzione μ_X di X*. Per variabili aleatorie discrete, questo è chiaro dalla formula (5.10), che tuttavia (come ogni formula in cui compare la densità discreta) non è più valida per variabili aleatorie generali.

Se X è un vettore aleatorio di dimensione n e $g : \mathbb{R}^n \to \mathbb{R}$ è una funzione misurabile, $g(X)$ è una variabile aleatoria reale, la cui distribuzione è una funzione di g e di μ_X, come si può verificare. Pertanto, *se X e Y sono vettori aleatori di dimensione n con la stessa distribuzione, allora $g(X)$ ammette valore medio se e solo se $g(Y)$ ammette valore medio, e in caso affermativo i due valori medi sono uguali* □

Dato che i polinomi e l'esponenziale sono funzioni continue, quindi misurabili, si possono definire varianza, momenti e funzione generatrice dei momenti per una variabile aleatoria reale X come nel caso discreto e, per l'Osservazione 5.20, tali quantità dipendono solo dalla distribuzione di X. Ad esempio,

$$\mathrm{Var}(X) := \mathrm{E}\left((X - \mathrm{E}(X))^2\right) = \mathrm{E}(X^2) - \mathrm{E}(X)^2 ,$$

purché $\mathrm{E}(X^2) < \infty$. Come nel caso discreto, si indica con $L^p = L^p(\Omega, \mathcal{A}, \mathrm{P})$ l'insieme delle variabili aleatorie reali definite su $(\Omega, \mathcal{A}, \mathrm{P})$ tali che $\mathrm{E}(|X|^p) < \infty$. Per la Proposizione 3.59, si ha $L^q \subseteq L^p$ se $q \geq p$ e, inoltre, $XY \in L^1$ se X e Y sono in L^2.

Analogamente si definisce la covarianza di due variabili aleatorie reali X e Y definite sullo stesso spazio di probabilità:

$$\mathrm{Cov}(X, Y) := \mathrm{E}\left((X - \mathrm{E}(X))(Y - \mathrm{E}(Y))\right) = \mathrm{E}(XY) - \mathrm{E}(X)\,\mathrm{E}(Y) ,$$

che dipende solo dalla distribuzione del vettore (X, Y). Si ricordino le proprietà di covarianza e varianza, descritte dalle Proposizioni 3.68 e 3.69, e in particolare

$$\begin{aligned} &\mathrm{Var}(aX + b) = a^2\,\mathrm{Var}(X) , \\ &\mathrm{Var}(X + Y) = \mathrm{Var}(X) + \mathrm{Var}(Y) + 2\,\mathrm{Cov}(X, Y) , \end{aligned} \tag{5.11}$$

per ogni $X, Y \in L^2$ e $a, b \in \mathbb{R}$.

Ricordiamo che variabili aleatorie X e Y indipendenti e in L^1 sono scorrelate: $\mathrm{Cov}(X, Y) = 0$, per il Corollario 3.74. In particolare, se X e Y sono indipendenti e in L^2, segue da (5.11) che $\mathrm{Var}(X + Y) = \mathrm{Var}(X) + \mathrm{Var}(Y)$.

Concludiamo osservando che tutte le disuguaglianze del Paragrafo 3.3.5, così come i risultati del Paragrafo 3.3.7 sul coefficiente di correlazione, continuano a valere nel caso generale, senza alcuna modifica nelle dimostrazioni.

5.4 Costruzione di modelli probabilistici

Riassumendo per sommi capi il contenuto di questo capitolo, gli spazi di probabilità qui introdotti differiscono da quelli visti del Capitolo 1 per il fatto che la probabilità P non è necessariamente definita su tutti i sottoinsiemi di Ω ma solo su una sottoclasse (una σ-algebra) $\mathcal{A}$. Nel seguito, lo spazio di probabilità $(\Omega, \mathcal{A}, \mathrm{P})$ resterà per lo più "sullo sfondo" e lavoreremo direttamente con le variabili aleatorie definite su Ω.

Una variabile aleatoria reale X, definita su uno spazio di probabilità generale, può assumere effettivamente una quantità più che numerabile di valori di $\mathbb{R}$ e, dunque, non essere discreta. La distribuzione di X è sempre identificata dalla funzione di ripartizione $F_X(x) := \mathrm{P}(X \leq x)$, la cui conoscenza permette in linea di principio di calcolare tutte le quantità di interesse relative a X (vedremo esempi nel prossimo capitolo). Le nozioni di indipendenza e valore medio possono essere estese a variabili aleatorie generali e valgono proprietà analoghe a quelle viste nel caso discreto.

Concludiamo il capitolo enunciando alcuni risultati che garantiscono l'esistenza dei modelli probabilistici che incontreremo nel seguito.

Osserviamo che *ogni probabilità μ su $\mathbb{R}$ è la distribuzione di una variabile aleatoria*: è sufficiente considerare lo spazio di probabilità $(\Omega, \mathcal{A}, \mathrm{P}) := (\mathbb{R}, \mathcal{B}(\mathbb{R}), \mu)$ e si verifica immediatamente che l'applicazione $X(\omega) := \omega$, ossia l'identità, è una variabile aleatoria con distribuzione $\mu_X = \mu$. Questo procedimento è detto *costruzione canonica di una variabile aleatoria con distribuzione assegnata*, in analogia con quanto visto nel Paragrafo 3.1.6.

La nozione di funzione di ripartizione è associata in modo naturale a ogni probabilità μ su $\mathbb{R}$, definendo

$$F_\mu(x) := \mu((-\infty, x]), \qquad \forall x \in \mathbb{R},$$

e valgono le proprietà (5.5). Il fatto interessante è che tali proprietà *caratterizzano* le funzioni di ripartizione, come mostra il seguente (profondo) risultato.

Teorema 5.21
Per ogni funzione $F : \mathbb{R} \to [0, 1]$ con le proprietà (5.5), esiste una probabilità μ su $\mathbb{R}$ tale che $F_\mu = F$ (e dunque, per la costruzione canonica, esiste una variabile aleatoria reale X tale che $F_X = F$).

Esempio 5.22 Si consideri la funzione $F : \mathbb{R} \to [0, 1]$ definita da

$$F(x) := \begin{cases} 0 & \text{se } x < 0, \\ x & \text{se } 0 \le x \le 1, \\ 1 & \text{se } x > 1, \end{cases}$$

che soddisfa le proprietà (5.5). Per il Teorema 5.21, esiste una probabilità λ su $\mathbb{R}$ tale che $\lambda((-\infty, x]) = F(x)$. Segue che $\lambda((a, b]) = b - a$ per ogni intervallo $(a, b] \subseteq [0, 1]$, e questa relazione si estende a $\lambda([a, b]) = b - a$. Questa è dunque la probabilità cercata nell'Esempio 5.1, detta *misura di Lebesgue* (ristretta a $[0, 1]$). □

Una variabile aleatoria reale Y, la cui distribuzione è la probabilità λ dell'Esempio 5.22, è detta *uniforme continua in* $[0, 1]$. Ne studieremo le proprietà nel prossimo capitolo. È interessante notare che, *assumendo l'esistenza di tale variabile aleatoria* Y, è possibile "completare" la dimostrazione del Teorema 5.21, costruendo una variabile aleatoria con funzione di ripartizione F generica mediante un'opportuna funzione $X = h(Y)$, come mostreremo nella Proposizione 6.34.

Enunciamo infine il seguente risultato.

Teorema 5.23
Per ogni $k \in \mathbb{N}$ *sia assegnata una probabilità* μ_k *su* $\mathbb{R}^d$. *Esiste uno spazio di probabilità* $(\Omega, \mathcal{A}, \mathrm{P})$ *su cui sono definite variabili aleatorie reali* indipendenti $(X_k)_{k \in \mathbb{N}}$, *tali che* X_k *ha distribuzione* μ_k.

Ricordiamo che, nel caso speciale $d = 1$, assegnare una probabilità μ_k su $\mathbb{R}$ equivale ad assegnare una funzione $F_k : \mathbb{R} \to [0, 1]$ con le proprietà (5.5), per il Teorema 5.21.

Il Teorema 5.23 garantisce, in particolare, l'esistenza di una successione di variabili aleatorie reali *indipendenti e identicamente distribuite* (*i.i.d.*), ossia con la stessa distribuzione, qualunque essa sia. Questa classe di modelli probabilistici di fondamentale importanza ricorrerà frequentemente nel seguito. In particolare, abbiamo l'esistenza di una successione di variabili i.i.d. di Bernoulli, che descrivono una successione *infinita* di prove ripetute e indipendenti (si ricordi il Paragrafo 3.2.3).

Nel Teorema 5.23, si può scegliere $\Omega = (\mathbb{R}^d)^{\mathbb{N}} = \{\omega = (\omega_i)_{i \in \mathbb{N}} : \omega_i \in \mathbb{R}^d\}$, analogamente all'Esempio 5.2, con $X_i(\omega) := \omega_i$. Questa costruzione è una generalizzazione, altamente non banale, di quanto visto nel Paragrafo 3.2.5 per un numero finito di variabili aleatorie discrete indipendenti.

5.5 Note bibliografiche

In questo capitolo abbiamo presentato una sintesi, largamente incompleta, della formulazione assiomatica del calcolo delle probabilità, dovuta a A.N. Kolmogorov (1933) in [46], che utilizzò strumenti di *teoria della misura* sviluppati negli anni precedenti da E. Borel e H. Lebesgue. Per uno studio sistematico di questi argomenti, suggeriamo la lettura di monografie ad essi dedicate: due "classici" sono i testi di G.B. Folland [33] e di P. Billingsley [10].

Capitolo 6
Variabili aleatorie assolutamente continue

Sommario In questo capitolo, dopo alcuni richiami sull'integrale di Riemann, introduciamo le variabili aleatorie assolutamente continue, reali e vettoriali, e ne studiamo le proprietà salienti. Presentiamo quindi le distribuzioni notevoli più importanti e analizziamo diversi esempi rilevanti, tra cui il processo di Poisson. I paragrafi e gli esercizi segnalati con un asterisco * richiedono la conoscenza dell'integrale di Riemann multidimensionale.

6.1 Richiami sull'integrale di Riemann

In quanto segue daremo per nota la nozione di *integrale di Riemann* per funzioni reali di una variabile reale, limitandoci a richiamare alcuni fatti fondamentali e alcune estensioni meno standard.

6.1.1 L'integrale in senso proprio

L'integrale di Riemann in senso "proprio"

$$\int_a^b f(x)\,\mathrm{d}x\,,$$

è definito per una classe di funzioni $f : [a, b] \to \mathbb{R}$ *limitate*, definite su un intervallo *limitato*, dette Riemann-integrabili. Nel seguito scriveremo spesso, semplicemente, integrabili. Tale classe include tutte le funzioni monotòne (crescenti o decrescenti)

Supplementary Information The online version contains supplementary material available at https://doi.org/10.1007/978-88-470-4006-9_6.

Q. Berger, F. Caravenna, P. Dai Pra, *Probabilità*, UNITEXT 127,
https://doi.org/10.1007/978-88-470-4006-9_6

e quelle continue. Più in generale, ogni funzione $f : [a,b] \to \mathbb{R}$ *limitata*, e continua tranne al più in un insieme finito di punti, è integrabile.

L'integrale è additivo rispetto al dominio di integrazione: per ogni funzione $f : [a,b] \to \mathbb{R}$ integrabile e per ogni punto $c \in [a,b]$ si ha

$$\int_a^b f(x)\,\mathrm{d}x = \int_a^c f(x)\,\mathrm{d}x + \int_c^b f(x)\,\mathrm{d}x\,. \tag{6.1}$$

Ricordiamo anche la *linearità* dell'integrale: se $f, g : [a,b] \to \mathbb{R}$ sono integrabili e $\alpha, \beta \in \mathbb{R}$, la funzione $\alpha f + \beta g$ è integrabile e si ha

$$\int_a^b \big(\alpha f(x) + \beta g(x)\big)\,\mathrm{d}x = \alpha \int_a^b f(x)\,\mathrm{d}x + \beta \int_a^b g(x)\,\mathrm{d}x\,. \tag{6.2}$$

Un'altra proprietà fondamentale è la *monotonia*: se $f, g : [a,b] \to \mathbb{R}$ sono integrabili,

$$f(x) \le g(x) \quad \forall x \in [a,b] \qquad \Longrightarrow \qquad \int_a^b f(x)\,\mathrm{d}x \le \int_a^b g(x)\,\mathrm{d}x\,. \tag{6.3}$$

Se $f : [a,b] \to \mathbb{R}$ è integrabile, per ogni $x \in [a,b]$ possiamo definire

$$F(x) := \int_a^x f(t)\,\mathrm{d}t\,.$$

La funzione $F : [a,b] \to \mathbb{R}$ è detta *funzione integrale* di f. Per il *teorema fondamentale del calcolo integrale*, F è una funzione *continua* in tutto l'intervallo $[a,b]$ ed è derivabile in ogni punto $x \in (a,b)$ in cui f è continua, con $F'(x) = f(x)$.

Un corollario importante, molto utile per il calcolo di integrali, è il seguente: se $f : [a,b] \to \mathbb{R}$ è una funzione continua e $G : [a,b] \to \mathbb{R}$ è una *primitiva* di f, ossia G è continua in $[a,b]$ e derivabile per ogni $x \in (a,b)$, con $G'(x) = f(x)$, si ha

$$\int_a^x f(t)\,\mathrm{d}t = G(t)\big|_a^x := G(x) - G(a)\,, \qquad \text{per ogni } x \in [a,b]\,. \tag{6.4}$$

In altri termini, la funzione G coincide con la funzione integrale di f a meno di una costante additiva (infatti le due funzioni hanno la stessa derivata).

6.1.2 L'integrale in senso improprio

Risulta importante estendere la nozione di integrale di Riemann a funzioni che possono essere non definite in punti isolati (tipicamente si tratta di funzioni illimitate nell'intorno di tali punti) e/o che sono definite su un dominio illimitato.

Cominciamo a considerare domini limitati: supponiamo che $-\infty < a < b < +\infty$ ed estendiamo l'integrale ad una classe di funzioni che possono non essere definite in un singolo punto dell'intervallo $[a, b]$.

- Se $f : (a, b] \to \mathbb{R}$ è una funzione Riemann-integrabile su $[a+\varepsilon, b]$, per ogni $\varepsilon > 0$, e se esiste finito il limite

$$\lim_{\varepsilon \downarrow 0} \int_{a+\varepsilon}^{b} f(x)\, \mathrm{d}x\,, \tag{6.5}$$

f si dice *integrabile in senso improprio* (o generalizzato) su $[a, b]$ e si pone

$$\int_a^b f(x)\, \mathrm{d}x := \lim_{\varepsilon \downarrow 0} \int_{a+\varepsilon}^{b} f(x)\, \mathrm{d}x\,.$$

In modo del tutto analogo si definisce, quando esiste, l'integrale improprio su $[a, b]$ di una funzione $f : [a, b) \to \mathbb{R}$.

- Se c è un punto interno dell'intervallo $[a, b]$, una funzione $f : [a, b] \setminus \{c\} \to \mathbb{R}$ si dice integrabile in senso improprio su $[a, b]$ se essa lo è *sia su* $[a, c]$ *che su* $[c, b]$, nel senso appena visto, e in tal caso si pone

$$\int_a^b f(x)\, \mathrm{d}x := \int_a^c f(x)\, \mathrm{d}x + \int_c^b f(x)\, \mathrm{d}x\,.$$

Estendiamo quindi la definizione di integrale in senso improprio su $[a, b]$ a una classe di funzioni $f : [a, b] \setminus N \to \mathbb{R}$, dove $N = \{c_1, \ldots, c_n\}$ è un insieme finito di punti.

- Suddividendo l'intervallo $[a, b]$ in n sottointervalli $[t_0, t_1]$, $[t_1, t_2]$, ..., $[t_{n-1}, t_n]$, con $t_0 := a$ e $t_n := b$, che contengano ciascuno un solo punto di N (ad esempio, ponendo $t_j := \frac{1}{2}(c_j + c_{j+1})$ per $1 \leq j \leq n-1$), si dice che f è integrabile in senso improprio su $[a, b]$ se lo è su ciascun sottointervallo, nel qual caso si pone

$$\int_a^b f(x)\, \mathrm{d}x := \int_{t_0}^{t_1} f(x)\, \mathrm{d}x + \ldots + \int_{t_{n-1}}^{t_n} f(x)\, \mathrm{d}x\,.$$

Consideriamo ora il caso di domini illimitati. Si dice che un sottoinsieme $N \subseteq \mathbb{R}$ *è formato da punti isolati* (o, equivalentemente, *non ha punti di accumulazione*) se N ha un numero finito di punti in ogni intervallo limitato, ossia se $N \cap [a, b]$ è un insieme finito per ogni $-\infty < a < b < +\infty$.

- Se $f : (-\infty, b] \setminus N \to \mathbb{R}$, dove $N \subseteq \mathbb{R}$ è un insieme di punti isolati, è integrabile in senso improprio su $[c, b]$, per ogni $c < b$, e se esiste finito il limite

$$\lim_{c \to -\infty} \int_c^b f(x)\,\mathrm{d}x\,,$$

si dice che f è integrabile in senso improprio su $(-\infty, b]$ e si pone

$$\int_{-\infty}^b f(x)\,\mathrm{d}x := \lim_{c \to -\infty} \int_c^b f(x)\,\mathrm{d}x\,.$$

In modo analogo si definisce, quando esiste, l'integrale in senso improprio su $[a, +\infty)$ per una classe di funzioni $f : [a, +\infty) \setminus N \to \mathbb{R}$.
- Infine, se $f : \mathbb{R} \setminus N \to \mathbb{R}$, con $N \subseteq \mathbb{R}$ insieme di punti isolati, è una funzione integrabile in senso improprio sia su $(-\infty, 0]$ che su $[0, +\infty)$, si dice che f è integrabile in senso improprio su $\mathbb{R}$ e si pone

$$\int_{-\infty}^{+\infty} f(x)\,\mathrm{d}x := \int_{-\infty}^{0} f(x)\,\mathrm{d}x + \int_{0}^{+\infty} f(x)\,\mathrm{d}x.$$

(Naturalmente si può considerare un punto $c \in \mathbb{R}$ arbitrario invece di 0.)

Osservazione 6.1 Sottolineiamo che le funzioni integrabili in senso proprio su un intervallo limitato $[a, b]$ lo sono anche in senso improprio, perché l'integrale è una funzione continua degli estremi di integrazione. □

Abbiamo dunque definito l'integrale improprio su $\mathbb{R}$ (o su un intervallo) per funzioni che possono essere non definite in un sottoinsieme $N \subseteq \mathbb{R}$ di punti isolati. Per alleggerire le notazioni, d'ora in avanti converremo di definire arbitrariamente i valori della funzione sull'insieme N: ad esempio, parleremo di funzioni $f : \mathbb{R} \to \mathbb{R}$ integrabili in senso improprio, intendendo che esiste un sottoinsieme di punti isolati $N \subseteq \mathbb{R}$ tale che $f : \mathbb{R} \setminus N \to \mathbb{R}$ è integrabile in senso improprio. (Si noti che modificare il valore di f in un insieme di punti isolati non cambia l'integrale.)

6.1.3 Alcuni esempi

Esempio 6.2 La funzione $f(x) := \frac{1}{x^\alpha}$, definita in $(0, \infty)$, è integrabile in senso improprio su $[0, 1]$ se $\alpha < 1$, mentre non lo è se $\alpha \geq 1$. Infatti, per $\alpha \neq 1$ la funzione $G(x) := \frac{1}{1-\alpha} x^{1-\alpha}$ è una primitiva di f, quindi

$$\int_\varepsilon^1 f(x)\,\mathrm{d}x = G(1) - G(\varepsilon) = \frac{1}{1-\alpha}(1 - \varepsilon^{1-\alpha}) \underset{\varepsilon \downarrow 0}{\longrightarrow} \begin{cases} \frac{1}{1-\alpha} < +\infty & \text{se } \alpha < 1\,, \\ +\infty & \text{se } \alpha > 1\,. \end{cases}$$

Analogamente, per $\alpha = 1$ la funzione $G(x) := \log x$ è una primitiva di f, quindi

$$\int_{\varepsilon}^{1} f(x)\,\mathrm{d}x = G(1) - G(\varepsilon) = -\log\varepsilon \xrightarrow[\varepsilon\downarrow 0]{} +\infty\,.$$

Gli stessi risultati valgono rimpiazzando l'intervallo $[0, 1]$ con $[0, a]$, per $a > 0$. □

Esempio 6.3 La funzione $f(x) = \frac{1}{x^\alpha}$ è integrabile in senso improprio su $[1, +\infty)$ se $\alpha > 1$, mentre non lo è se $\alpha \le 1$. Come nell'Esempio 6.2, per $\alpha \neq 1$ si ha

$$\int_{1}^{c} f(x)\,\mathrm{d}x = \frac{1}{1-\alpha}(c^{1-\alpha} - 1) \xrightarrow[c\uparrow+\infty]{} \begin{cases} \frac{1}{\alpha-1} < +\infty & \text{se } \alpha > 1\,, \\ +\infty & \text{se } \alpha < 1\,. \end{cases}$$

Analogamente, per $\alpha = 1$

$$\int_{1}^{c} f(x)\,\mathrm{d}x = \log c \xrightarrow[c\uparrow+\infty]{} +\infty\,.$$

Gli stessi risultati valgono per la semiretta $[a, \infty)$ invece di $[1, \infty)$, con $a > 0$. □

Sottolineiamo la "simmetria" tra gli Esempi 6.2 e 6.3: la funzione $f(x) := \frac{1}{x^\alpha}$ è integrabile in senso improprio su $[1, \infty)$ se e solo se $\alpha > 1$, mentre lo è su $[0, 1]$ se e solo se $\alpha < 1$. Nel caso "limite" $\alpha = 1$, la funzione $\frac{1}{x}$ non è integrabile in senso improprio né su $[1, \infty)$, né su $[0, 1]$.

Si noti l'analogia tra l'integrabilità in senso improprio della funzione $\frac{1}{x^\alpha}$ su $[1, \infty)$ e la convergenza/divergenza della serie $\sum_{n\in\mathbb{N}} \frac{1}{n^\alpha}$, si veda la relazione (0.3).

Esempio 6.4 Per ogni $\varepsilon > 0$ si ha

$$\int_{-1}^{-\varepsilon} \frac{1}{x}\,\mathrm{d}x + \int_{\varepsilon}^{1} \frac{1}{x}\,\mathrm{d}x = 0\,,$$

per simmetria. Prendendo il limite per $\varepsilon \to 0$, si potrebbe essere tentati di concludere che $\int_{-1}^{+1} \frac{1}{x}\,\mathrm{d}x = 0$, commettendo un errore: infatti la funzione $\frac{1}{x}$ *non* è integrabile in senso improprio su $[-1, +1]$, perché non lo è su $[0, 1]$, per quanto visto nell'Esempio precedente (né lo è su $[-1, 0]$, per simmetria). □

Esempio 6.5 La funzione $f(x) := \mathrm{e}^{\lambda x}$ è integrabile in senso improprio su $[a, \infty)$, con $a \in \mathbb{R}$, se e solo se $\lambda < 0$; simmetricamente, lo è su $(-\infty, a]$ se e solo se $\lambda > 0$.

Per mostrarlo, notiamo che la funzione $G(x) := \lambda^{-1} e^{\lambda x}$ è una primitiva di f per $\lambda \neq 0$, mentre $G(x) := x$ lo è per $\lambda = 0$, pertanto

$$\int_a^c f(x)\,dx = G(c) - G(a) \xrightarrow[c\uparrow+\infty]{} \begin{cases} \frac{1}{(-\lambda)} e^{\lambda a} < +\infty & \text{se } \lambda < 0\,, \\ +\infty & \text{se } \lambda \geq 0\,. \end{cases}$$

Il caso in cui $c \downarrow -\infty$ è del tutto analogo. □

In tutti gli esempi precedenti, per mostrare che una funzione f è integrabile in senso improprio, abbiamo calcolato esplicitamente l'integrale di f, trovandone una primitiva e applicando il teorema fondamentale del calcolo integrale, mediante la relazione (6.4). Questo metodo non è di vasta applicabilità, perché le funzioni di cui è nota una primitiva sono relativamente poche.

Un metodo generale consiste nel dedurre l'integrabilità di una funzione a partire da un'altra funzione di cui è nota l'integrabilità, sfruttando la monotonia dell'integrale, espressa dalla relazione (6.3). A tal fine, gli Esempi 6.2, 6.3 e 6.5 si rivelano molto utili come "termini di confronto". Un esempio chiarirà la tecnica.

Esempio 6.6 (Integrale di Gauss) Mostriamo che la funzione $f(x) := e^{-x^2}$ è integrabile in senso improprio su $\mathbb{R}$. Dato che f è continua, essa è integrabile in senso proprio su ogni intervallo chiuso e limitato $[a, b]$. Quindi basta mostrare che

$$\lim_{a\downarrow-\infty} \int_a^0 e^{-x^2}\,dx < \infty\,, \qquad \lim_{b\uparrow+\infty} \int_0^b e^{-x^2}\,dx < \infty\,. \tag{6.6}$$

Dato che $\int_{-b}^0 e^{-x^2}\,dx = \int_0^b e^{-x^2}\,dx$, per simmetria, è sufficiente concentrarsi sul secondo limite. Sottolineiamo che il limite esiste, perché l'integrale è una funzione crescente dell'estremo di integrazione b, essendo la funzione integranda positiva. Quindi basta mostrare che l'integrale $\int_0^b e^{-x^2}\,dx$ è limitato superiormente.

Per $x \geq 1$ si ha $x^2 \geq x$, quindi $e^{-x^2} \leq e^{-x}$. Per monotonia dell'integrale,

$$\forall b \geq 1 : \qquad \int_1^b e^{-x^2}\,dx \leq \int_1^b e^{-x}\,dx \leq \int_1^{+\infty} e^{-x}\,dx = e^{-1}\,,$$

avendo applicato l'Esempio 6.5. Dato che $\int_0^b(\ldots) = \int_0^1(\ldots) + \int_1^b(\ldots)$, concludiamo che la funzione $b \mapsto \int_0^b e^{-x^2}\,dx$ è limitata dall'alto, come richiesto.

Il valore dell'integrale di f su $\mathbb{R}$, detto *integrale di Gauss*, è noto:

$$\int_{-\infty}^{+\infty} e^{-x^2}\,dx = \sqrt{\pi}\,, \tag{6.7}$$

come mostreremo più avanti, nell'Esempio 6.45. □

6.1.4 Approfondimenti sull'integrabilità

Affinché una funzione $f : \mathbb{R} \to \mathbb{R}$ sia integrabile in senso improprio su $\mathbb{R}$, è necessario (ma non sufficiente!) che essa soddisfi la seguente proprietà:

> esiste un sottoinsieme $N \subseteq \mathbb{R}$ di punti isolati tale che f è Riemann-integrabile in senso proprio su ogni intervallo limitato $[a, b]$ che non contiene punti di N. (6.8)

Le funzioni con questa proprietà (che potremmo definire "Riemann-integrabili in senso proprio a tratti") includono tutti gli esempi che si incontrano tipicamente nelle applicazioni. Ad esempio soddisfano la proprietà (6.8) tutte le funzioni $f : \mathbb{R} \to \mathbb{R}$ *continue a tratti*, ossia continue al di fuori di un un insieme di punti isolati N (si veda la Definizione 6.8 più sotto).

Supponiamo d'ora in avanti che $f : \mathbb{R} \to \mathbb{R}$ sia una funzione che soddisfa la proprietà (6.8). Riassumendo a grandi linee il contenuto del Paragrafo 6.1.2, si ha che f è integrabile in senso improprio su $\mathbb{R}$ se e solo se vale quanto segue.

- Per ogni punto $x_0 \in N$ e per ogni intervallo limitato $[a, b]$ che contiene x_0 (e nessun altro punto di N), l'integrale di f su $[a, x_0 - \varepsilon]$ ha *limite finito* per $\varepsilon \downarrow 0$; lo stesso per l'integrale di f su $[x_0 + \varepsilon, b]$. Questo permette di definire l'integrale di f in senso improprio su ogni intervallo limitato $[a, b]$.
- L'integrale di f in senso improprio sull'intervallo limitato $[a, b]$, con b fissato, ha *limite finito* per $a \downarrow -\infty$; lo stesso per $b \uparrow +\infty$, con a fissato. Questo permette di definire l'integrale di f in senso improprio su $\mathbb{R}$.

La richiesta che tutti i limiti siano finiti è al fine di evitare forme di indeterminazione del tipo $+\infty - \infty$, quando si sommano gli integrali su intervalli disgiunti.

Supponiamo ora che la funzione f sia *positiva*. In questo caso l'integrale di f su un intervallo è un numero positivo, che cresce se si ingrandisce l'intervallo, quindi i limiti di cui sopra esistono sempre in $[0, +\infty]$. Di conseguenza, *per funzioni positive che soddisfano la proprietà* (6.8), *si può sempre definire l'integrale in senso improprio su* $\mathbb{R}$, *ammettendo che possa assumere il valore* $+\infty$.

Per una funzione f non necessariamente positiva (che soddisfa la proprietà (6.8)), possiamo considerare le funzioni positive f^+, f^-, $|f|$, i cui integrali in senso improprio su $\mathbb{R}$ sono sempre ben definiti in $[0, +\infty]$. *Quando l'integrale di* $|f|$ *è finito* — equivalentemente, quando sono finiti entrambi gli integrali di f^+ e f^- — si mostra facilmente che f è integrabile in senso improprio su $\mathbb{R}$ e si ha

$$\int_{-\infty}^{+\infty} f(x)\, \mathrm{d}x = \int_{-\infty}^{+\infty} f^+(x)\, \mathrm{d}x - \int_{-\infty}^{+\infty} f^-(x)\, \mathrm{d}x .$$

(Si noti l'analogia con la definizione di somma infinita, nel capitolo introduttivo "Nozioni preliminari").

In conclusione, per funzioni $f : \mathbb{R} \to \mathbb{R}$ *che soddisfano la proprietà* (6.8), conviene tenere a mente quanto segue:

- se f è positiva, è sempre ben definito l'integrale $\int_{-\infty}^{+\infty} f(x)\,\mathrm{d}x \in [0, +\infty]$;
- se f è positiva e se $\int_{-\infty}^{+\infty} f(x)\,\mathrm{d}x < +\infty$, diremo che f è integrabile in senso improprio su $\mathbb{R}$, mantenendo la notazione del Paragrafo 6.1.2;
- per funzioni f non necessariamente positive, se $|f|$ è integrabile in senso improprio su $\mathbb{R}$ (ossia, se $\int_{-\infty}^{+\infty} |f(x)|\,\mathrm{d}x < +\infty$), allora f è integrabile in senso improprio su $\mathbb{R}$, dunque $\int_{-\infty}^{+\infty} f(x)\,\mathrm{d}x \in \mathbb{R}$ è ben definito.

Queste nozioni sono sufficienti per gli scopi di questo libro. Seguono alcuni approfondimenti per il lettore interessato.

Per funzioni $f : \mathbb{R} \to \mathbb{R}$ che soddisfano la proprietà (6.8), la condizione che $|f|$ sia integrabile in senso improprio su $\mathbb{R}$ è *strettamente più forte* della condizione che f sia integrabile in senso improprio su $\mathbb{R}$. Ad esempio, la funzione $f : \mathbb{R} \to \mathbb{R}$ definita da

$$f(x) := \begin{cases} 0 & \text{se } x \leq 0\,, \\ \frac{(-1)^n}{n} & \text{se } n-1 < x \leq n\,, \text{ con } n \in \mathbb{N}\,, \end{cases}$$

è integrabile in senso improprio su $\mathbb{R}$, perché $\sum_{n=1}^{\infty} \frac{(-1)^n}{n} = \lim_{N\to+\infty} \sum_{n=1}^{N} \frac{(-1)^n}{n} = -\log 2$, ma $|f|$ non lo è, perché $\sum_{n=1}^{\infty} \frac{1}{n} = +\infty$. Un altro esempio classico è fornito dalla funzione $f(x) := \frac{1}{x}\sin(x)$. Si possono costruire esempi nello stesso spirito anche su intervalli $[a, b]$ limitati.

Come vedremo nel seguito, la semplice condizione che f sia integrabile in senso improprio su $\mathbb{R}$ è troppo debole per i nostri scopi: richiederemo pertanto che l'integrale di $|f|$ sia finito. Sottolineiamo che facciamo sempre l'ipotesi che f soddisfi la proprietà (6.8) (altrimenti non ha nemmeno senso chiedersi se f sia integrabile). Se non si vuole menzionare esplicitamente la proprietà (6.8), occorre richiedere che entrambe le funzioni f e $|f|$ siano integrabili in senso improprio su $\mathbb{R}$ o, equivalentemente, che entrambe le funzioni f^+ e f^- lo siano.

Esempio 6.7 Segnaliamo che, se non si richiede che la funzione $f : \mathbb{R} \to \mathbb{R}$ soddisfi la proprietà (6.8), possono accadere "patologie": ad esempio, la funzione $|f|$ può essere integrabile senza che f lo sia. Un esempio è dato dalla funzione $f : \mathbb{R} \to \mathbb{R}$ definita da

$$f(x) := \begin{cases} 1 & \text{se } x \in [0,1] \cap \mathbb{Q}\,, \\ -1 & \text{se } x \in [0,1] \setminus \mathbb{Q}\,, \\ 0 & \text{se } x \notin [0,1]\,, \end{cases}$$

non è Riemann-integrabile, mentre $|f(x)| = \mathbb{1}_{[0,1]}(x)$ naturalmente lo è. □

6.1.5 Proprietà dell'integrale

Molte proprietà dell'integrale di Riemann in senso proprio continuano a valere anche per l'integrale in senso improprio. Notiamo innanzitutto che le proprietà di additività rispetto al dominio di integrazione, di linearità e di monotonia, espresse dalle relazioni (6.1), (6.2) e (6.3), continuano a valere se le funzioni sono integrabili in senso improprio, come si verifica facilmente.

Anche il teorema fondamentale del calcolo integrale si può estendere a funzioni integrabili in senso improprio. Ne presentiamo una versione che sarà utile nel seguito. Cominciamo con due utili definizioni.

Definizione 6.8
Una funzione $f : \mathbb{R} \to \mathbb{R}$ si dice *continua a tratti* se esiste un sottoinsieme di punti isolati $N \subseteq \mathbb{R}$ tale che f è continua in ogni punto $x \in \mathbb{R} \setminus N$.

Definizione 6.9
Una funzione $F : \mathbb{R} \to \mathbb{R}$ si dice C^1 *a tratti* se

- F è continua in ogni punto $x \in \mathbb{R}$;
- esiste un sottoinsieme di punti isolati $N \subseteq \mathbb{R}$ tale che F è derivabile in ogni punto $x \in \mathbb{R} \setminus N$;
- la derivata F' è una funzione continua in ogni punto $x \in \mathbb{R} \setminus N$.

(Sottolineiamo che non si richiede niente sulla derivata F' nei punti di N.)

Il prossimo risultato, che generalizza il teorema fondamentale del calcolo integrale, mostra in particolare che *una funzione F è C^1 a tratti se e solo se è l'integrale di una funzione f continua a tratti.* Omettiamo la dimostrazione per brevità.

Teorema 6.10
(i) *Sia $f : \mathbb{R} \to \mathbb{R}$ integrabile in senso improprio su $(-\infty, b]$, per ogni $b \in \mathbb{R}$. Allora la funzione $F : \mathbb{R} \to \mathbb{R}$ definita da*

$$F(x) := \int_{-\infty}^{x} f(t)\, \mathrm{d}t\,, \tag{6.9}$$

è continua su tutto $\mathbb{R}$; inoltre, per ogni punto $x \in \mathbb{R}$ in cui f è continua, la funzione F è derivabile in x e si ha $F'(x) = f(x)$.
In particolare, se f è continua a tratti, allora la funzione F è C^1 a tratti.

(ii) *Sia* $F : \mathbb{R} \to \mathbb{R}$ *una funzione* C^1 *a tratti. Allora la funzione* $f(x) := F'(x)$ *(definita arbitrariamente dove* F *non è derivabile) è continua a tratti e si ha*

$$F(b) - F(a) = \int_a^b f(t)\, dt \qquad \text{per ogni } -\infty < a < b < +\infty .$$

Se inoltre $\lim_{a \to -\infty} F(a) = 0$, *allora la funzione* f *è integrabile in senso improprio su* $(-\infty, b]$, *per ogni* $b \in \mathbb{R}$, *e vale la relazione* (6.9).

Un'importante corollario del Teorema 6.10 è la formula di *integrazione per parti*. Se $[a,b] \subseteq \mathbb{R}$ è un intervallo chiuso e limitato e $f, g : [a,b] \to \mathbb{R}$ sono funzioni C^1 a tratti, allora le funzioni $f'(x)g(x)$ e $f(x)g'(x)$ sono integrabili in senso improprio su $[a,b]$ e vale la formula:

$$\int_a^b f'(x)\, g(x)\, dx = f(x)g(x)\big|_a^b - \int_a^b f(x)\, g'(x)\, dx , \tag{6.10}$$

dove si pone

$$f(x)g(x)\big|_a^b := f(b)g(b) - f(a)g(a) . \tag{6.11}$$

Questo segue immediatamente dal Teorema 6.10 (ii) con $F(x) := f(x)g(x)$.

Osservazione 6.11 Se $f, g : \mathbb{R} \to \mathbb{R}$ sono funzioni C^1 a tratti, la formula (6.10) vale per ogni $a, b \in \mathbb{R}$ con $a \le b$. Se il limite per $a \to -\infty$ e/o $b \to +\infty$ dei tre termini che appaiono nella relazione esiste finito[1], la formula (6.10) continua a valere con $a = -\infty$ e/o $b = +\infty$, per definizione di integrale improprio (estendendo la notazione (6.11) in modo naturale, ossia ponendo $f(\pm\infty) := \lim_{x \to \pm\infty} f(x)$). □

Ricordiamo infine la formula di *cambio di variabili*. Siano $(a,b), (c,d) \subseteq \mathbb{R}$ intervalli aperti (limitati o illimitati) e sia $\psi : (c,d) \to (a,b)$ una funzione biunivoca e derivabile, con $\psi'(t) > 0$ per ogni $t \in (c,d)$ (oppure $\psi'(t) < 0$ per ogni $t \in (c,d)$). Una funzione $g : (a,b) \to \mathbb{R}$ è integrabile in senso improprio su $[a,b]$ se e solo se la funzione $g(\psi(t))\, |\psi'(t)|$ è integrabile in senso improprio su $[c,d]$, e in tal caso

$$\int_a^b g(x)\, dx = \int_c^d g(\psi(t))\, |\psi'(t)|\, dt . \tag{6.12}$$

[1] Basta in realtà che esista finito il limite di due qualunque dei tre termini: in questo caso, il limite del terzo termine esiste finito grazie alla relazione (6.10).

6.2 Variabili aleatorie reali assolutamente continue

Le variabili aleatorie discrete descrivono quantità casuali che possono assumere un insieme finito o numerabile di valori. Ci sono però quantità che assumono un'infinità continua di valori, tipicamente un intervallo $(a, b) \subseteq \mathbb{R}$ (ad esempio lunghezze, tempi, ...). Per descrivere tali quantità casuali, introduciamo ora una famiglia importante di variabili aleatorie reali X, dette *assolutamente continue*, caratterizzate dal fatto che la loro distribuzione è identificata da una funzione $f_X : \mathbb{R} \to \mathbb{R}$, detta *densità*, che permette il calcolo di tutte le quantità di interesse.

Vedremo che molte proprietà delle variabili aleatorie discrete hanno un corrispettivo per le variabili aleatorie assolutamente continue, in cui si sostituisce la densità discreta p_X con la densità f_X e le somme con gli integrali. Occorre tuttavia un po' di cautela, per non trarre generalizzazioni azzardate.

La nozione di integrabilità a cui facciamo riferimento è quella secondo Riemann in senso improprio, descritta nel paragrafo precedente. Ricordiamo che le funzioni integrabili in senso proprio lo sono anche in senso improprio; d'ora in avanti, per alleggerire le notazioni, scriveremo semplicemente "integrabili".

Lo spazio di probabilità $(\Omega, \mathcal{A}, \mathrm{P})$ su cui sono definite le variabili aleatorie che considereremo verrà di norma sottinteso.

6.2.1 *Definizione e prime proprietà*

Definizione 6.12 (Variabile aleatoria assolutamente continua)
Una variabile aleatoria reale X si dice *assolutamente continua* se esiste una funzione positiva $f_X : \mathbb{R} \to [0, +\infty)$, integrabile su $\mathbb{R}$, tale che la funzione di ripartizione di X si può esprimere come

$$F_X(t) = \mathrm{P}(X \le t) = \int_{-\infty}^{t} f_X(x)\,\mathrm{d}x\,, \qquad \forall t \in \mathbb{R}\,. \tag{6.13}$$

Una tale funzione f_X viene detta *densità* di X.

Si veda la Figura 6.1 più sotto per una rappresentazione grafica.

Prendendo il limite $t \to +\infty$ nella relazione (6.13) e ricordando la Proposizione 3.93, segue che la densità f_X deve soddisfare la seguente relazione:

$$\int_{-\infty}^{+\infty} f_X(x)\ \mathrm{d}x = 1\,. \tag{6.14}$$

Si noti l'analogia con la proprietà $\sum_{x\in\mathbb{R}} \mathrm{p}_X(x) = 1$, espressa dalla relazione (3.8), per la densità discreta p_X di una variabile aleatoria reale discreta X.

Osservazione 6.13 Analogamente a quanto visto nel Paragrafo 3.1.6 per variabili aleatorie discrete, è naturale chiedersi se ogni funzione positiva $f : \mathbb{R} \to [0, +\infty)$, integrabile su $\mathbb{R}$ e tale che $\int_{-\infty}^{+\infty} f(x)\,\mathrm{d}x = 1$, sia la densità di una variabile aleatoria assolutamente continua. *La risposta è affermativa*. Infatti, per una tale f, alla funzione $F(x) := \int_{-\infty}^{x} f(t)\,\mathrm{d}t$ si può applicare il Teorema 5.21, che garantisce l'esistenza di una variabile aleatoria X per cui $F_X = F$. □

Esempio 6.14 Consideriamo la funzione $f : \mathbb{R} \to \mathbb{R}$ definita da

$$f(x) := 2 \cdot \mathbb{1}_{(0,\frac{1}{2})}(x) = \begin{cases} 2 & \text{se } 0 < x < \frac{1}{2}\,, \\ 0 & \text{altrimenti}\,. \end{cases}$$

Chiaramente f è integrabile su $\mathbb{R}$ e il suo integrale vale

$$\int_{-\infty}^{+\infty} f(x)\,\mathrm{d}x = \int_{0}^{\frac{1}{2}} 2\,\mathrm{d}x = 1\,.$$

Per quanto detto, esiste dunque una variabile aleatoria X assolutamente continua con densità $f_X(x) = f(x)$. Come vedremo nel seguito, una tale variabile aleatoria descrive un numero reale "scelto uniformemente" nell'intervallo $(0, \frac{1}{2})$. □

È importante sottolineare che, se X è una variabile aleatoria assolutamente continua, la sua densità f_X non è identificata in modo unico. Infatti, se f_X è *una densità* di X, ogni funzione g per cui

$$\int_{-\infty}^{t} g(x)\,\mathrm{d}x = \int_{-\infty}^{t} f_X(x)\,\mathrm{d}x\,, \qquad \forall t \in \mathbb{R}\,, \tag{6.15}$$

è una densità di X. Ad esempio, se g è ottenuta da f_X modificandone il valore in un insieme di punti isolati, allora (6.15) vale e dunque anche g è una densità di X.

Questa ambiguità nella nozione di densità di una variabile aleatoria assolutamente continua non costituisce di norma un problema. Come vedremo, in molti casi esiste una versione "canonica" della densità che è regolare, ad esempio continua. Spesso diremo, impropriamente, che una certa funzione f è *la* densità di X.

Se X è una variabile aleatoria assolutamente continua, la sua funzione di ripartizione $F_X(x) = \int_{-\infty}^{x} f_X(t)\,\mathrm{d}t$ è una funzione *continua*, per il Teorema 6.10, pertanto si ha $F_X(x) = F_X(x^-)$ per ogni $x \in \mathbb{R}$. Dato che $F_X(x) - F_X(x^-) = \mathrm{P}(X = x)$, per la relazione (5.8), segue che

$$\mathrm{P}(X = x) = 0\,, \qquad \forall x \in \mathbb{R}\,. \tag{6.16}$$

In altri termini, *la probabilità che una variabile aleatoria assolutamente continua X assuma un valore fissato x è nulla, qualunque sia $x \in \mathbb{R}$.*

La proprietà (6.16) può apparire paradossale, dal momento che $\mathrm{P}(X \in \mathbb{R}) = 1$. La soluzione del paradosso è che *non vale la relazione* $\mathrm{P}(X \in \mathbb{R}) = \sum_{x \in \mathbb{R}} \mathrm{P}(X = x)$, perché l'insieme $\mathbb{R}$ dei numeri reali ha cardinalità più che numerabile e la proprietà di σ-additività della probabilità vale soltanto per famiglie numerabili di eventi.

Osservazione 6.15 La relazione $\sum_{x \in \mathbb{R}} \mathrm{P}(X = x) = 1$ vale se X è una variabile aleatoria reale discreta, nel senso generale della Definizione 5.16, come mostrato in (5.7). Di conseguenza, *una variabile aleatoria assolutamente continua non è discreta, né viceversa*. (Notiamo tra l'altro che esistono variabili aleatorie che non sono né discrete né assolutamente continue, si veda l'Esercizio 6.4.) □

Notiamo ora che per ogni $a, b \in [-\infty, +\infty]$, con $a \leq b$, si ha

$$\mathrm{P}(X \in (a,b]) = \mathrm{P}(X \leq b) - \mathrm{P}(X \leq a) = F_X(b) - F_X(a) = \int_a^b f_X(t)\,\mathrm{d}t\,.$$

Inoltre, grazie alla relazione (6.16),

$$\mathrm{P}(X \in [a,b]) = \mathrm{P}(X \in (a,b]) + \mathrm{P}(X = a) = \mathrm{P}(X \in (a,b])\,.$$

In modo analogo, si mostra che

$$\begin{aligned} \mathrm{P}(X \in [a,b]) = \mathrm{P}(X \in (a,b]) &= \mathrm{P}(X \in [a,b)) = \mathrm{P}(X \in (a,b)) \\ &= F_X(b) - F_X(a) = \int_a^b f_X(x)\,\mathrm{d}x\,. \end{aligned} \tag{6.17}$$

Dunque, la probabilità che una variabile aleatoria assolutamente continua assuma valori in un intervallo non dipende dal fatto che gli estremi dell'intervallo siano inclusi o esclusi, contrariamente a quanto accade per le variabili aleatorie discrete. Tale probabilità può essere calcolata integrando la densità della variabile aleatoria sull'intervallo in questione (si veda la Figura 6.1).

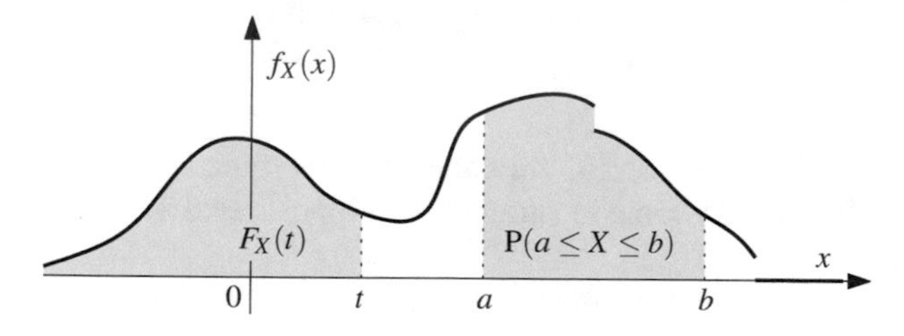

Figura 6.1 La funzione di ripartizione $F_X(t) = \mathrm{P}(X \leq t)$ di una variabile aleatoria reale assolutamente continua X coincide con l'area sottesa dal grafico della densità f_X nella semiretta $(-\infty, t]$. Analogamente, la probabilità $\mathrm{P}(a \leq X \leq b)$ è l'area sottesa dal grafico di f_X nell'intervallo $[a, b]$

In particolare, se $f_X(x) = 0$ per ogni $x \in (a, b)$, segue che $\mathrm{P}(X \in (a, b)) = 0$, ossia *gli intervalli in cui la densità è nulla costituiscono valori che (quasi certamente) non vengono assunti da X.*

Osservazione 6.16 La proprietà (6.16) mostra, tra le altre cose, che la densità $f_X(x)$ di una variabile aleatoria assolutamente continua X *non coincide con la probabilità che la variabile aleatoria assuma il valore x*, ossia $f_X(x) \neq \mathrm{P}(X = x)$.

Per dare un'interpretazione intuitiva alla densità f_X, sia x un punto in cui f_X è continua. Allora, per il Teorema 6.10 (i) e la relazione (6.17) si ha

$$f_X(x) = F'_X(x) = \lim_{\varepsilon \downarrow 0} \frac{F_X(x+\varepsilon) - F_X(x-\varepsilon)}{2\varepsilon} = \lim_{\varepsilon \downarrow 0} \frac{\mathrm{P}(X \in [x-\varepsilon, x+\varepsilon])}{2\varepsilon}.$$

Questo mostra che $f_X(x)$ può essere interpretata come una *densità* di probabilità, ossia come il (limite del) rapporto tra la probabilità che X assuma valori in un piccolo intervallo centrato in x e l'ampiezza di tale intervallo.

Osserviamo infine che si può benissimo avere $f_X(x) > 1$ per qualche $x \in \mathbb{R}$, come abbiamo già visto nell'Esempio 6.14. Quello che conta è che l'*integrale di f_X su ogni intervallo* sia minore o uguale a 1, come segue da (6.17). □

6.2.2 Determinare la densità

Un problema tipico consiste nel determinare se una variabile aleatoria X è assolutamente continua e, in caso affermativo, nel calcolarne la densità. In molti casi è possibile calcolare esplicitamente la funzione di ripartizione F_X, dunque si tratta di capire se essa si possa esprimere nella forma (6.13), per un'opportuna funzione f_X. A tal fine, risulta molto utile il seguente criterio (si ricordi la Definizione 6.9).

Proposizione 6.17
Sia X una variabile aleatoria reale. Se la funzione di ripartizione F_X è C^1 a tratti, allora X è assolutamente continua, con densità $f_X(x) := F'_X(x)$ (definita arbitrariamente dove F_X non è derivabile).

Dimostrazione È un corollario immediato del Teorema 6.10 (ii), dal momento che $\lim_{a \to -\infty} F_X(a) = 0$, come mostrato nella Proposizione 3.93. □

Esempio 6.18 Scegliamo un numero casuale X uniformemente nell'intervallo $(0, \frac{1}{2})$. Detta Y l'area del quadrato di lato X, mostriamo che Y è una variabile aleatoria assolutamente continua e determiniamone la densità.

Ricordando l'Esempio 6.14, supponiamo che X sia una variabile aleatoria assolutamente continua con densità

$$f_X(x) = 2\,\mathbb{1}_{(0,\frac{1}{2})}(x)\,.$$

Calcoliamo la funzione di ripartizione di X. Si ha $F_X(x) = 0$ per $x \le 0$ e $F_X(x) = 1$ per $x \ge \frac{1}{2}$ (perché?), mentre nel regime "interessante" $x \in (0, \frac{1}{2})$

$$F_X(x) = \int_{-\infty}^{x} f_X(t)\,\mathrm{d}t = \int_0^x 2\,\mathrm{d}t = 2x\,.$$

In definitiva, abbiamo mostrato che

$$F_X(x) = \begin{cases} 0 & \text{se } x \le 0\,, \\ 2x & \text{se } 0 < x < \frac{1}{2}\,, \\ 1 & \text{se } x \ge \frac{1}{2}\,. \end{cases} \tag{6.18}$$

L'area del quadrato di lato X è data da $Y := X^2$. Determiniamo quindi la funzione di ripartizione $F_Y(y) = \mathrm{P}(Y \le y)$ di Y. Dato che Y è una variabile aleatoria positiva, per $y < 0$ si ha $\{Y \le y\} = \emptyset$ e dunque $F_Y(y) = 0$. Per $y \ge 0$, notiamo che l'evento $\{Y \le y\} = \{X^2 \le y\}$ coincide con l'evento $\{-\sqrt{y} \le X \le \sqrt{y}\}$: infatti

$$\begin{aligned} \omega \in \{Y \le y\} &\iff Y(\omega) \le y \iff X(\omega)^2 \le y \\ &\iff -\sqrt{y} \le X(\omega) \le \sqrt{y} \iff \omega \in \{-\sqrt{y} \le X \le \sqrt{y}\}\,. \end{aligned}$$

Quindi, grazie alla relazione (6.17), per $y \ge 0$ si ha

$$F_Y(y) = \mathrm{P}(Y \le y) = \mathrm{P}(X \in [-\sqrt{y}, \sqrt{y}]) = F_X(\sqrt{y}) - F_X(-\sqrt{y}) = F_X(\sqrt{y})\,,$$

avendo usato il fatto che $F_X(x) = 0$ per $x \le 0$. Dato che $0 \le \sqrt{y} < \frac{1}{2}$ se e solo se $0 \le y < \frac{1}{4}$, dalla relazione (6.18) otteniamo

$$F_Y(y) = \begin{cases} 0 & \text{se } y < 0\,, \\ 2\sqrt{y} & \text{se } 0 \le y \le \frac{1}{4}\,, \\ 1 & \text{se } y \ge \frac{1}{4}\,. \end{cases}$$

La funzione F_Y è continua su tutto $\mathbb{R}$. Inoltre è derivabile, con derivata continua, negli intervalli $(-\infty, 0)$, $(0, \frac{1}{4})$ e $(\frac{1}{4}, +\infty)$. Quindi F_Y è C^1 a tratti, secondo la Definizione 6.9, scegliendo come insieme $N = \{0, \frac{1}{4}\}$. Applicando la Proposizione 6.17, concludiamo che la variabile aleatoria Y è assolutamente continua, con densità

$$f_Y(y) = F_Y'(y) = \frac{1}{\sqrt{y}}\,\mathbb{1}_{(0,\frac{1}{4})}(y)\,.$$

(Si può verificare che, in questo caso, la funzione F_Y non è derivabile nei punti di N, ossia per $y = 0$ e $y = \frac{1}{4}$, ma non è necessario farlo!)

Concludiamo osservando che $f_Y(y)$ diverge a $+\infty$ per $y \downarrow 0$, e, per l'Esempio 6.2, la divergenza è integrabile (ovviamente, dal momento che f_Y è una densità). □

Nell'esempio precedente, data una variabile aleatoria reale X assolutamente continua e una funzione $\varphi : \mathbb{R} \to \mathbb{R}$, abbiamo mostrato che la variabile aleatoria $Y = \varphi(X)$ è assolutamente continua, calcolandone la funzione di ripartizione F_Y e poi derivandola, grazie alla Proposizione 6.17. Questo metodo è generale e funziona con molte funzioni φ, ad esempio ogniqualvolta i valori di x per cui $\varphi(x) \le y$ formano un'unione di intervalli i cui estremi dipendono in modo "regolare" da y. Questo è il caso della funzione $\varphi(x) = x^2$, ad esempio, come abbiamo visto (e come rivedremo nel Paragrafo 6.3.5). Il lettore potrà trovare altri esempi fra gli esercizi.

Per la sua importanza, formuliamo esplicitamente il caso di trasformazioni φ lineari-affini e invertibili. Il caso in cui φ è una funzione strettamente monotòna e regolare è del tutto analogo ed è lasciato al lettore (si veda l'Esercizio 6.1).

Proposizione 6.19 (Trasformazioni lineari-affini)
Sia X una variabile aleatoria reale assolutamente continua, con densità f_X. Per ogni $a, b \in \mathbb{R}$ con $a \neq 0$, la variabile aleatoria $Y := aX + b$ è assolutamente continua e ha densità

$$f_Y(y) = \frac{1}{|a|} f_X\left(\frac{y-b}{a}\right). \tag{6.19}$$

Dimostrazione Supponiamo che $a > 0$ (il caso $a < 0$ è analogo). Per $y \in \mathbb{R}$ si ha

$$F_Y(y) = \mathrm{P}(Y \le y) = \mathrm{P}(aX + b \le y) = \mathrm{P}\left(X \le \frac{y-b}{a}\right) = F_X\left(\frac{y-b}{a}\right).$$

Intuitivamente, derivando questa espressione si ottiene la densità di Y:

$$f_Y(y) = F_Y'(y) = \frac{1}{a} F_X'\left(\frac{y-b}{a}\right) = \frac{1}{a} f_X\left(\frac{y-b}{a}\right).$$

Questa derivazione è giustificata se F_X è C^1 a tratti, grazie alla Proposizione 6.17. Lo stesso risultato si può ottenere in generale, applicando la formula di cambio di variabili (6.12): infatti, ponendo $x = \psi(t) := (t-b)/a$ si ottiene

$$F_Y(y) = F_X\left(\frac{y-b}{a}\right) = \int_{-\infty}^{\frac{y-b}{a}} f_X(x)\,\mathrm{d}x = \int_{-\infty}^{y} f_X\left(\frac{t-b}{a}\right)\frac{1}{a}\,\mathrm{d}t\,.$$

Ricordando la Definizione 6.12, questo mostra che Y è assolutamente continua e la funzione $y \mapsto f_X(\frac{y-b}{a})\frac{1}{a}$ ne è una densità. □

Osservazione 6.20 Anche se X è una variabile aleatoria assolutamente continua, la distribuzione di $Y := \varphi(X)$ può essere *del tutto arbitraria* se non si fanno opportune ipotesi sulla funzione φ (come mostreremo nella Proposizione 6.34). In particolare, non è detto che Y sia assolutamente continua. Ad esempio, se $\varphi(x) \equiv c$ è una funzione costante, $Y = \varphi(X) = c$ è una variabile aleatoria costante, dunque discreta, qualunque sia la variabile aleatoria X! □

6.2.3 Il calcolo del valore medio

Sia $g : \mathbb{R} \to \mathbb{R}$ una funzione misurabile. La densità f_X di una variabile aleatoria reale assolutamente continua X permette di determinare se la variabile aleatoria $g(X)$ ammette valore medio e, in caso affermativo, di calcolarlo, in analogia con il caso di variabili aleatorie discrete (si ricordi la formula di trasferimento (3.31)).

È necessario fare alcune ipotesi sulla funzione g. Per semplicità, enunceremo i risultati per una funzione g continua a tratti, ossia continua al di fuori di un insieme $N \subseteq \mathbb{R}$ di punti isolati (ma tutto vale nel caso generale in cui g soddisfa la proprietà (6.8)). Si può mostrare che sotto queste ipotesi g è misurabile, dunque $g(X)$ è una variabile aleatoria. Inoltre, se g è positiva, l'integrale su $\mathbb{R}$ della funzione $g(x) f_X(x)$ è sempre ben definito (eventualmente vale $+\infty$), per quanto visto nel Paragrafo 6.1.4.

Proposizione 6.21 (Formula di trasferimento, I)
Sia X una variabile aleatoria reale assolutamente continua, con densità f_X, e sia $g : \mathbb{R} \to [0, +\infty)$ una funzione positiva e continua a tratti. Il valore medio della variabile aleatoria positiva $g(X)$ è sempre ben definito in $[0, +\infty]$ ed è dato da

$$\mathrm{E}[g(X)] = \int_{-\infty}^{+\infty} g(x) f_X(x) \, \mathrm{d}x \,. \tag{6.20}$$

Nel caso di funzioni $g : \mathbb{R} \to \mathbb{R}$ non necessariamente positive, si può applicare la Proposizione 6.21 alle funzioni positive g^+, g^- e $|g|$. Ricordando la Definizione 5.19, otteniamo i seguenti risultati.

Proposizione 6.22 (Formula di trasferimento, II)
Sia X una variabile aleatoria reale assolutamente continua, con densità f_X, e sia $g : \mathbb{R} \to \mathbb{R}$ una funzione continua a tratti. La variabile aleatoria $g(X)$

ammette valore medio finito se e solo se la funzione $|g(x)|\, f_X(x)$ *è integrabile su* $\mathbb{R}$*:*

$$\mathrm{E}[|g(X)|] < +\infty \qquad \Longleftrightarrow \qquad \int_{-\infty}^{+\infty} |g(x)|\, f_X(x)\, \mathrm{d}x \ < \ +\infty\,,$$

nel qual caso il valore medio $\mathrm{E}[g(X)]$ *è dato dalla formula* (6.20).

Corollario 6.23
Una variabile aleatoria reale X *assolutamente continua, con densità* f_X*, ammette momento di ordine* k *finito se e solo se*

$$\mathrm{E}(|X|^k) = \int_{-\infty}^{+\infty} |x|^k\, f_X(x)\, \mathrm{d}x \ < \ +\infty,$$

nel qual caso il momento di ordine k *di* X *è dato dall'integrale*

$$\mathrm{E}(X^k) = \int_{-\infty}^{+\infty} x^k\, f_X(x)\, \mathrm{d}x\,. \tag{6.21}$$

La funzione generatrice dei momenti di X *è data dall'integrale*

$$\mathrm{M}_X(t) = \mathrm{E}[\mathrm{e}^{tX}] = \int_{-\infty}^{+\infty} \mathrm{e}^{tx}\, f_X(x)\, \mathrm{d}x\,.$$

Vediamo ora qualche esempio di calcolo di valori medi. Ne vedremo altri nel Paragrafo 6.3, studiando le variabili aleatorie assolutamente continue notevoli.

Esempio 6.24 Sia Y una variabile aleatoria assolutamente continua, con densità

$$f_Y(y) = \frac{1}{\sqrt{y}}\mathbb{1}_{(0,\frac{1}{4})}(y)\,,$$

come nell'Esempio 6.18. La variabile Y assume valori in $(0, \frac{1}{4})$, come si deduce dal fatto che la densità f_Y è nulla al di fuori di tale intervallo. Dato che Y è positiva, il valore medio $\mathrm{E}(Y)$ è sempre ben definito e, grazie alla relazione (6.21),

$$\mathrm{E}(Y) = \int_{-\infty}^{+\infty} y\, f_Y(y)\, \mathrm{d}y = \int_0^{\frac{1}{4}} y\, \frac{1}{\sqrt{y}}\, \mathrm{d}y = \left.\frac{y^{3/2}}{3/2}\right|_0^{\frac{1}{4}} = \frac{1}{12}\,.$$

perché $G(y) := \frac{y^{3/2}}{3/2}$ è una primitiva di $\sqrt{y}$.

In alternativa, ricordando dall'Esempio 6.18 che $Y = X^2$, dove X ha densità $f_X(x) = 2\mathbb{1}_{(0,\frac{1}{2})}(x)$, si può applicare la formula di trasferimento (6.20) alla funzione $g(x) := x^2$, ottenendo

$$\mathrm{E}(Y) = \mathrm{E}(X^2) = \int_{-\infty}^{+\infty} x^2 \, f_X(x)\, \mathrm{d}x = \int_0^{\frac{1}{2}} 2\, x^2 \, \mathrm{d}x = \frac{2}{3} x^3 \Big|_0^{\frac{1}{2}} = \frac{1}{12},$$

in accordo col calcolo precedente. □

Esempio 6.25 Sia X una variabile aleatoria reale con densità

$$f_X(x) = \frac{1}{\pi} \frac{1}{1+x^2}.$$

Una tale variabile aleatoria è detta *di Cauchy* e verrà studiata più in dettaglio nel Paragrafo 6.3.6. Dato che $\arctan'(x) = \frac{1}{1+x^2}$, si ha

$$\int_{-\infty}^{+\infty} f_X(x)\, \mathrm{d}x = \frac{1}{\pi}\big(\arctan(+\infty) - \arctan(-\infty)\big) = \frac{1}{\pi}\left(\frac{\pi}{2} + \frac{\pi}{2}\right) = 1,$$

dunque f_X è effettivamente una densità.

Mostriamo che X *non ammette valore medio*. Per la formula di trasferimento (6.20)

$$\mathrm{E}(X^+) = \int_{-\infty}^{+\infty} x^+ \, f_X(x)\, \mathrm{d}x = \frac{1}{\pi} \int_0^{+\infty} \frac{x}{1+x^2}\, \mathrm{d}x = +\infty,$$

dove l'ultima uguaglianza segue dall'Esempio 6.3, perché $\frac{x}{1+x^2} \sim \frac{1}{x}$ per $x \to +\infty$. Analogamente, per simmetria, $\mathrm{E}(X^-) = +\infty$, dunque X non ammette valore medio.

Vale la pena di osservare che per ogni $a > 0$ si ha

$$\int_{-a}^{+a} x \, f_X(x)\, \mathrm{d}x = \frac{1}{\pi} \int_{-a}^{+a} \frac{x}{1+x^2}\, \mathrm{d}x = 0, \tag{6.22}$$

per simmetria: infatti la funzione $\frac{x}{1+x^2}$ è integrabile su $[-a, a]$ (è continua) e *dispari*. Prendendo il limite $a \uparrow +\infty$, si potrebbe essere tentati di dedurre da (6.22) che $\mathrm{E}(X) = \int_{-\infty}^{+\infty} x \, f_X(x)\, \mathrm{d}x = 0$, *commettendo un errore* (in analogia con l'Esempio 6.4). Infatti, come abbiamo mostrato sopra, il valore medio $\mathrm{E}(X)$ non è definito.

Sottolineiamo che ci sono ragioni sostanziali per non attribuire a X valore medio nullo (o un altro valore medio). Per esempio, nel Capitolo 7 dimostreremo la legge dei grandi numeri, un importante teorema che si applica a variabili aleatorie reali con valore medio finito, e che non vale per variabili aleatorie di Cauchy (si veda l'Osservazione 7.9). □

Osservazione 6.26 La formula di trasferimento (6.20) fornisce un metodo alternativo per mostrare che una variabile aleatoria è assolutamente continua e per calcolarne la densità. L'osservazione cruciale è che una variabile aleatoria X è assolutamente continua, con densità f_X, se e solo se per ogni funzione $h : \mathbb{R} \to \mathbb{R}$ *continua a tratti e limitata* vale la formula di trasferimento (6.20), vale a dire

$$\mathrm{E}(h(X)) = \int_{-\infty}^{+\infty} h(x) f_X(x) \mathrm{d}x . \tag{6.23}$$

In effetti, se X è assolutamente continua con densità f_X e se h è una funzione continua a tratti e limitata, la funzione $|h(x)| f_X(x)$ è integrabile, perché possiamo maggiorare $|h(x)| f_X(x) \leq M f_X(x)$ per un'opportuna costante M e f_X è integrabile. La formula (6.23) segue allora dalla Proposizione 6.22. Viceversa, se vale la formula (6.23) per ogni funzione h continua a tratti e limitata, tale formula vale in particolare per $h = \mathbb{1}_{(-\infty,t]}$ con $t \in \mathbb{R}$. Dato che $\mathbb{1}_{(-\infty,t]}(X) = \mathbb{1}_{\{X \leq t\}}$, si ottiene

$$\mathrm{P}(X \leq t) = \mathrm{E}(\mathbb{1}_{(-\infty,t]}(X)) = \int_{-\infty}^{+\infty} \mathbb{1}_{(-\infty,t]}(x)\, f_X(x) \mathrm{d}x = \int_{-\infty}^{t} f_X(x) \mathrm{d}x , \qquad \forall t \in \mathbb{R} .$$

Per la Definizione 6.12, segue che X è assolutamente continua con densità f_X. □

Esempio 6.27 Riprendiamo l'Esempio 6.18: data una variabile aleatoria X con densità $f_X(x) = 2\mathbb{1}_{(0,\frac{1}{2})}(x)$, determiniamo la densità di $Y = X^2$.

Fissiamo un'arbitraria funzione $h : \mathbb{R} \to \mathbb{R}$ continua a tratti e limitata (che ha il ruolo di *funzione test* per la formula di trasferimento (6.23)) e calcoliamo $\mathrm{E}(h(Y))$. Dato che $Y = X^2$, possiamo applicare la formula di trasferimento (6.20) a X, per la funzione $g(x) = h(x^2)$: otteniamo allora

$$\mathrm{E}(h(Y)) = \mathrm{E}(h(X^2)) = \int_{-\infty}^{\infty} h(x^2) \cdot 2\, \mathbb{1}_{(0,\frac{1}{2})}(x) \mathrm{d}x = \int_{0}^{1/2} h(x^2)\, 2\, \mathrm{d}x ,$$

perché la funzione indicatrice vale 1 sull'intervallo $(0, \frac{1}{2})$ e vale 0 al di fuori. Per ottenere una formula del tipo (6.23), facciamo il cambio di variabili $y = x^2$ $(x = \sqrt{y})$:

$$\mathrm{E}(h(Y)) = \int_{0}^{1/4} h(y) \frac{1}{\sqrt{y}} \mathrm{d}y = \int_{-\infty}^{+\infty} h(y) \left\{ \frac{1}{\sqrt{y}} \mathbb{1}_{(0,\frac{1}{4})}(y) \right\} \mathrm{d}y ,$$

dove abbiamo inserito la funzione indicatrice dell'intervallo $(0, \frac{1}{4})$ per estendere il dominio di integrazione all'intera retta reale $\mathbb{R}$. Dato che questa relazione vale per ogni funzione $h : \mathbb{R} \to \mathbb{R}$ continua a tratti e limitata, segue dall'Osservazione 6.26 che Y è assolutamente continua e che la funzione $\frac{1}{\sqrt{y}} \mathbb{1}_{(0,\frac{1}{4})}(y)$ è la sua densità. □

6.2.4 Calcoli con variabili aleatorie indipendenti

Uno studio approfondito dell'indipendenza di variabili aleatorie reali assolutamente continue richiede l'uso di vettori aleatori assolutamente continui, che introdurremo più avanti. Vedremo in particolare, nella Proposizione 6.50, criteri espliciti per l'indipendenza analoghi al caso discreto.

Per il momento, ci limitiamo a presentare un risultato molto utile, analogo a quanto mostrato per variabili aleatorie discrete. La sua dimostrazione è rinviata alla Proposizione 6.55 (si veda anche l'Esempio 6.62).

Proposizione 6.28 (Convoluzione tra densità)
Siano X e Y variabili aleatorie reali assolutamente continue indipendenti, *con densità f_X e f_Y. La variabile aleatoria $X + Y$ è assolutamente continua, con densità data dalla* convoluzione *di f_X e f_Y, definita da:*

$$f_{X+Y}(z) = (f_X * f_Y)(z) := \int_{-\infty}^{+\infty} f_X(x) f_Y(z-x)\,\mathrm{d}x = \int_{-\infty}^{+\infty} f_X(z-x) f_Y(x)\,\mathrm{d}x\,.$$

Esempio 6.29 Siano X, Y due variabili aleatorie *indipendenti* assolutamente continue con la stessa densità pari a $\mathrm{e}^{-x}\,\mathbb{1}_{[0,+\infty)}(x)$. Per la Proposizione 6.28, la variabile aleatoria $X + Y$ è assolutamente continua con densità

$$f_{X+Y}(z) = \int_{-\infty}^{+\infty} \mathrm{e}^{-x}\,\mathbb{1}_{[0,+\infty)}(x)\,\mathrm{e}^{-(z-x)}\,\mathbb{1}_{[0,+\infty)}(z-x)\,\mathrm{d}x\,.$$

Osserviamo che la prima funzione indicatrice vale 0 se $x < 0$, mentre la seconda vale 0 se $x > z$, quindi $f_{X+Y}(z) = 0$ per $z < 0$ (si sarebbe potuto arrivare a questa conclusione notando che X e Y sono variabili aleatorie positive, quindi anche

$X + Y$ è una variabile aleatoria positiva). Per $z \geq 0$ possiamo dunque restringere l'integrale all'intervallo $[0, z]$, in cui le due indicatrici valgono 1, per ottenere

$$f_{X+Y}(z) = \int_0^z e^{-z} \, dx = z \, e^{-z} .$$

Abbiamo mostrato che la densità di $X + Y$ è data dalla funzione $z \, e^{-z} \, \mathbb{1}_{[0,+\infty)}(z)$. □

Concludiamo ricordando che la Proposizione 3.107, sul massimo e minimo di variabili aleatorie reali *indipendenti* $X_1, \ldots, X_n$, è valida qualunque sia la distribuzione delle X_i (non necessariamente discreta o assolutamente continua): definendo

$$Z := \max(X_1, \ldots, X_n) , \qquad W := \min(X_1, \ldots, X_n) , \tag{6.24}$$

si ha

$$F_Z(x) = \prod_{k=1}^n F_{X_k}(x) , \qquad F_W(x) = 1 - \prod_{k=1}^n [1 - F_{X_k}(x)] . \tag{6.25}$$

Nel caso in cui $X_1, \ldots, X_n$ siano assolutamente continue, queste espressioni permettono di mostrare che Z e W sono anch'esse assolutamente continue e di ricavarne la densità (si veda ad esempio l'Esercizio 6.5).

Esercizi

Esercizio 6.1 Sia X una variabile aleatoria reale assolutamente continua e sia (a, b) un intervallo aperto (limitato o illimitato) di $\mathbb{R}$, tale che $P(X \in (a, b)) = 1$. Sia $\varphi : (a, b) \to \mathbb{R}$ una funzione di classe C^1 tale che $\varphi'(x) > 0$ (oppure < 0) per ogni $x \in (a, b)$. Allora l'immagine di φ è un intervallo aperto (c, d). L'obiettivo di questo esercizio è di mostrare che la variabile aleatoria $Y := \varphi(X)$ è assolutamente continua, con densità

$$f_Y(y) = \frac{1}{|\varphi'(\varphi^{-1}(y))|} f_X\left(\varphi^{-1}(y)\right) \mathbb{1}_{(c,d)}(y) , \tag{6.26}$$

dove $\varphi^{-1} : (c, d) \to (a, b)$ indica la funzione inversa di φ.

Si consideri solo il caso $\varphi'(x) > 0$ per ogni $x \in (a, b)$ (il caso $\varphi'(x) < 0$ è analogo).

(i) Si mostri che la funzione di ripartizione di Y è data da

$$F_Y(y) = \begin{cases} 0 & \text{se } y \leq c , \\ F_X(\varphi^{-1}(y)) & \text{se } c < y < d , \\ 1 & \text{se } y \geq d . \end{cases}$$

(ii) Assumendo che F_X sia C^1 a tratti si concluda che Y è assolutamente continua, con densità f_Y data da (6.26).
(iii) Si giunga alla stessa conclusione senza assumere che F_X sia C^1 a tratti, usando la formula di cambio di variabili (6.12).

Esercizio 6.2 Sia X una variabile aleatoria reale assolutamente continua, con densità $f(x)$. Mostrare che la variabile aleatoria $Y := |X|$ è assolutamente continua e determinarne la densità f_Y.

Esercizio 6.3 Sia X una variabile aleatoria reale assolutamente continua *positiva*, con densità $f(x)$, che supponiamo continua a tratti. Mostrare che per ogni $k \in \mathbb{N}$

$$\mathrm{E}(X^k) = \int_0^\infty k\, t^{k-1}\, \mathrm{P}(X > t) \mathrm{d}t \, .$$

[Si noti che per $k = 1$ questo è l'analogo continuo della Proposizione 3.97.]

Esercizio 6.4 Sia X una variabile aleatoria reale con funzione di ripartizione

$$F_X(t) = \begin{cases} 0 & \text{se } t < 0 \, , \\ 1 - \frac{1}{2} \mathrm{e}^{-t} & \text{se } t \geq 0 \, . \end{cases}$$

Dopo avere verificato che F_X è effettivamente una funzione di ripartizione, ossia soddisfa le proprietà (5.5), mostrare che la variabile aleatoria X non è né assolutamente continua né discreta.

Esercizio 6.5 Siano $X_1, \ldots, X_n$ variabili aleatorie reali indipendenti, con la stessa distribuzione. Indicando con $F = F_{X_i}$ la comune funzione di ripartizione, facciamo l'ipotesi che F sia C^1 a tratti, così che $f(x) = F'(x)$ è la densità delle X_i.

Si mostri che $Z := \max(X_1, \ldots, X_n)$ e $W := \min(X_1, \ldots, X_n)$ sono variabili aleatorie assolutamente continue, con densità

$$f_Z(x) = n \left(F(x)\right)^{n-1} f(x) \, , \qquad f_W(x) = n \left(1 - F(x)\right)^{n-1} f(x) \, . \tag{6.27}$$

6.3 Classi notevoli di variabili aleatorie reali assolutamente continue

Come abbiamo fatto per le variabili aleatorie discrete, in questo paragrafo presentiamo alcune delle distribuzioni di variabili aleatorie assolutamente continue che sono più rilevanti per le applicazioni.

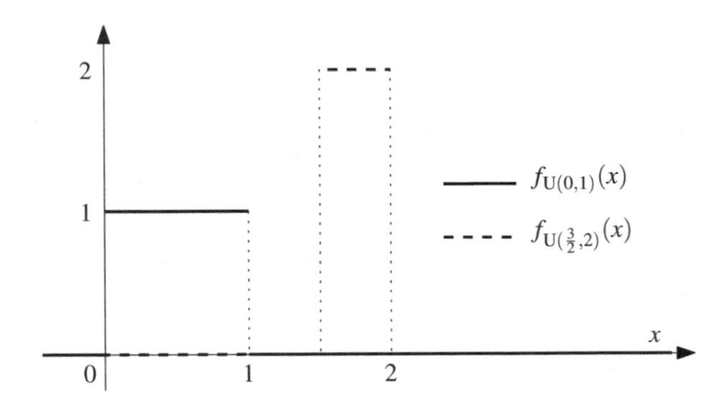

Figura 6.2 Densità di una variabile aleatoria $U(a,b)$, nei due casi $(a,b) = (0,1)$ e $(a,b) = (\frac{3}{2}, 2)$

6.3.1 Uniforme continua

Siano $a, b \in \mathbb{R}$ con $a < b$. Una variabile aleatoria reale assolutamente continua X si dice *uniforme su* (a,b), e scriviamo $X \sim U(a,b)$, se ha densità

$$f_X(x) = f_{U(a,b)}(x) := \frac{1}{b-a} \mathbb{1}_{(a,b)}(x) \tag{6.28}$$

(si veda la Figura 6.2). Si verifica facilmente che questa funzione è effettivamente una densità, ossia si ha $\int_{-\infty}^{+\infty} f_{U(a,b)}(x)\, dx = 1$.

È naturale interpretare una variabile aleatoria $X \sim U(a,b)$ come "un punto scelto uniformemente nell'intervallo (a,b)", perché il valore della "densità di probabilità" $f_X(x)$ è lo stesso, strettamente positivo, per ogni $x \in (a,b)$, e nullo al di fuori di tale intervallo (si ricordi l'Osservazione 6.16). Più concretamente, per ogni $x \in (a,b)$ fissato, se $\varepsilon > 0$ è sufficientemente piccolo, la probabilità che X assuma valori nell'intorno $(x-\varepsilon, x+\varepsilon)$ vale $\frac{2\varepsilon}{b-a}$ e dunque non dipende da x.

Osservazione 6.30 Rimpiazzare l'intervallo aperto (a,b) con l'intervallo chiuso $[a,b]$ nella densità (6.28) significa modificare il valore di f_X in due punti. Come abbiamo visto, una tale modifica alla densità non cambia la funzione di ripartizione e dunque la distribuzione. Di conseguenza, una variabile aleatoria $X \sim U(a,b)$ è anche detta uniforme su $[a,b]$ (o, analogamente, su $[a,b)$ o su $(a,b]$). Questa "ambiguità" è consistente col fatto che $P(X=a) = P(X=b) = 0$ (si ricordi (6.16)). □

Calcoliamo ora media e varianza di $X \sim U(a,b)$. Essendo la densità f_X nulla al di fuori dell'intervallo (a,b), si ha $P(X \in (a,b)) = 1$, ossia la variabile aleatoria X è quasi certamente limitata e dunque ammette momenti finiti di ogni ordine. Applicando la formula (6.21) si ottiene

$$E(X) = \frac{1}{b-a} \int_a^b x\, dx = \frac{a+b}{2}, \quad E(X^2) = \frac{1}{b-a} \int_a^b x^2\, dx = \frac{a^2+ab+b^2}{3},$$

da cui

$$\mathrm{Var}(X) = \mathrm{E}(X^2) - \mathrm{E}(X)^2 = \frac{(b-a)^2}{12}.$$

La funzione generatrice dei momenti vale

$$\mathrm{M}_X(t) = \mathrm{E}(\mathrm{e}^{tX}) = \frac{1}{b-a}\int_a^b \mathrm{e}^{tx}\,\mathrm{d}x = \frac{\mathrm{e}^{tb}-\mathrm{e}^{ta}}{t(b-a)}.$$

Anche la funzione di ripartizione è esplicita:

$$F_X(x) = \int_{-\infty}^{x} f_X(t)\,\mathrm{d}t = \begin{cases} 0 & \text{se } x \le a\,, \\ \dfrac{x-a}{b-a} & \text{se } x \in (a,b)\,, \\ 1 & \text{se } x \ge b\,. \end{cases} \tag{6.29}$$

Le variabili uniformi possono essere "simulate" al calcolatore da speciali programmi, chiamati *generatori di numeri casuali*, che sono alla base di numerosi algoritmi, detti *algoritmi stocastici*. Torneremo su questo punto nel Capitolo 10. Il fatto interessante è che una variabile aleatoria uniforme può essere usata come ingrediente per "costruire" esplicitamente variabili aleatorie reali con distribuzione arbitraria.

Definiamo innanzitutto la "pseudo-inversa" di una funzione crescente.

Definizione 6.31 (Pseudo-inverse)
Sia $F : \mathbb{R} \to \mathbb{R}$ una funzione crescente e siano $c := \lim_{z\to-\infty} F(z) \in \mathbb{R} \cup \{\pm\infty\}$ e $d := \lim_{z\to+\infty} F(z) \in \mathbb{R} \cup \{\pm\infty\}$. Se $c < d$ (cioè se F non è costante), definiamo due funzioni (crescenti) $\underline{q}_F, \overline{q}_F : (c,d) \to \mathbb{R}$ ponendo, per $y \in (c,d)$,

$$\begin{aligned} \underline{q}_F(y) &:= \sup\{z : F(z) < y\} = \inf\{z : F(z) \ge y\}, \\ \overline{q}_F(y) &:= \sup\{z : F(z) \le y\} = \inf\{z : F(z) > y\}. \end{aligned} \tag{6.30}$$

Queste funzioni sono dette *pseudo-inversa sinistra* e *pseudo-inversa destra* di F.

Osservazione 6.32 (Pseudo-inverse e quantili) Se F è la funzione di ripartizione di una variabile aleatoria reale X, si ha $c = 0$ e $d = 1$, per la Proposizione 3.93. In questo caso, per $\alpha \in (0,1)$, i numeri reali $\underline{q}_F(\alpha)$ e $\overline{q}_F(\alpha)$ sono entrambi *quantili di ordine α di X*, si ricordi la Definizione 3.104 e la Proposizione 3.105. □

Gli insiemi $\{z : F(z) < y\}$, $\{z : F(z) \le y\}$, $\{z : F(z) > y\}$, $\{z : F(z) \ge y\}$ nella definizione (6.30) sono *non vuoti* per $y \in (c, d)$, perché $\lim_{z\to-\infty} F(z) = c$ e $\lim_{z\to+\infty} F(z) = d$. Inoltre, le uguaglianze

$$\sup\{z : F(z) < y\} = \inf\{z : F(z) \ge y\} \quad \text{e} \quad \inf\{z : F(z) > y\} = \sup\{z : F(z) \le y\}, \tag{6.31}$$

sono conseguenze del fatto che la funzione F è crescente. Infatti, per ogni $y \in (c, d)$ fissato:

- se $u \in \{z : F(z) < y\}$ e $v \in \{z : F(z) \le y\}$, allora $F(u) < F(v)$: dato che F è crescente si ha $u < v$ (se $u \ge v$ avremmo $F(u) \ge F(v)$), quindi $\sup\{z : F(z) < y\} \le \inf\{z : F(z) \ge y\}$;
- d'altro canto, posto $z_1 := \inf\{z : F(z) \ge y\}$, si ha che $F(z_1 - \varepsilon) < y$, per ogni $\varepsilon > 0$: ciò mostra che $\sup\{z : F(z) < y\} \ge z_1 - \varepsilon$, quindi $\sup\{z : F(z) < y\} \ge z_1 := \inf\{z : F(z) \ge y\}$.

La seconda uguaglianza in (6.31) si dimostra in modo simile.

Mostriamo ora una proprietà di $\underline{q}_F, \overline{q}_F$, che giustifica il nome di *pseudo-inverse*.

Lemma 6.33
Sia $F : \mathbb{R} \to \mathbb{R}$ una funzione crescente con $c := \lim_{z\to-\infty} F(z) < d := \lim_{z\to+\infty} F(z)$.

- *Se F è continua da destra (ossia $F(x) = \lim_{y\downarrow x} F(y)$ per ogni $x \in \mathbb{R}$), allora per ogni $y \in (c, d)$ e $x \in \mathbb{R}$ si ha*

$$\underline{q}_F(y) \le x \iff y \le F(x) . \tag{6.32}$$

- *Se F è continua da sinistra (ossia $F(x) = \lim_{y\uparrow x} F(y)$ per ogni $x \in \mathbb{R}$), allora per ogni $y \in (c, d)$ e $x \in \mathbb{R}$ si ha*

$$\overline{q}_F(y) \ge x \iff y \ge F(x) . \tag{6.33}$$

Se $F : \mathbb{R} \to (c, d)$ è biunivoca, allora $\underline{q}_F = \overline{q}_F = F^{-1}$ è la funzione inversa di F (rispetto alla composizione).

Dimostrazione Fissiamo $y \in (c, d)$ e $x \in \mathbb{R}$. Mostriamo (6.32), nel caso in cui F è continua a destra; il caso in cui F è continua a sinistra è analogo.

Se $F(x) \ge y$, segue immediatamente dalla definizione (6.30) di $\underline{q}_F$ che $\underline{q}_F(y) \le x$. Viceversa, se $F(x) < y$, essendo F una funzione continua da destra, esiste $\varepsilon > 0$ tale che $F(x + \varepsilon) < y$; per monotonia, $F(z) < y$ per ogni $z \le x + \varepsilon$ e dunque $\underline{q}_F(y) \ge x + \varepsilon$, in particolare $\underline{q}_F(y) > x$, sempre per definizione di $\underline{q}_F$.

Inoltre, se F è binunivoca, allora F è continua e strettamente crescente: si mostra facilmente che per ogni $y \in (c, d)$, $x \in \mathbb{R}$,

$$\underline{q}_F(y) = x \iff F(x) = y \iff \overline{q}_F(y) = x .$$

Questo fatto è lasciato come esercizio per il lettore. □

Mostriamo infine che la pseudo-inversa $\underline{q}_F$ può essere usata per *costruire una variabile aleatoria con un'arbitraria funzione di ripartizione F assegnata* (che soddisfa le proprietà (5.5)), a partire da una variabile aleatoria uniforme $Y \sim \mathrm{U}(0,1)$.

Proposizione 6.34 (Simulazione)
Ogni funzione $F : \mathbb{R} \to [0,1]$ che soddisfa le proprietà (5.5) *(cioè F è crescente, continua da destra e $\lim_{z\to-\infty} F(z) = 0$, $\lim_{z\to+\infty} F(z) = 1$) è la funzione di ripartizione di una variabile aleatoria reale.*

Più esplicitamente: se $\underline{q}_F$ è la pseudo-inversa sinistra di F definita in (6.30) *e se $Y \sim \mathrm{U}(0,1)$, la variabile aleatoria $Z := \underline{q}_F(Y)$ ha funzione di ripartizione F.*

In particolare, data una generica variabile aleatoria reale X e detta $F = F_X$ la sua funzione di ripartizione, la variabile aleatoria $Z = \underline{q}_F(Y)$ con $Y \sim \mathrm{U}(0,1)$ ha la stessa distribuzione di X.

Dimostrazione Sia $Y \sim \mathrm{U}(0,1)$ e definiamo $Z := \underline{q}_F(Y)$. Si noti che Z è una variabile aleatoria dato che $\underline{q}_F$, essendo crescente, è misurabile. Poiché $\mathrm{P}(Y \in (0,1)) = 1$, usando la relazione (6.32) del Lemma 6.33, abbiamo che

$$F_Z(x) = \mathrm{P}\big(\underline{q}_F(Y) \le x\big) = \mathrm{P}(Y \le F(x)) = F_Y(F(x)) = F(x)\,,$$

dove l'ultima uguaglianza vale perché $F_Y(y) = y$ per $y = F(x) \in [0,1]$, come segue da (6.29) con $a = 0$, $b = 1$. Dunque Z ha funzione di ripartizione F, come richiesto.

Infine, se X è una variabile aleatoria con funzione di ripartizione $F = F_X$, i passi precedenti mostrano che $F_Z = F_X$. Dato che X e Z hanno la stessa funzione di ripartizione, esse hanno la stessa distribuzione (si ricordi la Proposizione 5.15). □

6.3.2 Gamma

Cominciamo con alcuni richiami sulla funzione "Gamma di Eulero". Si tratta della funzione $\Gamma : (0,\infty) \to \mathbb{R}$ definita da

$$\Gamma(\alpha) = \int_0^{+\infty} x^{\alpha-1} \mathrm{e}^{-x}\, \mathrm{d}x\,. \tag{6.34}$$

Si osservi che l'integrale è finito (ossia la funzione $x^{\alpha-1}\mathrm{e}^{-x}$ è integrabile su $[0,+\infty)$) proprio per $\alpha > 0$, come segue dagli Esempi 6.2 e 6.5. Una proprietà fondamentale della funzione Γ è la seguente:

$$\Gamma(\alpha+1) = \alpha\,\Gamma(\alpha)\,, \qquad \forall \alpha > 0\,. \tag{6.35}$$

Infatti, integrando per parti:

$$\Gamma(\alpha+1) = \int_0^{+\infty} x^\alpha e^{-x}\, dx = \big(-x^\alpha e^{-x}\big)\Big|_0^{+\infty} + \alpha \int_0^{+\infty} x^{\alpha-1} e^{-x}\, dx = \alpha\, \Gamma(\alpha),$$

perché $x^\alpha e^{-x} \to 0$ per $x \to +\infty$.

Osservazione 6.35 La relazione (6.35) permette di determinare $\Gamma(\alpha+1)$ se è noto $\Gamma(\alpha)$. Dato che

$$\Gamma(1) = \int_0^{+\infty} e^{-x}\, dx = (-e^{-x})\big|_0^\infty = 1,$$

si ottengono i valori della funzione Γ sui numeri naturali. Dato che il fattoriale soddisfa la relazione $n! = n\,(n-1)!$, e inoltre $0! = 1$, segue che

$$\Gamma(n) = (n-1)! \qquad \forall n \in \mathbb{N}. \tag{6.36}$$

La funzione Γ fornisce dunque un'estensione del fattoriale ai numeri reali positivi.

Un altro valore notevole si ha per $\alpha = \frac{1}{2}$: con il cambio di variabile $x = y^2$,

$$\Gamma(\tfrac{1}{2}) = \int_0^{+\infty} x^{-1/2} e^{-x}\, dx = 2\int_0^{+\infty} e^{-y^2}\, dy = \int_{-\infty}^{+\infty} e^{-y^2}\, dy = \sqrt{\pi}, \tag{6.37}$$

dove si è usato il valore dell'integrale di Gauss (6.7). Questo permette di ottenere i valori di $\Gamma(\alpha)$ quando α è semi-intero:

$$\Gamma\left(n+\frac{1}{2}\right) = \sqrt{\pi}\prod_{k=0}^{n-1}\left(k+\frac{1}{2}\right), \qquad \forall n \in \mathbb{N}_0, \tag{6.38}$$

grazie ancora alla relazione (6.35) (per convenzione il prodotto vale 0 per $n = 0$). □

Se nella definizione (6.34) operiamo il cambio di variabili $x = \lambda t$, con $\lambda > 0$, otteniamo

$$\Gamma(\alpha) = \int_0^{+\infty} \lambda^\alpha\, t^{\alpha-1}\, e^{-\lambda t}\, dt.$$

Ciò garantisce la bontà della seguente definizione: una variabile aleatoria reale X è detta *Gamma di parametri* $\alpha, \lambda > 0$, e scriveremo $X \sim \mathrm{Gamma}(\alpha,\lambda)$, se è assolutamente continua con densità

$$f_X(x) = f_{\mathrm{Gamma}(\alpha,\lambda)}(x) := \frac{1}{\Gamma(\alpha)}\,\lambda^\alpha\, x^{\alpha-1}\, e^{-\lambda x}\, \mathbb{1}_{(0,+\infty)}(x), \tag{6.39}$$

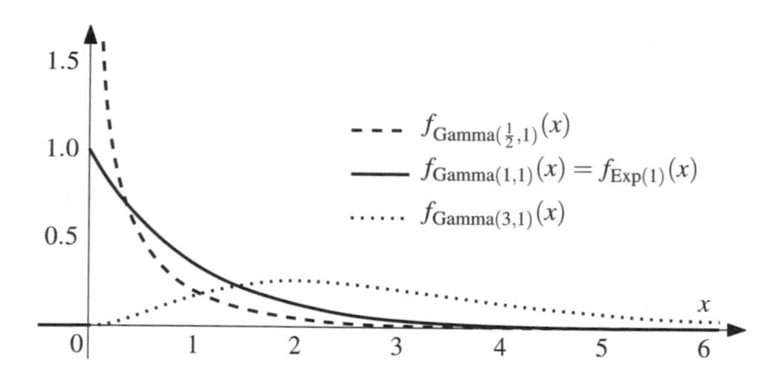

Figura 6.3 Densità di una variabile aleatoria Gamma(α, λ) con $\lambda = 1$, per $\alpha = \frac{1}{2}$, $\alpha = 1$ e $\alpha = 3$. Per $\alpha = 1$ si ha Gamma$(1, 1) =$ Exp(1) (si veda il Paragrafo 6.3.3)

si veda la Figura 6.3. Sottolineiamo che il secondo parametro di una Gamma(α, λ) è un semplice fattore di scala: più precisamente

$$X \sim \text{Gamma}(\alpha, \lambda) \qquad \Longleftrightarrow \qquad Y := \lambda\, X \sim \text{Gamma}(\alpha, 1)\,, \tag{6.40}$$

come si verifica facilmente grazie alla Proposizione 6.19.

Media e varianza si calcolano facilmente: se $Y \sim \text{Gamma}(\alpha, 1)$, applicando la formula (6.21) e ricordando la relazione (6.35) si ottiene

$$\mathrm{E}(Y) = \int_{-\infty}^{+\infty} y\, f_Y(y)\, \mathrm{d}y = \frac{1}{\Gamma(\alpha)} \int_0^{+\infty} y^{\alpha}\, \mathrm{e}^{-y}\, \mathrm{d}y = \frac{\Gamma(\alpha+1)}{\Gamma(\alpha)} = \alpha\,,$$

e analogamente

$$\mathrm{E}(Y^2) = \int_{-\infty}^{+\infty} y^2\, f_Y(y)\, \mathrm{d}y = \frac{1}{\Gamma(\alpha)} \int_0^{+\infty} y^{\alpha+1}\, \mathrm{e}^{-y}\, \mathrm{d}y = \frac{\Gamma(\alpha+2)}{\Gamma(\alpha)} = \alpha(\alpha+1)\,,$$

da cui, facilmente,

$$\mathrm{Var}(Y) = \mathrm{E}(Y^2) - \mathrm{E}(Y)^2 = \alpha\,.$$

Per la relazione (6.40), $X := \frac{1}{\lambda} Y \sim \text{Gamma}(\alpha, \lambda)$. Per la linearità del valore medio e le proprietà della varianza (Proposizione 3.69), otteniamo dunque media e varianza di una variabile aleatoria $X \sim \text{Gamma}(\alpha, \lambda)$:

$$\mathrm{E}(X) = \frac{\alpha}{\lambda}\,, \qquad \mathrm{Var}(X) = \frac{\alpha}{\lambda^2}\,. \tag{6.41}$$

In alternativa, i risultati precedenti si sarebbero potuti ottenere facilmente calcolando la funzione generatrice dei momenti. Infatti

$$\mathrm{M}_X(t) = \int_{-\infty}^{+\infty} \mathrm{e}^{tx} f_X(x)\, \mathrm{d}x = \frac{\lambda^{\alpha}}{\Gamma(\alpha)} \int_0^{+\infty} x^{\alpha-1}\, \mathrm{e}^{-(\lambda-t)x}\, \mathrm{d}x\,.$$

Quest'ultimo integrale è finito solo per $t < \lambda$, e in tal caso, con il cambio di variabile $x = z/(\lambda - t)$ si ottiene

$$\int_0^{+\infty} x^{\alpha-1} \mathrm{e}^{-(\lambda-t)x} \, \mathrm{d}x = \frac{1}{(\lambda-t)^\alpha} \int_0^{+\infty} z^{\alpha-1} \mathrm{e}^{-z} \, \mathrm{d}z = \frac{\Gamma(\alpha)}{(\lambda-t)^\alpha} .$$

In definitiva

$$\mathrm{M}_X(t) = \begin{cases} \left(\dfrac{\lambda}{\lambda - t}\right)^\alpha & \text{per } t < \lambda , \\ +\infty & \text{per } t \geq \lambda . \end{cases}$$

Concludiamo con una proprietà importante delle variabili aleatorie Gamma.

Proposizione 6.36 (Somma di Gamma indipendenti)
Siano X e Y variabili aleatorie reali indipendenti, con $X \sim \mathrm{Gamma}(\alpha, \lambda)$ e $Y \sim \mathrm{Gamma}(\beta, \lambda)$. Allora $X + Y \sim \mathrm{Gamma}(\alpha + \beta, \lambda)$.

Dimostrazione Usando il Teorema 6.28, per $z > 0$ abbiamo:

$$\begin{aligned} f_{X+Y}(z) &= \int f_X(x) f_Y(z-x) \, \mathrm{d}x \\ &= \frac{\lambda^\alpha \lambda^\beta}{\Gamma(\alpha)\Gamma(\beta)} \int \mathbb{1}_{(0,+\infty)}(x) \, x^{\alpha-1} \mathrm{e}^{-\lambda x} \, \mathbb{1}_{(0,+\infty)}(z-x) \, (z-x)^{\beta-1} \mathrm{e}^{-\lambda(z-x)} \, \mathrm{d}x \\ &= \frac{\lambda^{\alpha+\beta}}{\Gamma(\alpha)\Gamma(\beta)} \mathrm{e}^{-\lambda z} \int_0^z x^{\alpha-1} (z-x)^{\beta-1} \, \mathrm{d}x . \end{aligned}$$

Con il cambio di variabile $x = zt$ si ottiene dunque

$$f_{X+Y}(z) = C \, z^{\alpha+\beta-1} \mathrm{e}^{-\lambda z} , \qquad \text{con} \quad C := \frac{\lambda^{\alpha+\beta}}{\Gamma(\alpha)\Gamma(\beta)} \int_0^1 t^{\alpha-1} (1-t)^{\beta-1} \, \mathrm{d}t .$$

Essendo proporzionale a $z^{\alpha+\beta-1}\mathrm{e}^{-\lambda z}$, $f_{X+Y}(z)$ è necessariamente la densità di una $\mathrm{Gamma}(\alpha+\beta, \lambda)$ (e la costante C coincide con $\lambda^{\alpha+\beta}/\Gamma(\alpha+\beta)$). □

Osservazione 6.37 Definiamo la funzione $\beta : (0, \infty) \times (0, \infty) \to (0, \infty)$, che ritroveremo nel Paragrafo 6.6.2, ponendo

$$\beta(a, b) := \int_0^1 t^{a-1} (1-t)^{b-1} \, \mathrm{d}t . \tag{6.42}$$

Vale allora la non ovvia identità

$$\Gamma(a+b) = \frac{\Gamma(a)\Gamma(b)}{\beta(a,b)}, \qquad \forall a, b > 0, \tag{6.43}$$

come segue dalla dimostrazione precedente. □

6.3.3 Esponenziale

Di grande interesse applicativo sono alcuni casi particolari di variabili aleatorie Gamma. In questo paragrafo introduciamo le variabili aleatorie dette esponenziali, mentre nel Paragrafo 6.3.5 vedremo le variabili aleatorie chi-quadro.

Una variabile aleatoria reale X si dice *esponenziale di parametro* λ, e scriveremo $X \sim \mathrm{Exp}(\lambda)$, se $X \sim \mathrm{Gamma}(1, \lambda)$, ossia se è assolutamente continua con densità

$$f_X(x) = f_{\mathrm{Exp}(\lambda)}(x) := \lambda\, \mathrm{e}^{-\lambda x}\, \mathbb{1}_{[0,+\infty)}(x)$$

(si veda la Figura 6.3). La funzione di ripartizione è data da $F_X(x) = 0$ per $x \leq 0$, mentre per $x > 0$

$$F_X(x) = \int_{-\infty}^{x} f_X(t)\, \mathrm{d}t = \int_{0}^{x} \lambda\, \mathrm{e}^{-\lambda t}\, \mathrm{d}t = (-\mathrm{e}^{-\lambda t})\big|_0^x = 1 - \mathrm{e}^{-\lambda x}. \tag{6.44}$$

Ricordando la relazione (6.41), media e varianza di $X \sim \mathrm{Exp}(\lambda)$ valgono

$$\mathrm{E}(X) = \frac{1}{\lambda}, \qquad \mathrm{Var}(X) = \frac{1}{\lambda^2}. \tag{6.45}$$

Le variabili aleatorie esponenziali possono essere viste come l'analogo continuo delle variabili aleatorie geometriche. Esse, infatti, soddisfano ad una proprietà di assenza di memoria del tutto analoga.

Proposizione 6.38 (Assenza di memoria)
Se $X \sim \mathrm{Exp}(\lambda)$,

$$\mathrm{P}(X > s + t \mid X > s) = \mathrm{P}(X > t), \qquad \forall s, t \geq 0.$$

Dimostrazione Osservando che

$$\mathrm{P}(X > s + t \mid X > s) = \frac{\mathrm{P}(X > s + t)}{\mathrm{P}(X \geq s)},$$

ed essendo $\mathrm{P}(X > s) = 1 - \mathrm{P}(X \leq s) = 1 - F_X(s) = \mathrm{e}^{-\lambda s}$, il risultato desiderato segue immediatamente da (6.44). □

Come per le variabili aleatorie geometriche, si può dimostrare (non lo faremo) che le variabili aleatorie esponenziali sono le uniche variabili aleatorie a valori reali positivi per cui vale la precedente proprietà di assenza di memoria.

Le variabili aleatorie esponenziali sono spesso usate come modelli per "tempi di attesa", quali ad esempio il tempo di decadimento di atomi radioattivi, l'intervallo temporale tra due terremoti successivi, il tempo intercorrente tra l'arrivo di due clienti ad uno sportello, ecc. Questa interpretazione verrà approfondita nei paragrafi 6.6.3 e 6.6.4, in cui presentiamo il *processo di Poisson*, un modello probabilistico di grande importanza, costruito a partire da variabili aleatorie esponenziali.

In analogia con le variabili aleatorie geometriche (si veda l'Esempio 3.138), mostriamo che il minimo di variabili aleatorie esponenziali indipendenti ha ancora distribuzione esponenziale.

Esempio 6.39 Siano $X_1, X_2, \ldots, X_n$ variabili aleatorie indipendenti, con $X_i \sim \mathrm{Exp}(\lambda_i)$. Allora

$$W := \min(X_1, X_2, \ldots, X_n) \sim \mathrm{Exp}(\lambda_1 + \lambda_2 + \cdots + \lambda_n) .$$

Usando la Proposizione 3.107, segue da (6.44) che per ogni $x > 0$

$$F_W(x) = 1 - \prod_{k=1}^{n} [1 - F_{X_k}(x)] = 1 - \exp[-(\lambda_1 + \lambda_2 + \cdots + \lambda_n)x],$$

Derivando quest'ultima identità la conclusione segue immediatamente. □

6.3.4 Normale

Una variabile aleatoria reale Z si dice *normale (o gaussiana) standard*, e si scrive $Z \sim \mathrm{N}(0, 1)$, se è assolutamente continua con densità

$$f_Z(x) = \frac{1}{\sqrt{2\pi}} \mathrm{e}^{-\frac{x^2}{2}} . \tag{6.46}$$

Notiamo che si tratta di una buona definizione, cioè $\int_{-\infty}^{+\infty} f_Z(x)\mathrm{d}x = 1$, come segue dall'integrale di Gauss (6.7) con un cambio di variabili. Per la formula (6.21)

$$\mathrm{E}(Z) = \frac{1}{\sqrt{2\pi}} \int_{-\infty}^{+\infty} x\, \mathrm{e}^{-\frac{x^2}{2}}\, \mathrm{d}x = 0 ,$$

perché la funzione $x\,\mathrm{e}^{-x^2/2}$ è integrabile su $\mathbb{R}$ e dispari. Inoltre, integrando per parti,

$$\mathrm{Var}(Z) = \mathrm{E}(Z^2) = \frac{1}{\sqrt{2\pi}} \int_{-\infty}^{+\infty} x^2 \mathrm{e}^{-\frac{x^2}{2}}\, \mathrm{d}x$$
$$= \frac{1}{\sqrt{2\pi}} \left[-x\mathrm{e}^{-\frac{x^2}{2}} \Big|_{-\infty}^{+\infty} + \int_{-\infty}^{+\infty} \mathrm{e}^{-\frac{x^2}{2}}\, \mathrm{d}x \right] = 1\,.$$

Data $Z \sim \mathrm{N}(0, 1)$ e i numeri reali $\mu \in \mathbb{R}$, $\sigma \geq 0$, definiamo la variabile aleatoria

$$X := \sigma Z + \mu. \tag{6.47}$$

Dalle proprietà elementari di valore medio e varianza segue che

$$\mathrm{E}(X) = \mu, \qquad \mathrm{Var}(X) = \sigma^2\,.$$

Se $\sigma = 0$, X non è altro che la costante μ. Se invece $\sigma > 0$, per la Proposizione 6.19, la variabile aleatoria X è assolutamente continua con densità

$$f_X(x) = \frac{1}{\sigma}\, f_Z\Big(\frac{x-\mu}{\sigma}\Big) = \frac{1}{\sqrt{2\pi\sigma^2}}\, \mathrm{e}^{-\frac{(x-\mu)^2}{2\sigma^2}}\,.$$

Una variabile aleatoria con la distribuzione di X si dice *normale (o gaussiana) di media $\mu \in \mathbb{R}$ e varianza $\sigma^2 \geq 0$*, e si scrive $X \sim \mathrm{N}(\mu, \sigma^2)$. Più esplicitamente:

- $X \sim \mathrm{N}(\mu, \sigma^2)$, con $\sigma > 0$, se e solo se X è assolutamente continua con densità

$$f_X(x) = f_{\mathrm{N}(\mu,\sigma^2)}(x) := \frac{1}{\sqrt{2\pi\sigma^2}}\, \mathrm{e}^{-\frac{(x-\mu)^2}{2\sigma^2}} \tag{6.48}$$

  (si veda la Figura 6.4).
- $X \sim \mathrm{N}(\mu, 0)$ se e solo se $X \equiv \mu$ è (quasi certamente) costante.

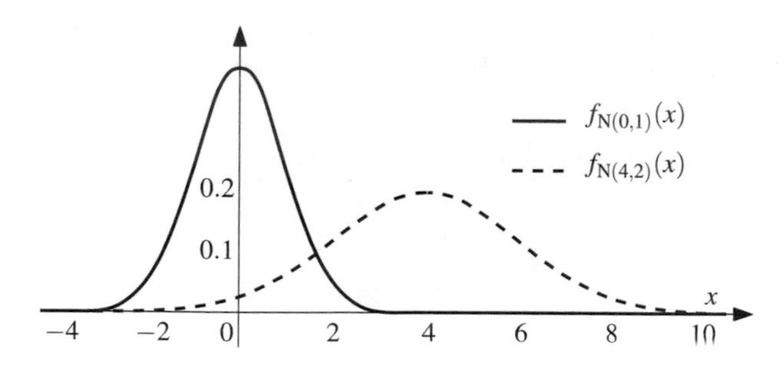

Figura 6.4 Densità di una variabile aleatoria $\mathrm{N}(\mu, \sigma^2)$, per $(\mu = 0, \sigma = 1)$ e $(\mu = 4, \sigma = 2)$

Sottolineiamo che $X \sim \mathrm{N}(\mu, \sigma^2)$ è una variabile aleatoria assolutamente continua solo se $\sigma^2 > 0$, mentre, se $\sigma^2 = 0$, X è una variabile aleatoria discreta.

Invertendo la costruzione precedente, segue che

$$\text{per } \sigma > 0: \qquad X \sim \mathrm{N}(\mu, \sigma^2) \qquad \Longleftrightarrow \qquad Z := \frac{X - \mu}{\sigma} \sim \mathrm{N}(0, 1)\,,$$

una relazione utile quando si lavora con variabili aleatorie normali. Come semplice corollario (esercizio), otteniamo il seguente risultato.

Proposizione 6.40 (Trasformazioni lineari-affini di normali)
Una trasformazione lineare-affine di una variabile aleatoria normale è ancora una variabile aleatoria normale: $\forall a, b \in \mathbb{R}$

$$X \sim \mathrm{N}(\mu, \sigma^2) \qquad \Longrightarrow \qquad aX + b \sim \mathrm{N}(\tilde{\mu}, \tilde{\sigma}^2)\,,$$

dove (come segue dalle trasformazioni di valore medio e varianza)

$$\tilde{\mu} = a\mu + b\,, \qquad \tilde{\sigma}^2 = a^2\sigma^2\,.$$

Le variabili aleatorie normali sono tra le più usate nelle applicazioni. Detto in modo grossolano, ogni qual volta una quantità aleatoria è la somma di molte quantità aleatorie indipendenti e "non troppo grandi", la sua distribuzione è approssimativamente normale. Una versione parziale, ma rigorosa, di tale affermazione, verrà data nel Capitolo 7, con il teorema limite centrale.

Anche per le variabili aleatorie normali è facile calcolare la funzione generatrice dei momenti. Se $Z \sim \mathrm{N}(0, 1)$, si ha

$$\mathrm{M}_Z(t) = \int_{-\infty}^{+\infty} \mathrm{e}^{tz}\, f_Z(z)\, \mathrm{d}z = \frac{1}{\sqrt{2\pi}} \int_{-\infty}^{+\infty} \mathrm{e}^{tx - \frac{1}{2}x^2}\, \mathrm{d}x\,.$$

Questo integrale si può calcolare usando il metodo del *completamento dei quadrati*, molto utile per integrali gaussiani. Si tratta di osservare che

$$tx - \frac{1}{2}x^2 = -\frac{1}{2}(x - t)^2 + \frac{t^2}{2}\,,$$

pertanto

$$\mathrm{M}_Z(t) = \mathrm{e}^{\frac{t^2}{2}} \int_{-\infty}^{+\infty} \frac{1}{\sqrt{2\pi}}\, \mathrm{e}^{-\frac{1}{2}(x-t)^2}\, \mathrm{d}x\,.$$

Si osservi che la funzione integranda è la densità di una variabile aleatoria normale di media t e varianza 1, quindi l'integrale vale 1. Ne segue che

$$\mathrm{M}_Z(t) = \mathrm{e}^{\frac{t^2}{2}}, \qquad \forall t \in \mathbb{R}. \tag{6.49}$$

Passando al caso generale, una variabile aleatoria $X \sim \mathrm{N}(\mu, \sigma^2)$ si può scrivere nella forma $X = \sigma Z + \mu$, con $Z := (X - \mu)/\sigma \sim \mathrm{N}(0, 1)$, pertanto per ogni $t \in \mathbb{R}$

$$\mathrm{M}_X(t) = \mathrm{E}\left(\mathrm{e}^{tX}\right) = \mathrm{E}\left(\mathrm{e}^{t(\sigma Z+\mu)}\right) = \mathrm{e}^{\mu t} E\left(\mathrm{e}^{t\sigma Z}\right) = \mathrm{e}^{\mu t}\mathrm{M}_Z(t\sigma) = \mathrm{e}^{\mu t + \frac{\sigma^2}{2}t^2}.$$

Concludiamo con una proprietà di fondamentale importanza: la somma di due variabili aleatorie normali *indipendenti* è normale.

Proposizione 6.41 (Somma di normali indipendenti)
Siano X e Y variabili aleatorie normali indipendenti*: $X \sim \mathrm{N}(\mu_1, \sigma_1^2)$ e $Y \sim \mathrm{N}(\mu_2, \sigma_2^2)$. Allora anche la loro somma è normale: $X + Y \sim \mathrm{N}(\mu_1 + \mu_2, \sigma_1^2 + \sigma_2^2)$.*

Dimostrazione Se $\sigma_1^2 = 0$ (risp. $\sigma_2^2 = 0$) la conclusione segue immediatamente dalla Proposizione 6.40, perché in tal caso $X_1 = \mu_1$ (risp. $X_2 = \mu_2$) quasi certamente. Quindi assumiamo per il seguito che $\sigma_1^2 > 0$ e $\sigma_2^2 > 0$.

Se $X \sim \mathrm{N}(\mu_1, \sigma_1^2)$ e $Y \sim \mathrm{N}(\mu_2, \sigma_2^2)$, per la Proposizione 6.40 si ha $(X - \mu_1) \sim \mathrm{N}(0, \sigma_1^2)$ e $(Y - \mu_2) \sim \mathrm{N}(0, \sigma_2^2)$. Supponendo di aver dimostrato la conclusione quando entrambe le medie sono nulle, si ha

$$(X - \mu_1) + (Y - \mu_2) \sim \mathrm{N}(0, \sigma_1^2 + \sigma_2^2),$$

e applicando ancora la Proposizione 6.40 otteniamo la tesi:

$$X + Y = \left[(X - \mu_1) + (Y - \mu_2)\right] + (\mu_1 + \mu_2) \sim \mathrm{N}(\mu_1 + \mu_2, \sigma_1^2 + \sigma_2^2).$$

Resta da considerare il caso $\mu_1 = \mu_2 = 0$. Dal Teorema 6.28, si ha

$$f_{X+Y}(z) = \int_{-\infty}^{+\infty} f_X(x) f_Y(z - x)\,\mathrm{d}x = \frac{1}{2\pi\sigma_1\sigma_2} \int_{-\infty}^{+\infty} \exp\left[-\frac{x^2}{2\sigma_1^2} - \frac{(z - x)^2}{2\sigma_2^2}\right] \mathrm{d}x.$$

Introducendo le costanti

$$\xi := \frac{\sigma_1^2}{\sigma_1^2 + \sigma_2^2}, \qquad \widehat{\sigma} := \left(\frac{1}{\sigma_1^2} + \frac{1}{\sigma_2^2}\right)^{-1/2} = \frac{\sigma_1\sigma_2}{\sqrt{\sigma_1^2 + \sigma_2^2}}, \tag{6.50}$$

si verifica con un calcolo (completamento dei quadrati) che vale la seguente identità:

$$\frac{x^2}{2\sigma_1^2} + \frac{(z-x)^2}{2\sigma_2^2} = \frac{z^2}{2(\sigma_1^2+\sigma_2^2)} + \frac{(x-\xi z)^2}{2\widehat{\sigma}^2} .$$

Di conseguenza

$$f_{X+Y}(z) = \frac{1}{2\pi\sigma_1\sigma_2} \exp\left[-\frac{z^2}{2(\sigma_1^2+\sigma_2^2)}\right] \int_{-\infty}^{+\infty} \exp\left[-\frac{(x-\xi z)^2}{2\widehat{\sigma}^2}\right] \mathrm{d}x .$$

La funzione che compare nell'integrale coincide con la densità di una $\mathrm{N}(\xi z, \widehat{\sigma}^2)$ a meno del fattore moltiplicativo $(2\pi)^{-1/2}\widehat{\sigma}^{-1}$, si ricordi (6.48), pertanto

$$\int_{-\infty}^{+\infty} \exp\left[-\frac{(x-\xi z)^2}{2\widehat{\sigma}^2}\right] \mathrm{d}x = \widehat{\sigma}\,\sqrt{2\pi} \int_{-\infty}^{+\infty} f_{\mathrm{N}(\xi z, \widehat{\sigma}^2)}(x)\,\mathrm{d}x = \widehat{\sigma}\,\sqrt{2\pi} ,$$

da cui si ottiene, ricordando (6.50),

$$f_{X+Y}(z) = \frac{1}{\sqrt{2\pi}\sqrt{\sigma_1^2+\sigma_2^2}} \exp\left[-\frac{z^2}{2(\sigma_1^2+\sigma_2^2)}\right],$$

cioè $X+Y \sim \mathrm{N}(0, \sigma_1^2+\sigma_2^2)$. □

Corollario 6.42
Siano $X_1, \ldots, X_n$ variabili aleatorie normali indipendenti. *Ogni combinazione lineare-affine $X := a_1 X_1 + \ldots + a_n X_n + b$, con $a_1, \ldots, a_n, b \in \mathbb{R}$, è una variabile aleatoria normale.*

Dimostrazione Il caso $n = 1$ non è altro che la Proposizione 6.40. Procedendo per induzione, definiamo

$$Y := a_1 X_1 + \ldots + a_{n-1} X_{n-1} , \qquad W := a_n X_n + b ,$$

così che, per il passo induttivo, sia Y che W sono variabili aleatorie normali. Esse sono inoltre indipendenti, perché costruite a partire da insiemi disgiunti di variabili aleatorie indipendenti (si ricordi il Corollario 3.40). Di conseguenza $X = Y + W$ è normale, per la Proposizione 6.41. □

6.3.5 Chi-quadro

Presentiamo ora una classe di variabili aleatorie, dette *chi-quadro*, che sono un caso particolare di variabili aleatorie Gamma, studiate nel Paragrafo 6.3.2. Le variabili aleatorie chi-quadro ci saranno utili per lo studio dei vettori normali nel Paragrafo 6.5 e le ritroveremo nel Capitolo 8 dedicato alla statistica matematica.

Consideriamo una variabile aleatoria normale standard $Z \sim \mathrm{N}(0, 1)$ e determiniamo la distribuzione della variabile aleatoria $X := Z^2$. Chiaramente $F_X(x) = 0$ se $x < 0$, mentre per $x \geq 0$

$$\begin{aligned} F_X(x) &= \mathrm{P}(X \leq x) = \mathrm{P}(Z^2 \leq x) = \mathrm{P}(-\sqrt{x} \leq Z \leq \sqrt{x}) \\ &= \mathrm{P}(Z \leq \sqrt{x}) - \mathrm{P}(Z < -\sqrt{x}) = F_Z(\sqrt{x}) - F_Z(-\sqrt{x}), \end{aligned}$$

dove si è usato il fatto che $\mathrm{P}(Z < a) = \mathrm{P}(Z \leq a) = F_Z(a)$, perché $\mathrm{P}(Z = a) = 0$. La densità f_Z di Z è continua (si ricordi la relazione (6.46)), quindi la funzione di ripartizione F_Z è di classe C^1 su tutto $\mathbb{R}$, per il Teorema 6.10 (i). Di conseguenza, F_X è una funzione continua su $\mathbb{R}$ e di classe C^1 su $\mathbb{R} \setminus \{0\}$, dunque C^1 a tratti. Per la Proposizione 6.17, la variabile aleatoria X è assolutamente continua, con densità

$$\begin{aligned} f_X(x) &= F_X'(x) = \frac{1}{2\sqrt{x}}\left[F_Z'(\sqrt{x}) + F_Z'(-\sqrt{x})\right] \\ &= \frac{1}{2\sqrt{x}}\left[f_Z(\sqrt{x}) + f_Z(-\sqrt{x})\right] \mathbb{1}_{(0,+\infty)}(x) = \frac{1}{\sqrt{2\pi}} \frac{1}{\sqrt{x}} \mathrm{e}^{-\frac{1}{2}x} \mathbb{1}_{(0,+\infty)}(x). \end{aligned}$$

Ricordando le relazioni (6.39) e (6.37), abbiamo mostrato che $X \sim \mathrm{Gamma}(\frac{1}{2}, \frac{1}{2})$.

In alternativa, si può applicare l'Osservazione 6.26. Fissiamo una funzione $h : \mathbb{R} \to \mathbb{R}$ continua a tratti e limitata e calcoliamo $\mathrm{E}(h(X)) = \mathrm{E}(h(Z^2))$. Applicando la formula di trasferimento (6.20) a Z per la funzione $g(z) = h(z^2)$ e ricordando la densità (6.46) di Z, otteniamo

$$\begin{aligned} \mathrm{E}(h(X)) = \mathrm{E}(h(Z^2)) &= \int_{-\infty}^{+\infty} h(z^2) \frac{1}{\sqrt{2\pi}} \mathrm{e}^{-\frac{1}{2}z^2} \mathrm{d}z = 2 \int_0^{+\infty} h(z^2) \frac{1}{\sqrt{2\pi}} \mathrm{e}^{-\frac{1}{2}z^2} \mathrm{d}z \\ &= 2 \int_0^{\infty} h(x) \frac{1}{\sqrt{2\pi}} \mathrm{e}^{-\frac{1}{2}x} \frac{\mathrm{d}x}{2\sqrt{x}} = \int_0^{+\infty} h(x) \left\{ \frac{1}{\sqrt{2\pi}} \frac{1}{\sqrt{x}} \mathrm{e}^{-\frac{1}{2}x} \mathbb{1}_{]0,+\infty[}(x) \right\} \mathrm{d}x, \end{aligned}$$

dove abbiamo usato la simmetria della funzione integranda per ridurci al dominio $(0, +\infty)$ e abbiamo effettuato il cambio di variabili $x = z^2$. Dato che questa formula vale per ogni funzione h continua a tratti e limitata, segue dall'Osservazione 6.26 che X è assolutamente continua con densità data da $\frac{1}{\sqrt{2\pi}} \frac{1}{\sqrt{x}} \mathrm{e}^{-\frac{1}{2}x} \mathbb{1}_{(0,+\infty)}(x)$, come ottenuto in precedenza.

Consideriamo ora n variabili aleatorie indipendenti $Z_1, Z_2, \ldots, Z_n$, ciascuna con distribuzione normale standard $\mathrm{N}(0, 1)$. Le variabili aleatorie $Z_1^2, Z_2^2, \ldots, Z_n^2$ sono indipendenti per la la Proposizione 3.39, in quanto funzioni di variabili aleatorie indipendenti; inoltre si ha $Z_i^2 \sim \Gamma(\frac{1}{2}, \frac{1}{2})$ per quanto appena mostrato. Dalla Proposizione 6.36 segue dunque che

$$X := Z_1^2 + Z_2^2 + \cdots + Z_n^2 \sim \text{Gamma}\left(\frac{n}{2}, \frac{1}{2}\right). \tag{6.51}$$

Le variabili aleatorie con distribuzione $\text{Gamma}(\frac{n}{2}, \frac{1}{2})$ emergono in diverse applicazioni della probabilità, in particolare in statistica matematica (come vedremo nel Paragrafo 6.5 e nel Capitolo 8). Esse sono dette *χ^2 ("chi-quadro", o "chi-quadrato") a n gradi di libertà* e sono indicate col simbolo $\chi^2(n)$.

Dunque una variabile aleatoria reale X si dice *chi-quadro a n gradi di libertà*, e si scrive $X \sim \chi^2(n)$, se $X \sim \text{Gamma}(\frac{n}{2}, \frac{1}{2})$, ossia se è assolutamente continua con densità

$$f_X(x) = \frac{1}{2^{\frac{n}{2}} \Gamma(\frac{n}{2})} x^{\frac{n}{2}-1} \mathrm{e}^{-\frac{1}{2}x} \mathbb{1}_{(0,\infty)}(x). \tag{6.52}$$

Osserviamo che il valore di $\Gamma(\frac{n}{2})$ è noto esplicitamente per ogni $n \in \mathbb{N}$, grazie alle relazioni (6.36) e (6.38). Nella Figura 6.3 del paragrafo 6.3.2 è rappresentata la densità di una $\text{Gamma}(\frac{1}{2}, 1)$, che coincide con quella di una $\chi^2(1) = \text{Gamma}(\frac{1}{2}, \frac{1}{2})$ a meno di un semplice fattore di scala (si ricordi la relazione (6.40)).

In definitiva, possiamo riformulare quanto mostrato in questo paragrafo con la seguente affermazione: *la somma dei quadrati di n variabili aleatorie* N(0, 1) *indipendenti è una variabile aleatoria $\chi^2(n)$.*

6.3.6 Cauchy

Una variabile aleatoria reale X di dice *di Cauchy standard*, e si scrive $X \sim \text{Cauchy}(0, 1)$, se è assolutamente continua con densità

$$f_X(x) = \frac{1}{\pi(1 + x^2)},$$

Abbiamo visto nell'Esempio 6.25 che f_X è effettivamente una densità. Abbiamo anche mostrato che X non ammette valore medio (infatti $\mathrm{E}(|X|) = +\infty$), a maggior ragione non ammette momenti di alcun ordine $k \geq 1$. Si mostra facilmente che la funzione generatrice dei momenti vale $\mathrm{M}_X(t) = \mathrm{E}(\mathrm{e}^{tX}) = +\infty$ per ogni $t \neq 0$.

Un semplice calcolo mostra che la sua funzione di ripartizione è, per ogni $x \in \mathbb{R}$,

$$\begin{aligned} F_X(x) &= \int_{-\infty}^{x} f_X(t)\mathrm{d}t = \frac{1}{\pi} \int_{-\infty}^{x} \frac{1}{1+t^2}\mathrm{d}t \\ &= \frac{1}{\pi}\big[\arctan(t)\big]_{-\infty}^{x} = \frac{1}{\pi}\arctan(x) + \frac{1}{2}. \end{aligned} \tag{6.53}$$

Se $X \sim \text{Cauchy}(0,1)$, dati $m \in \mathbb{R}$, $a > 0$, segue dalla Proposizione 6.19 che $Y := aX + m$ è una variabile aleatoria assolutamente continua con densità

$$f_Y(y) = \frac{1}{a} f_X\Big(\frac{x-m}{a}\Big) = \frac{1}{a\pi\big(1 + (\frac{x-m}{a})^2\big)} = \frac{a}{\pi\big(a^2 + (x-m)^2\big)}\,. \tag{6.54}$$

Una variabile aleatoria con la legge di Y è detta *di Cauchy con parametro di posizione m e parametro di scala a*, e si scrive $Y \sim \text{Cauchy}(m, a)$. Sottolineiamo che *$m$ non è* il valore medio di Y e che *a^2 non è* la varianza di Y, perché sappiamo che Y non ammette né valore medio né varianza.

Invertendo la relazione precedente, otteniamo che per ogni $a > 0$, $m \in \mathbb{R}$

$$Y \sim \text{Cauchy}(m,a) \quad \Longleftrightarrow \quad X := \frac{Y-m}{a} \sim \text{Cauchy}(0,1)\,. \tag{6.55}$$

Le variabili aleatorie di Cauchy appaiono in modo naturale in numerosi contesti e rivestono un'importanza notevole anche dal punto di vista teorico. Il prossimo risultato ne è un esempio.

Proposizione 6.43 (Somma di Cauchy indipendenti)
Siano X e Y variabili aleatorie di Cauchy indipendenti *tali che* $X \sim \text{Cauchy}(m_1, a_1)$ *e* $Y \sim \text{Cauchy}(m_1, a_1)$. *Allora la loro somma è ancora di Cauchy, più precisamente* $X + Y \sim \text{Cauchy}(m_1 + m_2, a_1 + a_2)$.

Dimostrazione Come nella dimostrazione della Proposizione 6.41 per variabili aleatorie normali, ci si riconduce facilmente al caso $m_1 = m_2 = 0$ usando (6.55).

Siano dunque $m_1 = m_2 = 0$. Grazie alla Proposizione 6.28, la densità di $X + Y$ è data da

$$f_{X+Y}(z) = \frac{a_1 a_2}{\pi^2} \int_{-\infty}^{+\infty} g_z(x)\,\mathrm{d}x\,, \qquad \text{con} \quad g_z(x) := \frac{1}{a_1^2 + x^2}\,\frac{1}{a_2^2 + (z-x)^2}\,.$$

Notiamo che g_z è una funzione continua, limitata e positiva tale che $g_z(x) \sim 1/x^4$ per $x \to +\infty$ e $x \to -\infty$, quindi g_z è integrabile su $[0, +\infty)$ e su $(-\infty, 0]$ (si ricordi l'Esempio 6.3). Di conseguenza, per ogni $z \in \mathbb{R}$ si ha

$$\int_{-\infty}^{+\infty} g_z(x)\,\mathrm{d}x = \lim_{t\to\infty} \int_{-t}^{t} g_z(x)\mathrm{d}x\,. \tag{6.56}$$

Per calcolare l'integrale su $[-t, t]$, effettuiamo una decomposizione in frazioni semplici del prodotto di frazioni: con qualche calcolo (che lasciamo come esercizio) si mostra che per $z \neq 0$

$$g_z(x) = \frac{\alpha_{1,z}}{a_1^2 + x^2} + \frac{2\beta_z\, x}{a_1^2 + x^2} + \frac{\alpha_{2,z}}{a_2^2 + (x-z)^2} - \frac{2\beta_z\,(x-z)}{a_2^2 + (x-z)^2}\,,$$

dove $\alpha_{1,z}$, $\alpha_{2,z}$ e β_z sono determinati dalle relazioni seguenti:

$$\begin{cases} \alpha_{1,z}(a_1^2 + a_2^2 + z^2) + 2a_1^2\alpha_{2,z} = 1\,, \\ 2a_2^2\alpha_{1,z} + \alpha_{2,z}(a_1^2 + a_2^2 + z^2) = 1\,, \\ 2z\beta_z = \alpha_{1,z} + \alpha_{2,z}\,. \end{cases} \tag{6.57}$$

Sottolineiamo che né $\frac{x}{a_1^2+x^2}$ né $\frac{x-z}{a_2^2+(x-z)^2}$ sono integrabili su $\mathbb{R}$ (come abbiamo visto nell'Esempio 6.25), ma la loro differenza lo è! Questo è alla base della relazione (6.56), che si rivela fondamentale. Con alcuni calcoli elementari otteniamo

$$\int_{-t}^{t} \frac{1}{a_1^2 + x^2} \mathrm{d}x = \frac{1}{a_1}\Big(\arctan\Big(\frac{t}{a_1}\Big) - \arctan\Big(\frac{-t}{a_1}\Big)\Big)\,,$$

$$\int_{-t}^{t} \frac{2x}{a_1^2 + x^2} \mathrm{d}x = 0\,,$$

$$\int_{-t}^{t} \frac{1}{a_2^2 + (x-z)^2} \mathrm{d}x = \frac{1}{a_2}\Big(\arctan\Big(\frac{z+t}{a_2}\Big) - \arctan\Big(\frac{z-t}{a_2}\Big)\Big)\,,$$

$$\int_{-t}^{t} \frac{2(x-z)}{a_2^2 + (x-z)^2} \mathrm{d}x = \log\Big(\frac{a_2^2 + (t+z)^2}{a_2^2 + (-t+z)^2}\Big)\,.$$

Per $t \to +\infty$ il primo e terzo integrale convergono rispettivamente a π/a_1 e π/a_2, mentre il secondo e quarto integrale convergono a 0, quindi per ogni $z \neq 0$

$$f_{X+Y}(z) = \frac{a_1 a_2}{\pi^2} \lim_{t\to\infty} \int_{-t}^{t} g_z(x)\mathrm{d}x = \frac{1}{\pi}\left(a_2\alpha_{1,z} + a_1\alpha_{2,z}\right).$$

A questo punto, grazie alle relazioni (6.57) soddisfatte da $\alpha_{1,z}$ e $\alpha_{2,z}$, sommando la prima riga moltiplicata per a_2 e la seconda moltiplicata per a_1, otteniamo

$$\left(a_2\alpha_{1,z} + a_1\alpha_{2,z}\right)\left(a_1^2 + a_2^2 + z^2 + 2a_1a_2\right) = a_1 + a_2 \implies a_2\alpha_{1,z} + a_1\alpha_{2,z} = \frac{a_1 + a_2}{(a_1+a_2)^2 + z^2}\,.$$

Abbiamo quindi mostrato che

$$f_{X+Y}(z) = \frac{1}{\pi}\,\frac{a_1 + a_2}{(a_1+a_2)^2 + z^2}\,, \qquad \forall z \neq 0\,,$$

e dato che una densità in un singolo punto non è rilevante, questa funzione (definita anche in $z = 0$) è la densità di $X + Y$. Questo completa la dimostrazione □

Deduciamo facilmente dalla Proposizione 6.43 (per induzione) e da (6.55) il seguente corollario, la cui dimostrazione è lasciata come esercizio.

Corollario 6.44
Se $X_1, \ldots X_n$ *sono variabili aleatorie* Cauchy(0, 1) indipendenti, *allora* $X_1 + \cdots + X_n \sim$ Cauchy$(0, n)$ *e* $\frac{1}{n}(X_1 + \cdots + X_n) \sim$ Cauchy(0, 1).

Esercizi

Esercizio 6.6 Sia X una variabile aleatoria $\mathrm{U}(a, b)$, con $a < b$, e siano α, β due numeri reali, con $\alpha \neq 0$. Si mostri che la variabile aleatoria $Y = \alpha X + \beta$ è ancora una variabile aleatoria uniforme continua (su quale intervallo?).

[*Sugg.* Separare i casi $\alpha > 0$ e $\alpha < 0$.]

Esercizio 6.7 Sia U una variabile aleatoria $\mathrm{U}(0, 1)$ e sia $n \in \mathbb{N}$ un intero. Mostrare che la variabile aleatoria $Y := \lfloor nX \rfloor$, dove $\lfloor x \rfloor := \max\{m \in \mathbb{Z} : m \leq x\}$ indica la parte intera di x, ha distribuzione uniforme *discreta* nell'insieme $\{0, 1, \ldots, n-1\}$.

Esercizio 6.8 Sia U una variabile aleatoria $\mathrm{U}(0, 1)$. Mostrare che $-\log U$ ha distribuzione $\mathrm{Exp}(1)$.

Esercizio 6.9 Sia X una variabile aleatoria con distribuzione $\mathrm{Exp}(\lambda)$, definita su uno spazio di probabilità $(\Omega, \mathcal{A}, \mathrm{P})$. Per $s \in [0, +\infty)$, definiamo

$$\mathrm{P}^{(s)} := \mathrm{P}(\cdot \,|X > s)\,, \qquad X^{(s)} := X - s\,.$$

Si mostri che la variabile aleatoria $X^{(s)}$, rispetto alla probabilità (condizionale) $\mathrm{P}^{(s)}$, ha distribuzione $\mathrm{Exp}(\lambda)$, per ogni $s \in [0, \infty)$.

[*Sugg.* Si calcoli la funzione di ripartizione $\mathrm{P}^{(s)}(X^{(s)} \leq x)$, sfruttando la Proposizione 6.38.]

6.4 Vettori aleatori assolutamente continui *

Il contenuto di questo paragrafo richiede la conoscenza di una nozione di integrale per funzioni di due o più variabili reali, ed è pertanto da considerarsi più avanzato di quanto finora trattato. Per questa ragione, assumeremo una buona conoscenza dell'integrale di Riemann multidimensionale. Diremo che una funzione $f : \mathbb{R}^n \to \mathbb{R}$ è integrabile se il suo integrale sul dominio illimitato $\mathbb{R}^n$ esiste finito.

Per ogni sottoinsieme $C \subseteq \mathbb{R}^n$ la cui funzione indicatrice $\mathbb{1}_C : \mathbb{R}^n \to \mathbb{R}$ è integrabile, si definisce *misura n-dimensionale di C* (secondo Peano-Jordan) la quantità

$$\mathrm{mis}(C) := \int_{\mathbb{R}^n} \mathbb{1}_C(x)\,\mathrm{d}x \in [0, +\infty)\,. \tag{6.58}$$

I sottoinsiemi C per cui $\mathrm{mis}(C) = 0$ sono detti di misura nulla. Questi comprendono gli insiemi dati dall'unione di un numero finito di sottospazi lineari-affini *propri* (ossia con dimensione strettamente minore di n); in particolare, ogni sottoinsieme finito di punti ha misura nulla (e, più in generale, ogni sottoinsieme di punti isolati). Se $f, g : \mathbb{R}^n \to \mathbb{R}$ sono funzioni che differiscono solo su un insieme di misura nulla, allora f è integrabile se e solo se lo è g, nel qual caso gli integrali coincidono.

Ricordiamo l'importante teorema di Fubini–Tonelli, limitandoci per semplicità al caso bidimensionale. Per ogni funzione $f : \mathbb{R}^2 \to [0, \infty)$ *positiva* e integrabile si ha

$$\int_{\mathbb{R}^2} f(x, y)\, \mathrm{d}x\, \mathrm{d}y = \int_{-\infty}^{+\infty} \bigg(\int_{-\infty}^{+\infty} f(x, y)\, \mathrm{d}x \bigg) \mathrm{d}y = \int_{-\infty}^{+\infty} \bigg(\int_{-\infty}^{+\infty} f(x, y)\, \mathrm{d}y \bigg) \mathrm{d}x\,,$$

purché la funzione $x \mapsto f(x, y)$ sia integrabile su $\mathbb{R}$ per ogni $y \in \mathbb{R}$, e analogamente lo sia $y \mapsto f(x, y)$ per ogni $x \in \mathbb{R}^2$. Lo stesso vale per funzioni $f : \mathbb{R}^2 \to \mathbb{R}$ non necessariamente positive, purché le funzioni positive f^+ e f^- siano entrambe integrabili (equivalentemente, purché sia f che $|f|$ siano integrabili).

Dato $V \subseteq \mathbb{R}^n$ un insieme aperto, una funzione $\psi : V \to \mathbb{R}^n$ si dice *diffeomorfismo sull'immagine* se

- ψ è iniettiva;
- ψ è differenziabile in ogni punto $z \in V$;
- la matrice jacobiana $D\psi(z) = (\frac{\partial \psi^{(i)}}{\partial z_j}(z))_{1 \le i,j \le n}$ è non singolare ($\det D\psi(z) \neq 0$) in ogni punto $z \in V$.

Per il teorema di differenziazione della funzione inversa, la terza condizione è equivalente a richiedere che l'immagine $U := \psi(V)$ sia un aperto e che la funzione inversa $\psi^{-1} : U \to V$ sia differenziabile in ogni punto $x \in U$. Indicando esplicitamente l'immagine, diremo che $\psi : V \to U$ è un diffeomorfismo.

Richiamiamo infine la formula di "cambio di variabili". Siano $U, V \subseteq \mathbb{R}^n$ aperti e sia $\psi : V \to U$ un diffeomorfismo. Per ogni funzione $g : U \to \mathbb{R}$ integrabile, la funzione $g(\psi(z))\, |\det D\psi(z)| : V \to \mathbb{R}$ è integrabile e si ha

$$\int_U g(x)\, \mathrm{d}x = \int_V g(\psi(z))\, |\det D\psi(z)|\, \mathrm{d}z\,, \tag{6.59}$$

che costituisce l'analogo multidimensionale della relazione (6.12).

Esempio 6.45 (Integrale di Gauss) Come applicazione della formula di cambio di variabili, calcoliamo il valore dell'integrale di Gauss, dimostrando la formula (6.7). In altri termini, ponendo

$$c := \int_{-\infty}^{+\infty} \mathrm{e}^{-x^2}\, \mathrm{d}x\,, \tag{6.60}$$

[2] Queste ipotesi tecniche possono essere rimosse definendo opportunamente gli integrali interni per i valori "eccezionali" di x e y, ma non lo faremo.

mostriamo che $c = \sqrt{\pi}$. Consideriamo la funzione $g : \mathbb{R}^2 \to \mathbb{R}^+$ definita da $g(x, y) := \mathrm{e}^{-x^2-y^2}$. Per il teorema di Fubini–Tonelli, si ha

$$\int_{\mathbb{R}^2} g(x, y)\, \mathrm{d}x\, \mathrm{d}y = \int_{-\infty}^{+\infty} \mathrm{e}^{-y^2} \left(\int_{-\infty}^{+\infty} \mathrm{e}^{-x^2}\, \mathrm{d}x \right) \mathrm{d}y = c^2 . \tag{6.61}$$

Passiamo a *coordinate polari*: indicando con $C := \{(x, y) \in \mathbb{R}^2 : x \geq 0, y = 0\}$ il semiasse positivo delle x, definiamo gli aperti di $\mathbb{R}^2$

$$U := \mathbb{R}^2 \setminus C , \qquad V := (0, +\infty) \times (0, 2\pi) ,$$

e consideriamo la funzione $\psi : V \to U$ definita da $\psi(r, \theta) := (r \cos\theta,\ r \sin\theta)$, che si verifica facilmente essere un diffeomorfismo, con matrice jacobiana

$$D\psi(r, \theta) = \begin{pmatrix} \cos\theta & r \sin\theta \\ \sin\theta & -r \cos\theta \end{pmatrix} ,$$

da cui segue che $|\det D\psi(r, \theta)| = r$. L'insieme C ha misura 2-dimensionale nulla, quindi possiamo restringere il dominio del primo integrale in (6.61) a $\mathbb{R}^2 \setminus C = U$. Applicando la formula (6.59) e il teorema di Fubini–Tonelli, otteniamo quindi

$$\begin{aligned} c^2 &= \int_U g(x, y)\, \mathrm{d}x\, \mathrm{d}y = \int_V g(\psi(r, \theta))\, r\, \mathrm{d}r\, \mathrm{d}\theta \\ &= \int_{(0,+\infty)\times(0,2\pi)} \mathrm{e}^{-r^2(\cos\theta)^2 - r^2(\sin\theta)^2}\, r\, \mathrm{d}r\, \mathrm{d}\theta \\ &= \int_0^{2\pi} \left(\int_0^{+\infty} r\, \mathrm{e}^{-r^2}\, \mathrm{d}r \right) \mathrm{d}\theta = \int_0^{2\pi} \left(-\frac{1}{2} \mathrm{e}^{-r^2} \Big|_0^{\infty} \right) \mathrm{d}\theta = \frac{2\pi}{2} = \pi , \end{aligned}$$

e dunque $c = \sqrt{\pi}$, come annunciato. □

6.4.1 *Definizione e prime proprietà* *

L'estensione al caso vettoriale della nozione di variabile aleatoria assolutamente continua è lo scopo della seguente definizione.

Definizione 6.46 (Vettore aleatorio assolutamente continuo)
Un vettore aleatorio n-dimensionale X, ossia una variabile aleatoria X a valori in $\mathbb{R}^n$, si dice *assolutamente continuo* se esiste una funzione positiva $f_X : \mathbb{R}^n \to [0, +\infty)$ integrabile su $\mathbb{R}^n$ tale che, per ogni scelta di $I_1, \ldots, I_n$ intervalli (non necessariamente limitati) di $\mathbb{R}$, si abbia

$$\mathrm{P}(X \in I_1 \times \cdots \times I_n) = \int_{I_1 \times \cdots \times I_n} f_X(x)\, \mathrm{d}x \,. \tag{6.62}$$

La funzione f_X si dice *densità* del vettore aleatorio X.

In analogia con il caso unidimensionale, valgono le seguenti proprietà.

- Scegliendo $I_1 = \ldots = I_n = \mathbb{R}$ in (6.62), segue che

$$\int_{\mathbb{R}^n} f_X(x)\, \mathrm{d}x = 1 \,.$$

  Viceversa, per ogni funzione positiva $f : \mathbb{R}^n \to [0, +\infty)$, integrabile su $\mathbb{R}^n$ con integrabile 1, esiste un vettore aleatorio X, definito su un opportuno spazio di probabilità $(\Omega, \mathcal{A}, \mathrm{P})$, assolutamente continuo con densità $f_X = f$.
- La densità f_X di un vettore aleatorio assolutamente continuo X non è univocamente identificata. Infatti, se $g : \mathbb{R}^n \to [0, +\infty)$ è una funzione che coincide con f_X al di fuori di un sottoinsieme $C \subseteq \mathbb{R}^n$ di misura nulla, la relazione (6.62) continua a valere con g al posto di f_X; pertanto g è una densità di X.

Osservazione 6.47 Si può dimostrare che da (6.62) segue che

$$\mathrm{P}(X \in C) = \int_C f_X(x)\, \mathrm{d}x = \int_{\mathbb{R}^n} f_X(x)\, \mathbb{1}_C(x)\, \mathrm{d}x \,, \tag{6.63}$$

per ogni sottoinsieme $C \subseteq \mathbb{R}^n$ tale che $\mathbb{1}_C(x) f(x)$ è integrabile su $\mathbb{R}^n$. Questo permette di calcolare le probabilità degli eventi di interesse che coinvolgono X.

Se si conosce la teoria dell'integrazione secondo Lebesgue su $\mathbb{R}^n$, che permette di estendere l'integrale di Riemann a una classe più vasta di funzioni, la relazione (6.63) vale per ogni sottoinsieme $C \subseteq \mathbb{R}^n$ boreliano, ossia per ogni $C \in \mathcal{B}(\mathbb{R}^n)$. Questo mostra che la densità di un vettore aleatorio assolutamente continuo ne caratterizza la distribuzione: se due vettori aleatori assolutamente continui hanno la stessa densità, allora hanno anche la stessa distribuzione. □

Le variabili aleatorie reali con distribuzione uniforme su un intervallo $(a, b) \subseteq \mathbb{R}$, introdotte nel Paragrafo 6.3.1, ammettono una generalizzazione al caso vettoriale, che presentiamo nell'esempio seguente. Un'altra classe importante è costituita dai *vettori aleatori normali*, generalizzazione multidimensionale delle variabili aleatorie reali normali, che studieremo nel Paragrafo 6.5.

Esempio 6.48 (Vettori aleatori uniformi continui) Sia $C \subseteq \mathbb{R}^n$ un sottoinsieme con $0 < \text{mis}(C) < +\infty$. Un vettore aleatorio n-dimensionale X si dice *uniforme su* C, e si scrive $X \sim \text{U}(C)$, se X è assolutamente continuo con densità

$$f_X(x) = \frac{1}{\text{mis}(C)} \mathbb{1}_C(x) .$$

Un vettore aleatorio $X \sim \text{U}(C)$ traduce in termini matematici l'idea di "scegliere a caso uniformemente" un punto nell'insieme C. Pur avendo un'apparenza innocua, tale interpretazione va presa con attenzione, come mostra un celebre paradosso, dovuto al matematico francese J. Bertrand, che descriviamo nel Paragrafo 6.6.6. □

*6.4.2 Densità congiunta e marginali **

I risultati di questo paragrafo sono strettamente analoghi a quelli dimostrati nel Capitolo 3 per variabili aleatorie discrete.

Dato un vettore aleatorio assolutamente continuo $X = (X_1, \ldots, X_n)$ a valori in $\mathbb{R}^n$, la sua densità f_X viene anche indicata con $f_{X_1,\ldots,X_n}$, quando si voglia sottolineare la dipendenza dalle n componenti del vettore. Mostriamo ora che ogni sottoinsieme di componenti $X_J := (X_i)_{i \in J}$, con $J \subseteq \{1, \ldots, n\}$, forma un vettore aleatorio assolutamente continuo a valori in $\mathbb{R}^{|J|}$, con densità esplicita. Per semplicità di formulazione, enunciamo il risultato nel caso in cui $J = \{1, \ldots, k\}$.

Proposizione 6.49 (Densità congiunte e marginali)
Sia $X = (X_1, \ldots, X_n)$ un vettore aleatorio assolutamente continuo, a valori in $\mathbb{R}^n$, con densità $f_X = f_{X_1,\ldots,X_n}$. Per ogni $k < n$, il vettore aleatorio $(X_1, \ldots, X_k)$, a valori in $\mathbb{R}^k$, è assolutamente continuo, con densità

$$f_{X_1,\ldots,X_k}(x_1, \ldots, x_k) = \int_{\mathbb{R}^{n-k}} f_X(x_1, \ldots, x_k, x_{k+1}, \ldots, x_n) \, \mathrm{d}x_{k+1} \cdots \mathrm{d}x_n . \tag{6.64}$$

Dimostrazione Siano $I_1, \dots, I_k$ intervalli di $\mathbb{R}$ e poniamo $I_m = \mathbb{R}$ per $k < m \le n$. Applicando il teorema di Fubini–Tonelli alla relazione (6.62), con tale scelta di intervalli, si ha

$$\mathrm{P}(X_1 \in I_1, \dots, X_k \in I_k) = \mathrm{P}(X_1 \in I_1, \dots, X_k \in I_k, X_{k+1} \in I_{k+1}, \dots, X_n \in I_n)$$
$$= \int_{I_1 \times \cdots \times I_k} \left[\int_{\mathbb{R}^{n-k}} f_X(x_1, \dots, x_k, x_{k+1}, \dots, x_n) \mathrm{d}x_{k+1} \cdots \mathrm{d}x_n \right] \mathrm{d}x_1 \cdots \mathrm{d}x_k ,$$

da cui la conclusione segue. □

In particolare, se (X, Y) è un vettore aleatorio assolutamente continuo bidimensionale, ossia a valori in $\mathbb{R}^2$, le sue componenti X e Y sono variabili aleatorie reali assolutamente continue, con densità

$$f_X(x) = \int_{-\infty}^{+\infty} f_{X,Y}(x, y)\,\mathrm{d}y , \qquad f_Y(y) = \int_{-\infty}^{+\infty} f_{X,Y}(x, y)\,\mathrm{d}x . \tag{6.65}$$

La densità $f_{X_1,\dots,X_n}$ di un vettore aleatorio $(X_1, \dots, X_n)$ è anche detta densità congiunta delle variabili aleatorie $X_1, \dots, X_n$, mentre le densità f_{X_i} delle singole componenti sono dette densità marginali. Anche per variabili aleatorie assolutamente continue l'indipendenza può essere caratterizzata in funzione delle densità congiunta e marginali, come mostra il seguente risultato, analogo alla Proposizione 3.32.

Proposizione 6.50 (Indipendenza e densità)
Sia $X = (X_1, \dots, X_n)$ un vettore aleatorio assolutamente continuo n-dimensionale, per cui vale la seguente relazione per ogni $x = (x_1, \dots, x_n) \in \mathbb{R}^n$ (a meno di un insieme di misura n-dimensionale nulla):

$$f_{X_1,\dots,X_n}(x_1, \dots, x_n) = f_{X_1}(x_1) \cdots f_{X_n}(x_n) . \tag{6.66}$$

Allora le componenti $X_1, \dots, X_n$ sono variabili aleatorie reali indipendenti.

Viceversa, se $X_1, \dots, X_n$ sono variabili aleatorie reali indipendenti e assolutamente continue, con densità $f_{X_1}, \dots, f_{X_n}$, il vettore aleatorio $X = (X_1, \dots, X_n)$ è assolutamente continuo, con densità data da (6.66).

Nel caso di due variabili aleatorie reali X e Y, la relazione (6.66) diventa

$$f_{X,Y}(x, y) = f_X(x)\, f_Y(y) . \tag{6.67}$$

In effetti, per dimostrare l'indipendenza di due variabili aleatorie X e Y, è sufficiente mostrare che la densità congiunta $f_{X,Y}(x, y)$ si fattorizza come prodotto di una funzione di x per una funzione di y, analogamente al caso discreto (si ricordi l'Osservazione 3.34). La dimostrazione è lasciata al lettore, nell'Esercizio 6.10.

Osservazione 6.51 In generale, per dedurre che X e Y *non* sono indipendenti, non basta mostrare che $f_{X,Y}(x_0, y_0) \neq f_X(x_0)\, f_Y(y_0)$ in un punto (x_0, y_0), perché il valore di una densità in un punto può essere modificato arbitrariamente; tuttavia, questo basta se le densità sono funzioni continue (si veda l'Esercizio 6.11). □

Osservazione 6.52 La Proposizione 6.50 continua a valere se le X_i sono esse stesse vettori aleatori. In questo caso, se X_i ha dimensione m_i, X è un vettore aleatorio di dimensione $m_1 + m_2 + \cdots + m_n$. □

Vediamo ora un esempio concreto.

Esempio 6.53 Sia (X, Y) un vettore aleatorio bidimensionale, con distribuzione uniforme nel cerchio unitario C_1, dove poniamo $C_r := \{(x, y) \in \mathbb{R}^2 : x^2 + y^2 \leq r^2\}$. Determiniamo le distribuzioni delle componenti X e Y e di $R := \sqrt{X^2 + Y^2}$.

Dato che $\mathrm{mis}(C_1) = \pi$, la densità di (X, Y) è data da

$$f_{X,Y}(x, y) = \frac{1}{\pi}\, \mathbb{1}_{C_1}(x, y)\,. \tag{6.68}$$

Per la relazione (6.65), X è assolutamente continua con densità

$$f_X(x) = \int_{-\infty}^{+\infty} \frac{1}{\pi}\, \mathbb{1}_{C_1}(x, y)\, \mathrm{d}y = \int_{-\infty}^{+\infty} \frac{1}{\pi}\, \mathbb{1}_{\{y \in \mathbb{R}:\ y^2 \leq 1 - x^2\}}(y)\, \mathrm{d}y\,.$$

L'insieme degli $y \in \mathbb{R}$ che soddisfano la relazione $y^2 \leq 1 - x^2$ è vuoto se $|x| > 1$, mentre è l'intervallo $[-\sqrt{1 - x^2}, +\sqrt{1 - x^2}]$ se $|x| \leq 1$. Pertanto

$$f_X(x) = \mathbb{1}_{[-1,1]}(x) \left(\int_{-\sqrt{1-x^2}}^{+\sqrt{1-x^2}} \frac{1}{\pi}\, \mathrm{d}y \right) = \frac{2}{\pi} \sqrt{1 - x^2}\, \mathbb{1}_{[-1,1]}(x)\,. \tag{6.69}$$

Con un calcolo analogo, o più semplicemente con un argomento di simmetria, si mostra che Y ha la stessa densità di X.

Determiniamo ora la distribuzione della variabile aleatoria reale $R := \sqrt{X^2 + Y^2}$. Non sapendo a priori se R sia assolutamente continua, cominciamo a calcolarne la funzione di ripartizione. Chiaramente $F_R(r) = 0$ se $r < 0$ e $F_R(r) = 1$ se $r \geq 1$, perché $0 \leq R \leq 1$, mentre per $r \in [0, 1)$

$$\begin{aligned} F_R(r) &= \mathrm{P}(R \leq r) = \mathrm{P}(X^2 + Y^2 \leq r^2) = \mathrm{P}\big((X, Y) \in C_r\big) \\ &= \int_{C_r} f_{X,Y}(x, y)\, \mathrm{d}x\, \mathrm{d}y = \frac{1}{\pi} \mathrm{mis}(C_r) = \frac{1}{\pi}\,(\pi r^2) = r^2\,, \end{aligned}$$

avendo usato le relazioni (6.63), (6.68), (6.58) e il fatto che $C_r \subseteq C_1$. Questo mostra che la funzione F_R è continua su $\mathbb{R}$ e di classe C^1 su $\mathbb{R} \setminus \{0, 1\}$, dunque è C^1 a tratti: per la Proposizione 6.17, R è assolutamente continua con densità

$$f_R(r) = F_R'(r) = 2r \, \mathbb{1}_{[0,1]}(r) . \tag{6.70}$$

Concludiamo notando che le variabili aleatorie X e Y *non* sono indipendenti, perché la relazione (6.67) non è verificata a meno di un insieme di punti $(x, y) \in \mathbb{R}^2$ di misura nulla. Infatti la densità congiunta $f_{X,Y}(x, y)$, data da (6.68), è nulla al di fuori del cerchio unitario C_1, e in particolare per $(x, y) \in Q := (\frac{3}{4}, 1) \times (\frac{3}{4}, 1)$, un insieme di misura positiva; invece $f_X(x) > 0$ e $f_Y(y) > 0$ se $(x, y) \in Q$, come segue dalla relazione (6.69), essendo $f_Y = f_X$. □

Sottolineiamo che le variabili aleatorie X e R dell'esempio precedente, che rappresentano rispettivamente l'ascissa e la distanza dall'origine di un punto scelto uniformemente nel cerchio unitario, *non* hanno distribuzione uniforme sugli intervalli in cui assumono valori, ossia rispettivamente $[-1, +1]$ e $[0, 1]$, contrariamente a quanto un'intuizione errata potrebbe suggerire: si vedano le relazioni (6.69) e (6.70). Ad esempio, per quanto riguarda R, i valori in prossimità di $r = 1$, in cui la densità $f_R(r)$ è massima, sono più probabili di quelli vicino a $r = 0$, in cui la densità è minima. Una spiegazione intuitiva è che ci sono "molti più punti" vicino alla circonferenza di quanti ce ne siano vicino al centro di un cerchio, pertanto è più probabile che un punto scelto uniformemente nel cerchio sia vicino alla circonferenza.

Osservazione 6.54 Segue dalla Proposizione 6.49 che, se un vettore aleatorio è assolutamente continuo, allora le sue componenti sono variabili aleatorie reali assolutamente continue. Il viceversa è vero se le componenti sono indipendenti, per la Proposizione 6.50, ma *è falso* in generale. Ad esempio, se X è una variabile aleatoria reale qualsiasi, anche assolutamente continua, il vettore (X, X) non può essere assolutamente continuo. Procedendo per assurdo, supponiamo che (X, X) abbia una densità $f_{X,X}$, e sia

$$C := \{(x, y) \in \mathbb{R}^2 : y = x\} ,$$

la bisettrice del primo e terzo quadrante in $\mathbb{R}^2$. Dato che $\{(X, X) \in C\}$ è l'evento certo, si ha

$$1 = P((X, X) \in C) = \int_C f_{X,X}(x, y) \, \mathrm{d}x \, \mathrm{d}y ,$$

avendo applicato la relazione (6.63). D'altro canto, C è un sottospazio affine di dimensione 1, quindi ha misura 2-dimensionale nulla e di conseguenza

$$\int_C f_{X,X}(x, y) \, \mathrm{d}x \, \mathrm{d}y = \int_{\mathbb{R}^2} f_{X,X}(x, y) \, \mathbb{1}_C(x, y) \, \mathrm{d}x \, \mathrm{d}y = 0 ,$$

ottenendo una contraddizione. □

6.4.3 *Calcoli con densità* *

Determiniamo la distribuzione della somma di variabili aleatorie reali di cui sia nota la densità congiunta. Ricordando la relazione (6.67), si ottiene come corollario immediato la Proposizione 6.28, enunciata a suo tempo senza dimostrazione.

Proposizione 6.55
Sia (X, Y) un vettore aleatorio bidimensionale assolutamente continuo, con densità $f_{X,Y}$. Allora la somma delle componenti $X + Y$ è una variabile aleatoria reale assolutamente continua, con densità

$$f_{X+Y}(z) = \int_{-\infty}^{+\infty} f_{X,Y}(x, z-x)\, \mathrm{d}x = \int_{-\infty}^{+\infty} f_{X,Y}(z-x, x)\, \mathrm{d}x \,, \tag{6.71}$$

purché le funzioni $x \mapsto f_{X,Y}(x, z-x)$ e $x \mapsto f_{X,Y}(z-x, x)$ siano integrabili su $\mathbb{R}$.

Dimostrazione Calcoliamo la funzione di ripartizione di $X + Y$: introducendo per $z \in \mathbb{R}$ il sottoinsieme $D_z := \{(x, y) \in \mathbb{R}^2 : x + y \leq z\}$, possiamo scrivere

$$\begin{aligned} F_{X+Y}(z) &= \mathrm{P}(X + Y \leq z) = \mathrm{P}\big((X, Y) \in D_z\big) = \int_{D_z} f_{X,Y}(x, y)\, \mathrm{d}x\, \mathrm{d}y \\ &= \int_{-\infty}^{+\infty} \left(\int_{-\infty}^{+\infty} f_{X,Y}(x, y)\, \mathbb{1}_{D_z}(x, y)\, \mathrm{d}y \right) \mathrm{d}x = \int_{-\infty}^{+\infty} \left(\int_{-\infty}^{z-x} f_{X,Y}(x, y)\, \mathrm{d}y \right) \mathrm{d}x \,, \end{aligned}$$

avendo applicato la relazione (6.63) e il teorema di Fubini–Tonelli. Operando il cambio di variabile $y = \psi(t) := t - x$ nell'integrale interno e applicando ancora il teorema di Fubini–Tonelli, si ottiene

$$F_{X+Y}(z) = \int_{-\infty}^{+\infty} \left(\int_{-\infty}^{z} f_{X,Y}(x, t-x)\, \mathrm{d}t \right) \mathrm{d}x = \int_{-\infty}^{z} \left(\int_{-\infty}^{+\infty} f_{X,Y}(x, t-x)\, \mathrm{d}x \right) \mathrm{d}t \,.$$

Abbiamo mostrato che $F_{X+Y}(z) = \int_{-\infty}^{z} g(t)\, \mathrm{d}t$, dove $g(t)$ indica l'integrale interno nell'ultima espressione, quindi $X + Y$ è una variabile assolutamente continua, con densità $g(z)$. Con argomenti analoghi si ottiene la seconda espressione in (6.71). □

Enunciamo ora la generalizzazione multidimensionale della Proposizione 6.22.

Proposizione 6.56 (Formula di trasferimento)
Sia X un vettore aleatorio assolutamente continuo n-dimensionale, con densità f_X, e sia $g : \mathbb{R}^n \to \mathbb{R}$ una funzione continua, tranne al più in un insieme di misura n-dimensionale nulla.

La variabile aleatoria reale $g(X)$ ammette valore medio finito se e solo se la funzione $|g(x)|\, f_X(x)$ è integrabile su $\mathbb{R}^n$, e in tal caso

$$\mathrm{E}\big(g(X)\big) = \int_{\mathbb{R}^n} g(x)\, f_X(x)\, \mathrm{d}x\,. \tag{6.72}$$

La formula di trasferimento (6.72) è alla base di numerosi calcoli con vettori aleatori.

Esempio 6.57 Riprendendo l'Esempio 6.53, sia (X, Y) un vettore aleatorio bidimensionale, con distribuzione uniforme nel cerchio unitario. Le componenti X e Y sono variabili aleatorie limitate, dunque in L^2 e pertanto è ben definita la covarianza $\mathrm{Cov}(X, Y) = \mathrm{E}(XY) - \mathrm{E}(X)\,\mathrm{E}(Y)$. Abbiamo già calcolato la densità di X, si veda (6.69), che è una funzione pari e pertanto (perché?) $\mathrm{E}(X) = 0$. Analogamente $\mathrm{E}(Y) = 0$, perché Y ha la stessa distribuzione di X. Calcoliamo ora $\mathrm{E}(XY)$ applicando la formula di trasferimento (6.72) alla funzione $g(x, y) := xy$:

$$\mathrm{E}(XY) = \frac{1}{\pi} \int_{\{x^2+y^2 \le 1\}} (x\, y)\, \mathrm{d}x\, \mathrm{d}y = \frac{1}{\pi} \int_{-1}^{1} x \left(\int_{-\sqrt{1-x^2}}^{\sqrt{1-x^2}} y\, \mathrm{d}y \right) \mathrm{d}x = 0\,,$$

perché l'integrale interno si annulla, per simmetria. Quindi $\mathrm{Cov}(X, Y) = 0$.

Per fare un altro esempio, calcoliamo $\mathrm{E}(|X|\, R)$ dove $R := \sqrt{X^2 + Y^2}$. Dalla formula di trasferimento (6.72) si ottiene

$$\mathrm{E}(|X|\, R) = \frac{1}{\pi} \int_{\{x^2+y^2 \le 1\}} \big(|x|\, \sqrt{x^2 + y^2}\big)\, \mathrm{d}x\, \mathrm{d}y\,.$$

Conviene passare a coordinate polari, ossia usare il cambio di variabili $(x, y) = \psi(r, \theta) := (r \cos\theta, r \sin\theta)$, già incontrato nell'Esempio 6.45. Dato che $|\det D\psi| = r$, applicando la formula (6.59) e il teorema di Fubini–Tonelli si ottiene

$$\begin{aligned} \mathrm{E}(|X|\, R) &= \frac{1}{\pi} \int_{\{0 \le r \le 1,\ 0 < \theta < 2\pi\}} (|r\, \cos\theta|\, r)\, r\, \mathrm{d}r\, \mathrm{d}\theta \\ &= \left(\int_0^1 r^3\, \mathrm{d}r \right) \left(\frac{1}{\pi} \int_0^{2\pi} |\cos\theta|\, \mathrm{d}\theta \right) = \frac{1}{4} \frac{4}{\pi} = \frac{1}{\pi}\,. \end{aligned}$$

Con calcoli analoghi (esercizio) si ottiene $\mathrm{E}(|X|) = \frac{4}{3\pi}$ e $\mathrm{E}(R) = \frac{2}{3}$, da cui

$$\mathrm{Cov}(|X|, R) = \mathrm{E}(|X|\, R) - \mathrm{E}(|X|)\,\mathrm{E}(R) = \frac{1}{\pi} - \frac{8}{9\pi} = \frac{1}{9\pi} \neq 0 \,.$$

In particolare, le variabili aleatorie $|X|$ e R non sono indipendenti. □

Osservazione 6.58 In analogia con l'Osservazione 6.26, la formula di trasferimento (6.72) fornisce un metodo per mostrare che un vettore aleatorio è assolutamente continuo e per calcolarne la densità (in alternativa alla Proposizione 6.60 che vedremo più sotto). Più precisamente, un vettore aleatorio X di dimensione n è assolutamente continuo con densità f_X se e solo se per ogni funzione $h : \mathbb{R}^n \to \mathbb{R}$ *limitata e continua tranne che su un insieme di misura n-dimensionale nulla* vale la formula di trasferimento 6.20, ossia

$$\mathrm{E}(h(X)) = \int_{\mathbb{R}^n} h(x) f_X(x) \mathrm{d}x \,.$$

□

Esempio 6.59 Siano X, Y variabili aleatorie indipendenti con distribuzione normale standard $\mathrm{N}(0, 1)$. Consideriamo la variabile aleatoria $Z = Y/X$, che è ben definita (quasi certamente) perché $\mathrm{P}(X = 0) = 0$, e determiniamone la legge.

Calcoliamo la legge del vettore aleatorio (X, Z). Sia $h : \mathbb{R}^2 \to \mathbb{R}$ un'arbitraria funzione test limitata e continua, tranne al più in un insieme di misura 2-dimensionale nulla, e calcoliamo $\mathrm{E}(h(X, Z)) = \mathrm{E}(h(X, Y/X))$. Per la Proposizione 6.50, la densità del vettore aleatorio (X, Y) è il prodotto delle densità di X e Y, cioè

$$f_{X,Y}(x, y) = f_X(x) f_Y(y) = \frac{1}{2\pi} \mathrm{e}^{-\frac{1}{2}(x^2+y^2)} \,.$$

Applicando la formula di trasferimento (6.72) al vettore aleatorio (X, Y) e alla funzione $g(x, y) = h(x, y/x)$, otteniamo

$$\begin{aligned} \mathrm{E}\big(h(X, Y/X)\big) &= \int_{\mathbb{R}^2} h(x, y/x) f_{X,Y}(x, y)\, \mathrm{d}x\, \mathrm{d}y \\ &= \int_{\mathbb{R}^* \times \mathbb{R}} h(x, y/x) \frac{1}{2\pi} \mathrm{e}^{-\frac{1}{2}(x^2+y^2)} \mathrm{d}x\, \mathrm{d}y \,, \end{aligned}$$

dove abbiamo posto $\mathbb{R}^* := \mathbb{R} \setminus \{0\}$. Per la formula del cambio di variabili (6.59) applicata al diffeomorfismo $\psi : \mathbb{R}^* \times \mathbb{R} \to \mathbb{R}^* \times \mathbb{R}$ definito da $\psi(x, z) = (x, xz)$, così che $h(x, y/x)|_{(x,y)=\psi(x,z)} = h(x, z)$, visto che $|\det D\psi(x, y)| = |x|$, otteniamo

$$\mathrm{E}(h(X, Z)) = \int_{\mathbb{R}^* \times \mathbb{R}} h(x, z) \left\{ \frac{1}{2\pi} \mathrm{e}^{-\frac{1}{2}x^2(1+z^2)} \, |x| \right\} \mathrm{d}x\, \mathrm{d}z \,.$$

Infine, per l'Osservazione 6.58, avendo mostrato che questa relazione vale per ogni h limitata e continua al di fuori di un insieme di misura 2-dimensionale nulla, concludiamo che la densità del vettore (X, Z) è data da

$$f_{X,Z}(x,z) = \frac{|x|}{2\pi}\,\mathrm{e}^{-\frac{1}{2}x^2(1+z^2)}$$

(il valore per $x = 0$ è arbitrario). Grazie alla Proposizione 6.49, deduciamo che la variabile aleatoria Z è assolutamente continua con densità

$$f_Z(z) = \int_{-\infty}^{+\infty} f_{X,Z}(x,z)\,\mathrm{d}x = \int_{-\infty}^{+\infty} \frac{|x|}{2\pi}\mathrm{e}^{-\frac{1}{2}x^2(1+z^2)}\mathrm{d}x = \frac{1}{\pi}\int_0^{+\infty} x\,\mathrm{e}^{-\frac{1}{2}x^2(1+z^2)}\mathrm{d}x\,,$$

dove abbiamo usato il fatto che la funzione integranda è pari nell'ultima uguaglianza. Con un'integrazione esplicita, concludiamo che

$$f_Z(z) = \frac{1}{\pi(1+z^2)}\,, \qquad \forall z \in \mathbb{R}\,,$$

cioè Z è una variabile aleatoria di Cauchy standard, ossia $Z \sim \text{Cauchy}(0,1)$, come abbiamo visto nel Paragrafo 6.3.6. □

Mostriamo ora una proprietà importante, che generalizza l'Esercizio 6.1: l'assoluta continuità di un vettore aleatorio si preserva per diffeomorfismi.

Proposizione 6.60 (Trasformazione di vettori assolutamente continui) *Sia X un vettore aleatorio n-dimensionale assolutamente continuo, sia $U \subseteq \mathbb{R}^n$ un aperto tale che $\mathrm{P}(X \in U) = 1$ e sia $\varphi : U \to V$ un diffeomorfismo. Il vettore aleatorio n-dimensionale $Y := \varphi(X)$ è assolutamente continuo, con densità*

$$f_Y(y) = \begin{cases} f_X(\varphi^{-1}(y))\,|\det D\varphi^{-1}(y)| & \text{se } y \in V\,, \\ 0 & \text{altrimenti}\,. \end{cases} \tag{6.73}$$

Dimostrazione Ricordando la Definizione 6.46, dobbiamo mostrare che la probabilità $\mathrm{P}(Y \in I)$, con $I = I_1 \times \cdots \times I_n$ prodotto di intervalli, coincide con l'integrale su I della funzione f_Y definita in (6.73). Per la formula (6.63), si ha

$$\mathrm{P}(Y \in I) = \mathrm{P}(X \in \varphi^{-1}(I)) = \int_U \mathbb{1}_{\varphi^{-1}(I)}(x)\, f_X(x)\,\mathrm{d}x\,,$$

dove abbiamo ristretto l'integrale a U perché $\mathrm{P}(X \in U) = 1$, e dunque possiamo supporre che $f_X(x) = 0$ per $x \notin U$. Dato che $\varphi^{-1} : V \to U$ è un diffeomorfismo, possiamo applicare la formula (6.59) con $g(x) = f_X(x) \mathbb{1}_{\varphi^{-1}(I)}(x)$ e $\psi := \varphi^{-1}$, ottenendo

$$\begin{aligned} \mathrm{P}(Y \in I) &= \int_V f_X(\varphi^{-1}(y)) \, \mathbb{1}_{\varphi^{-1}(I)}(\varphi^{-1}(y)) \, |\det D\varphi^{-1}(y)| \, \mathrm{d}y \\ &= \int_I f_X(\varphi^{-1}(y)) |\det D\varphi^{-1}(y)| \, \mathbb{1}_V(y) \, \mathrm{d}y \,, \end{aligned}$$

che è quanto dovevamo dimostrare. □

Osserviamo che la matrice jacobiana di φ^{-1}, per il teorema di differenziazione della funzione inversa, è data da

$$(D\varphi^{-1})(x) = \big(D\varphi(\varphi^{-1}(x))\big)^{-1} \,,$$

quindi

$$\det(D\varphi^{-1})(x) = \frac{1}{\det\big(D\varphi(\varphi^{-1}(x))\big)} \,.$$

Consideriamo il caso speciale, ma particolarmente importante, di una trasformazione lineare-affine invertibile: $\varphi(x) = Ax + b$, dove A è una matrice quadrata $n \times n$ non singolare, ossia $\det A \neq 0$, $b \in \mathbb{R}^n$ e Ax indica l'ordinario prodotto matrice per vettore. Chiaramente $\varphi : \mathbb{R}^n \to \mathbb{R}^n$ è un diffeomorfismo, con $\varphi^{-1}(y) = A^{-1}(y - b)$ e dunque $\det D\varphi^{-1}(y) = \det(A^{-1}) = \frac{1}{\det A}$. Otteniamo dunque il seguente corollario, l'analogo multidimensionale della Proposizione 6.19.

Proposizione 6.61 (Trasformazioni lineari-affini)
Sia X un vettore aleatorio di dimensione n, assolutamente continuo con densità f_X. Sia inoltre A una matrice invertibile $n \times n$ e $b \in \mathbb{R}^n$. Il vettore aleatorio $Y := AX + b$ è assolutamente continuo, con densità

$$f_Y(y) = \frac{1}{|\det(A)|} f_X(A^{-1}(y - b)) \,.$$

Come applicazione, diamo una dimostrazione alternativa della formula per la densità della somma di due variabili reali assolutamente continue indipendenti,

Esempio 6.62 Siano X, Y variabili aleatorie reali indipendenti assolutamente continue, con densità f_X e f_Y. Per la Proposizione 6.50, il vettore aleatorio bidimensionale (X, Y) è assolutamente continuo, con densità

$$f_{X,Y}(x, y) = f_X(x)\, f_Y(y)\,.$$

Sia ora $\varphi : \mathbb{R}^2 \to \mathbb{R}^2$ la trasformazione lineare data da

$$\varphi\left(\begin{pmatrix} x \\ y \end{pmatrix}\right) := \begin{pmatrix} x+y \\ y \end{pmatrix} = A\begin{pmatrix} x \\ y \end{pmatrix}, \qquad \text{con } A := \begin{pmatrix} 1 & 1 \\ 0 & 1 \end{pmatrix}.$$

Si noti che $\det(A) = 1$ e $\varphi^{-1}(z, w) = (z - w, w)$. Perciò, posto $Z := X + Y$ e osservato che $\varphi(X, Y) = (Z, Y)$, per la Proposizione 6.61 si ha che (Z, Y) è un vettore aleatorio assolutamente continuo con densità

$$f_{Z,Y}(z, y) = \frac{1}{|\det A|}\, f_{X,Y}(\varphi^{-1}(z, y)) = f_X(z - y)\, f_Y(y)\,.$$

La densità marginale di $Z = X + Y$ si ottiene allora applicando la Proposizione 6.50:

$$f_Z(z) = \int_{-\infty}^{+\infty} f_{Z,Y}(z, y)\,\mathrm{d}y = \int_{-\infty}^{+\infty} f_X(z - y)\, f_Y(y)\,\mathrm{d}y = \int_{-\infty}^{+\infty} f_X(x)\, f_Y(z - x)\,\mathrm{d}x,$$

dove l'ultima uguaglianza segue dal semplice cambio di variabili $y = z - x$. □

Esercizi *

Esercizio 6.10 (*) Sia (X, Y) un vettore aleatorio bidimensionale assolutamente continuo. Supponiamo che esistano due funzioni integrabili $a : \mathbb{R} \to \mathbb{R}^+$ e $b : \mathbb{R} \to \mathbb{R}^+$ tali che

$$f_{X,Y}(x, y) = a(x)\, b(y)\,, \qquad \forall (x, y) \in \mathbb{R}^2\,.$$

Si deduca che X e Y sono variabili aleatorie indipendenti.

Esercizio 6.11 (*) Sia (X, Y) un vettore aleatorio bidimensionale assolutamente continuo. Supponiamo che esista un punto $(x_0, y_0) \in \mathbb{R}^2$ tale che

$$f_{X,Y}(x_0, y_0) \neq f_X(x_0)\, f_Y(y_0)\,.$$

Assumendo che le funzioni $f_{X,Y}$, f_X e f_Y siano continue rispettivamente nei punti (x_0, y_0), x_0 e y_0, si deduca che le variabili aleatorie X e Y *non* sono indipendenti.

Esercizio 6.12 (*) Siano (a, b), (c, d) due intervalli di $\mathbb{R}$. Mostrare che un vettore aleatorio (X, Y) ha distribuzione uniforme continua nel rettangolo $(a, b) \times (c, d)$ (definita nell'Esempio 6.48) se e solo se X e Y sono variabili aleatorie indipendenti con $X \sim \mathrm{U}(a, b)$, $Y \sim \mathrm{U}(c, d)$.

6.5 Vettori aleatori normali *

In questo paragrafo studiamo i vettori aleatori normali, che rivestono grande importanza teorica e pratica. Si tratta di una generalizzazione multidimensionale delle variabili aleatorie normali viste nel Paragrafo 6.3.4. Prima definiamo i concetti di *vettore media* e *matrice di covarianza*, che si applicano a vettori aleatori generali.

*6.5.1 Vettore media e matrice di covarianza **

Cominciamo con qualche richiamo di algebra lineare. Nel seguito indicheremo con A^T la matrice trasposta di una matrice A e con I la matrice identità (di qualunque dimensione), le cui componenti sono $I_{ij} = 1$ se $i = j$ e $I_{ij} = 0$ altrimenti. Un elemento $x \in \mathbb{R}^n$, che nel testo scriveremo $x = (x_1, x_2, \ldots, x_n)$, nelle operazioni con matrici verrà identificato con il *vettore colonna*

$$\begin{pmatrix} x_1 \\ x_2 \\ \vdots \\ x_n \end{pmatrix}.$$

In particolare, se A è una matrice di dimensione $m \times n$, il vettore $Ax \in \mathbb{R}^m$ ha componenti $(Ax)_i = \sum_{j=1}^n A_{ij} x_j$, e se x, y sono due vettori di $\mathbb{R}^n$, $x^T y = \sum_{j=1}^n x_j y_j$ è il prodotto scalare standard (euclideo) di $\mathbb{R}^n$.

Per il teorema spettrale, ogni matrice V reale *simmetrica* è diagonalizzabile mediante matrici ortogonali, ossia può essere scritta nella forma

$$V = O^T D O, \tag{6.74}$$

dove la matrice O è ortogonale, cioè $O^T O = I$, e D è diagonale:

$$D = \begin{pmatrix} \lambda_1 & 0 & \cdots & 0 \\ 0 & \lambda_2 & \ddots & \vdots \\ \vdots & \ddots & \ddots & 0 \\ 0 & \cdots & 0 & \lambda_n \end{pmatrix}. \tag{6.75}$$

I numeri $\lambda_1, \ldots, \lambda_n \in \mathbb{R}$ sono gli autovalori di V. Supponiamo ora che V, oltre che simmetrica, sia anche *semidefinita positiva*, ossia

$$x^T V x = \sum_{i,j=1}^{n} V_{ij}\, x_i\, x_j \geq 0\,, \qquad \forall x \in \mathbb{R}^n\,.$$

In questo caso, la matrice diagonale D è anch'essa semidefinita positiva e dunque $\lambda_i \geq 0$ per $i = 1, 2, \ldots, n$. Possiamo allora definire la matrice

$$A := O^T \begin{pmatrix} \sqrt{\lambda_1} & 0 & \cdots & 0 \\ 0 & \sqrt{\lambda_2} & \ddots & \vdots \\ \vdots & \ddots & \ddots & 0 \\ 0 & \cdots & 0 & \sqrt{\lambda_n} \end{pmatrix} O\,. \tag{6.76}$$

Si verifica facilmente che la matrice A è simmetrica e semidefinita positiva e si ha $V = A^2 := A\,A$. Inoltre, si può mostrare che A è univocamente determinata da tali proprietà. La indicheremo pertanto con la notazione $A := \sqrt{V}$.

Sia ora $X = (X_1, X_2, \ldots, X_n)$ un vettore aleatorio di dimensione n. Se tutte le componenti X_i ammettono valore medio finito, ossia $X_i \in L^1$, possiamo associare a X un vettore $\mu \in \mathbb{R}^n$, detto *vettore media* (o semplicemente *media*), definito da

$$\mu_i := \mathrm{E}(X_i)\,.$$

Se inoltre le componenti ammettono momento secondo finito, ossia $X_i \in L^2$, possiamo associare a X una matrice reale V di dimensione $n \times n$, detta *matrice di covarianza*, definita da:

$$V_{ij} := \mathrm{Cov}(X_i, X_j).$$

Tale matrice, ovviamente simmetrica, è anche semidefinita positiva, dal momento che per ogni $x \in \mathbb{R}^n$

$$\begin{aligned} x^T V x &= \sum_{i,j=1}^{n} x_i x_j \,\mathrm{Cov}(X_i, X_j) \\ &= \mathrm{Cov}\left(\sum_{i=1}^{n} x_i X_i, \sum_{j=1}^{n} x_j X_j \right) = \mathrm{Var}\left(\sum_{i=1}^{n} x_i X_i \right) \geq 0, \end{aligned}$$

dove abbiamo usato la bilinearità della covarianza.

Viceversa, mostriamo che *ogni matrice V simmetrica e semidefinita positiva* è matrice di covarianza di un vettore aleatorio. A tal fine, sia $Z = (Z_1, Z_2, \ldots, Z_n)$ qualsiasi vettore aleatorio la cui matrice di covarianza è l'identità I, ossia le cui componenti sono variabili aleatorie reali scorrelate e con varianza uguale a 1. Ponendo $A := \sqrt{V}$, il vettore aleatorio AZ ha matrice di covarianza V:

$$\begin{aligned}
\mathrm{Cov}((AZ)_i, (AZ)_j) &= \mathrm{Cov}\left(\sum_{m=1}^{n} A_{im}\, Z_m, \sum_{k=1}^{n} A_{jk}\, Z_k\right) \\
&= \sum_{m,k=1}^{n} A_{im}\, A_{jk}\, \mathrm{Cov}(Z_m, Z_k) = \sum_{m,k=1}^{n} A_{im}\, A_{jk}\, I_{m,k} \\
&= \sum_{k=1}^{n} A_{ik}\, A_{jk} = (AA^T)_{ij} = (A^2)_{ij} = V_{ij}\,.
\end{aligned}$$

*6.5.2 Definizione e proprietà principali **

I vettori aleatori normali generalizzano le variabili aleatorie reali normali, che abbiamo studiato nel Paragrafo 6.3.4. Per il loro studio risulta conveniente estendere la nozione di funzione generatrice dei momenti al caso di vettori aleatori.

Definizione 6.63 (Funzione generatrice dei momenti multidimensionale)
Sia $X = (X_1, X_2, \ldots, X_n)$ un vettore aleatorio di dimensione n. La sua *funzione generatrice dei momenti* $\mathrm{M}_X : \mathbb{R}^n \to [0, +\infty]$ è definita da

$$\mathrm{M}_X(u) = \mathrm{M}_X(u_1, u_2, \ldots, u_n) := \mathrm{E}\left[e^{u^T X}\right] = \mathrm{E}\left(\exp\left[\sum_{i=1}^{n} u_i X_i\right]\right).$$

Un'importante proprietà, che enunciamo senza dimostrare, è che la funzione generatrice dei momenti caratterizza la distribuzione di un vettore aleatorio, purché essa sia finita in un intorno dell'origine.[3]

Teorema 6.64
Siano X, Y vettori aleatori di dimensione n, le cui funzioni generatrici dei momenti $\mathrm{M}_X, \mathrm{M}_Y$ sono finite per $u \in (-a, a)^n$, con $a > 0$. Se $\mathrm{M}_X(u) = \mathrm{M}_Y(u)$ per ogni $u \in \mathbb{R}^n$, allora X e Y hanno la stessa distribuzione.

[3] Si noti che, già per variabili aleatorie reali, qualche ipotesi di finitezza è necessaria affinché la funzione generatrice dei momenti caratterizzi la distribuzione, come mostra l'Esercizio 3.25.

Come corollario, otteniamo un'utile caratterizzazione dell'indipendenza di vettori aleatori (la formuliamo per semplicità nel caso di due vettori, ma si generalizza facilmente al caso di un numero finito).

Proposizione 6.65
Siano X e Y vettori aleatori, definiti sullo stesso spazio di probabilità, di dimensione n e m rispettivamente. Supponiamo che la funzione generatrice dei momenti del vettore aleatorio (X, Y) (di dimensione $n + m$) sia finita in un intorno dell'origine. Allora X e Y sono indipendenti se e solo se

$$\mathrm{M}_{(X,Y)}(u, v) = \mathrm{M}_X(u)\,\mathrm{M}_Y(v)\,, \qquad \forall u \in \mathbb{R}^n,\ v \in \mathbb{R}^m\,. \tag{6.77}$$

Dimostrazione Se X e Y sono indipendenti, le variabili aleatorie reali $\mathrm{e}^{u^T X}$ e $\mathrm{e}^{v^T Y}$ sono indipendenti, per ogni $u \in \mathbb{R}^n$ e $v \in \mathbb{R}^m$ (perché?), pertanto la relazione (6.77) segue facilmente.

Viceversa, supponiamo che valga (6.77). Siano $\tilde{X}$ e $\tilde{Y}$ vettori aleatori *indipendenti*, con le stesse distribuzioni marginali (e dunque con le stesse funzioni generatrici dei momenti) di X e Y rispettivamente. Per la prima parte della dimostrazione, la funzione generatrice dei momenti del vettore aleatorio $(\tilde{X}, \tilde{Y})$ coincide con quella (6.77) di (X, Y), quindi per il Teorema 6.64 i vettori aleatori $(\tilde{X}, \tilde{Y})$ e (X, Y) hanno la stessa distribuzione. Dato che $\tilde{X}$ e $\tilde{Y}$ sono per costruzione indipendenti, segue che anche X e Y lo sono. □

Introduciamo dunque i vettori aleatori normali. Siano $Z_1, Z_2, \ldots, Z_n$ variabili aleatorie reali *indipendenti*, con distribuzione normale standard, e indichiamo con $Z := (Z_1, \ldots, Z_n)$ il vettore che le ha per componenti. Ricordando la formula (6.49), la funzione generatrice dei momenti M_Z vale

$$\mathrm{M}_Z(u) = \mathrm{E}\left(\mathrm{e}^{u^T Z}\right) = \mathrm{E}\left(\prod_{i=1}^n \mathrm{e}^{u_i Z_i}\right) = \prod_{i=1}^n \mathrm{E}(\mathrm{e}^{u_i Z_i}) = \prod_{i=1}^n \mathrm{e}^{\frac{u_i^2}{2}} = \exp\left[\frac{1}{2}u^T u\right]. \tag{6.78}$$

Sia ora V un'arbitraria matrice simmetrica e semidefinita positiva di dimensione n. Posto $X = AZ + \mu$, con $A = \sqrt{V}$ e $\mu \in \mathbb{R}^n$, dato che $AA^T = V$, si ha

$$\begin{aligned} \mathrm{M}_X(u) &= \mathrm{E}\big(\exp[u^T AZ + u^T \mu]\big) = \mathrm{e}^{u^T \mu}\, \mathrm{E}\big(\exp[(A^T u)^T Z]\big) \\ &= \mathrm{e}^{u^T \mu} \exp\left[\frac{1}{2}(A^T u)^T A^T u\right] = \mathrm{e}^{u^T \mu} \exp\left[\frac{1}{2}u^T V u\right]. \end{aligned} \tag{6.79}$$

Dato che la funzione generatrice dei momenti di un vettore aleatorio ne identifica la distribuzione, per il Teorema 6.64, possiamo fornire la seguente definizione.

Definizione 6.66 (Vettori aleatori normali)
Sia $\mu \in \mathbb{R}^n$ e sia V una matrice di dimensione n simmetrica e semidefinita positiva. Un vettore aleatorio $X = (X_1, X_2, \ldots, X_n)$ si dice *normale* con media μ e matrice di covarianza V, e si scrive $X \sim \mathrm{N}(\mu, V)$, se la sua funzione generatrice dei momenti è data da

$$\mathrm{M}_X(u) = \mathrm{e}^{u^T \mu} \exp\left[\frac{1}{2} u^T V u\right]. \tag{6.80}$$

Dalle relazioni (6.78) e (6.79), ricordando ancora il Teorema 6.64, si ottiene facilmente il seguente risultato, in cui 0 indica il vettore nullo in $\mathbb{R}^n$. Si noti l'analogia con il caso reale, in cui la matrice di covarianza V si riduce al numero positivo σ^2.

Proposizione 6.67
Si ha $Z \sim \mathrm{N}(0, I)$ se e solo se le componenti di Z sono variabili aleatorie normali standard indipendenti. Inoltre, un vettore aleatorio $X \sim \mathrm{N}(\mu, V)$ ha la stessa distribuzione di $\sqrt{V} Z + \mu$, con $Z \sim \mathrm{N}(0, I)$.

Osservazione 6.68 Si può dare la seguente caratterizzazione dei vettori normali usando solo le variabili aleatorie *reali* normali:

Un vettore aleatorio $X = (X_1, X_2, \ldots, X_n)$ è normale se e solo se ogni combinazione lineare delle sue componenti $u^T X = \sum_{i=1}^n u_i X_i$ è una variabile aleatoria (reale) normale, per ogni $u \in \mathbb{R}^n$.

La dimostrazione è lasciata come esercizio per il lettore. □

Ricordiamo che una variabile aleatoria reale $X \sim \mathrm{N}(\mu, \sigma^2)$ è assolutamente continua se e solo se $\sigma \neq 0$. Per vettori aleatori normali, la condizione che garantisce l'assoluta continuità è l'invertibilità della matrice di covarianza.

Teorema 6.69 (Densità di un vettore normale)
Sia $X \sim \mathrm{N}(\mu, V)$. Se V è invertibile, X è un vettore aleatorio assolutamente continuo con densità

$$f_X(x) = \frac{1}{(2\pi)^{d/2} \sqrt{\det(V)}} \exp\left[-\frac{1}{2}(x-\mu)^T V^{-1} (x-\mu)\right]. \tag{6.81}$$

Dimostrazione Se $Z \sim \mathrm{N}(0, I)$, le componenti $Z_1, \ldots, Z_n$ di Z sono variabili aleatorie reali $\mathrm{N}(0, 1)$ indipendenti, grazie alla Proposizione 6.67. Pertanto, per la Proposizione 6.50, Z è un vettore assolutamente continuo con densità data da

$$f_Z(z_1, \ldots, z_n) = f_{Z_1}(z_1) f_{Z_2}(z_2) \cdots f_{Z_n}(z_n) = \frac{\mathrm{e}^{-\frac{1}{2}(z_1^2 + z_2^2 + \ldots + z_n^2)}}{(2\pi)^{d/2}} = \frac{\mathrm{e}^{-\frac{1}{2} z^T z}}{(2\pi)^{d/2}},$$

dove $z = (z_1, \ldots, z_n)$. Se $X \sim \mathrm{N}(\mu, V)$, allora X ha la stessa distribuzione di $AZ + \mu$, dove $A = \sqrt{V}$. Se V è invertibile, tutti i suoi autovalori sono strettamente positivi: $\lambda_1 > 0, \ldots, \lambda_n > 0$, pertanto anche A è invertibile e $\det(A) = \sqrt{\det(V)}$ (si ricordi la relazione (6.76)). Applicando la Proposizione 6.61, si ottiene che $X = AZ + \mu$ è un vettore aleatorio assolutamente continuo, con densità

$$f_X(x) = \frac{1}{|\det(A)|} f_Z(A^{-1}(x - \mu)) = \frac{\mathrm{e}^{-\frac{1}{2}(A^{-1}(x-\mu))^T A^{-1}(x-\mu)}}{(2\pi)^{d/2} \sqrt{\det(V)}},$$

che coincide con (6.81), perché $(A^{-1})^T A^{-1} = (A^{-1})^2 = (A^2)^{-1} = V^{-1}$. □

Osservazione 6.70 Se $X \sim \mathrm{N}(\mu, V)$ con V matrice non invertibile ($\det V = 0$), il vettore aleatorio X *non* è assolutamente continuo. Ricordiamo infatti che X ha la stessa distribuzione di $\sqrt{V} Z + \mu$, con $Z \sim \mathrm{N}(0, I)$. Posto

$$H := \{\sqrt{V} x + \mu : \ x \in \mathbb{R}^n\},$$

si ha che H è un sottospazio affine di $\mathbb{R}^n$, la cui dimensione è uguale al rango della matrice $\sqrt{V}$, che è lo stesso della matrice V. Se X avesse densità f_X, si avrebbe

$$1 = \mathrm{P}(X \in H) = \int_{\mathbb{R}^n} \mathbb{1}_H(x) f_X(x) \, \mathrm{d}x, \tag{6.82}$$

per la relazione (6.63). Ma se V non è invertibile, H è un sottospazio affine di dimensione strettamente minore di n, che ha misura n-dimensionale nulla e pertanto l'integrale in (6.82) vale zero, ottenendo una contraddizione. □

Una delle principali proprietà dei vettori aleatori normali è il fatto che la normalità sia preservata per trasformazioni lineari-affini. Ciò implica, in particolare, che le componenti di un vettore normale sono variabili aleatorie normali.

Proposizione 6.71 (Trasformazioni lineari-affini di vettori normali)
Sia $X \sim \mathrm{N}(\mu, V)$ un vettore aleatorio normale n-dimensionale e siano A una matrice $m \times n$ e $b \in \mathbb{R}^m$ (con m arbitrario). Il vettore aleatorio m-dimensionale $Y := AX + b$ è normale: più precisamente,

$$Y \sim \mathrm{N}(A\mu + b, AVA^T).$$

Dimostrazione Per $u \in \mathbb{R}^m$, basta osservare che

$$\begin{aligned}
\mathrm{M}_Y(u) &= \mathrm{E}\big(\exp[u^T AX + u^T b]\big) = \mathrm{e}^{u^T b}\, \mathrm{E}\big(\exp[(A^T u)^T X]\big) \\
&= \mathrm{e}^{u^T b} \mathrm{M}_X(A^T u) = \mathrm{e}^{u^T b} \mathrm{e}^{(A^T u)^T \mu} \exp\left[\frac{1}{2}(A^T u)^T V (A^T u)\right] \\
&= \exp[u^T (A\mu + b)] \exp\left[\frac{1}{2} u^T A V A^T u\right],
\end{aligned}$$

che dimostra la tesi. □

Mostriamo che, se le componenti di un vettore aleatorio sono variabili aleatorie normali, non è detto che il vettore sia normale.

Esempio 6.72 Siano X e Y variabili aleatorie reali indipendenti tali che $X \sim \mathrm{N}(0,1)$ e $\mathrm{P}(Y=1) = \mathrm{P}(Y=-1) = 1/2$. Definiamo $Z = XY$ e osserviamo che

$$\begin{aligned}
F_Z(x) &= \mathrm{P}(Z \le x) = \mathrm{P}(XY \le x, Y = 1) + \mathrm{P}(XY \le x, Y = -1) \\
&= \mathrm{P}(X \le x, Y = 1) + \mathrm{P}(X \ge -x, Y = -1) \\
&= \frac{1}{2}\mathrm{P}(X \le x) + \frac{1}{2}\mathrm{P}(X \ge -x) = \mathrm{P}(X \le x) = F_X(x),
\end{aligned}$$

dove abbiamo usato l'indipendenza di X e Y e il fatto che, essendo la densità di X una funzione pari, $\mathrm{P}(X \ge -x) = \mathrm{P}(X \le x)$. Dato che $X \sim \mathrm{N}(0,1)$, segue che $Z \sim \mathrm{N}(0,1)$. Si osservi inoltre che

$$\mathrm{Cov}(X,Z) = \mathrm{E}(XZ) - \mathrm{E}(X)\,\mathrm{E}(Z) = \mathrm{E}(XZ) = \mathrm{E}(X^2 Y) = \mathrm{E}(X^2)\,\mathrm{E}(Y) = 0\,.$$

Consideriamo infine il vettore aleatorio (X,Z), la cui matrice di covarianza è l'identità, per quanto appena mostrato. Se (X,Z) fosse normale, le variabili aleatorie X e Z sarebbero indipendenti, per la Proposizione 6.67, e si dovrebbe avere

$$\mathrm{E}(|X||Z|) = \mathrm{E}(|X|)\,\mathrm{E}(|Z|) = (\mathrm{E}(|X|))^2\,.$$

Ma così non è, dal momento che

$$\mathrm{E}(|X||Z|) = \mathrm{E}(|X||XY|) = \mathrm{E}(|X|^2) = (\mathrm{E}(|X|))^2 + \mathrm{Var}(|X|) > (\mathrm{E}(|X|))^2\,,$$

avendo usato il fatto che $|Y| = 1$ e $\mathrm{Var}(|X|) > 0$ (perché?). □

Abbiamo visto nel Corollario 3.74 che due variabili aleatorie reali indipendenti sono scorrelate. Il fatto interessante è che, per le componenti di un vettore normale, è vera anche l'implicazione inversa (che in generale è falsa!).

Proposizione 6.73 (Vettori normali: indipendenza e scorrelazione)
Sia W un vettore aleatorio normale di dimensione $n+m$, indicato con

$$W = (X, Y) = (X_1, X_2, \ldots, X_n, Y_1, Y_2, \ldots, Y_m),$$

tale che $\mathrm{Cov}(X_i, Y_j) = 0$ *per ogni $i \in \{1, 2, \ldots, n\}$ e $j \in \{1, 2, \ldots, m\}$. Allora $X = (X_1, \ldots, X_n)$ e $Y = (Y_1, \ldots, Y_m)$ sono vettori aleatori (normali) indipendenti.*

Dimostrazione Per la Proposizione 6.65, è sufficiente mostrare che

$$\mathrm{M}_{(X,Y)}(u, v) = \mathrm{M}_X(u)\mathrm{M}_Y(v), \qquad \forall u \in \mathbb{R}^n, v \in \mathbb{R}^m. \tag{6.83}$$

Per ipotesi, la matrice di covarianza $V_{(X,Y)}$ del vettore (X, Y) è "a blocchi":

$$V_{(X,Y)} = \begin{pmatrix} V_X & 0 \\ 0 & V_Y \end{pmatrix},$$

dove V_X e V_Y sono le matrici di covarianza di X e Y, mentre "0" indica una matrice identicamente nulla (di dimensione qualunque, in questo caso $n \times m$ e $m \times n$). Se μ_X (risp. μ_Y) è il vettore delle medie di X (risp. di Y), si ha allora

$$\begin{aligned} \mathrm{M}_{(X,Y)}(u, v) &= \exp\big[(u, v)^T (\mu_X, \mu_Y)\big] \exp\left[\frac{1}{2}(u^T, v^T) V_{(X,Y)} \begin{pmatrix} u \\ v \end{pmatrix}\right] \\ &= \exp\big[u^T \mu_X\big] \exp\left[\frac{1}{2} u^T V_X u\right] \exp\big[v^T \mu_Y\big] \exp\left[\frac{1}{2} v^T V_Y v\right] = \mathrm{M}_X(u)\mathrm{M}_Y(v), \end{aligned}$$

che dimostra (6.83). □

6.5.3 *Proiezioni ortogonali di vettori normali* *

Concludiamo questo paragrafo con un risultato relativo ad una particolare classe di trasformazioni lineari applicate ad un vettore aleatorio con distribuzione $\mathrm{N}(0, I)$. Sia H un sottospazio vettoriale di $\mathbb{R}^n$ e indichiamo con $H^\perp$ il sottospazio ortogonale:

$$H^\perp := \{z \in \mathbb{R}^n : \; z^T w = 0 \text{ per ogni } w \in H\}.$$

Ogni $x \in \mathbb{R}^n$ ammette un'unica decomposizione

$$x = y + z, \qquad \text{con } y \in H, \;\; z \in H^\perp.$$

L'applicazione $x \mapsto y := Px$ è lineare e viene detta *proiezione ortogonale* su H. Essa sarà identificata con la corrispondente matrice P, che è simmetrica e soddisfa $P^2 = P$. Si noti che $I - P$ è la proiezione ortogonale sul sottospazio $H^{\perp}$. Nel seguito, usiamo la notazione $\|x\|^2 := x^T x = x_1^2 + x_2^2 + \ldots + x_n^2$, per $x \in \mathbb{R}^n$.

Ricordando che le variabili aleatorie $\chi^2(n)$ sono state definite nel Paragrafo 6.3.4 e in particolare in (6.52), dimostriamo il seguente risultato.

Teorema 6.74
Sia $Z \sim \mathrm{N}(0, I)$ un vettore aleatorio di dimensione n e sia P la proiezione ortogonale su un sottospazio H di dimensione $m < n$. Allora i vettori aleatori PZ e $(I - P)Z$ sono indipendenti e hanno le seguenti proprietà:

$$\|PZ\|^2 \sim \chi^2(m), \qquad \|(I - P)Z\|^2 \sim \chi^2(n - m).$$

Dimostrazione Sia X il vettore aleatorio $2n$-dimensionale $(PZ, (I - P)Z)$. Per la Proposizione 6.71, X è un vettore normale. Se S è la matrice $n \times n$ i cui elementi sono dati da

$$S_{ij} = \mathrm{Cov}\big((PZ)_i, ((I - P)Z)_j\big),$$

ricordando che $\mathrm{Cov}(Z_k, Z_l) = I_{kl}$ vale 0 se $k \neq l$ e vale 1 se $k = l$, si vede che

$$S_{ij} = \sum_{k,l=1}^{n} P_{ik}(I - P)_{jl} \,\mathrm{Cov}(Z_k, Z_l) = \sum_{k=1}^{n} P_{ik}(I - P)_{jk} = (P(I - P^T))_{ij} .$$

Dato che P è simmetrica, $P^T = P$ e pertanto

$$S = P(I - P) = P - P^2 = 0.$$

Quindi, per la Proposizione 6.73, PZ e $(I - P)Z$ sono vettori aleatori indipendenti.

Sia ora $v_1, v_2, \ldots, v_m$ una base ortonormale per il sottospazio H, e $v_{m+1}, \ldots, v_n$ un'analoga base per $H^{\perp}$. Pertanto $v_1, v_2, \ldots, v_m, v_{m+1}, \ldots, v_n$ formano una base ortonormale di $\mathbb{R}^n$. La proiezione ortogonale P è caratterizzata dal fatto che

$$Pv_i = \begin{cases} v_i & \text{se } i \leq m , \\ 0 & \text{altrimenti} . \end{cases}$$

Indichiamo con O la (matrice della) trasformazione lineare tale che $Ov_i = e_i$ per $i = 1, 2, \ldots, n$, dove $e_1, e_2, \ldots, e_n$ sono i vettori della base canonica di $\mathbb{R}^n$. Poiché O trasforma una base ortonormale in un'altra base ortonormale, segue che O è una matrice ortogonale. Posto $Q := OPO^T$, si verifica facilmente che Q è la proiezione ortogonale sullo spazio generato da $e_1, e_2, \dots, e_m$. Se definiamo il vettore aleatorio $W := OZ$, abbiamo che, essendo $O^T O = I$,

$$\begin{aligned} \|QW\|^2 &= (QW)^T QW = (OPO^T OZ)^T (OPO^T OZ) \\ &= Z^T PO^T OPZ = (PZ)^T PZ = \|PZ\|^2. \end{aligned} \tag{6.84}$$

Inoltre

$$\|QW\|^2 = W_1^2 + W_2^2 + \dots + W_m^2. \tag{6.85}$$

Per la Proposizione 6.71 si ha $W := OZ \sim \mathrm{N}(0, I)$. Ricordando la definizione delle variabili aleatorie χ^2, si veda in particolare (6.51), le relazioni (6.84) e (6.85) implicano che

$$\|PZ\|^2 = \|QW\|^2 \sim \chi^2(m)\,.$$

Poiché $I - P$ è anch'essa una proiezione ortogonale, il corrispondente risultato vale anche per $\|(I - P)Z\|^2$. □

Come caso speciale, consideriamo il vettore $u \in \mathbb{R}^n$ con componenti $u_i = 1$ per ogni $i = 1, 2, \dots, n$, e sia H il sottospazio generato da u. Se P è la proiezione ortogonale su H si ha che

$$Px = \overline{x}\, u\,, \qquad \text{dove} \qquad \overline{x} := \frac{1}{n} \sum_{i=1}^{n} x_i\,.$$

Per verificarlo, bisogna mostrare che $x - Px$ è ortogonale ad ogni elemento di H; è ovviamente sufficiente mostrare che $x - Px$ è ortogonale a u:

$$(x - Px)^T u = x^T u - (Px)^T u = \sum_{i=1}^{n} x_i - \overline{x}\, u^T u = 0,$$

visto che $u^T u = n$. Applichiamo dunque il Teorema 6.74: se $Z \sim \mathrm{N}(0, I)$, il vettore aleatorio $Z - PZ = (Z_1 - \overline{Z}, Z_2 - \overline{Z}, \dots, Z_n - \overline{Z})$ è indipendente da $PZ = \overline{Z} u$ o, equivalentemente, dalla variabile aleatoria $\overline{Z} := \frac{1}{n} \sum_{i=1}^{n} Z_i$. Inoltre

$$\|Z - PZ\|^2 = \sum_{i=1}^{n} (Z_i - \overline{Z})^2 \sim \chi^2(n-1).$$

Più in generale, se $X_1, X_2, \dots, X_n$ sono variabili aleatorie reali indipendenti e con la stessa distribuzione $\mathrm{N}(\mu, \sigma^2)$, con $\sigma > 0$, allora le variabili $Z_i := \frac{X_i - \mu}{\sigma}$ sono indipendenti e hanno distribuzione $\mathrm{N}(0, 1)$. Osservando che $\overline{X} = \mu + \sigma \overline{Z}$, deduciamo immediatamente il seguente importante risultato, che verrà ripreso nel Capitolo 8 ed è alla base di numerosi risultati di statistica.

Proposizione 6.75
Siano $X_1, X_2, \ldots, X_n$ variabili aleatorie reali indipendenti con la stessa distribuzione $N(\mu, \sigma^2)$, *con* $\sigma > 0$, *e definiamo*

$$\overline{X} := \frac{1}{n} \sum_{i=1}^{n} X_i .$$

La variabile aleatoria reale

$$\frac{1}{\sigma^2} \sum_{i=1}^{n} (X_i - \overline{X})^2$$

ha distribuzione $\chi^2(n-1)$ *ed è indipendente da* $\overline{X}$.

Esercizi

Esercizio 6.13 Sia $Z \sim N(0, I)$ un vettore normale di dimensione n. Siano A e B matrici rispettivamente di dimensione $m \times n$ e $\ell \times n$. Si ponga $X := AZ$ e $Y := BZ$. Mostrare che se $AB^T = 0$ (la matrice nulla), allora X e Y sono indipendenti.

Esercizio 6.14 Sia $X = \begin{pmatrix} X_1 \\ X_2 \\ X_3 \end{pmatrix} \sim N(0, V)$ un vettore normale, con $V = \begin{pmatrix} 2 & -1 & 0 \\ -1 & 2 & 0 \\ 0 & 0 & 1 \end{pmatrix}$.

(i) Determinare la distribuzione del vettore $(X_1 - X_2, X_2 + X_3)$.
(ii) Il vettore X è assolutamente continuo? Se lo è, dare la sua densità.
(iii) Trovare una matrice A ortogonale tale che le componenti del vettore AX sono indipendenti.

Esercizio 6.15 Sia $X \sim N(0, I)$ un vettore normale di dimensione $2n$. Per $1 \leq k \leq 2n$, poniamo $Y_k := (X_1 + \cdots + X_k) - (X_{k+1} + \cdots + X_{2n})$. Le variabili aleatorie $Y_1, \ldots, Y_{2n}$ sono indipendenti? Esistono indici $k, k' \in \{1, \ldots, 2n\}$ per i quali le variabili aleatorie Y_k e $Y_{k'}$ sono indipendenti?

Esercizio 6.16 Sia $X \sim N(\mathbf{m}, V)$ un vettore normale di dimensione $n \geq 2$, dove $\mathbf{m} = (m, \ldots, m)^T$ con $m \in \mathbb{R}$, e dove la matrice di covarianza V è data da $V_{ii} = 1$ e $V_{ij} = \rho < 1$ per $i \neq j$. Poniamo $\overline{X} := \frac{1}{n} \sum_{i=1}^{n} X_i$ e $W_n := \sum_{i=1}^{n} (X_i - \overline{X})^2$. Mostrare che $\overline{X}_n$ e W_n sono indipendenti, e che $\frac{1}{1-\rho} W_n \sim \chi^2(n-1)$.

Sugg. Considerare la matrice

$$A := \begin{pmatrix} \frac{1}{\sqrt{n}} & \frac{1}{\sqrt{n}} & \frac{1}{\sqrt{n}} & \frac{1}{\sqrt{n}} & \cdots & \frac{1}{\sqrt{n}} \\ \frac{1}{\sqrt{2\cdot 1}} & -\frac{1}{\sqrt{2\cdot 1}} & 0 & 0 & \cdots & 0 \\ \frac{1}{\sqrt{3\cdot 2}} & \frac{1}{\sqrt{3\cdot 2}} & \frac{-2}{\sqrt{3\cdot 2}} & 0 & \cdots & 0 \\ \cdots & \cdots & \cdots & \cdots & \cdots & \cdots \\ \frac{1}{\sqrt{n(n-1)}} & \frac{1}{\sqrt{n(n-1)}} & \frac{1}{\sqrt{n(n-1)}} & \frac{1}{\sqrt{n(n-1)}} & \cdots & \frac{-(n-1)}{\sqrt{n(n-1)}} \end{pmatrix}.$$

Mostrare che A è ortogonale e considerare $Y = AX$.

6.6 Esempi e applicazioni

Concludiamo il capitolo presentando alcuni esempi e modelli interessanti che coinvolgono variabili aleatorie assolutamente continue. I sottoparagrafi 6.6.1, 6.6.2 e 6.6.3 trattano di variabili aleatorie reali, mentre per i sottoparagrafi successivi 6.6.4, 6.6.5 e 6.6.6 è richiesta la conoscenza dei vettori aleatori multidimensionali.

Il ruolo di questo paragrafo all'interno di questo capitolo è analogo a quello dei Capitoli 2 e 4 per, rispettivamente, i Capitoli 1 e 3: in particolare, gli esempi che presentiamo possono contenere argomenti più complessi rispetto al resto del libro. Ogni sottoparagrafo può essere letto in modo indipendente e la mancata lettura di uno o più di essi non è essenziale per la comprensione dei capitoli successivi.

6.6.1 *La legge di Benford*

L'astronomo e matematico S. Newcomb fece l'osservazione che le tavole dei logaritmi (molto utilizzate prima della comparsa dei computer) erano molto più consumate nelle prime pagine rispetto alle ultime pagine e concluse che agli utenti capitasse più spesso di cercare numeri che cominciano per 1 o 2, piuttosto che per 8 o 9. Una sessantina di anni più tardi il fisico F. Benford fece la stessa osservazione e pubblicò un articolo a riguardo. Cerchiamo in questo paragrafo di dare una spiegazione a questo fenomeno, a priori sorprendente.

Ogni numero reale $x \in \mathbb{R}$ può essere scritto come $x = \mathtt{m}(x) \cdot 10^k$ per un certo $k \in \mathbb{Z}$, dove $\mathtt{m}(x)$ è un numero reale a valori in $[1, 10)$ detto *mantissa* di x. Si noti che i numeri x che cominciano per 1 (in base 10) sono quelli per cui $\mathtt{m}(x) \in [1, 2)$, i numeri che cominciano per 2 sono quelli per cui $\mathtt{m}(x) \in [2, 3)$, ecc.

Consideriamo l'esperimento aleatorio che consiste nell'estrarre casualmente un numero X da un grande elenco di dati. Cerchiamo di determinare, a partire da ipotesi ragionevoli, la distribuzione della mantissa $\mathtt{m}(X)$, calcolando la funzione di ripartizione $F_{\mathtt{m}(X)}(t) = \mathrm{P}(\mathtt{m}(X) \leq t)$ per ogni $t \in \mathbb{R}$.

Conviene innanzitutto determinare la distribuzione di $Y = \log_{10}(\mathtt{m}(X))$, dove $\log_{10} x := \frac{\log x}{\log 10}$ indica il logaritmo in base 10. Osserviamo che $Y \in [0,1)$, dal momento che $\mathtt{m}(X) \in [1,10)$, pertanto $F_Y(t) = 0$ se $t < 0$ e $F_Y(t) = 1$ se $t \geq 1$. Ci resta da determinare $F_Y(t)$ per ogni $t \in [0,1)$.

L'ipotesi fondamentale che facciamo è che la distribuzione di $\mathtt{m}(X)$ (o equivalentemente di Y) sia "universale", nel senso che sia la stessa per qualsiasi elenco di dati, in qualunque parte del mondo; in particolare, se modifichiamo un elenco di dati cambiando semplicemente l'unità di misura (ad esempio passando da euro a dollari, sterline o yen), la distribuzione della mantissa dei numeri contenuti non dovrebbe cambiare. Ciò significa che la distribuzione di $\mathtt{m}(X)$ è la stessa distribuzione di $\mathtt{m}(cX)$, per ogni costante $c > 0$. Di conseguenza, se poniamo $Y_c = \log_{10}(\mathtt{m}(cX))$, richiediamo che Y_c abbia la stessa distribuzione di Y, per ogni $c > 0$.

Osserviamo ora che

$$X = \mathtt{m}(X) \cdot 10^k \quad \Longleftrightarrow \quad \log_{10} X = \log_{10}(\mathtt{m}(X)) + k\,,$$

con $k \in \mathbb{Z}$ e $\log_{10}(\mathtt{m}(X)) \in [0,1)$. In altri termini, $k = \lfloor \log_{10} X \rfloor$, dove indichiamo con $\lfloor x \rfloor := \max\{m \in \mathbb{Z} : m \leq x\}$ la parte intera di x, e

$$Y = \{\log_{10} X\},$$

dove $\{x\} := x - \lfloor x \rfloor$ è detta la *parte frazionaria* di x. Di conseguenza

$$Y_c = \{\log_{10}(cX)\} = \{\log_{10} X + \log_{10} c\} = \{Y + \log_{10} c\}\,,$$

e ponendo $b = -\log_{10} c \in \mathbb{R}$ si ottiene

$$\mathrm{P}(Y_c \in [s,t)) = \mathrm{P}(\{Y - b\} \in [s,t)) \qquad \text{per ogni } 0 \leq s < t < 1\,.$$

Come spiegato sopra, facciamo l'ipotesi che Y_c abbia la stessa distribuzione di Y per ogni $c > 0$, in particolare $\mathrm{P}(Y \in [s,t)) = \mathrm{P}(Y_c \in [s,t))$. Otteniamo dunque

$$\begin{gathered}\mathrm{P}(Y \in [s,t)) = \mathrm{P}\big(\{Y - b\} \in [s,t)\big) = \mathrm{P}\big(Y \in [s+b, t+b) \bmod 1\big) \\ \text{per ogni } 0 \leq s < t < 1 \text{ e per ogni } b \in \mathbb{R}\,,\end{gathered} \tag{6.86}$$

dove nell'ultima uguaglianza l'intervallo è da intendersi "modulo 1". Esplicitamente, per $b \in [0,1)$ (il caso generale è analogo) e per $0 \leq s < t < 1$ definiamo

$$[s+b, t+b) \bmod 1 := \begin{cases} [s+b, t+b) & \text{se } 0 \leq s+b < t+b < 1\,, \\ [s+b, 1) \cup [0, t+b-1) & \text{se } 0 \leq s+b < 1 < t+b < 2\,, \\ [s+b-1, t+b-1) & \text{se } 1 \leq s+b < t+b < 2\,. \end{cases}$$

Ciò significa che $\mathrm{P}(Y \in [s,t) \bmod 1)$ *dipende solo dalla lunghezza dell'intervallo*, non dalla sua posizione (l'intervallo $[s,t)$ e il suo traslato $[s+b, t+b)$ hanno la stessa probabilità). Questa richiesta determina univocamente la distribuzione di Y.

Lemma 6.76
Una variabile aleatoria Y a valori in $[0, 1)$ *soddisfa la proprietà* (6.86) *se e solo se Y ha distribuzione* $U(0, 1)$.

Dimostrazione Se $Y \sim U(0, 1)$, per ogni $0 \leq s < t < 1$ si ha $P(Y \in [s, t)) = t - s$, da cui segue che la proprietà (6.86) è soddisfatta (esercizio).

Viceversa, sia Y una variabile aleatoria a valori in $[0, 1)$ che soddisfa la proprietà (6.86). Per ogni $n \in \mathbb{N}$ e $1 \leq k \leq n$, scegliendo $[s, t) = [0, \frac{1}{n})$ e $b = \frac{k-1}{n}$ si ottiene

$$P\big(Y \in \big[0, \tfrac{1}{n}\big)\big) = P\big(Y \in \big[\tfrac{k-1}{n}, \tfrac{k}{n}\big)\big) = \frac{1}{n},$$

dove l'ultima uguaglianza vale perché

$$1 = P(Y \in [0, 1)) = \sum_{k=1}^{n} P\big(Y \in \big[\tfrac{k-1}{n}, \tfrac{k}{n}\big)\big),$$

e tutti i termini della somma sono uguali. Ora, se $r \in (0, 1] \cap \mathbb{Q}$ è un numero razionale, si può scrivere $r = \frac{k}{n}$ per qualche $n \geq 1$ e $1 \leq k \leq n$, di conseguenza

$$P(Y \in [0, r)) = \sum_{i=1}^{k} P\big(Y \in \big[\tfrac{i-1}{n}, \tfrac{i}{n}\big)\big) = k \cdot \frac{1}{n} = r.$$

Sia ora $t \in (0, 1)$ arbitrario e siano $r_1, r_2 \in \mathbb{Q}$ tali che $0 < r_1 \leq t < r_2 < 1$. Dato che $[0, r_1) \subseteq [0, t] \subseteq [0, r_2)$, deduciamo che

$$r_1 = P\big(Y \in [0, r_1)\big) \leq P\big(Y \in [0, t]\big) \leq P\big(Y \in [0, r_2)\big) = r_2.$$

Possiamo scegliere r_1, r_2 arbitrariamente vicini a t, pertanto $P(Y \in [0, t]) = t$ per ogni $t \in (0, 1)$. Questa formula vale anche per $t = 0$, perché $P(Y = 0) \leq P(Y \in [0, \varepsilon]) = \varepsilon$ per ogni $\varepsilon \in (0, 1)$, dunque $P(Y = 0) = 0$. Ricordando che per ipotesi $Y \in [0, 1)$, abbiamo determinato la funzione di ripartizione di Y:

$$F_Y(t) = P(Y \leq t) = \begin{cases} 0 & \text{se } t < 0, \\ t & \text{se } 0 \leq t < 1, \\ 1 & \text{se } t \geq 1, \end{cases} \tag{6.87}$$

che è la funzione di ripartizione della distribuzione $U(0, 1)$ (si veda il Paragrafo 6.3.1, in particolare l'equazione (6.29)). Concludiamo quindi che $Y \sim U(0, 1)$. □

Determiniamo infine la funzione di ripartizione di $\mathtt{m}(X) = 10^Y$ (si ricordi che $Y = \log_{10}(\mathtt{m}(X))$). Dato che $\mathtt{m}(X) \in [1, 10)$, deduciamo che $F_{\mathtt{m}(X)}(t) = 0$ se $t < 1$, mentre $F_{\mathrm{m}(X)}(t) = 1$ se $t \geq 10$. La funzione $x \mapsto \log_{10} x = \frac{\log x}{\log 10}$ è strettamente crescente, quindi abbiamo l'uguaglianza di eventi $\{\mathrm{m}(X) = 10^X \leq t\} = \{Y \leq \log_{10} t\}$ per ogni $t \in [1, 10)$. Dato che $\log_{10} t \in [0, 1)$ per ogni $t \in [1, 10)$, otteniamo $F_{\mathrm{m}(X)}(t) = F_Y(\log_{10} t)$ e dunque la funzione di ripartizione di X è data da

$$F_{\mathrm{m}(X)}(t) = \begin{cases} 0 & \text{se } t < 1\,, \\ \log_{10} t & \text{se } 1 \leq t < 10\,, \\ 1 & \text{se } t \geq 10\,. \end{cases}$$

Questa funzione è continua su $\mathbb{R}$ e di classe C^1 su $\mathbb{R} \setminus \{1, 10\}$, dunque è C^1 *a tratti*. Deduciamo allora dalla Proposizione 6.17 che la variabile aleatoria $\mathrm{m}(X)$ è assolutamente continua con densità

$$f_{\mathrm{m}(X)}(x) = F'_{\mathrm{m}(X)}(x) = \frac{1}{x \log 10} \mathbb{1}_{(1,10)}(y)\,.$$

La distribuzione di $\mathrm{m}(X)$ è detta *legge di Benford* (continua) e possiamo verificare che effettivamente i numeri che cominciano per 1 o 2 hanno una probabilità ben maggiore dei numeri che cominciano per 8 o 9.

Definiamo infatti la variabile aleatoria $Z = \lfloor \mathrm{m}(X) \rfloor$, che rappresenta *la prima cifra significativa* nella scrittura decimale del numero $X = \mathrm{m}(X) \cdot 10^k$, estratto casualmente da un grande elenco di dati. Si noti che Z è una variabile aleatoria discreta, a valori in $\{1, 2, \ldots, 9\}$. Possiamo facilmente calcolarne la distribuzione: dato che $\{Z = k\} = \{\mathrm{m}(X) \in [k, k+1)\}$, grazie alla densità di $\mathrm{m}(X)$ calcolata in (6.17) otteniamo

$$\mathrm{P}(Z = k) = \mathrm{P}\big(\mathrm{m}(X) \in [k, k+1)\big) = \int_k^{k+1} \frac{1}{x \log 10}\, \mathrm{d}x = \frac{\log(k+1)}{\log 10} - \frac{\log k}{\log 10}\,,$$

vale a dire,

$$\mathrm{p}_Z(k) = \mathrm{P}(Z = k) = \log_{10}\left(1 + \frac{1}{k}\right), \qquad \text{per ogni } k \in \{1, \ldots, 9\} \tag{6.88}$$

La distribuzione di Z è detta *legge di Benford* (discreta). I valori approssimati di $\mathrm{p}_Z(k)$ per $k \in \{1, \ldots, 9\}$ sono riportati nella tabella seguente:

k	1	2	3	4	5	6	7	8	9
$\mathrm{p}_Z(k) \simeq$	30.1%	17.6%	12.5%	9.7%	7.9%	6.7%	5.8%	5.1%	4.6%

Osserviamo che estrarre un numero X che inizia per 1, che corrisponde a $Z = 1$, sia *molto* (più di sei volte!) più probabile di estrarre un numero X che inizia per 9, che corrisponde a $Z = 9$.

In conclusione, abbiamo ricavato la legge di Benford con un argomento teorico, a partire da un'ipotesi di "universalità". È interessante notare che questa legge è osservata empiricamente in svariati elenchi di dati tratti dal mondo reale.

6.6.2 *Statistiche d'ordine e variabili aleatorie Beta*

Siano $X_1, X_2, \dots, X_n$ variabili aleatorie reali, definite tutte sullo stesso spazio di probabilità $(\Omega, \mathcal{A}, \mathrm{P})$. Per ogni $\omega \in \Omega$, consideriamo l'*ordinamento crescente* dell'insieme di punti $\{X_1(\omega), X_2(\omega), \dots, X_n(\omega)\}$:

$$\{X_1(\omega), X_2(\omega), \dots, X_n(\omega)\} = \left\{X^{(1)}(\omega), X^{(2)}(\omega), \dots, X^{(n)}(\omega)\right\},$$

con $X^{(1)}(\omega) \le X^{(2)}(\omega) \le \cdots \le X^{(n)}(\omega)$. Si può mostrare che la funzione che "mette in ordine" una n-upla di numeri reali è misurabile, pertanto le $X^{(k)}$, come funzioni di ω, sono variabili aleatorie, e vengono chiamate *statistiche d'ordine*. Chiaramente,

$$X^{(1)} = \min(X_1, X_2, \dots, X_n), \qquad X^{(n)} = \max(X_1, X_2, \dots, X_n).$$

Nel caso in cui le variabili aleatorie $X_1, X_2, \dots, X_n$ siano indipendenti, la distribuzione di $X^{(1)}$ e $X^{(n)}$ si può determinare usando la Proposizione 3.107.

Il prossimo risultato fornisce la distribuzione delle altre statistiche d'ordine, che risulta particolarmente esplicita nel caso in cui le variabili aleatorie $X_1, X_2, \dots, X_n$ siano assolutamente continue.

Proposizione 6.77
Siano $X_1, X_2, \dots, X_n$ variabili aleatorie indipendenti, e indichiamo con F la loro funzione di ripartizione. Allora, per $k = 1, 2, \dots, n$, la statistica d'ordine $X^{(k)}$, (cioè la k-esima più piccola variabile tra $X_1, X_2, \dots, X_n$) ha funzione di ripartizione $F_k(x) := \mathrm{P}(X^{(k)} \le x)$ data da

$$F_k(x) = \sum_{i=k}^{n} \binom{n}{i} F(x)^i (1 - F(x))^{n-i}. \tag{6.89}$$

Inoltre, se le variabili aleatorie $X_1, X_2, \dots, X_n$ sono assolutamente continue, con densità $f(x)$, allora ogni statistica d'ordine $X^{(k)}$ è assolutamente continua, e, denotando con $f_k(x)$ la sua densità, si ha

$$f_k(x) = k \binom{n}{k} f(x)\, F(x)^{k-1} (1 - F(x))^{n-k}. \tag{6.90}$$

Dimostrazione Cominciamo col dimostrare (6.89). Fissiamo $x \in \mathbb{R}$ e poniamo $Y_k := \mathbb{1}_{\{X_k \le x\}}$ per $k = 1, 2, \dots, n$. Le variabili aleatorie $Y_1, Y_2, \dots, Y_n$ sono indipendenti e hanno distribuzione $\mathrm{Be}(F(x))$. Pertanto $Y := Y_1 + Y_2 + \cdots + Y_n \sim \mathrm{Bin}(n, F(x))$. Per dimostrare (6.89) basta osservare che l'evento $\{X^{(k)} \le x\}$ si verifica se e solo se *almeno* k fra le variabili aleatorie $X_1, X_2, \ldots, X_n$ assumono un valore minore o uguale a x, cioè

$$X^{(k)} \leq x \iff Y \geq k.$$

Dunque

$$F_k(x) = \mathrm{P}\big(X^{(k)} \leq x\big) = \sum_{i=k}^{n} \mathrm{P}(Y = i) = \sum_{i=k}^{n} \binom{n}{i} F(x)^i (1 - F(x))^{n-i},$$

e (6.89) è dimostrata.

Dimostreremo ora (6.90) sotto l'ipotesi che la funzione di ripartizione $F(x)$ sia C^1 a tratti (questa ipotesi non è necessaria, l'assoluta continuità delle X_n è sufficiente, ma la dimostrazione richiederebbe strumenti di analisi più avanzati). Segue allora da (6.89) che anche $F_k(x)$ è C^1 a tratti, e quindi per la Proposizione 6.17 la variabile aleatoria $X^{(k)}$ è assolutamente continua, e la sua densità di ottiene derivando F_k, assegnando valori arbitrari dove F_k non è derivabile. Pertanto

$$\begin{aligned} f_k(x) &= F_k'(x) = \sum_{i=k}^{n} \binom{n}{i} \big[i f(x) F(x)^{i-1} (1 - F(x))^{n-i} \\ &\qquad - (n-i) f(x) F(x)^i (1 - F(x))^{n-i-1} \big] \\ &= f(x) \Bigg[\sum_{i=k}^{n} \frac{n!}{(i-1)!(n-i)!} F(x)^{i-1} (1 - F(x))^{n-i} \\ &\qquad - \sum_{i=k}^{n-1} \frac{n!}{i!(n-i-1)!} F(x)^i (1 - F(x))^{n-i-1} \Bigg]. \end{aligned}$$

Operando il cambio di indice $j = i - 1$ nella seconda somma, che è uguale a

$$\sum_{j=k+1}^{n} \frac{n!}{(j-1)!(n-j)!} F(x)^{j-1} (1 - F(x))^{n-j},$$

e dunque coincide con la prima somma tranne per il termine $i = k$. Dopo qualche semplificazione, rimane soltanto il termine $i = k$ della prima somma: otteniamo dunque

$$\begin{aligned} f_k(x) &= f(x) \frac{n!}{(k-1)!(n-k)!} F(x)^{k-1} (1 - F(x))^{n-k} \\ &= k \binom{n}{k} f(x) F(x)^{k-1} (1 - F(x))^{n-k}, \end{aligned}$$

e la dimostrazione è conclusa. □

Esaminiamo ora il caso particolare in cui le variabili aleatorie $X_1, X_2, \dots, X_n$ hanno distribuzione U(0, 1). Un semplice calcolo mostra che in questo caso

$$f_k(x) = k\binom{n}{k}x^{k-1}(1-x)^{n-k}\mathbb{1}_{(0,1)}(x). \tag{6.91}$$

Le densità che compaiono in (6.91) motivano l'introduzione di una nuova classe di variabili aleatorie notevoli.

Si dice che una variabile aleatoria reale X ha distribuzione *Beta di parametri* $a, b \in (0, \infty)$, e si scrive $X \sim \text{Beta}(a, b)$, se X è assolutamente continua con densità

$$f_X(x) = \frac{1}{\beta(a,b)}\, x^{a-1}\,(1-x)^{b-1}\,\mathbb{1}_{(0,1)}(x)\,, \tag{6.92}$$

dove la costante di normalizzazione

$$\beta(a,b) := \int_0^1 x^{a-1}(1-x)^{b-1}\,\mathrm{d}x,$$

è già stata introdotta in (6.42). Notiamo che la distribuzione Beta può essere vista come una generalizzazione della distribuzione uniforme continua su (0, 1), perché Beta(1, 1) $\sim$ U(0, 1): infatti per $a = b = 1$ la densità (6.92) si riduce a $\mathbb{1}_{(0,1)}(x)$.

Ricordando la relazione (6.43), che possiamo riscrivere come

$$\beta(a,b) = \frac{\Gamma(a)\Gamma(b)}{\Gamma(a+b)}\,, \tag{6.93}$$

e il fatto che $\Gamma(m) = (m-1)!$ per $m \in \mathbb{N}$, per $a, b \in \mathbb{N}$ si ha

$$\frac{1}{\beta(a,b)} = \frac{(a+b-1)!}{(a-1)!(b-1)!} = a\binom{a+b-1}{a}.$$

In particolare, possiamo riformulare la Proposizione 6.77 quando le variabili aleatorie $X_1, X_2, \dots, X_n$ hanno distribuzione U(0, 1) affermando che

$$X^{(k)} \sim \text{Beta}(k, n-k+1)\,.$$

Dalla relazione (6.93) e dal fatto che $\Gamma(\alpha+1) = \alpha\Gamma(\alpha)$ per ogni $\alpha > 0$ (si ricordi la formula (6.35)), segue facilmente che

$$\beta(a+1,b) = \frac{a}{a+b}\beta(a,b)\,.$$

Usando tale identità, è facile verificare che, se $X \sim \text{Beta}(a, b)$,

$$\mathrm{E}(X) = \frac{a}{a+b}\,, \qquad \mathrm{Var}(X) = \frac{ab}{(a+b)^2(a+b+1)}\,. \tag{6.94}$$

6.6.3 Il processo di Poisson (parte I)

In numerose applicazioni è utile avere a disposizione modelli probabilistici per i tempi in cui accadono vicende di particolare rilevanza, ma che l'evidenza empirica fa ritenere "imprevedibili". Esempi di questo genere sono gli istanti in cui:

- un dato vulcano erutta;
- una certa zona è colpita da un terremoto;
- si verifica un "crack" nel mercato finanziario;
- una data compagnia di assicurazioni ha un cliente che reclama un rimborso.

Per descrivere fenomeni di questo tipo, consideriamo una famiglia $(T_k)_{k\in\mathbb{N}}$ di variabili aleatorie reali positive, in cui T_k rappresenta l'istante in cui il fenomeno in esame avviene per la k-esima volta. Supporremo quindi che $0 < T_1 < \cdots < T_k < +\infty$. Il sottoinsieme aleatorio $\{T_1, T_2, \ldots\} \subseteq [0, +\infty)$ è detto *processo di punto*.

Il quadro descritto finora è molto generale. Per caratterizzare un modello preciso, occorre specificare la distribuzione dei tempi aleatori $(T_k)_{k\in\mathbb{N}}$. Questo dipende da cosa si intenda per "imprevedibilità". Noi assumeremo quanto segue:

- la conoscenza dei primi k tempi $T_1, T_2, \ldots, T_k$ non fornisce alcuna informazione sull'intervallo di tempo $(T_{k+1} - T_k)$ che intercorre tra la k-esima e la $(k+1)$-esima occorrenza del fenomeno;
- per ogni $h > 0$, il verificarsi dell'evento $\{T_{k+1} > T_k + h\}$ (ossia il fatto che nell'intervallo $(T_k, T_k + h]$ non vi sia stata alcuna occorrenza del fenomeno) non fornisce alcuna informazione su $T_{k+1} - T_k - h$, cioè sul tempo che ancora si deve attendere per la prossima occorrenza.

Queste specifiche, assieme alla Proposizione 6.38 sulla *assenza di memoria* delle variabili aleatorie esponenziali (si veda anche l'Esercizio 6.9), giustificano l'ipotesi che gli *intertempi* $(T_{k+1} - T_k)_{k\in\mathbb{N}}$ siano variabili aleatorie indipendenti e con distribuzione esponenziale. Un'ulteriore ipotesi di *omogeneità temporale* induce a supporre che tali variabili aleatorie esponenziali abbiano tutte lo stesso parametro. Arriviamo dunque alla seguente definizione.

Definizione 6.78 (Processo di Poisson)
Sia $(X_n)_{n\in\mathbb{N}}$ una successione di variabili aleatorie indipendenti e con la stessa distribuzione $\mathrm{Exp}(\lambda)$, dove $\lambda > 0$ è un parametro fissato. Definiamo quindi:

- per ogni $k \in \mathbb{N}$, la variabile aleatoria $T_k := X_1 + \ldots + X_k$;
- per ogni $t \in [0, +\infty)$, la variabile aleatoria N_t che conta il numero di punti dell'insieme $\{T_1, T_2, \ldots\}$ che cadono nell'intervallo $[0, t]$, ossia

$$N_t := \left|\{k \in \mathbb{N} : T_k \le t\}\right| . \tag{6.95}$$

La famiglia $(N_t)_{t\ge 0}$ è detta *processo di Poisson con intensità* λ.

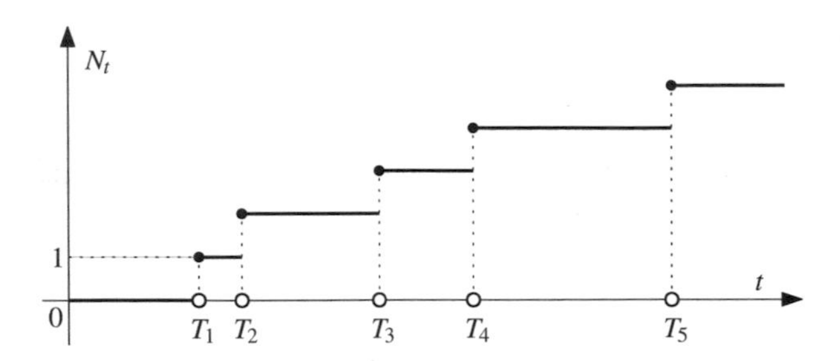

Figura 6.5 Rappresentazione grafica di una traiettoria $t \mapsto N_t$ del processo di Poisson

Si noti che N_t è una variabile aleatoria, definita sullo stesso spazio di probabilità $(\Omega, \mathcal{A}, \mathrm{P})$ in cui sono definite le $(T_k)_{k\in\mathbb{N}}$, a valori in $\mathbb{N}_0 \cup \{+\infty\}$: per ogni $\omega \in \Omega$

$$N_t(\omega) := \big|\{k \in \mathbb{N} : T_k(\omega) \le t\}\big| = \max\big\{k \in \mathbb{N} : T_k(\omega) \le t\big\}, \qquad (6.96)$$

dove poniamo $\max \emptyset := 0$ e $\max \mathbb{N} := +\infty$. Osserviamo che si può anche scrivere $N_t = \sum_{k\in\mathbb{N}} \mathbb{1}_{[0,t]}(T_k)$. Si veda la Figura 6.5.

Pur nella sua relativa semplicità, il processo di Poisson è uno dei modelli più importanti del calcolo delle probabilità. Il primo risultato che presentiamo mostra che la variabile aleatoria N_t ha una distribuzione di Poisson, per ogni $t > 0$; segue in particolare che $\mathrm{P}(N_t < +\infty) = 1$, un fatto non ovvio a priori.

Proposizione 6.79
Se $(N_t)_{t\in[0,\infty)}$ è un processo di Poisson di intensità λ, si ha

$$N_t \sim \mathrm{Pois}(\lambda t), \qquad \forall t \in (0, +\infty).$$

Dimostrazione Dato che $\mathrm{Exp}(\lambda) = \mathrm{Gamma}(\lambda, 1)$, si mostra facilmente per induzione che $T_n \sim \mathrm{Gamma}(n, \lambda)$, per ogni $n \ge 1$, grazie alla Proposizione 6.36. Notando che

$$\{N_t = n\} = \{T_n \le t\} \setminus \{T_{n+1} \le t\},$$

e che $\{T_{n+1} \le t\} \subseteq \{T_n \le t\}$, si ha

$$\begin{aligned} \mathrm{P}(N_t = n) &= \mathrm{P}(T_n \le t) - \mathrm{P}(T_{n+1} \le t) \\ &= \frac{\lambda^n}{(n-1)!}\int_0^t x^{n-1}\mathrm{e}^{-\lambda x}\,\mathrm{d}x - \frac{\lambda^{n+1}}{n!}\int_0^t x^n \mathrm{e}^{-\lambda x}\,\mathrm{d}x. \end{aligned} \qquad (6.97)$$

Integrando per parti

$$\int_0^t x^n e^{-\lambda x}\, dx = -\frac{t^n}{\lambda} e^{-\lambda t} + \frac{n}{\lambda} \int_0^t x^{n-1} e^{-\lambda x}\, dx ,$$

e inserendo questa identità in (6.97) si trova subito

$$P(N_t = n) = e^{-\lambda t} \frac{(\lambda t)^n}{n!} =: p_{\mathrm{Pois}(\lambda t)}(n) , \qquad \forall n \in \mathbb{N} .$$

Resta il caso $n = 0$, che è facile: infatti $\{N_t = 0\} = \{T_1 > t\}$ e pertanto

$$P(N_t = 0) = P(T_1 > t) = \int_t^{+\infty} \lambda\, e^{-\lambda x}\, dx = e^{-\lambda t} = p_{\mathrm{Pois}(\lambda t)}(0) .$$

Questo mostra che $N_t \sim \mathrm{Pois}(\lambda t)$, come cercato. □

Vogliamo ora rafforzare la Proposizione 6.79, determinando la distribuzione congiunta di un numero finito di variabili aleatorie $N_{t_0}, N_{t_1}, \ldots, N_{t_k}$. Risulta conveniente considerarne gli *incrementi* $N_{t_1} - N_{t_0}, \ldots, N_{t_k} - N_{t_{k-1}}$, che hanno un'interpretazione importante. Infatti, segue dalla relazione (6.95) che per ogni $0 \leq s < t < \infty$

$$N_t - N_s = \left|\{n \in \mathbb{N} : T_n \in (s,t]\}\right| = \sum_{n \in \mathbb{N}} \mathbb{1}_{\{T_k \in (s,t]\}} , \tag{6.98}$$

cioè la variabile aleatoria $N_t - N_s$ conta il numero di tempi aleatori T_n che cadono nell'intervallo $(s,t]$. Il risultato seguente è di importanza fondamentale.

Teorema 6.80
Sia $(N_t)_{t \in [0,\infty)}$ *un processo di Poisson di intensità* λ *e siano* $0 = t_0 < t_1 < \ldots < t_k < \infty$ *istanti temporali fissati. Le variabili aleatorie* $(N_{t_i} - N_{t_{i-1}})_{i=1}^k$ *sono indipendenti, e hanno distribuzioni marginali*

$$N_{t_i} - N_{t_{i-1}} \sim \mathrm{Pois}(\lambda(t_i - t_{i-1})) .$$

La dimostrazione richiede la conoscenza dei vettori aleatori assolutamente continui ed è posposta al Paragrafo 6.6.4.

Il Teorema 6.80 mostra, in particolare, che un processo di Poisson $(N_t)_{t\in[0,\infty)}$ gode delle seguenti proprietà:

(i) ha *incrementi indipendenti*, cioè le variabili aleatorie $(N_{t_i} - N_{t_{i-1}})_{i=1}^k$ sono indipendenti, per ogni scelta degli istanti $0 = t_0 < t_1 < \ldots < t_k < \infty$;
(ii) ha *incrementi stazionari*, cioè la distribuzione della variabile aleatoria $N_t - N_s$ dipende solo dalla differenza degli istanti $(t - s)$.

In generale, le famiglie di variabili aleatorie reali $(N_t)_{t\in[0,\infty)}$ che soddisfano tali proprietà sono dette *processi di Lévy*. Si tratta di una classe molto ricca e studiata di modelli probabilistici, di cui il processo di Poisson è l'esempio più semplice.

Altre proprietà, più "specifiche", del processo di Poisson seguono dalla definizione (6.96) e dal fatto che $P(N_t < +\infty) = 1$ per ogni $t > 0$: per ogni $\omega \in \Omega$, a meno di un insieme di probabilità nulla, si ha che $(N_t)_{t\in[0,\infty)}$ (si veda la Figura 6.5)

(iii) è un *processo contatore*, cioè $N_0(\omega) = 0$ e la funzione $t \mapsto N_t(\omega)$ è crescente, continua da destra, assume valori in $\mathbb{N}_0 = \{0, 1, 2, \ldots\}$ e fa salti di 1.

Ebbene, è possibile mostrare che le proprietà (i), (ii) e (iii) *caratterizzano il processo di Poisson*: ogni processo contatore $(N_t)_{t\in[0,\infty)}$ con incrementi indipendenti e stazionari è necessariamente un processo di Poisson!

Questo risultato (che non dimostriamo) mostra che la distribuzione di Poisson emerge in modo "inevitabile", quale distribuzione del numero di occorrenze di un fenomeno "imprevedibile" in un dato intervallo di tempo.

Osservazione 6.81 Dal Teorema 6.80 segue che, per intervalli disgiunti $I = (a, b]$ e $J = (c, d]$, il numero di tempi aleatori T_n che cadono rispettivamente in I e J, ossia

$$N_I := N_b - N_a\,, \qquad N_J := N_d - N_c\,,$$

hanno la proprietà di essere variabili aleatorie *indipendenti* con distribuzione di Poisson, con parametri proporzionali alle lunghezze di I e J. Non è difficile mostrare che questa proprietà vale, più in generale, nel caso in cui gli insiemi disgiunti I e J sono unioni finite di intervalli (si veda l'Esercizio 6.18). Con tecniche più avanzate, al di là degli scopi di questo libro, si può estendere la proprietà a ogni coppia di insiemi limitati e disgiunti $I, J \subseteq [0, +\infty)$ nella σ-algebra di Borel. □

*6.6.4 Il processo di Poisson (parte II) **

Completiamo l'analisi del processo di Poisson, introdotto nel Paragrafo 6.6.3, dimostrando il Teorema 6.80. Usiamo le stesse notazioni della Definizione 6.78.

Dimostrazione (del Teorema 6.80) Il caso $k = 1$ è esattamente il contenuto della Proposizione 6.79. Nella dimostrazione ci limitiamo per semplicità di notazioni al caso $k = 2$, ma il caso generale è del tutto analogo. Procediamo in quattro passi.

Passo 1 Siano $0 < s < t < \infty$ e $h, \ell \in \mathbb{N}_0$ arbitrari, ma fissati. Dobbiamo mostrare che le variabili aleatorie N_s e $N_t - N_s$ sono indipendenti e hanno distribuzioni marginali $\text{Pois}(\lambda s)$ e $\text{Pois}(\lambda(t-s))$ rispettivamente, ossia

$$\mathrm{P}(N_s = h,\ N_t - N_s = \ell) = \mathrm{p}_{\text{Pois}(\lambda s)}(h)\ \mathrm{p}_{\text{Pois}(\lambda(t-s))}(\ell)\,.$$

Già sappiamo che $\mathrm{P}(N_s = h) = \mathrm{p}_{\text{Pois}(\lambda s)}(h)$, per la Proposizione 6.79, quindi ci basta mostrare che

$$\mathrm{P}(N_t - N_s = \ell \mid N_s = h) = \mathrm{p}_{\text{Pois}(\lambda(t-s))}(\ell)\,. \tag{6.99}$$

L'euristica è la seguente: condizionalmente al verificarsi dell'evento $\{N_s = h\}$, l'insieme aleatorio $\{T_1, T_2, \ldots\} \cap (s, +\infty) = \{T_{h+1}, T_{h+2}, \ldots\}$, dopo aver traslato l'origine dei tempi in s, *ha la stessa distribuzione dell'insieme originale* $\{T_1, T_2, \ldots\}$. Di conseguenza, il numero di tempi T_n che cadono in $(s, t]$ ha la stessa distribuzione del numero di tempi T_n che cadono in $(0, t-s]$, ossia di $N_{t-s} \sim \text{Pois}(\lambda(t-s))$, per la Proposizione 6.79. In questo modo si ottiene (6.99).

Passo 2 Se si verifica l'evento $\{N_s = h\}$, si ha $T_h \le s$ e $T_{h+1} > s$, quindi nella relazione (6.98) possiamo limitarci a considerare i valori di $n \ge h+1$. Più formalmente, la variabile aleatoria

$$M_{s,t} := \big|\{n \in \mathbb{N},\ n \ge h+1 :\ T_n \in (s,t]\}\big| \tag{6.100}$$

coincide con la variabile aleatoria $(N_t - N_s)$ sull'evento $\{N_s = h\}$,[4] quindi la relazione (6.99) si può riscrivere come

$$\mathrm{P}(M_{s,t} = \ell \mid N_s = h) = \mathrm{p}_{\text{Pois}(\lambda(t-s))}(\ell)\,. \tag{6.101}$$

Definiamo ora le variabili aleatorie

$$\tilde{T}_k := T_{h+k} - s\,, \qquad \forall k \in \mathbb{N}\,, \tag{6.102}$$

che rappresentano i punti dell'insieme $\{T_1, T_2, \ldots\} \cap (s, +\infty) = \{T_{h+1}, T_{h+2}, \ldots\}$, dopo avere traslato l'origine in s (si veda la Figura 6.6). La relazione (6.100) diventa

$$M_{s,t} = \big|\{k \in \mathbb{N} :\ T_{h+k} \in (s,t]\}\big| = \big|\{k \in \mathbb{N} :\ \tilde{T}_k \le t - s\}\big|\,. \tag{6.103}$$

L'osservazione cruciale (vedi sotto) è che, *rispetto alla probabilità condizionale*[5]

$$\tilde{\mathrm{P}}(\cdot) := \mathrm{P}(\cdot \mid N_s = h)\,, \tag{6.104}$$

[4] Cioè vale l'uguaglianza di eventi $\{N_t - N_s = \ell,\ N_s = h\} = \{M_{s,t} = \ell,\ N_s = h\}$, per ogni $\ell \in \mathbb{N}_0$.
[5] Se $(\Omega, \mathcal{A}, \mathrm{P})$ è uno spazio di probabilità, non è difficile mostrare che, per ogni evento fissato C, la probabilità condizionale $\mathrm{P}(\cdot \mid C)$ è una probabilità sullo spazio misurabile $(\Omega, \mathcal{A})$, come per gli spazi di probabilità discreti (si ricordi la Proposizione 1.50).

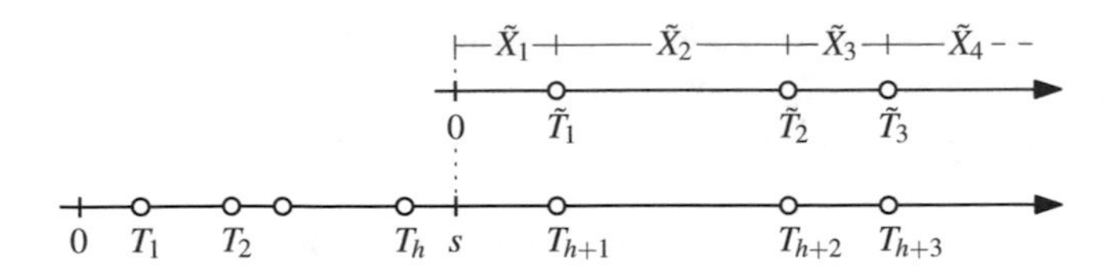

Figura 6.6 Rappresentazione grafica delle variabili aleatorie $(\tilde{T}_k)_{k\in\mathbb{N}}$ e $(\tilde{X}_k)_{k\in\mathbb{N}}$, definite rispettivamente in (6.102) e (6.105), in funzione delle variabili aleatorie $(T_k)_{k\in\mathbb{N}}$

le variabili aleatorie $(\tilde{T}_k)_{k\in\mathbb{N}}$ hanno la distribuzione "giusta" dei tempi aleatori di un processo di Poisson, cioè $\tilde{T}_k = \tilde{X}_1 + \ldots + \tilde{X}_k$ dove $(\tilde{X}_n)_{n\in\mathbb{N}}$ sono variabili aleatorie indipendenti e con la stessa distribuzione $\mathrm{Exp}(\lambda)$. Possiamo allora applicare la Definizione 6.78: grazie alla relazione (6.95), il membro destro in (6.103) coincide con $\tilde{N}_{t-s}$, dove $(\tilde{N}_u)_{u\in[0,\infty)}$ è un processo di Poisson di intensità λ (rispetto alla probabilità condizionale $\tilde{\mathrm{P}}$). Applicando la Proposizione 6.79, otteniamo dunque

$$\tilde{\mathrm{P}}(M_{s,t} = \ell) = \tilde{\mathrm{P}}(\tilde{N}_{t-s} = \ell) = \mathrm{p}_{\mathrm{Pois}(\lambda(t-s))}(\ell)\,,$$

che coincide proprio con la relazione (6.101) da dimostrare.

Passo 3. Definiamo infine

$$\tilde{X}_1 := \tilde{T}_1\,, \qquad \tilde{X}_k := \tilde{T}_k - \tilde{T}_{k-1}\,, \quad \forall k \geq 2\,, \tag{6.105}$$

così che, per costruzione, si ha $\tilde{T}_k = \tilde{X}_1 + \ldots + \tilde{X}_k$ per ogni $k \in \mathbb{N}$. Resta solo da mostrare che le variabili aleatorie $(\tilde{X}_n)_{n\in\mathbb{N}}$, rispetto alla probabilità condizionale $\tilde{\mathrm{P}}$, sono indipendenti e hanno la stessa distribuzione $\mathrm{Exp}(\lambda)$. Per l'Osservazione 5.18, basta mostrare che, per ogni $k \in \mathbb{N}$ e per ogni scelta di intervalli $I_1, \ldots, I_k \subseteq (0,\infty)$,

$$\tilde{\mathrm{P}}(\tilde{X}_1 \in I_1, \ldots, \tilde{X}_k \in I_k) = \left(\int_{I_1} \lambda\,\mathrm{e}^{-\lambda x_1}\,\mathrm{d}x_1\right)\cdots\left(\int_{I_k} \lambda\,\mathrm{e}^{-\lambda x_k}\,\mathrm{d}x_k\right) \tag{6.106}$$

Mettendo insieme le relazioni (6.102) e (6.105), e ricordando la Definizione 6.78 di processo di Poisson, otteniamo la seguente rappresentazione:

$$\tilde{X}_1 := T_{h+1} - s\,, \qquad \tilde{X}_2 := X_{h+2}\,, \qquad \tilde{X}_3 = X_{h+3}\,, \qquad \ldots$$

Ricordando (6.104) e il fatto che $\{N_s = h\} = \{T_h \leq s, T_{h+1} > s\}$ (dove definiamo $T_0 := 0$, nel caso in cui $h = 0$), possiamo riscrivere (6.106) come

$$\begin{aligned} &\mathrm{P}(T_h \leq s,\ (T_{h+1} - s) \in I_1,\ X_{h+2} \in I_2, \ldots,\ X_{h+k} \in I_k) \\ &= \mathrm{P}(N_s = h)\cdot\left(\int_{I_1} \lambda\,\mathrm{e}^{-\lambda x_1}\,\mathrm{d}x_1\right)\cdots\left(\int_{I_k} \lambda\,\mathrm{e}^{-\lambda x_k}\,\mathrm{d}x_k\right). \end{aligned} \tag{6.107}$$

Ricordiamo che, per definizione di processo di Poisson, $(X_n)_{n\in\mathbb{N}}$ sono variabili aleatorie indipendenti con distribuzione $\mathrm{Exp}(\lambda)$. Dato che

$$T_h = X_1 + \ldots + X_h\,, \qquad T_{h+1} = X_1 + \ldots + X_{h+1}\,, \tag{6.108}$$

le variabili aleatorie $X_{h+2}, \ldots, X_{h+k}$ sono indipendenti da T_h, T_{h+1}, quindi la relazione (6.107) si fattorizza e ci basta mostrare che

$$\mathrm{P}(T_h \le s,\, (T_{h+1} - s) \in I_1) = \mathrm{P}(N_s = h) \int_{I_1} \lambda\, \mathrm{e}^{-\lambda x_1}\, \mathrm{d}x_1\,, \tag{6.109}$$

per ogni intervallo $I_1 = (a, b] \subseteq (0, \infty)$. Dato che $(a, b] = (a, \infty) \setminus (b, \infty)$, è sufficiente considerare una semiretta $I_1 = (y, \infty)$ con $y \ge 0$. Ci resta dunque da mostrare che

$$\forall y \ge 0: \qquad \mathrm{P}(T_h \le s,\, T_{h+1} - s > y) = \frac{(\lambda s)^h}{h!}\, \mathrm{e}^{-\lambda(s+y)}\,, \tag{6.110}$$

dove abbiamo usato il fatto che $\mathrm{P}(N_s = h) = \mathrm{e}^{-\lambda s} \frac{(\lambda s)^h}{h!}$, perché $N_s \sim \mathrm{Pois}(\lambda s)$ per la Proposizione 6.79, mentre $\int_{(y,\infty)} \lambda\, \mathrm{e}^{-\lambda x_1}\, \mathrm{d}x_1 = \mathrm{e}^{-\lambda y}$.

Passo 4 Mostriamo infine che vale la relazione (6.110). Il caso $h = 0$ è immediato: $\mathrm{P}(T_1 > s + y) = e^{-\lambda(s+y)}$ perché $T_1 = X_1 \sim \mathrm{Exp}(\lambda)$. D'ora in avanti sia $h \ge 1$. Segue dalla Proposizione 6.36 che $T_h = X_1 + \ldots + X_h \sim \mathrm{Gamma}(h, \lambda)$. Dato che $X_{h+1} \sim \mathrm{Exp}(\lambda)$ è indipendente da T_h, il vettore aleatorio bidimensionale (T_h, X_{h+1}) è assolutamente continuo, per la Proposizione 6.50, con densità

$$\begin{aligned} f_{(T_h, X_{h+1})}(t, x) &= f_{\mathrm{Gamma}(h,\lambda)}(t)\, f_{\mathrm{Exp}(\lambda)}(x) \\ &= \frac{\lambda^h}{(h-1)!}\, t^{h-1}\, \mathrm{e}^{-\lambda t}\, \mathbb{1}_{(0,\infty)}(t)\, \lambda\, \mathrm{e}^{-\lambda x}\, \mathbb{1}_{(0,\infty)}(x)\,. \end{aligned}$$

Determiniamo ora la distribuzione del vettore aleatorio $(T_h, T_{h+1} - s)$, che compare in (6.109). Dato che $T_{h+1} = T_h + X_{h+1}$, possiamo scrivere

$$\begin{pmatrix} T_h \\ T_{h+1} - s \end{pmatrix} = \begin{pmatrix} 1 & 0 \\ 1 & 1 \end{pmatrix} \begin{pmatrix} T_h \\ X_{h+1} \end{pmatrix} + \begin{pmatrix} 0 \\ -s \end{pmatrix} =: A \begin{pmatrix} T_h \\ X_{h+1} \end{pmatrix} + b\,.$$

Segue dalla Proposizione 6.61 che $(T_h, \tilde{X}_1)$ è assolutamente continuo, con densità

$$\begin{aligned} f_{(T_h, T_{h+1}-s)}(t, x) &= f_{(T_h, X_{h+1})}\big(A^{-1}\big(\tbinom{t}{x} - b\big)\big) = f_{(T_h, X_{h+1})}(t, x + s - t) \\ &= \frac{\lambda^h}{(h-1)!}\, t^{h-1}\, \mathrm{e}^{-\lambda s}\, \mathbb{1}_{(0,\infty)}(t)\, \lambda\, \mathrm{e}^{-\lambda x}\, \mathbb{1}_{(0,\infty)}(x + s - t)\,. \end{aligned}$$

Per calcolare il membro sinistro in (6.110), dobbiamo integrare questa densità sull'insieme dei punti $(t, x) \in \mathbb{R}^2$ per cui $t \le s$ e $x > y$, con $y \ge 0$. Per tali valori si ha $x + s - t > 0$, pertanto la funzione indicatrice $\mathbb{1}_{(0,\infty)}(x + s - t)$ "sparisce" e si ha

$$\mathrm{P}(T_h \le s,\, T_{h+1} - s > y) = \frac{\lambda^h}{(h-1)!}\,\mathrm{e}^{-\lambda s}\left(\int_0^s t^{h-1}\,\mathrm{d}t\right)\left(\int_y^\infty \lambda\,\mathrm{e}^{-\lambda x}\,\mathrm{d}x\right)$$
$$= \frac{\lambda^h}{(h-1)!}\,\mathrm{e}^{-\lambda s}\,\frac{s^h}{h}\,\mathrm{e}^{-\lambda y} = \frac{(\lambda s)^h}{h!}\,\mathrm{e}^{-\lambda(s+y)}\,.$$

Questo dimostra la relazione (6.110) e conclude la dimostrazione. □

6.6.5 *Il paradosso del tempo d'attesa* (size-bias) *

A una fermata del bus gli intervalli di tempo (diciamo in minuti) tra gli arrivi di due bus successivi sono variabili aleatorie i.i.d. con distribuzione esponenziale di parametro λ (dunque con valore medio $\frac{1}{\lambda}$). Arriviamo a questa fermata e ci chiediamo quanto tempo τ dovremo aspettare per il prossimo bus. Per questo problema, noto come *paradosso del tempo d'attesa*, due analisi plausibili forniscono risposte diverse:

(i) dato che l'istante in cui arriviamo ha distribuzione uniforme tra due istanti successivi di arrivi di bus, e dato che per ipotesi l'intervallo tra due arrivi successivi è $X \sim \mathrm{Exp}(\lambda)$, dovremo aspettare un tempo $\tau = U\,X$, dove $U \sim \mathrm{U}(0,1)$ è indipendente da X, e dunque $\mathrm{E}(\tau) = \mathrm{E}(U)\,\mathrm{E}(X) = \frac{1}{2}\frac{1}{\lambda}$;
(ii) per la proprietà di *assenza di memoria* della distribuzione esponenziale (si veda la Proposizione 6.38 e l'Esercizio 6.9), il "tempo residuo" τ che dovremo aspettare ha distribuzione esponenziale di parametro λ e dunque $\mathrm{E}(\tau) = \frac{1}{\lambda}$.

Entrambi gli argomenti sembrano ragionevoli, ma allora dov'è l'errore? Mostriamo che *la risposta* (ii) *è corretta*, poi spiegheremo perché la risposta (i) è sbagliata.

Perché la risposta (ii) **è corretta**

Descriviamo gli intervalli di tempo tra gli arrivi di bus successivi mediante variabili aleatorie indipendenti $(X_i)_{i\in\mathbb{N}}$ con distribuzione $\mathrm{Exp}(\lambda)$. Misurando i tempi a partire dall'istante 0, l'istante in cui arriva il k-esimo bus è dato allora da $T_k := X_1 + \ldots + X_k$, per ogni $k \in \mathbb{N}$. Detto $s \in (0,\infty)$ l'istante in cui arriviamo alla fermata del bus, il numero N_s di bus già passati è dato dal numero di $k \in \mathbb{N}$ per cui si ha $T_k \le s$, ossia

$$N_s := \big|\{k \in \mathbb{N} : T_k \le s\}\big|\,. \tag{6.111}$$

(Questo è il *processo di Poisson* del Paragrafo 6.6.3, si veda la Definizione 6.78.)

Il tempo τ che dovremo aspettare per il prossimo bus vale $\tau = T_{N_s+1} - s$, perché l'istante in cui arriverà il prossimo bus è T_{k+1} con $k = N_s$. Di conseguenza, per ogni $y \ge 0$ possiamo scrivere

$$P(\tau > y) = P(T_{N_s+1} > s + y) = \sum_{k=0}^{\infty} P(T_{k+1} > s + y,\, N_s = k)\,. \tag{6.112}$$

Abbiamo mostrato nel Paragrafo 6.6.4, si veda la formula (6.110), che

$$P(T_{k+1} > s + y,\, N_s = k) = \frac{(\lambda s)^k}{k!}\, e^{-\lambda(s+y)}\,, \tag{6.113}$$

pertanto, ricordando la serie esponenziale (0.6), otteniamo

$$\forall y \ge 0: \qquad P(\tau > y) = e^{-\lambda y}\,. \tag{6.114}$$

Questo mostra che $\tau \sim \mathrm{Exp}(\lambda)$, dunque la risposta (ii) è corretta.

Osservazione 6.82 Si può dimostrare (6.114) evitando il calcolo esplicito (6.113). Consideriamo il termine $k = 0$ in (6.112). Dato che $\{N_s = 0\} = \{T_1 > s\}$ e $\{T_1 > s + y\} \subseteq \{T_1 > s\}$ per $y \ge 0$, ricordando che $T_1 = X_1 \sim \mathrm{Exp}(\lambda)$ e dunque $P(T_1 > t) = e^{-\lambda t}$ per $t \ge 0$, possiamo calcolare

$$P(T_1 > s + y,\, N_s = 0) = P(T_1 > s + y) = e^{-\lambda(s+y)}\,, \tag{6.115}$$

Sia ora $k \ge 1$. Dato che $\{N_s = k\} = \{T_k \le s, T_{k+1} > s\}$, per $y \ge 0$ otteniamo

$$\begin{aligned} P(T_{k+1} > s + y,\, N_s = k) &= P(T_k \le s,\, T_{k+1} > s + y) = P(T_k \le s,\, T_k + X_{k+1} > s + y) \\ &= P((T_k, X_{k+1}) \in A)\,, \end{aligned}$$

dove abbiamo introdotto il sottoinsieme $A \subseteq \mathbb{R}^2$ definito da

$$A := \{(t,x) \in \mathbb{R}^2 : \, t \le s,\, t + x > s + y\} = \{(t,x) \in \mathbb{R}^2 : \, t \le s,\, x > s + y - t\}\,.$$

Dato che T_k e X_{k+1} sono variabili aleatorie indipendenti assolutamente continue, la loro densità congiunta si fattorizza nel prodotto delle densità marginali, per la Proposizione 6.50, quindi

$$\begin{aligned} P((T_k, X_{k+1}) \in A) &= \int_A f_{(T_k, X_{k+1})}(t,x)\, dt\, dx = \int_A f_{T_k}(t)\, f_{X_{k+1}}(x)\, dt\, dx \\ &= \int_0^s f_{T_k}(t) \bigg(\int_{s+y-t}^{\infty} f_{X_{k+1}}(x)\, dx \bigg) dt = \int_0^s f_{T_k}(t)\, P(X_{k+1} > s + y - t)\, dt\,. \end{aligned}$$

Dato che $X_{k+1} \sim \mathrm{Exp}(\lambda)$, si ha $P(X_{k+1} > s + y - t) = e^{-\lambda(s+y-t)}$ e dunque

$$P(T_{k+1} > s + y,\, N_s = k) = \bigg(\int_0^s f_{T_k}(t)\, e^{\lambda t}\, dt \bigg) e^{-\lambda(s+y)}\,.$$

In definitiva, ricordando (6.112) e (6.115), abbiamo mostrato che per ogni $y \ge 0$

$$P(\tau > y) = C\, e^{-\lambda y} \qquad \text{dove} \qquad C := e^{-\lambda s} \bigg(1 + \sum_{k=1}^{\infty} \int_0^s f_{T_k}(t)\, e^{\lambda t}\, dt \bigg)\,.$$

In particolare $C = P(\tau > 0) = 1$, perché τ assume valori in $(0, \infty)$, dunque (6.114) è dimostrata.

□

Perché la risposta (i) è sbagliata

L'errore nell'argomento (i) è legato a un fenomeno di *size bias*: il nostro arrivo alla fermata del bus "cade" in un intervallo di tempo tra due arrivi di bus, ma *è più probabile che cada in un intervallo lungo piuttosto che in un intervallo corto.* In effetti, il nostro arrivo "seleziona" un intervallo di tempo proporzionalmente alla sua lunghezza, in analogia con l'Esempio 3.48.

Più precisamente, indichiamo con X^* la lunghezza dell'intervallo di tempo tra il bus successivo e il bus precedente al nostro arrivo. Come spieghiamo sotto, il punto cruciale è che X^* non ha la stessa distribuzione delle variabili aleatorie X che descrivono gli intervalli tra gli arrivi dei bus, ma ha *una distribuzione diversa, detta versione* size-biased *di* X, la cui densità $f_{X^*}(x)$ è proporzionale a $x\, f_X(x)$, cioè

$$f_{X^*}(x) = \frac{1}{\mathrm{E}(X)}\, x\, f_X(x)\,, \tag{6.116}$$

dove la costante di normalizzazione $1/\,\mathrm{E}(X)$ si ottiene imponendo $\int_{\mathbb{R}} f_{X^*}(x)\,\mathrm{d}x = 1$. Questa definizione di X^* a partire da X è generale e si applica a ogni variabile aleatoria X (assolutamente continua) *positiva* con *valore medio finito*.

Possiamo quindi *correggere la riposta* (i): il tempo d'attesa τ per il prossimo bus non è $\tau = U\,X$, bensì $\tau = U\,X^*$ con $U \sim \mathrm{U}(0,1)$ indipendente da X^*. In particolare, usando l'indipendenza e la densità (6.116) di X^*, otteniamo

$$\mathrm{E}(\tau) = \mathrm{E}(U)\,\mathrm{E}(X^*) = \frac{1}{2}\frac{\mathrm{E}(X^2)}{\mathrm{E}(X)} > \frac{1}{2}\,\mathrm{E}(X)\,,$$

dove l'ultima disuguaglianza segue della disuguaglianza di Jensen *stretta* (si veda l'Esercizio 3.18), la quale mostra che $\mathrm{E}(X^2) > \mathrm{E}(X)^2$ dato che $x \mapsto x^2$ è *strettamente convessa* e X non è quasi certamente costante.

A partire dalla densità (6.116) di X^*, si può mostrare (si veda l'Esercizio 6.41) che τ ha distribuzione assolutamente continua, con densità

$$f_\tau(z) = \frac{1}{\mathrm{E}(X)}\,\mathrm{P}(X > z)\,. \tag{6.117}$$

Osservazione 6.83 La densità di τ in (6.117) è in generale *diversa* dalla densità di X. Nel *caso speciale* in cui $X \sim \mathrm{Exp}(\lambda)$, si calcola $f_{X^*}(x) = \lambda^2\, x\, \mathrm{e}^{-\lambda x}\, \mathbb{1}_{(0,+\infty)}(x)$, cioè X^* ha distribuzione Gamma$(2, \lambda)$, e in questo caso si verifica facilmente che $\tau \sim \mathrm{Exp}(\lambda)$ ha la stessa distribuzione di X, in accordo con la risposta (ii). □

Osservazione 6.84 C'è in realtà un problema con la definizione di X^*: se $s \in (0,+\infty)$ è l'istante in cui arriviamo alla fermata del bus, allora X^* non è definita se nessun bus è arrivato prima dell'istante s, cioè se $N_s = 0$ (dove N_s indica il numero di bus passati prima dell'istante s). Per aggirare questo problema, possiamo considerare la distribuzione di X^* rispetto alla probabilità condizionale $\mathrm{P}(\cdot \mid N_s \geq 1)$, cioè *supponendo che almeno un bus sia già passato.* In generale, questa distribuzione dipende da s, il nostro istante di arrivo: l'idea è di considerare il limite $s \to +\infty$, che corrisponde a una situazione "di equilibrio". La densità di X^* in (6.116) corrisponde proprio al *limite per* $s \to +\infty$ *della densità di* X^* *condizionalmente all'evento* $N_s \geq 1$.

Anche la distribuzione del *tempo residuo* τ dipende in generale dal nostro istante di arrivo s (con l'eccezione notevole, come abbiamo visto nella risposta (ii), del caso in cui $X \sim \mathrm{Exp}(\lambda)$ e dunque $(N_s)_{s\in[0,\infty)}$ è un processo di Poisson). La densità di τ in (6.117) che abbiamo ottenuto sopra è *il limite per* $s \to +\infty$ *della densità del tempo residuo* τ *quando arriviamo all'istante* $s \in (0, +\infty)$.

Per ottenere questi risultati, conviene indicare con σ il *tempo passato* dall'ultimo bus precedente al nostro arrivo (cioè $\sigma = s - T_{N_s}$). Allora, nel limite $s \to +\infty$ e condizionalmente all'evento $N_s \geq 1$, è possibile calcolare *la distribuzione congiunta delle variabili aleatorie* σ *e* τ:[6]

$$f_{\sigma,\tau}(a,b) = \frac{1}{\mathrm{E}(X)}\, f_X(a+b)\, \mathbb{1}_{(0,\infty)}(b)\, \mathbb{1}_{[0,\infty)}(a)\,. \tag{6.118}$$

A partire da questa formula, si possono ricavare facilmente la densità di τ in (6.117) e la densità di $X^* = \sigma + \tau$ in (6.116) (si veda l'Esercizio 6.58).

Omettiamo la dimostrazione di questi risultati, perché le tecniche richieste vanno al di là del livello di questo libro. Segnaliamo soltanto che gioca un ruolo importante il *teorema del rinnovo* per variabili aleatorie assolutamente continue (di cui presenteremo un caso speciale, per variabili aleatorie discrete, nel Teorema 9.59 del Capitolo 9). □

*6.6.6 Il paradosso di Bertrand**

In questo paragrafo discutiamo un "paradosso", proposto nel 1888 dal matematico francese Joseph Bertrand, che mostra come l'interpretazione intuitiva di un vettore aleatorio uniforme su un sottoinsieme $C \subseteq \mathbb{R}^n$ (si ricordi l'Esempio 6.48) possa nascondere delle insidie.

Nel piano cartesiano Oxy, si consideri la circonferenza di centro O e di raggio r, in cui è inscritto un triangolo equilatero. Scegliendo "a caso" una corda di tale circonferenza, qual è la probabilità che la corda abbia lunghezza maggiore del lato del triangolo? Bertrand propose le seguenti tre "soluzioni".

Soluzione 1 Scegliamo i due estremi A e B della corda, indipendentemente l'uno dall'altro, con distribuzione uniforme sulla circonferenza. Più precisamente, identificando un punto A della circonferenza con l'angolo che la semiretta OA forma con il semiasse positivo delle x, assumiamo $A, B \sim \mathrm{U}(0, 2\pi)$, e che siano indipendenti. Per la Proposizione 6.50, il vettore aleatorio (A, B) ha densità

$$f(x,y) = \frac{1}{4\pi^2}\mathbb{1}_{[0,2\pi)}(x)\mathbb{1}_{[0,2\pi)}(y).$$

Tenendo presente che A e B sono rappresentati da angoli, e dunque la loro somma o differenza va interpretata modulo 2π (scriveremo $\mathrm{mod}\, 2\pi$), la corda AB è più

[6] La formula (6.118) ha una spiegazione intuitiva: se $\sigma = a$ e $\tau = b$, allora l'intervallo di tempo tra il bus precedente e il bus successivo al nostro arrivo è pari a $a + b$; dato che gli intervalli di tempo tra gli arrivi dei bus hanno densità f_X, è "naturale" che $f_{\sigma,\tau}(a,b)$ sia proporzionale a $f_X(a+b)$, e si mostra con una semplice integrazione che la costante di proporzionalità deve essere $1/\mathrm{E}(X)$.

lunga del lato del triangolo equilatero se e solo se $A - B \in [\frac{2}{3}\pi, \frac{4}{3}\pi] \bmod 2\pi$. La probabilità che ciò avvenga è dunque, usando il teorema di Fubini–Tonelli,

$$\begin{aligned}
&\mathrm{P}\big(A - B \in [\tfrac{2}{3}\pi, \tfrac{4}{3}\pi] \bmod 2\pi\big) \\
&\quad = \frac{1}{4\pi^2} \int\limits_{\{(x,y):\ x-y\in[\frac{2}{3}\pi,\frac{4}{3}\pi] \bmod 2\pi\}} \mathbb{1}_{[0,2\pi)}(x)\,\mathbb{1}_{[0,2\pi)}(y)\,\mathrm{d}x\,\mathrm{d}y \\
&\quad = \frac{1}{2\pi} \int_0^{2\pi} \left[\frac{1}{2\pi} \int\limits_{\{x:\ x-y\in[\frac{2}{3}\pi,\frac{4}{3}\pi] \bmod 2\pi\}} \mathbb{1}_{[0,2\pi)}(x)\,\mathrm{d}x \right] \mathrm{d}y\,.
\end{aligned}$$

Valutiamo l'integrale interno: per ogni $y \in [0, 2\pi)$ fissato, l'insieme degli $x \in [0, 2\pi)$ per cui $x - y \in [\frac{2}{3}\pi, \frac{4}{3}\pi] \bmod 2\pi$ forma un intervallo di ampiezza $\frac{2}{3}\pi$, pertanto

$$\mathrm{P}\big(A - B \in [\tfrac{2}{3}\pi, \tfrac{4}{3}\pi] \bmod 2\pi\big) = \frac{1}{2\pi} \int_0^{2\pi} \left[\frac{1}{2\pi} \frac{2}{3}\pi \right] \mathrm{d}y = \frac{1}{3}\,.$$

Soluzione 2. Se P è un punto del cerchio $C_r := \{(x, y) \in \mathbb{R}^2 : x^2 + y^2 \le r^2\}$ diverso dal centro O, esso è il punto medio di un'unica corda. Dunque la scelta a caso di una corda può essere identificata con la scelta, con distribuzione uniforme, di un punto (X, Y) in C_r, cioè $(X, Y) \sim \mathrm{U}(C_r)$. L'eventualità che $(X, Y) = (0, 0)$, nel qual caso il punto non identifica univocamente una corda, può essere trascurata, in quanto avviene con probabilità 0, essendo $\mathrm{P}((X, Y) = (x, y)) = 0$ per ogni $(x, y) \in \mathbb{R}^2$.

Con un elementare argomento geometrico, si vede che la corda avente (X, Y) come punto medio è più lunga del lato del triangolo equilatero inscritto se e solo se (X, Y) dista dal centro meno di $r/2$. Quindi la probabilità da calcolare è

$$\mathrm{P}(X^2 + Y^2 \le r^2/4) = \frac{1}{\mathrm{mis}(C_r)} \int\limits_{\{(x,y): x^2+y^2\le r^2/4\}} \mathrm{d}x\,\mathrm{d}y = \frac{\mathrm{mis}(C_{r/2})}{\mathrm{mis}(C_r)} = \frac{\pi \frac{r^2}{4}}{\pi r^2} = \frac{1}{4}.$$

Soluzione 3. Procediamo come nella soluzione precedente, identificando una corda con il suo punto medio P. Tale punto può essere "scelto a caso" assegnando distribuzione $\mathrm{U}(0, 2\pi)$ all'angolo Θ che la semiretta OP forma con il semiasse positivo delle x, e distribuzione $\mathrm{U}(0, r)$ alla sua distanza da O, che indichiamo con R. La distribuzione congiunta di (Θ, R), che si potrebbe ottenere assumendo l'indipendenza di Θ e R, non è rilevante, poiché la probabilità richiesta è

$$\mathrm{P}(R < r/2) = \frac{1}{2}.$$

Conclusione. Come si vede, abbiamo ottenuto tre risposte diverse! Ma questo perché abbiamo formalizzato in tre modi *non equivalenti* l'idea di "scelta casuale di una corda". Tale idea è risultata troppo vaga per identificare un solo modello corrispondente, e ciò ha causato l'apparente paradosso. Il passaggio da una formulazione intuitiva ad una matematica di un modello richiede, spesso, grande attenzione.

Esercizi

Esercizio 6.17 (*) Siano $X \sim \text{Gamma}(\alpha, \lambda)$ e $Y \sim \text{Gamma}(\beta, \lambda)$ variabili aleatorie indipendenti, con $\alpha, \beta, \lambda > 0$. Si mostri che $\frac{X}{X+Y}$ ha distribuzione $\text{Beta}(\alpha, \beta)$.

Esercizio 6.18 Sia $(N_t)_{t \in [0,\infty)}$ un processo di Poisson di intensità λ. Per ogni intervallo limitato $(a, b] \subseteq [0, \infty)$, definiamo la variabile aleatoria

$$N_{(a,b]} := N_b - N_a \,.$$

Se $I = \bigcup_{i=1}^n I_i \subseteq [0, \infty)$ è un'unione finita di intervalli $I_i = (a_i, b_i]$ *disgiunti*, definiamo

$$N_I := \sum_{i=1}^n N_{I_i} = \sum_{i=1}^n (N_{b_i} - N_{a_i}) \,.$$

Indichiamo con $|(a, b]| = b - a$ la lunghezza di un intervallo e, analogamente, definiamo $|I| = \sum_{i=1}^n |I_i|$ come la lunghezza totale del sottoinsieme $I = \bigcup_{i=1}^n I_i$.

Fissati arbitrariamente $k \geq 2$ e $0 = t_0 < t_1 < \ldots < t_k < \infty$, definiamo gli intervalli $I_1, \ldots, I_k$ ponendo $I_j = (t_{j-1}, t_j]$. Per il Teorema 6.80, le variabili aleatorie $N_{I_1}, \ldots, N_{I_k}$ sono indipendenti, con distribuzione $N_{I_j} \sim \text{Pois}(\lambda |I_j|)$.

Siano infine A e B due sottoinsiemi non vuoti e disgiunti di $\{1, \ldots, k\}$. Definendo $I := \bigcup_{i \in A} I_i$ e $J := \bigcup_{j \in B} I_j$, si mostri che le variabili aleatorie N_I e N_J sono indipendenti, con distribuzioni $N_I \sim \text{Pois}(\lambda |I|)$ e $N_J \sim \text{Pois}(\lambda |J|)$.

6.7 Esercizi di riepilogo

Ricordiamo che "i.i.d." significa "indipendenti e identicamente distribuite". Gli esercizi segnalati con un asterisco richiedono l'uso dei vettori aleatori.

Esercizio 6.19 Data una variabile aleatoria $X \sim \text{U}(-\pi/2, \pi/2)$, si mostri che $Y := \cos(X)$ è una variabile assolutamente continua e se ne determini la densità.

Esercizio 6.20 Sia X un punto scelto uniformemente nell'intervallo $[0, 2]$. Qual è la probabilità che il triangolo equilatero di lato X abbia area maggiore di 1?

Esercizio 6.21 Sia $X \sim \text{U}(0, 1)$ e sia $Y := 4X(1 - X)$.

(i) Si determini la funzione di ripartizione di Y, si deduca che la variabile Y è assolutamente continua e se ne calcoli la densità.
(ii) Si calcoli $\text{Cov}(X, Y)$ (che è ben definita: perché?).

Esercizio 6.22 Una luce laser è sospesa 1 metro sopra il pavimento. L'angolo Θ che forma con la verticale è aleatorio, e ha distribuzione uniforme continua in $(-\frac{\pi}{2}, \frac{\pi}{2})$. Sia X il punto sul pavimento illuminato dal laser (si veda la figura qui sotto). Determinare la densità di X.

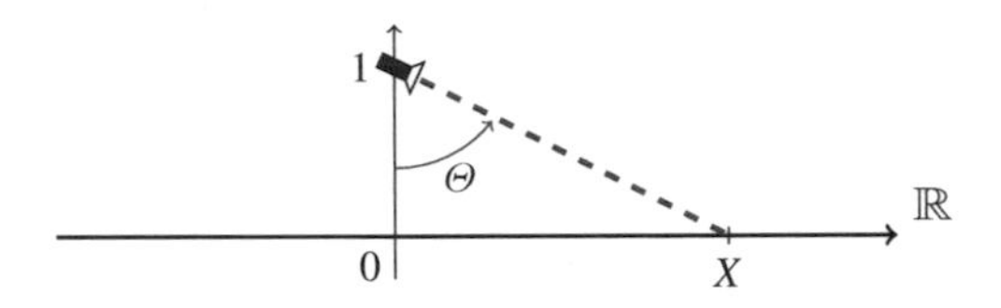

Esercizio 6.23 Sia X una variabile aleatoria reale assolutamente continua con densità

$$f_X(x) = -\log(x^c)\, \mathbb{1}_{(0,1)}(x).$$

(i) Si determini il valore di $c \in \mathbb{R}$ affinché f_X sia effettivamente una densità, e si determini la funzione di ripartizione di X.
(ii) Sia $Y = -\log X$. Si mostri che $Y \sim \text{Gamma}(\alpha, \lambda)$, determinando α e λ.

Esercizio 6.24 Sia $X \sim \text{U}(-1, 1)$. Si determini la funzione di ripartizione della variabile aleatoria $Y := X^+ = \max(X, 0)$. Si deduca che la distribuzione di Y non è né discreta né assolutamente continua.

Esercizio 6.25 Sia $X \sim \text{Exp}(\lambda)$, e si ponga $Y = \lfloor X \rfloor$, dove $\lfloor x \rfloor$ denota la parte intera di x. Si noti che Y è una variabile aleatoria a valori in $\mathbb{N}_0$, quindi discreta. Mostrare che $Y \sim \text{Geo}_0(p)$, per un parametro p da determinare.

Esercizio 6.26 Sia X una variabile aleatoria assolutamente continua con densità

$$f_X(x) := 3\,x^2\, \mathbb{1}_{[0,1]}(x)\,.$$

Si consideri la variabile aleatoria $A = -\log X$.

(i) Si calcoli la funzione di ripartizione della variabile aleatoria A e se ne identifichi la distribuzione (notevole).
(ii) Consideriamo la seguente equazione di secondo grado per l'incognita x, con coefficienti determinati dalla variabile aleatoria A:

$$x^2 + 3Ax + 2A^2 + 4 = 0\,.$$

Qual è la probabilità che l'equazione non ammetta soluzioni reali?
(iii) Si calcoli la funzione di ripartizione di $B := \min\{1, A\}$ e si deduca che B non è assolutamente continua. B è una variabile aleatoria discreta?

Esercizio 6.27 Sia X una variabile aleatoria con distribuzione U(0, 1) e sia

$$Z := \frac{1}{X^r},$$

con $r \in \mathbb{R}$ parametro fissato.

(i) Per quali valori di $p \in (0, \infty)$ si ha $\mathrm{E}(|Z|^p) < \infty$?
(ii) Si determini la distribuzione della variabile aleatoria Z.

[*Sugg.* Si calcoli la funzione di ripartizione di Z, separando i casi $r < 0$, $r = 0$ e $r > 0$.]

Esercizio 6.28 Siano X e Y variabili aleatorie indipendenti, uniformemente distribuite nell'intervallo $(-1, +1)$. Si mostri che $Z := X + Y$ è una variabile aleatoria assolutamente continua, con densità

$$f_Z(z) = \frac{1}{4}(2 - |z|)\, \mathbb{1}_{(-2,+2)}(z).$$

Esercizio 6.29 Siano X, Y variabili aleatorie indipendenti, entrambe con distribuzione Exp(1), e si definisca $Z := X - Y$.

(i) Si mostri che Z è una variabile aleatoria assolutamente continua, con densità

$$f_Z(z) = \frac{1}{2}\mathrm{e}^{-|z|}.$$

[*Sugg.* Si ponga $Y' := -Y$, così che $Z = X + Y'$.]

(ii) Si mostri che $|Z| \sim \mathrm{Exp}(1)$.

Esercizio 6.30 Ricordiamo che una variabile aleatoria reale X è detta *di Cauchy standard* se è assolutamente continua con densità

$$f_X(x) := \frac{1}{\pi}\frac{1}{1 + x^2}, \qquad x \in \mathbb{R}.$$

Si dimostri che la variabile aleatoria $Y := 1/X$ è di Cauchy standard.

Esercizio 6.31 L'ufficio informazioni delle Ferrovie dello Stato ha due numeri verdi. I tempi di attesa T_1 e T_2 per parlare con l'operatore sono, per entrambi i numeri, variabili aleatorie esponenziali, con media $\mu = 15$ minuti. Inoltre T_1 e T_2 si possono considerare indipendenti. Avendo a disposizione due telefoni, decido di chiamare contemporaneamente i due numeri, in modo da parlare con l'operatore che risponderà per primo.

(i) Quanto tempo, in media, dovrò aspettare per parlare con un operatore?
(ii) Qual è la probabilità di attendere meno di 5 minuti?

Esercizio 6.32 Sia X una variabile aleatoria con distribuzione Exp(1).

(i) Per $n \in \mathbb{N}$, calcolare la mediana m_n di X^n e mostrare che $\lim_{n\to\infty} m_n = 0$, mentre $\lim_{n\to\infty} \mathrm{E}(X^n) = +\infty$.
(ii) Sia $Y \sim \mathrm{Exp}(1)$ una variabile indipendente da X. Calcolare la funzione di ripartizione di $X + Y$ e mostrare che il quantile di $X + Y$ di ordine $\alpha \in (0, 1)$ è strettamente minore della somma dei quantili di X e Y di ordine α.

Esercizio 6.33 Sia X una variabile aleatoria con legge N(0, 1), e sia $Y = \mathrm{e}^X$.

(i) Mostrare che Y è una variabile aleatoria assolutamente continua, e determinarne la densità $f_Y(y)$. *La distribuzione di Y è detta* log-normale.
(ii) Calcolare $\mathrm{E}(Y^n)$ per ciascun $n \in \mathbb{N}_0$.
(iii) Mostrare che per ogni $n \in \mathbb{N}_0$ si ha $\mathrm{E}(\sin(2\pi X)\mathrm{e}^{nX}) = 0$.

[*Sugg.* Usare la formula di trasferimento e notare che $nx - \frac{1}{2}x^2 = \frac{1}{2}n^2 - \frac{1}{2}(x-n)^2$.]

(iv) Consideriamo ora una variabile aleatoria positiva W, con densità data da

$$f_W(t) = (1 + \sin(2\pi \log t))\, f_Y(t) \qquad \forall t \in \mathbb{R}\,.$$

Verificare che f_W è effettivamente una densità di probabilità, quindi mostrare che $\mathrm{E}(W^n) = \mathrm{E}(Y^n)$ per ogni $n \in \mathbb{N}$.

Abbiamo mostrato che Y e W, che hanno densità diverse, hanno gli stessi momenti! Perciò la legge log-normale *non è determinata univocamente dai suoi momenti.*

Esercizio 6.34 Per una variabile aleatoria reale X assolutamente continua con densità f_X, l'entropia della sua legge è definita da

$$H_X := -\int_{-\infty}^{+\infty} \log(f_X(x))\, f_X(x)\mathrm{d}x = -\mathrm{E}\left(\log f_X(X)\right),$$

se $f_X|\log f_X|$ è integrabile (si usa la convenzione $0 \log 0 = 0$).

(i) Esprimere H_{aX+b} in funzione di H_X, per $a \neq 0$, $b \in \mathbb{R}$.
(ii) Sia $X \sim \mathrm{N}(0, 1)$. Mostrare che $H_X = \frac{1}{2}\log(2\pi\mathrm{e})$.
(iii) Sia Y una variabile aleatoria assolutamente continua tale che $\mathrm{E}(Y) = 0$ e $\mathrm{Var}(Y) = 1$. Sia $X \sim \mathrm{N}(0, 1)$.

(a) Mostrare che $H_X = -\mathbb{E}(\log f_X(Y))$ e che $H_X - H_Y = \mathrm{E}\left(\frac{f_Y(X)}{f_X(X)} \log \frac{f_Y(X)}{f_X(X)}\right)$.
(b) Mostrare che $x \mapsto x \log x$ è convessa su $\mathbb{R}_+$ e dedurre che $H_X \geq H_Y$.

In altre parole, la variabile aleatoria N(0, 1) *è quella che massimizza l'entropia fra le variabili aleatorie con media* 0 *e varianza* 1.

Esercizio 6.35 Sia X un punto aleatorio dell'intervallo $(0,1)$ (non necessariamente uniformemente distribuito). Esso divide l'intervallo $(0,1)$ in due segmenti. Sia $Y \geq 1$ il rapporto tra il segmento più lungo e quello più corto.

(i) Si esprima Y in funzione di X.

[*Sugg.* Può risultare utile usare gli eventi $\{X < \frac{1}{2}\}$ e $\{X \geq \frac{1}{2}\}$.]

(ii) Supponiamo che $X \sim \mathrm{U}(0,1)$. Si determinino la funzione di ripartizione e la densità di Y e si mostri che Y non ammette valore medio.

(iii) Assumiamo ora che X sia una variabile aleatoria assolutamente continua, a valori in $(0,1)$, la cui densità f_X soddisfi la relazione:

$$f_X(x) + f_X(1-x) = 2\,, \qquad \text{per ogni } x \in (0,1)\,. \tag{6.119}$$

Si mostri che la distribuzione di Y è uguale a quella trovata al punto precedente.

[*Sugg.* Si deduca dalla relazione (6.119) che $F_X(z) - F_X(1-z) = 2z - 1$ per $z \in (0,1)$.]

(iv) Si determini una densità f_X, soddisfacente alla relazione (6.119), *diversa* dalla densità di una variabile aleatoria con distribuzione $\mathrm{U}(0,1)$.

Esercizio 6.36 Siano $(X_n)_{n\in\mathbb{N}}$ variabili aleatorie i.i.d. con $X_i \sim \mathrm{U}(0,1)$.

(i) Poniamo $Y_n := -\log(X_n)$ per $n \in \mathbb{N}$. Si determini la distribuzione di Y_n e si spieghi perché le variabili aleatorie $(Y_n)_{n\in\mathbb{N}}$ sono indipendenti.
(ii) Si determini la distribuzione di $S_n := Y_1 + \ldots + Y_n$.
(iii) Si calcoli la funzione di ripartizione di $Z_n := X_1 \cdot X_2 \cdots X_n$ e si deduca che Z_n è una variabile aleatoria assolutamente continua. Se ne calcoli dunque la densità.

[*Sugg.* Si sfruttino i punti precedenti]

Esercizio 6.37 Siano $(X_n)_{n\in\mathbb{N}}$ variabili aleatorie i.i.d. $\mathrm{U}(0,1)$ e sia

$$Y_n := \min\{X_1, \ldots, X_n\}\,, \qquad \forall n \in \mathbb{N}\,.$$

Sia $T \sim \mathrm{Geo}(p)$ una variabile aleatoria indipendente dalle $(X_n)_{n\in\mathbb{N}}$, e si ponga

$$Z := Y_T\,, \qquad \text{cioè} \qquad Z(\omega) := Y_{T(\omega)}(\omega)\,.$$

Si determini la funzione di ripartizione di Z, mostrando che è una variabile aleatoria assolutamente continua.

[*Sugg.* Si determini innanzitutto $\mathrm{P}(Z \leq x, T = n)$ per ogni $n \in \mathbb{N}$.]

Esercizio 6.38 Sia $X_1, X_2, \ldots$ una successione di variabili aleatorie reali i.i.d. con distribuzione $\mathrm{U}(0,1)$. Introduciamo la variabile aleatoria $T : \Omega \to \mathbb{N} \cup \{+\infty\}$ e, per $k \in \mathbb{N}$, l'evento A_k definiti da

$$T(\omega) := \inf\left\{k \geq 1 : X_k(\omega) \leq \frac{1}{3}\right\}, \qquad A_k = \left\{X_k \leq \frac{1}{3}\right\}.$$

Definiamo quindi la variabile aleatoria

$$Y := X_T \, \mathbb{1}_{\{T<\infty\}},$$

cioè $Y(\omega) := X_{T(\omega)}(\omega)$ se $T(\omega) < \infty$, mentre $Y(\omega) := 0$ altrimenti.

(i) Per ogni $n \in \mathbb{N}$, si esprima l'evento $\{T = n\}$ in termini degli eventi $(A_k)_{k\in\mathbb{N}}$. Si deduca la distribuzione di T.
(ii) Si determini la distribuzione di Y.

[*Sugg.* Si calcoli $\mathrm{P}(Y \leq x, T = n)$ per $n \in \mathbb{N}$.]

Esercizio 6.39 Siano X e Y variabile aleatorie reali indipendenti. Supponiamo che X sia assolutamente continua, con densità f_X, mentre Y sia discreta, con densità discreta p_Y. Supponiamo inoltre che Y assuma solo un numero finito di valori, cioè l'insieme $Y(\Omega) = \{x \in \mathbb{R} : \mathrm{p}_Y(x) > 0\} = \{x_1, \ldots, x_n\}$ è finito.

(i) Si esprima la funzione di ripartizione di $Z := X + Y$ in termini di f_X e p_Y.
(ii) Si mostri che Z è una variabile aleatoria assolutamente continua, determinandone la densità in funzione di f_X e p_Y.

Esercizio 6.40 Un congegno elettronico è costituito da n componenti collegate in serie: esso smette di funzionare non appena una qualsiasi delle sue componenti si rompe. I tempi di vita $T_1, T_2, \ldots, T_n$ delle n componenti sono variabili aleatorie reali indipendenti e con la stessa distribuzione assolutamente continua, di cui indichiamo con f la densità. Chiaramente $f(x) = 0$ per $x < 0$ (i tempi di vita sono quantità positive). Supponiamo che f sia una funzione continua su $[0, \infty)$, con $f(0) > 0$. Indicando con X_n il tempo di vita dell'intero dispositivo, si mostri che, per ogni $\varepsilon > 0$,

$$\lim_{n\to+\infty} \mathrm{P}(X_n > \varepsilon) = 0$$

Esercizio 6.41 (Size-bias, I) Sia X una variabile aleatoria assolutamente continua *positiva*, con densità $f(x)$, e valore medio $\mathrm{E}(X)$ *finito*. Consideriamo una variabile aleatoria X^* (positiva), con densità data da

$$f_{X^*}(x) = \frac{1}{\mathrm{E}(X)} \, x f(x).$$

La variabile aleatoria X^* è detta *versione size-biased* di X.

(i) Mostrare che per ogni funzione $g : \mathbb{R} \to \mathbb{R}$ continua a tratti e limitata si ha

$$\mathrm{E}(g(X^*)) = \frac{1}{\mathrm{E}(X)} \mathrm{E}(Xg(X)) .$$

(ii) Mostrare che le funzioni di ripartizione di X e X^* verificano $F_{X^*}(t) \le F_X(t)$ per ogni $t \in \mathbb{R}$.

[*Sugg.* Notare che $x \mapsto x$ è crescente mentre $x \mapsto \mathbb{1}_{(-\infty,t]}(x)$ è decrescente e usare la disuguaglianza FKG (Proposizione 3.83).]

(iii) (*) Sia $U \sim \mathrm{U}(0, 1)$ una variabile aleatoria indipendente di X^*, e sia $Y := U\, X^*$. Mostrare che Y è assolutamente continua, con densità data da

$$f_Y(y) = \frac{1}{\mathrm{E}(X)} \mathrm{P}(X > y) \mathbb{1}_{\mathbb{R}^+}(y) .$$

Esercizio 6.42 Siano $X_1, X_2, \ldots, X_n$ variabili aleatorie i.i.d., con distribuzione $\mathrm{U}(0, 1)$, e definiamo

$$L_n := \min\{X_1, X_2, \ldots, X_n\} , \qquad Z_n := n\, L_n .$$

Si mostri che la funzione di ripartizione $F_{Z_n}(t)$ converge per $n \to \infty$ verso un limite $F(t)$, che è la funzione di ripartizione di una variabile aleatoria $\mathrm{Exp}(1)$.

Esercizio 6.43 Sia X una variabile aleatoria con densità

$$f(x) = \left(1 + \frac{x}{\beta}\right)^{-(1+\beta)} \mathbb{1}_{\mathbb{R}^+}(x) ,$$

con $\beta \in (1, \infty)$.

(i) Calcolare il valore medio $\mu := \mathrm{E}(X)$.
(ii) Calcolare la funzione di ripartizione $F_X(t)$ di X e determinare i quantili q_α di X di ordine $\alpha \in (0, 1)$.
(iii) Determinare il limite di μ per $\beta \to 1$ e per $\beta \to \infty$; lo stesso per q_α.

Esercizio 6.44 Sia $\varphi : [0, +\infty) \to [0, 1)$ una funzione continua, crescente, tale che $\varphi(0) = 0$, $\lim_{x\to+\infty} \varphi(x) = 1$, e il cui comportamento asintotico per $x \downarrow 0$ è dato da

$$\varphi(x) = \alpha\, x^k + o(x^k) , \qquad \text{con } \alpha, k > 0 .$$

(i) Si mostri che la funzione $F(t) := (1 - \varphi(1/t))\mathbb{1}_{(0,\infty)}(t)$ è una funzione di ripartizione, ossia soddisfa le proprietà (5.5).
(ii) Si consideri una successione $(X_n)_{n\ge1}$ di variabili aleatorie i.i.d. con funzione di ripartizione F definita sopra. Ponendo

$$Y_n := \frac{\max(X_1, X_2, \ldots, X_n)}{n^{1/k}} ,$$

si mostri che, per ogni $y > 0$, si ha

$$\lim_{n\to+\infty} \mathrm{P}(Y_n \le y) = \mathrm{e}^{-\alpha/y^k}.$$

Esercizio 6.45 Un lanciatore di giavellotto esegue $n \in \mathbb{N}$ lanci. Detta X_i la distanza ottenuta nell'i-esimo lancio, supponiamo che $X_1, \ldots, X_n$ siano variabili aleatorie i.i.d. con $X_n \sim \mathrm{Exp}(\lambda)$, dove $\lambda \in (0, \infty)$. Indichiamo con M_n la massima distanza a cui è stato lanciato il giavellotto.

(i) Sia $W_n := \frac{M_n}{\log(n)}$ e F_{W_n} la relativa funzione di ripartizione. Si mostri che

$$\lim_{n\to+\infty} F_{W_n}(x) = \begin{cases} 0 & \text{se } x < \frac{1}{\lambda}, \\ \mathrm{e}^{-1} & \text{se } x = \frac{1}{\lambda}, \\ 1 & \text{se } x > \frac{1}{\lambda}. \end{cases}$$

(ii) Si deduca che per ogni $\varepsilon > 0$

$$\lim_{n\to+\infty} \mathrm{P}\left(\left| \frac{M_n}{\log(n)} - \frac{1}{\lambda} \right| > \varepsilon \right) = 0.$$

(iii) Definiamo ora

$$Z_n := M_n - \frac{1}{\lambda} \log n,$$

e sia $F_{Z_n}(t)$ la relativa funzione di ripartizione. Si mostri che il limite $F(t) := \lim_{n\to\infty} F_{Z_n}(t)$ esiste, e lo si determini, per ogni $t \in \mathbb{R}$. Si osservi che F è la funzione di ripartizione di una variabile aleatoria assolutamente continua.

Esercizio 6.46 Siano $(X_i)_{i\ge1}$ variabili aleatorie i.i.d. con legge Exp(1). Per ogni $n \ge 1$ poniamo $Y_n := \prod_{i=1}^n X_i$.

(i) Mostrare che $\mathrm{E}(Y_n) = 1$ per ogni $n \in \mathbb{N}$.

(ii) Mostrare che $\mathrm{E}(\sqrt{Y_n}) = \left(\frac{\sqrt{\pi}}{2}\right)^n$ per ogni $n \in \mathbb{N}$.

[*Sugg.* Usare l'integrale di Gauss $\int_{-\infty}^{\infty} \mathrm{e}^{-x^2} \mathrm{d}x = \sqrt{\pi}$.]

(iii) Usando la disuguaglianza di Markov, mostrare che per ogni $n \in \mathbb{N}$ e $\theta > 0$

$$\mathrm{P}\left(Y_n > \theta^n\right) \le \left(\frac{\sqrt{\pi}}{2\sqrt{\theta}}\right)^n.$$

Dedurre che se $\theta \in (\frac{\pi}{4}, 1)$ si ha $\lim_{n\to\infty} \mathrm{P}(Y_n > \theta^n) = 0$.

(iv) Usando il risultato del punto precedente, mostrare che se $\theta \in (\frac{\pi}{4}, 1)$ allora

$$\lim_{N\to\infty} \mathrm{P}\left(\bigcup_{n\ge N} \{Y_n > \theta^n\} \right) = 0.$$

Usando la continuità dall'alto della probabilità (Proposizione 1.24), dedurre che $\mathrm{P}\left(\bigcap_{N\ge1} \bigcup_{n\ge N} \{Y_n > \theta^n\}\right) = 0$. Passando al complementare, concludere che l'evento "la successione $(Y_n)_{n\ge1}$ converge a 0" ha probabilità 1.

Esercizio 6.47 (L'ago di Buffon, *) In questo esercizio si descrive un esperimento realizzato dal conte Buffon, un naturalista, matematico e filosofo del diciottesimo secolo. Gettiamo un ago su un parquet composto da assi parallele, e ci chiediamo quale sia la probabilità che l'ago cada a cavallo di (almeno) una scanalatura nel parquet. Supponiamo che le scanalature del parquet siano a distanza d le une dalle altre. Denotiamo con X la distanza dal centro dell'ago dalla scanalatura più vicina, e Θ l'angolo che l'ago forma con la direzione delle scanalature, come in figura.

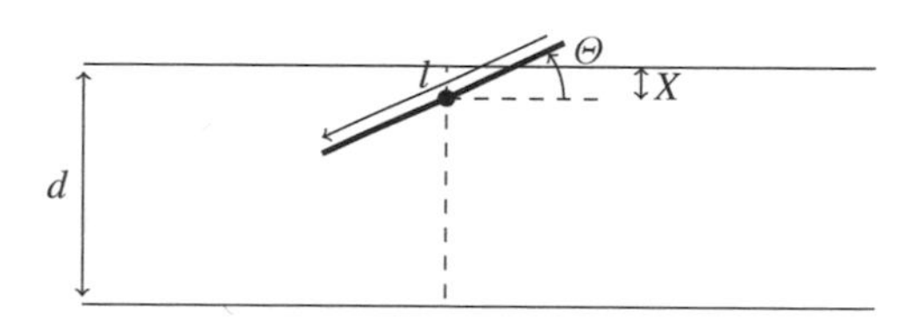

Facciamo l'ipotesi che X abbia distribuzione uniforme nell'intervallo $[0, d/2]$ (infatti $d/2$ è la massima distanza dalla scanalatura più vicina), che Θ abbia distribuzione uniforme nell'intervallo $[0, \pi/2]$ (anche qui, per simmetria, $\pi/2$ è il massimo valore possibile di tale angolo), e che X e Θ siano indipendenti. L'evento "l'ago cade a cavallo di una scanalatura del parquet" corrisponde dunque a $\{X < \frac{l}{2} \sin \Theta\}$, dove l è la lunghezza dell'ago.

(i) Fornire la densità congiunta di (X, Θ).
(ii) Si assuma che $l \leq d$. Mostrare che $\mathrm{P}(X < \frac{l}{2} \sin \Theta) = \frac{2l}{\pi d}$.

Ripetendo questo esperimento molte volte e annotando la proporzione di volte in cui l'ago cade a cavallo di una scanalatura, Buffon dedusse un valore approssimativo di questa probabilità, e quindi di π! Si tratta di un esempio del metodo Monte Carlo, *sul quale torneremo nel Paragrafo 7.1.2.*

Esercizio 6.48 (*) Due punti sono scelti in modo uniforme e indipendente nell'intervallo $[0, L]$. Qual è la probabilità che con i tre segmenti in cui viene suddiviso l'intervallo sia possibile formare un triangolo?

Esercizio 6.49 (*) Sia Θ una variabile aleatoria con distribuzione $\mathrm{U}(0, 2\pi)$. Si ponga $X = \cos(\Theta)$ e $Y = \sin(\Theta)$.

(i) Calcolare i valori medi di X e Y, e la matrice di covarianza del vettore (X, Y).
(ii) Il vettore (X, Y) è assolutamente continuo?

Esercizio 6.50 (*) Un segnale viene trasmesso in un istante aleatorio X. Il ricevitore viene acceso in un istante aleatorio Y e resta acceso per un intervallo di tempo aleatorio Z. Supponendo che X, Y, Z siano variabili aleatorie indipendenti con $X \sim \mathrm{U}[0, 2]$ e $Y, Z \sim \mathrm{U}[0, 1]$, qual è la probabilità che il segnale venga ricevuto?

Esercizio 6.51 (*) Sia (X, Y) un vettore aleatorio bidimensionale assolutamente continuo, con densità

$$f_{X,Y}(x, y) = \frac{\alpha(\alpha+1)}{(1+x+y)^{2+\alpha}} \mathbb{1}_{[0,\infty)}(x) \, \mathbb{1}_{[0,\infty)}(y),$$

dove $\alpha \in (0, \infty)$ è una costante fissata.

(i) Senza fare conti, si spieghi perché le componenti X e Y hanno la stessa densità.
(ii) Si mostri che la funzione di ripartizione di X (e di Y) è data da

$$F_X(t) = \left(1 - \frac{1}{(1+t)^{\alpha}}\right) \mathbb{1}_{[0,\infty)}(t).$$

(iii) Per quali valori di $p \in [1, \infty)$ si ha che $X \in L^p$?

Esercizio 6.52 (*) Sia (X, Y) un vettore aleatorio a valori in $\mathbb{R}^2$, con densità

$$f_{X,Y}(x, y) := \begin{cases} c \, \mathrm{e}^{-x} & \text{se } 0 < x < y < x+1, \\ 0 & \text{altrimenti}. \end{cases}$$

dove $c \in \mathbb{R}$ è una opportuna costante.

(i) Si mostri che X è una variabile aleatoria con distribuzione Exp(1) e si calcoli il valore della costante c.
(ii) Si mostri che $Z := \log(X)$ è una variabile aleatoria assolutamente continua e se ne determini la densità. Per quali valori di p si ha $Z \in L^p$?
(iii) Si determini la densità di Y. Si calcoli $\mathrm{E}(\mathrm{e}^{X-Y})$.

Esercizio 6.53 (*) Sia (X, Y) un vettore aleatorio bidimensionale con densità f data da

$$f(x, y) = c \, y \, \mathrm{e}^{-xy} \, \mathbb{1}_{[0,\infty)\times[0,2]}(x, y).$$

(i) Si determini il valore di $c \in \mathbb{R}$ affinché f sia effettivamente una densità.
(ii) Si determinino le densità marginali di X e Y e si riconosca la distribuzione di Y. Le variabili aleatorie X e Y sono indipendenti?
(iii) Si mostri che $V := \max(X, Y)$ è una variabile aleatoria reale assolutamente continua e se ne determini la densità.
(iv) Posto $U := X + Y$, si dica se U e V sono indipendenti.

[*Sugg.* Non è necessario calcolare la densità congiunta di (U, V).]

Esercizio 6.54 (*) Sia $Z := (X, Y)$ un vettore aleatorio bidimensionale con distribuzione uniforme nel sottoinsieme $C := ([0, \frac{1}{2}] \times [0, \frac{1}{2}]) \cup ([\frac{1}{2}, 1] \times [\frac{1}{2}, 1])$. Si determinino le distribuzioni delle variabili aleatorie reali X e Y. Esse sono indipendenti?

Esercizio 6.55 (*) Sia (X, Y) un vettore aleatorio bidimensionale con distribuzione uniforme sul cerchio di raggio unitario centrato nell'origine. Si determinino, possibilmente senza fare calcoli, le seguenti probabilità condizionali:

$$\mathrm{P}\left(\max(|X|, |Y|) \leq \frac{1}{2\sqrt{2}} \,\middle|\, X^2 + Y^2 \leq \frac{1}{4} \right),$$
$$\mathrm{P}\left(\max(|X|, |Y|) \leq \frac{1}{2} \,\middle|\, |X| + |Y| \leq 1 \right).$$

[*Sugg.* Fare un disegno.]

Esercizio 6.56 (*) Siano $\{X_n\}_{n \in \mathbb{N}_0}$ variabili aleatorie reali i.i.d. $\mathrm{Exp}(1)$. Definiamo per $n \in \mathbb{N}$

$$U_n := \frac{X_0}{X_1 + \ldots + X_n}.$$

(i) Si mostri che la funzione di ripartizione di U_n è data, per $t \geq 0$, da

$$F_{U_n}(t) = 1 - \frac{1}{(1+t)^n}.$$

[*Sugg.* Si osservi che $Y_n := X_1 + \ldots + X_n$ ha distribuzione ... ed è indipendente da ...]

(ii) Si deduca che la variabile aleatoria U_n è assolutamente continua e, per ogni n fissato, si determini per quali valori di $p > 0$ si ha $U_n \in L^p$.

Esercizio 6.57 (*) Siano X e Y variabili aleatorie reali indipendenti, in cui Y ha distribuzione $\mathrm{U}(-\pi/2, \pi/2)$ mentre X è assolutamente continua con densità

$$f_X(x) = x\, \mathrm{e}^{-\frac{x^2}{2}} \mathbb{1}_{[0,+\infty)}(x).$$

Si determinino la distribuzione congiunta e le distribuzioni marginali delle variabili aleatorie Z e W, definite da

$$Z := X \cos Y, \qquad W := X \sin Y.$$

[*Sugg.* Si osservi che $X = \sqrt{Z^2 + W^2}$ e $Y = \arctan(W/Z)$.]

Esercizio 6.58 (Size-bias, II *) Sia X una variabile aleatoria reale con densità $f_X(x)$. Assumiamo che X sia positiva, dunque $f_X(x) = 0$ per $x \leq 0$, con valore medio finito: $\mathrm{E}(X) < \infty$. Siano ora σ, τ due variabili aleatorie reali con densità congiunta

$$f_{\sigma,\tau}(a, b) := c\, f_X(a + b)\, \mathbb{1}_{(0,\infty)}(a)\, \mathbb{1}_{(0,\infty)}(b),$$

dove $c \in \mathbb{R}$ è un'opportuna costante.

1. Mostrare che σ e τ hanno la stessa distribuzione con densità

$$f_\tau(t) = c \, \mathrm{P}(X > t) \, \mathbb{1}_{(0,\infty)}(t) \,,$$

   e dedurre che si ha $c = 1/\,\mathrm{E}(X)$.
2. Mostrare che le variabili aleatorie X^* e U definite da

$$X^* := \sigma + \tau \qquad \text{e} \qquad U := \frac{\tau}{\sigma + \tau}$$

   sono indipendenti, inoltre $U \sim \mathrm{U}(0,1)$ mentre X^* ha densità

$$f_{X^*}(x) = \frac{1}{\mathrm{E}(X)} \, x \, f_X(x) \,.$$

   Come abbiamo visto nell'Esercizio 6.41, X^* è detta *versione size-biased* di X.

Esercizi più difficili

Esercizio 6.59 Pietro è un lanciatore di giavellotto. Dopo un lancio iniziale, in cui manda il giavellotto a una distanza X_0, si cimenta in una successione di lanci ripetuti: nel lancio n-esimo il giavellotto cade a una distanza X_n. Pietro si interroga su quanti lanci T debba fare per migliorare il risultato iniziale, ossia

$$T := \min\{n \in \mathbb{N} : \, X_n > X_0\} \,.$$

Assumiamo che $(X_n)_{n \in \mathbb{N}_0}$ siano variabili aleatorie indipendenti e (ignorando l'effetto della fatica) con la stessa distribuzione, che supponiamo assolutamente continua. Mostreremo che T *ha una distribuzione "universale", che non dipende dalla distribuzione delle* X_k, con densità discreta

$$\mathrm{p}_T(k) = \frac{1}{k(k+1)} \, \mathbb{1}_{\mathbb{N}}(k) \,, \tag{6.120}$$

da cui segue che il numero di lanci richiesti per migliorarsi ha media $\mathrm{E}(T) = +\infty$! (Aver ignorato la fatica rende questo risultato ancora più sorprendente.)

(i) Definendo gli eventi

$$A_k^{(n)} := \left\{ X_k = \max_{0 \le i \le n} X_i \right\}, \qquad \text{per } n \in \mathbb{N} \,,\; k \in \{0, \ldots, n\} \,,$$

si mostri, con un argomento di simmetria, che

$$\mathrm{P}\left(A_0^{(n)}\right) = \mathrm{P}\left(A_1^{(n)}\right) = \ldots = \mathrm{P}\left(A_n^{(n)}\right).$$

(ii) Si mostri che per ogni $i \neq j$ si ha $\mathrm{P}(X_i \neq X_j) = 1$.

[*Sugg.* Si noti che $X_i - X_j$ è una variabile reale assolutamente continua (perché?).]

(iii) Si spieghi l'inclusione di eventi $A_i^{(n)} \cap A_j^{(n)} \subseteq \{X_i = X_j\}$ e si deduca che

$$\mathrm{P}\left(A_i^{(n)} \cap A_j^{(n)}\right) = 0\,, \qquad \forall i \neq j\,.$$

(iv) Si spieghi perché $\bigcup_{k=0}^{n} A_k^{(n)} = \Omega$ e si deduca che

$$\mathrm{P}(A_k^{(n)}) = \frac{1}{n+1}\,, \qquad \forall n \in \mathbb{N}\,,\ 0 \leq k \leq n\,.$$

[*Sugg.* Si ricordi l'Esercizio 1.4.]

(v) Si spieghi perché $\{T > n\} = A_0^{(n)}$ e, dunque, $\mathrm{P}(T > n) = \frac{1}{n+1}$. Si deduca la formula (6.120) e il fatto che $\mathrm{E}(T) = +\infty$.

Esercizio 6.60 (*) Riprendiamo l'Esercizio 6.59: siano $X_0, X_1, X_2, \ldots$ variabili aleatorie reali indipendenti con la stessa distribuzione assolutamente continua e sia

$$T := \min\{n \geq 1 : \ X_n > X_0\}\,,$$

che rappresenta il numero di tentativi necessari per migliorare il risultato iniziale. In questo esercizio ci interessiamo al risultato ottenuto proprio all'istante T, che indichiamo con $Y := X_T$, cioè $Y(\omega) := X_{T(\omega)}(\omega)$. Indichiamo con f (risp. F) la densità (risp. la funzione di ripartizione) delle variabili aleatorie X_i. Supponiamo per semplicità che f sia continua a tratti.

(i) Mostrare che per ogni $k \geq 1$ e $t \in \mathbb{R}$

$$\mathrm{P}(Y \leq t, T = k) = \mathrm{P}(X_1, \ldots, X_{k-1} \leq X_0 < X_k \leq t)$$

(ii) Mostrare che per ogni $k \geq 1$ e $t \in \mathbb{R}$

$$\mathrm{P}(Y \leq t, T = k) = \int_{-\infty}^{t} \left(\int_{-\infty}^{x_k} F(x_0)^{k-1} f(x_0)\, \mathrm{d}\, x_0 \right) f(x_k)\, \mathrm{d}\, x_k\,,$$

e dedurre che $\mathrm{P}(Y \leq t, T = k) = \frac{1}{k(k+1)} F(t)^{k+1}$. Ritrovare la conclusione dell'Esercizio 6.59, vale a dire $\mathrm{P}(T = k) = \frac{1}{k(k+1)}$ per ogni $k \in \mathbb{N}$.

(iii) Mostrare che la funzione di ripartizione di Y è data da

$$\mathrm{P}(Y \leq t) = F(t) + (1 - F(t)) \log(1 - F(t))\,.$$

Dedurre che Y è assolutamente continua ed esprimerne la densità in funzione di f e F.

Cerchiamo ora di capire *di quanto* viene migliorato il risultato iniziale, studiando la variabile aleatoria $W := Y - X_0$. Determiniamo innanzitutto la densità congiunta di (X_0, Y): a tal fine, fissiamo una "funzione test" $h : \mathbb{R}^2 \to \mathbb{R}$ limitata e continua al di fuori di un insieme di misura 2-dimensionale nulla, e calcoliamo $\mathrm{E}(h(X_0, Y))$.

(iv) Usando l'uguaglianza di eventi $\{T=k\}=\{X_1,\ldots,X_{k-1}\le X_0<X_k\}$, mostrare che per ogni $k\in\mathbb{N}$

$$\mathrm{E}\left[h(X_0,Y)\mathbb{1}_{\{T=k\}}\right]=\int_{\mathbb{R}^2} h(x_0,x_k)F(x_0)^{k-1}f(x_0)f(x_k)\mathbb{1}_{\{x_0<x_k\}}\mathrm{d}x_0\mathrm{d}x_k\,.$$

(v) Supponiamo di poter scambiare le somme (infinite) seguenti con il valore medio e con l'integrale[7]:

$$\sum_{k=1}^{\infty}\mathrm{E}\left[h(X_0,Y)\mathbb{1}_{\{T=k\}}\right]=\mathrm{E}\left[\sum_{k=1}^{\infty}h(X_0,Y)\mathbb{1}_{\{T=k\}}\right];$$

$$\sum_{k=1}^{\infty}\int_{\mathbb{R}^2} h(x,y)F(x)^{k-1}f(x)f(y)\mathbb{1}_{\{x<y\}}\mathrm{d}x\,\mathrm{d}y$$

$$=\int_{\mathbb{R}^2}\sum_{k=1}^{\infty}h(x,y)F(x)^{k-1}f(x)f(y)\mathbb{1}_{\{x<y\}}\mathrm{d}x\,\mathrm{d}y\,.$$

Mostrare allora che la densità congiunta di (X_0,Y) è data da

$$f_{X_0,Y}(x,y)=\frac{1}{1-F(x)}f(x)f(y)\mathbb{1}_{\{x<y\}}\,,$$

e ritrovare la densità marginale di Y già determinata.

(vi) Determinare la densità congiunta di $(X_0,W)=(X_0,Y-X_0)$ ed esprimere la densità marginale di W sotto forma di integrale. Verificare che nel caso speciale in cui $X_i\sim\mathrm{Exp}(\lambda)$ con $\lambda>0$, cioè $f(x)=\lambda\,\mathrm{e}^{-\lambda x}\,\mathbb{1}_{[0,\infty)}(x)$, le variabili aleatorie X_0 e W sono indipendenti e $W\sim\mathrm{Exp}(\lambda)$.

Esercizio 6.61 (Concentrazione della misura, I) Siano $X_1,\ldots,X_n$ variabili aleatorie indipendenti e con la stessa distribuzione, con momento secondo $\mathrm{E}(X_i^2)=1$ e momento quarto finito: $m_4=\mathrm{E}(X_i^4)<+\infty$. Consideriamo il vettore aleatorio

$$V_n:=(X_1,\ldots,X_n)\in\mathbb{R}^n$$

e indichiamo con $Z_n:=\|V_n\|^2=\sum_{i=1}^n X_i^2$ il quadrato della sua norma euclidea.

(i) Calcolare $\mathrm{E}(Z_n)$ e $\mathrm{Var}(Z_n)$.
(ii) Dedurre dalla disuguaglianza di Jensen che $\mathrm{E}(\|V_n\|)\le\sqrt{n}$.
(iii) Sia $R>0$ un numero reale. Mostrare che per ogni $n\ge 1$ si ha

$$\mathrm{P}\left(\left|\|V_n\|-\sqrt{n}\right|\ge R\right)\le\mathrm{P}\left(|Z_n-n|\ge R\sqrt{n}\right)\le\frac{m_4-1}{R^2}\,. \tag{6.121}$$

[*Sugg.* Si distinguano $\{\|V_n\|\ge\sqrt{n}+R\}$ e $\{\|V_n\|\le\sqrt{n}-R\}$ (nel secondo caso si ha $\sqrt{n}\ge R$).]

---

[7] Lo si può giustificare con strumenti più avanzati, come il teorema di Fubini–Tonelli.

(iv) Assumiamo che $X_i \sim N(0,1)$ per ogni $i \geq 1$. Calcolare m_4 e dimostrare la seguente affermazione: *per ogni $n \in \mathbb{N}$, il vettore $V_n = (X_1, \ldots, X_n)$ ha norma compresa fra $\sqrt{n} - 10$ e $\sqrt{n} + 10$ con probabilità maggiore del* 98%. Dunque, con grande probabilità, il vettore V_n giace nella "buccia" tra due sfere di raggio $\sqrt{n} \pm 10$ (il raggio diverge per $n \to \infty$, ma lo spessore resta costante!).

Esercizio 6.62 (Concentrazione della misura, II) Siano $U_1, \ldots, U_n$ variabili aleatorie indipendenti con distribuzione uniforme nell'intervallo $(0,1)$. Consideriamo il vettore aleatorio

$$W_n = (U_1, \ldots, U_n) \in \mathbb{R}^n ,$$

che ha distribuzione uniforme nell'ipercubo $(0,1)^n$.

(i) Per $\delta \in (0, \frac{1}{2})$, definiamo la "buccia dell'ipercubo di spessore δ" ponendo

$$\Gamma(\delta) := (0,1)^n \setminus (\delta, 1-\delta)^n .$$

Mostrare che $P(W_n \in \Gamma(\delta)) \geq 1 - e^{-2\delta n}$, per ogni $n \in \mathbb{N}$, e da ciò dedurre che *il vettore W_n appartiene a $\Gamma(3/n)$ con probabilità maggiore del* 99.7%.

(ii) Sfruttando l'Esercizio 6.61, mostrare che per ogni $n \in \mathbb{N}$ *il vettore W_n ha norma compresa fra $\sqrt{n/3} - 6$ e $\sqrt{n/3} + 6$ con probabilità maggiore del* 99.2%.

[*Sugg.* Si osservi che $X_i := \sqrt{3}U_i$ ha momento secondo $E[X_i^2] = 1$, quindi possiamo applicare la stima (6.121) al vettore $V_n := (X_1, \ldots, X_n)$.]

(iii) Concludere che con grande probabilità (> 99%) un punto scelto uniformemente nell'ipercubo $(0,1)^n$ *giace nell'intersezione tra la "buccia" dell'ipercubo di spessore $3/n$ e la "buccia" compresa tra due sfere di raggio $\sqrt{n/3} \pm 6$.*

Esercizio 6.63 (Una legge 0-1) Siano $(X_i)_{i \geq 1}$ variabili aleatorie reali indipendenti e con la stessa distribuzione. Si ponga $S_0 = 0$ e per $n \geq 1$, $S_n = \sum_{i=1}^n X_i$. Possiamo interpretare $(S_n)_{n \geq 0}$ come la successione delle posizioni di una passeggiata aleatoria, per la quale X_i è la distanza (con segno) percorsa nell'i-esimo passo; questo generalizza la passeggiata aleatoria semplice vista nel Paragrafo 4.7, dove i passi erano assunti di lunghezza 1. Lo scopo di questo esercizio è mostrare che le probabilità $P(\sup_{n \geq 0} S_n = +\infty)$ e $P(\inf_{n \geq 0} S_n = -\infty)$ valgono necessariamente 0 oppure 1.

Per $k \in \mathbb{Z}$, introduciamo le variabili aleatorie $T_k := \min\{n : S_n \geq k\}$, con la convenzione $\min \emptyset = +\infty$.

(i) Mostrare l'uguaglianza di eventi

$$\left\{ \sup_{n \geq 0} S_n = +\infty \right\} = \bigcap_{k=1}^{\infty} \{T_k < +\infty\} .$$

Dedurne che $P(\sup_{n \geq 0} S_n = +\infty) = \lim_{k \to \infty} P(T_k < +\infty)$.

(ii) Sia $k \in \mathbb{N}$ fissato. Dimostrare la seguente uguaglianza di eventi:

$$\left\{ \sup_{n \geq 0} S_n = +\infty \right\} = \bigcup_{m=0}^{\infty} \{T_k = m\} \cap \left\{ \sup_{n \geq m} (S_n - S_m) = +\infty \right\}.$$

Dedurne che

$$\mathrm{P}\left(\sup_{n \geq 0} S_n = +\infty \right) \leq \sum_{m=0}^{\infty} \mathrm{P}(T_k = m)\, \mathrm{P}\left(\sup_{n \geq m} (S_n - S_m) = +\infty \right)$$

(iii) Mostrare che $\mathrm{P}(\sup_{n \geq m}(S_n - S_m) = +\infty) = \mathrm{P}(\sup_{n \geq 0} S_n = +\infty)$. Dedurne che per ogni $k \in \mathbb{N}$ fissato vale la disuguaglianza

$$\mathrm{P}\left(\sup_{n \geq 0} S_n = +\infty \right) \leq \mathrm{P}(T_k < +\infty)\, \mathrm{P}\left(\sup_{n \geq 0} S_n = +\infty \right).$$

(iv) Concludere che si ha la seguente dicotomia:

- se $\exists\, k \in \mathbb{N}$ tale che $\mathrm{P}(T_k < +\infty) < 1$ allora $\mathrm{P}(\sup_{n \geq 0} S_n = +\infty) = 0$;
- se $\forall\, k \in \mathbb{N}$ si ha $\mathrm{P}(T_k < +\infty) = 1$ allora $\mathrm{P}(\sup_{n \geq 0} S_n = +\infty) = 1$.

(v) Mostrare che la probabilità $\mathrm{P}(\inf_{n \geq 0} S_n = -\infty)$ può assumere solo i valori 0 e 1.

6.8 Note bibliografiche

L'*integrale di Riemann*, sviluppato da B. Riemann in [65], è stata la prima nozione rigorosa di integrale di una funzione su un intervallo. Un'analisi più completa e rigorosa delle variabili aleatorie assolutamente continue, a cominciare dalla dimostrazione della Proposizione 6.21 e di altri risultati enunciati in questo capitolo, richiede una nozione di integrale più avanzata, l'*integrale di Lebesgue*, introdotto da H. Lebesgue in [50]. Per un'introduzione all'integrazione secondo Lebesgue suggeriamo il testo di G.B. Folland [33].

Il *processo di Poisson* (Paragrafi 6.6.3 e 6.6.4) è l'esempio più elementare, e fondamentale, di *processo di punto*, cioè di sottoinsieme aleatorio discreto di $\mathbb{R}$. Ottime monografie su questo argomento sono i testi di D. J. Daley e D. Vere-Jones [22, 23] e di P. Brémaud [16].

I vettori aleatori normali (Paragrafo 6.5) hanno una naturale generalizzazione in famiglie infinite di variabili aleatorie, dette *processi gaussiani*. Su tale argomento segnaliamo la monografia di M. Lifshits [54].

Capitolo 7
Teoremi limite

Sommario In questo capitolo presentiamo i teoremi limite classici, la *legge dei grandi numeri* e il *teorema limite centrale*, che costituiscono il nucleo del calcolo delle probabilità, per la loro portata sia teorica che applicativa. Le dimostrazioni di questi risultati sono accompagnate da una discussione dettagliata del loro significato e da numerosi esempi e applicazioni.

7.1 La legge dei grandi numeri

Consideriamo una successione $(X_i)_{i \in \mathbb{N}}$ di variabili aleatorie reali, definite nello stesso spazio di probabilità $(\Omega, \mathcal{A}, P)$. Supponiamo che tali variabili aleatorie abbiano la stessa distribuzione marginale, con valore medio finito: in particolare $E(X_i) = \mu \in \mathbb{R}$ per ogni $i \in \mathbb{N}$. Per avere più chiaro il senso di ciò che segue, si può immaginare che le X_i rappresentino misurazioni successive di una stessa grandezza fisica, la cui aleatorietà è dovuta all'imprecisione degli strumenti di misura e/o a fenomeni di "disturbo" esterni; in alternativa, le X_i possono rappresentare i risultati ottenuti nelle ripetizioni di uno stesso esperimento aleatorio, come ad esempio i lanci successivi di un dado oppure le vincite alla roulette. Spesso è naturale richiedere che le variabili $(X_i)_{i \in \mathbb{N}}$ siano indipendenti, ma per il momento non facciamo tale ipotesi.

Avendo in mente gli esempi sopra descritti, è assai naturale considerare la media aritmetica dei risultati ottenuti: per ogni $n \in \mathbb{N}$ si definisce quindi

$$\overline{X}_n := \frac{1}{n} \sum_{i=1}^{n} X_i \,. \tag{7.1}$$

Supplementary Information The online version contains supplementary material available at https://doi.org/10.1007/978-88-470-4006-9_7.

Q. Berger, F. Caravenna, P. Dai Pra, *Probabilità*, UNITEXT 127,
https://doi.org/10.1007/978-88-470-4006-9_7

Nel linguaggio del calcolo delle probabilità e della statistica matematica, $\overline{X}_n$ è detta *media campionaria*. Sottolineiamo che $\overline{X}_n$ *è essa stessa una variabile aleatoria*, definita sullo stesso spazio di probabilità $(\Omega, \mathcal{A}, P)$ su cui sono definite le X_i. Per capire intuitivamente in che senso la variabile $\overline{X}_n$ è aleatoria, si consideri l'esempio dei lanci successivi di un dado: ripetendo gli n lanci, si ottiene in generale un valore diverso di $\overline{X}_n$.

È naturale chiedersi quali valori possa assumere la variabile aleatoria $\overline{X}_n$ e con quali probabilità, ossia studiarne la distribuzione. Per l'effetto di compensazione della media aritmetica in (7.1), è plausibile che $\overline{X}_n$ "abbia meno fluttuazioni" delle singole X_i — per lo meno se le variabili $(X_i)_{i\in\mathbb{N}}$ sono indipendenti — e ci si può aspettare che, per n grande, i "valori tipici" assunti da $\overline{X}_n$ tendano a concentrarsi. Vedremo che questo è proprio ciò che accade, in un senso preciso, e il "centro" dei valori tipici di $\overline{X}_n$ risulta essere il valore medio μ delle singole variabili X_i.

7.1.1 Enunciato, dimostrazione e discussione

Cominciamo a dare la *definizione* della proprietà che vogliamo dimostrare.

Definizione 7.1 (Legge dei grandi numeri)
Sia data una successione $(X_i)_{i\in\mathbb{N}}$ di variabili aleatorie reali, definite nello stesso spazio di probabilità $(\Omega, \mathcal{A}, P)$, tutte con lo stesso valore medio finito: $\mathrm{E}(X_i) = \mu \in \mathbb{R}$ per ogni $i \in \mathbb{N}$. Diremo che *la successione* $(X_i)_{i\in\mathbb{N}}$ *soddisfa la legge debole dei grandi numeri* se

$$\forall \varepsilon > 0 : \qquad \lim_{n\to+\infty} \mathrm{P}(|\overline{X}_n - \mu| > \varepsilon) = 0 . \tag{7.2}$$

Osservazione 7.2 Esiste anche una versione "forte" della legge dei grandi numeri, che afferma che

$$\mathrm{P}\Big(\omega \in \Omega : \lim_{n\to+\infty} \overline{X}_n(\omega) = \mu\Big) = 1 . \tag{7.3}$$

È possibile mostrare che, se vale la relazione (7.3), vale anche la relazione (7.2), il che spiega la ragione degli aggettivi "debole" e "forte". Nel seguito, parlando di "legge dei grandi numeri", ci riferiremo sempre alla versione "debole". □

La legge debole dei grandi numeri afferma dunque che per $n \to \infty$ la media campionaria $\overline{X}_n$ converge, nel senso preciso descritto da (7.2),[1] verso il valore medio μ. Come abbiamo discusso alla fine del Paragrafo 3.3.1, questo risultato mostra l'importanza e la rilevanza della nozione di valore medio.

[1] Questo tipo di convergenza è chiamato *convergenza in probabilità*.

Resta da stabilire sotto quali condizioni sulla successione $(X_i)_{i\in\mathbb{N}}$ sia valida la legge dei grandi numeri. L'ipotesi più comunemente assunta è quella in cui le variabili $(X_i)_{i\in\mathbb{N}}$ sono tra loro indipendenti e hanno tutte la stessa distribuzione. Diremo, in tal caso, che $(X_i)_{i\in\mathbb{N}}$ è una successione di variabili aleatorie *indipendenti e identicamente distribuite (i.i.d.)*. Possiamo allora enunciare:

Teorema 7.3 (Legge debole dei grandi numeri in L^1)
Ogni successione $(X_i)_{i\in\mathbb{N}}$ di variabili aleatorie i.i.d., che ammettono valore medio finito, soddisfa la legge debole dei grandi numeri.

Il Teorema 7.3 costituisce la versione "classica" della legge debole dei grandi numeri. Noi ne dimostreremo una versione alternativa, con ipotesi diverse:

- rafforziamo la condizione che le variabili X_i abbiano valore medio finito, richiedendo che anche il *momento secondo* sia finito: $\mathrm{E}(X_i^2) < \infty$, ossia $X_i \in L^2$, per ogni $i \in \mathbb{N}$ (si ricordi che $L^2 \subseteq L^1$, per la Proposizione 3.59);
- indeboliamo l'ipotesi che le variabili siano indipendenti, richiedendo solo che siano *scorrelate*, ossia $\mathrm{Cov}(X_i, X_j) = 0$ se $i \neq j$ (si ricordi il Corollario 3.74);
- indeboliamo l'ipotesi che le variabili abbiano la stessa distribuzione, richiedendo solo che abbiano lo stesso valore medio e la stessa varianza.

Dimostriamo dunque il seguente risultato.

Proposizione 7.4 (Legge debole dei grandi numeri in L^2)
Siano $(X_i)_{i\in\mathbb{N}}$ variabili aleatorie reali con momento secondo finito, scorrelate, con lo stesso valore medio e la stessa varianza:

$$X_i \in L^2, \quad \mathrm{E}(X_i) = \mu \in \mathbb{R}, \quad \mathrm{Var}(X_i) = \sigma^2 \in [0,\infty), \quad \forall i \in \mathbb{N};$$
$$\mathrm{Cov}(X_i, X_j) = 0, \quad \forall i \neq j \in \mathbb{N}.$$

Allora la successione $(X_i)_{i\in\mathbb{N}}$ soddisfa la legge debole dei grandi numeri.

Dimostrazione Si noti che la variabile aleatoria $\overline{X}_n$ è in L^2, in quanto combinazione lineare di variabili aleatorie in L^2 (si ricordi la Proposizione 3.60). Pertanto $\overline{X}_n$ ammette valore medio e varianza finiti, che ora calcoliamo.

Per linearità del valore medio, da (7.1) si ottiene immediatamente

$$\mathrm{E}(\overline{X}_n) = \mu\,. \tag{7.4}$$

Inoltre, per le proprietà della varianza descritte nella Proposizione 3.69,

$$\mathrm{Var}(\overline{X}_n) = \frac{1}{n^2}\left(\sum_{i=1}^{n} \mathrm{Var}(X_i) + \sum_{1 \le i \ne j \le n} \mathrm{Cov}(X_i, X_j) \right) = \frac{\sigma^2}{n}, \tag{7.5}$$

avendo usato il fatto che $\mathrm{Var}(X_i) = \sigma^2$ e $\mathrm{Cov}(X_i, X_j) = 0$ se $i \ne j$.

Applicando la disuguaglianza di Chebyschev alla variabile aleatoria $\overline{X}_n$ (si ricordi il Teorema 3.77), otteniamo

$$\mathrm{P}\big(|\overline{X}_n - \mu| \ge \varepsilon\big) \le \frac{\mathrm{Var}(\overline{X}_n)}{\varepsilon^2} = \frac{\sigma^2}{n\varepsilon^2}, \tag{7.6}$$

da cui la tesi segue immediatamente. □

Osservazione 7.5 Nella Proposizione 7.4, l'ipotesi che le variabili X_i abbiano la stessa varianza può essere notevolmente indebolita. Infatti, ponendo $\sigma_i^2 := \mathrm{Var}(X_i)$, è sufficiente richiedere che $\frac{1}{n^2}\sum_{i=1}^{n} \sigma_i^2 \to 0$ per $n \to \infty$, come il lettore può facilmente verificare. In particolare, è sufficiente che tutte le σ_i^2 siano maggiorate da una stessa costante finita. □

Sottolineiamo che il cuore della dimostrazione consiste nell'osservare che la variabile aleatoria $\overline{X}_n$ ha lo stesso valore medio μ delle singole variabili X_i, ma *la sua varianza σ^2/n è molto più piccola*, se n è grande. Ricordando l'interpretazione della varianza, o meglio della sua radice quadrata, come misura della larghezza della distribuzione, descritta nel Paragrafo 3.3.3, è intuitivamente chiaro che la distribuzione di $\overline{X}_n$ tende a concentrarsi attorno al valore μ, per n grande.

Le ipotesi che le variabili X_i siano scorrelate e abbiano lo stesso valore medio e la stessa varianza sono automaticamente soddisfatte per una successione $(X_i)_{i \in \mathbb{N}}$ di variabili aleatorie i.i.d.. Pertanto possiamo enunciare il seguente corollario (più debole del Teorema 7.3, ma di cui abbiamo fornito la dimostrazione).

Corollario 7.6
Siano $(X_i)_{i \in \mathbb{N}}$ variabili aleatorie reali i.i.d. con momento secondo finito. Allora $(X_i)_{i \in \mathbb{N}}$ soddisfa la legge debole dei grandi numeri.

Consideriamo infine un caso molto speciale, ma particolarmente importante. Supponiamo che $(C_i)_{i \in \mathbb{N}}$ sia una successione di eventi *indipendenti* di uno spazio di probabilità $(\Omega, \mathcal{A}, \mathrm{P})$, tutti con la stessa probabilità: $\mathrm{P}(C_i) = p \in [0, 1]$, per ogni $i \in \mathbb{N}$. In altri termini, gli eventi C_i costituiscono una successione infinita di prove ripetute e indipendenti con probabilità di successo p. Le corrispondenti funzioni indicatrici $X_i := \mathbb{1}_{C_i}$ sono variabili aleatorie indipendenti con la stessa distribuzione di Bernoulli: $X_i \sim \mathrm{Be}(p)$ per ogni $i \in \mathbb{N}$. Le ipotesi del Corollario 7.6 sono verificate, dunque la successione $(X_i)_{i\in\mathbb{N}}$ soddisfa la legge debole dei grandi numeri. In questo caso conviene riscrivere la media campionaria nel modo seguente:

$$\overline{X}_n = \frac{S_n}{n}, \qquad \text{dove} \qquad S_n := \sum_{i=1}^{n} \mathbb{1}_{C_i},$$

così che la relazione (7.2) può essere riformulata nel modo seguente:

$$\forall \varepsilon > 0: \qquad \lim_{n\to+\infty} \mathrm{P}\left(\left|\frac{S_n}{n} - p\right| > \varepsilon\right) = 0. \tag{7.7}$$

La variabile aleatoria S_n ha un significato molto chiaro: essa conta *quanti tra gli eventi* $C_1, \ldots, C_n$ *si sono verificati*. Di conseguenza, la legge debole dei grandi numeri afferma che, se n è sufficientemente grande, la *frazione di successi ottenuti è vicina alla probabilità di singolo successo p, con grande probabilità*. Ciò fornisce, in particolare, una giustificazione a posteriori della nozione intuitiva di probabilità di un evento, come frazione asintotica del numero di volte in cui l'evento si verifica in una successione di ripetizioni indipendenti dell'esperimento aleatorio.

Osservazione 7.7 Sappiamo che la variabile aleatoria S_n ha distribuzione $\mathrm{Bin}(n, p)$, ossia $\mathrm{P}(S_n = k) = \binom{n}{k} p^k (1-p)^{n-k}$ (si ricordi la relazione (3.14)). Pertanto, possiamo riscrivere la relazione (7.7) come segue:

$$\forall \varepsilon > 0: \qquad \lim_{n\to\infty} \left\{ \sum_{k\in\{0,\ldots,n\}:\, |k-np|>n\varepsilon} \binom{n}{k} p^k (1-p)^{n-k} \right\} = 0. \tag{7.8}$$

Abbiamo dunque una riformulazione "elementare" della legge debole dei grandi numeri per prove ripetute e indipendenti, in cui le variabili aleatorie non sono neppure menzionate. Sebbene sia possibile dimostrare la relazione (7.8) con stime dirette, la dimostrazione che abbiamo dato del Teorema 7.4, basata sull'uso di variabili aleatorie, valore medio e disuguaglianze, risulta più semplice, elegante e "trasparente". □

Osservazione 7.8 (Numeri ritardatari) La legge dei grandi numeri è spesso citata, a sproposito, per supportare la credenza che puntare sui numeri ritardatari al Lotto dia maggiori possibilità di vittoria. L'argomento tipico è il seguente.

Consideriamo ad esempio la "ruota di Venezia" del Lotto, in cui ogni settimana vengono estratti "a caso" 5 numeri distinti tra 1 e 90. La probabilità che un numero fissato, diciamo il 37, sia tra i cinque numeri estratti vale $p = \frac{1}{18}$ (esercizio). Supponiamo di osservare che per k settimane consecutive, con $k \gg 18$, non viene mai stato estratto il numero 37. Sappiamo che in un grande numero di settimane il numero 37 verrà estratto una frazione di volte vicina a $p = \frac{1}{18}$, con grande probabilità, per la legge dei grandi numeri. Si potrebbe allora essere tentati di concludere che nelle settimane successive alla k-esima il numero 37 dovrà essere estratto con maggiore frequenza, in modo da "riequilibrare" la media.

Questo ragionamento è scorretto. Infatti, *se le estrazioni sono indipendenti*, l'informazione che non è stato mai stato estratto il numero 37 nelle prime k settimane *non cambia la probabilità che il* 37 *venga estratto nelle settimane successive.* Ciò non è affatto in contraddizione con la legge dei grandi numeri (7.7), che continua a valere anche sapendo che $S_k = 0$, ossia rimpiazzando P con $\mathrm{P}(\cdot \mid S_k = 0)$. La ragione intuitiva è che *per k fissato*, non importa quanto "grande", *il valore di S_k ha un'influenza trascurabile sul comportamento asintotico di S_n per $n \to \infty$*. Lasciamo al lettore interessato il compito di formalizzare e dimostrare queste affermazioni. □

Osservazione 7.9 Per la legge dei grandi numeri *è cruciale che le variabili aleatorie X_i ammettano valore medio finito*. Consideriamo ad esempio una successione $(X_i)_{i \in \mathbb{N}}$ di variabili aleatorie i.i.d. con distribuzione Cauchy(0, 1), si ricordi il Paragrafo 6.3.6. Abbiamo visto nell'Esempio 6.25 che le X_i non ammettono valore medio. La media campionaria $\overline{X}_n := \frac{1}{n}\sum_{i=1}^n X_i$ ha distribuzione Cauchy(0, 1), per la Proposizione 6.43, quindi per qualsiasi valore di $\mu \in \mathbb{R}$ e per ogni $\varepsilon > 0$

$$\begin{aligned} \mathrm{P}(|\overline{X}_n - \mu| > \varepsilon) &= \int_{-\infty}^{\mu-\varepsilon} \frac{\mathrm{d}x}{\pi(1+x^2)} + \int_{\mu+\varepsilon}^{+\infty} \frac{\mathrm{d}x}{\pi(1+x^2)} \\ &= 1 - \frac{1}{\pi}\big(\arctan(\mu+\varepsilon) - \arctan(\mu-\varepsilon)\big) > 0\,. \end{aligned}$$

Questa espressione non dipende da n, in particolare non tende a 0 per $n \to +\infty$! Quindi non esiste alcuna "scelta di valore medio" μ per cui la successione $(X_i)_{i \in \mathbb{N}}$ soddisfa la legge dei grandi numeri. Si veda la Figura 7.1 per un'illustrazione. □

Osservazione 7.10 Non dimostriamo la legge dei grandi numeri nell'ipotesi L^1, enunciata nel Teorema 7.3. Questa dimostrazione ha degli aspetti tecnici e utilizza strumenti di teoria della misura che vanno al di là degli scopi di questo libro, ma possiamo darne un'idea rapida. L'idea è di considerare delle variabili aleatorie "troncate", per cui si può applicare la Proposizione 7.4, e poi di mostrare che queste variabili aleatorie "troncate" sono vicine a quelle originali.

Più precisamente, per $M > 0$ definiamo le variabili aleatorie troncate $\tilde{X}_i = X_i \mathbb{1}_{\{|X_i| \le M\}}$, per $i \in \mathbb{N}$. Queste variabili aleatorie $\tilde{X}_i$ sono i.i.d. e hanno momento secondo finito (sono limitate dalla costante M): per la legge dei grandi numeri nell'ipotesi L^2 si ha dunque $\frac{1}{n}\sum_{i=1}^n \tilde{X}_i \simeq \mathrm{E}(\tilde{X}_1)$ con grande probabilità. Restano da mostrare due punti, che lasciamo per i lettori più intraprendenti:

1. $\mathrm{E}(\tilde{X}_1)$ può essere reso arbitrariamente vicino a $\mathrm{E}(X_1)$ scegliendo M grande (questo si verifica in modo diretto per variabili aleatorie discrete o assolutamente continue, mentre per variabili aleatorie generali serve un risultato noto come *teorema di convergenza dominata*);
2. con grande probabilità si ha $\frac{1}{n}\sum_{i=1}^n X_i \simeq \frac{1}{n}\sum_{i=1}^n \tilde{X}_i$ (si applica la disuguaglianza di Markov a $\frac{1}{n}\sum_{i=1}^n \hat{X}_i$ dove $\hat{X}_i = |X_i - \tilde{X}_i| = |X_i|\mathbb{1}_{\{|X_i| > M\}}$, mostrando che $\mathrm{E}(\hat{X}_i)$ è piccolo se M è grande).

Mettendo insieme questi elementi, si può completare la dimostrazione. □

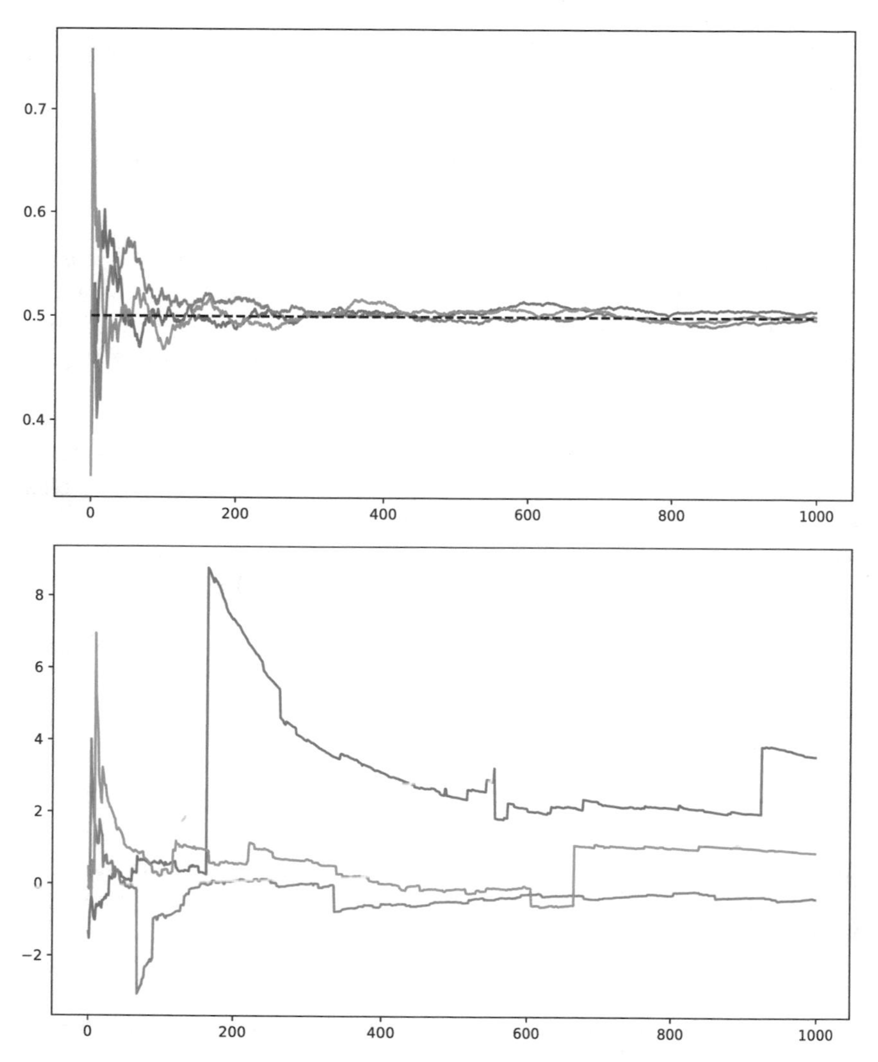

Figura 7.1 Simulazione di 3 successioni $(\overline{X}_n)_{1\leq n\leq 1000}$ di medie campionarie $\overline{X}_n = \frac{1}{n}\sum_{i=1}^n X_i$ per variabili aleatorie i.i.d. $(X_i)_{i\in\mathbb{N}}$. Sopra, le X_i hanno distribuzione uniforme continua U(0, 1) e le tre successioni sembrano "convergere" verso il valore medio di X_i, che vale $1/2$. Sotto, le X_i hanno distribuzione di Cauchy e le tre successioni sembrano "non convergere"

7.1.2 Il metodo Monte Carlo per il calcolo di integrali

Per avere un'idea della portata applicativa della legge dei grandi numeri, consideriamo il seguente problema. Sia $f : [a, b] \to \mathbb{R}$ una funzione integrabile secondo Riemann (in particolare, f è limitata). Le funzioni il cui integrale è calcolabile esattamente con metodi analitici sono, in realtà, abbastanza poche, perciò è importante avere metodi numerici per il calcolo approssimato di tale integrale.

I metodi più comuni consistono nel "discretizzare" l'intervallo $[a, b]$, approssimando ad esempio $\int_a^b f(x)\,\mathrm{d}x$ con la somma di Riemann

$$\frac{b-a}{N} \sum_{i=1}^{N} f\left(a + i\,\frac{b-a}{N}\right),$$

dove $(b-a)/N$ è il "passo" della discretizzazione. Tale approssimazione può essere migliorata, in particolare quando siano note ulteriori informazioni su f come, ad esempio, la sua derivata. Per una f sufficientemente regolare è possibile, fissata a priori un'arbitraria soglia di errore, determinare *esattamente* quanto grande dev'essere N per garantire di non superare tale soglia.

Gli algoritmi *stocastici*, che utilizzano generatori di numeri casuali, sono basati su un principio diverso. Vengono fissati due numeri: la soglia di errore e la massima probabilità tollerabile di commettere un errore maggiore della soglia data. Non si pretende dunque la *certezza* di commettere un errore piccolo, ma soltanto che sia estremamente improbabile commettere un errore maggiore della soglia fissata.

Tornando ai dettagli del problema in esame, siano $(X_i)_{i \in \mathbb{N}}$ variabili aleatorie indipendenti, con $X_i \sim \mathrm{U}(a, b)$. Per ogni $N \in \mathbb{N}$, possiamo pensare a $X_1, \ldots, X_N$ come a N "numeri casuali" generati con distribuzione uniforme in $[a, b]$. Si noti che

$$\mathrm{E}[f(X_i)] = \frac{1}{b-a} \int_a^b f(x)\,\mathrm{d}x\,, \qquad \forall i \in \mathbb{N}\,,$$

grazie alla Proposizione 6.22. Applicando la legge debole dei grandi numeri alle variabili aleatorie $f(X_1), \ldots, f(X_N)$ (che sono i.i.d. e limitate, dunque con tutti i momenti finiti) otteniamo allora

$$\lim_{N \to +\infty} \mathrm{P}\left[\left|\frac{1}{N}\sum_{i=1}^{N} f(X_i) - \frac{1}{b-a}\int_a^b f(x)\,\mathrm{d}x\right| > \varepsilon\right] = 0\,, \quad \forall \varepsilon > 0\,.$$

Quindi, se N è sufficientemente grande, la quantità aleatoria $\frac{1}{N}\sum_{i=1}^{N} f(X_i)$ fornisce con grande probabilità un'ottima approssimazione dell'integrale $\frac{1}{b-a}\int_a^b f(x)dx$.

Si può dire di più. Sia ε la massima soglia di errore che si vuole tollerare nel calcolo dell'integrale, e sia $\delta > 0$ la probabilità con cui si accetta di compiere un errore maggiore di ε. Vogliamo capire quanti numeri casuali è necessario generare, ossia quanto grande deve essere N, affinché

$$\mathrm{P}\left[\left|\frac{1}{N}\sum_{i=1}^{N} f(X_i) - \frac{1}{b-a}\int_a^b f(x)\,\mathrm{d}x\right| > \varepsilon\right] \leq \delta\,. \tag{7.9}$$

Dato che f è limitata, possiamo introdurre la costante finita

$$M := \|f\|_\infty := \sup_{x \in [a,b]} |f(x)| < \infty,$$

grazie a cui possiamo stimare

$$\sigma^2 := \mathrm{Var}[f(X_1)] \le \mathrm{E}\left[\left(f(X_1)\right)^2\right] \le M^2.$$

Ricordando la relazione (7.6), il membro sinistro in (7.9) è maggiorato da $\sigma^2/(\varepsilon^2 N)$. Ne segue che la disuguaglianza (7.9) è verificata se

$$\frac{M^2}{\varepsilon^2 N} \le \delta \quad \Longleftrightarrow \quad N \ge \frac{M^2}{\delta\varepsilon^2}. \tag{7.10}$$

Abbiamo dunque ottenuto una stima esplicita: se generiamo almeno $M^2/\delta\varepsilon^2$ numeri casuali, sappiamo che con probabilità maggiore o uguale a $1-\delta$ la quantità aleatoria $\frac{1}{N}\sum_{i=1}^N f(X_i)$ dista non più di ε dall'integrale $\frac{1}{b-a}\int_a^b f(x)\,\mathrm{d}x$.

Questo metodo per il calcolo approssimato di integrali definiti ha il vantaggio di essere molto facile da implementare, in quanto richiede solo un generatore di numeri casuali con distribuzione uniforme. Tuttavia, benché le disuguaglianze in (7.10) possano essere migliorate, per ottenere una precisione accettabile è necessario generare molti numeri casuali, il che rende questo metodo meno efficiente degli algoritmi "deterministici". Questo discorso cambia radicalmente quando si tratta di calcolare integrali di funzioni di molte variabili. In tal caso, esistono varianti multidimensionali dell'algoritmo appena descritto che risultano, in dimensione elevata, più efficienti degli algoritmi deterministici.

7.1.3 Il teorema di approssimazione di Weierstrass

Come applicazione della legge dei grandi numeri — o, più direttamente, della disuguaglianza di Chebyschev — presentiamo una dimostrazione elegante e *costruttiva*, dovuta a Bernstein, di un celebre teorema di approssimazione di Weierstrass, che afferma che ogni funzione continua definita su un intervallo chiuso e limitato di $\mathbb{R}$ può essere approssimata uniformemente da una successione di polinomi.

A meno di semplici trasformazioni, non costa nulla supporre che l'intervallo di definizione della funzione sia $[0,1]$. A ogni funzione $f:[0,1]\to\mathbb{R}$ associamo la seguente successione di polinomi, detti *polinomi di Bernstein di* f:

$$p_n^f(x) := \sum_{k=0}^n \binom{n}{k} f\left(\frac{k}{n}\right) x^k (1-x)^{n-k}.$$

Teorema 7.11 (Weierstrass-Bernstein)
Per ogni funzione $f : [0, 1] \to \mathbb{R}$ continua, la successione dei polinomi di Bernstein di f converge uniformemente verso f:

$$\lim_{n\to+\infty} \sup_{x\in[0,1]} |f(x) - p_n^f(x)| = 0 .$$

Dimostrazione Ricordiamo che una funzione continua su un intervallo chiuso e limitato di $\mathbb{R}$ è limitata e uniformemente continua, cioè

$$M := \sup_{x\in[0,1]} |f(x)| < +\infty , \tag{7.11}$$

$$\forall \varepsilon > 0\, \exists \delta_\varepsilon > 0 : \quad |y - x| \le \delta_\varepsilon \implies |f(y) - f(x)| \le \frac{\varepsilon}{2} , \tag{7.12}$$

dove in (7.11) abbiamo scelto $\frac{\varepsilon}{2}$ anziché ε per comodità futura.

Fissiamo $x \in [0, 1]$. Siano $X_1, \ldots, X_n$ variabili aleatorie indipendenti, definite su un opportuno spazio di probabilità $(\Omega, \mathcal{A}, \mathrm{P})$, con $X_i \sim \mathrm{Be}(x)$. Allora

$$\mu := \mathrm{E}(X_i) = x , \qquad \sigma^2 := \mathrm{Var}(X_i) = x(1 - x) .$$

Ricordando la formula (3.31), possiamo rappresentare il polinomio di Bernstein $p_n^f(x)$ in termini della media campionaria $\overline{X}_n := \frac{1}{n}(X_1 + \ldots + X_n)$:

$$p_n^f(x) = \mathrm{E}[f(\overline{X}_n)] . \tag{7.13}$$

Intuitivamente, se n è grande, per la legge dei grandi numeri la variabile aleatoria $\overline{X}_n$ è con grande probabilità vicino al suo valore medio x, pertanto grazie a (7.13) dovrebbe essere chiaro che $p_n^f(x)$ è vicino a $f(x)$, essendo f continua.

Per formalizzare il ragionamento, introduciamo l'evento

$$A_{n,\varepsilon} := \{|\overline{X}_n - x| \ge \delta_\varepsilon\} \subseteq \Omega ,$$

dove δ_ε è lo stesso che in (7.12). Per la relazione (7.6) (ossia per la disuguaglianza di Chebyschev),

$$\mathrm{P}(A_{n,\varepsilon}) \le \frac{x(1-x)}{n\delta_\varepsilon^2} \le \frac{1}{4n\delta_\varepsilon^2} , \tag{7.14}$$

dove si è usato il fatto che la funzione $x \mapsto x(1 - x)$ ha massimo in $x = 1/2$, da cui $x(1 - x) \le \frac{1}{4}$. Grazie alla relazione (7.13), si ha

$$\begin{aligned} |f(x) - p_n^f(x)| &= \left|f(x) - \mathrm{E}[f(\overline{X}_n)]\right| = \left|\mathrm{E}[f(x) - f(\overline{X}_n)]\right| \\ &\le \mathrm{E}[|f(x) - f(\overline{X}_n)|] , \end{aligned}$$

per la linearità del valore medio e la proprietà (3.35). Dato che $\mathbb{1}_{A_{n,\varepsilon}} + \mathbb{1}_{A^c_{n,\varepsilon}} = 1$, si ha

$$\mathrm{E}[|f(x) - f(\overline{X}_n)|] = \mathrm{E}\big[|f(x) - f(\overline{X}_n)| \cdot \mathbb{1}_{A_{n,\varepsilon}}\big] + \mathrm{E}\big[|f(x) - f(\overline{X}_n)| \cdot \mathbb{1}_{A^c_{n,\varepsilon}}\big].$$

Consideriamo separatamente i due termini nel membro destro. Ricordando (7.11), si ha $|f(x) - f(\overline{X}_n)| \le |f(x)| + |f(\overline{X}_n)| \le 2M$, pertanto grazie a (7.14)

$$\mathrm{E}\big[|f(x) - f(\overline{X}_n)| \cdot \mathbb{1}_{A_{n,\varepsilon}}\big] \le 2M\,\mathrm{E}[\mathbb{1}_{A_{n,\varepsilon}}] = 2M\,\mathrm{P}(A_{n,\varepsilon}) \le \frac{M}{2n\delta_\varepsilon^2}.$$

Ora osserviamo che, se $\omega \in A^c_{n,\varepsilon}$, si ha per costruzione $|\overline{X}_n(\omega) - x| < \delta_\varepsilon$ e quindi $|f(x) - f(\overline{X}_n)| \le \frac{\varepsilon}{2}$, grazie alla relazione (7.12), per cui

$$\mathrm{E}\big[|f(x) - f(\overline{X}_n)| \cdot \mathbb{1}_{A^c_{n,\varepsilon}}\big] \le \frac{\varepsilon}{2}\mathrm{E}[\mathbb{1}_{A^c_{n,\varepsilon}}] = \frac{\varepsilon}{2}\mathrm{P}(A^c_{n,\varepsilon}) \le \frac{\varepsilon}{2}.$$

Mettendo insieme i vari pezzi, otteniamo

$$|f(x) - p_n^f(x)| \le \frac{M}{2n\delta_\varepsilon^2} + \frac{\varepsilon}{2}, \qquad \forall x \in [0,1],\ \varepsilon > 0,\ n \in \mathbb{N}.$$

Osserviamo che il membro destro non dipende da x. Di conseguenza, definendo $n_\varepsilon := M/(\delta_\varepsilon^2 \varepsilon)$, abbiamo mostrato che per ogni $\varepsilon > 0$ esiste $n_\varepsilon < \infty$ tale che

$$\sup_{x \in [0,1]} |f(x) - p_n^f(x)| \le \varepsilon, \qquad \forall n \ge n_\varepsilon,$$

che è esattamente la tesi. □

7.1.4 La nozione di entropia

Sia X una variabile aleatoria a valori in un insieme F finito, con densità discreta p_X, cioè $\mathrm{p}_X(x) := \mathrm{P}(X = x)$ per ogni $x \in F$. Definiamo *entropia di* X (o più precisamente della legge di X) la quantità seguente:

$$H_X := -\sum_{x \in F} \mathrm{p}_X(x) \log \mathrm{p}_X(x) = \mathrm{E}(-\log \mathrm{p}_X(X)), \tag{7.15}$$

con la convenzione $0 \log 0 := 0$. Per il Teorema 7.14 che mostriamo più sotto, vedremo che l'entropia ha un'interpretazione naturale come misura della "quantità di disordine" della variabile aleatoria X. Cominciamo ad enunciare alcune proprietà

Proposizione 7.12
Se X è una variabile aleatoria a valori in un insieme F finito, si ha $0 \leq H_X \leq \log |F|$. Inoltre:

- $H_X = 0$ *se e solo se X è quasi certamente costante;*
- $H_X = \log |F|$ *se e solo se X ha distribuzione uniforme (discreta) in F.*

Questo mostra che il "disordine" di una variabile aleatoria X è nullo se la variabile aleatoria è costante, mentre è massimo se la variabile aleatoria è uniforme in F.

Dimostrazione Osserviamo che $t \log t \leq 0$ per ogni $t \in [0, 1]$ (ricordiamo che $0 \log 0 := 0$), pertanto segue dalla definizione (7.15) che $H_X \geq 0$, visto che $\mathrm{p}_X(x) \in [0, 1]$ per ogni $x \in F$. Notiamo anche che $t \log t = 0$ se e solo se $t = 0$ oppure $t = 1$, quindi $H_X = 0$ se e solo se, per ogni $x \in F$, si ha $\mathrm{p}_X(x) = 0$ oppure $\mathrm{p}_X(x) = 1$. Dato che $\sum_{x \in F} \mathrm{p}_X(x) = 1$, deduciamo che $H_X = 0$ se e solo se esiste $x \in F$ tale che $\mathrm{p}_X(x) = 1$ mentre $\mathrm{p}_X(x') = 0$ per ogni $x' \neq x$, dunque per tale valore di x si ha $\mathrm{P}(X = x) = 1$ (cioè X è quasi certamente costante)

Usiamo ora il fatto che $\sum_{x \in F} \mathrm{p}_X(x) = 1$ per scrivere

$$\begin{aligned} \log |F| - H_X &= \sum_{x \in F} \mathrm{p}_X(x) \log |F| + \sum_{x \in F} \mathrm{p}_X(x) \log \mathrm{p}_X(x) \\ &= \sum_{x \in F} \mathrm{p}_X(x) \log \big(|F| \, \mathrm{p}_X(x)\big) = \sum_{x \in F} \frac{1}{|F|} \big(|F| \, \mathrm{p}_X(x)\big) \log \big(|F| \, \mathrm{p}_X(x)\big) \\ &= \mathrm{E}\big(|F| \, \mathrm{p}_X(Y) \log \big(|F| \, \mathrm{p}_X(Y)\big)\big) \end{aligned}$$

dove Y indica una variabile aleatoria con distribuzione uniforme discreta in F (con densità discreta $\mathrm{p}_Y(x) = \frac{1}{|F|}$ per ogni $x \in F$), e dove abbiamo usato la formula di trasferimento per l'ultima identità. Dato che $t \mapsto t \log t$ è una funzione convessa, possiamo applicare la disuguaglianza di Jensen (Teorema 3.80) alla variabile aleatoria $W = |F| \, \mathrm{p}_X(Y)$ per ottenere

$$\log |F| - H_X = \mathrm{E}(W \log W) \geq \mathrm{E}(W) \log \mathrm{E}(W) .$$

Usando la formula di trasferimento (ricordiamo che $Y \sim \mathrm{Unif}(F)$), possiamo calcolare

$$\mathrm{E}(W) = \mathrm{E}(|F| \, \mathrm{p}_X(Y)) = \sum_{y \in F} \frac{1}{|F|} \cdot |F| \, \mathrm{p}_X(y) = 1.$$

Otteniamo quindi $\log |F| - H_X \geq \mathrm{E}(W) \log \mathrm{E}(W) = 0$, che è la disuguaglianza cercata.

Infine, dato che $t \mapsto t \log t$ è una funzione *strettamente* convessa, se W non è quasi certamente costante si ha $\log |F| - H_X > 0$, per l'Esercizio 3.18. In altri termini, si ha $H_X = \log |F|$ *se e solo se W è quasi certamente costante*, ossia uguale al suo valore medio che vale 1. Osserviamo ora che se esiste $x \in F$ tale che $|F| \, \mathrm{p}_X(x) \neq 1$, segue dalla definizione di $W := |F| \, \mathrm{p}_X(Y)$ che $\mathrm{P}(W \neq 1) \geq \mathrm{P}(Y = x) = \frac{1}{|F|} > 0$. Ciò significa che W è quasi certamente costante se e solo se $\mathrm{p}_X(x) = \frac{1}{|F|}$ per ogni $x \in F$, cioè se e solo se X ha distribuzione uniforme discreta in F. □

Il prossimo risultato mostra che l'entropia possiede una proprietà naturale per una misura di "quantità di disordine": possiamo dire in modo informale che la "quantità di disordine" indotta da due variabili aleatorie indipendenti è la somma di quelle indotte separatamente da ciascuna variabile aleatoria.

Proposizione 7.13
Se X, Y sono due variabili aleatorie indipendenti, a valori rispettivamente negli insiemi finiti F, G, allora (X, Y) è una variabile aleatoria a valori in $F \times G$ e si ha $H_{(X,Y)} = H_X + H_Y$.

Una conseguenza di questa proposizione è che se $X_1, \ldots, X_n$ sono variabili aleatorie indipendenti con la stessa distribuzione di X, allora $H_{(X_1,\ldots,X_n)} = n \, H_X$.

Dimostrazione Basta scrivere la definizione (7.15) di entropia per il vettore (X, Y):

$$
\begin{aligned}
H_{(X,Y)} &= - \sum_{(x,y) \in F \times G} \mathrm{p}_{X,Y}(x, y) \log \mathrm{p}_{X,Y}(x, y) \\
&= - \sum_{x \in F} \sum_{y \in G} \mathrm{p}_X(x) \, \mathrm{p}_Y(y) \log \mathrm{p}_X(x) - \sum_{x \in F} \sum_{y \in G} \mathrm{p}_X(x) \, \mathrm{p}_Y(y) \log \mathrm{p}_X(y) \\
&= - \sum_{x \in F} \mathrm{p}_X(x) \log \mathrm{p}_X(x) - \sum_{y \in G} \mathrm{p}_Y(y) \log \mathrm{p}_X(y) = H_X + H_Y \, ,
\end{aligned}
$$

dove abbiamo utilizzato il fatto che $\mathrm{p}_{X,Y}(x, y) = \mathrm{p}_X(x) \, \mathrm{p}_Y(y)$, per l'indipendenza di X, Y, poi $\sum_{y \in G} \mathrm{p}_Y(y) = 1$ per la prima somma e $\sum_{x \in F} \mathrm{p}_X(x) = 1$ per la seconda. □

Vediamo ora il risultato principale di questo paragrafo.

Teorema 7.14 (Equipartizione asintotica)
Sia X una variabile aleatoria a valori in un insieme finito F e siano $(X_i)_{i \in \mathbb{N}}$ variabili aleatorie indipendenti con la stessa distribuzione di X. Allora, per ogni $\varepsilon > 0$:

(i) *esiste una famiglia di sottoinsiemi $A_n \subseteq F^n$ tali che $|A_n| \leq \exp(n(H_X + \varepsilon))$ per ogni $n \in \mathbb{N}$ che soddisfa*

$$\lim_{n \to \infty} \mathrm{P}\big((X_1, \ldots, X_n) \in A_n\big) = 1\,;$$

(ii) *per ogni famiglia di sottoinsiemi $B_n \subseteq F^n$ tali che $|B_n| \leq \exp(n(H_X - \varepsilon))$ si ha*

$$\lim_{n \to \infty} \mathrm{P}\big((X_1, \ldots, X_n) \in B_n\big) = 0\,.$$

Il primo punto di questo teorema afferma che il vettore aleatorio $(X_1, \ldots, X_n)$, che assume valori nell'insieme F^n (che ha cardinalità $|F|^n$), in realtà vive *con grande probabilità* in un sottoinsieme di F^n di cardinalità $\approx \mathrm{e}^{nH_X}$, che è significativamente più piccolo non appena $H_X < \log|F|$. Il secondo punto afferma che il vettore aleatorio $(X_1, \ldots, X_n)$, con grande probabilità, non vive in alcun sottoinsieme di cardinalità minore di $\approx \mathrm{e}^{nH_X}$. Possiamo quindi dire che l'entropia H_X quantifica la grandezza dello spazio in cui "vive davvero" il vettore $(X_1, \ldots, X_n)$: più questo spazio è grande, più i valori di $(X_1, \ldots, X_n)$ sono "dispersi". Osserviamo infine che la disuguaglianza $0 \leq H_X \leq \log|F|$ della Proposizione 7.12 garantisce che $1 \leq \mathrm{e}^{nH_X} \leq |F|^n$, inoltre $(X_1, \ldots, X_n)$ "vive davvero" in un insieme di cardinalità 1 se e solo se X è quasi certamente costante e di cardinalità $|F|^n$ se e solo se X è uniforme in F.

Dimostrazione Cominciamo a mostrate il punto (i). Per $\varepsilon > 0$ definiamo l'insieme

$$A_n = A_n^\varepsilon := \left\{(x_1, \ldots, x_n) \in F^n \colon H_x - \varepsilon \leq -\frac{1}{n} \sum_{i=1}^{n} \log \mathrm{p}_X(x_i) \leq H_X + \varepsilon \right\} \subseteq F^n. \tag{7.16}$$

Mostriamo innanzitutto che $|A_n| \leq \exp(n(H_X + \varepsilon))$. Possiamo scrivere

$$\begin{aligned} \mathrm{P}\big((X_1, \ldots, X_n) \in A_n\big) &= \sum_{(x_1,\ldots,x_n) \in A_n} \mathrm{P}\big((X_1, \ldots, X_n) = (x_1, \ldots, x_n)\big) \\ &= \sum_{(x_1,\ldots,x_n) \in A_n} \mathrm{p}_X(x_1) \cdots \mathrm{p}_X(x_n) \end{aligned} \tag{7.17}$$

dove abbiamo usato l'indipendenza delle X_i nell'ultima uguaglianza (si ricordi la Proposizione 3.32). Ora, per definizione di A_n, si ha $\mathrm{p}_X(x_1)\cdots\mathrm{p}_X(x_n) \geq \exp(-n(H_X+\varepsilon))$ per ogni $(x_1,\ldots,x_n) \in A_n$. Tornando a (7.17) e usando che la probabilità nel membro sinistro è minore o uguale a 1, otteniamo

$$1 \geq \sum_{(x_1,\ldots,x_n)\in A_n} \exp(-n(H_X+\varepsilon)) = |A_n| \exp(-n(H_X+\varepsilon)),$$

che è la disuguaglianza cercata $|A_n| \leq \exp(n(H_X+\varepsilon))$, per ogni $n \in \mathbb{N}$.

Osserviamo ora che, per definizione di A_n, si ha anche

$$\begin{aligned} \mathrm{P}\big((X_1,\ldots,X_n) \in A_n\big) &= \mathrm{P}\Big(H_x - \varepsilon \leq -\frac{1}{n}\sum_{i=1}^n \log \mathrm{p}_X(X_i) \leq H_X + \varepsilon\Big) \\ &= \mathrm{P}\Big(\Big|\frac{1}{n}\sum_{i=1}^n Y_i - H_X\Big| \leq \varepsilon\Big). \end{aligned}$$

dove abbiamo posto per brevità $Y_i := -\log \mathrm{p}_X(X_i)$ Applichiamo la legge dei grandi numeri alla successione $(Y_i)_{i\in\mathbb{N}}$, dato che le variabili aleatorie Y_i sono indipendenti e con la stessa distribuzione (perché le X_i sono indipendenti e con la stessa distribuzione) e hanno valore medio finito pari a $\mathrm{E}(-\log \mathrm{p}_X(X)) = H_X$; hanno anche momento secondo finito, pari a $\sum_{x\in F} \mathrm{p}_X(x)(\log \mathrm{p}_X(x))^2$ (dove $0(\log 0)^2 := 0$). Avendo verificato le ipotesi della Proposizione 7.4, possiamo concludere che

$$\mathrm{P}\big((X_1,\ldots,X_n) \notin A_n\big) = \mathrm{P}\Big(\Big|\frac{1}{n}\sum_{i=1}^n Y_i - H_X\Big| > \varepsilon\Big) \longrightarrow 0 \qquad \text{per } n \to \infty. \tag{7.18}$$

Passando al complementare, abbiamo completato la dimostrazione del punto (i).

Passiamo ora alla dimostrazione del punto (ii). Fissiamo una famiglia arbitraria di sottoinsiemi $B_n \subseteq F^n$. Per $\varepsilon > 0$ poniamo $\tilde{A}_n := A_n^{\varepsilon/2}$, dove A_n^ε è definito in (7.16), e decomponiamo la probabilità

$$\begin{aligned} &\mathrm{P}\big((X_1,\ldots,X_n) \in B_n\big) \\ &\quad = \mathrm{P}\big((X_1,\ldots,X_n) \in B_n \cap \tilde{A}_n\big) + \mathrm{P}\big((X_1,\ldots,X_n) \in B_n \cap \tilde{A}_n^c\big). \end{aligned} \tag{7.19}$$

Osserviamo che il secondo termine è maggiorato da $\mathrm{P}((X_1,\ldots,X_n) \in \tilde{A}_n^c)$ e proprio come in (7.18) possiamo scrivere

$$\mathrm{P}\big((X_1,\ldots,X_n) \notin \tilde{A}_n\big) = \mathrm{P}\Big(\Big|\frac{1}{n}\sum_{i=1}^n Y_i - H_X\Big| > \tfrac{1}{2}\varepsilon\Big) \longrightarrow 0 \qquad \text{per } n \to \infty,$$

per la legge dei grandi numeri (Proposizione 7.4). Per il primo termine in (7.19), procedendo come in (7.17), possiamo stimare

$$\begin{aligned} \mathrm{P}\big((X_1,\ldots,X_n) \in B_n \cap \tilde{A}_n\big) &= \sum_{(x_1,\ldots,x_n)\in B_n\cap\tilde{A}_n} \mathrm{p}_X(x_1)\cdots\mathrm{p}_X(x_n) \\ &\le \sum_{(x_1,\ldots,x_n)\in B_n\cap\tilde{A}_n} \exp\big(-n(H_X - \tfrac{1}{2}\varepsilon)\big) = |B_n \cap \tilde{A}_n|\, \mathrm{e}^{-n(H_X-\frac{1}{2}\varepsilon)}\,, \end{aligned}$$

grazie al fatto che $\mathrm{p}_X(x_1)\cdots\mathrm{p}_X(x_n) \le \exp(-n(H_X - \frac{1}{2}\varepsilon))$ per ogni $(x_1,\ldots,x_n) \in \tilde{A}_n$, per definizione di $\tilde{A}_n = A_n^{\varepsilon/2}$. Se assumiamo che $|B_n| \le \exp(n(H_X - \varepsilon))$, otteniamo

$$\mathrm{P}\big((X_1,\ldots,X_n) \in B_n \cap \tilde{A}_n\big) \le |B_n|\, \mathrm{e}^{-n(H_X-\frac{1}{2}\varepsilon)} \le \mathrm{e}^{-\frac{1}{2}n\varepsilon} \longrightarrow 0 \qquad \text{per } n \to \infty\,.$$

Abbiamo mostrato che i due termini in (7.19) tendono a 0 per $n \to \infty$ e questo conclude la dimostrazione del punto (ii). □

Osservazione 7.15 Il Teorema 7.14 continua a valere se X è una variabile aleatoria discreta a valori in uno spazio F infinito, a patto che *l'entropia sia finita*:

$$H_X := \mathrm{E}(-\log \mathrm{p}_X(X)) = -\sum_{x\in F} \mathrm{p}_X(x) \log \mathrm{p}_X(x) < \infty$$

(questo non è sempre vero su spazi infiniti). Infatti la dimostrazione si basa sulla legge dei grandi numeri per le variabili aleatorie i.i.d. (e positive) $Y_i = -\log \mathrm{p}_X(X_i)$: basta quindi richiedere che $\mathrm{E}(Y_i) = H_X < +\infty$ (per il Teorema 7.3). □

Osservazione 7.16 Per ogni $n \in \mathbb{N}$ e $\varepsilon > 0$, segue dalla definizione (7.16) dell'insieme $A_n = A_n^\varepsilon$ che per ogni $(x_1,\ldots,x_n) \in A_n$ si ha

$$\mathrm{e}^{-n(H_X-\varepsilon)} \le \mathrm{P}\big((X_1,\ldots,X_n) = (x_1,\ldots,x_n)\big) = \mathrm{p}_X(x_1)\cdots\mathrm{p}_X(x_n) \le \mathrm{e}^{-n(H_X+\varepsilon)}\,.$$

In termini *molto grossolani*, potremmo dire che "tutti i vettori $(x_1,\ldots,x_n) \in A_n$ hanno *all'incirca* la stessa probabilità $\approx \mathrm{e}^{-nH_X}$ (sulla scala esponenziale)". Osserviamo inoltre che si ha $\sum_{(x_1,\ldots,x_n)\in A_n} \mathrm{P}((X_1,\ldots,X_n) = (x_1,\ldots,x_n)) \approx 1$, per il punto (i) del Teorema 7.14. Questo sembra suggerire che il vettore aleatorio $(X_1,\ldots,X_n)$ abbia "distribuzione *all'incirca* uniforme in A_n"... si tratta di una descrizione suggestiva, ma *da prendere con molta cautela.* □

7.1.5 Un esempio con variabili aleatorie correlate

In questo paragrafo, la cui lettura è facoltativa, risolviamo un problema relativo all'inserimento di oggetti in cassetti, che avevamo posto nell'Esempio 3.129.

Supponiamo di avere n oggetti, ciascuno dei quali viene inserito casualmente in uno di r cassetti. Questo modello, introdotto nell'Esempio 1.78 e ripreso negli Esempi 3.117 e 3.124, può essere descritto semplicemente considerando n variabili aleatorie $U_1,\ldots,U_n$ indipendenti e con la stessa distribuzione, uniforme nell'insieme $\{1, \ldots, r\}$. Intuitivamente, la variabile aleatoria U_i descrive il cassetto in cui viene inserito l'oggetto i-esimo.

In questo paragrafo vogliamo capire quanti sono tipicamente i cassetti che contengono un numero fissato k di oggetti, precisando un problema posto nell'Esempio 3.129. Fissiamo d'ora in avanti $k \in \mathbb{N}$ e introduciamo le variabili aleatorie di Bernoulli $X_1, \ldots, X_r$, dove X_i assume il valore 1 se l'i-esimo cassetto contiene esattamente k oggetti, mentre assume il valore 0 altrimenti. Volendo esprimere X_i in funzione di $U_1, \ldots, U_n$, possiamo scrivere

$$X_i := \mathbb{1}_{\{\omega\in\Omega:\ |\{\ell\in\{1,\ldots,n\}:\ U_\ell(\omega)=i\}|=k\}}\,.$$

La variabile aleatoria $S := X_1 + \ldots + X_r$, già introdotta nell'Esempio 3.129, conta il numero di cassetti che contengono esattamente k oggetti. Di conseguenza, la *frazione* di cassetti che contengono esattamente k oggetti è data dalla media campionaria

$$\overline{X}_r = \frac{S}{r} = \frac{1}{r}\sum_{i=1}^{r} X_i\,, \tag{7.20}$$

di cui vogliamo studiare le proprietà quando r è grande.

Le variabili aleatorie $X_1, \ldots, X_r$ hanno la stessa distribuzione: $X_i \sim \mathrm{Be}(p_{n,r,k})$, dove $p_{n,r,k}$ è la probabilità che k oggetti finiscano in un dato cassetto, ossia (ricordando l'Esempio 3.124)

$$p_{n,r,k} = \mathrm{p}_{\mathrm{Bin}(n,\frac{1}{r})}(k) = \binom{n}{k}\frac{1}{r^k}\left(1-\frac{1}{r}\right)^{n-k}. \tag{7.21}$$

Sottolineiamo che le variabili aleatorie $X_1, \ldots, X_r$ *non sono indipendenti, e nemmeno scorrelate*, come vedremo. Inoltre, il valore medio $\mu = \mathrm{E}(X_i) = p_{n,r,k}$ dipende da r e n (oltre che da k).

Consideriamo tuttavia il caso particolarmente interessante in cui $n, r \gg 1$ e $n/r \approx \lambda \in (0,\infty)$. In questo regime, per la "legge dei piccoli numeri" (Proposizione 3.127) si ha che

$$p_{n,r,k} \approx \mathrm{p}_{\mathrm{Pois}(\lambda)}(k) = \mathrm{e}^{-\lambda}\frac{\lambda^k}{k!}\,,$$

dunque il valore medio $\mathrm{E}(X_i) = p_{n,r,k}$ si stabilizza; inoltre le variabili X_i tendono a diventare scorrelate, come mostriamo precisamente più sotto. Di conseguenza, possiamo dimostrare una versione della legge debole dei grandi numeri anche in questo contesto.

Proposizione 7.17
Sia $(n_r)_{r\in\mathbb{N}}$ una successione a valori in $\mathbb{N}$ tale che

$$\lim_{r\to\infty}\frac{n_r}{r} = \lambda \in (0,\infty)\,.$$

Allora, per ogni $k \in \mathbb{N}_0$ fissato, vale che

$$\forall \varepsilon > 0: \qquad \lim_{r\to\infty} \mathrm{P}\left(\left|\frac{S}{r} - \mathrm{e}^{-\lambda}\frac{\lambda^k}{k!}\right| \geq \varepsilon\right) = 0\,. \tag{7.22}$$

Dimostrazione Il cuore della dimostrazione consiste nell'ottenere una stima sulla covarianza $\mathrm{Cov}(X_i, X_j)$ per $i \neq j$. Una volta ottenuta questa stima, la dimostrazione procede in modo del tutto analogo a quella della Proposizione 7.4.

Per ragioni di simmetria, $\mathrm{E}(X_i X_j) = \mathrm{E}(X_1 X_2)$ per ogni $i \neq j$. Inoltre, ricordando la definizione delle variabili X_i, la variabile aleatoria $X_1 X_2$ assume il valore 1 se e solo se i cassetti "1" e "2" contengono entrambi k oggetti, e assume il valore 0 altrimenti. Pertanto, *il valore atteso* $\mathrm{E}(X_1 X_2)$ *coincide con la probabilità che i cassetti "1" e "2" contengano ciascuno k oggetti.*

Calcoliamo tale probabilità. Indicando con $I, J \subseteq \{1, \ldots, n\}$ rispettivamente gli oggetti contenuti nei cassetti "1" e "2", e ricordando che l'oggetto i è contenuto nel cassetto U_i, si ha

$$\mathrm{E}(X_1 X_2) = \sum_{\substack{I,J \subseteq \{1,\ldots,n\} \\ |I|=k,\ |J|=k,\ I \cap J = \emptyset}} \mathrm{P}\big(U_i = 1\ \forall i \in I,\ U_j = 2\ \forall j \in J,\ U_k \notin \{1,2\}\ \forall k \in \{1,\ldots,n\} \setminus (I \cup J)\big).$$

Dato che le variabili aleatorie U_ℓ hanno distribuzione uniforme nell'insieme $\{1, \ldots, r\}$, si ha

$$\mathrm{P}(U_\ell = 1) = \frac{1}{r}, \qquad \mathrm{P}(U_\ell = 2) = \frac{1}{r}, \qquad \mathrm{P}(U_\ell \notin \{1,2\}) = \frac{r-2}{r},$$

pertanto, per l'indipendenza di $U_1, \ldots, U_n$, si ottiene

$$\mathrm{E}(X_1 X_2) = \sum_{\substack{I,J \subseteq \{1,\ldots,n\} \\ |I|=k,\ |J|=k,\ I \cap J = \emptyset}} \left(\frac{1}{r}\right)^{|I|} \left(\frac{1}{r}\right)^{|J|} \left(\frac{r-2}{r}\right)^{n-|I|-|J|} = \binom{n}{k}\binom{n-k}{k}\frac{(r-2)^{n-2k}}{r^n},$$

dove $\binom{n}{k}$ è il numero di sottoinsiemi $I \subseteq \{1, \ldots, n\}$ di k elementi, mentre $\binom{n-k}{k}$ è il numero di sottoinsiemi $J \subseteq \{1, \ldots, n\} \setminus I$ di k elementi.

Riscriviamo l'espressione ottenuta per $\mathrm{E}(X_1 X_2)$ nel modo seguente:

$$\begin{aligned} \mathrm{E}(X_1 X_2) &= \binom{n}{k}\frac{1}{r^k}\left(1 - \frac{1}{r}\right)^{n-k} \binom{n-k}{k}\frac{1}{(r-1)^k}\left(1 - \frac{1}{r-1}\right)^{n-2k} \\ &= \mathrm{p}_{\mathrm{Bin}(n,\frac{1}{r})}(k)\, \mathrm{p}_{\mathrm{Bin}(n-k,\frac{1}{r-1})}(k). \end{aligned}$$

Questa formula risulta piuttosto intuitiva: infatti già sapevamo che la probabilità che un cassetto contenga k oggetti vale $\mathrm{p}_{\mathrm{Bin}(n,\frac{1}{r})}(k)$; se il primo cassetto contiene k oggetti, restano $n-k$ oggetti e $r-1$ cassetti disponibili, pertanto la probabilità (condizionale) che il secondo cassetto contenga k oggetti risulta essere $\mathrm{p}_{\mathrm{Bin}(n-k,\frac{1}{r-1})}(k)$. Dalla formula ottenuta, segue che

$$\mathrm{Cov}(X_1, X_2) = \mathrm{E}(X_1 X_2) - \mathrm{E}(X_1)\,\mathrm{E}(X_2) = \mathrm{p}_{\mathrm{Bin}(n,\frac{1}{r})}(k)\big(\mathrm{p}_{\mathrm{Bin}(n-k,\frac{1}{r-1})}(k) - \mathrm{p}_{\mathrm{Bin}(n,\frac{1}{r})}(k)\big). \tag{7.23}$$

Sottolineiamo che in generale $\mathrm{Cov}(X_1, X_2) \neq 0$.

Vogliamo ora dare una stima su $|\mathrm{Cov}(X_1, X_2)|$. Invece di fare calcoli espliciti, usiamo i risultati ottenuti nel Paragrafo 4.1: per il Teorema 4.8 e il Lemma 4.7 si ha

$$\begin{aligned} \big|\mathrm{p}_{\mathrm{Bin}(n-k,\frac{1}{r-1})}(k) - \mathrm{p}_{\mathrm{Pois}(\frac{n-k}{r-1})}(k)\big| &\leq \frac{n-k}{(r-1)^2} \leq \frac{n}{(r-1)^2}, \\ \big|\mathrm{p}_{\mathrm{Pois}(\frac{n-k}{r-1})}(k) - \mathrm{p}_{\mathrm{Pois}(\frac{n}{r})}(k)\big| &\leq \left|\frac{n}{r} - \frac{n-k}{r-1}\right| \leq \frac{n+kr}{r(r-1)}, \\ \big|\mathrm{p}_{\mathrm{Pois}(\frac{n}{r})}(k) - \mathrm{p}_{\mathrm{Bin}(n,\frac{1}{r})}(k)\big| &\leq \frac{n}{r^2}. \end{aligned}$$

Dalla relazione (7.23), stimando $\mathrm{p}_{\mathrm{Bin}(n,\frac{1}{r})}(k) \leq 1$ e applicando la disuguaglianza triangolare, si ottiene

$$\begin{aligned}\left|\mathrm{Cov}(X_1,X_2)\right| &\leq \left|\mathrm{p}_{\mathrm{Bin}(n-k,\frac{1}{r-1})}(k) - \mathrm{p}_{\mathrm{Pois}(\frac{n-k}{r-1})}(k)\right| + \left|\mathrm{p}_{\mathrm{Pois}(\frac{n-k}{r-1})}(k) - \mathrm{p}_{\mathrm{Pois}(\frac{n}{r})}(k)\right| \\ &+ \left|\mathrm{p}_{\mathrm{Pois}(\frac{n}{r})}(k) - \mathrm{p}_{\mathrm{Bin}(n,\frac{1}{r})}(k)\right| \leq \frac{n}{(r-1)^2} + \frac{n+kr}{r(r-1)} + \frac{n}{r^2}. \end{aligned} \tag{7.24}$$

Sia ora $n = n_r$ come nelle ipotesi: $n_r/r \to \lambda \in (0,\infty)$ per $r \to \infty$, ossia $n_r \sim \lambda r$. Asintoticamente, il prime e il terzo termine nel membro destro in (7.24) sono equivalenti a λ/r, mentre il secondo è equivalente a $(\lambda + k)/r$. Pertanto, per ogni costante $C > 3\lambda + k$, esiste $r_0 < \infty$ tale che

$$\left|\mathrm{Cov}(X_1,X_2)\right| \leq \frac{C}{r}, \qquad \forall r \geq r_0. \tag{7.25}$$

Consideriamo infine la media campionaria $\overline{X}_r$ in (7.20). Ricordando la relazione (7.20), dato che $\mathrm{Cov}(X_i,X_j) = \mathrm{Cov}(X_1,X_2)$ per ogni $i \neq j$, si ottiene

$$\begin{aligned}\mathrm{Var}(\overline{X}_r) &= \frac{1}{r^2}\left(\sum_{i=1}^{r}\mathrm{Var}(X_i) + \sum_{1\leq i\neq j\leq r}\mathrm{Cov}(X_i,X_j)\right) = \frac{1}{r}\mathrm{Var}(X_1) + \frac{r-1}{r}\mathrm{Cov}(X_1,X_2) \\ &\leq \frac{1}{r} + \frac{C}{r},\end{aligned}$$

per ogni $r \geq r_0$, avendo usato la relazione (7.25) e il fatto che $\mathrm{Var}(X_1) \leq \mathrm{E}(X_1^2) \leq 1$, perché $|X_1| \leq 1$. Per la relazione (7.21)

$$\mathrm{E}(\overline{X}_r) = \mathrm{E}(X_1) = \mathrm{p}_{\mathrm{Bin}(n_r,\frac{1}{r})}(k), \tag{7.26}$$

quindi, applicando la disuguaglianza di Chebyschev (Teorema 3.77), per ogni $\varepsilon > 0$

$$\mathrm{P}\left(|\overline{X}_r - \mathrm{p}_{\mathrm{Bin}(n_r,\frac{1}{r})}(k)| \geq 2\varepsilon\right) \leq \frac{\mathrm{Var}(\overline{X}_r)}{(2\varepsilon)^2} \leq \frac{C+1}{(2\varepsilon)^2 r} \longrightarrow 0 \qquad \text{per} \quad r \to \infty.$$

Ricordiamo ora la Proposizione 3.127 (legge dei piccoli numeri):

$$\lim_{r\to\infty} \mathrm{p}_{\mathrm{Bin}(n_r,\frac{1}{r})}(k) = \mathrm{p}_{\mathrm{Pois}(\lambda)}(k) = \mathrm{e}^{-\lambda}\frac{\lambda^k}{k!}, \qquad \forall k \in \mathbb{N}_0,$$

da cui segue l'inclusione di eventi $\{|\overline{X}_r - \mathrm{e}^{-\lambda}\frac{\lambda^k}{k!}| \geq \varepsilon\} \subseteq \{|\overline{X}_r - \mathrm{p}_{\mathrm{Bin}(n_r,\frac{1}{r})}(k)| \geq 2\varepsilon\}$, per r sufficientemente grande. Questo completa la dimostrazione della relazione (7.22). □

Esercizi

Esercizio 7.1 Sia $(X_i)_{i\in\mathbb{N}}$ una successione di variabili aleatorie, tutte con lo stesso valore medio μ finito, che soddisfa la legge debole dei grandi numeri (si veda (7.2)). Indichiamo con $\overline{X}_n := \frac{1}{n}\sum_{i=1}^{n} X_i$ la media campionaria.

1. Sia $f : \mathbb{R} \to \mathbb{R}$ una funzione *continua nel punto* μ. Mostrare che per ogni $\varepsilon > 0$

$$\lim_{n\to\infty} \mathrm{P}\left(\left|f(\overline{X}_n) - f(\mu)\right| > \varepsilon\right) = 0.$$

2. Supponiamo che f sia anche *limitata* (ossia esiste $M < \infty$ tale che $|f(x)| \leq M$ per ogni $x \in \mathbb{R}$). Dedurre dal punto precedente che

$$\lim_{n\to+\infty} \mathrm{E}\left[f(\overline{X}_n)\right] = f(\mu).$$

Esercizio 7.2 Siano $(X_i)_{i\in\mathbb{N}}$ variabili aleatorie (non necessariamente con la stessa distribuzione) con lo stesso valore medio μ, che ammettono momento secondo finito. Supponiamo che esista una funzione $\rho : \mathbb{N}_0 \to \mathbb{R}^+$ tale che $|\mathrm{Cov}(X_i, X_j)| \leq \rho(|j - i|)$ per ogni $i, j \in \mathbb{N}$. Mostrare che se $\lim_{k\to\infty} \rho(k) = 0$, allora la successione $(X_i)_{i\in\mathbb{N}}$ soddisfa la legge debole dei grandi numeri (7.2).

[*Sugg.* Si mostri che la varianza di $\mathrm{Var}(\overline{X}_n)$ è maggiorata da $\frac{1}{n}(\rho(0) + 2\sum_{k=1}^{n} \rho(k))$.]

Esercizio 7.3 Sia X una variabile aleatoria positiva con valore medio $\mathrm{E}(X) = +\infty$ e siano $(X_i)_{i\in\mathbb{N}}$ variabili aleatorie indipendenti con la stessa legge di X. Poniamo $\overline{X}_n = \frac{1}{n}\sum_{i=1}^{n} X_i$ e fissiamo $A > 0$ (grande) arbitrario.

(i) Mostrare che esiste $B > 0$ (che dipende da A) tale che $\mathrm{E}(X \mathbb{1}_{\{X\leq B\}}) \geq 2A$, facendo l'ipotesi che X sia discreta, oppure che sia assolutamente continua.

[*La dimostrazione per variabili aleatorie X generali richiede strumenti più avanzati.*]

(ii) Poniamo $Y_i := X_i \mathbb{1}_{\{X_i\leq B\}}$ per ogni $i \in \mathbb{N}$. Osservare che le Y_i hanno momento secondo finito (perché?) e dedurre dalla legge dei grandi numeri che

$$\lim_{n\to+\infty} \mathrm{P}\left(\frac{1}{n}\sum_{i=1}^{n} Y_i \geq A\right) = 1\,.$$

(iii) Confrontando X_i e Y_i, dedurre che $\lim_{n\to+\infty} \mathrm{P}(\overline{X}_n \geq A) = 1$. Convincersi che questo è un modo di formalizzare l'affermazione "la media campionaria tende a $+\infty$".

7.2 Il teorema limite centrale

La legge debole dei grandi numeri afferma che, sotto opportune ipotesi, $\overline{X}_n \to \mu$, o equivalentemente $(\overline{X}_n - \mu) \to 0$, nel senso preciso dato dalla relazione (7.2).

È naturale chiedersi "con che velocità" la differenza $(\overline{X}_n - \mu)$ tende a zero. Per rispondere a questa domanda si può cercare di amplificare tale differenza, ossia di moltiplicarla per un'opportuna successione reale $(c_n)_{n\in\mathbb{N}}$ che tende all'infinito, in modo che il prodotto $Z_n = c_n(\overline{X}_n - \mu)$ "converga verso un limite non degenere, ossia non zero né infinito". Abbiamo usato le virgolette perché, essendo la successione Z_n aleatoria, non è chiaro in che senso si debba interpretare il concetto di limite.

Vedremo in questo paragrafo che, sotto le ipotesi del Corollario 7.6, quanto descritto sopra è proprio quello che accade, con la scelta $c_n \approx \sqrt{n}$ e con una variabile normale come limite. Questo è il contenuto del celebre teorema limite centrale.

7.2.1 Enunciato e discussione

Sia $(X_i)_{i \in \mathbb{N}}$ una successione i.i.d. di variabili aleatorie reali, con momento secondo finito. Il valore medio sarà indicato con $\mu := \mathrm{E}(X_i)$ e la varianza, *che assumeremo strettamente positiva*, con $\sigma^2 := \mathrm{Var}(X_i) \in (0, \infty)$.

La media campionaria $\overline{X}_n$, definita in (7.1), ha valore medio $\mathrm{E}(\overline{X}_n) = \mu$ e varianza $\mathrm{Var}(\overline{X}_n) = \sigma^2/n$, come mostrato in (7.4) e (7.5). Pertanto, per la linearità del valore medio e per le proprietà della varianza (si ricordi la Proposizione 3.69),

$$\mathrm{E}(\overline{X}_n - \mu) = 0\,, \qquad \mathrm{Var}(\overline{X}_n - \mu) = \mathrm{Var}(\overline{X}_n) = \frac{\sigma^2}{n}\,.$$

Intuitivamente, per n grande, $(\overline{X}_n - \mu)$ è una quantità “piccola”, avendo media nulla e varianza che tende a zero. Possiamo allora amplificarla, moltiplicandola per il fattore $\sqrt{n}/\sigma$, così da ottenere una quantità con varianza unitaria: definendo

$$Z_n := \frac{\sqrt{n}}{\sigma}(\overline{X}_n - \mu)\,, \tag{7.27}$$

sempre per la Proposizione 3.69 si ha

$$\mathrm{E}(Z_n) = 0\,, \qquad \mathrm{Var}(Z_n) = 1\,. \tag{7.28}$$

Chiameremo Z_n *media campionaria standardizzata* (si veda l'Osservazione 7.19).

A questo punto è naturale chiedersi se la successione Z_n converga in qualche senso per $n \to \infty$. Il teorema limite centrale fornisce una risposta affermativa, mostrando che la funzione di ripartizione F_{Z_n} converge verso un limite non degenere,[2] che risulta essere la funzione di ripartizione della normale standard $\mathrm{N}(0, 1)$.

Teorema 7.18 (Teorema limite centrale)
Sia $(X_i)_{i \in \mathbb{N}}$ una successione di variabili aleatorie i.i.d. che ammettono momento secondo finito, con media μ e con varianza σ^2 non nulla. Indicando con Z_n la media campionaria standardizzata, definita in (7.27), *e con Z una variabile aleatoria* $\mathrm{N}(0, 1)$, *si ha*

$$\lim_{n \to +\infty} \mathrm{P}(Z_n \le x) = \mathrm{P}(Z \le x)\,, \qquad \forall x \in \mathbb{R}\,. \tag{7.29}$$

Il fatto che la variabile aleatoria limite Z abbia sempre *la stessa distribuzione, qualunque sia la distribuzione delle variabili X_i* (con momento secondo finito), costituisce un fenomeno di *universalità* di eccezionale interesse: nel limite descritto dal Teorema 7.18, i dettagli fini della distribuzione delle X_i diventano irrilevanti

[2] Questo tipo di convergenza è detto *convergenza in distribuzione*.

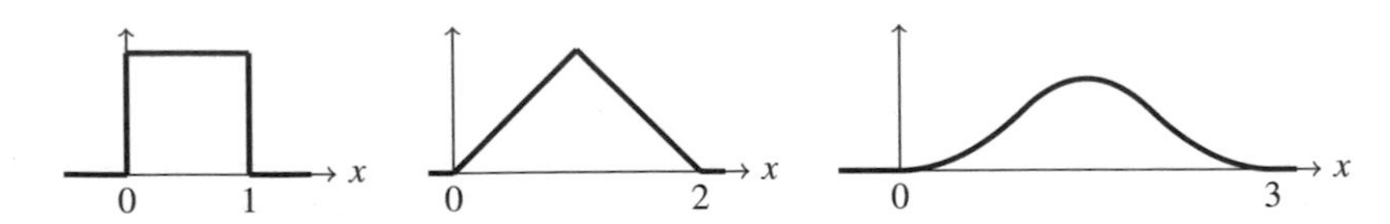

Figura 7.2 Rappresentazione grafica delle densità di U_1, $U_1 + U_2$ e $U_1 + U_2 + U_3$, dove $(U_i)_{i \in \mathbb{N}}$ sono variabili aleatorie i.i.d. con distribuzione U(0, 1) (il calcolo esplicito di queste densità è possibile, anche se noioso). Si vede già la "forma a campana" della densità normale apparire

e contano soltanto il valore medio μ e la varianza σ^2 (che compaiono nella definizione di Z_n, si ricordi (7.27)). Il fatto che $Z \sim \mathrm{N}(0, 1)$ spiega l'importanza della distribuzione normale e il fatto che sia così diffusa in diverse aree della scienza.

Non è affatto evidente *a priori* per quale motivo la variabile aleatoria limite Z che appare in (7.29) debba avere distribuzione proprio *normale*. Per capire meglio, consideriamo il caso speciale in cui le variabili di partenza siano già esse normali, ossia $X_i \sim \mathrm{N}(\mu, \sigma^2)$ per ogni $i \in \mathbb{N}$. Dato che la classe delle variabili normali è stabile per somma di variabili indipendenti e per combinazioni lineari affini, grazie al Corollario 6.42, segue facilmente che $Z_n \sim \mathrm{N}(0, 1)$. Quindi la relazione (7.29) è banalmente verificata, perché *Z_n ha esattamente la stessa distribuzione di Z*.

In altri termini, la distribuzione N(0, 1) è un "punto fisso" della trasformazione che alla distribuzione delle X_i associa la distribuzione di Z_n. Il teorema limite centrale mostra che, anche quando le X_i hanno distribuzione non normale, purché di varianza finita e non nulla, al crescere di n la distribuzione di Z_n tende ad avvicinarsi sempre più (nel senso (7.29) della convergenza delle funzioni di ripartizione) alla distribuzione N(0, 1), che funge dunque da "centro di attrazione".

Presentiamo la dimostrazione del Teorema 7.18 nel Paragrafo 7.2.4, facendo l'ipotesi aggiuntiva che le variabili X_i ammettano anche momento terzo finito. Questa condizione, tipicamente verificata negli esempi concreti, può essere rimossa con tecniche che vanno al di là degli scopi di questo libro. Prima di vedere la dimostrazione, nel prossimo paragrafo mostriamo in dettaglio, attraverso esempi concreti, come il teorema limite centrale possa essere usato per calcolare approssimativamente le probabilità di eventi legati alla media campionaria $\overline{X}_n$.

Osservazione 7.19 Invece di studiare la media campionaria $\overline{X}_n$, talvolta risulta più intuitivo considerare la *somma* S_n delle prime n variabili, definita da

$$S_n := \sum_{i=1}^{n} X_i \,. \tag{7.30}$$

I due approcci sono equivalenti, in quanto le proprietà di $\overline{X}_n$ sono in corrispondenza con quelle di S_n, grazie alla semplice relazione $\overline{X}_n = \frac{1}{n} S_n$. In particolare, ricordando le relazioni (7.4) e (7.5),

$$\mathrm{E}(S_n) = n\,\mu\,, \qquad \mathrm{Var}(S_n) = n\,\sigma^2\,.$$

Anche la variabile aleatoria Z_n definita in (7.27), che compare nel teorema limite centrale, può essere facilmente espressa in termini di S_n:

$$Z_n = \frac{S_n - \mu\, n}{\sigma \sqrt{n}}, \tag{7.31}$$

Si noti che le relazioni (7.27) e (7.31) hanno la *medesima struttura*:

$$Z_n = \frac{Y - \mathrm{E}(Y)}{\sqrt{\mathrm{Var}(Y)}}, \qquad \text{con } Y = \overline{X}_n \text{ o } Y = S_n .$$

In generale, la procedura che a una variabile aleatoria $Y \in L^2$ associa la variabile $Z := (Y - \mathrm{E}(Y))/\sqrt{\mathrm{Var}(Y)}$ è detta *standardizzazione*, perché la variabile Z ottenuta ha sempre valore medio nullo e varianza unitaria, come si verifica facilmente. □

Osservazione 7.20 Un modo euristico di descrivere la legge dei grandi numeri consiste nell'affermare che *i valori tipici della media campionaria* $\overline{X}_n$ *sono vicini a* μ, o equivalentemente *i valori tipici della somma* S_n *sono vicini a* $n\mu$. Il teorema limite centrale permette di quantificare il senso dell'aggettivo "vicini":

$$\begin{aligned} &\textit{i valori tipici della media campionaria } \overline{X}_n \textit{ sono dell'ordine di } \mu \pm \sigma \tfrac{1}{\sqrt{n}}, \\ &\textit{i valori tipici della somma } S_n \textit{ sono dell'ordine di } \mu\, n \pm \sigma \sqrt{n}. \end{aligned} \tag{7.32}$$

Sottolineiamo che anche queste sono affermazioni euristiche, il cui significato preciso è dato dal Teorema 7.18, insieme alle relazioni (7.27) e (7.31). Tuttavia, *se ben comprese*, le affermazioni in (7.32) forniscono un'ottima intuizione sul comportamento asintotico di $\overline{X}_n$ e S_n, come mostra l'esempio seguente. □

Esempio 7.21 Sia S_n il numero di teste che si ottengono lanciando n volte una moneta equilibrata. Quali scostamenti di S_n dal valore medio $n/2$ è lecito aspettarsi, tipicamente? Il teorema limite centrale può aiutare a fornire una risposta.

Scriviamo $S_n = X_1 + \ldots + X_n$, dove $(X_i)_{i \in \mathbb{N}}$ sono variabili aleatorie i.i.d. $\mathrm{Be}(1/2)$. Si noti che $\sigma^2 = \mathrm{Var}(X_1^2) = \frac{1}{4}$ e $\mu = \mathrm{E}(X_1) = \frac{1}{2}$. Ricordando la formula (7.31), la relazione (7.29) mostra che per ogni $\alpha > 0$

$$\mathrm{P}\left(S_n > \frac{n}{2} + \frac{\alpha}{2}\sqrt{n}\right) = \mathrm{P}(Z_n > \alpha) \xrightarrow[n\to\infty]{} \mathrm{P}(Z > \alpha).$$

Questo significa che scostamenti del numero di teste dal valore medio $\frac{n}{2}$ che crescono *proporzionalmente alla radice quadrata* $\sqrt{n}$ *del numero di lanci* hanno all'incirca la stessa probabilità. Concretamente, per $\alpha = 1.5$, con l'ausilio di un computer si possono calcolare esattamente le probabilità seguenti:

$$\begin{aligned} \mathrm{P}(S_{100} > 50 + \tfrac{1.5}{2}\sqrt{100}) &= \mathrm{P}(S_{100} > 50 + 7) \simeq 6.66\%, \\ \mathrm{P}(S_{1000} > 500 + \tfrac{1.5}{2}\sqrt{1000}) &= \mathrm{P}(S_{1000} > 500 + 23) \simeq 6.86\%, \\ \mathrm{P}(S_{10\,000} > 5000 + \tfrac{1.5}{2}\sqrt{10\,000}) &= \mathrm{P}(S_{10\,000} > 5000 + 75) \simeq 6.55\%, \end{aligned}$$

in buon accordo col valore limite $P(Z > 1.5) = 6.68\%$.[3] In altri termini, uno scostamento dal valore medio di 7 teste in 100 lanci è all'incirca altrettanto probabile di uno scostamento di 23 teste in 1000 lanci, o di 75 teste in 10 000 lanci. Questi valori per lo scostamento crescono lentamente col numero dei lanci, perché $\sqrt{n} \ll n$.

D'altro canto, scostamenti dal valore medio *proporzionali al numero n di lanci*, e non alla sua radice quadrata, hanno probabilità $P(S_n > \frac{n}{2} + \theta n)$ che decadono molto rapidamente per $n \to \infty$: a titolo di esempio, per $\theta = 0.03$,

$$\begin{aligned} P(S_{100} > 50 + 3) &\simeq 24\%\,, \\ P(S_{1000} > 500 + 30) &\simeq 2.7\%\,, \\ P(S_{10\,000} > 5000 + 300) &\simeq 10^{-9}\,. \end{aligned}$$

Si noti quanto sia *estremamente raro* (meno di una probabilità su un miliardo) che una moneta equilibrata cada sulla testa più di 5300 volte, in 10 000 lanci. □

7.2.2 Alcuni raffinamenti del teorema limite centrale

Tra le ragioni della rilevanza applicativa del teorema limite centrale vi è la possibilità di effettuare il calcolo approssimato di probabilità di interesse, il cui calcolo esatto risulterebbe arduo. Prima di descrivere questo *metodo dell'approssimazione normale*, presentiamo alcuni raffinamenti del teorema limite centrale.

Per comodità, d'ora in avanti indichiamo con $Z \sim N(0, 1)$ una variabile aleatoria normale standard e denotiamo con $\Phi : \mathbb{R} \to (0, 1)$ la sua funzione di ripartizione:

$$\Phi(x) := P(Z \le x) = \int_{-\infty}^{x} \frac{e^{-\frac{1}{2}t^2}}{\sqrt{2\pi}}\, dt\,.$$

Si tratta di una funzione molto importante e, sebbene non sia esprimibile tramite funzioni "elementari", molte sue proprietà sono note: ad esempio, è una funzione continua e derivabile su tutto $\mathbb{R}$, per il Teorema 6.10 (i), con derivata esplicita:

$$\Phi'(x) = \frac{1}{\sqrt{2\pi}} e^{-\frac{1}{2}x^2}\,,$$

da cui segue che Φ è strettamente crescente. Inoltre, per le proprietà (5.5) delle funzioni di ripartizione, $\Phi(x)$ ha limite 0 per $x \to -\infty$ e 1 per $x \to +\infty$, dunque $\Phi : \mathbb{R} \to (0, 1)$ è una funzione biunivoca.

I valori della funzione Φ possono essere calcolati numericamente, usando un software con funzioni statistiche o una calcolatrice scientifica avanzata. In alternativa, la tabella alla fine del libro riporta i valori di $\Phi(x)$ per $0 \le x \le 3.5$, su una

[3] L'approssimazione può essere sensibilmente migliorata usando un accorgimento detto correzione di continuità, descritto nel Paragrafo 7.2.3.

griglia di passo 0.01. Per $x \geq 3.5$ si ha $\Phi(x) \geq 0.9997 \simeq 1$, mentre i valori per $x < 0$ possono essere ricavati da quelli per $x > 0$ mediante la relazione

$$\Phi(x) = 1 - \Phi(-x)\,, \qquad \forall x \in \mathbb{R}\,, \tag{7.33}$$

che il lettore può dimostrare per esercizio.

Sia $(X_i)_{i\in\mathbb{N}}$ una successione di variabili aleatorie i.i.d. con media μ e varianza σ^2 finita e non nulla, come nelle ipotesi del Teorema 7.18, e poniamo $Z_n := \frac{\overline{X}_n - \mu}{\sigma/\sqrt{n}}$, come in (7.27). Il teorema limite centrale afferma che, per ogni $x \in \mathbb{R}$,

$$\lim_{n\to+\infty} \mathrm{P}(Z_n \leq x) = \Phi(x).$$

Mostriamo che si ha anche

$$\lim_{n\to+\infty} \mathrm{P}(Z_n < x) = \Phi(x). \tag{7.34}$$

Prima di dimostrare questa relazione, richiamiamo la definizione di lim sup e lim inf per una successione $(u_n)_{n\in\mathbb{N}}$ di numeri reali:

$$\limsup_{n\to\infty} u_n := \lim_{n\to\infty} \left(\sup_{k\geq n} u_k \right), \qquad \liminf_{n\to\infty} u_n := \lim_{n\to\infty} \left(\inf_{k\geq n} u_k \right).$$

Si noti che queste definizioni sono sempre ben poste, perché la successione $(v_n := \sup_{k\geq n} u_k)_{n\geq 1}$ è decrescente e la successione $(w_n := \inf_{k\geq n} u_k)_{n\geq 1}$ è crescente, dunque esse ammettono limite. Inoltre si ha $\limsup_{n\to\infty} u_n \leq \ell$ se e solo se, per ogni $\varepsilon > 0$, esiste un intero n_ε tale che $u_n \leq \ell + \varepsilon$ per ogni $n \geq n_\varepsilon$; analogamente $\liminf_{n\to\infty} u_n \geq \ell$ se e solo se per ogni $\varepsilon > 0$ esiste n_ε tale che $u_n \geq \ell - \varepsilon$ per ogni $n \geq n_\varepsilon$. In particolare, se $\limsup_{n\to\infty} u_n = \liminf_{n\to\infty} u_n = \ell$, allora la successione $(u_n)_{n\geq 1}$ ammette limite e si ha $\lim_{n\to\infty} u_n = \ell$.

Per mostrare (7.34), osserviamo che $\mathrm{P}(Z_n < x) \leq \mathrm{P}(Z_n \leq x)$, pertanto

$$\limsup_{n\to+\infty} \mathrm{P}(Z_n < x) \leq \Phi(x). \tag{7.35}$$

Inoltre, per ogni $\varepsilon > 0$, si ha $\mathrm{P}(Z_n < x) \geq \mathrm{P}(Z_n \leq x - \varepsilon)$, e perciò

$$\liminf_{n\to+\infty} \mathrm{P}(Z_n < x) \geq \Phi(x - \varepsilon). \tag{7.36}$$

Poiché (7.36) vale per ogni $\varepsilon > 0$ e Φ è continua, segue che

$$\liminf_{n\to+\infty} \mathrm{P}(Z_n < x) \geq \Phi(x), \tag{7.37}$$

che, assieme a (7.35), dimostra (7.34).

Osservazione 7.22 Con argomenti analoghi (lasciati per esercizio), si mostra anche che se $(x_n)_{n\geq 1}$ è una sequenza di numeri reali tale che $\lim_{n\to\infty} x_n = x \in \mathbb{R}$, allora

$$\lim_{n\to+\infty} \mathrm{P}(Z_n \leq x_n) = \lim_{n\to+\infty} \mathrm{P}(Z_n < x_n) = \Phi(x)\,. \tag{7.38}$$

Questo può essere anche dedotto dalla Proposizione 7.23 più sotto. □

Se ora I è un intervallo (limitato o illimitato) di $\mathbb{R}$, la probabilità $P(Z_n \in I)$ si può scrivere come differenza di termini della forma $P(Z_n \le x)$ o $P(Z_n < x)$, a seconda che gli estremi siano inclusi o esclusi, con $x \in [-\infty, +\infty]$. Si ha pertanto che

$$\lim_{n \to +\infty} P(Z_n \in I) = P(Z \in I) \tag{7.39}$$

per ogni intervallo I di $\mathbb{R}$. È rilevante osservare che tale convergenza è *uniforme* rispetto all'intervallo I, cioè si ha

$$\lim_{n \to +\infty} \sup\{|P(Z_n \in I) - P(Z \in I)| : I \text{ intervallo di } \mathbb{R}\} = 0. \tag{7.40}$$

Il limite (7.40) è una conseguenza (Esercizio 7.4) del seguente raffinamento del teorema limite centrale.

Proposizione 7.23
Nelle ipotesi del Teorema 7.18, si ha

$$\lim_{n \to +\infty} \sup_{x \in \mathbb{R}} |P(Z_n \le x) - \Phi(x)| = 0.$$

Dimostrazione Abbiamo già notato che Φ è una funzione strettamente crescente, e dunque invertibile, fra $\mathbb{R}$ e $(0, 1)$. Per $N \in \mathbb{N}$ e $k = 1, 2, \ldots, 2N - 1$, possiamo dunque porre

$$x_k := \Phi^{-1}\left(\frac{k}{2N}\right).$$

Poiché $\{x_1, x_2, \ldots, x_{2N-1}\}$ è un insieme finito di punti, per il Teorema 7.18 si ha che esiste $\overline{n}$, che dipende solo da N, tale che per ogni $n \ge \overline{n}$ e per ogni punto x_k

$$|P(Z_n \le x_k) - \Phi(x_k)| \le \frac{1}{2N}.$$

Sia ora $x \in \mathbb{R}$ fissato, ma arbitrario. Ponendo $x_0 := -\infty$ e $x_{2N} := +\infty$, sia $k \in \{0, 1, \ldots, 2N - 1\}$ l'unico indice per cui $x_k < x \le x_{k+1}$. Per $n \ge \overline{n}$, se $P(Z_n \le x) \ge \Phi(x)$ si ha

$$\begin{aligned} |P(Z_n \le x) - \Phi(x)| &= P(Z_n \le x) - \Phi(x) \le P(Z_n \le x_{k+1}) - \Phi(x_k) \\ &\le |P(Z_n \le x_{k+1}) - \Phi(x_{k+1})| + \Phi(x_{k+1}) - \Phi(x_k) \\ &\le \frac{1}{2N} + \left(\frac{k+1}{2N} - \frac{k}{2N}\right) = \frac{1}{N}. \end{aligned}$$

Il caso in cui $P(Z_n \le x) < \Phi(x)$ si tratta in modo analogo:

$$\begin{aligned} |P(Z_n \le x) - \Phi(x)| &= \Phi(x) - P(Z_n \le x) \le \Phi(x_{k+1}) - P(Z_n \le x_k) \\ &\le \Phi(x_{k+1}) - \Phi(x_k) + |\Phi(x_k) - P(Z_n \le x_k)| \\ &\le \left(\frac{k+1}{2N} - \frac{k}{2N}\right) + \frac{1}{2N} = \frac{1}{N}. \end{aligned}$$

In definitiva, abbiamo mostrato che per ogni N esiste $\overline{n}$ tale che per $n \geq \overline{n}$, per ogni $x \in \mathbb{R}$ si ha

$$|\mathrm{P}(Z_n \leq x) - \Phi(x)| \leq \frac{1}{N},$$

che è proprio la convergenza uniforme nell'enunciato □

Una delle conseguenze della Proposizione 7.23, è che consente di *approssimare* $\mathrm{P}(Z_n \leq x_n)$ *con* $\Phi(x_n)$ *anche nel caso in cui* x_n *dipenda da* n: l'errore nell'approssimazione è comunque limitato da

$$\| F_{Z_n} - \Phi \|_\infty := \sup_{x \in \mathbb{R}} |F_{Z_n}(x) - \Phi(x)|. \tag{7.41}$$

Per un uso accorto di tale approssimazione, è utile avere delle stime il più possibile esplicite per $\| F_{Z_n} - \Phi \|_\infty$. Quello che segue è uno dei risultati più generali in questa direzione; ne omettiamo la dimostrazione.

Teorema 7.24 (Berry–Esseen)
In aggiunta alle ipotesi del Teorema 7.18, si assuma che $\rho := E\left(|X_1 - \mu|^3\right) < +\infty$. *Allora*

$$\| F_{Z_n} - \Phi \|_\infty \leq \frac{\rho}{2\sigma^3 \sqrt{n}}. \tag{7.42}$$

Si noti che, essendo $\rho \geq \sigma^3$ (Esercizio 7.5), la disuguaglianza (7.42) risulta poco utile per valori "piccoli" di n.

Osservazione 7.25 Per n fissato, la quantità $\| F_{Z_n} - \Phi \|_\infty$ dipende in modo sostanziale dalla distribuzione delle X_i. In effetti, come mostreremo nell'Esempio 7.28, per $\varepsilon > 0$ e $n \in \mathbb{N}$ si può scegliere la distribuzione per le variabili X_i in modo che $\| F_{Z_n} - \Phi \|_\infty \geq \frac{1}{2} - \varepsilon$. Pertanto, ogni stima per $\| F_{Z_n} - \Phi \|_\infty$ che tenda a zero per $n \to \infty$ deve necessariamente dipendere da qualche proprietà della distribuzione delle X_i, come la quantità ρ del Teorema 7.24. □

7.2.3 Il metodo dell'approssimazione normale

Sulla base dei risultati del paragrafo precedente, illustriamo il *metodo dell'approssimazione normale*. Sia $(X_i)_{i \in \mathbb{N}}$ una successione di variabili aleatorie i.i.d. con media μ e varianza σ^2 finita e non nulla. Per un assegnato valore $s \in \mathbb{R}$ si voglia calcolare

$$\mathrm{P}(S_n \leq s),$$

dove $S_n := X_1 + X_2 + \cdots + X_n$. L'idea è di riscrivere l'evento $\{S_n \leq s\}$ in termini della variabile aleatoria Z_n, data dall'espressione (7.31): si ha infatti l'uguaglianza di eventi

$$\{S_n \leq s\} = \left\{\frac{S_n - \mu\, n}{\sigma\sqrt{n}} \leq \frac{s - \mu\, n}{\sigma\sqrt{n}}\right\} = \left\{Z_n \leq \frac{s - \mu\, n}{\sigma\sqrt{n}}\right\}.$$

Di conseguenza, dalla Proposizione 7.23 si ottiene l'approssimazione cercata:

$$\mathrm{P}(S_n \leq s) = \mathrm{P}\left(Z_n \leq \frac{s - \mu\, n}{\sigma\sqrt{n}}\right) \simeq \Phi\left(\frac{s - \mu\, n}{\sigma\sqrt{n}}\right), \tag{7.43}$$

ed esattamente la stessa approssimazione vale per $\mathrm{P}(S_n < s)$. Per la relazione (7.41), l'errore nell'approssimazione (7.43) è al massimo $\| F_{Z_n} - \Phi \|_\infty$, una quantità che può essere stimata grazie al Teorema 7.24 di Berry–Esseen.

Esempio 7.26 Si lanci 1000 volte un dado equilibrato. Qual è la probabilità che il punteggio totale sia minore o uguale a 3450?

Sia $(X_i)_{i\in\mathbb{N}}$ una successione di variabili aleatorie i.i.d., ciascuna con distribuzione $\mathrm{Unif}\{1,\ldots,6\}$. Con calcoli elementari, in parte già fatti nel Paragrafo 3.5.1, si trova

$$\mu = \mathrm{E}(X_i) = \frac{7}{2}, \qquad \sigma^2 = \mathrm{Var}(X_i) = \frac{35}{12}, \qquad \rho = \mathrm{E}(|X - \mu|^3) = \frac{51}{8}.$$

Con le notazioni introdotte sopra, l'approssimazione normale (7.43) dà

$$\mathrm{P}(S_{1000} \leq 3450) \simeq \Phi\left(\frac{3450 - \frac{7}{2}\,1000}{\sqrt{\frac{35}{12}}\sqrt{1000}}\right) \simeq \Phi(-0.93) = 1 - \Phi(0.93) \simeq 0.1762,$$

avendo usato la relazione (7.33) e il valore $\Phi(0.93) \simeq 0.8238$, ricavato dalla tavola alla fine del libro. Per il teorema di Berry–Esseen, l'errore di approssimazione è non maggiore di

$$\frac{\rho}{2\,\sigma^3\sqrt{1000}} \simeq 0.0202.$$

Dunque, con gli strumenti a disposizione, possiamo concludere che

$$\mathrm{P}(S_{1000} \leq 3450) \in [0.1762 - 0.0202, 0.1762 + 0.0202] = [0.1560, 0.1964]\,.$$

Come vedremo più avanti, in molti casi il teorema di Berry–Esseen *sovrastima* significativamente il margine di errore. □

Esempio 7.27 Quante volte è necessario lanciare un dado equilibrato affinché il punteggio totale sia maggiore o uguale a 3000 con probabilità di almeno 0.8?

Nelle notazioni dell'esempio precedente, dobbiamo determinare n affinché

$$\mathrm{P}(S_n \geq 3000) \geq 0.8. \tag{7.44}$$

Usando l'approssimazione normale (7.43) (con la disuguaglianza stretta),

$$\mathrm{P}(S_n \geq 3000) = 1 - \mathrm{P}(S_n < 3000) \simeq 1 - \Phi\left(\frac{3000 - \frac{7}{2}n}{\sqrt{\frac{35}{12}}\sqrt{n}}\right) = \Phi\left(\frac{\frac{7}{2}n - 3000}{\sqrt{\frac{35}{12}}\sqrt{n}}\right).$$

Per la monotonia di Φ, la disequazione $\Phi(x) \geq 0.8$ equivale a $x \geq \Phi^{-1}(0.8)$, dunque da (7.44) ricaviamo approssimativamente

$$\frac{\frac{7}{2}n - 3000}{\sqrt{\frac{35}{12}}\sqrt{n}} \geq \Phi^{-1}(0.8) \qquad \Longleftrightarrow \qquad \frac{7}{2}n - \Phi^{-1}(0.8)\sqrt{\frac{35}{12}}\sqrt{n} - 3000 \geq 0\,.$$

Abbiamo dunque ottenuto una *disequazione di secondo grado in* $\sqrt{n}$ con coefficienti numerici espliciti, ad esclusione di $\Phi^{-1}(0.8)$ che ora stimiamo. Dalla tavola alla fine del libro si ricavano i valori di z per cui $\Phi(z)$ è vicino a 0.8:

$$\Phi(0.84) = 0.7995\,, \qquad \Phi(0.85) = 0.8023\,,$$

da cui segue per monotonia che $0.84 \leq \Phi^{-1}(0.8) \leq 0.85$. Prendendo la media, approssimiamo $\Phi^{-1}(0.8) \simeq 0.845$ ed esplicitiamo la disequazione

$$\frac{7}{2}(\sqrt{n})^2 - 0.845\sqrt{\frac{35}{12}}\sqrt{n} - 3000 \geq 0\,,$$

le cui soluzioni positive (le uniche che ci interessano) sono date da

$$\sqrt{n} \geq \frac{0.8416\sqrt{\frac{35}{12}} + \sqrt{(0.8416)^2\frac{35}{12} + 4 \cdot \frac{7}{2} \cdot 3000}}{7} \simeq 29.48\,,$$

cioè $n \geq (29.48)^2 \simeq 869.07$. Considerando il fatto che n è intero, otteniamo infine $n \geq 870$. Anche in questo caso bisognerebbe considerare l'errore nell'approssimazione, ma ci accontenteremo questa volta del risultato approssimato. □

Esempio 7.28 Siano $n \geq 1$ e $\varepsilon > 0$ fissati ma arbitrari, e $(X_i)_{i\in\mathbb{N}}$ una successione di variabili aleatorie i.i.d. con $X_i \sim \mathrm{Be}(p)$, in cui p è sufficientemente piccolo da soddisfare $(1-p)^n \geq 1-\varepsilon$ e $np < 1$. Si ha che

$$\mathrm{P}(Z_n \leq 0) = \mathrm{P}(S_n \leq np) = \mathrm{P}(S_n = 0) = (1-p)^n \geq 1-\varepsilon.$$

Essendo $\Phi(0) = \frac{1}{2}$, abbiamo

$$\| F_{Z_n} - \Phi \|_\infty \geq \frac{1}{2} - \varepsilon.$$

Questo mostra che, per n fissato, l'accuratezza dell'approssimazione normale non può essere uniforme rispetto alla distribuzione delle X_i. □

Concludiamo descrivendo un semplice accorgimento, detto *correzione di continuità*, che permette spesso di migliorare l'accuratezza dell'approssimazione normale quando le variabili aleatorie X_i sono a valori interi (come nei precedenti esempi). In questo anche $S_n = X_1 + \ldots + X_n$ è a valori interi, pertanto si è interessati a calcolare probabilità del tipo $\mathrm{P}(S_n \leq m)$ con *m intero*. Una stima uniforme dell'errore che si commette applicando l'approssimazione normale (7.43) è pertanto

$$E_n := \sup_{m \in \mathbb{Z}} \left| \mathrm{P}(S_n \leq m) - \Phi\left(\frac{m - \mu\, n}{\sigma \sqrt{n}} \right) \right|. \tag{7.45}$$

Osserviamo ora che, poiché S_n è a valori interi, si ha $\mathrm{P}(S_n \leq m) = \mathrm{P}(S_n < m + 1)$. Applicando l'approssimazione normale (7.43) a quest'ultima probabilità, si ha

$$\mathrm{P}(S_n \leq m) \simeq \Phi\left(\frac{m + 1 - \mu\, n}{\sigma \sqrt{n}} \right) \quad \text{anziché} \quad \mathrm{P}(S_n \leq m) \simeq \Phi\left(\frac{m - \mu\, n}{\sigma \sqrt{n}} \right).$$

In molti casi tipici, risulta che la prima approssimazione sovrastima, mentre la seconda sottostima, la vera probabilità $\mathrm{P}(S_n \leq m)$. L'accorgimento detto *correzione di continuità* consiste nel prendere una soluzione intermedia: osservando che si ha anche $\mathrm{P}(S_n \leq m) = \mathrm{P}(S_n \leq m + \frac{1}{2})$, si approssima

$$\mathrm{P}(S_n \leq m) \simeq \Phi\left(\frac{m + \frac{1}{2} - \mu\, n}{\sigma \sqrt{n}} \right). \tag{7.46}$$

In questo caso l'errore massimo che si commette è dato da

$$\hat{E}_n := \sup_{m \in \mathbb{Z}} \left| \mathrm{P}(S_n \leq m) - \Phi\left(\frac{m + \frac{1}{2} - \mu\, n}{\sigma \sqrt{n}} \right) \right|. \tag{7.47}$$

Non è difficile mostrare (Esercizio 7.6) che sia E_n che $\hat{E}_n$ sono minori di $\| F_{Z_n} - \Phi \|_\infty$, la quantità definita in (7.41) che compare nel teorema di Berry–Esseen.

Resta da capire se l'errore massimo $\hat{E}_n$ con la correzione di continuità sia effettivamente migliore di quello E_n dato dall'approssimazione normale "standard". Ci limitiamo al caso speciale, di grande interesse applicativo, in cui $X_i \sim \mathrm{Be}(p)$ e dunque $S_n \sim \mathrm{Bin}(n, p)$, fornendo alcune osservazioni numeriche.

- Se $p = \frac{1}{2}$, per $n = 20$ si calcola $\hat{E}_{20} \simeq 0.001$ mentre $E_{20} \simeq 0.088$, quindi la correzione di continuità migliora drasticamente la stima. (Il teorema di Berry–Esseen fornisce una stima peggiore, pari circa a 0.112.)

- Nei casi "asimmetrici" in cui $p \neq \frac{1}{2}$, il vantaggio della correzione di continuità è meno pronunciato, ma comunque rilevante: ad esempio, per $p = 0.1$ e $n = 50$, si ha $\hat{E}_{50} \simeq 0.024$ contro $E_{50} \simeq 0.093$ (mentre il limite superiore all'errore fornito dal teorema di Berry–Esseen vale circa 0.194).

Secondo un criterio empirico molto usato, l'approssimazione normale *con correzione di continuità* fornisce una "buona stima" quando $np \geq 5$ e $n(1-p) \geq 5$. Non siamo a conoscenza di risultati rigorosi che giustifichino tale criterio, ma evidenze numeriche mostrano che in tal caso si ha $\hat{E}_n \leq 0.029$

7.2.4 Dimostrazione del teorema limite centrale

La dimostrazione del Teorema 7.18 verrà divisa in più passi. Inoltre, come si è già detto, dimostreremo il teorema sotto l'ipotesi aggiuntiva che le variabili aleatorie X_i ammettano momento terzo finito.

Denotiamo con C_b^3 l'insieme delle funzioni $g : \mathbb{R} \to \mathbb{R}$ continue e limitate, le cui prime tre derivate g', g'', g''' esistono e sono funzioni continue e limitate su $\mathbb{R}$.

Lemma 7.29
Siano $(Z_n)_{n\geq 1}$ e Z variabili aleatorie reali, tali che la funzione di ripartizione F_Z è una funzione continua. Se si ha la convergenza

$$\lim_{n\to+\infty} \mathrm{E}[g(Z_n)] = \mathrm{E}[g(Z)], \qquad \forall g \in C_b^3, \tag{7.48}$$

allora

$$\lim_{n\to+\infty} F_{Z_n}(x) = F_Z(x), \qquad \forall x \in \mathbb{R}.$$

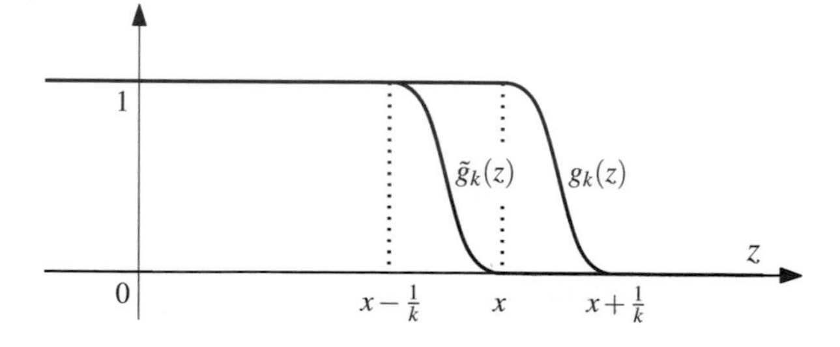

Figura 7.3 Una rappresentazione grafica delle funzioni g_k e $\tilde{g}_k$, che approssimano dall'alto e dal basso la funzione indicatrice $\mathbb{1}_{(-\infty,x]}(\cdot)$

Dimostrazione Fissiamo arbitrariamente $x \in \mathbb{R}$. Per ogni $k \geq 1$, è possibile costruire due funzioni g_k e $\tilde{g}_k$ in C_b^3 tali che, come mostrato in Figura 7.3,

$$\mathbb{1}_{(-\infty, x-\frac{1}{k}]}(z) \leq \tilde{g}_k(z) \leq \mathbb{1}_{(-\infty,x]}(z) \leq g_k(z) \leq \mathbb{1}_{(-\infty, x+\frac{1}{k}]}(z), \qquad \forall z \in \mathbb{R}.$$

Ad esempio, si può scegliere $g_k(z) = f_{[x,x+\frac{1}{k}]}(z)$ e $\tilde{g}_k(z) = f_{[x-\frac{1}{k},x]}(z)$, dove la funzione $f_{[a,b]}$ è definita per $a < b$ nel modo seguente:

$$f_{[a,b]}(z) := f_{[0,1]}\left(\frac{z-a}{b-a}\right), \qquad f_{[0,1]}(z) := \begin{cases} 1 & \text{se } z \leq 0, \\ 1 - 140 \int_0^z t^3 (1-t)^3 \, \mathrm{d}t & \text{se } 0 \leq z \leq 1, \\ 0 & \text{se } z \geq 1, \end{cases}$$

dove il fattore di normalizzazione 140 è dovuto al fatto che $\int_0^1 t^3 (1-t)^3 \, \mathrm{d}t = \frac{1}{140}$.

Per definizione di funzione di ripartizione, per ogni variabile aleatoria W

$$F_W(x) = \mathrm{P}(W \leq x) = \mathrm{E}(\mathbb{1}_{\{W \leq x\}}) = \mathrm{E}(\mathbb{1}_{(-\infty,x]}(W)).$$

Di conseguenza, per monotonia del valore medio,

$$\begin{aligned} F_W\big(x - \tfrac{1}{k}\big) &= \mathrm{E}\Big[\mathbb{1}_{(-\infty,x-\frac{1}{k}]}(W)\Big] \leq \mathrm{E}[\tilde{g}_k(W)] \leq \mathrm{E}\big[\mathbb{1}_{(-\infty,x]}(W)\big] \\ &= F_W(x) \leq \mathrm{E}[g_k(W)] \leq \mathrm{E}\Big[\mathbb{1}_{(-\infty,x+\frac{1}{k}]}(W)\Big] = F_W\big(x + \tfrac{1}{k}\big), \end{aligned}$$

in particolare

$$F_W\big(x - \tfrac{1}{k}\big) \leq \mathrm{E}[\tilde{g}_k(W)] \leq F_W(x) \leq \mathrm{E}[g_k(W)] \leq F_W\big(x + \tfrac{1}{k}\big).$$

Usiamo ora queste disuguaglianze, per $W = Z_n$ e $W = Z$, insieme con l'ipotesi (7.48) per $g = g_k$ e per $g = \tilde{g}_k$, ottenendo che per ogni $k \in \mathbb{N}$ fissato

$$\begin{aligned} \limsup_{n\to+\infty} F_{Z_n}(x) &\leq \lim_{n\to+\infty} \mathrm{E}[g_k(Z_n)] = \mathrm{E}[g_k(Z)] \leq F_Z\big(x + \tfrac{1}{k}\big), \\ \liminf_{n\to+\infty} F_{Z_n}(x) &\geq \lim_{n\to+\infty} \mathrm{E}[\tilde{g}_k(Z_n)] = \mathrm{E}[\tilde{g}_k(Z)] \geq F_Z\big(x - \tfrac{1}{k}\big), \end{aligned}$$

quindi

$$F_Z\big(x - \tfrac{1}{k}\big) \leq \liminf_{n\to+\infty} F_{Z_n}(x) \leq \limsup_{n\to+\infty} F_{Z_n}(x) \leq F_Z\big(x + \tfrac{1}{k}\big). \tag{7.49}$$

Essendo F_Z continua,

$$\lim_{k\to+\infty} F_Z\big(x - \tfrac{1}{k}\big) = \lim_{k\to+\infty} F_Z\big(x + \tfrac{1}{k}\big) = F_Z(x),$$

pertanto prendendo il limite $k \to +\infty$ in (7.49) troviamo

$$\liminf_{n\to+\infty} F_{Z_n}(x) = \limsup_{n\to+\infty} F_{Z_n}(x) = F_Z(x), \qquad \forall x \in \mathbb{R},$$

che conclude la dimostrazione. □

Enunciamo ora il cuore della dimostrazione del teorema limite centrale, detto *Principio di Lindeberg*: esso mostra che per $n \to \infty$ il valore medio $\mathrm{E}[g(Z_n)]$, con $g \in C_b^3$, diventa insensibile alla distribuzione delle variabili aleatorie $(X_i)_{i\in\mathbb{N}}$.

Teorema 7.30 (Principio di Lindeberg)
Sia Z_n la media campionaria standardizzata, definita in (7.27), di una successione $(X_i)_{i\in\mathbb{N}}$ di variabili aleatorie i.i.d. (con media μ e varianza σ^2 finita e non nulla). Analogamente, sia $\tilde{Z}_n$ la media campionaria standardizzata di un'altra successione $(\tilde{X}_i)_{i\in\mathbb{N}}$ di variabili aleatorie i.i.d. (con media $\tilde{\mu}$ e varianza $\tilde{\sigma}^2$ finita e non nulla). Allora si ha

$$\lim_{n\to\infty} \left\{ \mathrm{E}[g(Z_n)] - \mathrm{E}[g(\tilde{Z}_n)] \right\} = 0, \qquad \forall g \in C_b^3. \tag{7.50}$$

A questo punto è facile dimostrare il teorema limite centrale (Teorema 7.18) usando il Principio di Lindeberg.

Dimostrazione (Teorema 7.18) Sia $(X_i)_{i\in\mathbb{N}}$ una successione di variabili aleatorie i.i.d. che ammettono momento secondo finito, con media μ e con varianza σ^2 non nulla, e sia Z_n la loro media campionaria standardizzata, definita in (7.27). Dobbiamo mostrare che si ha $\mathrm{P}(Z_n \le x) \to \mathrm{P}(Z \le x)$ per ogni $x \in \mathbb{R}$, con $Z \sim N(0,1)$.

Grazie al Lemma 7.29, ci basta mostrare che $\lim_{n\to\infty} \mathrm{E}[g(Z_n)] = \mathrm{E}[g(Z)]$ per ogni $g \in C_b^3$. A tal fine sfruttiamo il Principio di Lindeberg.

Introduciamo una successione $(\tilde{X}_i)_{i\in\mathbb{N}}$ di variabili aleatorie i.i.d. normali standard. Ogni combinazione lineare affine di variabili aleatorie normali indipendenti è ancora normale, per il Corollario 6.42, quindi $\tilde{Z}_n$ è una variabile aleatoria normale. Dato che $\tilde{Z}_n$ ha valore medio nullo e varianza unitaria, si ricordi (7.28), si ha più precisamente $\tilde{Z}_n \sim \mathrm{N}(0,1)$. Di conseguenza possiamo scrivere $\mathrm{E}[g(\tilde{Z}_n)] = \mathrm{E}[g(Z)]$ con $Z \sim N(0,1)$ (si noti che $\mathrm{E}[g(\tilde{Z}_n)]$ *non dipende da* $n \in \mathbb{N}$). Inserendo questa uguaglianza in (7.50) otteniamo infine $\lim_{n\to\infty} \mathrm{E}[g(Z_n)] = \mathrm{E}[g(Z)]$ come richiesto. □

Resta solo da dimostrare il Principio di Lindeberg (Teorema 7.30). Lo faremo con l'ipotesi aggiuntiva di momento terzo finito. Il prossimo lemma è cruciale.

Lemma 7.31
Siano V, Y, Z tre variabili aleatorie indipendenti, tali che Y, Z ammettono momento terzo finito, e inoltre $\mathrm{E}(Y) = \mathrm{E}(Z)$, $\mathrm{E}(Y^2) = \mathrm{E}(Z^2)$. Allora per ogni $g \in C_b^3$, ponendo $C := \sup_{x \in \mathbb{R}} |g'''(x)|$, vale la disuguaglianza

$$|\mathrm{E}[g(V+Y)] - \mathrm{E}[g(V+Z)]| \le \frac{C}{6}\big[\mathrm{E}(|Y|^3) + \mathrm{E}(|Z|^3)\big].$$

Dimostrazione La formula di Taylor per funzioni di classe C^3 con resto integrale ci dà, per ogni $x, h \in \mathbb{R}$

$$g(x+h) = g(x) + g'(x)h + \frac{1}{2}g''(x)h^2 + R_2(x,h),$$

dove

$$R_2(x,h) = \frac{1}{2}\int_x^{x+h} (x+h-t)^2 g'''(t)\,\mathrm{d}t\,.$$

In particolare

$$|R_2(x,h)| \le \frac{C}{6}|h|^3. \tag{7.51}$$

Si ricava facilmente che

$$g(x+h) - g(x+k) = g'(x)[h-k] + \frac{1}{2}g''(x)[h^2-k^2] + R_2(x,h) - R_2(x,k). \tag{7.52}$$

Ponendo $x = V, h = Y, k = Z$ e prendendo il valore medio, otteniamo

$$\begin{aligned}\mathrm{E}[g(V+Y)] - \mathrm{E}[g(V+Z)] =& \,\mathrm{E}[g'(V)(Y-Z)] + \frac{1}{2}\,\mathrm{E}[g''(V)(Y^2-Z^2)] \\ &+ \mathrm{E}[R_2(V,Y) - R_2(V,Z)].\end{aligned}$$

Essendo V, Y, Z indipendenti e $\mathrm{E}(Y) = \mathrm{E}(Z)$, $\mathrm{E}(Y^2) = \mathrm{E}(Z^2)$, si ha che

$$\begin{aligned}\mathrm{E}[g'(V)(Y-Z)] &= \mathrm{E}[g'(V)]\,\mathrm{E}[(Y-Z)] = 0\,,\\ \mathrm{E}[g''(V)(Y^2-Z^2)] &= \mathrm{E}[g''(V)]\,\mathrm{E}[(Y^2-Z^2)] = 0\,,\end{aligned}$$

avendo usato il fatto che g' e g'' sono funzioni limitate, dunque $g'(V)$ e $g''(V)$ ammettono valore medio finito. Ricordando (7.51), otteniamo

$$\begin{aligned}\big|\mathrm{E}[g(V+Y)] - \mathrm{E}[g(V+Z)]\big| &= \big|\mathrm{E}[R_2(V,Y) - R_2(V,Z)]\big| \\ &\le \mathrm{E}[|R_2(V,Y)|] + \mathrm{E}[|R_2(V,Z)|] \le \frac{C}{6}\big[\mathrm{E}(|Y|^3) + \mathrm{E}(|Z|^3)\big],\end{aligned}$$

ossia la tesi. □

Il seguente risultato, basato sul lemma precedente, rappresenta il nucleo della dimostrazione del Principio di Lindeberg (Teorema 7.30).

Proposizione 7.32
Siano $Y_1, Y_2, \ldots, Y_n$ variabili aleatorie i.i.d. con momento terzo finito e con $\mathrm{E}(Y_1) = 0$, $\mathrm{E}(Y_1^2) = 1$. Analogamente, siano $W_1, W_2, \ldots, W_n$ variabili aleatorie i.i.d. con momento terzo finito e con $\mathrm{E}(W_1) = 0$, $\mathrm{E}(W_1^2) = 1$. Ponendo $C := \sup_{x\in\mathbb{R}} |g'''(x)|$, per ogni $g \in C_b^3$ si ha

$$\begin{aligned}&\left|\mathrm{E}\left[g\left(\frac{Y_1 + \cdots + Y_n}{\sqrt{n}}\right)\right] - \mathrm{E}\left[g\left(\frac{W_1 + \cdots + W_n}{\sqrt{n}}\right)\right]\right| \\ &\qquad \le \frac{C}{6}\,\frac{\mathrm{E}(|Y_1|^3) + \mathrm{E}(|W_1|^3)}{\sqrt{n}}.\end{aligned}$$

Dimostrazione Sia $Y := (Y_1, Y_2, \ldots, Y_n)$ e $W := (W_1, W_2, \ldots, W_n)$. Il risultato da dimostrare dipende solo dalle distribuzioni individuali di Y e W, ma non dalla distribuzione congiunta di (Y, W). Non è perciò restrittivo assumere che Y e W siano indipendenti, cioè che tutte le variabili aleatorie $Y_1, Y_2, \ldots, Y_n, W_1, W_2, \ldots, W_n$ siano indipendenti. L'idea chiave consiste nello scrivere la seguente somma telescopica:

$$\mathrm{E}\left[g\left(\frac{Y_1 + \cdots + Y_n}{\sqrt{n}}\right)\right] - \mathrm{E}\left[g\left(\frac{W_1 + \cdots + W_n}{\sqrt{n}}\right)\right] = \sum_{k=0}^{n-1}\{a_{k+1} - a_k\} = a_n - a_0\,,$$

dove $a_0, a_1, \ldots, a_n$ è un'arbitraria successione reale tale che

$$a_0 = \mathrm{E}\left[g\left(\frac{W_1 + \cdots + W_n}{\sqrt{n}}\right)\right], \qquad a_n = \mathrm{E}\left[g\left(\frac{Y_1 + \cdots + Y_n}{\sqrt{n}}\right)\right].$$

Risulta conveniente scegliere la seguente successione:

$$a_k := \mathrm{E}\left[g\left(\frac{Y_1 + \cdots + Y_k + W_{k+1} + W_{k+2} + \cdots + W_n}{\sqrt{n}}\right)\right],$$

in modo che a_k e a_{k+1} differiscano solo per lo scambio di W_{k+1} e Y_{k+1}:

$$a_{k+1} - a_k = \mathrm{E}\left[g\left(V_k + \frac{Y_{k+1}}{\sqrt{n}}\right)\right] - \mathrm{E}\left[g\left(V_k + \frac{W_{k+1}}{\sqrt{n}}\right)\right]$$

dove abbiamo posto $V_k := \frac{Y_1+\cdots+Y_k+W_{k+2}+\cdots+W_n}{\sqrt{n}}$. Per il Lemma 7.31

$$|a_{k+1} - a_k| \le \frac{C}{6} \frac{\mathrm{E}(|Y_1|^3) + \mathrm{E}(|W_1|^3)}{n^{3/2}},$$

pertanto

$$\left|\mathrm{E}\left[g\left(\frac{Y_1 + \cdots + Y_n}{\sqrt{n}}\right)\right] - \mathrm{E}\left[g\left(\frac{W_1 + \cdots + W_n}{\sqrt{n}}\right)\right]\right| \le \sum_{k=0}^{n-1} |a_{k+1} - a_k|$$
$$\le n\, \frac{C}{6} \frac{\mathrm{E}(|Y_1|^3) + \mathrm{E}(|W_1|^3)}{n^{3/2}} = \frac{C}{6} \frac{\mathrm{E}(|Y_1|^3) + \mathrm{E}(|W_1|^3)}{\sqrt{n}},$$

che è quanto volevamo dimostrare. □

Possiamo finalmente dimostrare il Principio di Lindeberg (Teorema 7.30), con l'ipotesi aggiuntiva che le variabili X_i ammettano momento terzo finito.

Dimostrazione (Teorema 7.30) Siano $(X_i)_{i\in\mathbb{N}}$, $(\tilde{X}_i)_{i\in\mathbb{N}}$ due successioni di variabili aleatorie i.i.d., con valori medi μ, $\tilde{\mu}$ e varianze σ^2, $\tilde{\sigma}^2$ finite e non nulle. Assumiamo che $\mathrm{E}[|X_i|^3] < \infty$ e $\mathrm{E}[|\tilde{X}_i|^3] < \infty$. Le medie campionarie standardizzate Z_n, $\tilde{Z}_n$ sono

$$Z_n = \frac{\sqrt{n}}{\sigma}\left(\frac{X_1 + \ldots + X_n}{n} - \mu\right), \qquad \tilde{Z}_n = \frac{\sqrt{n}}{\tilde{\sigma}}\left(\frac{\tilde{X}_1 + \ldots + \tilde{X}_n}{n} - \tilde{\mu}\right).$$

Definiamo due successioni di variabili aleatorie $(Y_i)_{i\in\mathbb{N}}$, $(W_i)_{i\in\mathbb{N}}$ ponendo

$$Y_i := \frac{X_i - \mu}{\sigma}, \qquad W_i := \frac{\tilde{X}_i - \tilde{\mu}}{\tilde{\sigma}}, \qquad \forall i \in \mathbb{N}.$$

Possiamo allora riscrivere Z_n e $\tilde{Z}_n$ nel modo seguente:

$$Z_n = \frac{Y_1 + \ldots + Y_n}{\sqrt{n}}, \qquad \tilde{Z}_n = \frac{W_1 + \ldots + W_n}{\sqrt{n}}, \qquad \forall n \in \mathbb{N}.$$

Dato che Y_i e W_i hanno media nulla e varianza unitaria (sono la standardizzazione di X_i e $\tilde{X}_i$, si ricordi l'Osservazione 7.19), per la Proposizione 7.32 otteniamo

$$\lim_{n\to\infty} \left|\mathrm{E}[g(Z_n)] - \mathrm{E}[g(\tilde{Z}_n)]\right| \le \lim_{n\to\infty} \frac{C}{6} \frac{\mathrm{E}(|Y_1|^3) + \mathrm{E}(|W_1|^3)}{\sqrt{n}} = 0,$$

che conclude la dimostrazione. □

Osservazione 7.33 Una lettura attenta delle dimostrazioni in questo paragrafo rivela che l'ipotesi che le variabili aleatorie siano indipendenti è stata usata più volte, mentre quella che siano identicamente distribuite non è mai stata usata pienamente e può essere notevolmente indebolita. Ad esempio, il Teorema 7.18 continua a valere se richiediamo che

$$\mu := \mathrm{E}(X_i) \text{ e } \sigma^2 := \mathrm{E}(X_i^2) \text{ non dipendono da } i \in \mathbb{N}\,, \qquad \sup_{i \in \mathbb{N}} \mathrm{E}(|X_i|^3) < +\infty\,.$$

Questa osservazione amplia il raggio di validità del teorema limite centrale e rafforza dunque il valore di universalità della distribuzione normale, come distribuzione approssimata della somma di variabili aleatorie indipendenti, non necessariamente con la stessa distribuzione. □

7.2.5 *Un teorema limite locale per variabili esponenziali*

In questo paragrafo, la cui lettura è facoltativa, dimostriamo un rafforzamento "locale" del teorema limite centrale, per una successione $(X_i)_{i \in \mathbb{N}}$ variabili aleatorie reali i.i.d. con distribuzione esponenziale. Assumiamo per semplicità che $X_i \sim \mathrm{Exp}(1) = \mathrm{Gamma}(1, 1)$, ma tutto si estende immediatamente al caso di $X_i \sim \mathrm{Exp}(\lambda)$.

Ricordiamo che $\mu = \mathrm{E}(X_i) = 1$, $\sigma^2 = \mathrm{Var}(X_i) = 1$, si veda (6.41), e poniamo

$$Z_n := \frac{S_n - n}{\sqrt{n}}\,, \tag{7.53}$$

dove $S_n := X_1 + \ldots + X_n$, si ricordino (7.31) e (7.30). Segue dalla Proposizione 6.36 che $S_n \sim \mathrm{Gamma}(n, 1)$, in particolare S_n è una variabile aleatoria assolutamente continua e di conseguenza anche Z_n lo è, per la Proposizione 6.19. Indicando con f_{Z_n} la sua densità, possiamo riformulare il teorema limite centrale (7.29) come segue:

$$\lim_{n \to \infty} \int_{-\infty}^{x} f_{Z_n}(y)\,\mathrm{d}y = \int_{-\infty}^{x} \frac{\mathrm{e}^{-y^2/2}}{\sqrt{2\pi}}\,\mathrm{d}y\,, \qquad \forall x \in \mathbb{R}\,. \tag{7.54}$$

A questo punto, è naturale chiedersi se ci sia la convergenza delle densità:

$$\lim_{n \to \infty} f_{Z_n}(x) = \frac{\mathrm{e}^{-x^2/2}}{\sqrt{2\pi}}\,, \qquad \forall x \in \mathbb{R}\,. \tag{7.55}$$

Mostriamo in questo paragrafo che la risposta è affermativa, ma sottolineiamo che non si tratta di una conseguenza "automatica" della relazione (7.54). In effetti, la dimostrazione che presentiamo consiste in un calcolo diretto, basato sulla conoscenza esplicita della densità $f_{Z_n}(x)$. Con tecniche più avanzate, al di là degli scopi di questo libro, è possibile estendere il risultato (7.55) a un'ampia classe di distribuzioni assolutamente continue. Come sottoprodotto della dimostrazione, otterremo una derivazione indipendente della formula di Stirling (1.30) (incluso il prefattore $C = \sqrt{2\pi}$, che era rimasto indeterminato nella dimostrazione della Proposizione 1.41).

Dimostrazione della relazione (7.55) Dato che che $S_n \sim \text{Gamma}(n, 1)$, si ha

$$f_{S_n}(x) = \frac{x^{n-1}}{\Gamma(n)} \, \mathrm{e}^{-x} \, \mathbb{1}_{[0,\infty)}(x) = \frac{x^{n-1}}{(n-1)!} \, \mathrm{e}^{-x} \, \mathbb{1}_{(0,\infty)}(x) .$$

Di conseguenza, per la Proposizione 6.19, segue da (7.53) che

$$f_{Z_n}(x) = \sqrt{n} \, f_{S_n}(\sqrt{n}x + n) = \sqrt{n} \, \frac{(\sqrt{n}x + n)^{n-1}}{(n-1)!} \, \mathrm{e}^{-(\sqrt{n}x + n)} \, \mathbb{1}_{(-\sqrt{n},\infty)}(x) .$$

Nonostante l'apparenza ostica, questa relazione può essere efficacemente studiata. Definiamo la successione reale

$$D_n := \frac{n^n \mathrm{e}^{-n} \sqrt{2\pi n}}{n!} , \qquad \forall n \in \mathbb{N} .$$

Notiamo che la formula di Stirling (1.30) equivale a $\lim_{n\to\infty} D_n = 1$, un fatto che dimostreremo tra poco. Possiamo riscrivere $f_{Z_n}(x)$ nel modo seguente:

$$f_{Z_n}(x) = D_n \, \frac{1}{\sqrt{2\pi}} \left(1 + \frac{x}{\sqrt{n}}\right)^{n-1} \mathrm{e}^{-\sqrt{n}x} \, \mathbb{1}_{(-\sqrt{n},\infty)}(x) . \tag{7.56}$$

Definiamo ora per $t > -1$

$$R(t) := \log(1 + t) - t + \frac{1}{2} t^2 ,$$

e si noti che $R(t) = O(t^3)$ per $t \to 0$, come segue dalla formula di Taylor per il logaritmo. Con qualche manipolazione algebrica si ha

$$\left(1 + \frac{x}{\sqrt{n}}\right)^n \mathrm{e}^{-\sqrt{n}x} = \mathrm{e}^{n \log(1 + \frac{x}{\sqrt{n}})} \, \mathrm{e}^{-\sqrt{n}x} = \mathrm{e}^{n [\frac{x}{\sqrt{n}} - \frac{x^2}{2n} + R(\frac{x}{\sqrt{n}})]} \, \mathrm{e}^{-\sqrt{n}x} = \mathrm{e}^{-\frac{x^2}{2}} \, \mathrm{e}^{n R(\frac{x}{\sqrt{n}})} .$$

Definendo la funzione

$$g_n(x) := \left(1 + \frac{x}{\sqrt{n}}\right)^{-1} \mathrm{e}^{n R(\frac{x}{\sqrt{n}})} ,$$

possiamo allora riscrivere la formula (7.56) nel modo seguente:

$$f_{Z_n}(x) = D_n \, g_n(x) \, \frac{\mathrm{e}^{-x^2/2}}{\sqrt{2\pi}} \, \mathbb{1}_{(-\sqrt{n},\infty)}(x) . \tag{7.57}$$

Si noti che è "apparsa" la densità della normale standard. Dato che $R(t) = O(t^3)$, per ogni $x \in \mathbb{R}$ fissato si ha $n R(\frac{x}{\sqrt{n}}) = O(\frac{x^3}{\sqrt{n}})$ e dunque $\lim_{n\to\infty} g_n(x) = 1$. Si noti che abbiamo anche $\lim_{n\to\infty} \mathbb{1}_{]-\sqrt{n},\infty[}(x) = 1$. Di conseguenza, per completare la dimostrazione della relazione (7.55) resta solo da mostrare che $\lim_{n\to\infty} D_n = 1$ (ossia la formula di Stirling).

Fissiamo $\varepsilon > 0$ e sia $L := 1/\sqrt{\varepsilon}$. Applicando la disuguaglianza di Chebyschev (Teorema 3.77) possiamo scrivere

$$\mathrm{P}(|Z_n| > L) = \mathrm{P}(|S_n - \mathrm{E}(S_n)| > L\sqrt{n}) \le \frac{\mathrm{Var}(S_n)}{L^2 n} = \frac{1}{L^2} = \varepsilon , \tag{7.58}$$

e analogamente, se $Z \sim \mathrm{N}(0,1)$,

$$\mathrm{P}(|Z| > L) = \mathrm{P}(|Z - \mathrm{E}(Z)| > L) \leq \frac{\mathrm{Var}(Z)}{L^2} = \frac{1}{L^2} = \varepsilon . \tag{7.59}$$

Dal fatto che $R(t) = O(t^3)$, e dunque $nR(\frac{x}{\sqrt{n}}) = O(\frac{x^3}{\sqrt{n}})$, segue che $\lim_{n\to\infty} g_n(x) = 1$ *uniformemente* per $x \in [-L, L]$. Quindi esiste $\overline{n} = \overline{n}(\varepsilon) < \infty$ tale che

$$1 - \varepsilon \leq g_n(x) \leq 1 + \varepsilon , \qquad \forall n \geq \overline{n} , \ \forall x \in [-L, L] .$$

Possiamo assumere che $\sqrt{\overline{n}} > L$. Di conseguenza, per $n \geq \overline{n}$, segue da (7.57) che

$$D_n (1-\varepsilon) \int_{-L}^{L} \frac{\mathrm{e}^{-x^2/2}}{\sqrt{2\pi}} \, \mathrm{d}x \leq \int_{-L}^{L} f_{Z_n}(x) \, \mathrm{d}x \leq D_n (1+\varepsilon) \int_{-L}^{L} \frac{\mathrm{e}^{-x^2/2}}{\sqrt{2\pi}} \, \mathrm{d}x .$$

L'integrale nel primo e terzo membro non è altro che $\mathrm{P}(|Z| \leq L)$, mentre quello nel secondo membro è $\mathrm{P}(|Z_n| \leq L)$. Dalla relazione precedente otteniamo quindi

$$\frac{\mathrm{P}(|Z_n| \leq L)}{(1+\varepsilon)\,\mathrm{P}(|Z| \leq L)} \leq D_n \leq \frac{\mathrm{P}(|Z_n| \leq L)}{(1-\varepsilon)\,\mathrm{P}(|Z| \leq L)} , \qquad \forall n \geq \overline{n} .$$

Ricordando le relazioni (7.58) e (7.59), si ha $1 - \varepsilon \leq \mathrm{P}(|Z_n| \leq L) \leq 1$ e analogamente per $\mathrm{P}(|Z| \leq L)$, pertanto abbiamo mostrato che

$$\frac{1-\varepsilon}{1+\varepsilon} \leq D_n \leq \frac{1}{(1-\varepsilon)^2} , \qquad \forall n \geq \overline{n} ,$$

quindi

$$\frac{1-\varepsilon}{1+\varepsilon} \leq \liminf_{n\to\infty} D_n \leq \limsup_{n\to\infty} D_n \leq \frac{1}{(1-\varepsilon)^2} .$$

Prendendo il limite $\varepsilon \downarrow 0$ in questa relazione, segue che $\lim_{n\to\infty} D_n = 1$. □

Esercizi

Esercizio 7.4 Si mostri che il limite (7.40) segue dalla Proposizione 7.23.

Esercizio 7.5 Con riferimento al Teorema 7.24, si dimostri che $\rho \geq \sigma^3$.

Esercizio 7.6 Si mostri che le quantità E_n ed $\hat{E}_n$, definite in (7.45) e (7.47), sono entrambe minori della quantità $\| F_{Z_n} - \Phi \|_\infty$ definita in (7.41).

7.3 Esercizi di riepilogo

Esercizio 7.7 Sia $f : [0,1] \to \mathbb{R}$ una funzione continua. Si mostri che

$$\lim_{n\to\infty} \int_0^1 \cdots \int_0^1 f\Big(\frac{x_1 + \cdots + x_n}{n}\Big) \mathrm{d}x_1 \ldots \mathrm{d}x_n = f\Big(\frac{1}{2}\Big).$$

[*Sugg.* Interpretare l'integrale come il valore medio $\mathrm{E}(f(\overline{X}_n))$ e usare l'Esercizio 7.1.]

Esercizio 7.8 Sia $U \sim \mathrm{U}(0, 2\pi)$. Per $k \in \mathbb{N}$, definiamo $X_k = \sin(kU)$ e per $n \in \mathbb{N}$ poniamo $S_n = \sum_{k=1}^n X_k$.

(i) Si mostri che le variabili aleatorie X_k hanno la stessa distribuzione, ma che non sono indipendenti.

[*Sugg.* Mostrare che gli eventi $\{X_1 > \frac{\sqrt{3}}{2}\}$ e $\{X_2 > \frac{\sqrt{3}}{2}\}$ sono disgiunti.]

(ii) Si mostri che $\mathrm{E}(X_k) = 0$, $\mathrm{Var}(X_k) = \frac{1}{2}$ e $\mathrm{Cov}(X_j, X_k) = 0$ per $j \neq k$.
(iii) Si mostri che per ogni $\varepsilon > 0$ si ha

$$\lim_{n\to\infty} \mathrm{P}\Big(\frac{1}{n}|S_n| > \varepsilon\Big) = 0\,.$$

Esercizio 7.9 Siano $(X_i)_{i\geq 1}$ variabili aleatorie i.i.d. con distribuzione $\mathrm{U}(0, \frac{12}{5})$ e sia

$$Y_n = \prod_{i=1}^n X_i \qquad \text{per } n \in \mathbb{N}\,.$$

(i) Si mostri che $\mathrm{E}(\log X_i) = \log(\frac{12}{5}) - 1 \approx -0.12$. Dedurne che

$$\lim_{n\to\infty} \mathrm{P}\Big(\sum_{i=1}^n \log X_i > -\frac{n}{10}\Big) = 0\,.$$

(ii) Si mostri che $\lim_{n\to\infty} \mathrm{P}(Y_n \geq \mathrm{e}^{-n/10}) = 0$.
(iii) Si mostri che per ogni $\varepsilon > 0$ si ha $\lim_{n\to\infty} \mathrm{P}(Y_n > \varepsilon) = 0$. Indicando con m_n la mediana di Y_n, si deduca che $\lim_{n\to\infty} m_n = 0$.

[*Sugg.* Si ricordi che la mediana m_n è definita da $\mathrm{P}(Y_n \geq m_n) \geq \frac{1}{2}$ e $\mathrm{P}(Y_n \leq m_n) \geq \frac{1}{2}$.]

(iv) Si calcoli $\mathrm{E}(Y_n)$ e si mostri che $\lim_{n\to\infty} \mathrm{E}(Y_n) = +\infty$.

Esercizio 7.10 Sia $(X_i)_{i \geq 1}$ una successione di variabili aleatorie i.i.d. con valore medio finito $\mu := \mathrm{E}(X_i) \in \mathbb{R}$. Per $n \in \mathbb{N}$ definiamo $W_n = \sum_{i=1}^{2n} X_i X_{i+1}$.

(i) In generale, le variabili aleatorie $(Y_i := X_i X_{i+1})_{i \geq 1}$ sono indipendenti?

[*Sugg.* Considerare il caso $\mu \neq 0$, con $\sigma^2 := \mathrm{Var}(X_i) \in (0, +\infty)$, e calcolare $\mathrm{Cov}(Y_i, Y_{i+1})$.]

(ii) Poniamo $W_n^{(1)} = \sum_{j=1}^{n} X_{2j-1} X_{2j}$ e $W_n^{(2)} = \sum_{j=1}^{n} X_{2j} X_{2j+1}$. Sfruttando la legge dei grandi numeri, si mostri che per ogni $\varepsilon > 0$ si ha

$$\lim_{n\to\infty} \mathrm{P}\left(\left|\frac{1}{n} W_n^{(1)} - \mu^2\right| > \varepsilon\right) = 0 \quad \text{e} \quad \lim_{n\to\infty} \mathrm{P}\left(\left|\frac{1}{n} W_n^{(2)} - \mu^2\right| > \varepsilon\right) = 0 .$$

(iii) Osservando che $W_n = W_n^{(1)} + W_n^{(2)}$, si mostri che per ogni $\varepsilon > 0$

$$\lim_{n\to\infty} \mathrm{P}\left(\left|\frac{1}{2n} W_n - \mu^2\right| > \varepsilon\right) = 0 .$$

(iv) Ritrovare questo risultato usando l'Esercizio 7.2, supponendo che le X_i ammettano un momento secondo finito.

Esercizio 7.11 In Italia, ci sono state 420 000 nascite in 2019, di cui 213 000 maschi e 207 000 femmine. Vi sembra ragionevole supporre che un nuovo nato abbia la stessa probabilità di essere maschio o femmina?

[*Sugg.* Si calcoli, nell'ipotesi in cui i sessi sono equiprobabili, la probabilità di avere una discrepanza tra il numero di maschi e il numero di femmine *maggiore o uguale* rispetto a quella osservata.]

Esercizio 7.12 Il gruppo promotore di un referendum ritiene che il 60% della popolazione sia disposta a firmare per la relativa raccolta di firme. Si assuma che le persone a cui viene richiesto di firmare siano scelte a caso. Dovendo raccogliere 30 000 firme, quante persone è necessario interpellare affinché la soglia delle 30 000 firme sia raggiunta con probabilità di almeno 0.95?

Esercizio 7.13 Un grande studio fotografico riceve l'incarico di eseguire un servizio che prevede l'uso di speciali lampade ad alta luminosità. Tali lampade hanno una durata con distribuzione esponenziale, di media pari a 100 ore, e costano 100 Euro l'una. Le durate di lampade distinte si possono considerare indipendenti. Per il servizio si prevede siano necessarie 10 000 ore di luce prodotta da tali lampade. Inoltre, a causa degli elevati costi di trasporto, è conveniente acquistare le lampade necessarie in un unico ordine.

(i) Usando l'approssimazione normale, si determini il minimo numero di lampade che è necessario acquistare affinché le 10 000 ore di luce siano garantite con probabilità 0.95.
(ii) Un'altra ditta di lampade propone un prodotto la cui durata ha distribuzione esponenziale di media 200 ore, al costo di 190 Euro per lampada. Ritenete sia

conveniente acquistare da questa ditta anziché da quella del punto precedente? (Anche in questo caso le lampade vengono acquistate nel numero minimo necessario a garantire 10 000 ore di luce con probabilità 0.95).

Esercizio 7.14 Una compagnia aerea offre ai sui passeggeri la scelta fra due tipi di snack: salatini o biscotti. Sulla base della passata esperienza, la compagnia ritiene che le due scelte siano equiprobabili. Supponiamo che in un dato volo ci siano 150 passeggeri, che scelgono ognuno indipendentemente dagli altri. Si calcoli, usando l'approssimazione normale con la correzione di continuità

(i) la probabilità che almeno 60 passeggeri scelgano i salatini;
(ii) se a bordo ci sono 90 unità di ognuno dei due tipi di snack, la probabilità che qualche passeggero non possa avere lo snack che desidera.

Esercizio 7.15 In un gioco d'azzardo si vincono due Euro in caso di successo, e si perde un Euro in caso di insuccesso. La probabilità di successo è $p = 0.4$.

(i) Sia X il numero di successi in n ripetizioni del gioco. Qual è la densità discreta di X?
(ii) Sia Y il numero (relativo) di Euro vinti in n ripetizioni del gioco. Dopo aver determinato una relazione che lega X e Y, si determini media e varianza di Y.
(iii) Si calcoli approssimativamente la probabilità di vincere almeno 50 Euro in 220 ripetizioni del gioco.
(iv) Quante volte, come minimo, è necessario ripetere il gioco affinché la probabilità di vincere almeno 50 Euro sia maggiore di 0.99?

[*Sugg.* Per i punti (iii) e (iv) si usi la correzione di continuità.]

Esercizio 7.16 Un gioco consiste nell'estrarre a caso due carte da un mazzo di carte da Poker (52 carte, 4 semi); si vince se nessuna delle carte estratte è di quadri.

(i) Si determini la probabilità di successo in questo gioco.
(ii) Per $n \geq 1$, sia p_n la probabilità che in $2n$ ripetizioni del gioco il numero di successi sia almeno n. Si determini, approssimativamente, il valore p_{50}.
(iii) Si determini il minimo valore di n per cui $p_n \geq 1 - 10^{-3}$.

Esercizio 7.17 Un congegno è costituito da una componente elettrica che viene rimpiazzata non appena smette di funzionare. Dunque, se $T_1, T_2, \ldots, T_n$ sono i tempi di vita di n componenti che si hanno a disposizione, il tempo di vita totale del congegno è $T = T_1 + T_2 + \cdots + T_n$. Si supponga che $T_i \sim \text{Exp}(1)$ per ogni $i \geq 1$, e che le T_i siano indipendenti. Utilizzando l'approssimazione normale, si calcolino:

(i) se $n = 100$ la probabilità $\mathrm{P}(T < 90)$;
(ii) il valore minimo di n per cui $\mathrm{P}(T < 90) \leq 0.05$.

Esercizio 7.18 In una elezione votano un milione di persone, che devono scegliere tra i due candidati A e B. Il voto di un certo numero n di elettori è sotto il controllo di una organizzazione malavitosa, che garantisce che essi votino per il candidato A. Tutti gli altri elettori votano "a caso", scegliendo con ugual probabilità i due candidati, ognuno indipendentemente dagli altri.

(i) Supponiamo che l'organizzazione malavitosa controlli $n = 2000$ voti. Qual è la probabilità (approssimata) che il candidato A vinca le elezioni?
(ii) Qual è il numero minimo n di individui che l'organizzazione malavitosa deve controllare, per garantire che la probabilità di vittoria di A sia almeno del 99%?

Esercizio 7.19 Indicando con $(X_n)_{n\in\mathbb{N}}$ una successione i.i.d. con distribuzioni marginali $X_n \sim \mathrm{U}[-1, 1]$, si determini per ogni $t \in \mathbb{R}$ il limite

$$\lim_{n\to\infty} \mathrm{P}\left(\frac{(X_1 + \ldots + X_n)^2}{n} > t\right).$$

Esercizio 7.20 Usando opportunamente il teorema limite centrale, si calcoli per ogni $t \in \mathbb{R}$

$$\lim_{n\to+\infty} \mathrm{e}^{-n} \sum_{k=0}^{n+t\sqrt{n}} \frac{n^k}{k!}. \tag{7.60}$$

[*Sugg.* Date $(X_n)_{n\in\mathbb{N}}$ variabili aleatorie i.i.d. con distribuzione Pois(1), si esprima la somma in (7.60) in funzione di tali variabili aleatorie.]

Esercizio 7.21 Sia $(X_i)_{i\geq 1}$ una successione di variabili aleatorie i.i.d. con distribuzioni marginali $\mathrm{P}(X_i = +1) = \mathrm{P}(X_i = -1) = \frac{1}{2}$. Poniamo $S_0 = 0$ e $S_n = \sum_{i=1}^n X_i$ per $n \geq 1$. Si tratta della passeggiata aleatoria semplice simmetrica introdotta nel Paragrafo 4.7: S_n rappresenta la posizione di un camminatore aleatorio dopo n passi.

(i) Stimare la probabilità $\mathrm{P}(|S_n| \geq \sqrt{n})$ che dopo un numero n grande di passi, il camminatore sia a una distanza maggiore di $\sqrt{n}$ del suo punto di partenza.
(ii) Sia $\alpha \in\,]0, 1/2[$. Mostrare che $\lim_{n\to\infty} \mathrm{P}(|S_n| \geq n^\alpha) = 1$.

Esercizio 7.22 La lunghezza dei chiodini prodotti da una certa ditta ha una distribuzione incognita, la cui media e varianza indichiamo con μ e σ^2. Il valore di σ^2 è noto e pari a $0.25\,\mathrm{mm}^2$, mentre il valore di μ (espresso in mm) è incognito e vogliamo stimarlo empiricamente.

A tal fine, misuriamo le lunghezze $X_1, \ldots, X_n$ di n chiodini scelti a caso e ne indichiamo la media aritmetica con $\overline{X}_n := (X_1 + \ldots + X_n)/n$. Se n è grande, per la legge dei grandi numeri sappiamo che $\overline{X}_n$ sarà vicino a μ. Per rendere più quantitativa questa affermazione, scegliamo un numero reale $\delta > 0$ e consideriamo l'intervallo I_δ di ampiezza δ centrato in $\overline{X}_n$, vale a dire

$$I_\delta := \left(\overline{X}_n - \delta\,,\, \overline{X}_n + \delta\right).$$

Si determini δ_n in modo che la probabilità che l'intervallo I_{δ_n} contenga μ valga approssimativamente 0.95 per n grande.

[*Sugg.* Si esprima l'evento $\{\mu \in I_{\delta_n}\}$ nella forma $\{a < \overline{X}_n < b\}$ per opportuni a, b.]

Esercizio 7.23 Siano $(X_i)_{i\geq 1}$ e $(Y_i)_{i\geq 1}$ due successioni indipendenti di variabili aleatorie i.i.d. in L^2, con valori medi $\mu := \mathrm{E}(X_i)$, $\tilde{\mu} := \mathrm{E}(Y_i)$ e varianze $\sigma^2 := \mathrm{Var}(X_i) > 0$, $\tilde{\sigma}^2 := \mathrm{Var}(Y_i) > 0$. Poniamo

$$Z_n := \frac{\sqrt{n}}{\sigma}(\overline{X}_n - \mu), \qquad \tilde{Z}_n := \frac{\sqrt{n}}{\tilde{\sigma}}(\overline{Y}_n - \tilde{\mu}).$$

(i) Si mostri che per ogni $\alpha, \beta \in \mathbb{R}$, non entrambi nulli, si ha

$$\lim_{n\to\infty} \mathrm{P}\left(\frac{\alpha Z_n + \beta \tilde{Z}_n}{\sqrt{\alpha^2+\beta^2}} \leq x\right) = \mathrm{P}(Z \leq x) \qquad \forall\, x \in \mathbb{R},$$

dove $Z \sim \mathrm{N}(0,1)$. Più in generale, si mostri che se $\lim_{n\to\infty} x_n = x \in \mathbb{R}$ allora

$$\lim_{n\to\infty} \mathrm{P}\left(\frac{\alpha Z_n + \beta \tilde{Z}_n}{\sqrt{\alpha^2+\beta^2}} \leq x_n\right) = \mathrm{P}(Z \leq x).$$

(ii) Si considerino ora tre successioni $(\alpha_n)_{n\geq 1}$, $(\beta_n)_{n\geq 1}$, $(x_n)_{n\geq 1}$ tali che

$$\lim_{n\to\infty} \alpha_n = \alpha \in \mathbb{R}, \qquad \lim_{n\to\infty} \beta = \beta \in \mathbb{R}, \qquad \lim_{n\to\infty} x_n = x \in \mathbb{R}.$$

Si mostri, usando la disuguaglianza di Chebyschev, che per ogni $\varepsilon > 0$

$$\lim_{n\to\infty} \mathrm{P}\left(\frac{|(\alpha_n-\alpha)Z_n|}{\sqrt{\alpha^2+\beta^2}} > \varepsilon\right) = 0, \qquad \lim_{n\to\infty} \mathrm{P}\left(\frac{|(\alpha_n-\alpha)\tilde{Z}_n|}{\sqrt{\alpha^2+\beta^2}} > \varepsilon\right) = 0,$$

e si concluda che

$$\lim_{n\to\infty} \mathrm{P}\left(\frac{\alpha_n Z_n + \beta_n \tilde{Z}_n}{\sqrt{\alpha^2+\beta^2}} \leq x_n\right) = \mathrm{P}(Z \leq x).$$

[*Sugg.* Per ottenere l'ultima relazione, si mostri innanzitutto che se U, V, W sono variabili aleatorie reali, allora per ogni $x \in \mathbb{R}$ e $\varepsilon > 0$ valgono le seguenti disuguaglianze

$$\mathrm{P}(U+V+W \leq x) \leq \mathrm{P}(U \leq x+2\varepsilon) + \mathrm{P}(|V| > \varepsilon) + \mathrm{P}(|W| > \varepsilon),$$
$$\mathrm{P}(U+V+W \leq x) \geq \mathrm{P}(U \leq x-2\varepsilon) - \mathrm{P}(|V| > \varepsilon) - \mathrm{P}(|W| > \varepsilon).$$

Si applichino quindi queste disuguaglianze per un'opportuna scelta di U, V, W.]

Esercizio 7.24 Sia $(X_i)_{i\geq 1}$ una successione di variabili aleatorie i.i.d. tale che $\log X_i$ ammetta un valore medio finito. Per ogni $n \in \mathbb{N}$, poniamo $Y_n := \prod_{i=1}^n X_i$.

(i) Applicando la legge dei grandi numeri a $(\log X_i)_{i\geq 1}$, si mostri che per ogni $\varepsilon > 0$

$$\lim_{n\to\infty} \mathrm{P}\left(\left|(Y_n)^{1/n} - \mathrm{e}^{\mathrm{E}(\log X_1)}\right| > \varepsilon\right) = 0 .$$

[*Sugg.* Si può sfruttare l'Esercizio 7.1.]

(ii) Si deduca che:

- se $\mathrm{E}(\log X_1) < 0$, allora esiste $\theta < 1$ tale che $\lim_{n\to\infty} \mathrm{P}(Y_n \leq \theta^n) = 1$;
- se $\mathrm{E}(\log X_1) > 0$, allora esiste $\theta > 1$ tale che $\lim_{n\to\infty} \mathrm{P}(Y_n \geq \theta^n) = 1$;

(iii) Supponiamo ora che $\mathrm{E}(\log X_1) = 0$ e che $\sigma^2 = \mathrm{E}((\log X_1)^2)$ sia finita e non nulla. Applicando il teorema limite centrale alla successione $(\log X_i)_{i\geq 1}$, si mostri che

$$\lim_{n\to\infty} \mathrm{P}\left(Y_n \leq \mathrm{e}^{-n^{1/4}}\right) = \frac{1}{2} \quad \text{e} \quad \lim_{n\to\infty} \mathrm{P}\left(Y_n \geq \mathrm{e}^{n^{1/4}}\right) = \frac{1}{2} .$$

Esercizio 7.25 (Passeggiata aleatoria) Sia $(X_i)_{i\geq 1}$ una successione di variabili aleatorie i.i.d., e supponiamo che $\mathbb{E}(X_i) = 0$ e che $\mathrm{Var}(X_i) = \sigma^2$ sia finita e non nulla. Poniamo $S_0 = 0$ e, per $n \geq 1$, $S_n = \sum_{i=1}^n X_i$. Vogliamo studiare le proprietà della successione $(S_n)_{n\geq 0}$, che si può interpretare come la successione delle posizioni di un camminatore aleatorio di cui l'i-esimo passo è X_i.

(i) Si mostri che $\lim_{k\to\infty} \mathrm{P}(S_k \geq k^{1/4}) = 1/2$.
(ii) Usando il fatto che per $k \in \mathbb{N}$ si ha $\mathrm{P}(\sup_{n\geq 0} S_n \geq k^{1/4}) \geq \mathrm{P}(S_k \geq k^{1/4})$, si mostri che $\mathrm{P}(\sup_{n\geq 0} S_n = +\infty) \geq 1/2$.
(iii) Si mostri che analogamente $\mathrm{P}(\inf_{n\geq 0} S_n = -\infty) \geq 1/2$.
(iv) Per l'Esercizio 6.63, le probabilità $\mathrm{P}(\sup_{n\geq 0} S_n = +\infty)$ e $\mathrm{P}(\inf_{n\geq 0} S_n = -\infty)$ possono solo valere 0 o 1. Si deduca che

$$\mathrm{P}\left(\sup_{n\geq 0} S_n = +\infty \ \text{ e } \ \inf_{n\geq 0} S_n = -\infty\right) = 1 .$$

Cosa si può concludere sulle traiettorie della passeggiata?

Esercizi più difficili

Esercizio 7.26 (Concentrazione della misura, III) Siano $X_1, \ldots, X_n$ variabili aleatorie indipendenti e con la stessa distribuzione, con momento secondo $\mathrm{E}(X_i^2) = 1$ e momento quarto finito: $m_4 = \mathrm{E}(X_i^4) < +\infty$. Facciamo l'ipotesi che $m_4 > 1$.

Consideriamo il vettore aleatorio

$$V_n := (X_1, \dots, X_n) \in \mathbb{R}^n ,$$

e sia $\| V_n \|$ la sua norma euclidea. Vogliamo mostrare che la funzione di ripartizione della variabile aleatoria $\| V_n \| - \sqrt{n}$, ossia

$$F_n(t) := \mathrm{P}(\| V_n \| - \sqrt{n} \le t) \qquad \text{per } t \in \mathbb{R} , \tag{7.61}$$

converge per $n \to \infty$ alla funzione di ripartizione di una variabile aleatoria normale.

(i) Si spieghi perché le variabili aleatorie $(X_n^2)_{n\in\mathbb{N}}$ sono i.i.d., con valore medio 1 e varianza $m_4 - 1 > 0$.

(ii) Applicando la legge dei grandi numeri a $Z_n := \| V_n \|^2 = \sum_{i=1}^n X_i^2$, si mostri che per ogni $\varepsilon > 0$

$$\lim_{n\to\infty} \mathrm{P}\Big(\frac{1}{\sqrt{n}} \| V_n \| \in [1 - \varepsilon, 1 + \varepsilon] \Big) = 1 .$$

(iii) Consideriamo ora una versione riscalata e centrata di Z_n:

$$\widehat{Z}_n = \frac{Z_n - n}{\sqrt{n}} .$$

Si mostri che per ogni successione $(t_n)_{n\ge1}$ tale che $\lim_{n\to\infty} t_n = z \in \mathbb{R}$ si ha

$$\lim_{n\to\infty} \mathrm{P}\big(\widehat{Z}_n \le t_n \big) = \mathrm{P}\big(\widehat{Z} \le z \big)$$

dove $\widehat{Z} \sim \mathrm{N}(0, \sigma^2)$, per un'opportuna costante σ^2 che si richiede di determinare.

[*Sugg.* Si può sfruttare la relazione (7.38).]

(iv) Ricordando (7.61), si osservi che $F_n(t) = \mathrm{P}\big((\frac{1}{n} Z_n)^{1/2} - 1 \le \frac{t}{\sqrt{n}} \big)$. Si deduca che per ogni $t \in \mathbb{R}$

$$F_n(t) = \mathrm{P}\big(\widehat{Z}_n \le t_n \big) , \qquad \text{con } t_n := \sqrt{n} \Big(\big(1 + \tfrac{t}{\sqrt{n}}\big)^2 - 1 \Big) ,$$

e si concluda che

$$\lim_{n\to\infty} F_n(t) = \mathrm{P}\big(\tfrac{1}{2} \widehat{Z} \le t \big) \qquad \text{per ogni } t \in \mathbb{R} .$$

Qual è la distribuzione di $\frac{1}{2}\widehat{Z}$?

Esercizio 7.27 Sia $(X_i)_{i\geq 1}$ una successione di variabili aleatorie i.i.d. *positive*, con valore medio $\mu := \mathrm{E}(X_i) > 0$ e varianza $\sigma^2 := \mathrm{Var}(X_i)$ finita e non nulla. Sia $\overline{X}_n := \frac{1}{n}\sum_{i=1}^n X_i$, e poniamo $Z_n := \frac{\sqrt{n}}{\sigma}(\overline{X}_n - \mu)$.

(i) Si mostri che $\log \overline{X}_n = \log \mu + \log\left(1 + \frac{\sigma}{\mu\sqrt{n}} Z_n\right)$.
(ii) Si mostri che per ogni $t \in \mathbb{R}$, si ha

$$\mathrm{P}\left(\log \overline{X}_n - \log \mu \leq t\right) = \mathrm{P}\left(Z_n \leq \frac{\mu\sqrt{n}}{\sigma}(\mathrm{e}^t - 1)\right).$$

(iii) Dedurne che per ogni $x \in \mathbb{R}$ si ha

$$\lim_{n\to\infty} \mathrm{P}\left(\frac{\mu\sqrt{n}}{\sigma}(\log \overline{X}_n - \log \mu) \leq x\right) = \mathrm{P}(Z \leq x),$$

dove $Z \sim \mathrm{N}(0, 1)$.

[*Sugg.* Si può usare la relazione (7.38).]

Consideriamo ora una altra successione $(Y_i)_{i\geq 1}$ di variabili aleatorie i.i.d. *positive*, indipendenti dalle $(X_i)_{i\geq 1}$, con valore medio $\tilde{\mu} := \mathrm{E}(Y_i) > 0$ e varianza $\tilde{\sigma}^2 := \mathrm{Var}(Y_i)$ finita e non nulla. Poniamo $\overline{Y}_n := \frac{1}{n}\sum_{i=1}^n Y_i$ e $\tilde{Z}_n := \frac{\sqrt{n}}{\tilde{\sigma}}(\overline{Y}_n - \tilde{\mu})$. Studiamo il rapporto

$$R_n := \frac{X_1 + \cdots + X_n}{Y_1 + \cdots + Y_n} = \frac{\overline{X}_n}{\overline{Y}_n}.$$

(iv) Si mostri che $\log R_n = \log(\mu/\tilde{\mu}) + \log\left(1 + \frac{\sigma}{\mu\sqrt{n}} Z_n\right) - \log\left(1 + \frac{\tilde{\sigma}}{\tilde{\mu}\sqrt{n}} \tilde{Z}_n\right)$.
(v) Dedurne che per ogni $t \in \mathbb{R}$ si ha

$$\mathrm{P}\left(\log R_n - \log(\mu/\tilde{\mu}) \leq t\right) = \mathrm{P}\left(\frac{\sigma}{\mu} Z_n - \frac{\tilde{\sigma}}{\tilde{\mu}} \mathrm{e}^t \tilde{Z}_n \leq \sqrt{n}(\mathrm{e}^t - 1)\right).$$

(vi) Concludere che ponendo $\widehat{\sigma} := \sqrt{(\frac{\sigma}{\mu})^2 + (\frac{\tilde{\sigma}}{\tilde{\mu}})^2}$, abbiamo

$$\lim_{n\to\infty} \mathrm{P}\left(\frac{\sqrt{n}}{\widehat{\sigma}}\left(\log R_n - \log \frac{\mu}{\tilde{\mu}}\right) \leq x\right) = \mathrm{P}(Z \leq x) \qquad \text{per ogni } x \in \mathbb{R},$$

dove $Z \sim \mathrm{N}(0, 1)$.

[*Sugg.* Si può usare l'Esercizio 7.23.]

Esercizio 7.28 Sia X una variabile aleatoria con distribuzione di *Pareto* con parametro $\alpha \in (0, 1)$: ciò significa che X è assolutamente continua con densità

$$f_X(x) = \frac{\alpha}{x^{1+\alpha}} \mathbb{1}_{(1,+\infty)}(x).$$

(i) Si mostri che f_X è effettivamente una densità, e che $\mathrm{E}(X) = +\infty$.
(ii) Si calcoli la funzione di ripartizione F_X di X.

Siano ora $(X_i)_{i\geq 1}$ variabili aleatorie i.i.d., con distribuzione di Pareto di parametro $\alpha \in (0,1)$. Per $n \in \mathbb{N}$, poniamo

$$M_n = \max\{X_1, \ldots, X_n\} \qquad \text{e} \qquad S_n = \sum_{i=1}^{n} X_i .$$

(iii) Si calcoli la funzione di ripartizione F_{M_n} di M_n.
(iv) Sia $(x_n)_{n\in\mathbb{N}}$ una successione di numeri reali positivi tali che $x_n \ll n^{1/\alpha}$, nel senso che $\lim_{n\to\infty} x_n/n^{1/\alpha} = 0$. Si mostri che $\lim_{n\to\infty} F_{M_n}(x_n) = 0$ e si deduca che

$$\lim_{n\to\infty} \mathrm{P}(S_n \leq x_n) = 0 .$$

[*Sugg.* Si osservi che le X_i sono variabili aleatorie *positive*.]

D'ora in avanti fissiamo una successione $(x_n)_{n\geq 0}$ di numeri reali positivi tali che $x_n \gg n^{1/\alpha}$, nel senso che $\lim_{n\to\infty} x_n/n^{1/\alpha} = +\infty$.

(v) Si osservi che possiamo scrivere $S_n = S_n^{(1)} + S_n^{(2)}$, con

$$S_n^{(1)} = \sum_{i=1}^{n} X_i \mathbb{1}_{\{X_i \geq \frac{1}{2}x_n\}}, \qquad S_n^{(2)} = \sum_{i=1}^{n} X_i \mathbb{1}_{\{X_i < \frac{1}{2}x_n\}},$$

quindi si mostri che $\mathrm{P}(S_n \geq x_n) \leq \mathrm{P}\left(S_n^{(1)} \geq \frac{1}{2}x_n\right) + \mathrm{P}\left(S_n^{(2)} \geq \frac{1}{2}x_n\right)$.

(vi) Si mostri l'uguaglianza di eventi $\{S_n^{(1)} \geq \frac{1}{2}x_n\} = \bigcup_{i=1}^{n}\{X_i \geq \frac{1}{2}x_n\}$, e si deduca che

$$\mathrm{P}\left(S_n^{(1)} \geq \tfrac{1}{2}x_n\right) \leq n\ \mathrm{P}\left(X_1 \geq \tfrac{1}{2}x_n\right),$$

concludendo che $\lim_{n\to\infty} \mathrm{P}\left(S_n^{(1)} \geq \frac{1}{2}x_n\right) = 0$.

(vii) Si mostri che

$$\mathrm{P}\left(S_n^{(2)} \geq \tfrac{1}{2}x_n\right) \leq \frac{2n}{x_n}\,\mathbb{E}\left[X_1 \mathbb{1}_{\{X_1 < \frac{1}{2}x_n\}}\right].$$

Si calcoli $\mathbb{E}\left[X_1 \mathbb{1}_{\{X_1 < \frac{1}{2}x_n\}}\right]$ e si concluda che $\lim_{n\to\infty} \mathrm{P}\left(S_n^{(2)} \geq \frac{1}{2}x_n\right) = 0$.

(viii) Si concluda che, se $(x_n)_{n\geq 0}$ verifica $\lim_{n\to\infty} x_n/n^{1/\alpha} = +\infty$, allora

$$\lim_{n\to\infty} \mathrm{P}(S_n \geq x_n) = 0 .$$

Le domande (iv) e (viii) mostrano che, in un certo senso, S_n *assume valori dell'ordine di* $n^{1/\alpha}$, *con grande probabilità*. Un risultato (molto) più difficile mostra che, in analogia con il teorema limite centrale, la funzione di ripartizione di $\frac{1}{n^{1/\alpha}} S_n$ converge verso la funzione di ripartizione di una variabile aleatoria reale (non normale), la cui distribuzione è detta *legge stabile positiva di indice* α.

7.4 Note bibliografiche

La prima dimostrazione, per variabili aleatorie di Bernoulli, della legge dei grandi numeri è dovuta a J. Bernoulli (1713), in [6], benché il nome "legge dei grandi numeri" venne proposto da S.D. Poisson in [62].

Le origini del metodo di Monte Carlo sono raccontate da N. Metropolis in [56]. Una parte rilevante delle moderne applicazioni del metodo di Monte Carlo sono basate su un'estensione della legge dei grandi numeri per particolari successioni di variabili aleatorie *dipendenti*, dette *catene di Markov*. Per una monografia sull'argomento si veda il libro di Brémaud [17].

Il Teorema 7.14 è un caso speciale di un importante risultato in teoria dell'informazione, noto come *teorema di equipartizione asintotica*. La prima formulazione è dovuta a C. Shannon, che nel suo articolo [69] gettò le basi matematiche della teoria dell'informazione. Il teorema di equipartizione asintotica fu successivamente generalizzato da B. McMillan e L. Breiman, tanto che è noto come teorema di Shannon-McMillan-Breiman.

La prima versione del teorema limite centrale è dovuta a A. De Moivre (1738), in [24]. Egli dimostrò un risultato di approssimazione normale per variabili aleatorie binomiali con $p = \frac{1}{2}$, indicando, benché in modo non completo, le modifiche necessarie per $p \neq \frac{1}{2}$. Un passo decisivo verso la formulazione moderna venne compiuto da P.-S. de Laplace (1812) in [48], una monografia che avrebbe fortemente influenzato gli sviluppi successivi del calcolo delle probabilità.

La dimostrazione del teorema limite centrale che abbiamo scelto di includere in questo testo è dovuta a J.W. Lindeberg [55]. Successivamente, P. Lévy [52, 53] fornì una dimostrazione basata sulle *funzioni caratteristiche* (dette anche *trasformate di Fourier*), che viene presentata nella quasi totalità dei testi avanzati di calcolo delle probabilità. Benché la dimostrazione di Lévy sia per certi versi più elegante e concisa di quella di Lindeberg, essa richiede strumenti analitici considerevolmente più avanzati. L'accessibilità della dimostrazione di Lindeberg è stata di recente sottolineata nell'articolo [21] di R.C. Dalang, a cui la nostra esposizione è ispirata.

Una storia dettagliata del teorema limite centrale è contenuta nella monografia di H. Fischer [32], che è tuttavia accessibile solo a lettori esperti.

Qualche commento merita infine il Teorema di Berry–Esseen, dimostrato indipendentemente da A.C. Berry [7] e da C.-G. Esseen [28], nella forma

$$\| F_{Z_n} - \Phi \|_\infty \leq \frac{C_0 \, \rho}{\sigma^3 \sqrt{n}},$$

per un'opportuna costante C_0, indipendente dalla distribuzione di X_1. La determinazione della costante ottima C_0 è, al momento, un problema aperto. C.-G. Esseen, in [29], dimostrò che $C_0 \geq \frac{\sqrt{10}+3}{6\sqrt{2\pi}} \simeq 0.40973$. L'enunciato del Teorema di Berry–Esseen che qui abbiamo presentato utilizza la disuguaglianza $C_0 \leq 0.5$, dimostrata in [47] (dove, per la precisione, si dimostra $C_0 < 0.4784$)

Capitolo 8
Applicazioni alla statistica matematica

Sommario In questo capitolo discutiamo alcune applicazioni alla *statistica matematica.* Presentiamo innanzitutto diverse nozioni di base, senza alcuna pretesa di sistematicità o completezza. Successivamente studiamo alcuni rilevanti problemi di stima parametrica. Infine introduciamo i *modelli predittivi*, che hanno grande rilevanza nei problemi di *apprendimento automatico (machine learning).*

8.1 Modelli statistici parametrici

Se il calcolo delle probabilità fornisce modelli matematici per fenomeni aleatori, la *statistica* ha lo scopo di confrontare il modello con "dati sperimentali", traendone opportune conclusioni. Ad esempio, in *statistica parametrica*, viene proposta una classe di modelli dipendenti da un parametro; avendo a disposizione dati sperimentali, ci si chiede per esempio quale sia il valore del parametro per cui si ha il miglior accordo con i dati.

Definizione 8.1 (Modello statistico parametrico)
Si dice *modello statistico (parametrico)* una famiglia di spazi di probabilità $(\Omega, \mathcal{A}, \mathrm{P}_\theta)$ indicizzati da $\theta \in \Theta$, dove $\Theta \subseteq \mathbb{R}^d$ viene detto l'*insieme dei parametri*. Si noti che l'insieme Ω e la σ-algebra $\mathcal{A}$ sono sempre gli stessi: è la probabilità P_θ che dipende da θ.

Un modello statistico è dunque una classe di modelli per un fenomeno aleatorio. Nell'approccio *classico* alla statistica, si assume che *esista un valore di θ che fornisce il modello corretto*: tale valore va stimato sulla base di osservazioni.

Supplementary Information The online version contains supplementary material available at https://doi.org/10.1007/978-88-470-4006-9_8.

Q. Berger, F. Caravenna, P. Dai Pra, *Probabilità*, UNITEXT 127,
https://doi.org/10.1007/978-88-470-4006-9_8

Definizione 8.2 (Campione)
Sia $\{(\Omega, \mathcal{A}, \mathrm{P}_\theta)\}_{\theta\in\Theta}$ un modello statistico. Si dice *campione* ogni successione $(X_n)_{n\geq 1}$ di variabili aleatorie reali definite su Ω che, per ogni probabilità P_θ con $\theta \in \Theta$, sono indipendenti ed identicamente distribuite (con distribuzione che, naturalmente, può dipendere da θ). La sequenza finita $(X_1, X_2, \ldots, X_n)$ è detta *campione di taglia n*.

Le variabili X_n rappresentano le osservazioni riguardanti il fenomeno aleatorio. Il caso tipico, *che assumeremo sempre nel seguito*, è quello in cui la distribuzione marginale delle X_n rispetto a P_θ sia discreta oppure assolutamente continua:

- nel caso in cui le X_n siano variabili aleatorie discrete, denoteremo con $\mathrm{p}(x;\theta) = \mathrm{P}_\theta(X_1 = x)$ il valore in $x \in \mathbb{R}$ della loro comune densità discreta;
- analogamente, se le X_n sono variabili aleatorie assolutamente continue, denotiamo con $f(x;\theta)$ la loro comune densità, rispetto a P_θ.

Esempio 8.3 Supponiamo di far cadere una fetta di pane con la marmellata, che atterra dal lato sbagliato (quello della marmellata) con probabilità $\theta \in \Theta = (0,1)$ sconosciuta. Il modello statistico naturale è $\{(\Omega, \mathcal{A}, \mathrm{P}_\theta)\}_{\theta\in(0,1)}$, dove $\Omega = \{0,1\}^{\mathbb{N}}$ è munito di una opportuna σ-algebra $\mathcal{A}$ e della probabilità P_θ che descrive una famiglia infinita di prove ripetute e indipendenti con probabilità di successo θ, si veda l'Esempio 5.2 (e il Teorema 5.23). Se consideriamo le proiezioni coordinate $(X_i)_{i\geq 1}$, definite da $X_i(\omega) := \omega_i$ per $\omega = (\omega_i)_{i\in\mathbb{N}} \in \Omega$, otteniamo un campione per il nostro modello statistico: infatti, rispetto a P_θ, abbiamo una famiglia di variabili aleatorie indipendenti con distribuzione $\mathrm{Be}(\theta)$, dove intendiamo che $X_i = 1$ se la i-esima fetta cade dal lato sbagliato, mentre $X_i = 0$ altrimenti. In questo caso le variabili aleatorie X_n sono discrete, con densità discreta $\mathrm{p}(x;\theta) = \theta^x(1-\theta)^{1-x}\mathbb{1}_{\{0,1\}}(x)$, ossia $\mathrm{p}(x;\theta) = \theta$ se $x = 1$ mentre $\mathrm{p}(x;\theta) = 1-\theta$ se $x = 0$. □

Definizione 8.4 (Statistica campionaria)
Sia $(X_n)_{n\geq 1}$ un campione (per un modello statistico fissato). Una successione $(Y_n)_{n\geq 1}$ di variabili aleatorie della forma

$$Y_n = h_n(X_1, X_2, \ldots, X_n),$$

dove $h_n : \mathbb{R}^n \to \mathbb{R}$ è una funzione misurabile, viene detta *statistica campionaria*. La singola variabile aleatoria Y_n viene chiamata *statistica campionaria basata su un campione di taglia n*.

Nel contesto della stima parametrica, alcune statistiche campionarie verranno chiamate *stimatori*: non si tratta di una nuova nozione, ma un termine che suggerisce il ruolo "speciale" che, come vedremo, hanno alcune statistiche campionarie.

Definizione 8.5 (Stimatore corretto)
Sia $\{(\Omega, \mathcal{A}, \mathrm{P}_\theta)\}_{\theta\in\Theta}$ un modello statistico, sia $h : \Theta \to \mathbb{R}$ una funzione. Una statistica campionaria $(Y_n)_{n\geq 1}$ si dice *stimatore corretto* per $h(\theta)$ se, per ogni $\theta \in \Theta$ e $n \geq 1$, si ha $Y_n \in L^1(\Omega, \mathcal{A}, \mathrm{P}_\theta)$ e

$$\mathrm{E}_\theta(Y_n) = h(\theta)\,,$$

dove E_θ denota il valore medio rispetto alla probabilità P_θ.

Esempio 8.6 Riprendiamo l'Esempio 8.3, dove $\mathrm{p}(x;\theta)$ è la densità discreta di una variabile aleatoria di Bernoulli di parametro $\theta \in \Theta := (0, 1)$. Se definiamo

$$Y_n := \overline{X}_n = \frac{1}{n}\sum_{i=1}^{n} X_i\,,$$

si vede facilmente che $(Y_n)_{n\geq 1}$ è uno stimatore corretto per $h(\theta) = \theta$. □

Esempio 8.7 Consideriamo un modello statistico per il quale $\mathrm{p}(x;\theta)$ è la densità discreta di una variabile di Poisson di parametro $\theta \in \Theta := (0, +\infty)$. Se poniamo $Y_n := \overline{X}_n$, anche in questo caso $(Y_n)_{n\geq 1}$ è uno stimatore corretto per $h(\theta) = \theta$ □

Esempio 8.8 (Campioni normali) Sia dato un modello statistico per il quale $f(x;\theta)$ è la densità di una variabile aleatoria normale di parametri $\theta = (\mu, \sigma^2) \in \Theta := \mathbb{R} \times (0, +\infty)$. Consideriamo le statistiche campionarie

$$\overline{X}_n := \frac{1}{n}\sum_{i=1}^{n} X_i\,, \qquad S_n^2 := \frac{1}{n-1}\sum_{i=1}^{n}\big(X_i - \overline{X}_n\big)^2\,. \tag{8.1}$$

La variabile aleatoria S_n^2, che è definita per $n \geq 2$, viene chiamata *varianza campionaria* delle variabili aleatorie $X_1, X_2, \ldots, X_n$. Il fatto che $\overline{X}_n$ sia uno stimatore corretto per μ segue immediatamente dalla linearità del valore medio. Inoltre

$$\begin{aligned}(n-1)\,\mathrm{E}_\theta\big(S_n^2\big) &= \sum_{i=1}^{n}\mathrm{E}_\theta\Big[\big(X_i - \overline{X}_n\big)^2\Big] = \sum_{i=1}^{n}\Big[\mathrm{E}_\theta\big(X_i^2\big) + \mathrm{E}_\theta\Big(\overline{X}_n^2\Big) - 2\,\mathrm{E}_\theta\big(X_i\overline{X}_n\big)\Big]\\ &= \Big(\sum_{i=1}^{n}\mathrm{E}_\theta\big(X_i^2\big)\Big) + n\;\mathrm{E}_\theta\Big(\overline{X}_n^2\Big) - 2\,\mathrm{E}_\theta\Big[\Big(\sum_{i=1}^{n}X_i\Big)\overline{X}_n\Big]\\ &= \Big(\sum_{i=1}^{n}\mathrm{E}_\theta\big(X_i^2\big)\Big) - n\,\mathrm{E}_\theta\Big(\overline{X}_n^2\Big) = n(\mu^2+\sigma^2) - n\Big(\mu^2 + \frac{\sigma^2}{n}\Big)\\ &= (n-1)\sigma^2\,,\end{aligned} \tag{8.2}$$

dunque S_n^2 è uno stimatore corretto per σ^2. □

Osservazione 8.9 L'Esempio 8.8 è particolarmente rilevante per le applicazioni; ne discuteremo più approfonditamente nel Paragrafo 8.2.2. Tuttavia, nella verifica della correttezza degli stimatori, *la distribuzione normale non gioca alcun ruolo*. Si può quindi generalizzare il risultato nel modo seguente: dati un modello statistico $\{(\Omega, \mathcal{A}, \mathrm{P}_\theta)\}_{\theta\in\Theta}$ e un campione $(X_n)_{n\geq 1}$ tali che $X_n \in L^2(\Omega, \mathcal{A}, \mathrm{P}_\theta)$, per ogni $\theta \in \Theta$, poniamo $\mu(\theta) := \mathrm{E}(X_n)$ e $\sigma^2(\theta) := \mathrm{Var}(X_n)$; allora gli stimatori $\overline{X}_n$ e S_n^2 sono corretti per $\mu(\theta)$ e $\sigma^2(\theta)$ rispettivamente. □

Le nozioni fin qui introdotte si adattano bene a fenomeni aleatori in cui si possano eseguire misure ripetute e indipendenti. Le variabili aleatorie $(X_n)_{n\geq 1}$ del campione corrispondono in questo caso alle misure successive. Una sequenza di *n dati* $x_1, x_2, \ldots, x_n$ va intesa come una *realizzazione* $X_1(\omega), X_2(\omega), \ldots, X_n(\omega)$ delle variabili aleatorie $X_1, X_2, \ldots, X_n$. Se $Y_n = h_n(X_1, X_2, \ldots, X_n)$ è uno stimatore per $h(\theta)$, il valore $h_n(x_1, x_2, \ldots, x_n)$ viene detto una *stima* di $h(\theta)$ basata sui *dati* $x_1, x_2, \ldots, x_n$. Risulta piuttosto naturale cercare stimatori la cui distribuzione sia il più possibile "concentrata" attorno alla funzione del parametro che stimano, in modo da far risultare "più probabile" che il valore $h_n(X_1, X_2, \ldots, X_n)$ ottenuto con n osservazioni sia effettivamente "vicino" a $h(\theta)$.

In un dato modello statistico parametrico, vi sono usualmente molti stimatori corretti per una assegnata funzione $h(\theta)$ del parametro θ. Un indice, imperfetto ma efficace, di quanto la distribuzione di una variabile aleatoria reale sia concentrata attorno al valore medio è dato, come sappiamo, dalla varianza. Pertanto, se uno stimatore Y_n è corretto per $h(\theta)$, ossia $\mathrm{E}_\theta(Y_n) = h(\theta)$, la varianza $\mathrm{Var}_\theta(Y_n)$ è una misura dell'efficienza dello stimatore. Mostriamo ora che, se il modello statistico (e lo stimatore in esame) soddisfano opportune ipotesi di regolarità, la varianza di uno stimatore corretto non può scendere al di sotto di un certo valore.

Teorema 8.10 (Cramér–Rao)
Sia Θ un intervallo di $\mathbb{R}$ e sia $h : \Theta \to \mathbb{R}$ una funzione derivabile. Siano quindi $\{(\Omega, \mathcal{A}, \mathrm{P}_\theta)\}_{\theta\in\Theta}$ un modello statistico e $(X_n)_{n\in\mathbb{N}}$ un relativo campione, tali che le derivate $\frac{\mathrm{d}}{\mathrm{d}\theta}\mathrm{p}(x;\theta)$ (risp. $\frac{\mathrm{d}}{\mathrm{d}\theta}f(x;\theta)$ nel caso assolutamente continuo) esistano su tutto Θ.

Sia $Y_n = h_n(X_1, X_2, \ldots, X_n)$ uno stimatore corretto *per $h(\theta)$. Supponiamo che valgano le seguenti commutazioni di somma (risp. integrale) e derivata:*

$$\sum_{x\in\mathbb{R}} \frac{\mathrm{d}}{\mathrm{d}\theta}\mathrm{p}(x;\theta) = \frac{\mathrm{d}}{\mathrm{d}\theta}\sum_{x\in\mathbb{R}}\mathrm{p}(x;\theta) = \frac{\mathrm{d}}{\mathrm{d}\theta}1 = 0, \tag{8.3}$$

$$\begin{aligned}\sum_{x_1,x_2,\ldots,x_n\in\mathbb{R}} & h_n(x_1, x_2, \ldots, x_n)\frac{\mathrm{d}}{\mathrm{d}\theta}[\mathrm{p}(x_1;\theta)\,\mathrm{p}(x_2;\theta)\cdots\mathrm{p}(x_n;\theta)] \\ &= \frac{\mathrm{d}}{\mathrm{d}\theta}\sum_{x_1,x_2,\ldots,x_n\in\mathbb{R}} h_n(x_1, x_2, \ldots, x_n)\,\mathrm{p}(x_1;\theta)\,\mathrm{p}(x_2;\theta)\cdots\mathrm{p}(x_n;\theta) \\ &= \frac{\mathrm{d}}{\mathrm{d}\theta}\mathrm{E}(h_n(X_1, X_2, \ldots, X_n)) = \frac{\mathrm{d}}{\mathrm{d}\theta}\mathrm{E}_\theta(Y_n) = h'(\theta)\,. \end{aligned}\tag{8.4}$$

(La formulazione delle analoghe condizioni per il caso assolutamente continuo è lasciata al lettore). Allora, indicando con Var_θ *la varianza rispetto a* P_θ,

$$\mathrm{Var}_\theta(Y_n) \geq V_n(\theta) := \frac{1}{n} \frac{[h'(\theta)]^2}{\mathrm{E}_\theta\Big[\big(\frac{\mathrm{d}}{\mathrm{d}\theta} \log \mathrm{p}(X_1;\theta)\big)^2\Big]} \tag{8.5}$$

(con f *al posto di* p *nel caso assolutamente continuo).*

La quantità $V_n(\theta)$ che compare in (8.5) è detta *limite inferiore di Cramér–Rao.*

Definizione 8.11 (Stimatore efficiente)
Uno stimatore corretto $(Y_n)_{n\geq 1}$ che, per ogni n, raggiunge il limite inferiore di Cramér–Rao, ossia per cui vale l'uguaglianza in (8.5), viene detto *efficiente.*

Osservazione 8.12 Nella definizione (8.5) di $V_n(\theta)$ compare la quantità

$$\mathrm{E}_\theta\left[\left(\frac{\mathrm{d}}{\mathrm{d}\theta} \log \mathrm{p}(X_1;\theta)\right)^2\right] = \sum_{x\in\mathbb{R}} \left(\frac{\mathrm{d}}{\mathrm{d}\theta} \log \mathrm{p}(x;\theta)\right)^2 \mathrm{p}(x;\theta) = \sum_{x\in\mathbb{R}} \left(\frac{\frac{\mathrm{d}}{\mathrm{d}\theta}\mathrm{p}(x;\theta)}{\mathrm{p}(x;\theta)}\right)^2 \mathrm{p}(x;\theta)\,.$$

Si noti che l'ultima espressione, essendo una somma di termini positivi, è sempre ben definita, *convenendo* che gli addendi della somma siano uguali a zero ogniqualvolta $\mathrm{p}(x;\theta)=0$ (un'analoga osservazione vale nel caso assolutamente continuo, con l'integrale al posto della somma). □

Osservazione 8.13 Le condizioni (8.3) e (8.4) non sono troppo difficili da verificare in molti casi interessanti, anche se gli strumenti analitici necessari vanno oltre gli scopi di questo libro. Si può dimostrare che una condizione sufficiente perché valgano (8.3) e (8.4) è che

$$\{x \in \mathbb{R} : \mathrm{p}(x;\theta) > 0\} \quad \text{non dipenda da } \theta,$$

e che per ogni $\theta \in \Theta$ esista $\varepsilon > 0$ tale che

$$\sum_{x\in\mathbb{R}} \sup_{t:|\theta-t|<\varepsilon} \left|\frac{\mathrm{d}}{\mathrm{d}\theta} \mathrm{p}(x;t)\right| < +\infty,$$

$$\sum_{x_1,x_2,\ldots,x_n\in\mathbb{R}} |h_n(x_1,x_2,\ldots,x_n)| \sup_{t:|\theta-t|<\varepsilon} \left|\frac{\mathrm{d}}{\mathrm{d}\theta}\big[\mathrm{p}(x_1;t)\,\mathrm{p}(x_2;t)\cdots\mathrm{p}(x_n;t)\big]\right| < +\infty.$$

Una condizione sufficiente del tutto analoga vale nel caso assolutamente continuo. □

Dimostrazione (del Teorema 8.10) Forniamo la dimostrazione nel caso discreto. Le modifiche per il caso assolutamente continuo si limitano alle notazioni. Cominciamo col notare che vale l'identità

$$\frac{\mathrm{d}}{\mathrm{d}\theta}[\mathrm{p}(x_1;\theta)\,\mathrm{p}(x_2;\theta)\cdots\mathrm{p}(x_n;\theta)] = \sum_{i=1}^{n}\frac{\mathrm{d}}{\mathrm{d}\theta}\log\mathrm{p}(x_i;\theta)[\mathrm{p}(x_1;\theta)\,\mathrm{p}(x_2;\theta)\cdots\mathrm{p}(x_n;\theta)], \tag{8.6}$$

la cui semplice verifica è lasciata al lettore. Per la condizione (8.4)

$$\begin{aligned}
h'(\theta) &= \sum_{x_1,x_2,\ldots,x_n\in\mathbb{R}} h_n(x_1,x_2,\ldots,x_n)\frac{\mathrm{d}}{\mathrm{d}\theta}[\mathrm{p}(x_1;\theta)\,\mathrm{p}(x_2;\theta)\cdots\mathrm{p}(x_n;\theta)]\\
&= \sum_{i=1}^{n}\sum_{x_1,x_2,\ldots,x_n\in\mathbb{R}} h_n(x_1,x_2,\ldots,x_n)\frac{\mathrm{d}}{\mathrm{d}\theta}\log\mathrm{p}(x_i;\theta)[\mathrm{p}(x_1;\theta)\,\mathrm{p}(x_2;\theta)\cdots\mathrm{p}(x_n;\theta)]\\
&= \sum_{i=1}^{n}\mathrm{E}_\theta\left[Y_n\frac{\mathrm{d}}{\mathrm{d}\theta}\log\mathrm{p}(X_i;\theta)\right] = \mathrm{Cov}_\theta\left(Y_n,\sum_{i=1}^{n}\frac{\mathrm{d}}{\mathrm{d}\theta}\log\mathrm{p}(X_i;\theta)\right),
\end{aligned} \tag{8.7}$$

dove nell'ultima uguaglianza abbiamo usato il fatto che, per la condizione (8.3),

$$\mathrm{E}_\theta\left[\frac{\mathrm{d}}{\mathrm{d}\theta}\log\mathrm{p}(X_i;\theta)\right] = \sum_{x\in\mathbb{R}}\frac{\mathrm{d}}{\mathrm{d}\theta}\mathrm{p}(x;\theta) = 0.$$

Per la disuguaglianza di Cauchy–Schwarz (si veda anche la Proposizione 3.86),

$$\begin{aligned}
\left[\mathrm{Cov}_\theta\left(Y_n,\sum_{i=1}^{n}\frac{\mathrm{d}}{\mathrm{d}\theta}\log\mathrm{p}(X_i;\theta)\right)\right]^2 &\le \mathrm{Var}_\theta(Y_n)\,\mathrm{Var}_\theta\left(\sum_{i=1}^{n}\frac{\mathrm{d}}{\mathrm{d}\theta}\log\mathrm{p}(X_i;\theta)\right)\\
&= n\,\mathrm{Var}_\theta(Y_n)\,\mathrm{Var}_\theta\left(\frac{\mathrm{d}}{\mathrm{d}\theta}\log\mathrm{p}(X_1;\theta)\right),
\end{aligned}$$

che, assieme a (8.7), fornisce

$$[h'(\theta)]^2 \le n\,\mathrm{Var}_\theta(Y_n)\,\mathrm{Var}_\theta\left(\frac{\mathrm{d}}{\mathrm{d}\theta}\log\mathrm{p}(X_1;\theta)\right),$$

da cui la conclusione segue facilmente. □

Esercizi

Esercizio 8.1 Si mostri che $Y_n := \overline{X}_n$ fornisce uno stimatore corretto e efficiente per θ per i modelli statistici determinati da:

(i) $\mathrm{p}(x;\theta) := \mathrm{e}^{-\theta}\frac{\theta^x}{x!}$, con $x\in\mathbb{N}_0$ e $\theta\in\Theta=(0,+\infty)$;
(ii) $f(x;\theta) := \frac{1}{\sqrt{2\pi\sigma^2}}\exp[-(x-\theta)^2/2\sigma^2]$, con $\theta\in\mathbb{R}$, dove $\sigma>0$ è una costante che viene assunta nota.

Esercizio 8.2 Si consideri il modello statistico in cui

$$f(x;\theta) := \frac{1}{\sqrt{2\pi\theta}} \exp\Big(-\frac{x^2}{2\theta}\Big), \qquad \text{con } \theta \in \Theta = (0,+\infty).$$

Poniamo $Y_n := \frac{1}{n}\sum_{i=1}^n X_i^2$.

(i) Si mostri che Y_n è uno stimatore corretto per θ.
(ii) Si mostri che $\mathrm{E}_\theta(X_i^4) = 3\theta^2$, poi che $\mathrm{Var}_\theta(Y_n) = \frac{2}{n}\theta^2$. Dedurne che Y_n è uno stimatore efficiente per θ.

Esercizio 8.3 Si consideri il modello statistico in cui

$$f(x;\theta) := \frac{\theta}{x^{1+\theta}} \mathbb{1}_{(1,+\infty)}(x), \qquad \text{con } \theta \in \Theta := (1,+\infty).$$

Mostrare che $Y_n := \overline{X}_n$ è uno stimatore corretto ma non efficiente per $h(\theta) = \frac{\theta}{\theta-1}$. Quale sarebbe il problema se avessimo $\Theta = (0,+\infty)$?

Esercizio 8.4 Si consideri il modello statistico in cui

$$f(x;\theta) := \theta\, \mathrm{e}^{-\theta x} \mathbb{1}_{(0,+\infty)}(x), \qquad \text{con } \theta \in \Theta = (0,+\infty).$$

(i) Si mostri che $Y_n := \overline{X}_n$ è uno stimatore corretto ed efficiente per $h(\theta) = 1/\theta$.
(ii) Si mostri che $Y_n := \frac{n-1}{\sum_{i=1}^n X_i}$ è uno stimatore corretto, ma non efficiente, per θ. Mostrare che è *asintoticamente efficiente*, nel senso che, indicando con $V_n(\theta)$ il limite inferiore di Cramér-Rao in (8.5), si ha $\lim_{n\to\infty} \mathrm{Var}_\theta(Y_n)/V_n(\theta) = 1$.

8.2 Intervalli di confidenza

La nozione che ora introduciamo formula in modo preciso l'idea di "margine di errore" nella stima di un parametro.

Definizione 8.14 (Intervallo di confidenza)
Sia $\{(\Omega, \mathcal{A}, \mathrm{P}_\theta)\}_{\theta\in\Theta}$ un modello statistico, $(X_n)_{n\geq 1}$ un corrispondente campione e $h : \Theta \to \mathbb{R}$ una funzione. Siano inoltre assegnate, per ogni n, due statistiche campionarie

$$U_n = u_n(X_1, X_2, \ldots, X_n), \qquad V_n = v_n(X_1, X_2, \ldots, X_n),$$

basate su un campione di taglia n, tali che $U_n \leq V_n$.

Si dice che l'intervallo aleatorio $[U_n, V_n]$ è un *intervallo di confidenza* (basato su un campione di taglia n) *per* $h(\theta)$ *di livello di confidenza* $\gamma \in (0, 1)$ se

$$P_\theta(U_n \leq h(\theta) \leq V_n) \geq \gamma\,, \qquad \forall \theta \in \Theta\,. \tag{8.8}$$

Con abuso di linguaggio, in corrispondenza di una sequenza $x_1, x_2, \ldots, x_n$ di n *dati*, l'intervallo $[u_n(x_1, x_2, \ldots, x_n), v_n(x_1, x_2, \ldots, x_n)]$ viene detto *intervallo di confidenza* per $h(\theta)$ di *livello di confidenza* γ.

L'effettiva determinazione di stimatori e intervalli di confidenza è, in generale, un problema difficile; a tal fine, sono molto utili delle disuguaglianze dette *di concentrazione*, come vedremo nel Paragrafo 8.2.1 qui sotto. Un'eccezione di grande rilevanza applicativa è data dai campioni normali, descritti nell'Esempio 8.8, per cui è possibile un'analisi completa e dettagliata, che presentiamo nel Paragrafo 8.2.2.

Per modelli statistici più generali, risulterà conveniente indebolire la nozione di intervallo di confidenza, richiedendo che (8.8) valga solo asintoticamente per $n \to \infty$, come vedremo nel Paragrafo 8.2.3. Uno dei possibili approcci per determinare intervalli di confidenza in questo contesto verrà presentato nel Paragrafo 8.3.

8.2.1 *Disuguaglianze di concentrazione e applicazioni*

Per costruire un intervallo di confidenza, un metodo generale consiste nell'utilizzare delle disuguaglianze delle *di concentrazione*: cerchiamo di sapere quanto lo stimatore $Y_n = h_n(X_1, \ldots, X_n)$ sia *concentrato* attorno a $h(\theta)$. A tal fine, possono essere utili le disuguaglianze di Chebyschev (Proposizione 3.77) o di Chernov (Proposizione 3.79).

Esempio 8.15 Consideriamo un modello statistico in cui la densità $f(x; \theta)$ è data da

$$f(x; \theta) = \frac{1}{\theta} \mathbb{1}_{(0,\theta)}(x)\,,$$

per $\theta \in \Theta = (0, 1)$. In altri termini, $X_n \sim \mathrm{U}(0, \theta)$ rispetto a P_θ, dove θ è un parametro da determinare. Poniamo $Y_n := \overline{X}_n = \frac{1}{n}\sum_{i=1}^n X_i$, che è uno stimatore corretto per $\frac{\theta}{2} = E_\theta(X_i)$ (si ricordi l'Osservazione 8.9). Per la legge dei grandi numeri, sappiamo che per n grande Y_n è *vicina* a $\frac{\theta}{2}$, con grande probabilità. La disuguaglianza di Chebyschev permette di quantificare questa affermazione: per ogni $\varepsilon > 0$ si ha

$$P_\theta\left(\left|Y_n - \frac{\theta}{2}\right| > \varepsilon\right) \leq \frac{1}{\varepsilon^2}\,\mathrm{Var}_\theta(X_n) = \frac{\theta^2}{12n\varepsilon^2}\,, \tag{8.9}$$

dove abbiamo usato il fatto che $\mathrm{Var}_\theta(\overline{X}_n) = \frac{1}{n}\,\mathrm{Var}_\theta(X_1)$ perché le variabili aleatorie sono i.i.d., si veda ad esempio il calcolo fatto in (7.5), e inoltre $\mathrm{Var}_\theta(X_1) = \frac{\theta^2}{12}$, come abbiamo calcolato nel Paragrafo 6.3.1.

L'idea fondamentale è che possiamo vedere la disuguaglianza (8.9) in due modi: come una stima sulla probabilità che Y_n disti più di ε da $\frac{\theta}{2}$, oppure come una stima sulla probabilità che $\frac{\theta}{2}$ disti più di ε da Y_n. Nel primo caso vediamo Y_n come incognita e il parametro $\frac{\theta}{2}$ come noto, mentre nel secondo caso la quantità incognita è $\frac{\theta}{2}$ e Y_n è nota. Possiamo quindi riscrivere la disuguaglianza precedente nel modo seguente: per ogni $\varepsilon > 0$

$$\mathrm{P}_\theta\left(\frac{\theta}{2} \notin [Y_n - \varepsilon, Y_n + \varepsilon]\right) \le \frac{\theta^2}{12n\varepsilon^2} \le \frac{1}{12n\varepsilon^2},$$

dove per l'ultima disuguaglianza abbiamo usato il fatto che $\theta \le 1$, affinché la stima non dipenda da θ. Di conseguenza, se fissiamo un livello di confidenza $1-\alpha$ con $\alpha \in (0,1)$, scegliendo $\varepsilon = \frac{1}{2\sqrt{3n\alpha}}$ (in modo che $\frac{1}{12n\varepsilon^2} = \alpha$), otteniamo finalmente

$$\mathrm{P}_\theta\left(Y_n - \frac{1}{2\sqrt{3n\alpha}} \le \frac{\theta}{2} \le Y_n + \frac{1}{2\sqrt{3n\alpha}}\right) \ge 1 - \alpha\,.$$

Questo mostra che l'intervallo aleatorio $[Y_n - \frac{1}{2\sqrt{3n\alpha}}, Y_n + \frac{1}{2\sqrt{3n\alpha}}]$ è un intervallo di confidenza per $\frac{\theta}{2}$ di livello di confidenza $1-\alpha$. □

Sottolineiamo che se otteniamo una disuguaglianza migliore di (8.9), possiamo migliorare l'intervallo di confidenza. Enunciamo ora una disuguaglianza che si rivela utile in diversi contesti, in particolare in statistica. La dimostrazione è istruttiva e si basa sulla disuguaglianza di Chernov.

Proposizione 8.16 (Disuguaglianza di Hoeffding)
Siano $(X_i)_{i\in\mathbb{N}}$ variabili aleatorie indipendenti (non necessariamente con la stessa distribuzione) con valore medio nullo: $\mathrm{E}[X_i] = 0$ *per ogni $i \in \mathbb{N}$. Supponiamo che le variabili aleatorie siano* limitate*: per ogni $i \in \mathbb{N}$ esiste un numero $c_i > 0$ tale che* $\mathrm{P}(|X_i| \le c_i) = 1$. *Allora, per ogni $t > 0$, definendo $r_n := \sum_{i=1}^n c_i^2$, si ha*

$$\mathrm{P}\left(\sum_{i=1}^n X_i > t\right) \le \mathrm{e}^{-\frac{t^2}{2r_n}}, \qquad \mathrm{P}\left(\left|\sum_{i=1}^n X_i\right| > t\right) \le 2\,\mathrm{e}^{-\frac{t^2}{2r_n}}.$$

Dimostrazione L'idea è di applicare la disuguaglianza di Chernov (Proposizione 3.79): per ogni $t > 0$ e $a > 0$, si ha

$$P\left(\sum_{i=1}^{n} X_i > t\right) \leq e^{-at}\, E\left(\exp\left(a\sum_{i=1}^{n} X_i\right)\right) = e^{-at}\prod_{i=1}^{n} E\left(e^{aX_i}\right), \tag{8.10}$$

dove l'ultima uguaglianza segue dal fatto che le X_i sono indipendenti.

Cerchiamo ora di maggiorare $E(e^{aX_i})$. Dal fatto che la funzione $x \mapsto e^{ax}$ è convessa si ottiene, per ogni $-c \leq x \leq c$,

$$e^{ax} \leq \frac{1}{2}(e^{ac} + e^{-ac}) + \frac{x}{2c}(e^{ac} - e^{-ac}),$$

perché il membro destro descrive la retta tra i punti $(-c, e^{-ac})$ e (c, e^{ac}). Di conseguenza, dato che $|X_i| \leq c_i$ quasi certamente, si ha anche $e^{aX_i} \leq \frac{1}{2}(e^{ac_i} + e^{-ac_i}) + \frac{1}{2c_i}(e^{ac_i} - e^{-ac_i})X_i$ quasi certamente. Per monotonia e linearità del valore medio, usando il fatto che $E(X_i) = 0$, otteniamo per ogni $i \in \mathbb{N}$

$$E(e^{aX_i}) \leq \frac{1}{2}(e^{ac_i} + e^{-ac_i}) \leq e^{\frac{1}{2}a^2 c_i^2},$$

dove per l'ultima disuguaglianza abbiamo usato la maggiorazione $\cosh(x) \leq e^{\frac{x^2}{2}}$ per ogni $x \in \mathbb{R}$.[1] Tornando a (8.10), otteniamo che per ogni $t > 0$ e $a > 0$

$$P\left(\sum_{i=1}^{n} X_i > t\right) \leq e^{-at} e^{\frac{1}{2}a^2 r_n},$$

dove ricordiamo che $r_n := \sum_{i=1}^{n} c_i^2$. Dato che questa disuguaglianza vale per ogni $a > 0$, possiamo *ottimizzarla* scegliendo $a = t/r_n$, in modo che $-at + \frac{1}{2}a^2 r_n = \frac{t^2}{2r_n}$: otteniamo in questo modo la prima disuguaglianza cercata.

Per la seconda disuguaglianza, osserviamo semplicemente che

$$P\left(\left|\sum_{i=1}^{n} X_i\right| > t\right) = P\left(\sum_{i=1}^{n} X_i > t\right) + P\left(\sum_{i=1}^{n} X_i < -t\right).$$

Ci basta dunque applicare la disuguaglianza già ottenuta sia al primo termine che al secondo termine (applicata a $-X_i$). □

Esempio 8.17 Riprendiamo l'Esempio 8.15, in cui $f(x;\theta) = \frac{1}{\theta}\mathbb{1}_{(0,\theta)}(x)$ per $\theta \in \Theta = (0,1)$. Ricordiamo che $Y_N := \frac{1}{n}\sum_{i=1}^{n} X_i$. Applicando la disuguaglianza di

[1] Per ottenere questa maggiorazione si può mostrare che la funzione $f(x) = \frac{1}{2}x^2 - \log\cosh(x)$ è convessa e assume il suo unico minimo in 0; in alternativa, si possono confrontare gli sviluppi in serie di Taylor delle funzioni $\cosh(x)$ e $e^{x^2/2}$.

Hoeffding alle variabili aleatorie $\widetilde{X}_i := X_i - \frac{\theta}{2}$, che hanno valore medio nullo e soddisfano $|\widetilde{X}_i| \le \frac{\theta}{2}$ quasi certamente rispetto a P_θ (dunque si può prendere $r_n = n\frac{\theta^2}{4}$ nella Proposizione 8.16), otteniamo che per ogni $\varepsilon > 0$

$$\mathrm{P}_\theta\left(\left|Y_n - \frac{\theta}{2}\right| > \varepsilon\right) = \mathrm{P}\left(\left|\sum_{i=1}^{n} \widetilde{X}_i\right| > \varepsilon n\right) \le 2\,\mathrm{e}^{-\frac{2\varepsilon^2 n}{\theta^2}} \le 2\,\mathrm{e}^{-2\varepsilon^2 n},$$

dove abbiamo maggiorato $\theta^2 \le 1$ nell'ultima disuguaglianza. Per ogni $\alpha \in (0,1)$, scegliendo $\varepsilon := \frac{\sqrt{\log(2/\alpha)}}{\sqrt{2n}}$ in modo che $2\,\mathrm{e}^{-2\varepsilon^2 n} = \alpha$, si ottiene

$$\mathrm{P}_\theta\left(\left|Y_n - \frac{\theta}{2}\right| > \frac{\sqrt{\log(2/\alpha)}}{\sqrt{2n}}\right) \le \alpha\,.$$

Questo mostra che $\left[Y_n - \frac{\sqrt{\log(2/\alpha)}}{\sqrt{2n}}, Y_n + \frac{\sqrt{2\log(2/\alpha)}}{\sqrt{n}}\right]$ è un intervallo di confidenza per $\frac{\theta}{2}$ di livello di confidenza $1-\alpha$.

Abbiamo ottenuto un intervallo di confidenza migliore di quello nell'Esempio 8.15, perché $\sqrt{\log(2/\alpha)/2}$ è molto più piccolo di $1/(2\sqrt{3\alpha})$, per lo meno se α è piccolo. Ad esempio, se $\alpha = 0.01$ si ha $\sqrt{\log(2/\alpha)/2} \simeq 1.63$ e $1/(2\sqrt{3\alpha}) \simeq 2.89$. □

Un esempio importante: stima del parametro di una Bernoulli

Consideriamo ora il problema fondamentale dato dalla stima del parametro di una Bernoulli, che corrisponde al caso in cui il campione $(X_i)_{i\ge1}$ è una successione di variabili aleatorie i.i.d. con distribuzione $\mathrm{Be}(\theta)$ dove $\theta \in \Theta \subseteq (0,1)$ è il parametro ignoto, come negli Esempi 8.3 e 8.6. Il modello statistico corrisponde dunque alla densità discreta $\mathrm{p}(x;\theta)$ definita da $\mathrm{p}(1;\theta) = \theta$, $\mathrm{p}(0;\theta) = 1-\theta$, con $\theta \in \Theta \subseteq (0,1)$.

Consideriamo la media campionaria $Y_n = \overline{X}_n = \frac{1}{n}\sum_{i=1}^n X_i$ che è uno stimatore corretto (ed efficiente) per $\theta = \mathrm{E}_\theta(X_i)$. Si tratta dello stimatore naturale in molti contesti, ad esempio quando si vuole stimare la probabilità $\theta := \mathrm{P}(A)$ di un evento A, che è il parametro della variabile aleatoria di Bernoulli $\mathbb{1}_A$.

Otteniamo degli intervalli di confidenza in questo contesto con le disuguaglianze di Chebyschev e di Hoeffding. Notiamo innanzitutto che $\mathrm{Var}_\theta(Y_n) = \frac{1}{n}\mathrm{Var}_\theta(X_i) = \frac{1}{n}\theta(1-\theta)$ perché $(X_i)_{i\ge1}$ sono variabili aleatorie i.i.d. con distribuzione $\mathrm{Be}(\theta)$. Dalla disuguaglianza di Chebyschev (Proposizione 3.77) otteniamo allora

$$\mathrm{P}_\theta\left(\left|Y_n - \theta\right| > \varepsilon\right) \le \frac{\mathrm{Var}_\theta(Y_n)}{\varepsilon^2} = \frac{\theta(1-\theta)}{n\varepsilon^2} \le \frac{1}{4n\varepsilon^2}, \tag{8.11}$$

dove abbiamo stimato $\theta(1-\theta) = \frac{1}{4} - (\theta - \frac{1}{2})^2 \le \frac{1}{4}$ per ogni $\theta \in \mathbb{R}$, in modo che la maggiorazione (e quindi il livello di confidenza dell'intervallo che costruiamo) non dipenda da θ. In generale, si può stimare $\theta(1-\theta) \le \sup_{\theta\in\Theta}\theta(1-\theta)$, che è utile se si ha una restrizione a priori sul parametro (ad esempio se si sa che $\theta \le \frac{1}{3}$). Per ogni $\alpha \in (0,1)$, scegliendo $\varepsilon = \frac{1}{2\sqrt{n\alpha}}$, si ottiene $\mathrm{P}(|Y_n - \theta| > \frac{1}{2\sqrt{n\alpha}}) \le \alpha$. Quindi $[Y_n - \frac{1}{2\sqrt{n\alpha}}, Y_n + \frac{1}{2\sqrt{n\alpha}}]$ *è un intervallo di confidenza per* θ *di livello* $1-\alpha$.

In modo analogo, applicando la disuguaglianza di Hoeffding (Proposizione 8.16) alle variabili aleatorie $\widetilde{X}_i = X_i - \theta$, che hanno media nulla e sono limitate, perché soddisfano $\mathrm{P}_\theta(|\widetilde{X}_i| \le 1) = 1$, per ogni $\varepsilon > 0$ si ottiene

$$\mathrm{P}_\theta\left(\left|Y_n - \theta\right| > \varepsilon\right) = \mathrm{P}_\theta\left(\left|\sum_{i=1}^n \widetilde{X}_i\right| > \varepsilon n\right) \le 2\,\mathrm{e}^{-\frac{\varepsilon^2 n}{2}}. \tag{8.12}$$

Argomentando come sopra, scegliendo $\varepsilon := \frac{\sqrt{2\log(2/\alpha)}}{\sqrt{n}}$, deduciamo che

$$\left[Y_n - \frac{\sqrt{2\log(2/\alpha)}}{\sqrt{n}}, Y_n + \frac{\sqrt{2\log(2/\alpha)}}{\sqrt{n}}\right] \tag{8.13}$$

è un intervallo di confidenza per θ *di livello di confidenza* $1-\alpha$.

Esempio 8.18 (L'ago di Buffon) Riprendiamo l'Esercizio 6.47: lanciamo un ago di lunghezza l su un parquet composto da tavole parallele di larghezza d, e supponiamo per semplicità che $l = d/2$. Abbiamo mostrato nell'Esercizio 6.47 che la probabilità dell'evento $A =$ "l'ago cade a cavallo di due tavole" vale $\mathrm{P}(A) = \frac{2l}{\pi d} = \frac{1}{\pi}$. Cerchiamo dunque di stimare $\mathrm{P}(A)$, per avere una stima di $\frac{1}{\pi}$!

L'idea è di ripetere l'esperimento un numero n molto grande di volte[2] e di considerare lo stimatore $Y_n = \frac{1}{n}\sum_{i=1}^n X_i$, dove $X_i = \mathbb{1}_{A_i}$ e $(A_i)_{i\ge 1}$ sono eventi indipendenti con probabilità $\theta \in (0,1)$ (ricordiamo che il "valore corretto" $\theta = \frac{1}{\pi}$ è *incognito*). Quindi Y_n rappresenta la frazione di volte in cui l'ago cade a cavallo di due tavole del parquet: si tratta di uno stimatore corretto (e efficiente) per θ. Per quanto mostrato sopra, si veda (8.13), $\left[Y_n - \frac{1}{\sqrt{n}}\sqrt{2\log(2/\alpha)}, Y_n + \frac{1}{\sqrt{n}}\sqrt{2\log(2/\alpha)}\right]$ è un intervallo di confidenza per θ di livello di confidenza $1-\alpha$. Ad esempio, se scegliamo un livello di confidenza del 99%, cioè $\alpha = 0,01$, troviamo

$$\mathrm{P}_\theta\left(\theta = \frac{1}{\pi} \in \left[Y_n - \frac{3.26}{\sqrt{n}}, Y_n + \frac{3.26}{\sqrt{n}}\right]\right) \ge 0.99.$$

Per $\varepsilon > 0$ fissato, se vogliamo avere una stima di $\frac{1}{\pi}$ a meno di ε, con un livello di confidenza del 99%, dobbiamo ripetere l'esperimento $n \simeq (3,26/\varepsilon)^2$ volte; in particolare, per $\varepsilon = 10^{-3}$ troviamo $n \simeq 1.1 \cdot 10^7$. □

8.2.2 Intervalli di confidenza per campioni normali

D'ora in avanti consideriamo dunque il modello statistico dell'Esempio 8.8, per il quale $f(x;\theta)$ è la densità di una variabile aleatoria normale di parametri $\theta =$

[2] Si tratta del metodo detto di Monte-Carlo, presentato nel Paragrafo 7.1.2 per il calcolo di integrali.

$(\mu, \sigma^2) \in \Theta := \mathbb{R} \times (0, +\infty)$. Abbiamo già individuato gli stimatori corretti per μ e σ^2, dati rispettivamente dalla media e varianza campionarie $\overline{X}_n$ e S_n^2, definite in (8.1). Il nostro scopo è ora di determinare intervalli di confidenza per μ e σ^2, per ogni fissato livello di confidenza γ. Il primo passo è costituito dal seguente risultato. Si ricordi che le variabili aleatorie $\chi^2(n)$ sono state introdotte nel Paragrafo 6.3.4.

Lemma 8.19
Siano $Z \sim \mathrm{N}(0,1)$ *e* $V \sim \chi^2(n) = \mathrm{Gamma}(\frac{n}{2}, \frac{1}{2})$ *variabili aleatorie indipendenti. Poniamo*

$$T := \frac{Z}{\sqrt{V/n}}.$$

Allora T *è una variabile aleatoria assolutamente continua, con densità*

$$f_T(x) = c_n \left(1 + \frac{x^2}{n}\right)^{-\frac{n+1}{2}}, \qquad \textit{con} \qquad c_n := \frac{\Gamma\left(\frac{n+1}{2}\right)}{\sqrt{n\pi}\,\Gamma\left(\frac{n}{2}\right)}. \tag{8.14}$$

Dimostrazione Usiamo la Proposizione 6.60. Per ogni n fissato, la funzione

$$\varphi(x, v) := \left(\frac{x}{\sqrt{v/n}}, v\right)$$

è un diffeomorfismo di $\mathbb{R} \times (0, +\infty)$ in sé, la cui funzione inversa φ^{-1} è data da

$$\varphi^{-1}(t, w) := \left(t\sqrt{w/n}, w\right).$$

Posto $(T, W) := \varphi(Z, V)$, per la Proposizione 6.60:

$$\begin{aligned} f_{T,W}(t, w) &= f_Z\left(t\sqrt{w/n}\right) f_V(w) \left|\det \varphi^{-1}(t, w)\right| \\ &= \frac{1}{\sqrt{2\pi}\, 2^{n/2}\, \Gamma(\frac{n}{2})}\, \mathrm{e}^{-\frac{1}{2}\frac{w}{n}t^2}\, w^{\frac{n}{2}-1} \mathrm{e}^{-w/2} \sqrt{w/n}\, \mathbb{1}_{(0,+\infty)}(w) \\ &= \frac{1}{\sqrt{\pi}\, 2^{\frac{n+1}{2}}\, \Gamma(\frac{n}{2})\, \sqrt{n}}\, w^{\frac{n-1}{2}}\, \mathrm{e}^{-\frac{1}{2}\left(1+\frac{t^2}{n}\right)w}\, \mathbb{1}_{(0,+\infty)}(w)\,. \end{aligned}$$

Per calcolare $f_T(t) = \int_{\mathbb{R}} f_{T,W}(t, w)\, \mathrm{d}w$, osserviamo che con un cambio di variabili

$$\begin{aligned} \int_0^{+\infty} w^{\frac{n-1}{2}} \mathrm{e}^{-\frac{1}{2}\left(1+\frac{t^2}{n}\right)w}\, \mathrm{d}w &= \left(\tfrac{1}{2}\left(1 + \tfrac{t^2}{n}\right)\right)^{-\frac{n+1}{2}} \int_0^{+\infty} x^{\frac{n-1}{2}}\, \mathrm{e}^{-x}\, \mathrm{d}x \\ &= \frac{2^{\frac{n+1}{2}}}{\left(1 + \frac{t^2}{n}\right)^{\frac{n+1}{2}}}\, \Gamma\left(\tfrac{n+1}{2}\right), \end{aligned}$$

avendo ricordato la definizione della funzione $\Gamma(\cdot)$. Di conseguenza

$$f_T(t) = \int_{\mathbb{R}} f_{T,W}(t,w)\,\mathrm{d}w = \frac{\Gamma\left(\frac{n+1}{2}\right)}{\sqrt{n\pi}\,\Gamma\left(\frac{n}{2}\right)} \frac{1}{\left(1+\frac{t^2}{n}\right)^{\frac{n+1}{2}}},$$

come volevasi dimostrare. □

Una variabile aleatoria reale assolutamente continua T, la cui densità sia data da (8.14), è detta *t-di-Student a n gradi di libertà*, e scriveremo $T \sim t(n)$.

Proposizione 8.20
Siano $\overline{X}_n$ e S_n^2 rispettivamente la media campionaria e la varianza campionaria per una successione $(X_k)_{k\in\mathbb{N}}$ di variabili aleatorie i.i.d. con distribuzione $N(\mu,\sigma^2)$. Allora, per ogni $n \geq 2$,

$$\frac{\overline{X}_n - \mu}{S_n}\sqrt{n} \sim t(n-1).$$

Dimostrazione Ricordiamo la Proposizione 6.75: per ogni $n \in \mathbb{N}$

$$Z_n := \frac{\sqrt{n}}{\sigma}(\overline{X}_n - \mu) \sim \mathrm{N}(0,1), \tag{8.15}$$

$$V_n := \frac{1}{\sigma^2}\sum_{i=1}^{n}(X_i - \overline{X}_n)^2 = \frac{(n-1)S_n^2}{\sigma^2} \sim \chi^2(n-1), \tag{8.16}$$

e inoltre Z_n e V_n sono variabili aleatorie indipendenti. Osservando che

$$\frac{\overline{X}_n - \mu}{S_n}\sqrt{n} = \frac{Z_n}{\sqrt{V_n/(n-1)}},$$

la conclusione segue dal Lemma 8.19. □

Prima di enunciare e dimostrare il risultato principale di questo paragrafo, introduciamo alcune notazioni. Sia $T \sim t(n)$. La sua funzione di ripartizione F_T è strettamente crescente, dato che la sua derivata è la densità calcolata nel Lemma 8.19, che è ovunque strettamente positiva. Pertanto $F_T : \mathbb{R} \to (0,1)$ è invertibile. Poniamo dunque, per $\alpha \in (0,1)$,

$$t_\alpha(n) := F_T^{-1}(1-\alpha). \tag{8.17}$$

Osserviamo che $t_\alpha(n)$ non è altro che il *quantile di ordine* $1-\alpha$ di una variabile aleatoria $T \sim t(n)$; si ricordi la Definizione 3.104 e la relazione (3.67).

Analogamente, se $Y \sim \chi^2(n)$, la funzione di ripartizione F_Y è invertibile come funzione da $[0, +\infty)$ in $(0, 1)$, e poniamo

$$\chi^2_\alpha(n) := F_Y^{-1}(1-\alpha)\,, \tag{8.18}$$

cioè $\chi^2_\alpha(n)$ è il *quantile di ordine* $1-\alpha$ di una variabile aleatoria $Y \sim \chi^2(n)$.

Mettiamo in guardia da possibili fraintendimenti indotti dalle notazioni (che sono quelle standard in letteratura): $t_\alpha(n)$ e $\chi^2_\alpha(n)$ sono numeri reali, per ogni $\alpha \in (0, 1)$ e $n \in \mathbb{N}$, mentre $t(n)$ e $\chi^2(n)$ indicano delle distribuzioni.

Teorema 8.21 (Intervalli di confidenza per campioni normali)
Sia $(X_n)_{n\geq 1}$ un campione con distribuzione $N(\mu, \sigma^2)$. Siano $\overline{X}_n$ e S_n^2 rispettivamente media e varianza campionaria, definite in (8.1). *Allora, per ogni $\alpha \in (0, 1)$:*

(i) *l'intervallo aleatorio*

$$\left[\overline{X}_n - \frac{S_n}{\sqrt{n}} t_{\alpha/2}(n-1)\,,\; \overline{X}_n + \frac{S_n}{\sqrt{n}} t_{\alpha/2}(n-1)\right]$$

è un intervallo di confidenza per μ di livello di confidenza $1-\alpha$;

(ii) *l'intervallo aleatorio*

$$\left[\frac{(n-1)S_n^2}{\chi^2_{\alpha/2}(n-1)}\,,\; \frac{(n-1)S_n^2}{\chi^2_{1-\alpha/2}(n-1)}\right]$$

è un intervallo di confidenza per σ^2 di livello di confidenza $1-\alpha$.

Dimostrazione Si noti che possiamo riscrivere

$$\begin{aligned} &\mathrm{P}\left(\overline{X}_n - \frac{S_n}{\sqrt{n}} t_{\alpha/2}(n-1) \leq \mu \leq \overline{X}_n + \frac{S_n}{\sqrt{n}} t_{\alpha/2}(n-1)\right) \\ &\qquad = \mathrm{P}\left(\left|\frac{\overline{X}_n - \mu}{S_n}\sqrt{n}\right| \leq t_{\alpha/2}(n-1)\right) = \mathrm{P}\big(|T_n| \leq t_{\alpha/2}(n-1)\big)\,, \end{aligned}$$

avendo posto

$$T_n := \frac{\overline{X}_n - \mu}{S_n}\sqrt{n}\,.$$

Per la Proposizione 8.20 si ha $T_n \sim t(n-1)$. Dato che la densità (8.14) di T_n è una funzione pari, le variabili aleatorie T_n e $-T_n$ hanno la stessa distribuzione, dunque $F_T(-x) = 1 - F_T(x)$ per ogni $x \in \mathbb{R}$. Di conseguenza

$$\begin{aligned} \mathrm{P}\big(|T_n| \leq t_{\alpha/2}(n-1)\big) &= \mathrm{P}\big(T_n \leq t_{\alpha/2}(n-1)\big) - \mathrm{P}\big(T_n \leq -t_{\alpha/2}(n-1)\big) \\ &= F_{T_n}\big(t_{\alpha/2}(n-1)\big) - F_{T_n}\big(-t_{\alpha/2}(n-1)\big) \\ &= 2\,F_{T_n}\big(t_{\alpha/2}(n-1)\big) - 1 = 2(1-\tfrac{\alpha}{2}) - 1 = 1-\alpha\,, \end{aligned}$$

avendo usato nella penultima uguaglianza il fatto che $T_n \sim t(n-1)$ e la definizione di $t_{\alpha/2}(n-1)$. Questo completa la dimostrazione del punto (i).

Per il punto (ii), posto

$$V_n := \frac{(n-1)S_n^2}{\sigma^2},$$

sappiamo che $V_n \sim \chi^2(n-1)$ (si ricordi la relazione (8.16)). Perciò

$$\begin{aligned} &\mathrm{P}\left(\frac{(n-1)S_n^2}{\chi^2_{\alpha/2}(n-1)} \leq \sigma^2 \leq \frac{(n-1)S_n^2}{\chi^2_{1-\alpha/2}(n-1)}\right) \\ &\qquad = \mathrm{P}\Big(\chi^2_{1-\alpha/2}(n-1) \leq V_n \leq \chi^2_{\alpha/2}(n-1)\Big) \\ &\qquad = F_{V_n}\big(\chi^2_{\alpha/2}(n-1)\big) - F_{V_n}\big(\chi^2_{1-\alpha/2}(n-1)\big) \\ &\qquad = (1-\tfrac{\alpha}{2}) - \big(1-(1-\tfrac{\alpha}{2})\big) = 1-\alpha\,, \end{aligned}$$

e la dimostrazione è completata. □

8.2.3 *Proprietà asintotiche*

Come abbiamo visto nel paragrafo precedente, nel caso di campioni normali è possibile determinare stimatori corretti per media e varianza, nonché intervalli di confidenza ad essi associati. In casi più generali, può essere assai difficile determinare stimatori e intervalli aleatori con le proprietà desiderate, cioè, rispettivamente, la correttezza ed un assegnato livello di confidenza. È pertanto opportuno indebolire tali proprietà, richiedendone la validità non *per ogni* n, ma solo nel limite per $n \to +\infty$. Nel Paragrafo 8.3 vedremo come tali nozioni asintotiche risultino utili in un'ampia classe di modelli statistici.

Cominciamo indebolendo la nozione di correttezza per uno stimatore.

Definizione 8.22 (Stimatore asintoticamente corretto)
Sia $\{(\Omega, \mathcal{A}, \mathrm{P}_\theta)\}_{\theta\in\Theta}$ un modello statistico e sia $h : \Theta \to \mathbb{R}$ una funzione. Una statistica campionaria $(Y_n)_{n\geq 1}$ si dice *stimatore asintoticamente corretto per* $h(\theta)$ se per ogni $\theta \in \Theta$ si ha $Y_n \in L^1(\Omega, \mathcal{A}, \mathrm{P}_\theta)$ e

$$\lim_{n\to+\infty} \mathrm{E}_\theta(Y_n) = h(\theta) .$$

Esempio 8.23 Riprendendo l'Esempio 8.15, consideriamo un modello statistico per cui la densità $f(x;\theta)$ è data da

$$f(x;\theta) = \frac{1}{\theta}\mathbb{1}_{(0,\theta)}(x),$$

dove questa volta $\theta \in \Theta = (0, +\infty)$. In altre parole, $X_n \sim \mathrm{U}(0,\theta)$. Definiamo

$$Y_n := \max(X_1, X_2, \ldots, X_n).$$

Anzitutto calcoliamo la funzione di ripartizione di Y_n. Per $x \in (0,\theta)$ abbiamo

$$F_{Y_n}(x;\theta) = \mathrm{P}_\theta(Y_n \leq x) = \mathrm{P}_\theta(X_1 \leq x, X_2 \leq x, \ldots, X_n \leq x) = [\mathrm{P}_\theta(X_1 \leq x)]^n = \frac{x^n}{\theta^n}.$$

Derivando, si ottiene

$$f_{Y_n}(x;\theta) = \frac{nx^{n-1}}{\theta^n}\mathbb{1}_{(0,\theta)}(x) ,$$

e dunque

$$\mathrm{E}_\theta(Y_n) = \frac{n}{\theta^n}\int_0^\theta x^n dx = \frac{n}{n+1}\theta .$$

Quindi Y_n è uno stimatore non corretto, ma asintoticamente corretto per θ. □

Definiamo ora un'altra importante proprietà asintotica per uno stimatore.

Definizione 8.24 (Stimatore consistente)
Sia $\{(\Omega, \mathcal{A}, \mathrm{P}_\theta)\}_{\theta\in\Theta}$ un modello statistico e sia $h : \Theta \to \mathbb{R}$ una funzione. Una statistica campionaria $(Y_n)_{n\geq 1}$ si dice *stimatore consistente per* $h(\theta)$ se per ogni $\theta \in \Theta$ e ogni $\varepsilon > 0$

$$\lim_{n\to+\infty} \mathrm{P}_\theta(|Y_n - h(\theta)| > \varepsilon) = 0.$$

In termini intuitivi, possiamo dire che se $(Y_n)_{n\geq 1}$ è uno stimatore consistente per $h(\theta)$, allora Y_n, per n grande, è una funzione delle osservazioni che, con grande probabilità rispetto a P_θ, assume valori *vicini* a $h(\theta)$.

Esempio 8.25 Consideriamo la statistica dell'Esempio 8.7. La consistenza dello stimatore deriva immediatamente dalla legge dei grandi numeri. □

Esempio 8.26 Consideriamo la statistica dell'Esempio 8.23. Per costruzione si ha $\mathrm{P}_\theta(Y_n \in (0,\theta)) = 1$, pertanto

$$\mathrm{P}_\theta(|Y_n - \theta| > \varepsilon) = \mathrm{P}_\theta(Y_n < \theta - \varepsilon).$$

Se $\varepsilon \geq \theta$ queste probabilità valgono zero, e non c'è nulla da dimostrare. Se invece $0 < \varepsilon < \theta$,

$$\mathrm{P}_\theta(|Y_n - \theta| > \varepsilon) = \mathrm{P}_\theta(Y_n < \theta - \varepsilon) = F_{Y_n}(\theta - \varepsilon; \theta) = \left(\frac{\theta - \varepsilon}{\theta}\right)^n,$$

da cui la consistenza segue immediatamente. □

Definizione 8.27 (Intervallo di confidenza asintotico)
Sia $\{(\Omega, \mathcal{A}, \mathrm{P}_\theta)\}_{\theta\in\Theta}$ un modello statistico, $(X_n)_{n\geq 1}$ un corrispondente campione e $h : \Theta \to \mathbb{R}$ una funzione. Siano inoltre assegnate, per ogni n, due statistiche campionarie

$$U_n = u_n(X_1, X_2, \ldots, X_n), \qquad V_n = v_n(X_1, X_2, \ldots, X_n),$$

basate su un campione di taglia n, tali che $U_n \leq V_n$.

Si dice che la famiglia di intervalli aleatori $([U_n, V_n])_{n\in\mathbb{N}}$ è un *intervallo di confidenza asintotico* per $h(\theta)$ di *livello di confidenza* $\gamma \in (0,1)$ se

$$\liminf_{n\to+\infty} \mathrm{P}_\theta(U_n \leq h(\theta) \leq V_n) \geq \gamma, \qquad \forall\theta \in \Theta.$$

La prossima nozione risulta assai utile nella determinazione di intervalli di confidenza asintotici. In quanto segue, se $(Z_n)_{n\geq 1}$ è una successione di variabili aleatorie definite su $(\Omega, \mathcal{A}, \mathrm{P}_\theta)$ a valori reali, scriveremo

$$Z_n \xrightarrow{D} \mathrm{N}(0,1)$$

come abbreviazione per

$$\forall z \in \mathbb{R}: \quad \lim_{n\to+\infty} \mathrm{P}_\theta(Z_n \leq z) = \mathrm{P}(Z \leq z), \qquad \text{con} \quad Z \sim \mathrm{N}(0,1).$$

Definizione 8.28 (Stimatore asintoticamente normale)
Sia $\{(\Omega, \mathcal{A}, P_\theta)\}_{\theta\in\Theta}$ un modello statistico e sia $h : \Theta \to \mathbb{R}$ una funzione. Una statistica campionaria $(Y_n)_{n\geq 1}$ si dice *stimatore asintoticamente normale per* $h(\theta)$ se per ogni $\theta \in \Theta$ esiste una costante positiva $\sigma(\theta)$, che può dipendere da θ, tale che

$$\sqrt{n}\,\frac{Y_n - h(\theta)}{\sigma(\theta)} \xrightarrow{D} N(0,1). \tag{8.19}$$

Con abuso di notazione, diremo che $\sigma^2(\theta)$ è la *varianza asintotica* di Y_n.

La normalità asintotica di uno stimatore permette di quantificare l'*errore di stima* che si commette nello stimare $h(\theta)$ con Y_n. Sia $0 < \alpha < 1$ e definiamo

$$z_\alpha := \Phi^{-1}(1-\alpha),$$

dove ricordiamo che $\Phi(x) := P(Z \leq x)$ con $Z \sim N(0,1)$. Ciò significa che z_α è il *quantile di ordine* $1-\alpha$ di una variabile aleatoria $Z \sim N(0,1)$ (si ricordi la Definizione 3.104 e la relazione (3.67)). Si verifica facilmente che

$$P(|Z| < z_{\alpha/2}) = 1-\alpha.$$

Segue allora da (8.19) che

$$\lim_{n\to+\infty} P_\theta\left(\left|\sqrt{n}\frac{Y_n - h(\theta)}{\sigma(\theta)}\right| \leq z_{\alpha/2}\right) = 1-\alpha, \tag{8.20}$$

o, equivalentemente,

$$\lim_{n\to+\infty} P_\theta\left(h(\theta) \in \left[Y_n - \frac{\sigma(\theta)}{\sqrt{n}} z_{\alpha/2}, Y_n + \frac{\sigma(\theta)}{\sqrt{n}} z_{\alpha/2}\right]\right) = 1-\alpha.$$

Dunque, con probabilità che tende a $1-\alpha$ per $n \to +\infty$, lo stimatore Y_n dista dal valore $h(\theta)$ al più $\frac{\sigma(\theta)}{\sqrt{n}} z_{\alpha/2}$. Quest'ultima quantità, tuttavia, dipende dal parametro incognito θ. Nei casi in cui

$$\overline{\sigma} := \sup_{t\in\Theta} \sigma(t) < +\infty,$$

si ha che

$$\begin{aligned} &P_\theta\left(h(\theta) \in \left[Y_n - \frac{\overline{\sigma}}{\sqrt{n}} z_{\alpha/2}, Y_n + \frac{\overline{\sigma}}{\sqrt{n}} z_{\alpha/2}\right]\right) \\ &\quad \geq P_\theta\left(h(\theta) \in \left[Y_n - \frac{\sigma(\theta)}{\sqrt{n}} z_{\alpha/2}, Y_n + \frac{\sigma(\theta)}{\sqrt{n}} z_{\alpha/2}\right]\right), \end{aligned}$$

quindi

$$\liminf_{n\to+\infty} \mathrm{P}_\theta\left(h(\theta) \in \left[Y_n - \frac{\overline{\sigma}}{\sqrt{n}} z_{\alpha/2}, Y_n + \frac{\overline{\sigma}}{\sqrt{n}} z_{\alpha/2}\right]\right) \geq 1 - \alpha .$$

La famiglia di intervalli, al variare di $n \in \mathbb{N}$,

$$\left[Y_n - \frac{\overline{\sigma}}{\sqrt{n}} z_{\alpha/2}, Y_n + \frac{\overline{\sigma}}{\sqrt{n}} z_{\alpha/2}\right] \tag{8.21}$$

è perciò *intervallo di confidenza asintotico* per $h(\theta)$ di livello di confidenza $1 - \alpha$.

Proposizione 8.29
Sia $h : \Theta \to \mathbb{R}$ una funzione. Ogni stimatore asintoticamente normale $(Y_n)_{n\geq 1}$ per $h(\theta)$ è uno stimatore consistente per $h(\theta)$.

Dimostrazione Si tratta di una conseguenza della relazione (8.20). Infatti, per ogni $\varepsilon > 0$, $\theta \in \Theta$ e $\alpha \in (0, 1)$ fissati, per n sufficientemente grande si ha $\varepsilon > z_{\alpha/2}\,\sigma(\theta)/\sqrt{n}$, pertanto

$$\liminf_{n\to+\infty} \mathrm{P}_\theta(|Y_n - h(\theta)| \leq \varepsilon) \geq \liminf_{n\to+\infty} \mathrm{P}_\theta\left(|Y_n - h(\theta)| \leq \frac{z_{\alpha/2}\sigma(\theta)}{\sqrt{n}}\right) = 1 - \alpha .$$

Per l'arbitrarietà di α, questo implica

$$\lim_{n\to+\infty} \mathrm{P}_\theta(|Y_n - h(\theta)| \leq \varepsilon) = 1 ,$$

cioè la consistenza. □

Esempio 8.30 Nell'Esempio 8.6, lo stimatore ottenuto è asintoticamente normale con $\sigma(\theta) = \sqrt{\theta(1-\theta)}$. Questo segue dal teorema limite centrale: la dimostrazione è lasciata al lettore, si veda l'Esercizio 8.5. Osserviamo che si ha $\theta \in \Theta = (0, 1)$, in modo che $\sup_{\theta\in\Theta} \theta(1-\theta) = \frac{1}{4}$ e dunque $\sigma(\theta) \leq \overline{\sigma} = \frac{1}{2}$. □

Esempio 8.31 Lo stimatore ottenuto nell'Esempio 8.7 è asintoticamente normale, con $\sigma(\theta) = \sqrt{\theta}$. Ciò deriva anche qua dal teorema limite centrale. Si noti che, in questo caso, $\sigma(\theta)$ *non* è una funzione limitata di θ. □

Esempio 8.32 Consideriamo lo stimatore $(Y_n)_{n\geq 1}$ degli Esempi 8.23 e 8.26. Abbiamo visto che $\mathrm{P}(Y_n \leq \theta) = 1$. Pertanto, per ogni scelta di $\sigma(\theta)$, la variabile aleatoria

$$\sqrt{n}\,\frac{Y_n - \theta}{\sigma(\theta)}$$

assume solo valori negativi, e quindi (perché?) *non si può avere*

$$\sqrt{n}\,\frac{Y_n - \theta}{\sigma(\theta)} \xrightarrow{D} \mathrm{N}(0,1)\,.$$

Di conseguenza, lo stimatore *non* è asintoticamente normale. □

Dato un modello statistico ed un associato campione, vi sono varie tecniche per determinare stimatori con "buone" proprietà. Uno degli approcci più generali, e l'unico che tratteremo in questo testo, è descritto nel prossimo paragrafo.

Esercizi

Esercizio 8.5 Si consideri il modello statistico in cui $\mathrm{p}(x;\theta)$ è la densità discreta di una variabile aleatoria di Bernoulli di parametro $\theta \in \Theta = (0,1)$. Si mostri che lo stimatore $Y_n := \overline{X}_n$ è asintoticamente normale e si determini un intervallo di confidenza asintotico per $h(\theta) = \theta$, di livello di confidenza $1-\alpha$.

Esercizio 8.6 Si consideri il modello statistico degli Esempi 8.23 e 8.26: la densità $f(x;\theta)$ è data da

$$f(x;\theta) = \frac{1}{\theta}\mathbb{1}_{(0,\theta)}(x)\,, \qquad \text{con } \theta \in \Theta = (0,+\infty)\,.$$

Sia $Y_n = \max(X_1,\ldots,X_n)$ lo stimatore per θ introdotto nel Esempio 8.23.

(i) Sia $\theta \in \Theta$. Si mostri che, per ogni $x > 1$,

$$\mathrm{P}_\theta\big(Y_n \in [x^{-1}\theta,\theta]\big) = 1 - x^{-n}\,.$$

(ii) Si deduca che per ogni $\alpha \in (0,1)$, l'intervallo $[Y_n, Y_n + \frac{Y_n}{n}g_n(\alpha)]$ con $g_n(\alpha) := n(\alpha^{-1/n}-1)$, è un intervallo di confidenza per θ di livello $1-\alpha$. Si mostri infine che $\lim_{n\to+\infty} g_n(\alpha) = \log\frac{1}{\alpha}$.

Esercizio 8.7 Si consideri il modello statistico del Esercizio 8.4: si ha

$$f(x;\theta) = \theta \mathrm{e}^{-\theta x}\mathbb{1}_{(0,+\infty)}(x)\,, \qquad \text{con } \theta \in \Theta = (1,+\infty)\,.$$

Poniamo $Y_n = \overline{X}_n = \frac{1}{n}\sum_{i=1}^n X_i$.

(i) Si mostri che Y_n è uno stimatore asintoticamente normale per $1/\theta$, con varianza asintotica $\sigma^2(\theta) = 1/\theta^2$.
(ii) Dedurne un intervallo di confidenza asintotico di livello di confidenza $1-\alpha$ per $1/\theta$, quindi per θ.

Esercizio 8.8 Una luce laser è sospesa a un'altezza incognita $\theta \in \Theta = (0, +\infty)$. L'angolo U che la luce laser forma con la verticale è aleatorio, con distribuzione $\mathrm{U}(-\frac{\pi}{2}, \frac{\pi}{2})$. Indichiamo con X il punto sul pavimento illuminato dal laser (si veda la figura qui sotto). Vogliamo stimare l'altezza θ al quale è sospesa la luce laser osservando un campione di punti $(X_n)_{n\geq 1}$, corrispondenti ad una successione di angoli $(U_n)_{n\geq 1}$ indipendenti, con la stessa distribuzione $\mathrm{U}(-\frac{\pi}{2}, \frac{\pi}{2})$.

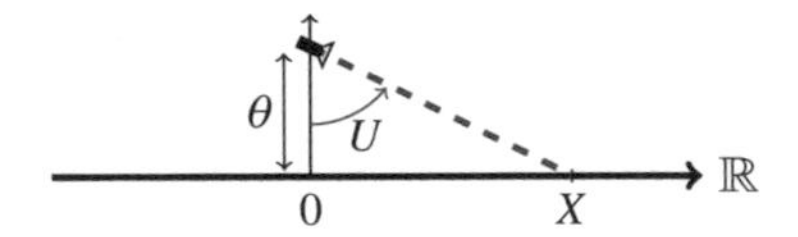

(i) Si mostri che rispetto alla probabilità P_θ (cioè se la luce laser è sospesa a un'altezza θ) le variabili aleatorie X_i hanno densità $f(x;\theta) = \frac{\theta}{\pi(\theta^2+x^2)}$.
(ii) Si mostri che $\mathrm{E}_\theta(|X_i|) = +\infty$. Si spieghi perché $\overline{X}_n := \frac{1}{n}\sum_{i=1}^n X_i$ non permette di stimare θ.
(iii) Si mostri che $\mathrm{P}_\theta(|X_i| \leq 1) = \frac{2}{\pi}\arctan(\frac{1}{\theta})$ e si deduca che $Y_n := \frac{1}{n}\sum_{i=1}^n \mathbb{1}_{\{|X_i|\leq 1\}}$ è une stimatore corretto per $\frac{2}{\pi}\arctan(\frac{1}{\theta})$.
(iv) Si mostri che Y_n è uno stimatore asintoticamente normale per $\frac{2}{\pi}\arctan(\frac{1}{\theta})$. Si deduca un intervallo di confidenza asintotico per $\frac{2}{\pi}\arctan(\frac{1}{\theta})$, quindi per θ.

Esercizio 8.9 Due geologi, Arturo e Luca, studiano l'età dei depositi sedimentari di una certa area geografica, in particolare desiderano stimare l'età del deposito più antico e di quello più recente. A tale scopo, prelevano campioni di roccia, che sono in grado di datare: denotiamo con $X_1, \ldots, X_n$ le età degli n campioni di roccia prelevati. Considerano allora il modello statistico per cui

$$f(x;\theta) = \frac{1}{b-a}\mathbb{1}_{(a,b)}(x), \quad \text{con } \theta = (a,b) \in \Theta = \{(x,y)\colon 0 < x < y < +\infty\}.$$

In altre parole, si assume che le età abbiano distribuzione uniforme nell'intervallo (a,b), dove a e b sono parametri da determinare. Arturo propone gli stimatori $Y_n = \min\{X_1, \ldots, X_n\}$ e $W_n = \max\{X_1, \ldots, X_n\}$ per a e b rispettivamente.

(i) Mostrare che Y_n e W_n sono stimatori consistenti per a e b, ma che non sono corretti. Mostrare che, d'altra parte, sono asintoticamente corretti.
(ii) Luca propone di considerare $\tilde{Y}_n = Y_n - \frac{1}{n-1}(W_n - Y_n)$ e $\tilde{W}_n = W_n + \frac{1}{n-1}(W_n - Y_n)$. Mostrare che $\tilde{Y}_n$ e $\tilde{W}_n$ sono stimatori corretti e consistenti per a e b.
(iii) Cristina giunge in aiuto di Arturo e Luca, sostenendo che per ogni $t > 0$ e $\varepsilon > 0$

$$\lim_{n\to+\infty} \mathrm{P}_\theta\Big(Y_n - a > \frac{t}{n}(b-a)\Big) = \mathrm{e}^{-t},$$
$$\lim_{n\to+\infty} \mathrm{P}_\theta\big(|(W_n - Y_n) - (b-a)| > \varepsilon\big) = 0.$$

Mostrare che Cristina ha ragione, e dedurre che, per ogni $t > 0$,

$$\lim_{n\to+\infty} \mathrm{P}_\theta\left(Y_n - a > \frac{t}{n}(W_n - Y_n)\right) = \mathrm{e}^{-t}\,.$$

Fornire un intervallo di confidenza asintotico per a, di livello $1-\alpha$.

Esercizio 8.10 Per testare l'efficacia di un vaccino, usiamo due gruppi di n persone ciascuno: ai membri del primo gruppo viene iniettato il vaccino, mentre a quelli del secondo viene iniettato un placebo (una sostanza priva di principi attivi, che non ha effetti). Dopo alcuni mesi vengono raccolti i dati. Indichiamo con X_i la variabile aleatoria di Bernoulli che vale 1 se la i-esima persona del primo gruppo si ammala e 0 altrimenti; analogamente, sia Y_i la variabile aleatoria di Bernoulli che vale 1 se la i-esima persona del secondo gruppo si ammala e 0 altrimenti.

Il nostro modello statistico P_θ contiene due parametri: la probabilità p che una persona non vaccinata si ammali; la probabilità q che una persona vaccinata sia protetta dal virus (è il parametro che cerchiamo di stimare). Rispetto alla probabilità P_θ, con $\theta = (p,q) \in \Theta = (0,1)^2$, le variabili $(X_i, Y_i)_{i\geq 1}$ sono indipendenti, con $Y_i \sim \mathrm{Be}(p)$ e $X_i \sim \mathrm{Be}((1-q)p)$ (dato che perché un individuo vaccinato si ammali occorre che venga a contatto con il virus, e che il vaccino non lo protegga). Si consideri lo stimatore

$$R_n := \frac{X_1 + \cdots + X_n}{Y_1 + \cdots + Y_n} = \frac{\overline{X}_n}{\overline{Y}_n}\,,$$

dove poniamo come al solito $\overline{X}_n = \frac{1}{n}\sum_{i=1}^n X_i$ e $\overline{Y}_n = \frac{1}{n}\sum_{i=1}^n Y_i$.

(i) Riprendendo le conclusioni dell'Esercizio 7.27, mostrare che $(\log R_n)_{n\geq 0}$ è uno stimatore asintoticamente normale per $\log(1-q)$, con varianza asintotica $\sigma^2(\theta) = \frac{2-q}{(1-q)p} - 2$.
(ii) Dedurre che $1 - R_n$ è uno stimatore consistente per q.
(iii) Fornire un intervallo di confidenza asintotico per $\log(1-q)$ di livello $1-\alpha$ (che dipenderà da $\sigma(\theta)$). Dedurne un intervallo di confidenza per q.
(iv) Un laboratorio ha testato il vaccino con due gruppi di $n = 20\,000$ persone: 550 di esse si sono ammalate, di cui solo 50 del primo gruppo. Usando questi dati, e accettando il fatto che $\sigma^2(\theta) \approx \frac{1+R_n}{\overline{X}_n} - 2$, si fornisca un intervallo di confidenza di livello 95% per l'efficacia q del vaccino.

8.3 Stimatori di massima verosimiglianza

Consideriamo un modello statistico $(\Omega, \mathcal{A}, \mathrm{P}_\theta)$ con $\theta \in \Theta$, e sia $(X_n)_{n\geq 1}$ un campione. Per il momento assumiamo che le X_n siano variabili aleatorie discrete, con densità $\mathrm{p}(x;\theta)$. Consideriamo n numeri reali $x_1, x_2, \ldots, x_n$, che interpretiamo come i *valori osservati* delle variabili $X_1, X_2, \ldots, X_n$. È ragionevole pensare che il valore di θ che *meglio si accorda* ai valori osservati sia quel valore di θ che massimizza, rispetto a θ, la probabilità

$$\mathrm{P}_\theta(X_1 = x_1, X_2 = x_2, \dots, X_n = x_n) = \mathrm{p}(x_1;\theta)\ \mathrm{p}(x_2;\theta)\cdots \mathrm{p}(x_n;\theta)\,.$$

Assumendo che tale punto di massimo esista e che sia unico, esso dipenderà dai valori $x_1, x_2, \dots, x_n$, cioè sarà una *funzione* di $x_1, x_2, \dots, x_n$, che denoteremo con $\hat{\theta}_n(x_1, x_2, \dots, x_n)$. Per costruzione si ha

$$\mathrm{P}_{\hat{\theta}_n(x_1,x_2,\dots,x_n)}(X_1 = x_1, \dots, X_n = x_n) = \max_{\theta\in\Theta} \mathrm{P}_\theta(X_1 = x_1, \dots, X_n = x_n)\,.$$

La successione $(Y_n := \hat{\theta}_n(X_1, X_2, \dots, X_n))_{n\geq 1}$ è detta *stimatore di massima verosimiglianza per il parametro* θ del modello statistico in esame.

Per rendere più precisa la nozione appena introdotta, e per dimostrare alcune proprietà, d'ora in avanti assumeremo che il modello statistico $(\Omega, \mathcal{A}, \mathrm{P}_\theta)$ con $\theta \in \Theta$ e il relativo campione $(X_n)_{n\geq 1}$ soddisfino le seguenti ipotesi.

(A) L'insieme Θ è un intervallo aperto di $\mathbb{R}$ (che può anche essere una semiretta aperta, o tutto $\mathbb{R}$).
(B) Le variabili aleatorie del campione $(X_n)_{n\geq 1}$ sono discrete, con densità $\mathrm{p}(x;\theta)$, o assolutamente continue, con densità $f(x;\theta)$. Inoltre esiste un sottoinsieme misurabile $I \subseteq \mathbb{R}$ (ossia $I \in \mathcal{B}(\mathbb{R})$) tale che

- per ogni $\theta \in \Theta$, $\mathrm{P}_\theta(X_1 \in I) = 1$;
- per ogni $x \in I$ e $\theta \in \Theta$, si ha che $\mathrm{p}(x;\theta) > 0$ (risp. $f(x;\theta) > 0$);
- per ogni $x \in I$, la funzione $\theta \mapsto \mathrm{p}(x;\theta)$ (risp. $\theta \mapsto f(x;\theta)$) è continua.

(C) Per ogni $n \geq 1$ e $\underline{x} = (x_1, \dots, x_n) \in I^n$, nel caso discreto la funzione

$$\theta \mapsto L_n(\underline{x}, \theta) := \frac{1}{n}\sum_{i=1}^{n} \log \mathrm{p}(x_i;\theta) \tag{8.22}$$

ha un unico punto di massimo locale proprio,[3] indicato con $\hat{\theta}_n(x_1, x_2, \dots, x_n)$; analogamente nel caso assolutamente continuo, con $f(x_i;\theta)$ al posto di $\mathrm{p}(x_i;\theta)$.
(D) Le distribuzioni di X_1 rispetto a P_θ e P_t sono diverse, per ogni $\theta \neq t$.
(E) Per ogni $\theta, t \in \Theta$

$$\mathrm{E}_\theta\Big[(\log \mathrm{p}(X_1;t))^2\Big] < +\infty,$$

(con $f(X_1;t)$ al posto di $\mathrm{p}(X_1;t)$ nel caso assolutamente continuo).

[3] Diciamo che una funzione $h : \Theta \to \mathbb{R}$ ha un *massimo locale proprio* in $\theta \in \Theta$ se esiste $\varepsilon > 0$ tale che $h(t) < h(\theta)$ per ogni $t \in \Theta$ con $|t - \theta| < \varepsilon$, $t \neq \theta$.

Osservazione 8.33 Essendo il logaritmo una funzione strettamente crescente, massimizzare $L_n(\underline{x}, \theta)$ equivale a massimizzare $\mathrm{p}(x_1;\theta)\,\mathrm{p}(x_2;\theta)\cdots\mathrm{p}(x_n;\theta)$. □

Osservazione 8.34 La condizione (C) sull'unicità del massimo locale è delicata nel caso assolutamente continuo, in quanto il suo verificarsi può dipendere dalla *scelta* della densità di X_n che, come sappiamo, non è unica (si ricordi, ad esempio, che una densità può essere modificata su un insieme finito restando densità della stessa variabile casuale). Si può mostrare che la funzione $\hat{\theta} : I^n \to \mathbb{R}$ nella condizione (C) è misurabile, un fatto rilevante per la prossima Definizione 8.35.[4] □

Definizione 8.35 (Stimatore di massima verosimiglianza)
Consideriamo un modello statistico $\{(\Omega, \mathcal{A}, \mathrm{P}_\theta)\}_{\theta\in\Theta}$ e un relativo campione $(X_n)_{n\geq 1}$, che soddisfano le ipotesi (A)–(C). Poniamo $\hat{\theta}_n(x_1, x_2, \ldots, x_n) = 0$ per $(x_1, x_2, \ldots, x_n) \notin I^n$, e definiamo per ogni $n \geq 1$

$$Y_n = \hat{\theta}_n(X_1, X_2, \ldots, X_n)\,. \tag{8.23}$$

La statistica campionaria $(Y_n)_{n\geq 1}$ si dice *stimatore di massima verosimiglianza*, o per brevità *stimatore MV*, per il parametro θ del modello statistico in esame.

Consistenza dello stimatore di massima verosimiglianza

Dalle ipotesi sopra elencate ricaveremo la consistenza dello stimatore MV. Per semplicità, limitiamo enunciati e dimostrazioni al caso discreto. Gli enunciati si modificano in modo ovvio nel caso assolutamente continuo; le dimostrazioni richiedono invece qualche attenzione in più, e saranno omesse.

Lemma 8.36
Se valgono le ipotesi (A)–(E), *allora per ogni* $\theta, t \in \Theta$ *la famiglia* $\{\mathrm{p}(x;\theta)\log\mathrm{p}(x;t)\}_{x\in I}$ *ammette somma finita. Inoltre, per ogni* $\theta \neq t$,

$$\sum_{x\in I}\mathrm{p}(x;\theta)\log\mathrm{p}(x;t) < \sum_{x\in I}\mathrm{p}(x;\theta)\log\mathrm{p}(x;\theta)\,.$$

Dimostrazione Per l'ipotesi (E), la variabile aleatoria $\log\mathrm{p}(X_1;t)$ ammette momento secondo finito rispetto a P_θ, quindi ammette anche valore me-

[4] La dimostrazione va ben al di là degli scopi di questo libro; si veda ad esempio [61, Theorem (1.9)].

dio finito (si ricordi che $L^2 \subseteq L^1$). Per la Proposizione 3.51, ciò significa che $\{p(x;\theta)\log p(x;t)\}_{x\in I}$ ammette somma finita. Notiamo ora che

$$\sum_{x\in I} p(x;\theta)\log p(x;\theta) - \sum_{x\in I} p(x;\theta)\log p(x;t) = \sum_{x\in I} p(x;t)\frac{p(x;\theta)}{p(x;t)}\log\frac{p(x;\theta)}{p(x;t)}.$$

Ora usiamo il seguente fatto elementare, che deriva dalla stretta convessità della funzione $h(z) = z\log z - z + 1$: per ogni $z > 0$

$$z\log z - z + 1 \geq 0,$$

e $z\log z - z + 1 = 0$ solo per $z = 1$. Pertanto, per ogni $x \in I$

$$\frac{p(x;\theta)}{p(x;t)}\log\frac{p(x;\theta)}{p(x;t)} - \frac{p(x;\theta)}{p(x;t)} + 1 \geq 0,$$

dove la disuguaglianza è stretta ogniqualvolta $p(x;\theta) \neq p(x;t)$. Grazie all'ipotesi (D), tale disuguaglianza stretta vale per almeno un $x \in I$. Perciò

$$\begin{aligned}\sum_{x\in I} p(x;t)\frac{p(x;\theta)}{p(x;t)}\log\frac{p(x;\theta)}{p(x;t)} &> \sum_{x\in I} p(x;t)\left[\frac{p(x;\theta)}{p(x;t)} - 1\right] \\ &= \sum_{x\in I} p(x;\theta) - \sum_{x\in I} p(x;t) = 0,\end{aligned}$$

da cui la tesi segue. □

Teorema 8.37 (Consistenza dello stimatore MV)
Se il modello statistico $\{(\Omega, \mathcal{A}, P_\theta)\}_{\theta\in\Theta}$ *e il relativo campione* $(X_n)_{n\geq 1}$ *soddisfano le ipotesi* (A)–(E)*, lo stimatore MV* $(Y_n)_{n\geq 1}$*, definito in* (8.23)*, è uno stimatore consistente per* θ.

Dimostrazione Siano $\theta, t \in \Theta$. Le variabili aleatorie $(\log p(X_n;t))_{n\geq 1}$ sono i.i.d. rispetto a P_θ, grazie alle Proposizioni 3.11 e 3.39, e, per l'ipotesi (E), esse ammettono momento secondo finito. Poniamo

$$l(\theta,t) := E_\theta[\log p(X_n;t)] = \sum_{x\in I} p(x;\theta)\log p(x;t).$$

Ricordando (8.22), per la legge debole dei grandi numeri (Corollario 7.6), ponendo $\underline{X} := (X_1,\ldots,X_n)$, si ha

$$\lim_{n\to+\infty} P_\theta(|L_n(\underline{X},t) - l(\theta,t)| > \varepsilon) = 0, \qquad \forall\varepsilon > 0. \tag{8.24}$$

A questo punto possiamo illustrare l'idea della dimostrazione. Per il Lemma 8.36, $l(\theta, \theta) > l(\theta, t)$ per ogni $t \neq \theta$. Poiché, per (8.24), $L_n(\underline{X}, t) \simeq l(\theta, t)$ per n grande e ogni $\theta, t \in \Theta$, l'unico massimo locale proprio della funzione $t \mapsto L_n(\underline{X}, t)$ deve essere "vicino" a θ, che è il massimo assoluto della funzione $t \mapsto l(\theta, t)$. Poiché tale massimo locale è Y_n, si ottiene $Y_n \simeq \theta$ per n grande, che è quanto si vuole dimostrare. Per rendere rigoroso l'argomento appena illustrato, notiamo anzitutto che, per $\varepsilon > 0$ fissato ma arbitrario,

$$\begin{aligned} &\mathrm{P}_\theta\left(\left|\left(L_n(\underline{X}, t) - L_n(\underline{X}, \theta)\right) - \left(l(\theta, t) - l(\theta, \theta)\right)\right| > \varepsilon\right) \\ &\quad \leq \mathrm{P}_\theta\left(\left\{\left|L_n(\underline{X}, t) - l(\theta, t)\right| > \tfrac{\varepsilon}{2}\right\} \cup \left\{\left|L_n(\underline{X}, \theta) - l(\theta, \theta)\right| > \tfrac{\varepsilon}{2}\right\}\right) \\ &\quad \leq \mathrm{P}_\theta\left(\left|L_n(\underline{X}, t) - l(\theta, t)\right| > \tfrac{\varepsilon}{2}\right) + \mathrm{P}_\theta\left(\left|L_n(\underline{X}, \theta) - l(\theta, \theta)\right| > \tfrac{\varepsilon}{2}\right), \end{aligned}$$

perciò, per (8.24),

$$\lim_{n \to +\infty} \mathrm{P}_\theta\left(\left|\left(L_n(\underline{X}, t) - L_n(\underline{X}, \theta)\right) - \left(l(\theta, t) - l(\theta, \theta)\right)\right| > \varepsilon\right) = 0. \qquad (8.25)$$

Per il Lemma 8.36 si ha $l(\theta, t) - l(\theta, \theta) < 0$ $t \neq \theta$. Pertanto, usando (8.25) con $\varepsilon < l(\theta, \theta) - l(\theta, t)$, abbiamo che, per $t \neq \theta$,

$$\lim_{n \to +\infty} \mathrm{P}_\theta(L_n(\underline{X}, t) - L_n(\underline{X}, \theta) < 0) = 1. \qquad (8.26)$$

Consideriamo allora, per $\delta > 0$ fissato ma arbitrario, l'evento $A_n := A_n^- \cap A_n^+$, dove

$$\begin{aligned} A_n^- &:= \{L_n(\underline{X}, \theta + \delta) - L_n(\underline{X}, \theta) < 0\}, \\ A_n^+ &:= \{L_n(\underline{X}, \theta - \delta) - L_n(\underline{X}, \theta) < 0\}. \end{aligned}$$

Per (8.26), abbiamo $\lim_{n \to +\infty} \mathrm{P}_\theta(A_n^-) = \lim_{n \to +\infty} \mathrm{P}_\theta(A_n^-) = 1$, di cui si deduce[5]

$$\lim_{n \to +\infty} \mathrm{P}_\theta(A_n) = 1. \qquad (8.27)$$

Per definizione, se $\omega \in A_n$, si ha che $L_n(\underline{X}(\omega), \theta)$ è strettamente maggiore sia di $L_n(\underline{X}(\omega), \theta - \delta)$, sia di $L_n(\underline{X}(\omega), \theta + \delta)$. Dato che la funzione $t \mapsto L_n(\underline{X}(\omega), t)$ è continua in t, per l'ipotesi (B), segue che essa ha un massimo locale nell'intervallo $(\theta - \delta, \theta + \delta)$, per ogni $\omega \in A_n$, che è necessariamente $\hat{\theta}(\underline{X}(\omega)) = Y_n(\omega)$, per l'ipotesi (C) (si ricordi (8.23)). Abbiamo dimostrato l'inclusione di eventi

$$A_n \subseteq \{\hat{\theta}_n(X_1, X_2, \ldots, X_n) \in (\theta - \delta, \theta + \delta)\} = \{|Y_n - \theta| < \delta\},$$

Quindi, per (8.27)

$$\lim_{n \to +\infty} \mathrm{P}_\theta(|Y_n - \theta| < \delta) = 1, \qquad \forall \delta > 0,$$

ossia

$$\lim_{n \to +\infty} \mathrm{P}_\theta(|Y_n - \theta| > \delta) = 0, \qquad \forall \delta > 0,$$

che è proprio la consistenza. □

[5] Usando per esempio il fatto che $1 \geq \mathrm{P}_\theta(A_n^- \cap A_n^+) \geq \mathrm{P}_\theta(A_n^-) + \mathrm{P}_\theta(A_n^+) - 1$ (esercizio).

Normalità asintotica dello stimatore di massima verosimiglianza

Ci occupiamo ora di fornire condizioni sufficienti affinché lo stimatore MV sia asintoticamente normale. Faremo uso delle seguenti ulteriori ipotesi.

(F) La funzione $\mathrm{p}(x;\theta)$ (risp. $f(x;\theta)$) soddisfa le seguenti condizioni:

(i) Per ogni $x \in I$, la funzione $\theta \mapsto \log \mathrm{p}(x;\theta)$ (risp. $\theta \mapsto \log f(x;\theta)$) è di classe C^2, ossia due volte derivabile con continuità.

(ii) La funzione

$$B(x,\theta) := \frac{\mathrm{d}^2 \log \mathrm{p}(x;\theta)}{\mathrm{d}\theta^2} \tag{8.28}$$

è continua in θ uniformemente per $x \in I$, ossia per ogni $\theta \in \Theta$ e $\varepsilon > 0$ esiste $\delta_\varepsilon > 0$ tale che

$$|t - \theta| < \delta_\varepsilon \quad \Longrightarrow \quad |B(x,t) - B(x,\theta)| < \varepsilon \text{ per ogni } x \in I\,.$$

(Nel caso assolutamente continuo la condizione è analoga, con $f(x;\theta)$ al posto di $\mathrm{p}(x;\theta)$.)

(iii) È lecita la seguente commutazione di somma e derivata: per $k = 1, 2$

$$\sum_{x\in I} \frac{\mathrm{d}^k}{\mathrm{d}\theta^k}\, \mathrm{p}(x;\theta) = \frac{\mathrm{d}^k}{\mathrm{d}\theta^k} \sum_{x\in I} \mathrm{p}(x;\theta) = \frac{\mathrm{d}^k}{\mathrm{d}\theta^k} 1 = 0\,. \tag{8.29}$$

(Per il caso assolutamente continuo, la condizione è analoga, con $f(x;\theta)$ al posto di $\mathrm{p}(x;\theta)$ e l'integrale $\int_I (\ldots)\,\mathrm{d}x$ al posto di $\sum_{x\in I}(\ldots)$.)

(G) Per ogni $\theta \in \Theta$, la variabile aleatoria $B(X_1,\theta)$ ammette momento secondo rispetto a P_θ.

Osservazione 8.38 La condizione (iii) dell'ipotesi (F) è un'ipotesi abbastanza debole. Si può dimostrare che una condizione sufficiente è la seguente: per ogni $\theta \in \Theta$ esiste $\varepsilon > 0$ tale che, per $k = 1, 2$,

$$\sum_{x\in I} \sup_{t\in(\theta-\varepsilon,\theta+\varepsilon)} \left| \frac{\mathrm{d}^k}{\mathrm{d}\theta^k}\, \mathrm{p}(x;t) \right| < +\infty$$

□

Osservazione 8.39 La condizione (ii) dell'ipotesi (F) è invece assai restrittiva e, come vedremo, non è soddisfatta in molti casi interessanti. Essa può essere indebolita in modo considerevole, al prezzo di rendere più complicata la dimostrazione della normalità asintotica: un caso particolare, ma interessante, è quello in cui $B(x,\theta)$ è della forma

$$B(x,\theta) = \varphi(x) + h(\theta) + \psi(x)\, g(\theta)\,, \tag{8.30}$$

dove h, g sono funzioni continue e $\mathrm{E}_\theta[|\psi(X_1)|] < +\infty$ per ogni $\theta \in \Theta$. □

Concludiamo questo paragrafo enunciando un risultato sulla normalità asintotica dello stimatore MV. Omettiamo la dimostrazione, ma diamo più sotto qualche idea.

Teorema 8.40 (Normalità asintotica dello stimatore MV)
Supponiamo che il modello statistico $\{(\Omega, \mathcal{A}, \mathrm{P}_\theta)\}_{\theta\in\Theta}$ *e il relativo campione* $(X_n)_{n\geq 1}$ *soddisfino le ipotesi* (A)–(G). *Allora lo stimatore MV* $(Y_n)_{n\geq 1}$*, definito in* (8.23)*, è uno stimatore asintoticamente normale per* θ*, con varianza asintotica*

$$\frac{1}{\sigma^2(\theta)} := -\mathrm{E}_\theta[B(X_1,\theta)] = \sum_{x\in I} \mathrm{p}(x;\theta)\left[\frac{\mathrm{d}}{\mathrm{d}\theta}\log \mathrm{p}(x;\theta)\right]^2. \tag{8.31}$$

Osservazione 8.41 Con un po' di abuso di linguaggio, l'enunciato del Teorema 8.40 esprime il fatto che la distribuzione di Y_n è "vicina" a quella di una $\mathrm{N}(\theta, \sigma^2(\theta)/n)$, quando n è abbastanza grande. Si noti che la varianza di quest'ultima Normale *coincide con il limite inferiore di Cramér–Rao*, che abbiamo visto nel Teorema 8.10: per questa ragione si dice che gli stimatori di massima verosimiglianza sono *asintoticamente efficienti*. Osserviamo che la convergenza della funzione di ripartizione, presente nella definizione di normalità asintotica, *non* garantisce che

$$\lim_{n\to+\infty} \frac{\mathrm{Var}(Y_n)}{\sigma^2(\theta)/n} = 1.$$

Quest'ultima identità è comunque vera in molti casi interessanti, e può essere dimostrata con qualche ulteriore ipotesi. La questione non verrà ulteriormente approfondita in questo testo. □

Osservazione 8.42 Ricordando la definizione (8.28) di $B(x,\theta)$ e applicando la formula di trasferimento (si ricordi il Teorema 3.51), otteniamo

$$\frac{1}{\sigma^2(\theta)} := -\mathrm{E}_\theta\left(B(X_1,\theta)\right) = -\sum_{x\in I} \mathrm{p}(x;\theta)\left(\frac{\mathrm{d}^2}{\mathrm{d}\theta^2}\log \mathrm{p}(x;\theta)\right). \tag{8.32}$$

La seconda identità (8.31) deriva dal calcolo seguente:

$$\begin{aligned}\frac{\mathrm{d}^2}{\mathrm{d}\theta^2}\log \mathrm{p}(x;\theta) &= \frac{\frac{\mathrm{d}^2}{\mathrm{d}\theta^2}\mathrm{p}(x;\theta)}{\mathrm{p}(x,\theta)} - \frac{(\frac{\mathrm{d}}{\mathrm{d}\theta}p(x;\theta))^2}{\mathrm{p}(x;\theta)^2} \\ &= \frac{1}{\mathrm{p}(x;\theta)}\frac{\mathrm{d}^2}{\mathrm{d}\theta^2}\mathrm{p}(x;\theta) \quad \left(\frac{\mathrm{d}}{\mathrm{d}\theta}\log \mathrm{p}(x;\theta)\right)^2.\end{aligned}$$

Infatti, sommando su $x \in I$, si ottiene

$$
\begin{aligned}
&-\sum_{x\in I} \mathrm{p}(x;\theta)\left(\frac{\mathrm{d}^2}{\mathrm{d}\theta^2}\log \mathrm{p}(x;\theta)\right) \\
&\quad = \sum_{x\in I} \mathrm{p}(x;\theta)\left(\frac{\mathrm{d}}{\mathrm{d}\theta}\log \mathrm{p}(x;\theta)\right)^2 - \sum_{x\in I} \frac{\mathrm{d}^2}{\mathrm{d}\theta^2}\mathrm{p}(x;\theta)\,,
\end{aligned}
$$

e l'ultimo termine si annulla, grazie a (8.29). □

La dimostrazione del Teorema 8.40 è un po' tecnica e verrà omessa. L'idea di fondo può tuttavia essere illustrata in poche righe, almeno a livello euristico. Le ipotesi di regolarità che abbiamo assunto permettono il seguente sviluppo di Taylor al primo ordine per la funzione $\frac{\mathrm{d}}{\mathrm{d}\theta}L_n$:

$$
\frac{\mathrm{d}}{\mathrm{d}\theta}L_n(\underline{X}, Y_n) = \frac{\mathrm{d}}{\mathrm{d}\theta}L_n(\underline{X}, \theta) + \frac{\mathrm{d}^2}{\mathrm{d}\theta^2}L_n(\underline{X}, \theta)(Y_n - \theta) + o(Y_n - \theta)\,. \tag{8.33}
$$

Tale espansione è giustificata dal fatto che, per il Teorema 8.37, la variabile aleatoria $(Y_n - \theta)$ è "piccola per n grande". Quindi, ignorando il termine $o(Y_n - \theta)$ e osservando che $\frac{\mathrm{d}}{\mathrm{d}\theta}L_n(\underline{X}, Y_n) = 0$, per definizione di Y_n, possiamo dedurre da (8.33)

$$
\sqrt{n}(Y_n - \theta) \simeq -\frac{\sqrt{n}\frac{\mathrm{d}}{\mathrm{d}\theta}L_n(\underline{X}, \theta)}{\frac{\mathrm{d}^2}{\mathrm{d}\theta^2}L_n(\underline{X}, \theta)} = -\frac{\sqrt{n}\frac{1}{n}\sum_{i=1}^n \frac{\mathrm{d}}{\mathrm{d}\theta}\log \mathrm{p}(X_i;\theta)}{\frac{1}{n}\sum_{i=1}^n \frac{\mathrm{d}^2}{\mathrm{d}\theta^2}\log \mathrm{p}(X_i;\theta)}\,. \tag{8.34}
$$

In quest'ultima frazione, il numeratore è la media campionaria, moltiplicata per $\sqrt{n}$, delle variabili aleatorie i.i.d. $\log \mathrm{p}(X_i;\theta)$ che, si può vedere, hanno media zero e varianza finita; quindi al numeratore si applica il teorema limite centrale. Il denominatore è la media campionaria delle variabili aleatorie i.i.d. $\frac{\mathrm{d}^2}{\mathrm{d}\theta^2}\log \mathrm{p}(X_i, \theta)$ che risultano avere media strettamente negativa e, per l'ipotesi (G), varianza finita. Si applica perciò la legge debole dei grandi numeri. Tali informazioni si combinano per ottenere il limite della funzione di ripartizione di $\sqrt{n}(Y_n - \theta)$, da cui si ricava la tesi del Teorema 8.40.

Alcuni esempi di stimatori MV

Esempio 8.43 Cominciamo col considerare il modello statistico dell'Esempio 8.7:

$$
\mathrm{p}(x;\theta) = \mathrm{e}^{-\theta}\,\frac{\theta^x}{x!} \qquad \text{per} \quad x \in \mathbb{N}_0 = \{0, 1, 2, \ldots\}\,,
$$

con $\Theta = (0, +\infty)$. L'ipotesi (B) è verificata con $I = \mathbb{N}_0$. Notiamo che

$$L_n(\underline{x}, \theta) = \frac{1}{n}\sum_{i=1}^{n} \log \mathrm{p}(x_i; \theta) = \frac{1}{n}\sum_{i=1}^{n}[-\theta + x_i \log\theta - \log x_i!]$$
$$= -\theta + \overline{x}_n \log\theta + \frac{1}{n}\sum_{i=1}^{n} \log x_i!\,,$$

dove $\overline{x}_n = \frac{1}{n}\sum_{i=1}^{n} x_i$. Derivando rispetto a θ, si vede facilmente che l'unico punto in cui la derivata si annulla, che è un punto di massimo per $L_n(\underline{x}, \theta)$, è

$$\hat{\theta}_n(\underline{x}) = \overline{x}_n\,,$$

dunque lo stimatore MV $Y_n = \hat{\theta}_n(\underline{X}) = \overline{X}_n$ non è altro che la media campionaria.

Non è difficile mostrare che le ipotesi (C)–(G) sono verificate, eccetto la (F)-(ii). Infatti si trova

$$B(x, \theta) = -\frac{x}{\theta^2}\,.$$

Valgono però le ipotesi modificate illustrate nell'Osservazione 8.39, si veda (8.30). In questo caso, tuttavia, la consistenza e la normalità asintotica di $Y_n = \overline{X}_n$ seguono direttamente dalla legge dei grandi numeri e dal teorema limite centrale. □

Esempio 8.44 Sia $\Theta = (0, 1)$, e $X_1 \sim \mathrm{Geo}(\theta)$, cioè, per $x \in I := \mathbb{N} = \{1, 2, \dots\}$

$$\mathrm{p}(x; \theta) = \theta(1-\theta)^{x-1}\,,$$

con $\Theta = (0, 1)$. Otteniamo

$$L_n(\underline{x}, \theta) = \log\theta + (\overline{x}_n - 1)\log(1-\theta)\,,$$

perciò

$$\frac{\mathrm{d}}{\mathrm{d}\theta}L_n(\underline{x}, \theta) = \frac{1}{\theta} - (\overline{x}_n - 1)\frac{1}{1-\theta}\,.$$

Ponendo $\frac{\mathrm{d}}{\mathrm{d}\theta}L_n(\underline{x}, \theta) = 0$, si trova

$$\hat{\theta}_n(\underline{x}) = \frac{1}{\overline{x}_n}\,,$$

che, come è facile vedere, è effettivamente l'unico massimo locale.

Si noti che lo stimatore $Y_n = \hat{\theta}_n(\underline{X})$ non soddisfa pienamente l'Ipotesi (C), in quanto, se $\overline{x}_n = 1$, si ha $\hat{\theta}_n(\underline{x}) = 1 \notin \Theta$. Tuttavia, per ogni $\theta \in \Theta$

$$\lim_{n\to+\infty} \mathrm{P}_\theta(\overline{X}_n = 1) = \lim_{n\to+\infty} \mathrm{P}_\theta(X_1 = 1, X_2 = 1, \dots, X_n = 1) = \lim_{n\to+\infty} \theta^n = 0\,.$$

Ciò permette di adattare la dimostrazione del Teorema 8.37. Anche il Teorema 8.40 resta valido: si vede infatti che le ipotesi (C)–(G), a parte questo aspetto, e l'ipotesi (F)–(ii), che va rimpiazzata con quella nell'Osservazione 8.39, sono verificate. Segue che $Y_n = 1/\overline{X}_n$ è uno stimatore consistente e asintoticamente normale per θ.

Calcoliamo ora

$$\frac{\mathrm{d}^2}{\mathrm{d}\theta^2} \log \mathrm{p}(x;\theta) = -\frac{1}{\theta^2} - \frac{x-1}{(1-\theta)^2}\,.$$

Perciò, usando (8.31),

$$\begin{aligned}\frac{1}{\sigma^2(\theta)} &= -\,\mathrm{E}_\theta\left[\frac{\mathrm{d}^2}{\mathrm{d}\theta^2}\log \mathrm{p}(X_1;\theta)\right] = \frac{1}{\theta^2} + \frac{1}{(1-\theta)^2}\,\mathrm{E}_\theta(X_1-1)\\ &= \frac{1}{\theta^2} + \frac{1}{(1-\theta)^2}\frac{1-\theta}{\theta} = \frac{1}{(1-\theta)\theta^2}.\end{aligned}$$

Perciò

$$\sigma(\theta) = \theta\sqrt{1-\theta}.$$

È facile verificare che $\sigma(\theta)$ assume il suo massimo in $(0,1)$ per $\theta = \frac{2}{3}$, quindi

$$\overline{\sigma} = \sup_{\theta\in(0,1)} \sigma(\theta) = \frac{2}{3\sqrt{3}}.$$

Quest'ultima identità consente di determinare un intervallo di confidenza asintotico per θ, come indicato nel paragrafo precedente. □

Esempio 8.45 Supponiamo che $X_1 \sim \Gamma(\alpha,\theta)$, dove $\alpha > 0$ si assume noto, e $\theta \in \Theta = (0,+\infty)$. In altre parole

$$f(x;\theta) = \frac{\theta^\alpha}{\Gamma(\alpha)} x^{\alpha-1}\mathrm{e}^{-\theta x}\,,$$

per $x \in I = (0,+\infty)$ (che rende soddisfatta l'ipotesi (B)). Si trova

$$\begin{aligned}&\log f(x;\theta) = \alpha\log\theta - \log\Gamma(\alpha) + (\alpha-1)\log x - \theta x\,,\\ &\frac{\mathrm{d}}{\mathrm{d}\theta}\log f(x;\theta) = \frac{\alpha}{\theta} - x\,, \qquad \frac{\mathrm{d}^2}{\mathrm{d}\theta^2}\log f(x;\theta) = -\frac{\alpha}{\theta^2}\,,\\ L_n(\underline{x};\theta) &= \alpha\log\theta - \log\Gamma(\alpha) + (\alpha-1)\frac{1}{n}\sum_{i=1}^n \log x_i - \theta\frac{1}{n}\sum_{i=1}^n x_i\,,\end{aligned}$$

da cui si può verificare agevolmente che le ipotesi (B)-(G) sono verificate, e

$$Y_n = \hat{\theta}_n(\overline{X}) = \frac{\alpha}{\frac{1}{n}\sum_{i=1}^n X_i} = \frac{\alpha}{\overline{X}_n}\,,$$

che risulta dunque consistente e asintoticamente normale.

Calcoliamo dunque

$$\frac{1}{\sigma^2(\theta)} = -\,\mathrm{E}_\theta\left[\frac{\mathrm{d}^2}{\mathrm{d}\theta^2}\log f(X_1;\theta)\right] = \frac{\alpha}{\theta^2},$$

da cui si ottiene $\sigma(\theta) = \frac{\theta}{\sqrt{\alpha}}$. □

Osservazione 8.46 Negli esempi precedenti lo stimatore MV risulta essere una funzione "regolare" di una media campionaria. Questo permetterebbe di ottenere la consistenza in modo abbastanza elementare, ed anche la dimostrazione della normalità asintotica (Teorema 8.40) potrebbe essere semplificata. Ci sono situazioni, tuttavia, in cui le condizioni del Teorema 8.40 sono verificate, ma non è possibile esprimere esplicitamente lo stimatore MV come funzione di una media campionaria. Si consideri, ad esempio, un modello statistico per cui

$$f(x;\theta) = \frac{\sqrt{\theta}}{\pi}\frac{1}{1+\theta x^2},$$

dove $\theta \in \Theta = (0,+\infty)$. Non è difficile mostrare che questo modello soddisfa le ipotesi (A)–(G), che abbiamo assunto nel Teorema 8.40 (vedi Esercizio 8.13). In particolare, la funzione

$$L_n(\underline{x},\theta) = -\log\pi + \frac{1}{2}\log\theta - \frac{1}{n}\sum_{i=1}^{n}\log(1+\theta x_i^2)$$

ammette un unico massimo locale, non esprimibile, tuttavia, esplicitamente come funzione di $\underline{x}$. Ciononostante, la normalità asintotica di tale stimatore è garantita dal Teorema 8.40, ed è possibile calcolare esplicitamente la varianza asintotica. □

Esercizi

Esercizio 8.11 Si consideri il seguente modello statistico:

$$f(x;\theta) = (\theta+1)x^\theta\mathbb{1}_{(0,1)}(x)\,, \qquad \text{con } \theta\in\Theta = (-1,+\infty)\,.$$

Si determini lo stimatore di massima verosimiglianza, si mostri che è asintoticamente normale e se ne determini la varianza asintotica $\sigma^2(\theta)$.

Esercizio 8.12 Determinare lo stimatore di massima verosimiglianza nei seguenti modelli statistici:

(i) $\mathrm{p}(x;\theta) = \theta^x(1-\theta)^{1-x}$ per $x \in \{0,1\}$ è la densità discreta di una variabile aleatoria $\mathrm{Be}(\theta)$, con $\theta \in \Theta = (0,1)$;
(ii) $f(x;\theta)$ è la densità di una variabile aleatoria $\mathrm{N}(0,\theta)$, con $\theta\in\Theta = (0,+\infty)$;
(iii) $f(x;\theta) = \theta x^{-(1+\theta)}\mathbb{1}_{(1,+\infty)}$, con $\theta \in \Theta = (0,+\infty)$.

In ciascuno di questi due casi, si determini se le ipotesi (A)–(G) sono soddisfatte. Se lo stimatore è asintoticamente normale, determinarne la varianza asintotica $\sigma^2(\theta)$.

Esercizio 8.13 Si mostri che il modello statistico

$$f(x;\theta) = \frac{\sqrt{\theta}}{\pi}\frac{1}{1+\theta x^2}, \qquad \text{con } \theta \in \Theta = (0,+\infty),$$

soddisfa alle ipotesi (A)–(G). Si calcoli quindi la varianza asintotica $\sigma^2(\theta)$ del corrispondente stimatore MV.

Esercizio 8.14 Si consideri il modello statistico dell'Esempio 8.23 dove $X_1 \sim$ U$(0,\theta)$, ossia

$$f(x;\theta) = \frac{1}{\theta}\mathbb{1}_{[0,\theta]}(x), \qquad \text{con } \theta \in \Theta = (0,+\infty).$$

(i) Tra le ipotesi (A)–(E), quali non sono soddisfatte?
(ii) Si mostri che tuttavia, per ogni $n \geq 1$ e $\underline{x} = (x_1,\ldots,x_n) \in (0,+\infty)^n$, la funzione $\theta \mapsto f(x_1;\theta)f(x_1;\theta)\cdots f(x_n;\theta)$ ammette un unico massimo su $(0,+\infty)$, in un punto $\hat{\theta}_n(x_1,x_2,\ldots,x_n)$ da determinare.
(iii) Possiamo quindi considerare lo stimatore di massima verosimiglianza per θ definito da $Y_n = \hat{\theta}_n(X_1,X_2,\ldots,X_n)$ per $n \geq 1$. Tale stimatore è consistente? è asintoticamente normale?

Esercizio 8.15 Si consideri il modello statistico seguente:

$$f(x;\theta) = \theta x^{\theta-1}\mathrm{e}^{-x^\theta}\mathbb{1}_{(0,+\infty)}, \qquad \text{con } \theta \in \Theta = (0,+\infty).$$

(i) Si mostri che le ipotesi (A)–(B) e (D)–(E) sono soddisfatte con $I = (0,+\infty) \setminus \{1\}$.
(ii) Per $n \geq 1$ e $\underline{x} = (x_1,\ldots,x_n) \in I^n$, definiamo $L_n(\underline{x},\theta) = \frac{1}{n}\sum_{i=1}^n \log f(x_i;\theta)$, come in (8.22). Si mostri che per ogni $\underline{x} \in I^n$ la funzione $\theta \mapsto L_n(\underline{x},\theta)$ è strettamente concava (più precisamente $\frac{\mathrm{d}^2}{\mathrm{d}\theta^2}L_n(\underline{x},\theta) < 0$ per ogni θ), e che $\lim_{\theta\downarrow 0} L_n(\underline{x},\theta) = \lim_{\theta\uparrow+\infty} L_n(\underline{x},\theta) = -\infty$. Si deduca che l'ipotesi (C) è soddisfatta, e quindi che lo stimatore MV è consistente.
(iii) Si mostri che le ipotesi (F)-(G) sono soddisfatte, eccetto (F) (i). *Si può tuttavia dimostrare che lo stimatore MV è asintoticamente normale e verifica la conclusione del Teorema 8.40.* Si mostri quindi che la varianza asintotica vale

$$\sigma^2(\theta) = \theta^2\left(1 + \int_0^\infty u\,(\log u)^2\mathrm{e}^{-u}\mathrm{d}u\right)^{-1}.$$

8.4 Modelli predittivi

L'*apprendimento automatico*, o *machine learning*, è una disciplina che comprende metodi statistici e computazionali per la soluzione di problemi di riconoscimento di pattern e di apprendimento che emergono in diversi contesti, ed esempio l'analisi di immagini, il riconoscimento vocale, la diagnostica medica, l'elaborazione di strategie in ambito finanziario, la sicurezza informatica, e molti altri. Le elevate prestazioni dei computer hanno fortemente stimolato, a partire dall'ultima decade del secolo scorso, lo sviluppo di modelli *predittivi*: in parte già presenti nella statistica inferenziale classica, tali modelli sono divenuti conoscenze imprescindibili per chi si occupa di statistica a livello sia teorico che applicativo. In questo paragrafo, senza pretese di completezza e generalità, forniamo una panoramica dei modelli predittivi fondamentali.

Lo scopo di un modello predittivo è di individuare un legame, generalmente di natura non deterministica, fra due variabili X (input o predittore) e Y (output o osservazione). Assumeremo sin d'ora che $X \in \mathbb{R}^p$; distingueremo invece il caso in cui $Y \in \mathbb{R}^K$, detto di *regressione*, dal caso in cui Y appartiene ad un insieme finito di K elementi, detto di *classificazione*. In quest'ultimo caso, senza perdita di generalità, assumeremo che Y prenda valori in $\{0, 1, \ldots, K-1\}$.

Nel caso in cui $Y \in \mathbb{R}^K$, un modello predittivo è una relazione della forma

$$Y = F(X, \varepsilon), \tag{8.35}$$

dove $F : \mathbb{R}^p \times \mathbb{R}^d \to \mathbb{R}^K$ e ε è una variabile aleatoria a valori in $\mathbb{R}^d$ che chiameremo *disturbo* ed esprime l'eventuale aleatorietà della relazione input-output. Va notato che tale definizione è incompleta: non abbiamo ad esempio prescritto la natura, deterministica o stocastica, dell'input X. Questo è solo parzialmente necessario, in quanto molti dei metodi che vedremo sono unicamente basati sulla distribuzione del disturbo ε. Per tale ragione, nei modelli di regressione *considereremo X come una quantità deterministica, che supporremo "nota", e tratteremo il disturbo ε come unica fonte di aleatorietà*. Un campione di taglia n è dunque una sequenza $(X_1, Y_1), (X_2, Y_2), \ldots, (X_n, Y_n)$ con

$$Y_i = F(X_i, \varepsilon_i) \tag{8.36}$$

dove le ε_i sono variabili aleatorie i.i.d. con un'assegnata distribuzione, mentre le X_i sono dati che supporremo noti.

Osservazione 8.47 Talvolta è naturale supporre che X e ε siano entrambe variabili aleatorie, e che siano *indipendenti*. In tal caso, note le distribuzioni di X e ε, l'equazione (8.35) fornisce la distribuzione congiunta di X, Y e ε. Anche in questo caso, è utile analizzare il modello *condizionando* alla conoscenza del valore di X. Rendere in generale rigorosa tale nozione richiede di introdurre il concetto di *distribuzione condizionale*, non compresa in questo testo. Tuttavia, in questo contesto, si tratta semplicemente di trattare X come una quantità deterministica, che è esattamente quello che faremo. □

Assegnato un valore X dell'input, il modello (8.35) viene utilizzato ad esempio per fornire una stima $\hat{Y} = f(X)$ del corrispondente output $Y = F(X, \varepsilon)$. La funzione $f(\cdot)$ che fornisce tale stima viene di solito scelta in modo da minimizzare l'*errore quadratico medio*

$$\mathrm{E}\Big[(Y - \hat{Y})^2\Big] = \mathrm{E}\big[(F(X, \varepsilon) - f(X))^2\big], \tag{8.37}$$

dove assumiamo che $F(X, \varepsilon) \in L^2$. In (8.37) assumiamo che il valore di X sia assegnato, e che quindi *l'unica quantità aleatoria soggetta al valore medio sia* ε. Usando la Proposizione 3.69 (iv) si ha che il minimo in (8.37) è uguale a $\mathrm{Var}(Y)$ ed è ottenuto con la scelta

$$f(X) = \mathrm{E}[F(X, \varepsilon)]. \tag{8.38}$$

La determinazione di tale stima dipende dunque dalla conoscenza della funzione F e della distribuzione del disturbo ε.

I modelli predittivi della forma (8.35), in cui $Y \in R^K$, vengono chiamati *modelli di regressione*. Nella maggior parte dei casi la formulazione e l'analisi di un modello di regressione avviene in due passi:

- in primo luogo viene scelta una famiglia di funzioni F e una famiglia di distribuzioni per il disturbo che dipendano da un numero finito di parametri reali;
- vengono poi stimati i parametri usando stimatori basati su un campione di taglia n.

Va sottolineato che tanto la scelta delle famiglie parametriche quanto quella degli stimatori non sono univoche, cioè è possibile usare modelli diversi per interpretare i dati; un'ulteriore importante fase dell'analisi statistica è quello del confronto fra modelli diversi (*model selection*), che non tratteremo in questo testo.

Nel caso in cui $Y \in \{0, 1, \dots, K-1\}$, la formulazione di un modello predittivo (detto di *classificazione*) e della corrispondente stima dell'output sarà illustrata nel Paragrafo 8.4.3. In questo contesto assegneremo una distribuzione congiunta a X e Y.

Nel prossimo paragrafo studieremo alcuni modelli di regressione che corrispondono alla scelta di una funzione F lineare.

8.4.1 Regressione lineare e metodo dei minimi quadrati

In questo paragrafo assumeremo $X \in \mathbb{R}^p$, $Y, \varepsilon \in \mathbb{R}$ e $F(X, \varepsilon)$ della forma

$$F(X, \varepsilon) = \beta_0 + \sum_{j=1}^{p} \beta_j X_j + \varepsilon, \tag{8.39}$$

dove $\varepsilon \sim \mathrm{N}(0, \sigma^2)$. I parametri del modello sono dunque la varianza σ^2 del disturbo e il vettore

$$\beta = \begin{pmatrix} \beta_0 \\ \beta_1 \\ \vdots \\ \beta_p \end{pmatrix}.$$

Dato un input X, possiamo *predire l'output* $Y = F(X, \varepsilon)$ con la stima $\hat{Y} = f(X)$, dove $f(X) = \mathrm{E}[F(X, \varepsilon)] = \beta_0 + \sum_{j=1}^{p} \beta_j X_j$, si ricordi (8.38). Dato che il vettore dei parametri β non è noto, è opportuno ricavare uno stimatore $\hat{\beta}$, da valutare su un campione assegnato $(X_1, Y_1), (X_2, Y_2), \ldots, (X_n, Y_n)$ e quindi sostituire a β nell'espressione di $f(X)$. In definitiva, la stima sarà

$$\hat{Y} = \hat{\beta}_0 + \sum_{j=1}^{p} \hat{\beta}_j X_j .$$

Uno stimatore per β può essere ottenuto con il *metodo dei minimi quadrati*: dato il campione di taglia n $(X_1, Y_1), (X_2, Y_2), \ldots, (X_n, Y_n)$, definiamo $\hat{\beta}$ come il punto di minimo della funzione RSS (dall'Inglese *residual sum of squares*) definita da

$$RSS(\beta) := \sum_{i=1}^{n} \left(Y_i - \beta_0 - \sum_{j=1}^{p} \beta_j X_{ij} \right)^2 , \tag{8.40}$$

dove X_{ij} è la componente j-esima di X_i. In altre parole si cerca la funzione lineare che meglio interpola, secondo il criterio in (8.40), i punti $(X_1, Y_1), (X_2, Y_2), \ldots, (X_n, Y_n)$. Va notata l'analogia con quanto visto nel Capitolo 3, si veda la discussione che segue la Proposizione 3.88.

La funzione RSS è una funzione quadratica di β, quindi la sua minimizzazione è elementare. Introduciamo le notazioni

$$\mathbb{Y} = \begin{pmatrix} Y_1 \\ Y_2 \\ \vdots \\ Y_n \end{pmatrix} \in \mathbb{R}^n$$

e

$$\mathbb{X} := \begin{pmatrix} 1 & X_{11} & X_{12} & \cdots & X_{1p} \\ 1 & X_{21} & X_{22} & \cdots & X_{2p} \\ \vdots & \vdots & \vdots & \cdots & \vdots \\ 1 & X_{n1} & X_{n2} & \cdots & X_{np} \end{pmatrix};$$

quest'ultima è una matrice $n \times (p + 1)$. Con queste notazioni abbiamo

$$RSS(\beta) = (\mathbb{Y} - \mathbb{X}\beta)^T (\mathbb{Y} - \mathbb{X}\beta) = \|(\mathbb{Y} - \mathbb{X}\beta)\|^2,$$

dove indichiamo con $\|z\| = z_1^1 + \ldots + z_n^2$ la norma euclidea di un vettore $z \in \mathbb{R}^n$. Con calcoli diretti abbastanza semplici si verifica che il gradente di RSS è dato da

$$\nabla RSS(\beta) = -2\mathbb{X}^T (\mathbb{Y} - \mathbb{X}\beta) = 2\{(\mathbb{X}^T \mathbb{X})\beta - \mathbb{X}^T \mathbb{Y}\} , \tag{8.41}$$

dunque la matrice hessiana di RSS è data da $2\,\mathbb{X}^T\mathbb{X}$. Notare che questa è una matrice semidefinita positiva, da cui segue che RSS è una funzione convessa. Per garantire l'unicità del minimo, assumiamo la seguente condizione, che garantisce la stretta convessità di RSS.

Condizione di non collinearità La matrice $\mathbb{X}$ ha rango $p + 1$.

Questa condizione implica, in particolare, che $n \geq p + 1$, cioè la taglia del campione è maggiore o uguale al numero di parametri da stimare. Per capire meglio, conviene considerare il caso $p = 1$. In questo caso $\mathbb{X}$ ha due colonne, precisamente $(1, 1, \ldots, 1)^T$ e $(X_1, X_2, \ldots, X_n)^T$: la condizione di non collinearità equivale ad affermare che gli n valori dell'input non siano tutti uguali. È evidente che in caso contrario non c'è alcun modo di dedurre dai dati una dipendenza fra input e output, quindi la condizione di non collinearità è assai ragionevole.

Se $\mathbb{X}$ ha rango massimo, allora $\mathbb{X}^T\mathbb{X}$ è una matrice simmetrica e *definita positiva*: infatti, se $v^T(\mathbb{X}^T\mathbb{X})v = \|\mathbb{X}v\|^2 = 0$, segue che $\mathbb{X}v = 0$ e dunque $v = 0$, perché le colonne di $\mathbb{X}$ sono linearmente indipendenti (per la condizione di non collinearità). Di conseguenza $\mathbb{X}^T\mathbb{X}$ è invertibile e dunque il gradiente della funzione RSS si annulla nell'unico punto

$$\hat{\beta} = (\mathbb{X}^T\mathbb{X})^{-1}\mathbb{X}^T\mathbb{Y}\,, \tag{8.42}$$

che è il punto di minimo cercato della funzione RSS.

In alternativa, si può determinare il punto di minimo (8.42) con un istruttivo argomento geometrico. Osserviamo che minimizzare RSS equivale a determinare il vettore della forma $\mathbb{X}\beta$ che abbia la minima distanza da $\mathbb{Y}$. I vettori della forma $\mathbb{X}\beta$ sono tutti e soli gli elementi del sottospazio H di $\mathbb{R}^n$ generato dalle colonne di $\mathbb{X}$: l'ipotesi di non collinearità garantisce che $\dim(H) = p + 1$. L'elemento di H più vicino a $\mathbb{Y}$ è la proiezione ortogonale di $\mathbb{Y}$ su H, che denotiamo con $\Pi_H\mathbb{Y}$.

Proposizione 8.48
Nell'ipotesi di non collinearità, la proiezione ortogonale su H è data dalla matrice

$$\Pi_H = \mathbb{X}(\mathbb{X}^T\mathbb{X})^{-1}\mathbb{X}^T.$$

Dimostrazione Si tratta di verificare le seguenti due condizioni:

- per ogni $v \in \mathbb{R}^n$ si ha $\Pi_H v \in H$;
- per ogni $v \in \mathbb{R}^n$ e $z \in H$, i vettori $v - \Pi_H v$ e z sono ortogonali.

Il fatto che $\Pi_H v \in H$ segue dal fatto che

$$\Pi_H v = \mathbb{X}b,$$

dove $b = (\mathbb{X}^T\mathbb{X})^{-1}\mathbb{X}^T v$. Resta dunque da mostrare che, per ogni $v \in \mathbb{R}^n$ e $z \in H$

$$(v - \Pi_H v)^T z = 0.$$

Usando il fatto che $z = \mathbb{X}w$ per qualche $w \in \mathbb{R}^n$, si tratta di mostrare che per ogni $v, w \in \mathbb{R}^n$

$$(v - \Pi_H v)^T \mathbb{X} w = 0.$$

Ciò accade se e solo se $(v - \Pi_H v)^T \mathbb{X} = 0$ per ogni $v \in \mathbb{R}^n$. Trasponendo entrambi i membri si ottiene $\mathbb{X}^T v = \mathbb{X}^T \Pi_H v$ per ogni $v \in \mathbb{R}^n$, ossia

$$\mathbb{X}^T = \mathbb{X}^T \Pi_H,$$

il che si verifica osservando che

$$\mathbb{X}^T \Pi_H = \mathbb{X}^T\mathbb{X}(\mathbb{X}^T\mathbb{X})^{-1}\mathbb{X}^T = \mathbb{X}^T.$$

Questo completa la dimostrazione. □

Da quanto visto in precedenza, $RSS(\beta)$ è minimo per i valori $\hat{\beta}$ per cui

$$\mathbb{X}\hat{\beta} = \Pi_H \mathbb{Y} = \mathbb{X}(\mathbb{X}^T\mathbb{X})^{-1}\mathbb{X}^T\mathbb{Y},$$

dunque ritroviamo $\hat{\beta}$ in (8.42).

Il nostro obbiettivo è ora di studiare la variabile aleatoria $\hat{\beta}$ come *stimatore* del parametro β. Come precedentemente illustrato, trattiamo $\mathbb{X}$ come una quantità deterministica (ciò corrisponde a considerare la distribuzione di $\mathbb{Y}$ *condizionata* a $\mathbb{X}$).

Combinando (8.36) con (8.39) si vede che

$$\mathbb{Y} \sim \mathrm{N}\big(\mathbb{X}\beta, \sigma^2 I\big), \tag{8.43}$$

dove I denota la matrice identità $n \times n$. Usando (8.42), per la quale $\hat{\beta}$ è una trasformazione lineare di $\mathbb{Y}$, e la Proposizione 6.71, abbiamo

$$\hat{\beta} \sim \mathrm{N}\big(\beta, \sigma^2(\mathbb{X}^T\mathbb{X})^{-1}\big). \tag{8.44}$$

In particolare, $\hat{\beta}$ è uno stimatore corretto per β, dove la nozione di correttezza è qui estesa al caso vettoriale *per componenti*. Il seguente risultato esprime l'ottimalità di $\hat{\beta}$ tra tutti gli stimatori corretti *lineari*, cioè della forma $\tilde{\beta} = A\mathbb{Y}$ per una matrice A di dimensioni $(p+1)\times n$, e implica che $\mathrm{Var}(\hat{\beta}_i) \leq \mathrm{Var}(\tilde{\beta}_i)$ per ogni $i = 0, 1, \ldots, p$.

Teorema 8.49
Lo stimatore $\hat{\beta}$ è uno stimatore corretto per β. Inoltre, se $\tilde{\beta} = A\mathbb{Y}$ è uno stimatore lineare corretto per β, si ha che $\mathrm{Cov}(\tilde{\beta}) - \mathrm{Cov}(\hat{\beta})$ è una matrice semidefinita positiva, dove indichiamo con $\mathrm{Cov}(\hat{\beta})$ (risp. $\mathrm{Cov}(\tilde{\beta})$) la matrice di covarianza di $\hat{\beta}$ (risp. $\tilde{\beta}$).

Dimostrazione Poniamo $D := A - (\mathbb{X}^T\mathbb{X})^{-1}\mathbb{X}^T$, per cui $\tilde{\beta} = \hat{\beta} + D\mathbb{Y}$. Da ciò otteniamo, ricordando che la media di un vettore aleatorio è definita come il vettore delle medie delle sue componenti,

$$\mathrm{E}(\tilde{\beta}) = \mathrm{E}(\hat{\beta}) + D\,\mathrm{E}(\mathbb{Y}) = \beta + D\mathbb{X}\beta.$$

Per ipotesi $\tilde{\beta}$ è uno stimatore corretto, e quindi dev'essere, per ogni $\beta \in \mathbb{R}^{p+1}$, $D\mathbb{X}\beta = 0$, cioè $D\mathbb{X} = 0$. Ma allora

$$\begin{aligned}\mathrm{Cov}(\tilde{\beta}) &= \sigma^2 AA^T \\ &= \sigma^2((\mathbb{X}^T\mathbb{X})^{-1}\mathbb{X}^T + D)((\mathbb{X}^T\mathbb{X})^{-1}\mathbb{X}^T + D)^T \\ &= s^2((\mathbb{X}^T\mathbb{X})^{-1}\mathbb{X}^T + D)(X(\mathbb{X}^T\mathbb{X})^{-1} + D^T) \\ &= \mathrm{Cov}(\hat{\beta}) + \sigma^2 DD^T,\end{aligned}$$

dove in quest'ultimo passaggio abbiamo usato il fatto che $D\mathbb{X} = 0$ e quindi $\mathbb{X}^T D^T = (D\mathbb{X})^T = 0$. La conclusione segue ora immediatamente, osservando che qualunque sia D la matrice DD^T è semidefinita positiva. □

Osservazione 8.50 Nei paragrafi precedenti denotavamo con P_θ ed E_θ rispettivamente la probabilità e il valore medio corrispondenti ad un dato modello statistico parametrizzato da $\theta \in \Theta$. Il modello lineare in esame può anche essere formulato come modello statistico, dipendente dal parametro $\theta = (\beta, \sigma^2)$. Per semplicità notazionale omettiamo l'indice (β, σ^2) nella probabilità e nel valore medio. □

Abbiamo fin qui ottenuto uno stimatore corretto per il parametro (vettoriale) β. Ci proponiamo ora di determinare uno stimatore corretto anche per il rimanente parametro σ^2. In modo del tutto analogo a quanto visto nel Paragrafo 8.2.2, ciò permetterà anche di ottenere intervalli di confidenza per tutti i parametri.

Anzitutto notiamo che, usando (8.43),

$$\frac{\mathbb{Y} - \mathbb{X}\beta}{\sigma} \sim \mathrm{N}(0, I).$$

Proiettando tale vettore ortogonalmente su H, ricordando (8.42) e la Proposizione 8.48, si ottiene

$$\Pi_H\left(\frac{\mathbb{Y} - \mathbb{X}\beta}{\sigma}\right) = \frac{\mathbb{X}(\hat{\beta} - \beta)}{\sigma}. \tag{8.45}$$

e inoltre

$$(I - \Pi_H)\left(\frac{\mathbb{Y} - \mathbb{X}\beta}{\sigma}\right) = \frac{\mathbb{Y} - \mathbb{X}\hat{\beta}}{\sigma}. \tag{8.46}$$

Tali identità risultano utili per il seguente risultato.

Teorema 8.51
1. *La variabile aleatoria*

$$\frac{\|\mathbb{Y} - \mathbb{X}\hat{\beta}\|^2}{\sigma^2}$$

ha distribuzione $\chi^2(n-p-1)$. *Come conseguenza,*

$$\hat{\sigma}^2 := \frac{\|\mathbb{Y} - \mathbb{X}\hat{\beta}\|^2}{n-p-1} = \frac{RSS(\hat{\beta})}{n-p-1}$$

è uno stimatore corretto per σ^2.

2. *Le variabili aleatorie* $\hat{\beta}$ *e* $\hat{\sigma}^2$ *sono indipendenti. Inoltre, posto* $v_i := (\mathbb{X}^T\mathbb{X})^{-1}_{ii}$, *per ogni* $i = 0, 1, \ldots, p$ *si ha*

$$\frac{\hat{\beta}_i - \beta_i}{\sqrt{v_i}\hat{\sigma}} \sim t(n-p-1).$$

Dimostrazione Le variabili aleatorie $\Pi_H\big(\frac{\mathbb{Y}-\mathbb{X}\beta}{\sigma}\big)$ e $(I - \Pi_H)\big(\frac{\mathbb{Y}-\mathbb{X}\beta}{\sigma}\big)$ sono indipendenti, per il Teorema 6.74, e la loro norma al quadrato ha distribuzione rispettivamente $\chi^2(p+1)$ e $\chi^2(n-p-1)$. In particolare

$$\left\|(I - \Pi_H)\left(\frac{\mathbb{Y} - \mathbb{X}\beta}{\sigma}\right)\right\|^2 = \frac{\|\mathbb{Y} - \mathbb{X}\hat{\beta}\|^2}{\sigma^2} \sim \chi^2(n-p-1).$$

Poiché il valore medio di una variabile aleatoria con distribuzione $\chi^2(n-p-1)$ è $n-p-1$, segue che

$$\mathrm{E}(\hat{\sigma}^2) = \sigma^2,$$

il che completa la dimostrazione del punto (1).

L'indipendenza fra $\Pi_H\big(\frac{\mathbb{Y}-\mathbb{X}\beta}{\sigma}\big)$ e $(I - \Pi_H)\big(\frac{\mathbb{Y}-\mathbb{X}\beta}{\sigma}\big)$, le identità (8.45) e (8.46) e la Proposizione 3.39 implicano immediatamente l'indipendenza di $\mathbb{X}\hat{\beta}$ e $\mathbb{Y} - \mathbb{X}\hat{\beta}$, quindi anche $\hat{\sigma}^2$ e $\mathbb{X}\hat{\beta}$ sono indipendenti. Per dedurre l'indipendenza di $\hat{\sigma}^2$ e $\hat{\beta}$, è sufficiente mostrare che esiste una matrice $(p+1) \times n$, che denotiamo con Q, per cui $Q\mathbb{X}\hat{\beta} = \hat{\beta}$, e applicare nuovamente la Proposizione 3.39. Per mostrarlo, si osservi che, poiché $\mathbb{X}$ ha rango pieno, l'applicazione $v \mapsto \mathbb{X}v$ è iniettiva, ed è quindi invertibile come mappa fra $\mathbb{R}^{p+1}$ e H. La sua inversa si può estendere ad un'applicazione lineare fra $\mathbb{R}^n$ e $\mathbb{R}^{p+1}$. Denotando con Q la matrice associata a tale applicazione lineare, per costruzione si ha che $Q\mathbb{X} = I$.

Per concludere la dimostrazione del punto (ii) osserviamo che, per ogni $i = 0, 1, \dots p$, (8.44) implica che

$$\frac{\hat{\beta}_i - \beta_i}{\sigma\sqrt{v_i}} \sim \mathrm{N}(0,1)$$

che è indipendente, per quanto appena visto, da $\hat{\sigma}^2$, e quindi anche da $\frac{\hat{\sigma}^2}{\sigma^2}(n-p-1) \sim \chi^2(n-p-1)$. Il Lemma 8.19 permette dunque di concludere. □

In analogia con quanto fatto nel Teorema 8.21, il Teorema 8.51 fornisce intervalli di confidenza per i parametri del modello.

Corollario 8.52
L'intervallo aleatorio

$$\left[\hat{\beta}_i - \sqrt{v_i}\hat{\sigma}t_{\alpha/2}(n-p-1), \hat{\beta}_i + \sqrt{v_i}\hat{\sigma}t_{\alpha/2}(n-p-1)\right]$$

è un intervallo di confidenza per β_i di livello di confidenza $1-\alpha$; l'intervallo aleatorio

$$\left[\frac{(n-p-1)\hat{\sigma}^2}{\chi^2_{\alpha/2}(n-p-1)}, \frac{(n-p-1)\hat{\sigma}^2}{\chi^2_{1-\alpha/2}(n-p-1)}\right]$$

è un intervallo di confidenza per σ^2 di livello di confidenza $1-\alpha$.

8.4.2 Metodi di regolarizzazione in regressione lineare

I risultati del paragrafo precedente sono stati dimostrati sotto la condizione di non collinearità, cioè che la matrice $\mathbb{X}$ dei dati di input abbia rango pieno; abbiamo brevemente discusso questa condizione nel caso $p = 1$. Se $p > 1$ la condizione di non collinearità è più delicata: ad esempio è violata se descriviamo X come una variabile aleatoria la cui distribuzione è concentrata su un sottospazio di dimensione minore di p. Ciò accade, in particolare, se una delle variabili di input è una combinazione lineare delle altre: in questo caso vi è ridondanza nelle variabili di input.

Ciò che accade più frequentemente in casi concreti è che $\mathbb{X}$ abbia rango pieno, ma la matrice $\mathbb{X}^T\mathbb{X}$ ha alcuni autovalori (necessariamente non negativi) molto piccoli. Supponiamo, ad esempio, che $v \in \mathbb{R}^{p+1}$ sia tale che

$$\|v\| = 1 \quad \text{e} \quad (\mathbb{X}^T\mathbb{X})v = \delta\, v \quad (\text{con } \delta > 0 \text{ “piccolo”}). \tag{8.47}$$

Si ricordi la definizione (8.42) dello stimatore $\hat{\beta}$, che ha distribuzione normale con vettore media β e matrice di covarianza $\sigma^2(\mathbb{X}^T\mathbb{X})^{-1}$, si veda (8.44). Allora $v^T\hat{\beta}$ è uno stimatore corretto per $v^T\beta$, con varianza

$$\mathrm{Var}(v^T\hat{\beta}) = \sigma^2 v^T(\mathbb{X}^T\mathbb{X})^{-1}v = \frac{\sigma^2}{\delta}. \tag{8.48}$$

Se δ è piccolo tale varianza è grande, compromettendo l'affidabilità dello stimatore.

I metodi di regolarizzazione si propongono di temperare tale effetto. In questo paragrafo illustreremo brevemente tre metodi. I primi due (*Regressione Ridge* e *LASSO*) modificano la forma degli stimatori, producendo stimatori *non corretti ma con una minore varianza*: rinunciare alla correttezza può produrre stimatori più affidabili. Il terzo (*Best Subset Selection*) agisce eliminando alcune delle variabili di input: rinunciando ad una parte di informazione è possibile eliminare ridondanze, riducendo i fenomeni di "quasi" collinearità.

8.4.2.1 Regressione Ridge

Derivante da un generale metodo di regolarizzazione per sistemi lineari senza unicità della soluzione, dovuto al matematico russo Tichonov, la regressione Ridge mantiene il modello lineare (8.39) del paragrafo precedente, ma propone una modifica al metodo dei minimi quadrati per la ricerca degli stimatori. Nel caso dei minimi quadrati, abbiamo definito lo stimatore $\hat{\beta}$ come

$$\hat{\beta} := \arg\min_{\beta} \|\mathbb{Y} - \mathbb{X}\beta\|^2 \tag{8.49}$$

dove, se $\varphi(\beta)$ è una data funzione reale della variabile β che ammette un unico punto di minimo assoluto, $\arg\min_\beta \varphi(\beta)$ indica tale punto di minimo assoluto. Nella regressione ridge, lo stimatore viene invece determinato da

$$\hat{\beta}^{\mathrm{ridge}} := \arg\min_{\beta}\big[\|\mathbb{Y} - \mathbb{X}\beta\|^2 + \lambda\|\beta\|^2\big], \tag{8.50}$$

dove $\lambda \geq 0$ è un parametro fissato, chiamato parametro di regolarizzazione.

Proposizione 8.53
Lo stimatore $\hat{\beta}^{ridge}$ è dato da

$$\hat{\beta}^{ridge} = \big(\mathbb{X}^T\mathbb{X} + \lambda I\big)^{-1}\mathbb{X}^T\mathbb{Y}.$$

Dimostrazione Cominciamo con l'osservare che, come si verifica con un calcolo diretto, la funzione $\varphi(\beta) := \|\mathbb{Y} - \mathbb{X}\beta\|^2 + \lambda\|\beta\|^2$ ha matrice hessiana $2(\mathbb{X}^T\mathbb{X} + \lambda I)$ che è definita positiva per ogni $\lambda > 0$. In particolare φ è strettamente convessa, e il suo punto di minimo assoluto si ottiene ponendo uguale a zero il gradiente di φ:

$$0 = \nabla\varphi(\beta) = -2\mathbb{X}^T(\mathbb{Y} - \mathbb{X}\beta) + 2\beta,$$

da cui (8.50) segue immediatamente. □

Usando la Proposizione 8.50, la relazione (8.43) e la Proposizione 6.71, abbiamo che per $\lambda > 0$

$$\hat{\beta}^{\text{ridge}} \sim \mathrm{N}\big(A\beta, \sigma^2 B\big),$$

dove abbiamo posto

$$A := \big(\mathbb{X}^T\mathbb{X} + \lambda I\big)^{-1}\mathbb{X}^T\mathbb{X}, \qquad B := \big(\mathbb{X}^T\mathbb{X} + \lambda I\big)^{-1}\mathbb{X}^T\mathbb{X}\big(\mathbb{X}^T\mathbb{X} + \lambda I\big)^{-1}.$$

Si vede in particolare che per $\lambda > 0$ lo stimatore $\hat{\beta}^{\text{ridge}}$ *non* è corretto. Supponiamo in particolare di voler stimare $v^T\beta$, dove v è un autovettore di $\mathbb{X}^T\mathbb{X}$ di autovalore δ di norma $\|v\| = 1$, come in (8.47). Per determinare l'efficacia di questo metodo di regolarizzazione adottiamo l'*errore quadratico medio* come criterio per valutare l'affidabilità di uno stimatore $v^T\tilde{\beta}$ per $v^T\beta$:

$$EQ(\tilde{\beta}, v) := \mathrm{E}\Big[(v^T\tilde{\beta} - v^T\beta)^2\Big].$$

Poiché $v^T\hat{\beta}$ è corretto, usando (8.48), si ha

$$EQ(\hat{\beta}, v) = \mathrm{Var}(v^T\hat{\beta}) = \frac{\sigma^2}{\delta}.$$

Ricordando che $(\mathbb{X}^T\mathbb{X} + \lambda I)^{-1}v = (\delta + \lambda)^{-1}v$, grazie a (8.47), e analogamente $v^T(\mathbb{X}^T\mathbb{X} + \lambda I)^{-1} = (\delta + \lambda)^{-1}v^T$ perché $(\mathbb{X}^T\mathbb{X} + \lambda I)^{-1}$ è simmetrica, si ottiene

$$\begin{aligned}
EQ(\hat{\beta}^{\text{ridge}}, v) &= \mathrm{Var}(v^T\hat{\beta}^{\text{ridge}}) + \Big[\mathrm{E}(v^T\hat{\beta}^{\text{ridge}}) - v^T\beta\Big]^2 \\
&= \sigma^2 v^T\big(\mathbb{X}^T\mathbb{X} + \lambda I\big)^{-1}\mathbb{X}^T\mathbb{X}\big(\mathbb{X}^T\mathbb{X} + \lambda I\big)^{-1}v \\
&\qquad + \Big[v^T\big(\mathbb{X}^T\mathbb{X} + \lambda I\big)^{-1}\mathbb{X}^T\mathbb{X}\beta - v^T\beta\Big]^2 \\
&= \frac{\sigma^2\delta}{(\delta + \lambda)^2} + \left[\frac{\delta}{\delta + \lambda}v^T\beta - v^T\beta\right]^2 \\
&= \frac{\sigma^2\delta}{(\delta + \lambda)^2} + \frac{\lambda^2\,(v^T\beta)^2}{(\delta + \lambda)^2} =: e(\lambda).
\end{aligned}$$

Quindi per ottenere uno stimatore con errore quadratico medio il più piccolo possibile, bisognerebbe minimizzare $e(\lambda)$ in $\lambda \geq 0$. Questo non è difficile, ma il risultato dipende dal valore dei parametri ignoti β e σ^2, e quindi non è direttamente utilizzabile. Tuttavia è facile verificare che la derivata $e'(\lambda) < 0$ per λ sufficientemente piccolo, il che dimostra che, almeno per valori non troppo grandi di λ, l'errore quadratico medio si riduce rispetto alla scelta dello stimatore corretto che, ricordiamo, è quello che ha errore quadratico minimo tra tutti gli stimatori lineari corretti (Teorema 8.49).

8.4.2.2 LASSO

LASSO è un acronimo per *least absolute shrinkage and selection operator*. Si tratta di un'alternativa, molto utilizzata in pratica, alla regressione ridge in cui lo stimatore $\hat{\beta}^{\text{LASSO}}$ è definito come soluzione del problema di minimo:

$$\hat{\beta}^{\text{LASSO}} := \arg\min_{\beta}\left[\|\mathbb{Y} - \mathbb{X}\beta\|^2 + \lambda\|\beta\|_1\right], \tag{8.51}$$

dove

$$\|\beta\|_1 := \sum_{i=0}^{p} |\beta_i|.$$

In altre parole, rispetto a (8.50), il termine quadratico $\|\beta\|^2$ è rimpiazzato da $\|\beta\|_1$. Per comprendere, almeno sommariamente, gli effetti di questo tipo di regolarizzazione, conviene considerare un caso particolare, in cui la minimizzazione il (8.51) può essere eseguita esplicitamente. Assumiamo che le colonne della matrice $\mathbb{X}$ siano *ortogonali*. Ciò significa che la matrice $\mathbb{X}^T\mathbb{X}$ è diagonale: indichiamo con $d_0, d_1, \ldots, d_p$ gli elementi sulla diagonale, che sono necessariamente non negativi, e strettamente positivi nell'ipotesi di non collinearità. In questo caso si verifica facilmente che

$$\|\mathbb{Y} - \mathbb{X}\beta\|^2 = \|\mathbb{Y}\|^2 + \sum_{j=0}^{p} d_j\,\beta_j^2 - 2\sum_{j=0}^{p}\left(\sum_{i=1}^{n} Y_i\,X_{ij}\right)\beta_j.$$

Questa espressione, come funzione di β, ha una struttura additiva, cioè le componenti di β compaiono in addendi distinti. Poiché lo stesso vale per $\|\beta\|^2$ e per $\|\beta\|_1$, segue che gli stimatori $\hat{\beta}$, $\hat{\beta}^{\text{ridge}}$ e $\hat{\beta}^{\text{LASSO}}$ si ottengono risolvendo $p+1$ problemi di minimo unidimensionali:

$$\begin{aligned}
\hat{\beta}_j &= \arg\min_{\beta_j}\left[d_j\,\beta_j^2 - 2\sum_{i=1}^{n} Y_i\,X_{ij}\,\beta_j\right], \\
\hat{\beta}_j^{\text{ridge}} &= \arg\min_{\beta_j}\left[d_j\,\beta_j^2 - 2\sum_{i=1}^{n} Y_i\,X_{ij}\,\beta_j + \lambda\beta_j^2\right], \\
\hat{\beta}_j^{\text{LASSO}} &= \arg\min_{\beta_j}\left[d_j\,\beta_j^2 - 2\sum_{i=1}^{n} Y_i\,X_{ij}\,\beta_j + \lambda|\beta_j|\right].
\end{aligned} \tag{8.52}$$

I primi due problemi di minimo in (8.52) sono elementari. Per il terzo non è difficile verificare che, per $d, \lambda > 0$

$$\arg\min_x \big[dx^2 - 2ax + \lambda|x|\big] = \mathrm{sign}\Big(\frac{a}{d}\Big)\Big[\Big|\frac{a}{d}\Big| - \frac{\lambda}{2d}\Big]^+ ,$$

dove ricordiamo che x^+ è la parte positiva di x. Si ha quindi:

$$\begin{aligned}
\hat\beta_j &= \frac{\sum_{i=1}^n Y_i X_{ij}}{d_j} ,\\
\hat\beta_j^{\mathrm{ridge}} &= \frac{\sum_{i=1}^n Y_i X_{ij}}{d_j + \lambda} = \frac{d_j}{d_j+\lambda}\hat\beta_j ,\\
\hat\beta_j^{\mathrm{LASSO}} &= \mathrm{sign}(\hat\beta_j)\Big[|\hat\beta_j| - \frac{\lambda}{2d_j}\Big]^+ .
\end{aligned} \tag{8.53}$$

Risulta immediatamente visibile una delle proprietà di LASSO: varie componenti di $\hat\beta^{\mathrm{LASSO}}$ possono essere uguali a zero: quelle per cui $|\hat\beta_j| \le \frac{\lambda}{2d_j}$. Ciò significa che nella predizione le corrispondenti componenti dell'input X risulteranno ininfluenti: vengono così individuate le componenti di X che hanno una significativa influenza sull'output Y, riducendo la dimensione del modello (nello spirito di quanto vedremo tra poco con la best subset selection).

Resta da verificare che, per opportuni valori di λ, l'errore quadratico medio di $\hat\beta_j^{\mathrm{LASSO}}$ è minore di quello di $\hat\beta_j$, proprietà che abbiamo già mostrato per $\hat\beta_j^{\mathrm{ridge}}$. In modo simile a quanto visto per $\hat\beta_j^{\mathrm{ridge}}$, mostriamo che, se e_j denota il j-esimo vettore della base canonica di $\mathbb{R}^{p+1}$,

$$EQ(\beta^{\mathrm{LASSO}}, e_j) = EQ\big(\hat\beta, e_j\big) + c\lambda + O(\lambda^2) \tag{8.54}$$

dove $c < 0$ e intendiamo che $|O(\lambda^2)| \le C\lambda^2$ per un'opportuna costante C. Ciò implica che per λ positivo e sufficientemente piccolo $EQ(\beta^{\mathrm{LASSO}}, e_j) < EQ(\hat\beta, e_j)$.

Osserviamo anzitutto che

$$\hat\beta_j^{\mathrm{LASSO}} = \hat\beta_j - \frac{\lambda}{2d_j}\,\mathrm{sign}(\hat\beta_j) - \mathrm{sign}(\hat\beta_j)\Big[|\hat\beta_j| - \frac{\lambda}{2d_j}\Big]^- ,$$

dove abbiamo usato il fatto che $|\hat\beta_j|\,\mathrm{sign}(\hat\beta_j) = \hat\beta_j$. Pertanto

$$\begin{aligned}
EQ(\beta^{\mathrm{LASSO}}, e_j) &= \mathrm{E}\Big[\Big(\hat\beta_j^{\mathrm{LASSO}} - \beta_j\Big)^2\Big]\\
&= \mathrm{E}\Big[\Big(\hat\beta_j - \beta_j - \frac{\lambda}{2d_j}\,\mathrm{sign}(\hat\beta_j)\Big)^2\Big] + \mathrm{E}\Big[\Big(\Big[|\hat\beta_j| - \frac{\lambda}{2d_j}\Big]^-\Big)^2\Big]\\
&\quad - 2\,\mathrm{E}\Big[\Big(\hat\beta_j - \beta_j - \frac{\lambda}{2d_j}\,\mathrm{sign}(\hat\beta_j)\Big)\,\mathrm{sign}(\hat\beta_j)\Big[|\hat\beta_j| - \frac{\lambda}{2d_j}\Big]^-\Big].
\end{aligned} \tag{8.55}$$

Studiamo ora separatamente i tre termini ottenuti in (8.55). Riguardo al secondo, si osservi che

$$\left[|\hat{\beta}_j| - \frac{\lambda}{2d_j}\right]^- \leq \frac{\lambda}{2d_j} \mathbb{1}_{\{|\hat{\beta}_j| \leq \frac{\lambda}{2d_j}\}}, \tag{8.56}$$

da cui segue che

$$\mathrm{E}\left[\left(\left[|\hat{\beta}_j| - \frac{\lambda}{2d_j}\right]^-\right)^2\right] \leq \frac{\lambda^2}{4d_j^2} = O(\lambda^2).$$

Riguardo al terzo termine, per la disuguaglianza di Cauchy–Schwarz (Teorema 3.82),

$$\left|\mathrm{E}\left[\left(\hat{\beta}_j - \beta_j - \frac{\lambda}{2d_j}\operatorname{sign}(\hat{\beta}_j)\right)\operatorname{sign}(\hat{\beta}_j)\left[|\hat{\beta}_j| - \frac{\lambda}{2d_j}\right]^-\right]\right|$$
$$\leq \left(\mathrm{E}\left[\left(\hat{\beta}_j - \beta_j - \frac{\lambda}{2d_j}\operatorname{sign}(\hat{\beta}_j)\right)^2\right]\mathrm{E}\left[\left(\left[|\hat{\beta}_j| - \frac{\lambda}{2d_j}\right]^-\right)^2\right]\right)^{1/2}.$$

Il fattore $\mathrm{E}\left[(\hat{\beta}_j - \beta_j - \frac{\lambda}{2d_j}\operatorname{sign}(\hat{\beta}_j))^2\right] \to \mathrm{Var}(\hat{\beta}_j)$ per $\lambda \to 0$ (si ricordi che $\mathrm{E}(\hat{\beta}_j) = \beta_j$). Inoltre, usando (8.56),

$$\mathrm{E}\left[\left(\left[|\hat{\beta}_j| - \frac{\lambda}{2d_j}\right]^-\right)^2\right] \leq \frac{\lambda^2}{4d_j^2}\mathrm{P}\left(|\hat{\beta}_j| \leq \frac{\lambda}{2d_j}\right) = O(\lambda^2),$$

perché la probabilità è maggiorata da 1. Ci resta dunque da studiare il primo termine:

$$\mathrm{E}\left[\left(\hat{\beta}_j - \beta_j - \frac{\lambda}{2d_j}\operatorname{sign}(\hat{\beta}_j)\right)^2\right] = \mathrm{Var}(\hat{\beta}_j) + \frac{\lambda^2}{4d_j^2} - \frac{\lambda}{d_j}\mathrm{E}\left[\left(\hat{\beta}_j - \beta_j\right)\operatorname{sign}(\hat{\beta}_j)\right]$$
$$= EQ\left(\hat{\beta}, e_j\right) + \frac{\lambda^2}{4d_j^2} - \frac{\lambda}{d_j}\mathrm{Cov}\left(\hat{\beta}_j, \operatorname{sign}(\hat{\beta}_j)\right),$$

dove abbiamo usato il fatto che, essendo $\mathrm{P}(\hat{\beta}_j = 0) = 0$ perché $\hat{\beta}_j$ ha distribuzione normale (si ricordi (8.44)), si ha $\mathrm{P}(\operatorname{sign}(\hat{\beta}_j)^2 = 1) = 1$. Riassumendo, abbiamo dimostrato che

$$EQ(\beta^{\mathrm{LASSO}}, e_j) = EQ\left(\hat{\beta}, e_j\right) - \frac{\lambda}{2d_j}\mathrm{Cov}\left(\hat{\beta}_j, \operatorname{sign}(\hat{\beta}_j)\right) + O(\lambda^2).$$

Per concludere la dimostrazione di (8.54) con $c < 0$ resta dunque da mostrare che

$$\mathrm{Cov}\left(\hat{\beta}_j, \operatorname{sign}(\hat{\beta}_j)\right) > 0. \tag{8.57}$$

Il fatto che la covarianza sia positiva segue direttamente dalla Proposizione 3.83 (disuguaglianza FKG), visto che $x \mapsto x$ e $x \mapsto \text{sign}(x)$ sono entrambi crescenti. Usiamo la stessa idea di prova per dimostrare che la covarianza è in effetti *strettamente* positiva. Usiamo il fatto che se ξ_1 e ξ_2 sono due variabili aleatorie in L^2 definite nello stesso spazio di probabilità, e (η_1, η_2) è un vettore aleatorio indipendente da (ξ_1, ξ_2) e con la medesima distribuzione, allora

$$\text{Cov}(\xi_1, \xi_2) = \text{E}[(\xi_1 - \eta_1)(\xi_2 - \eta_2)], \tag{8.58}$$

come si verifica sviluppando il prodotto nel membro destro di (8.58) e usando la Proposizione 3.72. Possiamo allora scegliere $\xi_1 := \hat{\beta}_j$, η_1 una copia indipendente di ξ_1, $\xi_2 := \text{sign}(\xi_1)$, $\eta_2 := \text{sign}(\eta_1)$. Segue che

$$\text{Cov}\Big(\hat{\beta}_j, \text{sign}(\hat{\beta}_j)\Big) = \text{E}[(\xi_1 - \eta_1)(\text{sign}(\xi_1) - \text{sign}(\eta_1))].$$

Si noti che, essendo crescente la funzione $x \mapsto \text{sign}(x)$, si ha che

$$(\xi_1 - \eta_1)(\text{sign}(\xi_1) - \text{sign}(\eta_2)) \geq 0.$$

Per dimostrare (8.57) è quindi sufficiente verificare che

$$\text{P}\big((\xi_1 - \eta_1)(\text{sign}(\xi_1) - \text{sign}(\eta_1)) > 0\big) > 0.$$

Ad esempio, $(\xi_1 - \eta_1)(\text{sign}(\xi_1) - \text{sign}(\eta_1)) > 0$ nell'evento $\{\xi_1 > 0, \eta_1 < 0\}$ che ha probabilità strettamente positiva essendo (ξ_1, η_1) un vettore normale con matrice di covarianza invertibile.

8.4.2.3 Best Subset Selection

Quando la dimensione dell'input X è molto elevata è desiderabile, tanto per motivi computazionali quanto per efficacia di interpretazione dei dati, selezionare un numero non troppo grande di componenti dell'input, eliminando quelle il cui impatto sull'output sia meno rilevante. Questo metodo è detto *Best Subset Selection* (BSS).

Fissiamo un intero $k < p$ e definiamo

$$\hat{\beta}^{BSS} := \underset{\beta \in \mathbb{R}^{p+1}:\, \|\beta\|_0 \leq k}{\arg\min} \|\mathbb{Y} - \mathbb{X}\beta\|^2, \tag{8.59}$$

dove $\|\beta\|_0$ indica *il numero di componenti non nulle $\beta_i \neq 0$ di indice $i \geq 1$*. Osserviamo che $\hat{\beta}^{BSS}$ può essere determinato come segue:

- fissato un sottoinsieme $K \subseteq \{1, 2, \ldots, p\}$ con k elementi, denotiamo con $\mathbb{X}_K$ la matrice $n \times k$ ottenuta da $\mathbb{X}$ eliminando le colonne di indice $i \geq 1$, $i \notin K$, e sia

$$\hat{\beta}_K := \underset{\beta \in \mathbb{R}^{\{0\} \cup K}}{\arg\min} \|\mathbb{Y} - \mathbb{X}_K\beta\|^2 = (\mathbb{X}_K^T\mathbb{X}_K)^{-1}\mathbb{X}_K^T\mathbb{Y};$$

- definiamo

$$K^* := \arg\min_K \|\mathbb{Y} - \mathbb{X}_K \hat{\beta}_K\|^2,$$

ove il minimo è fra gli insiemi K con k elementi;
- si ha allora

$$\hat{\beta}_i^{BSS} = \begin{cases} (\hat{\beta}_{K^*})_i & \text{se } i \in \{0\} \cup K^*, \\ 0 & \text{altrimenti}. \end{cases}$$

La riduzione di dimensione operata da questa procedura ha anche la proprietà di ridurre la collinearità, e quindi la varianza degli stimatori delle componenti di β; omettiamo qui un'analisi quantitativa, non del tutto elementare.

La determinazione di K^* è un problema computazionalmente molto complesso. Gli algoritmi più efficienti attualmente in uso traggono vantaggio dal fatto che la Best Subset Selection può essere riformulata come un problema di *Programmazione Quadratica Mista* (PQM). Un problema di programmazione quadratica consiste nel determinare il minimo di una funzione quadratica con vincoli esprimibili con disuguaglianze lineari. In dettaglio, fissati una matrice Q simmetrica e definita positiva $n \times n$, una matrice A di dimensione $m \times n$, due vettori $a \in \mathbb{R}^n$ e $b \in \mathbb{R}^m$, si tratta di determinare

$$\begin{aligned} &\arg\min_\alpha \big(\alpha^T Q \alpha + \alpha^T a\big) \\ &\text{con} \quad A\alpha \leq b, \end{aligned}$$

dove la disuguaglianza tra vettori $A\alpha \leq b$ significa $(A\alpha)_i \leq b_i$ per ogni $i = 1, 2, \ldots, m$, e va intesa come un vincolo su α. Se la variabile α può variare in $\mathbb{R}^n$ si tratta del problema standard di Programmazione Quadratica (PQ); se α può solo variare in $\mathbb{Z}^n$ si tratta di un problema di Programmazione Quadratica Intera (PQI); se invece fissiamo un sottoinsieme $\emptyset \neq I \subsetneq \{1, 2, \ldots, n\}$ e poniamo $\alpha_i \in \mathbb{Z}$ per $i \in I$ e $\alpha_i \in \mathbb{R}$ per $i \notin I$, abbiamo un problema di Programmazione Quadratica Mista (PQM).

In molti casi le variabili intere sono vincolate a variare in sottoinsiemi di $\mathbb{Z}$, ad esempio $\mathbb{N}_0$ oppure $\{0, 1\}$. Questo non cambia la natura del problema, dato che, ad esempio, la condizione $\alpha_i \in \mathbb{N}_0$ equivale a $\alpha_i \in \mathbb{Z}$ con la disuguaglianza lineare $-\alpha_i \leq -1$. Inoltre, tra i vincoli di un problema di programmazione quadratica possono comparire anche *uguaglianze* lineari, della forma $v^T\alpha = c$, con $v \in \mathbb{R}^n$ e $c \in \mathbb{R}$; anche i questo caso la natura del problema non cambia, dato che l'uguaglianza $v^T\alpha = c$ è equivalente alle due disuguaglianze lineari $v^T\alpha \leq c$ e $-v^T\alpha \leq -\alpha$.

La Best Subset Selection si può riformulare in termini di PQM nel modo seguente:

$$
\begin{aligned}
&\arg\min_{\beta,z} \|\mathbb{Y} - \mathbb{X}\beta\|^2 \\
&\quad \text{con} \quad z_i \in \{0,1\} \text{ per } i = 1,\dots,p\,, \\
&\qquad\quad -Mz_i \le \beta_i \le Mz_i \text{ per } i = 1,\dots,p\,, \\
&\qquad\quad \sum_{i=1}^{p} z_i \le k,
\end{aligned} \tag{8.60}
$$

dove M è una costante sufficientemente grande. Si noti che la condizione $-Mz_i \le \beta_i \le Mz_i$ significa che se β_i non è zero, allora in modulo non supera M, mentre la condizione $\sum_{i=1}^{p} z_i \le k$ impone che al più k componenti di β siano non nulle. Lasciamo al lettore la facile verifica del fatto che se β^*, z^* è soluzione di (8.60) allora

$$
K^* := \{i : z_i = 1\}
$$

è soluzione della Best Subset Selection, a patto che

$$
M > \max_{i \in \{1,\dots,p\}} \left| \hat{\beta}_i^{BSS} \right|. \tag{8.61}
$$

Questa formulazione del problema permette l'utilizzo di algoritmi per la soluzione di problemi PQM che sono stati sviluppati negli ultimi anni e che permettono di trattare la Best Subset Selection per valori di n dell'ordine delle migliaia.

Va sottolineato che per risolvere (8.60) è necessario conoscere *a priori* un valore di M per cui vale (8.61). Tale problema è discusso in [8]. Illustriamo qui brevemente un metodo, non necessariamente efficiente, per determinare un valore di M che soddisfa (8.61). Si noti che, per ogni $\beta \in \mathbb{R}^{p+1}$,

$$
\|\mathbb{X}\beta\| = \sqrt{\beta^T \mathbb{X}^T \mathbb{X}\beta} \ge c\|\beta\|,
$$

dove c è la radice quadrata del più piccolo autovalore della matrice simmetrica $\mathbb{X}^T\mathbb{X}$. Sotto la condizione di non collinearità, la matrice $\mathbb{X}^T\mathbb{X}$, che è simmetrica e semidefinita positiva, è anche invertibile, dunque $c > 0$. Osserviamo ora che, per la disuguaglianza triangolare e la disuguaglianza precedente,

$$
\|\mathbb{Y} - \mathbb{X}\hat{\beta}^{BSS}\| \ge \|\mathbb{X}\hat{\beta}^{BSS}\| - \|\mathbb{Y}\| \ge c\|\hat{\beta}^{BSS}\| - \|\mathbb{Y}\|.
$$

Inoltre

$$
\|\mathbb{Y} - \mathbb{X}\hat{\beta}^{BSS}\| = \min_{\beta \in \mathbb{R}^{p+1}:\ \|\beta\|_0 \le k} \|\mathbb{Y} - \mathbb{X}\beta\| \le \|\mathbb{Y}\|,
$$

dove in quest'ultimo passaggio abbiamo usato il fatto che il precedente minimo è minore o uguale al valore ottenuto ponendo $\beta = 0$. Dalle ultime due disuguaglianze ottenute segue che

$$c\|\hat{\beta}^{BSS}\| \le 2\|\mathbb{Y}\|,$$

da cui

$$\max_{i\in\{1,\ldots,p\}} \left|\hat{\beta}_i^{BSS}\right| \le \|\hat{\beta}^{BSS}\| \le \frac{2}{c}\|\mathbb{Y}\|.$$

È dunque sufficiente scegliere $M > \frac{2}{c}\|\mathbb{Y}\|$.

8.4.3 *Modelli lineari per la classificazione*

In questo paragrafo vedremo alcuni modelli per problemi di classificazione, cioè modelli predittivi in cui l'output Y assume valori in $\{0, 1, \ldots, K-1\}$ dove $K \ge 2$. Denoteremo ancora con $X \in \mathbb{R}^p$ l'input, e assumeremo che la coppia (X, Y) abbia distribuzione congiunta determinata da

$$\mathrm{P}(X \in I, Y = k) = \int_I f(x, k)\,\mathrm{d}x \tag{8.62}$$

per ogni sottoinsieme misurabile $I \subseteq \mathbb{R}$[6] e ogni $k \in \{0, 1, \ldots, K-1\}$. In questa formula, la funzione $f : \mathbb{R} \times \{0, 1, \ldots, K-1\} \to [0, +\infty)$ è integrabile rispetto alla variabile x, sarà detta *densità congiunta* di (X, Y). Un campione di taglia n sarà pertanto una sequenza $(X_1, Y_1), \ldots (X_n, Y_n)$ di vettori aleatori i.i.d., ognuno con distribuzione congiunta data da (8.62). Segnaliamo che, per molti scopi, tale ipotesi di indipendenza può essere rimpiazzata da una nozione più debole di indipendenza di $Y_1, Y_2, \ldots, Y_n$ *condizionata* a $(X_1, X_2, \ldots, X_n)$, nella quale non ci addentreremo.

Definizione 8.54
Un funzione $h : \mathbb{R}^p \to \{0, 1, \ldots, K-1\}$ (misurabile) si dice *classificatore*. L' *errore di classificazione* associato a h è definito da

$$R(h) := \mathrm{P}(h(X) \ne Y).$$

[6] Basta richiedere che la proprietà (8.62) valga quando I è un intervallo.

Se è nota la densità congiunta $f(x,k)$ non è difficile determinare il classificatore che ha il minimo errore di classificazione. A tale scopo notiamo che (8.62) implica che X è assolutamente continua con densità

$$f_X(x) = \sum_{k=0}^{K-1} f(x,k).$$

Definiamo la seguente quantità, detta *densità condizionale*:

$$\mathrm{p}(k|x) := \begin{cases} \dfrac{f(x,k)}{f(x)} & \text{se } f(x) > 0\,, \\ 0 & \text{altrimenti}\,. \end{cases} \tag{8.63}$$

Poniamo infine

$$h^*(x) := \arg\max_k \mathrm{p}(k|x),$$

dove, nel caso in cui per un dato valore di x il punto di massimo non fosse unico, adottiamo un criterio arbitrario per selezionarne uno, ad esempio il più piccolo valore di k che realizza in massimo. Tale classificatore h^* è detto *classificatore bayesiano*.

Proposizione 8.55
Per ogni classificatore h si ha

$$R(h^*) \leq R(h).$$

Dimostrazione Notiamo che per ogni (x,k) vale l'identità

$$f(x,k) = \mathrm{p}(k|x) f(x). \tag{8.64}$$

Inoltre, grazie a (8.62), possiamo scrivere

$$\begin{aligned} \mathrm{P}(h(X) = Y) &= \sum_{k=0}^{K-1} \mathrm{P}(h(X) = Y, Y = k) = \sum_{k=0}^{K-1} \mathrm{P}(X \in h^{-1}(k), Y = k) \\ &= \sum_{k=0}^{K-1} \int_{h^{-1}(k)} f(x,k)\,\mathrm{d}x = \sum_{k=0}^{K-1} \int_{h^{-1}(k)} f(x,h(x))\,\mathrm{d}x \\ &= \int_{\mathbb{R}} f(x,h(x))\,\mathrm{d}x\,, \end{aligned}$$

dal momento che $\{h^{-1}(k)\}_{k=0,\dots,K-1}$ è una partizione di $\mathbb{R}$. Pertanto

$$\begin{aligned} R(h) &= \mathrm{P}(h(X) \neq Y) = 1 - \mathrm{P}(h(X) = Y) \\ &= 1 - \int_{\mathbb{R}^p} f(x, h(x))\,\mathrm{d}x \\ &= 1 - \int_{\mathbb{R}^p} \mathrm{p}(h(x)|x)\, f(x)\,\mathrm{d}x \\ &\geq 1 - \int_{\mathbb{R}^p} \mathrm{p}(h^*(x)|x)\, f(x)\,\mathrm{d}x = R(h^*), \end{aligned}$$

dove abbiamo usato il fatto che, per definizione di h^*, la disuguaglianza $\mathrm{p}(h^*(x)|x) \geq \mathrm{p}(h(x)|x)$ vale per ogni $x \in \mathbb{R}^p$. □

Il problema della classificazione risiede dunque nella conoscenza della densità condizionale $\mathrm{p}(k|x)$. Come nei problemi di regressione, vedremo alcuni modelli parametrici per $\mathrm{p}(k|x)$, e vedremo come usare un campione per stimare i parametri.

8.4.3.1 Analisi discriminante lineare

Ricordando la definizione di densità congiunta data in (8.62), poniamo

$$\mathrm{p}(k) := \mathrm{P}(Y = k) = \int_{\mathbb{R}^p} f(x, k)dx,$$

e

$$f(x|k) := \begin{cases} \dfrac{f(x,k)}{\mathrm{p}(k)} & \text{se } \mathrm{p}(k) > 0\,, \\ 0 & \text{altrimenti}\,. \end{cases}$$

Assumiamo che $\mathrm{p}(k) < 1$ per ogni $k = 0, \dots, K-1$, cioè escludiamo il caso in cui Y è quasi certamente costante (altrimenti il problema di classificazione è banale).

Nei modelli di *analisi discriminante lineare* si assume che $f(x|k)$ sia la densità di una variabile aleatoria Gaussiana, la cui matrice di covarianza non dipende da k:

$$f(x|k) = \frac{1}{(2\pi)^{p/2}\sqrt{\det(\Sigma)}} \exp\left[-\frac{1}{2}(x - \mu_k)^T \Sigma^{-1}(x - \mu_k)\right], \tag{8.65}$$

dove Σ è una matrice simmetrica definita positiva e $\mu_k \in \mathbb{R}^p$, per $k = 0, 1, \dots, K-1$. Ricordando (8.63), si vede che

$$\mathrm{p}(k|x) = \frac{f(x|k)\ \mathrm{p}(k)}{\sum_{l=0}^{K-1} f(x|l)\ \mathrm{p}(l)}. \tag{8.66}$$

Notare che (8.65) e (8.66) costituiscono un modello parametrico per la densità condizionale $\mathrm{p}(k|x)$, i cui parametri sono:

- le probabilità $\mathrm{p}(0), \mathrm{p}(1), \dots, \mathrm{p}(K-1)$;
- i vettori media $\mu_0, \mu_1, \dots, \mu_{K-1}$;
- la matrice di covarianza Σ.

Assegnato un campione $(X_1, Y_1), \dots .(X_n, Y_n)$ non è difficile esibire degli stimatori per tali parametri: posto $N_k := |\{i \in \{1, \dots, n\} : Y_i = k\}|$ poniamo

$$
\begin{aligned}
\hat{p}(k) &:= \frac{N_k}{n}, \\
\hat{\mu}_k &:= \frac{1}{N_k} \sum_{i \in \{1,\dots,n\}:\, Y_i = k} X_i, \\
\hat{\Sigma} &:= \frac{1}{N-K} \sum_{k=0}^{K-1} \sum_{i \in \{1,\dots,n\}:\, Y_i = k} (X_i - \hat{\mu}_k)(X_i - \hat{\mu}_k)^T,
\end{aligned} \tag{8.67}
$$

dove conveniamo che $\hat{\mu}_k = 0$ se $N_k = 0$. Omettiamo la dimostrazione del seguente risultato, relativa alla correttezza degli stimatori in (8.67).

Proposizione 8.56

Gli stimatori in (8.67) *sono corretti o asintoticamente corretti: più precisamente, per ogni* $k = 0, \dots, K-1$

$$
\mathrm{E}(\hat{p}(k)) = \mathrm{p}(k)
$$

e, per ogni $\ell, \ell' = 1, 2, \dots, p$,

$$
\begin{aligned}
\mathrm{E}((\hat{\mu}_k)_\ell) &= (\mu_k)_\ell (1 - (1 - \mathrm{p}(k))^n) \\
\mathrm{E}\left(\hat{\Sigma}_{\ell,\ell'}\right) &= \Sigma_{\ell,\ell'}.
\end{aligned}
$$

Una volta stimati i parametri, viene utilizzato il classificatore bayesiano ottenuto massimizzando $\hat{p}(k|x)$, dove $\hat{p}$ è ottenuta da (8.66) rimpiazzando i parametri con i loro stimatori. Si vede facilmente che

$$
\arg\max_k \hat{p}(k|x) = \arg\max_k \delta_k(x)
$$

dove

$$
\delta_k(x) = \log \hat{p}(k) + x^T \hat{\Sigma}^{-1} \hat{\mu}_k - \frac{1}{2} \hat{\mu}_k^T \hat{\Sigma}^{-1} \hat{\mu}_k. \tag{8.68}
$$

Per $h \in \{0, 1, \dots, K-1\}$ sia

$$A_h := \{x \in \mathbb{R}^p : \arg\max_k \hat{p}(k|x) = h\}.$$

Il fatto che, in (8.68), $\delta_k(x)$ è una funzione lineare di x implica che A_h è un *poliedro*, ossia un sottoinsieme di $\mathbb{R}^p$ individuato da un sistema di disuguaglianze lineari.

8.4.3.2 Regressione logistica

L'analisi discriminante lineare è basata sull'ipotesi di normalità della densità $f(x|k)$, che ha come conseguenza la natura poliedrale delle regioni di $\mathbb{R}^p$ determinate dal classificatore bayesiano. Nella regressione logistica non vengono fatte assunzioni sulla distribuzione dell'input, ma si assume direttamente la *log-linearità* della densità condizionale $\mathrm{p}(k|x)$: per $k = 1, 2, \dots, K-1$

$$\log \frac{\mathrm{p}(k|x)}{\mathrm{p}(0|x)} = \beta_{k,0} + \beta_k^T x$$

o, equivalentemente,

$$\begin{aligned} \mathrm{p}(0|x) &= \frac{1}{1 + \sum_{h=1}^{K-1} \exp\big(\beta_{h,0} + \beta_h^T x\big)} \\ \mathrm{p}(k|x) &= \frac{\exp\big(\beta_{k,0} + \beta_k^T x\big)}{1 + \sum_{h=1}^{K-1} \exp\big(\beta_{h,0} + \beta_h^T x\big)} \qquad \text{per } k = 1, \dots, K-1\,, \end{aligned} \tag{8.69}$$

dove $\beta_{k,0} \in \mathbb{R}$ e $\beta_k \in \mathbb{R}^p$, per $k = 1, \dots, K-1$ sono i parametri del modello. Si ha allora

$$\arg\max_k \hat{p}(k|x) = \arg\max_k \delta_k(x)$$

dove

$$\delta_k(x) = \begin{cases} 1 & \text{se } k = 0\,, \\ \beta_{k,0} + \beta_k^T x & \text{se } k = 1, \dots, K-1\,. \end{cases}$$

Come nell'analisi discriminante lineare, le funzioni $\delta_k(x)$ sono lineari in x, da cui segue la natura poliedrale del classificatore.

Diversamente da quanto accade nell'analisi discriminante lineare, i parametri del modello di regressione logistica non hanno una chiara interpretazione probabilistica, che ne suggerisce uno stimatore. Possiamo raggruppare i parametri nella matrice β i cui elementi sono $\beta_{k,i}$ al variare di $k \in \{1, \dots, K-1\}$ e $i \in \{0, 1, \dots, p\}$,

Per stimare β si adotta normalmente il metodo della massima verosimiglianza: in analogia a (8.22) possiamo definire la funzione di verosimiglianza

$$L_n(X_1, \dots, X_n, Y_1, \dots, Y_n; \beta) := \frac{1}{n} \sum_{i=1}^{n} \log \mathrm{p}(Y_i | X_i; \beta)$$

dove usiamo la notazione $\mathrm{p}(k | x; \beta)$ per evidenziare la dipendenza da β della densità condizionale. Lo stimatore di massima verosimiglianza $\hat{\beta}(X_1, \dots, X_n, Y_1, \dots, Y_n)$ è definito come il punto di massimo di $\beta \mapsto L_n(X_1, \dots, X_n, Y_1, \dots, Y_n; \beta)$.

L'esistenza e unicità di tale massimo non è in generale garantita per tutti i valori del campione $(X_1, Y_1), \dots, (X_n, Y_n)$; ciò rende necessarie delle modifiche alla nozione standard di stimatore di massima verosimiglianza, che non verranno discusse in questo testo. Ci limitiamo qui a sottolineare come la ricerca del massimo della funzione $\beta \mapsto L_n(X_1, \dots, X_n, Y_1, \dots, Y_n; \beta)$ è in generale non banale, e viene di solito implementata attraverso raffinamenti del classico metodo di Newton.

Esercizi

Esercizio 8.16 Come nel Paragrafo 8.4.2.2, assumiamo che la matrice $\mathbb{X}$ abbia colonne ortogonali. Consideriamo una famiglia di metodi di regolarizzazione che interpola fra la regressione ridge e il LASSO:

$$\hat{\beta}^{\alpha} := \arg\min_{\beta} \big[\| \mathbb{Y} - \mathbb{X}\beta \|^2 + \lambda(\alpha \|\beta\|_1 + (1-\alpha)\|\beta\|^2) \big],$$

dove $\alpha \in [0, 1]$. Come in (8.53), determinare la formula esplicita per $\hat{\beta}^{\alpha}$.

Esercizio 8.17 Consideriamo il seguente modello *autoregressivo* per l'evoluzione di una variabile reale:

$$X_k = \beta X_{k-1} + e_k,$$

dove $(e_k)_{k \ge 0}$ è una successione di variabili aleatorie i.i.d. con distribuzione $\mathrm{N}(0, 1)$. Si assuma di poter osservare i valori di $X_0, X_1, \dots, X_n$, per un dato $n \ge 1$, e sulla base di essi di volere stimare il parametro β. Usando in modo opportuno il metodo dei minimi quadrati, determinare uno stimatore per β.

8.5 Note bibliografiche

In questo capitolo abbiamo illustrato alcune interessanti e utili applicazioni della probabilità alla statistica matematica. Gli argomenti presentati, in particolare la stima per campioni normali e gli stimatori di massima verosimiglianza, sono centrali in statistica matematica, e ci hanno permesso di vedere "all'opera" alcuni degli strumenti introdotti nei capitoli precedenti. Tuttavia, un'introduzione organica alla statistica matematica non può prescindere da altri contenuti essenziali quali, ad esempio, la *verifica di ipotesi* e l'*approccio bayesiano*. Le classiche monografie di J.A. Rice [64], di R.V. Hogg, J.W. McKean e A.T. Craig [44] e di F. Bijma, M. Jonker e A. van der Vaart [13] forniscono un'introduzione assai accessibile; un'ottima lettura, di livello più avanzato, è la monografia di A.A. Borovkov [14].

Per ciò che riguarda i modelli predittivi, si raccomanda la monografia di J. H. Friedman, R. Tibshirani, e T. Hastie [35]. La formulazione della *Best Subset Selection* come problema di programmazione quadratica mista è dovuta a D. Bertsimas, A. King e R. Mazumder [8].

Capitolo 9
Catene di Markov

Sommario In questo capitolo introduciamo una particolare classe di successioni di variabili aleatorie, chiamate catene di Markov, che compaiono nello studio di molti modelli probabilistici. Consideriamo principalmente il caso con spazio degli stati finito. Analizziamo innanzitutto le catene di Markov dette irriducibili, che ammettono un'unica distribuzione stazionaria, e dimostriamo, sotto ipotesi opportune, risultati di convergenza verso tale distribuzione. Discutiamo infine le catene non irriducibili, mostrando che è possibile ricondursi allo studio di catene irriducibili.

9.1 Catene di Markov e matrice di transizione

In generale, chiameremo *processo stocastico* una qualunque successione di variabili aleatorie $(X_n)_{n \in \mathbb{N}_0}$. Possiamo pensare a X_n come allo stato di un sistema (ad esempio il prezzo di un'azione, la posizione di una particella, ecc.) al tempo n (o dopo n "passi"). È quindi naturale essere interessati all'evoluzione (aleatoria) della successione $(X_n)_{n \in \mathbb{N}_0}$, o all'evoluzione delle leggi delle X_n. Abbiamo già incontrato degli esempi di processi stocastici, soprattutto nel Capitolo 7, e in questo capitolo ci concentreremo su una classe importante di processi: le catene di Markov.

Informalmente, la proprietà fondamentale che caratterizza le catene di Markov è che la probabilità che lo stato X_{n+1} del sistema al tempo $n+1$ assuma un determinato valore, condizionata alla conoscenza dell'intera "traiettoria passata" $X_0, X_1, \dots, X_n$, dipende in realtà solo dal valore dello stato X_n al tempo n.

Supplementary Information The online version contains supplementary material available at https://doi.org/10.1007/978-88-470-4006-9_9.

Q. Berger, F. Caravenna, P. Dai Pra, *Probabilità*, UNITEXT 127,
https://doi.org/10.1007/978-88-470-4006-9_9

Esempio 9.1 (Un ombrello) Alessia vive a Londra e possiede solo un ombrello, che porta con sé nei suoi viaggi fra casa e ufficio, ma solo se piove: se non piove lascia l'ombrello dove si trova (casa o ufficio). Riassumendo

- se Alessia deve iniziare un tragitto dal luogo in cui si trova l'ombrello, allora prende con sé l'ombrello se piove, mentre se non piove lo lascia dov'è;
- se Alessia deve iniziare un tragitto dal luogo in cui non si trova l'ombrello, effettuerà il tragitto in ogni caso senza ombrello.

Supponiamo che in ognuno dei viaggi piova con probabilità p, indipendentemente dagli altri viaggi. Possiamo a questo punto porci diverse domande, ad esempio qual è la probabilità che l'n-esimo viaggio di Alessia si svolga sotto la pioggia e senza ombrello... Ma prima di rispondere a qualsiasi domanda, vediamo come costruire un modello per questo problema.

Una quantità di interesse è la successione $(X_n)_{n \in \mathbb{N}_0}$ definita da $X_n = \mathbb{1}_{A_n}$, dove A_n è l'evento "dopo n viaggi l'ombrello è nel luogo in cui si trova Alessia". Se conosciamo X_n, possiamo "prevedere" il valore di X_{n+1} indipendentemente dal fatto di conoscere gli stati precedenti $X_0, X_1, \ldots, X_{n-1}$. Infatti: se $X_n = 0$ allora certamente $X_{n+1} = 1$, mentre se $X_n = 1$ allora $X_{n+1} = 1$ con probabilità p (se piove), e zero con probabilità $1 - p$ (se non piove). È chiaro che la conoscenza degli stati precedenti non modificherebbe tali probabilità: questa, come vedremo, è la proprietà di Markov. □

9.1.1 *Proprietà di Markov e probabilità di transizione*

In questo capitolo indichiamo con $(X_n)_{n \in \mathbb{N}_0}$ una successione di variabili aleatorie a valori in un insieme E. Ci concentriamo per semplicità sul caso in cui *E è un insieme finito*. Segnaliamo tuttavia che ogni Definizione, Lemma, Proposizione o Teorema in cui non specifichiamo esplicitamente l'ipotesi che E è finito continua in realtà a valere nel caso in cui E è un insieme infinito numerabile.

Definizione 9.2 (Catena di Markov)
Diciamo che $(X_n)_{n \in \mathbb{N}_0}$ è una *catena di Markov (omogenea)* su E se esiste una funzione $\mathrm{q} : E \times E \to [0, 1]$ tale che per ogni $n \geq 0$ e ogni $x_0, x_1, \ldots, x_{n+1} \in E$ si ha

$$\begin{aligned} \mathrm{P}\left(X_{n+1} = x_{n+1} \mid X_0 = x_0, \ldots, X_n = x_n\right) &= \mathrm{P}\left(X_{n+1} = x_{n+1} \mid X_n = x_n\right) \\ &= \mathrm{q}(x_n, x_{n+1}) \,. \end{aligned} \tag{9.1}$$

L'insieme E è chiamato *spazio degli stati* della catena di Markov.

La proprietà (9.1) è chiamata *proprietà di Markov* e formalizza l'idea di dipendenza solo dallo stato precedente esposta in precedenza: se sappiamo che $X_n = x$, dove x è un fissato elemento di E, ogni informazione sui valori precedenti $X_i = x_i$, con $i \leq n-1$, non ha influenza sulla distribuzione di X_{n+1}, che ha densità discreta q_x definita da $\mathrm{q}_x(y) = \mathrm{q}(x, y)$ per ogni $y \in E$. Il temine *omogenea* si riferisce al fatto che tale distribuzione non dipende da n. Nel seguito considereremo solo catene di Markov omogenee, per cui l'aggettivo *omogenea* verrà generalmente omesso.

Definizione 9.3 (Probabilità e matrice di transizione)
Le probabilità $\mathrm{q}(x, y)$ sono chiamate *probabilità di transizione* (dallo stato x allo stato y). La matrice $Q := (\mathrm{q}(x, y))_{x,y \in E}$ è chiamata *matrice di transizione* della catena di Markov.

Osserviamo che la matrice di transizione $Q = (\mathrm{q}(x, y))_{x,y \in E}$ di una catena di Markov è caratterizzata dalle seguenti proprietà:

(i) per ogni $x, y \in E$, si ha $\mathrm{q}(x, y) \geq 0$;
(ii) per ogni $x \in E$, si ha $\sum_{y \in E} \mathrm{q}(x, y) = 1$.

Una matrice con queste proprietà è chiamata *matrice stocastica*. Su uno spazio degli stati finito, è talvolta utile fissare un ordine degli elementi di $E = \{e_1, \ldots, e_{|E|}\}$: in questo modo Q è identificata con una matrice $|E| \times |E|$.

Osservazione 9.4 Per essere precisi, la proprietà di Markov (9.1) deve valere per ogni $n \geq 0$ e $x_0, x_1, \ldots, x_{n+1} \in E$ *per cui la probabilità condizionale ha senso*, cioè per cui $\mathrm{P}(X_0 = x_0, \ldots, X_n = x_n) > 0$. Questa precisazione sarà sempre sottintesa. □

Osservazione 9.5 Per la proprietà di Markov (9.1) è sufficiente mostrare che

$$\mathrm{P}\big(X_{n+1} = x_{n+1} \mid X_0 = x_0, \ldots, X_n = x_n\big) = \mathrm{q}(x_n, x_{n+1}) \tag{9.2}$$

per ogni $n \geq 0$ e $x_0, x_1, \ldots, x_{n+1} \in E$. Infatti da questa relazione si può dedurre l'uguaglianza $\mathrm{P}(X_{n+1} = x_{n+1} \mid X_n = x_n) = \mathrm{q}(x_n, x_{n+1})$, si veda l'Esercizio 9.1. □

Esempio 9.6 Siano $(X_n)_{n \in \mathbb{N}_0}$ variabili aleatorie *indipendenti*, a valori in un insieme finito o numerabile E, tali che le variabili X_n per $n \geq 1$ abbiano la stessa distribuzione e dunque la stessa densità discreta p_X (mentre X_0 può avere una distribuzione diversa). Allora per ogni $n \geq 0$ e ogni $x_0, \ldots, x_{n+1} \in E$, si ha, per l'ipotesi di indipendenza:

$$\mathrm{P}\big(X_{n+1} = x_{n+1} \mid X_0 = x_0, \ldots, X_n = x_n\big) = \mathrm{P}(X_{n+1} = x_{n+1}) = \mathrm{p}_X(x_{n+1}),$$

e tale probabilità è anche uguale a $\mathrm{P}(X_{n+1} = x_{n+1} \mid X_n = x_n)$. Di conseguenza $(X_n)_{n \in \mathbb{N}_0}$ è una catena di Markov, con probabilità di transizione $\mathrm{q}(x, y) = \mathrm{p}_X(y)$

che non dipende da x. (Vedremo fra poco che vale anche l'implicazione opposta: se $q(x, y)$ non dipende da x, allora le variabili $(X_n)_{n\in\mathbb{N}_0}$ sono indipendenti.) □

Esempio 9.7 (Un ombrello) Tornando all'Esempio 9.1, mostriamo che $(X_n)_{n\in\mathbb{N}_0}$ è una catena di Markov su $E = \{0, 1\}$, e determiniamo la sua matrice di transizione.

Sia $(C_n)_{n\in\mathbb{N}}$ una successione di eventi indipendenti con probabilità p, dove C_n rappresenta l'evento "durante l'n-esimo viaggio di Alessia piove". Possiamo allora costruire $(X_n)_{n\in\mathbb{N}_0}$ nel modo seguente: X_0 è assegnato (a seconda che Alessia abbia o non abbia l'ombrello con sé all'inizio) e definiamo X_n ricorsivamente, ponendo

$$X_{n+1} = 1 - X_n \mathbb{1}_{C_{n+1}^c}\,, \qquad \text{per } n \geq 0\,. \tag{9.3}$$

Infatti, se $X_n = 1$, allora Alessia ha l'ombrello con sé dopo l'n-esimo viaggio, e lo usa per l'$(n+1)$-esimo viaggio unicamente se piove (nel qual caso $\mathbb{1}_{C_{n+1}^c} = 0$, e $X_{n+1} = 1$); se $X_n = 0$, allora necessariamente $X_{n+1} = 1$. In entrambi i casi la formula precedente è verificata. Dunque, per ogni $n \geq 0$ e ogni $x_0, \ldots, x_{n+1} \in \{0, 1\}$, si ha

$$\begin{aligned}
&\mathrm{P}\big(X_{n+1} = x_{n+1} \mid X_0 = x_0, \ldots, X_n = x_n\big) \\
&\quad = \mathrm{P}\left(1 - x_n \mathbb{1}_{C_{n+1}^c} = x_{n+1} \mid X_0 = x_0, \ldots, X_n = x_n\right) = \mathrm{P}\left(x_n \mathbb{1}_{C_{n+1}^c} = 1 - x_{n+1}\right),
\end{aligned}$$

dove, nell'ultima identità, abbiamo usato il fatto che $\mathbb{1}_{C_{n+1}}$ è indipendente da $X_0, X_1, \ldots, X_n$ (si vede facilmente per induzione che X_n dipende solo da $C_1, \ldots, C_n$). Ciò mostra che $(X_n)_{n\in\mathbb{N}_0}$ è una catena di Markov su $\{0, 1\}$ con probabilità di transizione (notare che tali probabilità di transizione non dipendono da n)

$$q(x, y) := \mathrm{P}(x\, \mathbb{1}_{C_{n+1}^c} = 1 - y) = \begin{cases} \mathrm{P}(0 = 1) = 0 & \text{se } x = 0,\ y = 0\,, \\ \mathrm{P}(0 = 0) = 1 & \text{se } x = 0,\ y = 1\,, \\ \mathrm{P}(\mathbb{1}_{C_{n+1}^c} = 1) = 1 - p & \text{se } x = 1,\ y = 0\,, \\ \mathrm{P}(\mathbb{1}_{C_{n+1}^c} = 0) = p & \text{se } x = 0,\ y = 1\,, \end{cases}$$

Abbiamo pertanto ottenuto la matrice di transizione $Q = \begin{pmatrix} q(0,0) & q(0,1) \\ q(1,0) & q(1,1) \end{pmatrix} = \begin{pmatrix} 0 & 1 \\ 1-p & p \end{pmatrix}$. Possiamo rappresentare graficamente tale matrice con il diagramma seguente:

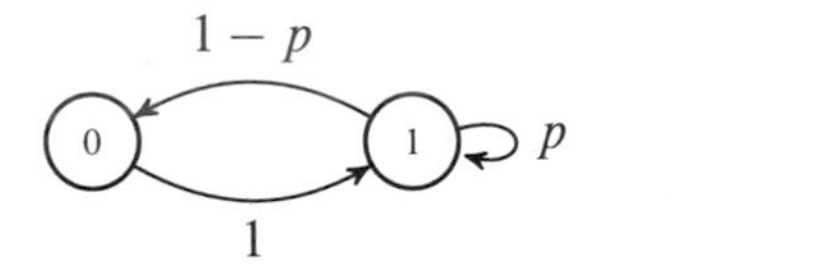

□

9.1.2 Transizione a più passi

In una catena di Markov $(X_n)_{n\in\mathbb{N}_0}$, oltre alla matrice di transizione, gioca un ruolo importante la distribuzione μ_0 di X_0, detta *distribuzione iniziale*. La identificheremo con la sua densità discreta, ossia scriveremo $\mu_0(x) := \mathrm{P}(X_0 = x)$ per $x \in E$.

Una delle conseguenze della proprietà di Markov (9.1) è che conoscendo la matrice di transizione e la distribuzione iniziale è possibile calcolare la distribuzione del vettore $(X_0, \ldots, X_n)$. Infatti, usando la regola della catena per le probabilità condizionali (Proposizione 1.51), per $n \geq 1$ e $x_0, x_1, \ldots, x_n \in E$ si ha

$$\begin{aligned} &\mathrm{P}\left(X_0 = x_0, \ldots, X_n = x_n\right) \\ &= \mathrm{P}(X_0 = x_0) \prod_{i=1}^{n} \mathrm{P}\left(X_i = x_i \mid X_0 = x_0, \ldots, X_{i-1} = x_{i-1}\right). \end{aligned}$$

Applicando la proprietà di Markov ai termini del prodotto, detta $Q = (\mathrm{q}(x, y))_{x,y \in E}$ la matrice di transizione e $\mu_0(x) = \mathrm{P}(X_0 = x)$ la distribuzione iniziale, si ottiene

$$\mathrm{P}\left(X_0 = x_0, \ldots, X_n = x_n\right) = \mu_0(x_0)\ \mathrm{q}(x_0, x_1)\ \mathrm{q}(x_1, x_2) \cdots \mathrm{q}(x_{n-1}, x_n), \quad (9.4)$$

da cui segue che

$$\mathrm{P}\left(X_1 = x_1, \ldots, X_n = x_n \mid X_0 = x_0\right) = \mathrm{q}(x_0, x_1)\ \mathrm{q}(x_1, x_2) \cdots \mathrm{q}(x_{n-1}, x_n). \quad (9.5)$$

La formula (9.4) è piuttosto intuitiva: la probabilità che la catena $(X_n)_{n \in \mathbb{N}_0}$ abbia come primi $n + 1$ valori $x_0, x_1, \ldots, x_n$ è uguale alla probabilità che X_0 prenda il valore x_0, moltiplicata per la probabilità di andare da x_0 a x_1, poi da x_1 a x_2, ecc., e alla fine da x_{n-1} a x_n (questa struttura a catena spiega il nome "catene di Markov").

Se si conosce la matrice di transizione Q e la distribuzione iniziale μ_0, grazie alla formula (9.4) si possono determinare le distribuzioni dei vettori $(X_0, X_1, \ldots, X_n)$, che sono dette *distribuzioni finito-dimensionali della catena di Markov*. Riassumiamo tale risultato nella seguente proposizione.

Proposizione 9.8
Le distribuzioni finito-dimensionali di una catena di Markov $(X_n)_{n \in \mathbb{N}_0}$ sono completamente determinate dalla distribuzione iniziale μ_0 e dalla matrice di transizione Q, tramite la formula (9.4).

Esempio 9.9 Sia $(X_n)_{n \in \mathbb{N}_0}$ una catena di Markov su E, le cui probabilità di transizione $\mathrm{q}(x, y)$ *non dipendono da* x, cioè $\mathrm{q}(x, y) = \mathrm{p}(y)$ per ogni $x \in E$, dove p è una densità discreta su E. Allora, grazie a (9.4), $\mathrm{P}(X_0 = x_0, \ldots, X_n = x_n)$ è uguale a $\mu_0(x_0) \cdot \mathrm{p}(x_1)\,\mathrm{p}(x_2) \cdots \mathrm{p}(x_n)$. Per la Proposizione 3.32, le variabili aleatorie $X_0, X_1, \ldots, X_n$ sono indipendenti e $X_1, \ldots, X_n$ hanno ciascuna densità discreta p. □

Nel seguito, parleremo di una catena di Markov con matrice di transizione Q senza necessariamente precisare la distribuzione iniziale μ_0. Quando sarà utile specificarla, la indicheremo nella probabilità con la notazione P_{μ_0}. Possiamo dunque riscrivere (9.4) nel modo seguente:

$$\mathrm{P}_{\mu_0}\big(X_0 = x_0, \ldots, X_n = x_n\big) = \mu_0(x_0) \cdot \mathrm{q}(x_0, x_1) \cdot \mathrm{q}(x_1, x_2) \cdots \mathrm{q}(x_{n-1}, x_n). \tag{9.6}$$

Se $X_0 = x$ quasi certamente, cioè se $\mu_0(y) = \mathbb{1}_{\{y=x\}}$ è la distribuzione di una variabile aleatoria costante uguale a $x \in E$, scriveremo P_x invece di P_{μ_0}. Ad esempio:

$$\begin{aligned}\mathrm{P}_x\big(X_1 = x_1, \ldots, X_n = x_n\big) &= \mathrm{q}(x, x_1) \cdots \mathrm{q}(x_{n-1}, x_n) \\ &= \mathrm{P}\big(X_1 = x_1, \ldots, X_n = x_n \,|\, X_0 = x\big),\end{aligned} \tag{9.7}$$

dove per l'ultima uguaglianza abbiamo usato (9.5).

Proposizione 9.10
Se $(X_n)_{n \in \mathbb{N}_0}$ è una catena di Markov su E con matrice di transizione Q, allora per ogni $n \in \mathbb{N}_0$, e ogni $x, y \in E$, si ha

$$\mathrm{P}_x(X_n = y) = \mathrm{P}(X_n = y \mid X_0 = x) = Q^n(x, y), \tag{9.8}$$

dove $Q^n(x, y)$ denota l'elemento (x, y) della matrice Q^n.

Notiamo che per $n = 0$ si pone per convenzione $Q^n = I$, dove I è la matrice identità su E, ossia $I(x, y) = 1$ se $x = y$ e $I(x, y) = 0$ altrimenti. Con questa convenzione, abbiamo $\mathrm{P}(X_0 = y \mid X_0 = x) = Q^0(x, y)$.

Dimostrazione Per mostrare la relazione (9.8) per $n \geq 1$, decomponiamo la probabilità secondo i valori $x_1, \ldots, x_{n-1}$ che possono assumere $X_1, \ldots, X_{n-1}$:

$$\begin{aligned}\mathrm{P}_x(X_n = y) &= \sum_{x_1, \ldots, x_{n-1} \in E} \mathrm{P}_x(X_1 = x_1, \ldots, X_{n-1} = x_{n-1}, X_n = y) \\ &= \sum_{x_1, \ldots, x_{n-1} \in E} \mathrm{q}(x, x_1)\, \mathrm{q}(x_1, x_2) \cdots \mathrm{q}(x_{n-1}, y),\end{aligned} \tag{9.9}$$

dove abbiamo usato (9.5) per la seconda identità.

Mostriamo per induzione che quest'ultima somma è esattamente l'elemento (x, y) della matrice Q^n. Per $n = 2$, la somma vale $\sum_{x_1 \in E} Q(x, x_1) Q(x_1, y)$, che è esattamente $Q^2(x, y)$, per definizione di prodotto di matrici. Per $n \geq 3$, sommando su $x_1, \dots, x_{n-2}$ (usiamo la somma a blocchi) e applicando l'ipotesi induttiva, otteniamo

$$\begin{aligned}
&\sum_{x_1,\dots,x_{n-1}\in E} \mathrm{q}(x,x_1)q(x_1,x_2)\cdots \mathrm{q}(x_{n-1},y) \\
&= \sum_{x_{n-1}\in E}\Big(\sum_{x_1,\dots,x_{n-2}\in E} \mathrm{q}(x,x_1)\cdots \mathrm{q}(x_{n-2},x_{n-1})\Big)\,\mathrm{q}(x_{n-1},y) \\
&= \sum_{x_{n-1}} Q^{n-1}(x,x_{n-1})Q(x_{n-1},y) = (Q^{n-1}\cdot Q)(x,y)\,.
\end{aligned}$$

Ciò conclude la dimostrazione del fatto che $\mathrm{P}(X_n = y \mid X_0 = x) = Q^n(x,y)$. □

È facile verificare che si ha $\mathrm{P}(X_{n+1} = y \mid X_1 = x) = Q^n(x,y)$, e più in generale

$$\mathrm{P}(X_{m+n} = y \mid X_m = x) = Q^n(x,y) \qquad \text{per ogni } m \geq 0. \tag{9.10}$$

Dunque la matrice Q^n descrive le *probabilità di transizione a n passi*: più precisamente, $Q^n(x,y)$ è la probabilità che, sapendo che la catena è in uno stato x ad un dato istante m, essa si trovi nello stato y dopo n ulteriori passi.

Notiamo che, se conosciamo il valore di X_0, la Proposizione 9.10 permette di determinare la distribuzione di X_n. Questo si estende facilmente al caso in cui X_0 non assume un valore fissato ma ha una distribuzione iniziale arbitraria μ_0.

Corollario 9.11
Sia $(X_n)_{n\in\mathbb{N}_0}$ una catena di Markov con matrice di transizione Q e distribuzione iniziale μ_0 (interpretata come vettore riga $(\mu_0(x))_{x\in E}$). Allora la distribuzione μ_n di X_n è data da $\mu_n = \mu_0 \cdot Q^n$, cioè per ogni $y \in E$

$$\mathrm{P}_{\mu_0}(X_n = y) = \sum_{x\in E} \mu_0(x)\, Q^n(x,y)\,.$$

Dimostrazione Per ogni $y \in E$, abbiamo

$$\begin{aligned}
\mu_n(y) = \mathrm{P}_{\mu_0}(X_n = y) &= \sum_{x\in E} \mathrm{P}_{\mu_0}(X_0 = x, X_n = y) \\
&= \sum_{x\in E} \mathrm{P}_{\mu_0}(X_0 = x)\,\mathrm{P}_{\mu_0}(X_n = y \mid X_0 = x)\,.
\end{aligned}$$

Sia ha $\mathrm{P}_{\mu_0}(X_0 = x) = \mu_0(x)$ per definizione, e dalla Proposizione 9.10 segue che $\mathrm{P}_{\mu_0}(X_n = y \mid X_0 = x) = Q^n(x,y)$, per cui

$$\mu_n(y) = \sum_{x\in E} \mu_0(x)\, Q^n(x,y) = (\mu_0 \cdot Q^n)(y),$$

dove $(\mu_0 Q^n)(y)$ è l'elemento y del vettore riga $\mu_0 Q^n$. □

In definitiva, per calcolare le distribuzioni marginali di $X_1, X_2, \ldots$ basta calcolare le potenze successive della matrice di transizione.

Esempio 9.12 (Un ombrello) Riprendiamo l'Esempio 9.7. Sia $(X_n)_{n\in\mathbb{N}_0}$ una catena di Markov su $\{0, 1\}$, con matrice di transizione $Q = \begin{pmatrix} 0 & 1 \\ 1-p & p \end{pmatrix}$, dove $p \in (0, 1)$ è un parametro assegnato. Ricordiamo che $X_n = 1$ significa che dopo l'n-esimo viaggio l'ombrello si trova nello stesso luogo di Alessia, mentre $X_n = 0$ significa che dopo l'n-esimo viaggio l'ombrello e Alessia si trovano in luoghi diversi.

Per la Proposizione 9.10, si ha che $\mathrm{P}(X_n = y \mid X_0 = x) = Q^n(x, y)$. Con un calcolo che lasciamo per esercizio (per induzione, o diagonalizzando la matrice) si ottiene

$$Q^n = \frac{1}{2-p}\begin{pmatrix} 1-p+(p-1)^n & 1-(p-1)^n \\ 1-p+(p-1)^{n+1} & 1-(p-1)^{n+1} \end{pmatrix}.$$

Se assumiamo che $X_0 = 1$, la probabilità che Alessia non abbia con se l'ombrello dopo l'n-esimo viaggio ($X_n = 0$) vale dunque

$$\mathrm{P}(X_n = 0 \mid X_0 = 1) = Q^n(1, 0) = \frac{1-p}{2-p}\,(1-(p-1)^n)\,.$$

Ricordiamo che l'evento $C_{n+1} :=$ "piove durante l'$(n+1)$-esimo viaggio" è indipendente dall'evento $X_n = 0$ (perché X_n dipende solo da $C_1, \ldots, C_n$). Deduciamo allora che la probabilità che Alessia effettui l'$(n+1)$-esimo viaggio sotto la pioggia e senza ombrello vale $p \cdot \frac{1-p}{2-p}(1-(p-1)^n)$. Poiché $|1-p| < 1$, tale probabilità converge a $p(1-p)/(2-p)$ per $n \to \infty$, un risultato a priori tutt'altro che evidente!

□

Esempio 9.13 Una persona (poco dotata di inventiva) tutti i giorni si prepara il pranzo scegliendo fra tre possibilità: 1) patata dolce 2) broccoli 3) zucca: ogni giorno, sceglie con probabilità $1/2$ uno dei due piatti che non ha preparato il giorno precedente. Calcoliamo la probabilità che venerdì mangi lo stesso pasto di lunedì. Tale problema può essere modellato da un catena di Markov $(X_n)_{n\in\mathbb{N}_0}$ su $\{1, 2, 3\}$, con la seguente matrice di transizione Q (disegniamo anche il diagramma associato, dove ogni freccia rappresenta una probabilità di transizione uguale a $1/2$):

$$Q = \begin{pmatrix} 0 & 1/2 & 1/2 \\ 1/2 & 0 & 1/2 \\ 1/2 & 1/2 & 0 \end{pmatrix}$$

Se indichiamo con X_0 il numero del pasto di lunedì, il numero del pasto di venerdì è X_4: calcoliamo allora

$$\mathrm{P}(X_4 = X_0) = \sum_{i=1}^{3} \mathrm{P}(X_0 = i, X_4 = i) = \sum_{i=1}^{3} \mathrm{P}(X_0 = i)\,\mathrm{P}(X_4 = i \mid X_0 = i)\,.$$

Per simmetria del problema, $P(X_4 = i \mid X_0 = i) = Q^4(i,i)$ ha lo stesso valore per $i = 1, 2, 3$: usando il fatto che $\sum_{i=1}^{3} P(X_0 = i) = 1$, si ha perciò $P(X_4 = X_0) = Q^4(1,1)$. Si può calcolare Q^4 esplicitamente (esercizio[1]), e si trova $Q^4(1,1) = 3/8$. □

9.1.3 Costruzione di catene di Markov

L'Esempio 9.7, e in particolare l'identità (9.3), suggerisce che una catena di Markov possa essere definita attraverso una "regola di aggiornamento" ricorsiva. In questo paragrafo vedremo che questo è il caso, e che ogni catena di Markov ammette una tale rappresentazione.

Proposizione 9.14 (Catena di Markov come mappa aleatoria)
Sia $(W_n)_{n \geq 1}$ una successione di variabili aleatorie reali i.i.d. (indipendenti e identicamente distribuite). Siano E un insieme finito o numerabile e $\varphi : E \times \mathbb{R} \to E$ una funzione misurabile. Assegnata un'arbitraria variabile aleatoria X_0 a valori in E, indipendente dalle $(W_n)_{n \geq 1}$, definiamo ricorsivamente

$$X_{n+1} := \varphi(X_n, W_{n+1}) \qquad \textit{per } n \geq 0 \,. \tag{9.11}$$

Allora la successione $(X_n)_{n \geq 0}$ è una catena di Markov (omogenea) le cui probabilità di transizione sono date da

$$q(x, y) = P(\varphi(x, W_1) = y) \,.$$

Dimostrazione Segue facilmente da (9.11) che X_n è funzione di $(X_0, W_1, \ldots, W_n)$. Imitando l'argomento visto nell'Esempio 9.7, per ogni $x_0, x_1, \ldots, x_n \in E$ abbiamo

$$P\big(X_{n+1} = x_{n+1} \mid X_0 = x_0, \ldots, X_n = x_n\big)$$
$$P\left(\varphi(x_n, W_{n+1}) = x_{n+1} \mid X_0 = x_0, \ldots, X_n = x_n\right) = P\left(\varphi(x_n, W_{n+1}) = x_{n+1}\right),$$

dove abbiamo usato il fatto che W_{n+1} è indipendente da $(X_0, X_1, \ldots, X_n)$, dato che quest'ultimo è funzione di $(X_0, W_1, \ldots, W_n)$. Questo mostra che $(X_n)_{n \geq 0}$ è una catena di Markov omogenea, con probabilità di transizione come nell'enunciato. □

Si noti che, nella Proposizione precedente, il fatto che le variabili aleatorie W_n siano reali non ha in realtà alcun ruolo: si potrebbero considerare variabili aleatorie i.i.d. a valori in uno spazio arbitrario.

---

[1] Si può ad esempio calcolare Q^n, notando che $Q = \frac{1}{2}J - \frac{1}{2}I$, dove $J = \left(\begin{smallmatrix} 1 & 1 & 1 \\ 1 & 1 & 1 \\ 1 & 1 & 1 \end{smallmatrix}\right)$, è tale che $J^k = 3^{k-1} J$. Usando la formula del binomio di Newton e il fatto che J e I commutano, si trova con qualche calcolo che $Q^n = \frac{1}{3}(1 - (-\frac{1}{2})^n) J + (-\frac{1}{2})^n I$.

Nel prossimo risultato mostriamo che ogni catena di Markov ammette una rappresentazione della forma (9.11), detta anche *mappa aleatoria*, che si può rendere "canonica" scegliendo le W_n con distribuzione uniforme in $(0, 1)$.

Proposizione 9.15 (Costruzione di catene di Markov)
Sia E un insieme finito o numerabile, su cui sono assegnate una matrice stocastica $Q = (\mathrm{q}(x, y))_{x,y \in E}$ e una densità discreta $\mu_0 = (\mu_0(x))_{x \in E}$. Siano $(U_n)_{n \geq 0}$ variabili aleatorie indipendenti con distribuzione uniforme continua su $(0, 1)$. Allora esistono funzioni misurabili $\psi : (0, 1) \to E$ e $\varphi : E \times (0, 1) \to E$ tali che la successione $(X_n)_{n \geq 0}$ definita ricorsivamente da

$$X_0 = \psi(U_0), \qquad X_{n+1} = \varphi(X_n, U_{n+1}) \qquad \text{per } n \geq 0,$$

è una catena di Markov con matrice di transizione Q e distribuzione iniziale μ_0.

Dimostrazione Consideriamo anzitutto un'enumerazione $\{x_i\}_{i \geq 1}$ di E. Definiamo

$$\psi(u) := \sum_{i \geq 1} x_i \, \mathbb{1}_{[u_{i-1}, u_i)}(u),$$

dove $u_0 = 0$ e

$$u_i := \sum_{j=1}^{i} \mu_0(x_j) \qquad \text{per } i \geq 1.$$

Osserviamo che $\psi(U_0) = x_i$ se e solo se $U_0 \in [u_{i-1}, u_i)$,[2] quindi per ogni $i \geq 1$

$$\mathrm{P}(\psi(U_0) = x_i) = \mathrm{P}(U_0 \in [u_{i-1}, u_i)) = u_i - u_{i-1} = \mu_0(x_i).$$

Dunque $X_0 = \psi(U_0)$ ha densità discreta μ_0. Per concludere la dimostrazione, grazie alla Proposizione 9.14, basta individuare una funzione $\varphi : E \times (0, 1) \to E$ tale che

$$\mathrm{P}(\varphi(x, U_n) = y) = \mathrm{q}(x, y). \tag{9.12}$$

Usando di nuovo l'enumerazione di E, poniamo

$$\varphi(x, u) = \sum_{i \geq 1} x_i \, \mathbb{1}_{[u_{i-1}(x), u_i(x))}(u),$$

dove poniamo $u_0(x) := 0$ e

$$u_i(x) := \sum_{j=1}^{i} \mathrm{q}(x, x_j) \qquad \text{per } i \geq 1.$$

Essendo $U_n \sim \mathrm{U}(0, 1)$, per ogni $i \geq 1$ abbiamo

$$\mathrm{P}(\varphi(x, U_n) = x_i) = \mathrm{P}(U_n \in [u_{i-1}(x), u_i(x))) = u_i(x) - u_{i-1}(x) = \mathrm{q}(x, x_i),$$

che è la conclusione desiderata. □

[2] Questo mostra la misurabilità di ψ.

Osservazione 9.16 Un'importante conseguenza della Proposizione 9.15 è la seguente: assegnate arbitrariamente una densità discreta μ_0 e una matrice stocastica Q, *esiste una catena di Markov con distribuzione iniziale* μ_0 *e matrice di transizione* Q. □

9.1.4 Passato, presente, futuro

Presentiamo ora una generalizzazione della proprietà di Markov, che può essere descritta come segue: se fissiamo uno stato $x \in E$ e un istante $n \geq 0$ che rappresenta il "presente", allora *condizionatamente a* $X_n = x$ il "futuro" $(X_{n+m})_{m \geq 0}$ è una catena di Markov con stato iniziale x indipendente dal "passato" $(X_0, \ldots, X_n)$.

Proposizione 9.17 (Proprietà di Markov generale)
Sia $(X_n)_{n \in \mathbb{N}_0}$ *una catena di Markov con spazio degli stati* E. *Fissiamo arbitrariamente* $n, k \geq 0$ *e* $x \in E$.

Introducendo le abbreviazioni $X_0^n := (X_0, \ldots, X_n)$ *e* $X_n^{n+k} := (X_n, \ldots, X_{n+k})$, *per ogni* $A \subseteq E^{n+1}$ *e* $B \subseteq E^{k+1}$ *vale la* proprietà di Markov generale*:*

$$\mathrm{P}(X_n^{n+k} \in B \mid X_0^n \in A,\ X_n = x) = \mathrm{P}_x(X_0^k \in B)\,, \tag{9.13}$$

dove abbiamo posto $\mathrm{P}_x(\cdot) := \mathrm{P}(\cdot \mid X_0 = x)$ *(si ricordi (9.7)).*

Equivalentemente: condizionatamente a $X_n = x$*, il vettore aleatorio* $(X_0, \ldots, X_n)$ *è indipendente da* $(X_n, \ldots, X_{n+k})$*:*

$$\begin{aligned} \mathrm{P}(X_0^n \in A,\ X_n^{n+k} \in B \mid X_n = x) &= \mathrm{P}(X_0^n \in A \mid X_n = x) \\ &\quad \cdot \mathrm{P}(X_n^{n+k} \in B \mid X_n = x)\,, \end{aligned} \tag{9.14}$$

inoltre, sempre condizionatamente a $X_n = x$*, il vettore aleatorio* $(X_n, \ldots, X_{n+k})$ *è distribuito come i primi* k *passi della catena di Markov che parte da* x*:*

$$\mathrm{P}(X_n^{n+k} \in B \mid X_n = x) = \mathrm{P}_x(X_0^k \in B)\,. \tag{9.15}$$

Osservazione 9.18 La proprietà di Markov generale (9.13) permette di ritrovare, come caso particolare, la proprietà di Markov "originale" (9.1): basta scegliere $k = 1$, $x = x_n$ e $A = \{x_0, \ldots, x_n\}$, $B = \{x_n, x_{n+1}\}$. Anche la proprietà (9.10) (con lo scambio $(m, n) \leftrightarrow (n, k)$) si può ottenere da (9.13) per $B = \{x_k = y\}$. □

Osservazione 9.19 Condizionare a un valore x di X_n *fissato* è estremamente importante nella Proposizione 9.17, come si può vedere nell'Esercizio 9.4. □

Dimostrazione (della Proposizione 9.17) Fissiamo $n, k \geq 0$ e $x \in E$. È sufficiente mostrare che per ogni $A \subseteq E^{n+1}$ e $B \subseteq E^{k+1}$ vale la relazione seguente:

$$\mathrm{P}(X_0^n \in A,\, X_n = x,\, X_n^{n+k} \in B) = \mathrm{P}(X_0^n \in A,\, X_n = x)\, \mathrm{P}_x(X_0^k \in B)\,, \quad (9.16)$$

da cui si ottiene (9.13). In particolare, scegliendo $A = E^{n+1}$ si ottiene (9.15). Infine, dividendo ambo i membri di (9.16) per $\mathrm{P}(X_n = x)$ si ottiene (9.14), grazie a (9.15).

Ci resta da dimostrare (9.16). È sufficiente considerare il caso speciale in cui A e B contengono un solo vettore, diciamo $A = \{(x_0, \ldots, x_n)\}$ e $B = \{(y_0, \ldots, y_k)\}$, perché ogni sottoinsieme $A \subseteq E^{n+1}$ e $B \subseteq E^{k+1}$ è unione finita o numerabile di questi casi speciali. Riscriviamo quindi (9.16) nel modo seguente:

$$\mathrm{P}(X_0^n = x_0^n,\, X_n = x,\, X_n^{n+k} = y_0^k) = \mathrm{P}(X_0^n = x_0^n,\, X_n = x)\, \mathrm{P}_x(X_0^k = y_0^k)\,. \quad (9.17)$$

Se $x_n \neq x$ oppure $y_0 \neq x$ entrambi i membri valgono 0, quindi possiamo supporre che $x_n = y_0 = x$. Grazie alla relazione (9.4), il membro sinistro di (9.17) vale

$$\mathrm{P}(X_0 = x_0) \cdot \mathrm{q}(x_0, x_1) \cdots \mathrm{q}(x_{n-1}, x) \cdot \mathrm{q}(x, y_1) \cdots \mathrm{q}(y_{k-1}, y_k)\,.$$

Anche il membro destro di (9.17) è dato da questa stessa espressione, come si vede applicando le relazioni (9.4) e (9.7) ai termini $\mathrm{P}(X_0^n = x_0^n,\, X_n = x)$ e $\mathrm{P}_x(X_n^{n+k} = y_0^k)$. Questo completa la dimostrazione. □

Esercizi

Esercizio 9.1 Sia $(X_n)_{n \in \mathbb{N}_0}$ un processo stocastico a valori in E tale che per ogni $n \geq 0$ e $x_0, \ldots, x_n \in E$ vale l'uguaglianza (9.2), o equivalentemente

$$\begin{aligned} &\mathrm{P}\big(X_0 = x_0,\, \ldots,\, X_n = x_n,\, X_{n+1} = x_{n+1}\big) \\ &\quad = \mathrm{P}\big(X_0 = x_0,\, \ldots,\, X_n = x_n\big)\, \mathrm{q}(x_n, x_{n+1})\,. \end{aligned}$$

Dedurre che per ogni $x, y \in E$ si ha

$$\mathrm{P}\big(X_n = x,\, X_{n+1} = y\big) = \mathrm{P}\big(X_n = x\big)\, \mathrm{q}(x, y)$$

e concludere che $\mathrm{P}(X_{n+1} = y \mid X_n = x) = \mathrm{q}(x, y)$.

[*Sugg.* Si noti che $\{X_n = x\} = \bigcup_{x_0, \ldots, x_{n-1} \in E} \{X_0 = x_0,\, \ldots,\, X_{n-1} = x_{n-1},\, X_n = x\}$.]

Esercizio 9.2 Sia $(X_n)_{n \in \mathbb{N}_0}$ una catena di Markov. Si mostri che per ogni scelta della distribuzione iniziale μ_0 vale l'uguaglianza

$$\mathrm{P}_{\mu_0}(A) = \sum_{x \in E} \mu_0(x)\, \mathrm{P}_x(A)$$

per ogni evento A generato da $X_0, \ldots, X_n$ con $n \geq 0$ (si ricordi la Definizione 3.5).

[*Sugg.* Si ricordino le formule (9.6) e (9.7).]

Esercizio 9.3 Sia $(X_n)_{n\in\mathbb{N}_0}$ una catena di Markov con matrice di transizione Q, e siano $d, r \in \mathbb{N}_0$. Mostrare che la successione $(Y_n)_{n\in\mathbb{N}_0}$ definita da $Y_n := X_{dn+r}$ è una catena di Markov con matrice di transizione Q^d.

Esercizio 9.4 Riprendiamo l'Esempio 9.13: sia $(X_n)_{n\in\mathbb{N}_0}$ una catena di Markov su $E = \{1, 2, 3\}$ con matrice di transizione

$$Q = \begin{pmatrix} 0 & 1/2 & 1/2 \\ 1/2 & 0 & 1/2 \\ 1/2 & 1/2 & 0 \end{pmatrix}$$

(i) Calcolare $\mathrm{P}_2(X_1 = x_1,\ X_2 = x_2)$ per ogni scelta di $x_1, x_2 \in \{1, 2, 3\}$. Dedurre che $\mathrm{P}_2(X_1 = 1,\ X_2 \in \{2, 3\}) = \frac{1}{2}$ e che $\mathrm{P}_2(X_2 \in \{2, 3\}) = \frac{3}{4}$.

(ii) Mostrare che $\mathrm{P}_2(X_1 = 1, X_2 \in \{2, 3\}, X_3 = 2) = \mathrm{P}_2(X_2 \in \{2, 3\}, X_3 = 2) = \frac{1}{8}$ e

$$\frac{1}{4} = \mathrm{P}_2(X_3 = 2 \mid X_1 = 1,\ X_2 \in \{2, 3\}) \neq \mathrm{P}_2(X_3 = 2 \mid X_2 \in \{2, 3\}) = \frac{1}{6},$$

(iii) Dedurre che, condizionatamente a $X_2 \in \{2, 3\}$, gli eventi $\{X_1 = 1\}$ e $\{X_3 = 2\}$ *non sono indipendenti*:

$$\begin{aligned} &\mathrm{P}_2(X_1 = 1,\ X_3 = 2 \mid X_2 \in \{2, 3\}) \\ &\quad \neq \mathrm{P}_2(X_1 = 1 \mid X_2 \in \{2, 3\}) \cdot \mathrm{P}_2(X_3 = 2 \mid X_2 \in \{2, 3\}) . \end{aligned}$$

Questo mostra che nell'applicazione della Proposizione 9.17 occorre prestare molta attenzione: è fondamentale condizionare a un singolo valore $\{X_n = x\}$.

9.2 Catene di Markov irriducibili

In tutto il resto di questo capitolo, considereremo una catena di Markov $(X_n)_{n\in\mathbb{N}_0}$ su un insieme E, con matrice di transizione $Q = (\mathrm{q}(x, y))_{x,y\in E}$.

9.2.1 *Accessibilità*

Concentreremo la nostra attenzione su catene di Markov tali che, informalmente, "ogni stato $y \in E$ è accessibile da ogni altro stato $x \in E$". Cominciamo col rendere precisa la nozione di "essere accessibile" da uno stato.

Definizione 9.20 (Accessibilità)
Diciamo che $y \in E$ è *accessibile* da $x \in E$ per la catena $(X_n)_{n\in\mathbb{N}_0}$, e scriviamo $x \rightsquigarrow y$, se esiste un $m \geq 0$ tale che $Q^m(x, y) > 0$ (ricordiamo che $Q^m(x, y) = \mathrm{P}_x(X_m = y) = \mathrm{P}(X_m = y \mid X_0 = x)$).

Il fatto che $Q^m(x, y) > 0$ ci assicura che y *è accessibile da* x *in* m *passi* — in particolare, se $\mathrm{q}(x, y) > 0$, allora y è accessibile da x in un solo passo.

Osserviamo che per ogni $m \geq 1$ possiamo scrivere $Q^m(x, y)$ come segue:

$$Q^m(x, y) = \sum_{\substack{x_0, x_1, \ldots, x_m \in E \\ \text{tali che } x_0 = x \text{ e } x_m = y}} \mathrm{q}(x_0, x_1) \cdot \mathrm{q}(x_1, x_2) \cdots \mathrm{q}(x_{m-1}, x_m), \tag{9.18}$$

come si mostra per induzione (oppure scrivendo $Q^m(x, y) = \mathrm{P}_x(X_m = y)$ e notando che $\{X_m = y\}$ è unione disgiunta di eventi $\{X_0 = x_0, X_1 = x_1, \ldots, X_m = x_m\}$). Da ciò segue che $Q^m(x, y) > 0$ se e solo se si ha $\mathrm{q}(x_0, x_1) \cdot \mathrm{q}(x_1, x_2) \cdots \mathrm{q}(x_{m-1}, x_m) > 0$ per opportuni $x_0, x_1, \ldots, x_m \in E$ con $x_0 = x$ e $x_m = y$. Abbiamo mostrato il seguente:

Lemma 9.21 (Cammini)
Si ha $x \rightsquigarrow y$ *se e solo se per qualche* $m \in \mathbb{N}_0$ *esiste un* cammino di m passi $x_0, x_1, \ldots, x_m \in E$ che conduce da $x_0 = x$ a $x_m = y$, *dove ogni passo ha probabilità non nulla:* $\mathrm{q}(x_{i-1}, x_i) > 0$ *per ogni* $i = 1, \ldots, m$.

La relazione "$\rightsquigarrow$" è *transitiva*: se $x \rightsquigarrow y$ e $y \rightsquigarrow z$, allora si ha anche $x \rightsquigarrow z$. Siano infatti m, m' tali che $Q^m(x, y) > 0$ e $Q^{m'}(y, z) > 0$ (cioè y è accessibile da x in m passi e z da y in m' passi); allora, per definizione di prodotto di matrici,

$$Q^{m+m'}(x, z) = \sum_{y' \in E} Q^m(x, y') Q^{m'}(y', z) \geq Q^m(x, y) Q^{m'}(y, z) > 0,$$

dunque $Q^{m+m'}(x, z) > 0$ il che significa che $x \rightsquigarrow z$.

Sottolineiamo che la relazione "$\rightsquigarrow$" non è simmetrica: può accadere che $x \rightsquigarrow y$ senza che $y \rightsquigarrow x$. Quando valgono entrambe le relazioni, scriviamo $x \leftrightsquigarrow y$:

Se $x \rightsquigarrow y$ e $y \rightsquigarrow x$, scriviamo $x \leftrightsquigarrow y$ e diciamo che x e y *comunicano.*

Notiamo che la relazione $\leftrightsquigarrow$ è una relazione di equivalenza: è infatti *riflessiva* ($x \leftrightsquigarrow x$, poiché $Q^0(x, x) = 1 > 0$), *simmetrica* (se $x \leftrightsquigarrow y$ allora anche $y \leftrightsquigarrow x$) e *transitiva* (se $x \leftrightsquigarrow y$ e $y \leftrightsquigarrow z$ allora $x \leftrightsquigarrow z$).

Definizione 9.22 (Irriducibilità)
Una catena di Markov $(X_n)_{n \in \mathbb{N}_0}$ si dice *irriducibile* se tutti gli stati comunicano, cioè se $x \leftrightsquigarrow y$ per ogni $x, y \in E$.

Esempio 9.23 (Un ombrello) Ritorniamo all'Esempio 9.7: la matrice di transizione è data da $Q = \begin{pmatrix} 0 & 1 \\ 1-p & p \end{pmatrix}$, e dunque $\mathrm{q}(0,1) = 1 > 0$, $\mathrm{q}(1,0) = 1 - p > 0$. Si ha perciò che $1 \rightsquigarrow 0$ e $0 \rightsquigarrow 1$, cioè la catena è irriducibile. □

Esempio 9.24 Consideriamo la Catena di Markov su $E = \{1, 2, 3\}$ con la seguente matrice di transizione (ne diamo anche la rappresentazione grafica):

$$Q = \begin{pmatrix} 1/3 & 1/3 & 1/3 \\ 0 & 1/2 & 1/2 \\ 0 & 0 & 1 \end{pmatrix}$$

Si ha $1 \rightsquigarrow 2 \rightsquigarrow 3$, ma $3 \not\rightsquigarrow 1$, $3 \not\rightsquigarrow 2$ e $2 \not\rightsquigarrow 1$: tale catena di Markov non è irriducibile (lo stato 3 è detto *assorbente*; ritroveremo questa nozione nel Paragrafo 9.3). □

Esempio 9.25 (Urna di Ehrenfest) Consideriamo il seguente modello, il cui scopo è descrivere (in maniera molto stilizzata) l'evoluzione di un gas contenuto in due recipienti che comunicano attraverso una piccola apertura. Supponiamo di avere due urne, l'urna A e l'urna B. All'inizio dell'esperimento, tutte le N molecole di un gas si trovano nell'urna A, dopodiché si crea un'apertura fra le due urne: le molecole possono ora spostarsi da un'urna all'altra (e ci si aspetta si instauri un "equilibrio"). Consideriamo la seguente evoluzione: ad ogni passo, si sceglie a caso una delle N molecole, e la si cambia di urna.

Si denoti con X_n il numero di molecole di gas nell'urna A dopo n passi del processo; chiaramente $X_{n+1} = X_n - 1$ oppure $X_{n+1} = X_n + 1$, a seconda che la molecola scelta stesse nell'urna A o nell'urna B. Si ha dunque, per ogni $i \in \{0, \ldots, N\}$,

$$\mathrm{P}\big(X_{n+1} = i + 1 \mid X_n = i\big) = \frac{i}{N} \quad \text{e} \quad \mathrm{P}\big(X_{n+1} = i - 1 \mid X_n = i\big) = \frac{N-i}{N},$$

dato che, condizionatamente a $X_n = i$, si ha probabilità i/N di scegliere una molecola dall'urna A e una probabilità $(N - i)/N$ di scegliere una molecola dall'urna B. Lo stesso vale condizionatamente a $\{X_n = i,\ X_{n-1} = i_{n-1},\ \ldots,\ X_0 = i_0\}$ per ogni scelta di $i_0, \ldots, i_{n-1}$, perché la scelta della pallina da spostare in un determinato istante dipende solo dallo stato delle urne in quell'istante (non dagli stati precedenti).

In definitiva, $(X_n)_{n\in\mathbb{N}_0}$ è una catena di Markov su $E := \{0, \ldots, N\}$, con probabilità di transizione $\mathrm{q}(i, i+1) = \frac{i}{N}$ e $\mathrm{q}(i, i-1) = 1 - \frac{i}{N}$ (è poco utile usare qui una notazione matriciale, ma tali probabilità caratterizzano la matrice di transizione Q). Possiamo rappresentare tali probabilità di transizione con il diagramma

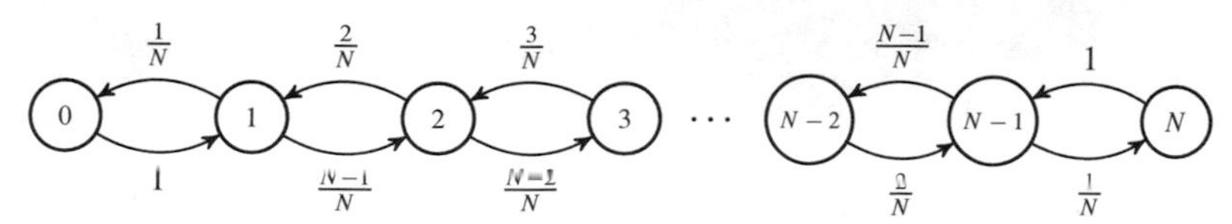

Tale catena di Markov è chiaramente irriducibile, poiché si ha $i \rightsquigarrow i+1$ per ogni $i \in \{0,\ldots,N-1\}$ e $i \rightsquigarrow i-1$ per ogni $i \in \{1,\ldots,N\}$. Usando la transitività della relazione di accessibilità, si ha che $i \leftrightsquigarrow j$ per ogni $i,j \in \{0,\ldots,N\}$. In particolare, vi è una probabilità positiva che tutte le molecole si trovino ad un dato istante (pari) nell'urna A, cosa che può apparire contraddittoria rispetto al carattere irreversibile del rilassamento di un gas... Vedremo nell'Esempio 9.34 la ragione per cui questo non è affatto paradossale. □

9.2.2 *Tempi di ingresso*

Per $y \in E$, definiamo il *tempo di ingresso* nello stato y

$$T_y := \min\{n \geq 1 : X_n = y\}, \tag{9.19}$$

con la convenzione $\min \emptyset = +\infty$, cioè $T_y = +\infty$ se $X_n \neq y$ per ogni $n \geq 1$. Notiamo che T_y è una variabile aleatoria a valori in $\mathbb{N} \cup \{+\infty\}$, definita sullo stesso spazio di probabilità su cui è definita la catena di Markov $(X_n)_{n\in\mathbb{N}_0}$.

Le catene di Markov irriducibili su uno spazio degli stati finito possiedono una proprietà importante: il tempo di ingresso T_y in uno stato arbitrario è finito, ed ha anche valore medio finito (qualunque sia lo stato iniziale della catena).

Osservazione 9.26 Va sottolineato che per $n \in \mathbb{N}$, gli eventi $\{T_y = n\}$, $\{T_y > n\}$ e $\{T_y \leq n\}$ dipendono solo dalle variabili aleatorie $X_1,\ldots,X_n$: cioè sono generati dal vettore aleatorio $(X_1,\ldots,X_n)$, nel senso della Definizione 3.5. Infatti, valgono le seguenti uguaglianze fra eventi

$$\{T_y = n\} = \{X_1 \neq y,\ldots,X_{n-1} \neq y, X_n = y\} = \left(\bigcap_{i=1}^{n-1}\{X_i \neq y\}\right) \cap \{X_n = y\},$$

$$\{T_y > n\} = \{X_1 \neq y,\ldots,X_{n-1} \neq y, X_n \neq y\} = \bigcap_{i=1}^{n}\{X_i \neq y\},$$

e quindi $\{T_y \leq n\} = \{T_y > n\}^c = \bigcup_{i=1}^n \{X_i = y\}$. □

Proposizione 9.27
Sia $(X_n)_{n\in\mathbb{N}_0}$ una catena di Markov irriducibile su E finito. Allora per ogni $x,y \in E$, si ha $\mathrm{P}_x(T_y < +\infty) = 1$ e $\mathrm{E}_x(T_y) < +\infty$.

Sottolineiamo che tale risultato non vale se la catena di Markov non è irriducibile. Inoltre, nel caso in cui E sia infinito numerabile, per catene irriducibili può accadere che $\mathrm{P}_x(T_y < +\infty) = 1$ ma $\mathrm{E}_x(T_y) = +\infty$, e può anche capitare che $\mathrm{P}_x(T_y < +\infty) < 1$, si veda l'Esercizio 9.9.

Dimostrazione Poiché la catena $(X_n)_{n \in \mathbb{N}_0}$ è irriducibile, per ogni $x, y \in E$ esiste $m_{x,y} \geq 1$ tale che $Q^{m_{x,y}}(x, y) > 0$, cioè y è accessibile da x in $m_{x,y}$ passi.[3] Poniamo $m := \max_{x,y \in E} m_{x,y}$, in modo tale che qualsiasi stato y è accessibile da qualunque stato x in al più m passi: m è chiaramente finito essendo E finito. Se poniamo $p := \min_{x,y \in E} Q^{m_{x,y}}(x, y) > 0$, a partire da qualsiasi x la probabilità di raggiungere y in $m_{x,y}$ passi (per cui in al più m passi) è almeno uguale a p, cioè

$$\mathrm{P}_x\left(\exists\, 1 \leq i \leq m : X_i = y\right) \geq \mathrm{P}_x\left(X_{m_{x,y}} = y\right) = Q^{m_{x,y}}(x, y) \geq p, \quad \forall x, y \in E. \tag{9.20}$$

L'idea centrale nella dimostrazione della proposizione consiste nel mostrare che, per ogni $x, y \in E$ e ogni $k \geq 0$

$$\mathrm{P}_x(T_y > k \cdot m) \leq (1 - p)^k. \tag{9.21}$$

L'intuizione dietro questa formula è che, ogni m passi, si ha una probabilità almeno uguale a p di essere passati per y. Per ogni $i \geq 1$, definiamo l'evento

$$A_i := \{X_{(i-1)m+1} \neq y, \ldots, X_{im} \neq y\}$$

che esprime il fatto che lo stato y non viene visitato fra il passo $(i-1) \cdot m$-esimo e il $(i \cdot m)$-esimo. Notiamo che la relazione (9.20) si riscrive $\mathrm{P}_x(A_1^c) \geq p$ per ogni $x \in E$. Di conseguenza, grazie alla Proposizione 9.17, per ogni $x' \in E$ si ha

$$\mathrm{P}(A_i \mid X_{(i-1)m} = x') = \mathrm{P}_{x'}(A_1) \leq 1 - p. \tag{9.22}$$

Notando l'uguaglianza di eventi $\{T_y > km\} = A_1 \cap \cdots \cap A_k$, e decomponendoli a seconda del valore di $X_{(k-1)m}$, possiamo scrivere

$$\begin{aligned}
\mathrm{P}_x\left(T_y > km\right) &= \sum_{x' \in E, x' \neq y} \mathrm{P}_x\left(A_1 \cap \cdots \cap A_k \cap \{X_{(k-1)m} = x'\}\right) \\
&= \sum_{x' \in E, x' \neq y} \mathrm{P}_x\left(A_1 \cap \cdots \cap A_{k-1} \cap \{X_{(k-1)m} = x'\}\right) \mathrm{P}(A_k \mid X_{(k-1)m} = x'),
\end{aligned}$$

dove abbiamo usato la Proposizione 9.17. Grazie a (9.22) otteniamo allora

$$\begin{aligned}
\mathrm{P}_x\left(T_y > km\right) &\leq (1 - p) \sum_{x' \in E, x' \neq y} \mathrm{P}_x\left(A_1 \cap \cdots \cap A_{k-1} \cap \{X_{(k-1)m} = x'\}\right) \\
&= (1 - p)\, \mathrm{P}_x\left(A_1 \cap \cdots \cap A_{k-1}\right) = (1 - p)\, \mathrm{P}_x\left(T > (k-1)m\right),
\end{aligned}$$

da cui (9.21) segue facilmente per induzione.

---

[3] Si può scegliere $m_{x,y} \geq 1$ anche se $x = y$: infatti basta fissare un arbitrario stato $z \neq x$ e possiamo definire $m_{x,x} := m_{x,z} + m_{z,x}$, dal momento che $Q^{m_{x,z}+m_{z,x}}(x, x) \geq Q^{m_{x,z}}(x, z) Q^{m_{z,x}}(z, x)$.

La disuguaglianza (9.21) implica che $\lim_{k\to\infty} \mathrm{P}_x(T_y > km) = 0$. Poiché gli eventi $\{T_y > km\}$ al variare di $k \in \mathbb{N}$ formano una successione decrescente di eventi la cui intersezione è $\{T_y = +\infty\}$, si ottiene $\mathrm{P}_x(T_y = +\infty) = 0$ dalla continuità dall'alto della probabilità (Proposizione 1.24). D'altra parte, poiché T_y è una variabile aleatoria a valori in $\mathbb{N}$, possiamo applicare la Proposizione 3.97, che ci fornisce

$$\mathrm{E}_x(T_y) = \sum_{n=0}^{\infty} \mathrm{P}_x(T_y > n) = \sum_{k=0}^{\infty} \sum_{n=km}^{(k+1)m-1} \mathrm{P}_x(T_y > n) \le \sum_{k=0}^{\infty} m \cdot \mathrm{P}_x(T_y > km) .$$

dove abbiamo usato il fatto che $\mathrm{P}_x(T_y > n) \le \mathrm{P}_x(T_y > km)$ per ogni $n \ge km$. Grazie a (9.21), si ottiene infine $\sum_{k=0}^{\infty} \mathrm{P}_x(T_y > km) < \infty$, che conclude la dimostrazione. □

Analisi ad un passo, un esempio

Nei prossimi paragrafi vedremo come calcolare $\mathrm{E}_x(T_x)$, che rappresenta il tempo medio di ingresso (o meglio di "ritorno") in uno stato x, quando la catena parte dallo stesso stato x; si veda il Teorema 9.41. In questo paragrafo mostriamo invece come calcolare $\mathrm{E}_x(T_y)$ per $y \neq x$. Descriviamo una tecnica generale, che consiste nel determinare come cambia questo valore medio se si effettua un passo della catena.

Fissiamo $y \in E$, e poniamo $v(x) := \mathrm{E}_x(T_y)$ se $x \neq y$, *mentre per* $x = y$ *poniamo* $v(y) := 0$.[4] Si può allora mostrare che $v(x)$ verifica la relazione

$$v(x) = 1 + \sum_{x' \in E} \mathrm{q}(x, x')\, v(x') \qquad \forall x \neq y . \tag{9.23}$$

Non è difficile fornire una spiegazione intuitiva della formula (9.23): per calcolare il tempo medio di ingresso nello stato y a partire dallo stato x, si effettua un passo della catena di Markov (che contribuisce per un tempo 1), e si calcola il tempo medio che ci resta per raggiungere y a partire dalla nostra nuova posizione x', cui siamo giunti con probabilità $\mathrm{q}(x, x')$. Questo metodo è chiamato *analisi ad un passo*.

Dimostrazione (di (9.23)**)** Si noti che $\mathrm{P}_x(T_y > 0) = 1$, e che per ogni $n \ge 1$, si ha

$$\begin{aligned}
\mathrm{P}_x(T_y > n) &= \mathrm{P}_x(X_1 \neq y, \dots, X_n \neq y) \\
&= \sum_{x' \in E, x' \neq y} \mathrm{P}_x(X_1 = x')\, \mathrm{P}_x(X_2 \neq y, \dots, X_n \neq y \mid X_1 = x') \\
&= \sum_{x' \in E, x' \neq y} \mathrm{q}(x, x')\, \mathrm{P}_{x'}(X_1 \neq y, \dots, X_{n-1} \neq y)
\end{aligned}$$

dove abbiamo usato la proprietà di Markov generale (9.15) per ottenere l'ultima uguaglianza. Abbiamo dunque ottenuto, per $x \neq y$ e $n \ge 1$,

$$\mathrm{P}_x(T_y > n) = \sum_{x' \in E, x' \neq y} \mathrm{q}(x, x')\, \mathrm{P}_{x'}(T_y > n - 1) .$$

[4] In altri termini $v(x) := \mathrm{E}_x(\tilde{T}_y)$, dove $\tilde{T}_y := \min\{n \ge 0 : X_n = y\}$ (si noti che $\tilde{T}_y = 0$ se $X_0 = y$).

Pertanto, applicando la Proposizione 3.97, si ottiene per $x \neq y$

$$\begin{aligned} E_x(T_y) &= \sum_{n=0}^{\infty} P_x(T_y > n) = P_x(T_y > 0) + \sum_{n=1}^{+\infty} \sum_{x' \in E, x' \neq y} q(x, x') P_{x'}(T_y > n-1) \\ &= 1 + \sum_{x' \in E, x' \neq y} q(x, x') \sum_{n=1}^{+\infty} P_{x'}(T_y > n-1) \\ &= 1 + \sum_{x' \in E, x' \neq y} q(x, x') E_{x'}(T_y) . \end{aligned}$$

dove abbiamo usato la somma a blocchi (0.13) (teorema di Fubini–Tonelli) e di nuovo la Proposizione 3.97 (dopo aver cambiato l'indice $n - 1 \to n$). Ricordando che $v(y) = 0$, si ottiene dunque (9.23) aggiungendo il termine per $x' = y$ (che vale 0) nell'ultima somma. □

Esempio 9.28 Consideriamo un bruco che si muove sui vertici di un cubo (numerati come in figura). Ad ogni passo, il bruco sceglie uno dei tre vertici vicini a caso (uniformemente, ognuno con probabilità $1/3$), e si sposta su tale vertice. Ciò è sufficiente a descrivere l'evoluzione, non è utile scrivere esplicitamente la matrice di transizione 8×8. Vogliamo calcolare il tempo medio necessario al bruco, che parte dal vertice 1, per raggiungere il vertice 8, cioè $E_1(T_8)$.

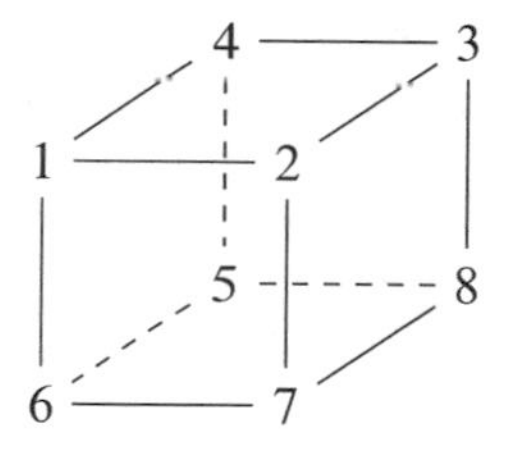

Applicando la formula (9.23), abbiamo

$$E_1(T_8) = 1 + \tfrac{1}{3} E_2(T_8) + \tfrac{1}{3} E_4(T_8) + \tfrac{1}{3} E_6(T_8) = 1 + E_2(T_8) ,$$

dove per l'ultima uguaglianza abbiamo usato il fatto che, per simmetria del problema, $E_2(T_8) = E_4(T_8) = E_6(T_8)$. Possiamo anche applicare la formula (9.23) a $E_2(T_8)$ e a $E_3(T_8)$ e usare di nuovo la simmetria del problema per ottenere

$$\begin{cases} E_2(T_8) = 1 + \frac{1}{3} E_1(T_8) + \frac{1}{3} E_3(T_8) + \frac{1}{3} E_7(T_8) = 1 + \frac{1}{3} E_1(T_8) + \frac{2}{3} E_3(T_8) , \\ E_3(T_8) = 1 + \frac{1}{3} E_2(T_8) + \frac{1}{3} E_2(T_8) + \frac{1}{3} \cdot 0 = 1 + \frac{2}{3} E_2(T_8) . \end{cases}$$

Questo è un sistema lineare di tre equazioni nelle tre incognite $E_1(T_8)$, $E_2(T_8)$, $E_3(T_8)$: risolvendolo (esercizio), si trova $E_1(T_8) = 10$, $E_2(T_8) = 9$ e $E_3(T_8) = 7$. □

9.2.3 Distribuzioni stazionarie

Definizione 9.29 (Distribuzione stazionaria)
Sia π una probabilità su E, che identificheremo con la sua densità discreta $\pi = (\pi(x))_{x\in E}$ vista come un vettore riga. Diciamo che π è una *distribuzione stazionaria* o *invariante* per la catena di Markov $(X_n)_{n\in\mathbb{N}_0}$ con matrice di transizione Q se soddisfa $\pi Q = \pi$, vale a dire

$$\sum_{x\in E} \pi(x)\, \mathrm{q}(x,y) = \pi(y), \qquad \forall y \in E. \tag{9.24}$$

Se π è una distribuzione stazionaria, e se X_0 ha distribuzione π, allora, per il Corollario 9.11, per ogni $n \in \mathbb{N}$, X_n ha distribuzione

$$\pi Q^n = (\pi Q) Q^{n-1} = \pi Q^{n-1} = \cdots = \pi Q = \pi\,.$$

La probabilità π può pertanto essere vista come una distribuzione "di equilibrio": se si sceglie X_0 con tale distribuzione di equilibrio, tutte le X_n avranno la medesima distribuzione. Attenzione, *ciò non significa affatto che la catena non evolve*: le X_n assumono valori aleatori che cambiano nel corso del tempo, ma la *distribuzione* delle X_n non cambia. Vedremo più avanti (Teorema 9.41) che una catena di Markov irriducibile su uno spazio degli stati finito possiede un'unica distribuzione stazionaria.

Determinare una distribuzione stazionaria consiste nel risolvere il sistema di equazioni $\pi Q = \pi$, ossia (9.24), con il vincolo supplementare $\sum_{x\in E} \pi(x) = 1$. Concentriamoci su (9.24): quando E è un insieme finito, si tratta di un *sistema lineare omogeneo* di $|E|$ equazioni in $|E|$ incognite (i valori di π). Notiamo che tali equazioni non sono linearmente indipendenti: infatti sommando (9.24) su y si ottiene

$$\sum_{y\in E} \pi(y) = \sum_{x\in E}\sum_{y\in E} \pi(x)\, \mathrm{q}(x,y) = \sum_{x\in E} \pi(x)\,,$$

dove abbiamo invertito le somme su x e su y (grazie alla proprietà di somma a blocchi (0.13)), e usato il fatto che $\sum_{y\in E} \mathrm{q}(x,y) = 1$ per ogni $y \in E$. L'equazione così ottenuta è un'identità, verificata da qualsiasi soluzione π di (9.24), pertanto l'insieme delle soluzioni è uno spazio vettoriale che ha dimensione almeno 1. L'ulteriore equazione $\sum_{x\in E} \pi(x) = 1$ opera una selezione fra le soluzioni di (9.24).

Osservazione 9.30 Come mostreremo nel Teorema 9.41, se la catena di Markov è irriducibile su E finito, lo spazio vettoriale delle soluzioni di (9.24) ha dimensione *esattamente pari a* 1 e contiene un elemento π (non nullo) *con tutte le componenti positive*, ossia $\pi(x) \geq 0$ per ogni $x \in E$ (quindi, normalizzando π, si ottiene l'unica distribuzione stazionaria). Sottolineiamo che le proprietà evidenziate non sono ovvie. Noi ne daremo una dimostrazione probabilistica, ma è possibile fornirne una dimostrazione puramente algebrica: si tratta del teorema di Perron–Frobenius. □

Osservazione 9.31 Possiamo interpretare $\pi(y)$ come una "massa in y" e $\mathrm{q}(x, y)$ come il trasporto di una porzione $\mathrm{q}(x, y)$ della massa di x in y. Possiamo allora leggere (9.24) come "la massa in y è uguale alla somma delle masse che *arrivano* da x". In altri termini, una distribuzione stazionaria π è un modo di distribuire una massa uguale a 1 agli stati di E, in modo tale che il trasporto di massa secondo $\mathrm{q}(x, y)$ lascia invariata la massa in ciascuno stato. □

Osservazione 9.32 Notiamo che in algebra lineare, la relazione $\pi Q = \pi$ esprime il fatto che π è una autovettore *sinistro* di Q di autovalore 1 (cioè π è un autovettore *destro* della matrice Q^T). Notiamo anche che il vettore colonna $\mathbf{1}$ con tutte le componenti uguali a 1 è una autovettore *destro* di Q, di autovalore 1: infatti, l'identità $\sum_{y \in E} \mathrm{q}(x, y) = 1$ per ogni $y \in E$, può essere riscritta nella forma $Q\mathbf{1} = \mathbf{1}$.

Questo fatto è responsabile di uno degli errori più comuni che si commettono nella ricerca delle distribuzioni stazionarie: bisogna risolvere $\pi Q = \pi$, cioè trovare un autovettore *sinistro*, e *non* risolvere $Q\pi = \pi$, con cui si trova un autovettore *destro*, e che ha sempre $\mathbf{1}$ come soluzione[5]. □

Esempio 9.33 (Un ombrello) Riprendiamo l'Esempio 9.7: sia $(X_n)_{n \in \mathbb{N}_0}$ una catena di Markov su $\{0, 1\}$, con matrice di transizione $Q = \left(\begin{smallmatrix} 0 & 1 \\ 1-p & p \end{smallmatrix}\right)$. Cerchiamo una distribuzione π stazionaria: dobbiamo risolvere $\pi Q = \pi$, che corrisponde a

$$\begin{cases} \pi Q(0) = \pi(0) \cdot 0 + \pi(1) \cdot (1 - p) = \pi(0) \,, \\ \pi Q(1) = \pi(0) \cdot 1 + \pi(1) \cdot p = \pi(1) \,. \end{cases}$$

Si ottiene $\pi(0) = (1 - p)\pi(1)$. Poiché dev'essere $\pi(0) + \pi(1) = 1$, si ottiene la soluzione $\pi(0) = \frac{1-p}{2-p}$ e $\pi(1) = \frac{1}{2-p}$. □

In alcuni casi è poco pratico scrivere Q in forma matriciale, se la sua dimensione è grande: ci si concentra allora direttamente sulle probabilità di transizione, e si usa direttamente la formula (9.24), come nel seguente esempio.

Esempio 9.34 (Urna di Ehrenfest) Sia $(X_n)_{n \in \mathbb{N}_0}$ la catena di Markov su $\{0, \ldots, N\}$ dell'Esempio 9.25, con probabilità di transizione $\mathrm{q}(i, i-1) = \frac{i}{N}$ per $i \in \{1, \ldots, N\}$ e $\mathrm{q}(i, i+1) = 1 - \frac{i}{N}$ per $i \in \{0, \ldots, N-1\}$ (si veda il diagramma nell'Esempio 9.25). Per ottenere una distribuzione stazionaria π, bisogna risolvere (9.24), cioè

$$\begin{cases} \pi(i) = \left(1 - \frac{i-1}{N}\right)\pi(i-1) + \frac{i+1}{N}\pi(i+1) & \text{per } i \in \{1, \ldots, N-1\} \,, \\ \pi(0) = \frac{1}{N}\pi(1) \,, \quad \pi(N) = \frac{1}{N}\pi(N-1) \,. \end{cases}$$

[5] In altre parole, se in esercizio trovate una distribuzione stazionaria della forma $\pi(1) = \pi(2) = \cdots$, chiedetevi se avete davvero risolto il sistema $\pi Q = \pi$, e non $Q\pi = \pi$!

(Ricordiamo che "la massa in i deve essere uguale alla massa *che arriva* in i", e qui può arrivare in i solo da $i-1$ o $i+1$).

Risolviamo tale sistema: si ha $\pi(1) = N\pi(0)$, e per $i \geq 2$, riscrivendo la prima equazione con $i-1$ al posto di i, si ottiene $i\pi(i) = N\pi(i-1) - (N+2-i)\pi(i-2)$. Si mostra per induzione (esercizio) che per ciascun $i \in \{0,\ldots,N\}$ si ha $\pi(i) = \binom{N}{i}\pi(0)$. Usando il fatto che dev'essere $\sum_{i=0}^{N}\pi(i) = 1$, si trova $2^N\pi(0) = 1$, cioè

$$\pi(i) = \binom{N}{i} 2^{-N} \qquad \text{per ogni } i \in \{0,\ldots,N\}.$$

La distribuzione stazionaria π è dunque la distribuzione $\mathrm{Bin}(N, \frac{1}{2})$. Ricordando che X_n rappresenta il numero di molecole nell'urna A, il fatto che X_n ha distribuzione $\mathrm{Bin}(N, \frac{1}{2})$ corrisponde a inserire ciascuna molecola nell'urna A o B con probabilità $1/2$, indipendentemente le une dalle altre. □

Reversibilità

Definizione 9.35 (Distribuzione reversibile)
Diciamo che una probabilità π è una distribuzione *reversibile* per la catena di Markov $(X_n)_{n\in\mathbb{N}_0}$ se

$$\pi(x)\,\mathrm{q}(x,y) = \pi(y)\,\mathrm{q}(y,x)\,, \qquad \forall x,y \in E\,. \tag{9.25}$$

La catena di Markov con distribuzione iniziale π è detta reversibile.

Il termine "reversibile" è giustificato dalla seguente osservazione. Sia π una probabilità che soddisfa (9.25), allora per ogni $n \in \mathbb{N}_0$ e ogni $x_0,\ldots,x_n$, si ha, da (9.4)

$$\begin{aligned}
&\mathrm{P}_\pi(X_0 = x_n,\ldots,X_{n-1} = x_1, X_n = x_0)\\
&= \pi(x_n)\,\mathrm{q}(x_n,x_{n-1})\,\mathrm{q}(x_{n-1},x_{n-2})\cdots\mathrm{q}(x_1,x_0)\\
&= \mathrm{q}(x_{n-1},x_n)\pi(x_{n-1})\,\mathrm{q}(x_{n-1},x_{n-2})\cdots\mathrm{q}(x_1,x_0)\\
&= \cdots\\
&= \mathrm{q}(x_{n-1},x_n)\,\mathrm{q}(x_{n-1},x_{n-2})\cdots\mathrm{q}(x_0,x_1)\pi(x_0)\,,
\end{aligned}$$

dove abbiamo usato n volte la reversibilità di π. Abbiamo perciò

$$\begin{aligned}
\mathrm{P}_\pi(X_n = x_0,\ldots,X_0 = x_n) &= \pi(x_0)\,\mathrm{q}(x_0,x_1)\cdots\mathrm{q}(x_{n-1},x_n)\\
&= \mathrm{P}_\pi(X_0 = x_0,\ldots,X_n = x_n).
\end{aligned}$$

Ciò significa che $(X_n, \ldots, X_0)$, cioè la catena di Markov a cui è stato "invertito" il tempo, ha rispetto a P_π la stessa legge di $(X_0, \ldots, X_n)$, la catena di Markov originale.

Proposizione 9.36
Se una probabilità π *è una distribuzione* reversibile, *allora è* stazionaria.

Dimostrazione Utilizzando la reversibilità di π si ha, per ogni $y \in E$

$$\sum_{x \in E} \pi(x)\, \mathrm{q}(x, y) = \sum_{x \in E} \pi(y)\, \mathrm{q}(y, x) = \pi(y) ,$$

dove abbiamo usato il fatto che $\sum_{x \in E} \mathrm{q}(y, x) = 1$ per ogni $y \in E$, per definizione di probabilità di transizione. Ciò mostra che π verifica (9.24), cioè π è stazionaria. □

Talvolta, per cercare una distribuzione stazionaria, può essere utile cercarne una di reversibile (ma attenzione, non è detto che una distribuzione reversibile esista!).

Esempio 9.37 (Un ombrello) Nell'Esempio 9.33 abbiamo trovato la distribuzione stazionaria $\pi = (\frac{1-p}{2-p}, \frac{1}{2-p})$ della la matrice di transizione $Q = \left(\begin{smallmatrix} 0 & 1 \\ 1-p & p \end{smallmatrix}\right)$. Si verifica facilmente che $\pi(0)\, \mathrm{q}(0, 1) = \frac{1-p}{2-p} = \pi(1)\, \mathrm{q}(1, 0)$, quindi π è reversibile. □

Esempio 9.38 Consideriamo la catena di Markov su $E = \{1, 2, 3\}$ con matrice di transizione $Q = \left(\begin{smallmatrix} 0 & 1 & 0 \\ 0 & 1-p & p \\ 1 & 0 & 0 \end{smallmatrix}\right)$, dove $p \in (0, 1)$. Risolvendo $\pi Q = \pi$ si trova $\pi(1) = \pi(3) = p\, \pi(2)$ che, aggiunta la condizione $\pi(1) + \pi(2) + \pi(3) = 1$ fornisce $\pi(3) = \pi(1) = \frac{p}{2p+1}$, $\pi(2) = \frac{1}{2p+1}$, che dunque è l'unica distribuzione stazionaria. Essendo

$$\pi(1)\, \mathrm{q}(1, 2) = \tfrac{p}{2p+1} \neq \pi(2)\, \mathrm{q}(2, 1) = 0,$$

si ha che π non è reversibile. Essendo π l'unica distribuzione stazionaria, segue che in questo caso non c'è alcuna distribuzione reversibile. □

Esempio 9.39 (Urna di Ehrenfest) Riprendiamo l'Esempio 9.34, e mostriamo che $\pi(i) = 2^{-N}\binom{N}{i}$ è reversibile. Per ogni $i \in \{0, \ldots, N-1\}$, si ha

$$\pi(i)\, \mathrm{q}(i, i+1) = 2^{-N}\binom{N}{i}\frac{N-i}{N} = 2^{-N}\frac{i+1}{N}\binom{N}{i+1} = \pi(i+1)\, \mathrm{q}(i+1, i) .$$

Ciò mostra che $\pi(i)q(i, j) = \pi(j)q(j, i)$ per ogni $i, j \in \{0, \ldots, N\}$ con $|i - j| = 1$. D'altro canto, se $|i - j| \neq 1$ si ha $q(i, j) = q(j, i) = 0$, quindi $\pi(i)q(i, j) = \pi(j)q(j, i)$. Pertanto, π è reversibile (e perciò stazionaria) per la catena di Markov. □

Esempio 9.40 (Passeggiata aleatoria su un grafo) Un grafo $G = (S, \mathcal{A})$ è formato da un insieme di *vertici* S (anche chiamati nodi, o punti) e da un insieme di *archi* $\mathcal{A}$, dove un arco è una coppia non ordinata $\{s, s'\}$ di vertici (il fatto che $\{s, s'\} \in \mathcal{A}$ indica che i vertici s e s' sono collegati da un arco; si noti che s e s' non sono necessariamente distinti). Per $x, y \in S$, scriveremo $x \sim y$ se $\{x, y\} \in \mathcal{A}$ e diremo che x e y sono *vicini* nel grafo G. Denotiamo con $\deg(x) := |\{y \in S, x \sim y\}|$ il numero di vicini, o *grado*, di x. Abbiamo già incontrato un grafo nell'Esempio 9.28, dove tutti i vertici hanno grado 3.

Si consideri ora quella che è chiamata la *passeggiata aleatoria semplice* sul grafo $G = (S, \mathcal{A})$, che consiste nel moto sui vertici del grafo in cui a ciascun passo si salta in un vertice vicino scelto a caso (come nell'Esempio 9.28). Ciò corrisponde a considerare una catena di Markov $(X_n)_{n \in \mathbb{N}_0}$ su S con probabilità di transizione

$$\mathrm{q}(x, y) = \begin{cases} \frac{1}{\deg(x)} & \text{se } x \sim y\,, \\ 0 & \text{altrimenti}\,. \end{cases}$$

(Notiamo che si ha $\mathrm{q}(x, y) = \mathrm{q}(y, x) = 0$ se $x \not\sim y$.) Tale catena di Markov è irriducibile se il grafo $G = (S, \mathcal{A})$ è connesso, cioè se per ogni $x, y \in S$ esiste un "cammino" di vertici vicini che lega x a y, ossia $x_0 = x \sim x_1 \sim \cdots \sim x_n = y$.

Cerchiamo una distribuzione reversibile (e dunque stazionaria) per questa catena di Markov. Cercheremo dunque π tale che $\pi(x)\,\mathrm{q}(x, y) = \pi(y)\,\mathrm{q}(y, x)$, ossia

$$\pi(x)\frac{1}{\deg(x)} = \pi(y)\frac{1}{\deg(y)}\,, \qquad \text{se } x \sim y\,.$$

Questa relazione è chiaramente soddisfatta se definiamo $\pi(x) = C \deg(x)$ dove $C > 0$ è una costante. Resta solo da determinare la costante C per cui π è effettivamente una probabilità: dovendo essere $\sum_{y \in E} \pi(y) = 1$, necessariamente $C = (\sum_{y \in E} \deg(y))^{-1}$. Concludiamo quindi che

$$\pi(x) = \frac{\deg(x)}{\sum_{y \in E} \deg(y)} \qquad \text{per } x \in E \tag{9.26}$$

è una distribuzione reversibile. (Il fatto che sia la sola distribuzione stazionaria, nell'ipotesi che il grafo sia connesso, segue dal Teorema 9.41 qui sotto.) □

Esistenza e unicità della distribuzione stazionaria

Mostriamo l'esistenza e unicità della distribuzione stazionaria per catene di Markov irriducibili con spazio degli stati *finito*. Se lo spazio degli stati è infinito, l'ipotesi di irriducibilità non è sufficiente a garantire che esista una distribuzione stazionaria.

Teorema 9.41 (Distribuzione stazionaria: esistenza e unicità)
Sia $(X_n)_{n \in \mathbb{N}_0}$ una catena di Markov irriducibile su E finito, con matrice di transizione Q. Allora $(X_n)_{n \in \mathbb{N}_0}$ ammette una distribuzione stazionaria π, e questa è unica. Inoltre, ricordando la definizione (9.19) *del tempo d'ingresso T_x, si ha*

$$\pi(x) = \frac{1}{\mathrm{E}_x(T_x)} > 0 \qquad \textit{per ogni } x \in E \,. \tag{9.27}$$

Dimostrazione Cominciamo col dimostrare l'*esistenza* di una distribuzione stazionaria. Per $x \in E$, definiamo il vettore riga $\lambda_x = (\lambda_x(y))_{y \in E}$ come segue:

$$\lambda_x(y) := \mathrm{E}_x\left(\sum_{j=1}^{T_x} \mathbb{1}_{\{X_j = y\}}\right), \qquad \forall y \in E \,. \tag{9.28}$$

Possiamo interpretare $\lambda_x(y)$ come il numero medio di passaggi in y prima di ritornare in x, rispetto a P_x (si ricordi la definizione (9.19) di T_x). Notiamo le seguenti proprietà:

(i) $\lambda_x(x) = \mathrm{E}_x(\mathbb{1}_{\{T_x < +\infty\}}) = \mathrm{P}_x(T_x < +\infty) = 1$, poiché non vi è alcun passaggio in x prima del primo ritorno a x;
(ii) usando la linearità del valore medio, si ha

$$\sum_{y \in E} \lambda_x(y) = \mathrm{E}_x\left(\sum_{j=1}^{T_x} \sum_{y \in E} \mathbb{1}_{\{X_j = y\}}\right) = \mathrm{E}_x\left(\sum_{j=1}^{T_x} 1\right) = \mathrm{E}_x(T_x) \,; \tag{9.29}$$

(iii) in particolare (9.29) implica che per ogni $y \in E$, si ha $0 \le \lambda_x(y) \le \mathrm{E}_x(T_x) < \infty$, dove l'ultima disuguaglianza segue dalla Proposizione 9.27.[6]

Lemma 9.42 (Esistenza)
Per ogni $x \in E$, il vettore λ_x soddisfa $\lambda_x Q = \lambda_x$.

Da ciò segue che, per ogni $x \in E$ fissato, una distribuzione stazionaria per la catena è $\pi_x = (\pi_x(y))_{y \in E}$ definita da

$$\pi_x(y) := \frac{1}{\mathrm{E}_x(T_x)} \lambda_x(y) \,, \tag{9.30}$$

dove osserviamo che $\sum_{y \in E} \pi_x(y) = 1$ è assicurato da (9.29).

[6] In generale, anche se E è infinito e $\mathrm{E}_x(T_x) = +\infty$, è sempre vero che $\lambda_x(y) < +\infty$ per ogni $y \in E$. Infatti $\lambda_x Q = \lambda_x$, per il Lemma 9.42, e $\lambda_x(x) = \mathrm{P}_x(T_x < +\infty) < \infty$; da ciò si deduce che $\lambda_x(y) < +\infty$ per ogni $y \in E$, argomentando come nella la dimostrazione del Lemma 9.43.

Dimostrazione (del Lemma 9.42)[7] Possiamo riscrivere $\lambda_x(y)$ come segue:

$$\lambda_x(y) = \mathrm{E}_x\left(\sum_{j=1}^{+\infty} \mathbb{1}_{\{j \le T_x\}} \mathbb{1}_{\{X_j = y\}}\right).$$

Mostriamo innanzitutto che possiamo scambiare valore medio e serie, ottenendo

$$\lambda_x(y) = \sum_{j=1}^{+\infty} \mathrm{P}_x\big(X_j = y, T_x \ge j\big). \tag{9.31}$$

La relazione (9.31) è vera in generale (grazie a un risultato importante di teoria della misura, il teorema di convergenza monotona). Ne diamo una dimostrazione elementare assumendo che $\mathrm{E}_x(T_x) < +\infty$. Osserviamo che per ogni $N \ge 1$

$$\sum_{j=1}^{N} \mathbb{1}_{\{j \le T_x\}} \mathbb{1}_{\{X_j = y\}} \le \sum_{j=1}^{+\infty} \mathbb{1}_{\{j \le T_x\}} \mathbb{1}_{\{X_j = y\}} \le \sum_{j=1}^{N} \mathbb{1}_{\{j \le T_x\}} \mathbb{1}_{\{X_j = y\}} + \sum_{j > N} \mathbb{1}_{\{j \le T_x\}},$$

quindi per monotonia e linearità del valore medio abbiamo

$$\sum_{j=1}^{N} \mathrm{P}_x\big(X_j = y, T_x \ge j\big) \le \lambda_x(y) \le \sum_{j=1}^{N} \mathrm{P}_x\big(X_j = y, T_x \ge j\big) + \sum_{j > N} \mathrm{P}_x(T_x \ge j).$$

Prendendo il limite per $N \to +\infty$ si ottiene (9.31), usando il fatto che

$$\lim_{N \to +\infty} \sum_{j > N} \mathrm{P}_x(T_x \ge j) = 0,$$

perché la serie è convergente (si veda la Proposizione 3.97):

$$\sum_{j=1}^{+\infty} \mathrm{P}_x(T_x \ge j) = \sum_{n=0}^{+\infty} \mathrm{P}_x(T_x > n) = \mathrm{E}_x(T_x) < +\infty.$$

Ora consideriamo le probabilità che compaiono nella somma in (9.31). Per $j = 1$, dato che si ha sempre $T_x \ge 1$, abbiamo semplicemente

$$\mathrm{P}_x\big(X_1 = y, T_x \ge 1\big) = \mathrm{P}_x\big(X_1 = y\big) = \mathrm{q}(x, y).$$

Per $j \ge 2$, usando la definizione di T_x (si veda l'Osservazione 9.26), si ha

$$\begin{aligned} \mathrm{P}_x\big(X_j = y, T_x \ge j\big) &= \mathrm{P}_x\big(X_1 \ne x, \ldots, X_{j-1} \ne x, X_j = y\big) \\ &= \sum_{y' \in E, y' \ne x} \mathrm{P}_x\big(X_1 \ne x, \ldots, X_{j-2} \ne x, X_{j-1} = y'\big)\, \mathrm{q}(y', y), \end{aligned}$$

[7] La dimostrazione vale per ogni catena di Markov su E (anche infinito) con $\mathrm{P}_x(T_x < +\infty) = 1$.

dove abbiamo decomposto la probabilità a seconda dei valori di X_{j-1}, e usato la proprietà di Markov. Abbiamo dunque, per $j \geq 2$

$$\mathrm{P}_x\left(X_j = y, T_x \geq j\right) = \sum_{y' \in E, y' \neq x} \mathrm{P}_x\left(X_{j-1} = y', T_x \geq j-1\right) \mathrm{q}(y', y).$$

Usando (9.31) e sommando a blocchi, si ottiene

$$\begin{aligned}\lambda_x(y) &= \mathrm{q}(x, y) + \sum_{y' \in E, y' \neq y} \sum_{j=2}^{+\infty} \mathrm{P}_x\left(X_{j-1} = y', T_x \geq j-1\right) \mathrm{q}(y', y) \\ &= \mathrm{q}(x, y) + \sum_{y' \in E, y' \neq x} \lambda_x(y') \mathrm{q}(y', y) = \sum_{y' \in E} \lambda_x(y') \mathrm{q}(y', y),\end{aligned}$$

dove abbiamo usato (9.31) per vedere che $\sum_{j=2}^{+\infty} P_x(X_{j-1} = y', T_x \geq j-1) = \lambda_x(y')$ (con un cambio di indice $j-1 \to j$), e il fatto che $\lambda_x(x) = \mathrm{P}_x(T_x < +\infty) = 1$, per ottenere un'unica somma. Ciò conclude la dimostrazione del Lemma. □

Mostriamo ora che se π è una distribuzione stazionaria, allora $\pi(y) > 0$ per ogni $y \in E$. Poiché $\sum_{x \in E} \pi(x) = 1$, esiste necessariamente un $x \in E$ tale che $\pi(x) > 0$. Ci basta allora applicare il seguente risultato.

Lemma 9.43
Sia $\gamma = (\gamma(y))_{y \in E}$ un vettore tale che $\gamma\, Q = \gamma$. Se $\gamma(y) \geq 0$ per ogni $y \in E$, ed esiste un $x \in E$ tale che $\gamma(x) > 0$, allora $\gamma(y) > 0$ per ogni $y \in E$.

Dimostrazione[8] Per ogni $y \in E$, esiste un $m \geq 1$ tale che $Q^m(x, y) > 0$. Poiché $\gamma = \gamma Q^m$ e $\gamma(x) \geq 0$, possiamo scrivere

$$\gamma(y) = \sum_{z \in E} \gamma(z) Q^m(z, y) \geq \gamma(x) Q^m(x, y) > 0, \tag{9.32}$$

dal momento che $\gamma(x) > 0$ per ipotesi. Questo completa la dimostrazione. □

Mostriamo ora l'*unicità* della distribuzione stazionaria. Sfruttiamo il seguente risultato, dove ricordiamo che il vettore $\lambda_x = (\lambda_x(y))_{y \in E}$ è definito in (9.28).

Lemma 9.44 (Unicità)
Sia $\gamma = (\gamma(y))_{y \in E}$ un vettore tale che $\gamma\, Q = \gamma$. Se si ha $\gamma(y) \geq 0$ per ogni $y \in E$, ed esiste un $x \in E$ tale che $\gamma(x) = 1$, allora $\gamma = \lambda_x$.

[8] La dimostrazione vale per ogni catena di Markov irriducibile su E (anche infinito).

Fissato arbitrariamente $x \in E$, questo mostra che *ogni distribuzione stazionaria* π *è proporzionale a* λ_x. Infatti possiamo considerare il vettore $\gamma_x(y) := \pi(y)/\pi(x)$, che soddisfa le ipotesi del Lemma 9.44, pertanto $\gamma_x = \lambda_x$ cioè $\pi(y) = \pi(x)\,\lambda_x(y)$. Essendo $\sum_{y\in E}\pi(y) = 1$, segue che $\pi(y) = (\sum_{y\in E}\lambda_x(y))^{-1}\lambda_x(y)$, cioè $\pi(y)$ coincide con $\pi_x(y)$ definita in (9.30), che è dunque la sola distribuzione stazionaria. Dato che il punto x è arbitrario, otteniamo anche che $\pi_x = \pi_{x'}$ per ogni $x, x' \in E$.

Possiamo concludere la dimostrazione del Teorema 9.41. Abbiamo mostrato che esiste una distribuzione stazionaria π e che essa è unica, dunque coincide con la distribuzione π_x definita in (9.30), per ciascun $x \in E$. In particolare possiamo scrivere $\pi(x) = \pi_x(x) := \frac{1}{\mathrm{E}_x(T_x)}\lambda_x(x)$, che fornisce (9.27) essendo $\lambda_x(x) = 1$. □

Dimostrazione (del Lemma 9.44)[9] Indichiamo il vettore γ con γ_x, per evidenziare il fatto che $\gamma_x(x) = 1$. Mostriamo innanzitutto che $\gamma_x(y) \geq \lambda_x(y)$ per ogni $y \in E$.

Per definizione, il vettore γ_x soddisfa $\gamma_x = \gamma_x Q$. Di conseguenza, per ogni $y \in E$

$$\gamma_x(y) = \sum_{y'\in E}\gamma_x(y')\,\mathrm{q}(y',y) \geq \gamma_x(x)\,\mathrm{q}(x,y) = \mathrm{q}(x,y)\,. \tag{9.33}$$

Mostriamo ora per induzione che per ogni $n \geq 1$

$$\gamma_x(y) \geq \sum_{j=1}^{n}\mathrm{P}_x\left(X_j = y, T_x \geq j\right), \qquad \forall y \in E\,. \tag{9.34}$$

Il caso $n = 1$ segue da (9.33), infatti $\mathrm{P}_x(X_1 = y, T_x \geq 1) = \mathrm{P}_x(X_1 = y) = \mathrm{q}(x,y)$. Ora, supponiamo che (9.34) valga per un certo $n \geq 1$. Poiché $\gamma_x = \gamma_x Q$, per ogni $y \in E$

$$\gamma_x(y) = \sum_{y'\in E}\gamma_x(y')\,\mathrm{q}(y',y) = \mathrm{q}(x,y) + \sum_{y'\in E, y'\neq x}\gamma_x(y')\,\mathrm{q}(y',y)\,.$$

dove abbiamo usato il fatto che $\gamma_x(x) = 1$ per isolare il termine $y' = x$ nella somma. Quindi, usando l'ipotesi induttiva e la proprietà di Markov,

$$\begin{aligned}\gamma_x(y) &\geq \mathrm{q}(x,y) + \sum_{j=1}^{n}\sum_{y'\in E, y'\neq x}\mathrm{P}_x\left(X_j = y', T_x \geq j\right)\mathrm{q}(y',y)\\ &= \mathrm{q}(x,y) + \sum_{j=1}^{n}\sum_{y'\in E, y'\neq x}\mathrm{P}_x\left(X_j = y', X_{j+1} = y, T_x \geq j\right).\end{aligned}$$

[9] La dimostrazione vale per ogni catena di Markov irriducibile su E (anche infinito) tale che $\mathrm{P}_x(T_x < +\infty) = 1$.

Usando il fatto che, avendo $y' \neq x$ nella somma su y', si può scartare la possibilità che $T_x = j$, otteniamo

$$\begin{aligned}\gamma_x &\geq \mathrm{P}_x(X_1 = y, T_x \geq 1) + \sum_{j=1}^{n} \mathrm{P}_x\left(X_{j+1} = y, T_x \geq j+1\right) \\ &= \sum_{\ell=1}^{n+1} \mathrm{P}_x\left(X_{\ell+1} = y, T_x \geq \ell\right),\end{aligned}$$

dove per l'ultima uguaglianza abbiamo operato il cambio di indice $\ell := j + 1$. Ciò conclude il passo induttivo e quindi la dimostrazione di (9.34). Prendendo il limite $n \to +\infty$ in (9.34), e usando (9.31), otteniamo che $\gamma_x(y) \geq \lambda_x(y)$ per ogni $y \in E$.

Consideriamo infine il vettore $\mu := \gamma_x - \lambda_x$. Si ha $\mu(y) \geq 0$ per ogni $y \in E$, e inoltre $\mu Q = \mu$ (perché $\gamma_x Q = \gamma_x$ per ipotesi e $\lambda_x Q = \lambda_x$ per il Lemma 9.42). Dato che $\mu(x) = \gamma_x(x) - \lambda_x(x) = 1 - 1 = 0$, segue dal Lemma 9.43 che $\mu(y) = 0$ per ogni $y \in E$. Questo mostra che $\gamma_x = \lambda_x$. □

Esempio 9.45 (Urna di Ehrenfest) Riprendiamo l'Esempio 9.34. Partiamo dalla configurazione in cui tutte le molecole sono nell'urna A, cioè $X_0 = N$, quindi consideriamo la catena di Markov rispetto alla probabilità P_N. La Proposizione 9.27 mostra che $\mathrm{P}_N(T_N < \infty) = 1$, cioè quasi certamente esiste un istante in cui tutte le N molecole ritornano nell'urna A — che può apparire contraddittorio con la nostra intuizione che il rilassamento di un gas sia un fenomeno irreversibile.

Il Teorema 9.41 permette di riconciliare intuizione e modello matematico: abbiamo $\mathrm{E}_N(T_N) = 1/\pi(N)$, dove $\pi(i) = 2^{-N}\binom{N}{i}$ è l'unica distribuzione stazionaria della catena (che abbiamo già mostrato essere irriducibile), per cui si ha $\mathrm{E}_N(T_N) = 2^N$. Un numero N di riferimento per un volume "macroscopico" di gas è $N = 6 \cdot 10^{23}$ (approssimativamente il numero di Avogadro). Per questo valore di N, tutte le molecole ritornano in A dopo un numero medio di passi uguale a $\mathrm{E}_N(T_N) = 2^{6 \cdot 10^{23}} \geq 10^{10^{23}}$. Si tratta di un numero *enorme*: se anche ogni passo (microscopico) durasse solo 10^{-100} secondi, il tempo medio per osservare il fenomeno sarebbe $10^{10^{23}-100} \simeq 10^{10^{23}}$ secondi, che è molto, molto più grande dell'età dell'universo (circa $4.4 \cdot 10^{17}$ secondi). □

Esempio 9.46 (Passeggiata aleatoria di un cavallo sulla scacchiera) Riprendiamo l'Esempio 9.40, in un caso concreto. Si consideri una scacchiera 8×8, e un cavallo che si muove a caso sulla scacchiera (in ogni caso rispettando i movimenti a L permessi a un cavallo), a ciascun passo scegliendo a caso, uniformemente, uno dei movimenti possibili. Ci domandiamo quanti passi, in media, il cavallo dovrà fare per tornare al punto di partenza. Si tratta di una passeggiata aleatoria sul grafo $G = (S, \mathcal{A})$ in cui l'insieme dei vertici S è l'insieme delle *case* della scacchiera (i giocatori di scacchi usano la notazione uv dove u è una lettera fra a e h e v è una cifra fra 1 e 8), mentre l'insieme degli archi $\mathcal{A}$ è formato dalle coppie di case $\{x, y\}$ per le quali è possibile passare da una all'altra con un movimento permesso a un cavallo, si veda la Figura 9.1; scriveremo in tal caso $x \sim y$.

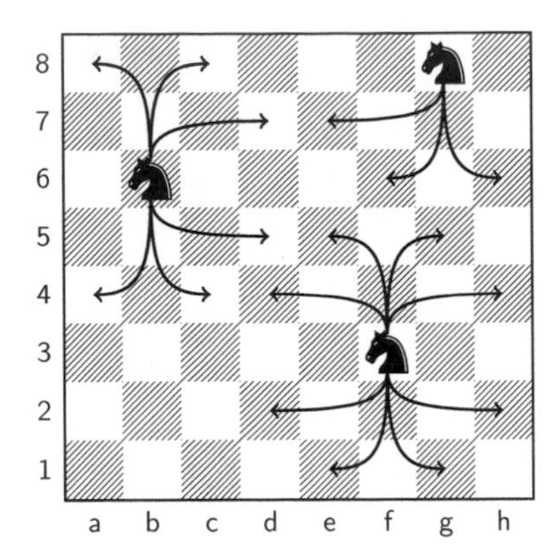

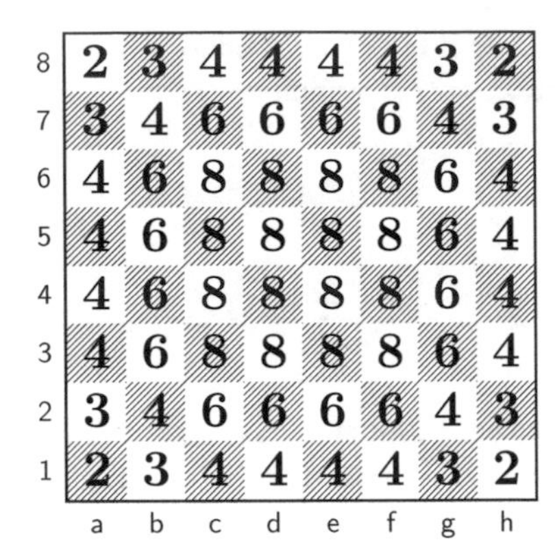

Figura 9.1 Sulla scacchiera di sinistra sono rappresentati i movimenti autorizzati a partire da tre posizioni del cavallo: in b6, ci sono 6 movimenti possibili; in g8, vi sono 3 movimenti possibili; in f3, ci sono 8 movimenti possibili. Sulla scacchiera a destra è indicato il grado di ogni casa, cioè il numero di movimenti possibili di un cavallo a partire da quella casa

Consideriamo quindi la passeggiata aleatoria semplice sul grafo $G = (S, \mathcal{A})$, cioè la catena di Markov $(X_n)_{n \in \mathbb{N}_0}$ su S con probabilità di transizione $\mathrm{q}(x, y) = \frac{1}{\deg(x)}$ se $x \sim y$, e $\mathrm{q}(x, y) = 0$ altrimenti. L'obbiettivo è calcolare $\mathrm{E}_x(T_x)$ per $x \in S$.

È facile vedere che il grafo G considerato è connesso (è possibile andare da una casa ad un qualunque altra con movimenti successivi del cavallo), per cui la catena di Markov è irriducibile. Per il Teorema 9.41, abbiamo $\mathrm{E}_x(T_x) = 1/\pi(x)$, dove π è l'unica distribuzione stazionaria della catena. Nell'Esempio 9.40, abbiamo visto che tale distribuzione stazionaria è data da $\pi(x) = \deg(x)/\sum_{y \in E} \deg(y)$ (si veda (9.26)). Possiamo calcolare $\sum_{y \in E} \deg(y) = 480$, grazie alla Figura 9.1, e si ottiene

$$\mathrm{E}_x(T_x) = \frac{480}{\deg(x)}, \qquad \forall x \in E .$$

Ad esempio, se il cavallo parte da uno degli angoli della scacchiera (che ha grado 2), ci vorranno in media 240 passi per ritornarci. □

9.2.4 *Convergenza alla distribuzione stazionaria*

Abbiamo visto che per una Catena di Markov, la distribuzione stazionaria π si interpreta come una distribuzione di "equilibrio": se X_0 ha distribuzione π, allora anche X_n ha distribuzione π, per ogni $n \in \mathbb{N}$. È naturale attendersi che, anche se la distribuzione iniziale non è π, il sistema, evolvendo, si avvicini all'equilibrio. Il Teorema 9.41 già ci mostra che per una catena irriducibile, la distribuzione stazionaria π esiste ed è unica. Pertanto, ci si attende che la distribuzione μ_n di X_n, che soddisfa la relazione ricorsiva $\mu_{n+1} = \mu_n Q$ (si ricordi il Corollario 9.11), converga alla distribuzione stazionaria π (che è l'unico punto fisso della relazione ricorsiva), per qualunque scelta della distribuzione iniziale μ_0. Mostreremo tale risultato nel Teorema 9.51, ma avremo bisogno di un'ipotesi ulteriore, oltre all'irriducibilità.

Definizione 9.47 (Periodo)
Sia $(X_n)_{n \in \mathbb{N}_0}$ una catena di Markov su E. Definiamo il *periodo* di uno stato $x \in E$ ponendo $d_x := \text{MCD}\{n \geq 1 \colon Q^n(x,x) > 0\}$ (MCD = massimo comune divisore). La catena si dice *aperiodica* se $d_x = 1$ per ogni $x \in E$.

Il periodo d_x di uno stato x è dunque tale che se $n \geq 1$ è un intero per cui $Q^n(x,x) > 0$ allora n è un multiplo di d_x; in altre parole è possibile tornare in x solo dopo un numero di passi che sia un *opportuno* multiplo di d_x (attenzione: non necessariamente per ogni multiplo di d_x).

Osservazione 9.48 Si può dimostrare (si veda l'Esercizio 9.6) che se la catena $(X_n)_{n \in \mathbb{N}_0}$ è irriducibile, allora tutti gli stati hanno lo stesso periodo, $d = d_x$ per ogni $x \in E$. Diciamo allora che la catena ha periodo d (e che è aperiodica se $d = 1$). Inoltre, se una catena è irriducibile basta determinare il periodo di uno stato per avere il periodo della catena. □

Esempio 9.49 (Un ombrello) Consideriamo la catena di Markov dell'Esempio 9.7, con spazio degli stati $E = \{0, 1\}$ e matrice di transizione $Q = \left(\begin{smallmatrix} 0 & 1 \\ 1-p & p \end{smallmatrix}\right)$. Si ha $Q^2(0,0) = 1 - p > 0$ e $Q^3(0,0) = p(1-p) > 0$: essendo MCD(2, 3) = 1, ne consegue che il periodo dello stato 0 è $d_0 = 1$. È facile vedere che anche il periodo dello stato 1 vale $d_1 = 1$, dato che $Q^1(1,1) = p > 0$. Quindi la catena è aperiodica. □

Esempio 9.50 Sia $(X_n)_{n \in \mathbb{N}_0}$ una catena di Markov su $\{1, 2\}$, con matrice di transizione $Q = \left(\begin{smallmatrix} 0 & 1 \\ 1 & 0 \end{smallmatrix}\right)$. La catena è irriducibile (poiché $1 \rightsquigarrow 2$ e $2 \rightsquigarrow 1$), e di distribuzione stazionaria $\pi = (\frac{1}{2}, \frac{1}{2})$. Inoltre, la catena è chiaramente di periodo 2: infatti, essa alterna lo stato 1 allo stato 2, e si può tornare in 1 solo dopo un numero pari di passi, cioè $\{n \colon Q^n(1,1) > 0\} = \{2, 4, 6, \ldots\}$. (Si noti anche che $Q^2 = I$, e quindi $Q^n = Q$ se n è dispari e $Q^n = I$ se n è pari.)

Notiamo anche che in questo caso non c'è alcuna convergenza verso una distribuzione stazionaria! Se la distribuzione di X_0 è $\mu_0 = (\alpha, 1-\alpha)$, allora la distribuzione di X_n è $\mu_n = \mu_0 Q^n$ e vale $(\alpha, 1-\alpha)$ se n è pari e $(1-\alpha, \alpha)$ se n è dispari. Di conseguenza, se $\alpha \neq \frac{1}{2}$ non vi è dunque convergenza verso la distribuzione stazionaria $\pi = (\frac{1}{2}, \frac{1}{2})$, e la periodicità della catena appare un ostacolo alla convergenza alla distribuzione stazionaria. □

Teorema 9.51 (Convergenza alla distribuzione stazionaria)
Sia $(X_n)_{n \in \mathbb{N}_0}$ una catena di Markov su E finito, irriducibile *e* aperiodica. *Allora*

$$\lim_{n \to \infty} \mathrm{P}_x(X_n = y) = \pi(y), \qquad \forall x \in E, \tag{9.35}$$

dove π è l'unica distribuzione stazionaria per la catena.

La convergenza (9.35) *continua a valere se si rimpiazza P_x con P_{μ_0}, per ogni distribuzione iniziale μ_0, cioè si ha $\lim_{n \to \infty} \mu_0 Q^n = \pi$.*

Osservazione 9.52 Nel caso in cui E è infinito numerabile, il Teorema 9.51 continua a valere, *con l'ipotesi supplementare (in aggiunta all'irriducibilità e all'aperiodicità) che una distribuzione stazionaria π esista* (nel caso di una catena irriducibile si può allora mostrare che essa è unica). La dimostrazione che presentiamo si può estendere a questo contesto, ma diversi adattamenti sono necessari. □

Dimostrazione (del Teorema 9.51) Useremo una tecnica nota come *accoppiamento* (la stessa usata per la legge dei piccoli numeri, nel Paragrafo 4.1). L'idea è la seguente:

(i) facciamo evolvere due copie $(X_n)_{n \in \mathbb{N}_0}$ e $(Y_n)_{n \in \mathbb{N}_0}$ della catena di Markov in modo indipendente;
(ii) fissiamo uno stato arbitrario $z \in E$ e mostriamo che il tempo (aleatorio) $T_{(z,z)} = \min\{n \colon X_n = z, Y_n = z\}$ è finito con probabilità 1 (per questo l'aperiodicità è un ingrediente fondamentale);
(iii) mostriamo che, intuitivamente, X_n e Y_n per $n \geq T_{(z,z)}$ *hanno la stessa distribuzione* (si veda l'identità (9.36)): assumendo che Y_0 abbia distribuzione π (per cui Y_n ha anche distribuzione π), sarà possibile arrivare alla conclusione.

Poniamo dunque $Z_n = (X_n, Y_n)$, dove $(X_n)_{n \in \mathbb{N}_0}$ e $(Y_n)_{n \in \mathbb{N}_0}$ sono due copie indipendenti della catena di Markov. È facile vedere che $(Z_n)_{n \in \mathbb{N}_0}$ è una catena di Markov su $E \times E$, con matrice di transizione $\widehat{Q}$ data da

$$\begin{aligned}
\widehat{\mathrm{q}}\big((x,x'),(y,y')\big) &= \mathrm{P}\left((X_{n+1}, Y_{n+1}) = (y,y') \mid (X_n, Y_n) = (x,x')\right) \\
&= \mathrm{P}\left(X_n = y \mid X_n = x\right) \mathrm{P}\left(Y_n = y' \mid Y_n = x'\right) \\
&= \mathrm{q}(x,y)\, \mathrm{q}(x',y'),
\end{aligned}$$

dove abbiamo usato l'indipendenza di $(X_n)_{n \in \mathbb{N}_0}$ e $(Y_n)_{n \in \mathbb{N}_0}$. Il fatto che $(Z_n)_{n \in \mathbb{N}_0}$ sia irriducibile è una conseguenza del seguente risultato, di interesse indipendente.

Lemma 9.53
Sia $(X_n)_{n\in\mathbb{N}_0}$ *una catena di Markov* irriducibile *e* aperiodica. *Per ogni* $x, y \in E$ *esiste* $N_{x,y} \in \mathbb{N}$ *tale che per ogni* $n \geq N_{x,y}$ *si ha* $Q^n(x, y) > 0$.

Dimostrazione (del Lemma 9.53) Cominciamo col dimostrare che per ogni $x \in E$, esiste $N_x \in \mathbb{N}$ tale che per ogni $n \geq N_x$ si ha $Q^n(x, x) > 0$. Cominciamo col notare che l'insieme

$$T(x) := \{n \geq 1 : Q^n(x, x) > 0\}$$

è chiuso per somma: se $n, m \in T(x)$ allora $n + m \in T(x)$. Questo segue subito dal fatto che

$$Q^{n+m}(x, x) = \sum_{y\in E} Q^n(x, y)Q^m(y, x) \geq Q^n(x, x)Q^m(x, x).$$

Poiché $d_x = \mathrm{MCD}(T_x) = 1$, esistono $j_1, j_2, \ldots, j_k \in T(x)$ il cui MCD è 1. Il Teorema di Bézout ci assicura che esistono $a_1, \ldots, a_k \in \mathbb{Z}$ tali che $a_1 j_1 + \cdots + a_k j_k = 1$. Poniamo allora

$$m := |a_1| j_1 + \cdots + |a_k| j_k.$$

Essendo una combinazione di elementi di $T(x)$ a coefficienti in $\mathbb{N}_0$, per l'osservazione fatta sopra si ha $m \in T(x)$. Per la stessa ragione

$$m + 1 = (|a_1| + a_1) j_1 + \cdots + (|a_k| + a_k) j_k \in T(x),$$

dato che $|a_i| + a_i \geq 0$. Poniamo allora $N_x := m^2$. Se $n \geq N_x$ esistono unici $q \geq m$ e $0 \leq r < m$ tali che $n = mq + r$ e quindi

$$n = m(q - r) + (m + 1)r \in T(x)$$

essendo combinazione a coefficienti interi positivi di due elementi di $T(x)$. Abbiamo dunque trovato N_x con le proprietà desiderate.

A questo punto, poiché la catena è irriducibile, per ogni $x \neq y$ esiste un intero $m_{x,y}$ tale che $Q^{m_{x,y}}(x, y) > 0$. Poniamo ora $N_{x,y} := N_x + m_{x,y}$. Per ogni $n \geq N_{x,y}$ si ha allora

$$Q^n(x, y) \geq Q^{n-m_{x,y}}(x, x)Q^{m_{x,y}}(x, y).$$

Si ha $Q^{m_{x,y}}(x, y) > 0$, ed essendo $n - m_{x,y} \geq N_x$ si ha anche $Q^{n-m_{x,y}}(x, x) > 0$, il che conclude la dimostrazione. □

Riprendiamo la dimostrazione del Teorema 9.51. Usando il Lemma 9.53, abbiamo che per ogni $(x, x'), (y, y') \in E \times E$,

$$\widehat{Q}^n\big((x, x'), (y, y')\big) = Q^n(x, x')Q^n(y, y') > 0$$

per $n \geq \max\{N_{x,x'}, N_{y,y'}\}$. Ciò mostra che la catena $(Z_n)_{n \in \mathbb{N}_0}$ su $E \times E$ è irriducibile.

Fissiamo ora $z \in E$ in modo arbitrario, e ricordiamo che $T_{(z,z)}$ è il tempo di ingresso in (z, z) per la catena di Markov $(Z_n)_{n \in \mathbb{N}_0}$ (si veda (9.19)). Per la Proposizione 9.27, abbiamo $\mathrm{P}_{(x,x')}(T_{(z,z)} < +\infty) = 1$ per ogni $x, x' \in E$ (è il punto (ii) sopra).

Notiamo ora che per ogni $(x, x') \in E \times E$ e ogni $y \in E$

$$\begin{aligned}\mathrm{P}_{(x,x')}\big(X_n = y, T_{(z,z)} \leq n\big) &= \sum_{k=1}^{n} \mathrm{P}_{(x,x')}\big(X_n = y, T_{(z,z)} = k\big) \\ &= \sum_{k=1}^{n} \mathrm{P}_{(x,x')}(T_{(z,z)} = k)\, \mathrm{P}_{(x,x')}\big(X_n = y \mid T_{(z,z)} = k\big).\end{aligned}$$

Osserviamo che l'evento $\{T_{(z,z)} = k\} = \{Z_1 \neq (z, z), \ldots, Z_{k-1} \neq (z, z), Z_k = (z, z)\}$ dipende solo da $(Z_1, \ldots, Z_k)$, come abbiamo già notato nell'Osservazione 9.26. Per la Proposizione 9.17, abbiamo allora

$$\mathrm{P}_{(x,x')}\big(X_n = y \mid T_{(z,z)} = k\big) = \mathrm{P}_{(x,x')}\big(X_n = y \mid Z_k = (z, z)\big) = Q^{n-k}(z, y),$$

dove abbiamo usato il fatto che $\mathrm{P}_{(x,x')}(X_n = y \mid X_k = z, Y_k = z) = \mathrm{P}_x(X_n = y \mid X_k = z)$, dato che $(X_n)_{n \in \mathbb{N}_0}$ e $(Y_n)_{n \in \mathbb{N}_0}$ sono indipendenti. Da ciò segue che

$$\mathrm{P}_{(x,x')}\big(X_n = y, T_{(z,z)} \leq n\big) = \sum_{k=1}^{n} \mathrm{P}_{(x,x')}(T_{(z,z)} = k)Q^{n-k}(z, y).$$

Ripetendo le stesse operazioni con Y_n (che ha la stessa matrice di transizione di $(X_n)_{n \in \mathbb{N}_0}$) per $n \geq k \geq 1$, abbiamo che per ogni $(x, x') \in E \times E$ e ogni $y \in E$

$$\mathrm{P}_{(x,x')}\big(X_n = y, T_{(z,z)} \leq n\big) = \mathrm{P}_{(x,x')}\big(Y_n = y, T_{(z,z)} \leq n\big). \tag{9.36}$$

Questo esprime in modo formale il punto (iii) visto sopra.

Usando il fatto che $\mathrm{P}_{(x,x')}(X_n = y) = \mathrm{P}_x(X_n = y)$ (perché?), abbiamo che per ogni x, x'

$$\begin{aligned}\mathrm{P}_x(X_n = y) &= \mathrm{P}_{(x,x')}\big(X_n = y, T_{(z,z)} \leq n\big) + \mathrm{P}_{(x,x')}\big(X_n = y, T_{(z,z)} > n\big) \\ &\leq \mathrm{P}_{(x,x')}\big(Y_n = y, T_{(z,z)} \leq n\big) + \mathrm{P}_{(x,x')}(T_{(z,z)} > n) \\ &\leq \mathrm{P}_{(x,x')}\big(Y_n = y\big) + \mathrm{P}_{(x,x')}(T_{(z,z)} > n) \\ &\leq \mathrm{P}_{x'}(Y_n = y) + \mathrm{P}_{(x,x')}(T_{(z,z)} > n).\end{aligned}$$

Analogamente $\mathrm{P}_{x'}(Y_n = y) \le \mathrm{P}_x(X_n = y) + \mathrm{P}_{(x,x')}(T_{(z,z)} > n)$, e perciò

$$\left| \mathrm{P}_x(X_n = y) - \mathrm{P}_{x'}(Y_n = y) \right| \le \mathrm{P}_{(x,x')}(T_{(z,z)} > n) .$$

Notiamo ora che, essendo π stazionaria per $(Y_n)_{n\in\mathbb{N}_0}$, possiamo scrivere $\pi(y) = \mathrm{P}_\pi(Y_n = y) = \sum_{x'\in E} \pi(x')\, \mathrm{P}_{x'}(Y_n = y)$. Usando $\sum_{x'\in E} \pi(x') = 1$ abbiamo dunque, per $x, y \in E$,

$$\mathrm{P}_x(X_n = y) - \pi(y) = \sum_{x'\in E} \pi(x') \big(\mathrm{P}_x(X_n = y) - \mathrm{P}_{x'}(Y_n = y) \big) .$$

Usando quindi la disuguaglianza triangolare, si ha

$$\begin{aligned} \left| \mathrm{P}_x(X_n = y) - \pi(y) \right| &\le \sum_{x'\in E} \pi(x') \left| \mathrm{P}_x(X_n = y) - \mathrm{P}_{x'}(Y_n = y) \right| \\ &\le \sum_{x'\in E} \pi(x')\, \mathrm{P}_{(x,x')}(T_{(z,z)} > n) \\ &\le \max_{(x,x')\in E\times E} \mathrm{P}_{(x,x')}(T_{(z,z)} > n) , \end{aligned} \tag{9.37}$$

dove per l'ultima disuguaglianza abbiamo maggiorato ogni probabilità con il massimo su $(x, x') \in E \times E$, e usato di nuovo il fatto che $\sum_{x'\in E} \pi(x') = 1$. Per la Proposizione 9.27, si ha $\lim_{n\to\infty} \mathrm{P}_{(x,x')}(T_{(z,z)} > n) = \mathrm{P}_{(x,x')}(T_{(z,z)} = +\infty) = 0$: poiché in (9.37) il massimo finale è su un numero finito di termini, segue che

$$\lim_{n\to\infty} | \mathrm{P}_x(X_n = y) - \pi(y)| = 0 , \quad \forall\, x, y \in E ,$$

il che conclude la dimostrazione di (9.35).

La convergenza in (9.35), assieme al fatto che E è finito, implica che per ogni distribuzione iniziale μ_0

$$\begin{aligned} \lim_{n\to\infty} \mathrm{P}_{\mu_0}(X_n = y) &= \sum_{x\in E} \lim_{n\to\infty} \big(\mu_0(x)\, \mathrm{P}_x(X_n = y) \big) \\ &= \sum_{x\in E} \mu_0(x) \pi(y) = \pi(y), \end{aligned}$$

dove abbiamo usato il fatto che $\sum_{x\in E} \mu_0(x) = 1$. Ciò è vero per ogni $y \in E$, da cui segue la convergenza $\lim_{n\to\infty} \mu_0 Q^n = \pi$ (sempre usando il fatto che E è finito). □

Esempio 9.54 (Un ombrello) Riprendiamo l'Esempio 9.7: sia $(X_n)_{n\in\mathbb{N}_0}$ la catena di Markov con matrice di transizione $Q = \left(\begin{smallmatrix} 0 & 1 \\ 1-p & p \end{smallmatrix}\right)$. Ricordiamo che $X_n = 0$ rappresenta l'evento che dopo l'n-esimo viaggio Alessia non ha con sé l'ombrello.

Abbiamo mostrato che $(X_n)_{n\in\mathbb{N}_0}$ è una catena di Markov irriducibile e aperiodica, con distribuzione stazionaria (e reversibile) $\pi = (\frac{1-p}{2-p}, \frac{1}{2-p})$ (si ricordi l'Esempio 9.33). Il Teorema 9.51 ci assicura che $\lim_{n\to\infty} \mathrm{P}_x(X_n = 0) = \pi(0) = \frac{1-p}{2-p}$, per qualunque stato iniziale x della catena: la probabilità che Alessia effettui un viaggio sotto la pioggia senza ombrello converge dunque a $p \cdot \frac{1-p}{2-p}$. Abbiamo quindi ritrovato il risultato contenuto nell'Esempio 9.12, ma senza calcolare esplicitamente Q^n! □

Osservazione 9.55 La disuguaglianza (9.37) è utile per varie ragioni. Anzitutto, il limite superiore non dipende né da y né da x: ciò significa che si ha

$$\max_{x,y\in E} \left| \mathrm{P}_x(X_n = y) - \pi(y) \right| \leq \max_{(x,x')\in E\times E} \mathrm{P}_{(x,x')}(T_{(z,z)} > n) . \tag{9.38}$$

Inoltre, il limite superiore ottenuto permette di fornire una stima *quantitativa* della convergenza di $\mathrm{P}_x(X_n = y)$ a $\pi(y)$ (almeno se E è finito). Infatti, da (9.21) segue che esistono $p \in (0,1)$ e $m \geq 1$ (entrambi espliciti, si veda la dimostrazione della Proposizione 9.27) tali che per ogni $n \geq 0$ e per ogni $x, x' \in E$ si ha

$$\mathrm{P}_{(x,x')}(T_{(z,z)} > n) \leq \mathrm{P}_{(x,x')}\left(T_{(z,z)} > \lfloor \tfrac{n}{m} \rfloor m\right) \leq (1-p)^{\lfloor n/m \rfloor} ,$$

dove $\lfloor n/m \rfloor$ è la parte intera di m/n. Poiché $\lfloor n/m \rfloor \geq \frac{n}{m} - 1$ e $(1-p) \leq \mathrm{e}^{-p}$, ne segue che $(1-p)^{\lfloor n/m \rfloor} \leq \mathrm{e}^{-pn/m+p}$. Pertanto, ponendo $c := p/m$ (che è una costante fissata), e stimando $\mathrm{e}^p \leq \mathrm{e} \leq 3$, si ha

$$\left| \mathrm{P}_x(X_n = y) - \pi(y) \right| \leq 3\,\mathrm{e}^{-cn} , \qquad \forall x, y \in E . \tag{9.39}$$

Si ha dunque che $\mathrm{P}_x(X_n = y)$ converge con *velocità esponenziale* a $\pi(y)$. □

9.2.5 *La legge dei grandi numeri per catene di Markov*

Mostriamo una versione della legge dei grandi numeri per catene di Markov.

Teorema 9.56 (Legge dei grandi numeri per catene di Markov)
Sia $(X_n)_{n\in\mathbb{N}_0}$ una catena di Markov irriducibile su E finito e sia π la sua (unica) distribuzione invariante. Allora per ogni funzione $f : E \to \mathbb{R}$, e per ogni distribuzione iniziale μ_0, si ha che per ogni $\varepsilon > 0$

$$\lim_{n\to\infty} \mathrm{P}_{\mu_0}\left(\left| \frac{1}{n} \sum_{i=1}^{n} f(X_i) - \mathrm{E}_\pi(f(X_0)) \right| > \varepsilon \right) = 0 .$$

Osservazione 9.57 Come nell'Osservazione 9.52, il Teorema 9.51 continua a valere nel caso in E è infinito numerabile, *con l'ipotesi supplementare (in aggiunta all'irriducibilità e all'aperiodicità) che una distribuzione stazionaria π esista*. Serve una dimostrazione diversa da quella che presentiamo nel caso di E finito. □

Dimostrazione Cominciamo con l'osservare che non è restrittivo assumere

$$\mathrm{E}_\pi(f(X_0)) = \sum_{x\in E} \pi(x) f(x) = 0 ,$$

dato che possiamo rimpiazzare f con $f - \mathrm{E}_\pi(f(X_0))$. Inoltre essendo

$$\mathrm{P}_{\mu_0}\left(\left|\frac{1}{n}\sum_{i=1}^{n} f(X_i))\right| > \varepsilon\right) = \sum_{x\in E}\mu_0(x)\,\mathrm{P}_x\left(\left|\frac{1}{n}\sum_{i=1}^{n} f(X_i)\right| > \varepsilon\right),$$

ci possiamo limitare a dimostrare che per ogni $x \in E$, $\varepsilon > 0$ e per ogni $f : E \to \mathbb{R}$ per cui $\mathrm{E}_\pi(f(X_0)) = 0$ si ha

$$\lim_{n\to\infty} \mathrm{P}_x\left(\left|\frac{1}{n}\sum_{i=1}^{n} f(X_i)\right| > \varepsilon\right) = 0. \tag{9.40}$$

La dimostrazione di (9.40) sarà divisa in due parti: nella prima parte la dimostreremo assumendo che la catena, oltre che irriducibile, sia aperiodica. Nella seconda parte estenderemo il risultato a catene irriducibili con periodo $d > 1$.

Il caso di catene aperiodiche Come primo passo dimostriamo che

$$\lim_{n\to+\infty}\frac{1}{n}\sum_{i=1}^{n}\mathrm{E}_x(f(X_i)) = 0. \tag{9.41}$$

È sufficiente mostrare che

$$\lim_{n\to+\infty}\mathrm{E}_x(f(X_n)) = 0\,, \tag{9.42}$$

grazie al lemma di Cesàro. Per mostrare (9.42) osserviamo che, ponendo

$$M := \max_{y\in E}|f(y)|$$

e usando (9.39) (si ricordi che $\mathrm{E}_\pi(f(X_0)) = \sum_{y\in E}\pi(y)f(y) = 0$) si ottiene

$$\begin{aligned}
\left|\mathrm{E}_x(f(X_n))\right| &= \left|\sum_{y\in E} f(y)\big[\mathrm{P}_x(X_n = y) - \pi(y)\big]\right| \\
&\le \sum_{y\in E}|f(y)|\left|\mathrm{P}_x(X_n = y) - \pi(y)\right| \\
&\le 3M|E|\,\mathrm{e}^{-cn},
\end{aligned} \tag{9.43}$$

da cui segue (9.42) e quindi (9.41).

Fissiamo $\varepsilon > 0$ e notiamo che $|\frac{1}{n}\sum_{i=1}^{n}\mathrm{E}_x(f(X_i))| < \frac{\varepsilon}{2}$ per n grande, grazie a (9.41). Dato che se $|a| > \varepsilon$ e $|b| < \frac{\varepsilon}{2}$ allora $|a-b| \ge |a| - |b| > \frac{\varepsilon}{2}$, possiamo stimare

$$\mathrm{P}_x\left(\left|\frac{1}{n}\sum_{i=1}^{n} f(X_i)\right| > \varepsilon\right) \le \mathrm{P}_x\left(\left|\frac{1}{n}\sum_{i=1}^{n} f(X_i) - \frac{1}{n}\sum_{i=1}^{n}\mathrm{E}_x(f(X_i))\right| > \frac{\varepsilon}{2}\right).$$

Inoltre, per la disuguaglianza di Chebyschev (Proposizione 3.77), quest'ultimo termine è minore o uguale a

$$\frac{4}{\varepsilon^2} \operatorname{Var}\left(\frac{1}{n}\sum_{i=1}^{n} f(X_i)\right).$$

Pertanto (9.40) segue da

$$\lim_{n\to+\infty} \operatorname{Var}\left(\frac{1}{n}\sum_{i=1}^{n} f(X_i)\right) = 0. \tag{9.44}$$

La varianza nella formula precedente è intesa rispetto alla probabilità P_x: essendo x fissato, non comparirà come indice in tale varianza, così come nelle covarianze che troveremo in seguito. Grazie alle proprietà della varianza (Proposizione 3.69), abbiamo

$$\operatorname{Var}\left(\frac{1}{n}\sum_{i=1}^{n} f(X_i)\right) = \frac{1}{n^2}\sum_{i=1}^{n}\operatorname{Var}(f(X_i)) + \frac{2}{n^2}\sum_{1\le i<j\le n}\operatorname{Cov}(f(X_i), f(X_j)). \tag{9.45}$$

Poiché $\operatorname{Var}(f(X_i)) \le M^2$, il primo addendo nel membro destro di (9.45) tende a zero. Inoltre

$$\begin{aligned}\left|\sum_{1\le i<j\le n}\operatorname{Cov}(f(X_i), f(X_j))\right| &\le \sum_{i=1}^{n-1}\sum_{h=1}^{n-i}\left|\operatorname{Cov}(f(X_i), f(X_{i+h}))\right| \\ &\le \sum_{i=1}^{n-1}\sum_{h=1}^{+\infty}\left|\operatorname{Cov}(f(X_i), f(X_{i+h}))\right|.\end{aligned}$$

Se mostriamo che esiste una costante $C > 0$ tale che per ogni $i \ge 0$

$$\sum_{h=1}^{+\infty}\left|\operatorname{Cov}(f(X_i), f(X_{i+h}))\right| \le C \tag{9.46}$$

si ha che $\sum_{1\le i<j\le n}\operatorname{Cov}(f(X_i), f(X_j))| \le Cn$, quindi anche il secondo addendo del membro destro di (9.45) tende a zero e la tesi risulta dimostrata.

Resta quindi da dimostrare (9.46), per la quale basta mostrare che per un'opportuna $C' > 0$ e ogni $i \ge 0$ si ha

$$\left|\operatorname{Cov}(f(X_i), f(X_{i+h}))\right| \le C' \mathrm{e}^{-ch}, \tag{9.47}$$

dove $c > 0$ è la costante introdotta in (9.39). Cominciamo con l'osservare che

$$\begin{aligned}\left|\operatorname{Cov}(f(X_i), f(X_{i+h}))\right| &= \left|\mathrm{E}_x[f(X_i)f(X_{i+h})] - \mathrm{E}_x[f(X_i)]\,\mathrm{E}_x[f(X_{i+h})]\right| \\ &\le \left|\mathrm{E}_x[f(X_i)f(X_{i+h})]\right| + \left|\mathrm{E}_x[f(X_i)]\,\mathrm{E}_x[f(X_{i+h})]\right|.\end{aligned} \tag{9.48}$$

Per (9.43),

$$\left|\mathrm{E}_x[f(X_{i+h})]\right| \le 3M|E|\,\mathrm{e}^{-c\,(i+h)} \le 3M|E|\,\mathrm{e}^{-c\,h},$$

ed essendo $|\mathrm{E}_x[f(X_i)]| \le M$ si ha

$$\left|\mathrm{E}_x[f(X_i)]\,\mathrm{E}_x[f(X_{i+h})]\right| \le 3M^2|E|\,\mathrm{e}^{-c\,h}. \tag{9.49}$$

Per concludere la dimostrazione di (9.47), resta da trovare una stima analoga a (9.49) per l'altro addendo del membro destro di (9.48), cioè $|\mathrm{E}_x[f(X_i)\,f(X_{i+h})]|$. Osserviamo che $\mathrm{P}_x(X_i = y, X_{i+h} = z) = \mathrm{P}_x(X_i = y)\,\mathrm{P}_y(X_h = z)$ per la proprietà di Markov. Usando (9.39) e il fatto che $\mathrm{E}_\pi(f(X_0)) = 0$, si ottiene

$$\begin{aligned}\left|\mathrm{E}_x[f(X_i)\,f(X_{i+h})]\right| &= \left|\sum_{y,z\in E} \mathrm{P}_x(X_i = y)\,\mathrm{P}_y(X_h = z)\,f(y)\,f(z)\right| \\ &= \left|\sum_{y\in E} f(y)\,\mathrm{P}_x(X_i = y)\sum_{z\in E} f(z)\big(\mathrm{P}_y(X_h = z) - \pi(z)\big)\right| \\ &\le \sum_{y\in E} |f(y)|\,\mathrm{P}_x(X_i = y)\sum_{z\in E} |f(z)|\big|\mathrm{P}_y(X_h = z) - \pi(z)\big| \\ &\le 3M^2|E|\,\mathrm{e}^{-c\,h},\end{aligned}$$

dove abbiamo stimato $|f(y)| \le M$, $|f(z)| \le M$. Questo completa la dimostrazione di (9.44), e quindi della legge dei grandi numeri per catene irriducibili e aperiodiche.

Estensione a catene periodiche Supponiamo ora che la catena di Markov $(X_n)_{n\ge 0}$ sia irriducibile e, per semplicità, che abbia periodo $d = 2$. Il caso di un periodo $d \ge 2$ qualunque usa esattamente gli stessi argomenti, semplicemente con notazioni più pesanti. *Fissiamo dunque $x \in E$ e supponiamo d'ora in avanti che $X_0 = x$.*

Definiamo i sottoinsiemi $D_0, D_1 \subseteq E$ ponendo

$$\begin{aligned} D_0 &:= \{y \in E : Q^{2k}(x,y) > 0 \ \text{ per qualche } k \in \mathbb{N}_0\}, \\ D_1 &:= \{y \in E : Q(z,y) > 0 \ \text{ per qualche } z \in D_0\}. \end{aligned}$$

Osserviamo che

$$\begin{aligned} y \in D_0 &\iff \text{esiste } n \text{ pari tale che } Q^n(x,y) > 0, \\ y \in D_1 &\iff \text{esiste } n \text{ dispari tale che } Q^n(x,y) > 0. \end{aligned} \tag{9.50}$$

La prima relazione di (9.50) è vera, per definizione di D_0. Per la seconda relazione, basta osservare che $y \in D_1$ se e solo se esiste $y' \in D_0$ tale che $Q(y', y) > 0$, e analogamente $Q^n(x, y) > 0$ se e solo se esiste y' tale che $Q^{n-1}(x, y') > 0$ e $Q(y', y) > 0$ (si ricordi che $Q^n(x,y) = \sum_{y'\in E} Q^{n-1}(x,y')\,Q(y',y)$). Questo completa la dimostrazione di (9.50).

Deduciamo allora facilmente che $D_0 \cup D_1 = E$. Infatti, per l'ipotesi di irriducibilità, per ogni stato $y \in E$ esiste $n \ge 0$ tale che $Q^n(x,y) > 0$: se n è pari allora $y \in D_0$; se n è dispari allora $y \in D_1$.

Inoltre, i sottoinsiemi D_0, D_1 sono disgiunti. Per assurdo, supponiamo che esista $y \in D_0 \cap D_1$: si dovrebbe allora avere $Q^{2h}(x, y) > 0$ e $Q^{2k+1}(x, y) > 0$ per opportuni $h, k \in \mathbb{N}_0$, e quindi

$$Q^{2h+2k+1}(x, x) \geq Q^{2h}(x, y) Q^{2k+1}(y, x) > 0.$$

Per definizione di periodo ($d = 2$), ciò significa che $2h + 2k + 1$ è un numero pari, che è assurdo.

Abbiamo mostrato che gli insiemi D_0, D_1 *formano una partizione di* E. La catena di Markov si alterna tra questi due insiemi: dato che $X_0 \in D_0$, per ogni $k \in \mathbb{N}_0$ si ha, quasi certamente, $X_{2k} \in D_0$ mentre $X_{2k+1} \in D_1$.[10] Se pensiamo all'Esempio 9.46 della passeggiata aleatoria di un cavallo su una scacchiera, si vede subito che la catena di Markov ha periodo $d = 2$, perché il cavallo salta necessariamente da una casa bianca a una casa nera, e viceversa; nel caso in cui il cavallo parte da una casa nera, allora D_0 sarà l'insieme delle case nere e D_1 l'insieme delle case bianche.

Consideriamo quindi le successioni $Y_k^{(0)} := X_{2k}$ e $Y_k^{(1)} := X_{2k+1}$ per $k \in \mathbb{N}_0$. Allora, per $r = 0, 1$, $(Y_k^{(r)})_{k \in \mathbb{N}_0}$ è una catena di Markov con matrice di transizione Q^2 (si veda l'Esercizio 9.3). Abbiamo appena visto che $\mathrm{P}_x(Y_k^{(r)} \in D_r) = 1$ per ogni $k \in \mathbb{N}_0$, pertanto *possiamo considerare* $(Y_k^{(r)})_{k \in \mathbb{N}_0}$ *come una catena di Markov a valori in* D_r, la cui matrice di transizione è la restrizione di Q^2 a D_r, cioè

$$(Q^2(y, z))_{y,z \in D_r}.$$

Mostriamo ora che tale catena di Markov è irriducibile e aperiodica.

Lemma 9.58
Supponiamo che $X_0 = x \in D_0$ e indichiamo con π la distribuzione stazionaria della catena di Markov $(X_n)_{n \in \mathbb{N}_0}$ su E. Per ogni $r \in \{0, 1\}$ fissato, la catena di Markov $(Y_k^{(r)} := X_{2k+r})_{k \in \mathbb{N}_0}$ a valori in D_r è irriducibile e aperiodica. La sua (unica) distribuzione stazionaria è $\pi^{(r)}$ definita da

$$\pi^{(r)}(y) := 2\,\pi(y) \quad \text{per } y \in D_r\,. \tag{9.51}$$

Dimostrazione Cominciamo col verificare che la catena di Markov $(Y_k^{(r)} := X_{2k+r})_{k \in \mathbb{N}_0}$ su D_r è irriducibile. Concentriamoci sul caso $r = 1$; il caso $r = 0$ è identico (anzi più semplice). Siano $y, z \in D_1$: poiché la catena di Markov $(X_n)_{n \in \mathbb{N}_0}$ su E, che ha matrice di transizione Q, è irriducibile, esiste $n \in \mathbb{N}$ tale che $Q^n(y, z) > 0$: ci basta mostrare che n è pari. Grazie a (9.50), esiste m dispari tale che $Q^m(x, y) > 0$, pertanto $Q^{m+n}(x, z) \geq Q^m(x, y) Q^n(y, z) > 0$. Dato che $z \in D_1$, si deve avere $m + n$ dispari grazie ancora a (9.50) (si ricordi che gli insiemi D_0, D_1 sono disgiunti). Da ciò segue che n è pari.

La aperiodicità della catena $(Y_k^{(r)})_{k \in \mathbb{N}_0}$ su D_r segue poi dalla seguente equivalenza (esercizio) valida per $y \in D_r$:

$$\mathrm{MCD}\{n : Q^n(y, y) > 0\} = 2 \quad \Longleftrightarrow \quad \mathrm{MCD}\{k : Q^{2k}(y, y) > 0\} = 1\,.$$

Resta da verificare che $\pi^{(r)}$ è la distribuzione stazionaria. A questo scopo, usiamo la rappresentazione (9.27) per la distribuzione stazionaria di una catena di Markov irriducibile:

$$\pi(y) = \frac{1}{\mathrm{E}_y(T_y)},$$

[10] Nel caso generale di un periodo $d \geq 2$, si può definire in modo analogo una partizione di E con d insiemi $D_0, \ldots, D_{d-1}$, che la catena di Markov percorre ciclicamente.

dove ricordiamo che $T_y = \min\{n \geq 1 : X_n = y\}$. Se denotiamo con $(Y_n)_{n\in\mathbb{N}_0}$ una catena di Markov su D_r con matrice di transizione Q^2, si ha che per ogni $y \in D_r$ le successioni di variabili aleatorie $(Y_n)_{n\in\mathbb{N}_0}$ e $(X_{2n})_{n\in\mathbb{N}_0}$ hanno la stessa distribuzione rispetto a P_y, quindi

$$\tilde{T}_y := \min\{n \geq 1 : Y_n = y\}$$

ha la stessa distribuzione rispetto a P_y di

$$\min\{n \geq 1 : X_{2n} = y\} = \frac{T_y}{2},$$

dove per l'ultima uguaglianza abbiamo usato il fatto che, se $X_0 = y$, allora $X_k = y$ con probabilità non nulla solo per k pari. Pertanto, usando di nuovo (9.27) ma questa volta per $(Y_n)_{n\in\mathbb{N}_0}$, abbiamo che la sua distribuzione stazionaria è data da

$$\pi^{(r)}(y) = \frac{1}{\mathrm{E}_y(\tilde{T}_y)} = \frac{2}{\mathrm{E}_y(T_y)} = 2\,\pi(y). \qquad \square$$

Possiamo ora completare la dimostrazione di (9.40). Come primo passo, vediamo che per ottenere (9.40), basta mostrare che

$$\lim_{k\to\infty} \mathrm{P}_x\left(\left|\frac{1}{k}\sum_{i=2}^{2k+1} f(X_i)\right| > \varepsilon\right) = 0, \tag{9.52}$$

si noti che $\sum_{i=2}^{2k+1} f(X_i) = \sum_{j=1}^{k} f(X_{2j}) + \sum_{j=1}^{k} f(X_{2j+1})$. In effetti, per ogni $n \geq 1$, ponendo $k_n := \lfloor n/2 \rfloor$ (dove $\lfloor\cdot\rfloor$ indica la parte intera), con la disuguaglianza triangolare, si ha

$$\begin{aligned} \left|\frac{1}{n}\sum_{i=1}^{n} f(X_i)\right| &\leq \left|\frac{1}{n} f(X_1)\right| + \left|\frac{1}{n}\sum_{i=2}^{n} f(X_i) - \frac{1}{n}\sum_{i=2}^{2k_n+1} f(X_i)\right| + \left|\frac{1}{n}\sum_{i=2}^{2k_n+1} f(X_i)\right| \\ &\leq \frac{2M}{n} + \left|\frac{1}{n}\sum_{i=2}^{2k_n+1} f(X_i)\right|, \end{aligned}$$

dove abbiamo usato che $\sup_x |f(x)| \leq M$ e il fatto che il secondo temine nel membro centrale vale zero se n è dispari e vale $\frac{1}{n}|f(X_{n+1})| \leq \frac{M}{n}$ se n è pari. Notando che $\frac{2M}{n} \leq \frac{\varepsilon}{2}$ per n grande, otteniamo

$$\mathrm{P}_x\left(\left|\frac{1}{n}\sum_{i=1}^{n} f(X_i)\right| > \varepsilon\right) \leq \mathrm{P}_x\left(\left|\frac{1}{n}\sum_{i=2}^{2k_n+1} f(X_i)\right| > \frac{\varepsilon}{2}\right) \leq \mathrm{P}_x\left(\left|\frac{1}{k_n}\sum_{i=2}^{2k_n+1} f(X_i)\right| > \varepsilon\right),$$

dove abbiamo usato che $n \geq 2k_n$ per l'ultima disuguaglianza. Questo mostra che se vale (9.52), per ogni $\varepsilon > 0$, allora vale anche (9.40).

Per mostrare (9.52), scriviamo

$$\begin{aligned} \frac{1}{k}\sum_{i=2}^{2k+1} f(X_i) &= \frac{1}{k}\sum_{j=1}^{k} f(X_{2j}) + \frac{1}{k}\sum_{j=1}^{k} f(X_{2j+1}) \\ &= \left[\frac{1}{k}\sum_{j=1}^{k} f\left(Y_j^{(0)}\right) - \mathrm{E}_{\pi^{(0)}}\left(Y_0^{(0)}\right)\right] + \left[\frac{1}{k}\sum_{j=1}^{k} f\left(Y_j^{(1)}\right) - \mathrm{E}_{\pi^{(1)}}\left(Y_0^{(1)}\right)\right], \end{aligned}$$

dove per la seconda identità abbiamo usato il fatto che, grazie al Lemma 9.58,

$$\begin{aligned}\mathrm{E}_{\pi^{(0)}}\left(f(Y_0^{(0)})\right) + \mathrm{E}_{\pi^{(1)}}\left(f(Y_0^{(1)})\right) &= \sum_{y\in D_0} \pi^{(0)}(y)f(y) + \sum_{y\in D_1} \pi^{(1)}(y)f(y) \\ &= 2\sum_{y\in E} \pi(y)f(y) = \mathrm{E}_\pi(f(X_0)) = 0\,.\end{aligned}$$

Osserviamo ora che se $|a+b|>\varepsilon$, si deve avere $|a|>\frac{\varepsilon}{2}$ oppure $|b|>\frac{\varepsilon}{2}$: abbiamo quindi l'inclusione seguente:

$$\left\{\left|\frac{1}{k}\sum_{i=2}^{2k+1} f(X_i)\right| > \varepsilon\right\} \subseteq \bigcup_{r\in\{0,1\}} \left\{\left|\frac{1}{k}\sum_{j=1}^{k} f(Y_j^{(r)}) - \mathrm{E}_{\pi^{(r)}}\left(f(Y_0^{(r)})\right)\right| > \frac{\varepsilon}{2}\right\},$$

e quindi

$$\mathrm{P}_x\left(\left|\frac{1}{k}\sum_{i=2}^{2k+1} f(X_i)\right| > \varepsilon\right) \le \sum_{r\in\{0,1\}} \mathrm{P}_x\left(\left|\frac{1}{k}\sum_{j=1}^{k} f(Y_j^{(r)}) - \mathrm{E}_{\pi^{(r)}}\left(f(Y_0^{(r)})\right)\right| > \frac{\varepsilon}{2}\right).$$

I due termini del membro destro tendono a zero per $n\to+\infty$, grazie alle leggi dei grandi numeri per le catene irriducibili e aperiodiche $Y^{(r)}$. Ciò dimostra (9.52) e conclude la dimostrazione. □

9.2.6 Alcune applicazioni

Un modello di file di attesa

Uno sportello ha una fila di attesa che può contenere al più N persone. Ad ogni istante n, con probabilità $\alpha\in(0,1)$ arriva un nuovo cliente, che si aggiunge alla coda (a meno che la coda non sia piena, nel qual caso il cliente se ne va), e con probabilità $\beta\in(0,1)$ un cliente viene servito (ammesso che in coda ci sia almeno un cliente), tutto ciò in modo indipendente. In particolare, la probabilità che un cliente arrivi ma che nessuno sia servito vale $\alpha(1-\beta)$; la probabilità che non arrivi nessun nuovo cliente ma che uno sia servito è $(1-\alpha)\beta$.

Si denoti con X_n il numero di persone in coda all'istante n; allora $(X_n)_{n\in\mathbb{N}_0}$ è una catena di Markov su $E=\{0,\ldots,N\}$, le cui probabilità di transizione sono date da

$$\begin{cases} \mathrm{q}(i,i+1) = p_{\alpha,\beta} := \alpha(1-\beta)\,, \\ \mathrm{q}(i,i-1) = q_{\alpha,\beta} := (1-\alpha)\beta\,, \\ \mathrm{q}(i,i) = r_{\alpha,\beta} := 1-\alpha-\beta+2\alpha\beta\,, \end{cases} \qquad \text{per } i\in\{1,\ldots,N-1\},$$

inoltre $\mathrm{q}(0,1)=p_{\alpha,\beta}$, $\mathrm{q}(0,0)=1-p_{\alpha,\beta}$; $\mathrm{q}(N,N-1)=q_{\alpha,\beta}$, $\mathrm{q}(N,N)=1-q_{\alpha,\beta}$.

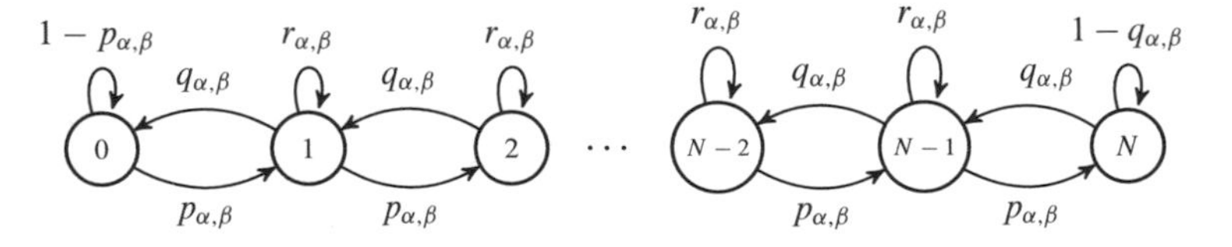

Tale catena è chiaramente irriducibile, dato che $0 \rightsquigarrow 1 \rightsquigarrow \cdots \rightsquigarrow N$ e anche $N \rightsquigarrow N-1 \rightsquigarrow \cdots \rightsquigarrow 0$. Inoltre essa è aperiodica, essendo $\mathrm{q}(i,i) > 0$ per ogni $i \in \{0,\dots,N\}$ (il che mostra che ogni stato i ha periodo 1).

Per poter applicare i Teoremi 9.51-9.56, calcoliamo la distribuzione stazionaria π. Cerchiamone una reversibile, cioè tale che $\pi(i)\,\mathrm{q}(i,i-1) = \pi(i-1)\,\mathrm{q}(i-1,i)$ per ogni $1 \le i \le N$. Troviamo allora

$$\pi(i) = \frac{p_{\alpha,\beta}}{q_{\alpha,\beta}}\pi(i-1) = \cdots = \left(\frac{p_{\alpha,\beta}}{q_{\alpha,\beta}}\right)^i \pi(0),$$

e la condizione $\sum_{i=0}^N \pi(i) = 1$ impone il valore di $\pi(0) = \left(\sum_{i=0}^N \left(\frac{p_{\alpha,\beta}}{q_{\alpha,\beta}}\right)^i\right)^{-1}$. Abbiamo dunque trovato una distribuzione reversibile (e pertanto invariante). Distinguendo i casi $p_{\alpha,\beta} = q_{\alpha,\beta}$ e $p_{\alpha,\beta} \neq q_{\alpha,\beta}$ si ottiene, per ogni $i \in \{0,\dots,N\}$

$$\pi(i) := \begin{cases} \frac{1}{N+1} & \text{se } p_{\alpha,\beta} = q_{\alpha,\beta}, \\ \frac{1-\theta_{\alpha,\beta}}{1-(\theta_{\alpha,\beta})^{N+1}}\,(\theta_{\alpha,\beta})^i & \text{se } \theta_{\alpha,\beta} := \frac{p_{\alpha,\beta}}{q_{\alpha,\beta}} \neq 1\,. \end{cases} \tag{9.53}$$

(Abbiamo usato la serie geometrica (0.5) nel caso $\theta_{\alpha,\beta} \neq 1$.)

Il Teorema 9.51 ci assicura allora che per ogni stato $k \in \{0,\dots,N\}$ si ha $\lim_{n\to\infty} \mathrm{P}_k(X_n = i) = \pi(i)$ per ogni $i \in \{0,\dots,N\}$. Dato che lo spazio degli stati è finito, ne segue che qualunque sia il numero di clienti k in coda al tempo 0,

$$\lim_{n\to\infty} \mathrm{E}_k(X_n) = \lim_{n\to\infty} \sum_{i=0}^N i\,\mathrm{P}_k(X_n = i) = \sum_{i=0}^N i \lim_{n\to\infty} \mathrm{P}_k(X_n = i) = \sum_{i=0}^N i\,\pi(i).$$

Quindi il numero medio di persone in coda converge a $\sum_{i=0}^N i\,\pi(i)$, cioè al valore medio di una variabile aleatoria con distribuzione π.

Vediamo ora come tale valore medio dipende dai parametri α, β. Notiamo che se $\theta_{\alpha,\beta} \neq 1$, allora per (9.53)

$$\sum_{i=0}^N i\pi(i) = \frac{1-\theta_{\alpha,\beta}}{1-(\theta_{\alpha,\beta})^{N+1}} \sum_{i=0}^N i\,(\theta_{\alpha,\beta})^i\,.$$

Per calcolare $\sum_{i=0}^N i\,(\theta_{\alpha,\beta})^i = \theta_{\alpha,\beta} \sum_{i=0}^N i\,(\theta_{\alpha,\beta})^{i-1}$, usiamo il fatto che per $x \neq 1$

$$f(x) := \sum_{i=0}^N x^i = \frac{1-x^{N+1}}{1-x},$$

$$f'(x) = \frac{1-x^{N+1}}{(1-x)^2} - (N+1)\frac{x^N}{(1-x)} = \sum_{i=0}^N i\,x^{i-1}\,.$$

Con qualche manipolazione algebrica (lasciata per esercizio), si ottiene

$$\sum_{i=0}^N i\,\pi(i) = \frac{\theta_{\alpha,\beta}}{1-\theta_{\alpha,\beta}} - (N+1)\frac{(\theta_{\alpha,\beta})^{N+1}}{1-(\theta_{\alpha,\beta})^{N+1}}\,. \tag{9.54}$$

Se $\alpha < \beta$, allora $p_{\alpha,\beta} < q_{\alpha,\beta}$, che implica $\theta_{\alpha,\beta} < 1$: la media (9.54) converge a $\theta_{\alpha,\beta}/(1-\theta_{\alpha,\beta})$ per $N \to \infty$. La fila di attesa ha una taglia media che resta limitata (anche quando la sua capacità N tende a $+\infty$): si dice che la fila di attesa è *stabile*.

Se $\alpha > \beta$, allora $\theta_{\alpha,\beta} > 1$ e la media (9.54) tende all'infinito: la fila di attesa è *instabile*. Si può infatti mostrare che $N - \sum_{i=0}^{N} i\pi(i)$ converge a $1/(\theta_{\alpha,\beta} - 1)$ per $N \to \infty$ (esercizio): il numero medio di *posti liberi* in coda resta dunque limitato, anche se la capacità N della fila di attesa tende all'infinito!

Nel caso "critico" $\alpha = \beta$, si ha $\theta_{\alpha,\beta} = 1$. Per (9.53), il numero di clienti in coda rispetto alla distribuzione stazionaria ha distribuzione uniforme discreta in $\{0, \ldots, N\}$. Si ottiene allora $\sum_{i=0}^{N} i\pi(i) = \frac{N}{2}$: la lunghezza media della fila di attesa tende all'infinito, quindi è *instable*.

Il teorema del rinnovo

Consideriamo il seguente problema, detto del *rinnovo*. Su una catena di produzione viene installata una componente, che possiede una durata aleatoria (diciamo espressa in giorni). Non appena tale componente smette di funzionare viene sostituita con una nuova, la quale è a sua volta rimpiazzata non appena si guasta, e così via. Viene organizzata una festa per il giorno in cui decorrono dieci anni dall'inizio della produzione, e ci si domanda qual è la probabilità che la componente si guasti proprio quel giorno...

Formuliamo il problema in termini matematici. Sia X_i la durata dell'i-esima componente installata, e supponiamo che le $(X_i)_{i\in\mathbb{N}}$ siano variabili aleatorie indipendenti, con la stessa legge, a valori in $\{1, \ldots, N\}$ dove N è un intero fissato[11]. Se denotiamo con n il giorno in cui viene fissata la festa, l'evento $\{X_1 + \cdots + X_k = n\}$ denota il fatto che la k-esima componente smette di funzionare proprio in quel giorno. Poiché non sappiamo quale componente potrebbe smettere di funzionare il giorno n, l'evento per cui avviene un guasto il giorno n è dato da $\bigcup_{k=1}^{n}\{X_1 + \cdots + X_k = n\}$. Cerchiamo di determinare la sua probabilità, quando n è molto grande. La risposta a tale domanda è contenuta nel seguente risultato, chiamato *teorema del rinnovo*.

Teorema 9.59 (del rinnovo)
Siano $(X_i)_{i\in\mathbb{N}}$ variabili aleatorie indipendenti con la stessa legge, a valori in $\{1, \ldots, N\}$, tali che $\mathrm{P}(X_i = 1) > 0$. Allora

$$\lim_{n\to\infty} \mathrm{P}\big(\text{esiste un } k \in \mathbb{N} \text{ tale che } X_1 + \cdots + X_k = n\big) = \frac{1}{\mathrm{E}(X_1)}. \quad (9.55)$$

[11] Possiamo pensare che, per ragioni di sicurezza, dopo N giorni di utilizzo la componente viene comunque rimpiazzata.

Osservazione 9.60 Se definiamo $T_k := X_1 + \ldots + X_k$ per $k \in \mathbb{N}$, possiamo interpretare $\mathcal{T} = \{T_k : k \in \mathbb{N}\} \subseteq \mathbb{N}$ come un *sottoinsieme aleatorio* dei numeri naturali. L'evento "esiste un $k \in \mathbb{N}$ tale che $T_k = n$" può essere interpretato come "il punto n appartiene all'insieme aleatorio $\mathcal{T}$", che indichiamo con la notazione suggestiva $\{n \in \mathcal{T}\}$. Possiamo allora riformulare il teorema di rinnovo (9.55) come

$$\lim_{n\to\infty} \mathrm{P}(n \in \mathcal{T}) = \frac{1}{\mathrm{E}(X_1)} .$$

Intuitivamente, l'insieme $\mathcal{T}$ è composto da punti *aleatori*, separati l'uno dall'altro da una distanza media $\mathrm{E}(X_1)$, pertanto non è sorprendente che un punto *fissato* n sufficientemente grande abbia probabilità $\simeq 1/\,\mathrm{E}(X_1)$ di appartenere a $\mathcal{T}$. □

Dimostrazione (del Teorema 9.59) Introduciamo una catena di Markov accessoria $(Y_n)_{n\in\mathbb{N}_0}$, che descrive "il numero di giorni prima del rimpiazzo della prossima componente". Quindi $Y_0 = 0$, dato che una componente è installata al tempo 0, e poi $Y_1 = X_1 - 1$ (dopo un giorno, la 1-ma componente ha una durata restante di $X_1 - 1$ giorni), $Y_2 = X_1 - 2, \ldots, Y_{X_1} = 0$. Il giorno X_1-esimo viene rimpiazzata la prima componente e messa al suo posto la seconda, quindi $Y_{X_1+1} = X_2 - 1$, $Y_{X_1+2} = X_2 - 2, \ldots, Y_{X_1+X_2} = 0$, ecc. In generale, per ciascun $n \in \mathbb{N}$, esiste $k \geq 1$ tale che

$$X_1 + \cdots + X_{k-1} < n \leq X_1 + \cdots + X_k , \quad \text{e definiamo } Y_n := X_1 + \cdots + X_k - n$$

(in modo equivalente, se $1 \leq j \leq X_k$, allora $Y_{X_1+\cdots+X_{k-1}+j} = X_k - j$). Per costruzione, si ha che $Y_n = 0$ se e solo se una componente deve essere rimpiazzata il giorno n, $X_1 + \ldots + X_k = n$ per qualche k: cerchiamo quindi di stimare $\mathrm{P}_0(Y_n = 0)$.

Si vede facilmente che $(Y_n)_{n\in\mathbb{N}_0}$ è una catena di Markov su $\{0, \ldots, N-1\}$, con probabilità di transizione

$$\begin{cases} \mathrm{q}(x, x-1) = 1 & \text{se } x \in \{1, \ldots, N-1\} , \\ \mathrm{q}(0, y) = \mathrm{P}(X_j - 1 = y) = \mathrm{p}_X(y+1) & \text{se } y \in \{0, \ldots, N-1\} , \end{cases}$$

dove p_X è la densità discreta di X_i. Infatti, se $Y_k = x \geq 1$, allora non c'è bisogno di rimpiazzare la componente, e la sua durata diminuisce di un unità, cioè $Y_{k+1} = Y_k - 1$; se $Y_k = 0$, allora viene installata immediatamente una componente nuova, la cui durata sarà X_j (per un certo j), per cui il giorno successivo $Y_{k+1} = X_j - 1$.

Possiamo assumere, senza perdita di generalità, che $\mathrm{P}(X_i = N) > 0$ (in caso contrario basta considerare $\tilde{N} := \max\{n \in \{1, \ldots, N\} : \mathrm{P}(X_i = n) > 0\}$ invece di N). La catena di Markov $(Y_n)_{n\in\mathbb{N}_0}$ è irriducibile, dato che per ogni $y \in \{0, \ldots, N-1\}$ si ha $0 \rightsquigarrow y$ e anche $y \rightsquigarrow y-1 \rightsquigarrow \cdots \rightsquigarrow 0$. È anche aperiodica, dal momento che $\mathrm{q}(0,0) = \mathrm{P}(X_j = 1) > 0$ (per ipotesi). Possiamo dunque applicare il Teorema 9.51, per ottenere

$$\lim_{n\to\infty} \mathrm{P}_0(Y_n = 0) = \pi(0) , \tag{9.56}$$

dove π è l'unica distribuzione stazionaria della catena di Markov $(Y_n)_{n\in\mathbb{N}_0}$.

Ci rimane da determinare π, cioè risolvere $\pi = \pi Q$ (si veda (9.24)): si deve avere, per ogni $x \in \{0, \dots, N-2\}$

$$\pi(x) = \pi(x+1)\,\mathrm{q}(x+1, x) + \pi(0)\,\mathrm{q}(0, x) = 1 \cdot \pi(x+1) + \mathrm{p}_X(x+1) \cdot \pi(0),$$

e $\pi(N-1) = \mathrm{p}_X(N)\pi(0)$. Pertanto,

$$\pi(N-2) = \pi(N-1) + \mathrm{p}_X(N-1)\pi(0) = (\mathrm{p}_X(N) + \mathrm{p}_X(N-1))\pi(0),$$

e per induzione "all'indietro" si ottiene

$$\pi(x) = \Big(\sum_{i=x+1}^{N} \mathrm{p}_X(i)\Big)\pi(0) = \mathrm{P}(X_1 > x)\,\pi(0), \qquad \forall x \in \{0, \dots, N-1\}$$

(notiamo che $\mathrm{p}_X(i) = 0$ se $i > N$). Ci resta da trovare $\pi(0)$: usando $\sum_{x=0}^{N-1} \pi(x) = 1$, si ha

$$\pi(0) = \frac{1}{\sum_{x=0}^{N-1} \mathrm{P}(X_1 > x)} = \frac{1}{\mathrm{E}(X_1)},$$

dove abbiamo usato la Proposizione 3.97 per l'ultima uguaglianza (notiamo che $\mathrm{P}(X_1 > x) = 0$ per $x \geq N$). Ciò, unitamente a (9.56), completa la dimostrazione. □

Esercizi

Esercizio 9.5 Sia $(X_n)_{n \in \mathbb{N}_0}$ una catena di Markov irriducibile su un insieme E finito, e sia $y \in E$. Definiamo $T_y^{(1)} := \min\{n \geq 1 : X_n = y\}$ come il tempo di ingresso in y, e per ricorrenza definiamo i tempi successivi di passaggio in y:

$$T_y^{(k)} := \min\{n > T_y^{(k-1)} : X_n = y\}, \qquad \text{per } k \geq 2.$$

Infine, definiamo gli intervalli di tempo tra i passaggi successivi in y:

$$Y_1 := T_y^{(1)}, \qquad Y_k = T_y^{(k)} - T_y^{(k-1)} \quad \text{per } k \geq 2.$$

Si mostri che le variabili $(Y_k)_{k \geq 1}$ sono indipendenti e che per $k \geq 2$ le Y_k hanno la distribuzione data da $\mathrm{P}(Y_k = m) = \mathrm{P}_x(Y_1 = m)$ per ogni $m \geq 1$. Dedurre in particolare che $(Y_k)_{k \geq 1}$ sono i.i.d. rispetto alla probabilità P_x.

[*Sugg.* Usare la Proposizione 9.17 per calcolare $\mathrm{P}(Y_1 = m_1, \dots, Y_k = m_k)$.]

Esercizio 9.6 Consideriamo una catena di Markov su E, con matrice di transizione $Q = (q(x,y))_{x,y\in E}$, e siano $x, y \in E$ due stati che comunicano: $x \leftrightsquigarrow y$. Si ricordi che $d_x = \mathrm{MCD}\{n \geq 1\colon Q^n(x,x) > 0\}$ e $d_y = \mathrm{MCD}\{n \geq 1\colon Q^n(y,y) > 0\}$ indicano i periodi rispettivamente di x e y.

(i) Sia m_1 tale che $Q^{m_1}(x,y) > 0$ e m_2 tale che $Q^{m_2}(y,x) > 0$. Si mostri che per ogni $n \geq 0$ tale che $Q^n(y,y) > 0$ si ha $Q^{m_1+n+m_2}(x,x) > 0$.
(ii) Si mostri che d_x divide $m_1 + m_2$ e che d_x divide tutti gli interi $n \geq 1$ tali che $Q^n(y,y) > 0$. Dedurne che d_x divide d_y, quindi che $d_x = d_y$.
(iii) Si concluda che *se una catena di Markov è irriducibile, allora tutti gli stati hanno lo stesso periodo.*

Esercizio 9.7 Sia $(X_n)_{n\in\mathbb{N}_0}$ la passeggiata aleatoria semplice sul grafo seguente (si veda l'Esempio 9.40):

```
7 — 8 — 9
|   |   |
4 — 5 — 6
|   |   |
1 — 2 — 3
```

(i) Mostrare che la catena è irriducibile. Dire se è aperiodica.
(ii) Determinare una distribuzione π stazionaria e dedurre il valore di $\mathrm{E}_1(T_1)$.
(iii) Calcolare $\mathrm{E}_x(T_9)$ per ogni $x \in \{1, \ldots, 9\}$.

[*Sugg.*: usare l'analisi a un passo.]

Esercizio 9.8 Riprendiamo il contesto dell'Esempio 9.1: Alessia viaggia tra casa ufficio, ma questa volta ha *due* ombrelli. Se nel luogo dove inizia un tragitto c'è almeno un ombrello, ne prende uno se piove, altrimenti lo lascia lì. Se non c'è alcun ombrello, allora fa il viaggio senza ombrello, che piova o no. Supponiamo che in ogni viaggio piova con probabilità $p \in (0,1)$, indipendentemente per tutti i tragitti.

Indichiamo con X_n il numero di ombrelli nel luogo in cui si trova dopo n viaggi.

(i) Mostrare che $(X_n)_{n\in\mathbb{N}_0}$ è una catena di Markov su $E = \{0,1,2\}$, con matrice di transizione

$$Q = \begin{pmatrix} 0 & 0 & 1 \\ 0 & 1-p & p \\ 1-p & p & 0 \end{pmatrix}.$$

(ii) Mostrare che la catena è irriducibile. È anche aperiodica?
(iii) Determinare una distribuzione stazionaria π. È anche reversibile?
(iv) Calcolare $\lim_{n\to\infty} \mathrm{P}_x(X_n = i)$ per $i \in \{0,1,2\}$ e $x \in \{0,1,2\}$. Dedurne la probabilità che Alessia effettui l'$(n+1)$-esimo viaggio senza ombrello e sotto la pioggia, nel limite $n \to \infty$.
(v) Rispondere alle stesse domande nel caso in cui Alessia possegga $k \geq 1$ ombrelli.

Esercizio 9.9 Sia $(X_i)_{i\geq 1}$ una successione di variabili aleatorie i.i.d. a valori in $\mathbb{Z}^d$, di distribuzione uniforme discreta in $\{-1,+1\}^d$, dove $d \geq 1$ è un fissato. Si consideri la successione di variabili aleatorie $(S_n)_{n\in\mathbb{N}_0}$ definita da $S_n = S_0 + \sum_{i=1}^n X_i$ per $n \geq 1$, in cui S_0 è assegnato. Si tratta della passeggiata aleatoria su $\mathbb{Z}^d$ studiata nel Paragrafo 2.2, con punto iniziale S_0 (formulata qui in termini di variabili aleatorie).

(i) Mostrare che $(S_n)_{n\in\mathbb{N}_0}$ è una catena di Markov su $E = \mathbb{Z}^d$ e che è irriducibile.
[Notare che le Definizioni 9.2 e 9.22 sono valide anche nel caso in cui E è infinito.]

(ii) Riprendendo le conclusioni del Paragrafo 2.2, più precisamente il Teorema 2.10, mostrare che $\mathrm{P}_x(T_x < +\infty) = 1$ se e solo se $d \leq 2$.

Questo mostra che la Proposizione 9.27 non è più valida se E è infinito.

[Con uno studio più avanzato, si mostra che in dimensione $d = 1, 2$ si ha $\mathrm{E}_x(T_x) = +\infty$.]

9.3 Catene di Markov riducibili

Nel paragrafo precedente abbiamo studiato le catene di Markov irriducibili, cioè quelle per cui $x \leftrightsquigarrow y$ per ogni $x, y \in E$ (si ricordi che $x \rightsquigarrow y$ se y è accessibile da x, cioè se esiste un $m \geq 0$ tale che $\mathrm{P}_x(X_m = y) > 0$). Tuttavia, vi sono numerosi esempi di catene di Markov che non sono irriducibili: vedremo ora come studiarle.

Esempio 9.61 Consideriamo la catena di Markov $(X_n)_{n\in\mathbb{N}_0}$ su $E = \{1,2,3,4\}$ con la seguente matrice di transizione (di cui diamo anche la rappresentazione grafica)

$$Q = \begin{pmatrix} 1/2 & 0 & 0 & 1/2 \\ 1/2 & 1/4 & 1/4 & 0 \\ 0 & 0 & 1 & 0 \\ 1/4 & 0 & 0 & 3/4 \end{pmatrix}$$

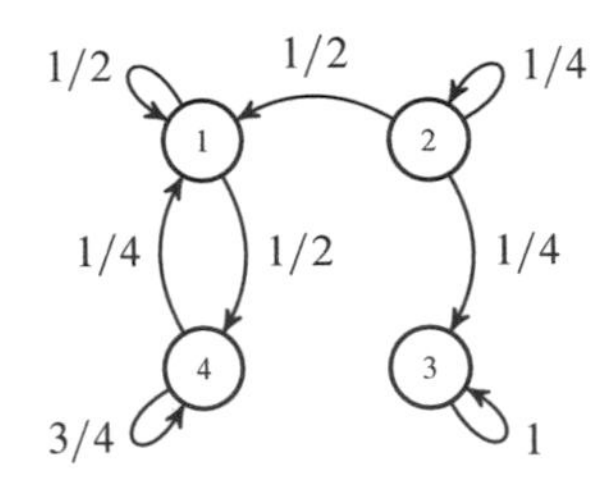

In questo esempio si ha che:

- lo stato 2 non è accessibile da alcuno stato $x \in \{1,3,4\}$;
- lo stato 3 è accessibile da 2 ma da nessun altro stato;
- si ha $1 \leftrightsquigarrow 4$, ma 2 o 3 non sono raggiungibili da 1 o 4.

Tale catena di Markov non è quindi irriducibile. Tuttavia, si possono lo stesso dire varie cose sul comportamento della catena. Ad esempio, se la catena parte dallo stato 3, allora $X_n = 3$ per ogni $n \geq 1$; allo stesso modo, se la catena parte dallo stato 1 o da 4, allora $X_n \in \{1,4\}$ per ogni $n \geq 1$. Pertanto, diremo che i sottoinsiemi $\{3\}$ e $\{1,4\}$ sono "chiusi": se la catena di Markov parte da uno di questo insiemi, ci rimane per sempre (dunque può essere vista come una catena di Markov su uno spazio degli stati ristretto). Se invece la catena parte dallo stato 2, allora o finisce nello stato $\{3\}$, cioè $T_3 < +\infty$, oppure finisce nell'insieme $\{1,4\}$, cioè $\min(T_1, T_4) < +\infty$, e queste due possibilità sono incompatibili. Come vedremo più avanti (Esempio 9.77), si può mostrare che $\mathrm{P}_2(\min(T_1,T_4) < +\infty) = \frac{2}{3}$ e $\mathrm{P}_2(T_3 < +\infty) = \frac{1}{3}$. □

9.3.1 *Stati transitori e stati ricorrenti*

Sia $(X_n)_{n\in\mathbb{N}_0}$ una catena di Markov su E. Ricordiamo la definizione (9.19) del tempo di ingresso T_x in uno stato $x \in E$.

Definizione 9.62
Diciamo che uno stato $x \in E$ è

- *transitorio* (o *transiente*) se $\mathrm{P}_x(T_x < \infty) < 1$;
- *ricorrente* se $\mathrm{P}_x(T_x < \infty) = 1$.

Pertanto, uno stato $x \in E$ è transitorio se c'è una probabilità strettamente positiva di non tornarci mai più; con un po' di lavoro (si veda la Proposizione 9.66 sotto), si mostra che la catena di Markov visita x *solo un numero finito di volte* (da cui la denominazione di stato *transitorio* o *transiente*). Viceversa, se uno stato $x \in E$ è ricorrente, allora partendo da tale stato ci si ritorna con probabilità 1; con un po' di lavoro (si veda la Proposizione 9.66 sotto), si mostra che in effetti la catena di Markov ritorna in x *infinite volte* (da cui la denominazione di stato *ricorrente*).

Nel caso in cui la catena di Markov $(X_n)_{n\in\mathbb{N}_0}$ è irriducibile (su uno spazio degli stati E *finito*), la Proposizione 9.27 mostra che tutti gli stati $x \in E$ sono ricorrenti.

Proposizione 9.63
Sia $x \in E$. Se esiste $y \in E$ tale che $x \rightsquigarrow y$ ma $y \not\rightsquigarrow x$, allora x è transitorio.

Dimostrazione Poiché $x \rightsquigarrow y$, per il Lemma 9.21 esiste un cammino $x_0, x_1, \ldots, x_m$ che porta da $x_0 = x$ a $x_m = y$ in m passi, tale che $\mathrm{q}(x_0, x_1)\cdots\mathrm{q}(x_{m-1}, y_m) > 0$. Osserviamo che $m \geq 1$, perché $y \neq x$ (dato che $y \not\rightsquigarrow x$).

Indichiamo con x_j l'ultimo dei punti $x_0, x_1, \ldots, x_m$ che è uguale a x, cioè definiamo $j := \max\{i : x_i = x\}$ (necessariamente $j \leq m-1$). Allora gli stati $y_\ell := x_{j+\ell}$ per $\ell = 0, 1, \ldots, k := m - j$ formano un cammino di $k \geq 1$ passi che porta da $y_0 = x$ a $y_k = y$, con la proprietà che $y_\ell \neq x$ per ogni $\ell \geq 1$ e

$$\mathrm{P}_x(X_1 = y_1, \ldots, X_{k-1} = y_{k-1}, X_k = y) = \mathrm{q}(x_j, x_{j+1})\cdots\mathrm{q}(x_{m-1}, y) > 0\,.$$

Ciò mostra in particolare che

$$\mathrm{P}_x\big(X_1 \neq x, \ldots, X_{k-1} \neq x, X_k = y\big) > 0\,.$$

Si ottiene inoltre, dalla continuità dall'alto della probabilità (Proposizione 1.24)

$$\begin{aligned}
\mathrm{P}_x\big(T_x = +\infty\big) &= \mathrm{P}_x(X_n \neq x \text{ per ogni } n \geq 0) \\
&\geq \mathrm{P}_x\big(X_1 \neq x, \ldots, X_{k-1} \neq x, X_k = y, X_{k+\ell} \neq x \text{ per ogni } \ell \geq 0\big) \\
&= \lim_{n\to\infty} \mathrm{P}_x\big(X_1 \neq x, \ldots, X_{k-1} \neq x, X_k = y, X_{k+\ell} \neq x \text{ per ogni } 0 \leq \ell \leq n\big) \\
&= \lim_{n\to\infty} \mathrm{P}_x\big(X_1 \neq x, \ldots, X_{k-1} \neq x, X_k = y\big)\, \mathrm{P}_y\big(X_\ell \neq x \text{ per ogni } 0 \leq \ell \leq n\big)
\end{aligned}$$

dove abbiamo usato la Proposizione 9.17 per l'ultima uguaglianza. Dato che $y \not\rightsquigarrow x$, si ha $\mathrm{P}_y(X_\ell \neq x \text{ per ogni } 0 \leq \ell \leq n) = 1$ per ciascun $n \in \mathbb{N}$. Pertanto otteniamo

$$\mathrm{P}_x\big(T_x = +\infty\big) \geq \mathrm{P}_x\big(X_1 \neq x, \ldots, X_{k-1} \neq x, X_k = y\big) > 0\,,$$

dunque $\mathrm{P}_x\big(T_x < +\infty\big) = 1 - \mathrm{P}_x\big(T_x = +\infty\big) < 1$. Ciò conclude la dimostrazione. □

Definizione 9.64
Diciamo che uno stato $x \in E$ è *assorbente* se $\mathrm{q}(x, x) = 1$. In particolare, se x è assorbente, allora $\mathrm{P}_x(T_x = 1) = 1$, dunque x è ricorrente.

Quindi, se uno stato assorbente $x \in E$ viene raggiunto, cioè se esiste un k tale che $X_k = x$, allora si viene "assorbiti" da quello stato, cioè $X_{k+\ell} = x$ per ogni $\ell \geq 0$.

Esempio 9.65 (Rovina del giocatore) Riprendiamo l'esempio della *rovina del giocatore*, trattato nel Paragrafo 4.7 (si veda il Teorema 4.30). Ricordiamo la situazione: un giocatore arriva al casinò, con in tasca $\alpha \in \{1, \ldots, N-1\}$ euro, ed effettua delle partite successive, con probabilità di successo p, con in palio ogni volta un euro: se vince il suo *capitale* (cioè il numero di euro in tasca) aumenta di un euro, se perde la sua ricchezza diminuisce di 1 euro. Il giocatore smette di giocare non appena raggiunge il suo obbiettivo di N euro (deciso in partenza) prima di essere in rovina (cioè di avere 0 euro in tasca).

Si denoti con $(X_n)_{n\in\mathbb{N}_0}$ il capitale del giocatore dopo n partite; si ha che $(X_n)_{n\in\mathbb{N}_0}$ è una catena di Markov, che parte da $X_0 = \alpha$, le cui probabilità di transizione sono $\mathrm{q}(x, x+1) = p, \mathrm{q}(x, x-1) = 1 - p$ per $x \in \{1, \ldots, N-1\}$, e $\mathrm{q}(0, 0) = \mathrm{q}(N, N) = 1$ (se il capitale raggiunge 0 euro o N euro, il giocatore smette di giocare e il suo capitale non evolve più).

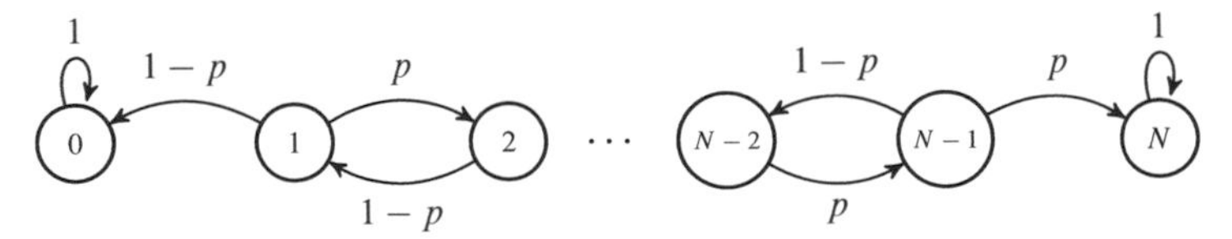

Notiamo che 0 e N sono stati assorbenti. Inoltre, per ciascun $x \in \{1, \ldots, N-1\}$, si ha $x \rightsquigarrow 0$ (e $x \rightsquigarrow N$) ma $0 \not\rightsquigarrow x$ (e $N \not\rightsquigarrow x$): per la Proposizione 9.63, concludiamo che tutti gli stati $x \in \{1, \ldots, N-1\}$ sono transitori. □

Studiamo ora il *numero totale di visite a uno stato* x, ossia la variabile aleatoria N_x a valori in $\mathbb{N}_0 \cup \{+\infty\}$ definita da

$$N_x := \sum_{n=0}^{\infty} \mathbb{1}_{\{X_n = x\}} \,. \tag{9.57}$$

Ricordiamo che $T_x := \min\{n \geq 1 : X_n = x\}$ indica il tempo di primo ritorno in x.

Proposizione 9.66 (Numero di visite a uno stato)
Sia $(X_n)_{n\in\mathbb{N}_0}$ una catena di Markov con spazio degli stati E. Per ogni $x \in E$ vale l'uguaglianza

$$\mathrm{P}_x\big(N_x > k\big) = \mathrm{P}_x(T_x < +\infty)^k \qquad \text{per ogni } k \in \mathbb{N}_0 \,.$$

Di conseguenza, se $X_0 = x$ (ossia rispetto alla probabilità P_x):

(i) *se x è ricorrente, allora $N_x = +\infty$ quasi certamente, cioè $\mathrm{P}_x(N_x = +\infty) = 1$;*
(ii) *se x è transitorio, allora $N_x < +\infty$ quasi certamente, cioè $\mathrm{P}_x(N_x < +\infty) = 1$, e N_x ha distribuzione geometrica di parametro $p_x := \mathrm{P}_x(T_x = +\infty) > 0$:*

$$\mathrm{P}_x(N_x = k) = p_x(1-p_x)^{k-1} \qquad \text{per } k \in \mathbb{N} = \{1, 2, \ldots\} \,.$$

Dimostrazione Notiamo che rispetto a P_x, si ha $N_x > k$ se e solo se esistono degli interi $0 < n_1 < \cdots < n_k$ (i tempi dei primi k ritorni in x) tali che $X_{n_1} = x, \ldots, X_{n_k} = x$ e $X_n \neq x$ per $1 \leq n \leq n_k$ con $n \notin \{n_1, n_2, \ldots, n_k\}$ (si noti che già sappiamo che $X_0 = x$ rispetto a P_x). Applicando la Proposizione 9.17, otteniamo, per ogni $0 < n_1 < \cdots < n_k$ e ponendo $m_i := n_i - n_{i-1}$ (con $m_1 := n_1$),

$$\begin{aligned}
&\mathrm{P}_x\big(X_1, \ldots, X_{n_1-1} \neq x, X_{n_1} = x, \ldots, X_{n_{k-1}} = x, X_{n_{k-1}+1}, \ldots, X_{n_k-1} \neq x, X_{n_k} = x\big) \\
&\quad = \mathrm{P}_x\big(X_1, \ldots, X_{n_1-1} \neq x, X_{n_1} = x, \ldots, X_{n_{k-1}} = x\big) \\
&\qquad \cdot \mathrm{P}_x\big(X_1, \ldots, X_{m_k-1} \neq x, X_{m_k} = x\big) \,,
\end{aligned}$$

e notiamo che l'ultimo fattore vale $\mathrm{P}_x\big(X_1, \ldots, X_{m_k-1} \neq x, X_{m_k} = x\big) = \mathrm{P}_x(T_x = m_k)$. Iterando questi argomenti, si arriva a

$$\begin{aligned}
&\mathrm{P}_x\big(X_1, \ldots, X_{n_1-1} \neq x, X_{n_1} = x, \ldots, X_{n_{k-1}} = x, X_{n_{k-1}+1}, \ldots, X_{n_k-1} \neq x, X_{n_k} = x\big) \\
&\quad = \mathrm{P}_x(T_x = m_1)\mathrm{P}_x(T_x = m_2) \cdots \mathrm{P}_x(T_x = m_k) \,,
\end{aligned} \tag{9.58}$$

Pertanto, usando la somma a blocchi 0.13, abbiamo

$$\begin{aligned}
\mathrm{P}_x\big(N_x > k\big) &= \sum_{0<n_1<\cdots<n_k} \mathrm{P}_x(T_x = n_1)\cdots \mathrm{P}_x(T_x = n_k - n_{k-1}) \\
&= \sum_{0<n_1<\cdots<n_{k-1}} \mathrm{P}_x(T_x = n_1)\cdots \mathrm{P}_x(T_x = n_{k-1} - n_{k-2}) \\
&\quad \cdot \sum_{n_k > n_{k-1}} \mathrm{P}_x(T_x = n_k - n_{k-1}),
\end{aligned}$$

dove abbiamo isolato la somma su n_k, che vale $\sum_{m>0} \mathrm{P}_x(T_x = m) = \mathrm{P}_x(T_x < +\infty)$. A questo punto, una facile dimostrazione per induzione fornisce

$$\mathrm{P}_x\big(N_x > k\big) = \mathrm{P}_x(T_x < +\infty)^k . \tag{9.59}$$

Se x è ricorrente, allora $\mathrm{P}_x(T_x < +\infty) = 1$, e quindi $\mathrm{P}_x(N_x > k) = 1$ per ogni $k \in \mathbb{N}$. Usando la continuità dall'alto della probabilità (Proposizione 1.24), otteniamo $\mathrm{P}_x(N_x = +\infty) = \lim_{k\to\infty} \mathrm{P}_x(N_x > k) = 1$.

Se x è transitorio, allora ponendo $p_x := \mathrm{P}_x(T_x = +\infty) > 0$ si ha $\mathrm{P}_x(N_x > k) = (1 - p_x)^k$ per ogni $k \in \mathbb{N}_0$. Dato che $\{N_x = k\} = \{N_x > k-1\} \setminus \{N_x > k\}$, si ottiene $\mathrm{P}_x(N_x = k) = \mathrm{P}_x(N_x > k-1) - \mathrm{P}_x(N_x > k) = p_x(1-p_x)^{k-1}$ per $k \in \mathbb{N}$. Ciò significa che N_x, rispetto a P_x, ha distribuzione geometrica di parametro p_x. □

Osservazione 9.67 Con la stessa dimostrazione della Proposizione 9.66 si può ottenere la distribuzione di N_x rispetto a P_z per $x \neq z$:

$$\mathrm{P}_z(N_x > k) = \mathrm{P}_z(T_x < +\infty)\, \mathrm{P}_x(T_x < +\infty)^k \qquad \text{per ogni } k \in \mathbb{N}_0 . \tag{9.60}$$

In particolare, *se x è transitorio, allora $N_x < +\infty$ quasi certamente rispetto a P_z qualunque sia $z \in E$*, ossia $\mathrm{P}_z(N_x < +\infty) = 1$.

Per ottenere (9.60), fissiamo $x \neq z$ osserviamo che rispetto a P_z, si ha $N_x > k$ se e solo se esistono interi $n_0 < n_1 < \cdots < n_k$ tali che $X_{n_0} = x, X_{n_1} = x, \ldots, X_{n_k} = x$ e $X_n \neq x$ per $1 \le n \le n_k$ con $n \notin \{n_0, n_1, \ldots, n_k\}$. Applicando la Proposizione 9.17 più volte, si ottiene come per (9.58)

$$\begin{aligned}
&\mathrm{P}_z\big(X_1, \ldots, X_{n_0-1} \neq x, X_{n_0} = x, \ldots, X_{n_{k-1}} = x, X_{n_{k-1}+1}, \ldots, X_{n_k-1} \neq x, X_{n_k} = x\big) \\
&\quad = \mathrm{P}_z(T_x = n_0)\, \mathrm{P}_x(T_x = m_1) \cdots \mathrm{P}_x(T_x = m_k),
\end{aligned}$$

dove $m_i = n_i - n_{i-1}$ per $1 \le i \le k$. Pertanto (9.60) segue, come per (9.59), sommando sui valori di $n_k > n_{k-1} > \cdots > n_1 > n_0 > 1$. □

Osservazione 9.68 Sottolineiamo che la Proposizione 9.66 si applica anche al caso in cui E è infinito (numerabile). Consideriamo l'esempio della passeggiata aleatoria $(S_n)_{n\ge 0}$ su $\mathbb{Z}^d$ dell'Esercizio 9.9 (si veda anche il Paragrafo 2.2), definita da $S_n := S_0 + \sum_{i=1}^n X_i$ dove le $(X_i)_{i\ge 1}$ sono variabili aleatorie i.i.d. con distribuzione uniforme discreta su $\{-1, +1\}^d$. Si tratta di una catena di Markov irriducibile su $E = \mathbb{Z}^d$.

I risultati del Paragrafo 2.2 (che sono stati tradotti nel linguaggio delle catene di Markov nell'Esercizio 9.9) mostrano la dicotomia seguente:

- se $d = 1$ o $d = 2$ allora $\mathrm{P}_x(T_x < +\infty) = 1$ per ogni $x \in \mathbb{Z}^d$: gli stati sono tutti ricorrenti, e grazie alla Proposizione 9.66 la passeggiata aleatoria tornerà infinite volte al suo punto di partenza, quasi certamente;
- se $d \geq 3$, allora $\mathrm{P}_x(T_x < +\infty) = 1$ per ogni $x \in \mathbb{Z}^d$: gli stati sono tutti transitori, e per la Proposizione 9.66 (e l'Osservazione 9.67) la passeggiata aleatoria passera un numero finito di volte per ogni $x \in \mathbb{Z}^d$, quasi certamente. □

Dalla Proposizione 9.66 si ottiene il valore medio $\mathrm{E}_x(N_x)$,[12] che permette di dare una caratterizzazione alternativa della ricorrenza e transitorietà di uno stato.

Proposizione 9.69
Sia $(X_n)_{n\in\mathbb{N}_0}$ una catena di Markov su E, e sia $x \in E$. Allora

$$\mathrm{E}_x(N_x) = \frac{1}{\mathrm{P}_x(T_x = +\infty)} = \sum_{n=0}^{\infty} Q^n(x,x), \tag{9.61}$$

con la convenzione $\frac{1}{0} = +\infty$. Di conseguenza:

- *x è ricorrente* $\iff$ $\mathrm{E}_x(N_x) = +\infty$ $\iff$ $\sum_{n=0}^{\infty} Q^n(x,x) = +\infty$;
- *x è transitorio* $\iff$ $\mathrm{E}_x(N_x) < +\infty$ $\iff$ $\sum_{n=0}^{\infty} Q^n(x,x) < +\infty$.

Dimostrazione Le caratterizzazioni della ricorrenza e transitorietà seguono direttamente dalla relazione (9.61). Mostriamo dunque questa relazione.

L'uguaglianza

$$\mathrm{E}_x(N_x) = \frac{1}{\mathrm{P}_x(T_x = +\infty)} \tag{9.62}$$

è una conseguenza diretta dalla Proposizione 9.66. Infatti, se x è transitorio allora N_x ha (rispetto a P_x) una distribuzione geometrica di parametro $\mathrm{P}_x(T_x = +\infty) > 0$, che ha valore medio $1/\mathrm{P}_x(T_x = +\infty)$. D'altra parte, se x è ricorrente, ossia $\mathrm{P}_x(T_x = +\infty) = 0$, allora $\mathrm{P}_x(N_x = +\infty) = 1$ e quindi $\mathrm{E}_x(N_x) = +\infty$, in accordo con l'uguaglianza (9.62).

[12] Nel caso in cui N_x assuma il valore $+\infty$ con probabilità non nulla, ossia $\mathrm{P}_x(N_x = +\infty) > 0$, estendiamo la definizione di valore medio ponendo $\mathrm{E}(N_x) := +\infty$.

Resta da mostrare che $E_x(N_x) = \sum_{n=0}^{\infty} Q^n(x,x)$. Ricordando la definizione (9.57), si tratta di giustificare l'inversione del valore medio con la somma (infinita):

$$E_x(N_x) = E_x\left(\sum_{n=0}^{\infty} \mathbb{1}_{\{X_n=x\}}\right) = \sum_{n=0}^{\infty} P_x(X_n = x) = \sum_{n=0}^{\infty} Q^n(x,x).$$

Cominciamo dal caso in cui $\sum_{n=0}^{\infty} Q^n(x,x) = +\infty$. Per ogni $m \geq 1$, possiamo minorare $N_x \geq \sum_{n=0}^{m} \mathbb{1}_{\{X_n=x\}}$: otteniamo quindi

$$E_x(N_x) \geq E_x\left(\sum_{n=0}^{m} \mathbb{1}_{\{X_n=x\}}\right) = \sum_{n=0}^{m} P_x(X_n = x) = \sum_{n=0}^{m} Q^n(x,x).$$

Prendendo il limite $m \to \infty$, si ottiene $E_x(N_x) = \sum_{n=0}^{\infty} Q^n(x,x) = +\infty$, e quindi (9.62).

Supponiamo ora che $\sum_{n=0}^{\infty} Q^n(x,x) < +\infty$. Per $n \geq 1$, decomponendo sul valore di T_x, grazie alla Proposizione 9.17 possiamo scrivere

$$\begin{aligned} Q^n(x,x) = P_x(X_n = x) &= \sum_{k=1}^{n} P_x(T_x = k, X_n = x) \\ &= \sum_{k=1}^{n} P_x(T_x = k)\, P_x(X_n = x \mid X_k = x) = \sum_{k=1}^{n} P_x(T_x = k) Q^{n-k}(x,x), \end{aligned}$$

Osserviamo che questa relazione è identica a quella presentata in Lemma 2.8 per i tempi di ritorno a 0 della passeggiata aleatoria semplice. Riproducendo la prova del Lemma 2.9, troviamo che, usando la somma a blocchi (0.13),

$$\begin{aligned} \sum_{n=1}^{\infty} Q^n(x,x) &= \sum_{n=1}^{\infty}\sum_{k=1}^{n} P(T_x = k) Q^{n-k}(x,x) \\ &= \sum_{k=1}^{\infty} P(T_x = k)\left(\sum_{n=k}^{\infty} Q^{n-k}(x,x)\right) \\ &= \sum_{k=1}^{\infty} P(T_x = k)\left(\sum_{m=0}^{\infty} Q^{m}(x,x)\right), \end{aligned}$$

di cui segue che

$$P_x(T_x < +\infty) = \sum_{k=1}^{\infty} P(T_x = k) = \frac{\sum_{m=1}^{\infty} Q^m(x,x)}{\sum_{m=0}^{\infty} Q^m(x,x)}.$$

Infine, essendo $Q^0(x,x) = 1$, otteniamo

$$P_x(T_x = +\infty) = 1 - P_x(T_x = +\infty) = \frac{1}{\sum_{m=0}^{\infty} Q^m(x,x)}.$$

Grazie a (9.62), questo completa la dimostrazione di $E_x(N_x) = \sum_{n=0}^{\infty} Q^n(x,x)$. □

Una conseguenza delle caratterizzazioni date dalla Proposizione 9.69 è il fatto che stati $x, y \in E$ che comunicano (cioè tali che $x \leftrightsquigarrow y$) sono dello stesso tipo, o entrambi ricorrenti o entrambi transitori.

Corollario 9.70
Sia $(X_n)_{n\in\mathbb{N}_0}$ una catena di Markov su E. Dati $x, y \in E$, se x è ricorrente e $x \rightsquigarrow y$, allora anche y è ricorrente e $y \rightsquigarrow x$, dunque $x \leftrightsquigarrow y$.

Di conseguenza, se due stati $x, y \in E$ comunicano, cioè $x \leftrightsquigarrow y$, allora o x e y sono entrambi ricorrenti, oppure x e y sono entrambi transitori.

In particolare, se la catena di Markov è irriducibile, tutti gli stati sono dello stesso tipo: si parla di *catena ricorrente* nel caso in cui gli stati sono tutti ricorrenti e di *catena transitoria* nel caso in cui gli stati sono tutti transitori.

Dimostrazione L'ultima asserzione segue direttamente dalla prima: avere $x \leftrightsquigarrow y$ mostra le due implicazioni dell'equivalenza "x è ricorrente $\iff$ y è ricorrente".

Mostriamo dunque la prima parte del corollario. Fissiamo $x, y \in E$, con x ricorrente e $x \rightsquigarrow y$. Abbiamo necessariamente $y \rightsquigarrow x$, perché nel caso contrario avremmo x transitorio grazie alle Proposizione 9.63. Quindi $x \leftrightsquigarrow y$.

Siano allora $m_1, m_2 \geq 0$ interi tali che $Q^{m_1}(y,x) > 0$ e $Q^{m_2}(x,y) > 0$. Per ogni $n \geq m_1 + m_2$ si ha

$$Q^n(y,y) \geq Q^{m_1}(y,x)Q^{n-m_1-m_2}(x,x)Q^{m_2}(x,y),$$

da cui segue che

$$\begin{aligned}\sum_{n=0}^{\infty} Q^n(y,y) &\geq \sum_{n=m_1+m_2}^{\infty} Q^{m_1}(y,x)Q^{n-m_1-m_2}(x,x)Q^{m_2}(x,y) \\ &= Q^{m_1}(y,x)Q^{m_2}(x,y)\sum_{\ell=0}^{\infty} Q^{\ell}(x,x),\end{aligned}$$

dove abbiamo posto $\ell := n - m_1 - m_2$ nell'ultima uguaglianza. Dato che x è ricorrente, per la Proposizione 9.69 si ha $\sum_{\ell=0}^{\infty} Q^{\ell}(x,x) = +\infty$: di conseguenza anche $\sum_{n=0}^{\infty} Q^n(y,y) = +\infty$, cioè y è ricorrente, di nuovo grazie alla Proposizione 9.69. □

9.3.2 *Riduzione ad una catena di Markov irriducibile*

Abbiamo visto che la relazione $x \leftrightsquigarrow y$ è una relazione di equivalenza su E. Per ogni $x \in E$, possiamo quindi considerare la *classe di equivalenza di x*

$$C_x = \{y \in E : x \leftrightsquigarrow y\}, \tag{9.63}$$

cioè l'insieme degli stati che comunicano con x. Sottolineiamo che $C_x = C_y$ se e solo se $x \leftrightsquigarrow y$. Possiamo dunque ripartire E in *classi di equivalenza* $C_{x_1}, \ldots, C_{x_k}$ (dove $x_i \not\leftrightsquigarrow x_j$ per $i \neq j$). Nell'Esempio 9.61, si ottiene la partizione di $E = \{1, 2, 3, 4\}$ nei sottoinsiemi $\{1, 4\}$, $\{2\}$, $\{3\}$: notiamo che $\{2\}$ è una classe di equivalenza dalla quale si può "uscire", contrariamente alle classi $\{1, 4\}$ e $\{3\}$.

Definizione 9.71
Diciamo che una classe di equivalenza C_x è *chiusa* se, per ogni $y \in E$ per cui $x \rightsquigarrow y$, si ha anche $y \in C_x$, cioè $y \leftrightsquigarrow x$.

In altre parole, se la catena di Markov parte da uno stato x la cui classe di equivalenza C_x è chiusa, allora $X_n \in C_x$ per ogni $n \geq 1$ dato che $x \not\rightsquigarrow y$ per qualsiasi $y \notin C_x$. In particolare, essendo $x \leftrightsquigarrow z$ per ogni $z \in C_x$, la catena di Markov $(X_n)_{n \in \mathbb{N}_0}$ è *irriducibile* sullo spazio degli stati ridotto C_x. Riassumiamo questa osservazione nella seguente proposizione.

Proposizione 9.72
Sia $(X_n)_{n \in \mathbb{N}_0}$ una catena di Markov su E con matrice di transizione $Q = (\mathrm{q}(x, y))_{x,y \in E}$, e sia C una classe di equivalenza chiusa. *Allora restringendo $(X_n)_{n \in \mathbb{N}_0}$ allo spazio degli stati C otteniamo una catena di Markov, con matrice di transizione $\hat{Q} = (\mathrm{q}(x, y))_{x,y \in C}$, che è* irriducibile.

Dimostrazione Per vedere che $(X_n)_{n \in \mathbb{N}_0}$ ristretta allo spazio degli stati C è una catena di Markov, basta verificare che per ogni $x \in C$ si ha $\sum_{y \in C} \mathrm{q}(x, y) = 1$. Ma ciò segue semplicemente dal fatto che $\mathrm{q}(x, y) = 0$ se $x \in C$ e $y \notin C$.

Si noti che posizionando gli stati $x \in C$ nelle prime posizioni nella matrice Q, essa prende la forma $Q = \begin{pmatrix} \hat{Q} & 0 \\ * & * \end{pmatrix}$. Pertanto la matrice Q^n è della forma $Q^n = \begin{pmatrix} \hat{Q}^n & 0 \\ * & * \end{pmatrix}$: questo mostra che se $x \in C \rightsquigarrow y \in C$ per la matrice Q (cioè $Q^m(x, y) > 0$ per un opportuno m), allora $x \rightsquigarrow y$ per la matrice $\hat{Q}$ (cioè $\hat{Q}^m(x, y) > 0$ per un opportuno m). Ciò ci permette di concludere che, dato che C è una classe di equivalenza, si ha $x \leftrightsquigarrow y$ per ciascun $x, y \in C$, tanto per Q che per $\hat{Q}$. Concludiamo che la catena di Markov $(X_n)_{n \in \mathbb{N}_0}$ ridotta allo spazio degli stati C è *irriducibile*. □

Grazie al Corollario 9.70, sappiamo che tutti gli stati di una stessa classe di equivalenza sono dello stesso tipo: o tutti ricorrenti, o tutti transitori. Mostriamo ora che nel caso di uno spazio degli stati E finito, questo dipende soltanto del fatto che la classe sia chiusa o no.

Proposizione 9.73
Sia $(X_n)_{n\in\mathbb{N}_0}$ una catena di Markov con spazio degli stati finito E, e sia C una classe di equivalenza.

- *Se la classe C* è chiusa, *allora tutti i suoi stati sono ricorrenti. In tal caso diciamo che C è una* classe ricorrente.
- *Se la classe C* non è chiusa, *allora tutti i suoi stati sono transitori. In tal caso diciamo che C è una* classe transitoria.

Dimostrazione Per dimostrare la prima affermazione usiamo la Proposizione 9.72 appena vista: la catena di Markov $(X_n)_{n\in\mathbb{N}_0}$, che parte da $z \in C$, ha la legge di una catena di Markov *irriducibile* sullo spazio degli stati C. Per la Proposizione 9.27, si ha $\mathrm{E}_z(T_z) < +\infty$ per ogni $z \in C$, e in particolare $\mathrm{P}_z(T_z < +\infty)$, cioè z è ricorrente.

Dimostriamo ora la seconda affermazione. Se la classe C non è chiusa, allora esistono $x \in C$ e $y \notin C$ tali che $x \rightsquigarrow y$, ma $y \not\rightsquigarrow x$. Per la Proposizione 9.63, segue che x è transitorio. Inoltre, per ogni $z \in C$ si ha $z \leftrightsquigarrow x$, quindi z è anch'esso transitorio grazie al Corollario 9.70. □

Per la Proposizione 9.73, possiamo ripartire lo spazio degli stati E (finito) in classi ricorrenti e classi transitorie. Per un insieme $A \subseteq E$, useremo la notazione

$$T_A := \min\{n \geq 1 : X_n \in A\} = \min_{x\in A}\{T_x\},$$

dove ricordiamo che T_x è definito in (9.19). Se $(X_n)_{n\in\mathbb{N}_0}$ "cade" in una classe chiusa C (e perciò ricorrente), ossia se accade che l'istante T_C è finito, allora $X_n \in C$ per ogni $n \geq T_C$ (esercizio[13]): diciamo in questo caso che $(X_n)_{n\in\mathbb{N}_0}$ è *assorbita* nella classe C. Mostriamo ora che, *su uno spazio degli stati E finito*, se si parte da uno stato transitorio la catena viene prima o poi assorbita in una classe ricorrente.

Proposizione 9.74
Sia $(X_n)_{n\in\mathbb{N}_0}$ una catena di Markov su E finito, e sia R l'insieme degli stati ricorrenti. Se $x \in E$ è transitorio, cioè $x \notin R$, allora

$$\mathrm{P}_x\left(T_R < +\infty\right) = 1,$$

cioè, quasi certamente, la catena di Markov che parte da $X_0 = x$ raggiunge l'insieme R in tempo finito.

[13] Suggerimento: usare la Proposizione 9.17, e la Proposizione 9.72.

Dimostrazione Si denoti con $S = E \setminus R$ l'insieme degli stati transitori. Allora T_R coincide con il tempo trascorso nell'insieme S, cioè

$$T_R = N_S := \sum_{n=0}^{\infty} \mathbb{1}_{\{X_n \in S\}} = \sum_{n=0}^{\infty} \sum_{z \in S} \mathbb{1}_{\{X_n = z\}} = \sum_{z \in S} N_z .$$

Infatti, si ha chiaramente $X_n \in S$ per ogni $n < T_R$, e $X_n \in R$ per ogni $n \geq T_R$, dato che una volta che si raggiunge uno stato y ricorrente, sappiamo che X_n non può più lasciare la classe chiusa $C_y \subseteq R$.

Quindi, per l'Osservazione 9.67, si ha che $\mathrm{P}_x(N_z < +\infty) = 1$ per ogni $z \in S$. Per l'Esercizio 1.2, abbiamo quindi $\mathrm{P}_x(N_z < +\infty$ per ogni $z \in S) = 1$, il che implica $\mathrm{P}_x(N_S < +\infty) = 1$ (dato che S è finito, e che una somma con finiti addendi è finita se e solo se sono finiti tutti i suoi addendi). Concludiamo perciò $\mathrm{P}_x(T_R < +\infty) = 1$. □

Concludiamo questo paragrafo fornendo una descrizione completa delle distribuzioni stazionarie di una catena di Markov riducibile. Denotiamo con S gli stati transitori della catena, con $C_1, C_2, \ldots, C_m$ le classi di equivalenza *chiuse*, per cui l'insieme R degli stati ricorrenti è dato da $R = C_1 \cup C_2 \cup \cdots \cup C_m$. Abbiamo visto nella Proposizione 9.72 che la catena ristretta ad ognuna delle C_i è irriducibile, e pertanto ammette una sola distribuzione stazionaria, che denotiamo con π_i. Si noti che π_i è una distribuzione su C_i: con abuso di notazione la identifichiamo con una distribuzione su E ponendo $\pi_i(x) = 0$ se $x \notin C_i$. Usando il fatto che, se $x \in C_i$ allora $Q(x, y) = 0$ per ogni $y \notin C_i$, si vede che $\pi_i Q = \pi_i$, cioè π_i è stazionaria per l'intera matrice Q. Poiché tale proprietà vale per ogni $i = 1, 2, \ldots, m$ e dato che la condizione $\pi = \pi Q$ di stazionarietà è lineare, abbiamo che tutti i vettori riga π della forma

$$\pi = \sum_{i=1}^{n} \alpha_i \pi_i \tag{9.64}$$

con $\alpha_i \geq 0$ per ogni $i = 1, 2, \ldots, m$, e $\sum_{i=1}^{m} \alpha_i = 1$, sono distribuzioni stazionarie.

Proposizione 9.75
Sia $(X_n)_{n \in \mathbb{N}_0}$ una catena di Markov su E finito, con matrice di transizione Q, se siano $S, C_1, \ldots, C_m, \pi_1, \ldots, \pi_m$ come sopra. Allora

1. *esiste almeno uno stato ricorrente, cioè $m \geq 1$;*
2. *le distribuzioni stazionarie sono tutte e sole quelle della forma* (9.64)
3. *esiste un'unica distribuzione stazionaria se e solo se esiste una sola classe chiusa, cioè se e solo se $m = 1$.*

Dimostrazione Un'ingrediente chiave della dimostrazione è il fatto seguente: se x è transitorio, allora per ogni $y \in E$ si ha

$$\lim_{n \to +\infty} \mathrm{P}_y(X_n = x) = 0. \tag{9.65}$$

Per dimostrarlo, consideriamo il tempo aleatorio

$$V_x := \max\{n \geq 1 : X_n = x\}$$

dove, in questo caso specifico, poniamo $\max \emptyset := 0$, cioè $V_x = 0$ se la catena non visita mai x. Nella Proposizione 9.66 e nella successiva Osservazione 9.67, abbiamo dimostrato che, per qualunque stato iniziale y, uno stato transitorio x viene visitato un numero finito di volte, quasi certamente. Ciò vale a dire che $\mathrm{P}_y(V_x < +\infty) = 1$ per ogni $y \in E$. Ma allora, essendo $\mathrm{P}_y(X_n = x) \leq \mathrm{P}_y(V_x \geq n)$, si ha

$$\lim_{n \to +\infty} \mathrm{P}_y(X_n = x) \leq \lim_{n \to +\infty} \mathrm{P}_y(V_x \geq n) = \mathrm{P}(V_x = +\infty) = 0,$$

che dimostra (9.65).

1. La tesi segue subito da (9.65) e dal fatto che

$$\sum_{x \in E} \mathrm{P}_y(X_n = x) = 1 :$$

essendo E finito, le due affermazioni sarebbero contraddittorie se tutti gli stati fossero transitori.

2. Sia ora π una distribuzione stazionaria per Q. Mostriamo che $\pi(x) = 0$ se $x \in S$. Infatti, per ogni $n \geq 1$

$$\pi(x) = \pi Q^n(x) = \sum_{y \in E} \pi(y)\, \mathrm{P}_y(X_n = x).$$

Per (9.65) quest'ultima quantità tende a zero se $n \to +\infty$, e pertanto $\pi(x) = 0$. Denotiamo ora con $\pi_{|C_i}$ la restrizione di π a C_i, cioè $\pi_{|C_i} = (\pi(x))_{x \in C_i}$ e con $Q_i = (Q(x, y))_{x,y \in C_i}$ la restrizione di Q a C_i. Poiché $\pi = \pi Q$ si ha che $\pi_{|C_i} = \pi_{|C_i} Q_i$. Allora $\pi_{|C_i}$ è uguale a $\alpha_i \pi_i$, dove $\alpha_i \geq 0$ (più precisamente $\alpha_i = \sum_{y \in C_i} \pi_{|C_i}(y)$). Ricapitolando:

$$\pi(x) = \begin{cases} 0 & \text{se } x \in S\,, \\ \alpha_i \pi_i(x) & \text{se } x \in C_i\,. \end{cases}$$

Ciò equivale a dire che π è della forma (9.64); essendo inoltre una probabilità, necessariamente $\sum_i \alpha_i = 1$. In conclusione tutte le distribuzioni stazionarie sono della forma (9.64). Viceversa, abbiamo già osservato che ogni distribuzione della forma (9.64) è stazionaria.

3. Ciò segue dal fatto che, non appena $m \geq 2$, le distribuzioni della forma (9.64) sono un insieme infinito. □

9.3.3 Probabilità di assorbimento: analisi ad un passo

La Proposizione 9.74 ci assicura che se si parte da uno stato transitorio si finirà per essere assorbiti da una classe ricorrente. D'altra parte, la Proposizione 9.72 mostra che la catena di Markov ristretta a una classe ricorrente è irriducibile. Se la catena di Markov possiede più classi ricorrenti $R_1, \ldots, R_m$ (così che $R = R_1 \cup \cdots \cup R_m$), è interessante stabilire in quale classe andrà a finire X_n, più precisamente calcolare la probabilità $\mathrm{P}_x(T_{R_i} < +\infty)$ di essere assorbita da una data classe R_i piuttosto che un'altra, partendo da uno stato $x \in E$ transitorio.

Possiamo usare lo stesso approccio visto in (9.23), cioè l'*analisi ad un passo*. Sia R_i una classe ricorrente fissata e descriviamo $\mathrm{P}_x(T_{R_i} < +\infty)$ per $x \in E$:

- se $x \in R_i$ si ha $\mathrm{P}_x(T_{R_i} < +\infty) = 1$ (visto che $\mathrm{P}_x(X_1 \in R_i) = 1$);
- se $x \in R_j$ con $j \neq i$ (cioè R_j è un'altra classe ricorrente), allora $\mathrm{P}_x(T_{R_i} < +\infty) = 0$ (visto che $\mathrm{P}_x(X_n \in R_j$ per ogni $n \geq 0) = 1$);
- in generale, per ogni $x \in E$ si ha che

$$\mathrm{P}_x(T_{R_i} < +\infty) = \sum_{x' \in E} \mathrm{q}(x, x')\, \mathrm{P}_{x'}(T_{R_i} < +\infty)\,. \tag{9.66}$$

La formula (9.66) è assai naturale: per calcolare la probabilità di cadere in R_i partendo da x, effettuiamo un passo della catena, che ci porta nello stato x' con probabilità $\mathrm{q}(x, x')$, e calcoliamo la probabilità di cadere in R_i dalla nostra nuova posizione x'.

La relazione (9.66) ci fornisce un sistema di equazioni che possiamo risolvere per calcolare $\mathrm{P}_x(T_{R_i} < +\infty)$ per ciascun $x \in S$, come mostriamo ora.

Proposizione 9.76 (Probabilità di assorbimento)
Siano $R_1, \ldots, R_m$ le classi di comunicazione ricorrenti di una catena di Markov con spazio degli stati E finito, sia $S := E \setminus (R_1 \cup \ldots \cup R_m)$ l'insieme degli stati transitori. Fissato $i \in \{1, \ldots, m\}$, le probabilità di assorbimento $u_x^{(i)} := \mathrm{P}_x(T_{R_i} < +\infty)$ soddisfano

$$u_x^{(i)} = \begin{cases} 1 & \text{se } x \in R_i\,, \\ 0 & \text{se } x \in R_j \text{ con } j \neq i\,, \\ \sum_{x' \in E} \mathrm{q}(x, x')\, u_{x'}^{(i)} & \text{se } x \in S\,. \end{cases} \tag{9.67}$$

Tale sistema di equazioni ammette un'unica soluzione (se E è finito).

Dimostrazione Dato che i valori di $u_x^{(i)}$ per $x \in R_1 \cup \ldots \cup R_m$ sono specificati nelle prime due righe in (9.67), possiamo considerare l'ultima riga in (9.67) come un *sistema lineare non omogeneo* di $k := |S|$ equazioni (una per ogni $x \in S$) in k incognite (i valori $u_x^{(i)}$ per $x \in S$). Di conseguenza, esiste *al più una soluzione* di tale sistema.

Resta da mostrare che il vettore $(u_x^{(i)} := \mathrm{P}_x(T_{R_i} < +\infty))_{x \in S}$ delle le probabilità di assorbimento è effettivamente una soluzione. Si ha chiaramente $u_x^{(i)} = 1$ per $x \in R_i$ e $u_x^{(i)} = 0$ per $x \in R_j$ con $j \neq i$, pertanto ci basta verificare che vale (9.66).

Per ciascun $x \in E$, si ha che per ogni $n \geq 1$

$$\begin{aligned}
\mathrm{P}_x(T_{R_i} > n) &= \mathrm{P}_x\big(X_1 \notin R_i, \ldots, X_n \notin R_i\big) \\
&= \sum_{x' \notin R_i} \mathrm{P}_x\big(X_1 = x', X_2 \notin R_i, \ldots, X_n \notin R_i\big) \\
&= \sum_{x' \notin R_i} \mathrm{q}(x, x')\, \mathrm{P}_{x'}\big(X_1 \notin R_i, \ldots, X_{n-1} \notin R_i\big) \\
&= \sum_{x' \notin R_i} \mathrm{q}(x, x')\, \mathrm{P}_{x'}(T_{R_i} > n - 1)\,,
\end{aligned}$$

dove abbiamo usato la Proposizione 9.17. Inoltre, passando al limite per $n \to \infty$, e grazie alla continuità dall'alto della probabilità (Proposizione 1.24), abbiamo

$$\mathrm{P}_x(T_{R_i} = +\infty) = \sum_{x' \notin R_i} \mathrm{q}(x, x')\, \mathrm{P}_{x'}(T_{R_i} = +\infty) = \sum_{x' \in E} \mathrm{q}(x, x')\, \mathrm{P}_{x'}(T_{R_i} = +\infty)\,,$$

dove per l'ultima uguaglianza abbiamo usato il fatto che $\mathrm{P}_{x'}(T_{R_i} = +\infty) = 0$ se $x' \in R_i$. Passando al complementare, e usando $\sum_{x' \in E} \mathrm{q}(x, x') = 1$, otteniamo

$$\begin{aligned}
\mathrm{P}_x(T_{R_i} < +\infty) &= 1 - \sum_{x' \in E} \mathrm{q}(x, x')\big(1 - \mathrm{P}_{x'}(T_{R_i} < +\infty)\big) \\
&= \sum_{x' \in E} \mathrm{q}(x, x')\, \mathrm{P}_{x'}(T_{R_i} < +\infty)\,,
\end{aligned}$$

che conclude la dimostrazione di (9.66). □

Esempio 9.77 Riprendiamo l'Esempio 9.61. Vi sono due classi ricorrenti: $R_1 = \{1, 4\}$ e $R_2 = \{3\}$. Calcoliamo $\mathrm{P}_2(T_{R_1} < +\infty)$. Per la relazione (9.66), abbiamo

$$\begin{aligned}
\mathrm{P}_2(T_{R_1} < +\infty) &= \frac{1}{2}\mathrm{P}_1(T_{R_1} < +\infty) + \frac{1}{4}\mathrm{P}_2(T_{R_1} < +\infty) + \frac{1}{4}\mathrm{P}_3(T_{R_1} < +\infty) \\
&= \frac{1}{2} + \frac{1}{4}\mathrm{P}_2(T_{R_1} < +\infty)\,.
\end{aligned}$$

Pertanto $\mathrm{P}_2(T_{R_1} < +\infty) = \frac{2}{3}$. Inoltre, dato che si finisce o in una classe ricorrente o nell'altra, si ha $\mathrm{P}_2(T_{R_2} < +\infty) = 1 - \mathrm{P}_2(T_{R_1} < +\infty) = \frac{1}{3}$. □

Esempio 9.78 (Rovina del giocatore) Ritorniamo all'Esempio 9.65 della rovina del giocatore. Vi sono due classi ricorrenti, entrambe formate da un solo stato (assorbente), $\{0\}$ e $\{N\}$. Se poniamo $u(x) := \mathrm{P}_x(T_N < +\infty)$, abbiamo chiaramente $u(0) = 0$ e $u(N) = 1$. Inoltre, la relazione (9.67) implica che

$$u(x) = p\,u(x+1) + (1-p)\,u(x+1) \quad \text{per ogni } x \in \{1, \dots, N-1\}, \quad (9.68)$$

che è esattamente la relazione (4.63) trovata nel Paragrafo 4.7.

Si può risolvere questa equazione in modo "costruttivo", come nella seconda parte della dimostrazione del Teorema 4.30 (adattando le notazioni), per ottenere

$$u(x) = \mathrm{P}_x(T_N < +\infty) = \begin{cases} \dfrac{x}{N} & \text{se } p = \frac{1}{2}, \\ \dfrac{1 - (\frac{1-p}{p})^x}{1 - (\frac{1-p}{p})^N} & \text{se } p \neq \frac{1}{2}. \end{cases}$$

In alternativa, è facile verificare $u(x)$ definita in questo modo soddisfa l'equazione (9.68) e le "condizioni al bordo" $u(0) = 0$ e $u(N) = 1$; per l'unicità della soluzione del sistema (9.67), segue che $u(x)$ è la soluzione cercata. □

Il modello di Wright–Fisher

Il modello che qui introduciamo, detto di Wright–Fisher, venne introdotto per descrivere l'evoluzione di un genotipo in una popolazione di taglia costante, uguale a N. Il modello è il seguente: i vari individui di una popolazione possono essere di due tipi: a oppure b. Denotiamo con X_n il numero di individui della n-esima generazione che sono di tipo a. Supponiamo che ognuno degli N individui della generazione $n+1$ erediti il suo tipo da un genitore scelto a caso nella generazione n, e che tutte queste scelte siano indipendenti. Perciò, condizionatamente a $X_n = x$, ciascun individuo della generazione $n+1$ eredita il tipo a con probabilità x/N, indipendentemente dagli altri individui: X_{n+1} ha pertanto distribuzione $\mathrm{Bin}(N, \frac{x}{N})$.

L'evoluzione del numero di individui di tipo a nella generazione n è dunque descritta da una catena di Markov $(X_n)_{n\in\mathbb{N}_0}$ su $E := \{0, 1, \dots, N\}$, con probabilità di transizione date da

$$\mathrm{q}(x,y) := \binom{N}{y}\left(\frac{x}{N}\right)^y\left(1 - \frac{x}{N}\right)^{N-y}, \qquad \forall x, y \in E.$$

Per cominciare, si vede facilmente che $\mathrm{q}(0,0) = 1$ e $\mathrm{q}(N,N) = 1$: gli stati 0 e N sono assorbenti. Inoltre, per ogni $x \in \{1, \dots, N-1\}$ si ha $\mathrm{q}(x,0) > 0$ e $\mathrm{q}(x,N) > 0$, per cui $x \rightsquigarrow 0$ e $x \rightsquigarrow N$: ne segue che gli stati $x \in \{1, \dots, N-1\}$ sono transitori (per la Proposizione 9.63). Pertanto, senza aver fatto alcun calcolo, già sappiamo che la catena di Markov sarà assorbita o da 0 (cioè non ci sarà più alcun individuo di tipo a), oppure da N (cioè ci saranno solo individui di tipo a). Calcoliamo dunque la probabilità che, partendo da $X_0 = x$, si finisca assorbiti da N invece che da 0:

$$u(x) := \mathrm{P}_x(T_N < \infty) \qquad \text{per ogni } x \in \{0, \dots, N\}.$$

Usiamo l'analisi ad un passo: per la Proposizione 9.76, $u(x)$ è l'unica soluzione del sistema (9.67), che nel nostro caso si scrive

$$u(x) = \begin{cases} 0 & \text{se } x = 0, \\ 1 & \text{se } x = N, \\ \displaystyle\sum_{y=0}^{N} \binom{N}{y} \left(\frac{x}{N}\right)^y \left(1 - \frac{x}{N}\right)^{N-y} u(y) & \text{se } 1 \le x \le N-1. \end{cases} \tag{9.69}$$

Questo sistema di equazioni ha un aspetto complicato e non è facile *risolverlo*, se non si conosce già la soluzione... tuttavia, se disponiamo di un candidato $(u(x))_{x \in \{0,\dots,N\}}$, è facile *verificare* che esso è soluzione! (Ricordiamo che il sistema (9.69) ammette un'unica soluzione, per la Proposizione 9.76.) In questo caso, il candidato è

$$u(x) = \frac{x}{N} \qquad \text{per ogni } x \in \{0, 1, \dots, N\}, \tag{9.70}$$

e si verifica facilmente che soddisfa (9.69) (usando il fatto che il valore medio di una variabile aleatoria $\mathrm{Bin}(N, \frac{x}{N})$ vale $N \frac{x}{N} = x$). Abbiamo dunque "trovato" la soluzione, anche se in modo poco intuitivo (si veda più sotto per un modo alternativo).

In conclusione, *partendo da una generazione costituita da x individui di tipo a e da $N - x$ individui di tipo b, la probabilità che la popolazione diventi interamente di tipo a (cioè che il tipo b finisca per scomparire) è semplicemente uguale a x/N.*

Descriviamo ora una procedura alternativa e "costruttiva" per ottenere $u(x)$. L'idea essenziale consiste nel considerare $\mathrm{E}_x(X_n)$; poiché sappiamo che X_n verrà assorbito da 0 con probabilità $\mathrm{P}_x(T_0 < \infty)$ e verrà assorbito da N con probabilità $\mathrm{P}_x(T_N < \infty)$, è naturale attendersi che

$$\lim_{n\to\infty} \mathrm{E}_x(X_n) = 0 \cdot \mathrm{P}_x(T_0 < \infty) + N \cdot \mathrm{P}_x(T_N < \infty) = N\, u(x). \tag{9.71}$$

Mostriamo è effettivamente così. Infatti, denotando con $R = \{0, N\}$ l'insieme degli stati ricorrenti, possiamo scrivere, per ciascun $n \in \mathbb{N}_0$

$$\mathrm{E}_x(X_n) = \mathrm{E}_x(X_n \mathbb{1}_{\{T_R \le n\}}) + \mathrm{E}_x(X_n \mathbb{1}_{\{T_R > n\}}),$$

dove $T_R := \min\{T_0, T_N\}$. Sappiamo che dato che 0 e N sono assorbenti, pertanto gli eventi $\{T_0 \le n\}$ e $\{T_N \le n\}$ sono disgiunti e dunque

$$\mathrm{E}_x(X_n \mathbb{1}_{\{T_R \le n\}}) = \mathrm{E}_x(X_n \mathbb{1}_{\{T_0 < n\}}) + \mathrm{E}_x(X_n \mathbb{1}_{\{T_N \le n\}}) = 0 + N\,\mathrm{P}_x(T_N \le n),$$

dove abbiamo usato il fatto che se $n \geq T_0$ allora $X_n = 0$, e se $n \geq T_N$ allora $X_n = N$ (poiché 0 e N sono assorbenti). Abbiamo dunque

$$\mathrm{E}_x(X_n) = N\,\mathrm{P}_x(T_N \leq n) + \mathrm{E}_x(X_n\,\mathbb{1}_{\{T_R > n\}})\,. \tag{9.72}$$

Poiché $0 \leq X_n \leq N$, per ciascun $n \in \mathbb{N}_0$ si ha $0 \leq \mathrm{E}_x(X_n\,\mathbb{1}_{\{T_R>n\}}) \leq N\,\mathrm{P}_x(T_R > n)$: per la Proposizione 9.74 si ha $\lim_{n\to\infty} \mathrm{P}_x(T_R > n) = \mathrm{P}_x(T_R = +\infty) = 0$, di conseguenza $\lim_{n\to\infty} \mathrm{E}_x(X_n\,\mathbb{1}_{\{T_R>n\}}) = 0$. Prendendo il limite per n che tende all'infinito in (9.72), e usando il fatto che $\mathrm{P}_x(T_N < \infty) = \lim_{n\to\infty} \mathrm{P}_x(T_N \leq n)$, abbiamo

$$\lim_{n\to\infty} \mathrm{E}_x(X_n) = N\,\mathrm{P}_x(T_N < \infty) = N\,u(x)\,, \tag{9.73}$$

come annunciato.

Non ci resta dunque che calcolare $\mathrm{E}_x(X_n)$ per ogni $n \in \mathbb{N}_0$. Il calcolo è relativamente semplice: per la proprietà di Markov,

$$\begin{aligned}
\mathrm{E}_x(X_{n+1}) &= \sum_{y\in E} y\,\mathrm{P}_x(X_{n+1} = y) \\
&= \sum_{y\in E} y \sum_{z\in E} \mathrm{P}_x(X_n = z)\,\mathrm{P}_x(X_{n+1} = y \mid X_n = z) \\
&= \sum_{z\in E} \mathrm{P}_x(X_n = z) \sum_{y\in E} y \binom{N}{y} \left(\frac{z}{N}\right)^y \left(1 - \frac{z}{N}\right)^{N-y}.
\end{aligned}$$

Usando il fatto che il valore medio di una variabile aleatoria $\mathrm{Bin}(N, \frac{z}{N})$ vale $N\frac{z}{N} = z$, si ottiene la relazione ricorsiva

$$\mathrm{E}_x(X_{n+1}) = \sum_{z\in E} \mathrm{P}_x(X_n = z)\cdot z = \mathrm{E}_x(X_n)\,.$$

Perciò $(\mathrm{E}_x(X_n))_{n\in\mathbb{N}_0}$ è una successione costante, uguale quindi a $\mathrm{E}_x(X_0) = x$ per ogni $n \in \mathbb{N}_0$. In particolare, grazie a (9.71),

$$N\,u(x) = \lim_{n\to\infty} \mathrm{E}_x(X_n) = x\,,$$

da cui otteniamo $u(x) = \frac{x}{N}$, in accordo con (9.70).

Esercizi

Esercizio 9.10 Due giocatori di scacchi, Arturo e Gioele, si affrontano. La probabilità che Arturo vinca è α, la probabilità che Gioele vinca è β, e la probabilità che la partita finisca in parità è $\gamma := 1 - \alpha - \beta > 0$. Se Arturo e Gioele pareggiano una partita, ne giocano un'altra, continuando fino a quando uno dei due vince. Si calcoli la probabilità che Arturo finisca per vincere.

[*Sugg.* Si può considerare la catena di Markov $(X_n)_{n\in\mathbb{N}}$ su $\{N, A, G\}$ con probabilità di transizione $\mathrm{q}(N, A) = \alpha$, $\mathrm{q}(N, G) = \beta$, $\mathrm{q}(N, N) = \gamma$, e $\mathrm{q}(A, A) = \mathrm{q}(Y, Y) = 1$, e calcolare $\mathrm{P}_N(T_A < +\infty)$.]

Esercizio 9.11 Sia $(X_n)_{n\in\mathbb{N}}$ una catena di Markov su $E = \{1,2,3,4,5,6\}$ con matrice di transizione

$$Q = \begin{pmatrix} 1/2 & 0 & 1/4 & 0 & 0 & 1/4 \\ 0 & 1 & 0 & 0 & 0 & 0 \\ 0 & 0 & 0 & 0 & 0 & 1 \\ 0 & 1/3 & 1/3 & 0 & 1/3 & 0 \\ 0 & 0 & 0 & 1/3 & 1/3 & 1/3 \\ 1/2 & 0 & 1/2 & 0 & 0 & 0 \end{pmatrix}$$

(i) Si disegni il diagramma della catena di Markov, identificando le classi ricorrenti.
(ii) Qual è la probabilità che la catena che parte dallo stato $x = 4$ sia assorbita in 2, cioè $P_4(T_2 < +\infty)$?
(iii) Qual è il tempo medio di assorbimento della catena che parte dallo stato 4, cioè $E_4(T_R)$ dove R è l'insieme degli stati ricorrenti, e $T_R := \min\{n \geq 1 : X_n \in R\}$?

9.4 Esercizi di riepilogo

Esercizio 9.12 Sia $(X_n)_{n\in\mathbb{N}_0}$ una catena di Markov con matrice di transizione Q. Nei tre casi seguenti, si disegni il diagramma associato alla catena di Markov e si dica se la catena è irriducibile:

$$\text{(i)}\quad Q = \begin{pmatrix} \frac{1}{2} & \frac{1}{2} & 0 \\ 0 & \frac{1}{2} & \frac{1}{2} \\ 0 & \frac{1}{2} & \frac{1}{2} \end{pmatrix}, \qquad \text{(ii)}\quad Q = \begin{pmatrix} \frac{1}{2} & 0 & \frac{1}{2} & 0 \\ \frac{1}{4} & 0 & 0 & \frac{3}{4} \\ 0 & 1 & 0 & 0 \\ \frac{3}{4} & 0 & 0 & \frac{1}{4} \end{pmatrix},$$

$$\text{(iii)}\quad Q = \begin{pmatrix} \frac{1}{3} & 0 & \frac{1}{3} & 0 & \frac{1}{3} & 0 \\ 0 & \frac{1}{3} & \frac{1}{3} & 0 & 0 & \frac{1}{3} \\ 0 & 0 & \frac{1}{3} & 0 & \frac{2}{3} & 0 \\ 0 & 0 & 0 & 1 & 0 & 0 \\ 1 & 0 & 0 & 0 & 0 & 0 \\ 0 & \frac{1}{3} & 0 & \frac{1}{3} & \frac{1}{3} & 0 \end{pmatrix}.$$

Nei casi in cui la catena non è irriducibile, identificare le classi ricorrenti.

Esercizio 9.13 Sia $(X_n)_{n \in \mathbb{N}_0}$ una passeggiata aleatoria semplice sui seguenti grafi (si veda l'Esempio 9.40):

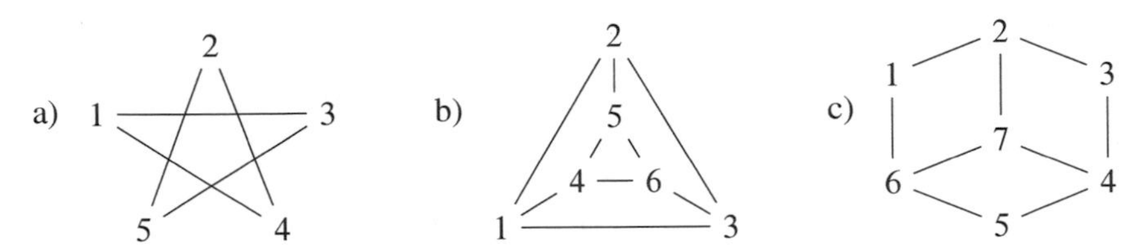

In ciascuno dei casi:

(i) Calcolare $P_1(X_n = 1)$ per $n = 0, 1, 2, 3, 4$.
(ii) Mostrare che la catena è irriducibile e dire se è aperiodica.
(iii) Calcolare $E_1(T_5)$.

[*Sugg.*: usare l'analisi a un passo (9.23).]

(iv) Determinare una distribuzione π stazionaria. Dedurre il valore di $E_1(T_1)$.

Esercizio 9.14 Sia $(X_n)_{n \in \mathbb{N}_0}$ una catena di Markov su $E = \{0, \dots, N\}$ con probabilità di transizione $q(x, x) = q(x, x-1) = \frac{1}{2}$ per $x \in \{1, \dots, N\}$ e $q(0, 0) = 1$.

Tale catena di Markov è irriducibile? Usando l'analisi a un passo, mostrare che $E_x(T_0) = 2x$ per ogni $x \in \{1, \dots, N\}$.

Esercizio 9.15 Un giocatore di basket esegue dei tiri liberi. Quando un tiro va a segno, il tiro successivo riesce con probabilità $p \in (0, 1)$; d'altra parte, quando sbaglia un tiro, perde fiducia e il tiro successivo riesce con una probabilità $0 < p' < p$. Sia A_n l'evento "l'n-esimo tiro ha successo" e sia $X_n = \mathbb{1}_{A_n}$ (per convenzione $X_0 = 0$).

(i) Mostrare che $(X_n)_{n \in \mathbb{N}_0}$ è una catena di Markov su $\{0, 1\}$ e fornire la sua matrice di transizione. È irriducibile? È aperiodica?
(ii) Calcolare una distribuzione π stazionaria. Dedurre la probabilità che l'n-esimo tiro vada a segno, nel limite $n \to \infty$.

Esercizio 9.16 Un altro giocatore di basket esegue dei tiri liberi: un tiro va a segno con probabilità $p \in (0, 1)$ *se almeno uno dei due tiri precedenti* ha avuto successo, e con probabilità $0 < p' < p$ se ha fallito entrambi i tiri precedenti precedenti. Sia A_n l'evento "l'n-esimo tiro va a segno" e sia $X_n = \mathbb{1}_{A_n}$ (per convenzione $X_0 = X_1 = 0$).

(i) Mostrare che $(X_n)_{n \in \mathbb{N}_0}$ *non è* una catena di Markov su $\{0.1\}$.
(ii) Poniamo $Y_n := (X_n, X_{n+1})$ Mostrare che $(Y_n)_{n \in \mathbb{N}_0}$ *è* una catena di Markov su $E = \{(0, 0), (0, 1), (1, 0), (1, 1)\}$ e fornire la sua matrice di transizione. È irriducibile? È aperiodica?
(iii) Calcolare una distribuzione π stazionaria per la catena di Markov $(Y_n)_{n \in \mathbb{N}_0}$. Dedurre la probabilità che l'n-esimo tiro vada a segno, nel limite $n \to \infty$.

Esercizio 9.17 Costruiamo un castello di carte, della forma , formato da 6 coppie di carte. Ad ogni passo, proviamo a posizionare una coppia di carte:

- al primo livello (coppie n°1, 2 e 3), si ha probabilità $\frac{1}{2}$ di riuscire a piazzare la coppia, e probabilità $\frac{1}{2}$ di non farcela (ma senza fare cadere l'intero edificio);
- al secondo livello (coppie n°4 e 5), si ha probabilità $\frac{1}{3}$ di riuscire a piazzare la coppia, probabilità $\frac{1}{3}$ di non farcela (ma senza fare cadere l'intero edificio), e probabilità $\frac{1}{3}$ di far cadere l'intero edificio;
- al terzo livello (coppia n°6), si ha probabilità $\frac{1}{4}$ di riuscire a piazzare la coppia, e probabilità $\frac{3}{4}$ di far cadere l'intero edificio.

Denotiamo con X_n il numero di coppie di carte nel castello dopo n passi: si tratta di una catena di Markov con spazio degli stati $\{0, 1, \ldots, 6\}$ — si piazzano le coppie in ordine, dalla coppia n°1 alla coppia n°6, e una volta finito il castello si ricomincia.

(i) Determinare la matrice di transizione e disegnare il diagramma associato. Mostrare che tale catena di Markov è irriducibile.
(ii) Determinare l'unica distribuzione stazionaria π.
(iii) Giustificare l'identità $\mathrm{E}_0(T_6) = \mathrm{E}_6(T_6) - 1$. Dedurre il valore di $\mathrm{E}_0(T_6)$, il tempo medio necessario a costruire l'intero castello.

Esercizio 9.18 Sia $(X_n)_{n\in\mathbb{N}_0}$ una passeggiata aleatoria semplice sul grafo $G = (S, \mathcal{A})$ seguente (nel senso dell'Esempio 9.40):

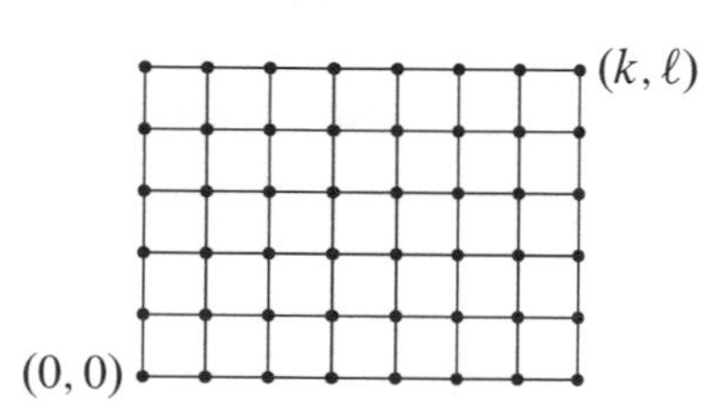

in cui l'insieme di vertici è $S := \{0, 1, \ldots, k\} \times \{0, 1, \ldots, \ell\}$, con $k, \ell \geq 1$, e in cui l'insieme degli archi è $\mathcal{A} := \{\{u, v\} \subseteq S\ , \|v - u\|_1 = 1\}$ dove $\|(x, y)\|_1 = |x| + |y|$, cioè $u \sim v$ se e solo se $\|v - u\|_1 = 1$.

(i) Mostrare che la catena è irriducibile. Si dica se è aperiodica.
(ii) Si determini una distribuzione π stazionaria. Si deduca $\mathrm{E}_{(0,0)}(T_{(0,0)})$.

Esercizio 9.19 Ogni giorno un giocatore frequenta uno tra tre casinò, numerati $1, 2, 3$: se il giocatore vince, il giorno dopo ritorna nello stesso casinò; se perde, il giorno successivo passa al casinò successivo. Indichiamo con X_n il numero del casinò in cui il giocatore va a giocare l'n-esimo giorno: allora $(X_n)_{n\in\mathbb{N}_0}$ è una catena di Markov su $E = \{1, 2, 3\}$, con matrice di transizione

$$Q = \begin{pmatrix} p_1 & 1 - p_1 & 0 \\ 0 & p_2 & 1 - p_2 \\ 1 - p_3 & 0 & p_3 \end{pmatrix},$$

dove p_i è la probabilità che il giocatore vinca nel casinò i. Supponiamo che $p_1 = \frac{1}{2}$, $p_2 = \frac{1}{3}$ e $p_3 = \frac{2}{3}$.

(i) Mostrare che la catena di Markov è irriducibile e trovare la distribuzione stazionaria π.
(ii) Fornire la probabilità che il giocatore giochi al casinò i dopo n giorni, nel limite $n \to \infty$, per $i = 1, 2, 3$.
(iii) Sia V_n il numero di giorni "vittoriosi" fra i primi n giorni. Mostrare che $\mathrm{E}(\frac{1}{n} V_n)$ converge a $7/13$ se $n \to \infty$.

Esercizio 9.20 Consideriamo la passeggiata aleatoria semplice sul ciclo di lunghezza $N \geq 2$, cioè la catena di Markov $(X_n)_{n \in \mathbb{N}_0}$ su $E = \{0, \dots, N\}$ con probabilità di transizione

$$\mathrm{q}(x, x+1) = \frac{1}{2} \quad \text{se } x \in \{0, \dots, N-1\}, \qquad \mathrm{q}(N, 0) = \frac{1}{2}$$
$$\mathrm{q}(x, x-1) = \frac{1}{2} \quad \text{se } x \in \{1, \dots, N\}, \qquad \mathrm{q}(0, N) = \frac{1}{2}.$$

(i) Si disegni il diagramma associato alla catena di Markov e si mostri che essa è irriducibile. Si mostri inoltre che è aperiodica se N è pari, e periodica di periodo 2 se N è dispari.
(ii) Si mostri che $\mathrm{E}_x(T_0) = x(N + 1 - x)$ per ogni $x \in \{1, \dots, N\}$. Quanto vale $\mathrm{E}_0(T_0)$?

[*Sugg.* Usare l'analisi a un passo (9.23), e ridurre il sistema.]

(iii) Determinare una distribuzione stazionaria π per la catena di Markov, e ritrovare il valore di $\mathrm{E}_0(T_0)$.

Esercizio 9.21 Riprendiamo il modello descritto nel Paragrafo 4.6. Possediamo un mazzo di N carte, il cui ordine è identificato da una permutazione $\sigma \in \mathfrak{S}_N$ di $\{1, \dots, N\}$, che mescoliamo nel modo seguente: si sceglie una carta uniformemente nel mazzo, e la si pone in cima al mazzo. Denotando con Σ_n la permutazione ottenuta dopo n passi, si ha che $(\Sigma_n)_{n \in \mathbb{N}_0}$ è una catena di Markov su $\mathfrak{S}_N$, con probabilità di transizione date da

$$\mathrm{q}(\sigma, \sigma') = \begin{cases} \frac{1}{N} & \text{se } \sigma' \in \{\sigma^{\uparrow 1}, \dots, \sigma^{\uparrow N}\} \\ 0 & \text{altrimenti,} \end{cases}$$

dove $\sigma^{\uparrow j}$ è la permutazione ottenuta a partire da σ piazzando la j-esima carta del mazzo in cima allo stesso, cioè

$$\sigma^{\uparrow j}(1) = \sigma(j), \quad \text{e} \quad \sigma^{\uparrow j}(i) = \begin{cases} \sigma(i-1) & \text{per } 1 < i \leq j\,, \\ \sigma(i) & \text{per } j < i \leq N. \end{cases}$$

(i) Mostrare che tale catena di Markov è irriducibile e aperiodica.
(ii) Mostrare che la distribuzione π uniforme su $\mathfrak{S}_N$ è invariante. È reversibile?

(iii) Dedurne che per ogni $\sigma \in \mathfrak{S}_n$ si ha $\lim_{n\to\infty} \mathrm{P}_{\mathrm{id}}(\Sigma_n = \sigma) = \frac{1}{N!}$, cioè con un numero sufficiente di mescolamenti il mazzo di carte sarà ben mescolato.

[Qui, supponiamo che $\Sigma_0 = \mathrm{id}$ sia la permutazione identica, $\mathrm{id}(i) = i$ per ogni $i \in \{1, \dots, N\}$.]

Esercizio 9.22 Torniamo all'esercizio precedente, cambiando il modo in cui si mescola il mazzo: scegliamo in modo uniforme due carte distinte del mazzo e lanciamo una moneta equilibrata; se viene testa, lasciamo il mazzo invariato, altrimenti scambio di posto le due carte. Ciò corrisponde a considerare la catena di Markov $(\tilde{\Sigma}_n)_{n\in\mathbb{N}_0}$ su $\mathfrak{S}_N$, con probabilità di transizione

$$\mathrm{q}(\sigma, \sigma') = \begin{cases} \frac{1}{N(N-1)} & \text{se } \sigma' = \sigma^{ij} \text{ per qualche } i \neq j \\ \frac{1}{2} & \text{se } \sigma' = \sigma \\ 0 & \text{altrimenti,} \end{cases}$$

dove per $i \neq j$ definiamo

$$\sigma^{ij}(k) = \begin{cases} \sigma(k) & \text{per } k \neq i, j\,, \\ \sigma(j) & \text{per } k = i\,. \\ \sigma(i) & \text{per } k = j\,. \end{cases}$$

(i) Mostrare che tale catena di Markov è irriducibile e aperiodica.
(ii) Mostrare che la distribuzione π uniforme su $\mathfrak{S}_N$ è reversibile, e dunque invariante.
(iii) Dedurne che per ogni $\sigma \in \mathfrak{S}_n$ si ha $\lim_{n\to\infty} \mathrm{P}_{\mathrm{id}}(\tilde{\Sigma}_n = \sigma) = \frac{1}{N!}$.

Esercizio 9.23 Consideriamo la catena di Markov $(X_n)_{n\in\mathbb{N}_0}$ su $E = \mathbb{N}_0 = \{0, 1, 2, \dots\}$ con probabilità di transizione

$$\mathrm{q}(x, x+1) = p \quad \text{per } x \in \mathbb{N}_0\,, \qquad \mathrm{q}(x, x-1) = 1 - p \quad \text{per } x \in \mathbb{N}\,,$$

e $\mathrm{q}(0, 0) = 1 - p$, dove $p \in (0, 1)$ è un parametro fissato.

(i) Mostrare che questa catena di Markov è irriducibile e aperiodica.
(ii) Mostrare che ogni $\lambda := (\lambda(x))_{x\in\mathbb{N}_0}$ soluzione di $\lambda Q = \lambda$ (cioè che soddisfa (9.24)) è della forma

$$\lambda(x) = C\left(\frac{p}{1-p}\right)^x, \qquad \text{per ogni } x \in \mathbb{N}_0\,,$$

per una costante $C \in \mathbb{R}$. Dedurre che se $p \geq \frac{1}{2}$ non esiste alcun distribuzione stazionaria.
(iii) Se $p < \frac{1}{2}$, dedurre che esiste un unica distribuzione stazionaria e determinarla. Calcolare quindi $\mathrm{E}_\pi(X_n)$ per ogni $n \in \mathbb{N}_0$.

(iv) Se $p \geq \frac{1}{2}$, mostrare che per ogni $N \geq 2$

$$\mathrm{P}_1(T_0 > T_N) = \begin{cases} \frac{1}{N} & \text{se } p = \frac{1}{2}, \\ \frac{2p-1}{p} \frac{1}{1-(\frac{1-p}{p})^N} & \text{se } p > \frac{1}{2}. \end{cases}$$

Mostrare quindi che $\mathrm{P}_1(T_0 = +\infty) = \lim_{N\to\infty} \mathrm{P}_1(T_0 > T_N) = \frac{2p-1}{p}$ e dedurre che

- se $p = \frac{1}{2}$ allora 0 è ricorrente, quindi tutti gli stati $x \in \mathbb{N}_0$ sono ricorrenti.
- se $p > \frac{1}{2}$ allora 0 è transitorio, quindi tutti gli stati $x \in \mathbb{N}_0$ sono transitori.

[*Sugg.* Si possono usare i risultati della rovina del giocatore dell'Esempio 9.78. Si ricordi anche il Corollario 9.70 (che vale anche quando E è numerabile).]

Esercizi più difficili

Esercizio 9.24 Sia $(X_n)_{n\in\mathbb{N}_0}$ una passeggiata aleatoria (nel senso dell'Esempio 9.40) sul grafo $G = (S, \mathcal{A})$ seguente:

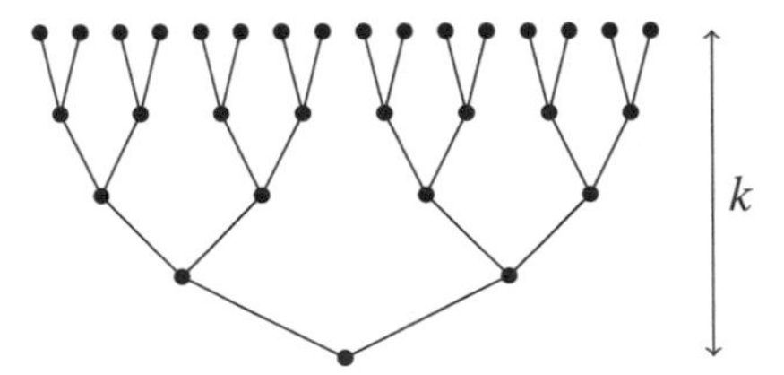

chiamato albero 2-regolare di altezza k (nel disegno sopra $k = 4$). Un vertice $v \in S$ è identificato da due coordinate: la sua *altezza* $0 \leq \ell \leq k$ (dal basso verso l'alto) e il suo *rango* $1 \leq r \leq 2^\ell$ tra tutti i vertici di altezza ℓ (diciamo da sinistra verso destra). L'insieme dei vertici è dunque identificato con

$$S = \{(\ell, r) : \ell \in \{0, \dots, k\},\ r \in \{1, \dots, 2^\ell\}\}.$$

Dato un vertice $v = (\ell, r) \in S$, indichiamo con $\ell(v)$ la sua altezza e con $r(v)$ il suo rango. Dati due vertici u, v, diciamo che *u è un figlio di v* se $\ell(u) = \ell(v) + 1$ e $r(u) \in \{2r(v) - 1, 2r(v)\}$; allora i due vertici sono vicini nel grafo ($\{u, v\} \in \mathcal{A}$) se e solo se *u è un figlio di v* oppure *v è un figlio di u*.

(i) Mostrare che la catena di Markov è irriducibile. È anche aperiodica?

(ii) Determinare l'unica distribuzione stazionaria π. È reversibile? Determinare $\pi(S_i)$, dove $S_i := \{v \in S : \ell(v) = i\}$.

[*Sugg.* Considerare separatamente i casi $\ell = 0$ e $\ell = k$.]

(iii) Supponiamo che inizialmente la catena di Markov sia nella radice dell'albero, cioè $X_0 = (0, 1)$. Supponiamo di guadagnare 1 euro ogni volta che $\ell(X_n) = 0$, e indichiamo con C_n il nostro capitale dopo n passi della catena di Markov. Mostrare che, per ogni $\varepsilon > 0$,

$$\lim_{n\to\infty} \mathrm{P}_{(0,1)}\left(\left|\frac{1}{n}C_n - \frac{1}{2(2^k-1)}\right| > \varepsilon\right) = 0\,.$$

(iv) Definiamo ora $Y_n := \ell(X_n)$ per ogni $n \in \mathbb{N}_0$.

(a) Mostrare che $(Y_n)_{n\in\mathbb{N}_0}$ è una catena di Markov irriducibile su $\{0,1,\ldots,k\}$. Determinare le sue probabilità di transizione.

(b) Mostrare che $\tilde{\pi}$ definita da $\tilde{\pi}(i) := \pi(S_i)$ è l'unica distribuzione stazionaria per la catena $(Y_n)_{n\in\mathbb{N}_0}$. Determinare $\mathrm{E}_k(T_k)$ e $\lim_{k\to\infty} \mathrm{E}_k(T_k)$.

(c) Usando l'analisi a un passo (9.23), determinare $\mathrm{E}_k(T_{k-i})$, per ogni $i \in \{1,\ldots,k\}$. Per i fissato, calcolare $\lim_{k\to\infty} \mathrm{E}_k(T_{k-i})$.

Esercizio 9.25 Schiacciamo a caso i tasti di un computer e ci chiediamo quanto tempo ci vorrà per arrivare a digitare alcune stringhe di lettere, diciamo ab o aa. Più formalmente, siano $Y_1, Y_2, \ldots$ variabili aleatorie indipendenti, con distribuzione uniforme nell'insieme $\mathcal{A} := \{a,b,c,d,\ldots,x,y,z\}$. Siano quindi

$$T_{ab} = \min\{n \geq 2 : (Y_{n-1}, Y_n) = (a,b)\} \quad \text{e}$$
$$T_{aa} = \min\{n \geq 2 : (Y_{n-1}, Y_n) = (a,a)\}$$

i primi istanti in cui vediamo ab e aa apparire nella successione di lettere.

(i) Si consideri la successione $(Z_n)_{n\in\mathbb{N}_0}$ definita da $Z_0 = 0$, $Z_1 = \mathbb{1}_{\{Y_1=a\}}$ e per ogni $n \geq 2$

$$Z_n = \begin{cases} 2 & \text{se } Y_{n-1} = a, Y_n = b\,, \\ 1 & \text{se } Y_n = a\,, \\ 0 & \text{altrimenti.} \end{cases}$$

Si mostri che $(Z_n)_{n\in\mathbb{N}_0}$ è una catena di Markov su $E = \{0,1,2\}$ e se ne scriva la matrice di transizione Q. Si spieghi perché si ha $T_{ab} = T_2 := \min\{n \geq 2 : Z_n = 2\}$. Usando l'analisi ad un passo (9.23) per $(Z_n)_{n\in\mathbb{N}_0}$, si mostri che

$$\mathrm{E}(T_{ab}) = \mathrm{E}(T_2 \mid Z_0 = 0) = 26^2\,.$$

(ii) Si consideri ora la successione $(\tilde{Z}_n)_{n\in\mathbb{N}_0}$ definita da $\tilde{Z}_0 = 0$, $\tilde{Z}_1 = \mathbb{1}_{\{Y_1=a\}}$ e per $n \geq 2$

$$\tilde{Z}_n = \begin{cases} 2 & \text{se } Y_{n-1} = a, Y_n = a\,, \\ 1 & \text{se } Y_{n-1} \neq a, Y_n = a\,, \\ 0 & \text{altrimenti.} \end{cases}$$

Si mostri che $(\tilde{Z}_n)_{n\in\mathbb{N}_0}$ è una catena di Markov su $E = \{0, 1, 2\}$ e se ne scriva la matrice di transizione $\tilde{Q}$. Si spieghi perché si ha $T_{aa} = \tilde{T}_2 := \min\{n \geq 2 : \tilde{Z}_n = 2\}$ e si mostri che

$$\mathrm{E}(T_{aa}) = \mathrm{E}(\tilde{T}_2 \mid \tilde{Z}_0 = 0) = 26^2 + 26\,.$$

Si confronti questo risultato con il precedente: vi sorprende?

(iii) Ragionando in modo simile, introducendo le opportune catene di Markov, si mostri che

$$\mathrm{E}(T_{aaa}) = 26^3 + 26^2 + 26\,, \qquad \mathrm{E}(T_{abc}) = 26^3\,,$$

dove definiamo $T_{aaa} := \min\{n \geq 3 : (Y_{n-2}, Y_{n-1}, Y_n) = (a, a, a)\}$ e, analogamente, $T_{abc} := \min\{n \geq 3 : (Y_{n-2}, Y_{n-1}, Y_n) = (a, b, c)\}$.

Esercizio 9.26 Consideriamo i tempi di transito di un autobus ad una determinata fermata. Partiamo dal presupposto che se è passato l'ultimo bus da x minuti, la probabilità che un autobus arrivi nel minuto successivo è $p_x \in (0, 1)$ per $x \in \{0, \ldots, N-1\}$ e $p_N = 1$, dove $N \geq 1$ è fissato. Se indichiamo con X_n il numero di minuti trascorsi dall'ultimo passaggio di un autobus, allora $(X_n)_{n\in\mathbb{N}_0}$ è una catena di Markov su $E = \{0, \ldots, N\}$, con probabilità di transizione

$$\mathrm{q}(x, 0) = p_x \quad \mathrm{q}(x, x+1) = 1 - p_x \quad \text{per } x \in \{0, \ldots, N\}\,.$$

Si noti che per ipotesi $p_N = 1$, quindi $\mathrm{q}(N, 0) = 1$ e $\mathrm{q}(N, N+1) = 0$.

(i) Disegnare il diagramma della catena di Markov, e mostrare che è irriducibile e aperiodica.

(ii) Mostrare che per ogni $x \in \{0, \ldots, N\}$

$$\mathrm{P}_x(T_0 > j) = \prod_{i=x}^{x+j-1} \big(1 - p_i\big) \quad \text{per } j \in \{0, 1, \ldots, N - x\}\,,$$
$$\mathrm{P}_x(T_0 > j) = 0 \qquad \text{per } j \geq N + 1 - x$$

(Per convenzione il prodotto vale 1 per $j = 0$.)

(iii) Mostrare che $\mathrm{E}_0(T_0) = \sum_{j=0}^{N} r_j$ dove poniamo $r_j := \prod_{i=0}^{j-1}(1 - p_i)$, con $r_0 = 1$.

(iv) Determinare l'unica distribuzione stazionaria π in funzione delle r_j.

(v) Sia N_n il numero di bus passati durante i n primi minuti. Determinare $\lim_{n\to\infty} \mathrm{E}(\frac{1}{n} N_n)$.

Supponiamo di arrivare alla fermata di bus a un istante $m \in \mathbb{N}_0$. Allora il tempo che dobbiamo aspettare per il prossimo bus è pari a

$$\tau_m := \min\{n \geq m : X_n = 0\} - m\,.$$

(vi) Osservando che $P(\tau_m = 0) = P(X_m = 0)$, determinare la probabilità di non dover aspettare il bus, nel limite $m \to \infty$, ossia $\lim_{m\to\infty} P(\tau_m = 0)$.

(vii) Mostrare che

$$P(\tau_m > j) = \sum_{x=1}^{N} P(X_m = x)\, P_x(T_0 > j)\,, \qquad \forall\, j \in \{0, \ldots, N-1\}\,.$$

(viii) Dedurre che

$$\begin{aligned} \lim_{m\to\infty} P(\tau_m > j) &= \frac{1}{E_0(T_0)} \sum_{x=1}^{N-j} r_{j+x} \\ &= \frac{1}{E_0(T_0)} \sum_{y=j+1}^{N} r_y\,, \qquad \forall\, j \in \{0, \ldots, N-1\}\,. \end{aligned}$$

(ix) Si concluda che

$$\lim_{m\to\infty} P(\tau_m = j) = \frac{r_j}{E_0(T_0)}\,, \qquad \forall\, j \in \{0, \ldots, N\}\,.$$

(x) Consideriamo infine un caso particolare: supponiamo che

$$p_x = \frac{1}{N+1-x}\,, \qquad \text{per } x \in \{0, \ldots, N\}\,.$$

(a) Mostrare che allora $r_j = \frac{N+1-j}{N+1}$ per ogni $j \in \{0, \ldots, N+1\}$, e dedurne

$$P_0(T_0 = j) = \frac{1}{N+1}\,, \qquad \forall\, j \in \{1, \ldots, N+1\}\,.$$

Dunque, rispetto a P_0, T_0 ha distribuzione uniforme in $\{1, \ldots, N+1\}$.

Questo mostra che gli intervalli tra arrivi successivi di bus sono i.i.d. con la stessa distribuzione uniforme su $\{1, \ldots, N+1\}$, si veda l'Esercizio 9.5,.

(b) Determinare $\lim_{m\to\infty} E(\tau_m)$.

Esercizio 9.27 (Modello di Ising a campo medio) Desideriamo studiare l'evoluzione delle opinioni di un gruppo di $N \geq 2$ persone su un certo argomento. Supponiamo che siano possibili due sole opinioni: "favorevole" $(+1)$ o "contrario" (-1). Ogni giorno scegliamo casualmente una persona del gruppo, che consulta le opinioni di tutti gli altri e, in funzione di esse, "aggiorna" le proprie (più una opinione è diffusa, più è probabile che la persona la condivida).

Descriviamo questa situazione con l'aiuto di una catena di Markov $(X_n)_{n\in\mathbb{N}_0}$ a valori in $E = \{-1, +1\}^N$, dove per un elemento $x = (x_1, \ldots, x_N) \in E$ interpretiamo $x_i \in \{-1, +1\}$ come l'opinione della i-esima persona. Per $i \in \{1, \ldots, N\}$, definiamo inoltre $H_i(x) = \sum_{k \neq i} x_k$ che rappresenta il risultato del "sondaggio" effettuato dalla persona i; se $H_i(x) > 0$, allora l'opinione $+1$ è maggioritaria (e lo è tanto più quanto maggiore è il valore di $H_i(x)$); se $H_i(x) < 0$, allora l'opinione -1 è maggioritaria (e lo è tanto più quanto minore è il valore di $H_i(x)$).

Supponiamo che la persona i scelga l'opinione $+1$ con probabilità proporzionale a $\exp(\beta H_i(x))$ e l'opinione -1 con probabilità proporzionale a $\exp(-\beta H_i(x))$, dove $\beta \geq 0$ è un parametro fissato che quantifica l'influenza delle opinioni maggioritarie. Le probabilità di transizione sono dunque date, per ogni $i \in \{1, \dots, N\}$, da

$$\mathrm{q}(x, x^{i,+}) = \frac{1}{N} \frac{\mathrm{e}^{\beta H_i(x)}}{\mathrm{e}^{\beta H_i(x)} + \mathrm{e}^{-\beta H_i(x)}}, \qquad \mathrm{q}(x, x^{i,-}) = \frac{1}{N} \frac{\mathrm{e}^{-\beta H_i(x)}}{\mathrm{e}^{\beta H_i(x)} + \mathrm{e}^{-\beta H_i(x)}},$$

(tutte le altre probabilità di transizione sono nulle), dove per una "configurazione" $x = (x_1, \dots, x_N) \in E$ indichiamo con $x^{i,\pm}$ la configurazione ottenuta da x ponendo uguale a ± 1 l'opinione della persona i, cioè

$$x^{i,+} := (x_1, \dots, x_{i-1}, +1, x_{i+1}, \dots, x_N),$$
$$x^{i,-} := (x_1, \dots, x_{i-1}, -1, x_{i+1}, \dots, x_N).$$

Osserviamo che se $\beta = 0$ tutte le probabilità di transizione non nulle valgono $\frac{1}{2N}$, cioè le opinioni degli altri non hanno alcuna influenza; invece, per $\beta \to +\infty$ la probabilità di transizione $\mathrm{q}(x, x^{i,+})$ tende a $\frac{1}{N}$ se $H_i(x) > 0$, tende a 0 se $H_i(x) < 0$ mentre tende a $\frac{1}{2N}$ se $H_i(x) = 0$.

(i) Mostrare che la catena di Markov è irriducibile e aperiodica.

(ii) Poniamo $H(x) := \sum_{i=1}^{N} x_i$ per $x \in E$ e definiamo la probabilità

$$\pi_\beta(x) := \frac{1}{Z_\beta} \exp\left(\frac{1}{2}\beta H(x)^2\right), \qquad \text{per } x \in E = \{-1, +1\}^N,$$

dove $Z_\beta := \sum_{x \in E} \exp(\frac{1}{2}\beta H(x)^2)$ indica l'opportuna costante di normalizzazione. Mostrare che π_β è una distribuzione reversibile, dunque invariante.

(iii) Mostrare che se $\beta = 0$ allora per ogni $x \in E$

$$\lim_{n \to \infty} \mathrm{P}_x(X_n = y) = \frac{1}{2^N}, \qquad \forall\, y \in E.$$

In altri termini, in questo caso le opinioni delle N persone, nel limite $n \to \infty$, sono N variabili aleatorie indipendenti con distribuzione uniforme in $\{-1, +1\}$.

(iv) Consideriamo ora il caso $\beta > 0$. Definiamo gli elementi $\mathbf{-1} := (-1, \dots, -1)$ e $\mathbf{+1} := (+1, \dots, +1)$ di E, così che $X_n \in \{\mathbf{-1}, \mathbf{+1}\}$ corrisponde all'evento "tutte le persone hanno la stessa opinione".

(a) Mostrare che per ogni $x \in E$

$$\lim_{n \to \infty} \mathrm{P}_x\left(X_n \in \{\mathbf{-1}, \mathbf{+1}\}\right) = \pi_\beta(\{\mathbf{-1}, \mathbf{+1}\}) = \frac{1}{Z_\beta} 2\, \mathrm{e}^{\frac{\beta}{2} N^2}.$$

(b) Mostrare che $Z_\beta \geq 2e^{\frac{1}{2}\beta N^2}$ e dedurre che

$$1 - \pi_\beta(\{-\mathbf{1}, +\mathbf{1}\}) = \frac{1}{Z_\beta}\sum_{k=1}^{N-1}\binom{N}{k}e^{\frac{1}{2}\beta(N-2k)^2} \leq \frac{1}{2}\sum_{k=1}^{N-1}\binom{N}{k}e^{-2\beta k(N-k)}.$$

Sfruttando la simmetria dell'ultima somma, mostrare che

$$1 - \pi_\beta(\{-\mathbf{1}, +\mathbf{1}\}) \leq \sum_{1\leq k\leq N/2}\binom{N}{k}e^{-\beta N k} \leq (1+e^{-\beta N})^N - 1.$$

(c) Concludere che la probabilità che le N persone abbiano tutte la stessa opinione dopo n giorni soddisfa, nel limite $n \to \infty$,

$$\lim_{n\to\infty} \mathrm{P}_x\left(X_n \in \{-\mathbf{1}, +\mathbf{1}\}\right) \geq 2 - (1+e^{-\beta N})^N,$$

quindi può essere resa *arbitrariamente vicina a* 1 prendendo un numero N sufficientemente grande di persone.

9.5 Note bibliografiche

Le catene di Markov costituiscono un argomento classico trattato in numerose monografie. Fra quelle di livello introduttivo, ma che dedicano anche molto spazio alle catene di Markov a *tempo continuo*, segnaliamo quella di J.R. Norris [57]. Sempre di livello introduttivo, ma con enfasi sulla simulazione e in generale sulle applicazioni di carattere computazionale, è il testo di O. Häggström [40]. Obbiettivi simili, ma contenuti più avanzati, caratterizzano la monografia di P. Brémaud [17]. L'obbiettivo di ottenere stime quantitative sulla velocità di convergenza all'equilibrio accomuna la monografia di E. Behrends [4] e quella di D.A. Levin e Y. Peres [51], molto diverse come stile e scelta degli esempi, ma entrambe interessanti e accessibili.

Capitolo 10
Simulazione di variabili aleatorie

Sommario In questo capitolo introduciamo diverse tecniche che permettono di simulare variabili aleatorie al computer. Presentiamo alcune tecniche generali, come il metodo di inversione della funzione di ripartizione e il metodo di accettazione/rifiuto, e altre tecniche più specifiche per variabili aleatorie particolari. Analizziamo quindi applicazioni rilevanti, descrivendo in dettaglio il metodo Monte Carlo. Discutiamo infine alcuni modelli probabilistici il cui studio rigoroso presenta diversi livelli di difficoltà, in cui l'uso di simulazioni si può rivelare illuminante.

10.1 Osservazioni preliminari

In un esperimento aleatorio, come sappiamo, l'esito non può essere previsto con certezza a priori. In questo capitolo vedremo come sia possibile eseguire un esperimento aleatorio con l'aiuto di un computer, cioè come *simularlo* invece di effettuarlo concretamente. Ad esempio, invece di lanciare 200 volte una moneta equilibrata (come domandava il professore del Paragrafo 4.4 ai suoi studenti), possiamo chiedere a un computer di simulare questi 200 lanci. In effetti, con la potenza di calcolo di un computer portatile, è possibile eseguire 10 000 ripetizioni di questo esperimento in meno di un secondo! Questo rende possibile il calcolo approssimativo di alcune probabilità il cui calcolo esatto sarebbe inaccessibile o proibitivo, ad esempio la probabilità che non ci siano più di 6 risultati uguali consecutivi.

Uno degli obiettivi di questo capitolo è di fornire un'introduzione alla simulazione al computer, con lo scopo di imparare come *generare* (o simulare) una variabile aleatoria. Per ogni esempio, descriveremo il principio generale che viene utilizzato e forniremo il codice nel linguaggio di programmazione Python.[1]

Supplementary Information The online version contains supplementary material available at https://doi.org/10.1007/978-88-470-4006-9_10.

[1] Chi preferisce usare altri linguaggi di programmazione non avrà difficoltà ad adattare il codice, dal momento che le sintassi dei diversi linguaggi sono simili.

Q. Berger, F. Caravenna, P. Dai Pra, *Probabilità*, UNITEXT 127,
https://doi.org/10.1007/978-88-470-4006-9_10

La simulazione di variabili aleatorie è basata in modo fondamentale sull'uso della funzione `random`, presente in ogni linguaggio di programmazione (talvolta con un altro nome). Una chiamata della funzione `random` restituisce un numero *casuale* (o più precisamente *pseudo-casuale*) scelto uniformemente nell'intervallo $(0, 1)$; inoltre chiamate ripetute della funzione `random` restituiscono risultati *indipendenti*. Si dice che la funzione `random` genera una variabile aleatoria uniforme continua in $(0, 1)$. Per tutto questo capitolo supporremo di avere a disposizione tale funzione e ce ne serviremo per costruire altre funzioni che generano variabili aleatorie diverse.

Sottolineiamo che il problema di costruire la funzione `random` non è banale, anche perché non è del tutto evidente che cosa significhi generare variabili aleatorie *veramente* indipendenti e *veramente* uniformi in $(0, 1)$... L'idea è di riuscire a creare una successione di valori $x_1, x_2, \ldots, x_n$ che *assomigli* a una successione di variabili aleatorie i.i.d. di legge $\mathrm{U}(0, 1)$, nel senso che mostri le stesse proprietà "tipiche" (intuitivamente: quelle "che si verificano con grande probabilità"). Il lettore interessato troverà maggiori informazioni nelle note bibliografiche di questo capitolo.

Osservazione 10.1 La possibilità di generare variabili aleatorie indipendenti e uniformi su $(0, 1)$ permette di *simulare le "traiettorie" di una catena di Markov*, per quanto visto nell'Osservazione 9.16. La simulazione di catene di Markov trova numerose applicazioni, in particolare nella Statistica, nell'ottimizzazione combinatoria e nell'intelligenza artificiale, e ha dato origine ai metodi chiamati *Markov Chain Monte Carlo*. La ricchezza di questi metodi ci ha indotto a *non* includerli in questo testo; il lettore interessato potrà iniziare, per un'introduzione rigorosa, da [17]. □

Nozioni di base di Python

Abbiamo scelto di utilizzare il linguaggio di programmazione Python perché si tratta di un programma libero (*open source*) molto utilizzato nell'insegnamento della matematica applicata. Python permette un uso versatile e si adatta a numerosi contesti, dalla simulazione alla scrittura di *script*.

Per potersi adattare a usi diversi, Python si basa sull'uso di librerie specializzate. Per utilizzare le funzioni di una libreria (chiamiamola `modulo`) in un programma, occorre scrivere nel preambolo l'istruzione `import modulo`; per chiamare la funzione `funz` della libreria `modulo` si usa quindi il comando `modulo.funz`. In alternativa, si può scrivere nel preambolo `import modulo as md`; in questo caso, per chiamare la funzione `funz` della libreria `modulo` si usa il comando `md.funz`. Si può anche scrivere nel preambolo `from modulo import *`, che importa direttamente tutte le funzioni della libreria `modulo`; in questo caso non c'è bisogno di usare un prefisso per chiamare una funzione della libreria (ma si presti attenzione a non importare due librerie che hanno funzioni con lo stesso nome!).

Ad esempio, la funzione `random` è una funzione della libreria `numpy.random`: scriveremo nel preambolo `import numpy.random as rd`, in questo modo `rd.random()` restituisce il risultato di una chiamata della funzione `random`.[2] Useremo inoltre la libreria `math`, che permette di utilizzare le funzioni matematiche tipiche (esponenziale, logaritmo, funzioni trigonometriche), scrivendo nel preambolo `from math import *`. Un'altra libreria utile è `matplotlib.pyplot`, che permette di fare grafici di funzioni e istogrammi.

Nei programmi che seguono, per brevità, *non scriveremo mai il preambolo per caricare le librerie necessarie*. Lo riportiamo qui:

```
import numpy.random as rd
from math import *
```

Tra gli oggetti principali di Python, le liste sono forse i più importanti che useremo. Forniamo alcuni elementi della loro sintassi. Una lista `L` è una sequenza di elementi dello stesso tipo, ad esempio `L=['a','b','c','d']` è una lista di elementi di tipo *string*. L'istruzione `L[i]` restituisce l'elemento i-esimo della lista `L`, ma attenzione che gli elementi sono numerati a partire da 0! (Si tratta di uno degli errori più frequenti nella manipolazione delle liste.) Ad esempio, nella lista precedente `L[2]` vale 'c'. Si può aggiungere un elemento 'e' a una lista `L` scrivendo `L.append('e')`; si possono concatenare due liste L_1 e L_2 scrivendo L_1+L_2; si può eliminare un elemento di una lista scrivendo `del L[i]`. Si possono inoltre scorrere gli elementi di una lista `L` con il comando `for x in L`, che sarà utile per creare dei cicli — insieme al comando `range(n)`, il cui i-esimo elemento vale i (partendo da 0 fino a $n - 1$).

Sull'ottimizzazione degli algoritmi

Gli esempi di algoritmi che presentiamo non hanno la pretesa di essere *ottimali*. La nostra presentazione ha infatti un carattere pedagogico: il nostro scopo è di trasmettere i principi fondamentali della simulazione di variabili aleatorie al computer. Osserviamo comunque che gli algoritmi *ottimizzati* che vengono usati in pratica, come ad esempio quelli della libreria `numpy.random`, sono basati sugli stessi principi e non sono distanti da quelli che presentiamo qui.

Sottolineiamo infine che il problema di ottimizzare un programma non è senza importanza: dimezzare il tempo di calcolo per generare una variabile aleatoria potrebbe apparire poco significativo di per sé, ma nell'ambito dell'applicazione del metodo Monte Carlo, che è basato su un numero molto elevato di ripetizioni di un esperimento aleatorio, la differenza può rivelarsi importante (ad esempio, è preferibile tenere impegnato il computer per una notte, piuttosto che un giorno intero...).

---

[2] Osserviamo che in Python esiste anche una libreria chiamata `random`, che tuttavia contiene meno generatori di probabilità notevoli ed è meno ottimizzata della libreria `numpy.random`.

10.2 Simulazione di variabili aleatorie discrete

Cominciamo a vedere come simulare le variabili aleatorie discrete notevoli presentate nel Paragrafo 3.5. *Nella libreria* `numpy.random` *di Python esistono già funzioni predefinite per simulare tutte le variabili aleatorie notevoli*, che richiamiamo più sotto. Tuttavia è semplice e istruttivo generare tali variabili aleatorie sfruttando le loro proprietà specifiche e per questo svilupperemo algoritmi *ad hoc*.

Uniforme discreta

La prima classe di variabili aleatorie notevoli discrete che abbiamo studiato nel Paragrafo 3.5 è costituita dalle uniformi discrete. Osserviamo che se $U \sim \mathrm{U}(0, 1)$ e $n \in \mathbb{N}$, allora la variabile aleatoria $Y := 1 + \lfloor nX \rfloor$, dove $\lfloor x \rfloor := \max\{k \in \mathbb{Z} : k \leq x\}$ indica la parte intera di x, ha distribuzione $\mathrm{Unif}(\{1, \ldots, n\})$ (si veda l'Esercizio 6.7).

Di conseguenza, possiamo definire una funzione `Uniforme`, che prende come argomento $n \in \mathbb{N}$ e che permette di simulare una variabile aleatoria con distribuzione $\mathrm{Unif}(\{1, \ldots, n\})$, nel modo seguente:[3]

```
1 def Uniforme(n):
2     U=rd.random()            generiamo una v.a. U ~ U(0,1)
3     return 1+int(n*U)        restituiamo 1 + ⌊nX⌋
```

Osserviamo che esiste una funzione `randint` nella libreria `numpy.random` di Python: si può usare `rd.randint(i,j)` per generare una variabile aleatoria uniforme discreta in $\{i, i+1, \ldots, j\}$.

Bernoulli

Dato $p \in [0, 1]$ e $U \sim \mathrm{U}(0, 1)$, osserviamo che l'evento $\{U < p\}$ ha probabilità p, quindi la variabile aleatoria $\mathbb{1}_{\{U<p\}}$ ha distribuzione $\mathrm{Be}(p)$, ossia Bernoulli di parametro p. Per simulare una variabile aleatoria di Bernoulli è dunque sufficiente generare una variabile aleatoria U di distribuzione $\mathrm{U}(0, 1)$ (grazie alla funzione `random`) e restituire 1 se $U < p$, e 0 se $U \geq p$.

Possiamo allora definire una funzione `Bern`, che prende come argomento un numero reale $p \in [0, 1]$ e che permette di simulare una variabile aleatoria con distribuzione $\mathrm{Be}(p)$, nel modo seguente:

```
1 def Bern(p):
2     U=rd.random()            generiamo una v.a. U ~ U(0,1)
3     if U<p:                  se U < p
4         return 1             ↪ restituiamo 1
5     else:                    altrimenti
6         return 0             ↪ restituiamo 0
```

[3] In Python la funzione "parte intera" è indicata con `int`.

Osserviamo che esiste una funzione `binomial` nella libreria `numpy.random` di Python: si può usare `rd.binomial(n,p)` per generare una variabile aleatoria con distribuzione $\mathrm{Bin}(n, p)$; in particolare per $n = 1$ si ottiene una variabile aleatoria con distribuzione $\mathrm{Bin}(1, p) \sim \mathrm{Be}(p)$.

Binomiale

Per simulare una variabile aleatoria con distribuzione $\mathrm{Bin}(n, p)$, con $n \in \mathbb{N}$ e $p \in [0, 1]$, ricordiamo che la somma di n variabili aleatorie di Bernoulli $\mathrm{Be}(p)$ indipendenti ha distribuzione $\mathrm{Bin}(n, p)$ (si ricordi la Proposizione 3.121): faremo dunque n chiamate consecutive alla funzione `Bern` definita sopra, sommando progressivamente i risultati ottenuti. Ricordiamo che chiamate successive alla funzione `random` restituiscono simulazioni *indipendenti* di variabili aleatorie $\mathrm{U}(0, 1)$, quindi chiamate successive alla funzione `Bern` restituiscono simulazioni indipendenti di variabili aleatorie $\mathrm{Be}(p)$.

Possiamo allora definire una funzione `Binom`, che prende come argomento un intero n e un numero reale $p \in [0, 1]$, per simulare una variabile aleatoria con distribuzione $\mathrm{Bin}(n, p)$, nel modo seguente:

```
1 def Binom(n,p):
2     X=0                       definiamo un "contatore" X inizializzato a 0
3     for i in range(n):        per i che varia da 0 a n − 1
4         X=X+Bern(p)           ↪ aggiungiamo una v.a. Be(p) al contatore
5     return X                  restituiamo il valore finale del contatore
```

Come visto sopra, si può anche usare la funzione `binomial` della libreria `numpy.random` di Python.

Osservazione 10.2 In alternativa, avremmo potuto creare una lista con n variabili di Bernoulli, scrivendo ad esempio `L=[Bern(p) for i in range(n)]`, e restituire la somma di questa lista, grazie al comando `sum(L)`. Osserviamo tuttavia che con questa procedura tutte le variabili di Bernoulli devono essere *memorizzate* (mentre ciò non succede se si fa la somma progressivamente come sopra). Questo non è un problema per valori piccoli di n, ma se n è molto grande, questo può impegnare una quantità significativa di memoria e rallentare il calcolo. □

Geometrica

Per simulare una variabile aleatoria di distribuzione $\mathrm{Geo}(p)$, con $p \in (0, 1]$, sfruttiamo il fatto che una variabile aleatoria geometrica corrisponde al primo istante di successo in una successione di prove ripetute e indipendenti con probabilità di successo p. Possiamo quindi usare una successione $(U_i)_{i \in \mathbb{N}}$ di variabili aleatorie $\mathrm{U}(0, 1)$ indipendenti (simulate con chiamate successive alla funzione `random`), dove un successo nella prova i-esima corrisponde all'evento $\{U_i < p\}$ (che ha probabilità p). Effettueremo dunque chiamate successive alla funzione `random`, continuando fintanto che otteniamo valori maggiori o uguali a p, e conteremo il numero di chiamate alla funzione `random` che sono state effettuate. Useremo un ciclo `while` che si fermerà la prima volta in cui otterremo un valore più piccoli di p; useremo inoltre un "contatore" che registra il numero di volte in cui il ciclo si ripete.

Possiamo allora definire una funzione `Geom`, che prende come argomento un numero reale $p \in (0, 1]$, per simulare una variabile aleatoria con distribuzione $\text{Geo}(p)$, nel modo seguente:

```
1 def Geom(p):
2     i=1                     creiamo un "contatore" i inizializzato a 1
3     while rd.random()>=p:   finché U_i ≥ p
4         i=i+1               ↪ aumentiamo di 1 il contatore
5     return i                restituiamo il valore finale del contatore
```

L'algoritmo appena presentato è concettualmente istruttivo, ma nella pratica è preferibile utilizzare il metodo di inversione descritto nel Paragrafo 10.3.1 più sotto, si veda l'Osservazione 10.5.

Osserviamo che esiste una funzione `geometric` nella libreria `numpy.random` di Python: si può usare `rd.geometric(p)` per generare una variabile aleatoria con distribuzione $\text{Geo}(p)$.

Osservazione 10.3 Un punto "sottile" nell'algoritmo sopra descritto è che nel ciclo `while` vengono effettuate chiamate *successive* alla funzione `random`, in modo da simulare effettivamente delle variabili aleatorie $U(0, 1)$ *indipendenti* (e il ciclo si ferma non appena una di queste variabili aleatorie è più piccola di p). Ad esempio, il codice seguente *è sbagliato*:

```
1 def Geom(p):
2     X=1
3     U=rd.random()
4     while U>=p:
5         X=X+1
6     return X
```

perché viene effettuata *una sola chiamata* alla funzione `random`. Invitiamo il lettore a riflettere sul grosso problema che ciò comporta.

Questo esempio può apparire ingenuo, ma bisogna sempre riflettere su come vengono utilizzate le variabili aleatorie nel programma, perché questa è una sorgente frequente di errori. Un altro esempio che evidenzia questa sottigliezza è la differenza tra i codici `rd.random()**2` (in Python `x**2` corrisponde a x^2) e `rd.random()*rd.random()`, che restituiscono rispettivamente simulazioni delle variabili aleatorie U^2 e $U \times V$, dove U, V sono variabili aleatorie $U(0, 1)$ indipendenti (si verifichi che U^2 e $U \times V$ *non* hanno la stessa distribuzione). □

Poisson

Per simulare una variabile aleatoria $\text{Pois}(\lambda)$, ossia con distribuzione di Poisson di parametro $\lambda > 0$, utilizzeremo il legame tra le variabili aleatorie di Poisson e il processo di Poisson (diciamo di intensità 1) descritto nel Paragrafo 6.6.3. Richiamiamo la Proposizione 6.79: se $(X_i)_{i\geq 1}$ sono variabili aleatorie i.i.d. con distribuzione Exp(1), allora la variabile aleatoria

$$\max\{k \geq 1\colon X_1 + \cdots + X_k \leq \lambda\}$$

ha distribuzione Pois(λ). Di conseguenza, se definiamo $S_0 = 0$ e $S_k = \sum_{i=1}^k X_i$ per $k \geq 1$, per simulare una variabile aleatoria di Poisson è sufficiente calcolare in modo sequenziale $S_1, S_2, \ldots$, verificando a ciascun passo se $S_k \leq \lambda$; ci si ferma quando si ha $S_k > \lambda$ per la prima volta, e si restituisce $k - 1$. È naturale usare un ciclo `while`, in cui a ogni iterazione si aumenta l'indice di 1 e si aggiunge alla somma una nuova variabile aleatoria esponenziale di parametro 1.

Possiamo allora definire una funzione `Poisson`, che prende come argomento un numero reale $\lambda > 0$, per simulare una variabile aleatoria con distribuzione Pois(λ), nel modo seguente:

```
1 def Poisson(L):
2     k=0                              k conta il numero di iterazioni
3     S=0                              S è il valore di S_k (dopo k iterazioni)
4     while S<=L:                      fintanto che S_k ≤ λ
5         k=k+1                        ↪ aumentiamo di 1 il contatore
6         S=S-log(rd.random())         ↪ aggiungiamo a S_k una v.a. Exp(1)
7     return k-1                       restituiamo il più grande k per cui S_k ≤ λ
```

Abbiamo utilizzato il fatto che, se $U \sim \mathrm{U}(0, 1)$, allora la variabile aleatoria $-\log U$ ha distribuzione Exp(1), si veda l'Esercizio 6.8.

Osserviamo che esiste una funzione `poisson` nella libreria `numpy.random` di Python: si può usare `rd.poisson(λ)` per generare una variabile aleatoria con distribuzione Pois(λ).

Metodo generale basato sulla densità discreta

In generale, possiamo considerare una variabile aleatoria discreta X che assume i valori distinti $\{x_1, x_2, \ldots\}$ (l'insieme può essere finito o numerabile) con densità discreta data da $(p_i := \mathrm{p}(x_i) = \mathrm{P}(X = x_i))_{i\geq 1}$. Per simulare tale variabile aleatoria, definiamo $P_0 = 0$ e $P_k = \sum_{i=1}^k p_i$ per $k \geq 1$ e osserviamo che, se $U \sim \mathrm{U}(0, 1)$, allora

$$\mathrm{P}\big(U \in [P_{k-1}, P_k)\big) = P_k - P_{k-1} = p_k\,, \qquad \forall k \geq 1\,.$$

Possiamo allora definire una variabile aleatoria $\tilde{X}$ con la stessa legge di X, ponendo

$$\tilde{X} := \sum_{k\geq 1} x_k \mathbb{1}_{[P_{k-1}, P_k)}(U) = \sum_{k\geq 1} x_k \mathbb{1}_{\{P_{k-1}\leq U < P_k\}} = \begin{cases} x_1 & \text{se } P_0 \leq U < P_1 \\ x_2 & \text{se } P_1 \leq U < P_2 \\ \ldots & \ldots \\ x_k & \text{se } P_{k-1} \leq U < P_k \\ \ldots & \ldots \end{cases} \tag{10.1}$$

In effetti, dato che gli intervalli $[P_{k-1}, P_k)$ formano una partizione di $[0, 1)$, per ogni valore assunto da U c'è una sola funzione indicatrice che vale 1: dunque la variabile aleatoria $\tilde{X}$ vale x_k se e solo se $P_{k-1} \leq U < P_k$ e questo evento ha probabilità p_k.

La definizione (10.1) di $\tilde{X}$ può sembrare complicata a prima vista, ma in realtà è molto naturale: si divide l'intervallo $[0, 1)$ in intervalli $[P_{i-1}, P_i)$; si genera una variabile aleatoria $U \sim \mathrm{U}(0, 1)$; se U cade nell'intervallo $[P_k, P_{k-1})$, il che succede con probabilità p_k, si restituisce il valore x_k. In pratica, per generare $\tilde{X}$:

- si genera una variabile aleatoria $U \sim \mathrm{U}(0, 1)$ *una volta sola*;
- si passano in rassegna gli intervalli $[0, P_1), [P_1, P_2), \ldots$ per trovare l'intervallo che contiene il valore U;
- la prima volta che $U < P_k$, si ha $U \in [P_{k-1}, P_k)$: si restituisce allora il valore x_k.

Supponiamo di avere due funzioni `p` e `x` tali che `p(i)` restituisce p_i e `x(i)` restituisce x_i. Possiamo allora definire una funzione `Variabile`, per simulare una variabile aleatoria con densità discreta $(p_i = \mathrm{p}(x_i))_{i \geq 1}$, nel modo seguente:

```
1 def Variabile(p,x):
2     U=rd.random()       generiamo U ~ U(0, 1) una volta per tutte
3     k=0                 k conta il numero dell'intervallo
4     P=0                 P è l'estremo superiore P_k dell'intervallo
5     while U>=P:         fintanto che U ≥ P_k
6         k=k+1           ↪ aumentiamo di 1 il numero dell'intervallo
7         P=P+p(k)        ↪ aggiorniamo P_k
8     return x(k)         restituiamo x_k
```

Per aumentare l'efficacia di questo algoritmo, conviene riordinare i valori $x_1, x_2, \ldots$ in ordine decrescente di probabilità p_i (ossia x_1 ha la probabilità p_1 più grande). È possibile utilizzare la funzione `Variabile` per generare le variabili aleatorie notevoli, in alternativa agli algoritmi descritti sopra, ma talvolta è più macchinoso.

Osservazione 10.4 In contrasto con l'Osservazione 10.3, in questo caso occorre fare attenzione a usare *la stessa variabile aleatoria* $U \sim \mathrm{U}(0, 1)$ in tutte le iterazioni del ciclo `while`. Ad esempio, *sarebbe un errore* sostituire `while U>=P:...` con `while rd.random()>=P:...` □

Esercizi

Esercizio 10.1 Si consideri l'esperimento aleatorio in cui si lanciano due dadi regolari a sei facce e si fa la somma dei loro risultati. Si scriva un algoritmo che permette di simulare questo esperimento.

Esercizio 10.2 Si scriva un algoritmo per simulare una variabile aleatoria a valori in $\{-1, 0, 1, 2\}$ con densità discreta $\mathrm{p}_X(-1) = \frac{1}{2}$ e $\mathrm{p}_X(0) = \mathrm{p}_X(1) = \mathrm{p}_X(2) = \frac{1}{6}$.

10.3 Simulazione di variabili aleatorie assolutamente continue

10.3.1 Metodo di inversione

Come abbiamo visto nel Capitolo 6 (più precisamente nel Paragrafo 6.3.1), è possibile usare una variabile aleatoria con distribuzione uniforme continua $U(0, 1)$ per *costruire* esplicitamente una variabile aleatoria con una distribuzione assegnata, usando la pseudo-inversa della sua funzione di ripartizione. Richiamiamo l'enunciato della Proposizione 6.34 che è alla base di questa idea.

Sia X una variabile aleatoria reale con funzione di ripartizione F. Indichiamo con $h = \underline{q}_F : (0, 1) \to \mathbb{R}$ la *pseudo-inversa* sinistra di F, definita da

$$h(y) := \inf\{z \in \mathbb{R} : F(z) \geq y\} . \tag{10.2}$$

Allora, se $U \sim U(0, 1)$, la variabile aleatoria $h(U)$ ha funzione di ripartizione F e quindi ha la stessa legge di X.

Descriviamo ora il *metodo di inversione* per simulare una variabile aleatoria X.

(a) si calcola (esplicitamente) la funzione di ripartizione $F = F_X$ di X;
(b) si calcola la *pseudo-inversa* h di F definita in (10.2) (osserviamo che nel caso in cui F è una funzione biunivoca da un intervallo (a, b) in $(0, 1)$, allora $h = F^{-1}$ è semplicemente la funzione inversa di F);
(c) si genera $h(U)$, dove $U \sim U(0, 1)$, utilizzando la funzione `random`.

Questo metodo è molto utile in particolare per simulare variabili aleatorie assolutamente continue la cui funzione di ripartizione è una funzione biunivoca da un intervallo (a, b) in $(0, 1)$. Bisogna però essere in grado di *determinare* la funzione di ripartizione F e di *calcolarne l'inversa* (o, più in generale, la pseudo-inversa). Diamo ora qualche esempio classico di variabili aleatorie a cui si applica il metodo di inversione; nei paragrafi successivi discuteremo metodi alternativi.

Uniforme continua su un intervallo (a, b)

Siano $a, b \in \mathbb{R}$ con $a < b$. Applichiamo il metodo di inversione per simulare una variabile aleatoria X con distribuzione $U(a, b)$. La funzione di ripartizione di X è stata calcolata nel Paragrafo 6.3.1, si veda (6.29), ed è data da

$$F_X(x) = 0 \ \text{ se } x \leq a , \quad F_X(x) = \frac{x - a}{b - a} \ \text{ se } x \in (a, b), \quad F_X(x) = 1 \ \text{ se } x \geq b .$$

Dunque F_X è una funzione biunivoca dall'intervallo (a, b) in $(0, 1)$ e possiamo facilmente calcolarne l'inversa h:

$$F_X(h(x)) = \frac{h(x) - a}{b - a} = x \quad \Longrightarrow \quad h(x) = (b - a)x + a\,, \quad \forall\, x \in (0, 1)\,.$$

Quindi se $U \sim \mathrm{U}(0, 1)$, allora $h(U) = (b - a)U + a$ ha distribuzione uniforme continua in (a, b) (si veda anche l'Esercizio 6.6).

Possiamo allora definire una funzione `Unif`, che prende come argomento una coppia di numeri reali a, b con $a < b$, per simulare una variabile aleatoria con distribuzione $\mathrm{U}(a, b)$, nel modo seguente:

```
1 def Unif(a,b):
2     return (b-a)*rd.random()+a
```

Osserviamo che esiste una funzione `uniform` nella libreria `numpy.random` di Python: si può usare `rd.uniform(`a`,`b`)` per generare una variabile aleatoria con distribuzione $\mathrm{U}(a, b)$.

Esponenziale

Sia $\lambda > 0$ e sia X una variabile aleatoria con distribuzione $\mathrm{Exp}(\lambda)$. Abbiamo calcolato la funzione di ripartizione di X nel Paragrafo 6.3.3, si veda (6.44):

$$F_X(x) = 0 \text{ se } x \leq 0\,, \qquad F_X(x) = 1 - \mathrm{e}^{-\lambda x} \text{ se } x > 0\,.$$

Ciò mostra che F_X è una funzione biunivoca dall'intervallo $(0, +\infty)$ in $(0, 1)$ e possiamo calcolare la sua inversa h:

$$F_X(h(x)) = 1 - \mathrm{e}^{-\lambda h(x)} = x \quad \Longrightarrow \quad h(x) = -\tfrac{1}{\lambda} \log(1 - x)\,, \quad x \in (0, 1)\,.$$

Di conseguenza, se $U \sim \mathrm{U}(0, 1)$, la variabile aleatoria $h(U) = -\frac{1}{\lambda} \log(1 - U)$ ha distribuzione esponenziale di parametro λ. Osserviamo che $1 - U \sim \mathrm{U}(0, 1)$ e quindi anche $-\frac{1}{\lambda} \log U$ ha distribuzione $\mathrm{Exp}(\lambda)$.

Possiamo allora definire una funzione `Expo`, che prende come argomento un numero reale $\lambda > 0$, per simulare una variabile aleatoria con distribuzione $\mathrm{Exp}(\lambda)$, nel modo seguente:

```
1 def Expo(l):
2     return -log(rd.random())/l
```

Osserviamo che esiste una funzione `exponential` nella libreria `numpy.random` di Python: si può usare `rd.exponential(`λ`)` per generare una variabile aleatoria con distribuzione $\mathrm{Exp}(\lambda)$.

Osservazione 10.5 Se $X \sim \mathrm{Exp}(\lambda)$ allora $Y := \lfloor X \rfloor + 1$ ha distribuzione geometrica di parametro $p = 1 - \mathrm{e}^{-\lambda}$, si veda l'Esercizio 6.25. Di conseguenza, per simulare una variabile aleatoria con distribuzione $\mathrm{Geo}(p)$, è sufficiente simulare una variabile aleatoria esponenziale di parametro $\lambda = -\log(1 - p)$, prenderne la parte intera e aggiungere uno. □

Cauchy

Usiamo il metodo di inversione per simulare una variabile aleatoria di Cauchy standard Cauchy(0, 1), che ha densità $f(x) = \frac{1}{\pi(1+x^2)}$ su $\mathbb{R}$, si veda il Paragrafo 6.3.6. La sua funzione di ripartizione si ottiene con un semplice calcolo (si veda (6.53)):

$$F_X(x) = \frac{1}{\pi} \arctan(x) + \frac{1}{2}, \qquad \forall x \in \mathbb{R}.$$

Si tratta di una funzione biunivoca da $\mathbb{R}$ in $(0, 1)$, la cui funzione inversa è data da $h(x) = F_X^{-1}(x) = \tan(\pi(x - \frac{1}{2}))$. Se $U \sim \mathrm{U}(0, 1)$, allora la variabile aleatoria $h(U) = \tan(\pi(U - \frac{1}{2}))$ ha distribuzione di Cauchy standard.

Possiamo allora definire una funzione `Cauchy`, per simulare una variabile aleatoria con distribuzione di Cauchy standard Cauchy(0, 1), nel modo seguente:

```
1 def Cauchy():
2     return tan(pi*(rd.random()-0.5))
```

Esiste una funzione `standard_cauchy` nella libreria `numpy.random` di Python: il comando `rd.standard_cauchy()` genera una variabile aleatoria con distribuzione di Cauchy standard, ossia Cauchy(0, 1). Negli Esercizi 10.4 e 10.16 vengono proposti altri metodi.

Per simulare una variabile aleatoria con distribuzione Cauchy(m, a), con $m \in \mathbb{R}$ e $a > 0$, basta ricordare che se X ha distribuzione di Cauchy standard Cauchy(0, 1) allora $aX + m$ ha distribuzione Cauchy(a, m), si veda la relazione (6.55).

10.3.2 Metodo di Box–Müller per la distribuzione normale

Per simulare una variabile aleatoria Z con distribuzione normale standard N(0, 1), il metodo di inversione non è di grande aiuto, perché la funzione di ripartizione $\Phi(x) := \mathrm{P}(Z \leq x)$ non ammette una formula esplicita e nemmeno la funzione inversa $h = \Phi^{-1}$ può essere calcolata esplicitamente. Possiamo però usare il risultato seguente, la cui dimostrazione richiede la conoscenza dei vettori aleatori assolutamente continui.

Proposizione 10.6 (Box–Müller)
Siano $R \geq 0$ e $\Theta \in (0, 2\pi)$ due variabili aleatorie reali indipendenti *con le seguenti distribuzioni:*

- *R è assolutamente continua con densità $f_R(r) = r\, \mathrm{e}^{-r^2/2}\, \mathbb{1}_{(0,+\infty)}(r)$;*
- *Θ ha distribuzione uniforme continua nell'intervallo $(0, 2\pi)$.*

Allora le due variabili aleatorie $X := R\cos\Theta$ e $Y := R\sin\Theta$ sono indipendenti e hanno entrambe distribuzione normale standard N(0, 1).

Dimostrazione Determiniamo la distribuzione del vettore aleatorio (X, Y) sfruttando l'Osservazione 6.58. Sia dunque $h : \mathbb{R}^2 \to \mathbb{R}$ una funzione limitata e continua, tranne al più su un insieme di misura 2-dimensionale nulla, e calcoliamo $\mathrm{E}(h(X, Y)) = \mathrm{E}(h(R\cos\Theta, R\sin\Theta))$. Possiamo applicare la formula di trasferimento (Proposizione 6.56) per la funzione $g(r,\theta) = h(r\cos\theta, r\sin\theta)$ applicata al vettore aleatorio (R, Θ). La densità di (R, Θ) vale $f_{R,\Theta}(r,\theta) = f_R(r)\, f_\Theta(\theta)$, perché R e Θ sono indipendenti, pertanto otteniamo

$$\mathrm{E}\big(h(X,Y)\big) = \int_{(0,+\infty)\times(0,2\pi)} h(r\cos\theta, r\sin\theta)\, \frac{1}{2\pi}\, r\, \mathrm{e}^{-\frac{r^2}{2}}\, \mathrm{d}r\, \mathrm{d}\theta\,.$$

Possiamo ora effettuare un cambio di variabili, per passare da coordinate polari a coordinate cartesiane: introduciamo l'insieme $\Delta = \{(x,y) \in \mathbb{R}^2 : x \geq 0, y = 0\}$, definiamo gli aperti

$$V := (0,+\infty) \times (0, 2\pi)\,, \qquad U := \mathbb{R}^2 \setminus \Delta\,,$$

e consideriamo la funzione $\varphi : V \to U$ definita da $\varphi(r,\theta) := (r\cos\theta, r\sin\theta)$. Si verifica facilmente che si tratta di un diffeomorfismo con matrice jacobiana

$$D\varphi(r,\theta) = \begin{pmatrix} \cos\theta & r\sin\theta \\ \sin\theta & -r\cos\theta \end{pmatrix},$$

da cui si ottiene $|\det D\varphi(r,\theta)| = r$. Dalla formula di cambio di variabili (6.59), scrivendo $r^2 = (r\cos\theta)^2 + (r\sin\theta)^2$, si ottiene dunque

$$\begin{aligned}\mathrm{E}\big(h(X,Y)\big) &= \int_V h(r\cos\theta, r\sin\theta)\, \frac{1}{2\pi} \mathrm{e}^{-\frac{1}{2}((r\cos\theta)^2 + (r\sin\theta)^2)}\, |\det D\varphi(r,\theta)|\, \mathrm{d}r\, \mathrm{d}\theta \\ &= \int_U h(x,y) \frac{1}{2\pi} \mathrm{e}^{-\frac{x^2+y^2}{2}}\, \mathrm{d}x\, \mathrm{d}y\,.\end{aligned}$$

Dato che l'insieme Δ è una semiretta e ha misura 2-dimensionale nulla, possiamo cambiare il dominio di integrazione $U = \mathbb{R}^2 \setminus \Delta$ con $\mathbb{R}^2$. Dato che questa formula vale per ogni funzione $h : \mathbb{R}^2 \to \mathbb{R}$ limitata e continua, tranne al più su un insieme di misura 2-dimensionale nulla, per l'Osservazione 6.58 il vettore (X, Y) ha densità

$$f_{X,Y}(x,y) = \frac{1}{2\pi} \mathrm{e}^{-\frac{x^2+y^2}{2}} = \frac{1}{\sqrt{2\pi}} \mathrm{e}^{-\frac{x^2}{2}} \times \frac{1}{\sqrt{2\pi}} \mathrm{e}^{-\frac{y^2}{2}}\,.$$

Questo mostra che $X \sim \mathrm{N}(0,1)$ e $Y \sim \mathrm{N}(0,1)$ e anche che X e Y sono indipendenti. □

Abbiamo visto precedentemente che possiamo simulare Θ scrivendola come $2\pi U$ con $U \sim \mathrm{U}(0,1)$. Per quanto riguarda R, osserviamo che possiamo calcolare esplicitamente la sua funzione di ripartizione e dunque possiamo applicare il metodo di inversione. Con un semplice calcolo si ottiene

$$F_R(x) = 0 \quad \text{se } x \leq 0\,, \qquad F_R(x) = 1 - \mathrm{e}^{-x^2/2} \quad \text{se } x > 0\,.$$

Quindi F_X è una funzione biunivoca da $(0,+\infty)$ in $(0,1)$ e la sua inversa è data da $h(x) = \sqrt{-2\log(1-x)}$ per $x \in (0,1)$. Se $V \sim \mathrm{U}(0,1)$ allora $1 - V \sim \mathrm{U}(0,1)$, quindi per il metodo di inversione si ha che $h(1-V) = \sqrt{-2\log V}$ ha la stessa distribuzione di R. Grazie alla Proposizione 10.6, si ha dunque il risultato seguente.

Metodo di Box–Müller per simulare variabili aleatorie normali
Se U, V sono variabili aleatorie indipendenti con distribuzione $\mathrm{U}(0, 1)$, allora

$$X = \sqrt{-2\log V} \times \cos(2\pi U)\,, \qquad Y = \sqrt{-2\log V} \times \sin(2\pi U)\,,$$

sono due variabili aleatorie indipendenti con distribuzione $\mathrm{N}(0, 1)$.

Possiamo allora definire una funzione `Normale`, per simulare una variabile aleatoria con distribuzione normale standard $\mathrm{N}(0, 1)$, nel modo seguente:

```
1 def Normale():
2     return sqrt(-2*log(rd.random()))*cos(2*pi*rd.random())
```

Sottolineiamo che in questo programma le due chiamate alla funzione `random` generano due variabili aleatorie $\mathrm{U}(0, 1)$ indipendenti (V e U).

Per simulare una variabile aleatoria con distribuzione $\mathrm{N}(\mu, \sigma^2)$, dove $\mu \in \mathbb{R}$ e $\sigma^2 \geq 0$ sono parametri assegnati, basta sfruttare il fatto che se $Z \sim \mathrm{N}(0, 1)$ allora $\sigma Z + \mu \sim \mathrm{N}(\mu, \sigma^2)$, si veda il Paragrafo 6.3.4.

L'Esercizio 10.6 fornisce un altro metodo per simulare variabili aleatorie normali.

Osserviamo che esiste una funzione `normal` nella libreria `numpy.random` di Python: il comando `rd.normal(`μ`,`σ`)` genera una variabile aleatoria con distribuzione normale di media μ e deviazione standard σ (cioè varianza σ^2).

10.3.3 Metodo di accettazione/rifiuto

Se una variabile aleatoria X ha una densità f di cui non è possibile calcolare la funzione di ripartizione o di determinarne l'inversa, non si può applicare il metodo di inversione descritto sopra. Esiste un altro metodo, che descriviamo innanzitutto in un quadro semplificato, prima di svilupparlo in un contesto più generale.

Metodo base: densità limitata a supporto limitato

Consideriamo una variabile aleatoria reale assolutamente continua, con densità f *limitata* (ossia maggiorata da una costante) e *a supporto limitato* (cioè nulla al di fuori di un intervallo limitato). Il metodo di accettazione/rifiuto permette di simulare una variabile aleatoria con queste proprietà ed è basato sulla proposizione seguente, che è una conseguenza diretta dei Lemmi 10.10, 10.11 e 10.12 più sotto, si veda l'Osservazione 10.14.

Proposizione 10.7
Sia g una funzione positiva che è:

1. *limitata da una costante finita M;*
2. *nulla al di fuori di un intervallo* $[a, b]$ *con* $-\infty < a < b < +\infty$.

Siano $(U_i, V_i)_{i \in \mathbb{N}}$ *variabili aleatorie indipendenti, con distribuzione* $U_i \sim \mathrm{U}(a, b)$ *e* $V_i \sim \mathrm{U}(0, M)$. *Introduciamo due variabili aleatorie T e X ponendo*

$$T := \min\{i \in \mathbb{N} : V_i \le g(U_i)\},$$
$$X := U_T \qquad (\textit{ossia } X(\omega) = U_{T(\omega)}(\omega) \textit{ per } \omega \in \Omega).$$

Allora T e X sono variabili aleatorie indipendenti con le distribuzioni seguenti:

- *X è assolutamente continua con densità* $f(x) := \frac{1}{A} g(x)$, *dove abbiamo posto* $A := \int_a^b g(x)\mathrm{d}x < \infty$;
- *T ha distribuzione geometrica di parametro* $p = \frac{A}{M(b-a)}$.

Grazie a questa proposizione, possiamo simulare una variabile aleatoria la cui densità è proporzionale a una funzione g limitata da una costante M e nulla al di fuori di un intervallo $[a, b]$, nel modo seguente:

(i) si generano in successione delle variabili aleatorie indipendenti $U_1, V_1, U_2, V_2, \ldots$ con distribuzioni $U_i \sim \mathrm{U}(a, b)$, $V_i \sim \mathrm{U}(0, M)$;
(ii) si *rifiutano* (cioè si scartano) le variabili aleatorie U_i, V_i fino al primo istante T in cui si ha $V_T \le g(U_T)$;
(iii) si *accetta* la variabile aleatoria U_T, restituendo il suo valore: essa è una variabile aleatoria con densità f proporzionale a g, per la Proposizione 10.7.

In altri termini, (U_i, V_i) sono punti scelti uniformemente nel rettangolo $[a, b] \times [0, M]$, che vengono rifiutati fino al primo punto (U_i, V_i) con $i = T$ che cade sotto il grafico della funzione g, il quale viene accettato: l'ascissa U_T di questo punto è una variabile aleatoria con densità $f(x) := \frac{1}{A} g(x)$. Si veda l'Esempio 10.9 (e la Figura 10.1) per un'illustrazione concreta del metodo di accettazione/rifiuto.

Osservazione 10.8 Nel metodo di accettazione/rifiuto, i punti che non cadono sotto il grafico della funzione g vengono rifiutati: la probabilità di rifiutare un punto vale $1 - p$, dove $p = \frac{A}{M(b-a)}$ è il rapporto tra l'area della regione del piano $\mathcal{D}_g$ sottesa dal grafico di g e l'area del rettangolo $[a, b] \times [0, M]$. Sottolineiamo che questo metodo è piuttosto lento se la probabilità p di accettare un punto è piccola, perché in media si rifiutano molti punti prima di accettarne uno. □

Esempio 10.9 (Distribuzione semicircolare o di Wigner) Una variabile aleatoria X ha distribuzione *semicircolare*, o anche *di Wigner*, se è assolutamente continua con densità data da

$$f(x) = \frac{2}{\pi}\sqrt{1-x^2}\,\mathbb{1}_{(-1,1)}(x).$$

In questo caso è possibile calcolare esplicitamente la funzione di ripartizione di X, ma non la sua inversa. La densità è nulla al di fuori dell'intervallo $[-1, 1]$ e osserviamo inoltre che $g(x) := \sqrt{1-x^2} \leq 1$ per ogni $x \in [-1, 1]$. Con il metodo di accettazione/rifiuto possiamo allora simulare una variabile aleatoria semicircolare, con densità $f(x) = \frac{2}{\pi}g(x)$ (osserviamo che $A = \int_{-1}^{1} g(x)\mathrm{d}x = \frac{\pi}{2}$). A tal fine, dobbiamo generare in successione delle variabili aleatorie indipendenti $U_1, V_1, U_2, V_2, \ldots$ con distribuzione $U_i \sim \mathrm{U}(-1, 1)$, $V_i \sim \mathrm{U}(0, 1)$, fino al momento in cui $V_i \leq g(U_i)$; detto T il primo istante in cui si ha $V_T \leq g(U_T)$, la variabile aleatoria U_T avrà la densità cercata $f(x) = \frac{2}{\pi}g(x)$, si veda la Figure 10.1.

Possiamo allora definire una funzione `Semicirc`, per simulare una variabile aleatoria con densità $f(x) = \frac{2}{\pi}\sqrt{1-x^2}\mathbb{1}_{(-1,1)}(x)$, nel modo seguente:

```
1 def Semicirc():
2     U=2*rd.random()-1            generiamo due v.a. U1 ~ U(-1,1), V1 ~ U(0,1)
3     V=rd.random()
4     while V>sqrt(1-U**2):        fintanto che Vi > g(Ui)
5         U=2*rd.random()-1        ↪ generiamo due nuove v.a.
6         V=rd.random()              Ui+1 ~ U(-1,1), Vi+1 ~ U(0,1)
7     return U                     il ciclo termina ⟶ restituiamo UT
```

□

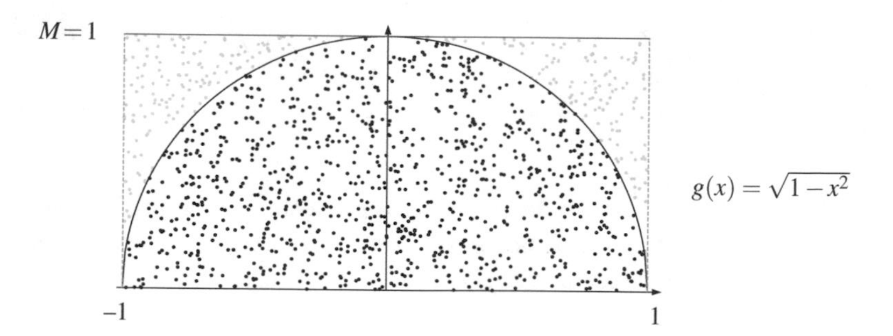

Figura 10.1 Data una funzione g nulla al di fuori di un intervallo $[a, b]$ e limitata da una costante M, generiamo in successione dei vettori aleatori (U_i, V_i) con distribuzione uniforme continua nel rettangolo $[a, b] \times [0, M]$ e li rifiutiamo (scartiamo) fino a che il punto (U_i, V_i) cade nella regione sottesa dal grafico di g: allora l'ascissa del punto ottenuto è una variabile aleatoria con densità proporzionale a g. In questa immagine rappresentiamo il grafico della funzione $g(x) = \sqrt{1-x^2}$ e 1000 punti ottenuti ripetendo il metodo di accettazione/rifiuto: i punti in grigio chiaro sono quelli che rifiutiamo, quelli neri sono quelli che accettiamo

Metodo generale di accettazione/rifiuto *

Il metodo di accettazione/rifiuto appena descritto si può generalizzare, in modo da poterlo applicare a variabili aleatorie la cui densità f non è necessariamente limitata né a supporto limitato. Questa generalizzazione è basata su tre tappe, che corrispondono ai tre Lemmi che seguono (che dimostriamo più sotto).

Il primo Lemma ci servirà per la tappa conclusiva.

Lemma 10.10
Sia g una funzione positiva, con $A := \int_{-\infty}^{+\infty} g(x)\,\mathrm{d}x < \infty$, e sia $\mathcal{D}_g := \{(x,y) : 0 \le y \le g(x)\} \subseteq \mathbb{R}^2$ la regione di piano sottesa dal grafico di g. Se (X,Y) è un vettore aleatorio con distribuzione uniforme continua in $\mathcal{D}_g$, si veda l'Esempio 6.48, la variabile aleatoria X ha densità $f(x) = \frac{1}{A} g(x)$.

Il secondo Lemma è il cuore del metodo di accettazione/rifiuto e ci permetterà di generare un vettore aleatorio con distribuzione uniforme continua in D_g, per poter infine applicare il Lemma 10.10.

Lemma 10.11
Siano $C, \mathcal{D} \subseteq \mathbb{R}^2$ due sottoinsiemi di misura finita con $\mathcal{D} \subseteq C$. Siano $(W_i)_{i \ge 1}$ vettori aleatori indipendenti con distribuzione uniforme continua in C. Sia $T := \inf\{i \ge 1 : W_i \in \mathcal{D}\}$ il primo istante in cui W_i cade *nell'insieme $\mathcal{D}$. Allora W_T è un vettore aleatorio con distribuzione uniforme continua in $\mathcal{D}$ e T è una variabile aleatoria con distribuzione geometrica di parametro $p := \frac{\mathrm{mis}(\mathcal{D})}{\mathrm{mis}(C)}$. Inoltre le variabili aleatorie T e W_T sono indipendenti.*

Il terzo Lemma mostra come generare un vettore aleatorio con distribuzione uniforme continua nella regione di piano $\mathcal{D}_h$ sottesa dal grafico di una funzione h assegnata. Questo ci permetterà di applicare il Lemma 10.11 con $C = \mathcal{D}_g \subseteq \mathcal{D}_h$.

Lemma 10.12
Sia h una funzione positiva e continua a tratti, con $B := \int_{-\infty}^{+\infty} h(x)\,\mathrm{d}x < \infty$. Siano Z, U variabili aleatorie indipendenti, tali che Z ha densità $\frac{1}{B} h$ mentre $U \sim \mathrm{U}(0,1)$. Allora il vettore aleatorio $(Z, U \cdot h(Z))$ ha distribuzione uniforme continua nella regione di piano $\mathcal{D}_h := \{(x,y) : 0 \le y \le h(x)\} \subseteq \mathbb{R}^2$ sottesa dal grafico di h.

Di conseguenza, se vogliamo simulare una variabile aleatoria con densità proporzionale a una funzione g, è sufficiente trovare una funzione maggiorante $h \geq g$, cioè $h(x) \geq g(x)$ per ogni $x \in \mathbb{R}$, per la quale siamo capaci di simulare una variabile aleatoria con densità proporzionale a h. Possiamo ora descrivere il *metodo generale di accettazione/rifiuto*, che si articola nelle tre tappe seguenti:

(i) grazie al Lemma 10.12 generiamo vettori aleatori (U_i, V_i) indipendenti con distribuzione uniforme continua in $\mathcal{D}_h = \{(x, y): 0 \leq y \leq h(x)\}$;
(ii) rifiutiamo i punti (U_i, V_i) fino al primo istante T in cui $(U_T, V_T) \in \mathcal{D}_g \subseteq \mathcal{D}_h$: grazie al Lemma 10.11, il vettore aleatorio $(X, Y) := (U_T, V_T)$ ha distribuzione uniforme continua in $\mathcal{D}_g = \{(x, y): 0 \leq y \leq g(x)\}$;
(iii) restituiamo $X = U_T$, che ha densità proporzionale a g, grazie al Lemma 10.10.

Osservazione 10.13 La seconda tappa, basata sul Lemma 10.11, è il cuore del metodo di accettazione/rifiuto (da cui prende il nome). Come abbiamo sottolineato nell'Osservazione 10.8, la velocità del metodo dipende dalla probabilità di rifiuto, che indichiamo con $1 - p$: più p è piccolo, più punti vengono rifiutati in media, e più il metodo di accettazione/rifiuto diventa *lento*. Grazie al Lemma 10.11, la probabilità di accettare un punto vale $p = \frac{\mathrm{mis}(\mathcal{D}_g)}{\mathrm{mis}(\mathcal{D}_h)}$, cioè il rapporto tra le aree delle regioni $\mathcal{D}_g$ e $\mathcal{D}_h$. Per rendere p il più possibile vicino a 1, conviene cercare una funzione $h \geq g$ che sia *quanto più possibile vicina* a g, o più precisamente tale che l'area tra i grafici delle due funzioni sia la più piccola possibile. □

Osservazione 10.14 Ritorniamo al caso di una variabile aleatoria con densità f proporzionale a una funzione g nulla al di fuori di un intervallo $[a, b]$ e limitata da una costante $M > 0$. Abbiamo maggiorato $g(x)$ con la funzione $h(x) = M\,\mathbb{1}_{[a,b]}(x)$, che è proporzionale alla densità della distribuzione uniforme continua nell'intervallo $[a, b]$, con coefficiente di proporzionalità $B = M(b - a)$. In questo caso la probabilità di accettazione vale $p = \frac{A}{B}$ (con $A := \int_a^b g(x)\mathrm{d}x$), ma si può fare di meglio scegliendo una funzione $h \geq f$ più vicina a g. □

Dimostrazione (del Lemma 10.10) Sia (X, Y) un vettore aleatorio con distribuzione uniforme continua in $\mathcal{D}_g := \{(x, y), 0 \leq y \leq g(x)\}$, la cui area vale $A = \int_{-\infty}^{+\infty} g(x)\mathrm{d}x < +\infty$: la densità congiunta di (X, Y) vale allora $\frac{1}{A}\mathbb{1}_{\mathcal{D}_g}(x, y)$. Per calcolare la densità marginale f_X di X, grazie alla Proposizione 6.49, basta integrare la densità congiunta rispetto alla variabile y. Per ogni $x \in \mathbb{R}$ si ottiene

$$f_X(x) = \frac{1}{A}\int_{-\infty}^{+\infty} \mathbb{1}_{\mathcal{D}_g}(x, y)\mathrm{d}y = \frac{1}{A}\int_{-\infty}^{+\infty} \mathbb{1}_{[0,g(x)]}(y)\mathrm{d}y = \frac{1}{A}g(x),$$

dove abbiamo utilizzato la definizione di $\mathcal{D}_g$ nella seconda uguaglianza. □

Dimostrazione (del Lemma 10.11) Siano $(W_i)_{i\in\mathbb{N}}$ vettori aleatori indipendenti con distribuzione uniforme continua su C. Definiamo $T := \inf\{i \in \mathbb{N} : W_i \in \mathcal{D}\}$ e consideriamo anche W_T. Determiniamo la distribuzione congiunta di (T, W_T). Per ogni insieme misurabile $\mathcal{E} \subseteq \mathbb{R}^2$ e per ogni $n \in \mathbb{N}$, si ha

$$\begin{aligned} \mathrm{P}(T = n, W_T \in \mathcal{E}) &= \mathrm{P}(W_1 \notin \mathcal{D}, W_2 \notin \mathcal{D}, \ldots, W_{n-1} \notin \mathcal{D}, W_n \in \mathcal{D}, W_n \in \mathcal{E}) \\ &= \mathrm{P}(W_1 \notin \mathcal{D}) \cdots \mathrm{P}(W_{n-1} \notin \mathcal{D})\,\mathrm{P}(W_n \in \mathcal{D}, W_n \in \mathcal{E}). \end{aligned}$$

Nella prima uguaglianza abbiamo scritto esplicitamente l'evento $\{T = n, W_T \in \mathcal{E}\}$, nella seconda abbiamo utilizzato l'indipendenza dei vettori aleatori $(W_i)_{i \in \mathbb{N}}$. A questo punto possiamo calcolare le probabilità $\mathrm{P}(W_i \notin \mathcal{D})$ (cioè la probabilità di rifiuto) e $\mathrm{P}(W_n \in \mathcal{D} \cap \mathcal{E})$: dato che $(W_i)_{i \in \mathbb{N}}$ hanno distribuzione uniforme continua su C et dato che $\mathcal{D} \subseteq C$ (quindi $\mathcal{D} \cap \mathcal{E} \subseteq C$), otteniamo

$$p := \mathrm{P}(W_i \in \mathcal{D}) = \frac{\mathrm{mis}(\mathcal{D})}{\mathrm{mis}(C)}, \qquad \mathrm{P}(W_n \in \mathcal{D} \cap \mathcal{E}) = \frac{\mathrm{mis}(\mathcal{D} \cap \mathcal{E})}{\mathrm{mis}(C)} = p \frac{\mathrm{mis}(\mathcal{E} \cap \mathcal{D})}{\mathrm{mis}(\mathcal{D})}.$$

Abbiamo dunque mostrato che per ogni insieme misurabile $\mathcal{E} \subseteq \mathbb{R}^2$ e per ogni $n \in \mathbb{N}$ si ha

$$\mathrm{P}(T = n, W_T \in \mathcal{E}) = (1-p)^{n-1} p \frac{\mathrm{mis}(\mathcal{E} \cap \mathcal{D})}{\mathrm{mis}(\mathcal{D})}. \tag{10.3}$$

Considerando $\mathcal{E} = \mathcal{D}$ si ottiene $\mathrm{P}(T = n) = (1-p)^{n-1} p$ per ogni $n \in \mathbb{N}$, dunque $T \sim \mathrm{Geo}(p)$. Analogamente si ottiene $\mathrm{P}(W_T \in \mathcal{E}) = \sum_{n=1}^{\infty} \mathrm{P}(T = n, W_T \in \mathcal{E}) = \frac{\mathrm{mis}(\mathcal{E} \cap \mathcal{D})}{\mathrm{mis}(\mathcal{D})}$, quindi W ha distribuzione uniforme continua su $\mathcal{D}$ (perché?). Infine l'indipendenza di T e W_T si deduce da 10.3. □

Dimostrazione (del Lemma 10.12) Definiamo $f = \frac{1}{B} h$ e indichiamo con $\mathrm{supp}(h) = \{x : h(x) > 0\}$ il *supporto* di h (e f), che possiamo supporre aperto, a patto di modificare h in punti isolati. Siano Z e U variabili aleatorie indipendenti, tali che Z ha densità f mentre $U \sim \mathrm{U}(0,1)$. Definiamo $(X,Y) := \varphi(Z,U)$ avendo posto $\varphi(z,u) := (z, uh(z))$. Si noti che φ è un diffeomorfismo da $\mathrm{supp}(h) \times (0,1)$ in $\tilde{\mathcal{D}}_h = \{(x,y) : 0 < y < h(x)\}$, la cui inversa è data da $\varphi^{-1}(x,y) = (x, y/h(x))$; osserviamo inoltre che $h(x) > 0$ se $(x,y) \in \tilde{\mathcal{D}}_h$. Per la Proposizione 6.60, la densità congiunta di (X,Y) è data da

$$f_{(X,Y)}(x,y) = \frac{1}{h(x)} f_{(Z,U)}\big(x, y/h(x)\big) \mathbb{1}_{\tilde{\mathcal{D}}_h}(x,y) = \frac{1}{B} \mathbb{1}_{\tilde{\mathcal{D}}_h}(x,y),$$

perché per $(x,y) \in \tilde{\mathcal{D}}_h$ si ha $|\det D\varphi^{-1}(x,y)| = 1/h(x)$ e inoltre $f_{(Z,U)}(z,u) = f(z)\mathbb{1}_{(0,1)}(u)$, per l'indipendenza di Z e U. Ricordiamo che $\mathcal{D}_h := \{(x,y) : 0 \le y \le h(x)\}$. Dato che gli insiemi $\mathcal{D}_h$ e $\tilde{\mathcal{D}}_h$ differiscono per un insieme di misura nulla e $B = \mathrm{mis}(\mathcal{D}_h) = \mathrm{mis}(\tilde{\mathcal{D}}_h)$, il vettore aleatorio (X,Y) ha densità $\frac{1}{\mathrm{mis}(\mathcal{D}_h)} \mathbb{1}_{\mathcal{D}_h}(x,y)$, cioè ha distribuzione uniforme continua in $\mathcal{D}_h$. □

Diamo ora un esempio di applicazione del metodo generale di accettazione/rifiuto per la simulazione delle variabili aleatorie Gamma, introdotte nel Paragrafo 6.3.2.

Esempio 10.15 (Variabili aleatorie* Gamma(α, λ) *con* $\alpha > 1$*) Vogliamo simulare una variabile aleatoria X con distribuzione $\mathrm{Gamma}(\alpha, 1)$ per $\alpha \ge 1$.[4] La densità di X è data da

$$f(x) = \frac{1}{\Gamma(\alpha)} x^{\alpha-1} e^{-x} \mathbb{1}_{(0,+\infty)}(x).$$

Maggioriamo $g(x) := x^{\alpha-1} e^{-x} \mathbb{1}_{(0,+\infty)}(x)$ con una funzione $h(x)$ proporzionale alla densità di una variabile aleatoria che sappiamo simulare, ad esempio grazie al metodo di inversione. Si può mostrare (esercizio) che per ogni $x \in \mathbb{R}$ si ha

$$g(x) := x^{\alpha-1} e^{-x} \mathbb{1}_{(0,+\infty)}(x) \le C_\alpha e^{-x/2} \mathbb{1}_{(0,+\infty)}(x) =: h(x),$$

[4] Osserviamo che grazie all'identità (6.40), possiamo allora simulare una variabile aleatoria con distribuzione $\mathrm{Gamma}(\alpha, \lambda)$, per ogni $\lambda > 0$.

dove $C_\alpha := (2(\alpha-1))^{\alpha-1}e^{-(\alpha-1)}$. Osserviamo che $\frac{1}{2C_\alpha}h$ è la densità di una variabile aleatoria esponenziale di parametro $\frac{1}{2}$, che sappiamo simulare. Possiamo dunque applicare il metodo di accettazione/rifiuto:

- generiamo in successione variabili aleatorie indipendenti $(Z_i)_{i\in\mathbb{N}}$ e $(U_i)_{i\in N}$ con distribuzioni rispettive $\mathrm{Exp}(\frac{1}{2})$ e $\mathrm{U}(0,1)$: i vettori aleatori $W_i := (Z_i, U_i\, h(Z_i))$ hanno allora distribuzione uniforme continua in $\mathcal{D}_h = \{(x,y): 0 \le y \le h(x)\}$;
- rifiutiamo W_i fino al primo istante T in cui $W_T \in \mathcal{D}_g = \{(x,y): 0 \le y \le g(x)\}$, cioè $U_T\, h(Z_T) \le g(Z_T)$ o equivalentemente $C_\alpha\, U_T \le (Z_T)^{\alpha-1}e^{-Z_T/2}$;
- restituiamo il valore Z_T, che è una variabile aleatoria con densità data da $f = \frac{1}{A}g$ con $A = \Gamma(\alpha) = \int_0^\infty g(x)\mathrm{d}x$.

Possiamo allora definire una funzione `Gamma`, che prende come argomento un numero reale $\alpha \in [1,\infty)$, per simulare una variabile aleatoria con distribuzione $\mathrm{Gamma}(\alpha, 1)$, nel modo seguente:

```
1 def Gamma(a):
2     C=(2*(a-1))**(a-1)*exp(1-a)
3     Z=-2*log(rd.random())
4     while C*rd.random()>Z**(a-1)*exp(-0.5*Z):
5         Z=-2*log(rd.random())
6     return Z
```

Sottolineiamo che nel ciclo `while` si fanno due chiamate successive alla funzione `random`: il ciclo continua fintanto che non si ha $C_\alpha U_i \le Z_i^{\alpha-1}e^{-Z_i/2}$, dove le U_i, Z_i sono variabili aleatorie indipendenti con distribuzioni rispettive $\mathrm{U}(0,1)$ e $\mathrm{Exp}(\frac{1}{2})$ (ricordiamo che se $V \sim \mathrm{U}(0,1)$, allora $-2\log V \sim \mathrm{Exp}(\frac{1}{2})$). Osserviamo che la probabilità di rifiuto vale $1-p$ con $p = \frac{2C_\alpha}{\Gamma(\alpha)}$. Per generare una variabile aleatoria $\mathrm{Gamma}(\alpha, 1)$ con $\alpha < 1$, si veda l'Esercizio 10.5.

Osserviamo che esiste una funzione `gamma` nella libreria `numpy.random` di Python: il comando `rd.gamma(α,λ)` genera una variabile aleatoria con distribuzione $\mathrm{Gamma}(\alpha, \lambda)$. □

Simulazione di vettori aleatori con distribuzione uniforme continua *

Il Lemma 10.11 fornisce un modo per simulare un vettore aleatorio con distribuzione uniforme continua su un insieme $\mathcal{D} \subseteq \mathbb{R}^2$ di misura finita, a patto di essere capaci di simulare un vettore aleatorio con distribuzione uniforme continua su un insieme C che contiene $\mathcal{D}$.[5] Un'osservazione cruciale è che se $U \sim \mathrm{U}(a,b)$ e $V \sim \mathrm{U}(c,d)$ sono indipendenti, allora il vettore aleatorio (U,V) ha distribuzione uniforme continua nel rettangolo $[a,b]\times[c,d]$. Di conseguenza, se $\mathcal{D}$ è un dominio limitato, è sufficiente scegliere un rettangolo $[a,b]\times[c,d]$ che contiene $\mathcal{D}$, quindi generare in successione variabili aleatorie indipendenti $(W_i)_{i\in\mathbb{N}}$ con distribuzione uniforme nel rettangolo $[a,b]\times[c,d]$ e applicare il Lemma 10.11. Ci limitiamo a presentare un semplice esempio di applicazione del metodo di accettazione/rifiuto in questo contesto.

[5] Il metodo si generalizza facilmente a insiemi $\mathcal{D}, C \subseteq \mathbb{R}^d$, per ogni dimensione d.

Esempio 10.16 (Distribuzione uniforme continua in un disco) Simuliamo un vettore aleatorio con distribuzione uniforme continua nel disco unitario:

$$\mathrm{D}_1 = \{(x, y) \in \mathbb{R}^2,\ x^2 + y^2 \leq 1\}.$$

A tal fine, seguiamo le tappe del metodo di accettazione/rifiuto: (i) generiamo variabili aleatorie indipendenti U_i, V_i con distribuzione $\mathrm{U}(-1, 1)$, così che i vettori aleatori $W_i := (U_i, V_i)$ sono indipendenti con distribuzione uniforme continua nel quadrato $[-1, 1]^2$, che contiene D_1; (ii) rifiutiamo i vettori W_i fino al primo istante T in cui $W_T \in \mathrm{D}_1$, vale a dire il primo istante in cui $U_T^2 + V_T^2 \leq 1$; (iii) il vettore W_T che accettiamo avrà legge uniforme continua nel disco D_1.

Possiamo allora definire una funzione `Disco`, per simulare un vettore aleatorio con distribuzione uniforme continua nel disco D_1, nel modo seguente:

```
1 def Disco():
2     X,Y=2*rd.random()-1,2*rd.random()-1
3     while X**2+Y**2>1:
4         X,Y=2*rd.random()-1,2*rd.random()-1
5     return X,Y
```

Osserviamo che la probabilità di rifiuto è $1 - p$, dove $p = \pi/4$ è il rapporto tra l'area del disco D_1 e l'area del quadrato $[-1, 1]^2$. Si veda la Figura 10.2 per una illustrazione concreta. □

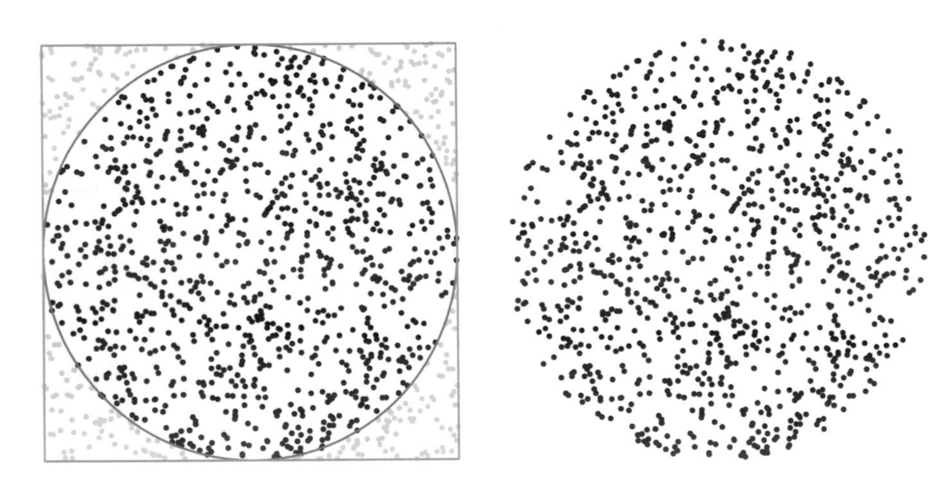

Figura 10.2 Esempio di simulazione di 1000 vettori aleatori con distribuzione uniforme continua nel disco D_1. Nell'immagine a sinistra rappresentiamo in grigio i punti "rifiutati" (ce ne sono 289) e in nero i punti "accettati" nel corso della procedura. Nell'immagine a destra, rappresentiamo i 1000 punti accettati, che simulano variabili indipendenti con distribuzione $\mathrm{U}(\mathrm{D}_1)$

Esercizi

Esercizio 10.3 (Weibull) Sia X una variabile aleatoria reale assolutamente continua, con densità data da

$$f(x) = \alpha\, x^{\alpha-1}\, \mathrm{e}^{-x^\alpha}\, \mathbb{1}_{(0,\infty)}(x),$$

dove $\alpha > 0$ è un parametro fissato. Una variabile aleatoria con tale distribuzione è detta di *Weibull* con parametro α.

(i) Si verifichi che f_X è effettivamente una densità e si calcoli la funzione di ripartizione di X.
(ii) Dedurre un metodo per simulare una variabile aleatoria con distribuzione di Weibull di parametro α.

Esercizio 10.4 Ricordiamo che se X, Y sono due variabili aleatorie indipendenti con distribuzione N(0, 1) allora $X/Y \sim$ Cauchy(0, 1), si veda l'Esempio 6.59. Si deduca un algoritmo per simulare una variabile aleatoria di Cauchy standard.

Esercizio 10.5 (Gamma(α, λ) con $\alpha < 1$) Proponiamo ora un metodo per simulare una variabile aleatoria $X \sim$ Gamma(α, 1), con $\alpha \in (0, 1)$.

(i) Si mostri che per ogni $x \in (0, +\infty)$ si ha

$$g(x) := x^{\alpha-1}\mathrm{e}^{-x} \leq C_\alpha\, x^{\alpha-1}\mathrm{e}^{-x^\alpha} =: h(x)\,, \text{ dove } C_\alpha = \exp\left((1-\alpha)\alpha^{\alpha/(1-\alpha)}\right).$$

(ii) Osservando che $\frac{\alpha}{C_\alpha} h(x)\mathbb{1}_{(0,\infty)}(x)$ è la densità di una variabile aleatoria di Weibull, si veda l'Esercizio 10.3, si applichi il metodo di accettazione/rifiuto per simulare una variabile aleatoria di distribuzione Gamma(α, 1).
(iii) Determinare la probabilità di rifiuto in questo metodo.

Esercizio 10.6 (Metodo polare di Marsaglia per variabili normali, *) Il metodo di Box–Müller non è quello che viene utilizzato nella pratica per simulare una variabile aleatoria normale, perché il calcolo di un seno o di un coseno ha un costo computazionale elevato. Presentiamo ora un metodo alternativo, chiamato *metodo polare di Marsaglia*: si tratta di una variazione del metodo di Box–Müller che permette di evitare l'uso di funzioni trigonometriche. Sia (X, Y) un vettore aleatorio con distribuzione uniforme continua nel disco unitario $\mathrm{D}_1 = \{(x, y) : x^2 + y^2 < 1\}$.

(i) Scrivere il vettore (X, Y) in coordinate polari, cioè siano (R, Θ) tali che $X = R\cos\Theta$ e $Y = R\sin\Theta$ con $R \in [0, 1)$ e $\Theta \in [0, 2\pi)$. Mostrare che R e Θ sono variabili aleatorie indipendenti, in cui R ha densità $f_R(r) = 2r\,\mathbb{1}_{(0,1)}(r)$ e $\Theta \sim \mathrm{U}(0, 2\pi)$.
(ii) Mostrare che $W := \sqrt{-4\log R}$ ha densità $f_W(w) = w\,\mathrm{e}^{-w^2/2}\mathbb{1}_{(0,\infty)}(w)$. Usando la Proposizione 10.6, mostrare che $\sqrt{-4\log R}\,\frac{X}{R}$ e $\sqrt{-4\log R}\,\frac{Y}{R}$ sono variabili aleatorie indipendenti con distribuzione normale standard N(0, 1).

(iii) Ricordando come si può simulare il vettore aleatorio (X, Y) usando il metodo di accettazione/rifiuto (Esempio 10.16), dedurre un algoritmo per generare una variabile aleatoria (anzi, due variabili aleatorie indipendenti) con distribuzione $N(0, 1)$ senza utilizzare seno o coseno (si noti che $R^2 = X^2 + Y^2$).

10.4 Il metodo Monte Carlo

Il metodo Monte Carlo, a cui abbiamo già accennato nel Paragrafo 7.1.2, è un modo per effettuare calcoli numerici approssimati attraverso la ripetizione di un grande numero di esperimenti aleatori, sfruttando la legge dei grandi numeri. Ricordiamo che se X è una variabile aleatoria, e se $(X_i)_{i\in\mathbb{N}}$ sono variabili aleatorie indipendenti con la stessa distribuzione di X, la legge dei grandi numeri garantisce che, per n grande, la media campionaria $\overline{X}_n := \frac{1}{n}\sum_{i=1}^n X_i$ è *vicina* al valore medio $E(X)$, *con grande probabilità*. Se siamo interessati a stimare il valore medio di una variabile aleatoria X che siamo in grado di simulare, possiamo usare il metodo Monte Carlo generando un numero elevato di variabili aleatorie indipendenti X_i con la stessa distribuzione di X e utilizzando $\overline{X}_n$ per approssimare $E(X)$. Possiamo anche costruire un intervallo di confidenza per $E(X)$ grazie alle tecniche sviluppate nel Paragrafo 8.2.

Stima di probabilità

Un esempio importante si ha quando $X = \mathbb{1}_A$ è la variabile aleatoria indicatrice di un evento dato A: in questo caso, il metodo Monte Carlo fornisce un modo per stimare $E(X) = P(A)$. L'idea è di ripetere un numero elevato di volte l'esperimento aleatorio in questione e di calcolare $\overline{X}_n = \frac{1}{N}\sum_{i=1}^n X_i$, dove le $(X_i)_{i\in\mathbb{N}}$ sono variabili aleatorie indipendenti con la stessa distribuzione di X.

Grazie al teorema limite centrale, sappiamo che $\overline{X}_n$ è uno stimatore per $P(A)$ asintoticamente normale (si ricordi la Definizione 8.28), infatti

$$\sqrt{n}\,\frac{\overline{X}_n - P(A)}{\sigma} \xrightarrow{D} N(0,1) \qquad \text{con} \quad \sigma = \sqrt{P(A)(1-P(A))}\,.$$

Dato che $\sigma \leq \frac{1}{2}$, la formula (8.21) fornisce un intervallo di confidenza per $P(A)$ di livello di confidenza $1-\alpha$:

$$\left[\overline{X}_n - \frac{z_{\alpha/2}}{2\sqrt{n}},\ \overline{X}_n + \frac{z_{\alpha/2}}{2\sqrt{n}}\right], \tag{10.4}$$

dove z_α è il quantile di ordine $1-\alpha$ di una variabile aleatoria $Z \sim N(0,1)$, cioè $z_\alpha = \Phi^{-1}(1-\alpha)$ dove Φ è la funzione di ripartizione di Z.

Se vogliamo approssimare $P(A)$ con un errore massimo $\delta > 0$, scegliamo n in modo che $\frac{z_{\alpha/2}}{2\sqrt{n}} = \delta$, ossia $n = (\frac{z_{\alpha/2}}{2\delta})^2$. Ad esempio, per $\delta = 10^{-3}$ e $\alpha = 0.05$, dato che

$z_{\alpha/2} \simeq 1.96$ (si veda la tavola della distribuzione normale alla fine del libro), segue che *per ottenere un valore di* $\mathrm{P}(A)$ *con errore massimo* 10^{-3} *con una confidenza del 95% occorre scegliere* $n \simeq 9.6 \cdot 10^5$. È anche possibile utilizzare un intervallo di confidenza non asintotico, sfruttando i risultati del Paragrafo 8.2.1.

Nel Paragrafo 10.5.1 vedremo un esempio interessante di stima di probabilità con il metodo Monte Carlo. Abbiamo già incontrato il problema dell'ago di Buffon nell'Esercizio 6.47. Presentiamo ora un ulteriore esempio.

Esempio 10.17 (Stimare π) Se U, V sono variabili aleatorie indipendenti con distribuzione $\mathrm{U}(-1, 1)$, il vettore aleatorio $W = (U, V)$ ha distribuzione uniforme continua nel quadrato $[-1, 1]^2$, come abbiamo visto nell'Esempio 10.16. Inoltre, indicando con $\mathrm{D}_1 = \{(x, y), x^2 + y^2 \leq 1\}$ il disco unitario, si ha $\mathrm{P}(W \in \mathrm{D}_1) = \frac{\pi}{4}$.

Il metodo Monte Carlo permette allora di stimare π: basta generare una successione $(W_i)_{i\in\mathbb{N}}$ di vettori aleatori indipendenti con distribuzione uniforme continua in $[-1, 1]^2$, e calcolare per n grande lo stimatore $\overline{X}_n := \frac{1}{n}\sum_{i=1}^n \mathbb{1}_{\{W_i \in \mathrm{D}_1\}}$, cioè *la proporzione di punti che cadono nel disco* D_1. Per la legge dei grandi numeri, $\overline{X}_n$ sarà *vicino* a $\mathrm{P}(W_1 \in \mathrm{D}_1) = \frac{\pi}{4}$ per n grande. Possiamo allora scrivere una funzione `StimaPi`, che prende come argomento un numero intero n e restituisce il valore (aleatorio) di $4\overline{X}_n$, che fornisce un'approssimazione di π, nel modo seguente:

```
1 def StimaPi(n):
2     S=0
3     for i in range(n):
4         U,V = 2*rd.random()-1,2*rd.random()-1
5         if U**2+V**2<=1:
6             S=S+1
7     return 4*S/n
```

Facendo una prova con $n = 10^8$, otteniamo 3.14184 in un tempo di circa un minuto. Sottolineiamo che si tratta di un valore aleatorio (ripetendo l'algoritmo, si otterrà tipicamente un valore diverso).

Applicando la formula (10.4), otteniamo un intervallo di confidenza asintotico per $\mathrm{P}(W \in \mathrm{D}_1) = \frac{\pi}{4}$ di livello di confidenza $1 - \alpha$. Con qualche calcolo, si trova che π giace nell'intervallo [3.14145, 3.14223] con un livello di confidenza del 95%. (Il valore "esatto" è $\pi = 3.14159$.) Naturalmente questo non è il metodo più efficiente per stimare π... ma ha comunque un valore pedagogico. □

Stima di integrali

Abbiamo già visto nel Paragrafo 7.1.2 un'applicazione del metodo Monte Carlo per il calcolo di integrali: l'idea è che data una funzione $f : (a, b) \to \mathbb{R}$ possiamo scrivere $\frac{1}{b-a}\int_a^b f(x)\mathrm{d}x = \mathrm{E}(f(X))$ dove X è una variabile aleatoria con distribuzione $\mathrm{U}(a, b)$. Di conseguenza, per la legge dei grandi numeri, se $(X_i)_{i\in\mathbb{N}}$ sono variabili aleatorie indipendenti con distribuzione $\mathrm{U}(a, b)$, allora $\frac{1}{n}\sum_{i=1}^n f(X_i)$ è una approssimazione di $\mathrm{E}(f(X))$, quindi di $\frac{1}{b-a}\int_a^b f(x)\mathrm{d}x$.

Possiamo allora definire una funzione `MonteCarlo`, che prende come argomento una funzione f, due numeri reali $a < b$ e un intero n, per simulare il valore (aleatorio) di $\frac{b-a}{n} \sum_{i=1}^{n} f(X_i)$, dove $(X_i)_{i \geq 1}$ sono variabili aleatorie indipendenti con distribuzione $\mathrm{U}(a, b)$, nel modo seguente:

```
1 def MonteCarlo(f,a,b,n):
2     S=0
3     for i in range(n):
4         S=S+f((b-a)*rd.random()+a)
5     return (b-a)*S/n
```

Il valore restituito da questo algoritmo è una approssimazione di $\int_a^b f(x)\mathrm{d}x$.

Possiamo costruire un intervallo di confidenza per il valore di questo integrale. Se $\mathrm{E}(f(X)^2) < \infty$, la variabile aleatoria $f(X)$ ammette momento secondo finito, quindi le variabili aleatorie $(f(X_i))_{i \in \mathbb{N}}$ soddisfano le ipotesi del teorema limite centrale. Di conseguenza $Y_n := \frac{1}{n} \sum_{i=1}^{n} f(X_i)$ è uno stimatore per $\mathrm{E}(f(X)) = \frac{1}{b-a} \int_a^b f(x)\mathrm{d}x$ asintoticamente normale (si ricordi la Definizione 8.28): più precisamente

$$\sqrt{n}\, \frac{Y_n - \mathrm{E}(f(X))}{\sigma} \xrightarrow{D} N(0,1) \qquad \text{dove} \quad \sigma := \sqrt{\mathrm{Var}(f(X))}\,.$$

Ricordiamo che è utile avere una maggiorazione *a priori* $\sigma \leq \bar{\sigma}$: questo permette di dare un intervallo di confidenza asintotico per $\frac{1}{b-a} \int_a^b f(x)\mathrm{d}x$ di livello di confidenza $1 - \alpha$ mediante la formula (8.21), vale a dire

$$\left[Y_n - \bar{\sigma}\, \frac{z_{\alpha/2}}{\sqrt{n}}\,,\; Y_n + \bar{\sigma}\, \frac{z_{\alpha/2}}{\sqrt{n}} \right]. \tag{10.5}$$

Osserviamo che $\sigma^2 = \mathrm{Var}(f(X)) \leq \mathrm{E}(f(X)^2) = \frac{1}{b-a} \int_a^b f(x)^2 \mathrm{d}x$. Tipicamente non si sa calcolare quest'ultimo integrale, ma spesso è possibile maggiorarlo. Ad esempio, se la funzione f è limitata da una costante M, si ha $\mathrm{E}(f(X)^2) \leq M^2$; possiamo allora stimare $\sigma \leq \bar{\sigma} := M$.

Esempio 10.18 Applichiamo il metodo Monte Carlo per calcolare in modo approssimato l'integrale $\int_0^1 f(x)\mathrm{d}x$, con $f(x) = \sqrt{\cos(x)}\log(1/x)$. Osserviamo che la funzione f non è limitata, tuttavia si ha $0 \leq f(x) \leq \log(1/x)$ per ogni $x \in (0, 1)$, quindi f è integrabile in $(0, 1)$ perché lo è la funzione $\log(1/x)$. Col calcolo esplicito $\int_0^1 f(x)^2 \mathrm{d}x \leq \int_0^1 \log(x)^2 \mathrm{d}x = 2$ (esercizio) possiamo stimare $\sigma \leq \bar{\sigma} := \sqrt{2}$.

La formula (10.5) fornisce un intervallo di confidenza asintotico per $\int_0^1 f(x)\mathrm{d}x$ di livello di confidenza $1 - \alpha$. Ad esempio, una simulazione con $n = 10^8$ ci ha restituito il valore (aleatorio) $Y_n = 0.97161$ in un tempo dell'ordine di un minuto. Possiamo dunque affermare che, con un livello di confidenza del 95%, l'integrale appartiene all'intervallo [0.97133, 0.97189]. (Il valore "esatto" è 0.971725.) □

10.5 Simulazione e studio di alcuni modelli probabilistici

In questo paragrafo analizziamo diversi modelli probabilistici, alcuni già incontrati nei capitoli precedenti. Le simulazioni permettono di avere una comprensione migliore di questi modelli e di farsi un'idea dei risultati che possiamo aspettarci. In alcuni casi saremo in grado di *dimostrare* alcuni risultati, congetturati grazie alle simulazioni. Il messaggio che vorremmo trasmettere è che talvolta, quando non si è in grado di risolvere un problema, effettuare delle simulazioni può essere una buona idea per capire in quale direzione orientare i propri sforzi.

10.5.1 Lunghe sequenze di teste e croci consecutive

Riprendendo il Paragrafo 4.4, consideriamo una successione $(X_i)_{i\in\mathbb{N}}$ di variabili aleatorie i.i.d. con distribuzione di Bernoulli di parametro $\frac{1}{2}$, che descrivono una successione di lanci di monete equilibrate. Per ogni $n \geq 1$ consideriamo la variabile aleatoria

$$Y = \max\left\{k \geq 1 \colon \exists\, i \in \{1, \ldots, n-k+1\} \text{ tale che } X_i = X_{i+1} = \cdots = X_{i+k-1}\right\},$$

che rappresenta *la lunghezza della sequenza più lunga di risultati uguali consecutivi*, tra i primi n lanci di monete. Nel Paragrafo 4.4, si veda l'equazione (4.40), abbiamo mostrato che Y è *dell'ordine di* $\log_2(n)$: più precisamente, per ogni $C > 0$ si ha che $|Y - \log_2(n)| \leq C$ con probabilità superiore a $1 - 8 \cdot 2^{-C}$, per ogni $n \geq 4$.

Possiamo porci il problema di *determinare la distribuzione esatta di* Y. Ad esempio, se il professore del Paragrafo 4.4 rifiuta tutte le sequenze con $Y \leq 5$ considerandole come *falsamente aleatorie*, è interessante chiedersi con quale probabilità rifiuta una successione *veramente aleatoria*. Vogliamo dunque stimare $P(Y \leq 5)$. Il procedimento da seguire è chiaro: scriviamo una funzione `Lunga(n)` che prende come argomento un intero n e genera una variabile aleatoria con la stessa distribuzione di Y; ripetiamo la funzione `Lunga(n)` un elevato numero di volte k e contiamo la proporzione di volte in cui il risultato è minore o uguale a 5.

Per scrivere la funzione `Lunga(n)`, bisogna scorrere la successione dei risultati dei lanci di moneta, aggiornando progressivamente le tre variabili seguenti: l'esito del lancio (che verrà comparato con l'esito del prossimo lancio); il numero di risultati uguagli consecutivi *in corso*; il valore massimo (*record*) della sequenza più lunga di risultati uguali consecutivi osservata fino a quel momento. Supponiamo di avere già scritto una funzione `Bern()` che genera una variabile aleatoria X_i. Allora un modo di scrivere il programma è il seguente:

```
def Lunga(n):
    valore=Bern()
    numero,record=1,1
    for i in range(2,n):
        x=Bern()
        if x==valore:
            numero+=1
            if numero>record:
                record=numero
        else:
            numero=1
        valore=x
    return record
```

- riga 2: inizializziamo il valore di X_1
- riga 3: inizializziamo i contatori
- riga 4: passiamo in rassegna $X_2, X_3, \ldots, X_n$
- riga 5: generiamo X_i
- riga 6: $\hookrightarrow$ se $X_i = X_{i-1}$
- riga 7: aumentiamo `numero` di 1
- riga 8: confrontiamolo col record
- riga 9: aggiorniamo il record se necessario
- riga 10: $\hookrightarrow$ se $X_i \neq X_{i-1}$,
- riga 11: `numero` ritorna a 1
- riga 13: restituiamo il valore del record

Ripetendo $k = 100\,000$ volte la funzione `Lunga(n)` per $n = 200$, si ottiene un'approssimazione della probabilità $\mathrm{P}(Y \leq 5)$. Con le istruzioni seguenti:

```
n,k=200,100000
S=0
for i in range(k):
    if Lunga(n)<6:
        S=S+1
print(S/k)
```

abbiamo ottenuto il valore $0.0342 = 3.42\%$. Sottolineiamo che questo numero è aleatorio. Infatti, se indichiamo con $(Y_i)_{i\in\mathbb{N}}$ una successione di variabili aleatorie indipendenti con la stessa distribuzione di Y, le istruzioni scritte sopra restituiscono il valore (aleatorio) di $\overline{Y}_k = \frac{1}{k}\sum_{i=1}^{k} \mathbb{1}_{\{Y_i \leq 5\}}$. Per la legge dei grandi numeri, sappiamo che $\overline{Y}_k$ è una buona approssimazione della probabilità $p := \mathrm{P}(Y \leq 5)$.

Come nel Paragrafo 10.4, utilizziamo il fatto che lo stimatore $\overline{Y}_k$ è asintoticamente normale, con "varianza asintotica" $\sigma^2 = p(1-p) \leq \frac{2}{9}$, perché già sappiamo che $p := \mathrm{P}(Y < 6) \leq 0.32 \leq \frac{1}{3}$, si veda l'Osservazione 4.19. Quindi $\sigma \leq \bar{\sigma} := \sqrt{2}/3$

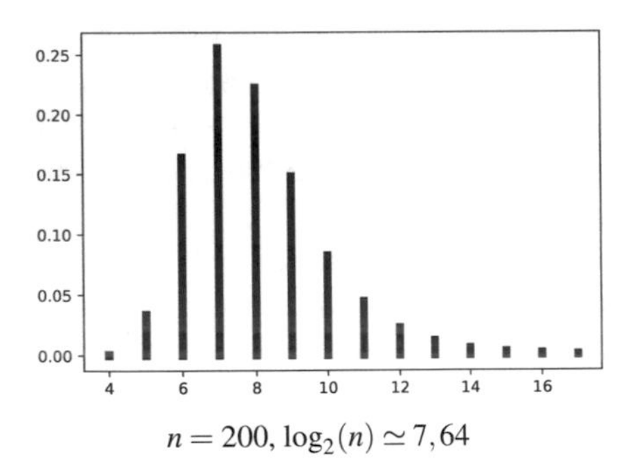

$n = 200$, $\log_2(n) \simeq 7{,}64$

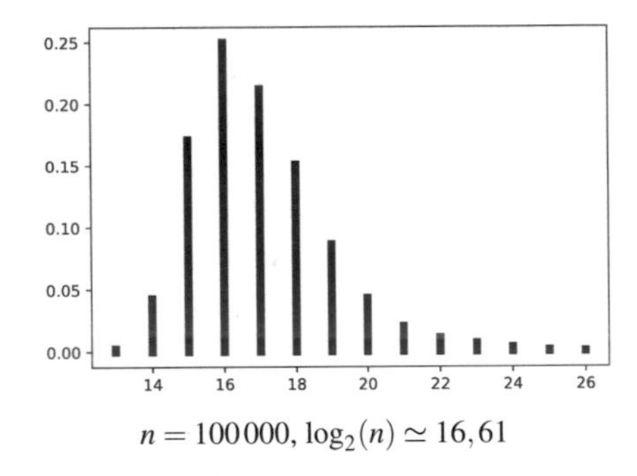

$n = 100\,000$, $\log_2(n) \simeq 16{,}61$

Figura 10.3 Densità discreta approssimata della variabile aleatoria Y, che rappresenta la lunghezza della più lunga sequenza di risultati uguali consecutivi in una successione di n lanci di monete equilibrate: a sinistra per $n = 200$, a destra per $n = 100\,000$. Abbiamo utilizzato in entrambi i casi $k = 10\,000$ ripetizioni della funzione `Lunga(n)` e possiamo applicare la formula (8.21) del Paragrafo 8.2.3 per ottenere il seguente intervallo di confidenza asintotico per p di livello di confidenza $1-\alpha$:

$$\left[\overline{Y}_k - \frac{\sqrt{2}\, z_{\alpha/2}}{3\sqrt{k}}, \overline{Y}_k - \frac{\sqrt{2}\, z_{\alpha/2}}{3\sqrt{k}}\right].$$

Ricordiamo che $z_\alpha = \Phi^{-1}(1-\alpha)$, dove Φ indica la funzione di ripartizione della distribuzione N(0, 1). Per $\alpha = 0.05$ si ha $z_{\alpha/2} \simeq 1.96$ (dalla tavola alla fine del libro). Grazie alla nostra simulazione di $\overline{Y}_k \simeq 0.0342 = 3.42\%$ per $k = 100\,000$, otteniamo allora $p \in [0.0313, 0.0372] = [3.13\%, 3.72\%]$ con una confidenza del 95%.

In conclusione, se il professore del Paragrafo 4.4 adotta la strategia di rifiutare le sequenze con $Y \leq 5$ considerandole come *falsamente aleatorie*, una sequenza *veramente aleatoria* verrà accettata dal professore con probabilità $\simeq$ 96–97%, ma verrà (erroneamente) rifiutata con probabilità $\simeq$ 3–4%.

10.5.2 Permutazioni aleatorie

Nel Paragrafo 2.1 abbiamo studiato le proprietà di una permutazione aleatoria scelta uniformemente nell'insieme $\mathfrak{S}_n$ delle permutazioni di $\{1,\dots,n\}$. Per generare una permutazione aleatoria, possiamo usare la procedura descritta nell'Esempio 3.118:

- per determinare $\sigma(1)$ scegliamo un numero uniformemente in $\{1,\dots,n\}$;
- una volta determinato $\sigma(1)$, per determinare $\sigma(2)$ scegliamo un numero uniformemente in $\{1,\dots,n\} \setminus \{\sigma(1)\}$;
- una volta determinati $\sigma(1),\dots,\sigma(r)$, per determinare $\sigma(r+1)$ scegliamo un numero uniformemente in $\{1,\dots,n\} \setminus \{\sigma(1),\dots,\sigma(r)\}$.

L'Esempio 3.118 mostra che la permutazione $(\sigma(1),\dots,\sigma(n))$ così costruita ha effettivamente distribuzione *uniforme* nell'insieme $\mathfrak{S}_n$. Lasciamo al lettore l'esercizio di implementare questo algoritmo in pratica.

In alternativa, possiamo più semplicemente usare la funzione `permutation` della libreria `numpy.random` di Python: il comando `rd.permutation(n)` genera una permutazione aleatoria uniforme nell'insieme $\{0,\dots,n-1\}$ (invece che nell'insieme $\{1,\dots,n\}$, per ragioni legate all'indicizzazione delle liste in Python: ricordiamo che il primo elemento di una lista `L` è `L[0]`). Quindi, per ottenere una permutazione aleatoria `sigma` uniforme nell'insieme $\{1,\dots,n\}$, possiamo usare il comando `sigma=rd.permutation(n)+1`.

Consideriamo ora una delle domande del Paragrafo 2.1, diciamo quella dei cicli di una permutazione aleatoria. Scriviamo una funzione `Ciclo` che prende come argomento una permutazione $\sigma = (\sigma(1),\dots,\sigma(n))$ dell'insieme $\{1,\dots,n\}$, rappresentata dalla lista `sigma` = `[sigma[0],...,sigma[n-1]]`, e restituisce il ciclo dell'elemento 1, vale a dire la lista $[1, \sigma(1), \sigma^2(1), \dots, \sigma^{k-1}(1)]$ dove $k \geq 1$ è il primo intero per cui $\sigma^k(1) = 1$. L'idea è quella di "esplorare" il ciclo con una variabile

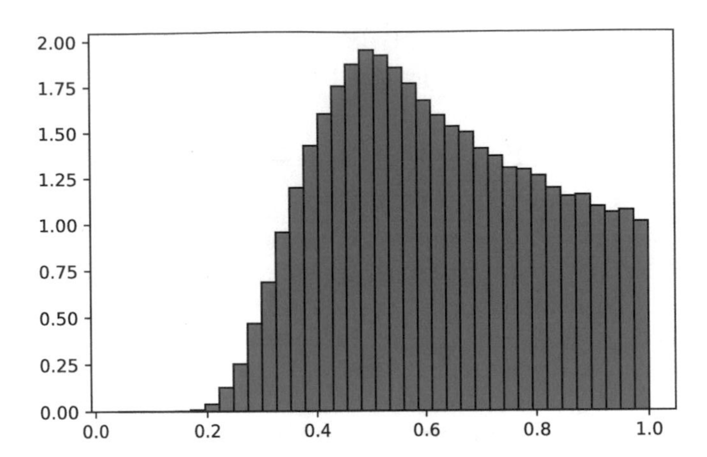

Figura 10.4 Istogramma di $\frac{1}{n}X_n$, che rappresenta la lunghezza (normalizzata per n) del ciclo più grande in una permutazione aleatoria con distribuzione uniforme in $\mathfrak{S}_n$. In questo caso abbiamo fissato $n = 500$ e abbiamo presentato l'istogramma relativo a 10^6 ripetizioni indipendenti di $\frac{1}{n}X_n$

`i` che percorre gli elementi $1 = \sigma^0(1), \sigma(1), \sigma^2(1), \ldots$ finché non si ritorna all'elemento 1. In questa esplorazione, l'elemento successivo a `i` è $\sigma(\texttt{i}) =$ `sigma[i-1]`: utilizzeremo dunque un ciclo `while` per verificare se $\sigma(\texttt{i}) = 1$.

```
1 def Ciclo(sigma):
2     i=1                               i percorre il ciclo dell'elemento 1
3     cycle1=[1]                        inizializziamo il ciclo dell'elemento 1
4     while not sigma[i-1]==1:          fintanto che non si ha σ(i) = 1
5         cycle.append(sigma[i-1])      ↪ aggiungiamo σ(i) al ciclo
6         i=sigma[i-1]                  ↪ aggiorniamo i := σ(i)
7     return cycle1                     restituiamo il ciclo ottenuto
```

Lasciamo al lettore il compito di scrivere un programma per calcolare in modo approssimato la *distribuzione* della lunghezza del ciclo dell'elemento 1 e di "-verificare", per mezzo di un istogramma, che questa distribuzione è uniforme in $\{1, \ldots, n\}$, come abbiamo mostrato nel Paragrafo 2.1.

Con un po' più di lavoro, è possibile scrivere una funzione `GrandeCiclo`, che prende come argomento un intero n e restituisce *la lunghezza del ciclo più grande in una permutazione aleatoria di* $\{1, \ldots, n\}$ (lasciamo i dettagli al lettore[6]). Indicando tale variabile aleatoria con X_n, abbiamo mostrato nel Problema 2.3 del Paragrafo 2.1 che $\lim_{n\to\infty} \mathrm{P}(X_n > n/2) = \log 2$. Più in generale, la stessa dimostrazione mostra che $\lim_{n\to\infty} \mathrm{P}(X_n > xn) = -\log x = \int_x^1 \frac{dt}{t}$, per ogni $x \geq 1/2$.

La Figura 10.4 presenta un istogramma ottenuto a partire da simulazioni della variabile aleatoria $\frac{1}{n}X_n$. Questo istogramma suggerisce che la distribuzione di $\frac{1}{n}X_n$ "converga" per $n \to \infty$ (in un senso opportuno) verso la distribuzione di una variabile aleatoria assolutamente continua, la cui densità f è crescente in $[0, \frac{1}{2}]$ e

[6] Una volta esplorato il ciclo dell'elemento 1, si "rimuovono" i suoi elementi dalla permutazione e si esplora il ciclo di uno degli elementi restanti. Ripetendo questa procedura, si identifica la decomposizione in cicli della permutazione e si calcola infine la lunghezza del ciclo più grande.

decrescente in $[\frac{1}{2}, 1]$ — si può anche "indovinare" che $f(x) = \frac{1}{x}$ per $x \in [\frac{1}{2}, 1]$... Questo risultato è effettivamente vero, ma va molto oltre gli obiettivi di questo libro: rimandiamo il lettore alle note bibliografiche alla fine del capitolo.

10.5.3 Serie armonica con segni casuali

Abbiamo già incontrato in questo libro la serie *armonica* $H_n := \sum_{i=1}^{n} \frac{1}{i}$. Ricordiamo in particolare che $H_n \sim \log n$ per $n \to +\infty$, si veda (0.9). Se definiamo $u_i = (-1)^i / i$, la serie $\sum_{i=1}^{n} u_i$ converge a $-\log 2$ grazie allo sviluppo di Taylor del logaritmo, si ricordi (0.7), ma la serie non converge assolutamente perché $\sum_{i=1}^{\infty} |u_i| = +\infty$. Di conseguenza, grazie al *teorema di Riemann–Dini*, per ogni $z \in \mathbb{R} \cup \{-\infty, +\infty\}$ fissato, si può trovare una funzione biunivoca $\sigma : \mathbb{N} \to \mathbb{N}$ tale che $\lim_{n\to\infty} \sum_{i=1}^{n} u_{\sigma(i)} = z$.

Da un punto di vista probabilistico, è naturale porsi la seguente domanda: se consideriamo la successione $u_i = \frac{X_i}{i}$, dove X_i è un *segno casuale*, la serie $\sum_{i=1}^{n} u_i$ è convergente? Più precisamente, sia $(X_i)_{i\geq 1}$ una successione di variabili aleatorie i.i.d. con distribuzione $P(X_i = +1) = P(X_i = -1) = \frac{1}{2}$ e definiamo

$$W_0 = 0, \qquad W_n := \sum_{i=1}^{n} \frac{X_i}{i}.$$

Vogliamo allora sapere se la *successione aleatoria* $(W_n)_{n\in\mathbb{N}}$ converge. Non si tratta di un problema scontato e un primo approccio può essere quello di effettuare delle simulazioni della successione $(W_n)_{n\in\mathbb{N}}$ per farsi un'idea. Non è difficile. Cominciamo a definire una funzione che genera una variabile aleatoria X_i:

```
1 def Segno():
2     if rd.random()<0.5:
3         return 1
4     else:
5         return -1
```

Possiamo ora scrivere una funzione `Serie`, che prende come argomento un intero n e restituisce la lista $W = [W_0, W_1, \ldots, W_n]$: utilizziamo un ciclo `for`, che per ogni $i \in \{1, \ldots n\}$ calcola $W_{i+1} = W_i + \frac{X_{i+1}}{i+1}$ e lo aggiunge alla lista $[W_0, \ldots, W_i]$ già creata.

```
1 def Serie(n):
2     W=[0]
3     for i in range(n):
4         W.append(W[i]+Segno()/(i+1))
5     return W
```

Nella Figura 10.5 sono rappresentate 6 simulazioni ottenute con la funzione `Serie`, per $n = 1000$. Possiamo fare due osservazioni: in primo luogo, la figura suggerisce che in questi 6 casi la successione W_n converge; in secondo luogo, il limite della successione W_n sembra essere diverso nei 6 casi. Ci si può dunque aspettare un

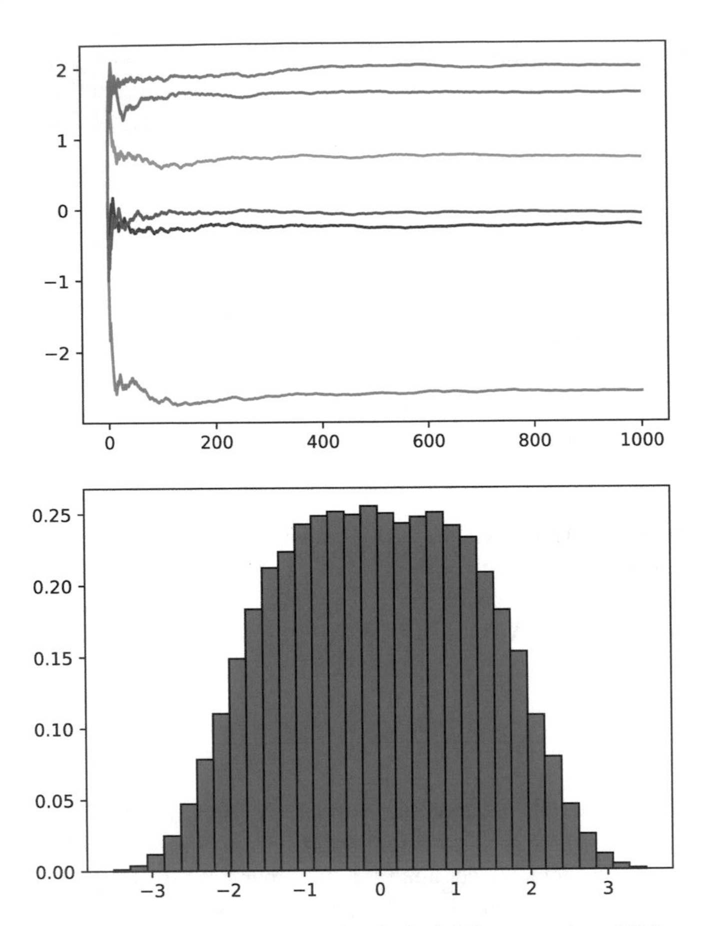

Figura 10.5 A sinistra sono rappresentate 6 simulazioni della successione $(W_n)_{0\leq n\leq 1000}$. A destra è rappresentato un istogramma ottenuto con 100 000 ripetizioni indipendenti di W_{1000}, che dà un'idea della distribuzione della variabile aleatoria limite $W = \lim_{n\to+\infty} W_n$

risultato del tipo: "la successione $(W_n)_{n\in\mathbb{N}}$ converge, e il limite $\lim_{n\to+\infty} W_n$ è una variabile aleatoria (non costante)". Il risultato che segue conferma questa intuizione.

Proposizione 10.19
La probabilità che la successione $(W_n)_{n\geq 0}$ *converga vale* 1.

Possiamo allora definire, quasi certamente, il limite $W = \lim_{n\to+\infty} W_n$. Con strumenti più avanzati, si può giustificare il fatto che W sia effettivamente una variabile aleatoria (ossia una funzione misurabile). Si può inoltre mostrare che W ha valore medio 0 e varianza $\sum_{i=1}^{n} \frac{1}{i^2} = \frac{\pi^2}{6} > 0$, quindi W non è una variabile aleatoria costante.

La Figura 10.5 mostra un istogramma ottenuto a partire da simulazioni della variabile aleatoria W_{1000}, che dà un'idea della distribuzione di W. Osservando questo istogramma, possiamo aspettarci che W ammetta una densità: questo è vero, ma per dimostrarlo servono strumenti avanzati; in ogni caso, non è nota una formula esplicita per la densità. La dimostrazione della Proposizione 10.19 è difficile, ed è dedicata ai lettori più coraggiosi.

Dimostrazione (Proposizione 10.19) Cerchiamo innanzitutto di esprimere l'evento "la successione $(W_n)_{n\geq 0}$ converge". Dato che non conosciamo il limite della successione, utilizziamo il fatto che una successione $(x_n)_{n\in\mathbb{N}}$ è convergente se e solo se è *di Cauchy*, il che significa che per ogni $\varepsilon > 0$ esiste $N \in \mathbb{N}$ tale che $|x_m - x_n| \leq \varepsilon$ per ogni $n, m \geq N$. Vale allora la seguente uguaglianza tra eventi:

$$A = \text{“la successione } (W_n)_{n\geq 0} \text{ converge”} = \bigcap_{k\in\mathbb{N}^*} \bigcup_{N\in\mathbb{N}} \bigcap_{m,n\geq N} \{|W_m - W_n| \leq \tfrac{1}{k}\},$$

dove abbiamo usato $1/k$ invece di ε in modo che la prima intersezione sia indicizzata da un insieme numerabile. Il nostro obiettivo è di mostrare che $P(A^c) = 0$.

Grazie alle leggi di De Morgan e alla subadditività della probabilità, possiamo stimare

$$P(A^c) = P\Big(\bigcup_{k\in\mathbb{N}^*} \bigcap_{N\in\mathbb{N}} \bigcup_{m,n\geq N} \{|W_m - W_n| > \tfrac{1}{k}\}\Big) \leq \sum_{k=1}^{\infty} P\Big(\bigcap_{N\in\mathbb{N}} \bigcup_{m,n\geq N} \{|W_m - W_n| > \tfrac{1}{k}\}\Big).$$

Mostreremo che ciascuna probabilità che compare nella serie nel membro destro vale 0. Per $k \geq 1$ fissato poniamo

$$B_N = \bigcup_{m,n\geq N} \{|W_m - W_n| \leq \tfrac{1}{k}\}.$$

La successione di eventi $(B_N)_{N\in\mathbb{N}}$ è decrescente, quindi $P(\bigcap_{N\in\mathbb{N}} B_N) = \lim_{N\to+\infty} P(B_N)$. *Ci resta solo da stimare la probabilità di B_N, per mostrare che tende a* 0.

Osserviamo che se $|W_m - W_n| > \frac{1}{k}$, allora almeno uno degli eventi $|W_m - W_N| > \frac{1}{2k}$ o $|W_n - W_N| > \frac{1}{2k}$ deve verificarsi, per la disuguaglianza triangolare. Di conseguenza vale l'inclusione di eventi

$$B_N \subseteq \bigcup_{n,m\geq N} \{|W_m - W_N| > \tfrac{1}{2k}\} \cup \{|W_n - W_N| > \tfrac{1}{2k}\} = \bigcup_{m\geq N} \{|W_m - W_N| > \tfrac{1}{2k}\}. \qquad (10.6)$$

Notiamo che $W_m - W_M = \sum_{i=N+1}^{m} Y_i$ dove abbiamo posto $Y_i := \frac{X_i}{i}$ (la somma vale per definizione 0 se $m = N$). Si verifica facilmente che $E(Y_i) = 0$ e $\mathrm{Var}(Y_i) = 1/i^2$: per linearità del valore medio si ha dunque $E(W_m - W_M) = 0$ e, dato che le variabili aleatorie Y_i sono indipendenti, otteniamo

$$\mathrm{Var}(W_m - W_M) = \sum_{i=N+1}^{m} \mathrm{Var}(Y_i) = \sum_{i=N+1}^{m} \frac{1}{i^2}.$$

Una prima idea per stimare la probabilità di B_N, a partire da (10.6), consiste nell'usare la subadditività e la disuguaglianza di Chebyschev (Proposizione 3.77), scrivendo

$$P(B_N) \leq \sum_{m=N}^{+\infty} P\big(|W_m - W_N| > \tfrac{1}{2k}\big) \leq 4k^2 \sum_{m=N}^{+\infty} \mathrm{Var}(W_m - W_N).$$

Il problema è che il membro destro vale $+\infty$, per ogni $N \in \mathbb{N}$ fissato: infatti la serie $\sum_{m=N}^{+\infty} a_m$ diverge perché la successione $a_m := \mathrm{Var}(W_m - W_N) = \sum_{i=N+1}^{m} \frac{1}{i^2}$ non tende a 0 per $m \to \infty$.

Dobbiamo cercare una strategia alternativa. Osserviamo che, per ogni famiglia di numeri $w_m \in \mathbb{R}$, si ha $\sup_m w_m > \varepsilon$ se e solo se $w_m > \varepsilon$ per qualche m. In particolare, scegliendo $w_m = |W_m - W_N|$ e $\varepsilon = \frac{1}{2k}$, otteniamo l'uguaglianza di eventi

$$\bigcup_{m \geq N} \{|W_m - W_N| > \tfrac{1}{2k}\} = \left\{ \sup_{m \geq N} |W_m - W_N| > \tfrac{1}{2k} \right\}$$

da cui si ottiene

$$P(B_N) \leq P\left(\sup_{m \geq N} |W_m - W_N| > \tfrac{1}{2k} \right) = \lim_{M \to +\infty} P\left(\sup_{N \leq m \leq M} |W_m - W_N| > \tfrac{1}{2k} \right), \tag{10.7}$$

dove abbiamo utilizzato il fatto che gli eventi $C_M := \{\sup_{N \leq m \leq M} |W_m - W_N| > \frac{1}{2k}\}$ sono crescenti (in M). Per stimare la probabilità di tali eventi, enunciamo ora una disuguaglianza importante, nota come *disuguaglianza massimale di Kolmogorov*, che dimostriamo più sotto.

Proposizione 10.20 (Disuguaglianza massimale di Kolmogorov)
Siano $(Y_i)_{i \in \mathbb{N}}$ variabili aleatorie indipendenti (non necessariamente con la stessa distribuzione) che ammettono momento secondo finito e tali che $E(Y_i) = 0$ per ogni $i \in \mathbb{N}$. Poniamo $S_0 = 0$ e $S_n := \sum_{i=1}^n Y_i$ per $n \geq 1$. Allora, per ogni $x > 0$, si ha

$$P\left(\max_{1 \leq k \leq n} |S_k| \geq x \right) \leq \frac{1}{x^2} \operatorname{Var}(S_n) = \frac{1}{x^2} \sum_{i=1}^n \operatorname{Var}(Y_i).$$

Questa disuguaglianza migliora la disuguaglianza di Chebyschev $P(|S_n| \geq x) \leq \frac{1}{x^2} \operatorname{Var}(S_n)$: infatti la disuguaglianza massimale di Kolmogorov non dà solo una stima della probabilità che $|S_n|$ superi x, ma che *nell'intera successione* $(|S_k|)_{0 \leq k \leq n}$ *ci sia almeno un termine che superi* x.

Possiamo applicare la Proposizione 10.20 a $W_m - W_N = \sum_{i=N+1}^m Y_i$ (ricordiamo che $Y_i = \frac{X_i}{i}$), ottenendo

$$P\left(\max_{N \leq m \leq M} |W_m - W_N| \geq \tfrac{1}{2k} \right) \leq 4k^2 \sum_{i=N+1}^{M} \operatorname{Var}(Y_i) = 4k^2 \sum_{i=N+1}^{M} \frac{1}{i^2}.$$

Ritorniamo infine all'equazione (10.7) che dà

$$P(B_N) \leq 4k^2 \sum_{i=N+1}^{+\infty} \frac{1}{i^2}.$$

Ciò mostra che $\lim_{N \to \infty} P(B_N) = 0$ e dunque $P(\bigcap_{N \in \mathbb{N}} B_N) = 0$. Questo conclude la dimostrazione che $P(A^c) = 0$. □

Notiamo che la dimostrazione della Proposizione 10.19 ha validità più generale: è sufficiente che si abbia $\sum_{i=1}^{+\infty} \operatorname{Var}(Y_i) < +\infty$. Abbiamo dunque dimostrato il risultato seguente.

Proposizione 10.21 (Convergenza di serie aleatorie)
Siano $(Y_i)_{i \in \mathbb{N}}$ variabili aleatorie indipendenti con $E(Y_i) = 0$ e $\operatorname{Var}(Y_i) < +\infty$. Definiamo $S_n = \sum_{i=1}^n Y_i$ per ogni $n \in \mathbb{N}$. Se $\sum_{i=1}^{+\infty} \operatorname{Var}(Y_i) < +\infty$, allora la probabilità che $(S_n)_{n \in \mathbb{N}}$ converga è pari a 1.

Dimostriamo infine la disuguaglianza massimale di Kolmogorov.

Dimostrazione (Proposizione 10.20) Indichiamo con $T = \min\{k \geq 1, |S_k| \geq x\}$ il primo istante in cui la successione $(S_k)_{k\geq 0}$ supera, in valore assoluto, il valore x: abbiamo l'uguaglianza di eventi

$$\left\{ \max_{1\leq k\leq n} |S_k| \geq x \right\} = \left\{ T \leq n \right\},$$

dobbiamo dunque maggiorare la probabilità $P(T \leq n)$. Per la monotonia del valore medio otteniamo

$$\mathrm{Var}(S_n) = \mathrm{E}\left(S_n^2\right) \geq \mathrm{E}\left(S_n^2 \mathbb{1}_{\{T\leq n\}}\right) = \sum_{k=1}^{n} \mathrm{E}\left(S_n^2 \mathbb{1}_{\{T=k\}}\right), \tag{10.8}$$

avendo decomposto l'indicatrice $\mathbb{1}_{\{T\leq n\}} = \sum_{k=1}^{n} \mathbb{1}_{\{T=k\}}$. Ora scriviamo $S_n = S_k + (S_n - S_k)$ e sviluppiamo il quadrato

$$(S_n)^2 = S_k^2 + 2S_k(S_n - S_k) + (S_n - S_k)^2 \geq S_k^2 + 2S_k(S_n - S_k).$$

Moltiplicando per $\mathbb{1}_{\{T=k\}}$ e prendendo il valore medio, si ottiene dunque

$$\mathrm{E}\left(S_n^2 \mathbb{1}_{\{T=k\}}\right) \geq \mathbf{E}(S_k^2 \mathbb{1}_{\{T=k\}}) + 2\,\mathrm{E}\left(S_k(S_n - S_k)\mathbb{1}_{\{T=k\}}\right).$$

Notiamo che se $T = k$ allora $|S_k| \geq x$, da cui si deduce la disuguaglianza $S_k^2 \mathbb{1}_{\{T=k\}} \geq x^2 \mathbb{1}_{\{T=k\}}$ e dunque $\mathbf{E}(S_k^2 \mathbb{1}_{\{T=k\}}) \geq x^2\,P(T = k)$ per monotonia del valore medio. Notiamo inoltre che $S_k \mathbb{1}_{\{T=k\}}$ è una funzione di $(Y_1, \ldots, Y_k)$, perché $\{T = k\} = \{|S_1| < x, \ldots, |S_{k-1}| < x, |S_k| \geq x\}$, mentre $S_n - S_k$ è una funzione di $(Y_{k+1}, \ldots, Y_n)$. Da ciò segue che le variabili aleatorie $S_k \mathbb{1}_{\{T=k\}}$ e $S_n - S_k$ sono indipendenti. Di conseguenza, dato che $\mathrm{E}(S_n - S_k) = \sum_{i=k+1}^{n} \mathrm{E}(Y_i) = 0$ perché $\mathrm{E}(Y_i) = 0$ per ogni $i \in \mathbb{N}$, otteniamo $\mathrm{E}(S_k(S_n - S_k)\mathbb{1}_{\{T=k\}}) = \mathrm{E}(S_k \mathbb{1}_{\{T=k\}})\,\mathrm{E}(S_n - S_k) = 0$. Abbiamo finalmente mostrato che $\mathrm{E}(S_n^2 \mathbb{1}_{\{T=k\}}) \geq x^2\,P(T = k)$, e ritornando all'equazione (10.8) si ottiene

$$\mathrm{Var}(S_n) \geq \sum_{k=1}^{n} x^2\,P(T = k) = x^2\,P(T \leq n)$$

che completa la dimostrazione. □

10.5.4 Sulle passeggiate aleatorie

Consideriamo di nuovo le passeggiate aleatorie studiate nei Paragrafi 2.2 e 4.7. In generale, se $(X_i)_{i\in\mathbb{N}}$ è una successione di variabili aleatorie i.i.d., definiamo $S_0 = 0$ e $S_n = \sum_{i=1}^{n} X_i$ per ogni $n \geq 1$. Diciamo allora che $(S_n)_{n\geq 0}$ è una passeggiata aleatoria, di cui X_i rappresentano i *passi*. Nel caso in cui $P(X_i = +1) = P(X_i = -1) = \frac{1}{2}$ parliamo della passeggiata aleatoria semplice simmetrica.

Possiamo cercare di fare delle simulazioni per farci un'idea delle traiettorie "tipiche" delle passeggiate aleatorie. Se disponiamo di una funzione `X()`, che restituisce una realizzazione di una variabile aleatoria X_i (ad esempio con distribuzione

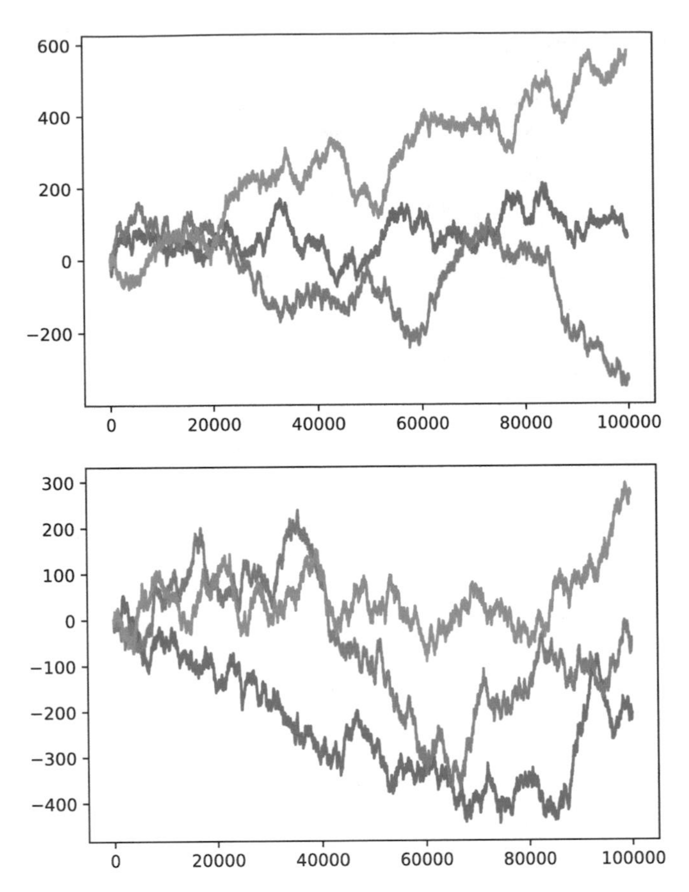

Figura 10.6 Rappresentazione grafica delle traiettorie $(S_n)_{0\leq n\leq N}$ di una passeggiata aleatoria, con $N = 10\,000$: in ascissa il numero n di passi, in ordinata la posizione S_n dopo n passi. A sinistra 3 traiettorie della passeggiata aleatoria con passi semplici simmetrici $P(X_i = +1) = P(X_i = -1) = \frac{1}{2}$; a destra 3 traiettorie della passeggiata aleatoria con passi gaussiani $X_i \sim N(0, 1)$

$P(X_i = +1) = P(X_i = -1) = \frac{1}{2}$, oppure con distribuzione normale standard) possiamo scrivere una funzione che prende come argomento un intero n e restituisce una lista $S = [S_0, S_1, \ldots, S_n]$ che rappresenta una realizzazione di $(S_i)_{0\leq i\leq n}$.

```
1 def PasseggiataAleatoria(n,X):
2     S=[0]
3     for i in range(n):
4         S.append(S[i]+X())
5     return S
```

La Figura 10.6 rappresenta delle *traiettorie* di una passeggiata aleatoria in due casi differenti: il caso in cui $P(X_i = +1) = P(X_i = -1) = \frac{1}{2}$ e il caso in cui $X_i \sim N(0, 1)$. Osserviamo che in entrambi i casi le traiettorie si assomigliano molto, e possiedono un certo aspetto *frattale*. Si tratta in realtà di un fenomeno universale: esattamente come per il teorema limite centrale, se $(X_i)_{i\in\mathbb{N}}$ sono variabili aleatorie reali i.i.d.

con valore medio nullo e varianza finita, diciamo unitaria per semplicità, allora la traiettoria della passeggiata aleatoria $(S_n)_{n \in \mathbb{N}}$ *converge*, in un senso opportuno che qui non precisiamo, verso una *traiettoria continua* aleatoria, chiamata *moto browniano*, dalle proprietà frattali. Lasciamo al lettore il compito di illustrare questo fenomeno simulando traiettorie di passeggiate aleatorie con altre distribuzioni dei passi X_i.

Per concludere, sottolineiamo che il moto browniano è un oggetto centrale in probabilità, alla base di numerosi sviluppi sia teorici che applicativi.

Il problema degli zombi

Consideriamo ora un problema in cui si applicano le passeggiate aleatorie. Un'armata di vivi affronta un'armata di zombi: i combattenti si scontrano in duello, uno zombi contro un vivo, uno dopo l'altro. In ogni duello, con probabilità $\frac{1}{2}$ il vivo uccide lo zombi, mentre con probabilità $\frac{1}{2}$ lo zombi uccide il vivo, *che in questo caso si unisce all'armata degli zombi.* Se l'armata degli zombi è costituita da M combattenti, quanto deve essere grande l'armata dei vivi per avere l'80% di probabilità di eliminare tutti gli zombi?

Riformuliamo il problema studiando la variabile aleatoria Z_n, che rappresenta la taglia della popolazione di zombi dopo che n vivi sono morti in combattimento. Inizialmente abbiamo $Z_0 = M$. Se indichiamo con X_n il numero di zombi uccisi dal n-esimo vivo prima di morire, vale la relazione $Z_n = Z_{n-1} - X_n + 1$ perché la popolazione di zombi ha perduto X_n componenti uccisi dall'n-esimo vivo, ma dopo la sua morte ne ha guadagnato uno. Possiamo dunque scrivere

$$Z_n = M + \sum_{i=1}^{n} (1 - X_i) .$$

Facciamo l'ipotesi, naturale, che le variabili aleatorie $(X_i)_{i \in \mathbb{N}}$ siano indipendenti. Se poniamo

$$S_n = M - Z_n = \sum_{i=1}^{n} (X_i - 1) ,$$

otteniamo una passeggiata aleatoria: si ha infatti $S_0 = 0$ e $S_n = \sum_{i=1}^{n} Y_i$ con $Y_i := X_i - 1$ che rappresenta il numero di zombi *in meno* dopo la morte dell'n-esimo vivo. Notiamo che $X_i \sim \mathrm{Geo}_0(\frac{1}{2})$, vale a dire $\mathrm{P}(X_i = k) = (\frac{1}{2})^k$ per $k \in \mathbb{N}_0$, da cui segue che $(X_i - 1)$ ha valore medio nullo e varianza 2 (esercizio).

Se immaginiamo di avere una popolazione di vivi infinita, la popolazione di zombi sarà completamente eliminata nel momento in cui Z_n diventa minore, o anche uguale, a 1 (se $Z_n = 1$, vuol dire che l'n-esimo vivente aveva ucciso l'ultimo zombi, dunque non si è unito alle loro fila). Ciò significa che tutti gli zombi sono annientati *nel momento in cui S_n diventa maggiore o uguale a $M - 1$*, ossia all'istante (aleatorio) T_{M-1}, dove definiamo $T_m := \inf\{n \geq 0 : S_n \geq m\}$. Se indichiamo con N la taglia dell'armata dei vivi, la popolazione di zombi sarà eliminata se $T_{M-1} \leq N$. Il problema è dunque di trovare il valore di $N = N(M)$ per cui si abbia $\mathrm{P}(T_{M-1} \leq N) \simeq 0.8$.

Notiamo innanzitutto che vale l'uguaglianza di eventi

$$\{T_{M-1} \leq N\} = \{\exists n \leq N \text{ tale che } S_n \geq M-1\} = \left\{ \max_{1 \leq k \leq N} S_k \geq M-1 \right\}.$$

Grazie alla disuguaglianza massimale di Kolmogorov (Proposizione 10.20) otteniamo la seguente stima dall'alto:

$$\begin{aligned} \mathrm{P}(T_{M-1} \leq N) &= \mathrm{P}\left(\max_{1 \leq k \leq N} S_k \geq M-1 \right) \\ &\leq \mathrm{P}\left(\max_{1 \leq k \leq N} |S_k| \geq M-1 \right) \leq \frac{2N}{(M-1)^2}, \end{aligned}$$

dove abbiamo sfruttato il fatto che X_i sono variabili aleatorie indipendenti, dunque $\mathrm{Var}(S_N) = \sum_{i=1}^N \mathrm{Var}(X_i - 1) = 2N$. Vediamo dunque che se il numero N di vivi è $N \leq 0.4 \cdot (M-1)^2$, la probabilità di eliminare gli zombi è inferiore all'80%: è dunque necessario disporre di un'armata di vivi di taglia *almeno* $0.4 \cdot (M-1)^2$. Per fare un esempio concreto con $M = 100$ zombi, questa stima ci dice che servono *almeno* 3920 umani; in realtà, come vedremo, il numero richiesto è molto più elevato!

Effettuiamo ora delle simulazioni al computer, per farci un'idea più precisa della probabilità $\mathrm{P}(T_{M-1} \leq N)$. Supponiamo di avere già scritto una funzione `X()`, che restituisce una realizzazione della variabile aleatoria X_i; ricordiamo che $X_i \sim \mathrm{Geo}_0(\frac{1}{2})$. Vogliamo rappresentare graficamente una successione $(S_i)_{i \in \mathbb{N}}$ *arrestata* all'istante T_{M-1}, vale a dire nel primo istante n in cui $S_n \geq M-1$, che corrisponde al numero di combattenti vivi necessari per eliminare la popolazione di zombi.

Scriviamo allora una funzione `PasseggiataZombi`, che prende come argomento due interi N (il numero di vivi) e M (il numero di zombi) e restituisce la lista $[\tilde{S}_0, \ldots, \tilde{S}_N]$, dove $\tilde{S}_i := S_i$ per $i < T_{M-1}$ mentre $\tilde{S}_i := M$ per $i \geq T_{M-1}$; possiamo allora vedere $M - \tilde{S}_i$ come il numero di zombi rimanenti.

```
1 def PasseggiataZombi(N,M):
2     S=[0]
3     for i in range(N):
4         if S[i]<M-1:
5             S.append(min(S[i]+X()-1,M))
6         else:
7             S.append(M)
8     return S
```

La Figura 10.7 presenta quattro traiettorie di $(\tilde{S}_i)_{0 \leq i \leq N}$ per i valori $M = 100$ e $N = 2M^2 = 20\,000$. Osserviamo che in due casi su quattro, la popolazione zombi non è stata ancora eliminata!

Per simulare la variabile aleatoria T_{M-1}, utilizziamo un ciclo `while`: in ogni iterazione del ciclo, che rappresenta un passo della passeggiata aleatoria, aggiorniamo il valore di S_i *fintanto che non supera* $M-1$. Definiamo dunque una funzione `T`

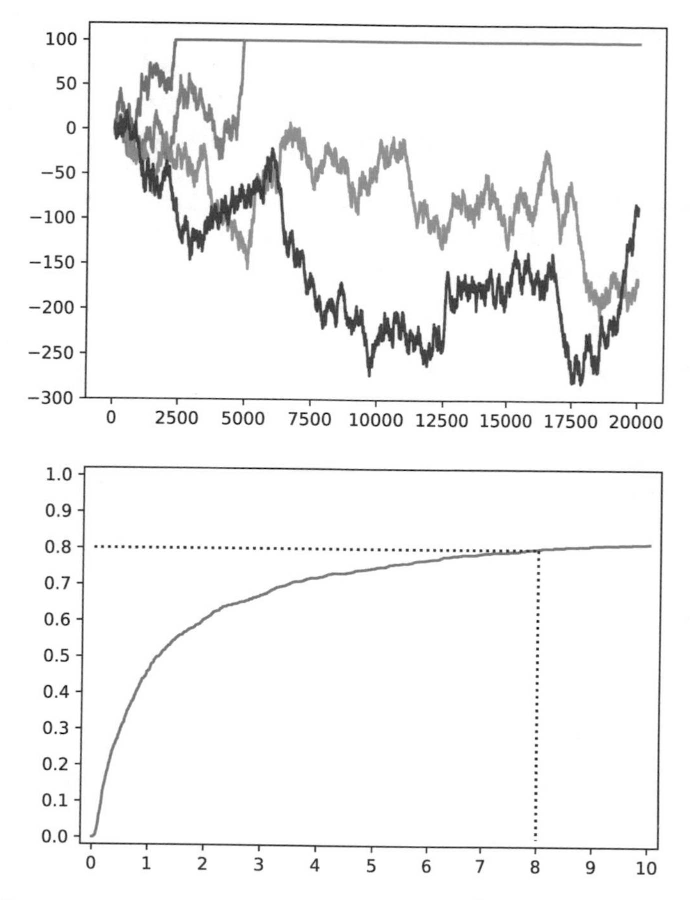

Figura 10.7 A sinistra sono rappresentate quattro traiettorie $(\tilde{S}_n)_{0\le n\le N}$ della passeggiata aleatoria arrestata nel momento in cui raggiunge il livello $M = 100$, con $N = 20\,000$. A destra è rappresentata la funzione di ripartizione approssimata di T_{M-1}/M^2 per $M = 100$: più precisamente, il grafico rappresenta la probabilità $\mathrm{P}(T_{M-1} \le x\, M^2)$ in funzione di x, per $x \in [0, 10]$

che prende come argomento un intero M (il numero di zombi) e un intero *soglia* che ferma il ciclo `while` dopo un numero di interazioni pari a *soglia* (per evitare che il ciclo si ripeta troppo a lungo), e restituisce T_{M-1}, vale a dire il numero di passi necessari affinché S_i raggiunga $M - 1$ (cioè il numero di iterazioni del ciclo `while`).

```
1 def T(M,soglia):
2     i,S=0,0
3     while S<M-1 and i<soglia:
4         S=S+X()-1
5         i=i+1
6     return i
```

La Figura 10.7 rappresenta il grafico della funzione di ripartizione *approssimata* di T_{M-1}/M^2, per $M = 100$. Per approssimare $\mathrm{P}(T_{M-1} \le x\, M^2)$, abbiamo ripetuto

$k = 1000$ volte la funzione T($M, soglia$) (con $soglia = 10\,M^2$) e abbiamo contato la proporzione di volte in cui abbiamo ottenuto un risultato minore o uguale a $x\,M^2$, cioè abbiamo rappresentato la funzione (aleatoria) $F_k(x) := \frac{1}{k}\sum_{j=1}^{k} \mathbb{1}_{\{T^{(j)} \le x\,M^2\}}$, dove $(T^{(j)})_{1 \le j \le k}$ sono variabili aleatorie indipendenti con la stessa distribuzione di T_{M-1}.

Leggiamo sul grafico della Figura 10.7 che si ha $\mathrm{P}(T_{M-1} < xM^2) \simeq 0.8$ per un valore di $x \simeq 8$: serve dunque un'armata di circa $8 \cdot 100^2 = 80\,000$ vivi per avere l'80% di probabilità di eliminare 100 zombi!

Alla luce della Figura 10.7, possiamo aspettarci che la funzione di ripartizione $\mathrm{P}(T_{M-1}/M^2 \le x)$ ammetta limite per $M \to \infty$. Con strumenti più avanzati, utilizzando il moto browniano a cui abbiamo accennato più sopra, si può mostrare che in effetti per ogni $x \in \mathbb{R}$ si ha

$$\mathrm{P}\big(T_{M-1} \le x\,M^2\big) \longrightarrow 2\big(1 - \Phi\big(\tfrac{1}{\sqrt{2x}}\big)\big) \qquad \text{per } M \to \infty\,,$$

dove Φ è la funzione di ripartizione della distribuzione $\mathrm{N}(0, 1)$; il fattore 2 che moltiplica x deriva dal fatto che $\mathrm{Var}(X_i - 1) = 2$. Grazie alla tavola della distribuzione normale (alla fine del libro), troviamo che si ha $2(1 - \Phi(t)) \simeq 0.8$, cioè $\Phi(t) \simeq 0.6$, per $t \simeq 0.25$. Di conseguenza, il valore di x per il quale si ha $P(T < x\,N^2) \simeq 0.8$ verifica $1/\sqrt{2x} \simeq 0.25$, cioè $x \simeq 8$, in accordo con le simulazioni.

10.6 Esercizi di riepilogo

Nota. Per determinare il tempo di esecuzione di un programma in Python, si può utilizzare la funzione `time` della libreria `time`, che restituisce il tempo all'inizio e alla fine dell'esecuzione dell'algoritmo. Per esempio, per conoscere il tempo impiegato dal computer per generare 10^6 variabili aleatorie i.i.d. con distribuzione $\mathrm{U}(0, 1)$, si può usare il seguente codice (dopo aver aggiunto `import time` nel preambolo per chiamare la libreria `time`):

```
1 t=time.time()
2 for k in range(1000000):
3     rd.random()
4 print(time.time()-t)
```

Esercizio 10.7 Si scriva un algoritmo che permette di simulare una variabile aleatoria X con densità discreta $\mathrm{p}_X(i) = \frac{1}{\log 10}\log(1 + \frac{1}{i})$ per $i \in \{1, 2, \ldots, 9\}$ (si verifichi che si tratta in effetti di una densità discreta!).

[*Sugg.* Si osservi che se $U \sim \mathrm{U}(0, 1)$, allora $X := \lfloor 10^U \rfloor$ ha la densità discreta assegnata.]

Esercizio 10.8 Si scriva un algoritmo che permette di simulare le seguenti variabili aleatorie:

(i) Y con densità discreta $\mathrm{p}_Y(1) = \mathrm{p}_Y(0) = \mathrm{p}_Y(-1) = \frac{1}{3}$;
(ii) Z con densità discreta $\mathrm{p}_Z(k) = \frac{1}{3} \cdot 2^{-|k|}$ per $k \in \mathbb{Z}$.

[*Sugg.* Per simulare Z, può essere utile simulare una variabile aleatoria con distribuzione geometrica di parametro p opportuno, in abbinata alla variabile aleatoria Y.]

Esercizio 10.9 Si confrontino i tempi impiegati dal computer per simulare 10^6 variabili aleatorie i.i.d. con distribuzione $\mathrm{Bin}(n, p)$ per $n = 2$, $n = 10$ e $n = 50$, nei casi $p = 0.2$ e $p = 0.7$:

(i) usando il metodo proposto nel Paragrafo 10.2;
(ii) usando la funzione `binomial` della libreria `numpy.random`.

Esercizio 10.10 Usando il metodo di inversione, si scriva un algoritmo per simulare variabili aleatorie X con le seguenti densità

(i) $f(x) = \alpha\, x^{-(1+\alpha)} \mathbb{1}_{(1,\infty)}(x)$, con $\alpha > 0$;
(ii) $f(x) = \mathrm{e}^{-x}\,\mathrm{e}^{-\mathrm{e}^{-x}}$ (per ogni $x \in \mathbb{R}$);
(iii) $f(x) = \frac{1}{\pi\sqrt{x(1-x)}} \mathbb{1}_{(0,1)}(x)$; si ricordi che $\frac{\mathrm{d}}{\mathrm{d}x} \arcsin(x) = \frac{1}{\sqrt{1-x^2}}$.

Esercizio 10.11 Si trovi un metodo per simulare una variabile aleatoria assolutamente continua con densità data da $f(x) = \frac{1}{2}\mathrm{e}^{-|x|}$ per $x \in \mathbb{R}$.

[*Sugg.* Si mostri che se $Y \sim \mathrm{Exp}(1)$ e $Z \sim \mathrm{Be}(\frac{1}{2})$ sono indipendenti, allora $ZY - (1 - Z)Y$ ha la densità assegnata. Si può anche usare l'Esercizio 6.29.]

Esercizio 10.12 Si trovino due metodi distinti per generare una variabile aleatoria "chi quadro a n gradi di libertà" $X \sim \chi^2(n)$, ossia $X \sim \mathrm{Gamma}\big(\frac{n}{2}, \frac{1}{2}\big)$ con $n \in \mathbb{N}$, introdotta nel Paragrafo 6.3.5.

Esercizio 10.13 Si trovino due metodi distinti per generare una variabile aleatoria con distribuzione $\mathrm{Beta}(a, b)$ introdotta nel Paragrafo 6.6.2, si veda (6.92), nel caso $a, b \in [1, \infty)$.

[*Sugg.* Si può usare da un lato il metodo di accettazione/rifiuto, dall'altro lato l'Esercizio 6.17.]

Esercizio 10.14 Si consideri una variabile aleatoria reale W con densità

$$f(x) = \frac{1}{2\Gamma(5/4)} \mathrm{e}^{-x^4} .$$

Verificare che è una densità. Usando il metodo generale di accettazione/rifiuto, proporre un algoritmo per simulare la variabile aleatoria W.

[*Sugg.* Si può mostrare innanzitutto che $\mathrm{e}^{-x^4} \le c\mathrm{e}^{-x^2}$ per ogni $x \in \mathbb{R}$, con $c = \mathrm{e}^{1/4}$.]

Esercizio 10.15 Cerchiamo di scrivere un programma che genera una variabile aleatoria con distribuzione $\mathrm{Gamma}(n, 1)$, con $n \in \mathbb{N}$.

(i) Per la Proposizione 6.36, se $(X_i)_{i\in\mathbb{N}}$ sono variabili aleatorie i.i.d. con distribuzione $\mathrm{Exp}(1)$, allora $X_1 + \cdots + X_n \sim \mathrm{Gamma}(n, 1)$. Dedurre un algoritmo per generare una variabile aleatoria con distribuzione $\mathrm{Gamma}(n, 1)$.

(ii) Generare 10^6 variabili aleatorie i.i.d. con distribuzione Gamma$(n, 1)$ per $n = 2$, $n = 5$ e $n = 10$, usando il metodo descritto nella domanda precedente e poi il metodo di accettazione/rifiuto del Paragrafo 10.3.3, si veda l'Esempio 10.15 (per simulare una variabile aleatoria Gamma$(\alpha, 1)$ con $\alpha > 1$). Confrontare i tempi di esecuzione dei due metodi.

Esercizio 10.16 Applichiamo il metodo di accettazione/rifiuto per simulare una variabile aleatoria di Cauchy standard.

(i) Si mostri che $\frac{1}{1+x^2} \leq \frac{2}{(1+x)^2}$ per ogni $x \in (0, \infty)$.
(ii) Usando il metodo di inversione, si scriva un algoritmo che permette di generare una variabile aleatoria con densità $\frac{1}{(1+x)^2} \mathbb{1}_{(0,\infty)}(x)$.
(iii) Si deduca, usando il metodo di accettazione/rifiuto, un algoritmo per generare una variabile aleatoria con densità $\frac{2}{\pi(1+x^2)} \mathbb{1}_{(0,\infty)}(x)$.
(iv) Sfruttando la domanda precedente, si trovi infine un metodo per generare una variabile aleatoria con distribuzione di Cauchy standard.

[*Sugg.* Si può usare la stessa idea dell'Esercizio 10.11.]

Esercizio 10.17 Generare 10^6 variabili aleatorie i.i.d. con distribuzione di Cauchy standard, usando: (i) il metodo di inversione della funzione di ripartizione, descritto nel paragrafo 10.3.1; (ii) il metodo dell'Esercizio 10.4; (iii) il metodo dell'Esercizio 10.16; (iv) la funzione `standard_cauchy` della libreria `numpy.random`. Confrontare i tempi di esecuzione dei diversi metodi.

Esercizio 10.18 Generare 10^6 variabili aleatorie i.i.d. N$(0, 1)$ usando: (i) il metodo di Box–Müller del Paragrafo 10.3.2; (ii) il metodo polare di Marsaglia dell'Esercizio 10.6; (iii) la funzione `normal` della libreria `numpy.random`, che usa un altro metodo basato, detto *ziggurat*. Confrontare i tempi di esecuzione dei diversi metodi.

Esercizio 10.19 Usando il metodo Monte Carlo, calcolare approssimativamente la probabilità che, scegliendo tre punti indipendentemente e uniformemente nel disco $D_1 = \{(x, y) \in \mathbb{R}^2 : x^2 + y^2 \leq 1\}$, il triangolo che essi formano contenga l'origine $(0, 0)$. Avete una congettura per il vero valore di questa probabilità? Siete capaci di dimostrare questa congettura?

[*Sugg.* Usare l'Esempio 10.16 per generare punti con distribuzione uniforme continua in D_1.]

Esercizio 10.20 Consideriamo la funzione $f(x) = x^{-1/4}|\cos(1/x)|$, definita per ogni $x \in \mathbb{R} \setminus \{0\}$, e cerchiamo di stimare l'integrale $\int_0^{2/\pi} f(x)\mathrm{d}x$.

(i) Si mostri che f e f^2 sono integrabili sull'intervallo $(0, \frac{2}{\pi})$.
(ii) Si scriva un algoritmo per stimare l'integrale $\int_0^{2/\pi} f(x)\,\mathrm{d}x$ usando il metodo Monte Carlo.
(iii) Supponiamo che il programma che calcola $\frac{1}{n}\sum_{i=1}^n f(X_i)$, dove X_i sono variabili aleatorie indipendenti con distribuzione U$(0, \frac{2}{\pi})$, restituisca per $n = 10^8$ il

valore 0.56915. Si calcoli un intervallo di confidenza per il valore dell'integrale $\int_0^{2/\pi} f(x)\mathrm{d}x$ di livello di confidenza 95%.

[*Sugg.* Si osservi che $\mathrm{Var}(f(X_i)) \le \mathrm{E}(f(X_i)^2) \le \int_0^{2/\pi} x^{-1/2}\,\mathrm{d}x = 2\sqrt{2/\pi}$.]

Esercizio 10.21 (Babbo Natale segreto) Vogliamo scrivere un algoritmo per il problema della distribuzione dei biglietti per il *Babbo Natale segreto* del Problema 2.4, al fine di *evitare* che una persona estragga il biglietto col proprio nome. In altre parole, vogliamo generare una permutazione σ di S_n scelta uniformemente nell'insieme $S_n^\star = \{\sigma \in S_n : \sigma(i) \neq i \ \forall i \in \{1, \ldots, n\}\}$ delle permutazioni che non hanno punti fissi. Si scriva un algoritmo usando il metodo di accettazione/rifiuto e si calcoli la probabilità di rifiuto.

[Si può utilizzare la funzione `permutation` della libreria `numpy.random` per generare una permutazione aleatoria scelta uniformemente in S_n.]

Esercizio 10.22 (Problema dei compleanni) Consideriamo la seguente variante del problema dei compleanni: estraiamo casualmente n persone nate in un anno non bisestile, che numeriamo da 1 a n, e cerchiamo di stimare la probabilità che *almeno tre di loro abbiano lo stesso compleanno*.

(i) Scrivere un programma `Compl` che prende come argomento un intero n e che restituisce una lista di n compleanni estratta uniformemente nell'insieme $\{1, \ldots, 365\}^n$.

(ii) Scrivere un programma `Tre` che prende come argomento un lista `L` e che restituisce `True` se ci sono tre indici distinti i, j, k tali che `L[`i`]=L[`j`]=L[`k`]`, e `False` altrimenti.

[*Sugg.* Si può utilizzare la funzione `count` di Python: `L.count(`i`)` restituisce il numero di volte in cui il valore i compare nella lista `L`.]

(iii) Sfruttando il metodo Monte Carlo (con 10 000 ripetizioni), stimare la probabilità che in un gruppo di n persone tre di loro abbiano lo stesso compleanno, per $n = 88$, $n = 100$, $n = 150$. Scrivere degli intervalli di confidenza per queste probabilità, di livello di confidenza 95%.

Esercizio 10.23 Un gioco si svolge nel modo seguente. Si estrae una cifra uniformemente in $\{0, 1, \ldots, 9\}$, che indichiamo con X_1: se $X_1 = 0$, il gioco si ferma con il punteggio $S = 0$; se $X_1 \ge 1$, il gioco continua. Si estrae allora una cifra uniformemente in $\{0, \ldots, X_1\}$, che indichiamo con X_2: se $X_2 = 0$, il gioco si ferma con il punteggio $S = 0.X_1$; se $X_2 \ge 1$, il gioco continua. Dopo n turni, se $X_n \ge 1$, si estrae una cifra uniformemente in $\{0, \ldots, X_n\}$, che indichiamo con X_{n+1}: se $X_{n+1} = 0$, il gioco si ferma col punteggio $S := 0.X_1X_2\cdots X_n$; se $X_{n+1} \ge 1$, il gioco continua...

(i) Per simulare questo gioco, si scriva un programma che restituisce il punteggio (aleatorio) di una partita. Si stimi quindi il punteggio medio $\mathrm{E}(S)$ simulando 100 000 partite.

Cerchiamo ora di ottenere dei risultati rigorosi su questo gioco.

(ii) Sia $T = \min\{i \geq 1 : X_i = 0\}$ la durata (numero di turni) del gioco. Si mostri che $P(T > n) = P(X_1 \geq 1, \ldots, X_n \geq 1) \leq (\frac{9}{10})^n$ e si concluda che $P(T < \infty) = 1$.

(iii) Per ogni $k \in \{0, \ldots, 9\}$, definiamo una variante del gioco in cui all'inizio si estrae X_1 uniformemente in $\{0, \ldots, k\}$ invece che in $\{0, \ldots, 9\}$; per il resto il gioco prosegue nello stesso modo. Indichiamo con s_k il valore medio di questa variante del gioco. Si mostri che $s_k := \sum_{i=0}^{k} \frac{1}{k+1}(\frac{i}{10} + \frac{1}{10}s_i)$, per ogni $k \in \{0, \ldots, 9\}$, quindi (per induzione) che $s_k = \frac{k}{19}$. Si concluda che $E(S) = \frac{9}{19}$.

Esercizio 10.24 (Urna di Pólya) Consideriamo l'esperimento aleatorio dell'Esercizio 3.61. Un'urna contiene inizialmente una pallina bianca e una nera. A ogni turno, si estrae una pallina dall'urna e la si reinserisce insieme a un'altra pallina dello stesso colore di quella estratta. Indichiamo con X_n il numero di palline bianche nell'urna dopo n estrazioni, che è una variabile aleatoria a valori in $\{1, \ldots, n+1\}$. Per ogni $n \in \mathbb{N}_0$, sia $Y_n := \frac{1}{n+2} X_n$ la *proporzione* di palline bianche nell'urna dopo n estrazioni.

(i) Si scriva un programma `Polya` che prende come argomento un intero n e restituisce la lista $[X_0, X_1, \ldots, X_n]$ delle variabili aleatorie X_i in una realizzazione di questo esperimento.

(ii) Si rappresenti il grafico di 10 realizzazioni di $(Y_n)_{0 \leq n \leq N}$ per $N = 1000$ e $N = 10\,000$. Quale congettura vi sentireste di formulare?

Esercizio 10.25 (Modello di Ising a campo medio) Riprendiamo l'Esercizio 9.27 che descrive l'evoluzione delle opinioni di un gruppo di $N \geq 2$ persone su un determinato argomento. Più precisamente, dato un vettore $x = (x_1, \ldots, x_N) \in \{-1, +1\}^n$, interpretiamo $x_i \in \{-1, +1\}$ come l'opinione della i-esima persona. Indichiamo con $H(x) := \sum_{k=1}^{N} x_k$ la "somma delle opinioni" e con $H_i(x) = \sum_{k \neq i} x_k = H(x) - x_i$ la "somma delle opinioni osservate dalla persona i".

Consideriamo quindi una successione $(X_n)_{n \geq 0}$ di variabili aleatorie a valori in $\{-1, +1\}^N$, con le seguenti regole di evoluzione. Il valore iniziale X_0 è assegnato. Procedendo ricorsivamente, supponendo nota X_n con $n \geq 0$, definiamo X_{n+1} estraendo un individuo i uniformemente in $\{1, \ldots, N\}$ e cambiando la i-esima coordinata di X_n in modo casuale, ponendola uguale a:

- $+1$ con probabilità $\dfrac{e^{\beta H_i(X_n)}}{e^{\beta H_i(X_n)} + e^{-\beta H_i(X_n)}} = (1 + e^{-2\beta H_i(X_n)})^{-1}$;
- -1 con probabilità $\dfrac{e^{-\beta H_i(X_n)}}{e^{\beta H_i(X_n)} + e^{-\beta H_i(X_n)}} = (1 + e^{2\beta H_i(X_n)})^{-1}$.

In queste formule, $\beta \geq 0$ è un parametro fissato che misura "l'influenza" dell'opinione $H_i(x)$ delle altre persone sulla persona i (si noti che più β è grande, più la persona i ha tendenza ad allinearsi all'opinione maggioritaria).

Vogliamo studiare l'evoluzione di X_n, più precisamente dell'*opinione generale* $H(X_n)$, in particolare la sua dipendenza dal parametro β.

(i) Scrivere un programma `Passo` che prende come argomento un intero $N \geq 2$, un vettore $x = (x_1, \dots, x_n) \in \{-1, +1\}^N$ e un parametro $\beta \geq 0$, e che restituisce un vettore $x' \in \{-1, +1\}^N$ ottenuto da x secondo le regole descritte sopra.

(ii) Scrivere un programma `Catena`, che prende come argomento un intero $N \geq 2$ (il numero di persone), un parametro $\beta \geq 0$ e un intero m (l'orizzonte temporale considerato), e che restituisce l'evoluzione dell'opinione generale $Y_n := H(X_n)$ per $0 \leq n \leq m$, cioè la lista $[Y_0, Y_1, \dots, Y_m]$ dei valori assunti da Y_n in una realizzazione dell'esperimento. Sceglieremo $X_0 := ((-1)^i)_{1 \leq i \leq N}$ come punto di partenza.

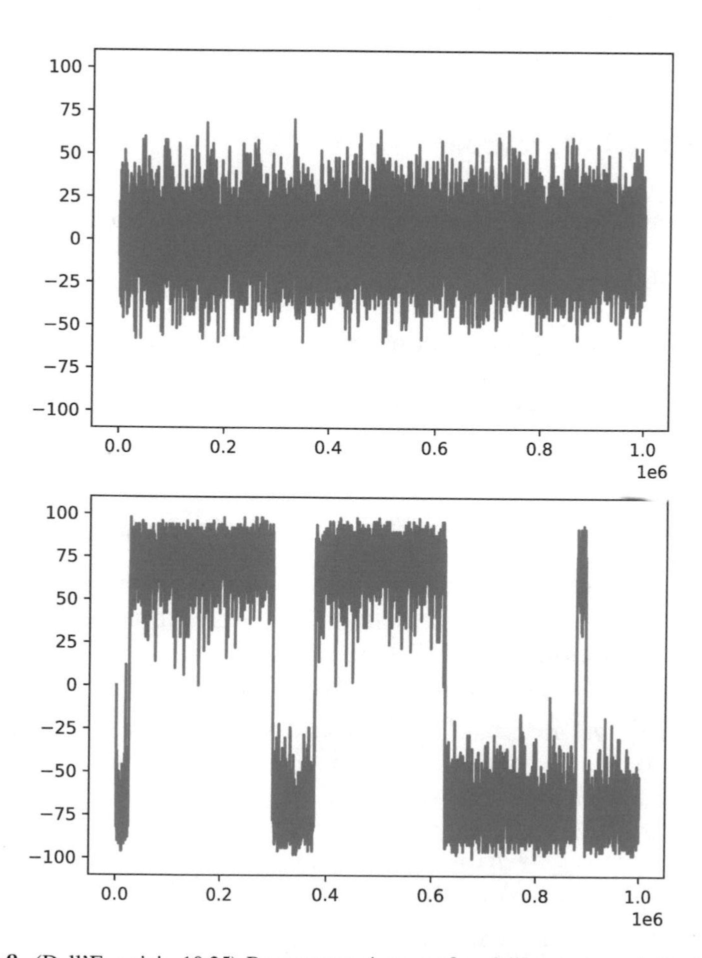

Figura 10.8 (Dall'Esercizio 10.25) Rappresentazione grafica dell'evoluzione dell'opinione generale $(Y_n)_{0 \leq n \leq m}$ con $N = 100$ persone, per $m = 10^6$: a sinistra nel caso $\beta = 0.007$ (l'opinione generale Y_n sembra oscillare intorno a 0, cioè non c'è mai una maggioranza chiara); a destra nel caso $\beta = 0.013$ (l'opinione generale Y_n sembra avere una maggioranza di $+1$ o di -1, passando ogni tanto da un caso all'altro, in modo casuale)

[*Sugg.* Salvando in memoria il valore di $X_n \in \{-1, +1\}^N$, per ogni $0 \le n \le m$, si può utilizzare il programma `Passo` della domanda precedente (che si può modificare per evitare di dover ricalcolare $H(X_n)$ ogni volta).]

(iii) Rappresentare graficamente una realizzazione di $(Y_n)_{0 \le n \le m}$ con $N = 25$ e $m = 100\,000$, per i valori di $\beta = 0.02, 0.03, 0.04, 0.05, 0.06, 0.07$. Che cosa si osserva?
Si può mostrare che c'è una transizione di fase *per l'evoluzione di* $(Y_n)_{n \in \mathbb{N}_0}$, *attorno al valore* $\beta \sim 1/N$.

[Per mostrare più chiaramente questo fenomeno, si può rappresentare graficamente una realizzazione di $(Y_n)_{0 \le n \le m}$ per $N = 100$ e $m = 1\,000\,000$, per i valori $\beta = 0.01 \pm 0.003$, si veda la Figura 10.8.]

10.7 Note bibliografiche

Per la documentazione ufficiale sull'uso di Python, rinviamo alla pagina web

https://www.python.org/

Per un'introduzione a Python e altre utili risorse, segnaliamo la pagina web

https://pythonitalia.github.io/python-abc/

Per una lista delle funzioni della libreria `numpy.random` si veda

https://docs.scipy.org/doc/numpy-1.14.0/reference/routines.random.html

Per una panoramica più estesa e avanzata sui diversi metodi di simulazione di variabili aleatorie, o per ottimizzare i metodi di simulazioni che abbiamo presentato, segnaliamo il libro di L. Devroye [25].

Illustriamo il principio generale che si usa per generare numeri pseudo-casuali:

- si parte da un valore iniziale x_0, chiamato *seme* (o *seed*), che è un intero compreso tra 0 e $M - 1$, dove $M \in \mathbb{N}$ è un numero fissato (molto) grande;
- con una applicazione $\mathcal{T} : \{0, \ldots, M-1\} \to \{0, \ldots, M-1\}$ si ottiene un nuovo intero $x_1 = \mathcal{T}(x_0)$ tra 0 e $M - 1$; è importante che $\mathcal{T}$ sia *facile da calcolare*, ad esempio $\mathcal{T}(x) = ax + b$ (mod. M), dove a e b sono due interi fissati;
- si ripete la procedura per ottenere $x_2 = \mathcal{T}(x_1)$, $x_3 = \mathcal{T}(x_2)$, $x_4 = \mathcal{T}(x_3)$, ecc.

Se l'applicazione $\mathcal{T}$ è scelta in modo opportuno, essa *mescolerà* i valori $x_1, x_2, x_3, \ldots$ in modo tale che, se M è molto grande, i valori $\frac{x_1}{M}, \frac{x_2}{M}, \ldots$ daranno l'*illusione* di essere realizzazioni di variabili aleatorie indipendenti con distribuzione uniforme in $[0, 1)$. Chiaramente la procedura che consiste nell'iterare ripetutamente l'applicazione $\mathcal{T}$ non ha niente di "aleatorio": se si parte dallo stesso seme x_0, si otterranno due successioni $x_1, x_2, x_3, \ldots$ identiche. L'astuzia (e la difficoltà!) consiste nel trovare un'applicazione $\mathcal{T}$ sufficientemente *caotica* affinché la successione $x_1, x_2, \ldots$

somigli abbastanza a una successione casuale, così che il suo carattere deterministico non sia identificabile, nel senso che se presentassimo questa successione a uno statistico, insieme a una *vera* successione di realizzazioni di variabili aleatorie i.i.d. con distribuzione $U(0, 1)$, lo statistico non saprebbe identificare qual è la successione *veramente aleatoria* e quale quella *artificiale*.

Rinviamo all'opera di D. E. Knuth [45] per una discussione dettagliata del problema di come generare numeri pseudo-casuali.

In fine, il problema della lunghezza del ciclo più grande in una permutazione aleatoria di $\{1, \ldots, n\}$ è trattato ad esempio da P. Billingsley in [11] (Capitolo 1, Paragrafo 4); la copertina di tale libro rappresenta in effetti la "densità limite" f menzionata alla fine del Paragrafo 10.5.2.

Appendice

A.1 Somme infinite

Forniamo qui le dimostrazioni delle principali proprietà delle somme infinite, che abbiamo menzionato nel capitolo introduttivo "Nozioni preliminari" e abbiamo largamente usato in questo testo. Per comodità di lettura, ricordiamo la definizione di somma infinita.

Definizione A.1
Sia I un insieme arbitrario, e $(a_i)_{i \in I}$ una famiglia di elementi di $[-\infty, +\infty]$ indicizzata dagli elementi di I.

(i) Se $a_i \geq 0$ per ogni $i \in I$, poniamo

$$\sum_{i \in I} a_i := \sup_{A \subseteq I,\, |A| < \infty} \sum_{j \in A} a_j \in [0, +\infty] . \tag{A.1}$$

Si noti che $\sum_{i \in I} a_i$ può assumere il valore $+\infty$, e certamente lo assume non appena uno degli addendi vale $+\infty$.

(ii) Nel caso generale di una famiglia $(a_i)_{i \in I}$ di elementi di $[-\infty, +\infty]$, non necessariamente positivi, diremo che tale famiglia *ammette somma* se almeno una delle due somme $\sum_{i \in I} a_i^+$, $\sum_{i \in I} a_i^-$ è finita (si osservi che sono entrambe somme a termini positivi, dunque sono sempre ben definite). In tal caso, la somma $\sum_{i \in I} a_i$ è definita da

$$\sum_{i \in I} a_i := \sum_{i \in I} a_i^+ - \sum_{i \in I} a_i^- \in [-\infty, +\infty] . \tag{A.2}$$

Si noti che ogni famiglia con tutti i termini positivi, o tutti negativi, ammette somma.

Q. Berger, F. Caravenna, P. Dai Pra, *Probabilità*, UNITEXT 127,
https://doi.org/10.1007/978-88-470-4006-9

Se una famiglia $(a_i)_{i\in I}$ ammette somma e se $\sum_{i\in I} a_i \in (-\infty, +\infty)$, diremo che la famiglia *ammette somma finita*. Chiaramente ciò accade se e solo se *entrambe* le somme $\sum_{i\in I} a_i^+$ e $\sum_{i\in I} a_i^-$ sono finite. Come mostreremo formalmente nella dimostrazione della Proposizione A.3, questo è equivalente a $\sum_{i\in I} |a_i| < \infty$. In particolare gli a_i devono essere tutti numeri reali.

Osserviamo che se I è un insieme finito, ogni famiglia di *numeri reali* $(a_i)_{i\in I}$ ammette somma finita, e la Definizione A.1 si riduce alla somma di numeri reali: ciò segue dal fatto che, nel caso di somme a termini positivi, l'estremo superiore in (A.1) coincide con la somma finita $\sum_{i\in I} a_i$, e tale coincidenza si estende a somme generali per la relazione (A.2).

Dimostriamo ora le proprietà delle somme infinite.

Proposizione A.2 (Monotonia)
Siano $(a_i)_{i\in I}$ e $(b_i)_{i\in I}$ famiglie di elementi di $[-\infty, +\infty]$, indicizzate dallo stesso insieme I. Se entrambe le famiglie ammettono somma (finita o infinita) e sono tali che $a_i \leq b_i$ per ogni $i \in I$, allora

$$\sum_{i\in I} a_i \leq \sum_{i\in I} b_i \,. \tag{A.3}$$

Dimostrazione Se $a_i \geq 0$ e $b_i \geq 0$ e $a_i \leq b_i$ per ogni $i \in I$, allora per ogni $A \subseteq I$ finito

$$\sum_{i\in A} a_i \leq \sum_{i\in A} b_i \,.$$

Prendendo l'estremo superiore su A si ottiene la relazione (A.3). In generale, senza ipotesi sul segno, se $a_i \leq b_i$ allora

$$a_i^+ \leq b_i^+ \,, \qquad a_i^- \geq b_i^- \,,$$

da cui, per la monotonie appena dimostrata per somme a termini positivi,

$$\sum_{i\in I} a_i^+ \leq \sum_{i\in I} b_i^+ \,, \qquad \sum_{i\in I} a_i^- \geq \sum_{i\in I} b_i^- \,.$$

Da ciò segue facilmente:

$$\sum_{i\in I} a_i = \sum_{i\in I} a_i^+ - \sum_{i\in I} a_i^- \leq \sum_{i\in I} b_i^+ - \sum_{i\in I} b_i^- = \sum_{i\in I} b_i \,,$$

che conclude la dimostrazione. □

Proposizione A.3 (Linearità)
Siano $(a_i)_{i\in I}$ e $(b_i)_{i\in I}$ famiglie di elementi di $[-\infty, +\infty]$, indicizzate dallo stesso insieme I. Se entrambe le famiglie ammettono somma finita, per ogni $\alpha, \beta \in \mathbb{R}$ la famiglia $(\alpha a_i + \beta b_i)_{i\in I}$ ammette somma finita e

$$\sum_{i\in I}(\alpha a_i + \beta b_i) = \alpha\Big(\sum_{i\in I} a_i\Big) + \beta\Big(\sum_{i\in I} b_i\Big). \tag{A.4}$$

Questa relazione vale anche se le famiglie sono positive, senza richiedere che ammettano somma finita, purché $\alpha, \beta \geq 0$.

Dimostrazione Cominciamo col mostrare che se $(a_i)_{i\in I}$ e $(b_i)_{i\in I}$ sono famiglie positive e $\alpha, \beta \geq 0$, allora vale (A.4). Se $A \subseteq I$ è finito, allora

$$\sum_{i\in A}(\alpha a_i + \beta b_i) = \alpha\Big(\sum_{i\in A} a_i\Big) + \beta\Big(\sum_{i\in A} b_i\Big) \leq \alpha\Big(\sum_{i\in I} a_i\Big) + \beta\Big(\sum_{i\in I} b_i\Big). \tag{A.5}$$

Prendendo l'estremo superiore sui sottoinsiemi $A \subseteq I$ finiti, si trova

$$\sum_{i\in I}(\alpha a_i + \beta b_i) \leq \alpha\Big(\sum_{i\in I} a_i\Big) + \beta\Big(\sum_{i\in I} b_i\Big).$$

Poniamo ora $s_a := \sum_{i\in I} a_i$ e $s_b := \sum_{i\in I} b_i$. Per ogni $\rho < \alpha s_a + \beta s_b$ possiamo scrivere $\rho = \alpha\rho_a + \beta\rho_b$ con $\rho_a < s_a$ e $\rho_b < s_b$. Per definizione di s_a e s_b, esistono allora $A_1, A_2 \subseteq I$ finiti tali che

$$\sum_{i\in A_1} a_i > \rho_a\,, \qquad \sum_{i\in A_2} b_i > \rho_b\,.$$

Se $A := A_1 \cup A_2$ abbiamo allora anche $\sum_{i\in A} a_i > \rho_a$ e $\sum_{i\in A} b_i > \rho_b$, da cui segue

$$\sum_{i\in I}(\alpha a_i + \beta b_i) \geq \sum_{i\in A}(\alpha a_i + \beta b_i) = \alpha\sum_{i\in A} a_i + \beta\sum_{i\in A} b_i > \alpha\rho_a + \beta\rho_b = \rho.$$

Poiché tale disuguaglianza vale per ogni $\rho < \alpha s_a + \beta s_b$, abbiamo che

$$\sum_{i\in I}(\alpha a_i + \beta b_i) \geq \alpha s_a + \beta s_b,$$

che, assieme a (A.5) completa la dimostrazione di (A.4) per questo caso.

Si noti che, per quanto appena dimostrato, se $(a_i)_{i\in I}$ è un'arbitraria famiglia di elementi di $[-\infty, +\infty]$,

$$\sum_{i\in I} a_i^+ + \sum_{i\in I} a_i^- = \sum_{i\in I} (a_i^+ + a_i^-) = \sum_{i\in I} |a_i|\,.$$

Quindi la famiglia $(a_i)_{i\in I}$ ammette somma finita, ossia entrambe le somme $\sum_{i\in I} a_i^+$ e $\sum_{i\in I} a_i^-$ sono finite, se e solo se $\sum_{i\in I} |a_i| < +\infty$, come enunciato in precedenza.

Dimostriamo ora che (A.4) vale ogniqualvolta $(a_i)_{i\in I}$ e $(b_i)_{i\in I}$ ammettono somma finita. Si noti, anzitutto, che, per quanto appena dimostrato sulle somme a termini positivi, e per la proprietà di monotonia,

$$\begin{aligned}\sum_{i\in I} |\alpha a_i + \beta b_i| &\le \sum_{i\in I} (|\alpha||a_i| + |\beta||b_i|) = \sum_{i\in I} |\alpha||a_i| + \sum_{i\in I} |\beta||b_i| \\ &= |\alpha| \sum_{i\in I} |a_i| + |\beta| \sum_{i\in I} |b_i| < +\infty,\end{aligned}$$

dove il fatto che $\sum_{i\in I} |\alpha||a_i| = |\alpha| \sum_{i\in I} |a_i|$ si dimostra elementarmente usando la definizione (A.1). Pertanto, la famiglia $(\alpha a_i + \beta b_i)_{i\in I}$ ammette somma finita. Osserviamo poi che, per (A.2), si ha che

$$\sum_{i\in I} (-a_i) = -\sum_{i\in I} a_i\,.$$

Ne segue che, a meno di cambiare segno a a_i o b_i, non è restrittivo assumere $\alpha \ge 0$ e $\beta \ge 0$. In tal caso abbiamo:

$$\alpha a_i + \beta b_i = (\alpha a_i + \beta b_i)^+ - (\alpha a_i + \beta b_i)^-,$$

e anche

$$\alpha a_i + \beta b_i = \alpha a_i^+ - \alpha a_i^- + \beta b_i^+ - \beta b_i^-,$$

da cui si ricava

$$(\alpha a_i + \beta b_i)^+ + \alpha a_i^- + \beta b_i^- = (\alpha a_i + \beta b_i)^- + \alpha a_i^+ + \beta b_i^+.$$

Sommando su i in quest'ultima identità, e usando la linearità per somme a termini positivi, si ha

$$\begin{aligned}&\sum_{i\in I} (\alpha a_i + \beta b_i)^+ + \alpha \sum_{i\in I} a_i^- + \beta \sum_{i\in I} b_i^- \\ &\quad = \sum_{i\in I} (\alpha a_i + \beta b_i)^- + \alpha \sum_{i\in I} a_i^+ + \beta \sum_{i\in I} b_i^+,\end{aligned}$$

che, riordinando i termini, fornisce

$$\begin{aligned}\sum_{i\in I}(\alpha a_i + \beta b_i) &:= \sum_{i\in I}(\alpha a_i + \beta b_i)^+ - \sum_{i\in I}(\alpha a_i + \beta b_i)^- \\ &= \alpha\sum_{i\in I} a_i^+ - \alpha\sum_{i\in I} a_i^- + \beta\sum_{i\in I} b_i^+ - \beta\sum_{i\in I} b_i^- \\ &= \alpha\Big(\sum_{i\in I} a_i\Big) + \beta\Big(\sum_{i\in I} b_i\Big),\end{aligned}$$

che è quanto si voleva dimostrare. □

Proposizione A.4 (Somma a blocchi)
Sia $(a_i)_{i\in I}$ una famiglia di elementi di $[-\infty, +\infty]$ che ammette somma e sia $(I_j)_{j\in J}$ una partizione di I (si noti che nulla viene assunto sulla cardinalità di J).

Allora, per ogni $j \in J$ fissato, la sottofamiglia $(a_i)_{i\in I_j}$ ammette somma; ponendo $s_j := \sum_{i\in I_j} a_i$, anche la famiglia $(s_j)_{j\in J}$ ammette somma e si ha

$$\sum_{i\in I} a_i = \sum_{j\in J} s_j = \sum_{j\in J}\Big(\sum_{i\in I_j} a_i\Big). \tag{A.6}$$

Dimostrazione Cominciamo a trattare il caso in cui $a_i \geq 0$ per ogni $i \in I$. Di conseguenza le somme $s := \sum_{i\in I} a_i$ e $s_j := \sum_{i\in I_j} a_i$, per $j \in J$, sono ben definite in $[0, +\infty]$. Per la Definizione A.1, per ogni $\rho < s$ esiste $A \subseteq I$ finito tale che $\sum_{i\in A} a_i \geq \rho$. Poniamo ora $A_j := A \cap I_j$, e sia J_A il sottoinsieme di J, necessariamente finito, definito da $J_A := \{j \in J : A_j \neq \emptyset\}$. Per l'associatività delle somme finite, abbiamo

$$\rho \leq \sum_{i\in A} a_i = \sum_{j\in J_A}\sum_{i\in A_j} a_i \leq \sum_{j\in J_A} s_j \leq \sum_{j\in J} s_j,$$

dove si è usato il fatto ovvio che $\sum_{i\in A_j} a_i \leq s_j$. Poiché la disuguaglianza precedente vale per ogni $\rho < s$, abbiamo dunque

$$s \leq \sum_{j\in J} s_j. \tag{A.7}$$

Mostriamo ora la disuguaglianza inversa di (A.7). Se uno degli s_j vale $+\infty$, la disuguaglianza è verificata banalmente. Possiamo dunque assumere che $s_j < +\infty$ per ogni $j \in J$. Scegliamo $\rho < \sum_{j\in J} s_j$; esiste dunque $B \subseteq J$ finito tale che $\rho <$

$s_B := \sum_{j\in B} s_j$. Dato che $\varepsilon := \frac{s_B-\rho}{|B|} > 0$, per ogni $j \in B$ esiste $A_j \subseteq I_j$ finito tale che

$$\sum_{i\in A_j} a_i \geq s_j - \varepsilon = s_j - \frac{s_B - \rho}{|B|}.$$

Perciò, se definiamo l'insieme finito $A := \bigcup_{j\in B} A_j$, per l'associatività delle somme finite abbiamo

$$s \geq \sum_{i\in A} a_i = \sum_{j\in B}\sum_{i\in A_j} a_i \geq \sum_{j\in B}\left(s_j - \frac{s_B-\rho}{|B|}\right) = \sum_{j\in B} s_j - |B|\,\frac{s_B-\rho}{|B|} = \rho.$$

Poiché la disuguaglianza precedente vale per ogni $\rho < \sum_{j\in J} s_j$, abbiamo

$$s \geq \sum_{j\in J} s_j,$$

che, assieme a (A.7), dimostra che per somme a termini positivi vale (A.6).

Supponiamo ora che $(a_i)_{i\in I}$ sia una famiglia arbitraria che ammette somma. Non è restrittivo assumere che $\sum_{i\in I} a_i^+ < +\infty$: il caso in cui $\sum_{i\in I} a_i^+ = +\infty$ e quindi, necessariamente, $\sum_{i\in I} a_i^- < +\infty$, si tratta in modo analogo. Anzitutto osserviamo che ogni sottofamiglia $(a_i)_{i\in I_j}$ ammette somma, dato che

$$\sum_{i\in I_j} a_i^+ \leq \sum_{i\in I} a_i^+ < +\infty.$$

Inoltre

$$s_j := \sum_{i\in I_j} a_i \leq \sum_{i\in I_j} a_i^+,$$

da cui segue $s_j^+ \leq \sum_{i\in I_j} a_i^+$; quindi, per la monotonia e quanto dimostrato sopra per somme a termini positivi,

$$\sum_{j\in J} s_j^+ \leq \sum_{j\in J}\sum_{i\in I_j} a_i^+ = \sum_{i\in I} a_i^+ < +\infty.$$

Questo mostra che la famiglia $(s_j)_{j\in J}$ ammette somma. Distinguiamo ora due casi.

Caso in cui $\boldsymbol{\sum_{i\in I} a_i^- < +\infty}$ In tal caso, le famiglie $(\sum_{i\in I_j} a_i^+)_{j\in J}$ e $(\sum_{i\in I_j} a_i^-)_{j\in J}$ ammettono entrambe somma *finita*, dato che, per quanto sopra dimostrato,

$$\sum_{j\in J}\sum_{i\in I_j} a_i^+ = \sum_{i\in I} a_i^+ < +\infty,$$

e analogamente per le parti negative. Usando la linearità, possiamo dunque scrivere

$$\sum_{j\in J} s_j = \sum_{j\in J}\left(\sum_{i\in I_j} a_i^+ - \sum_{i\in I_j} a_i^-\right) = \sum_{j\in J}\sum_{i\in I_j} a_i^+ - \sum_{j\in J}\sum_{i\in I_j} a_i^-$$
$$= \sum_{i\in I} a_i^+ - \sum_{i\in I} a_i^- = \sum_{i\in I} a_i ,$$

che conclude la dimostrazione per questo caso.

Caso in cui $\sum_{i\in I} a_i^- = +\infty$ In questo caso $\sum_{i\in I} a_i = -\infty$, quindi si tratta di dimostrare che anche

$$\sum_{j\in J} s_j = -\infty, \tag{A.8}$$

cioè $\sum_{j\in J} s_j^- = +\infty$. Dal fatto che $(x-y)^- = (y-x)^+ \geq y-x$, per ogni $x, y \geq 0$, segue che

$$s_j^- = \left(\sum_{i\in I_j} a_i^+ - \sum_{i\in I_j} a_i^-\right)^- \geq \sum_{i\in I_j} a_i^- - \sum_{i\in I_j} a_i^+ ,$$

e dunque, per ogni sottoinsieme finito $A \subseteq I$,

$$\sum_{j\in J} s_j^- \geq \sum_{j\in A} s_j = \sum_{j\in A}\left(\sum_{i\in I_j} a_i^- - \sum_{i\in I_j} a_i^+\right) \geq \sum_{j\in A}\left(\sum_{i\in I_j} a_i^-\right) - \sum_{j\in J}\left(\sum_{i\in I_j} a_i^+\right)$$
$$= \sum_{j\in A}\left(\sum_{i\in I_j} a_i^-\right) - \sum_{i\in I} a_i^+ .$$

Prendendo l'estremo superiore su $A \subseteq I$, con $|A| < \infty$, si ottiene

$$\sum_{j\in J} s_j^- \geq \sup_{A\subseteq I,\,|A|<\infty}\left\{\sum_{j\in A}\left(\sum_{i\in I_j} a_i^-\right)\right\} - \sum_{i\in I} a_i^+ = \sum_{j\in J}\left(\sum_{i\in I_j} a_i^-\right) - \sum_{i\in I} a_i^+$$
$$= \sum_{i\in I} a_i^- - \sum_{i\in I} a_i^+ = +\infty ,$$

e la dimostrazione è completa. □

A.2 Una misura finitamente additiva (ma non σ-additiva) su $\mathbb{N}$

In questo paragrafo dimostriamo l'esistenza di una funzione $\rho : \mathcal{P}(\mathbb{N}) \to [0, 1]$ tale che $\rho(k\mathbb{N}) = 1/k$ per ogni $k \geq 1$ (proprietà piuttosto naturale, dato che l'insieme $k\mathbb{N}$ dei multipli di k rappresenta "una frazione" $1/k$ degli interi), che è additiva, cioè tale che $\rho(A \cup B) = \rho(A) + \rho(B)$ per ogni coppia di sottoinsiemi disgiunti

$A, B \subseteq \mathbb{N}$, *ma mostreremo che non è* σ*-additiva*. (Più in generale, si può mostrare che non esiste alcuna probabilità P su $\mathbb{N}$ con la proprietà $P(k\mathbb{N}) = 1/k$ per ogni $k \geq 1$.)

Per $A \subseteq \mathbb{N}$, e per $n \in \mathbb{N}$, definiamo $x_A(n) := \frac{1}{n}|A \cap \{1, \dots, n\}|$, la proporzione di elementi di A fra i primi n numero naturali. Se il limite $\lim_{n\to\infty} x_A(n)$ esiste, esso è chiamato *densità aritmetica* dell'insieme A (diciamo che A ammette densità), e indicato con $d(A)$. Le seguenti proprietà sono facili da dimostrare:

- se A è finito, allora $d(A) = 0$;
- per ogni $k \geq 1$, $d(k\mathbb{N}) = 1/k$;
- se A e B sono due insiemi disgiunti, allora $x_{A\cup B}(n) = x_A(n) + x_B(n)$, per cui se A e B ammettono densità, si ha $d(A \cup B) = d(A) + d(B)$.

Sottolineiamo che esistono dei sottoinsiemi di $\mathbb{N}$ che non ammettono densità, ad esempio $A = \bigcup_{k=1}^{+\infty}\{4^k, 4^k + 1, \dots, 2 \cdot 4^k\}$ (esercizio). Per estendere la definizione di $d(A)$ a tutti i sottoinsiemi $A \in \mathcal{P}(\mathbb{N})$, utilizziamo un'estensione della nozione di limite, chiamata *limite di Banach*.

Indichiamo con $l^\infty(\mathbb{N})$ l'insieme delle successioni limitate a valori in $\mathbb{R}$. Tale insieme possiede una struttura naturale di spazio vettoriale: se $x = (x_n)$, $y = (y_n)$ sono elementi di $l^\infty(\mathbb{N})$ e $\alpha, \beta \in \mathbb{R}$, definiamo $\alpha x + \beta y$ tramite $(\alpha x + \beta y)_n = \alpha x_n + \beta y_n$.

Indichiamo con $\mathfrak{L} = \{x \in l^\infty(\mathbb{N}) : x_n \text{ converge}\}$ il sottospazio vettoriale di $l^\infty(\mathbb{N})$ costituito dalle *successioni convergenti*. Possiamo allora considerare l'applicazione lineare $\lambda : \mathfrak{L} \to \mathbb{R}$ definita da $\lambda(x) = \lim_{n\to+\infty} x_n$.

Teorema A.5
Esiste un'applicazione lineare $\Lambda : l^\infty(\mathbb{N}) \to \mathbb{R}$ *che coincide con* λ *su* $\mathfrak{L}$, *e tale che*

$$\inf_n x_n \leq \Lambda(x) \leq \sup_n x_n\,, \qquad \forall x \in l^\infty(\mathbb{N})\,. \tag{A.9}$$

Prima di dimostrare questo risultato (non banale!), lo utilizziamo per giungere alla nostra conclusione. Per $A \subseteq \mathbb{N}$, la successione $x_A := (x_A(n))_{n\geq 1}$ definita sopra è un elemento di $l^\infty(\mathbb{N})$, e pertanto possiamo definire $\rho(A) = \Lambda(x_A)$, che coincide con $d(A)$ se A ammette densità (cioè se $x_A \in \mathfrak{L}$). Grazie a (A.9), abbiamo subito $\rho(A) \in [0, 1]$. Inoltre, per ciascun $k \geq 1$, si ha $\rho(k\mathbb{N}) = d(k\mathbb{N}) = 1/k$, e $\rho(A) = d(A) = 0$ se A è un sottoinsieme finito di $\mathbb{N}$ (si osservi che $x_{k\mathbb{N}}$ e x_A sono in $\mathfrak{L}$). Infine, se $A \cap B = \emptyset$, allora $x_A + x_B = x_{A\cup B}$, per cui, per linearità di Λ, si ha $\rho(A \cup B) = \rho(A) + \rho(B)$, il che mostra che ρ è additiva. D'altra parte, ρ non è σ-additiva, in quanto

$$1 = \rho(\mathbb{N}) = \rho\Bigg(\bigcup_{n\in\mathbb{N}}\{n\}\Bigg) \neq \sum_{n\in\mathbb{N}} \rho(\{n\}) = 0.$$

Dimostrazione (del Teorema A.5) La dimostrazione del Teorema A.5, come il lettore più esperto riconoscerà, è un adattamento della classica dimostrazione del teorema di Hahn-Banach in analisi funzionale.

Ricordiamo che una relazione $\preceq$ su un insieme non vuoto Θ si dice *relazione d'ordine parziale* se è riflessiva, antisimmetrica e transitiva, ossia se per ogni $a, b, c \in \Theta$ vale che

$$a \preceq a \,; \qquad \text{se } a \preceq b \text{ e } b \preceq a, \text{ allora } a = b \,; \qquad \text{se } a \preceq b \text{ e } b \preceq c, \text{ allora } a \preceq c \,.$$

L'insieme Θ munito di una tale relazione si dice *insieme parzialmente ordinato.*

Si noti che, dati $a, b \in \Theta$, non è detto che a e b siano confrontabili, ossia che si abbia $a \preceq b$ oppure $b \preceq a$. Un sottoinsieme $\Sigma \subseteq \Theta$ tale che, per ogni $a, b \in \Sigma$, si ha necessariamente $a \preceq b$ oppure $b \preceq a$, si dice *totalmente ordinato.*

Un elemento $a \in \Theta$ si dice *maggiorante di un sottoinsieme* $\Sigma \subseteq \Theta$ se si ha $c \preceq a$ per ogni $c \in \Sigma$. Infine, un elemento $a \in \Theta$ si dice *massimale* se non esiste nessun $b \in \Theta$ tale che $a \preceq b$, ad esclusione di $b = a$.

Ricordiamo allora l'importante Lemma di Zorn.

Teorema A.6 (Lemma di Zorn)
Sia Θ un insieme parzialmente ordinato. Se per ogni sottoinsieme totalmente ordinato $\Sigma \subseteq \Theta$ esiste un elemento di Θ che è maggiorante di Σ, allora esiste un elemento di Θ massimale.

Definiamo Θ come l'insieme delle coppie (W, Λ_W), dove W è un sottospazio vettoriale di $l^\infty(\mathbb{N})$ che contiene $\mathfrak{L}$ e $\Lambda_W : W \to \mathbb{R}$ è un operatore lineare che coincide con λ su $\mathfrak{L}$ e che soddisfa le disuguaglianze in (A.9) per ogni $x \in W$. Si noti che tale insieme Θ è non vuoto, in quanto $(\mathfrak{L}, \lambda) \in \Theta$.

Definiamo ora su Θ la seguente relazione: $(W, \Lambda_W) \preceq (W', \Lambda_{W'})$ se W è un sottospazio vettoriale di W' e se $\Lambda_{W'}(x) = \Lambda_W(x)$ per ogni $x \in W$. Si verifica facilmente che $\preceq$ è una relazione d'ordine parziale.

Se $\Sigma \subseteq \Theta$ è un sottoinsieme totalmente ordinato, definiamo

$$\overline{W} := \bigcup_{(W, \Lambda_W) \in \Sigma} W \,,$$

e consideriamo l'operatore $\overline{\Lambda} : \overline{W} \to \mathbb{R}$ definito da

$$\overline{\Lambda}(x) := \Lambda_W(x) \,, \qquad \text{se } x \in W \text{ con } (W, \Lambda_W) \in \Sigma \,.$$

Dal fatto che Σ è totalmente ordinato si deduce che $\overline{W}$ è un sottospazio vettoriale di $l^\infty(\mathbb{N})$, e che la definizione di $\overline{\Lambda}$ è ben posta. Inoltre $\overline{\Lambda}$ è un operatore lineare, coincide con λ su $\mathfrak{L}$ e soddisfa (A.9) per ogni $x \in \overline{W}$. Questo mostra che $(\overline{W}, \overline{\Lambda}) \in \Theta$ e, per costruzione, $(\overline{W}, \overline{\Lambda}) \succeq (W, \Lambda_W)$ per ogni $(W, \Lambda_W) \in \Sigma$. Abbiamo perciò dimostrato che ogni sottoinsieme totalmente ordinato $\Sigma \subseteq \Theta$ ammette un maggiorante.

Possiamo dunque applicare il Lemma di Zorn, concludendo che esiste un elemento massimale $(V, \Lambda) \in \Theta$. Si noti che, se $V = l^\infty(\mathbb{N})$, allora il Teorema A.5 è dimostrato. Mostriamo ora che, se $V \subsetneq l^\infty(\mathbb{N})$, l'elemento $(V, \Lambda) \in \Theta$ non può essere massimale. Questo completa la dimostrazione.

Supponiamo dunque che $V \subsetneq l^\infty(\mathbb{N})$ e sia $y \in l^\infty(\mathbb{N}) \setminus V$. Indichiamo con V' lo spazio vettoriale generato da V e y, ossia

$$V' = \{x + \alpha y : \ x \in V, \alpha \in \mathbb{R}\},$$

e mostriamo che il funzionale Λ si può estendere ad un funzionale $\Lambda' : V' \to \mathbb{R}$ che soddisfa (A.9) su tutto V'. In particolare $(V, \Lambda) \preceq (V', \Lambda')$ e dato che $(V, \Lambda) \neq (V', \Lambda')$, perché $V \subsetneq V'$, segue che (V, Λ) non è un elemento massimale.

Ogni funzionale lineare $\Lambda' : V' \to \mathbb{R}$ che estende Λ è della forma

$$\Lambda'(x + \alpha y) = \Lambda(x) + \alpha c,$$

dove $c := \Lambda'(y) \in \mathbb{R}$. Scrivendo $\sup(x)$ e $\inf(x)$ in luogo di $\sup_n x_n$ e $\inf_n x_n$, dobbiamo verificare che è possibile scegliere c in modo tale che

$$\inf(x + \alpha y) \le \Lambda(x) + \alpha c \le \sup(x + \alpha y), \qquad \forall x \in V, \ \alpha \in \mathbb{R}. \tag{A.10}$$

Procediamo con alcune semplificazioni:

- Per $\alpha = 0$ la relazione (A.10) è sempre verificata.
- Se $\alpha > 0$, dato che $\inf(\alpha z) = \alpha \inf(z)$ e $\sup(\alpha z) = \alpha \sup(z)$, moltiplicando per α^{-1} si vede che la relazione (A.10) è equivalente a

$$\inf(x' + y) \le \Lambda(x') + c \le \sup(x' + y), \qquad \forall x' \in V, \tag{A.11}$$

  avendo posto $x' := \alpha^{-1} x$.
- Analogamente, se $\alpha < 0$, essendo $\inf(\alpha z) = \alpha \sup(z)$ e $\sup(\alpha z) = \alpha \inf(z)$, moltiplicando per $-\alpha^{-1}$ si vede che la relazione (A.10) è equivalente a

$$\inf(x' - y) \le \Lambda(x') - c \le \sup(x' - y), \qquad \forall x' \in V. \tag{A.12}$$

Ricavando c in (A.11) e (A.12) e rinominando per semplicità $x' \to x$, segue che l'estensione Λ' desiderata esiste se esiste $c \in \mathbb{R}$ tale che, per ogni $x, z \in V$,

$$\begin{gathered} \inf(x + y) - \Lambda(x) \le c \le \sup(x + y) - \Lambda(x) \\ \Lambda(z) - \sup(z - y) \le c \le \Lambda(z) - \inf(z - y). \end{gathered}$$

Osserviamo che una famiglia di intervalli chiusi di $\mathbb{R}$ ha intersezione non vuota se e solo se ogni estremo superiore è maggiore o uguale di ogni estremo inferiore. Quindi l'esistenza di un $c \in \mathbb{R}$ soddisfacente alle disuguaglianze precedenti è equivalente alla validità delle seguenti disuguaglianze, per ogni $x, z \in V$:

(i) $\inf(x + y) - \Lambda(x) \le \sup(z + y) - \Lambda(z)$;
(ii) $\inf(x + y) - \Lambda(x) \le \Lambda(z) - \inf(z - y)$;
(iii) $\Lambda(z) - \sup(z - y) \le \Lambda(x) - \inf(x - y)$;
(iv) $\Lambda(z) - \sup(z - y) \le \sup(x + y) - \Lambda(x)$.

Per la linearità di Λ, la relazione (i) equivale a

$$\Lambda(x - z) \geq \inf(x + y) - \sup(z + y). \tag{A.13}$$

Per ipotesi Λ soddisfa (A.9), perciò $\Lambda(x - z) \geq \inf(x - z)$. Dunque, per dimostrare (A.13), basta mostrare che

$$\inf(x - z) \geq \inf(x + y) - \sup(z + y) \tag{A.14}$$

per ogni $x, z \in V$. Questo non è difficile: per $m \in \mathbb{N}$

$$x_m - z_m = x_m + y_m - (z_m + y_m) \geq \inf(x + y) - \sup(z + y),$$

da cui (A.14) segue facilmente. La verifica delle altre disuguaglianze (ii), (iii) e (iv) è del tutto analoga ed è lasciata al lettore. □

A.3 Il principio fondamentale del calcolo combinatorio

In questo paragrafo formuliamo il principio fondamentale del calcolo combinatorio, descritto informalmente nel Paragrafo 1.2.3 (si ricordi il Teorema 1.33), in modo matematicamente più preciso, ma decisamente più tecnico.

Occorre innanzitutto esprimere astrattamente il concetto di "scelta". Dato un insieme E, definiamo *scelta su E* una *partizione* di E, ossia una famiglia ordinata di sottoinsiemi $(E_1, \ldots, E_m)$ tali che $E = \bigcup_{i=1}^m E_i$ e $E_i \cap E_j = \emptyset$ per $i \neq j$. Gli insiemi E_i sono detti *esiti della scelta* e il loro numero m è detto *numero di esiti della scelta*.

Per esempio, sull'insieme E delle funzioni iniettive da $\{1, \ldots, k\}$ in un insieme finito $A = \{a_1, \ldots, a_n\}$, la "scelta della prima componente" corrisponde alla partizione $(E_1, \ldots, E_n)$ definita da $E_i := \{f \in E : f(1) = a_i\}$ e ha dunque n esiti possibili.

Estendiamo la definizione: *due scelte successive su un insieme E* sono il dato di:

- (*"prima scelta"*) una scelta $(E_1, \ldots, E_m)$ sull'insieme E;
- (*"seconda scelta"*) per ogni E_i fissato, una scelta $(E_{i,1}, \ldots, E_{i,k_i})$ sull'insieme E_i, il cui numero di esiti k_i può in generale dipendere da i.

Sottolineiamo che la "seconda scelta" non è una scelta su E, ma una famiglia di scelte sugli esiti E_i della prima scelta. Nel caso in cui $k_i = k$ per ogni $i = 1, \ldots, m$, diremo che *la seconda scelta ha un numero fissato k di esiti possibili*.

Ritornando all'insieme E delle funzioni iniettive da $\{1, \ldots, k\}$ in $A = \{a_1, \ldots, a_n\}$, un esempio di due scelte successive su E è dato dalla "scelta delle prime due componenti della funzione": infatti, per ogni esito $E_i = \{f \in E : f(1) = a_i\}$ della prima scelta, la seconda scelta corrisponde alla partizione $(E_{i,j})_{j \in \{1,\ldots,n\} \setminus \{i\}}$ di E_i definita da $E_{i,j} := \{f \in E : f(1) = a_i,\ f(2) = a_j\}$.[1] In particolare, la seconda scelta ha un numero fissato $n - 1$ di esiti possibili.

[1] Si noti che è risultato conveniente indicizzare gli esiti della seconda scelta usando l'insieme $\{1, \ldots, n\} \setminus \{i\}$ piuttosto che $\{1, \ldots, n - 1\}$.

Il passaggio da due a k scelte successive è solo notazionalmente più complicato. Per definizione, *k scelte successive su un insieme E* sono il dato di:

- (*"prima scelta"*) una scelta $(E_1, \ldots, E_m)$ sull'insieme E;
- (*"j-esima scelta"*) per ogni $2 \leq j \leq k$ e per ogni esito $E_{i_1,\ldots,i_{j-1}}$ delle prime $j-1$ scelte, una scelta $(E_{i_1,\ldots,i_{j-1},\ell})_{\ell\in\{1,\ldots,n_j^*\}}$ su $E_{i_1,\ldots,i_{j-1}}$, il cui numero di esiti $n_j^* = n_j^*(i_1, \ldots, i_{j-1})$ può dipendere dall'esito delle scelte precedenti.

Nel caso in cui $n_j^*(i_1, \ldots, i_{j-1}) = n_j$ non dipenda da $i_1, \ldots, i_{j-1}$, diremo che *la j-esima scelta ha un numero fissato n_j di esiti possibili.*

Possiamo finalmente riformulare il Teorema 1.33 nel modo seguente.

Teorema A.7

Siano date k scelte successive su un insieme E, in cui ogni scelta abbia un numero fissato di esiti possibili: la prima scelta ha n_1 esiti possibili, la seconda scelta ne ha n_2, ..., la k-esima scelta ne ha n_k. Supponiamo inoltre che gli elementi di E siano determinati univocamente dalle k scelte, cioè

$$|E_{i_1,\ldots,i_k}| = 1, \qquad \textit{per ogni } i_1, \ldots, i_k .$$

Allora la cardinalità di E è pari a $n_1 \cdot n_2 \cdots n_k$.

Dimostrazione Per definizione di scelte successive, $E = \bigcup_{i=1}^{n_1} E_i$; a sua volta $E_i = \bigcup_{j=1}^{n_2} E_{i,j}$, eccetera: di conseguenza vale la relazione

$$E = \bigcup_{i_1=1}^{n_1} \cdots \bigcup_{i_k=1}^{n_k} E_{i_1,\ldots,i_k} . \tag{A.15}$$

Se mostriamo che questa unione è disgiunta, ricordando che per ipotesi $|E_{i_1,\ldots,i_k}| = 1$, si ottiene la relazione cercata:

$$|E| = \sum_{i_1=1}^{n_1} \cdots \sum_{i_k=1}^{n_k} |E_{i_1,\ldots,i_k}| = n_1 \cdot n_2 \cdots n_k .$$

Siano dunque $(i_1, \ldots, i_k) \neq (i'_1, \ldots, i'_k)$ e mostriamo che $E_{i_1,\ldots,i_k} \cap E_{i'_1,\ldots,i'_k} = \emptyset$. Si ha $i_1 = i'_1, \ldots, i_{j-1} = i'_{j-1}$ mentre $i_j \neq i'_j$, per un opportuno $j \in \{1, \ldots, k\}$. Per definizione di scelte successive,

$$E_{i_1,\ldots,i_k} \subseteq E_{i_1,\ldots,i_{j-1},i_j} , \qquad E_{i'_1,\ldots,i'_k} \subseteq E_{i'_1,\ldots,i'_{j-1},i'_j} = E_{i_1,\ldots,i_{j-1},i'_j} .$$

Ma gli insiemi $E_{i_1,\ldots,i_{j-1},\ell}$ al variare di ℓ sono disgiunti, perché formano una partizione di $E_{i_1,\ldots,i_{j-1}}$ (o di E, se $j = 1$). Pertanto $E_{i_1,\ldots,i_{j-1},i_j} \cap E_{i_1,\ldots,i_{j-1},i'_j} = \emptyset$ e dunque $E_{i_1,\ldots,i_k} \cap E_{i'_1,\ldots,i'_k} = \emptyset$, come dovevasi dimostrare. □

Ritornando per un'ultima volta all'insieme E delle funzioni iniettive da $\{1, \ldots, k\}$ in $A = \{a_1, \ldots, a_n\}$, è facile verificare che valgono le ipotesi del Teorema A.7: le scelte di $f(1)$, $f(2)$, $\ldots$, $f(k)$ possono essere descritte attraverso "k scelte successive su E" e gli elementi di E sono univocamente determinati da queste scelte. Dato che la scelta di $f(i)$ ha $n - i + 1$ esiti possibili, segue dal Teorema 1.33 che vale la formula $|E| = n(n-1)\cdots(n-k+1)$.

Concludiamo fornendo una dimostrazione della formula (1.37), sulla cardinalità dell'insieme delle combinazioni, ossia

$$C_{n,k} = \frac{D_{n,k}}{k!} = \binom{n}{k}. \tag{A.16}$$

Cominciamo con un piccolo risultato preparatorio. Siano D, E due insiemi finiti e sia $g : D \to E$ un'applicazione suriettiva. Per ogni $y \in E$, introduciamo il sottoinsieme $g^{-1}(y) := \{x \in D : g(x) = y\}$ costituito dagli elementi di D che vengono mandati da g in y. Supponiamo che esista $k \in \mathbb{N}$ tale che $|g^{-1}(y)| = k$, per ogni $y \in E$; in altri termini, per ogni $y \in E$ esistono esattamente k elementi $x \in D$ che vengono mandati da g in y. Segue allora che $|D| = k\,|E|$. La dimostrazione è semplice: possiamo sempre scrivere $D = \bigcup_{y \in E} g^{-1}(y)$ e inoltre l'unione è disgiunta (esercizio), quindi $|D| = \sum_{y \in E} |g^{-1}(y)| = \sum_{y \in E} k = k\,|E|$.

Fissiamo ora un insieme A con $|A| = n$ e $k \in \{1, \ldots, n\}$. Indichiamo con $\mathcal{D}_{n,k}$ (risp. $\mathcal{C}_{n,k}$) l'*insieme* delle disposizioni semplici (risp. combinazioni) di k elementi estratti da A. Definiamo quindi una applicazione $g : \mathcal{D}_{n,k} \to \mathcal{C}_{n,k}$ nel modo seguente: data $f \subset \mathcal{D}_{n,k}$, definiamo $g(f) := \mathrm{Im}(f)$, dove $\mathrm{Im}(f)$ indica l'immagine di f (ricordiamo che f è una funzione iniettiva da $\{1, \ldots, k\}$ in A). È immediato verificare che g è ben definita, cioè effettivamente $g(f) \in \mathcal{C}_{n,k}$ per ogni $f \in \mathcal{D}_{n,k}$, e che g è suriettiva. Se mostriamo che $|g^{-1}(B)| = k!$, per ogni $B \in \mathcal{C}_{n,k}$, si ottiene $|\mathcal{D}_{n,k}| = k!\,|\mathcal{C}_{n,k}|$. Dato che $|\mathcal{D}_{n,k}| = D_{n,k} = n!/(n-k)!$, la formula (A.16) è dimostrata.

Indichiamo con S_B l'insieme delle permutazioni di B, cioè le applicazioni $\pi : B \to B$ biunivoche, e fissiamo un elemento arbitrario $f_0 \in g^{-1}(B)$. È molto facile convincersi che, per ogni $\pi \in S_B$, si ha $\pi \circ f_0 \in g^{-1}(B)$: infatti l'applicazione $\pi \circ f_0$ è iniettiva, perché lo sono sia f_0 sia π, e $\mathrm{Im}(\pi \circ f_0) = \mathrm{Im}(f_0) = B$, perché π è una permutazione di B. Risulta dunque ben posta l'applicazione $H : S_B \to g^{-1}(B)$ definita da $H(\pi) := \pi \circ f_0$. Se mostriamo che H è biunivoca, segue che gli insiemi S_B e $g^{-1}(B)$ sono in corrispondenza biunivoca e dunque $|g^{-1}(B)| = |S_B| = k!$, che è quanto resta da dimostrare.

Siano $\pi_1, \pi_2 \in S_B$ tali che $H(\pi_1) = H(\pi_2)$. Per ogni $b \in B$, se $i \in \{1, \ldots, k\}$ è tale che $f_0(i) = b$ (si noti che tale i esiste, perché $\mathrm{Im}(f_0) = B$), otteniamo $(\pi_1 \circ f_0)(i) = (\pi_2 \circ f_0)(i)$, cioè $\pi_1(b) = \pi_2(b)$; dato che $b \in B$ è arbitrario, segue che $\pi_1 = \pi_2$, dunque l'applicazione H è iniettiva. Se ora consideriamo un arbitrario $f \in g^{-1}(B)$, è facile costruire $\pi \in S_B$ tale che $\pi \circ f_0 = f$, cioè $H(\pi) = f$, quindi l'applicazione H è suriettiva e la dimostrazione di (A.16) è conclusa.

Tavola della distribuzione normale

La tavola seguente riporta i valori della funzione di ripartizione $\Phi(z)$ della distribuzione normale standard N(0, 1), per $0 \leq z \leq 3.5$. Ricordiamo che

$$\Phi(z) := \int_{-\infty}^{z} \frac{e^{-\frac{1}{2}x^2}}{\sqrt{2\pi}} \, dx .$$

I valori di $\Phi(z)$ per $z < 0$ possono essere ricavati grazie alla formula

$$\Phi(z) = 1 - \Phi(-z) .$$

z	**0.00**	**0.01**	**0.02**	**0.03**	**0.04**	**0.05**	**0.06**	**0.07**	**0.08**	**0.09**
0.0	0.5000	0.5040	0.5080	0.5120	0.5160	0.5199	0.5239	0.5279	0.5319	0.5359
0.1	0.5398	0.5438	0.5478	0.5517	0.5557	0.5596	0.5636	0.5675	0.5714	0.5753
0.2	0.5793	0.5832	0.5871	0.5910	0.5948	0.5987	0.6026	0.6064	0.6103	0.6141
0.3	0.6179	0.6217	0.6255	0.6293	0.6331	0.6368	0.6406	0.6443	0.6480	0.6517
0.4	0.6554	0.6591	0.6628	0.6664	0.6700	0.6736	0.6772	0.6808	0.6844	0.6879
0.5	0.6915	0.6950	0.6985	0.7019	0.7054	0.7088	0.7123	0.7157	0.7190	0.7224
0.6	0.7257	0.7291	0.7324	0.7357	0.7389	0.7422	0.7454	0.7486	0.7517	0.7549
0.7	0.7580	0.7611	0.7642	0.7673	0.7704	0.7734	0.7764	0.7794	0.7823	0.7852
0.8	0.7881	0.7910	0.7939	0.7967	0.7995	0.8023	0.8051	0.8078	0.8106	0.8133
0.9	0.8159	0.8186	0.8212	0.8238	0.8264	0.8289	0.8315	0.8340	0.8365	0.8389
1.0	0.8413	0.8438	0.8461	0.8485	0.8508	0.8531	0.8554	0.8577	0.8599	0.8621
1.1	0.8643	0.8665	0.8686	0.8708	0.8729	0.8749	0.8770	0.8790	0.8810	0.8830
1.2	0.8849	0.8869	0.8888	0.8907	0.8925	0.8944	0.8962	0.8980	0.8997	0.9015
1.3	0.9032	0.9049	0.9066	0.9082	0.9099	0.9115	0.9131	0.9147	0.9162	0.9177
1.4	0.9192	0.9207	0.9222	0.9236	0.9251	0.9265	0.9279	0.9292	0.9306	0.9319
1.5	0.9332	0.9345	0.9357	0.9370	0.9382	0.9394	0.9406	0.9418	0.9429	0.9441
1.6	0.9452	0.9463	0.9474	0.9484	0.9495	0.9505	0.9515	0.9525	0.9535	0.9545
1.7	0.9554	0.9564	0.9573	0.9582	0.9591	0.9599	0.9608	0.9616	0.9625	0.9633
1.8	0.9641	0.9649	0.9656	0.9664	0.9671	0.9678	0.9686	0.9693	0.9699	0.9706
1.9	0.9713	0.9719	0.9726	0.9732	0.9738	0.9744	0.9750	0.9756	0.9761	0.9767
2.0	0.9772	0.9778	0.9783	0.9788	0.9793	0.9798	0.9803	0.9808	0.9812	0.9817
2.1	0.9821	0.9826	0.9830	0.9834	0.9838	0.9842	0.9846	0.9850	0.9854	0.9857
2.2	0.9861	0.9864	0.9868	0.9871	0.9875	0.9878	0.9881	0.9884	0.9887	0.9890
2.3	0.9893	0.9896	0.9898	0.9901	0.9904	0.9906	0.9909	0.9911	0.9913	0.9916
2.4	0.9918	0.9920	0.9922	0.9925	0.9927	0.9929	0.9931	0.9932	0.9934	0.9936
2.5	0.9938	0.9940	0.9941	0.9943	0.9945	0.9946	0.9948	0.9949	0.9951	0.9952
2.6	0.9953	0.9955	0.9956	0.9957	0.9959	0.9960	0.9961	0.9962	0.9963	0.9964
2.7	0.9965	0.9966	0.9967	0.9968	0.9969	0.9970	0.9971	0.9972	0.9973	0.9974
2.8	0.9974	0.9975	0.9976	0.9977	0.9977	0.9978	0.9979	0.9979	0.9980	0.9981
2.9	0.9981	0.9982	0.9982	0.9983	0.9984	0.9984	0.9985	0.9985	0.9986	0.9986
3.0	0.9987	0.9987	0.9987	0.9988	0.9988	0.9989	0.9989	0.9989	0.9990	0.9990
3.1	0.9990	0.9991	0.9991	0.9991	0.9992	0.9992	0.9992	0.9992	0.9993	0.9993
3.2	0.9993	0.9993	0.9994	0.9994	0.9994	0.9994	0.9994	0.9995	0.9995	0.9995
3.3	0.9995	0.9995	0.9995	0.9996	0.9996	0.9996	0.9996	0.9996	0.9996	0.9997
3.4	0.9997	0.9997	0.9997	0.9997	0.9997	0.9997	0.9997	0.9997	0.9997	0.9998

Principali distribuzioni notevoli su $\mathbb{R}$

Distribuzioni notevoli discrete				
	Densità discreta $\mathrm{p}_X(k)$	*Media* $\mathrm{E}(X)$	*Varianza* $\mathrm{Var}(X)$	*Funzione generatrice dei momenti* $\mathrm{M}_X(t) = \mathrm{E}(\mathrm{e}^{tX})$
Binomiale Bin(n, p) $n \in \{1, 2, \dots\}$ $p \in [0, 1]$	$\binom{n}{k} p^k (1-p)^{n-k}$ $k \in \{0, 1, \dots, n\}$	np	$np(1-p)$	$\left(p\mathrm{e}^t + (1-p)\right)^n$
Bernoulli Be(p) Bin$(1, p)$ $p \in [0, 1]$	$\begin{cases} p & \text{se } k = 1 \\ 1-p & \text{se } k = 0 \end{cases}$ $k \in \{0, 1\}$	p	$p(1-p)$	$p\mathrm{e}^t + (1-p)$
Poisson Pois(λ) $\lambda \in (0, \infty)$	$\mathrm{e}^{-\lambda} \frac{\lambda^k}{k!}$ $k \in \{0, 1, \dots\}$	λ	λ	$\mathrm{e}^{\lambda(\mathrm{e}^t - 1)}$
Geometrica Geo(p) $p \in (0, 1]$	$p(1-p)^{k-1}$ $k \in \{1, 2, \dots\}$	$\frac{1}{p}$	$\frac{1-p}{p^2}$	$\begin{cases} \frac{p}{\mathrm{e}^{-t} - (1-p)} & \text{se } t < \log \frac{1}{1-p} \\ +\infty & \text{se } t \geq \log \frac{1}{1-p} \end{cases}$
Distribuzioni notevoli assolutamente continue				
	Densità $f_X(x)$	*Media* $\mathrm{E}(X)$	*Varianza* $\mathrm{Var}(X)$	*Funzione generatrice dei momenti* $\mathrm{M}_X(t) = \mathrm{E}(\mathrm{e}^{tX})$
Uniforme continua U(a, b) $a, b \in \mathbb{R},\ a < b$	$\frac{1}{b-a}$ $x \in (a, b)$	$\frac{a+b}{2}$	$\frac{(b-a)^2}{12}$	$\frac{\mathrm{e}^{tb} - \mathrm{e}^{ta}}{t(b-a)}$
Gamma Gamma(α, λ) $\alpha, \lambda \in (0, \infty)$	$\frac{\lambda^\alpha}{\Gamma(\alpha)} x^{\alpha-1} \mathrm{e}^{-\lambda x}$ $x \in (0, \infty)$	$\frac{\alpha}{\lambda}$	$\frac{\alpha}{\lambda^2}$	$\begin{cases} \left(\frac{\lambda}{\lambda - t}\right)^\alpha & \text{se } t < \lambda \\ +\infty & \text{se } t \geq \lambda \end{cases}$
Esponenziale Exp(λ) Gamma$(1, \lambda)$ $\lambda \in (0, \infty)$	$\lambda \mathrm{e}^{-\lambda x}$ $x \in (0, \infty)$	$\frac{1}{\lambda}$	$\frac{1}{\lambda^2}$	$\begin{cases} \frac{\lambda}{\lambda - t} & \text{se } t < \lambda \\ +\infty & \text{se } t \geq \lambda \end{cases}$
Normale N(μ, σ^2) $\mu \in \mathbb{R}, \sigma \in (0, \infty)$	$\frac{1}{\sqrt{2\pi}\sigma} \mathrm{e}^{-\frac{(x-\mu)^2}{2\sigma^2}}$ $x \in \mathbb{R}$	μ	σ^2	$\mathrm{e}^{\mu t + \frac{\sigma^2}{2} t^2}$

Riferimenti bibliografici

1. Aigner, M., Ziegler, G.M.: Proofs from The Book. Edizione italiana a cura di Alfio Quarteroni. Springer-Verlag Italia, Milano (2006)
2. Alon, N., Spencer, J.H.: The probabilistic method. John Wiley & Sons (2004)
3. Aldous, D., Diaconis, P.: Shuffling cards and stopping times. Amer. Math. Monthly **93**(5), 333–348 (1986)
4. Behrends, E: Introduction to Markov chains. Friedr. Vieweg & Sohn Verlagsgesellschaft mbH, BraunschweiglWiesbaden (2000).
5. Benaïm, M., El Karoui, N.: Promenade aléatoire. Les éditions de l'école polytechnique (2005).
6. Bernoulli, J.: Ars conjectandi. Impensis Thurnisiorum, Fratrum (1713)
7. Berry, A.C.: The accuracy of the Gaussian approximation to the sum of independent variates. Trans. Amer. Math. Soc. **49**, 122–136 (1941)
8. Bertsimas, D., King, A., Mazumder, R.: Best subset selection via a modern optimization lens. Ann. Statist. **44**(2), 813–852 (2016).
9. Bienaymé, I.J.: De la loi de multiplication et de la durée des familles. Soc. Philomat. Paris **5** (1845) — tiré de Heyde et Seneta (1972).
10. Billingsley, P.: Probability and measure. 3rd ed. John Wiley & Sons, New York (1995).
11. Billingsley, P.: Convergence of probability measures. 2nd ed. John Wiley & Sons, New York (1999).
12. Black, F., Scholes, M.: The pricing of options and corporate liabilities. J. Polit. Econ. **81**(3), 637–654 (1973)
13. Bijma, F., Jonker, M., van der Vaart, A.: An Introduction to Mathematical Statistics. Amsterdam University Press (2018).
14. Borovkov, A.A.: Mathematical Statistics. Gordon and Breach Science Publishers, Amsterdam (1998)
15. von Bortkiewicz, L.: Das Gesetz der Kleinen Zahlen. B.G. Teubner, Leipzig (1898)
16. Brémaud, P.: Point processes and queues. Springer-Verlag, New York (1981)
17. Brémaud, P.: Markov chains. Springer-Verlag, New York (1999)
18. Broadbent, S.R., Hammersley, J.M.: Percolation processes: I. Crystals and mazes Mathematical Proceedings of the Cambridge Philosophical Society, **53**(3), 629–641 (1957)
19. Clarke, R.: An application of the Poisson distribution. Journal of the Institute of the Actuaries **72**, 48 (1946)
20. Cox, J., Ross, S., Rubinstein, M.: Option pricing: A simplified approach. J. Financ. Econ. **7**(3), 229–263 (1979)
21. Dalang, R.C.: Une démonstration élémentaire du théorème central limite. Elem. Math. **61**(2), 65–73 (2006)
22. Daley, D.J., Vere-Jones, D.: An introduction to the theory of point processes. Vol. I, 2nd ed. Springer-Verlag, New York (2003).

23. Daley, D.J., Vere-Jones, D.: An introduction to the theory of point processes. Vol. II, 2nd ed. Springer-Verlag, New York (2008)
24. De Moivre, A.: The doctrine of chances (1738)
25. Devroye, L.: Sample-based non-uniform random variate generation. Springer-Verlag, New York (1986)
26. Diaconis, P., Skyrms, B.: Ten Great Ideas about Chance. Princeton University Press (2017)
27. Erdős, P., Rényi, A.: On random graphs. I. Publ. Math. Debrecen **6** 290—297 (1959)
28. Esseen, C.G.: On the Liapounoff limit of error in the theory of probability. Ark. Mat. Astr. Fys. **28A**(9), 19 (1942)
29. Esseen, C.G.: A moment inequality with an application to the central limit theorem. Skand. Aktuarietidskr. **39**, 160–170 (1956)
30. Feller, W.: An introduction to probability theory and its applications. Vol. I, 3rd ed. John Wiley & Sons, New York (1968)
31. Feller, W.: An introduction to probability theory and its applications. Vol. II, 2nd ed. John Wiley & Sons, New York (1971).
32. Fischer, H.: A history of the central limit theorem. Springer-Verlag, New York (2011).
33. Folland, G.B.: Real Analysis. 2nd ed. John Wiley & Sons, New York (1999)
34. Fortuin, C.M., Kasteleyn, P.W., Ginibre, J.: Correlation Inequalities on Some Partially Ordered Sets. Commun. Math. Phys. **22**(2), 89–103 (1971)
35. Hastie, T., Tibshirani, R. and Friedman, J.: The elements of statistical learning: data mining, inference, and prediction. Springer Science & Business Media (2009)
36. Galton, F., Watson, H.W.: On the probabilities of extinction of families. Journ. Antrop. Inst. of Great Britain and Ireland **4** 138–144 (1874)
37. Gilbert, E. N.: Random graphs. Ann. Math. Statist. **30**(4), 1141–1144 (1959)
38. Grimmett, G.R.: Percolation. Springer (1999)
39. Grimmett, G.R., Stirzaker, D.R.: Probability and random processes. 3rd ed. Oxford University Press, New York (2001)
40. Häggström, O.: Finite Markov chains and algorithmic applications (Vol. 52). Cambridge University Press, Cambridge (2002)
41. Heyde, C.C., Seneta, E.: The simple branching process, a turning point test and a fundamental inequality: A historical note on I.J. Bienaymé, Biometrika **59**(3) 680–683 (1972)
42. Hodges Jr., J.L., Le Cam, L.: The Poisson approximation to the Poisson binomial distribution. Ann. Math. Statist. **31**, 737–740 (1960)
43. van der Hofstad, R.: Random graphs and complex networks, Vol. I. Cambridge University Press (2016)
44. Hogg, R.V., McKean, J.W., Craig, A.: Introduction to mathematical statistics. 4th ed. Macmillan Publishing Co., New York (1978)
45. Knuth, D.E.: The art of computer programming, Vol. 2: Seminumerical algorithms. Addison-Wesley, Third Edition (1997)
46. Kolmogorov, A.: Grundbegriffe der Wahrscheinlichkeitsrechnung. Springer-Verlag, Berlin (1977). Ristampa dell'originale edito nel 1933
47. Korolev, V., Shevtsova, I.: An improvement of the Berry-Esseen inequality with applications to Poisson and mixed Poisson random sums. Scand. Actuar. J. **2012**(2), 81–105 (2012)
48. Laplace, P.: Théorie analytique des probabilités. V. Courcier (1812)
49. Lawler, G.F., Limic, V.: Random walk: a modern introduction. Cambridge University Press, Cambridge (2010)
50. Lebesgue, H.L.: Leçons sur l'intégration et la recherche des fonctions primitives professées au Collège de France. Cambridge University Press, Cambridge (2009). Ristampa dell'originale edito nel 1904
51. Levin, D.A., Peres, Y.: Markov Chains and Mixing Times. Second edition, American Mathematical Society, Providence (2017).
52. Lévy, P.: Sur la détermination des lois de probabilité par leurs fonctions caractéristiques. CR Acad. Sci. Paris **175**, 854–856 (1922)

53. Lévy, P.: Calcul des probabilités. Gauthier-Villars, Paris (1925)
54. Lifshits, M.: Lectures on Gaussian processes. Springer-Verlag, Berlin (2012)
55. Lindeberg, J.W.: Eine neue Herleitung des Exponentialgesetzes in der Wahrscheinlichkeitsrechnung. Math. Z. **15**(1), 211–225 (1922)
56. Metropolis, N.: The beginning of the Monte Carlo method. Los Alamos Science (15, Special Issue), 125–130 (1987).
57. Norris, J.R.: Markov Chains. Cambridge University Press, Cambridge (1997)
58. Pascucci, A., Runggaldier, W.J.: Finanza matematica. Springer-Verlag Italia, Milano (2009)
59. Paulos, J.A.: Innumeracy. Hill and Wang, New York (2001)
60. Peierls, R.: On Ising's model of ferromagnetism. Proc. Camb. Phil. Soc **32**(3), 477–481 (1936)
61. Pfanzagl, J.: On the measurability and consistency of minimum contrast estimates. Metrika **14**, 249–272 (1969)
62. Poisson, S.: Recherches sur la probabilité des jugements en matière criminelle et en matière civile, précédées des règles générales du calcul des probabilités. Bachelier, Paris (1837)
63. Révész, P.: Strong theorems on coin tossing. Proceedings of the International Congress of Mathematicians **749**, Helsinki (1978)
64. Rice, J.: Mathematical statistics and data analysis. Duxbury Press, Belmont (2007)
65. Riemann, B.: Ueber die Darstellbarkeit einer Function durch eine trigonometrische Reihe. Dieterich, Göttingen (1867)
66. vos Savant, M.: "Ask Marylin" column. Parade Magazine p. 16 (9 September 1990)
67. Schilling, M.F.: The Longest Run of Heads. The College Mathematics Journal **21**(3) 196–207 (1990)
68. Selvin, S.: A problem in probability (letter to the editor). American Statistician **29**(1), 67 (1975)
69. Shannon, C.E.: A Mathematical Theory of Communication. Bell System Technical Journal **27** (luglio-ottobre 1948), 379–423, 623–656.
70. Spitzer, F.: Principles of random walk. 2nd ed. Springer-Verlag, New York (1976)
71. Warshauer, M., Curtin, E.: The locker puzzle. The Mathematical Intelligencer **28**(1), 28–31 (2006)
72. Werner, W.: Percolation et modèle d'Ising, Cours spécialisés **16**, Société mathématique de France, 2009.

Indice analitico

Printed in the United States
by Baker & Taylor Publisher Services